Korea Standard

KS 규격집

기계설계실무

Index Position

Korea Standard

KS 규격집

기계설계실무

Index Position

세계는 지금 디자인과의 전쟁 중입니다.

다솔유캠퍼스 또한 세계적인 도서를 만들기 위해 전쟁 중입니다. 적어도 대한민국에서 기계설계공학을 하는 우리 학생들이 세계최고 수준의 공부를 할 수 있는 책을 만들기 위해 늘 전쟁 중입니다.

과거에는 JIS규격을 토대로 많은 덕을 봤다면 이제는 거의 모든 분야에서 이웃나라와 경쟁하고 일부 기술들은 이미 앞서고 있는 상황입니다. 이제는 JIS가 아니라 ISO입니다.

세계시장에서 경쟁하기위해서는 각국마다 ISO 표준이 필수가 되고 있고, 대한민국 또한 이미 모든 규격이 ISO에 맞춰 가고 있습니다.

기술표준원의 정책도 ISO 표준을 기준으로 KS규격을 바꿔나가고 있는 시점에 매년 새로 개정된 KS규격이 공표되고 있는데, 정작 시중에 나와 있는 규격집들은 이미 오래 전에 폐지되었거나 집필자 스스로도 모르는 근거없는 데이터들과 JIS규격들을 그대로 쓰고 있는 실정입니다.

따라서 이 규격집은 기술표준원으로부터 최신 KS규격에 대한 라이센스를 부여받아 3년간 분석과 작업을 통해 모든 표를 최근 실정에 맞게 편집해서 새롭게 구성하였습니다.

■ 이 책의 특징

① 기계요소에 대한 형상을 파악할 수 있는 도면과 3D 컬러 이미지들로 구성

② 실기시험에서 출제빈도가 높은 규격을 알기 쉽게 적용예를 들어 설명

③ 좌측은 그림, 우측은 표로 구성하여 보다 활용하기 편리하도록 구성

④ 각종 재료표와 요목표들, 그리고 설계데이터들은 실무에서 곧바로 사용해도 손색이 없도록 구성

■ 함께한 다솔의 드림팀들

이 작업을 위해 잠시나마 모든 것을 포기한 다솔유캠퍼스 연구진들 수고 많이 하셨습니다.

최상의 작업환경을 제공해주신 도서출판 예문사 사장님 진심으로 감사드리며, 힘든 원고 편집작업하느라 고생하신 편집부 관계자분들 정말 수고 많으셨습니다.

대한민국 기계설계교육의 중심

다솔유캠퍼스

Contents

키홈 · 스플라인

센터구멍

벨트풀리

볼트 · 너트 · 자리파기

핀

널링 · 지그용 요소

Contents

멈춤링 · 베어링너트 · 와셔

나사

베어링기호 · 끼워맞춤 공차

베어링용 부시 · 볼베어링

롤러 베어링

Contents

스러스트 베어링

O링

오일실

손잡이 · 핸들

핸드 휠

스프로킷 · 로프 풀리

Contents

재료기호

치수공차 · 제도기호

일반공차 · 주조품 보통공차

용접기호 및 유 · 공압기호

Contents

제도용어 및 설계계산식

주석문작성법, 도면검토요령

KSD 상세규격

KS 규격집 기계설계실무

Contents

Contents

부록

Korea Standard

01. 평행 키

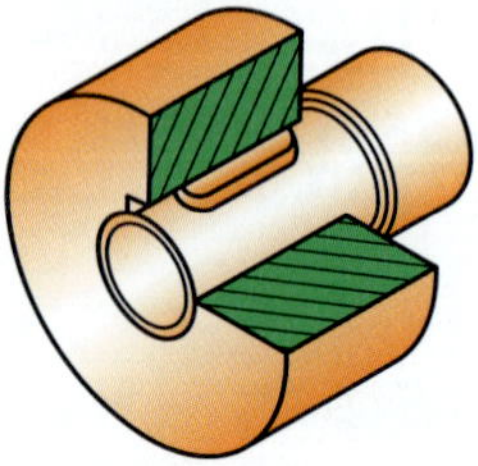

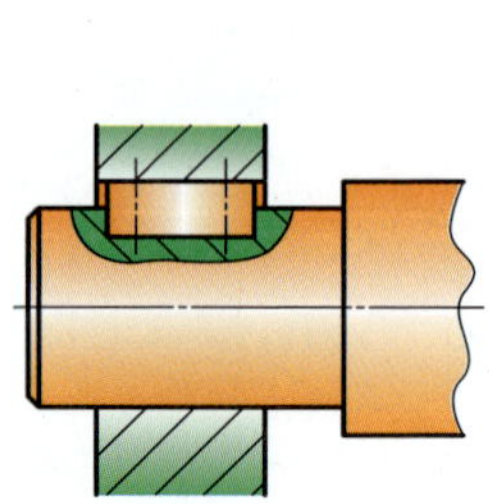

조립도

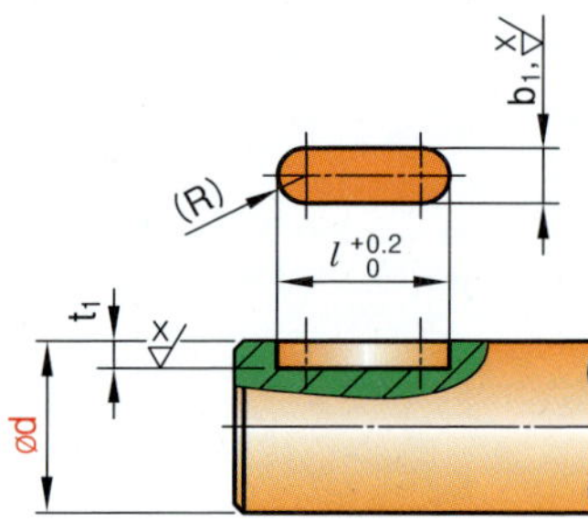

세트키

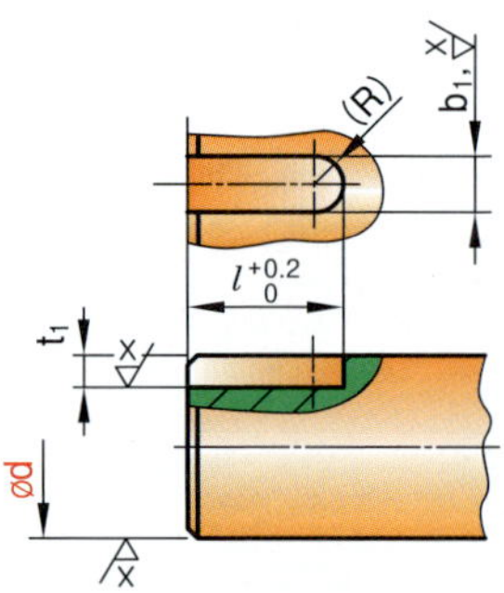

드라이빙키

비고

1. (　)를 붙인 호칭 치수의 것은 대응 국제 규격에는 규정되어 있지 않으므로 새로운 설계에는 사용하지 않는다.
2. 단품 평행 키의 길이 : 6, 8, 10, 12, 14, 16, 18, 20, 22, 25, 28, 32, 36, 40, 45, 50, 56, 63, 70, 80, 90,100, 110 등
3. 조립되는 축의 치수를 재서 참고 축 지름(d)에 해당하는 데이터를 적용한다. 이때 축의 치수가 두 칸에 걸친 경우(예 : ∅30mm)는 작은 쪽, 즉 22~30mm를 적용시킨다.
4. 치수기입의 편의를 위해 b_1, b_2의 허용차는 치수공차 대신 IT공차를 사용한다.

01. 평행 키

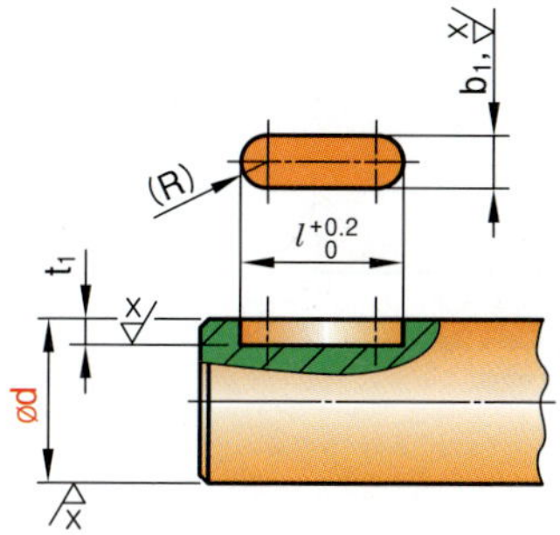

축 치수 : 세트키

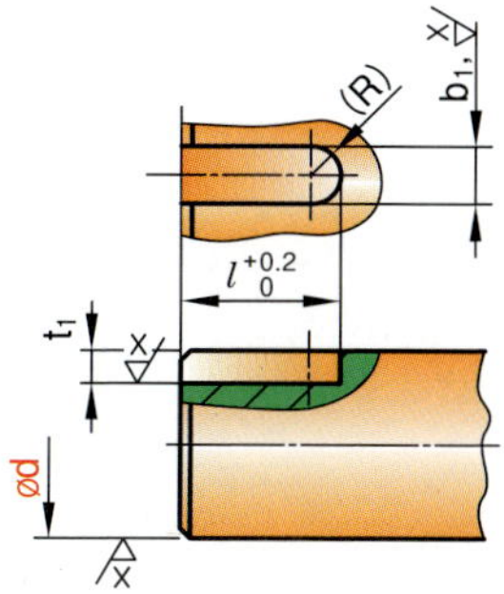

축 치수 : 드라이빙키

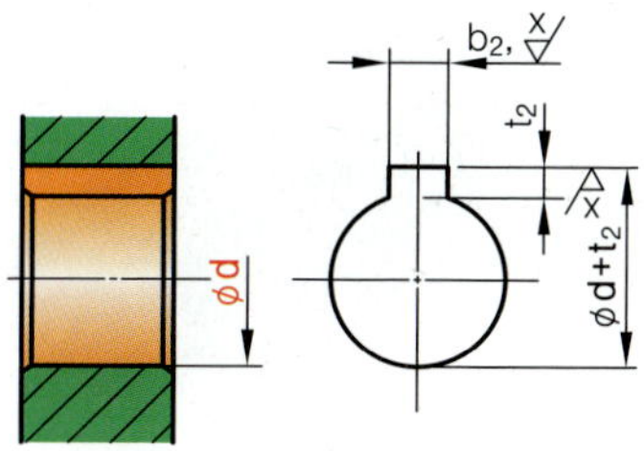

구멍치수

단위 : mm

참고 적용하는 축지름 d (초과~이하)	키의 호칭 치수 $b \times h$	b_1, b_2 기준 치수	키홈 치수 활동형 b_1(축) 허용차 (H9)	활동형 b_2(구멍) 허용차 (D10)	보통형 b_1(축) 허용차 (N9)	보통형 b_2(구멍) 허용차 (Js9)	조립(임)형 b_1, b_2 허용차 (P9)	t_1(축) 기준 치수	t_2(구멍) 기준 치수	t_1, t_2 허용차
6~ 8	2×2	2	+0.025 / 0	+0.060 / +0.020	-0.004 / -0.029	±0.0125	-0.006 / -0.031	1.2	1.0	+0.1 / 0
8~10	3×3	3						1.8	1.4	
10~12	4×4	4	+0.030 / 0	+0.078 / +0.030	0 / -0.030	±0.0150	-0.012 / -0.042	2.5	1.8	
12~17	5×5	5						3.0	2.3	
17~22	6×6	6						3.5	2.8	
20~25	(7×7)	7	+0.036 / 0	+0.098 / +0.040	0 / -0.036	±0.0180	-0.015 / -0.051	4.0	3.3	+0.2 / 0
22~30	8×7	8						4.0	3.3	
30~38	10×8	10						5.0	3.3	
38~44	12×8	12	+0.043 / 0	+0.120 / +0.050	0 / -0.043	±0.0215	-0.018 / -0.061	5.0	3.3	
44~50	14×9	14						5.5	3.8	
50~55	(15×10)	15						5.0	5.3	
50~58	16×10	16						6.0	4.3	
58~65	18×11	18						7.0	4.4	
65~75	20×12	20	+0.052 / 0	+0.149 / +0.065	0 / -0.052	±0.0260	-0.022 / -0.074	7.5	4.9	
75~85	22×14	22						9.0	5.4	
80~90	(24×16)	24						8.0	8.4	
85~95	25×14	25						9.0	5.4	
95~110	28×16	28						10.0	6.4	

적용

적용하는 축, 구멍 지름		키홈 깊이 치수		키홈 폭 치수		
축(d)	구멍(d)	t_1(축)	$d+t_2$ (구멍)	b_1(축)	b_2(구멍)	축과 구멍의 끼워맞춤 공차는 조립품의 기능에 따라 다르게 적용될 수 있다.
30h6	30H7	$4^{+0.2}_{0}$	$33.3^{+0.2}_{0}$	8N9	8Js9	

02. 반달 키

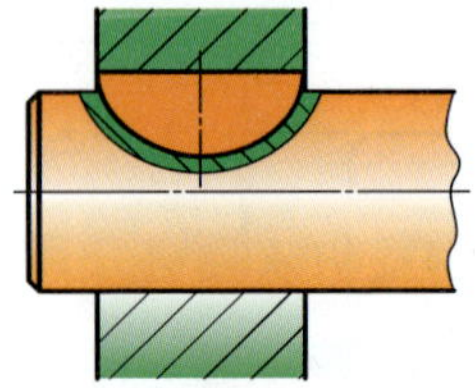

조립도

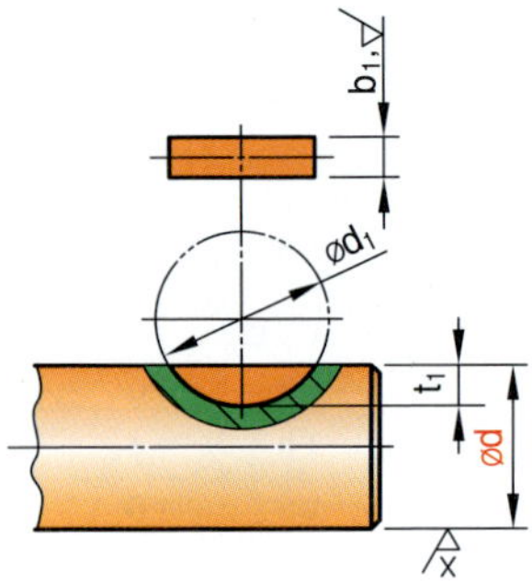

평행축

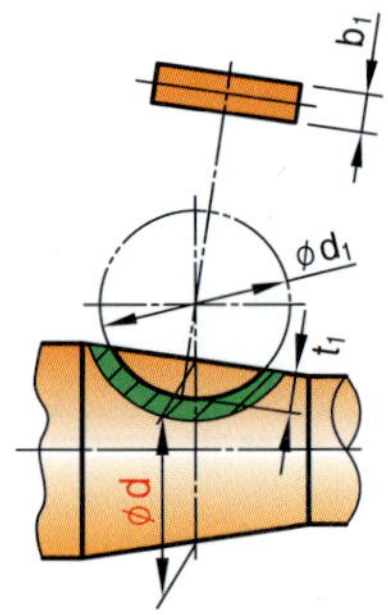

테이퍼축

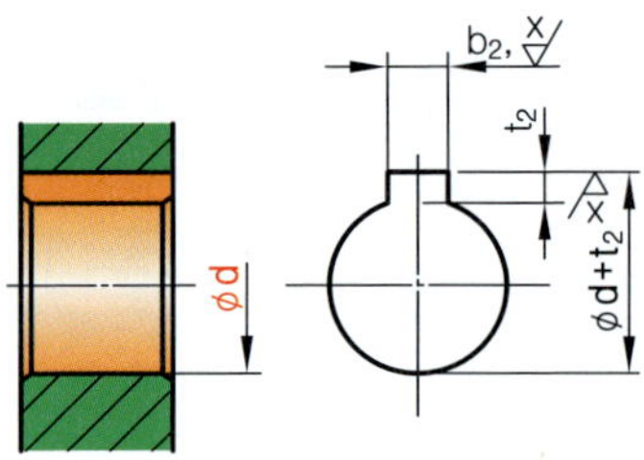

구멍

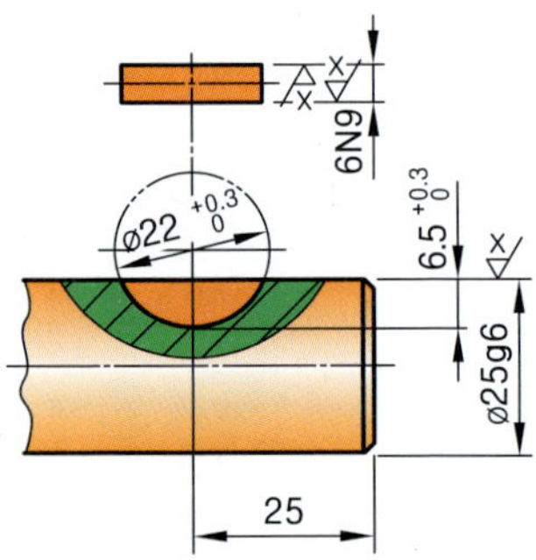

축 치수

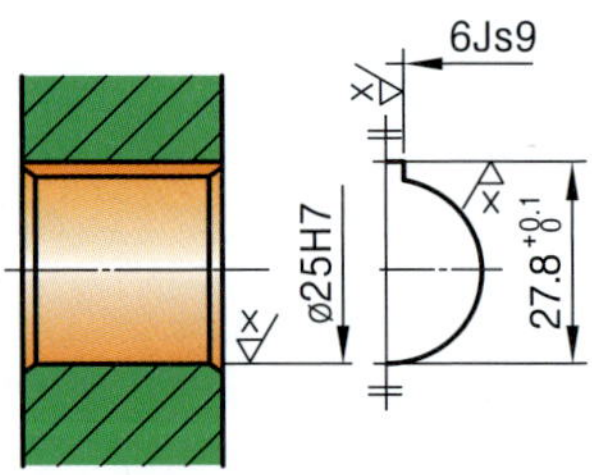

구멍 치수

비고

1. ( )를 붙인 호칭 지수의 것은 내응 국제 규격에는 규정되어 있지 않으므로 새로운 설계에는 사용하지 않는다.

02. 반달 키

단위 : mm

적용하는 축지름 d (초과~이하)	키의 호칭 치수 $b \times d_0$	b_1 및 b_2의 기준 치수	키홈 치수								
			보통형		조립(임)형	t_1(축)		t_2(구멍)		d_1(키홈지름)	
			b_1(축) 허용차 (N9)	b_2(구멍) 허용차 (Js9)	b_1 및 b_2 허용차 (P9)	기준 치수	허용차	기준 치수	허용차	기준 치수	허용차
7~12	2.5×10	2.5	$^{-0.004}_{-0.029}$	±0.012	$^{-0.006}_{-0.031}$	2.7	$^{+0.1}_{0}$	1.2	$^{+0.1}_{0}$	10	$^{+0.2}_{0}$
8~14	(3×10)	3				2.5		1.4		10	
9~16	3×13					3.8	$^{+0.2}_{0}$			13	
11~18	3×16					5.3				16	
11~18	(4×13)	4	$^{0}_{-0.030}$	±0.015	$^{-0.012}_{-0.042}$	3.5	$^{+0.1}_{0}$	1.7		13	
12~20	4×16					5.0	$^{+0.2}_{0}$	1.8		16	
14~22	4×19					6.0				19	$^{+0.3}_{0}$
14~22	5×16	5				4.5		2.3		16	$^{+0.2}_{0}$
15~24	5×19					5.5				19	$^{+0.3}_{0}$
17~26	5×22					7.0	$^{+0.3}_{0}$			22	
19~28	6×22	6				6.5		2.8		22	
20~30	6×25					7.5			$^{+0.2}_{0}$	25	
22~32	(6×28)					8.6	$^{+0.1}_{0}$	2.6	$^{+0.1}_{0}$	28	
24~34	(6×32)					10.6				32	
20~29	(7×22)	7	$^{0}_{-0.036}$	±0.018	$^{-0.015}_{-0.051}$	6.4		2.8		22	
22~32	(7×25)					7.4				25	
24~34	(7×28)					8.4				28	
26~37	(7×32)					10.4				32	
29~41	(7×38)					12.4				38	
31~45	(7×45)					13.4				45	
24~34	(8×25)	8				7.2		3.0		25	
26~37	8×28					8.0	$^{+0.3}_{0}$	3.3	$^{+0.2}_{0}$	28	
28~40	(8×32)					10.2	$^{+0.1}_{0}$	3.0	$^{+0.1}_{0}$	32	
30~44	(8×38)					12.2				38	
31~46	10×32	10				10.0	$^{+0.3}_{0}$	3.3	$^{+0.2}_{0}$	32	
38~54	(10×45)					12.8	$^{+0.1}_{0}$	3.4	$^{+0.1}_{0}$	45	
42~60	(10×55)					13.8				55	

적용							
적용하는 축, 구멍 지름		키홈 깊이 치수		키홈 폭 치수		홈의 지름	적용하는 축지름(d) 범위에서 t_1 깊이가 가장 작은 것을 선택한다.
축(d)	구멍(dZ)	t_1(축)	$d+t_2$ (구멍)	b_1(축)	b_2 (구멍)	d_1	
25g6	25H7	$6.5^{+0.3}_{0}$	$27.8^{+0.1}_{0}$	6N9	6Js9	$22^{+0.3}_{0}$	

03. 경사 키(머리 부착 경사 키)

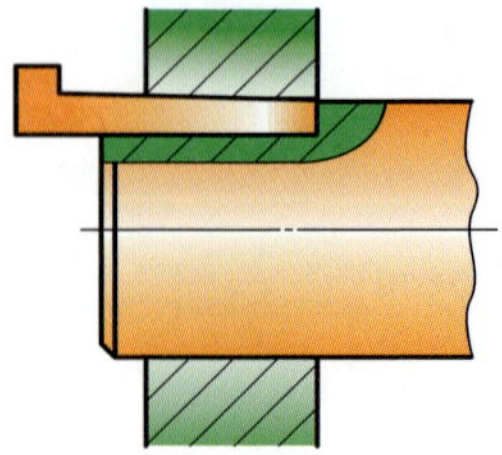

조립도

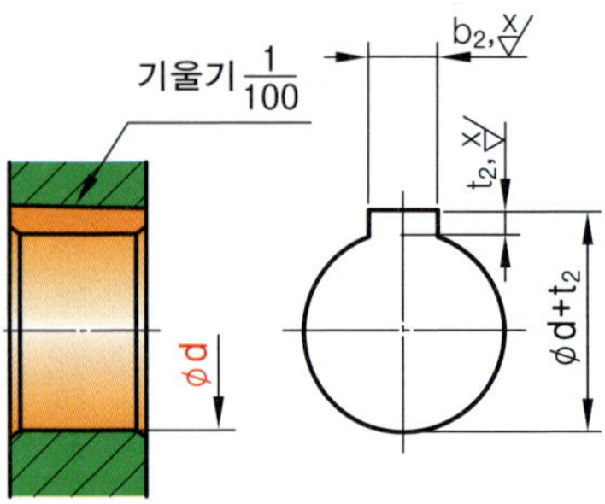

구멍 치수

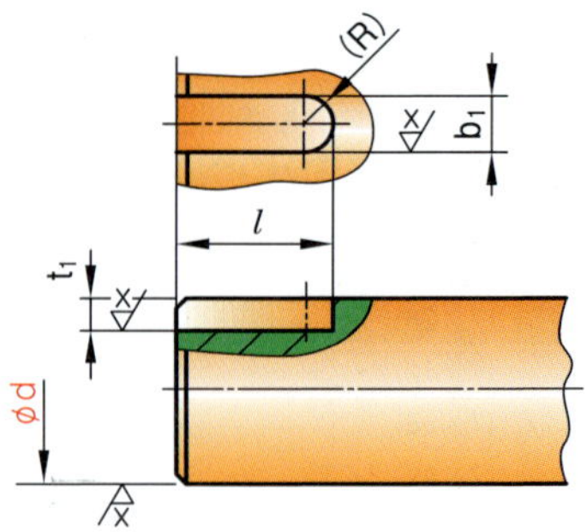

축 치수

비고

(　)를 붙인 호칭 치수의 것은 대응 국제 규격에는 규정되어 있지 않으므로 새로운 설계에는 사용하지 않는다.

형식	설명	적용하는 키
활동형	축과 허브가 상대적으로 축방향으로 미끄러지며 움직일 수 있는 결합	평행 키
보통형	축에 고정된 키에 허브를 끼우는 결합	평행 키, 반달 키
조임형	축에 고정된 키에 허브를 조이는 결합 또는 조립된 축과 허브 사이에 키를 넣는 결합	평행 키, 경사 키, 반달 키

03. 경사 키(머리 부착 경사 키)

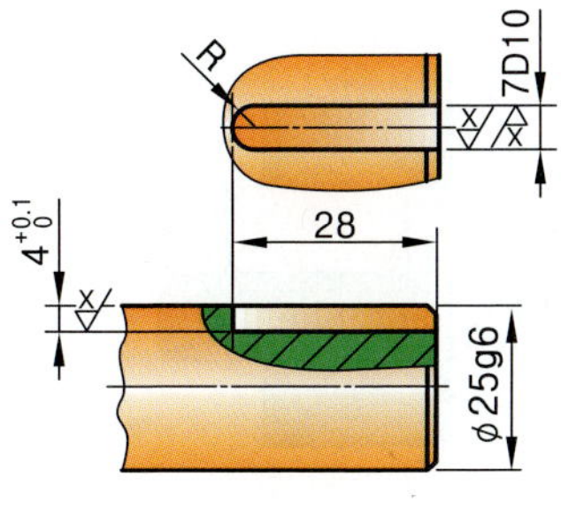

축 치수

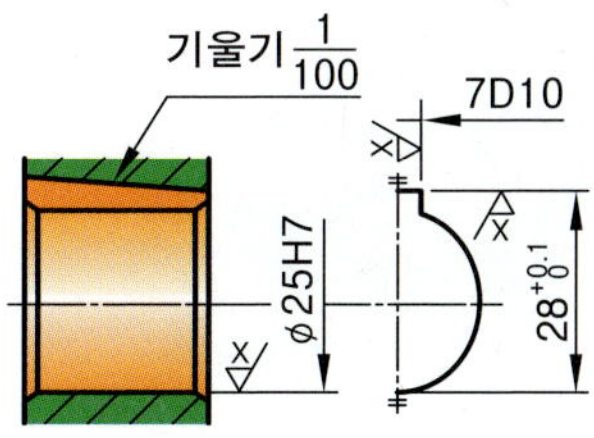

구멍 치수

단위 : mm

참고 적용하는 축지름 d (초과~이하)	키의 호칭 치수 $b \times h$	키홈 치수 b_1 및 b_2 기준치수	 허용차 (D10)	 t_1의 기준치수	 t_2의 기준치수	 t_1 및 t_2의 허용차
6~ 8	2×2	2	+0.060 +0.020	1.2	0.5	+0.05 0
8~10	3×3	3		1.8	0.9	
10~12	4×4	4	+0.078 +0.030	2.5	1.2	+0.1 0
12~17	5×5	5		3.0	1.7	
17~22	6×6	6		3.5	2.2	
20~25	(7×7)	7	+0.098 +0.040	4.0	3.0	
22~30	8×7	8		4.0	2.4	+0.2 0
30~38	10×8	10		5.0	2.4	
38~44	12×8	12	+0.120 +0.050	5.0	2.4	
44~50	14×9	14		5.5	2.9	
50~55	(15×10)	15		5.0	5.0	+0.1 0
50~58	16×10	16		6.0	3.4	+0.2 0
58~65	18×11	18		7.0	3.4	
65~75	20×12	20	+0.149 +0.065	7.5	3.9	
75~85	22×14	22		9.0	4.4	
80~90	(24×16)	24		8.0	8.0	+0.1 0
85~95	25×14	25		9.0	4.4	+0.2 0
95~110	28×16	28		10.0	5.4	
110~130	32×18	32	+0.180 +0.080	11.0	6.4	
125~140	(35×22)	35		11.0	11.0	+0.15 0

적용

적용하는 축, 구멍 지름		키홈 깊이 치수		키홈 폭 치수		구멍치수에서 기울기는 1/100로 한다.
축(d)	구멍(d)	t_1(축)	$d+t_2$ (구멍)	b_1(축)	b_2(구멍)	
25g6	25H7	$4^{+0.1}_{0}$	$28^{+0.1}_{0}$	7D10	7D10	

04. 스플라인 제도 및 표시방법

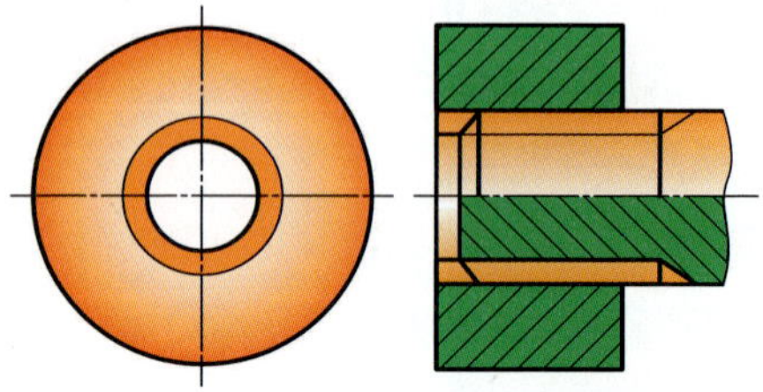

조립도

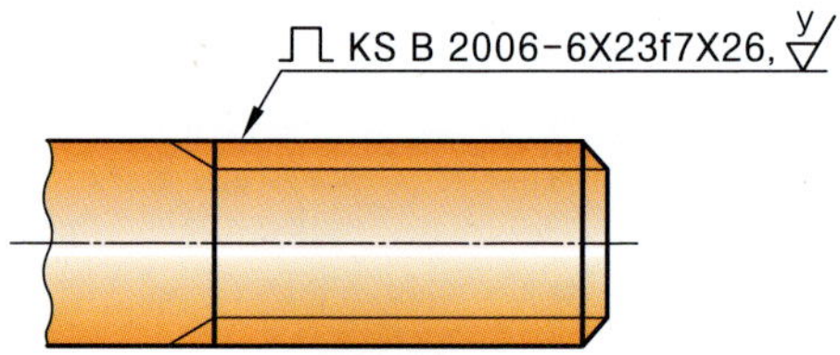

축 치수

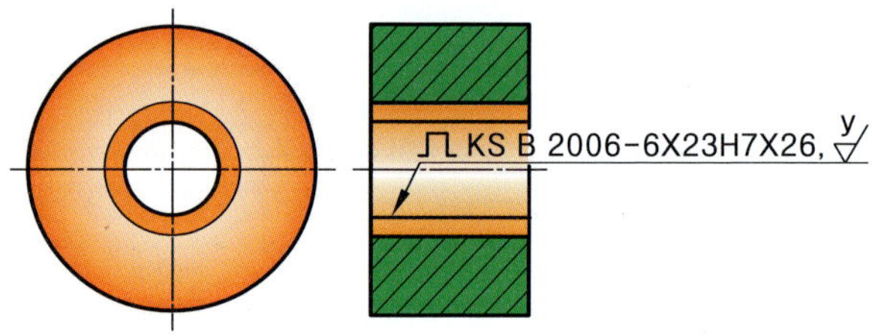

구멍 치수

비고

1. 스플라인 이음의 완전한 도시는, 보통은 기술도면에는 필요하지 않으므로 피하는 것이 좋다.
2. 호칭방법은 형체 부근에 반드시 스플라인 이음의 윤곽에서 인출선을 끌어내어서 지시하는 것이 좋다.

호칭법

기호, 규격-잇수(N) x 호칭지름(d) x 큰지름(D)

구멍 및 축공차									
구멍공차						축공차			고정형태
브로징 후 열처리하지 않은 것			브로징 후 열처리한 것						
d	D	B	d	D	B	d	D	B	
H7	H10	H9	H7	H10	H11	f7	a11	d10	미끄럼형
						g7	a11	f9	근접미끄럼형
						h7	a11	h10	고정형

05. 원통형 축의 각형 스플라인

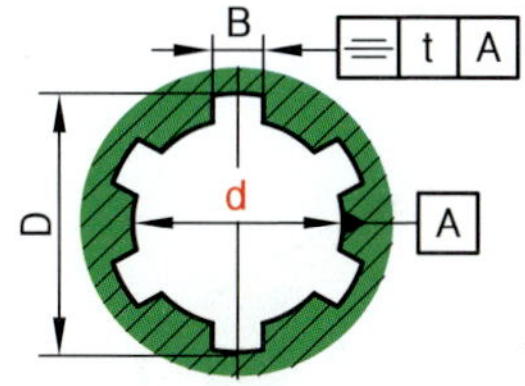

구멍

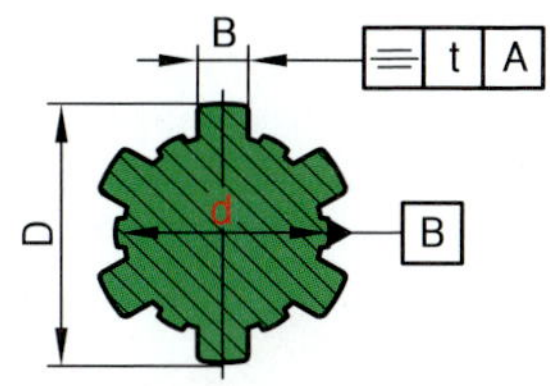

축

단위 : mm

호칭 지름 *d*	경하중용 치수				호칭 지름 *d*	중간 하중용 치수			
	잇수 *N*	큰지름 *D*	폭 *B*	호칭법 (*N*×*d*×*D*)		잇수 *N*	큰지름 *D*	폭 *B*	호칭법 (*N*×*d*×*D*)
11	-	-	-	-	11	6	14	3	6×11×14
13	-	-	-	-	13	6	16	3.5	6×13×16
16	-	-	-	-	16	6	20	4	6×16×20
18	-	-	-	-	18	6	22	5	6×18×22
21	-	-	-	-	21	6	25	5	6×21×25
23	6	26	6	6×23×26	23	6	28	6	6×23×28
26	6	30	6	6×26×30	26	6	32	6	6×26×32
28	6	32	7	6×28×32	28	6	34	7	6×28×34
32	8	36	6	8×32×36	32	8	38	6	8×32×38
36	8	40	7	8×36×40	36	8	42	7	8×36×42
42	8	46	8	8×42×46	42	8	48	8	8×42×48
46	8	50	9	8×46×50	46	8	54	9	8×46×54
52	8	58	10	8×52×58	52	8	60	10	8×52×60
56	8	62	10	8×56×62	56	8	65	10	8×56×65
62	8	68	12	8×62×68	62	8	72	12	8×62×72
72	10	78	12	10×72×78	72	10	82	12	10×72×82
82	10	88	12	10×82×88	82	10	92	12	10×82×92
92	10	98	14	10×92×98	92	10	102	14	10×92×102
102	10	108	16	10×102×108	102	10	112	16	10×102×112
112	10	120	18	10×112×120	112	10	125	18	10×112×125

대칭도				
스플라인 나비 *B*	3	3.5, 4, 5, 6	7, 8, 9, 10	12, 14, 16, 18
대칭도 공차 *t*	0.010	0.012	0.015	0.018

06. 센터구멍 도시방법

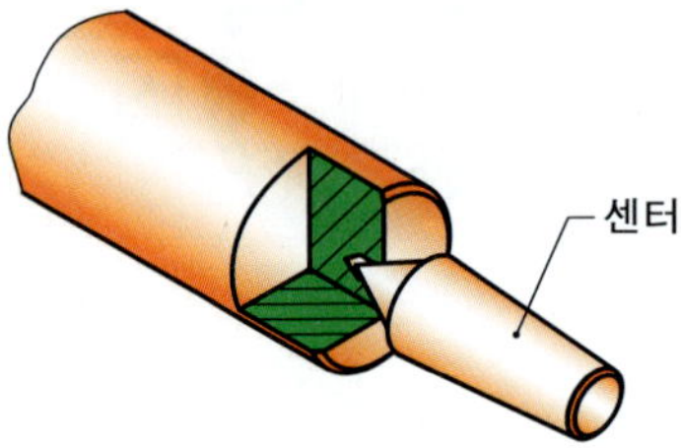

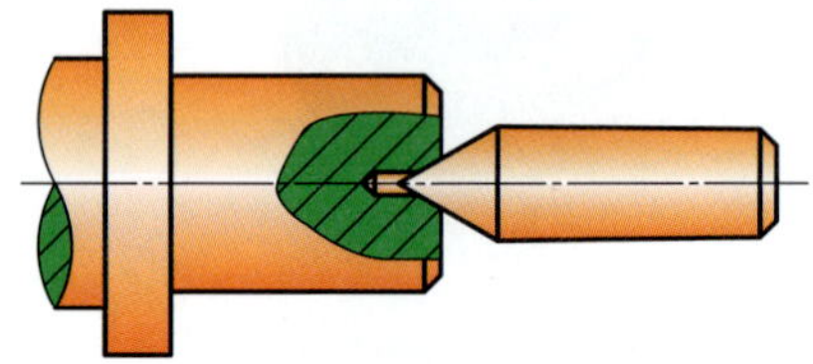

센터가공

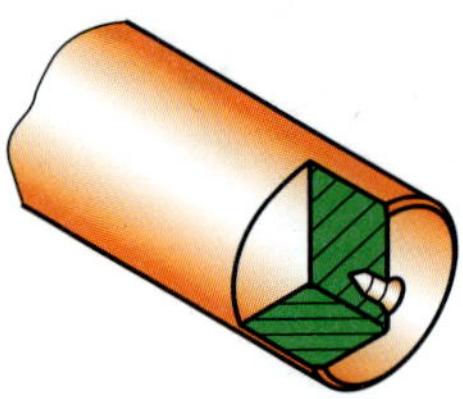

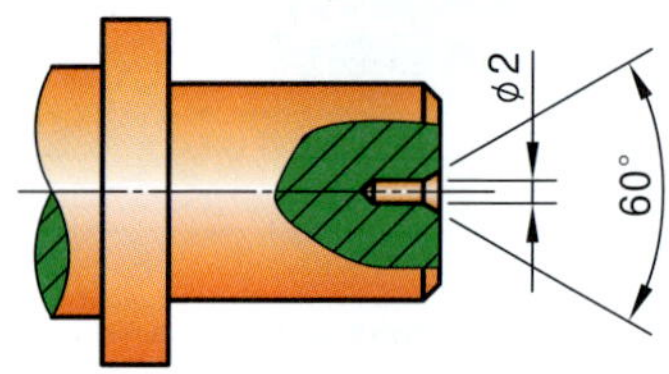

축치수

센터구멍 필요여부	기호	도시방법(예)	기호크기
필요		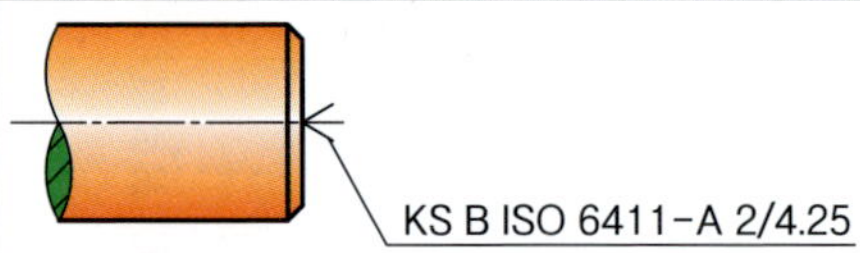	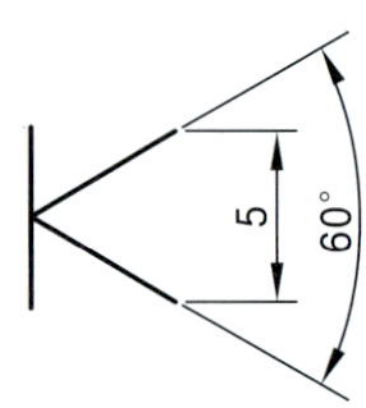
필요하나 기본적으로 요구하지 않음.	없음	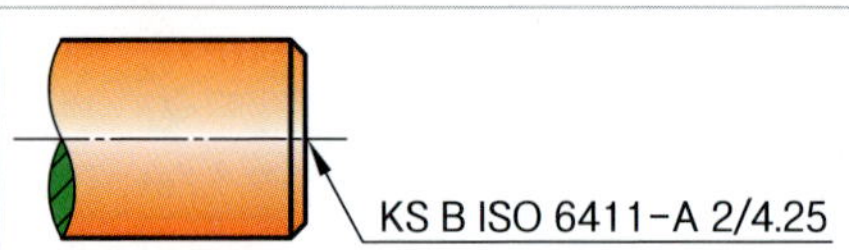	
불필요		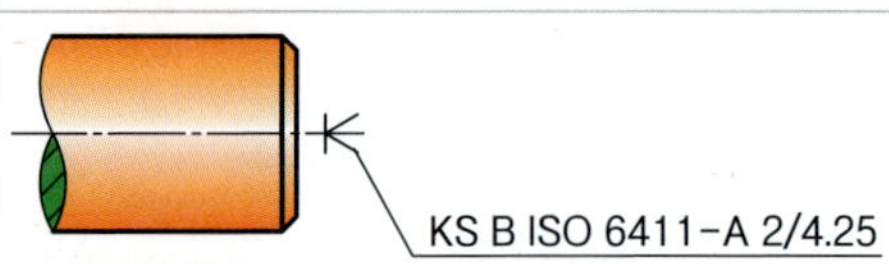	• 외형선 굵기 : 0.5mm일 때 • 기호의 선 두께 : 0.35mm • 지시선 두께 : 0.25mm
센터구멍 호칭방법(예)		KS B ISO 6411 = 규격번호 A = 센터구멍 종류(R, 또는 or B) 2/4.25 = 호칭지름(d)/카운터싱크 지름(D)	

07. 센터구멍(60°)

단위 : mm

종류

호칭 방법 설명

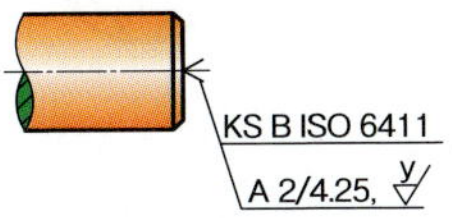

두줄 표기법

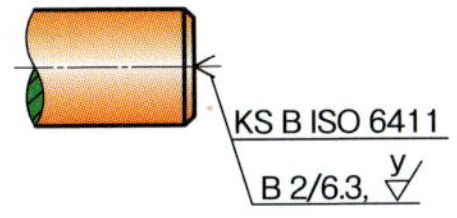

두줄 표기법

한줄 표기법

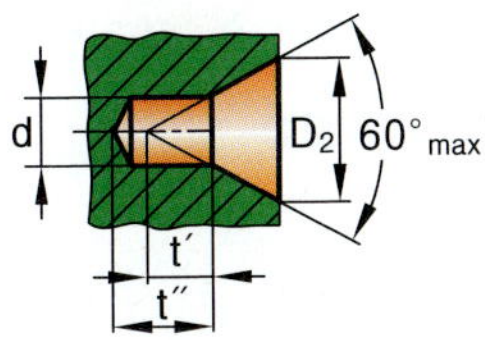

d=2
D_2=4.25

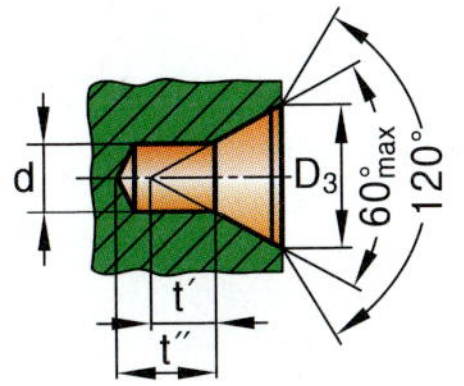

d=2
D_3=6.3

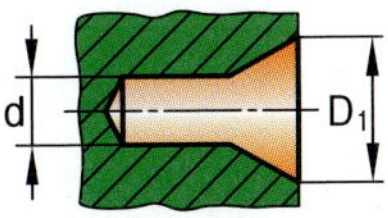

d=2
D_1=4.25

60° 센터구멍 치수

d 호칭 지름	A형 KS B ISO 866에 따름		B형 KS B ISO 2540에 따름		R형 KS B ISO 2541에 따름
	D_2	t'	D_3	t'	D_1
(0.5)	1.06	0.5	–	–	–
(0.63)	1.32	0.6	–	–	–
(0.8)	1.70	0.7	–	–	–
1.0	2.12	0.9	3.15	0.9	2.12
(1.25)	2.65	1.1	4	1.1	2.65
1.6	3.35	1.4	5	1.4	3.35
2.0	4.25	1.8	6.3	1.8	4.25
2.5	5.30	2.2	8	2.2	5.30
3.15	6.70	2.8	10	2.8	6.70
4.0	8.50	3.5	12.5	3.5	8.50
(5.0)	10.60	4.4	16	4.4	10.60
6.3	13.20	5.5	18	5.5	13.20
(8.0)	17.00	7.0	22.4	7.0	17.00
10.0	21.20	8.7	28	8.7	21.20

비고

1. t''는 t'보다 작은 값이 되면 안 된다.
2. (　)를 붙인 호칭의 것은 되도록 사용하지 않는다.

08. 공구의 섕크 4조각

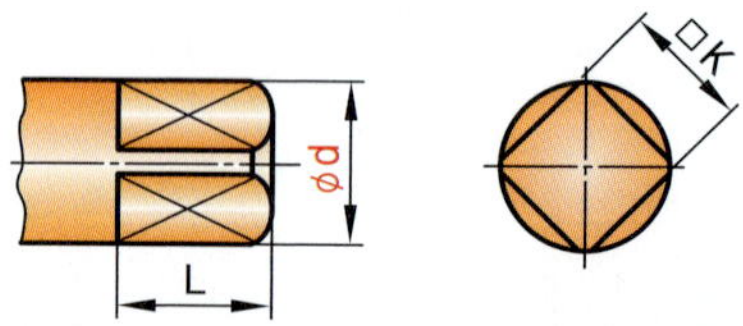

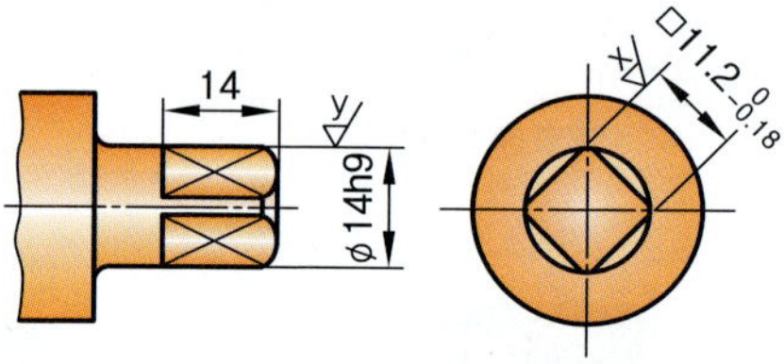

적용 예

단위 : mm

섕크 지름 d(h9)			4각부의 나비 K		4각부 길이 L
장려 치수	초과	이하	기준치수	허용차 h12	기준 치수
1.12	1.06	1.18	0.9	0 -0.10	4
1.25	1.18	1.32	1		
1.4	1.32	1.5	1.12		
1.6	1.5	1.7	1.25		
1.8	1.7	1.9	1.4		
2	1.9	2.12	1.6		
2.24	2.12	2.36	1.8		
2.5	2.36	2.65	2		
2.8	2.65	3	2.24		5
3.15	3	3.35	2.5		
3.55	3.35	3.75	2.8		
4	3.75	4.25	3.15	0 -0.12	6
4.5	4.25	4.75	3.55		
5	4.75	5.3	4		7
5.6	5.3	6	4.5		
6.3	6	6.7	5		8
7.1	6.7	7.5	5.6		
8	7.5	8.5	6.3	0 -0.15	9
9	8.5	9.5	7.1		10
10	9.5	10.6	8		11

섕크 지름 d(h9)			4각부의 나비 K		4각부 길이 L
장려 치수	초과	이하	기준치수	허용차 h12	기준 치수
11.2	10.6	11.8	9	0 -0.15	12
12.5	11.8	13.2	10		13
14	13.2	15	11.2	0 -0.18	14
16	15	17	12.5		16
18	17	19	14		18
20	19	21.2	16		20
22.4	21.2	23.6	18		22
25	23.6	26.5	20	0 -0.21	24
28	26.5	30	22.4		26
31.5	30	33.5	25		28
35.5	33.5	37.5	28		31
40	37.5	42.5	31.5	0 -0.25	34
45	42.5	47.5	35.5		38
50	47.5	53	40		42
56	53	60	45		46
63	60	67	50		51
71	67	75	56	0 -0.30	56
80	75	85	63		62
90	85	95	71		68
100	95	106	80		75

비고

1. d의 허용차는 고정밀도의 공구에서는 KS B 0401의 h9, 그 밖의 공구에서는 h11에 따른다.(구멍=H7)
2. 원형축을 깎아 평면이 된 부분은 가는 실선을 사용하여 대각선으로 표시한다.

09. 원통축끝

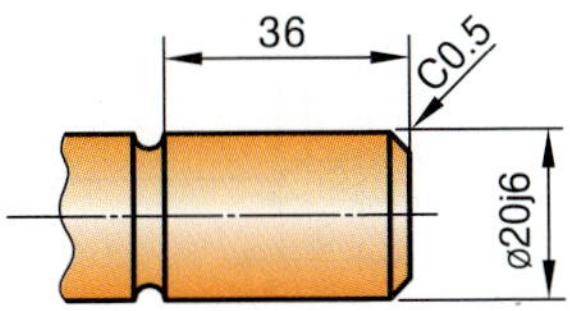

적용 예

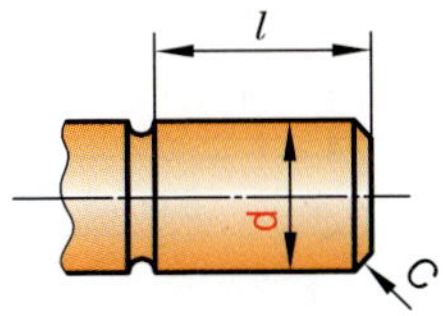

단이 없는 경우

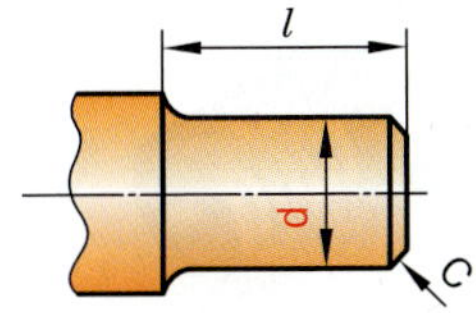

단이 있는 경우

단위 : mm

축끝의 지름 *d*	축끝의 길이 *l*		*d*의 허용차	(참고) 모떼기 *c*	축끝의 지름 *d*	축끝의 길이 *l*		*d*의 허용차	(참고) 모떼기 *c*
	단축끝	장축끝				단축끝	장축끝		
6	-	16	(j6)	0.5	50	82	110	(k6)	1
7	-	16		0.5	55	82	110	(m6)	1
8	-	20		0.5	56	82	110		1
9	-	20	(j6)	0.5	60	105	140	(m6)	1
10	20	23		0.5	63	105	140		1
11	20	23		0.5	65	105	140		1
12	25	30	(j6)	0.5	70	105	140	(m6)	1
14	25	30		0.5	71	105	140		1
16	28	40		0.5	75	105	140		1
18	28	40	(j6)	0.5	80	130	170	(m6)	1
19	28	40		0.5	85	130	170		1
20	36	50		0.5	90	130	170		1
22	36	50	(j6)	0.5	95	130	170	(m6)	1
24	36	50		0.5	100	165	210		1
25	42	60		0.5	110	165	210		2
28	42	60	(j6)	1	120	165	210	(m6)	2
30	58	89		1	125	165	210		2
32	58	80	(k6)	1	130	200	250		2
35	58	80	(k6)	1	140	200	250	(m6)	2
38	58	80		1	150	200	250		2
40	82	110		1	160	240	300		2

적용범위

1. 이 규격은 일반적으로 사용되는 전동용 회전축의 축끝 중 끼워 맞춤부가 원통형이고, 지름 6mm에서 160mm까지의 주요 치수에 대하여 규정한다.
2. 모떼기 C는 주석문에 지시할 경우 도면에 따로 기입하지 않아도 된다.

10. 수나사 부품 나사틈새

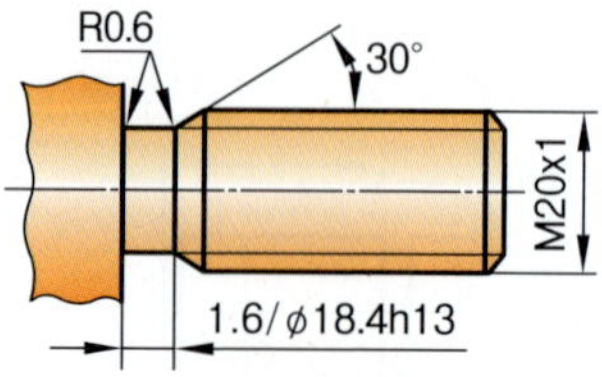

적용 예

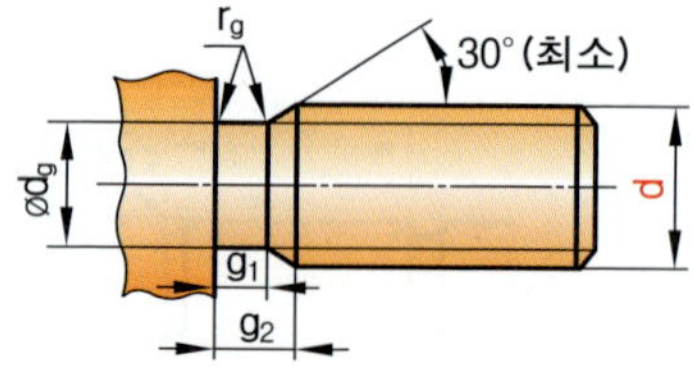

단위 : mm

나사의 피치 P	d_g		g_1	g_2	r_g
	기준치수	허용차	최소	최대	약
0.25	d－0.4	•3mm 이하~(h12)	0.4	0.75	0.12
0.3	d－0.5	•3mm 이상~(h13)	0.5	0.9	1.06
0.35	d－0.6		0.6	1.05	0.16
0.4	d－0.7		0.6	1.2	0.2
0.45	d－0.7		0.7	1.35	0.2
0.5	d－0.8		0.8	1.5	0.2
0.6	d－1		0.9	1.8	0.4
0.7	d－1.1		1.1	2.1	0.4
0.75	d－1.2		1.2	2.25	0.4
0.8	d－1.3		1.3	2.4	0.4
1	d－1.6		1.6	3	0.6
1.25	d－2		2	3.75	0.6
1.5	d－2.3		2.5	4.5	0.8
1.75	d－2.6		3	5.25	1
2	d－3		3.4	6	1
2.5	d－3.6		4.4	7.5	1.2
3	d－4.4		5.2	9	1.6
3.5	d－5		6.2	10.5	1.6
4	d－5.7		7	12.	2
4.5	d－6.4		8	13.5	2.5
5	d－7		9	15	2.5
5.5	d－7.7		11	16.5	3.2
6	d－8.3		11	18	3.2

비고

1. d_g의 기준 치수는 나사 피치에 대응하는 나사의 호칭지름(d)에서 이 난에 규정하는 수치를 뺀 것으로 한다.
   (보기 : $P=1$, $d=20$에 대한 d_g의 기준 치수는 $d-1.6=20-1.6=18.4$mm)
2. 호칭치수 d는 KS B 0201(미터보통나사) 또는 KS B 0204(미터가는나사)의 호칭지름이다.

10-A. 그리스 니플, 절삭 가공품 라운드 및 모떼기

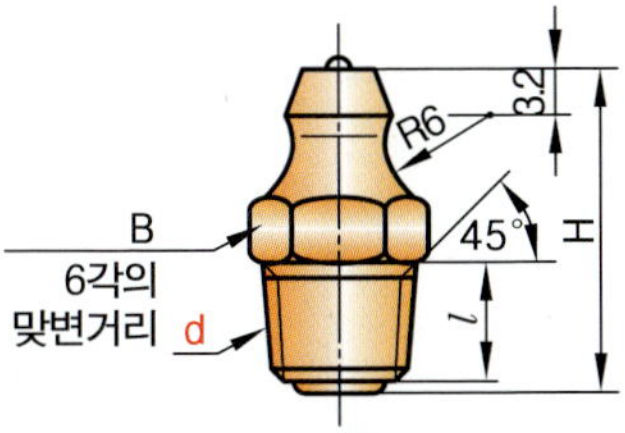

A형

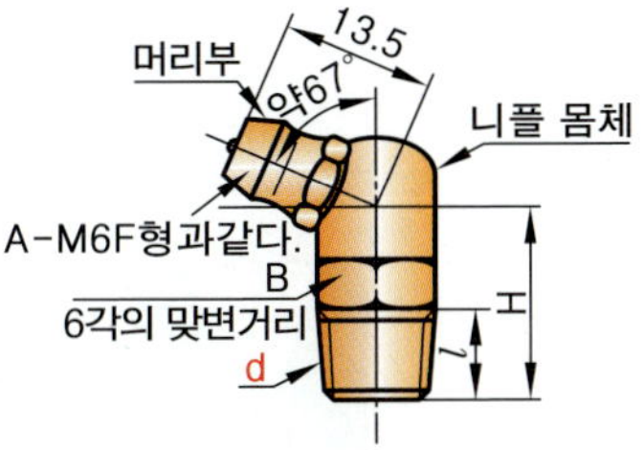

B형

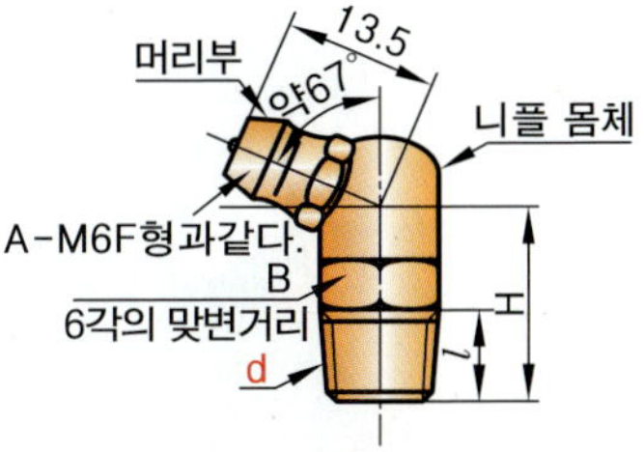

C형

단위 : mm

그리스 니플

A형 치수		B형 치수		C형 치수	
형 식	나사의 호칭지름 *d*	형 식	나사 호칭지름 *d*	형 식	나사 호칭지름 *d*
A-M6 F	M6×0.75	-	-	-	-
A-MT6×0.75	MT6×0.75	B-MT6×0.75	MT6×0.75	C-MT6×0.75	MT6×0.75
A-PT 1/8	PT 1/8	B-PT 1/8	PT 1/8	C-PT 1/8	PT 1/8
A-PT 1/4	PT 1/4	-	-	-	-

비고

1. A-M6 F형 나사는 KS B0204(미터 가는 나사)에 따르며, 정밀도는 KS B0214(미터 가는 나사의 허용한계 치수 및 공차)의 2급으로 한다.
2. PT 1/8 및 PT 1/4 형 나사는 KS B0222(관용 테이퍼 나사)에 따른다.
3. B형, C형의 머리부와 니플 몸체의 나사는 사정에 따라 변경할 수가 있다.
4. 치수의 허용차를 특히 규정하지 않는 것은 KS B ISO 2768-1(절삭가공 치수의 보통 허용차)의 중간급에 따른다.

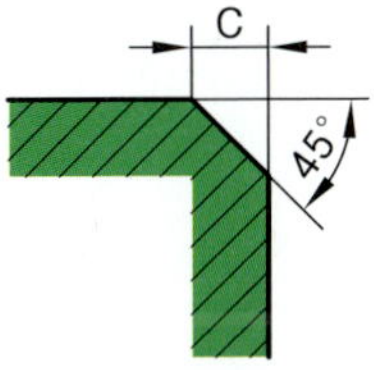

모서리의 모떼기

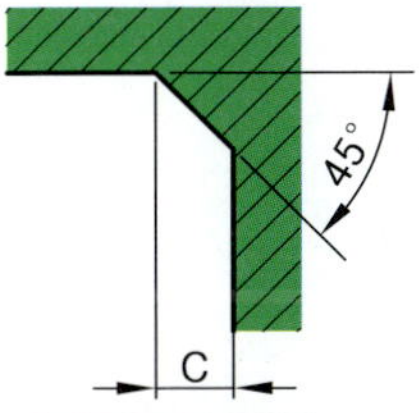

구석의 모떼기

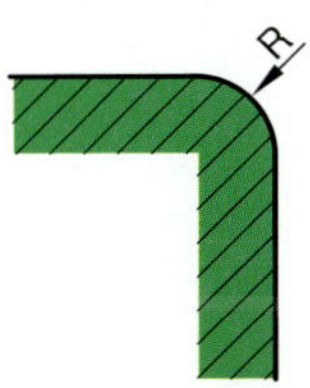

모서리의 라운드

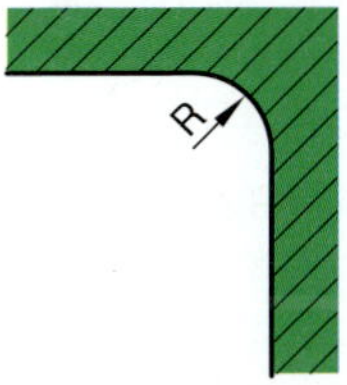

구석의 라운드

단위 : mm

절삭 가공품의 모떼기(C) 및 라운드(R) 치수

0.1	0.4	0.8	1.6	3(3.2)	6	12	25	50
0.2	0.5	1.0	2.0	4	8	16	32	-
0.3	0.6	1.2	2.5(2.4)	5	10	20	40	-

비고

( )의 치수는 절삭공구 팁을 사용하여 구석의 라운드를 가공하는 경우에만 사용하여도 좋다.

11. 주철제 V벨트 풀리(홈)

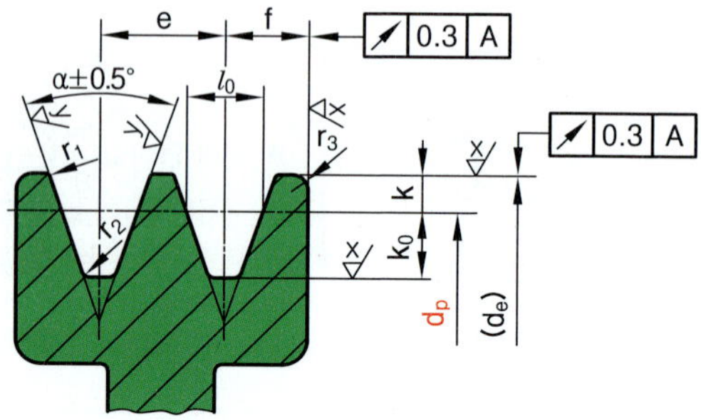

- d_p : 홈의 나비가 l_0 곳의 지름이다.
- 데이텀 A 풀리의 구멍

단위 : mm

V벨트 형별	호칭지름 (d_p)	α (±0.5°)	l_0	k	k_0	e	f	r_1	r_2	r_3	(참고) V벨트의 두께
M	50 이상 71 이하 71 초과 90 이하 90 초과	34° 36° 38°	8.0	$2.7^{+0.2}_{0}$	6.3	-	9.5 ±1	0.2~0.5	0.5~1.0	1~2	5.5
A	71 이상 100 이하 100 초과 125 이하 125 초과	34° 36° 38°	9.2	$4.5^{+0.2}_{0}$	8.0	15.0 ±0.4	10.0 ±1	0.2~0.5	0.5~1.0	1~2	9
B	125 이상 165 이하 165 초과 200 이하 200 초과	34° 36° 38°	12.5	$5.5^{+0.2}_{0}$	9.5	19.0 ±0.4	12.5 ±1	0.2~0.5	0.5~1.0	1~2	11
C	200 이상 250 이하 250 초과 315 이하 315 초과	34° 36° 38°	16.9	$7.0^{+0.3}_{0}$	12.0	25.5 ±0.5	17.0 ±1	0.2~0.5	1.0~1.6	2~3	14
D	355 이상 450 이하 450 초과	36° 38°	24.6	$9.5^{+0.4}_{0}$	15.5	37.0 ±0.5	24.0^{+2}_{-1}	0.2~0.5	1.6~2.0	3~4	19
E	500 이상 630 이하 630 초과	36° 38°	28.7	$12.7^{+0.5}_{0}$	19.3	44.5 ±0.5	29.0^{+3}_{-1}	0.2~0.5	1.6~2.0	4~5	25.5

비고

1. 풀리의 재질은 보통 회주철(GC200) 또는 이와 동등 이상의 품질인 것으로 사용한다.
2. M형은 원칙적으로 한 줄만 걸친다.
3. M형, D형, E형은 홈부분의 모양 및 수만 규정한다.

11. 주철제 V벨트 풀리(홈)

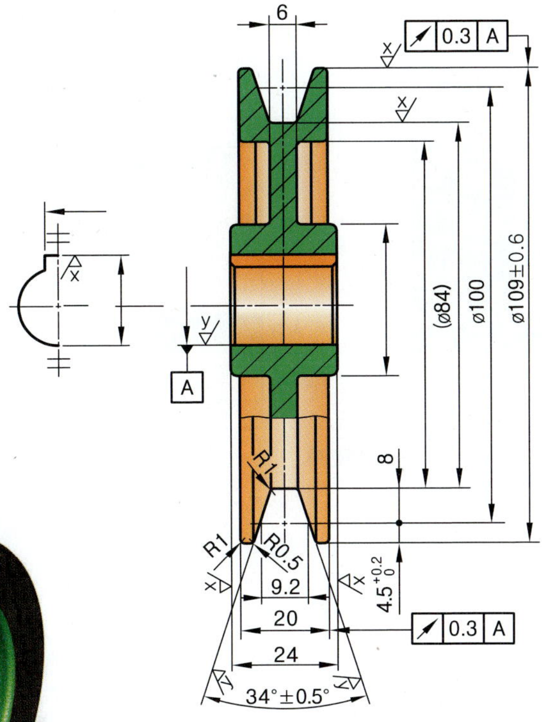

A형 적용 예

단위 : mm

바깥지름 d_e의 허용차 및 흔들림 허용차

호칭지름	바깥지름 d_e 허용차	바깥둘레 흔들림 허용값	림 측면 흔들림 허용값
75 이상 118 이하	±0.6	0.3	0.3
125 이상 300 이하	±0.8	0.4	0.4
315 이상 630 이하	±1.2	0.6	0.6
710 이상 900 이하	±1.6	0.8	0.8

12. V벨트 풀리 A형 모양 및 치수(홈부분은 제외)

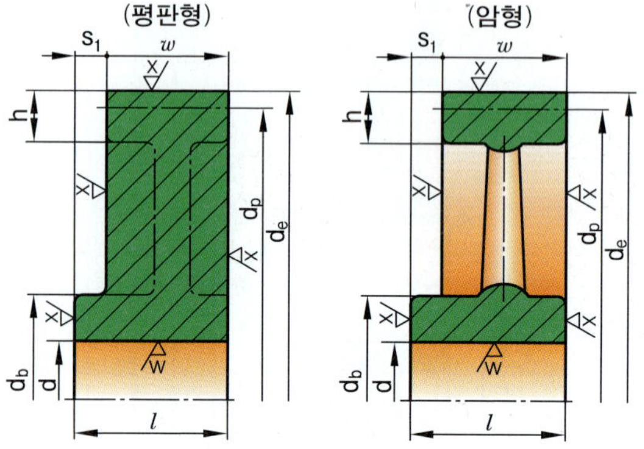

I 형

I 형(평판) 구조

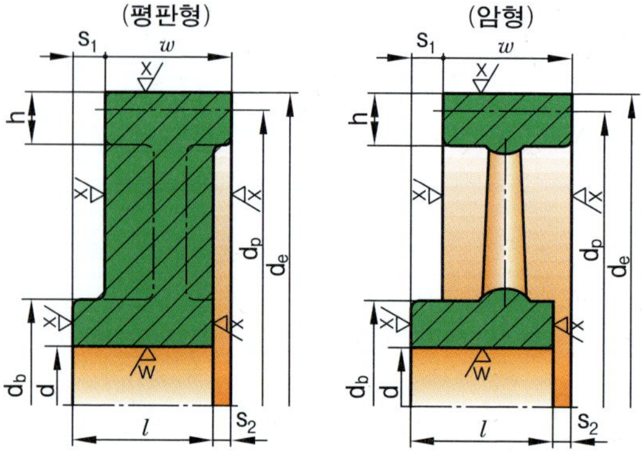

II형

II형(암) 구조

비고

1. 호칭 지름에 (　)를 붙인 것은 되도록 사용하지 않는다.
2. III형은 림 및 허브의 양측면이 좌우가 각각 동일 평면상에 있는 것이며, 다른 형의 S_1, S_2에 상당하는 S_0의 값을 0으로 표시하였다.
3. 지름 d의 축구멍은 V벨트 풀리의 검사, 바깥둘레 흔들림, 림 측면 흔들림 및 불균형 중량 등의 측정을 하기 위한 것이다.

12. V벨트 풀리 A형 모양 및 치수(홈부분은 제외)

단위 : mm

종류 및 홈의 수	호칭 지름 (dp)	d (최대)	d_e	d_b	w	l	I형	II형		III형	IV형	V형	h 최소	불균형 중량의 허용값 (g)	(참고) 적용하는 축지름	
							S_1	S_1	S_2	S_0	S_2	S_2			최대	최소
A형 1줄	(75)	12.0	84	45	20	25	–	15	10	–	–	–	17.0	1.9	25.0	14.0
	(80)	12.0	89	45		25	–	15	10	–	–	–	17.0	2.1	25.0	14.0
	(85)	12.0	94	45		25	–	15	10	–	–	–	17.0	2.2	25.0	14.0
	90	12.0	99	45		25	–	15	10	–	–	–	17.0	2.4	25.0	14.0
	95	12.0	104	45		25	–	15	10	–	–	–	17.0	2.5	25.0	14.0
	100	14.0	109	50		28	–	15	7	–	–	–	17.0	2.7	28.0	16.0
	106	14.0	115	50		28	–	15	7	–	–	–	17.0	2.9	28.0	16.0
	112	14.0	121	50		28	–	15	7	–	–	–	17.0	3.1	28.0	16.0
	118	14.0	127	50		28	–	15	7	–	–	–	17.0	3.4	28.0	16.0
	125	14.0	134	50		28	–	15	7	–	–	–	17.0	3.6	28.0	16.0
	132	14.0	141	50		28	–	15	7	–	–	–	17.0	3.8	28.0	16.0
	140	14.0	149	50		28	–	15	7	–	–	–	17.0	4.1	28.0	16.0
	150	16.0	159	56		32	12	–	–	–	–	–	17.0	4.5	31.5	18.0
	160	16.0	169	56		32	12	–	–	–	–	–	17.0	4.9	31.5	18.0
	180	16.0	189	56		32	12	–	–	–	–	–	17.0	5.7	31.5	18.0
	200	16.0	209	56		32	12	–	–	–	–	–	17.0	6.5	31.5	18.0
	224	16.0	233	56		32	12	–	–	–	–	–	17.0	7.6	31.5	18.0
	250	18.0	259	63		35	15	–	–	–	–	–	17.0	8.5	35.5	20.0
	280	18.0	289	63		35	15	–	–	–	–	–	17.0	10.0	35.5	20.0
	(300)	18.0	309	63		35	15	–	–	–	–	–	17.0	11.0	35.5	20.0
	315	18.0	324	63		35	15	–	–	–	–	–	17.0	11.0	35.5	20.0
	355	18.0	364	63		35	15	–	–	–	–	–	17.0	13.0	35.5	20.0
	400	20.4	409	71		40	20	–	–	–	–	–	17.5	15.0	40.0	22.4
	450	20.4	459	71		40	20	–	–	–	–	–	17.5	18.0	40.0	22.4
	500	20.4	509	71		40	20	–	–	–	–	–	17.5	20.0	40.0	22.4
	560	20.4	569	71		40	20	–	–	–	–	–	17.5	23.0	40.0	22.4
A형 2줄	(75)	14.0	84	50	35	28	–	15	22	–	–	–	17.0	2.8	28.0	16.0
	(80)	14.0	89	50		28	–	15	22	–	–	–	17.0	3.0	28.0	16.0
	(85)	14.0	94	50		28	–	15	22	–	–	–	17.0	3.3	28.0	16.0
	90	14.0	99	50		28	–	15	22	–	–	–	17.0	3.5	28.0	16.0
	95	14.0	104	50		28	–	15	22	–	–	–	17.0	3.8	28.0	16.0
	100	16.0	109	56		32	–	15	18	–	–	–	17.0	4.0	31.5	18.0
	106	16.0	115	56		32	–	15	18	–	–	–	17.0	4.3	31.5	18.0
	112	16.0	121	56		32	–	15	18	–	–	–	17.0	4.6	31.5	18.0
	118	16.0	127	56		32	–	15	18	–	–	–	17.0	5.0	31.5	18.0
	125	18.0	134	63		35	–	15	15	0	–	–	17.0	5.3	35.5	20.0
	132	18.0	141	63		35	–	15	15	0	–	–	17.0	5.7	35.5	20.0
	140	18.0	149	63		35	–	15	15	0	–	–	17.0	6.1	35.5	20.0
	150	18.0	159	63		35	–	15	15	0	–	–	17.0	9.7	35.5	20.0
	160	18.0	169	63		35	–	15	15	0	–	–	17.0	7.3	35.5	20.0
	180	18.0	189	63		35	–	15	15	0	–	–	17.0	8.4	35.5	20.0
	200	20.4	209	71		40	–	15	10	–	–	–	17.0	9.6	40.0	22.4
	221	20.4	233	71		40	–	15	10	–	–	–	17.0	11.0	40.0	22.4
	250	20.4	259	71		40	–	15	–	–	–	–	17.0	13.0	40.0	22.4
	280	20.4	289	71		40	–	15	–	–	–	–	17.0	15.0	40.0	22.4
	(300)	20.4	309	71		40	–	15	–	–	–	–	17.0	16.0	40.0	22.4
	315	26.0	324	80		45	10	–	–	–	–	–	17.5	17.0	45.0	28.0
	355	26.0	364	80		45	10	–	–	–	–	–	17.5	20.0	45.0	28.0
	400	26.0	409	80		45	10	–	–	–	–	–	17.5	23.0	45.0	28.0
	450	26.0	459	80		45	10	–	–	–	–	–	17.5	27.0	45.0	28.0
	500	29.5	509	90		50	15	–	–	–	–	–	17.5	30.0	50.0	31.5
	560	29.5	569	90		50	15	–	–	–	–	–	17.5	35.0	50.0	31.5
	630	29.5	639	90		50	15	–	–	–	–	–	17.5	41.0	50.0	31.5

12. V벨트 풀리 A형 모양 및 치수(홈부분은 제외)

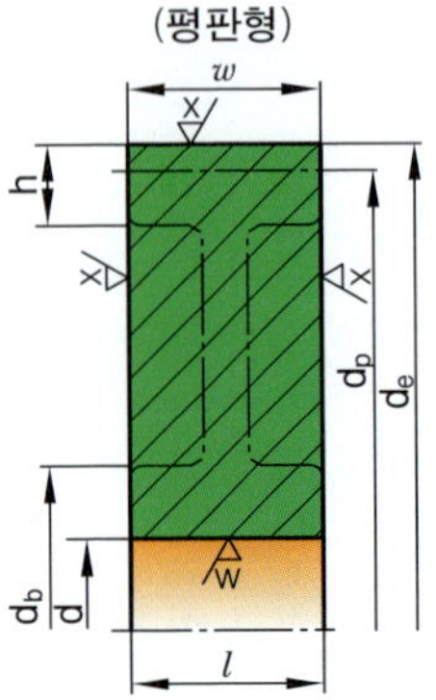

Ⅲ형

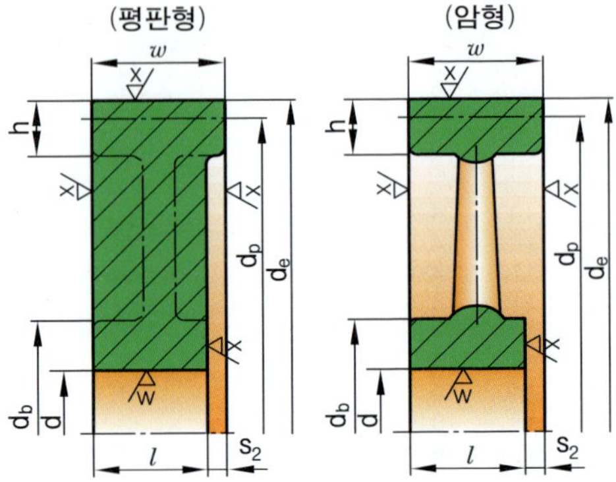

Ⅳ형

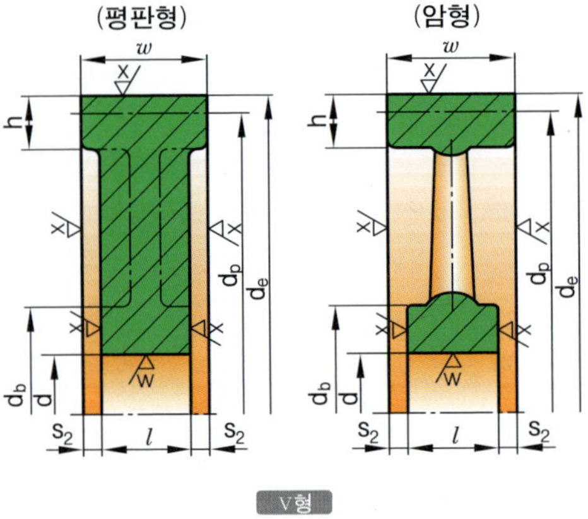

Ⅴ형

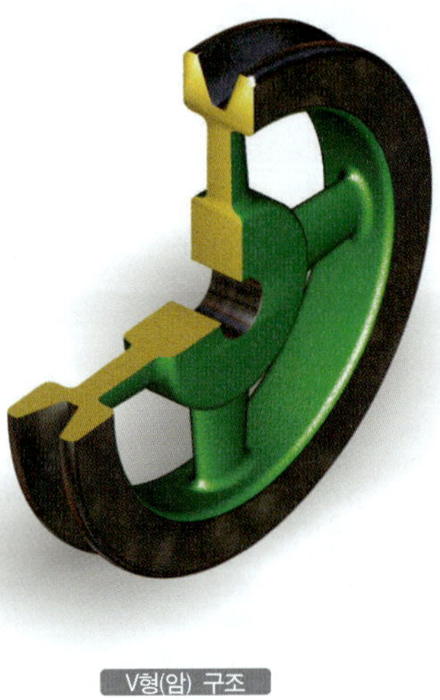

Ⅴ형(암) 구조

비고

1. 호칭 지름에 (   )를 붙인 것은 되도록 사용하지 않는다.
2. Ⅲ형은 림 및 허브의 양측면이 좌우가 각각 동일 평면상에 있는 것이며, 다른 형의 S_1, S_2에 상당하는 S_0의 값을 0으로 표시하였다.
3. 지름 d의 축구멍은 V벨트 풀리의 검사, 바깥둘레 흔들림, 림 측면 흔들림 및 불균형 중량 등의 측정을 하기 위한 것이다.

12. V벨트 풀리 A형 모양 및 치수(홈부분은 제외)

III형(평판) 구조

IV형(암) 구조

단위 : mm

종류 및 홈의 수	호칭 지름 (dp)	d (최대)	d_e	d_b	w	l	I형	II형		III형	IV형	V형	h 최소	불균형 중량의 허용값 (g)	(참고) 적용하는 축지름	
							S_1	S_1	S_2	S_0	S_2	S_2			최대	최소
A형 3줄	(75)	16.0	84	56	50	32	–	15	33	–	18	–	17.0	3.7	31.5	18.0
	(80)	16.0	89	56		32	–	15	33	–	18	–	17.0	4.0	31.5	18.0
	(85)	16.0	94	56		32	–	15	33	–	18	–	17.0	4.3	31.5	18.0
	90	16.0	99	56		32	–	15	33	–	18	–	17.0	4.7	31.5	18.0
	95	16.0	104	56		32	–	15	33	–	18	–	17.0	5.0	31.5	18.0
	100	18.0	109	63		35	–	15	30	–	15	–	17.0	5.4	35.5	20.0
	106	18.0	115	63		35	–	15	30	–	15	–	17.0	5.8	35.5	20.0
	112	18.0	121	63		35	–	15	30	–	15	–	17.0	6.2	35.5	20.0
	118	18.0	127	63		35	–	15	30	–	15	–	17.0	6.7	35.5	20.0
	125	18.0	134	63		35	–	15	30	–	15	–	17.0	7.1	35.5	20.0
	132	20.4	141	71		40	–	15	25	–	–	5.0	17.0	7.6	40.0	22.4
	140	20.4	149	71		40	–	15	25	–	–	5.0	17.0	8.2	40.0	22.4
	150	20.4	159	71		40	–	15	25	–	–	5.0	17.0	8.9	40.0	22.4
	160	20.4	169	71		40	–	15	25	–	–	5.0	17.0	9.7	40.0	22.4
	180	20.4	189	71		40	–	15	25	–	–	5.0	17.0	11.0	40.0	22.4
	200	20.4	209	71		40	–	15	25	–	–	5.0	17.0	13.0	40.0	22.4
	224	26.0	233	80		45	–	15	20	–	–	2.5	17.0	15.0.	45.0	28.0
	250	26.0	259	80		45	–	15	20	–	–	2.5	17.0	17.0	45.0	28.0
	280	26.0	289	80		45	–	15	20	–	–	2.5	17.0	19.0	45.0	28.0
	(300)	26.0	309	80		45	–	15	20	–	–	2.5	17.0	21.0	45.0	28.0
	315	29.5	324	90		50	–	15	15	0	–	–	17.5	23.0	50.0	31.5
	355	29.5	364	90		50	–	15	15	0	–	–	17.5	26.0	50.0	31.5
	400	29.5	409	90		50	–	15	15	0	–	–	17.5	30.0	50.0	31.5
	450	29.5	459	90		50	–	15	15	0	–	–	17.5	35.0	50.0	31.5
	500	33.5	509	100		63	13	–	–	–	–	–	17.5	40.0	56.0	35.5
	560	33.5	569	100		63	13	–	–	–	–	–	17.5	47.0	56.0	35.5
	630	33.5	639	100		63	13	–	–	–	–	–	17.5	54.0	56.0	35.5
	710	33.5	719	100		63	13	–	–	–	–	–	17.5	62.0	56.0	35.5

13. V벨트 풀리 A형 암의 모양 및 치수

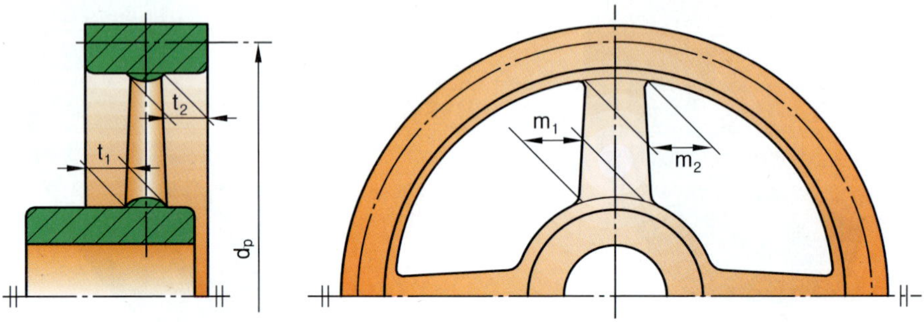

V벨트 풀리 암의 모양 및 치수

V벨트 풀리 암의 구조

13. V벨트 풀리 A형 암의 모양 및 치수

단위 : mm

종류	호칭 지름 (dp)	m_1	m_2	t_1	t_2	암의 수 (개)
A형 1줄	118	23	17	8	7	4
	125	23	17	8	7	4
	132	23	17	8	7	4
	140	23	17	8	7	4
	150	23	17	8	7	4
	160	26	19	9	8	4
	180	26	19	9	8	4
	200	26	19	9	8	4
	224	26	19	9	8	4
	250	30	22	10	9	4
	280	30	22	10	9	4
	(300)	30	22	10	9	4
	315	30	22	10	9	4
	355	30	22	10	9	4
	400	34	25	11	10	4
	450	34	25	11	10	4
	500	34	25	11	10	4
	560	34	25	11	10	4
A형 2줄	118	26	19	9	8	4
	125	26	19	9	8	4
	132	26	19	9	8	4
	140	26	19	9	8	4
	150	26	19	9	8	4
	160	28	20	10	9	4
	180	28	20	10	9	4
	200	32	22	11	10	4
	224	32	22	11	10	4
	250	32	22	11	10	4
	280	32	22	11	10	4
A형 2줄	(300)	32	22	11	10	4
	315	34	25	12	11	4
	355	34	25	12	11	4
	400	34	25	12	11	4
	450	34	25	12	11	4
	500	38	29	13	12	4
	560	38	29	13	12	4
	630	38	29	13	12	4
A형 3줄	118	28	20	10	9	4
	125	28	20	10	9	4
	132	28	20	10	9	4
	140	28	20	10	9	4
	150	30	20	10	9	4
	160	30	22	11	10	4
	180	30	22	11	10	4
	200	30	22	11	10	4
	224	33	24	11	10	4
	250	33	24	11	10	4
	280	33	24	11	10	4
	(300)	33	24	11	10	4
	315	36	26	13	12	4
	355	36	26	13	12	4
	400	36	26	13	12	4
	450	36	26	13	12	4
	500	40	30	15	14	4
	560	40	30	15	14	4
	630	40	30	15	14	4
	710	40	30	15	14	4
	–	–	–	–	–	–

14. V벨트 풀리 B형 모양 및 치수(홈부분은 제외)

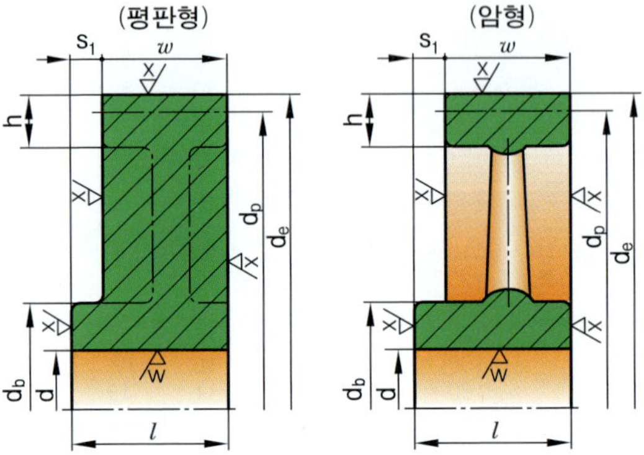

I형

I형(평판) 구조

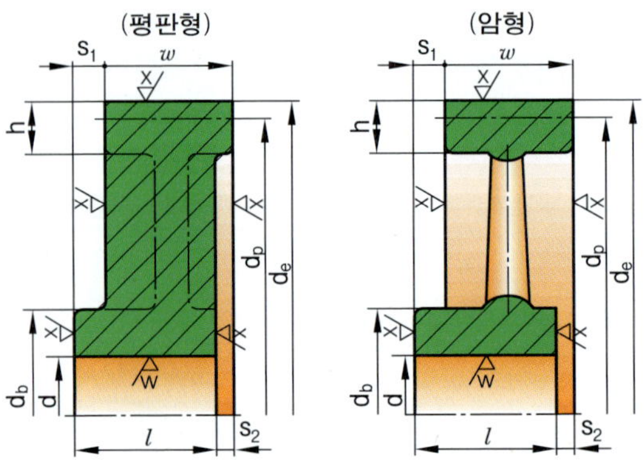

II형

II형(암) 구조

비고

1. 호칭 지름에 (　)를 붙인 것은 되도록 사용하지 않는다.
2. III형은 림 및 허브의 양측면이 좌우가 각각 동일 평면상에 있는 것이며, 다른 형의 S_1, S_2에 상당하는 S_0의 값을 0으로 표시하였다.
3. 지름 d의 축구멍은 V벨트 풀리의 검사, 바깥둘레 흔들림, 림 측면 흔들림 및 불균형 중량 등의 측정을 하기 위한 것이다.

14. V벨트 풀리 B형 모양 및 치수(홈부분은 제외)

단위 : mm

종류 및 홈의 수	호칭 지름 (dp)	d (최대)	d_e	d_b	w	l	I 형	II 형		III형	IV형	V 형	h 최소	불균형 중량의 허용값 (g)	(참고) 적용하는 축지름	
							S_1	S_1	S_2	S_0	S_2	S_2			최대	최소
B형 1줄	(125)	16.0	136	56	25	32	–	15	8	–	–	–	20.0	4.9	31.5	18.0
	(132)	16.0	143	56		32	–	15	8	–	–	–	20.0	5.2	31.5	18.0
	(140)	16.0	151	56		32	–	15	8	–	–	–	20.0	5.6	31.5	18.0
	150	16.0	161	56		32	–	15	8	–	–	–	20.0	6.1	31.5	18.0
	160	18.0	171	63		35	10	–	–	–	–	–	20.0	6.6	35.5	20.0
	170	18.0	181	63		35	10	–	–	–	–	–	20.0	7.1	35.5	20.0
	180	18.0	191	63		35	10	–	–	–	–	–	20.0	7.7	35.5	20.0
	200	18.0	211	63		35	10	–	–	–	–	–	20.0	8.8	35.5	20.0
	224	18.0	235	63		35	10	–	–	–	–	–	20.0	10.0	35.5	20.0
	250	20.4	261	71		40	15	–	–	–	–	–	20.0	12.0	40.0	22.4
	280	20.4	291	71		40	15	–	–	–	–	–	20.0	13.0	40.0	22.4
	(300)	20.4	311	71		40	15	–	–	–	–	–	20.0	15.0	40.0	22.4
	315	20.4	326	71		40	15	–	–	–	–	–	20.0	16.0	40.0	22.4
	355	20.4	366	71		40	15	–	–	–	–	–	20.0	18.0	40.0	22.4
	400	26.0	411	80		45	20	–	–	–	–	–	20.0	21.0	45.0	28.0
	450	26.0	461	80		45	20	–	–	–	–	–	20.5	24.0	45.0	28.0
	500	26.0	511	80		45	20	–	–	–	–	–	20.5	28.0	45.0	28.0
	560	26.0	571	80		45	20	–	–	–	–	–	20.5	32.0	45.0	28.0
	630	29.5	641	90		50	25	–	–	–	–	–	20.5	37.0	50.0	31.5
	710	29.5	721	90		50	25	–	–	–	–	–	20.5	43.0	50.0	31.5
B형 2줄	(125)	18.0	136	63	44	35	–	15	24	–	–	–	20.0	7.3	35.5	20.0
	(132)	18.0	143	63		35	–	15	24	–	–	–	20.0	7.8	35.5	20.0
	(140)	20.4	151	71		40	–	15	19	–	–	–	20.0	8.4	40.0	22.4
	150	20.4	161	71		40	–	15	19	–	–	–	20.0	9.2	40.0	22.4
	160	20.4	171	71		40	–	15	19	–	–	–	20.0	10.0	40.0	22.4
	170	20.4	181	71		40	–	15	19	–	–	–	20.0	11.0	40.0	22.4
	180	20.4	191	71		40	–	15	19	–	–	–	20.0	12.0	40.0	22.4
	200	26.0	211	80		44	–	15	15	0	–	–	20.0	13.0	45.0	28.0
	224	26.0	235	80		44	–	15	15	0	–	–	20.0	15.0	45.0	28.0
	250	26.0	261	80		44	–	15	15	0	–	–	20.0	17.0	45.0	28.0
	280	26.0	291	80		44	–	15	15	0	–	–	20.0	20.0	45.0	28.0
	(300)	26.0	311	80		44	–	15	15	0	–	–	20.0	22.0	45.0	28.0
	315	29.5	326	90		50	–	15	9	–	–	–	20.5	23.0	50.0	31.5
	355	29.5	366	90		50	–	15	9	–	–	–	20.5	27.0	50.0	31.5
	400	29.5	411	90		50	–	15	9	–	–	–	20.5	31.0	50.0	31.5
	450	29.5	461	90		50	–	15	9	–	–	–	20.5	36.0	50.0	31.5
	500	33.5	511	100		56	12	–	–	0	–	–	20.5	41.0	56.0	35.5
	560	33.5	571	100		56	12	–	–	0	–	–	20.5	47.0	56.0	35.5
	630	33.5	641	100		56	12	–	–	0	–	–	20.5	55.0	56.0	35.5
	710	33.5	721	100		56	12	–	–	0	–	–	20.5	64.0	56.0	35.5
B형 3줄	(125)	20.4	136	71	63	50	–	15	28	–	13	–	20.5	9.8	40.0	22.4
	(132)	20.4	143	71		50	–	15	28	–	13	–	20.5	10.0	40.0	22.4
	(140)	20.4	151	71		50	–	15	28	–	13	–	20.5	11.0	40.0	22.4
	150	20.4	161	71		50	–	15	28	–	13	–	20.5	12.0	40.0	22.4
	160	20.4	171	71		50	–	15	28	–	13	–	20.5	13.0	40.0	22.4
	170	26.0	181	80		56	–	15	22	–	–	3.5	20.5	14.0	45.0	28.0
	180	26.0	191	80		56	–	15	22	–	–	3.5	20.5	15.0	45.0	28.0
	200	26.0	211	80		56	–	15	22	–	–	3.5	20.5	17.0	45.0	28.0
	224	29.5	235	90		63	–	15	15	0	–	–	20.5	20.0	50.0	31.5
	250	29.5	261	90		63	–	15	15	0	–	–	20.5	23.0	50.0	31.5
	280	29.5	291	90		63	–	15	15	0	–	–	20.5	27.0	50.0	31.5
	(300)	29.5	311	90		63	–	15	15	0	–	–	20.5	29.0	50.0	31.5
	315	33.5	326	100		71	8	–	–	–	–	–	20.5	31.0	56.0	35.5
	355	33.5	366	100		71	8	–	–	–	–	–	21.0	36.0	56.0	35.5
	400	33.5	411	100		71	8	–	–	–	–	–	21.0	41.0	56.0	35.5
	450	33.5	461	100		71	8	–	–	–	–	–	21.0	48.0	56.0	35.5
	500	43.0	511	112		71	8	–	–	–	–	–	21.0	55.0	63.0	45.0
	560	43.0	571	112		71	8	–	–	–	–	–	21.0	63.0	63.0	45.0
	630	43.0	641	112		71	8	–	–	–	–	–	21.0	73.0	63.0	45.0
	710	43.0	721	112		71	8	–	–	–	–	–	21.0	84.0	63.0	45.0

14. V벨트 풀리 B형 모양 및 치수(홈부분은 제외)

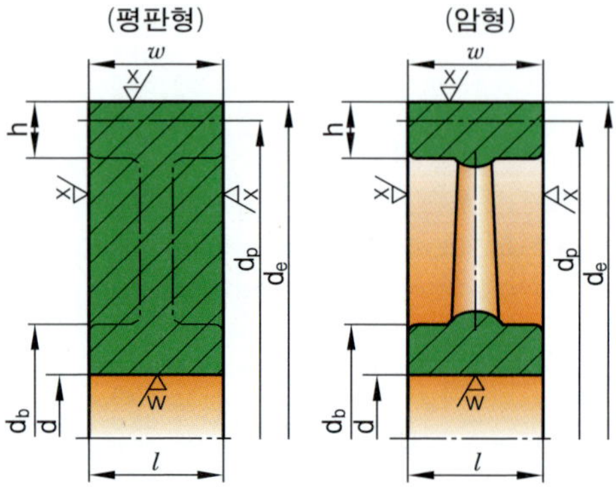

III형

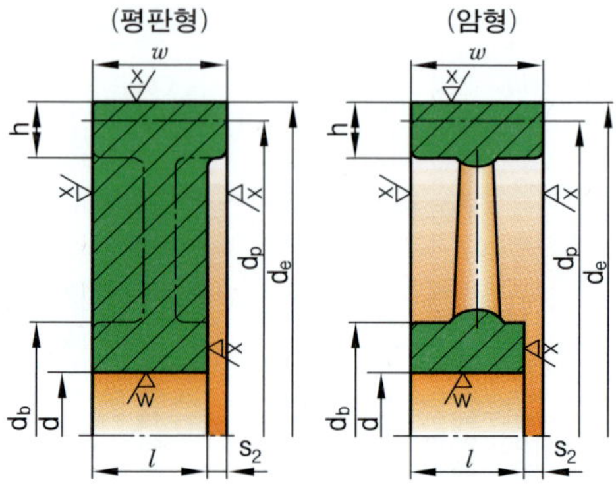

IV형

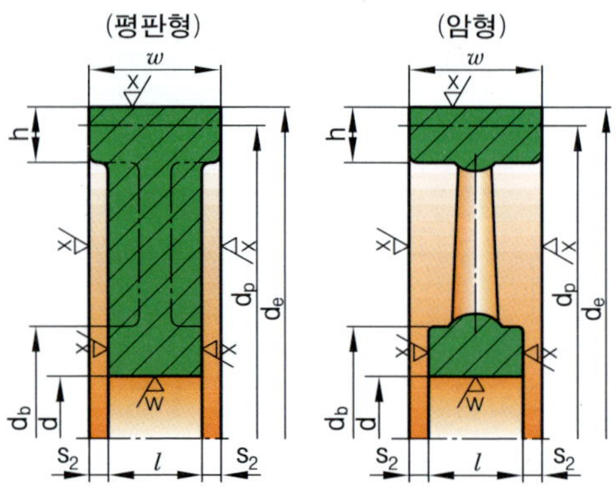

V형

V형(암) 구조

비고

1. 호칭 지름에 (　)를 붙인 것은 되도록 사용하지 않는다.
2. III형은 림 및 허브의 양측면이 좌우가 각각 동일 평면상에 있는 것이며, 다른 형의 S_1, S_2에 상당하는 S_0의 값을 0으로 표시하였다.
3. 지름 d의 축구멍은 V벨트 풀리의 검사, 바깥둘레 흔들림, 림 측면 흔들림 및 불균형 중량 등의 측정을 하기 위한 것이다.

14. V벨트 풀리 B형 모양 및 치수(홈부분은 제외)

III형(평판) 구조

IV형(암) 구조

단위 : mm

종류 및 홈의 수	호칭 지름 (dp)	d (최대)	d_e	d_b	w	l	I 형	II 형		III형	IV형	V 형	h 최소	불균형 중량의 허용값 (g)	(참고) 적용하는 축지름	
							S_1	S_1	S_2	S_0	S_2	S_2			최대	최소
B형 4줄	(125)	20.4	136	71	82	50	–	–	–	–	32	–	20.5	12.0	40.0	22.4
	(132)	20.4	143	71		50	–	–	–	–	32	–	20.5	13.0	40.0	22.4
	(140)	26.0	151	80		56	–	–	–	–	26	13.0	20.5	14.0	45.0	28.0
	150	26.0	161	80		56	–	–	–	–	26	13.0	20.5	15.0	45.0	28.0
	160	26.0	171	80		56	–	–	–	–	26	13.0	20.5	17.0	45.0	28.0
	170	29.5	181	90		63	–	–	–	–	–	9.5	20.5	18.0	50.0	31.5
	180	29.5	191	90		63	–	–	–	–	–	9.5	20.5	19.0	50.0	31.5
	200	29.5	211	90		63	–	–	–	–	–	9.5	20.5	22.0	50.0	31.5
	224	33.5	235	100		71	–	–	–	–	–	5.5	21.0	25.0	56.0	35.5
	250	33.5	261	100		71	–	–	–	–	–	5.5	21.0	29.0	56.0	35.5
	280	33.5	291	100		71	–	–	–	–	–	5.5	21.0	33.0	56.0	35.5
	(300)	33.5	311	100		71	–	–	–	–	–	5.5	21.0	36.0	56.0	35.5
	315	33.5	326	100		71	–	–	–	–	–	5.5	21.0	39.0	56.0	35.5
	355	33.5	366	100		71	–	–	–	–	–	5.5	21.0	45.0	56.0	35.5
	400	43.0	411	112		71	–	–	–	–	–	5.5	21.0	52.0	63.0	45.0
	450	43.0	461	112		71	–	–	–	–	–	5.5	21.0	60.0	63.0	45.0
	500	43.0	511	112		71	–	–	–	–	–	5.5	21.0	69.0	63.0	45.0
	560	43.0	571	112		71	–	–	–	–	–	5.5	21.0	79.0	63.0	45.0
	630	48.0	641	125		82	–	–	–	0	–	–	21.5	91.0	71.0	50.0
	710	48.0	721	125		82	–	–	–	0	–	–	21.5	110	71.0	50.0
B형 5줄	(125)	26.0	136	80	101	56	–	–	–	–	45	22.5	21.0	15.0	45.0	28.0
	(132)	26.0	143	80		56	–	–	–	–	45	22.5	21.0	16.0	45.0	28.0
	(140)	26.0	151	80		56	–	–	–	–	45	22.5	21.0	17.0	45.0	28.0
	150	26.0	161	80		56	–	–	–	–	45	22.5	21.0	19.0	45.0	28.0
	160	29.5	171	90		63	–	–	–	–	38	19.0	21.0	20.0	50.0	31.5
	170	29.5	181	90		63	–	–	–	–	38	19.0	21.0	22.0	50.0	31.5
	180	29.5	191	90		63	–	–	–	–	38	19.0	21.0	23.0	50.0	31.5
	200	33.5	211	100		71	–	–	–	–	–	15.0	21.5	27.0	56.0	35.5
	224	33.5	235	100		71	–	–	–	–	–	15.0	21.5	31.0	56.0	35.5
	250	33.5	261	100		71	–	–	–	–	–	15.0	21.5	35.0	56.0	35.5
	280	33.5	291	100		71	–	–	–	–	–	15.0	21.5	41.0	56.0	35.5
	(300)	33.5	311	100		71	–	–	–	–	–	15.0	21.5	44.0	56.0	35.5
	315	43.0	326	112		71	–	–	–	–	–	15.0	21.5	47.0	63.0	45.0
	355	43.0	366	112		71	–	–	–	–	–	15.0	21.5	55.0	63.0	45.0
	400	43.0	411	112		71	–	–	–	–	–	15.0	21.5	63.0	63.0	45.0
	450	43.0	461	112		71	–	–	–	–	–	15.0	21.5	73.0	63.0	45.0
	500	48.0	511	125		80	–	–	–	–	–	10.5	22.0	84.0	71.0	50.0
	560	48.0	571	125		80	–	–	–	–	–	10.5	22.0	96.0	71.0	50.0
	630	48.0	641	125		80	–	–	–	–	–	10.5	22.0	110.0	71.0	50.0
	710	48.0	721	125		80	–	–	–	–	–	10.5	22.0	130.0	71.0	50.0

15. V벨트 풀리 B형 암의 모양 및 치수

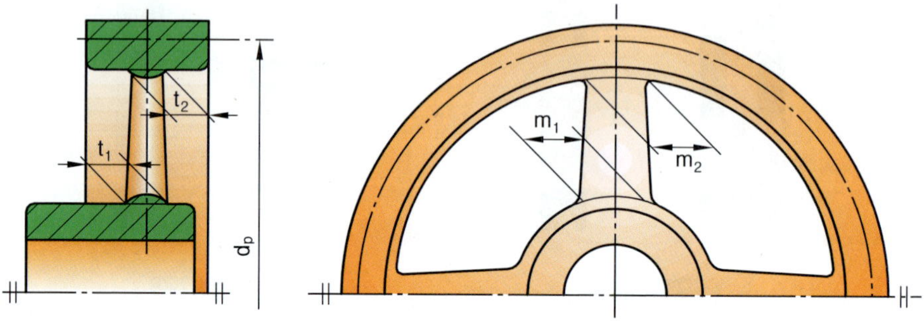

V벨트 풀리 암의 모양 및 치수

V벨트 풀리 암의 구조

15. V벨트 풀리 B형 암의 모양 및 치수

단위 : mm

종류	호칭 지름 (dp)	m_1	m_2	t_1	t_2	암의 수 (개)
B형 1줄	(140)	26	19	9	8	4
	150	26	19	9	8	4
	160	26	19	9	8	4
	170	28	20	10	9	4
	180	28	20	10	9	4
	200	28	20	10	9	4
	224	28	20	10	9	4
	250	30	22	11	10	4
	280	30	22	11	10	4
	(300)	30	22	11	10	4
	315	30	22	11	10	4
	355	30	22	11	10	4
	400	34	25	12	11	4
	450	34	25	12	11	4
	500	34	25	12	11	4
	560	34	25	12	11	4
	630	38	28	13	12	5
	710	38	28	13	12	5
B형 2줄	(140)	28	20	10	9	4
	150	28	20	10	9	4
	160	28	20	10	9	4
	170	30	22	11	10	4
	180	30	22	11	10	4
	200	31	23	12	11	4
	224	31	23	12	11	4
	250	31	23	12	11	4
	280	31	23	12	11	4
	(300)	31	23	12	11	4
	315	34	25	13	12	4
	355	34	25	13	12	4
	400	34	25	13	12	4
	450	34	25	13	12	4
	500	39	29	14	13	4
	560	39	29	14	13	4
	630	39	29	14	13	5
	710	39	29	14	13	5
B형 3줄	(140)	30	22	11	10	4
	150	30	22	11	10	4
	160	30	22	11	10	4
	170	32	23	12	11	4
	180	32	23	12	11	4
	200	32	23	12	11	4
	224	34	25	13	12	4
	250	34	25	13	12	4
	280	34	25	13	12	4
	(300)	34	25	13	12	4
	315	36	27	14	13	4
	355	36	27	14	13	4
	400	36	27	14	13	4
	450	36	27	14	13	4
	500	40	30	15	14	4
	560	40	30	15	14	4
	630	40	30	15	14	5
	710	40	30	15	14	5
	800	45	35	18	17	6
	900	45	35	18	17	6

종류	호칭 지름 (dp)	m_1	m_2	t_1	t_2	암의 수 (개)
B형 4줄	(140)	32	23	12	11	4
	150	32	23	12	11	4
	160	32	23	12	11	4
	170	33	24	13	12	4
	180	33	24	13	12	4
	200	33	24	13	12	4
	224	36	27	14	13	4
	250	36	27	14	13	4
	280	36	27	14	13	4
	(300)	36	27	14	13	4
	315	36	27	14	13	4
	355	36	27	14	13	4
	400	41	31	17	16	4
	450	41	31	17	16	4
	500	41	31	17	16	4
	560	41	31	17	16	4
	630	46	34	19	18	5
	710	46	34	19	18	5
	800	46	34	19	18	6
	900	46	34	19	18	6
B형 5줄	(140)	33	24	13	12	4
	150	33	24	13	12	4
	160	33	24	13	12	4
	170	35	26	14	13	4
	180	35	26	14	13	4
	200	37	27	15	14	4
	224	37	27	15	14	4
	250	37	27	15	14	4
	280	37	27	15	14	4
	(300)	37	27	15	14	4
	315	40	30	17	16	4
	355	40	30	17	16	4
	400	40	30	17	16	4
	450	40	30	17	16	4
	500	46	34	20	18	4
	560	46	34	20	18	4
	630	46	34	20	18	5
	710	46	34	20	18	5
	800	50	38	23	21	6
	900	50	38	23	21	6
	-	-	-	-	-	-
	-	-	-	-	-	-
	-	-	-	-	-	-
	-	-	-	-	-	-
	-	-	-	-	-	-
	-	-	-	-	-	-
	-	-	-	-	-	-
	-	-	-	-	-	-
	-	-	-	-	-	-
	-	-	-	-	-	-
	-	-	-	-	-	-
	-	-	-	-	-	-
	-	-	-	-	-	-
	-	-	-	-	-	-
	-	-	-	-	-	-
	-	-	-	-	-	-

16. V벨트 풀리 C형 모양 및 치수(홈부분은 제외)

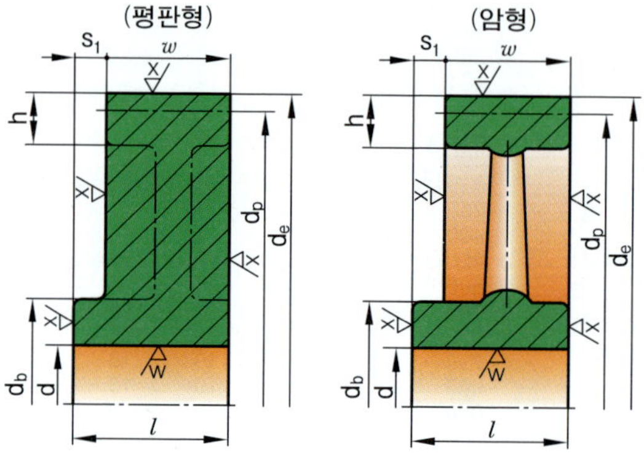

I 형

I 형(암) 구조

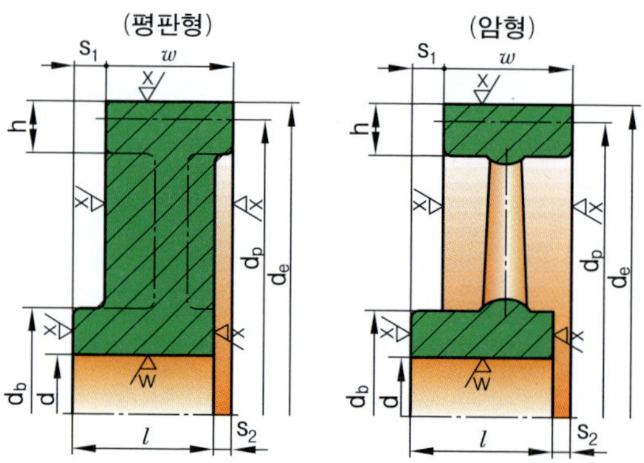

II형

II형(암) 구조

비고

1. 호칭 지름에 (　)를 붙인 것은 되도록 사용하지 않는다.
2. 지름 d의 축구멍은 V벨트 풀리의 검사, 바깥둘레 흔들림, 림 측면 흔들림 및 불균형 중량 등의 측정을 하기 위한 것이다.

16. V벨트 풀리 C형 모양 및 치수(홈부분은 제외)

단위 : mm

종류 및 홈의 수	호칭 지름 (dp)	d (최대)	d_e	d_b	w	l	Ⅰ형	Ⅱ형		Ⅲ형	Ⅳ형	Ⅴ형	h 최소	불균형 중량의 허용값 (g)	(참고) 적용하는 축지름	
							S_1	S_1	S_2	S_0	S_2	S_2			최대	최소
C형 3줄	(200)	29.5	214	90	85	63	–	–	–	–	–	11.0	25.5	26.0	50.0	31.5
	(212)	29.5	226	90		63	–	–	–	–	–	11.0	25.5	28.0	50.0	31.5
	(224)	29.5	238	90		63	–	–	–	–	–	11.0	25.5	29.0	50.0	31.5
	236	33.5	250	100		71	–	–	–	–	–	7.0	25.5	31.0	56.0	35.5
	250	33.5	264	100		71	–	–	–	–	–	7.0	25.5	34.0	56.0	35.5
	265	33.5	279	100		71	–	–	–	–	–	7.0	25.5	37.0	56.0	35.5
	280	33.5	294	100		71	–	–	–	–	–	7.0	25.5	39.0	56.0	35.5
	300	33.5	314	100		71	–	–	–	–	–	7.0	25.5	42.0	56.0	35.5
	315	43.0	329	112		71	–	–	–	–	–	7.0	26.0	45.0	63.0	45.0
	355	43.0	369	112		71	–	–	–	–	–	7.0	26.0	53.0	63.0	45.0
	400	48.0	414	125		80	–	–	–	–	–	2.5	26.0	61.0	71.0	50.0
	450	48.0	464	125		80	–	–	–	–	–	2.5	26.0	70.0	71.0	50.0
	500	48.0	514	125		80	–	–	–	–	–	2.5	26.0	81.0	71.0	50.0
	560	48.0	574	125		80	–	–	–	–	–	2.5	26.0	92.0	71.0	50.0
	630	54.0	644	140		80	–	–	–	–	–	2.5	26.5	110.0	80.0	56.0
	710	54.0	724	140		80	–	–	–	–	–	2.5	26.5	120.0	80.0	56.0
	800	54.0	814	140		80	–	–	–	–	–	2.5	26.5	140.0	80.0	56.0
	900	54.0	914	140		80	–	–	–	–	–	2.5	26.5	170.0	80.0	56.0
C형 4줄	(200)	33.5	214	100	110.5	71	–	–	–	–	–	19.75	25.5	32.0	56.0	35.5
	(212)	33.5	226	100		71	–	–	–	–	–	19.75	25.5	34.0	56.0	35.5
	(224)	33.5	238	100		71	–	–	–	–	–	19.75	25.5	37.0	56.0	35.5
	236	33.5	250	100		71	–	–	–	–	–	79.75	25.5	39.0	56.0	35.5
	250	42.0	264	112		80	–	–	–	–	–	15.25	25.5	42.0	63.0	45.0
	265	42.0	279	112		80	–	–	–	–	–	15.25	25.5	46.0	63.0	45.0
	280	42.0	294	112		80	–	–	–	–	–	15.25	25.5	49.0	63.0	45.0
	300	48.0	314	125		90	–	–	–	–	–	10.25	26.0	53.0	71.0	50.0
	315	48.0	329	125		90	–	–	–	–	–	10.25	26.0	57.0	71.0	50.0
	355	48.0	369	125		90	–	–	–	–	–	10.25	26.0	66.0	71.0	50.0
	400	48.0	414	125		90	–	–	–	–	–	10.25	26.0	76.0	71.0	50.0
	450	48.0	464	125		90	–	–	–	–	–	10.25	26.0	88.0	71.0	50.0
	500	54.0	514	140		100	–	–	–	–	–	5.25	26.5	100.0	80.0	56.0
	560	54.0	574	140		100	–	–	–	–	–	5.25	26.5	110.0	80.0	56.0
	630	54.0	644	140		100	–	–	–	–	–	5.25	26.5	130.0	80.0	56.0
	710	54.0	724	140		100	–	–	–	–	–	5.25	26.5	150.0	80.0	56.0
	800	61.0	814	160		100	–	–	–	–	–	5.25	26.5	180.0	90.0	63.0
	900	61.0	914	160		100	–	–	–	–	–	5.25	26.5	210.0	90.0	63.0
C형 5줄	(200)	43.0	214	112	136	80	–	–	–	–	–	28.0	26.0	39.0	63.0	45.0
	(212)	43.0	226	112		80	–	–	–	–	–	28.0	26.0	41.0	63.0	45.0
	(224)	43.0	238	112		80	–	–	–	–	–	28.0	26.0	45.0	63.0	45.0
	236	43.0	250	112		80	–	–	–	–	–	28.0	26.0	48.0	63.0	45.0
	250	43.0	264	112		80	–	–	–	–	–	28.0	26.0	51.0	63.0	45.0
	265	48.0	279	125		90	–	–	–	–	–	23.0	26.0	55.0	71.0	50.0
	280	48.0	294	125		90	–	–	–	–	–	23.0	26.0	59.0	71.0	50.0
	300	48.0	314	125		90	–	–	–	–	–	23.0	26.0	64.0	71.0	50.0
	315	48.0	329	125		90	–	–	–	–	–	23.0	26.0	68.0	71.0	50.0
	355	48.0	369	125		90	–	–	–	–	–	23.0	26.0	79.0	71.0	50.0
	400	54.0	414	140		100	–	–	–	–	–	18.0	26.5	92.0	80.0	56.0
	450	54.0	464	140		100	–	–	–	–	–	18.0	26.5	110.0	80.0	56.0
	500	54.0	514	140		100	–	–	–	–	–	18.0	26.5	120.0	80.0	56.0
	560	54.0	574	140		100	–	–	–	–	–	18.0	26.5	140.0	80.0	56.0
	630	54.0	644	140		100	–	–	–	–	–	18.0	26.5	160.0	80.0	56.0
	710	54.0	724	140		100	–	–	–	–	–	18.0	26.5	190.0	80.0	56.0
	800	61.0	814	160		112	–	–	–	–	–	12.0	26.5	220.0	90.0	63.0
	900	61.0	914	160		112	–	–	–	–	–	12.0	26.5	250.0	90.0	63.0

16. V벨트 풀리 C형 모양 및 치수(홈부분은 제외)

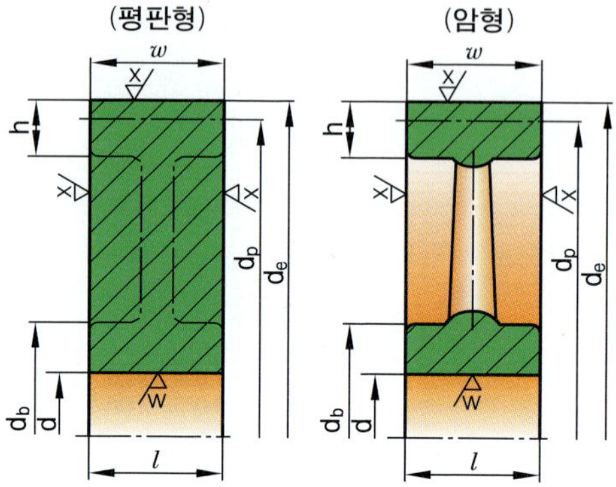

III형

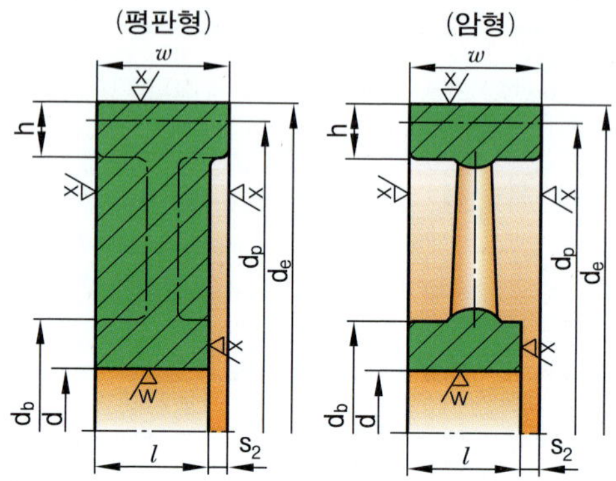

IV형

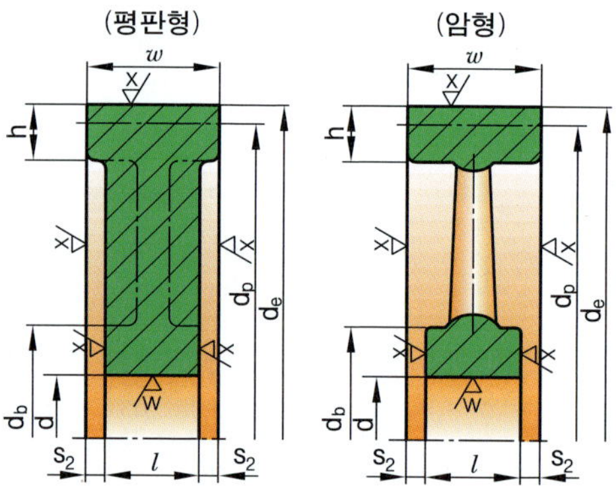

V형

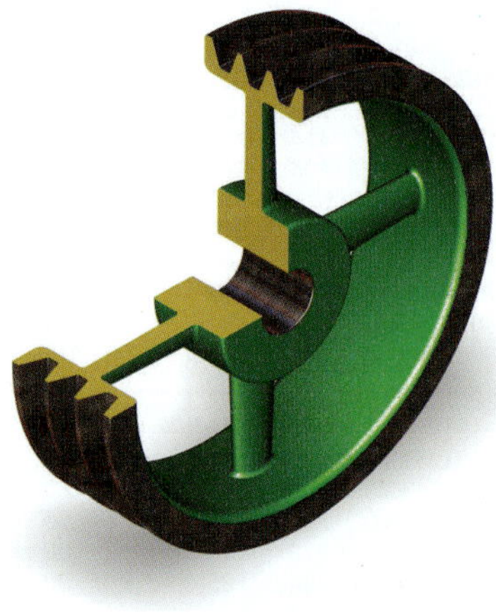

V형(암) 구조

비고

1. 호칭 지름에 ( )를 붙인 것은 되도록 사용하지 않는다.
2. 지름 d의 축구멍은 V벨트 풀리의 검사, 바깥둘레 흔들림, 림 측면 흔들림 및 불균형 중량 등의 측정을 하기 위한 것이다.

16. V벨트 풀리 C형 모양 및 치수(홈부분은 제외)

단위 : mm

III형(암) 구조

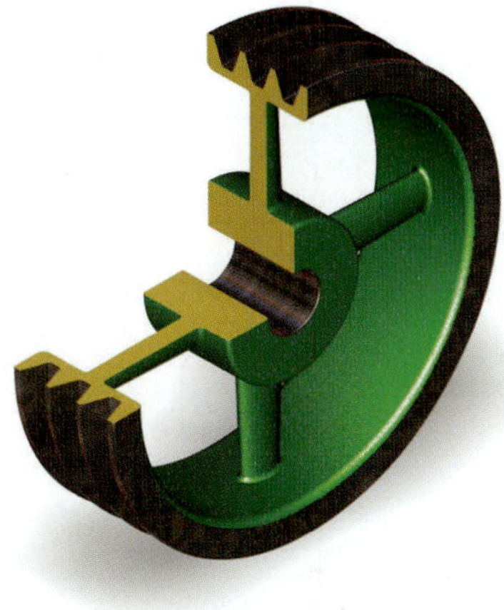

IV형(암) 구조

종류 및 홈의 수	호칭 지름 (dp)	d (최대)	d_e	d_b	w	l	I 형	II 형		III형	IV형	V 형	h 최소	불균형 중량의 허용값 (g)	(참고) 적용하는 축지름	
							S_1	S_1	S_2	S_0	S_2	S_2			최대	최소
C형 6개	(200)	43.0	214	112	161.5	90	-	-	-	-	-	35.75	26.0	45.0	63.0	45.0
	(212)	43.0	226	112		90	-	-	-	-	-	35.75	26.0	48.0	63.0	45.0
	(224)	43.0	238	112		90	-	-	-	-	-	35.75	26.0	52.0	63.0	45.0
	236	48.0	250	125		100	-	-	-	-	-	30.75	26.0	55.0	71.0	50.0
	250	48.0	264	125		100	-	-	-	-	-	30.75	26.0	59.0	71.0	50.0
	265	48.0	279	125		100	-	-	-	-	-	30.75	26.0	64.0	71.0	50.0
	280	48.0	294	125		100	-	-	-	-	-	30.75	26.0	69.0	71.0	50.0
	300	48.0	314	125		100	-	-	-	-	-	30.75	26.0	75.0	71.0	50.0
	315	54.0	329	140		112	-	-	-	-	-	24.75	26.5	80.0	80.0	56.0
	355	54.0	369	140		112	-	-	-	-	-	24.75	26.5	92.0	80.0	56.0
	400	54.0	414	140		112	-	-	-	-	-	24.75	26.5	110.0	80.0	56.0
	450	54.0	464	140		112	-	-	-	-	-	24.75	26.5	120.0	80.0	56.0
	500	54.0	514	140		112	-	-	-	-	-	24.75	26.5	140.0	80.0	56.0
	560	54.0	574	140		112	-	-	-	-	-	24.75	26.5	160.0	80.0	56.0
	630	54.0	644	140		112	-	-	-	-	-	24.75	26.5	190.0	80.0	56.0
	710	61.0	724	160		125	-	-	-	-	-	18.25	27.0	210.0	90.0	63.0
	800	61.0	814	160		125	-	-	-	-	-	18.25	27.0	250.0	90.0	63.0
	900	61.0	914	160		125	-	-	-	-	-	18.25	27.0	290.0	90.0	63.0

17. V벨트 풀리 C형 암의 모양 및 치수

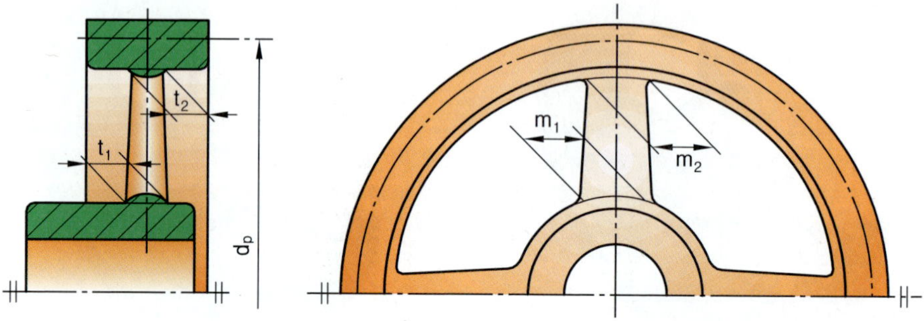

V벨트 풀리 암의 모양 및 치수

V벨트 풀리 암의 구조

17. V벨트 풀리 C형 암의 모양 및 치수

단위 : mm

종류	호칭 지름 (d_p)	m_1	m_2	t_1	t_2	암의 수(개)
C형 3개	(200)	35	28	13	12	4
	(212)	35	28	13	12	4
	(224)	35	28	13	12	4
	236	36	29	14	13	4
	250	36	29	14	13	4
	265	36	29	14	13	4
	280	36	29	14	13	4
	300	36	29	14	13	4
	315	38	30	15	14	4
	355	38	30	15	14	4
	400	42	33	17	15	4
	450	42	33	17	15	4
	500	42	33	17	15	4
	560	42	33	17	15	4
	630	45	35	20	18	5
	710	45	35	20	18	5
	800	45	35	20	18	6
	900	45	35	20	18	6
C형 4개	(200)	38	30	14	13	4
	(212)	38	30	14	13	4
	(224)	38	30	14	13	4
	236	38	30	14	13	4
	250	40	32	15	14	4
	265	40	32	15	14	4
	280	40	32	15	14	4
	300	42	33	16	15	4
	315	42	33	16	15	4
	355	42	33	16	15	4
	400	42	33	16	15	4
	450	42	33	16	15	4
	500	46	36	18	16	4
	560	46	36	18	16	5
	630	46	36	18	16	5
	710	46	36	18	16	5
	800	50	40	22	20	6
	900	50	40	22	20	6

종류	호칭 지름 (d_p)	m_1	m_2	t_1	t_2	암의 수(개)
C형 5개	(200)	40	32	15	14	4
	(212)	40	32	15	14	4
	(224)	40	32	15	14	4
	236	40	32	15	14	4
	250	40	32	15	14	4
	265	43	33	16	15	4
	280	43	33	16	15	4
	300	44	35	17	16	4
	315	44	35	17	16	4
	355	44	35	17	16	4
	400	48	38	20	18	4
	450	48	38	20	18	4
	500	48	38	20	18	4
	560	48	38	20	18	4
	630	48	38	20	18	5
	710	48	38	20	18	5
	800	54	42	24	20	6
	900	54	42	24	20	6
C형 6개	(200)	42	33	16	15	4
	(212)	42	33	16	15	4
	(224)	42	33	16	15	4
	236	44	35	17	16	4
	250	44	35	17	16	4
	265	44	35	17	16	4
	280	44	35	17	16	4
	300	44	35	17	16	4
	315	48	38	20	18	4
	355	48	38	20	18	4
	400	48	38	20	18	4
	450	48	38	20	18	4
	500	48	38	20	18	4
	560	48	38	20	18	4
	630	48	38	20	18	5
	710	56	44	25	22	5
	800	56	44	25	22	6
	900	56	44	25	22	6

18. 가는 나비 V풀리

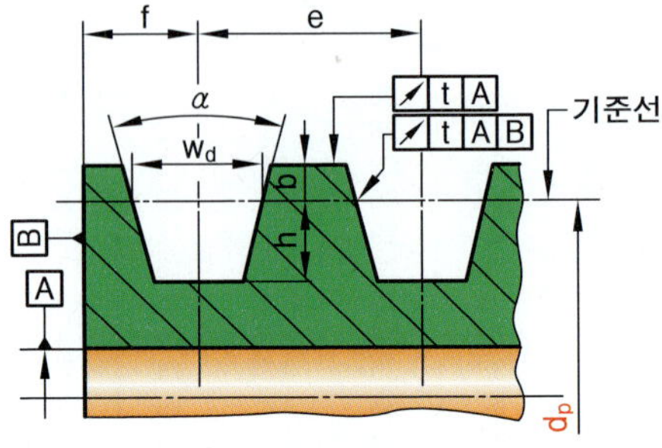

단위 : mm

형별	d_p (호칭지름)	α (홈의 각)	w_d (기준나비)	b 최소	h 최소	e(1)	공차 e(2)	편차의 합 e(3)	f 최소
SPZ	63 이상 80 이하 80 초과 630 이하	34±0.5° 38±0.5°	8.5	2	9	12	±0.3	±0.6	7
SPA	90 이상 118 이하 118 초과 800 이하	34±0.5° 38±0.5°	11	2.75	11	15			9
SPB	140 이상 190 이하 190 초과 1120 이하	34±0.5° 38±0.5°	14	3.5	14	19	±0.4	±0.8	11.5
SPC	224 이상 315 이하 315 초과 2000 이하	34±0.5° 38±0.5°	19	4.8	19	25.5	±0.5	±1	16

주

(1) 치수 e에 대하여 특별한 경우 더 높은 값을 사용하여도 좋다.
e의 치수가 규격에 확실하게 포함되지 않을 때에는 표준화된 풀리 사용을 권한다.
(2) 공차는 연속적인 홈의 두 축 사이의 거리에 적용된다.
(3) 하나의 풀리에서 모든 홈에 대하여 호칭값 e로부터 발생되는 모든 편차의 합은 표의 값 이내이어야 한다.

01 흔들림 허용차

단위 : mm

d_p(호칭지름)	기준지름(d_p) 흔들림 허용차(t)	바깥둘레 흔들림 허용차(t)
63 초과 100 이하	0.2	0.2
106 초과 160 이하	0.3	0.3
170 초과 250 이하	0.4	0.4
260 초과 400 이하	0.5	0.5
425 초과 630 이하	0.6	0.6
670 초과 1000 이하	0.8	0.8
1060 초과 1600 이하	1.0	1.0
1700 초과 2500 이하	1.2	1.2

18-A. 맞변거리의 치수

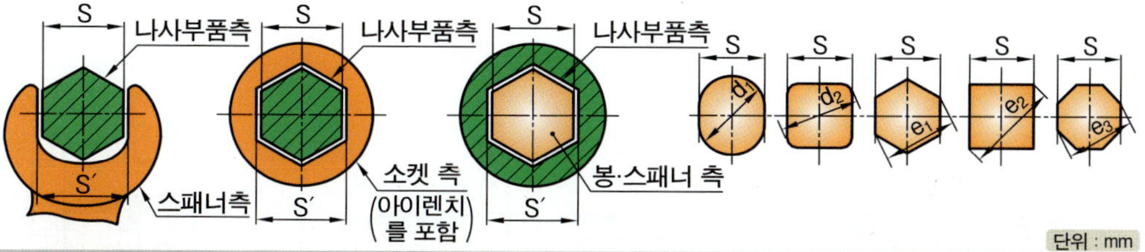

단위 : mm

맞변거리의 호칭	맞변거리 (s 및 s') 기준 치수	맞변거리 (s 및 s') 허용차	맞모거리(참고)([1]) d_1	d_2	e_1	e_2	e_3
* 0.7	0.7		–	–	0.81	–	–
* 0.9	0.9		–	–	1.04	–	–
* 1.3	1.3		–	–	1.50	–	–
* 1.5	1.5		–	–	1.73	–	–
* 2	2		–	–	2.31	–	–
* 2.5	2.5		–	–	2.89	–	–
* 3	3		–	–	3.46	–	–
3.2	3.2		4	4.2	3.70	4.53	–
4	4		5	5.3	4.62	5.66	–
▼4.5	4.5		5.5	6.0	5.20	6.36	–
5	5		6	6.5	5.77	7.07	–
5.5	5.5		7	7.1	6.35	7.78	–
* 6	6		7	8	6.93	8.49	–
7	7		8	9	8.08	9.90	–
8	8		9	10	9.24	11.3	–
10	10	([3])	12	13	11.5	14.1	–
11	11		13	14.5	12.7	15.6	–
*12	12		14	16	13.9	17.0	–
13	13		15	17	15.0	18.4	–
*14	14		16	18	16.2	19.8	–
15([2])	15		17	19	17.3	21.2	–
16	16		18	20	18.5	22.6	–
*17	17		19	22	19.6	24.0	–
18	18		20	23	20.8	25.5	–
*19	19		22	25	21.9	26.9	–
21	21		24	27	24.2	29.7	–
*22	22		26	29	25.4	31.1	–
24	24		28	32	27.7	33.9	–
27	27		32	36	31.2	38.2	–
30	30		36	40	34.6	42.4	–
▼32	32		38	42	37.0	45.3	34.6

맞변거리의 호칭	맞변거리 (s 및 s') 기준 치수	맞변거리 (s 및 s') 허용차	맞모거리(참고)([1]) d_1	d_2	e_1	e_2	e_3
34	34		40	45	39.3	48.1	36.8
36	36		42	48	41.6	50.9	39.0
41	41		48	54	47.3	58.0	44.4
46	46		55	60	53.1	65.1	49.8
50	50		60	65	57.7	70.7	54.1
55	55		65	71	63.5	77.8	59.6
60	60		70	80	69.3	84.9	65.0
65	65		75	85	75.0	91.5	70.3
70	70		85	92	80.8	99.0	75.7
75	75		90	98	86.5	106	81.2
80	80		95	105	92.4	113	86.6
85	85		100	112	98.1	120	92.0
90	90		105	118	104	127	97.4
95	95		110	125	110	134	103
100	100		115	132	115	141	108
105	105	([3])	120	138	121	148	114
110	110		130	145	127	156	119
115	115		135	152	133	163	124
120	120		140	160	139	170	130
130	130		–	–	150	–	141
135	135		–	–	156	–	146
145	145		–	–	167	–	157
150	150		–	–	173	–	162
155	155		–	–	179	–	168
165	165		–	–	191	–	179
170	170		–	–	196	–	184
180	180		–	–	208	–	195
185	185		–	–	214	–	200
200	200		–	–	231	–	216
210	210		–	–	242	–	227
220	▼220		–	–	254	–	238

주

([1]) 이 란에 나타내는 e_1, e_2 및 e_3의 값은 각각의 맞변거리 (s)가 기준 치수일 때의 계산값이다.
또한, 나사부품측의 맞변거리 (s)에 대한 맞모 거리의 최소값은 KS B 2038(나사부품의 공차 방식) 또는 나사부품의 개별규격에 따른다.

([2]) 이 맞변거리는 플랜지붙이 6각볼트 및 플랜지붙이 6각너트 이외에는 사용하지 않는다.

([3]) 나사부품측의 맞변거리(s)에 대한 허용차는 KS B 0238 또는 나사부품의 개별규격에 따른다. 또한, 스패너류측의 맞변거리(s′)에 대한 허용차는 스패너류의 개별규격에 따른다.

비고

맞변거리의 호칭에 (*)표를 붙인 것 및 (▼)한 것 이외는 ISO 272에 따른 맞변거리이다. 또한, (*)표의 것은, ISO 2343 및 ISO 4762에 따르고 있고, (▼)한 것은 이들 ISO 규격에 규정되어 있지 않는 맞변거리이다.

19. 평벨트 풀리

01 평벨트 풀리의 호칭지름 및 호칭나비 허용차

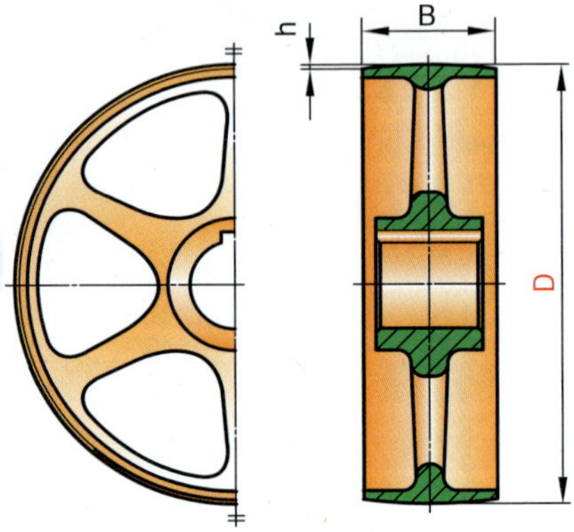

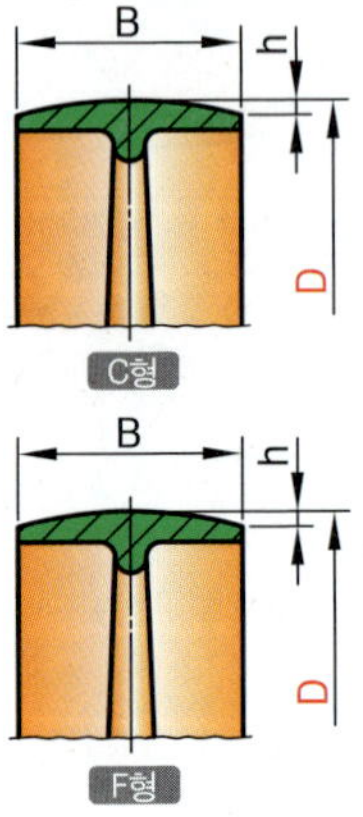

단위 : mm

호칭지름 (*D*)	허용차	호칭지름 (*D*)	허용차
40	±0.5	280	±3.2
45	±0.6	315	
50		355	
56	±0.8	400	±4.0
63		450	
71	±1.0	500	
80		560	±5.0
90	±1.2	630	
100		710	
112		800	±6.3
125	±1.6	900	
140		1000	
160	±2.0	1120	±8.0
180		1250	
200		1400	
224	±2.5	1600	±10.0
250		1800	
-		2000	

호칭나비 (*B*)	허용차	호칭나비 (*B*)	허용차
20	±1	315	±3
25		355	
32		400	
40		450	
50		500	
63		560	
71		630	
80	±1.5	-	
90		-	
100		-	
112		-	
125		-	
140		-	
160	±2	-	
180		-	
200		-	
224		-	
250		-	
280		-	

비고

1) 표면거칠기 : Rz12.5 , 재질 : GC(주철), SC(주강)

19. 평벨트 풀리

02 평벨트 풀리의 호칭지름(40~355mm까지)

단위 : mm

호칭지름(D)	크라운(h)*	호칭지름(D)	크라운(h)*
40~112	0.3	220, 224	0.6
125, 140	0.4	250, 280	0.8
160, 180	0.5	315, 355	1.0

03 평벨트 풀리의 호칭지름(400mm 이상)

단위 : mm

호칭나비 (B)	12.5 이하	140 160	180 200	224 250	280 315	355	400 이상
호칭지름 (D)	크라운(h)*						
400	1	1.2	1.2	1.2	1.2	1.2	1.2
450	1	1.2	1.2	1.2	1.2	1.2	1.2
500	1	1.5	1.5	1.5	1.5	1.5	1.5
560	1	1.5	1.5	1.5	1.5	1.5	1.5
630	1	1.5	2	2	2	2	2
710	1	1.5	2	2	2	2	2
800	1	1.5	2	2.5	2.5	2.5	2.5
900	1	1.5	2	2.5	2.5	2.5	2.5
1000	1	1.5	2	2.5	3	3	3
1120	1.2	1.5	2	2.5	3	3	3.5
1250	1.2	1.5	2	2.5	3	3.5	4
1400	1.5	2	2.5	3	3.5	4	4
1600	1.5	2	2.5	3	3.5	4	5
1800	2	2.5	3	3.5	4	5	5
2000	2	2.5	3	3.5	4	5	6

주

(*) 수직축에 쓰이는 평벨트 풀리의 크라운은 위 표보다 크게 하는 것이 좋다.

벨트 풀리

20. 6각 구멍붙이 볼트

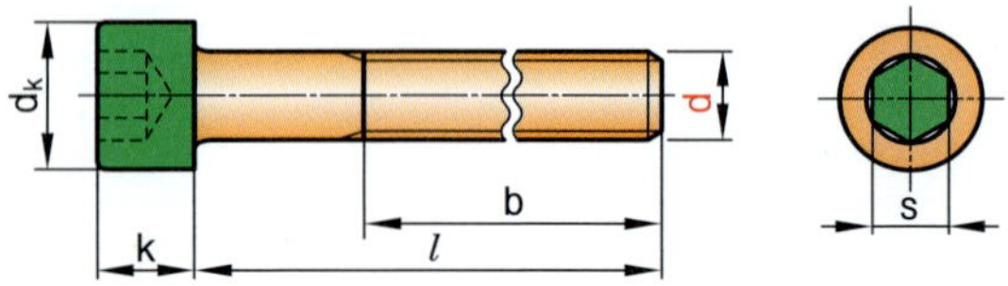

6각 구멍붙이 볼트 치수

나사의 호칭(d)		M1.6	M2	M2.5	M3	M4	M5	M6	M8	M10	M12
피치(P)		0.35	0.4	0.45	0.5	0.7	0.8	1	1.25	1.5	1.75
b	참고	15	16	17	18	20	22	24	28	32	36
d_k	최대(1)	3.00	3.80	4.50	5.50	7.00	8.50	10.00	13.00	16.00	18.00
	최대(2)	3.14	3.98	4.68	5.68	7.22	8.72	10.22	13.27	16.27	18.27
k	최대	1.60	2.00	2.50	3.00	4.00	5.00	6.00	8.00	10.00	12.00
	최소	1.46	1.86	2.36	2.86	3.82	4.82	5.7	7.64	9.64	11.57
s		1.5	1.5	2	2.5	3	4	5	6	8	10
l		2.5~16	3~20	4~25	5~30	6~40	8~50	10~60	12~80	16~100	20~120

6각 구멍붙이 볼트 치수(계속)

나사의 호칭(d)		(M14)	M16	M20	M24	M30	M36	M42	M48	M56	M64
피치(P)		2	2	2.5	3	3.5	4	4.5	5	5.5	6
b	참고	40	44	52	60	72	84	96	108	124	140
d_k	최대(1)	21.00	24.00	30.00	36.00	45.00	54.00	63.00	72.00	84.00	96.00
	최대(2)	21.33	24.33	30.33	36.39	45.39	54.46	63.46	72.46	84.54	96.54
k	최대	14.00	16.00	20.00	24.00	30.00	36.00	42.00	48.00	56.00	64.00
	최소	13.57	15.57	19.48	23.48	29.48	35.38	41.38	47.38	55.26	63.26
s	호칭	12	14	17	19	22	27	32	36	41	46
l		25~140	25~160	30~200	40~200	45~200	55~200	60~300	70~300	80~300	90~300

주

(1) 널링되지 않은 머리부에 적용한다.
(2) 널링된 머리부에 적용한다.
- 나사의 호칭에 ( )를 붙인 것은 되도록 사용하지 않는다.

21. 볼트 구멍지름 및 카운터 보어지름

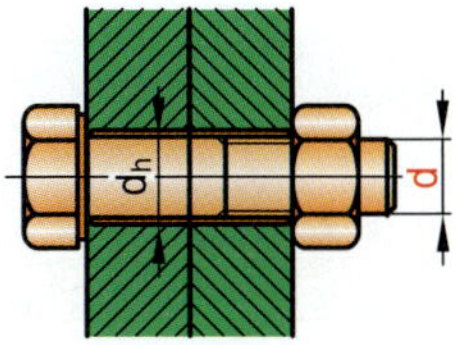

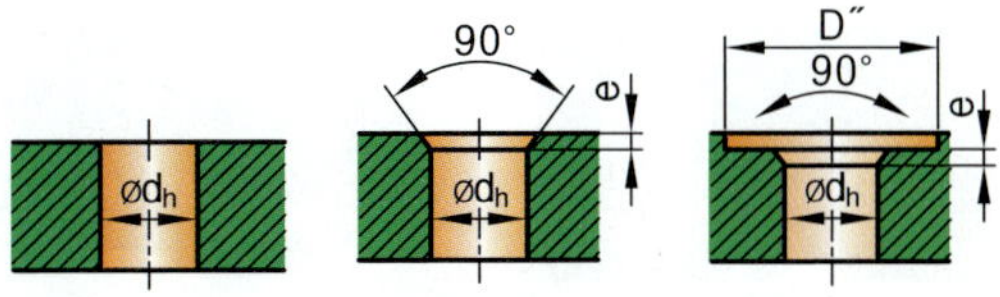

단위 : mm

나사의 호칭 (d)	볼트 구멍지름(d_h)			모떼기 (e)	카운터 보어 지름 (D'')	나사의 호칭 (d)	볼트 구멍지름(d_h)			모떼기 (e)	카운터 보어 지름 (D'')
	1급	2급	3급				1급	2급	3급		
1	1.1	1.2	1.3	0.2	3	36	37	39	42	1.7	72
1.2	1.3	1.4	1.5	0.2	4	39	40	42	45	1.7	76
1.4	1.5	1.6	1.8	0.2	4	42	43	45	48	1.8	82
1.6	1.7	1.8	2	0.2	5	45	46	48	52	1.8	87
1.8	2.0	2.1	2.2	0.2	5	48	50	52	56	2.3	93
2	2.2	2.4	2.6	0.3	7	52	54	56	62	2.3	100
2.5	2.7	2.9	3.1	0.3	8	56	58	62	66	3.5	110
3	3.2	3.4	3.6	0.3	9	60	62	66	70	3.5	115
3.5	3.7	3.9	4.2	0.3	10	64	66	70	74	3.5	122
4	4.3	4.5	4.8	0.4	11	68	70	74	78	3.5	127
4.5	4.8	5	5.3	0.4	13	72	74	78	82	3.5	133
5	5.3	5.5	5.8	0.4	13	76	78	82	86	3.5	143
6	6.4	6.6	7	0.4	15	80	82	86	91	3.5	148
7	7.4	7.6	8	0.4	18	85	87	91	96	-	-
8	8.4	9	10	0.6	20	90	93	96	101	-	-
10	10.5	11	12	0.6	24	95	98	101	107	-	-
12	13	13.5	14.5	1.1	28	100	104	107	112	-	-
14	15	15.5	16.5	1.1	32	105	109	112	117	-	-
16	17	17.5	18.5	1.1	35	110	114	117	122	-	-
18	19	20	21	1.1	39	115	119	122	127	-	-
20	21	22	24	1.2	43	120	124	127	132	-	-
22	23	24	26	1.2	46	125	129	132	137	-	-
24	25	26	28	1.2	50	130	134	137	144	-	-
27	28	30	32	1.7	55	140	144	147	155	-	-
30	31	33	35	1.7	62	150	155	158	165	-	-
33	34	36	38	1.7	66	d_h 허용차	H12	H13	H14	-	-

비고

1. 볼트 구멍지름 : 볼트의 틈새 구멍 지름 d_h를 말한다.
2. ISO 273에서는 fine(1급), medium(2급), coarse(3급) 의 3등급으로만 분류하고 있다.
3. 구멍의 모떼기는 필요에 따라 실시하고, 그 각도는 원칙적으로 90°로 한다.
4. 카운터 보어 깊이는 일반적으로 흑피가 없어질 정도로 한다.

22. 볼트 자리파기(6각 볼트 / 6각 구멍붙이 볼트)

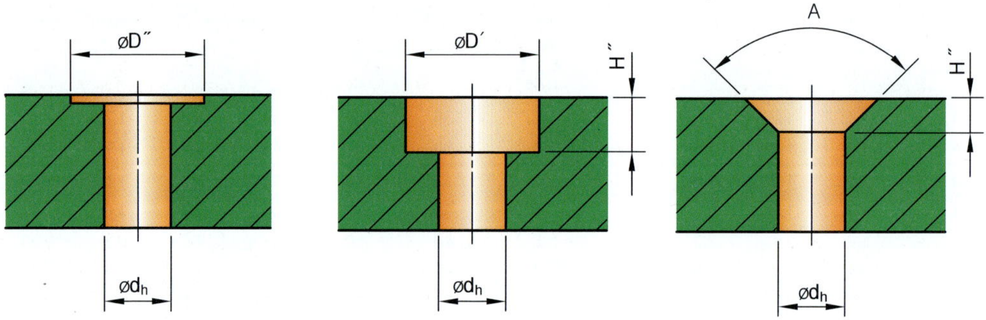

카운터 보어 | 깊은 자리파기 | 카운터 싱크

비고

1. 카운터 보어 : 주로 6각볼트(KS B 1002) 및 너트(KS B 1012) 체결시 적용되는 가공법이고, 보어깊이는 규격에 따로 규정되어 있지 않고 일반적으로 흑피가 없어질 정도로 한다.
2. 깊은 자리파기 : 주로 6각 구멍붙이 볼트(KS B 1003) 체결시 적용되는 가공법이다.

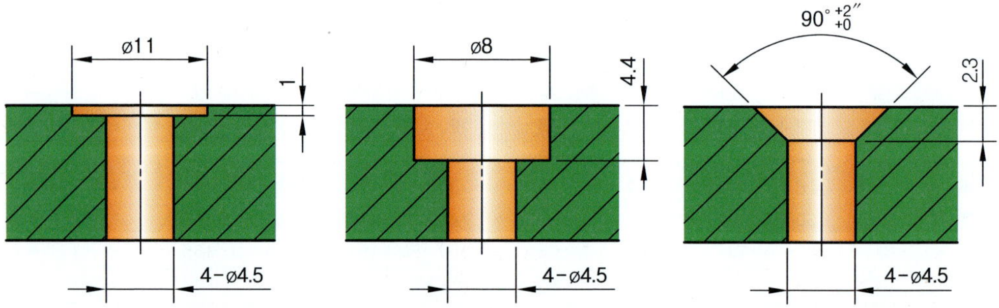

나사 호칭 : M10 | 나사 호칭 : M10 | 나사 호칭 : M10

적용

호칭 M4의 볼트(나사)가 4개 조립된 카운터 보어와 깊은 자리파기 치수 적용 예이다.

22. 볼트 자리파기(6각 볼트 / 6각 구멍붙이 볼트)

단위 : mm

나사의 호칭 (d)	볼트 구멍 지름 (d_h)	카운터 보어 ($\phi D''$)	깊은 자리파기		카운터싱크	
			깊은 자리파기 ($\phi D'$)	깊이(머리묻힘) (H'')	깊이 (H'')	각도 (A)
M3	3.4	9	6	3.3	1.75	$90^{\circ}{}^{+2''}_{0}$
M4	4.5	11	8	4.4	2.3	
M5	5.5	13	9.5	5.4	2.8	
M6	6.6	15	11	6.5	3.4	
M8	9	20	14	8.6	4.4	$90^{\circ}{}^{+2''}_{0}$
M10	11	24	17.5	10.8	5.5	
M12	14	28	20	13	6.5	
(M14)	16	32	23	15.2	7	
M16	18	35	26	17.5	7.5	
M18	20	39	-	-	8	
M20	22	43	32	21.5	8.5	
M22	24	46	-	-	13.2	$60^{\circ}{}^{+2''}_{0}$
M24	26	50	39	25.5	14	
M27	30	55	-	-	-	
M30	33	62	48	32	16.6	
M33	36	66	-	-	-	
M36	39	72	58	38	-	-
M42	45	82	67	44	-	-
M45	48	87	-	-	-	-
M48	52	93	76	50	-	-
M52	56	100	-	-	-	-
M56	62	110	-	-	-	-
M60	66	115	-	-	-	-
M64	70	122	100	66	-	-

비고

1. 볼트 구멍지름(d_h) 및 카운터 보어(D'')는 KS B 1007 2급과 해당규격에 따른다.
2. 깊은 자리파기 치수는 KS규격 미제정이고 KS B 1003 규격을 기준으로 쓰는 현장에서 상용하는 치수이다.
3. 깊은 자리파기에서 깊이(H'') 치수는 볼트머리가 묻혔을 때 치수이다.
4. 나사의 호칭에 (   )를 붙인 것은 되도록 사용하지 않는다.

23. 6각 볼트(상)

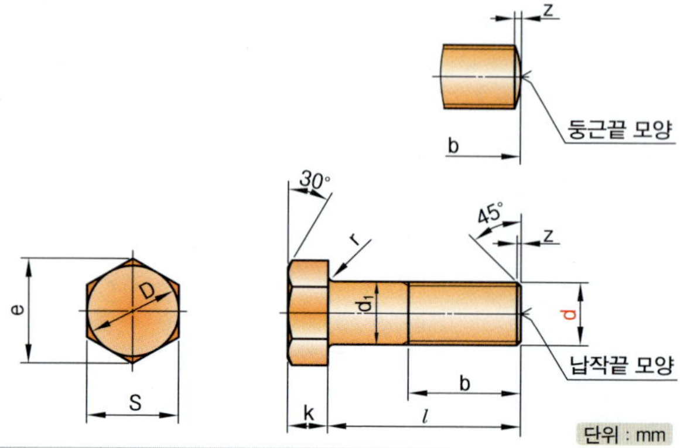

단위 : mm

6각 볼트 · 상 치수

나사의 호칭(d)		d_1		k		S		e	D	r	z	b	l
보통나사	가는 나사	기준 나사	허용차	기준 치수	허용차	기준 치수	허용차	약	약	최소	약		
M3	–	3	0 -0.1	2	±0.1	5.5	0 -0.2	64	5.3	0.1	0.6	12	5~32
(M3.5)	–	3.5		2.4		6		6.9	5.8	0.1	0.6	14	5~32
M4	–	4		2.8		7		8.1	6.8	0.2	0.8	14	6~40
(M4.5)	–	4.5		3.2	±0.15	8		9.2	7.8	0.2	0.8	16	6~40
M5	–	5		3.5		8		9.2	7.8	0.2	0.9	16	7~50
M6	–	6		4		10		11.5	9.8	0.25	1	18	7~70
(M7)	–	7	0 -0.15	5		11	0 -0.25	12.7	10.7	0.25	1	20	11~100
M8	M8×1	8		5.5		13		15	12.6	0.4	1.2	22	11~100
M10	M10×1.25	10		7	±0.2	17		19.6	16.5	0.4	1.5	26	14~100
M12	M12×1.25	12	0 -0.2	8		19	0 -0.35	21.9	18	0.6	2	30	18~140
(M14)	(M14×1.5)	14		9		22		25.4	21	0.6	2	34	20~140
M16	M16×1.5	16		10		24		27.7	23	0.6	2	38	22~140
(M18)	(M18×1.5)	18		12		27		31.2	26	0.6	2.5	42	25~200
M20	M20×1.5	20		13		30		34.6	29	0.8	2.5	46	28~200
(M22)	(M22×1.5)	22		14		32	0 -0.4	37	31	0.8	2.5	50	28~200
M24	M24×2	24		15		36		41.6	34	0.8	3	54	30~200
(M27)	(M27×2)	27		17		41		47.3	39	1	3	60	35~240
M30	M30×2	30		19	±0.25	46		53.1	44	1	3.5	66	40~240
(M33)	(M33×2)	33	0 -0.25	21		50		57.7	48	1	3.5	72	45~240
M36	M36×3	36		23		55	0 -0.45	63.5	53	1	4	78	50~240
(M39)	(M39×3)	39		25		60		69.3	57	1	4	84	50~240
M42	–	42		26		65		75	62	1.2	4.5	90	55~325
(M45)	–	45		28		70		80.8	67	1.2	4.5	96	55~325
M48	–	48		30		75		86.5	72	1.6	5	102	60~325

비고

1. 나사의 호칭에 ( )를 붙인 것은 되도록 사용하지 않는다.
2. 특별히 큰 자리면을 필요로 하는 경우에는 한 계단 큰 s 및 e 치수를 사용하여도 좋다.
3. 불완전 나사부의 길이는 약 2산으로 한다.
4. 이 규격은 ISO 4014~4018에 따르지 않는, 일반적으로 사용하는 강제 6각 볼트 규격이다.

KS

23. 6각 볼트(중)

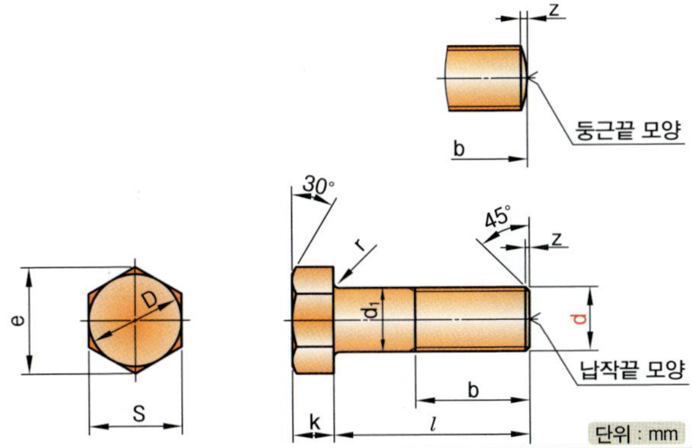

단위 : mm

6각 볼트 · 중 치수

나사의 호칭(d)		d_1		k		S		e	D	r	z	b	l
보통나사	가는 나사	기준 나사	허용차	기준 치수	허용차	기준 치수	허용차	약	약	최소	약		
M6	–	6	$^{0}_{-0.2}$	4	±0.25	10	$^{0}_{-0.6}$	11.5	9.8	0.25	1	18	7~70
(M7)	–	7		5		11	$^{0}_{-0.8}$	12.7	10.7	0.25	1	20	11~100
M8	M8×1	8		5.5		13		15	12.6	0.4	1.2	22	11~100
M10	M10×1.25	10		7	±0.3	17		19.6	16.5	0.4	1.5	26	14~100
M12	M12×1.25	12	$^{0}_{-0.25}$	8		19	$^{0}_{-0.8}$	21.9	18	0.6	2	30	18~140
(M14)	(M14×1.5)	14		9		22		25.4	21	0.6	2	34	20~140
M16	M16×1.5	16		10		24		27.7	23	0.6	2	38	22~140
(M18)	(M18×1.5)	18		12	±0.35	27		31.2	26	0.6	2.5	42	25~200
M20	M20×1.5	20	$^{0}_{-0.35}$	13		30		34.6	29	0.8	2.5	46	28~200
(M22)	(M22×1.5)	22		14		32	$^{0}_{-1}$	37	31	0.8	2.5	50	28~200
M24	M24×2	24		15		36		41.6	34	0.8	3	54	30~200
(M27)	(M27×2)	27		17		41		47.3	39	1	3	60	35~240
M30	M30×2	30		19	±0.4	46		53.1	44	1	3.5	66	40~240
(M33)	(M33×2)	33	$^{0}_{-0.4}$	21		50		57.7	48	1	3.5	72	45~240
M36	M36×3	36		23		55	$^{0}_{-1.2}$	63.5	53	1	4	78	50~240
(M39)	(M39×3)	39		25		60		69.3	57	1	4	84	50~240
M42	–	42		26		65		75	62	1.2	4.5	90	55~325
(M45)	–	45		28		70		80.8	67	1.2	4.5	96	55~325
M48	–	48		30		75		86.5	72	1.6	5	102	60~325
(M52)	–	52	$^{0}_{-0.45}$	33	±0.5	80		92.4	77	1.6	5	116	130~400
M56	–	56		35		85	$^{0}_{-1.4}$	98.1	82	2	5.5	124	130~400
(M60)	–	60		38		90		104	87	2	5.5	132	130~400
M64	–	64		40		95		110	92	2	6	140	130~400
(M68)	–	68		43		100		115	97	2	6	148	130~400

비고

1. 나사의 호칭에 ( )를 붙인 것은 되도록 사용하지 않는다.
2. 특별히 큰 자리면을 필요로 하는 경우에는 한 계단 큰 s 및 e 치수를 사용하여도 좋다.
3. 불완전 나사부의 길이는 약 2산으로 한다.
4. 이 규격은 ISO 4014~4018에 따르지 않는, 일반적으로 사용하는 강제 6각 볼트 규격이다.

24. 6각 너트(상)

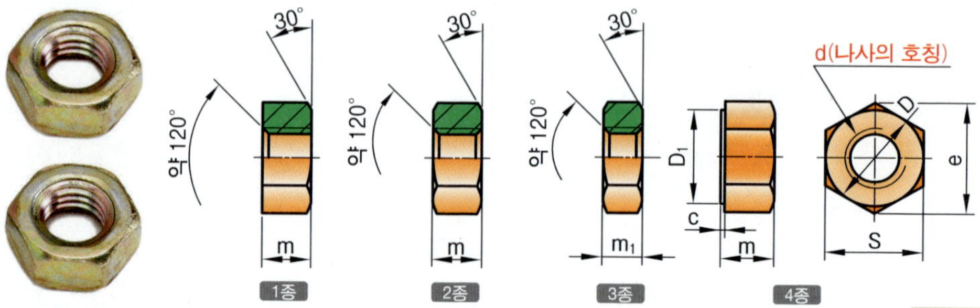

단위 : mm

6각 너트 · 상 치수

나사의 호칭(d)		m		m_1		S		e	D	D_1	c
보통나사	가는나사	기준 치수	허용차	기준 치수	허용차	기준 치수	허용차	약	약	최소	약
M2	–	1.6	0 / -0.25	1.2	0 / -0.25	4	0 / -0.2	4.6	3.8	–	–
(M22)	–	1.8		1.4		4.5		5.2	4.3		
*M2.3	–	1.8		1.4		4.5		5.2	4.3		
M2.5	–	2		1.6		5		5.8	4.7	–	–
*M2.6	–	2		1.6		5		5.8	4.7		
M3	–	2.4		1.8		5.5		6.4	5.3		
(M3.5)	–	2.8		2		6		6.9	5.8	–	
M4	–	3.2	0 / -0.30	2.4	0 / -0.25	7	0 / -0.2	8.1	6.8	–	–
(M4.5)	–	3.6		2.8		8		9.2	7.8		
M5	–	4		3.2	0 / -0.30	8		9.2	7.8	7.2	0.4
M6	–	5		3.6		10		11.5	9.8	9	0.4
(M7)	–	5.5		4.2		11	0 / -0.25	12.7	10.8	10	0.4
M8	M8×1	6.5	0 / -0.36	5		13		15	12.5	11.7	0.4
M10	M10×1.25	8		6		17		19.6	16.5	15.8	0.4
M12	M12×1.25	10		7	0 / -0.36	19	0 / -0.35	21.9	18	17.6	0.6
(M14)	(M14×15)	11	0 / -0.43	8		22		25.4	21	20.4	0.6
M16	M16×1.5	13		10		24		27.7	23	22.3	0.6
(M18)	(M18×1.5)	15		11	0 / -0.43	27		31.2	26	25.6	0.6
M20	M20×1.5	16		12		30		34.6	29	28.5	0.6
(M22)	(M22×1.5)	18		13		32	0 / -0.4	37	31	30.4	0.6
M24	M24×2	19	0 / -0.52	14		36		41.6	34	34.2	0.6
(M27)	(M27×2)	22		16		41		47.3	39	–	–
M30	M30×2	24		18		46		53.1	44		
(M33)	(M33×)	26		20	0 / -0.52	50		57.7	48		
M36	M36×3	29		21		55	0 / -0.45	63.5	53	–	–
(M39)	(M39×3)	31	0 / -0.62	23		60		69.3	57		
M42	–	34		25		65		75	62		
(M45)	–	36		27		70		80.8	67	–	–
M48	–	38		29		75		86.5	72		

비고

1. 나사의 호칭에 ( ) 및 * 를 붙인 것은 되도록 사용하지 않는다.
2. 이 규격은 ISO 4032~4036에 따르지 않는, 일반적으로 사용하는 강제의 6각 너트 규격이다.

24. 6각 너트(중)

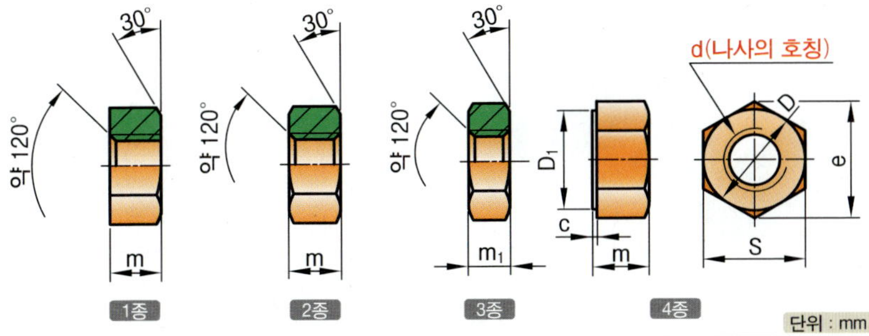

단위 : mm

6각 너트 · 중 치수

나사의 호칭(d)		m		m_1		S		e	D	D_1	c
보통나사	가는나사	기준 치수	허용차	기준 치수	허용차	기준 치수	허용차	약	약	최소	약
M6	–	5	0 – 0.48	3.6	0 – 0.48	10	0 – 0.6	11.5	9.8	9	0.4
(M7)	–	5.5		4.2		11	0 – 0.7	12.7	10.8	10	0.4
M8	M8×1	6.5	0 – 0.58	5		13		15	12.5	11.7	0.4
M10	M10×1.25	8		6		17		19.6	16.5	15.8	0.4
M12	M12×1.25	10		7	0 – 0.58	19	0 – 0.8	21.9	18	17.6	0.6
(M14)	(M14×1.5)	11	0 – 0.70	8		22		25.4	21	20.4	0.6
M16	M16×1.5	13		10		24		27.7	23	22.3	0.6
(M18)	(M18×1.5)	15		11	0 – 0.70	27		31.2	26	25.6	0.6
M20	M20×1.5	16		12		30		34.6	29	28.5	0.6
(M22)	(M22×1.5)	18		13		32	0 – 1.0	37	31	30.4	0.6
M24	M24×2	19	0 – 0.84	14		36		41.6	34	34.2	0.6
(M27)	(M27×2)	22		16		41		47.3	39	–	–
M30	M30×2	24		18		46		53.1	44		
(M33)	(M33×2)	26		20	0 – 0.84	50		57.7	48		
M36	M36×3	29		21		55	0 – 1.2	63.5	53	–	–
(M39)	(M39×3)	31	0 – 1.0	23		60		69.5	57		
M42	–	34		25		65		75	62		
(M45)	–	36		27		70		80.8	67	–	–
M48	–	38		29		75		86.5	72		
(M52)	–	42		31	0 – 1.0	80		92.4	77		
M56	–	45		34		85	0 – 1.4	98.1	82	–	–
(M60)	–	48		36		90		104	87		
M64	–	51	0 – 1.2	38		92		110	92	–	–
(M68)	–	54		40		100		115	97	–	–
–	M72×6	58		42		105		121	102		
–	(M76×6)	61		46		110		127	107		
–	M80×6	64		48		115		133	112	–	–
–	(M85×6)	68		50		120		139	116		

비고

1. 나사의 호칭에 ( )를 붙인 것은 되도록 사용하지 않는다.
2. 이 규격은 ISO 4032~4036에 따르지 않는, 일반적으로 사용하는 강제의 6각 너트 규격이다.

25. 홈붙이 멈춤 스크류(나사)

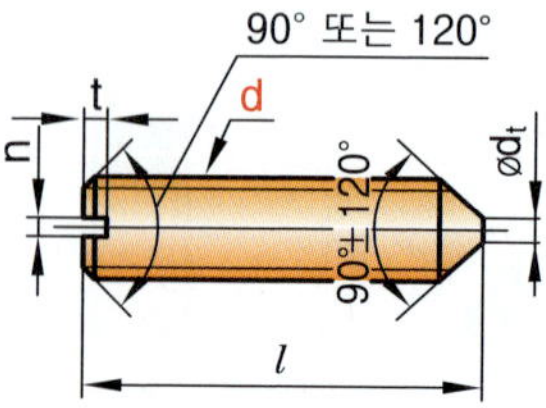

뾰족끝

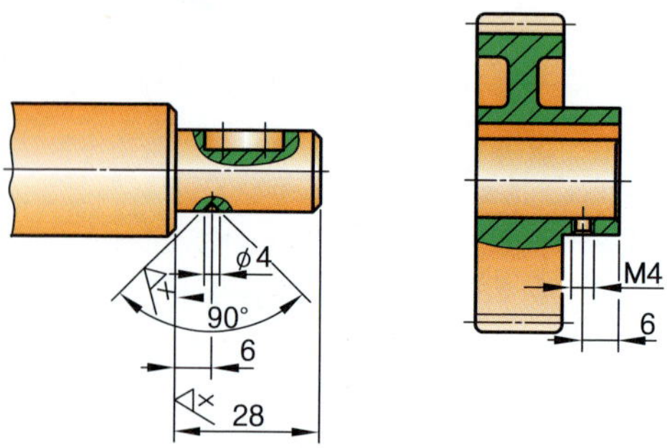

M4 뾰족끝 멈춤나사 적용 예

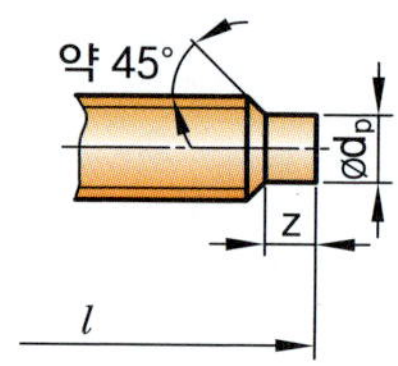

원통끝

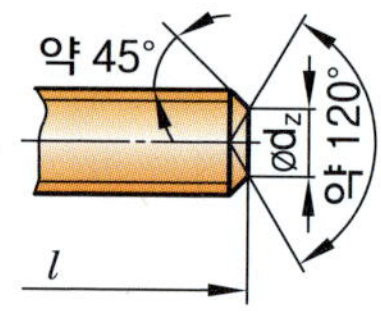

오목끝

단위 : mm

뾰족끝 홈붙이 멈춤 스크류(KS B ISO 7434 : 2007)													
나사의 호칭 d		M1.2	M1.6	M2	M2.5	M3	(M3.5)	M4	M5	M6	M8	M10	M12
피치 P		0.25	0.35	0.4	0.45	0.5	0.6	0.7	0.8	1	1.25	1.5	1.75
d_t	기준치수	0.12	0.16	0.2	0.25	0.3	0.35	0.4	0.5	1.5	2	2.5	3
n	기준치수	0.2	0.25	0.25	0.4	0.4	0.5	0.6	0.8	1	1.2	1.6	2
t	최소	0.4	0.56	0.64	0.72	0.8	0.96	1.12	1.28	1.6	2	2.4	2.8
	최대	0.52	0.74	0.84	0.95	1.05	1.21	0.42	1.63	2	2.5	3	3.6
상용하는 호칭길이(l)		2~6	2~8	3~10	3~12	4~16	5~20	6~20	8~25	8~30	10~40	12~50	14~60
원통끝 홈붙이 멈춤 스크류(KS B ISO 7435 : 2007)													
d_p	기준치수	-	0.8	1	1.5	2	2.2	2.5	3.5	4	5.5	7	8.5
z	기준치수	-	0.8	1	1.25	1.5	1.75	2	2.5	3	4	5	6
	최대	-	1.05	1.25	1.5	1.75	2	2.25	2.75	3.25	4.3	5.3	6.3
상용하는 호칭길이(l)		-	2.5~8	3~10	4~12	5~16	5~20	6~20	8~25	8~30	10~40	12~50	14~60
오목끝 홈붙이 멈춤 스크류(KS B ISO 7436 : 2007)													
d_z	기준치수	-	0.8	1	1.2	1.4	1.7	2	2.5	3	5	6	7
상용하는 호칭길이(l)		-	2~8	2.5~10	3~12	3~16	4~20	4~20	5~25	6~30	8~40	10~50	10~60

비고

1. 나사의 호칭에 (　)를 붙인 것은 되도록 사용하지 않는다.
2. 동일 규격 : KS B 1025(홈붙이 멈춤나사)

제품의 호칭방법

1. 나사의 호칭 d = M5, 호칭길이 l = 12mm, 등급 14H인 뾰족끝 홈붙이 멈춤 스크류
   - 보기 : 멈춤스크류 KS B ISO 7434－M5×12-14H

26. 6각 구멍붙이 멈춤 나사(스크류)

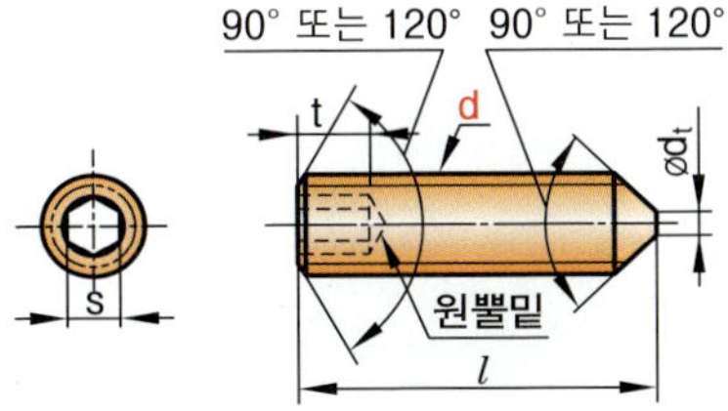

뾰족끝

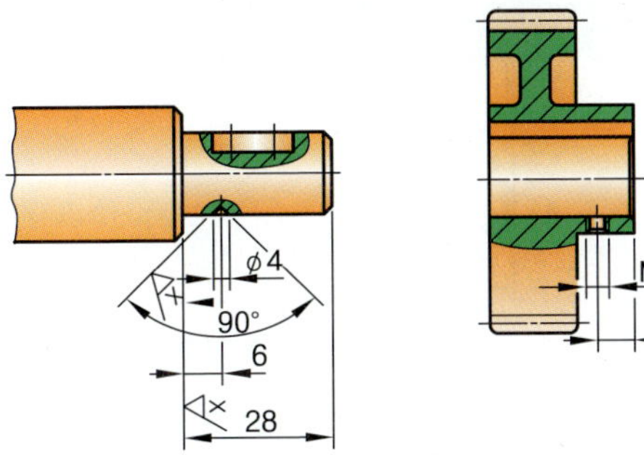

M4 뾰족끝 멈춤나사 적용 예

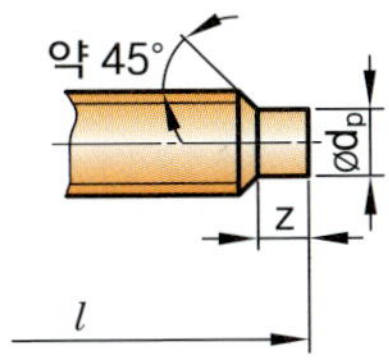

원통끝

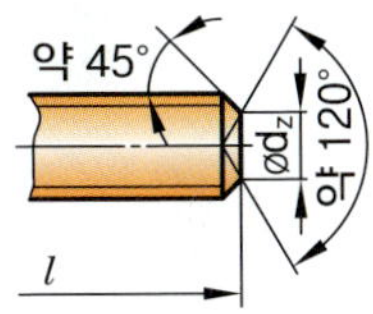

오목끝

단위 : mm

뾰족끝의 모양 · 치수

나사의 호칭(d)			M1.6	M2	M2.5	M3	M4	M5	M6	M8	M10	M12	M16	M20	M24
피치(P)			0.35	0.4	0.45	0.5	0.7	0.8	1.0	1.25	1.5	1.75	2.0	2.5	3.0
d_t	기준치수		0.16	0.2	0.25	0.3	0.4	0.5	1.5	2.0	2.5	3.0	4.0	5.0	6.0
e	최소		0.803	1.003	1.427	1.73	2.30	2.87	3.44	4.58	5.72	6.86	9.15	11.43	13.72
s	기준치수		0.7	0.9	1.3	1.5	2.0	2.5	3.0	4.0	5.0	6.0	8.0	10.0	12.0
t	최소	1란	0.7	0.8	1.2	1.2	1.5	2.0	2.0	3.0	4.0	4.8	6.4	8.0	10.0
		2란	1.5	1.7	2.0	2.0	2.5	3.0	3.5	5.0	6.0	8.0	10.0	12.0	15.0
상용하는 호칭길이(l)			2~8	2~10	2.5~12	2.5~16	3~20	4~25	5~30	6~40	8~50	10~60	12~60	16~60	20~60

원통끝의 모양 · 치수

		M1.6	M2	M2.5	M3	M4	M5	M6	M8	M10	M12	M16	M20	M24
d_P	기준치수	0.8	1.0	1.5	2.0	2.5	3.5	4.0	5.5	7.0	8.5	12.0	15.0	18.0
z	기준치수	0.8	1.0	1.25	1.5	2.0	2.5	3.0	4.0	5.0	6.0	8.0	10.0	12.0
	최대	1.05	1.25	1.5	1.75	2.25	2.75	3.25	4.3	5.3	6.3	8.36	10.36	12.43
상용하는 호칭길이(l)		2~8	2.5~10	3~12	4~16	5~20	6~25	8~30	8~40	10~50	12~60	16~60	20~60	25~60

오목끝의 모양 · 치수

		M1.6	M2	M2.5	M3	M4	M5	M6	M8	M10	M12	M16	M20	M24
dz	기준치수	0.8	1.0	1.2	1.4	2.0	2.5	3.0	5.0	6.0	8.0	10.0	14.0	16.0
상용하는 호칭길이(l)		2~8	2~10	2~12	2.5~16	3~20	4~25	5~30	6~40	8~50	10~60	12~60	16~60	20~60

비고

1. 나사 끝의 모양 및 치수는 KS B 0231에 따른다.
2. 이 표의 모양 및 치수는 ISO 4027(뾰족끝), ISO 4028(원통끝), ISO 4029(오목끝)에 따른다.

제품의 호칭방법

1. 나사의 호칭 d=M6, 호칭길이 l=12mm, 등급 45H인 6각 구멍붙이 멈춤나사(뾰족끝)
   - 보기 : KS B 1028 뾰족끝 M6×12-45H

27. T홈 너트의 모양 및 치수

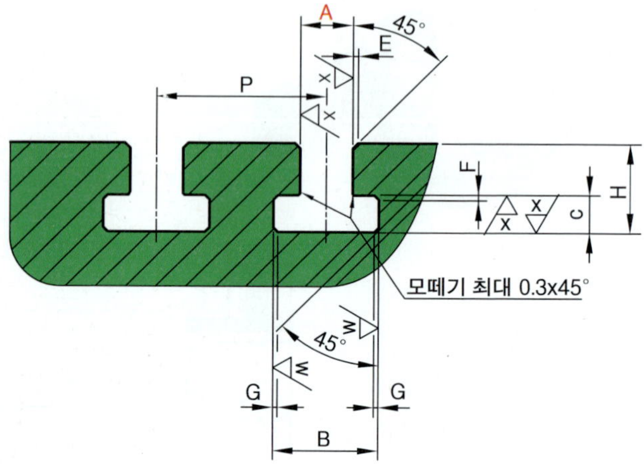

T홈

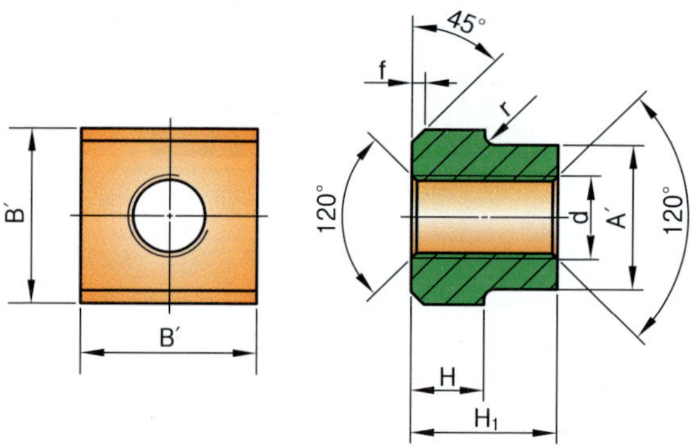

T홈 너트

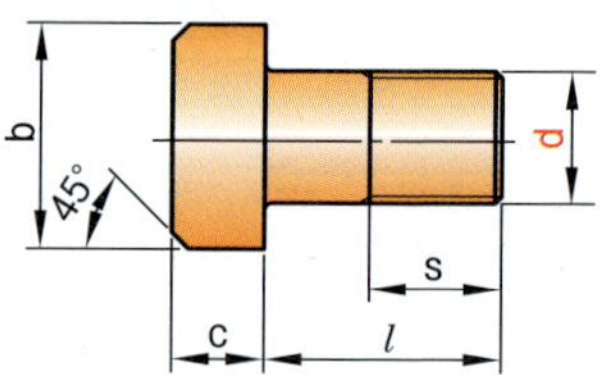

T홈 볼트

단위 : mm

T홈 너트 치수

T홈 너트	A	A'		B'		H		H_1		f	r
d (호칭)	T홈 치수	기준 치수	허용차	기준 치수	허용차	기준 치수	허용차	기준 치수	허용차	최대값	최대값
M4	5	5	-0.3 -0.5	9	±0.29	2.5	±0.2	6.5	±0.29	1	0.3
M5	6	6		10		4	±0.24	8		1.6	
M6	8	8		13	±0.35	6	±0.29	10			
M8	10	10		15		6		12	±0.35		
M10	12	12	-0.3 -0.6	18		7		14		2.5	0.4
M12	14	14		22	±0.42	8		16			
M16	18	18		28		10		20	±0.42		
M20	22	22		34	±0.5	14	±0.35	28			0.5
M24	28	28		43		18		36	±0.5	4	
M30	36	36	-0.4 -0.7	53	±0.6	23	±0.42	44		6	
M36	42	42		64		28		52	±0.6		0.8
M42	48	48		75		32	±0.5	60			
M48	54	54		85	±0.7	36		70			

28. T홈 및 볼트의 모양 및 치수

단위 : mm

T홈 및 볼트의 치수

T홈 볼트	T홈										
d (호칭)	*A* (기준)	*B*		*C*		*H*		*E*	*F*	*G*	*P* (T홈 간격)
		최소	최대	최소	최대	최소	최대	최대	최대	최대	
M4	5	10	11	3.5	4.5	8	10	1	0.6	1	20-25-32
M5	6	11	12.5	5	6	11	13	1	0.6	1	25-32-40
M6	8	14.5	16	7	8	15	18	1	0.6	1	32-40-50
M8	10	16	18	7	8	17	21	1	0.6	1	40-50-63
M10	12	19	21	8	9	20	25	1	0.6	1	(40)-50-63-80
M12	14	23	25	9	11	23	28	1.6	0.6	1.6	(50)-50-63-80
M16	18	30	32	12	14	30	36	1.6	1	1.6	(63)-80-100-125
M20	22	37	40	16	18	38	45	1.6	1	2.5	80)-100-125-160
M24	28	46	50	20	22	48	56	1.6	1	2.5	100-125-160-200
M30	36	56	60	25	28	61	71	2.5	1	2.5	125-160-200-250
M36	42	68	72	32	35	74	85	2.5	1.6	4	160-200-250-320
M42	48	80	85	36	40	84	95	2.5	2	6	200-250-320-400
M48	54	90	95	40	44	94	106	2.5	2	6	250-320-400-500

T홈 간격의 공차

T홈 간격(*P*)	20과 25	32에서 100	125에서 250	320에서 500
공차	±0.2	±0.3	±0.5	±0.8

비고

1. 홈 : *A*에 대한 공차 : 고정 홈에 대해서는 H12, 기준 홈에 대해서는 H8, *P*의 괄호 안의 치수는 가능 한 피해야 한다.
2. 볼트 : *a*, *b*, *c*에 대한 공차-볼트와 너트에 대한 통상적인 공차
3. 모든 T홈의 간격에 대한 공차는 누적되지 않는다.

T홈 볼트와 길이(*l*) 치수

T홈 볼트(*d*)		M4	M5	M6	M8	M10	M12	M16	M20	M24	M30	M36	M42	M48
b		9	10	13	15	18	22	28	34	43	53	64	75	85
c		3	4	6	6	7	8	10	14	18	23	28	32	36
		나사부 길이(*s*)												
길이 (*l*)	20	10	10											
	25	15	15	15	15	15								
	32	15	15	15	20	20	20							
	40	18	18	18	25	25	25							
	50	18	18	18	25	25	25	25	25					
	65			20	25	30	30	30	30	30				
	80				30	30	30	30	40	40				
	100					40	40	40	40	50	60			
	125						45	50	50	50	60	70	80	
	160						60	60	60	70	70	70	80	90

비고

1. 위 표의 *l*과 *s*는 각 볼트의 호칭에 대하여 권장하는 치수이다.
2. 불완전한 나사부의 길이는 약 2산으로 한다.
3. *l* 및 *s*는 특별히 필요한 경우에는, 지정에 의하여 위 표 이외의 것을 사용할 수 있다.

29. 아이 볼트

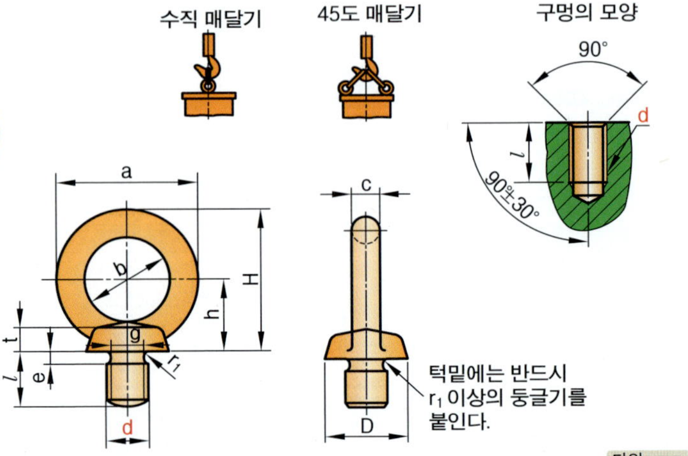

단위 : mm

아이 볼트 치수 및 사용하중

나사 호칭 (d)	a	b	c	D	t	h	H (참고)	l	e	g 최소	r_1 최소	d_a 최대	r_2 (약)	k (약)	사용하중	
															수 직 매달기 kN	45° 매달기([1]) (2개당) kN
M18	32.6	20	6.3	16	5	17	33.3	15	3	6	1	9.2	4	1.2	0.785	0.785
M10	41	25	8	20	7	21	41.5	18	4	7.7	1.2	11.2	4	1.5	1.47	1.47
M12	50	30	10	25	9	26	51	22	5	9.4	1.4	14.2	6	2	2.16	2.16
M16	60	35	12.5	30	11	30	60	27	5	13	1.6	18.2	6	2	4.41	4.41
M20	72	40	16	35	13	35	71	30	6	16.4	2	22.4	8	2.5	6.18	6.18
M24	90	50	20	45	18	45	90	38	8	19.6	2.5	26.4	12	3	9.32	9.32
M30	110	60	25	60	22	55	110	45	8	25	3	33.4	15	3.5	14.7	14.7
M36	133	70	31.5	70	26	65	131.5	55	10	30.3	3	39.4	18	4	22.6	22.6
M42	151	80	35.5	80	30	75	150.5	65	12	35.6	3.5	45.6	20	4.5	33.3	33.3
M48	170	90	40	90	35	85	170	70	12	41	4	52.6	22	5	44.1	44.1
M64	210	110	50	110	42	105	210	90	14	55.7	5	71	25	6	88.3	88.3
M80×6	266	140	63	130	50	130	263	105	14	71	5	87	35	6	147	147
M100×6	340	180	80	170	60	165	335	130	14	91	5	108	40	6	196	196

주

([1]) 45°매달기의 사용하중은 볼트의 자리면이 상대와 밀착해서 2개의 볼트의 링 방향이 위 그림과 같이 동일 평면 내에 있을 경우에 적용된다.

비고

1. 이 표의 l은 아이볼트를 붙이는 암나사의 부분이 주철 또는 강으로 할 경우 적용하는 치수로 한다.
2. a, b, c, D, t 및 h의 허용차는 KS B 0426(강의 열간형 단조품 공차)의 보통급, l 및 c의 허용차는 KS B ISO 2768-1의 거친급으로 한다.

30. 아이 너트

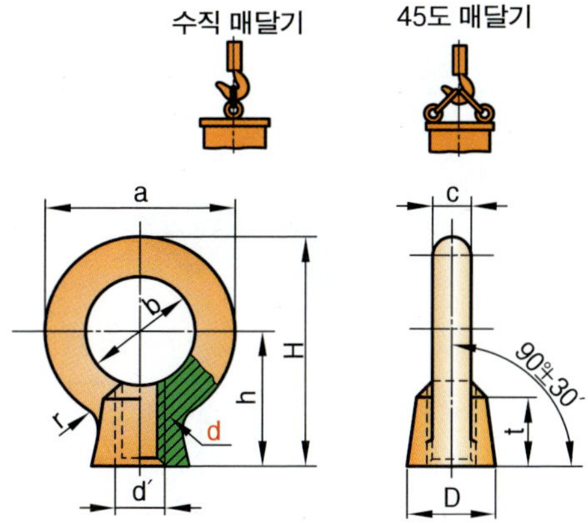

단위 : mm

아이 너트 치수 및 사용하중

나사 호칭 (*d*)	*a*	*b*	*c*	*D*	*t*	*h*	*H* (참고)	*r* (약)	*d′* (약)	사용하중	
										수 직 매달기 kN	45° 매달기(1) (2개당) kN
M18	32.6	20	6.3	16	12	23	39.3	8	8.5	0.785	0.785
M10	41	25	8	20	15	28	48.5	10	10.6	1.47	1.47
M12	50	30	10	25	19	36	61	12	12.5	2.16	2.16
M16	60	35	12.5	30	23	42	72	14	17	4.41	4.41
M20	72	40	16	35	28	50	86	16	21.2	6.18	6.18
M24	90	50	20	45	38	66	111	25	25	9.32	9.32
M30	110	60	25	60	46	80	135	30	31.5	14.7	14.7
M36	133	70	31.5	70	55	95	161.5	35	37.5	22.6	22.6
M42	151	80	35.5	80	64	109	184.5	40	45	33.3	33.3
M48	170	90	40	90	73	123	208	45	50	44.1	44.1
M64	210	110	50	110	90	151	256	50	67	88.2	88.2
M80×6	266	140	63	130	108	184	317	60	85	147	147

주

(1) 매달기의 사용하중은 볼트의 자리면이 상대와 밀착해서 2개의 너트의 링 방향이 위 그림과 같이 동일 평면 내에 있을 경우에 적용한다.

비고

a, *b*, *c*, *D*, *t* 및 *h*의 허용차는 KS B 0426(강의 열간형 단조품 공차)의 보통급, *d′*의 허용차는 KS B ISO 2768-1의 거친급으로 한다.

31. 나사붙이 테이퍼 핀(암나사)

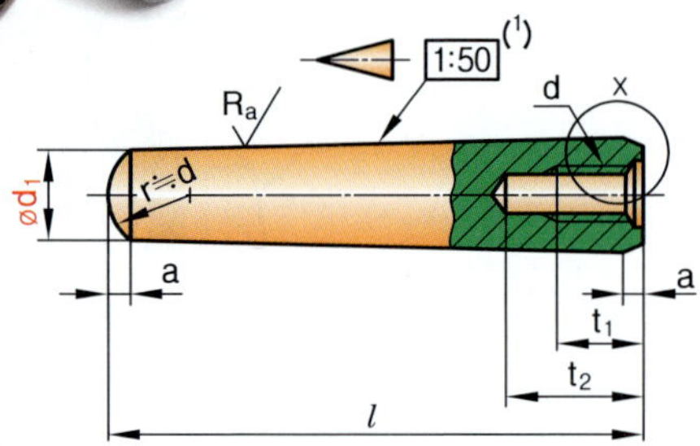

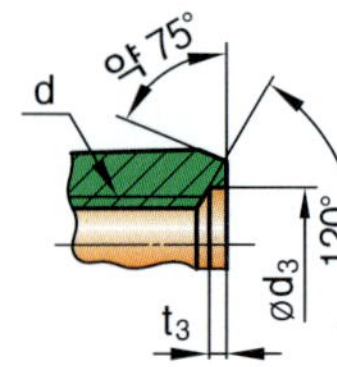

단위 : mm

나사붙이 테이퍼핀(암나사) 치수

호칭지름 d_1 (h10)(2)		6	8	10	12	16	20	25	30	40	50
		0 -0.048	0 -0.058		0 -0.070		0 -0.084			0 -0.100	
나사의 호칭(d)		M4	M5	M6	M8	M10	M12	M16	M20	M20	M24
나사의 피치(P)		0.7	0.8	1	1.25	1.5	1.75	2	2.5	2.5	3
a	약	0.8	1	1.2	1.6	2	2.5	3	4	5	6.3
d_3	약	4.3	5.3	6.4	8.4	10.5	13	17	21	21	25
t_1	최소	6	8	10	12	16	18	24	30	30	36
t_2	최소	10	12	16	20	25	28	35	40	40	50
t_3	최대	1	1.2	1.2	1.2	1.5	1.5	2	2	2.5	2.5
상용하는 호칭길이(l)		16 ~ 60	18 ~ 80	22 ~ 100	26 ~ 120	32 ~ 160	40 ~ 200	50 ~ 200	60 ~ 200	80 ~ 200	100 ~ 200

주

(1) 1 : 50은 기준 원뿔의 테이퍼 비가 1/50인 것을 표시한다.
(2) h10에 대한 수치는 KS B 0401에 따른다.

제품의 호칭방법

1. 호칭지름 d_1 =6mm, 호칭길이 l =30mm A형, 암나사붙이 비경화강 테이퍼 핀의 호칭
   - 보기 : 테이퍼 핀 KS B 1308−A−6×30×St

31. 나사붙이 테이퍼 핀(수나사)

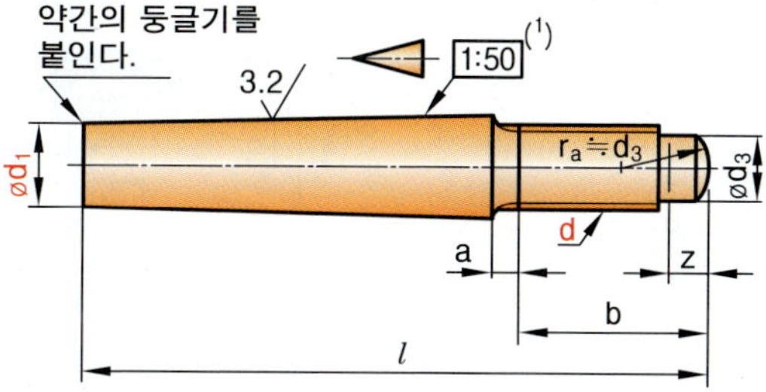

단위 : mm

나사붙이 테이퍼 핀(수나사) 치수

호칭지름 d_1 (h10)(2)		5	6	8	10	12	16	20	25	30	40	50
		0 -0.048		0 -0.058		0 -0.070		0 -0.084			0 -0.100	
나사의 호칭(d)		M5	M6	M8	M10	M12	M16	M16	M20	M24	M30	M36
나사의 피치(P)		0.8	1	1.25	1.5	1.75	2	2	2.5	3	3.5	4
a	최대	2.4	3	4	4.5	5.3	6	6	7.5	9	10.5	12
b	최대	15.6	20	24.5	27	30.5	39	39	45	52	65	78
	최소	14	18	22	24	27	35	35	40	46	58	70
d_3	최대	3.5	4	5.5	7	8.5	12	12	15	18	23	28
	최소	3.25	3.7	5.2	6.6	8.1	11.5	11.5	14.5	17.5	22.5	27.5
z	최대	1.5	1.75	2.25	2.75	3.25	4.3	4.3	5.3	6.3	7.5	9.4
	최소	1.25	1.5	2	2.5	3	4	4	5	6	7	9
상용하는 호칭길이(l)		40 ~ 50	45 ~ 60	55 ~ 75	65 ~ 100	85 ~ 120	100 ~ 160	120 ~ 190	140 ~ 250	160 ~ 280	190 ~ 360	220 ~ 400

주

(1) 1 : 50은 기준 원뿔의 테이퍼 비가 1/50인 것을 표시한다.
(2) h10에 대한 수치는 KS B 0401에 따른다.

제품의 호칭방법

1. 호칭지름 d_1 =6mm, 호칭길이 l =30mm A형, 암나사붙이 비경화강 테이퍼 핀의 호칭
   - 보기 : 테이퍼 핀 KS B 1308-A-6×30×St

32. 암나사붙이 평행 핀

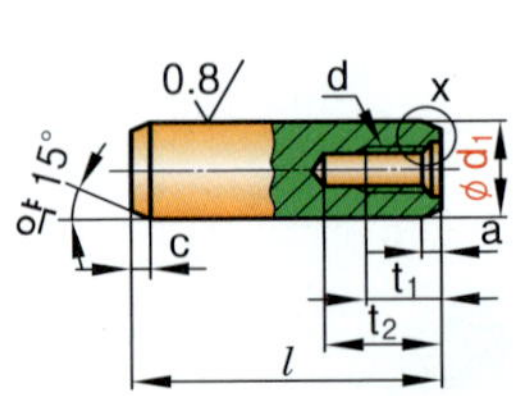

(1종)

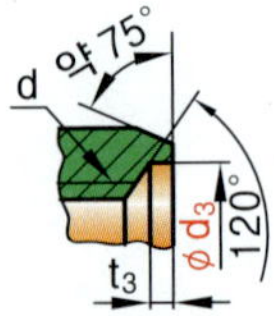

X부 확대도

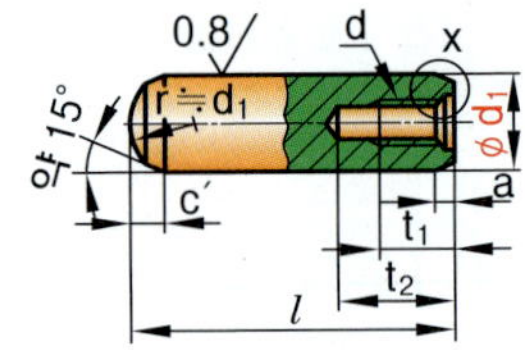

(2종 A)

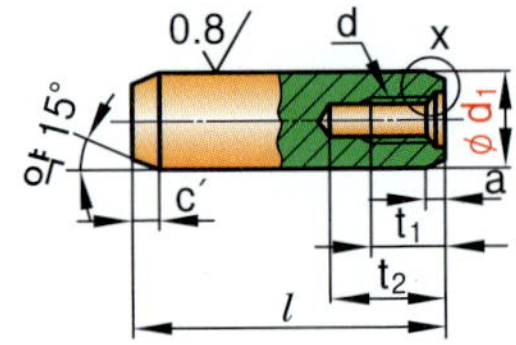

(2종 B)

단위 : mm

암나사붙이 평행 핀 치수

호칭지름 d_1 (m6)([1])		6	8	10	12	16	20	25	30	40	50
		+0.012 +0.004	+0.015 +0.006		+0.018 +0.007		+0.021 +0.008			+0.025 +0.009	
나사의 호칭(d)		M4	M5	M6	M6	M8	M10	M16	M20	M20	M24
나사의 피치(P)		0.7	0.8	1	1	1.25	1.5	2	2.5	2.5	3
a	약	0.8	1	1.2	1.6	2	2.5	3	4	5	6.3
c	약	1.2	1.6	2	2.5	3	3.5	4	5	6.3	8
c'	약	2.1	2.6	3	3.8	4.6	6	6	7	8	10
d_3	약	4.3	5.3	6.4	6.4	8.4	10.5	17	21	21	25
t_1	최소	6	8	10	12	16	18	24	30	30	36
t_2	약	10	12	16	20	25	28	35	40	40	50
t_3	최대	1	1.2	1.2	1.2	1.5	1.5	2	2	2.5	2.5
상용하는 호칭길이(l)		16 ~ 60	18 ~ 80	22 ~ 100	26 ~ 120	32 ~ 180	40 ~ 200	50 ~ 200	65 ~ 200	80 ~ 200	100 ~ 100

주

([1]) m6에 대한 수치는 KS B 0401에 따른다.

제품의 호칭방법

1. 호칭지름 6mm, 호칭길이 30mm인 비경화강 암나사붙이 평행 핀
   ▪ 보기 : 평행 핀 KS B 1309−6×30−St
2. 호칭지름 6mm, 호칭길이 30mm인 A1 등급의 비경화 오스테나이트계 스테인리스강 암나사붙이 평행 핀
   ▪ 보기 : 평행 핀 KS B 1309−6×30−A1
3. 호칭지름 6mm, 호칭길이 30mm인 A형 경화강 암나사붙이 평행 핀
   ▪ 보기 : 평행 핀 KS B 1309−6×30−A−St

33. 맞춤 핀

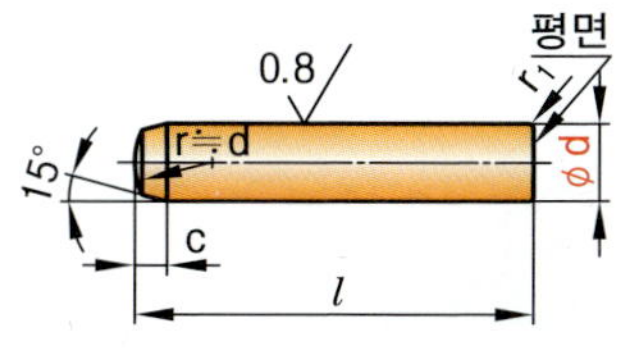

A 종

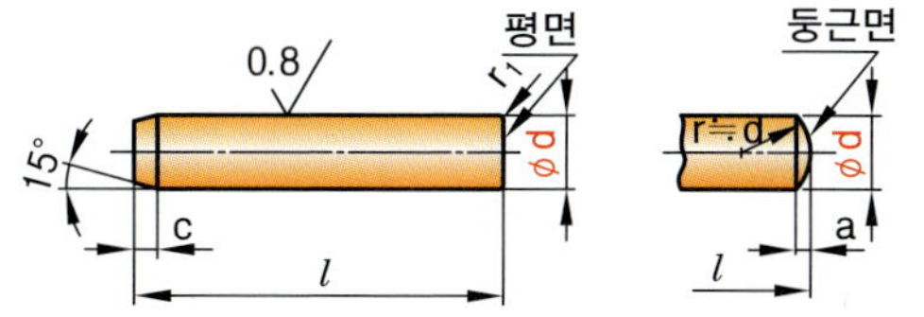

B 종

단위 : mm

맞춤 핀 치수

호칭지름 d (m6)([1])		1	1.5	2	2.5	3	4	5	6	8	10	12	16	20
		+0.008 +0.002					+0.012 +0.004			+0.015 +0.006		+0.018 +0.007		+0.021 +0.008
a	약	0.12	0.2	0.25	0.3	0.4	0.5	0.63	0.8	1	1.2	1.6	2	2.5
c	약	0.5	0.6	0.8	1	1.2	1.4	1.7	2.1	2.6	3	3.8	4.6	6
r_1	최소	-	0.2	0.2	0.3	0.3	0.4	0.4	0.4	0.5	0.6	0.6	0.8	0.8
	최대	-	0.6	0.6	0.7	0.8	0.9	1	1.1	1.3	1.4	1.6	1.8	2
상용하는 호칭길이(l)		3 ~ 10	4 ~ 16	5 ~ 20	6 ~ 24	8 ~ 30	10 ~ 40	12 ~ 50	14 ~ 60	18 ~ 80	22 ~ 100	26 ~ 100	40 ~ 100	50 ~ 100

주

([1]) m6에 대한 수치는 KS B 0401에 따른다.

비고

1. A종 : 호칭 템퍼링을 한 것
2. B종 : 탄소 처리 호칭 템퍼링을 한 것

제품의 호칭방법

1. 호칭지름 6mm, 호칭길이 30mm, A종 경화강 맞춤 핀
   - 보기 : 맞춤 핀 KS B 1310-6×30-A-St
2. 호칭지름 6mm, 호칭길이 30mm, C1 등급의 마텐자이트계 스테인리스강 맞춤 핀
   - 보기 : 맞춤 핀 KS B 1310-6×30-C1

34. 평행 핀

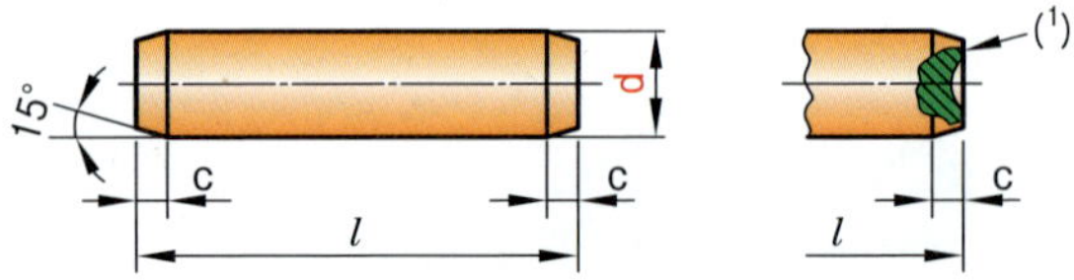

주(1) 반지름 또는 딤플된 핀 끝단 허용

단위 : mm

평행 핀 치수

호칭지름 d m6/h8(2)	0.6	0.8	1	1.2	1.5	2	2.5	3	4	5	6	8	10	12	16	20	25	30	40	50
c 약	0.12	0.16	0.2	0.25	0.3	0.35	0.4	0.5	0.63	0.8	1.2	1.6	2	2.5	3	3.5	4	5	6.3	8
상용하는 호칭길이(l) (3)	2 ~ 6	2 ~ 8	4 ~ 10	4 ~ 12	4 ~ 16	6 ~ 20	6 ~ 24	8 ~ 30	8 ~ 40	10 ~ 50	12 ~ 60	14 ~ 80	18 ~ 95	20 ~ 140	26 ~ 180	35 ~ 200	50 ~ 200	60 ~ 200	80 ~ 200	95 ~ 200

주

(2) 그 밖의 공차는 당사자 간의 협의에 따른다.
(3) 호칭길이가 200mm를 초과하는 것은 20mm 간격으로 한다.

제품의 호칭방법

1. 비경화강 평행 핀, 호칭지름 6mm, 공차 m6, 호칭길이 30mm
   - 보기 : 평행 핀 KS B 1320-6 m6×30-St
2. 오스테나이트계 스테인리스강 A1 등급인 경우
   - 보기 : 평행 핀 KS B 1320-6 m6×30-A1

적용

1. 평행 핀은 축 기준식 끼워맞춤이다.
2. 구멍공차 : G6, G7(헐거운 끼워맞춤), N7(중간 끼워맞춤)

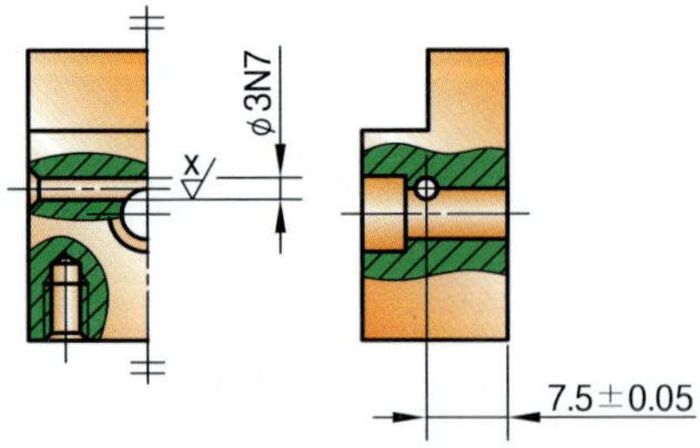

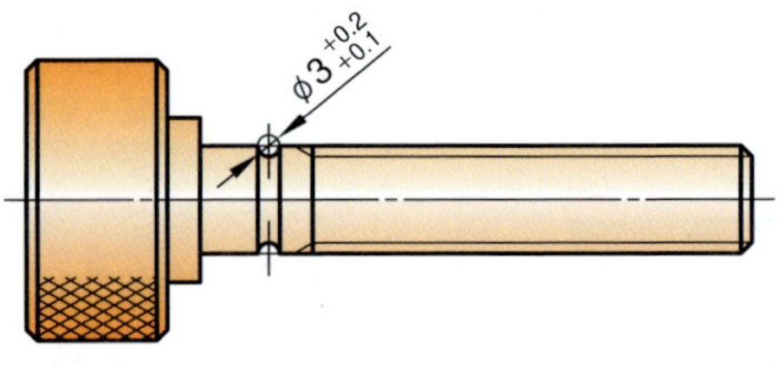

35. 분할 핀

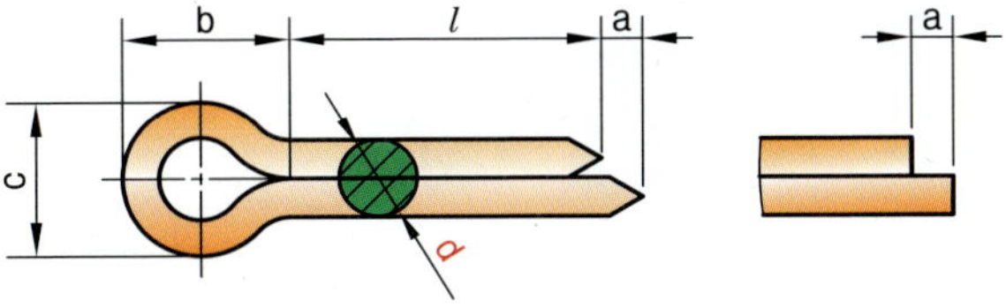

단위 : mm

분할 핀 치수

호칭지름 (구멍지름)		0.6	0.8	1	1.2	1.6	2	2.5	3.2	4	5	6.3	8	10	13	16	20
d	최대	0.5	0.7	0.9	1.0	1.4	1.8	2.3	2.9	3.7	4.6	5.9	7.5	9.5	12.4	15.4	19.3
	최소	0.4	0.6	0.8	0.9	1.3	1.7	2.1	2.7	3.5	4.4	5.7	7.3	9.3	12.1	15.1	19.0
a	최대	1.6	1.6	1.6	2.50	2.50	2.50	2.50	3.2	4	4	4	4	6.30	6.30	6.30	6.30
	최소	0.8	0.8	0.8	1.25	1.25	1.25	1.25	1.6	2	2	2	2	3.15	3.15	3.15	3.15
b	약	2	2.4	3	3	3.2	4	5	6.4	8	10	12.6	16	20	26	32	40
c	최대	1.0	1.4	1.8	2.0	2.8	3.6	4.6	5.8	7.4	9.2	11.8	15.0	19.0	24.8	30.8	38.5
	최소	0.9	1.2	1.6	1.7	2.4	3.2	4.0	5.1	6.5	8.0	10.3	13.1	16.6	21.7	27.0	33.8
상용하는 호칭길이(*l*)		4 ~ 12	5 ~ 16	6 ~ 20	8 ~ 25	8 ~ 32	10 ~ 40	12 ~ 50	14 ~ 56	18 ~ 80	22 ~ 100	32 ~ 125	40 ~ 160	45 ~ 200	71 ~ 250	112 ~ 280	160 ~ 280

비고

1. 호칭 크기=분할 핀 구멍의 지름에 대하여 다음과 같은 공차를 분류한다.
   H13≤1.2 H14 〉1.2

제품의 호칭방법

1. 분할 핀 호칭지름 5mm, 호칭길이 50mm
   ▪분할 핀 KS B ISO 1234-5 X 50-St

적용

1. 분할 핀은 축기준끼워맞춤이다.
2. 구멍공차 : G6, G7(헐거운끼워맞춤)

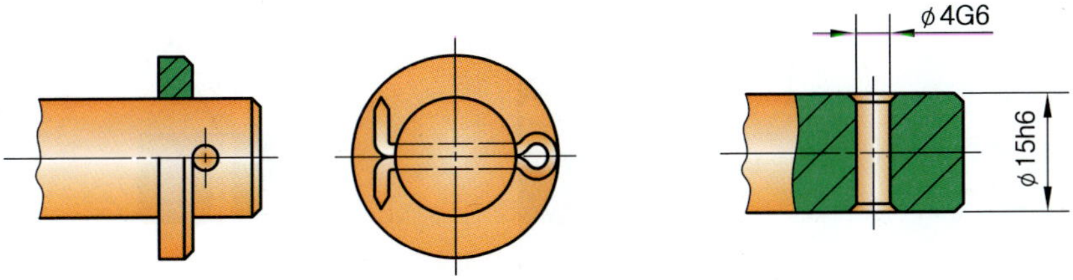

핀

36. 스플릿 테이퍼 핀

$$r_1 \fallingdotseq d,\ \ r_2 \fallingdotseq \frac{1}{2} + d + \frac{(0.02l)^2}{8a}$$

•갈라짐 부분 맨 끝의 두께 치우침 = $A_1 - A_2$

•갈라짐 부분 바닥의 두께 치우침 = $B_1 - B_2$

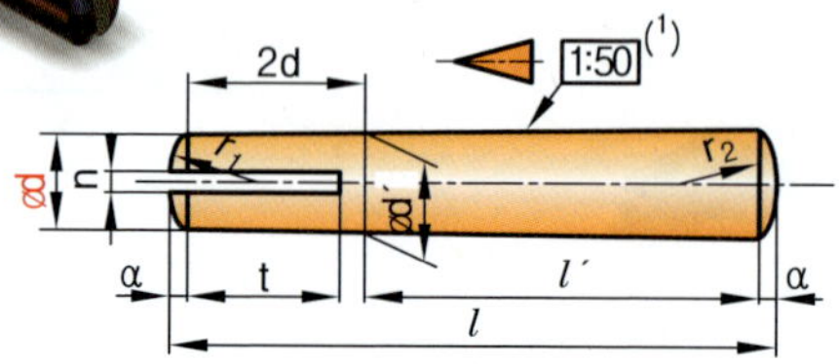

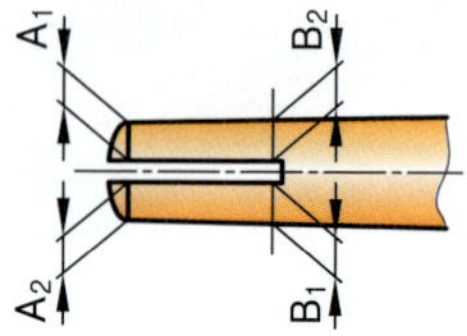

단위 : mm

스플릿 테이퍼 핀 치수

d	호칭원뿔지름	2.0	2.5	3.0	4.0	5.0	6.0	8.0	10	12	16	20
d'	기준치수([2])	2.08	2.60	3.12	4.16	5.20	6.24	8.32	10.40	12.48	16.64	20.80
	허용차([3])	0 - 0.040			0 - 0.048			0 - 0.058		0 - 0.070		0 - 0.084
n	최소	0.4		0.6			0.8		1.0			1.6
t	최소	3	3.5	4.5	6	7.5	9	12	15	18	24	30
	최대	4	5	6	8	10	12	16	20	24	32	40
a	약	0.25	0.3	0.4	0.5	0.63	0.8	1.0	1.2	1.6	2.0	2.5
상용하는 호칭길이(*l*)		10 ~ 35	10 ~ 35	12 ~ 45	14 ~ 55	18 ~ 60	22 ~ 90	22 ~ 120	26 ~ 160	32 ~ 180	40 ~ 200	45 ~ 200

주

([1]) 원뿔의 테이퍼 비가 $\frac{1}{50}$ 임을 나타낸다.

([2]) *d'*의 기준치수는 $d+\frac{d}{25}$ 로 구한 것이다.

([3]) *d'*의 허용차는 호칭원뿔지름(*d*)에 KS B0401의 h10을 준 것으로 따르고 있다.

제품의 호칭방법

1. 스플릿 테이퍼 핀 호칭지름 6mm, 호칭길이 70mm
   - 스플릿 테이퍼 핀 KS B 1323 6×70-St

적용

1. 테이퍼 핀의 호칭지름은 핀의 작은쪽 지름(*d*)이다.
2. 핀 구멍 가공은 두 부품이 가조립된 상태에서 드릴가공 후 리머로 1/50의 테이퍼 가공한다.

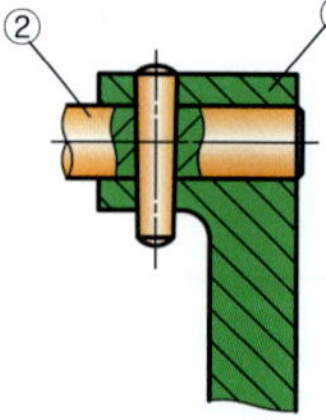

① 품번 2와 조립 후 동시가공

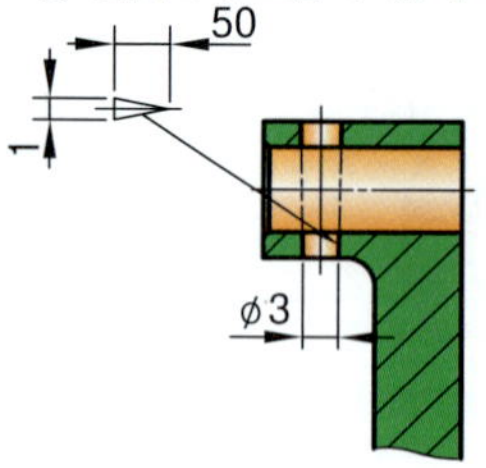

②

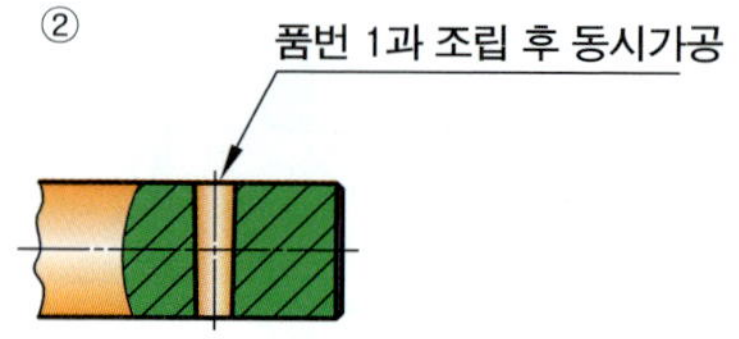

37. 스프링식 곧은 핀-홈형(중하중용)

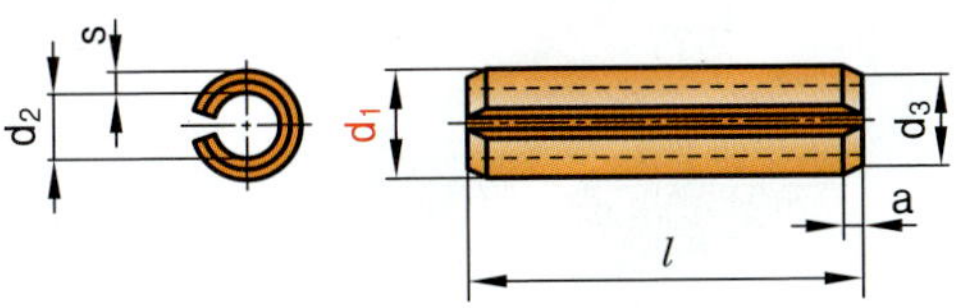

단위 : mm

스프링식 곧은 핀-홈형(중하중용)

		1	1.5	2	2.5	3	3.5	4	4.5	5	6	8	10	12	13
d_1	호칭지름	1	1.5	2	2.5	3	3.5	4	4.5	5	6	8	10	12	13
	가공전 최대	1.3	1.8	2.4	2.9	3.5	4.0	4.6	5.1	5.6	6.7	8.8	10.8	12.8	13.8
	가공전 최소	1.2	1.7	2.3	2.8	3.3	3.8	4.4	4.9	5.4	6.4	8.5	10.5	12.5	13.5
s		0.2	0.3	0.4	0.5	0.6	0.75	0.8	1	1	1.2	1.5	2	2.5	2.5
이중전단강도 (kN)		0.7	1.58	2.82	4.38	6.32	9.06	11.24	15.36	17.54	26.04	42.76	70.16	104.1	115.1
상용하는 호칭길이(l)		4 ~ 20	4 ~ 20	4 ~ 30	4 ~ 30	4 ~ 40	4 ~ 40	4 ~ 50	5 ~ 50	5 ~ 80	10 ~ 100	10 ~ 120	10 ~ 160	10 ~ 180	10 ~ 180

스프링식 곧은 핀-홈형(중하중용 계속)

		14	16	18	20	21	25	28	30	32	35	38	40	45	50
d_1	호칭지름	14	16	18	20	21	25	28	30	32	35	38	40	45	50
	가공전 최대	14.8	16.8	18.9	20.9	21.9	25.9	28.9	30.9	32.9	35.9	38.9	40.9	45.9	50.9
	가공전 최소	14.5	16.5	18.5	20.5	21.5	25.5	28.5	30.5	32.5	35.5	38.5	40.5	45.5	50.5
s		3	3	3.5	4	4	5	5.5	6	6	7	7.5	7.5	8.5	9.5
이중전단강도 (kN)		114.7	171	222.5	280.6	298.2	438.5	542.6	631.4	684	859	1003	1068	1360	1685
상용하는 호칭길이(l)		10 ~ 200	10 ~ 200	10 ~ 200	10 ~ 200	14 ~ 200	14 ~ 200	14 ~ 200	14 ~ 200	20 ~ 200	20 ~ 200	20 ~ 200	20 ~ 200	20 ~ 200	20 ~ 200

제품의 호칭방법

1. 호칭지름 d_1=6mm, 호칭길이 l=30mm, 중하중 강제(St)로 된 스프링 핀
   - 보기 : 스프링 핀 KS B 1339−6×30−St
2. 호칭지름 d_1=6mm, 호칭길이 l=30mm, 중하중 마텐자이트계 스테인리스강(C), 스프링 핀(N)
   - 보기 : 스프링 핀 KS B 1339−6×30−N−C

적용

스프링 핀이 끼워질 구멍의 지름은 조립되는 호칭지름 d_1과 공차 등급 H12와 같아야 한다.

38. 스프링식 곧은 핀-홈형(경하중용)

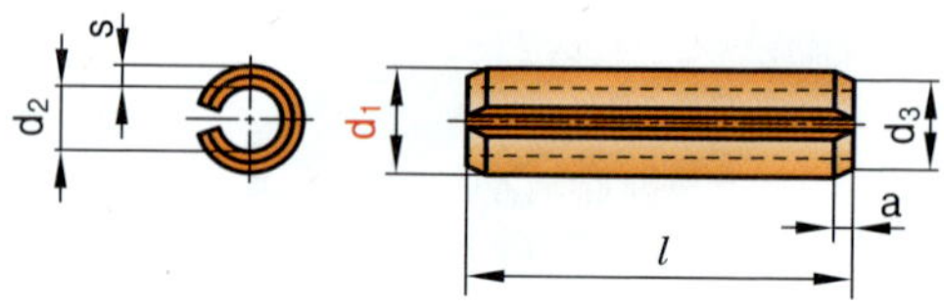

단위 : mm

스프링식 곧은 핀-홈형(경하중용)

구분		2	2.5	3	3.5	4	4.5	5	6	8	10	12	13
d_1	호칭지름	2	2.5	3	3.5	4	4.5	5	6	8	10	12	13
d_1 가공전	최대	2.4	2.9	3.5	4.0	4.6	5.1	5.6	6.7	8.8	10.8	12.8	13.8
d_1 가공전	최소	2.3	2.8	3.3	3.8	4.4	4.9	5.4	6.4	8.5	10.5	12.5	13.5
s		0.2	0.25	0.3	0.35	0.5	0.5	0.5	0.75	0.75	1	1	1.2
이중전단강도(kN)		1.5	2.4	3.5	4.6	8	8.8	10.4	18	24	40	48	66
상용하는 호칭길이(l)		4 ~ 30	4 ~ 30	4 ~ 40	4 ~ 40	4 ~ 50	6 ~ 50	6 ~ 80	10 ~ 100	10 ~ 120	10 ~ 160	10 ~ 180	10 ~ 180

스프링식 곧은 핀-홈형(경하중용 계속)

구분		14	16	18	20	21	25	28	30	35	40	45	50
d_1	호칭지름	14	16	18	20	21	25	28	30	35	40	45	50
d_1 가공전	최대	14.8	16.8	18.9	20.9	21.9	25.9	28.9	30.9	35.9	40.9	45.9	50.9
d_1 가공전	최소	14.5	16.5	18.5	20.5	21.5	25.5	28.5	30.5	25.5	40.5	45.5	50.5
s		1.5	1.5	1.7	2	2	2	2.5	2.5	3.5	4	4	5
이중전단강도(kN)		84	98	126	156	168	202	280	302	490	634	720	1000
상용하는 호칭길이(l)		9 ~ 200	9 ~ 200	9 ~ 200	9 ~ 200	14 ~ 200	14 ~ 200	14 ~ 200	14 ~ 200	20 ~ 200	20 ~ 200	20 ~ 200	20 ~ 200

제품의 호칭방법

1. 호칭지름 d_1=6mm, 호칭길이 l=30mm, 경하중 강제(St)로 된 스프링 핀
   - 보기 : 스프링 핀 KS B ISO 13337-6×30-St
2. 호칭지름 d_1=6mm, 호칭길이 l=30mm, 경하중 마텐자이트계 스테인리스강(C), 스프링 핀(N)
   - 보기 : 스프링 핀 KS B ISO 13337-6×30-N-C

적용

스프링 핀이 끼워질 구멍의 지름은 조립되는 호칭지름 d_1과 공차 등급 H12와 같아야 한다.

39. 스프링식 곧은 핀-코일형(중하중용)

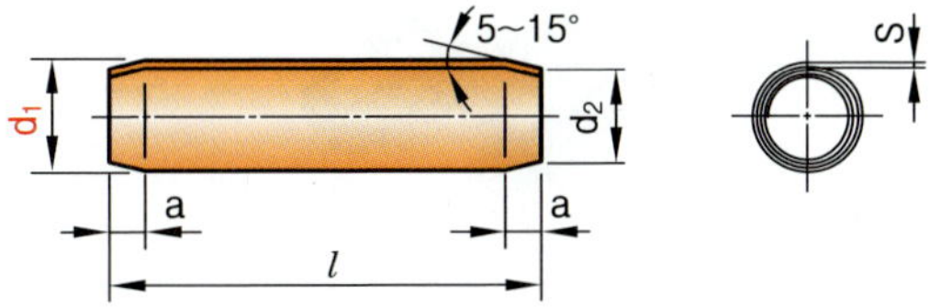

단위 : mm

스프링식 곧은 핀-코일형(중하중용)

d_1	호칭지름		1.5	2	2.5	3	3.5	4	5
	조립전	최대	1.71	2.21	2.73	3.25	3.79	4.30	5.30
		최소	1.61	2.11	2.62	3.12	3.64	4.15	5.15
s			0.17	0.22	0.28	0.33	0.39	0.45	0.56
이중전단강도(kN)			1.9	3.5	5.5	7.6	10	13.5	20
			1.45	2.5	3.8	5.7	7.6	10	15.5
상용하는 호칭길이(l)			4~26	4~40	5~45	6~50	6~50	8~60	10~60

스프링식 곧은 핀-코일형(중하중용 계속)

d_1	호칭지름		6	8	10	12	14	16	20
	조립전	최대	6.40	8.55	10.65	12.75	14.85	16.9	21.0
		최소	6.18	8.25	10.30	12.35	13.6	15.6	19.6
s			0.67	0.9	1.1	1.3	1.6	1.8	2.2
이중전단강도(kN)			30	53	84	120	165	210	340
			23	41	64	91	-	-	-
상용하는 호칭길이(l)			12~75	16~120	20~120	24~160	28~200	35~200	40~200

제품의 호칭방법

1. 호칭지름 d_1=6mm, 호칭길이 l=30mm, 강제(St) 코일형 중하중용 스프링 핀
   - 보기 : 스프링 핀 KS B ISO 8748-6×30-St
2. 호칭지름 d_1=6mm, 호칭길이 l=30mm, 오스테나이트계 스테인리스강(A), 스프링 핀(N)
   - 보기 : 스프링 핀 KS B ISO 8748-6×30-A

적용

스프링 핀이 끼워질 구멍의 지름은 조립되는 호칭지름 d_1과 공차 등급 H12와 같아야 하고, 호칭지름 1.2mm 이하의 핀에 대해서는 공차등급 H10을 적용한다.

40. 스프링식 곧은 핀-코일형(표준 · 경하중용)

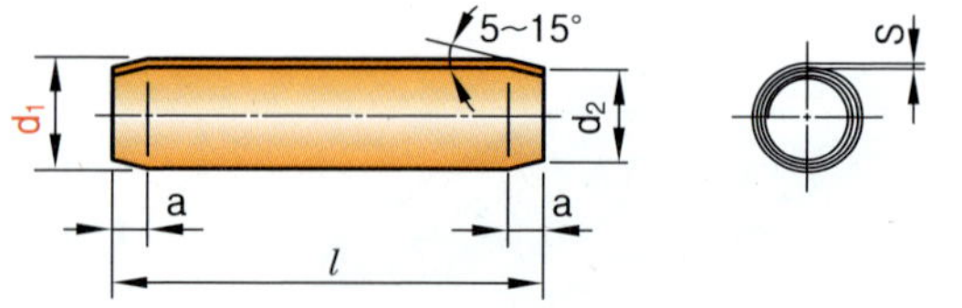

단위 : mm

스프링식 곧은 핀-코일형(표준하중용)

d_1	호칭지름		0.8	1	1.2	1.5	2	2.5	3	3.5	4
	조립전	최대	0.91	1.15	1.35	1.73	2.25	2.78	3.30	3.84	4.4
		최소	0.85	1.02	1.25	1.62	2.13	2.65	3.15	3.67	4.2
s			0.07	0.08	0.1	0.13	0.17	0.21	0.25	0.29	0.33
이중전단강도(kN)			0.4	0.6	0.9	1.45	2.5	3.9	5.5	7.5	9.6
			0.3	0.45	0.65	1.05	1.9	2.9	4.2	5.7	7.6
상용하는 호칭길이(l)			4~16	4~16	4~16	4~24	4~40	5~45	6~50	6~50	8~60

스프링식 곧은 핀-코일형(표준하중용 계속)

d_1	호칭지름		5	6	8	10	12	14	16	20	-
	조립전	최대	5.50	6.50	8.63	10.80	12.85	14.95	17.00	21.1	-
		최소	5.25	6.25	8.30	10.35	12.40	14.45	16.45	20.4	-
s			0.42	0.5	0.67	0.84	1	1.2	1.3	1.7	-
이중전단강도(kN)			15	22	39	62	89	120	155	250	-
			11.5	16.8	30	48	67	-	-	-	-
상용하는 호칭길이(l)			10~60	12~75	16~120	20~120	24~160	28~200	32~200	45~200	-

스프링식 곧은 핀-코일형(경하중용)

d_1	호칭지름		1.5	2	2.5	3	3.5	4	5	6	8
	조립전	최대	1.75	2.28	2.82	3.35	3.87	4.45	5.5	6.55	8.65
		최소	1.62	2.13	2.65	3.15	3.67	4.20	5.2	6.25	8.30
s			0.08	0.11	0.14	0.17	0.19	0.22	0.28	0.33	0.45
이중전단강도(kN)			0.8	1.5	2.3	3.3	4.5	5.7	9	13	23
			0.65	1.1	1.8	2.5	3.4	4.4	7	10	18
상용하는 호칭길이(l)			4~24	4~40	5~45	6~50	6~50	8~60	10~60	12~75	16~120

제품의 호칭방법

1. 호칭지름 d_1=6mm, 호칭길이 l=30mm, 강제(St) 코일형 표준하중용 스프링 핀
   - 보기 : 스프링 핀 KS B ISO 8750-6×30-St
2. 호칭지름 d_1=6mm, 호칭길이 l=30mm, 오스테나이트계 스테인리스강(A), 스프링 핀(N)
   - 보기 : 스프링 핀 KS B ISO 8750-6×30-A

적용

스프링 핀이 끼워질 구멍의 지름은 조립되는 호칭지름 d_1과 공차 등급 H12와 같아야 하고, 호칭지름 1.2mm 이하의 핀에 대해서는 공차등급 H10을 적용한다.

41. 널링

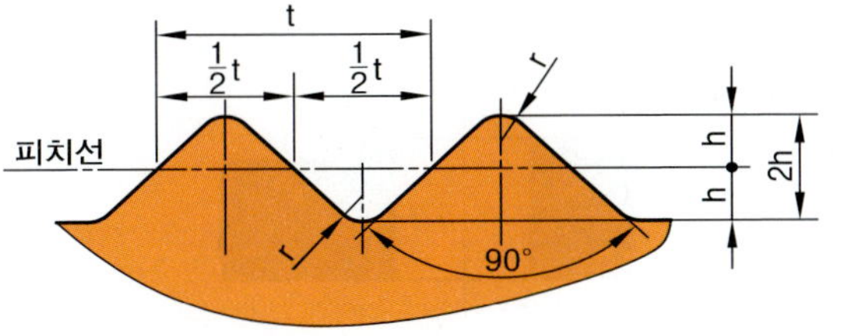

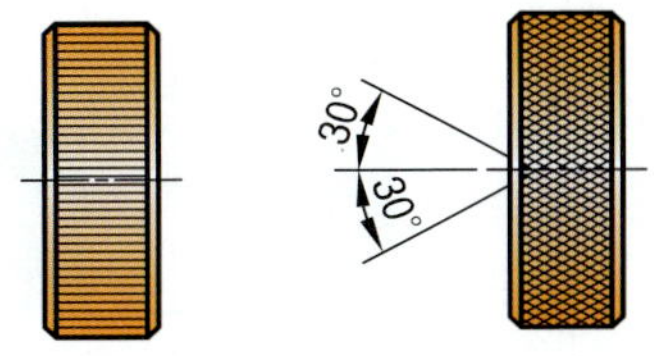

바른줄 널링　　빗줄 널링

널링 치수				계산식
모듈(m)	피치(t)	r	h	$t=\pi m$ $h=0.785m-0.414r$
0.2	0.628	0.06	0.15	
0.3	0.942	0.09	0.22	
0.5	1.571	0.16	0.37	

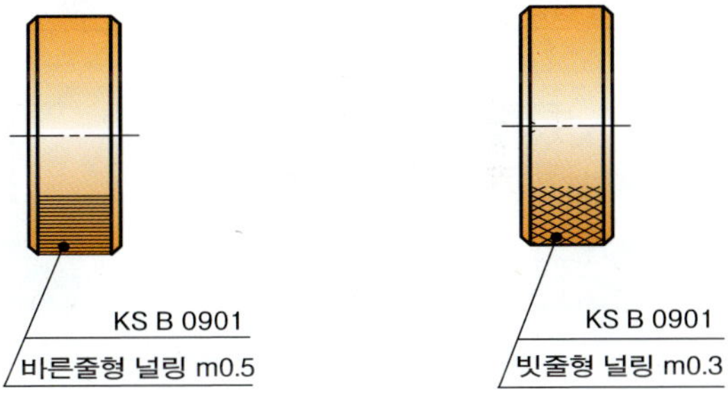

바른줄 널링 호칭지시법　　빗줄 널링 호칭표시법

적용 예

1. 널링은 일부분만 가는실선으로 나타낸다.
2. 빗줄 널링의 교차 각도는 축선에 대해 30°로 한다.

42. 지그용 부시 및 그 부속품

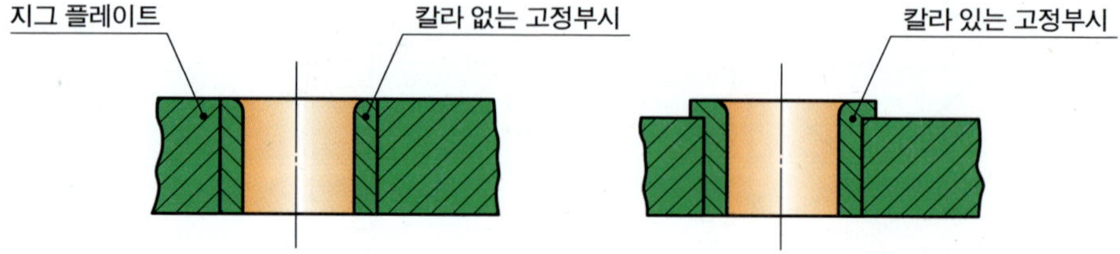

고정부시 조립체

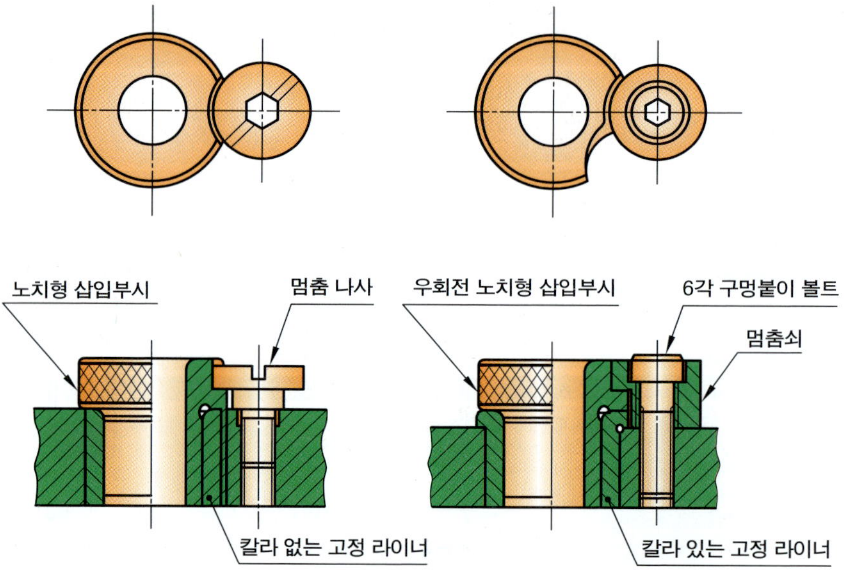

삽입부시와 고정 라이너 조립체

종류	재료	경도
부시	KS D 3867(기계 구조용 합금강)SCM435 KS D 3751(탄소공구강) STC 105 KS D 3753(합금공구강) STS3, STD4 KS D 3525(고탄소 크롬 베어링강)STB2	HRC 60(HV 697) 이상
멈춤쇠 및 멈춤나사	KS D 3752(기계 구조용 탄소강) SM45C KS D 3867(기계 구조용 합금강) SCM435	멈춤쇠 경도 HRC 40(HV392) 이상 멈춤나사의 경도 HRC 0~38(HV302~373)

42. 지그용 부시 및 그 부속품

고정부시 조립체

삽입부시와 고정 라이너 조립체

종류			용도	기호	제품명칭
부시	고정부시	칼라 없음	드릴링	BUFAD	지그용(칼라 없음)드릴용 고정부시
			리머용	BUFAR	지그용(칼라 없음)리머용 고정부시
		칼라 있음	드릴링	BUFBD	지그용 칼라 있는 드릴용 고정부시
			리머용	BUFBR	지그용 칼라 있는 리머용 고정부시
	삽입부시	둥근형	드릴링	BUSCD	지그용 둥근형 드릴용 꽂음 부시
			리머용	BUSCR	지그용 둥근형 리머용 꽂음 부시
		우회전형 노치형	드릴링	BUSDD	지그용 우회전용 노치 드릴링 꽂음 부시
			리머용	BUSDR	지그용 우회전용 노치 리머링 꽂음 부시
		좌회전형 노치형	드릴링	BUSED	지그용 좌회전용 노치 드릴링 꽂음 부시
			리머용	BUSFR	지그용 좌회전용 노치 리머링 꽂음 부시
		노치형	드릴링	BUSED	지그용 노치형 드릴용 꽂음 부시
			리머용	BUSFR	지그용 노치형 리머형 꽂음 부시
	고정 라이너	칼라 없음	부시용	LIFA	지그용(칼라 없음)고정 라이너
		칼라 있음		LIFB	지그용 칼라 있는 고정 라이너
멈춤쇠			부시용	BUST	지그 부시용 멈춤쇠
멈춤나사				BULS	지그 부시용 멈춤나사

비고

1. 표 중 제품에 ( )를 붙인 글자는 생략하여도 좋다.
2. 약호로서 드릴용은 D, 리머용은 R, 라이너용은 L로 한다.

43. 지그용 고정부시

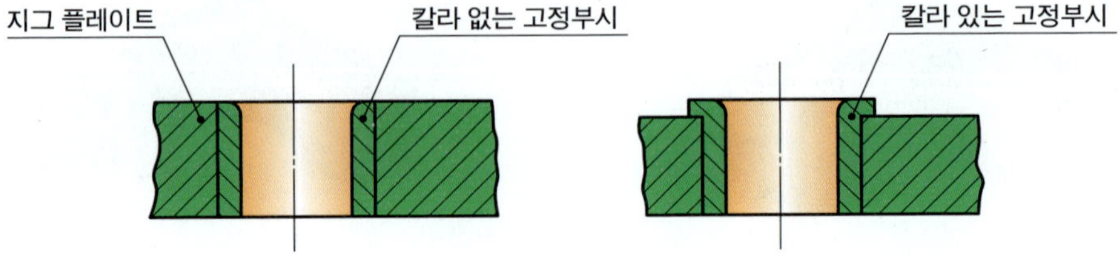

고정부시 조립체

칼라 없는 고정부시 구조

칼라 있는 고정부시 구조

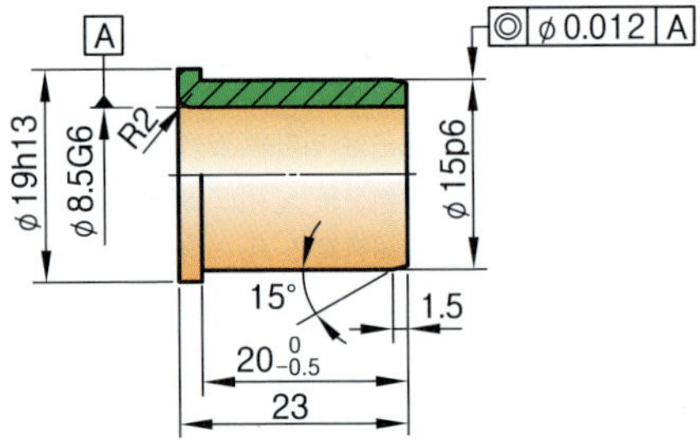

고정부시–칼라 있음

적용 예
1. 칼라 있는 드릴용 부시 치수적용 예이다. 2. 전체열처리 HRC 60(HV 697) 이상 3. 부시 재질 (탄소공구강) STC 105, (합금공구강) STS3, STD4 등

43. 지그용 고정부시

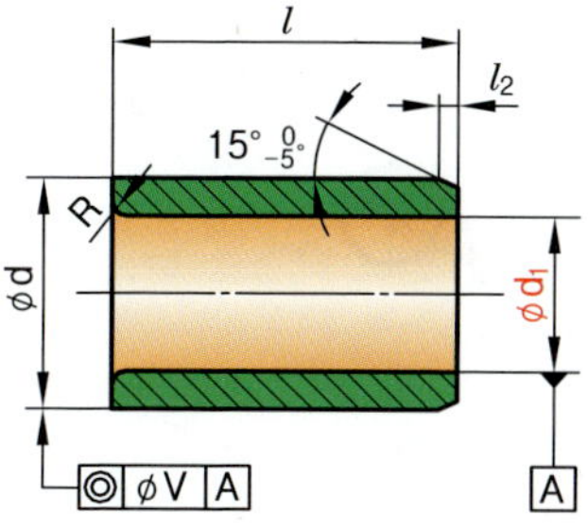

칼라 없음

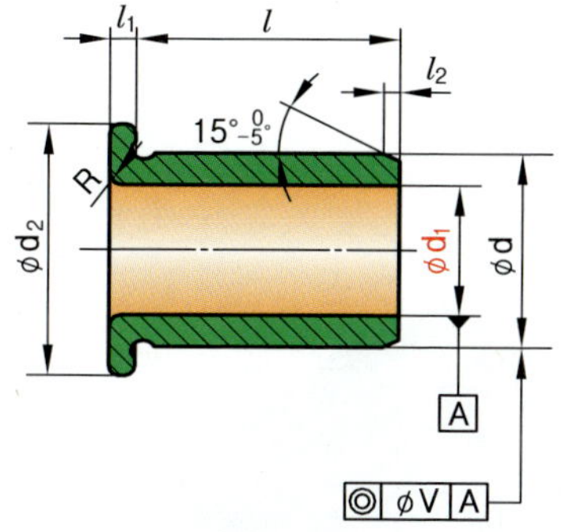

칼라 있음

단위 : mm

지그용 고정부시 치수

d_1 드릴용 구멍(G6) 리머용 구멍(F7)	동축도	d 기준치수	d 허용차 (P6)	d_2 기준 치수	d_2 허용차 (h13)	$l\,(^{\ 0}_{-0.5})$	l_1	l_2	R
1 이하	0.012	3	+0.012 +0.006	7	0 -0.220	6, 8	2	1.5	0.5
1 초과 1.5 이하		4	+0.020 +0.012	8					
1.5초과 2 이하		5		9		6, 8, 10, 12			0.8
2 초과 3 이하		7	+0.024 +0.015	11	0 -0.270	8, 10, 12, 16	2.5		
3 초과 4 이하		8		12					1.0
4 초과 6 이하		10		14		10, 12, 16, 20	3		
6 초과 8 이하		12	+0.029 +0.018	16					2.0
8 초과 10 이하		15		19	0 -0.330	12, 16, 20, 25			
10 초과 12 이하		18		22			4		
12 초과 15 이하		22	+0.035 +0.022	26		16, 20, (25), 28, 36			
15 초과 18 이하		26		30		20, 25, (30), 36, 45			
18 초과 22 이하	0.020	30		35	0 -0.390		5		3.0
22 초과 26 이하		35	+0.042 +0.026	40					
26 초과 30 이하		42		47		25, (30), 36, 45, 56			
30 초과 35 이하		48		53	0 -0.460		6		4.0
35 초과 42 이하		55	+0.051 +0.032	60		30, 35, 45, 56			
42 초과 48 이하		62		67					
48 초과 55 이하		70		75					
55 초과 63 이하	0.025	78		83	0 -0.540	35, 45, 56, 67			
63 초과 70 이하		85	+0.059 +0.037	90					
70 초과 78 이하		95		100		40, 56, 67, 78			
78 초과 85 이하		105		110					
85 초과 95 이하		115		120		45, 50, 67, 89			
95 초과 105 이하		125		130	0 -0.630				

비고

1. d, d_1 및 d_2의 허용차는 KS B 0401(KS B ISO 1829)의 규정에 따른다.
2. l_1, l_2 및 R의 허용차는 KS B ISO 2768-1에 규정하는 보통급으로 한다.
3. l 치수에서 ( )를 붙인 것은 되도록 사용하지 않는다.

44. 지그용 삽입부시(조립 치수)

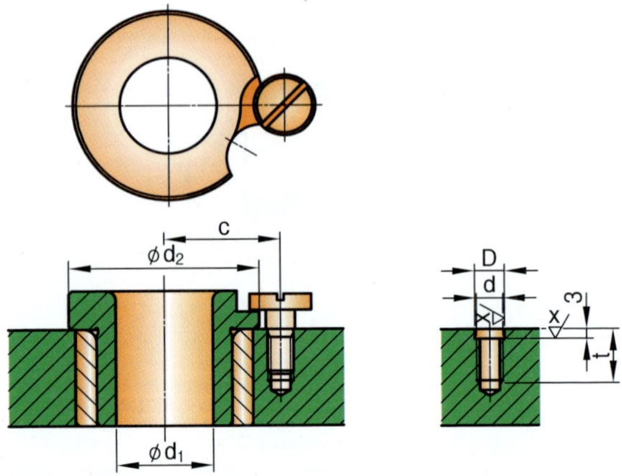

단위 : mm

지그용 삽입부시와 멈춤쇠 및 멈춤나사 중심거리 치수

삽입부시의 구멍지름 d_1	d_2	d	c		D	t
			기준치수	허용차		
4 이하	15	M5	11.5	±0.2	5.2	11
4 초과 6 이하	18		13			
6 초과 8 이하	22		16			
8 초과 10 이하	26		18			
10 초과 12 이하	30		20			
12 초과 15 이하	34	M6	23.5		6.2	14
15 초과 18 이하	39		26			
18 초과 22 이하	46		29.5			
22 초과 26 이하	52	M8	32.5		8.5	16
26 초과 30 이하	59		36			
30 초과 35 이하	66		41			
35 초과 42 이하	74		45			
42 초과 48 이하	82	M10	49		10.2	20
48 초과 55 이하	90		53			
55 초과 63 이하	100		58			
63 초과 70 이하	110		63			
70 초과 78 이하	120		68			
78 초과 85 이하	130		73			

45. 지그용 삽입부시(둥근형)

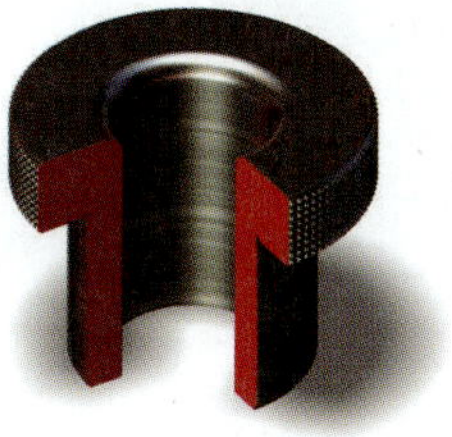

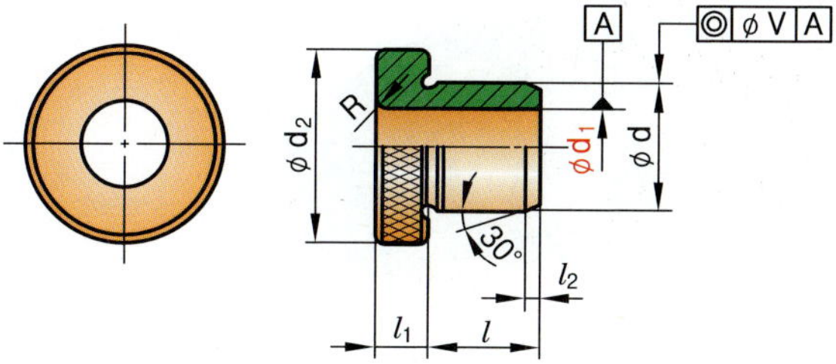

단위 : mm

지그용 삽입부시 치수(둥근형)

d_1		d		d_2		$l\left(^{\ 0}_{-0.5}\right)$	l_1	l_2	R
드릴용 구멍(G6) 리머용 구멍(F7)	동축도	기준치수	허용차 (m5)	기준 치수	허용차 (h13)				
4 이하	0.012	12	+0.012 +0.006	16	0 -0.270	10, 12, 16	8	1.5	2
4 초과 6 이하		15		19	0 -0.330	12, 16, 20, 25			
6 초과 8 이하		18		22			10		
8 초과 10 이하		22	+0.015 +0.007	26		16, 20, (25), 28, 36			
10 초과 12 이하		26		30					
12 초과 15 이하		30		35	0 -0.390	20, 25, (30), 36, 45	12		3
15 초과 18 이하		35	+0.017 +0.008	40					
18 초과 22 이하	0.020	42		47		25, (30), 36, 45, 56			
22 초과 26 이하		48		53	0 -0.460		16		4
26 초과 30 이하		55	+0.020 +0.009	60		30, 35, 45, 56			
30 초과 35 이하		62		67					
35 초과 42 이하		70		75					
42 초과 48 이하		78		83	0 -0.540	35, 45, 56, 67			
48 초과 55 이하		85	+0.024 +0.011	90					
55 초과 63 이하	0.025	95		100		40, 56, 67, 78			
63 초과 70 이하		105		110					
70 초과 78 이하		115		120		45, 50, 67, 89			
78 초과 85 이하		125	+0.028 +0.013	130	0 -0.630				

비고

1. d, d_1 및 d_2의 허용차는 KS B 0401(KS B ISO 1829)의 규정에 따른다.
2. l_1, l_2 및 R의 허용차는 KS B ISO 2768-1에 규정하는 보통급으로 한다.
3. l 치수에서 ( )를 붙인 것은 되도록 사용하지 않는다.

46. 지그용 삽입부시(노치형)

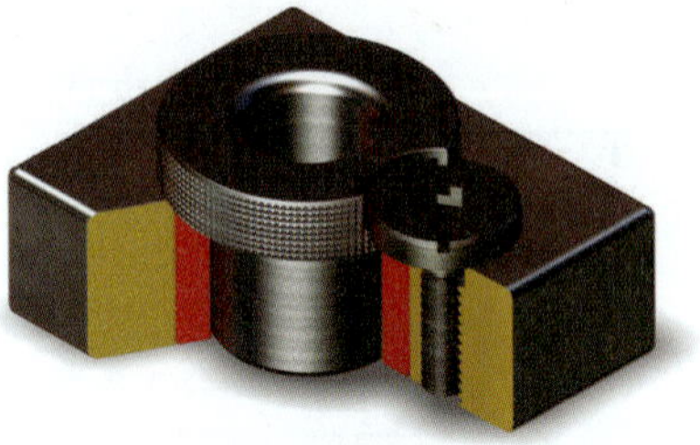

노치형 삽입부시 조립체

우회전용 노치형 삽입부시 조립체

노치형 삽입부시

우회전용 노치형 삽입부시

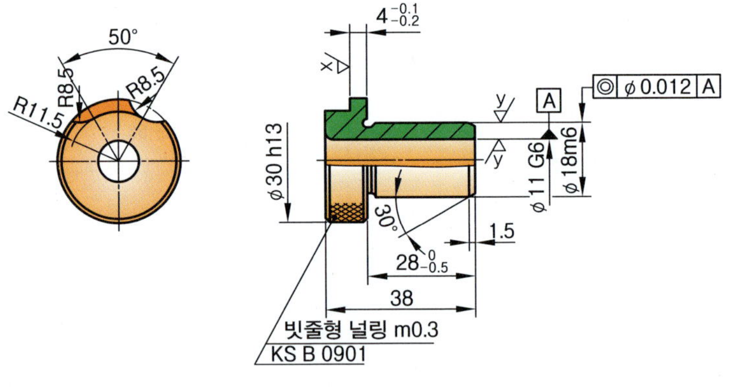

적용 예

1. 자주 교체할 때 장착이 쉽도록 만든 것이 노치형이다.
2. 전체열처리 HRC 60(HV 697) 이상
3. 부시 재질 (탄소공구강) STC 105, (합금공구강) STS3, STD4 등

46. 지그용 삽입부시(노치형)

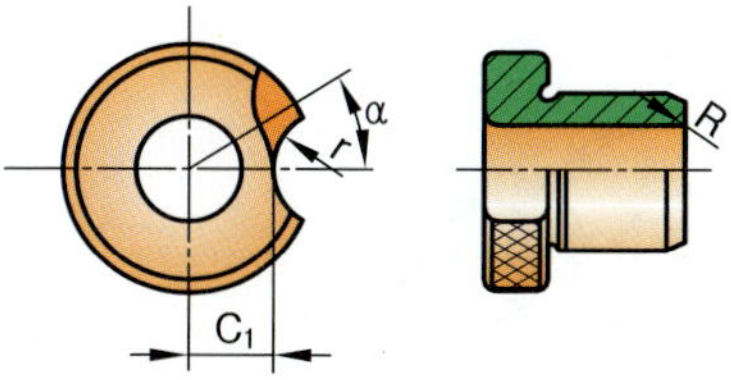

우회전용 노치형

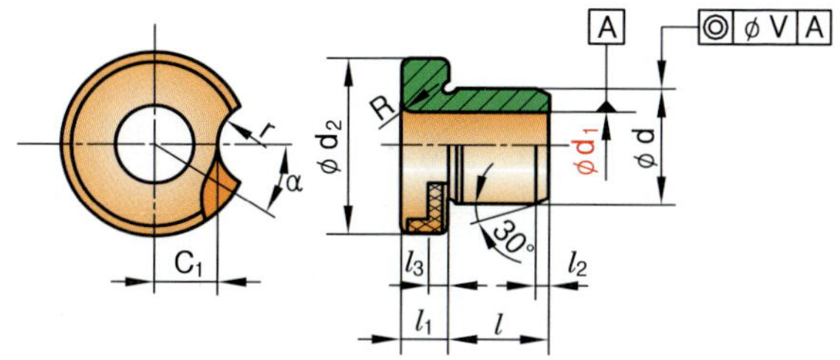

좌회전용 노치형

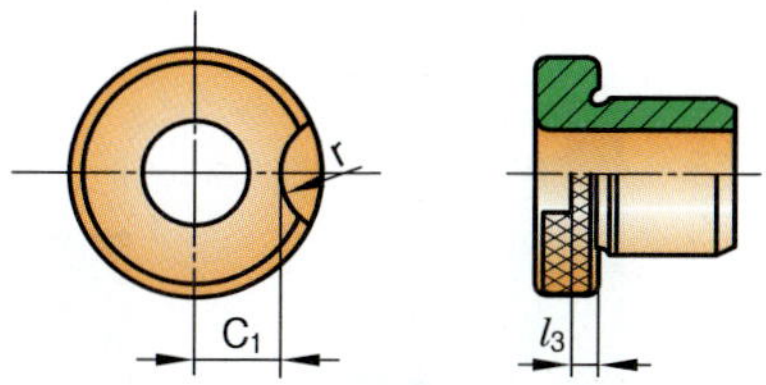

노치형

단위 : mm

지그용 삽입부시 치수(노치형)

d_1		d		d_2		l ($^{0}_{-0.5}$)	l_1	l_2	R	l_3		C_1	r	α (도)
드릴용 구멍(G6) 리머용 구멍(F7)	동축도	기준 치수	허용차 (m6)	기준 치수	허용차 (h13)					기준 치수	허용 치수			
4 이하	0.012	8	+0.012 +0.006	15	0 −0.270	10, 12, 16	8	1.5	1	3	−0.1 −0.2	4.5	7	65
4 초과 6 이하		10		18	0 −0.330	12, 16, 20, 25						6		
6 초과 8 이하		12	+0.015 +0.007	22			10		2	4		7.5	8.5	60
8 초과 10 이하		15		26		16, 20, (25), 28, 36						9.5		50
10 초과 12 이하		18		30								11.5		
12 초과 15 이하		22	+0.017 +0.008	34	0 −0.390	20, 25, (30), 36, 45	12			5.5		13	10.5	35
15 초과 18 이하		26		39								15.5		
18 초과 22 이하	0.020	30		46		25, (30), 36, 45, 56			3			19		30
22 초과 26 이하		35	+0.020 +0.009	52	0 −0.460		16					22		
26 초과 30 이하		42		59		30, 35, 45, 56						25.5		
30 초과 35 이하		48		66								28.5	12.5	
35 초과 42 이하		55	+0.024 +0.011	74					4	7		32.5		25
42 초과 48 이하		62		82	0 −0.540	35, 45, 56, 67						36.5		
48 초과 55 이하		70		90								40.5		
55 초과 63 이하	0.025	78		100		40, 56, 67, 78						45.5		
63 초과 70 이하		85	+0.028 +0.013	110								50.5		20
70 초과 78 이하		95		120		45, 50, 67, 89						55.5		
78 초과 85 이하		105		130	0 −0.630							60.5		

비고

1. d, d_1 및 d_2의 허용차는 KS B 0401(KS B ISO 1829)의 규정에 따른다.
2. l_1, l_2 및 R의 허용차는 KS B ISO 2768−1에 규정하는 보통급으로 한다.
3. l 치수에서 ( )를 붙인 것은 되도록 사용하지 않는다.

47. 지그용 삽입부시(고정 라이너)

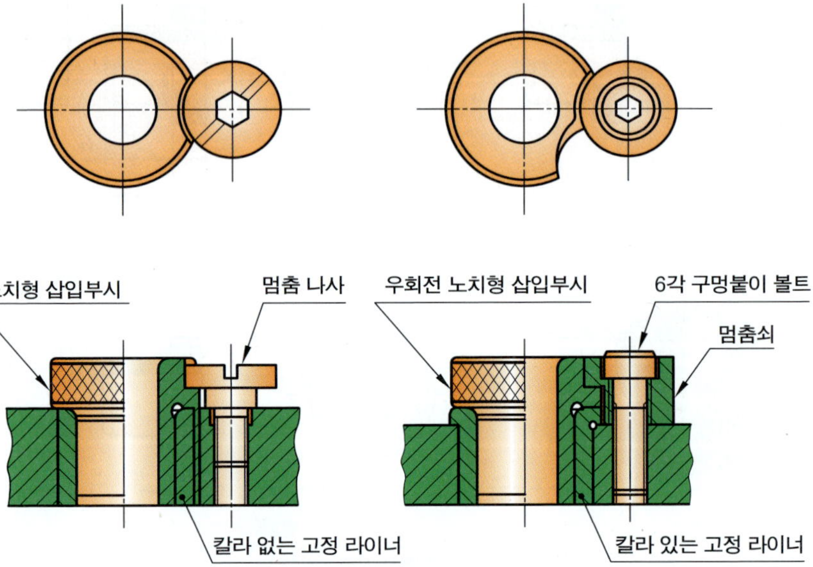

삽입부시와 고정 라이너 조립체

칼라 없는 고정 라이너 조립구조

칼라 있는 고정 라이너 조립구조

47. 지그용 삽입부시(고정 라이너)

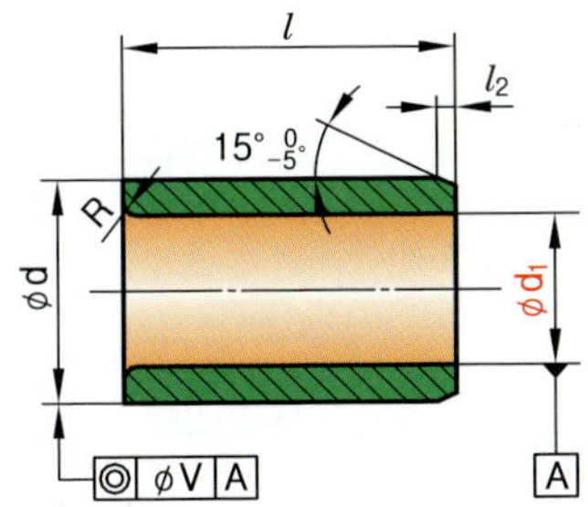

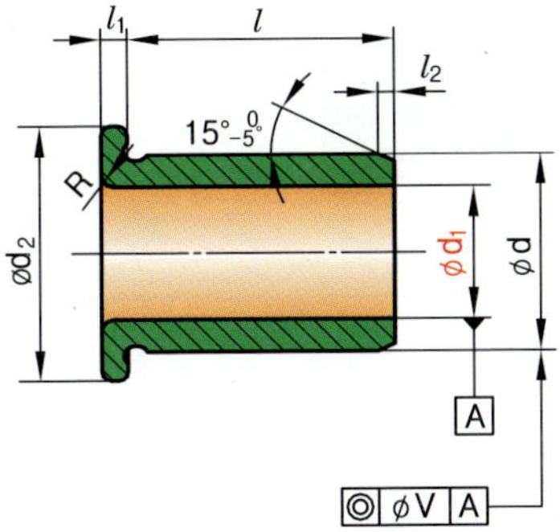

단위 : mm

지그용 삽입부시 치수(고정 라이너)

d_1			d		d_2		$l\left(\begin{smallmatrix}0\\-0.5\end{smallmatrix}\right)$	l_1	l_2	R
기준치수	허용차 (F7)	동축도	기준치수	허용차 (P6)	기준치수	허용차 (h13)				
8	+0.028 +0.013	0.012	12	+0.029 +0.018	16	0 -0.270	10, 12, 16	3	1.5	2
10			15		19	0 -0.330	12, 16, 20, 25			
12	+0.034 +0.016		18		22			4		
15			22	+0.035 +0.022	26		16, 20, (25), 28, 36			
18			26		30					
22	+0.041 +0.020	0.020	30		35	0 -0.390	20, 25, (30), 36, 45	5		3
26			35	+0.042 +0.026	40					
30			42		47		25, (30), 36, 45, 56			
35	+0.050 +0.025		48		53	0 -0.460		6		4
42			55	+0.051 +0.032	60		30, 35, 45, 56			
48			62		67					
55	+0.060 +0.030	0.025	70		75					
62			78		83	0 -0.540	35, 45, 56, 67			
70			85	+0.059 +0.032	90					
78			95		100		40, 56, 67, 78			
85	+0.071 +0.036		105		110					
95			115		120		45, 50, 67, 89			
105			125	+0.068 +0.043	130	0 -0.630				

비고

1. d, d_1 및 d_2의 허용차는 KS B 0401(KS B ISO 1829)의 규정에 따른다.
2. l_1, l_2 및 R의 허용차는 KS B ISO 2768-1에 규정하는 보통급으로 한다.
3. l 치수에서 ( )를 붙인 것은 되도록 사용하지 않는다.

48. 지그용 삽입부시(멈춤쇠, 멈춤나사)

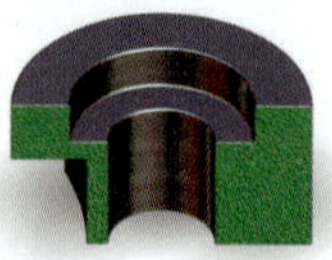

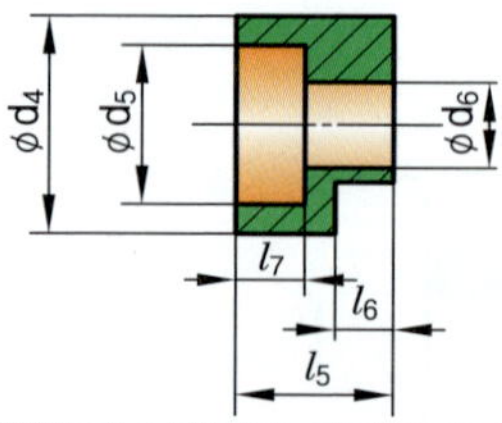

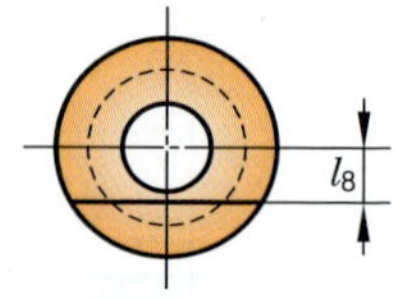

단위 : mm

멈춤쇠 치수

삽입부시의 구멍지름 d_1	l_5		l_6			l_7	d_4	d_5	d_6	l_8	6각 구멍붙이 볼트의 호칭
	칼라 없는 고정라이너 사용 시	칼라 있는 고정라이너 사용 시	칼라 없는 고정라이너 사용 시	칼라 있는 고정라이너 사용 시	허용차						
6 이하	8	11	3.5	6.5	+0.25 +0.15	2.5	12	8.5	5.2	3.3	M5
6 초과 12 이하	9	13	4	8		2.5	13	8.5	5.2	3.3	
12 초과 22 이하	12	17	5.5	10.5		3.5	16	10.5	6.3	4	M6
22 초과 30 이하	12	18	6	12		3.5	19	13.5	8.3	4.7	M8
30 초과 42 이하	15	21	7	13		5	20	13.5	8.3	5	
42 초과 85 이하	15	21	7	13		5	24	16.5	10.3	7.5	M10

비고

1. d_4, d_5, d_6, l_5, l_6 및 l_8의 허용차는 KS B ISO 2768-1에 규정하는 보통급으로 한다.
2. 멈춤쇠 경도 HRC 40(HV 392) 이상

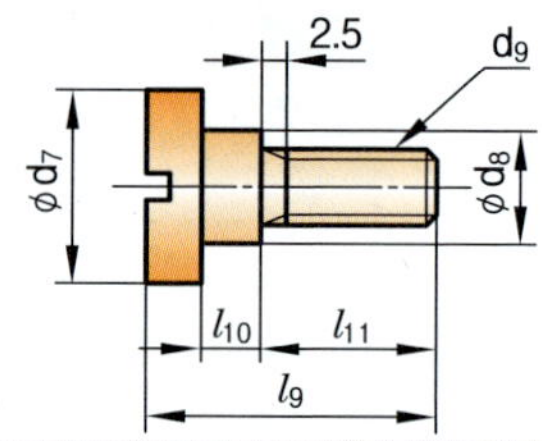

단위 : mm

멈춤나사 치수

삽입부시의 구멍지름 d_1	l_9		l_{10}			l_{11}	d_7	d_8	d_9
	칼라 없는 고정라이너 사용 시	칼라 있는 고정라이너 사용 시	칼라 없는 고정라이너 사용 시	칼라 있는 고정라이너 사용 시	허용차				
6 이하	15.5	18.5	3.5	6.5	+0.25 +0.15	9	12	6	M5
6 초과 12 이하	16	20	4	8		9	13	6.5	
12 초과 22 이하	21.5	26.5	5.5	10.5		12	16	8	M6
22 초과 30 이하	25	31	6	12		14	19	9	M8
30 초과 42 이하	26	32	7	13		14	20	10	
42 초과 85 이하	31.5	37.5	7	13		18	24	15	M10

비고

1. d_7, d_8, d_9, l_9, l_{10} 및 l_{11}의 허용차는 KS B ISO 2768-1에 규정하는 보통급으로 하고, 그 외의 치수 허용차는 거친급으로 한다.
2. 멈춤 나사의 경도는 HRC 30~38(HV 302~373)

49. 지그 및 고정구용 6각 너트

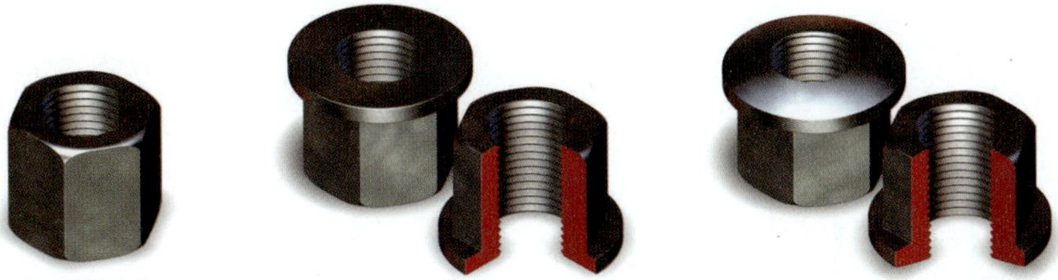

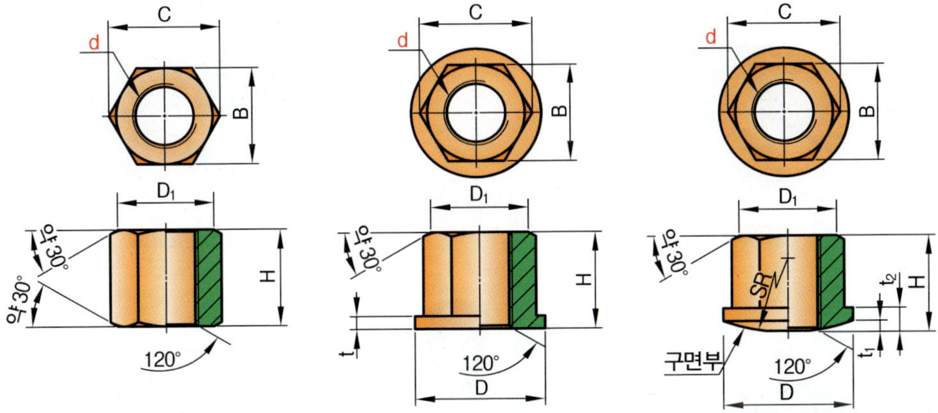

자리없음　　평면 자리붙이　　구면 자리붙이

단위 : mm

지그 및 고정구용 6각 너트 치수

호칭	d	H	B	C (약)	D_1 (약)	D	t	SR	t_1	t_2
6	M6	9	10	11.5	9.8	13	2	15	2.3	1.4
8	M8	12	13	15	12.5	17	2.5	20	3.1	1.9
10	M10	15	17	19.6	16.5	23	3	25	4.1	2.1
12	M12	18	19	21.9	18	25	3.5	30	4.5	2.8
16	M16	24	24	27.7	23	32	4.5	40	6	3.9
20	M20	30	30	34.2	29	40	5.5	50	7.6	4.9
24	M24	36	36	41.6	34	48	6.5	60	9.3	5.9

비고

1. H, D, t, t_1, t_2의 허용차는 KS B ISO 2768-1 거친급, 그 밖의 허용차는 KS B 1012의 B급
2. 나사는 KS B 0201에 따르고, 그 정밀도는 KS B 0211의 2급으로 한다.
3. 너트의 경도는 25~30HRC(HV267~302), 재료는 KS D 3752의 SM 45C

50. 지그 및 부착구용 와셔

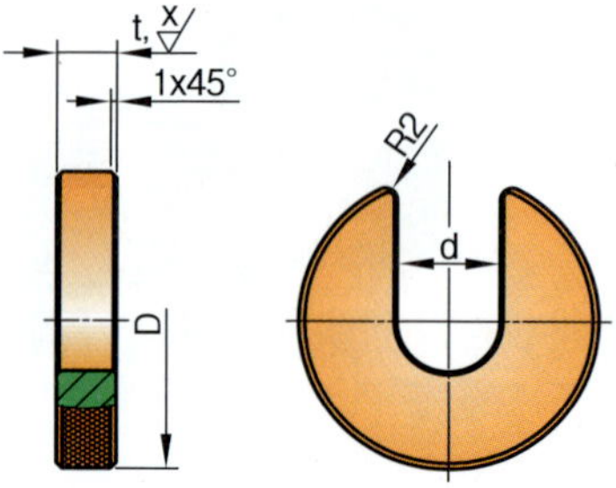

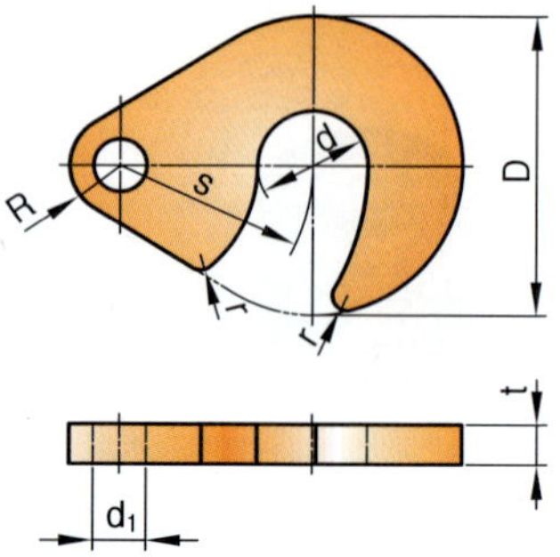

분할 와셔

열쇠형 와셔

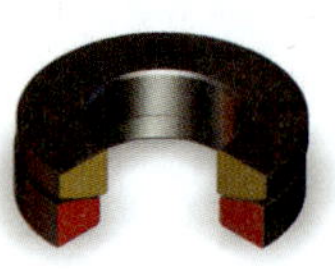

구면 와셔

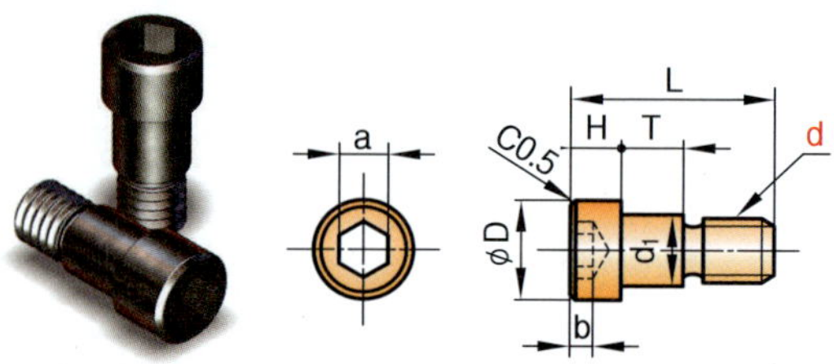

열쇠형 와셔에 사용 볼트

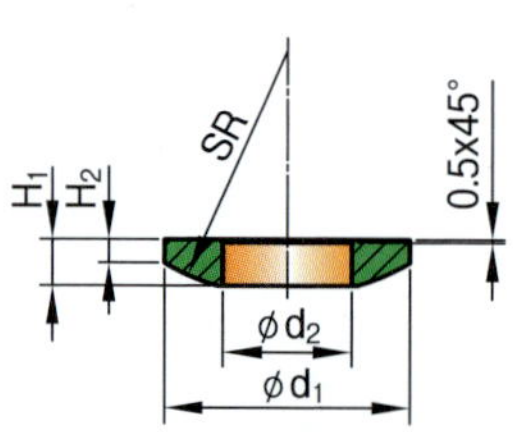

A

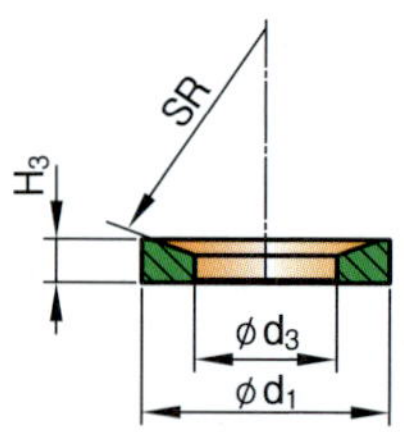

B

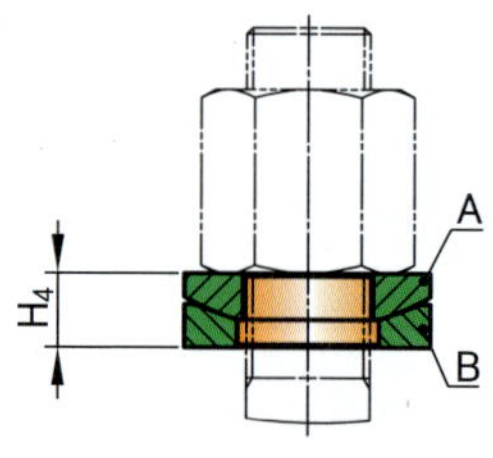

구면 와셔

비고

1. 와셔 경도=HRC25~30(HV 267~302)
2. 와셔 재료=KS D 3752(기계 구조용 탄소 강재)의 SM45C

50. 지그 및 부착구용 와셔

단위 : mm

분할 와셔 치수(호칭 : d와 체결되는 볼트 및 핀의 외경)

호칭	d	t	D(1)											
6	6.4	6	20	25	–	–	–	–	–	–	–	–	–	–
8	8.4	6	–	25	–	–	–	–	–	–	–	–	–	–
		8	–	–	30	35	40	45	–	–	–	–	–	–
10	10.5	8	–	–	30	35	40	45	–	–	–	–	–	–
		10	–	–	–	–	–	–	50	60	70	–	–	–
12	13	8	–	–	–	35	40	45	–	–	–	–	–	–
		10	–	–	–	–	–	–	50	60	70	80	–	–
16	17	10	–	–	–	–	–	–	50	60	70	80	–	–
		12	–	–	–	–	–	–	–	–	–	–	90	100
20	21	10	–	–	–	–	–	–	–	–	70	80	–	–
		12	–	–	–	–	–	–	–	–	–	–	90	100

주 (1) D의 치수는 널링 가공 전의 것으로 한다.

비고

1. 널링은 생략할 수 있다.
2. d의 허용차는 KS B ISO 2768−1 보통급, 그 밖의 허용차는 거친급

열쇠형 와셔 치수(호칭 : d와 체결되는 볼트 및 핀의 외경)

호칭	d	d_1	D	r	R	S	t
6	6.6	8.5	20	2	8	18	6
8	9		26	3		21	
10	11		32			24	
12	13.5	10.5	40		10	27	8
16	18		50			33	
20	22		60			38	

비고

1. 양면 바깥 가장자리는 약 0.5mm의 모떼기를 한다.
2. d, d_1 및 S의 허용차는 KS B ISO 2768−1 보통급, 그 밖의 허용차는 거친급

열쇠형 와셔에 사용하는 볼트 치수

호칭	d	d_1	D	H	a		b	T	L
					기준치수	허용차			
6	M6	8	11	6	5	+0.105 +0.030	3	6.5	21
8	M8	10	14		6		4	8.5	26
10	M10	12	16	8	8		5	10.5	33

비고

1. d_1, D, T 및 L의 허용차는 KS B ISO 2768−1 보통급, 그 밖의 허용차는 거친급
2. 나사는 KS B 0201에 따르고, 그 정밀도는 KS B 0211의 2급으로 한다.
3. 이 볼트에 사용하는 스패너는 KS B 3013(6각봉 스패너)에 따른다.

구면 와셔 치수(호칭 : 체결되는 볼트 외경)

조임볼트의 호칭	d_1	d_2	d_3	H_1	H_2	H_3	SR(2)	참고(H_4)
M6	13	6.6	7.2	2.3	1.4	2.8	15	4.2
M8	17	9	9.6	3.1	1.9	3.7	20	5.6
M10	23	11	12	4.1	2.1	4.9	25	7
M12	25	14	15	4.5	2.8	5.6	30	8.4
M16	32	18	20	6	3.9	7.3	40	11.2
M20	40	22	24	7.6	4.9	9.1	50	14

주 (2) A의 SR 치수 쪽을 B의 SR 치수보다 작게 다듬질한다.

비고

1. d_2, d_3의 허용차는 KS B ISO 2768−1 보통급, 그 밖의 허용차는 거친급
2. 이 와셔를 사용하면 최대 2°이내의 기울기에 대응할 수 있다.

51. 지그 및 부착구용 위치 결정 핀

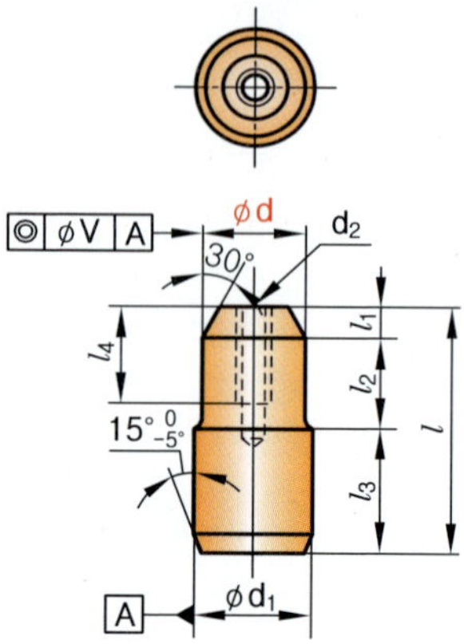

둥근형

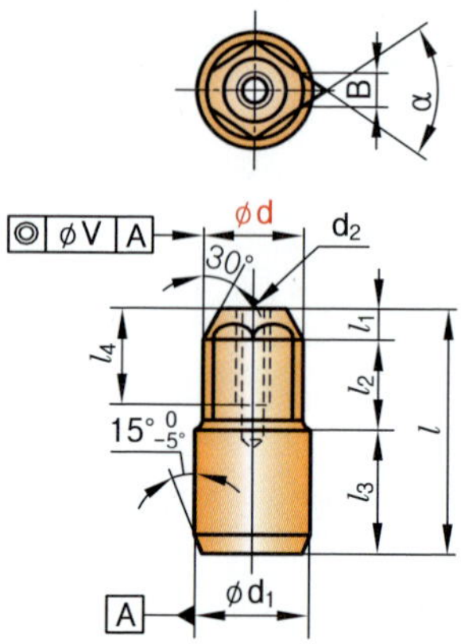

마름모형

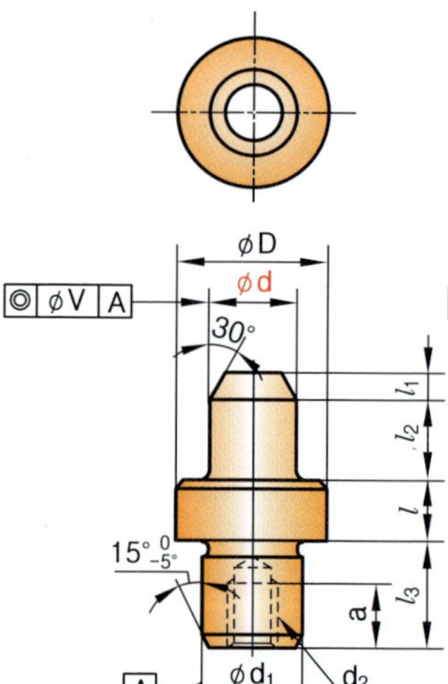

칼라붙은 둥근형

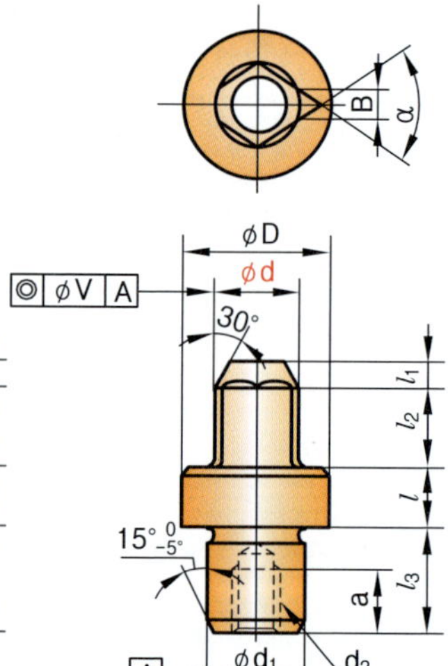

칼라붙은 마름모형

51. 지그 및 부착구용 위치 결정 핀

단위 : mm

둥근형 · 마름모형 치수

d 치수구분	d 동축도	d 허용차(g6)	d_1 기준치수	d_1 허용차(g6)	l	l_1	l_2	l_3	d_2	l_4	B (약)	a (약도)
3 이상 4 이하	0.005	-0.004 / -0.012	4	+0.020 / +0.012	11	2	4	5	–	–	1.2	50
					13			7				
4 초과 5 이하			5		13		5	6			1.5	
					16			9				
5 초과 6 이하			6		16	3	6	7			1.8	
					20			11				
6 초과 8 이하	0.008	-0.005 / -0.014	8	+0.024 / +0.015	20		8	9			2.2	60
					25			14				
8 초과 10 이하			10		24		10	11	M4	8	3	
					30			17				
10 초과 12 이하		-0.006 / -0.017	12	+0.029 / +0.018	27	4		13			3.5	
					34			20				
12 초과 14 이하			14		30		11	15	M5	10	4	
					38			23				
14 초과 16 이하			16		33		12	17	M6	12	5	
					42			26				
16 초과 18 이하	0.010		18		36	5		19			5.5	
					46			29				
18 초과 20 이하		-0.007 / -0.020	20	+0.035 / +0.022	39			22			6	
					47			30				
20 초과 22 이하			22		41		14	22	M8	16	7	
					49			30				
22 초과 25 이하			25		41			22			8	
					49			30				
25 초과 28 이하			28		41			22			9	
					49			30				

칼라붙은 둥근형 · 칼라붙은 마름모형 치수

d 치수구분	d 동축도	d 허용차(g6)	d_1 기준치수	d_1 허용차(h6)	D	l_1	l_2	l_3	d_2	a	B (약)	a (약도)	l							
4 이상 6 이하	0.005	-0.004 / -0.012	12	0 / -0.011	16	3	8	12	M6	8	2	50	3	4	8	10	14	18	–	–
6 초과 10 이하	0.008	-0.005 / -0.014			18	4	12.5				3									
10 초과 12 이하		-0.006 / -0.017			20			14			4	60	–	4	8	10	14	18	22	–
12 초과 16 이하			16		25		14	16	M8	10	4.5		–	–	8	10	14	18	22	28
16 초과 18 이하	0.010										6									
18 초과 20 이하		-0.007 / -0.020																		
20 초과 25 이하			20	0 / -0.013	30	5			M10	12	7.5									

비고

1. 나사는 KS B 0201에 따르고, 그 정밀도는 KS B 0211의 2급으로 한다.
2. 경도=HRC 55(HV 595) 이상으로 한다.

52. V블록 홈

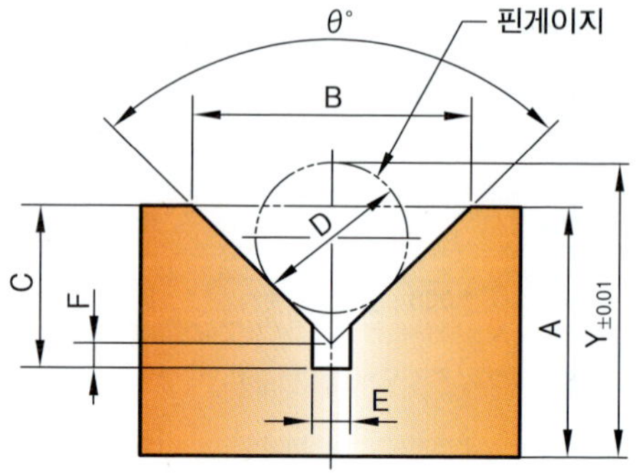

계산식	
① V블록 각(θ°)이 90°인 경우 Y의 값 $Y=\sqrt{2}\times\frac{D}{2}-\frac{B}{2}+A+\frac{D}{2}$	② V블록 각(θ°)이 120°인 경우 Y의 값 $Y=\frac{D}{2}\div\cos 30°-\tan 30°\times\frac{B}{2}+A+\frac{D}{2}$

비고

1. 핀게이지 값은 도면에 주어진 것을 재서 기입하거나 임의로 정한다.
2. A, B, C, D, E, F 값은 도면의 것을 재서 기입한다.

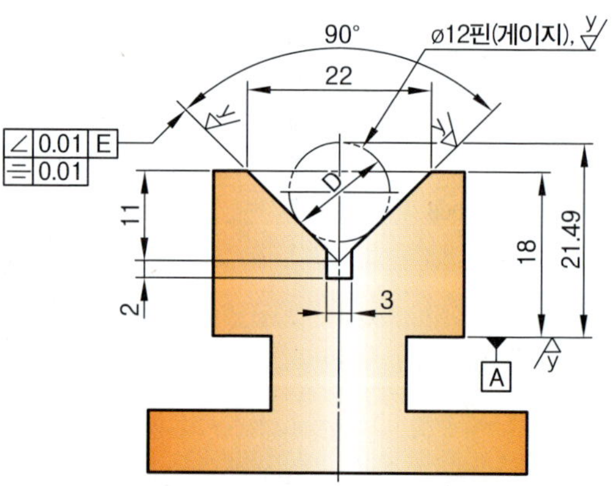

적용 예

A값 =18, B값 =22, D값 =12 경우, $Y=\sqrt{2}\times\frac{D}{2}-\frac{B}{2}+A+\frac{D}{2}=\sqrt{2}\times\frac{12}{2}-\frac{22}{2}+18+\frac{12}{2}=21.49$

53. 더브테일

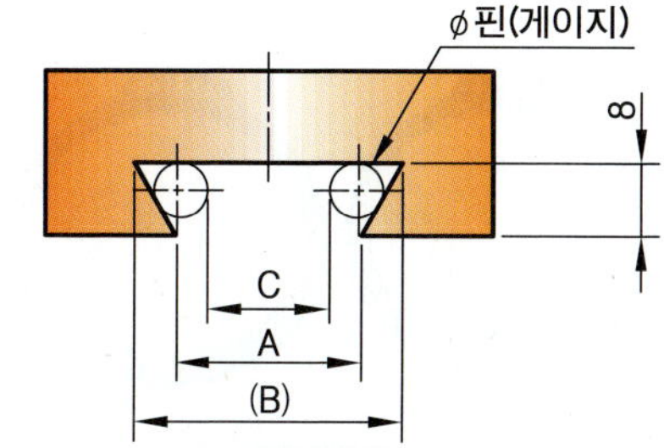

오목 더브테일

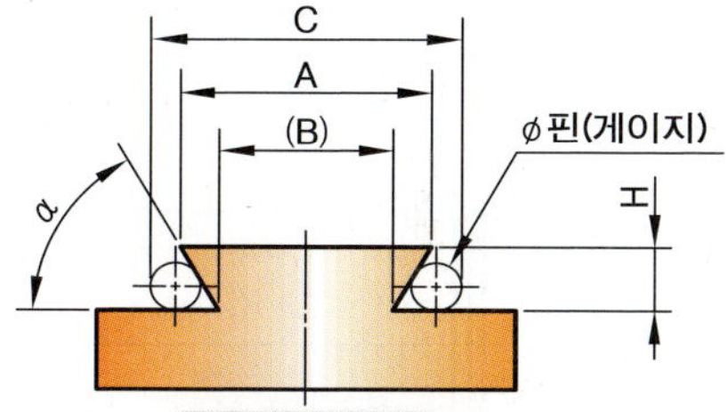

볼록 더브테일

계산식	
볼록 더브테일	오목 더브테일
① A, H, ∅d값을 잰다.(∅d핀의 값은 아래 표를 참고) ② $B=A-2H\cot\alpha$ ③ $C=B+d\left(1+\cot\frac{\alpha}{2}\right)$	① A, H, ∅d값을 잰다.(∅d핀의 값은 아래 표를 참고) ② $B=A+2H\cot\alpha$ ③ $C=B-d\left(1+\cot\frac{\alpha}{2}\right)$

비고

1. $\cot\alpha=\frac{1}{\tan\alpha}$
2. 오버핀의 값(∅d) : 4, 5, 6, 7, 8, 10, 12

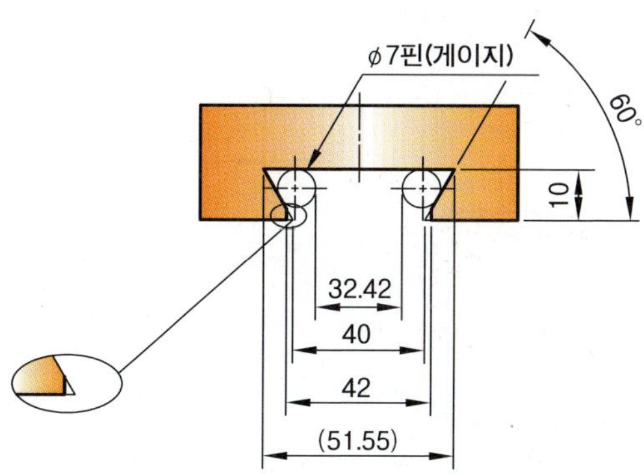

적용 예

54. C형 멈춤링

축용 멈춤링

구멍용 멈춤링

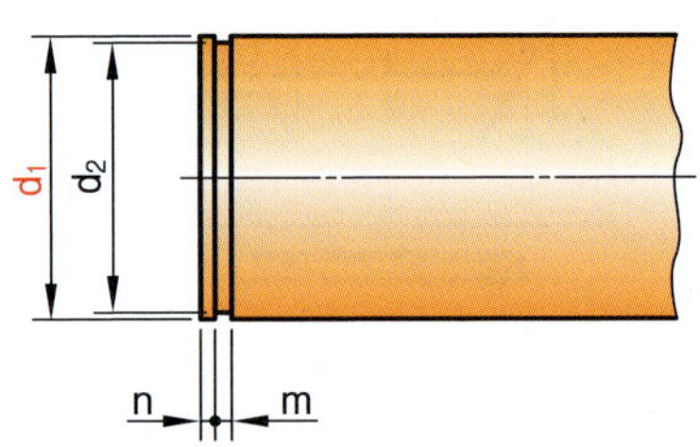

적용하는 축 치수

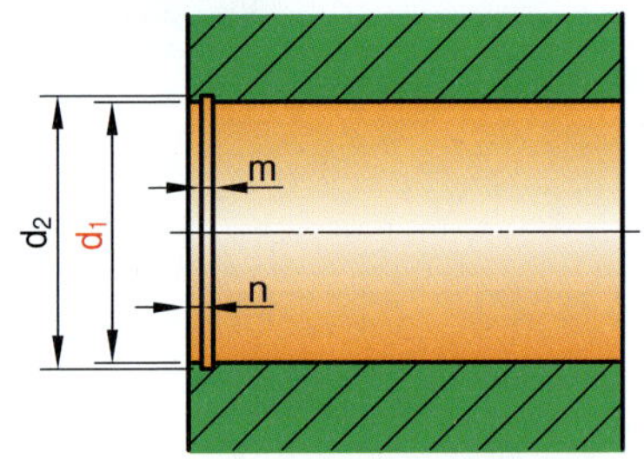

적용하는 구멍의 치수

주

([1]) 호칭은 1란의 것을 우선하며, 필요에 따라서 2란, 3란의 순으로 한다. 또한 3란은 앞으로 폐지할 예정이다.

비고

적용하는 축의 치수는 권장하는 치수를 참고로 표시한 것이다 .

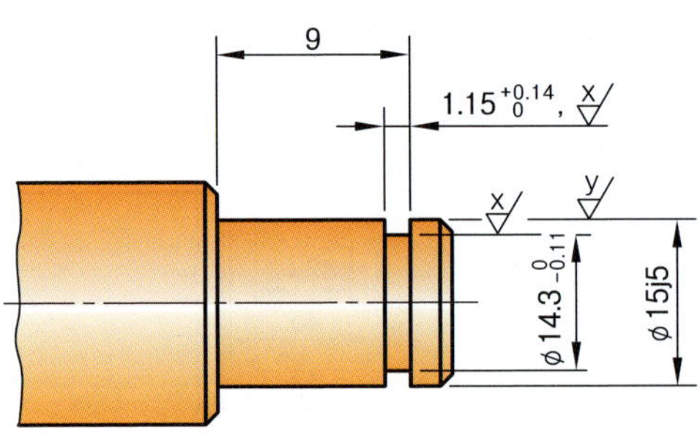

축의 적용 예

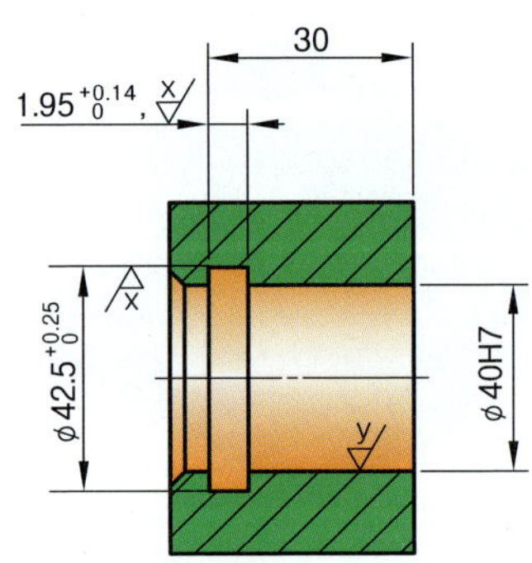

구멍의 적용 예

54. C형 멈춤링

단위 : mm

C형 멈춤링 축용 치수

멈춤링 호칭 (1)	적용하는 축(참고) 호칭 축지름 d_1	d_2 기준치수	d_2 허용차	m 기준치수	m 허용차	n 최소
1란	10	9.6	0 / -0.09	1.15	+0.14 / 0	1.5
2란	11	10.5	0 / -0.11			
1란	12	11.5				
3란	13	12.4				
1란	14	13.4				
	15	14.3				
	16	15.2				
	17	16.2				
	18	17		1.35		
2란	19	18				
1란	20	19	0 / -0.21			
3란	21	20				
1란	22	21				
2란	24	22.9				
1란	25	23.9				
2란	26	24.9				
1란	28	26.6		1.75		
3란	29	27.6				
1란	30	28.6				
	32	30.3	0 / -0.25			
3란	34	32.3				
1란	35	33				
2란	36	34		1.95		2
	38	36				

멈춤링 호칭 (1)	적용하는 축(참고) 호칭 축지름 d_1	d_2 기준치수	d_2 허용차	m 기준치수	m 허용차	n 최소
1란	40	38	0 / -0.25	1.95	+0.14 / 0	2
2란	42	39.5				
1란	45	42.5				
2란	48	45.5				
1란	50	47		2.2		
3란	52	49				
1란	55	52	0 / -0.3			
2란	56	53				
3란	58	55				
1란	60	57				
3란	62	59				
	63	60				
1란	65	62		2.7		2.5
3란	68	65				
1란	70	67				
3란	72	69				
1란	75	72				
3란	78	75				
1란	80	76.5				
3란	82	78.5				
1란	85	81.5	0 / -0.35	3.2	+0.18 / 0	3
3란	88	84.5				
1란	90	86.5				
	95	91.5				

C형 멈춤링 구멍용 치수

멈춤링 호칭 (1)	적용하는 구멍(참고) 호칭 구멍지름 d_1	d_2 기준치수	d_2 허용차	m 기준치수	m 허용차	n 최소
1란	10	10.4	+0.11 / 0	1.15	+0.14 / 0	1.5
	11	11.4				
	12	12.5				
2란	13	13.6				
1란	14	14.6				
3란	15	15.7				
1란	16	16.8				
2란	17	17.8				
1란	18	19	+0.21 / 0			
	19	20				
	20	21				
3란	21	22				
1란	22	23				
2란	24	25.2		1.35		
1란	25	26.2				
2란	26	27.2				
1란	28	29.4				
	30	31.4	+0.25 / 0			
	32	33.7				
3란	34	35.7		1.75		2
1란	35	37				
2란	36	38				
1란	37	39				
2란	38	40				

멈춤링 호칭 (1)	적용하는 구멍(참고) 호칭 구멍지름 d_1	d_2 기준치수	d_2 허용차	m 기준치수	m 허용차	n 최소
1란	40	42.5	+0.25 / 0	1.95	+0.14 / 0	2
	42	44.5				
	45	47.5				
	47	49.5		1.9		
2란	48	50.5	+0.3 / 0	1.9		
1란	50	53		2.2		
	52	55				
	55	58				
2란	56	59				
3란	58	61				
1란	60	63				
	62	65				
2란	63	66				
	65	68		2.7		2.5
1란	68	71				
2란	70	73				
1란	72	75				
	75	78				
3란	78	81	+0.35 / 0			
1란	80	83.5				
3란	82	85.5				
1란	85	88.5		3.2	+0.18 / 0	3
3란	88	91.5				
1란	90	93.5				

55. E형 멈춤링

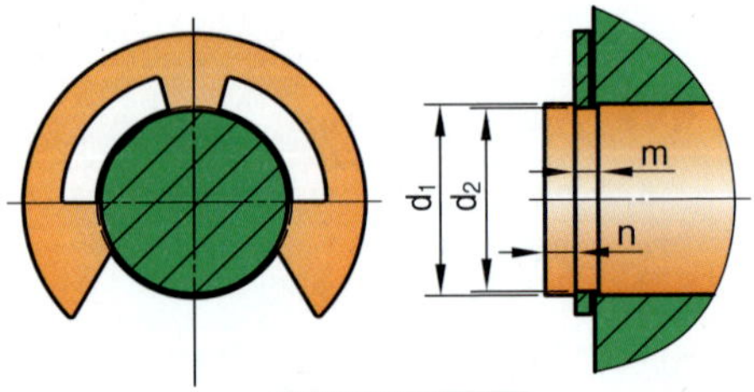

적용하는 축의 치수

단위 : mm

E형 멈춤링 치수

멈춤링 호칭	적용하는 축(참고)						
	d_1의 구분(호칭 축지름)		d_2		m		n
	초과	이하	기본치수	허용차	기본치수	허용차	최소
0.8	1	1.4	0.8	$^{+0.05}_{0}$	0.3	+0.05	0.4
1.2	1.4	2	1.2	$^{+0.06}_{0}$	0.4		0.6
1.5	2	2.5	1.5		0.5		0.8
2	2.5	3.2	2				1
2.5	3.2	4	2.5				
3	4	5	3		0.7	$^{+0.1}_{0}$	
4	5	7	4	$^{+0.075}_{0}$			1.2
5	6	8	5				
6	7	9	6		0.9		
7	8	11	7	$^{+0.09}_{0}$			1.5
8	9	12	8				1.8
9	10	14	9				2
10	11	15	10		1.15	$^{+0.14}_{0}$	
12	13	18	12	$^{+0.11}_{0}$			2.5
15	16	24	15		1.75 (5)		3
19	20	31	19	$^{+0.13}_{0}$			3.5
24	25	38	24		2.2		4

비고

적용하는 축의 치수는 권장하는 치수를 참고로 표시한 것이다 .

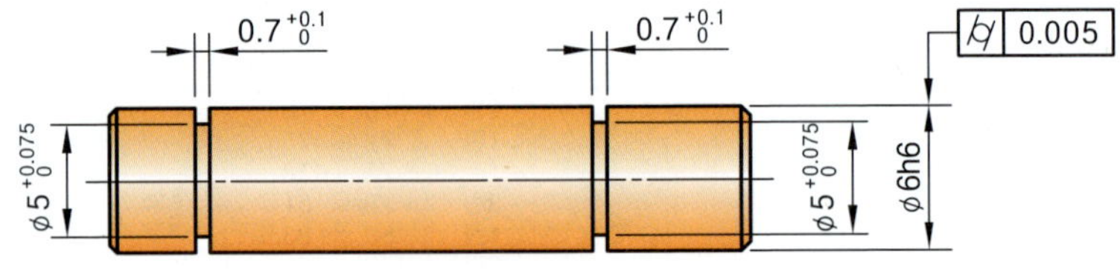

축의 적용 예

MEMO

56. C형 동심형 멈춤링

구멍용 멈춤링

축용 멈춤링

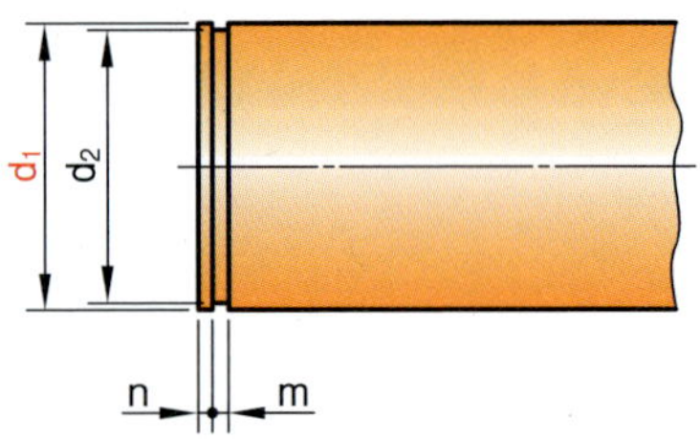

적용하는 축의 치수

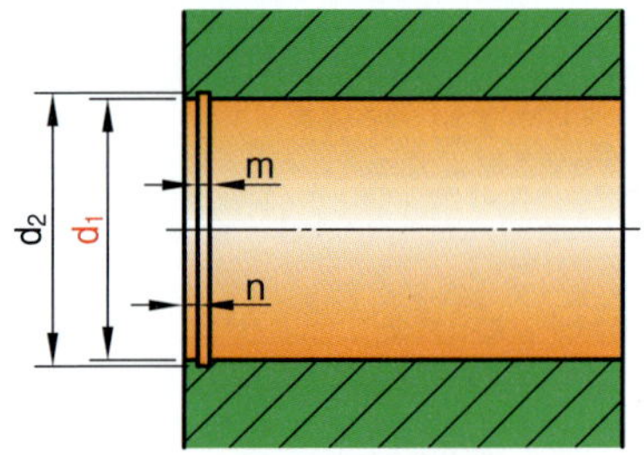

적용하는 구멍의 치수

주

(1) 호칭은 1란의 것을 우선하며, 필요에 따라서 2란, 3란의 순으로 한다. 또한 3란은 앞으로 폐지할 예정이다.

비고

적용하는 축의 치수는 권장하는 치수를 참고로 표시한 것이다 .

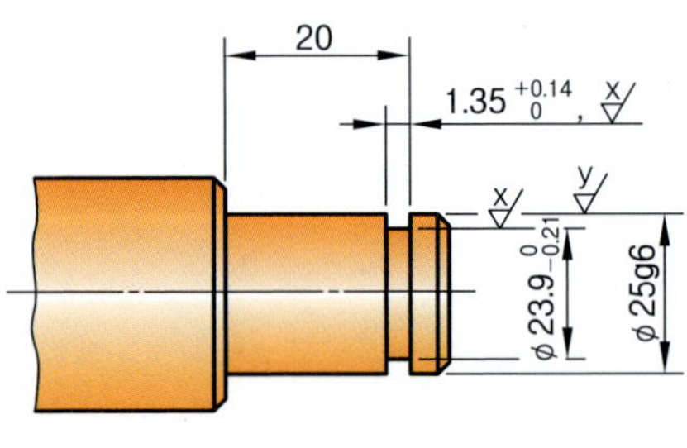

축의 적용 예

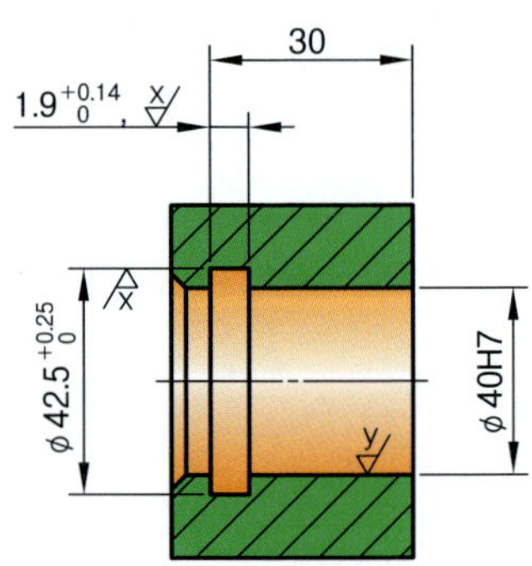

구멍의 적용 예

56. C형 동심형 멈춤링

단위 : mm

C형 동심 멈춤링 축용 치수

멈춤링 호칭 (1)	적용하는 축(참고) 호칭 축지름 d_1	d_2 기준치수	d_2 허용차	m 기준치수	m 허용차	n 최소	멈춤링 호칭 (1)	적용하는 축(참고) 호칭 축지름 d_1	d_2 기준치수	d_2 허용차	m 기준치수	m 허용차	n 최소
1란	20	19	0 / -0.21	1.35	+0.14 / 0	1.5	3란	71	68	0 / -0.3	2.7	+0.14 / 0	2.5
	22	21					1란	75	72				
3란	22.4	21.5						80	76.5				
1란	25	23.9						85	81.5	0 / -0.35	3.2	+0.18 / 0	3
	28	26.6		1.75				90	86.5				
	30	28.6						95	91.5				
3란	31.5	29.8	0 / -0.25					100	96.5				
1란	32	30.3						105	101	0 / -0.54	4.2		4
	35	33						110	106				
3란	35.5	33.5					3란	112	108				
1란	40	38		1.9		2	1란	120	116				
2란	42	39.5					2란	125	121	0 / -0.63			
1란	45	42.5					1란	130	126				
	50	47		2.2				140	136				
	55	52	0 / -0.3					150	145				
2란	56	53						160	155				
1란	60	57						170	165				
3란	63	60						180	175				
1란	65	62		2.7		2.5		190	185	0 / -0.72			
	70	67						200	195				

C형 동심 멈춤링 구멍용 치수

멈춤링 호칭 (1)	적용하는 구멍(참고) 호칭구멍지름 d_1	d_2 기준치수	d_2 허용차	m 기준치수	m 허용차	n 최소	멈춤링 호칭 (1)	적용하는 구멍(참고) 호칭구멍지름 d_1	d_2 기준치수	d_2 허용차	m 기준치수	m 허용차	n 최소
1란	20	21	+0.21 / 0	1.15	+0.14 / 0	1.5	1란	75	78	+0.3 / 0	2.7	+0.14 / 0	2.5
	22	23						80	83.5				
3란	24	25.2		1.35				85	88.5	+0.35 / 0	3.2	+0.18 / 0	3
1란	25	26.2						90	93.5				
3란	26	27.2						95	98.5				
1란	28	29.4						100	103.5				
	30	31.4						105	109	+0.54 / 0	4.2		4
2란	32	33.7	+0.25 / 0					110	114				
1란	35	37		1.75		2	3란	112	116				
2란	37	39					1란	115	119				
1란	40	42.5		1.9				120	124	+0.63 / 0			
2란	42	44.5						125	129				
1란	45	47.5						130	134				
2란	47	49.5						140	144				
1란	50	53		2.2			3란	145	149				
	52	55					1란	150	155				
	55	58	+0.3 / 0					160	165				
2란	56	59					3란	165	170				
1란	62	65					3란	170	175				
2란	63	66						180	185	+0.72 / 0			
1란	68	71		2.7		2.5		190	195				
	72	75						200	205				

57. 구름베어링용 로크너트 · 와셔

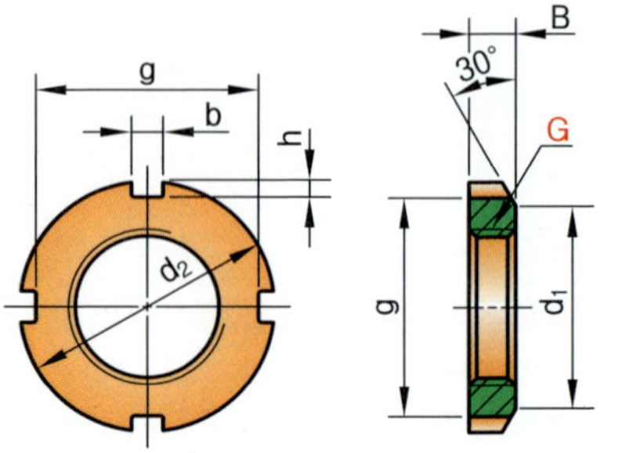

로크너트-AN

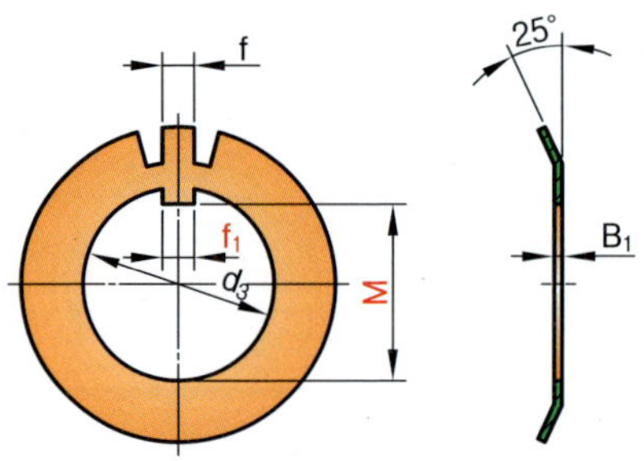

X형 와셔-AW

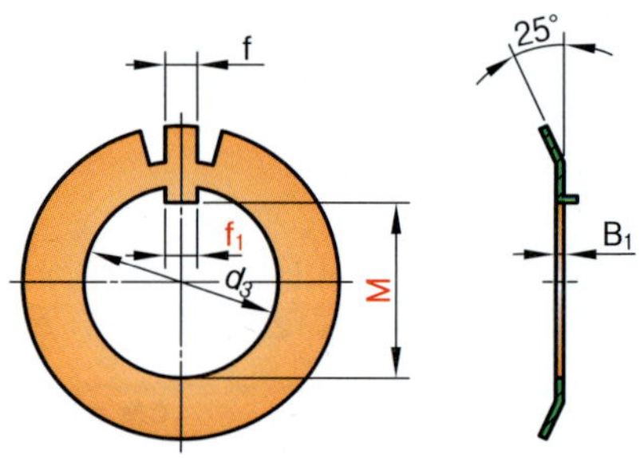

A형 와셔-AW

적용

1. 조립된 로크너트 나사호칭(G)을 기준으로 아래 축의 주요 홈 치수를 결정한다.
2. 축의 치수는 로크너트(AN)에서, 홈의 치수는 와셔(AW)에서 찾아 적용한다.
3. g_1의 치수는 KS B 0245(수나사 부품 나사틈새) 규격에 따른다.

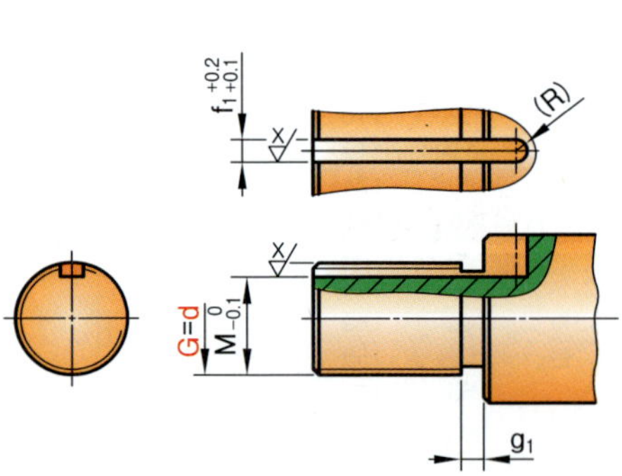

앤드밀 가공

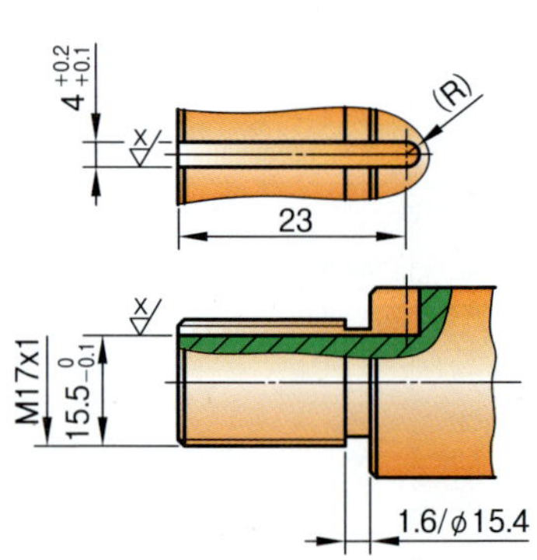

축의 치수 적용 예

57. 구름베어링용 로크너트 · 와셔

단위 : mm

구름베어링용 로크너트 · 와셔 치수

호칭 번호	나사호칭 (G)	로크너트 치수					호칭 번호	조합하는 와셔 치수			
		d_1	d_2	B	b	h		d_3	f_1	M	f
AN00	M10×0.75	13.5	18	4	3	2	AW00	10	3	8.5	3
AN01	M12×1	17	22	4	3	2	AW01	12	3	10.5	3
AN02	M15×1	21	25	5	4	2	AW02	15	4	13.5	4
AN03	M17×1	24	28	5	4	2	AW03	17	4	15.5	4
AN04	M20×1	26	32	6	4	2	AW04	20	4	18.5	4
AN/22	M22×1	28	34	6	4	2	AW/22	22	4	20.5	4
AN05	M25×1.5	32	38	7	5	2	AW05	25	5	23	5
AN/28	M28×1.5	36	42	7	5	2	AW/28	28	5	26	5
AN06	M30×1.5	38	45	7	5	2	AW06	30	5	27.5	5
AN/32	M32×1.5	40	48	8	5	2	AW/32	32	5	29.5	5
AN07	M35×1.5	44	52	8	5	2	AW07	35	6	32.5	5
AN08	M40×1.5	50	58	9	6	2.5	AW08	40	6	37.5	6
AN09	M45×1.5	56	65	10	6	2.5	AW09	45	6	42.5	6
AN10	M50×1.5	61	70	11	6	2.5	AW10	50	6	47.5	6
AN11	M55×2	67	75	11	7	3	AW11	55	8	52.5	7
AN12	M60×2	73	80	11	7	3	AW12	60	8	57.5	7
AN13	M65×2	79	85	12	7	3	AW13	65	8	62.5	7
AN14	M70×2	85	92	12	8	3.5	AW14	70	8	66.5	8
AN15	M75×2	90	98	13	8	3.5	AW15	75	8	71.5	8
AN16	M80×2	95	105	15	8	3.5	AW16	80	10	76.5	8
AN17	M85×2	102	110	16	8	3.5	AW17	85	10	81.5	8
AN18	M90×2	108	120	16	10	4	AW18	90	10	86.5	10
AN19	M95×2	113	125	17	10	4	AW19	95	10	91.5	10
AN20	M100×2	120	130	18	10	4	AW20	100	12	96.5	10
AN21	M105×2	126	140	18	12	5	AW21	105	12	100.5	12
AN22	M110×2	133	145	19	12	5	AW22	110	12	105.5	12
AN23	M115×2	137	150	19	12	5	AW23	115	12	110.5	12
AN24	M120×2	138	155	20	12	5	AW24	120	14	115	12
AN25	M125×2	148	160	21	12	5	AW25	125	14	120	12
AN26	M130×2	149	165	21	12	5	AW26	130	14	125	12
AN27	M135×2	160	175	22	14	6	AW27	135	14	130	14
AN28	M140×2	160	180	22	14	6	AW28	140	16	135	14
AN29	M145×2	171	190	24	14	6	AW29	145	16	140	14
AN30	M150×2	171	195	24	14	6	AW30	150	16	145	14
AN31	M155×3	182	200	25	16	7	AW31	155	16	147.5	16
AN32	M160×3	182	210	25	16	7	AW32	160	18	154	16
AN33	M165×3	193	210	26	16	7	AW33	165	18	157.5	16
AN34	M170×3	193	220	26	16	7	AW34	170	18	164	16
AN36	M180×3	203	230	27	18	8	AW36	180	20	174	18
AN38	M190×3	214	240	28	18	8	AW38	190	20	184	18
AN40	M200×3	226	250	29	18	8	AW40	200	20	194	18
AN44	Tr220×4	250	280	32	20	10	AW44	220	24	213	20
AN48	Tr240×4	270	300	34	20	10	AW48	240	24	233	20
AN52	Tr260×4	300	330	36	24	12	AW52	260	28	253	24

비고

1. 호칭번호 AN00~AN25의 로그너트에는 X형의 와셔를 사용한다.
2. 호칭번호 AN26~AN40의 로크너트에는 A형 또는 X형의 와셔를 사용한다.
3. 호칭번호 AN44~AN52의 로그너트에는 X형의 와셔 또는 멈춤쇠를 사용한다.
4. 호칭번호 AN00~AN40의 로그너트에 대한 나사 기준치수는 KS B 0204(미터 가는나사)에 따른다.
5. 호칭번호 AN44~AN100의 로그너트에 대한 나사 기준치수는 KS B 0229(미터 사다리꼴나사)에 따른다.

58. 나사 제도 및 치수기입법

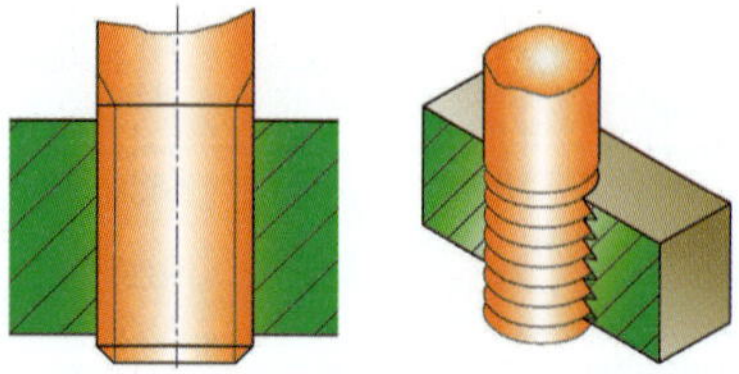

관통된 나사 조립도

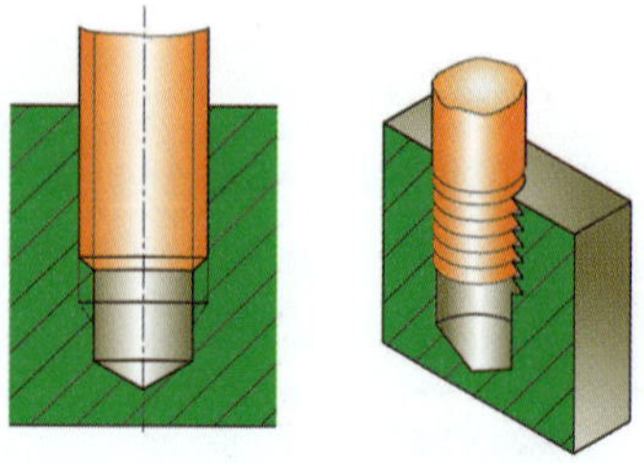

탭나사 조립도

용도에 따른 선(Line) 및 제도법
1. 굵은 선(외형선) : 수나사 바깥지름, 암나사 안지름, 완전 나사부와 불완전 나사부 경계선 2. 가는 선 : 골지름, 불완전 나사부 3. 가는 파선 : 숨겨진 나사를 표시할 때는 모두 가는파선(가는숨은선)으로 작도한다. 4. 나사부품 단면도의 해칭 : 해칭은 암나사 안지름, 수나사 바깥지름까지 긋는다. 5. 나사 끝에서 본 제도는 우측상단 1/4을 열어둔다. 이때 중심선을 기준으로 위쪽은 약간 넘게 아래쪽은 중심선을 못미치도록 작도한다. 6. 암나사에서 드릴구멍 깊이는 나사 길이에 1.2~1.5배 정도로 작도한다.

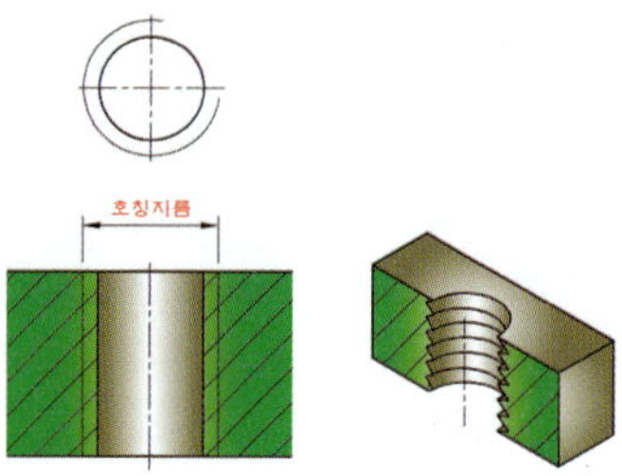

관통된 암나사 제도법

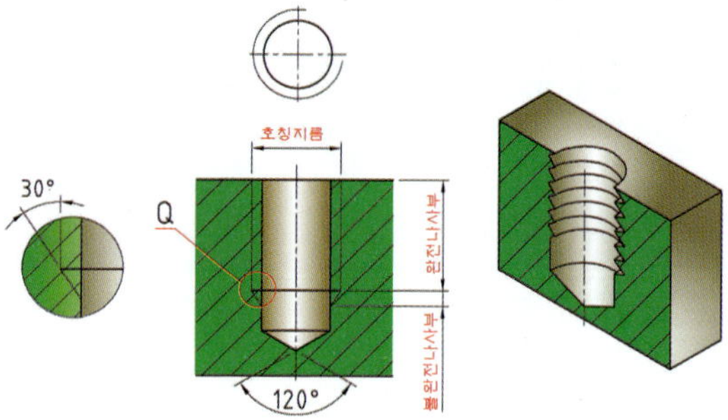

탭나사 제도법

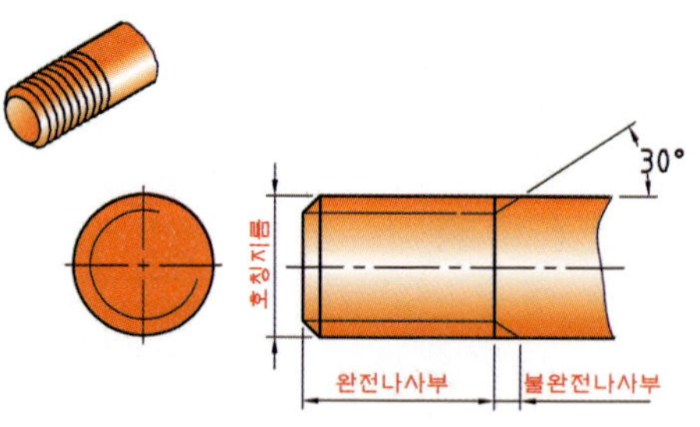

끝이 모서리진 수나사 제도법

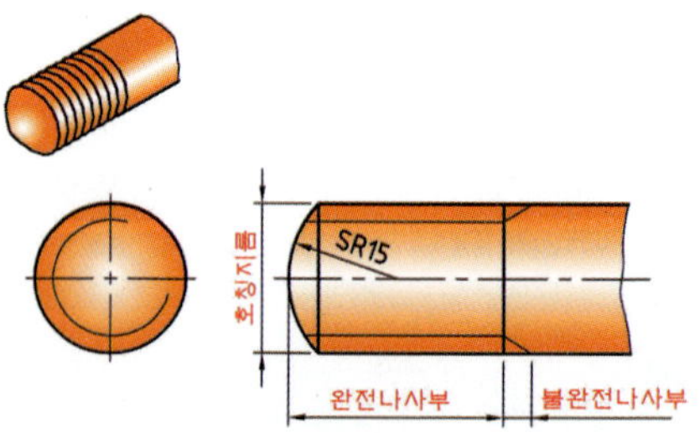

끝이 둥근 수나사 제도법

58. 나사 제도 및 치수기입법

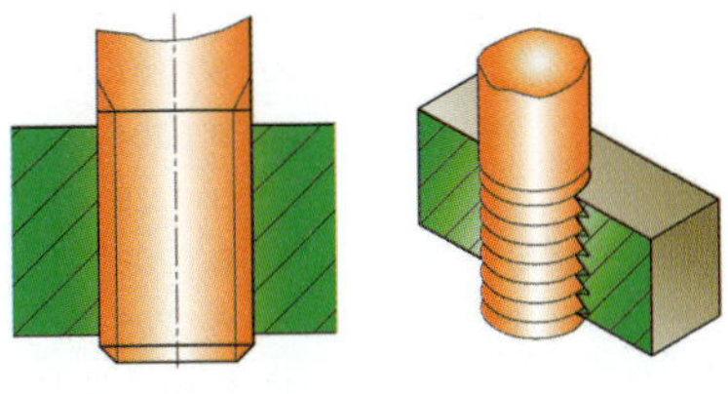

관통된 나사 조립도

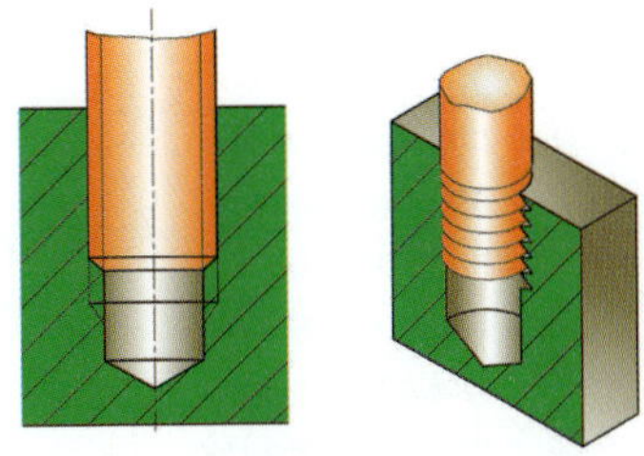

탭나사 조립도

나사 치수기입법

1. 관통나사 치수기입 : 나사의 호칭치수만 기입하고, 지시선 치수기입할 경우 60° 로 뽑는다.
2. 탭나사 치수기입 : 나사 호칭치수와 깊이(완전 나사부)만 기입하고 드릴깊이는 기입하지 않는다.
3. 수나사 치수기입 : 나사 호칭치수와 완전나사부 길이만 기입한다.

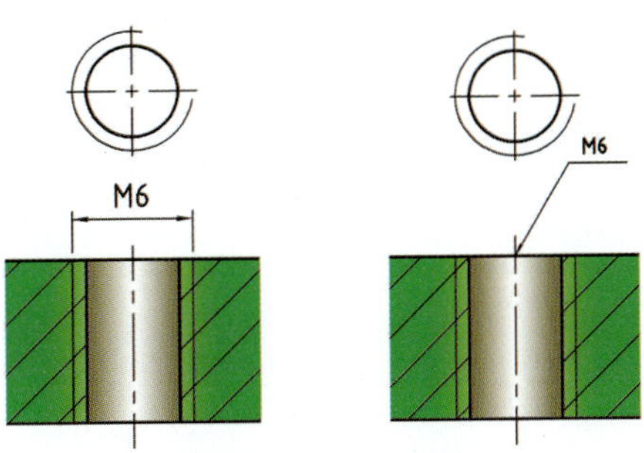

관통된 암나사 치수기입법

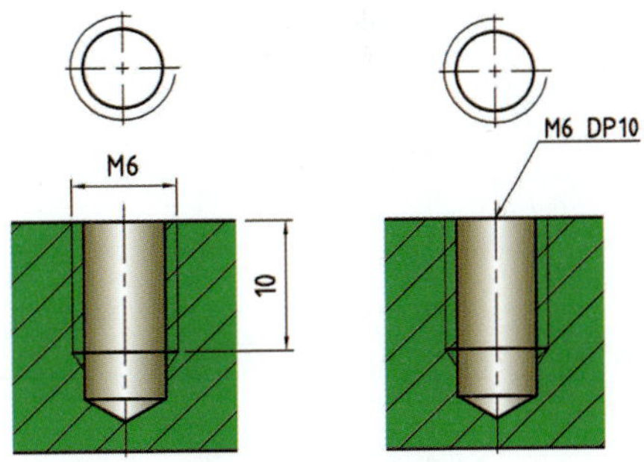

탭나사 치수기입법

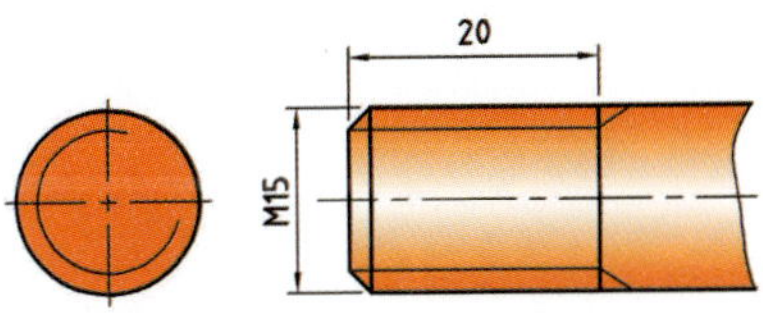

끝이 모서리진 수나사 제도법

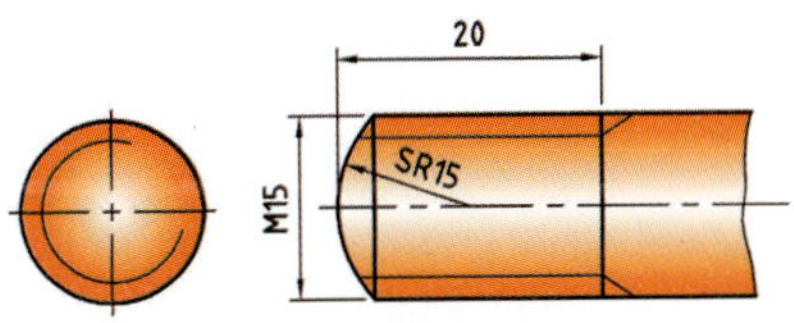

끝이 둥근 수나사 제도법

59. 나사의 표시방법

나사의 종류를 표시하는 기호 및 나사의 호칭에 대한 표시방법

구분		나사의 종류		기호	호칭 표시법의 보기	관련표준
일반용	ISO 표준에 있는 것	미터 보통 나사(1)		M	M8	KS B 0201
		미터 가는 나사(2)			M8x1	KS B 0204
		미니추어 나사		S	S0.5	KS B 0228
		유니파이 보통 나사		UNC	3/8-16UNC	KS B 0203
		유니파이 가는 나사		UNF	No.8-36UNF	KS B 0206
		미터 사다리꼴 나사		Tr	Tr10x2	KS B 0229의 본문
		관용 테이퍼 나사	테이퍼 수나사	R	R3/4	KS B 0222의 본문
			테이퍼 암나사	Rc	Rc3/4	
			평행 암나사(3)	Rp	Rp3/4	
	ISO 표준에 없는 것	관용 평행 나사		G	G1/2	KS B 0221의 본문
		30도 사다리꼴 나사		TM	TM18	
		29도 사다리꼴 나사		TW	TW20	KS B 0226
		관용 테이퍼 나사	테이퍼 나사	PT	PT7	KS B 0222의 부속서
			평행 암나사(4)	PS	PS7	
		관용 평행 나사		PF	PF7	KS B 0221
특수용		후강 전선관 나사		CTG	CTG16	KS B 0223
		박강 전선관 나사		CTC	CTC19	
		자전거 나사	일반용	BC	BC3/4	KS B 0224
			스포크용		BC2.6	
		미싱나사		SM	SM1/4 산40	KS B 0225
		전구나사		E	E10	KS C 7702
		자동차용 타이어 밸브 나사		TV	TV8	KS R 4006의 부속서
		자전거용 타이어 밸브 나사		CTV	CTV8 산30	KS R 8004의 부속서

주

(1) 미터 보통 나사 중 M1.7, M2.3은 ISO 표준에 규정되어 있지 않다.
(2) 가는 나사임을 특별히 명확하게 나타낼 필요가 있을 때는 피치 다음에"가는 나사"의 글자를 (   ) 안에 넣어서 기입할 수 있다. **보기 : M8X1(가는 나사)**
(3) 평행 암나사 Rp는 테이퍼 수나사 R에 대해서만 사용한다.
(4) 평행 암나사 PS는 테이퍼 수나사 PT에 대해서만 사용한다.

60. 볼트의 조립깊이 및 탭깊이

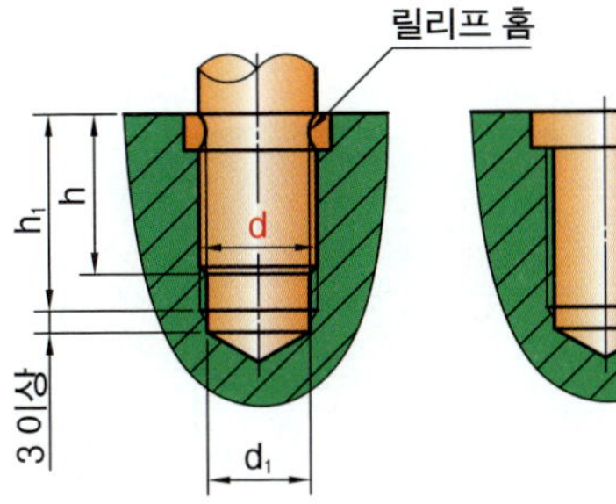

릴리프 홈이 있는 볼트의 조립

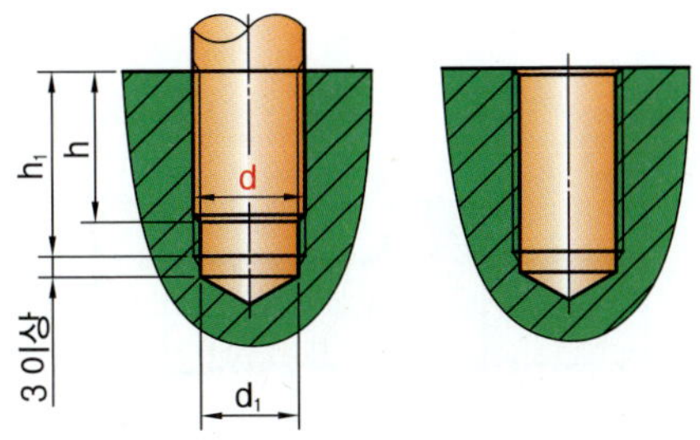

불완전 나사부가 있는 수나사의 조립

나사의 호칭 d	탭내기 구멍의 지름 d_1	강, 주강, 청동, 청동주물		주철		알루미늄과 기타의 경합금류	
		나사부 조립깊이 h	탭깊이 h_1	나사부 조립깊이 h	탭깊이 h_1	나사부 조립깊이 h	탭깊이 h_1
M3	2.4	3	6	4.5	7.5	5.5	8.5
M3.5	2.9	3.5	6.5	5.5	8.5	6.5	9.5
M4	3.25	4	7	6	9	7	10
M4.5	3.75	4.5	7.5	7	10	8	11
M5	4.1	5	8.5	8	11.5	9	12.5
M5.5	4.6	5.5	9	8	11.5	10	13.5
M6	5	6	10	9	13	11	15
M7	6	7	11	11	15	13	17
M8	6.8	8	12	12	16	14	18
M9	7.8	9	13	13	17	16	20
M10	8.5	10	14	15	19	18	22
M12	10.2	12	17	17	22	22	27
M14	12	14	19	20	25	25	30
M16	14	16	21	22	27	28	33
M18	15.5	18	24	25	31	33	39
M20	17.5	20	26	27	33	36	42
M22	19.5	22	29	30	37	40	47
M24	21	24	32	32	40	44	52
M27	24	27	36	36	45	48	57
M30	26.5	30	39	40	49	54	63
M33	29.5	33	43	43	53	60	70
M36	32	36	47	47	58	65	76
M39	35	39	51	52	64	70	82
M42	37.5	42	54	55	67	75	87
M45	40.5	45	58	58	71	80	93

참고

탭깊이는 KS규격에 없는 데이터이며 본 데이터는 실무에서 통상적으로 쓰이고 있는 실무데이터이다.

61. 미터 보통 나사

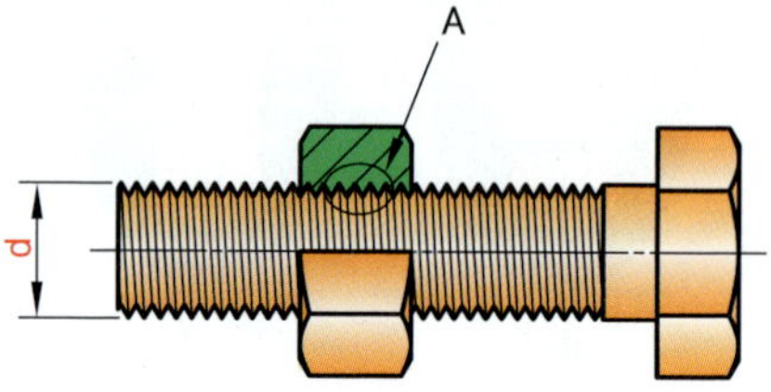

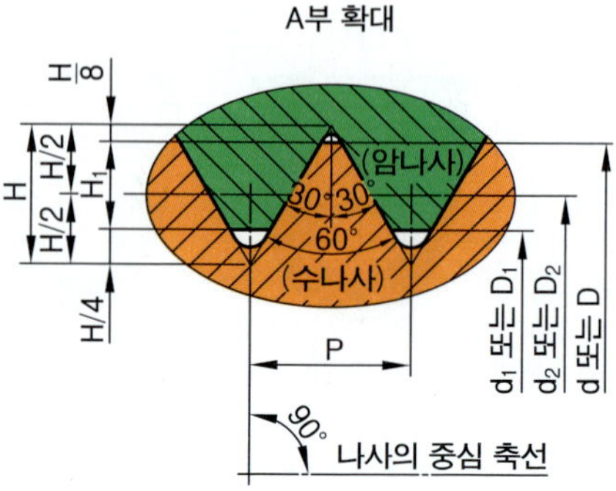

단위 : mm

미터 보통 나사의 기본 치수

나사의 호칭 d 1란	2란	3란	피치 P	접촉 높이 H_1	암나사 골지름 D / 수나사 바깥지름 d	암나사 유효지름 D_2 / 수나사 유효지름 d_2	암나사 안지름 D_1 / 수나사 골지름 d_1
M 1			0.25	0.135	1.000	0.838	0.729
	M 1.1		0.25	0.135	1.100	0.938	0.829
M 1.2			0.25	0.135	1.200	1.038	0.929
	M 1.4		0.3	0.162	1.400	1.205	1.075
M 1.6			0.35	0.189	1.600	1.373	1.221
	M 1.8		0.35	0.189	1.800	1.573	1.421
M 2			0.4	0.217	2.000	1.740	1.567
	M 2.2		0.45	0.244	2.200	1.908	1.713
M 2.5			0.45	0.244	2.500	2.208	2.013
M 3			0.5	0.271	3.000	2.675	2.459
	M 3.5		0.6	0.325	3.500	3.110	2.850
M 4			0.7	0.379	4.000	3.545	3.242
	M 4.5		0.75	0.406	4.500	4.013	3.688
M 5			0.8	0.433	5.000	4.480	4.134
M 6			1	0.541	6.000	5.350	4.917
		M 7	1	0.541	7.000	6.350	5.917
M 8			1.25	0.677	8.000	7.188	6.647
		M 9	1.25	0.677	9.000	8.188	7.647
M 10			1.5	0.812	10.000	9.026	8.376
		M 11	1.5	0.812	11.000	10.026	9.376
M 12			1.75	0.947	12.000	10.863	10.106

나사의 호칭 d 1란	2란	피치 P	접촉 높이 H_1	암나사 골지름 D / 수나사 바깥지름 d	암나사 유효지름 D_2 / 수나사 유효지름 d_2	암나사 안지름 D_1 / 수나사 골지름 d_1
	M 14	2	1.083	14.000	12.701	11.835
M 16		2	1.083	16.000	14.701	13.835
	M 18	2.5	0.353	18.000	16.376	15.294
M 20		2.5	1.353	20.000	18.376	17.294
	M 22	2.5	1.353	22.000	20.376	19.294
M 24		3	1.624	24.000	22.051	20.752
	M 27	3	1.624	27.000	25.051	23.752
M 30		3.5	1.894	30.000	27.727	26.211
	M 33	3.5	1.894	33.000	30.727	29.211
M 36		4	2.165	36.000	33.402	31.670
	M 39	4	2.165	39.000	36.402	34.670
M 42		4.5	2.436	42.000	39.077	37.129
	M 45	4.5	2.436	45.000	42.077	40.129
M 48		5	2.706	48.000	44.752	42.587
	M 52	5	2.706	52.000	48.752	46.587
M 56		5.5	2.977	56.000	52.428	50.046
	M 60	5.5	2.977	60.000	56.428	54.046
M 64		6	3.248	64.000	60.103	57.505
	M 68	6	3.248	68.000	64.103	61.505
-	-	-	-	-	-	-

비고

1. 나사호칭은 1란을 우선적으로, 필요에 따라 2란, 3란의 순으로 선정한다.
2. 미터 나사의 호칭은 수나사의 외경(d)으로 선정한다.
3. 나사의 표시방법은 KS B 0200에 따른다.

62. 미터 가는 나사

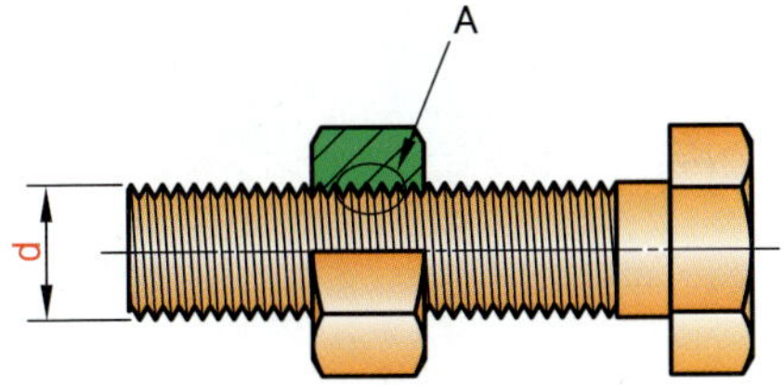

A부 확대

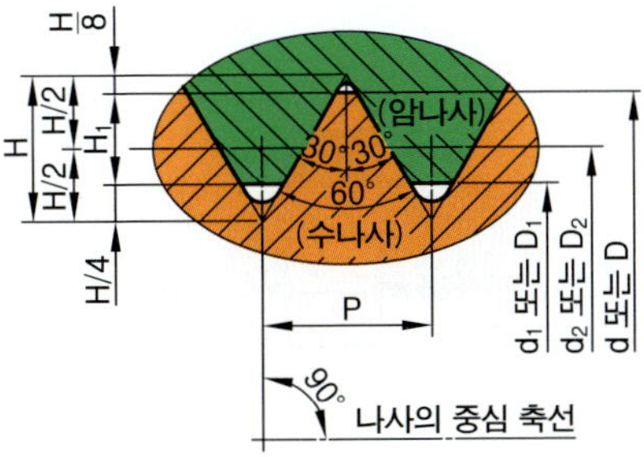

단위 : mm

미터 가는 나사의 기본 치수

나사의 호칭 d	피치 P	접촉 높이 H_1	암나사 골지름 D / 수나사 바깥지름 d	암나사 유효지름 D_2 / 수나사 유효지름 d_2	암나사 안지름 D_1 / 수나사 골지름 d_1
M 1	0.2	0.108	1.000	0.870	0.783
M 1.1×0.2	0.2	0.108	1.100	0.970	0.883
M 1.2×0.2	0.2	0.108	1.200	1.070	0.983
M 1.4×0.2	0.2	0.108	1.400	1.270	1.183
M 1.6×0.2	0.2	0.108	1.600	1.470	1.383
M 1.8×0.2	0.2	0.108	1.800	1.670	1.583
M 2×0.25	0.25	0.135	2.000	1.838	1.729
M 2.2×0.25	0.25	0.135	2.200	2.038	1.929
M 2.5×0.35	0.35	0.189	2.500	2.273	2.121
M 3×0.35	0.35	0.189	3.000	2.273	2.621
M 3.5×0.35	0.35	0.189	3.500	3.273	3.121
M 4×0.5	0.5	0.271	4.000	3.675	3.459
M 4.5×0.5	0.5	0.271	4.500	4.175	3.959
M 5×0.5	0.5	0.271	5.000	4.675	4.459
M 5.5×0.5	0.5	0.271	5.500	5.175	4.959
M 6×0.75	0.75	0.406	6.000	5.513	5.188
M 7×0.75	0.75	0.406	7.000	6.513	6.188
M 8×1	1	0.541	8.000	7.350	6.917
M 8×0.75	0.75	0.406	8.000	7.513	7.188
M 9×1	1	0.541	9.000	8.350	7.917
M 9×0.75	0.75	0.406	9.000	8.513	8.188
M 10×1.25	1.25	0.677	10.000	9.188	8.647
M 10×1	1	0.541	10.000	9.350	8.917
M 10×0.75	0.75	0.406	10.000	9.513	9.188
M 11×1	1	0.541	11.000	10.350	9.917
M 11×0.75	0.75	1.406	11.000	10.513	10.188
M 12×1.5	1.5	0.812	12.000	11.026	10.376
M 12×1.25	1.25	0.677	12.000	11.188	10.647
M 12×1	1	0.541	12.000	11.350	10.917
M 14×1.5	1.5	0.812	14.000	13.026	12.376
M 14×1.25	1.25	0.677	14.000	13.188	12.647
M 14×1	1	0.541	14.000	13.350	12.917
M 15×1.5	1.5	0.812	15.000	14.026	13.376
M 15×1	1	0.541	15.000	14.350	13.917
M 16×1.5	1.5	0.812	16.000	15.026	14.376
M 16×1	1	0.541	16.000	15.350	14.917
M 17×1.5	1.5	0.812	17.000	16.026	15.376
M 17×1	1	0.541	17.000	16.350	15.917
M 18×2	2	1.083	18.000	16.701	15.835
M 18×1.5	1.5	0.812	18.000	17.026	16.376
M 18×1	1	0.541	18.000	17.350	16.917
M 20×2	2	1.083	20.000	18.701	17.835
M 20×1.5	1.5	0.812	20.000	19.026	18.376
M 20×1	1	0.541	20.000	19.350	18.917
M 22×2	2	1.083	22.000	20.701	19.835
M 22×1.5	1.5	0.812	22.000	21.026	20.376
M 22×1	1	0.541	22.000	21.350	20.917
M 24×2	2	1.083	24.000	22.701	21.835
M 24×1.5	1.5	0.812	24.000	23.026	22.376
M 24×1	1	0.541	24.000	23.350	22.917
M 25×2	2	1.083	25.000	23.701	22.835
M 25×1.5	1.5	0.812	25.000	24.026	23.376
M 25×1	1	0.541	25.000	24.350	23.917
M 26×1.5	1.5	0.812	26.000	25.026	24.376
M 27×2	2	1.083	27.000	25.701	24.385
M 27×1.5	1.5	0.812	27.000	26.026	25.376
M 27×1	1	0.541	27.000	26.350	25.917
M 28×2	2	1.083	28.000	26.701	25.835
M 28×1.5	1.5	0.812	28.000	27.026	26.376
M 28×1	1	0.541	28.000	27.350	26.917
M 30×3	3	1.624	30.000	28.051	26.752
M 30×2	2	1.083	30.000	28.701	27.835
M 30×1.5	1.5	0.812	30.000	29.026	28.376
M 30×1	1	0.541	30.000	29.350	28.917

비고

1. 미터 가는 나사는 반드시 피치를 표기해야 한다.(예 : M 6×0.75)
2. 나사 표시방법은 KS B 0200에 따른다.

62. 미터 가는 나사

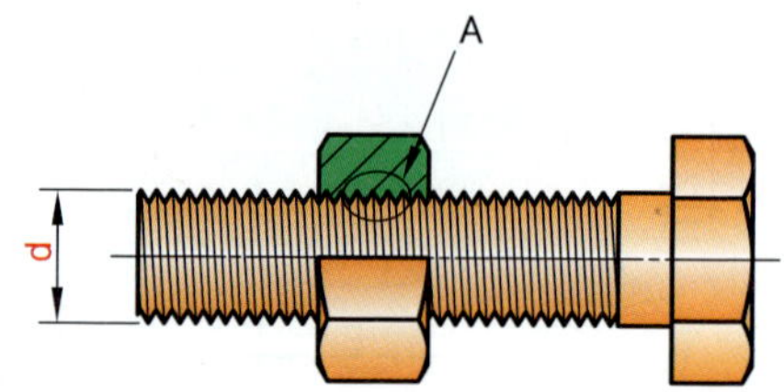

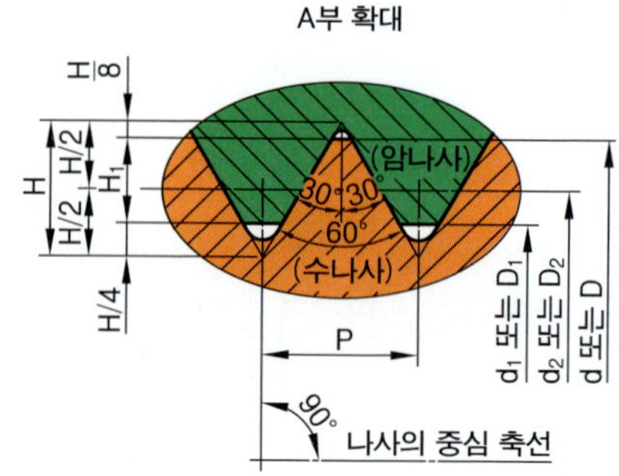

단위 : mm

미터 가는 나사의 기본 치수(계속)

나사의 호칭 d	피치 P	접촉 높이 H_1	암나사		
			골지름 D	유효지름 D_2	안지름 D_1
			수나사		
			바깥지름 d	유효지름 d_2	골지름 d_1
M 32×2	2	1.083	32.000	30.701	29.835
M 32×1.5	1.5	0.812	32.000	31.026	30.376
M 33×3	3	1.624	33.000	31.051	29.752
M 33×2	2	1.083	33.000	31.701	30.835
M 33×1.5	1.5	0.812	33.000	32.026	31.376
M 35×1.5	1.5	0.812	35.000	34.026	33.376
M 36×3	3	1.624	36.000	34.051	32.752
M 36×2	2	1.083	36.000	34.701	33.835
M 36×1.5	1.5	0.812	36.000	34.026	34.376
M 38×1.5	1.5	0.812	38.000	37.026	36.376
M 39×3	3	1.624	39.000	37.051	35.752
M 39×2	2	1.083	39.000	37.701	36.835
M 39×1.5	1.5	0.812	39.000	38.026	37.376
M 40×3	3	1.624	40.000	38.051	36.752
M 40×2	2	1.083	40.000	38.701	37.835
M 40×1.5	1.5	0.812	40.000	39.026	38.376
M 42×4	4	2.165	42.000	39.402	37.670
M 42×3	3	1.624	42.000	40.051	38.752
M 42×2	2	1.083	42.000	40.701	39.835
M 42×1.5	1.5	0.812	42.000	41.026	40.376
M 45×4	4	2.165	45.000	42.402	40.670
M 45×3	3	1.624	45.000	43.051	41.752
M 45×2	2	1.083	45.000	43.701	42.835
M 45×1.5	1.5	0.812	45.000	44.026	43.376
M 48×4	4	2.165	48.000	45.402	43.670
M 48×3	3	1.624	48.000	46.051	44.752
M 48×2	2	1.083	48.000	46.701	45.835
M 48×1.5	1.5	0.812	48.000	47.026	46.376
M 50×3	3	1.624	50.000	48.051	46.752
M 50×2	2	1.083	50.000	48.701	47.835
M 50×1.5	1.5	0.812	50.000	49.026	48.376
M 52×4	4	2.165	52.000	49.402	47.670
M 52×3	3	1.624	52.000	50.051	48.752
M 52×2	2	1.083	52.000	50.701	49.835
M 52×1.5	1.5	0.812	52.000	51.026	50.376
M 55×4	4	2.165	55.000	52.402	50.670
M 55×3	3	1.624	55.000	53.051	51.752
M 55×2	2	1.083	55.000	53.701	52.835
M 55×1.5	1.5	0.812	55.000	54.026	53.376
M 56×4	4	2.165	56.000	53.402	51.670
M 56×3	3	1.624	56.000	54.051	52.752
M 56×2	2	1.083	56.000	54.701	53.835
M 56×1.5	1.5	0.812	56.000	55.026	54.376
M 58×4	4	2.165	58.000	55.402	53.670
M 58×3	3	1.624	58.000	56.051	54.752
M 58×2	2	1.083	58.000	56.701	55.835
M 58×1.5	1.5	0.812	58.000	57.026	56.376
M 60×4	4	2.165	60.000	57.402	55.670
M 60×3	3	1.624	60.000	58.051	56.752
M 60×2	2	1.083	60.000	58.701	57.835
M 60×1.5	1.5	0.812	60.000	59.026	58.376
M 62×4	4	2.165	62.000	59.402	57.670
M 62×3	3	1.624	62.000	60.051	58.752
M 62×2	2	1.083	62.000	60.701	59.835
M 62×1.5	1.5	0.812	62.000	61.026	60.376
M 64×4	4	2.165	64.000	61.402	59.670
M 64×3	3	1.624	64.000	62.051	60.752
M 64×2	2	1.083	64.000	62.701	61.835
M 64×1.5	1.5	0.812	64.000	63.026	62.376
M 65×4	4	2.165	65.000	62.402	60.670
M 65×3	3	1.624	65.000	63.051	61.752
M 65×2	2	1.083	65.000	63.701	62.835
M 65×1.5	1.5	0.812	65.000	64.026	63.376
–	–	–	–	–	–

비고

1. 미터 가는 나사는 반드시 피치를 표기해야 한다.(예 : M 6×0.75)
2. 나사 표시방법은 KS B 0200에 따른다.

62. 미터 가는 나사

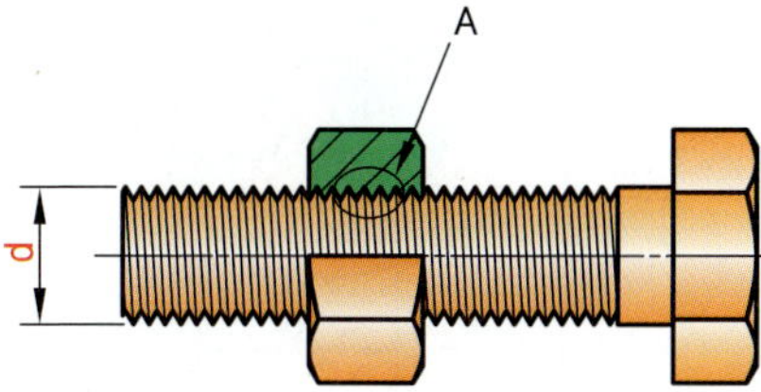

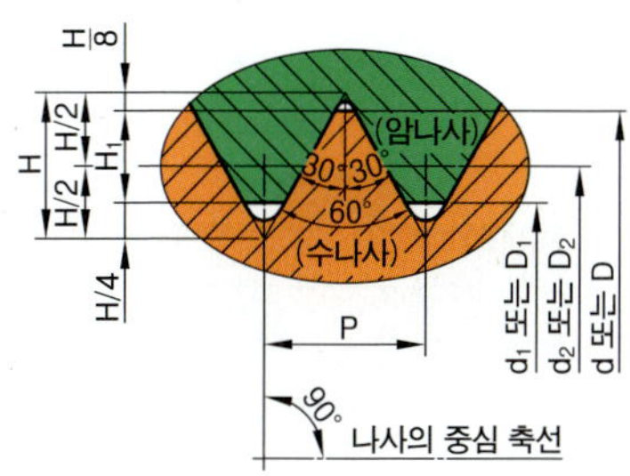

단위 : mm

미터 가는 나사의 기본 치수(계속)

나사의 호칭 d	피치 P	접촉 높이 H_1	암나사 골지름 D / 수나사 바깥지름 d	암나사 유효지름 D_2 / 수나사 유효지름 d_2	암나사 안지름 D_1 / 수나사 골지름 d_1
M 68×4	4	2.165	68.000	65.402	63.670
M 68×3	3	1.624	68.000	66.051	64.752
M 68×2	2	1.083	68.000	66.701	65.835
M 68×1.5	1.5	0.812	68.000	67.026	66.376
M 70×6	6	3.248	70.000	66.103	63.505
M 70×4	4	2.165	70.000	67.402	65.670
M 70×3	3	1.624	70.000	68.051	66.752
M 70×2	2	1.083	70.000	68.701	67.835
M 70×1.5	1.5	0.812	70.000	69.026	68.376
M 72×6	6	3.248	72.000	68.103	65.505
M 72×4	4	2.165	72.000	69.402	67.670
M 72×3	3	1.624	72.000	70.051	68.752
M 72×2	2	1.083	72.000	70.701	69.835
M 72×1.5	1.5	0.812	72.000	71.026	70.376
M 75×4	4	2.165	75.000	72.402	70.670
M 75×3	3	1.624	75.000	73.051	71.752
M 75×2	2	1.083	75.000	73.701	72.835
M 75×1.5	1.5	0.812	75.000	74.026	73.376
M 76×6	6	3.248	76.000	72.103	69.505
M 76×4	4	2.165	76.000	73.402	71.670
M 76×3	3	1.624	76.000	74.051	72.752
M 76×2	2	1.083	76.000	74.701	73.835
M 76×1.5	1.5	0.812	76.000	75.026	74.376
M 78×2	2	1.083	78.000	76.701	75.835
M 80×6	6	3.248	80.000	76.103	73.505
M 80×4	4	2.165	80.000	77.402	75.670
M 80×3	3	1.624	80.000	78.051	76.752
M 80×2	2	1.083	80.000	78.701	77.835
M 80×1.5	1.5	0.812	80.000	79.026	78.376
M 82×2	2	1.083	82.000	80.701	79.835
M 85×6	6	3.248	85.000	81.103	78.505
M 85×4	4	2.165	85.000	82.402	80.670
M 85×3	3	1.624	85.000	83.051	81.752
M 85×2	2	1.083	85.000	83.701	82.835

나사의 호칭 d	피치 P	접촉 높이 H_1	암나사 골지름 D / 수나사 바깥지름 d	암나사 유효지름 D_2 / 수나사 유효지름 d_2	암나사 안지름 D_1 / 수나사 골지름 d_1
M 90×6	6	3.248	90.000	86.103	83.505
M 90×4	4	2.165	90.000	87.402	85.670
M 90×3	3	1.624	90.000	88.051	86.752
M 90×2	2	1.083	90.000	88.701	87.835
M 95×6	6	3.248	95.000	91.103	88.505
M 95×4	4	2.165	95.000	92.402	90.670
M 95×3	3	1.624	95.000	93.051	91.752
M 95×2	2	1.083	95.000	93.701	92.835
M 100×6	6	3.248	100.000	96.103	93.505
M 100×4	4	2.165	100.000	97.402	95.670
M 100×3	3	1.624	100.000	98.051	96.752
M 100×2	2	1.083	100.000	98.701	97.835
M 105×6	6	3.248	105.000	101.103	98.505
M 105×4	4	2.165	105.000	102.402	100.670
M 105×3	3	1.624	105.000	103.051	101.752
M 105×2	2	1.083	105.000	103.701	102.835
M 110×6	6	3.248	110.000	106.103	103.505
M 110×4	4	2.165	110.000	107.402	105.670
M 110×3	3	1.624	110.000	108.501	106.752
M 110×2	2	1.083	110.000	108.701	107.835
M 115×6	6	3.248	115.000	111.103	108.505
M 115×4	4	2.165	115.000	112.402	110.670
M 115×3	3	1.624	115.000	113.051	111.752
M 115×2	2	1.083	115.000	113.701	112.835
M 120×6	6	3.248	120.000	116.103	113.505
M 120×4	4	2.165	120.000	117.402	115.670
M 120×3	3	1.624	120.000	118.051	116.752
M 120×2	2	1.083	120.000	118.701	117.835
M 125×6	6	3.248	125.000	121.103	118.505
M 125×4	4	2.165	125.000	122.402	120.670
M 125×3	3	1.624	125.000	123.051	121.752
M 125×2	2	1.083	125.000	123.701	122.835
-	-	-	-	-	-

비고

1. 미터 가는 나사는 반드시 피치를 표기해야 한다.(예 : M 6×0.75)
2. 나사 표시방법은 KS B 0200에 따른다.

나사

62. 미터 가는 나사

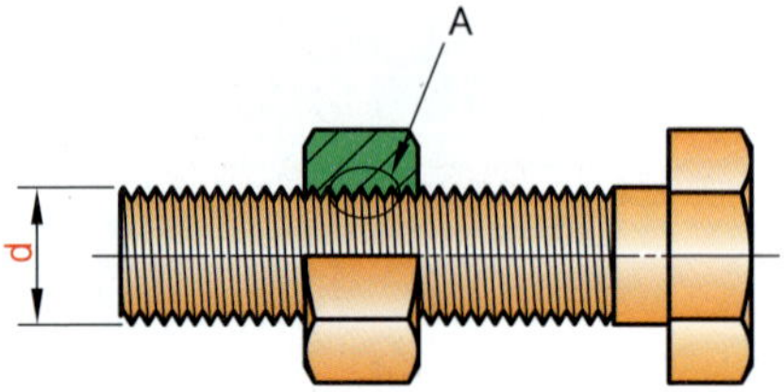

A부 확대

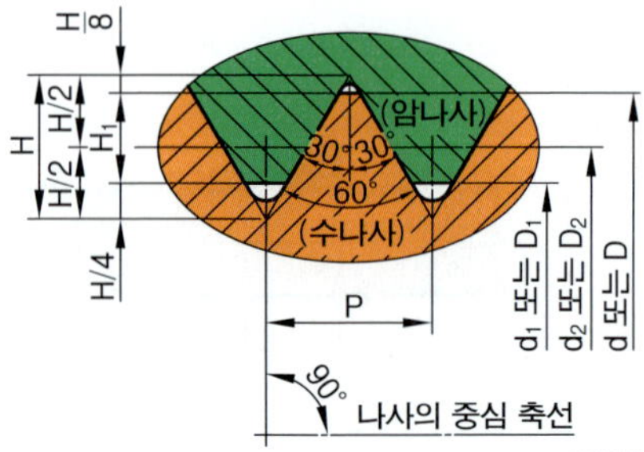

단위 : mm

미터 가는 나사의 기본 치수(계속)

나사의 호칭 d	피치 P	접촉 높이 H_1	암나사 골지름 D	암나사 유효지름 D_2	암나사 안지름 D_1
			수나사 바깥지름 d	수나사 유효지름 d_2	수나사 골지름 d_1
M 130×6	6	3.248	130.000	126.103	123.505
M 130×4	4	2.165	130.000	127.402	125.670
M 130×3	3	1.624	130.000	128.051	126.752
M 130×2	2	1.083	130.000	128.701	127.835
M 135×6	6	3.248	135.000	131.103	128.505
M 135×4	4	2.165	135.000	132.402	130.670
M 135×3	3	1.624	135.000	133.051	131.752
M 135×2	2	1.083	135.000	133.701	132.835
M 140×6	6	3.248	140.000	136.103	133.505
M 140×4	4	2.165	140.000	137.402	135.670
M 140×3	3	1.624	140.000	138.051	136.752
M 140×2	2	1.083	140.000	138.701	137.835
M 145×6	6	3.248	145.000	141.103	138.505
M 145×4	4	2.165	145.000	142.402	140.670
M 145×3	3	1.624	145.000	143.051	141.752
M 145×2	2	1.083	145.000	143.701	142.835
M 150×6	6	3.248	150.000	146.103	143.505
M 150×4	4	2.165	150.000	147.402	145.670
M 150×3	3	1.624	150.000	148.051	146.752
M 150×2	2	1.083	150.000	148.701	147.835
M 155×6	6	3.248	155.000	151.103	148.505
M 155×4	4	2.165	155.000	152.402	150.670
M 155×3	3	1.624	155.000	153.051	151.752
M 160×6	6	3.248	160.000	156.103	153.505
M 160×4	4	2.165	160.000	157.402	155.670
M 160×3	3	1.624	160.000	158.051	156.752
M 165×6	6	3.248	165.000	161.103	158.505
M 165×4	4	2.165	165.000	162.402	160.670
M 165×3	3	1.624	165.000	163.051	161.752
M 170×6	6	3.248	170.000	166.103	163.505
M 170×4	4	2.165	170.000	167.402	165.670
M 170×3	3	1.624	170.000	168.051	166.752
M 175×6	6	3.248	175.000	171.103	168.505
M 175×4	4	2.165	175.000	172.402	170.670
M 175×3	3	1.624	175.000	173.051	171.752
M 180×6	6	3.248	180.000	176.103	173.505
M 180×4	4	2.165	180.000	177.402	175.670
M 180×3	3	1.624	180.000	178.051	176.752
M 185×6	6	3.248	185.000	181.103	178.505
M 185×4	4	2.165	185.000	182.402	180.670
M 185×3	3	1.624	185.000	183.051	181.752
M 190×6	6	3.248	190.000	186.103	183.505
M 190×4	4	2.165	190.000	187.402	185.670
M 190×3	3	1.624	190.000	188.051	186.752
M 195×6	6	3.248	195.000	191.103	188.505
M 195×4	4	2.165	195.000	192.402	190.670
M 195×3	3	1.624	195.000	193.051	191.752
M 200×6	6	3.248	200.000	196.103	193.505
M 200×4	4	2.165	200.000	197.402	195.670
M 200×3	3	1.624	200.000	198.051	196.752
M 205×6	6	3.248	205.000	201.103	198.505
M 205×4	4	2.165	205.000	202.402	200.670
M 205×3	3	1.624	205.000	203.051	201.752
M 210×6	6	3.248	210.000	206.103	203.505
M 210×4	4	2.165	210.000	207.402	205.670
M 210×3	3	1.624	210.000	208.051	206.752
M 215×6	6	3.248	215.000	211.103	208.505
M 215×4	4	2.165	215.000	212.402	210.670
M 210×3	3	1.624	215.000	213.051	211.752
M 220×6	6	3.248	220.000	216.103	213.505
M 220×4	4	2.165	220.000	217.402	215.670
M 220×3	3	1.624	220.000	218.051	216.752
–	–	–	–	–	–

비고

1. 미터 가는 나사는 반드시 피치를 표기해야 한다.(예 : M 6×0.75)
2. 나사 표시방법은 KS B 0200에 따른다.

62. 미터 가는 나사

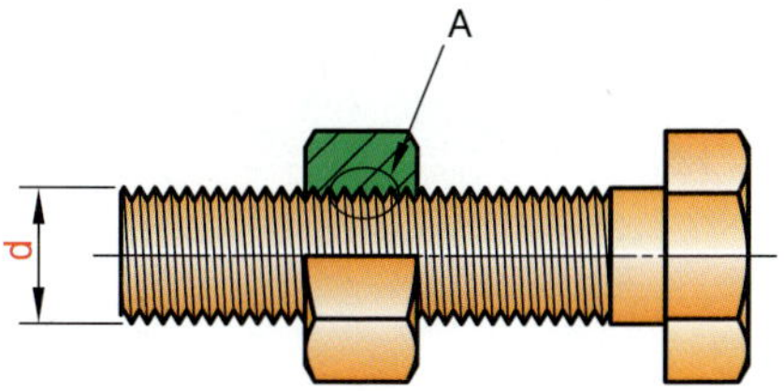

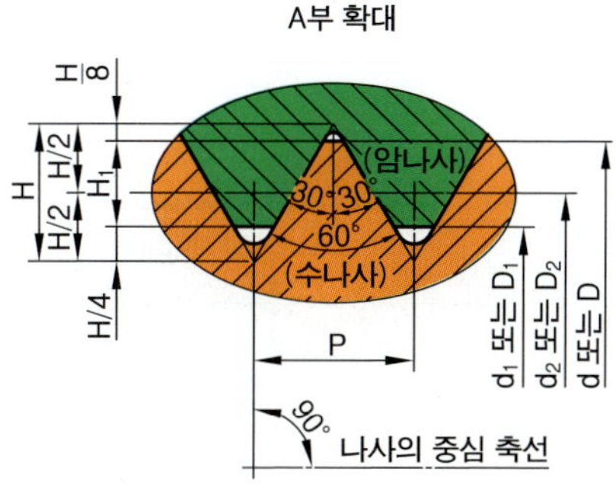

단위 : mm

미터 가는 나사의 기본 치수(계속)

나사의 호칭 d	피치 P	접촉 높이 H_1	암나사		
			골지름 D	유효지름 D_2	안지름 D_1
			수나사		
			바깥지름 d	유효지름 d_2	골지름 d_1
M 225×6	6	3.248	225.000	221.103	218.505
M 225×4	4	2.165	225.000	222.402	220.670
M 225×3	3	1.624	225.000	223.051	221.752
M 230×6	6	3.248	230.000	226.103	223.505
M 230×4	4	2.165	230.000	227.402	225.670
M 230×3	3	1.624	230.000	228.051	226.752
M 235×6	6	3.248	235.000	231.103	228.505
M 235×4	4	2.165	235.000	232.402	230.670
M 235×3	3	1.624	235.000	233.051	231.752
M 240×6	6	3.248	240.000	236.103	233.505
M 240×4	4	2.165	240.000	237.402	235.670
M 240×3	3	1.624	240.000	238.051	236.752
M 245×6	6	3.248	245.000	241.103	238.505
M 245×4	4	2.165	245.000	242.402	240.670
M 245×3	3	1.624	245.000	243.051	241.752
M 250×6	6	3.248	250.000	246.103	243.505
M 250×4	4	2.165	250.000	247.402	245.670
M 250×3	3	1.624	250.000	248.051	246.752
M 255×6	6	3.248	255.000	251.103	248.505
M 255×4	4	2.165	255.000	252.402	250.670
M 285×6	6	3.248	285.000	281.103	278.505
M 285×4	4	2.165	285.000	282.402	280.670
M 260×6	6	3.248	260.000	256.103	253.505
M 260×4	4	2.165	260.000	257.402	255.670
M 265×6	6	3.248	265.000	261.103	258.505
M 265×4	4	2.165	265.000	262.402	260.670
M 270×6	6	3.248	270.000	266.103	263.505
M 270×4	4	2.165	270.000	267.402	265.670
M 275×6	6	3.248	275.000	271.103	268.505
M 275×4	4	2.165	275.000	272.402	270.670
M 280×6	6	3.248	280.000	276.103	273.505
M 280×4	4	2.165	280.000	277.402	275.670
M 290×6	6	3.248	290.000	286.103	283.505
M 290×4	4	2.165	290.000	287.402	275.670
M 295×6	6	3.248	295.000	291.103	288.505
M 295×4	4	2.165	295.000	292.402	290.670
M 300×6	6	3.248	300.000	296.103	293.505
M 300×4	4	2.165	300.000	297.402	295.670
-	-	-	-	-	-

비고

1. 미터 가는 나사는 반드시 피치를 표기해야 한다.(예 : M 6×0.75)
2. 나사 표시방법은 KS B 0200에 따른다.

63. 유니파이 보통 나사

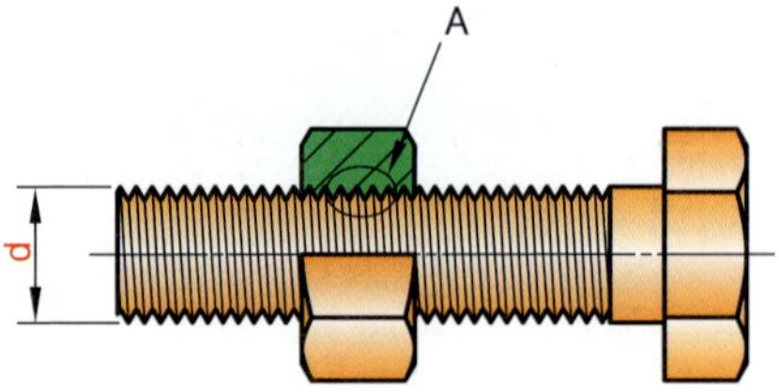

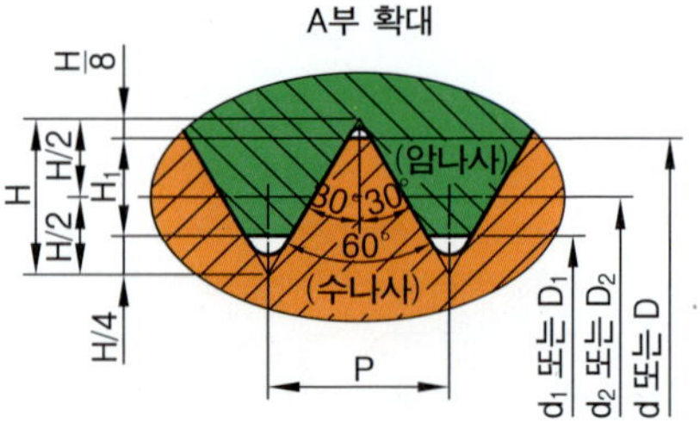

단위 : mm

유니파이 보통 나사의 기본 치수

나사의 호칭([1]) d 1	2	(참고)	나사산 수 (25.4mm에 대한) n	피치 P (참고)	접촉 높이 H	암나사 골지름 D / 수나사 바깥지름 d	암나사 유효지름 D_2 / 수나사 유효지름 d_2	암나사 안지름 D_1 / 수나사 안지름 d_1
No.2−56 UNC	No.1 - 64 UNC	0.0730 - 64 UNC	64	0.3969	0.215	1.854	1.598	1.425
		0.0860 - 56 UNC	56	0.4536	0.246	2.184	1.890	1.694
	No.3 - 48 UNC	0.0990 - 48 UNC	48	0.5292	0.286	2.515	2.172	1.941
No.4−40 UNC		0.1120 - 40 UNC	40	0.6350	0.344	2.845	2.433	2.156
No.5−40 UNC		0.1250 - 40 UNC	40	0.6350	0.344	3.175	2.764	2.487
No.6−32 UNC		0.1380 - 32 UNC	32	0.7938	0.430	3.505	2.990	2.647
No.8−32 UNC		0.1640 - 32 UNC	32	0.7938	0.430	4.166	3.650	3.307
No.10−24 UNC		0.1900 - 24 UNC	24	1.0583	0.573	4.826	4.138	3.680
	No.12 - 24 UNC	0.2160 - 24 UNC	24	1.0583	0.573	5.486	4.798	4.341
1/4−20 UNC		0.2500 - 20 UNC	20	1.2700	0.687	6.350	5.524	4.976
5/16−18 UNC		0.3125 - 18 UNC	18	1.4111	0.764	7.938	7.021	6.411
3/8−16 UNC		0.3750 - 16 UNC	16	1.5875	0.859	9.525	8.494	7.805
7/16−14 UNC		0.4375 - 14 UNC	14	1.8143	0.982	11.112	9.934	9.149
1/2−13 UNC		0.5000 - 13 UNC	13	1.9538	1.058	12.700	11.430	10.584
9/16−12 UNC		0.5625 - 12 UNC	12	2.1167	1.146	14.288	12.913	11.996
5/8−11 UNC		0.6250 - 11 UNC	11	2.3091	1.250	15.875	14.376	13.376
3/4−10 UNC		0.7500 - 10 UNC	10	2.5400	1.375	19.050	17.399	16.299
7/8−9 UNC		0.8750 - 9 UNC	9	2.8222	1.528	22.225	20.391	19.169
1−8U NC		1.0000 - 8 UNC	8	3.1750	1.719	25.400	23.393	21.963
1 1/8−7 UNC		1.1250 - 7 UNC	7	3.6286	1.964	28.575	26.218	24.648
1 1/4−7 UNC		1.2500 - 7 UNC	7	3.6286	1.964	31.750	29.393	27.823
1 3/8−6 UNC		1.3750 - 6 UNC	6	4.2333	2.291	34.925	32.174	30.343
1 1/2−6 UNC		1.5000 - 6 UNC	6	4.2333	2.291	38.100	35.349	33.518
1 3/4−5 UNC		1.7500 - 5 UNC	5	5.0800	2.750	44.450	41.151	38.951
2−4 1/2 UNC		2.0000 - 4.5 UNC	4 1/2	5.6444	3.055	50.800	47.135	44.689
2 1/4−4 1/2 UNC		2.2500 - 4.5 UNC	4 1/2	5.6444	3.055	57.100	53.485	51.039
2 1/2−4 UNC		2.5000 - 4 UNC	4	6.3500	3.437	63.500	59.375	56.627
2 3/4−4 UNC		2.7500 - 4 UNC	4	6.3500	3.437	69.850	65.725	62.977
3−4 UNC		3.0000 - 4 UNC	4	6.3500	3.437	76.200	72.075	69.327
3 1/4−4 UNC		3.2500 - 4 UNC	4	6.3500	3.437	82.550	78.425	75.677

주

([1]) 1란을 우선적으로 택하고 필요에 따라 2란을 택한다. 참고란은 나사의 호칭을 10진법으로 표시한 것이다.

64. 관용 평행 나사

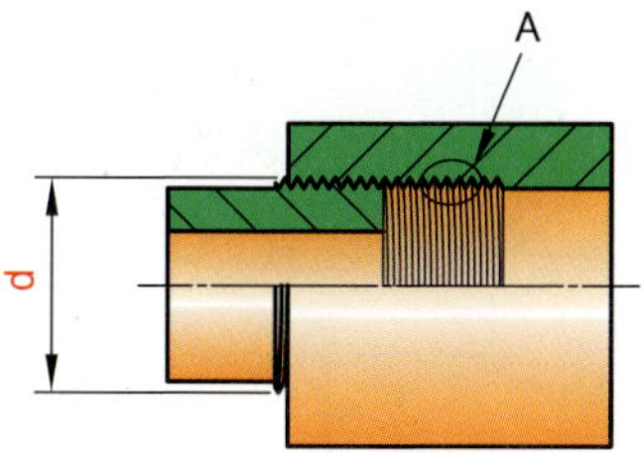

A부 확대

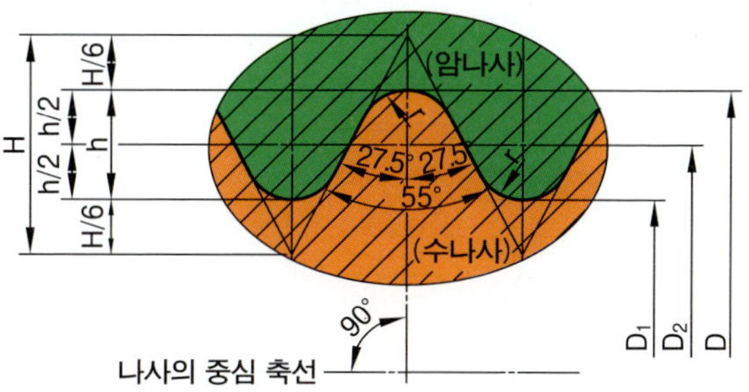

단위 : mm

관용 평행 나사의 기본 치수

나사 호칭 d	나사산 수 25.4mm에 대하여 n	피치 P (참고)	나사산 높이 h	산의 봉우리 및 골의 둥글기 r	수나사 바깥지름 d	수나사 유효지름 d_2	수나사 골지름 d_1
					암나사 골지름 D	암나사 유효지름 D_2	암나사 안지름 D_1
G 1/16	28	0.9071	0.581	0.12	7.723	7.142	6.561
G 1/8	28	0.9071	0.581	0.12	9.728	9.147	8.566
G 1/4	19	1.3368	0.856	0.18	13.157	12.301	11.445
G 3/8	19	1.3368	0.856	0.18	16.662	15.803	14.950
G 1/2	14	1.8143	0.856	0.25	20.955	19.793	18.631
G 5/8	14	1.8143	0.162	0.25	22.911	21.749	20.587
G 3/4	14	1.8143	0.162	0.25	26.441	25.279	24.117
G 7/8	14	1.8143	10162	0.25	30.201	29.039	27.877
G 1	11	2.3091	0.479	0.32	33.249	31.770	30.291
G 1 1/8	11	2.3091	0.479	0.32	37.897	36.418	34.939
G 1 1/4	11	2.3091	0.479	0.32	41.910	40.431	38.952
G 1 1/2	11	2.3091	0.479	0.32	47.803	46.324	44.845
G 1 3/4	11	2.3091	0.479	0.32	53.746	52.267	50.788
G 2	11	2.3091	0.479	0.32	59.614	58.135	56.656
G 2 1/4	11	2.3091	0.479	0.32	65.710	64.231	62.752
G 2 1/2	11	2.3091	0.479	0.32	75.184	73.705	72.226
G 2 3/4	11	2.3091	0.479	0.32	81.534	80.055	78.576
G 3	11	2.3091	0.479	0.32	87.884	86.405	84.926
G 3 1/2	11	2.3091	0.479	0.32	100.330	98.851	97.372
G 4	11	2.3091	0.479	0.32	113.030	111.551	110.072
G 4 1/2	11	2.3091	0.479	0.32	125.730	124.251	122.772
G 5	11	2.3091	0.479	0.32	138.430	136.951	135.472
G 5 1/2	11	2.3091	0.479	0.32	151.130	149.651	148.172
G 6	11	2.3091	0.479	0.32	163.830	162.351	160.872

비고
표 중의 관용 평행 나사를 표시하는 기호 G는 필요에 따라 생략하여도 좋다.

65. 관용 테이퍼 나사

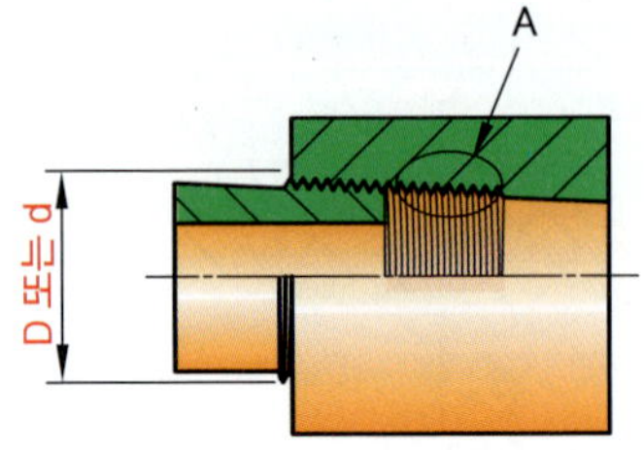

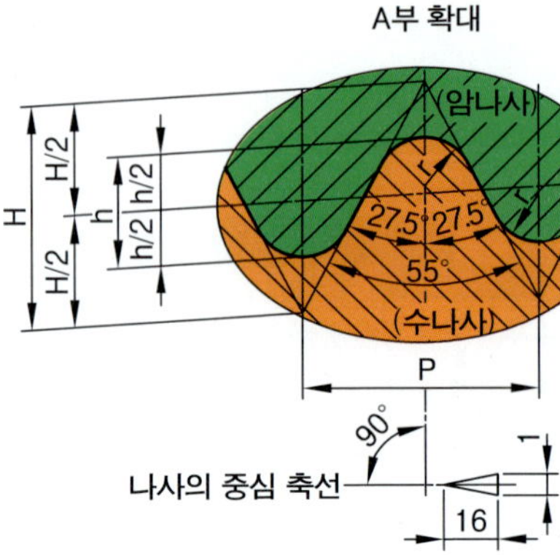

단위 : mm

관용 테이퍼 나사의 기본 치수

나사의 호칭([1])	나사산 수 (25.4mm 에 대한) n	피치 P (참고)	산의 높이 h	둥글기 r 또는 r'	수나사 바깥지름 d / 암나사 골지름 D	수나사 유효지름 d_2 / 암나사 유효지름 D_2	수나사 골지름 d_1 / 암나사 안지름 D_1
R 1/16	28	0.9071	0.581	0.12	7.723	7.142	6.561
R 1/8	28	0.9071	0.581	0.12	9.728	9.147	8.566
R 1/4	19	1.3368	0.856	0.18	13.157	12.301	11.445
R 3/8	19	1.3368	0.856	0.18	16.662	15.806	14.950
R 1/2	14	1.8143	1.162	0.25	20.955	19.793	18.631
R 3/4	14	1.8143	1.162	0.25	26.441	25.279	24.117
R 1	11	2.3091	1.479	0.32	33.249	31.770	30.291
R 1 1/4	11	2.3091	1.479	0.32	41.910	40.431	38.952
R 1 1/2	11	2.3091	1.479	0.32	47.803	46.324	44.845
R 2	11	2.3091	1.479	0.32	59.614	58.135	56.656
R 2 1/2	11	2.3091	1.479	0.32	75.184	73.705	72.226
R 3	11	2.3091	1.479	0.32	87.884	86.405	84.926
R 4	11	2.3091	1.479	0.32	113.030	111.551	110.072
R 5	11	2.3091	1.479	0.32	138.430	136.951	135.472
R 6	11	2.3091	1.479	0.32	163.880	162.351	160.872

주

([1]) 이 호칭은 테이퍼 수나사에 대한 것이며, 테이퍼 암나사 및 평행 암나사의 경우는 R의 기호를 Rc 또는 Rp로 한다.

비고

관용 나사를 나타내는 기호(R, Rc 및 Rp)는 필요에 따라 생략하여도 좋다.

66. 미터 사다리꼴 나사

미터 사다리꼴 나사 기준치수 산출공식

$H=1.866P$	$d_2=d-0.5P$	$D=d$
$H_1=0.5P$	$d_1=d-P$	$D_2=d_2$
		$D_1=d_1$

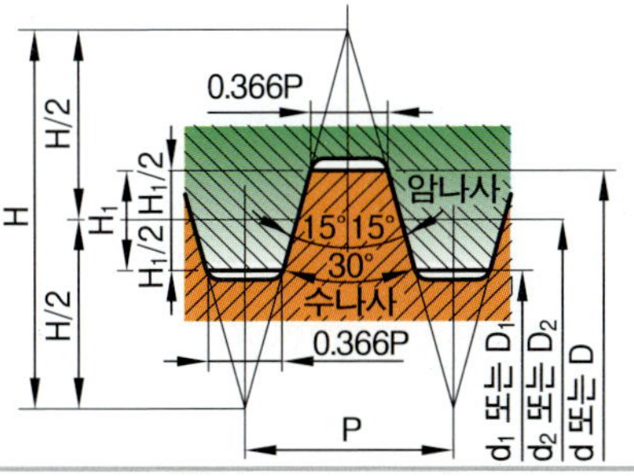

단위 : mm

미터 사다리꼴 나사의 기본 치수

나사의 호칭 d	피치 P	접촉 높이 H_1	암나사 골지름 D / 수나사 바깥지름 d	암나사 유효지름 D_2 / 수나사 유효지름 d_2	암나사 안지름 D_1 / 수나사 골지름 d_1
Tr 8×1.5	1.5	0.75	8.000	7.250	6.500
Tr 9×2	2	1	9.000	8.000	7.000
Tr 9×1.5	1.5	0.75	9.000	8.250	7.500
Tr 10×2	2	1	10.000	9.000	8.000
Tr 10×1.5	1.5	0.75	10.000	9.250	8.500
Tr 11×3	3	1.5	11.000	9.500	8.000
Tr 11×2	2	1	11.000	10.000	9.000
Tr 12×3	3	1.5	12.000	10.500	9.000
Tr 12×2	2	1	12.000	11.000	10.000
Tr 14×3	3	1.5	14.000	12.500	11.000
Tr 14×2	2	1	14.000	13.000	12.000
Tr 16×4	4	2	16.000	14.000	12.000
Tr 16×2	2	1	16.000	15.000	14.000
Tr 18×4	4	2	18.000	16.000	14.000
Tr 18×2	2	1	18.000	17.000	16.000
Tr 20×4	4	2	20.000	18.000	16.000
Tr 20×2	2	1	20.000	19.000	18.000
Tr 22×8	8	4	22.000	18.000	14.000
Tr 22×5	5	2.5	22.000	19.000	17.000
Tr 22×3	3	1.5	22.000	20.500	19.000
Tr 24×8	8	4	24.000	20.000	16.000
Tr 24×5	5	2.5	24.000	23.500	19.000
Tr 24×3	3	1.5	24.000	24.500	21.000
Tr 26×8	8	4	26.000	22.000	18.000
Tr 26×5	5	2.5	26.000	23.500	21.000
Tr 26×3	3	1.5	26.000	24.500	23.000
Tr 28×8	8	4	28.000	24.000	20.000
Tr 20×5	5	2.5	28.000	25.500	23.000
Tr 28×3	3	1.5	28.000	26.500	25.000
Tr 30×10	10	5	30.000	25.000	20.000
Tr 20×6	6	3	30.000	27.000	24.000
Tr 30×3	3	1.5	30.000	28.500	27.000
Tr 32×10	10	5	32.000	27.000	22.000
Tr 32×6	6	3	32.000	29.000	26.000
Tr 32×3	3	1.5	32.000	30.500	29.000
Tr 34×10	10	5	34.000	29.000	24.000
Tr 34×6	6	3	34.000	31.000	28.000
Tr 34×3	3	1.5	34.000	32.500	31.000
Tr 36×10	10	5	36.000	31.000	26.000
Tr 36×6	6	3	36.000	33.000	30.000
Tr 36×3	3	1.5	36.000	34.500	33.000
Tr 38×10	10	5	38.000	33.000	28.000
Tr 38×7	7	3.5	38.000	34.500	31.000
Tr 38×3	3	1.5	38.000	36.500	35.000
Tr 40×10	10	5	40.000	35.000	30.000
Tr 40×7	7	3.5	40.000	36.500	33.000
Tr 40×3	3	1.5	40.000	38.500	37.000
Tr 42×10	10	5	42.000	37.000	32.000
Tr 42×7	7	3.5	42.000	38.500	35.000
Tr 42×3	3	1.5	42.000	40.500	39.000
Tr 44×12	12	6	44.000	38.000	32.000
Tr 44×7	7	3.5	44.000	40.500	37.000
Tr 44×3	3	1.5	44.000	42.500	41.000
Tr 46×12	12	6	46.000	40.000	34.000
Tr 46×8	8	4	46.000	42.000	38.000
Tr 46×3	3	1.5	46.000	44.500	43.000
Tr 48×12	12	6	48.000	42.000	36.000
Tr 48×8	8	4	48.000	44.000	40.000
Tr 48×3	3	1.5	48.000	46.500	45.000
Tr 50×12	12	6	50.000	44.000	38.000
Tr 50×8	8	4	50.000	46.000	42.000
Tr 50×3	3	1.5	50.000	48.500	47.000
Tr 52×12	12	6	52.000	46.000	40.000
Tr 52×8	8	4	52.000	48.000	44.000
Tr 52×3	3	1.5	52.000	50.500	49.000
–	–	–	–	–	–

비고

1. 사다리꼴 나사는 주로 운동용(바이스, 잭크 등의 나사)으로 사용한다.

66. 미터 사다리꼴 나사

미터 사다리꼴 나사 기준치수 산출공식

$H=1.866P$　$d_2=d-0.5P$　$D=d$

$H_1=0.5P$　$d_1=d-P$　$D_2=d_2$

$D_1=d_1$

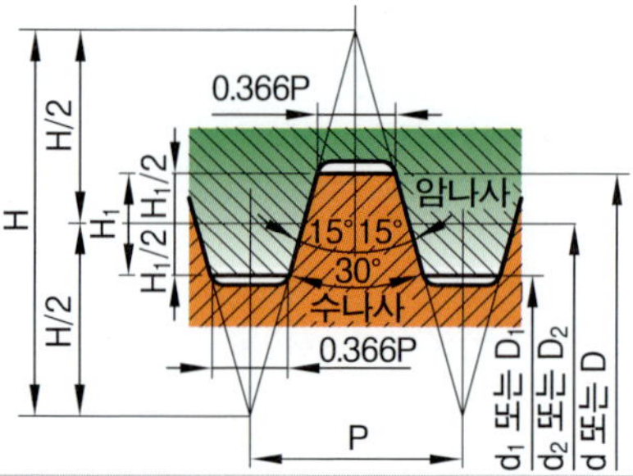

단위 : mm

미터 사다리꼴 나사의 기본 치수(계속)

나사의 호칭 d	피치 P	접촉 높이 H_1	암나사 골지름 D / 수나사 바깥지름 d	암나사 유효지름 D_2 / 수나사 유효지름 d_2	암나사 안지름 D_1 / 수나사 골지름 d_1
Tr 55×14	14	7	55.000	48.000	41.000
Tr 55×9	9	4.5	55.000	50.500	46.000
Tr 55×3	3	1.5	55.000	53.500	52.000
Tr 60×14	14	7	60.000	53.000	46.000
Tr 60×9	9	4.5	60.000	55.500	51.000
Tr 60×3	3	1.5	60.000	58.500	57.000
Tr 65×16	16	8	65.000	57.000	49.000
Tr 65×10	10	5	65.000	60.000	55.000
Tr 65×4	4	2	65.000	63.000	61.000
Tr 70×16	16	8	70.000	62.000	54.000
Tr 70×10	10	5	70.000	65.000	60.000
Tr 70×4	4	2	70.000	68.000	66.000
Tr 75×16	16	8	75.000	67.000	59.000
Tr 75×10	10	5	75.000	70.000	65.000
Tr 75×4	4	2	75.000	73.000	71.000
Tr 80×16	16	8	80.000	72.000	64.000
Tr 80×10	10	5	80.000	75.000	70.000
Tr 80×4	4	2	80.000	78.000	76.000
Tr 85×18	18	9	85.000	76.000	67.000
Tr 85×12	12	6	85.000	79.000	73.000
Tr 85×4	4	2	85.000	83.000	81.000
Tr 90×18	18	9	90.000	81.000	72.000
Tr 90×12	12	6	90.000	84.000	78.000
Tr 90×4	4	2	90.000	88.000	86.000
Tr 95×18	18	9	95.000	86.000	77.000
Tr 95×12	12	6	95.000	89.500	83.000
Tr 95×4	4	2	95.000	93.500	91.000
Tr 100×20	20	10	100.000	90.000	80.000
Tr 100×12	12	6	100.000	94.500	88.000
Tr 100×4	4	2	100.000	98.000	96.000
Tr 105×20	20	10	105.000	95.000	85.000
Tr 105×12	12	6	105.000	99.000	93.000
Tr 105×4	4	2	105.000	103.000	101.000
Tr 110×20	20	10	110.000	100.000	90.000
Tr 110×12	12	6	110.000	104.000	98.000
Tr 110×4	4	2	110.000	108.000	106.000
Tr 115×20	22	11	115.000	104.000	93.000
Tr 115×14	14	7	115.000	108.000	101.000
Tr 115×4	6	3	115.000	112.000	109.000
Tr 120×22	22	11	120.000	109.000	98.000
Tr 120×14	14	7	120.000	113.000	106.000
Tr 120×6	6	3	120.000	117.000	114.000
Tr 125×22	22	11	125.000	114.000	103.000
Tr 125×14	14	7	125.000	118.000	111.000
Tr 125×6	6	3	125.000	122.000	119.000
Tr 130×22	22	11	130.000	119.000	108.000
Tr 130×14	14	7	130.000	123.500	116.000
Tr 130×6	6	3	130.000	127.000	124.000
Tr 135×24	22	12	135.000	123.000	111.000
Tr 135×14	14	7	135.000	128.000	121.000
Tr 135×6	6	3	135.000	132.000	129.000
Tr 140×24	24	12	140.000	128.000	116.000
Tr 140×14	14	7	140.000	133.000	126.000
Tr 140×6	6	3	140.000	137.000	134.000
Tr 145×24	24	12	145.000	133.000	121.000
Tr 145×14	14	7	145.000	138.000	131.000
Tr 145×6	6	3	145.000	142.000	139.000
Tr 150×24	24	12	150.000	138.000	126.000
Tr 150×16	16	8	150.000	142.000	134.000
Tr 150×6	6	3	150.000	147.000	144.000
Tr 155×24	24	12	155.000	143.000	131.000
Tr 155×16	16	8	155.000	147.000	139.000
Tr 155×6	6	3	155.000	152.000	149.000
Tr 160×28	28	14	160.000	146.000	132.000
Tr 160×16	16	8	160.000	152.000	144.000
Tr 160×6	6	3	160.000	157.000	154.000

비고

1. 사다리꼴 나사는 주로 운동용(바이스, 잭크 등의 나사)으로 사용한다.

66. 미터 사다리꼴 나사

미터 사다리꼴 나사 기준치수 산출공식

$H=1.866P$ $d_2=d-0.5P$ $D=d$

$H_1=0.5P$ $d_1=d-P$ $D_2=d_2$

$D_1=d_1$

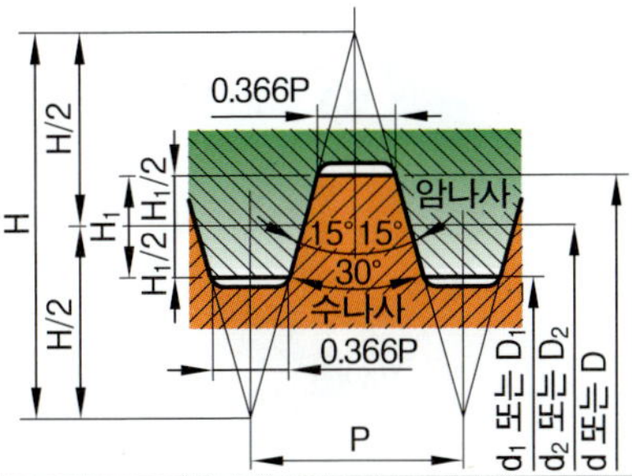

단위 : mm

미터 사다리꼴 나사의 기본 치수(계속)

나사의 호칭 d	피치 P	접촉 높이 H_1	암나사 골지름 D	암나사 유효지름 D_2	암나사 안지름 D_1
			수나사 바깥지름 d	수나사 유효지름 d_2	수나사 골지름 d_1
Tr 165×28	28	14	165.000	151.000	137.000
Tr 165×16	16	8	165.000	157.000	149.000
Tr 165×6	6	3	165.000	162.000	159.000
Tr 170×28	28	14	170.000	156.000	142.000
Tr 170×16	16	8	170.000	162.000	154.000
Tr 170×6	6	3	170.000	167.000	164.000
Tr 175×28	28	14	175.000	161.000	147.000
Tr 175×16	16	8	175.000	167.000	159.000
Tr 175×8	8	4	175.000	171.000	167.000
Tr 180×28	28	14	180.000	166.000	152.000
Tr 180×18	18	9	180.000	171.000	162.000
Tr 180×8	8	4	180.000	176.000	172.000
Tr 185×32	32	16	185.000	169.000	153.000
Tr 185×18	18	9	185.000	176.000	167.000
Tr 185×8	8	4	185.000	181.000	172.000
Tr 190×32	32	16	190.000	174.000	153.000
Tr 190×18	18	9	190.000	181.000	167.000
Tr 190×8	8	4	190.000	186.000	177.000
Tr 195×32	32	16	195.000	179.000	158.000
Tr 195×18	18	9	195.000	186.000	172.000
Tr 195×8	8	4	195.000	191.000	182.000
Tr 200×32	32	16	200.000	184.000	163.000
Tr 200×18	18	9	200.000	191.000	177.000
Tr 200×8	8	4	200.000	196.000	187.000
Tr 210×36	36	18	210.000	192.000	168.000
Tr 210×20	20	10	210.000	200.000	182.000
Tr 210×8	8	4	210.000	206.000	192.000
Tr 220×36	36	18	220.000	202.000	174.000
Tr 220×20	20	10	220.000	210.000	190.000
Tr 220×8	8	4	220.000	216.000	202.000
Tr 230×36	36	18	230.000	212.000	184.000
Tr 230×20	20	10	230.000	220.000	200.000
Tr 230×8	8	4	230.000	226.000	212.000
Tr 240×36	36	18	240.000	222.000	194.000
Tr 240×33	33	11	240.000	229.000	210.000
Tr 240×8	8	4	240.000	236.000	222.000
Tr 250×40	40	20	250.000	230.000	204.000
Tr 250×22	22	11	250.000	239.000	218.000
Tr 250×12	12	6	250.000	244.000	232.000
Tr 260×40	40	20	260.000	240.000	210.000
Tr 260×22	22	11	260.000	249.000	228.000
Tr 260×12	12	6	260.000	254.000	248.000
Tr 270×40	40	20	270.000	250.000	230.000
Tr 270×22	22	12	270.000	258.000	246.000
Tr 270×12	12	6	270.000	264.000	258.000
Tr 280×40	40	20	280.000	260.000	240.000
Tr 280×24	24	12	280.000	268.000	256.000
Tr 280×12	12	6	280.000	274.000	268.000
Tr 290×44	44	22	290.000	268.000	246.000
Tr 290×24	24	12	290.000	278.000	266.000
Tr 290×12	12	6	290.000	284.000	278.000
Tr 300×44	44	22	300.000	278.000	256.000
Tr 300×24	24	12	300.000	288.000	276.000
Tr 300×12	12	6	300.000	294.000	288.000

나사

비고

1. 사다리꼴 나사는 주로 운동용(바이스, 잭크 등의 나사)으로 사용한다.

67. 베어링 계열 기호(볼 베어링)

깊은 홈 볼 베어링

앵귤러 볼 베어링

자동 조심 볼 베어링

베어링의 형식		단면도	형식 기호	치수 계열기호	베어링 계열기호
깊은 홈 볼 베어링	단열 홈 없음 비분리형	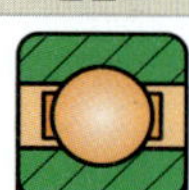	6	17 18 19 10 02 03 04	67 68 69 60 62 63 64
앵귤러 볼 베어링	단열 비분리형		7	19 10 02 03 04	79 70 72 73 74
자동 조심 볼 베어링	복렬 비분리형 외륜 궤도 구면		1	02 03 22 23	12 13 22 23

68. 베어링 계열 기호(롤러 베어링)

원통 롤러 베어링-단열

원통 롤러 베어링-L형 리브붙이

원통 롤러 베어링-복렬

베어링의 형식		단면도	형식 기호	치수 계열 기호	베어링 계열 기호
원통 롤러 베어링	단열 외륜 양쪽 턱붙이 내륜 턱 없음		NU	10 02 22 03 23 04	NU10 NU2 NU22 NU3 NU23 NU4
	단열 외륜 양쪽 턱붙이 내륜 한쪽 턱붙이		NJ	02 22 03 23 04	NJ2 NJ22 NJ3 NJ23 NJ4
	단열 외륜 양쪽 턱붙이 내륜 한쪽 턱붙이 내륜 이완 리브붙이	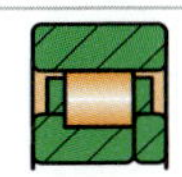	NUP	02 22 03 23 04	NUP2 NUP22 NUP3 NUP23 NUP4
	단열 외륜 양쪽 턱붙이 내륜 한쪽 턱붙이 L형 이완 리브붙이	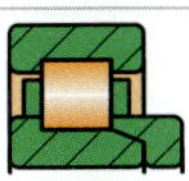	NH	02 22 03 23 04	NH2 NH22 NH3 NH23 NH4
	단열 외륜 턱 없음 내륜 양쪽 턱붙이	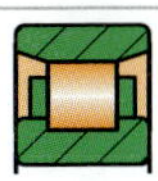	N	10 02 22 03 23 04	N10 N2 N22 N3 N23 N4
	단열 외륜 한쪽 턱붙이 내륜 양쪽 턱붙이	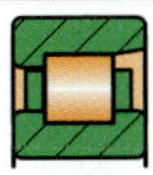	NF	10 02 22 03 23 04	NF10 NF2 NF22 NF3 NF23 NF4
	복렬 외륜 양쪽 턱붙이 내륜 턱 없음		NNU	49	NNU49
	복렬 외륜 턱 없음 내륜 양쪽 턱붙이	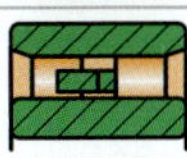	NN	30	NN30

69. 베어링 계열 기호(롤러/스러스트 베어링)

니들 롤러 베어링-NA형

니들 롤러 베어링-RNA형

테이퍼 롤러 베어링

자동 조심 롤러 베어링

베어링의 형식		단면도	형식 기호	치수 계열 기호	베어링 계열 기호
솔리드형 니들롤러 베어링	내륜 붙이 외륜 양쪽 턱붙이	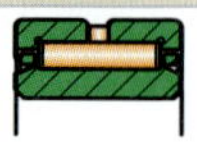	NA	48 49 59 69	**NA48 NA49 NA59 NA69**
	내륜 없음 외륜 양쪽 턱붙이	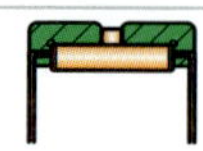	RNA	-	**RNA48(1) RNA49(1) RNA59(1) RNA69(1)**
테이퍼 롤러 베어링	단열 분리형		3	29 20 30 31 02 22 22C 32 03 03D 13 23 23C	**329 320 330 331 302 322 322C 332 303 303D 313 323 323C**
자동 조심 롤러 베어링	복렬 비분리형 외륜 궤도 구면	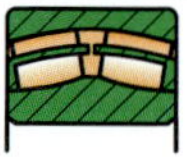	2	39 30 40 41 31 22 32 03 23	**239 230 240 241 231 222 232 213(2) 223**

주

(1) 베어링 계열 NA48, NA49, NA59 및 NA69의 베어링에서 내륜을 뺀 서브유닛의 계열 기호이다.

(2) 치수 계열에서는 203이 되나, 관례적으로 213으로 되어 있다.

69. 베어링 계열 기호(롤러/스러스트 베어링)

스러스트 볼 베어링-단식 구조

스러스트 볼 베어링-복식 구조

스러스트 자동 조심 롤러 베어링 구조

베어링의 형식		단면도	형식 기호	치수 계열기호	베어링 계열기호
단식 스러스트 볼 베어링	평면 자리형 분리형		5	11 12 13 14	511 512 513 514
복식 스러스트 볼 베어링	평면 자리형 분리형	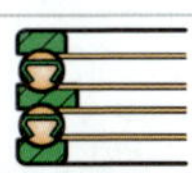	5	22 23 24	522 523 524
스러스트 자동 조심 롤러 베어링	평면 자리형 단식분리형 하우징 궤도 반궤도 구면		2	92 93 94	292 293 294

70. 베어링 안지름 번호

단위 : mm

호칭 베어링 안지름(mm)	안지름번호	호칭 베어링 안지름(mm)	안지름번호	호칭 베어링 안지름(mm)	안지름번호
0.6	/0.6([1])	75	15	480	96
1	1	80	16	500	/500
1.5	/1.5([1])	85	17	530	/530
2	2	90	18	560	/560
2.5	/2.5([1])	95	19	600	/600
3	3	100	20	630	/630
4	4	105	21	670	/670
5	5	110	22	710	/710
6	6	120	24	750	/750
7	7	130	26	800	/800
8	8	140	28	850	/850
9	9	150	30	900	/900
10	00	160	32	950	/950
12	01	070	34	1000	/1000
15	02	180	36	1060	/1060
17	03	190	38	1120	/1120
20	04	200	40	1180	/1180
22	/22	220	44	1250	/1250
25	05	240	48	1320	/1320
28	/28	260	52	1400	/1400
30	06	280	56	1500	/1500
32	/32	300	60	1600	/1600
35	07	320	64	1700	/1700
40	08	340	68	1800	/1800
45	09	360	72	1900	/1900
50	10	380	76	2000	/2000
55	11	400	80	2120	/2120
60	12	420	84	2240	/2240
65	13	440	88	2360	/2360
70	14	460	92	2500	/2500

주

([1]) 다른 기호를 사용할 수 있다.

71. 베어링 보조기호

단위 : mm

시방	내용 또는 구분	보조기호
내부 치수	주요 치수 및 서브유닛의 치수가 ISO 355와 일치하는 것	J3([1])
실 · 실드	양쪽 실붙이	UU(([1])
	한쪽 실붙이	U([1])
	양쪽 실드붙이	ZZ(([1])
	한쪽 실드붙이	Z([1])
궤도륜 모양	내륜 원통 구멍	없음
	플랜지붙이	F
	내륜 테이퍼 구멍(기준 테이퍼비 $\frac{1}{12}$)	K
	내륜 테이퍼 구멍(기준 테이퍼비 $\frac{1}{30}$)	K30
	링 홈붙이	N
	멈춤 링붙이	NR
베어링의 조합	뒷면 조합	DB
	정면 조합	DF
	병렬 조합	DT
레이디얼 내부 틈새([2])	C2 틈새	C2
	CN 틈새	CN
	C3 틈새	C3
	C4 틈새	C4
	C5 틈새	C5
정밀도 등급([3])	0급	없음
	6X급	P6X
	6급	P6
	5급	P5
	4급	P4
	2급	P2

주

([1]) 다른 기호를 사용할 수 있다.
([2]) KS B 2102 참조
([3]) KS B 2014 참조

72. 레이디얼 베어링 공차(축)

단위 : mm

레이디얼 베어링(0급, 6X급, 6급)에 대하여 일반적으로 사용하는 축의 공차 범위 등급

조건		축 지름(mm)						축 공차	적용 보기
		볼 베어링		원통롤러베어링 원뿔롤러베어링		자동 조심 롤러베어링			
		초과	이하	초과	이하	초과	이하		
내륜회전하중	경하중([1]) 또는 변동 하중(0,1,2)	-	18	-	-	-	-	h5	정밀도를 필요로 하는 경우 js6, k6, m6 대신에 js5, k5, m5를 사용한다.
		18	100	-	40	-	-	js6(j6)	
		100	200	40	140	-	-	k6	
		-	-	140	200	-	-	m6	
	보통 하중([1])(3)	-	18	-	-	-	-	js5(j5)	단열 앵귤러 볼 베어링 및 원뿔롤러 베어링인 경우 끼워맞춤으로 인한 내부틈새의 변화를 생각할 필요가 없으므로 k5, m5 대신에 k6, m6을 사용할 수 있다.
		18	100	-	40	-	40	k5	
		100	140	40	100	40	65	m5	
		140	200	100	140	65	100	m6	
		200	280	140	200	100	140	n6	
		-	-	200	400	140	280	p6	
		-	-	-	-	280	500	r6	
	중하중([1]) 또는 충격 하중(4)	-	-	50	140	50	100	n6	보통 틈새의 베어링보다 큰 내부 틈새의 베어링이 필요하다.
		-	-	140	200	100	140	p6	
		-	-	200	-	140	200	r6	
외륜회전하중 (내륜정지하중)	내륜이 축 위를 쉽게 움직일 필요가 있다.	전체 축 지름						g6	정밀도를 필요로 하는 경우 g5를 사용한다. 큰 베어링에서는 쉽게 움직일 수 있도록 f6을 사용해도 된다.
	내륜이 축 위를 쉽게 움직일 필요가 없다.	전체 축 지름						h6	정밀도를 필요로 하는 경우 h5를 사용한다.
중심 축 하중		전체 축 지름						js6(j6)	-

주

([1]) 경하중, 보통하중 및 중하중은 레이디얼 하중을 사용하는 베어링의 기본 레이디얼 정격하중의 각각 6% 이하, 6%를 초과, 12% 이하 및 12%를 초과하는 하중을 말한다.

73. 레이디얼 베어링 공차(하우징 구멍)

단위 : mm

레이디얼 베어링(0급, 6X급, 6급)에 대하여 일반적으로 사용하는 하우징 구멍의 공차 범위 등급

조건				하우징 구멍 공차	적용보기
하우징	하중의 종류 등		외륜의 축 방향의 이동([3])		
일체 또는 분할 하우징	내륜 회전 하중	모든 종류의 하중	쉽게 이동할 수 있다.	H7	대형 베어링 또는 외륜과 하우징의 온도차가 큰 경우 G7을 사용해도 된다.
		경하중([1]) 또는 보통하중([1])(0,1,2,3)	쉽게 이동할 수 있다.	H8	-
		축과 내륜이 고온으로 된다.	쉽게 이동할 수 있다.	G7	대형 베어링 또는 외륜과 하우징의 온도차가 큰 경우 F7을 사용해도 된다.
일체 하우징		경하중 또는 보통하중에서 정밀 회전을 요한다.	원칙적으로 이동할 수 없다.	K6	주로 롤러 베어링에 적용한다.
			이동할 수 있다.	JS6	주로 볼 베어링에 적용한다.
		조용한 운전을 요한다.	쉽게 이동할 수 있다.	H6	-
	외륜 회전 하중	경하중 또는 변동하중 (0,1,2)	이동할 수 없다.	M7	-
		보통하중 또는 중하중(3,4)	이동할 수 없다.	N7	주로 볼 베어링에 적용한다.
		얇은 하우징에서 중하중 또는 큰 충격하중	이동할 수 없다.	P7	주로 롤러 베어링에 적용한다.
	방향 부정 하중	경하중 또는 보통하중	통상, 이동할 수 있다.	JS7	정밀을 요하는 경우 JS7, K7 대신에 JS6, K6을 사용한다.
		보통하중 또는 중하중(1)	원칙적으로 이동할 수 없다.	K7	
		큰 충격하중	이동할 수 없다.	M7	-

주

([3]) 분리되지 않는 베어링에 대하여 외륜이 축 방향으로 이동할 수 있는지 없는지의 구별을 나타낸다.

비고

1. 이 표는 주철제 하우징 또는 강제 하우징에 적용한다.
2. 베어링에 중심 축 하중만 걸리는 경우 외륜에 레이디얼 방향의 틈새를 주는 공차범위 등급을 선정한다.

단위 : mm

레이디얼 베어링 공차 적용

축					하우징			커버
구분	조건	축 지름		공차	구분	조건 (베어링 번호 두 번째 번호)	공차	공차
내륜회전 하중	경하중 (0, 1, 2)	볼베어링	롤러베어링	h5	내륜회전 하중	모든 종류의 베어링	H7	g6
		∅18 이하	-					
		∅18～∅100	∅40 이하	js6 (j6)				
	보통 하중 (3)	∅18 이하	-	js5 (j5)		경하중 또는 보통하중 (0, 1, 2)	H8	g6
		∅18～∅100	∅40 이하	k5				
외륜회전 하중	내륜 이동 필요시			g6	외륜회전 하중	경하중(0, 1, 2)	M7	h6
	내륜 이동 불필요시			h6		보통 또는 중하중(3)	N7	

6205(깊은 홈 볼베어링) 적용 예

축 지름 (d)	바깥 지름 (D)	내륜회전일 경우			외륜회전일 경우 (내륜이동 불필요)		
		축	하우징	커버	축	하우징	커버
∅25	∅52	∅25js6	∅52H8	∅52g6	∅25h6	∅52M7	∅52h6

74. 스러스트 베어링 공차(축/하우징 구멍)

단위 : mm

스러스트 베어링(0급, 6급)에 대하여 일반적으로 사용하는 축의 공차 범위 등급

조건		축 지름(mm) 초과	축 지름(mm) 이하	축 공차	적용 범위
중심 축 하중 (스러스트 베어링 전반)		전체 축 지름		js6	h6도 사용할 수 있다.
합성 하중 (스러스트 자동 조심롤러베어링)	내륜정지 하중	전체 축 지름		js6	-
	내륜회전 하중 또는 방향 부정하중	-	200	k6	k6, m6, n6 대신에 각각 js6, k6, m6도 사용할 수 있다.
		200	400	m6	
		400	-	n6	

스러스트 베어링(0급, 6급)에 대하여 일반적으로 사용하는 하우징 구멍의 공차 범위 등급

조건		하우징 구멍 공차	적용 범위
중심 축 하중 (스러스트 베어링 전반)		-	외륜에 레이디얼 방향의 틈새를 주도록 적절한 공차범위 등급을 선정한다.
		H8	스러스트 볼 베어링에서 정밀을 요하는 경우
합성 하중 (스러스트 자동 조심롤러베어링)	외륜정지 하중	H7	-
	외륜회전 하중 또는 방향 부정하중	K7	보통 사용 조건인 경우
		M7	비교적 레이디얼 하중이 큰 경우

비고

1. 이 표는 주철제 하우징 또는 강제 하우징에 적용한다.

단위 : mm

스러스트 볼베어링 공차 적용

축 조건	축 축경	축 공차	하우징 조건	하우징 공차	비고
중심축 하중(스러스트 베어링 전반)		js6	중심축 하중 (스러스트 베어링 전반)	H8	
내륜정지하중	전체 축지름	js6			
내륜회전하중	200 이하	k6			

51105(평면자리형 스러스트 볼베어링) 적용 예

축 지름(d)	바깥 지름(D)	축과 하우징: 축	축과 하우징: 하우징
⌀25	⌀42	⌀25js6	⌀42H8

단위 : mm

니들 롤러 베어링 축/하우징 공차

구분	조건	공차
하우징(D)	RAN계열(내륜 없음)	G6
	NA계열(내륜 있음)	K5
축(d)	⌀50 이하	js5
	⌀50 초과	h5
	고온에서 사용할 경우	f6

75. 레이디얼 베어링 끼워맞춤부 축과 하우징 R 및 어깨높이

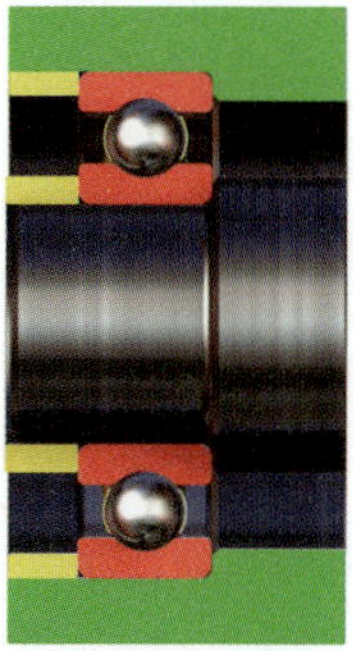

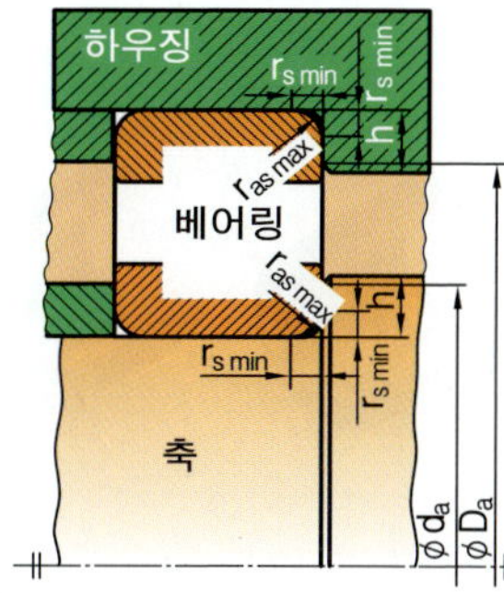

단위 : mm

호칭 치수	축과 하우징		
r_{smin} (베어링 모떼기 치수)	r_{asmax} (적용할 구멍/축 최대 모떼기치수)	어깨 높이 h(최소)	
		일반의 경우([1])	특별한 경우([2])
0.1	0.1	0.4	
0.15	0.15	0.6	
0.2	0.2	0.8	
0.3	0.3	1.25	1
0.6	0.6	2.25	2
1	1	2.75	2.5
1.1	1	3.5	3.25
1.5	1.5	4.25	4
2	2	5	4.5
2.1	2	6	5.5
2.5	2	6	5.5
3	2.5	7	6.5
4	3	9	8
5	4	11	10
6	5	14	12
4.5	6	18	16
9.5	8	22	20

깊은 홈 볼 베어링 6203 적용 예

d(축)	D(구멍)	r_{smin}(베어링 모떼기 치수)	r_{asmax}(적용할 구멍/축 최대 모떼기 치수)
17	40	0.6	0.6

주

([1]) 큰 축 하중이 걸릴 때에는 이 값보다 큰 어깨높이가 필요하다.

([2]) 축 하중이 작을 경우에 사용한다.(테이퍼 롤러 베어링, 앵귤러 볼베어링, 자동 조심 롤러베어링에는 적당하지 않다.)

76. 미끄럼 베어링용 부시(C형)

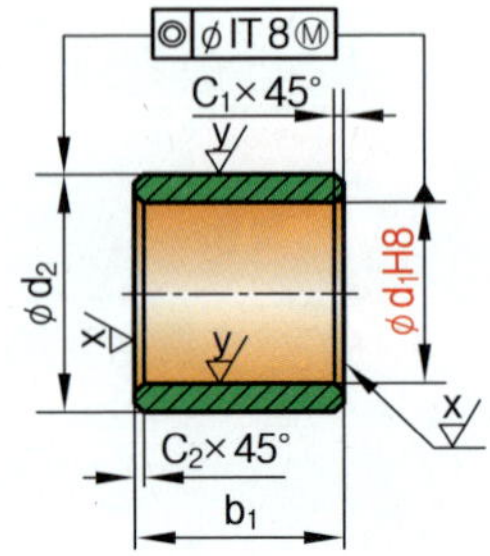

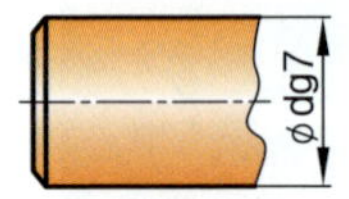

끼워맞춤 축

단위 : mm

C형 미끄럼 베어링용 부시 치수

d_1	d_2			b_1			모떼기	
							45° C_1, C_2 최대	15° C_2 최대
6	8	10	12	6	10	-	0.3	1
8	10	12	14	6	10	-	0.3	1
10	12	14	16	6	10	-	0.3	1
12	14	16	18	10	10	20	0.5	2
14	16	18	20	10	15	20	0.5	2
15	17	19	21	10	15	20	0.5	2
16	18	20	22	12	15	20	0.5	2
18	20	22	24	12	15	30	0.5	2
20	23	24	26	15	20	30	0.5	2
22	25	26	28	15	20	30	0.5	2
(24)	27	28	30	15	20	30	0.5	2
25	28	30	32	20	20	40	0.5	2
(27)	30	32	34	20	30	40	0.5	2
28	32	34	36	20	30	40	0.5	2
30	34	36	38	20	30	40	0.5	2
32	36	38	40	20	30	40	0.8	3
(33)	37	40	42	20	30	40	0.8	3
35	39	41	45	30	40	50	0.8	3

적용공차				
d_1	d_2	b_1	하우징구멍	축지름(d)
H8	r6	h13	H7	g7

재질

KS D 6024 동 합금주물(CAC304, CAC401, CAC402, CAC403, CAC403)

76. 미끄럼 베어링용 부시(F형)

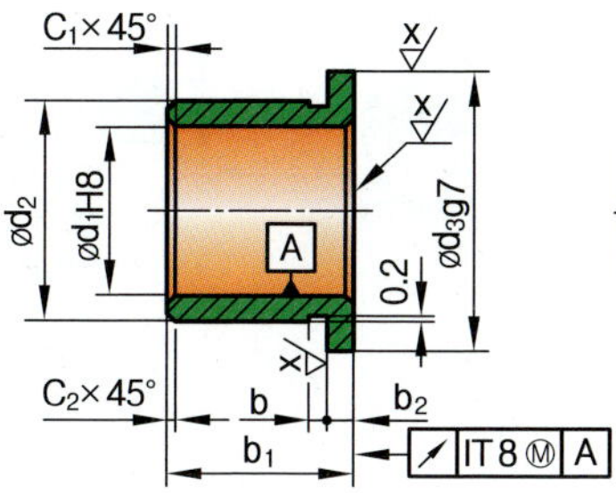

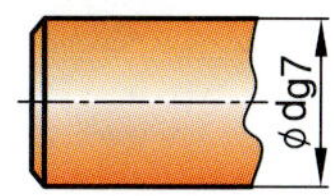

끼워맞춤 축

단위 : mm

d_1	d_2	d_3	b_2	d_2	d_3	b_2	b_1			모떼기		b
	시리즈 1			시리즈 2						45° C_1, C_2 최대	15° C_2 최대	
6	8	10	1	12	14	3	−	10	−	0.3	1	1
8	10	12	1	14	18	3	−	10	−	0.3	1	1
10	12	14	1	16	20	3	−	10	−	0.3	1	1
12	14	16	1	18	22	3	10	15	20	0.5	2	1
14	16	18	1	20	25	3	10	15	20	0.5	2	1
15	17	19	1	21	27	3	10	15	20	0.5	2	1
16	18	20	1	22	28	3	12	15	20	0.5	2	1.5
18	20	22	1	24	30	3	12	20	30	0.5	2	1.5
20	23	26	1.5	26	32	3	15	20	30	0.5	2	1.5
22	25	28	1.5	28	34	3	15	20	30	0.5	2	1.5
(24)	27	30	1.5	30	36	3	15	20	30	0.5	2	1.5
25	28	31	1.5	32	38	4	20	30	40	0.5	2	1.5
(27)	30	33	1.5	34	40	4	20	30	40	0.5	2	1.5
28	32	36	2	36	42	4	20	30	40	0.5	2	1.5
30	34	38	2	38	44	4	20	30	40	0.5	2	2
32	36	40	2	40	46	4	20	30	40	0.8	3	2
(33)	37	41	2	42	48	5	20	30	40	0.8	3	2
35	39	43	2	45	50	5	30	40	50	0.8	3	2

적용공차				
d_1	d_2	b_1	하우징 구멍	축지름(d)
H8	r6	h13	H7	g7

재질

KS D 6024 동 합금주물(CAC304, CAC401, CAC402, CAC403, CAC403)

76. 미끄럼 베어링-윤활구멍, 홈

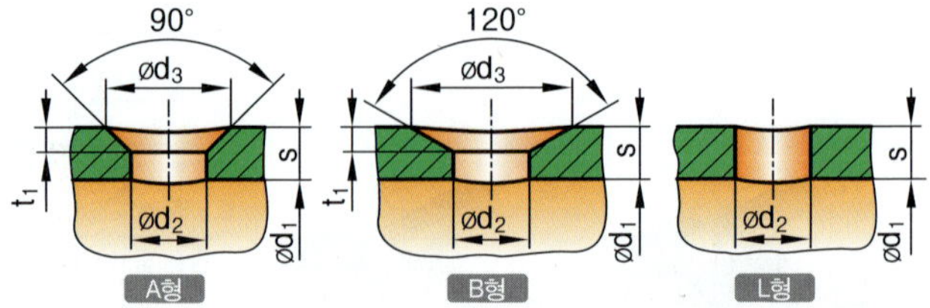

단위 : mm

윤활 구멍의 치수

$d_2 \approx$	-	2.5	3	4	5	6	8	10	12
$t_1 \approx$	-	1	1.5	2	2.5	3	4	5	6
$d_3 \approx$	A형	4.5	6	8	10	12	16	20	24
	B형	6	8.2	10.8	13.6	16.2	21.8	27.2	32.6
s	초과	-	2	2.5	3	4	5	7.5	10
	이하	2	2.5	3	4	5	7.5	10	-
d_1	공칭	$d_1 \leq 30$		$30 < d_1 \leq 100$			$d_1 > 100$		

비고

≈ : 근사값(근사치), 공칭 : 설계상 공통적인 치수

제품의 호칭방법

구멍 지름 d_2=3mm인 A형 윤활 구멍의 호칭방법, •보기 : 윤활구멍 KS B ISO 12128－A3

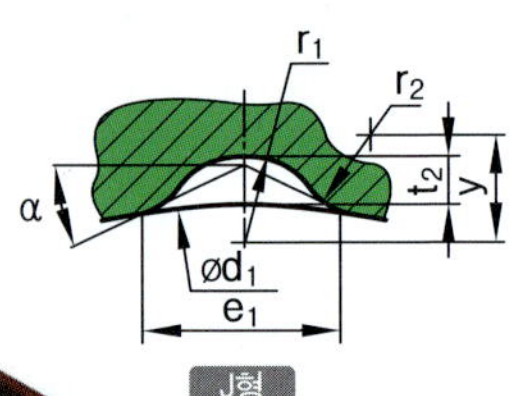

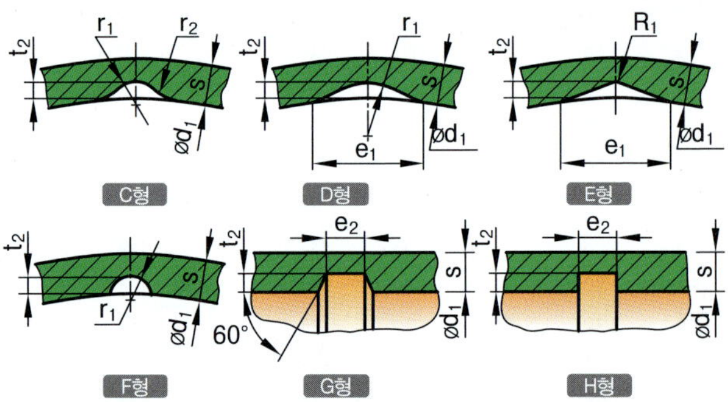

윤활 홈의 치수

d_1		t_2 $\left(^{+0.2}_{0}\right)$	$e_1 \approx$		$e_2 \approx$		$r_1 \approx$				$r_2 \approx$		$y \approx$	$a° \approx$	s	
C~H형	J형	C~J형	D, E형	J형	G형	H형	C형	D형	F형	J형	C형	J형	J형	J형	초과	이하
$d_1 \leq 30$	16	0.4	3	3	1.2	3	1.5	1.5	1	1	1.5	1	1.5	28	-	1
	20	0.6	4	4	1.6	3	1.5	1.5	1	1.5	2	1.2	2.1	25	1	1.5
	30	0.8	5	5	1.8	3	1.5	2.5	1	1.5	3	1.5	2.2	25	1.5	2
	40	1	8	6	2	4	2	4	1.5	2	4.5	2	2.8	22	2	2.5
$d_1 \leq 100$	40	1.2	10.5	6	2.5	5	2.5	6	2	2	6	2	2.6	22	2.5	3
	50	1.6	14	7	3.5	6	3	8	3	2.5	9	2.5	3	20	3	4
	60	2	19	8	4.5	8	4	12	4	2.5	12	2.5	2.6	20	4	5

76. 미끄럼 베어링-윤활구멍, 홈

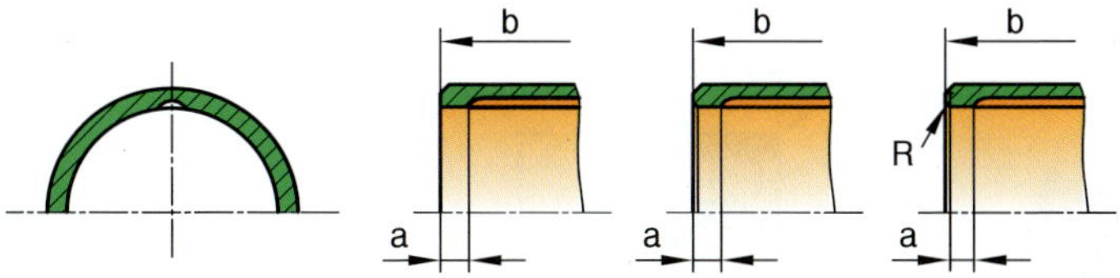

R : 둥근모양

단위 : mm

닫힌 끝부분을 갖는 윤활 홈 거리 a에 대한 치수

b 공칭	15 ≤b≤ 30	30 ≤b≤ 60	60 ≤b≤ 100	b > 100
a	3	4	6	10

제품의 호칭방법

t_2=8mm의 홈 깊이를 가진 D형의 윤활 홈 호칭방법, •보기 : 윤활 홈 KS B ISO 12128−D0.8

베어링 부시의 유형

부시 유형	윤활 구멍 및 홈			부시 유형	윤활 구멍 및 홈		
	유형	유형과 적용			유형	유형과 적용	
A	A B L J	중심에 있거나 중심에 서 벗어난 윤활 구멍	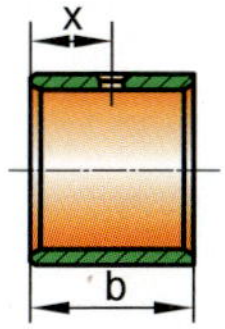	J	C D E F J	양 끝이 열린 길이 방향 홈	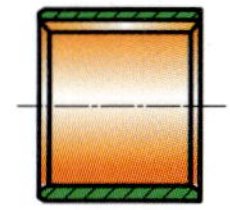
C	C D E J	양쪽 끝이 닫힌 길이 방향 홈	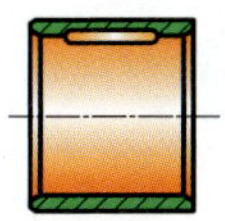	K	C F J	오른 나사식 나선형 홈	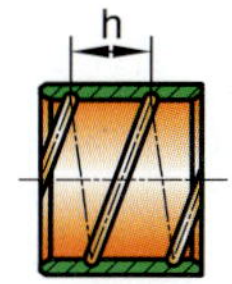
E	G H J	중심에 있거나 중심에서 벗어난 원둘레 방향 홈	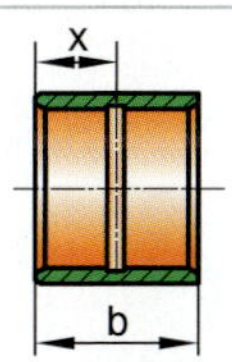	L	C F J	왼 나사식 나선형 홈	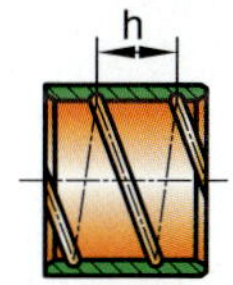
G	C D E J	삽입면 반대쪽 끝이 열린 길이 방향 홈	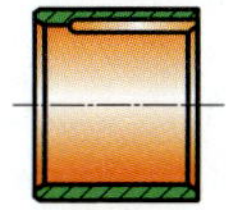	M	C J	8각형 홈	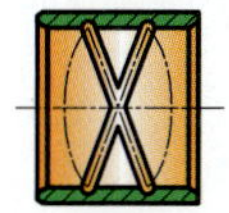
H	C D E J	삽입면쪽 끝이 열린 길이 방향 홈	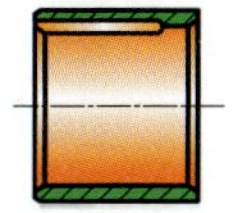	N	C J	타원형 홈	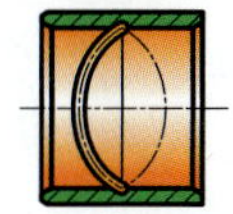

77. 깊은 홈 볼베어링 (60, 62 계열)

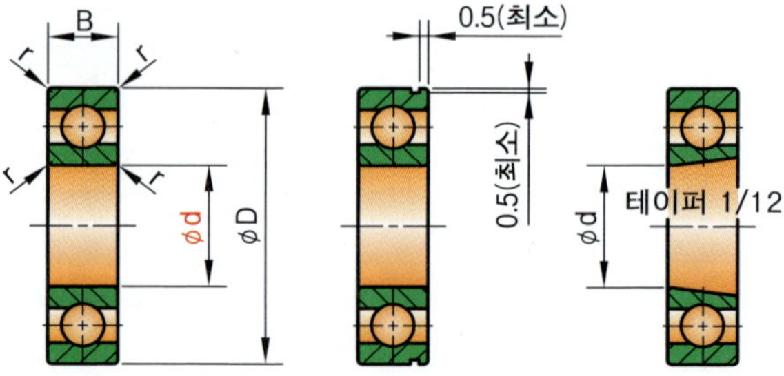

단위 : mm

호칭 번호	베어링 계열 60 치수			
	d (안지름)	*D* (바깥지름)	*B* (폭)	r_{smin}
601.5	1.5	6	2.5	0.15
602	2	7	2.8	0.15
60/2.5	2.5	8	2.8	0.15
603	3	9	3	0.15
604	4	12	4	0.2
605	5	14	5	0.2
606	6	17	6	0.3
607	7	19	6	0.3
608	8	22	7	0.3
609	9	24	7	0.3
6000	10	26	8	0.3
6001	12	28	8	0.3
6002	15	32	9	0.3
6003	17	35	10	0.3
6004	20	42	12	0.6
60/22	22	44	12	0.6
6005	25	47	12	0.6
60/28	28	52	12	0.6
6006	30	55	13	1
60/32	32	58	13	1
6007	35	62	14	1
6008	40	68	15	1
6009	45	75	16	1
6010	50	80	16	1
6011	55	90	18	1.1
6012	60	95	18	1.1
6013	65	100	18	1.1
6014	70	110	20	1.1
6015	75	115	20	1.1
6016	80	125	22	1.1
6017	85	130	22	1.1
6018	90	140	24	1.5
6019	95	145	24	1.5
6020	100	150	24	1.5
6021	105	160	26	2
6022	110	170	28	2
시방	보조기호			
실 · 실드	양쪽 실붙이 : UU 한쪽 실붙이 : U 양쪽 실드 붙이 : ZZ 한쪽 실드 붙이 : Z			

※ 베어링 치수계열 = 10, 지름계열 = 0

호칭 번호	베어링 계열 62 치수			
	d (안지름)	*D* (바깥지름)	*B* (폭)	r_{smin}
623	3	10	4	0.15
624	4	13	5	0.2
625	5	16	5	0.3
626	6	19	6	0.3
627	7	22	7	0.3
628	8	24	8	0.3
629	9	26	8	0.3
6200	10	30	9	0.6
6201	12	32	10	0.6
6202	15	35	11	0.6
6203	17	40	12	0.6
6204	20	47	14	1
62/22	22	50	14	1
6205	25	52	15	1
62/28	28	58	16	1
6206	30	62	16	1
62/32	32	65	17	1
6207	35	72	17	1.1
6208	40	80	18	1.1
6209	45	85	19	1.1
6210	50	90	20	1.1
6211	55	100	21	1.5
6212	60	110	22	1.5
6213	65	120	23	1.5
6214	70	125	24	1.5
6215	75	130	25	1.5
6216	80	140	26	2
6217	85	150	28	2
6218	90	160	30	2
6219	95	170	32	2.1
6220	100	180	34	2.1
6221	105	190	36	2.1
6222	110	200	38	2.1
6224	120	215	40	2.1
6226	130	230	40	3
6228	140	250	42	3
시방	보조기호			
실 · 실드	양쪽 실붙이 : UU 한쪽 실붙이 : U 양쪽 실드 붙이 : ZZ 한쪽 실드 붙이 : Z			

※ 베어링 치수계열 = 02, 지름계열 = 2

78. 깊은 홈 볼베어링 (63, 64 계열)

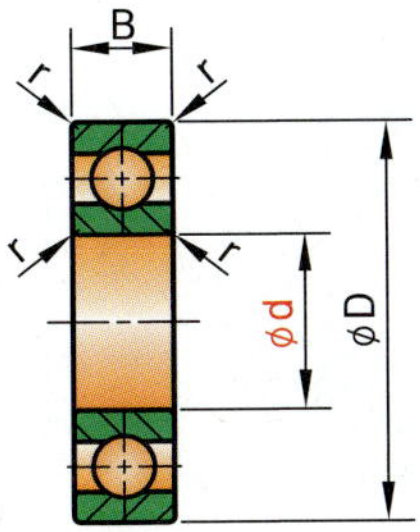

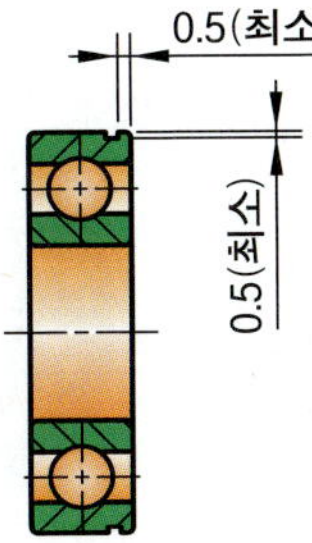

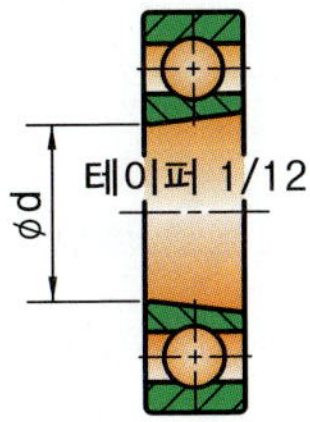

단위 : mm

호칭 번호	베어링 계열 63 치수			
	d (안지름)	D (바깥지름)	B (폭)	r_{smin}
633	3	13	5	0.2
634	4	16	5	0.3
635	5	19	6	0.3
636	6	22	7	0.3
637	7	26	9	0.3
638	8	28	9	0.3
639	9	30	10	0.6
6300	10	35	11	0.6
6301	12	37	12	1
6302	15	42	13	1
6303	17	47	14	1
6304	20	52	15	1.1
63/22	22	56	16	1.1
6305	25	62	17	1.1
63/28	28	68	18	1.1
6306	30	72	19	1.1
63/32	32	75	20	1.1
6307	35	80	21	1.5
6308	40	90	23	1.5
6309	45	100	25	1.5
6310	50	110	27	2
6311	55	120	29	2
6312	60	130	31	2.1
6313	65	140	33	2.1
6314	70	150	35	2.1
6315	75	160	37	2.1
6316	80	170	39	2.1
6317	85	180	41	3
6318	90	190	43	3
6319	95	200	45	3
6320	100	215	47	3
6321	105	225	49	3
6322	110	240	50	3
6324	120	260	55	3
6326	130	280	58	4
6328	140	300	62	4

시방	보조기호
실 · 실드	양쪽 실붙이 : UU 한쪽 실붙이 : U 양쪽 실드 붙이 : ZZ 한쪽 실드 붙이 : Z

※ 베어링 치수계열 = 03, 지름계열 = 3

호칭 번호	베어링 계열 64 치수			
	d (안지름)	D (바깥지름)	B (폭)	r_{smin}
648	8	30	10	0.6
649	9	32	11	0.6
6400	10	37	12	0.6
6401	12	42	13	1
6402	15	52	15	1.1
6403	17	62	17	1.1
6404	20	72	19	1.1
6405	25	80	21	1.5
6406	30	90	23	1.5
6407	35	100	25	1.5
6408	40	110	27	2
6409	45	120	29	2
6410	50	130	31	2.1
6411	55	140	33	2.1
6412	60	150	35	2.1
6413	65	160	37	2.1
6414	70	180	42	3
6415	75	190	45	3
6416	80	200	48	3
6417	85	210	52	4
6418	90	225	54	4
6419	95	240	55	4
6420	100	250	58	4
6421	105	260	60	4
6422	110	280	65	4
6424	120	310	72	5
6426	130	340	78	5
-	-	-	-	-
-	-	-	-	-
-	-	-	-	-
-	-	-	-	-
-	-	-	-	-
-	-	-	-	-
-	-	-	-	-
-	-	-	-	-

시방	보조기호
실 · 실드	양쪽 실붙이 : UU 한쪽 실붙이 : U 양쪽 실드 붙이 : ZZ 한쪽 실드 붙이 : Z

※ 베어링 치수계열 = 04, 지름계열 = 4

79. 깊은 홈 볼베어링 (67, 68 계열)

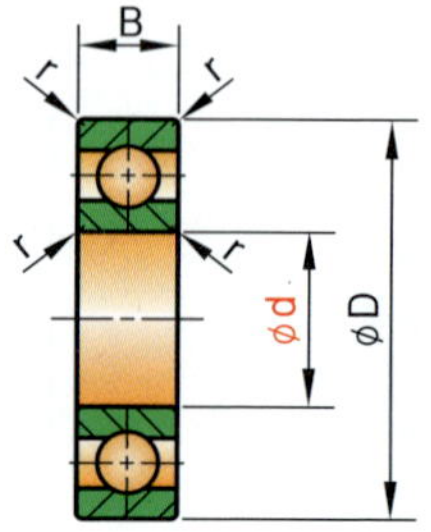

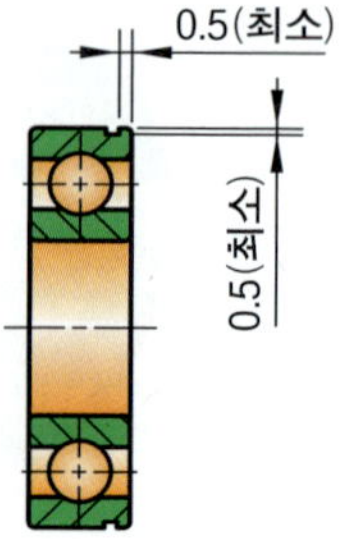

단위 : mm

호칭 번호	베어링 계열 67 치수			
	d (안지름)	D (바깥지름)	B (폭)	r_{smin}
67/0.6	0.6	2	0.8	0.05
671	1	2.5	1	0.05
67/1.5	1.5	3	1	0.05
672	2	4	1.2	0.05
67/2.5	2.5	5	1.5	0.08
673	3	6	2	0.08
674	4	7	2	0.08
675	5	8	2	0.08
676	6	10	2.5	0.1
677	7	11	2.5	0.1
678	8	12	2.5	0.1
679	9	14	3	0.1
6700	10	15	3	0.1
6701	12	18	4	0.2
6702	15	21	4	0.2
6703	17	23	4	0.2
6704	20	27	4	0.2
67/22	22	30	4	0.2
6705	25	32	4	0.2
67/28	28	35	4	0.2
6706	30	37	4	0.2
67/32	32	40	4	0.2
6707	35	44	5	0.3
6708	40	50	6	0.3
6709	45	55	6	0.3
6710	50	62	6	0.3
6711	55	68	7	0.3
6712	60	75	7	0.3
6713	65	80	7	0.3
6714	70	85	7	0.3
6715	75	90	7	0.3
6716	80	95	7	0.3
6717	85	105	10	0.6
6718	90	110	10	0.6
6719	95	115	10	0.6
6720	100	120	10	0.6

시방	보조기호
실 · 실드	양쪽 실붙이 : UU 한쪽 실붙이 : U 양쪽 실드 붙이 : ZZ 한쪽 실드 붙이 : Z

※ 베어링 치수계열 = 17, 지름계열 = 7

호칭 번호	베어링 계열 68 치수			
	d (안지름)	D (바깥지름)	B (폭)	r_{smin}
68/0.6	0.6	2.5	1	0.05
681	1	3	1	0.05
68/1.5	1.5	4	1.2	0.05
682	2	5	1.5	0.08
68/2.5	2.5	6	1.8	0.08
683	3	7	2	0.1
684	4	9	2.5	0.1
685	5	11	3	0.15
686	6	13	3.5	0.15
687	7	14	3.5	0.15
688	8	16	4	0.2
689	9	17	4	0.2
6800	10	19	5	0.3
6801	12	21	5	0.3
6802	15	24	5	0.3
6803	17	26	5	0.3
6804	20	32	7	0.3
68/22	22	34	7	0.3
6805	25	37	7	0.3
68/28	28	40	7	0.3
6806	30	42	7	0.3
68/32	32	44	7	0.3
6807	35	47	7	0.3
6808	40	52	7	0.3
6809	45	58	7	0.3
6810	50	65	7	0.3
6811	55	72	9	0.3
6812	60	78	10	0.3
6813	65	85	10	0.6
6814	70	90	10	0.6
6815	75	95	10	0.6
6816	80	100	10	0.6
6817	85	110	13	1
6818	90	115	13	1
6819	95	120	13	1
6820	100	125	13	1

시방	보조기호
실 · 실드	양쪽 실붙이 : UU 한쪽 실붙이 : U 양쪽 실드 붙이 : ZZ 한쪽 실드 붙이 : Z

※ 베어링 치수계열 = 18, 지름계열 = 8

80. 깊은 홈 볼베어링 (69 계열)

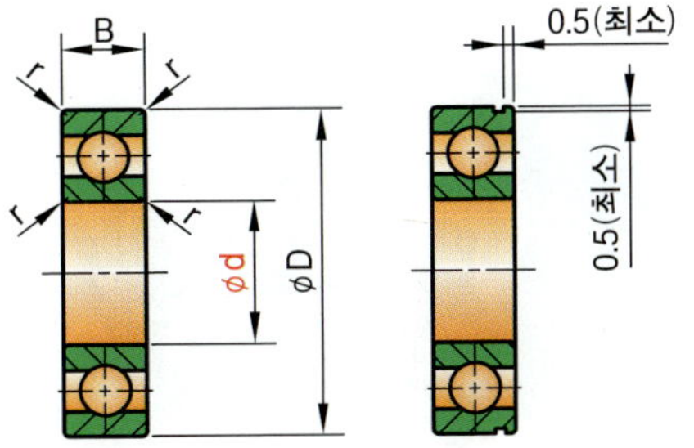

단위 : mm

호칭 번호	베어링 계열 69 치수			
	d (안지름)	D (바깥지름)	B (폭)	r_{smin}
691	1	4	1.6	0.1
69/1.5	1.5	5	2	0.15
692	2	6	2.3	0.15
69/2.5	2.5	7	2.5	0.15
693	3	8	3	0.15
694	4	11	4	0.15
695	5	13	4	0.2
696	6	15	5	0.2
697	7	17	5	0.3
698	8	19	6	0.3
699	9	20	6	0.3
6900	10	22	6	0.3
6901	12	24	6	0.3
6902	15	28	7	0.3
6903	17	30	7	0.3
6904	20	37	9	0.3
69/22	22	39	9	0.3
6905	25	42	9	0.3
69/28	28	45	9	0.3
6906	30	47	9	0.3

시방	보조기호
실 · 실드	양쪽 실붙이 : UU 한쪽 실붙이 : U 양쪽 실드 붙이 : ZZ 한쪽 실드 붙이 : Z

※ 베어링 치수계열 = 19, 지름계열 = 9

호칭 번호	베어링 계열 69 치수(계속)			
	d (안지름)	D (바깥지름)	B (폭)	r_{smin}
69/32	32	52	10	0.6
6907	35	55	10	0.6
6908	40	62	12	0.6
6909	45	68	12	0.6
6910	50	72	12	0.6
6911	55	80	13	1
6912	60	85	13	1
6913	65	90	13	1
6914	70	100	16	1
6915	75	105	16	1
6916	80	110	16	1
6917	85	120	18	1.1
6918	90	125	18	1.1
6919	95	130	18	1.1
6920	100	140	20	1.1
6921	105	145	20	1.1
-	-	-	-	-
-	-	-	-	-
-	-	-	-	-
-	-	-	-	-

시방	보조기호
실 · 실드	양쪽 실붙이 : UU 한쪽 실붙이 : U 양쪽 실드 붙이 : ZZ 한쪽 실드 붙이 : Z

※ 베어링 치수계열 = 19, 지름계열 = 9

81. 앵귤러 볼 베어링 (70, 72 계열)

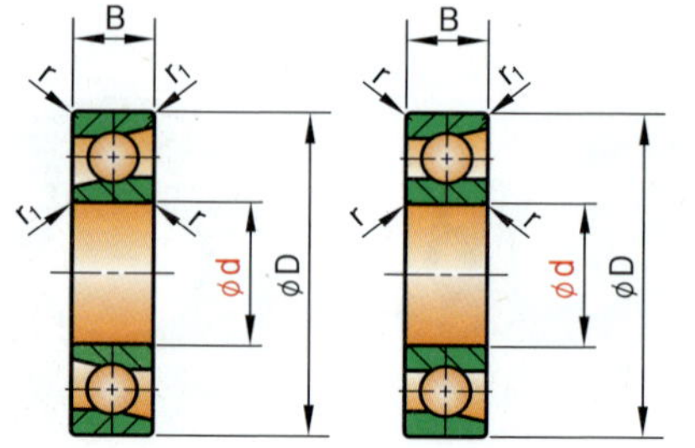

단위 : mm

호칭번호(1)	베어링 계열 70 치수				
	d	D	B	r_{min} (2)	참고 r_{1smin} (2)
7000 A	10	26	8	0.3	0.15
7001 A	12	28	8	0.3	0.15
7002 A	15	32	9	0.3	0.15
7003 A	17	35	10	0.3	0.15
7004 A	20	42	12	0.6	0.3
7005 A	25	47	12	0.6	0.3
7006 A	30	55	13	1	0.6
7007 A	35	62	14	1	0.6
7008 A	40	68	15	1	0.6
7009 A	45	75	16	1	0.6
7010 A	50	80	16	1	0.6
7011 A	55	90	18	1.1	0.6
7012 A	60	95	18	1.1	0.6
7013 A	65	100	18	1.1	0.6
7014 A	70	110	20	1.1	0.6
7015 A	75	115	20	1.1	0.6
7016 A	80	125	22	1.1	0.6
7017 A	85	130	22	1.1	0.6
7018 A	90	140	24	1.5	1
7019 A	95	145	24	1.5	1
7020 A	100	150	24	1.5	1
7021 A	105	160	26	2	1
7022 A	110	170	28	2	1
7024 A	120	180	28	2	1
7026 A	130	200	33	2	1
7028 A	140	210	33	2	1
7030 A	150	225	35	2.1	1.1
7032 A	160	240	38	2.1	1.1
7034 A	170	260	42	2.1	1.1
7036 A	180	280	46	2.1	1.1
7038 A	190	290	46	2.1	1.1
7040 A	200	310	51	2.1	1.1
보조기호	접촉각 : A : 22~32°, B : 32~45° C : 10~22°				
※ 베어링 치수계열 = 01					

호칭번호(1)	베어링 계열 72 치수				
	d	D	B	r_{min} (2)	참고 r_{1smin} (2)
7200 A	10	30	9	0.6	0.3
7201 A	12	32	10	0.6	0.3
7202 A	15	35	11	0.6	0.3
7203 A	17	40	12	0.6	0.3
7204 A	20	47	14	1	0.6
7205 A	25	52	15	1	0.6
7206 A	30	62	16	1	0.6
7207 A	35	72	17	1.1	0.6
7208 A	40	80	18	1.1	0.6
7209 A	45	85	19	1.1	0.6
7210 A	50	90	20	1	0.6
7211 A	55	100	21	1.5	1
7212 A	60	110	22	1.5	1
7213 A	65	120	23	1.5	1
7214 A	70	125	24	1.5	1
7215 A	75	130	25	1.5	1
7216 A	80	140	26	2	1
7217 A	85	150	28	2	1
7218 A	90	160	30	2	1
7219 A	95	170	32	2.1	1.1
7220 A	100	180	34	2.1	1.1
7221 A	105	190	36	2.1	1.1
7222 A	110	200	38	2.1	1.1
7224 A	120	215	40	2.1	1.1
7226 A	130	230	40	3	1.1
7228 A	140	250	42	3	1.1
7230 A	150	270	45	3	1.1
7232 A	160	290	48	3	1.1
7234 A	170	310	52	4	1.5
7236 A	180	320	52	4	1.5
7238 A	190	340	55	4	1.5
7240 A	200	360	58	4	1.5
보조기호	접촉각 : A : 22~32°, B : 32~45° C : 10~22°				
※ 베어링 치수계열 = 02					

주

(1) 접촉각 기호 (A)는 생략할 수 있다.

(2) 내륜 및 외륜의 최소 허용 모떼기 치수이다.

82. 앵귤러 볼 베어링(73, 74 계열)

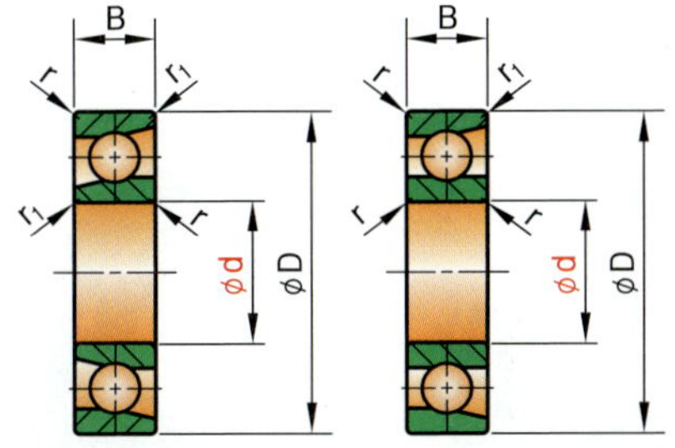

단위 : mm

호칭번호(1)	베어링 계열 73 치수				
	d	D	B	r_{min} (2)	참고 r_{1smin} (2)
7300 A	10	35	11	0.6	0.3
7301 A	12	37	12	1	0.6
7302 A	15	42	13	1	0.6
7303 A	17	47	14	1	0.6
7304 A	20	52	15	1.1	0.6
7305 A	25	62	17	1.1	0.6
7306 A	30	72	19	1.1	0.6
7307 A	35	80	21	1.5	1
7308 A	40	90	23	1.5	1
7309 A	45	100	25	1.5	1
7310 A	50	110	27	2	1
7311 A	55	120	29	2	1
7312 A	60	130	31	2.1	1.1.
7313 A	65	140	33	2.1	1.1
7314 A	70	150	35	2.1	1.1
7315 A	75	160	37	2.1	1.1
7316 A	80	170	39	2.1	1.1
7317 A	85	180	41	3	1.1
7318 A	90	190	43	3	1.1
7319 A	95	200	45	3	1.1
7320 A	100	215	47	3	1.1
7321 A	105	225	49	3	1.1
7322 A	110	240	50	3	1.1
7324 A	120	260	55	3	1.1
7326 A	130	280	58	4	1.5
7328 A	140	300	62	4	1.5
7330 A	150	320	65	4	1.5
7332 A	160	340	68	4	1.5
7334 A	170	360	72	4	1.5
7336 A	180	380	75	4	1.5
7338 A	190	400	78	5	2
7340 A	200	420	80	5	2
보조기호	접촉각 : A : 22~32°, B : 32~45° C : 10~22°				
※ 베어링 치수계열 = 03					

호칭번호(1)	베어링 계열 74 치수				
	d	D	B	r_{min} (2)	참고 r_{1smin} (2)
7404 A	20	72	19	1.1	0.6
7405 A	25	80	21	1.5	1
7406 A	30	90	23	1.5	1
7407 A	35	100	25	1.5	1
7408 A	40	110	27	2	1
7409 A	45	120	29	2	1
7410 A	50	130	31	2.1	1.1
7411 A	55	140	33	2.1	1.1
7412 A	60	150	35	2.1	1.1
7413 A	65	160	37	2.1	1.1
7414 A	70	180	42	3	1.1
7415 A	75	190	45	3	1.1
7416 A	80	200	48	3	1.1
7417 A	85	210	52	4	1.5
7418 A	90	225	54	4	1.5
7419 A	95	240	55	4	1.5
7420 A	100	250	58	4	1.5
7421 A	105	260	60	4	1.5
7422 A	110	280	65	4	1.5
7424 A	120	310	72	5	2
7426 A	130	340	78	5	2
7428 A	140	360	82	5	2
7430 A	150	380	85	5	2
-	-	-	-	-	-
-	-	-	-	-	-
-	-	-	-	-	-
-	-	-	-	-	-
-	-	-	-	-	-
-	-	-	-	-	-
-	-	-	-	-	-
-	-	-	-	-	-
보조기호	접촉각: A : 22~32° ,B : 32~45° C : 10~22°				
※ 베어링 치수계열 = 04					

주

(1) 접촉각 기호 (A)는 생략할 수 있다.

(2) 내륜 및 외륜의 최소 허용 모떼기 치수이다.

83. 자동 조심 볼 베어링(12, 22 계열)

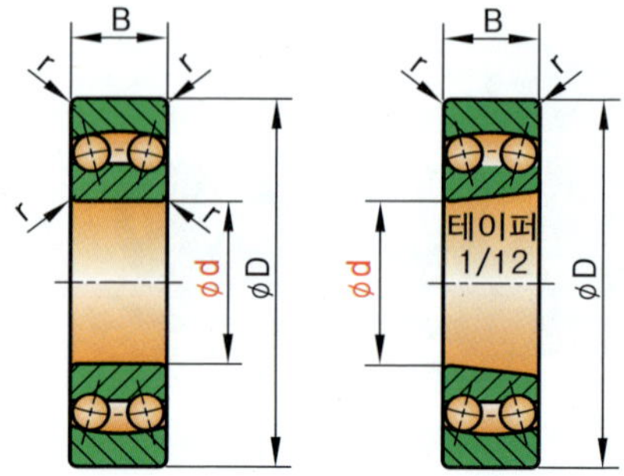

단위 : mm

호칭번호		베어링 계열 12 치수			
원통 구멍	테이퍼 구 멍	d	D	B	r_{smin}[1]
1200	−	10	30	9	0.6
1201	−	12	32	10	0.6
1202	−	15	35	11	0.6
1203	−	17	40	12	0.6
1204	1204 K	20	47	14	1
1205	1205 K	25	52	15	1
1206	1206 K	30	62	16	1
1207	1207 K	35	72	17	1.1
1208	1208 K	40	80	18	1.1
1209	1209 K	45	85	19	1.1
1210	1210 K	50	90	20	1.1
1211	1211 K	55	100	21	1.5
1212	1212 K	60	110	22	1.5
1213	1213 K	65	120	23	1.5
1214	−	70	125	24	1.5
1215	1215 K	75	130	25	1.5
1216	1216 K	80	140	26	2
1217	1217 K	85	150	28	2
1218	1218 K	90	160	30	2
1219	1219 K	95	170	32	2.1
1220	1220 K	100	180	34	2.1
1221	−	105	190	36	2.1
1222	1222 K	110	200	38	2.1

※ 베어링 치수계열 = 02

호칭번호		베어링 계열 22 치수			
원통 구멍	테이퍼 구 멍	d	D	B	r_{smin}[1]
2200	−	10	30	14	0.6
2201	−	12	32	14	0.6
2202	−	15	35	14	0.6
2203	−	17	40	16	0.6
2204	2204 K	20	47	18	1
2205	2205 K	25	52	18	1
2206	2206 K	30	62	20	1
2207	2207 K	35	72	23	1.1
2208	2208 K	40	80	23	1.1
2209	2209 K	45	85	23	1.1
2210	2210 K	50	90	23	1.1
2211	2211 K	55	100	25	1.5
2212	2212 K	60	110	28	1.5
2213	2213 K	65	120	31	1.5
2214	−	70	125	31	1.5
2215	2215 K	75	130	31	1.5
2216	2216 K	80	140	33	2
2217	2217 K	85	150	36	2
2218	2218 K	90	160	40	2
2219	2219 K	95	170	43	2.1
2220	2220 K	100	180	46	2.1
2221	−	105	190	50	2.1
2222	2222 K	110	200	53	2.1

※ 베어링 치수계열 = 22

주

[1] 내륜 및 외륜의 최소 허용 모떼기 치수이다.

84. 자동 조심 볼 베어링(13, 23 계열)

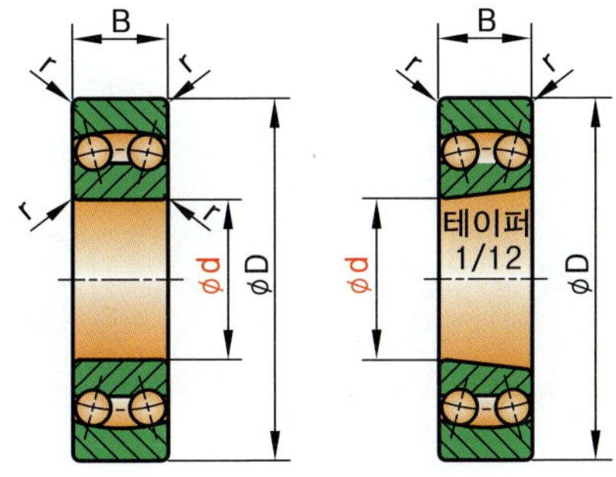

단위 : mm

호칭번호		베어링 계열 13 치수			
원통 구멍	테이퍼 구 멍	d	D	B	r_{smin} (1)
1300	–	10	35	11	0.6
1301	–	12	37	12	1
1302	–	15	42	13	1
1303	–	17	47	14	1
1304	1304 K	20	52	15	1.1
1305	1305 K	25	92	17	1.1
1306	1306 K	30	72	19	1.1
1307	1307 K	35	80	21	1.5
1308	1308 K	40	90	23	1.5
1309	1309 K	45	100	25	1.5
1310	1310 K	50	110	27	2
1311	1311 K	55	120	29	2
1312	1312 K	60	130	31	2.1
1313	1313 K	65	140	33	2.1
1314	–	70	150	35	2.1
1315	1315 K	75	160	37	2.1
1316	1316 K	80	170	38	2.1
1317	1317 K	85	180	41	3
1318	1318 K	90	190	42	3
1318	1318 K	95	200	45	3
1320	1320 K	100	215	47	3
1321	–	105	225	49	3
1322	1322 K	110	240	50	3

※ 베어링 치수계열 = 03

호칭번호		베어링 계열 23 치수			
원통 구멍	테이퍼 구 멍	d	D	B	r_{smin} (1)
2300	–	10	35	17	0.6
2301	–	12	37	17	1
2302	–	15	42	17	1
2303	–	17	47	19	1
2304	2304 K	20	52	21	1.1
2305	2305 K	25	92	24	1.1
2306	2306 K	30	72	27	1.1
2307	2307 K	35	80	31	1.5
2308	2308 K	40	90	33	1.5
2309	2309 K	45	100	36	1.5
2310	2310 K	50	110	40	2
2311	2311 K	55	120	43	2
2312	2312 K	60	130	46	2.1
2313	2313 K	65	140	48	2.1
2314	–	70	150	51	2.1
2315	2315 K	75	160	55	2.1
2316	2316 K	80	170	58	2.1
2317	2317 K	85	180	60	3
2318	2318 K	90	190	64	3
2319	2319 K	95	200	67	3
2320	2320 K	100	215	73	3
2321	–	105	225	77	3
2322	2322 K	110	240	80	3

※ 베어링 치수계열 = 23

주

(1) 내륜 및 외륜의 최소 허용 모떼기 치수이다.

비고

호칭 번호 1318, 1319, 1320, 1321, 1318 K, 1319 K, 1320 K 및 1322 K의 베어링에서는 강구가 베어링의 측면보다 돌출된 것이 있다.

85. 마그네토 볼 베어링(E, EN 계열)

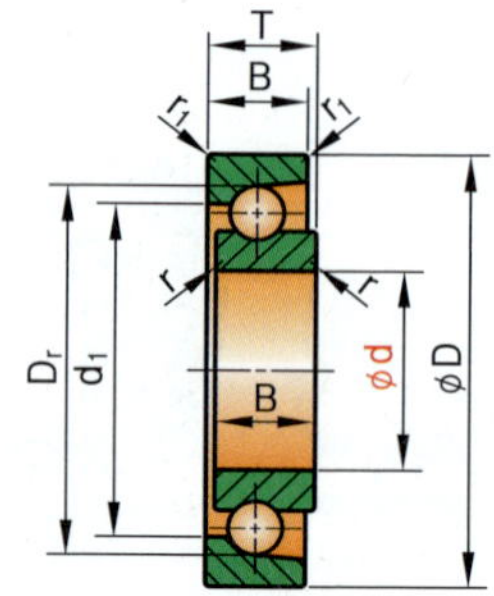

단위 : mm

호칭번호([1])		베어링 계열 E, EN 치수							
		d	D	B	T	r	r_1	참고	
								외접원경 D_r의 최대 치수	외륜내경 d_1의 최소 치수
E 3	EN 3	3	16	5	5	0.3	0.2	13.9	12.5
E 4	EN 4	4	16	5	5	0.3	0.2	13.9	12.5
E 5	EN 5	5	16	5	5	0.3	0.2	13.9	12.5
E 6	EN 6	6	21	7	7	0.5	0.3	18.0	16.0
E 7	EN 7	7	22	7	7	0.5	0.3	19.3	16.7
E 8	EN 8	8	24	7	7	0.5	0.3	20.9	19.0
E 9	EN 9	9	28	8	8	0.5	0.3	24.9	22.6
E 10	EN 10	10	28	8	8	0.5	0.3	24.9	22.6
E 11	EN 11	11	32	7	7	0.5	0.3	26.5	24.5
E 12	EN 12	12	32	7	7	0.5	0.3	26.5	24.5
E 13	EN 13	13	30	7	7	0.5	0.3	26.5	24.5
–	EN 14	14	35	8	8	0.5	0.3	30.9	28.8
E 15	EN 15	15	35	8	8	0.5	0.3	30.9	28.8
–	EN 16	16	38	10	10	0.7	0.4	33.9	31.1
–	EN 17	17	44	11	11	1.0	0.6	36.9	34.4
–	EN 18	18	40	9	9	0.7	0.4	34.3	31.5
E 19	EN 19	19	40	9	9	0.7	0.4	34.3	31.5
E 20	EN 20	20	47	12	12	1.5	1.0	41.5	38.6

주

([1]) 여기에 표시한 호칭번호는 보조 기호가 없는 것 또는 생략한 것이고, E, EN의 구별은 외륜의 정밀도에 따른다.

비고

1. 호칭번호는 베어링 계열 기호(E 또는 EN), 안지름 번호(베어링 안지름의 호칭치수를 mm의 단위로 나타낸 것) 및 보조 기호로 이루어지고, 이 순서로 기록한다.
2. 보조 기호는 KS B 2012에 따라, 등급 기호는 보통급은 무기호, 6급은 P 6, 5급은 P 5로 한다.

86. 마그네토 볼 베어링의 정밀도

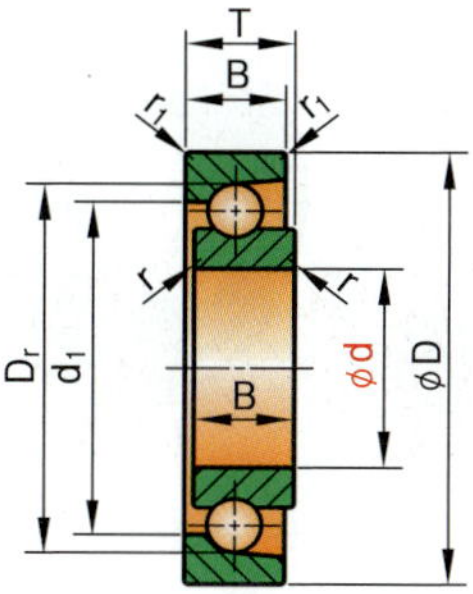

단위 : mm

내륜의 정밀도 및 외륜 나비의 정밀도

베어링 안지름 d의 호칭치수 (mm)		베어링 안지름								내륜(또는 외륜 [d])의 나비 B의 허용차		조립 나비 T의 허용차	
		d_m[a]의 허용차				d의 허용차 [b]							
		보통급(KB[c])		6급		보통급(KB[c])		6급		보통급(6급)		보통급(6급)	
초과	이하	상	하	상	하	상	하	상	하	상	하	상	하
2.5	10	0	-8	0	-7	+2	-10	+1	-8	0	-120	+120	-120
10	18	0	-8	0	-7	+3	-11	+1	-8	0	-120	+120	-120
18	30	0	-10	0	-8	+3	-13	+1	-9	0	-120	+120	-120

[a] d_m은 베어링 안지름의 2점 측정에 의하여 얻어진 최대 지름과 최소 지름과의 산술평균치이다.
[b] d의 허용치는 2점 측정에 의한 값이다.
[c] KB는 보통급에 대한 d_m 및 d의 허용차의 기호이다.
[d] 외륜 나비의 허용차 및 나비부동의 허용치는 같은 베어링의 내륜의 값과 같은 값을 취한다.

비고

1. 이 표에서 정하는 베어링 안지름의 위 허용차는 궤도륜 측면에서 호칭 모떼기 치수의 2배 거리 이내에는 적용하지 않는다.
2. 이 표에서 d_m, d의 5급은 생략하였다.

외륜의 정밀도

베어링 안지름 D의 호칭치수 (mm)		베어링 바깥지름															
		베어링 계열 E								베어링 계열 EN							
		D_m[a]의 허용차				D의 허용차 [b]				D_m[a]의 허용차				D의 허용차 [b]			
		보통급		6급		보통급		6급		보통급 hB[c]		6급		보통급 hB[c]		6급	
초과	이상	상	하	상	하	상	하	상	하	상	하	상	하	상	하	상	하
6	18	+8	0	+7	0	+10	-2	+8	-1	0	-8	0	-7	+2	-10	+1	-8
18	30	+9	0	+8	0	+11	-2	+9	-1	0	-9	0	-8	+2	-11	+1	-9
30	50	+11	0	+9	0	+14	-3	+11	-2	0	-11	0	-9	+3	-14	+2	-11

[a] D_m은 베어링 바깥지름의 2점 측정에 의하여 얻어진 최대 지름과 최소 지름과의 산술평균치이다.
[b] D의 허용치는 2점 측정에 의한 값이다.
[c] h, B는 보통급에 대한 D_m 및 D의 허용차의 기호이다.

비고

1. 이 표에서 정하는 베어링 바깥지름의 아래 허용치는 궤도륜 측면에서 호칭 모떼기 치수의 2배 거리 이내에는 적용하지 않는다.
2. 이 표에서 D_m, D의 5급은 생략하였다.

87. 원통 롤러 베어링 (NU10, NU2 계열)

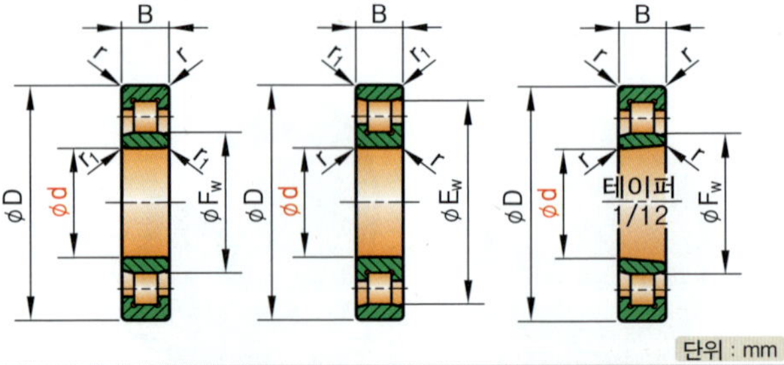

단위 : mm

호칭번호	베어링 계열 NU 10 치수				
	d	D	B	r_{min} (1)	참고 r_{1smin} (1)
NU 1005	25	47	12	0.6	0.3
NU 1006	30	55	13	1	0.6
NU 1007	35	62	14	1	0.6
NU 1008	40	68	15	1	0.6
NU 1009	45	75	16	1	0.6
NU 1010	50	80	16	1	0.6
NU 1011	55	90	18	1.1	1
NU 1012	60	95	18	1.1	1
NU 1013	65	100	18	1.1	1
NU 1014	70	110	20	1.1	1
NU 1015	75	115	20	1.1	1
NU 1016	80	125	22	1.1	1
NU 1017	85	130	22	1.1	1
NU 1018	90	140	24	1.5	1.1
NU 1019	95	145	24	1.5	1.1
NU 1020	100	150	24	1.5	1.1
NU 1021	105	160	26	2	1.1
NU 1022	110	170	28	2	1.1
NU 1024	120	180	28	2	1.1
NU 1026	130	200	33	2	1.1
NU 1028	140	210	33	2	1.1
NU 1030	150	225	35	2.1	1.5
NU 1032	160	240	38	2.1	1.5
NU 1034	170	260	42	2.1	2.1
NU 1036	180	280	46	2.1	2.1
NU 1038	190	290	46	2.1	2.1
NU 1040	200	310	51	2.1	2.1
NU 1044	220	340	56	3	3
NU 1048	240	360	56	3	3
NU 1052	260	400	65	4	4
NU 1056	280	420	65	4	4
NU 1060	300	460	74	4	4
NU 1064	320	480	74	4	4
NU 1068	340	520	82	5	5
NU 1072	360	540	82	5	5
NU 1076	380	560	82	5	5
NU 1080	400	600	90	5	5
NU 1084	420	620	90	5	5
NU 1088	440	650	94	6	6
NU 1092	460	680	100	6	6
NU 1096	480	700	100	6	6
NU 10/500	500	720	100	6	6

※ 베어링 치수계열 = 10

호칭번호		베어링 계열 NU 2, NJ 2, NUP 2, N 2, NF 2 치수				
원통 구멍	테이퍼 구 멍	d	D	B	r_{min} (1)	참고 r_{1smin} (1)
N 203	–	17	40	12	0.6	0.3
N 204	NU 204 K	20	47	14	1	0.6
N 205	NU 205 K	25	52	15	1	0.6
N 206	NU 206 K	30	62	16	1	0.6
N 207	NU 207 K	35	72	17	1.1	0.6
N 208	NU 208 K	40	80	18	1.1	1.1
N 209	NU 209 K	45	85	19	1.1	1.1
N 210	NU 210 K	50	90	20	1.1	1.1
N 211	NU 211 K	55	100	21	1.5	1.1
N 212	NU 212 K	60	110	22	1.5	1.5
N 213	NU 213 K	65	120	23	1.5	1.5
N 214	NU 214 K	70	125	24	1.5	1.5
N 215	NU 215 K	75	130	25	1.5	1.5
N 216	NU 216 K	80	140	26	2	2
N 217	NU 217 K	85	150	28	2	2
N 218	NU 218 K	90	160	30	2	2
N 219	NU 219 K	95	170	32	2.1	2.1
N 220	NU 220 K	100	180	34	2.1	2.1
N 221	NU 221 K	105	190	36	2.1	2.1
N 222	NU 222 K	110	200	38	2.1	2.1
N 224	NU 224 K	120	215	40	2.1	2.1
N 226	NU 226 K	130	230	40	3	3
N 228	NU 228 K	140	250	42	3	3
N 230	NU 230 K	150	270	45	3	3
N 232	NU 232 K	160	290	48	3	3
N 234	NU 234 K	170	310	52	4	4
N 236	NU 236 K	180	320	52	4	4
N 238	NU 238 K	190	340	55	4	4
N 240	NU 240 K	200	360	58	4	4
N 244	NU 244 K	220	400	65	4	4
N 248	NU 248 K	240	440	72	4	4
N 252	NU 252 K	260	480	80	5	5
N 256	NU 256 K	280	500	80	5	5
N 260	NU 260 K	300	540	85	5	5
N 264	NU 264 K	320	580	92	5	5
–	–	–	–	–	–	–
–	–	–	–	–	–	–
–	–	–	–	–	–	–
–	–	–	–	–	–	–
–	–	–	–	–	–	–
–	–	–	–	–	–	–

※ 베어링 치수계열 = 02

주

(1) 내륜 및 외륜의 최소 허용 모떼기 치수이다.

주 (1) 내륜 및 외륜의 최소 허용 모떼기 치수이다.

비고

형식 기호 NU, NJ, NUP, NF는 생략했다.

88. 원통 롤러 베어링(NU22, NU3 계열)

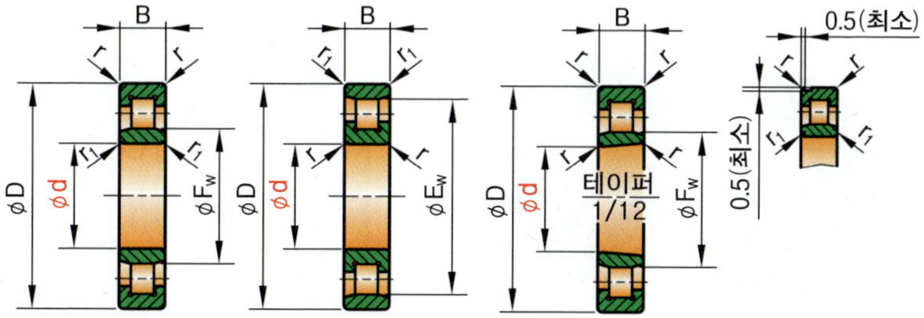

단위 : mm

호칭번호		베어링 계열 NU 22, NJ 22, NUP 22 치수				
원통 구멍	테이퍼 구멍	d	D	B	r_{min} (1)	참고 r_{1smin} (1)
NU 2204	NU 2204 K	20	47	18	1	0.6
NU 2205	NU 2205 K	25	52	18	1	0.6
NU 2206	NU 2206 K	30	62	20	1	0.6
NU 2207	NU 2207 K	35	72	23	1.1	0.6
NU 2208	NU 2208 K	40	80	23	1.1	1.1
NU 2209	NU 2209 K	45	85	23	1.1	1.1
NU 2210	NU 2210 K	50	90	23	1.1	1.1
NU 2211	NU 2211 K	55	100	25	1.5	1.1
NU 2212	NU 2212 K	60	110	28	1.5	1.5
NU 2213	NU 2213 K	65	120	31	1.5	1.5
NU 2214	NU 2214 K	70	125	31	1.5	1.5
NU 2215	NU 2215 K	75	130	31	1.5	1.5
NU 2216	NU 2216 K	80	140	33	2	2
NU 2217	NU 2217 K	85	150	36	2	2
NU 2218	NU 2218 K	90	160	40	2	2
NU 2219	NU 2219 K	95	170	43	2.1	2.1
NU 2220	NU 2220 K	100	180	46	2.1	2.1
NU 2222	NU 2222 K	110	200	53	2.1	2.1
NU 2224	NU 2224 K	120	215	58	2.1	2.11
NU 2226	NU 2226 K	130	230	64	3	3
NU 2228	NU 2228 K	140	250	68	3	3
NU 2230	NU 2230 K	150	270	73	3	3
NU 2232	NU 2232 K	160	290	80	3	3
NU 2234	NU 2234 K	170	310	86	4	4
NU 2236	NU 2236 K	180	320	86	4	4
NU 2238	NU 2238 K	190	340	92	4	4
NU 2240	NU 2240 K	200	360	98	4	4
NU 2244	NU 2244 K	220	400	108	4	4
NU 2248	NU 2248 K	240	440	120	4	4
NU 2252	NU 2252 K	260	480	130	5	5
NU 2256	NU 2256 K	280	500	130	5	5
NU 2260	NU 2260 K	300	540	140	5	5
NU 2264	NU 2264 K	320	580	150	5	5

※ 베어링 치수계열 = 22

호칭번호			베어링 계열 NU3, NJ3, NUP3, N3, NF3 치수			
원통 구멍	테이퍼 구멍	스냅링 홈붙이	d	D	B	r_{min} (1) r_{1smin} (1)
N 304	NU 304 K	NU 304 N	20	52	15	1.1
N 305	NU 305 K	NU 305 N	25	62	17	1.1
N 306	NU 306 K	NU 306 N	30	72	19	1.1
N 307	NU 307 K	NU 307 N	35	80	21	1.5
N 308	NU 308 K	NU 308 N	40	90	23	1.5
N 309	NU 309 K	NU 309 N	45	100	25	1.5
N 310	NU 310 K	NU 310 N	50	110	27	2
N 311	NU 311 K	NU 311 N	55	120	29	2
N 312	NU 312 K	NU 312 N	60	130	31	2.1
N 313	NU 313 K	NU 313 N	65	140	33	2.1
N 314	NU 314 K	NU 314 N	70	150	35	2.1
N 315	NU 315 K	NU 315 N	75	160	37	2.1
N 316	NU 316 K	NU 316 N	80	170	39	2.1
N 317	NU 317 K	NU 317 N	85	180	41	3
N 318	NU 318 K	NU 318 N	90	190	43	3
N 319	NU 319 K	NU 319 N	95	200	45	3
N 320	NU 320 K	–	100	215	47	3
N 321	NU 321 K	–	105	225	49	3
N 322	NU 322 K	–	110	240	50	3
N 324	NU 324 K	–	120	260	55	3
N 326	NU 326 K	–	130	280	58	4
N 328	NU 328 K	–	140	300	62	4
N 330	NU 330 K	–	150	320	65	4
N 332	NU 332 K	–	160	340	68	4
N 334	NU 334 K	–	170	360	72	4
N 336	NU 336 K	–	180	380	75	4
N 338	NU 338 K	–	190	400	78	5
N 340	NU 340 K	–	200	420	80	5
N 344	NU 344 K	–	220	460	88	5
N 348	NU 348 K	–	240	500	95	5
N 352	NU 352 K	–	260	540	102	6
N 356	NU 356 K	–	280	580	108	6

※ 베어링 치수계열 = 03

주
(1) 내륜 및 외륜의 최소 허용 모떼기 치수이다.

비고
형식 기호 NJ, NUP는 생략했다.

주 (1) 내륜 및 외륜의 최소 허용 모떼기 치수이다.

비고
1. 스냅링붙이 베어링의 호칭 번호는 스냅링 홈붙이 베어링 호칭 번호의 N 뒤에 R을 붙인다.
2. 스냅링 홈의 치수는 KS B 2013에 따른다.
3. 형식 기호 NJ, NUP, NF는 생략했다.

89. 원통 롤러 베어링 (NU23, NU4 계열)

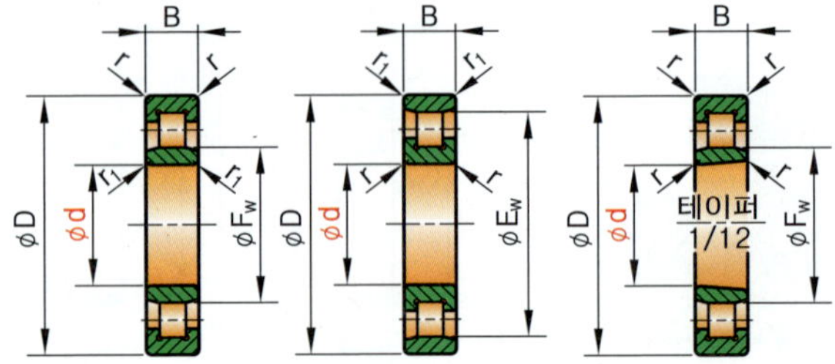

단위 : mm

호칭번호		베어링 계열 NU 23, NJ 23, NUP 23 치수			
원통 구멍	테이퍼 구멍	d	D	B	r_{min} (1) / r_{1smin} (1)
NU 2305	NU 2305 K	25	62	24	1.1
NU 2306	NU 2306 K	30	72	27	1.1
NU 2307	NU 2307 K	35	80	31	1.5
NU 2308	NU 2308 K	40	90	33	1.5
NU 2309	NU 2309 K	45	100	36	1.5
NU 2310	NU 2310 K	50	110	40	2
NU 2311	NU 2311 K	55	120	43	2
NU 2312	NU 2312 K	60	130	46	2.1
NU 2313	NU 2313 K	65	140	48	2.1
NU 2314	NU 2314 K	70	150	51	2.1
NU 2315	NU 2315 K	75	160	55	2.1
NU 2316	NU 2316 K	80	170	58	2.1
NU 2317	NU 2317 K	85	180	60	3
NU 2318	NU 2318 K	90	190	64	3
NU 2319	NU 2319 K	95	200	67	3
NU 2320	NU 2320 K	100	215	73	3
NU 2322	NU 2322 K	110	240	80	3
NU 2324	NU 2324 K	120	260	86	3
NU 2326	NU 2326 K	130	280	93	4
NU 2328	NU 2328 K	140	300	102	4
NU 2330	NU 2330 K	150	320	108	4
NU 2332	NU 2332 K	160	340	114	4
NU 2334	NU 2334 K	170	360	120	4
NU 2336	NU 2336 K	180	380	126	4
NU 2338	NU 2338 K	190	400	132	5
NU 2340	NU 2340 K	200	420	138	5
NU 2344	NU 2344 K	220	460	145	5
NU 2348	NU 2348 K	240	500	155	5
NU 2352	NU 2352 K	260	540	165	6
NU 2356	NU 2356 K	280	580	175	6

※ 베어링 치수계열 = 23

호칭번호	베어링 계열 NU 4, NJ 4, NUP 4, N 4, NF 4 치수			
	d	D	B	r_{min} (1)
NU 406	30	90	23	1.5
NU 407	35	100	25	1.5
NU 408	40	110	27	2
NU 409	45	120	29	2
NU 410	50	130	31	2.1
NU 411	55	140	33	2.1
NU 412	60	150	35	2.1
NU 413	65	160	37	2.1
NU 414	70	180	42	3
NU 415	75	190	45	3
NU 416	80	200	48	3
NU 417	85	210	52	4
NU 418	90	225	54	4
NU 419	95	240	55	4
NU 420	100	250	58	4
NU 421	105	260	60	4
NU 422	110	280	65	4
NU 424	120	310	72	5
NU 426	130	340	78	5
NU 428	140	360	82	5
NU 430	150	380	85	5
NU 432	160	400	88	5
NU 434	170	420	92	5
NU 436	180	440	95	6
NU 438	190	460	98	6
NU 440	200	480	102	6
NU 444	220	540	115	6
NU 448	240	580	122	6
-	-	-	-	
-	-	-	-	

※ 베어링 치수계열 = 04

주

(1) 내륜 및 외륜의 최소 허용 모떼기 치수이다.

비고

형식 기호 NJ, NUP는 생략했다.

주

(1) 내륜 및 외륜의 최소 허용 모떼기 치수이다.

비고

형식 기호 NJ, NUP, N, NF는 생략했다.

90. 원통 롤러 베어링 (NN30 계열)

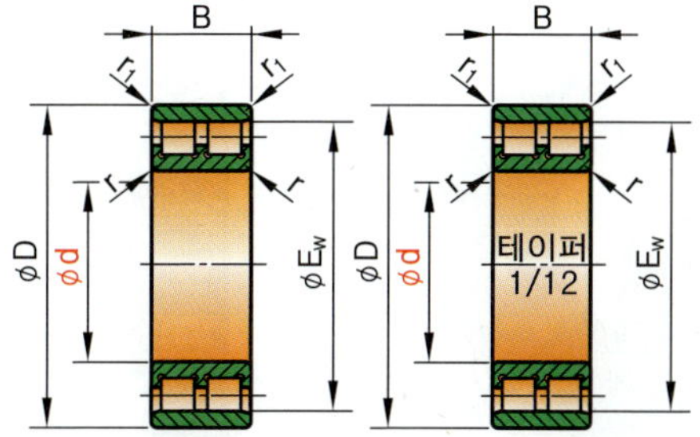

단위 : mm

호칭번호		베어링 계열 NN 30 치수			
원통 구멍	테이퍼 구멍	d	D	B	r_{min} (1) r_{1smin} (1)
NN 3005	NN 3005 K	25	47	16	0.6
NN 3006	NN 3006 K	30	55	19	1
NN 3007	NN 3007 K	35	62	20	1
NN 3008	NN 3008 K	40	68	21	1
NN 3009	NN 3009 K	45	75	23	1
NN 3010	NN 3010 K	50	80	23	1
NN 3011	NN 3011 K	55	90	26	1.1
NN 3012	NN 3012 K	60	95	26	1.1
NN 3013	NN 3013 K	65	100	26	1.1
NN 3014	NN 3014 K	70	110	30	1.1
NN 3015	NN 3015 K	75	115	30	1.1
NN 3016	NN 3016 K	80	125	34	1.1
NN 3017	NN 3017 K	85	130	34	1.1
NN 3018	NN 3018 K	90	140	37	1.5
NN 3019	NN 3019 K	95	145	37	1.5
NN 3020	NN 3020 K	100	150	37	1.5
NN 3021	NN 3021 K	105	160	41	2
NN 3022	NN 3022 K	110	170	45	2
NN 3024	NN 3024 K	120	180	46	2
NN 3026	NN 3026 K	130	200	52	2
NN 3028	NN 3028 K	140	210	53	2
NN 3030	NN 3030 K	150	225	56	2.1
NN 3032	NN 3032 K	160	240	60	2.1
NN 3034	NN 3034 K	170	260	67	2.1
NN 3036	NN 3036 K	180	280	74	2.1
NN 3038	NN 3038 K	190	290	75	2.1
NN 3040	NN 3040 K	200	310	82	2.1
NN 3044	NN 3044 K	220	340	90	3
NN 3048	NN 3048 K	240	360	92	3
NN 3052	NN 3052 K	260	400	104	4
NN 3056	NN 3056 K	280	420	106	4
NN 3060	NN 3060 K	300	460	118	4
NN 3064	NN 3064 K	320	480	121	4

※ 베어링 치수계열 = 30

주

(1) 내륜 및 외륜의 최소 허용 모떼기 치수이다.

91. 원통 롤러 베어링 L형 칼라(HJ2, HJ22 계열)

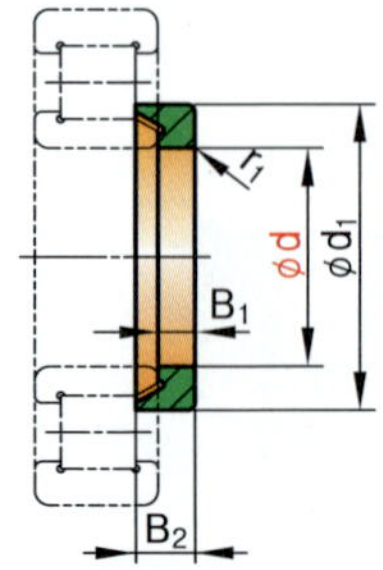

단위 : mm

호칭번호	HJ2 치수(조립되는 베어링 계열 : NJ2)			참고	
	d	d_1 (최대)	B_1	B_2	r_{1smin}(1)
HJ 204	20	30	3	6.75	0.6
HJ 205	25	35	3	7.25	0.6
HJ 206	30	43	4	8.25	0.6
HJ 207	35	49	4	8	0.6
HJ 208	40	55	5	9	1.1
HJ 209	45	60	5	9.5	1.1
HJ 210	50	65	5	10	1.1
HJ 211	55	72	6	11	1.1
HJ 212	60	79	6	11	1.5
HJ 213	65	87	6	11	1.5
HJ 214	70	91	7	12.5	1.5
HJ 215	75	96	7	12.5	1.5
HJ 216	80	105	8	13.5	2
HJ 217	85	110	8	14	2
HJ 218	90	116	9	15	2
HJ 219	95	123	9	15.5	2.1
HJ 220	100	130	10	17	2.1
HJ 221	105	136	10	17.5	2.1
HJ 222	110	144	11	18.5	2.1
HJ 224	120	155	11	19	2.1
HJ 226	130	170	11	19	3
HJ 228	140	182	11	19	3
HJ 230	150	195	12	20.5	3
HJ 232	160	208	12	21	3
HJ 234	170	225	12	22	4
HJ 236	180	236	12	22	4
HJ 238	190	246	13	23.5	4
HJ 240	200	260	14	25	4
HJ 244	220	287	15	27.5	4
HJ 248	240	316	16	29.5	4
HJ 252	260	343	18	33	5

호칭번호	HJ22 치수(조립되는 베어링 계열 : NJ22)			참고	
	d	d_1 (최대)	B_1	B_2	r_{1smin}(1)
HJ 2205	25	35	3	7.5	0.6
HJ 2206	30	43	4	8.5	0.6
HJ 2207	35	49	4	8.5	0.6
HJ 2208	40	55	5	9.5	1.1
HJ 2209(2)	45	60	5	9.5	1.1
HJ 2210	50	65	5	9.5	1.1
HJ 2211	55	72	6	11	1.1
HJ 2212	60	79	6	11	1.5
HJ 2213	65	87	6	11.5	1.5
HJ 2214(2)	70	91	7	12.5	1.5
HJ 2215(2)	75	96	7	12.5	1.5
HJ 2216(2)	80	105	8	13.5	2
HJ 2217(2)	85	110	8	14.	2
HJ 2218	90	116	9	16	2
HJ 2219	95	123	9	16.5	2.1
HJ 2220	100	130	10	18	2.1
HJ 2222	110	144	11	20.5	2.1
HJ 2224	120	155	11	22	2.1
HJ 2226	130	170	11	25	3
HJ 2228	140	182	11	25	3
HJ 2230	150	195	12	26.5	3

[기타] 유사 규격 : KS B ISO 246 : 2008

주

(1) 최소 허용 모떼기 치수이다.

(2) L형 칼라의 계열 HJ 2의 호칭 번호를 대용해도 좋다.

92. 원통 롤러 베어링 L형 칼라(HJ3, HJ23 계열)

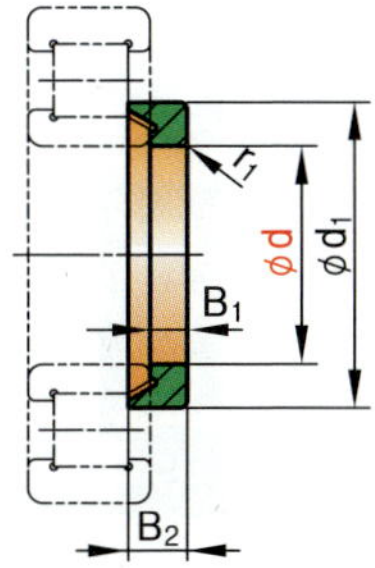

단위 : mm

호칭번호	HJ3 치수(조립되는 베어링 계열 : NJ3)				
	d	d_1 (최대)	B_1	참고	
				B_2	r_{1smin} [1]
HJ 304	20	35	4	7.5	0.6
HJ 305	25	41	4	8	1.1
HJ 306	30	49	5	9.5	1.1
HJ 307	35	55	6	11	1.1
HJ 308	40	61	7	12.5	1.5
HJ 309	45	69	7	12.5	1.5
HJ 310	50	74	8	14	2
HJ 311	55	82	9	15	2
HJ 312	60	91	9	15.5	2.1
HJ 313	65	96	10	17	2.1
HJ 314	70	107	10	17.5	2.1
HJ 315	75	110	11	18.5	2.1
HJ 316	80	121	11	19.5	2.1
HJ 317	85	127	12	20.5	3
HJ 318	90	133	12	21	3
HJ 319	95	145	13	22.5	3
HJ 320	100	147	13	22.5	3
HJ 321	105	154	13	22.5	3
HJ 322	110	163	14	23	3
HJ 324	120	175	14	23.5	3
HJ 326	130	185	14	24	4
HJ 328	140	204	15	26	4
HJ 330	150	214	15	26.5	4
HJ 332	160	227	15	28	4
HJ 334	170	246	16	29.5	4
HJ 336	180	256	17	30.5	4
HJ 338	190	268	18	32	5
HJ 340	200	283	18	33	5
HJ 344	220	311	20	36	5
HJ 348	240	337	22	39.5	5
HJ 352	260	365	24	43	6

호칭번호	HJ23 치수(조립되는 베어링 계열 : NJ23)				
	d	d_1 (최대)	B_1	참고	
				B_2	r_{1smin} [1]
HJ 2305	25	41	4	9	1.1
HJ 2306	30	49	5	11.5	1.1
HJ 2307	35	55	6	14	1.1
HJ 2308	40	61	7	14.5	1.5
HJ 2309	45	69	7	15	1.5
HJ 2310	50	74	8	17	2
HJ 2311	55	82	9	18.5	2
HJ 2312	60	91	9	19	2.1
HJ 2313	65	96	10	20	2.1
HJ 2314	70	107	10	20.5	2.1
HJ 2315	75	110	11	21.5	2.1
HJ 2316	80	121	11	23	2.1
HJ 2317	85	127	12	24	3
HJ 2318	90	133	12	26	3
HJ 2319	95	141	13	26.5	3
HJ 2320	100	147	13	27.5	3
HJ 2322	110	163	14	28	3
HJ 2324	120	175	14	28	3
HJ 2326	130	185	14	29.5	4
HJ 2328	140	204	15	33.5	4
HJ 2330	150	214	15	34	4
HJ 2332	160	227	15	37	4
HJ 2334	170	246	16	38.5	4
HJ 2336	180	256	17	40	4

[기타] 유사 규격 : KS B ISO 246 : 2008

주

([1]) 최소 허용 모떼기 치수이다.

93. 원통 롤러 베어링 L형 칼라(HJ4 계열)

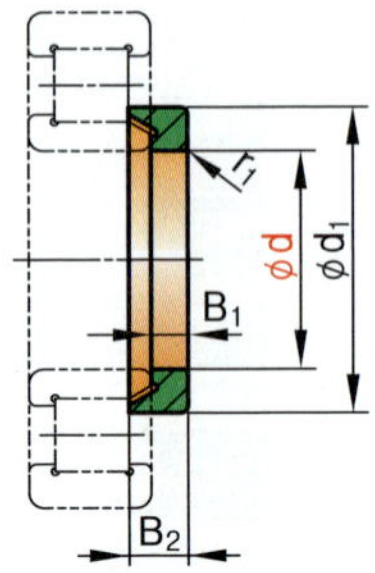

단위 : mm

호칭번호	HJ4 치수(조립되는 베어링 계열 : NJ4)				
	d	d_1 (최대)	B_1	참고	
				B_2	r_{1smin}(1)
HJ 406	30	56	7	11.5	1.5
HJ 407	35	62	8	13	1.5
HJ 408	40	71	8	13	2
HJ 409	45	78	8	13.5	2
HJ 410	50	86	9	14.5	2.1
HJ 411	55	92	10	16.5	2.1
HJ 412	60	100	10	16.5	2.1
HJ 413	65	106	11	18	2.1
HJ 414	70	115	12	20	3
HJ 415	75	122	13	21.5	3
HJ 416	80	129	13	22	3
HJ 417	85	136	14	24	4
HJ 418	90	144	14	24	4
HJ 419	95	158	15	25.5	4
HJ 420	100	167	16	27	4
HJ 421	105	170	16	27	4

호칭번호	HJ4 치수(조립되는 베어링 계열 : NJ4)				
	d	d_1 (최대)	B_1	참고	
				B_2	r_{1smin}(1)
HJ 422	110	176	17	29.5	4
HJ 424	120	190	17	30.5	5
HJ 426	130	208	18	32	5
HJ 428	140	226	18	33	5
HJ 430	150	236	20	36.5	5
HJ 432	160	249	20	37	5
HJ 434	170	269	20	38	5
HJ 436	180	281	23	40.5	6
HJ 438	190	294	23	42	6
HJ 440	200	305	24	43	6
HJ 444	220	340	26	46	6
HJ 448	240	370	28	49	6

[기타] 유사 규격 : KS B ISO 246 : 2008

주

(1) 최소 허용 모떼기 치수이다.

94. 테이퍼 롤러 베어링(접촉각 계열 2)

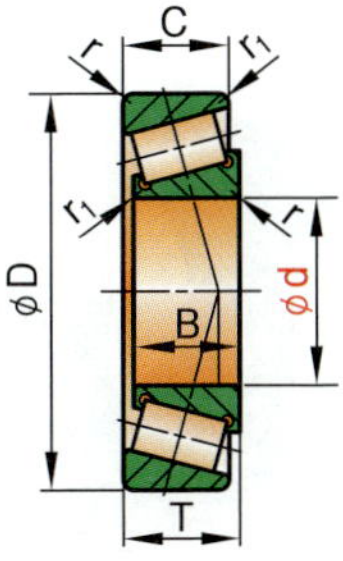

단위 : mm

접촉각 계열 2 치수

d	D	T	B	C	r_{min} 내륜	r_{min} 외륜	α	치수 계열
15	42	14.25	13	11	1	1	10°45′29″	2FB
17	40	13.25	12	11	1	1	12°57′10″	2DB
17	40	17.25	16	14	1	1	11°45′	2DD
17	47	15.25	14	12	1	1	10°45′29″	2FB
17	47	20.25	19	16	1	1	10°45′29″	2FD
20	37	12	12	9	0.3	0.3	12°	2BD
20	45	17	17.5	13.5	1	1	12°	2DC
20	47	15.25	14	12	1	1	12°57′10″	2DB
20	47	19.25	18	15	1	1	12°28′	2DD
20	50	22	22	18.5	2	1.5	12°30′	2ED
20	52	16.25	15	13	1.5	1.5	11°18′36″	2FB
20	52	22.25	21	18	1.5	1.5	11°18′36″	2FD
22	40	12	12	9	0.3	0.3	12°	2BC
22	47	17	17.5	13.5	1	1	12°35′	2CC
22	52	22	22	18.5	2	1.5	12°14′	2ED
25	42	12	12	9	0.3	0.3	12°	2BD
25	47	17	17	14	0.6	0.6	10°55′	2CE
25	50	17	17.5	13.5	1.5	1	13°30′	2CC
25	52	19.25	18	16	1	1	13°30′	2CD
25	52	22	22	18	1	1	13°10′	2DE
25	58	26	26	21	2	1.5	12°30′	2EE
25	62	18.25	17	15	1.5	1.5	11°18′36″	2FB
25	62	25.25	24	20	1.5	1.5	11°18′36″	2FD
28	45	12	12	9	0.3	0.3	12°	2BD
28	55	19	19.5	15.5	1.5	1.5	12°10′	2CD
28	58	24	24	19	1	1	12°45′	2DE
28	65	27	27	22	2	2	12°45′	2ED
30	47	12	12	9	0.3	0.3	12°	2BD
30	55	20	20	16	1	1	11°	2CE
30	58	19	19.5	15.5	1.5	1.5	12°50′	2CD
30	62	25	25	19.5	1	1	12°50′	2DE
30	68	29	29	24	2	2	12°28′	2EE
30	72	20.75	19	16	1.5	1.5	11°51′35″	2FB
30	72	28.75	27	23	1.5	1.5	11°51′35″	2FD
32	52	14	15	10	0.6	0.6	12°	2BD
32	62	21	21	17	1.5	1.5	12°30′	2CD
32	65	26	26	20.5	1	1	13°	2DE
32	72	29	29	24	2	2	12°41′30″	2ED
–	–	–	–	–	–	–	–	–
–	–	–	–	–	–	–	–	–
35	55	14	14	0.6	11.5	0.6	11°	2BD
35	65	21	21	1	17	1	11°30′	2CE
35	68	23	23	2	18.5	2	12°35′	2DD
35	72	28	28	1.5	22	1.5	13°15′	2DE
35	78	33	32.5	2.5	27	2	12°12′	2EE
35	80	22.75	21	2	18	1.5	11°51′35″	2FB
35	80	32.75	31	2	25	1.5	11°51′35″	2FE
40	62	15	15	12	0.6	0.6	10°55′	2BC
40	68	22	22	18	1	1	10°40′	2BE
40	75	24	24	19.5	2	2	12°07′	2CD
40	75	26	26	20.5	1.5	15	13°20′	2CE
40	80	32	32	25	1.5	1.5	13°25′	2DE
40	85	33	32.5	28	2.5	2	12°55′	2EE
40	90	25.25	23	20	2	1.5	12°57′10″	2FB
40	90	35.25	33	27	2	1.5	12°57′10″	2FD
45	68	15	15	12	0.6	0.6	12°	2BC
45	75	24	24	19	1	1	11°05′	2CE
45	80	24	24	19.5	2	2	13°	2CD
45	95	26	35	30	2.5	2.5	12°09′	2ED
45	100	27.25	25	22	2	1.5	12°57′10″	2FB
45	100	38.25	36	30	2	1.5	12°57′10″	2FD
50	72	15	15	12	0.6	0.6	12°50′	2BC
50	80	24	24	19	1	1	11°55′	2CE
50	85	24	24	19.5	2	2	13°52′	2CD
50	100	36	35	30	2.5	2.5	12°51′	2ED
50	110	29.25	27	23	2.5	2	12°57′10″	2FB
50	110	42.25	40	33	2.5	2	12°57′10″	2FD
55	80	17	17	14	1	1	11°39′	2BC
55	85	18	18.5	14	2	2	12°49′	2CC
55	90	27	27	21	1.5	1.5	11°45′	2CE
55	95	27	27	21.5	2	2	12°43′30″	2CD
55	110	39	39	32	2.5	2.5	13°	2ED
55	120	31.5	29	25	2.5	2	12°57′10″	2FB
55	120	45.5	43	35	2.5	2	12°57′10″	2FD
60	85	17	17	14	1	1	12°27′	2BC
60	90	18	18.5	14	2	2	13°38′30″	2CC
60	95	27	27	21	1.5	1.5	12°20′	2CE
60	100	27	27	21.5	2.	2	13°27′	2CD
60	115	40	39	33	2.5	2.5	12°30′	2EE
60	130	33.5	31	26	3	2.5	12°57′10″	2FB
60	130	48.5	46	37	3	2.5	12°57′10″	2FD

94. 테이퍼 롤러 베어링(접촉각 계열 2)

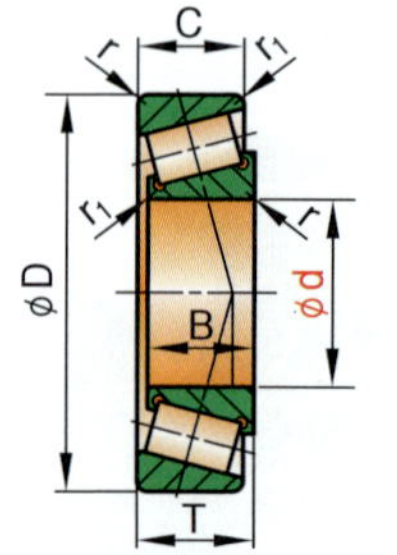

단위 : mm

접촉각 계열 2 치수(계속)

d	D	T	B	C	r_{min} 내륜	r_{min} 외륜	α	치수 계열
65	90	17	17	14	1	1	13° 15′	2BC
65	100	22	22	17.5	2	2	12° 10′30″	2CC
65	100	27	27	21	1.5	1.5	13° 05′	2CE
65	110	31	31	25	2	2	12° 27′	2DD
65	125	43	42	35	2.5	2.5	12°	2FD
65	140	36	33	28	3	2.5	12° 57′10″	2GB
65	140	51	48	39	3	2.5	12° 57′10″	2GD
70	100	20	20	16	11	1	11° 53′	2BC
70	105	22	22	17.5	2	2	12° 49′30″	2CC
70	110	31	31	25.5	1.5	1.5	10° 45′	2CE
70	120	34	33	27	2	2	12° 22′	2DD
70	130	43	42	35	3	2.5	12° 31′30″	2ED
70	150	38	35	30	3	2.5	12° 57′10″	2GB
70	150	54	51	42	3	2.5	12° 57′10″	2GD
75	105	20	20	16	1	1	12° 31′	2BC
75	115	25	25	20	2	2	12°	2CC
75	115	31	31	25.5	1.5	1.5	11° 15′	2CE
75	125	34	33	27	2.5	2	12° 55′	2DD
75	135	43	42	35	3	2.5	13° 03′	2ED
75	160	40	37	31	3	2.5	12° 57′10″	2GB
75	160	58	55	45	3	2.5	12° 57′10″	2GD
80	110	20	20	16	1	1	13° 10′	2BC
80	120	25	25	20	2	2	12° 33′30″	2CC
80	125	36	36	29.5	1.5	1.5	10° 30′	2CE
80	130	34	33	27	2.5	2	13° 30′	2DD
80	145	46	45	38	3	2.5	12° 02′	2ED
80	170	42.5	39	33	3	2.5	12° 57′10″	2GB
80	170	61.5	58	48	3	2.5	12° 57′10″	2GD
85	120	23	23	18	1.5	1.5	12° 18′	2BC
85	125	25	25	20	2.5	2	13° 7′30″	2CC
85	130	36	36	29.5	1.5	1.5	11°	2CE
85	135	34	33	28	2.5	2	13° 02′	2DD
85	150	46	46	38	3	3	12° 30′	2ED
85	180	44.5	41	34	4	3	12° 57′10″	2GB
90	125	23	23	18	1.5	1.5	12° 51′	2BC
90	135	28	27.5	23	2.5	2	12° 01′30″	2CC
90	140	34	33	28	2.5	2.5	12° 02′30″	2CD
90	140	39	39	32.5	2	1.5	10° 10′	2CE
90	155	46	46	38	3	3	12° 17′	2ED
90	190	46.5	43	36	4	3	12° 57′10″	2GB
–	–	–	–	–	–	–	–	–

d	D	T	B	C	r_{min} 내륜	r_{min} 외륜	α	치수 계열
95	130	23	23	18	1.5	1.5	13° 25′	2BC
95	140	28	27.5	23	2.5	2.5	12° 30′	2CC
95	145	34	33	28	2.5	2.5	12° 30′	2CD
95	145	39	39	32.5	2	1.5	10° 30′	2CE
95	160	46	46	38	3	3	12° 43′	2ED
95	200	49.5	45	38	4	3	12° 57′10″	2GB
95	200	71.5	67	55	4	3	12° 57′10″	2GD
100	140	25	25	20	1.5	1.5	12° 23′	2CC
100	145	28	27.5	23	2.5	2.5	12° 58′30″	2DC
100	150	34	33	28	2.5	2.5	12° 57′30″	2CD
100	150	39	39	32.5	2	1.5	10° 50′	2CE
100	165	47	46	39	3	3	12°	2EE
100	215	51.5	47	39	4	3	12° 57′10″	2GB
100	215	77.5	73	60	4	3	12° 57′10″	2GD
105	145	25	25	20	1.5	1.5	12° 51′	2CC
105	155	33	31.5	27	2.5	2.5	12° 17′30″	2CD
105	160	38	37	31	3	2.5	12° 17′30″	2DD
105	160	43	43	34	2.5	2	10° 40′	2DE
105	170	47	46	39	3	3	12° 18′30″	2EE
105	225	53.5	49	41	4	3	12° 57′10″	2GB
105	225	81.5	77	63	4	3	12° 57′10″	2GD
110	150	25	25	20	1.5	1.5	13° 20′	2CC
110	160	33	31.5	27	2.5	2.5	12° 42′30″	2CD
110	165	38	37	31	3	2.5	12° 42′30″	2DD
110	170	47	47	37	2.5	2	10° 50′	2DE
110	175	47	46	39	4	3	12° 41′30″	2EE
110	240	54.5	50	42	4	3	12° 57′10″	2GB
110	240	84.5	80	65	4	3	12° 57′10″	2GD
120	165	29	29	23	1.5	1.5	13° 05′	2CC
120	175	36	35	29	2.5	2.5	12° 08′	2DC
120	180	41	40	33	3	2.5	12° 08′30″	2DD
120	180	48	48	38	2.5	2	11° 30′	2DE
120	190	50	49	41	4	3	12° 09′30″	2EE
120	260	59.5	55	46	4	3	12° 57′10″	2GB
120	260	90.5	86	69	4	3	12° 57′10″	2GD
130	180	32	32	25	2	1.5	12° 45′	2CC
130	185	36	35	29	3	2.5	12° 52′	2DC
130	190	41	40	33	3	2.5	12° 51′30″	2DD
130	200	50	49	41	4	3	12° 50′30″	2DE
130	200	55	55	43	2.5	2	12° 50′	2EE
130	280	63.75	58	49	5	4	12° 57′10″	2GB

94. 테이퍼 롤러 베어링(접촉각 계열 2, 3)

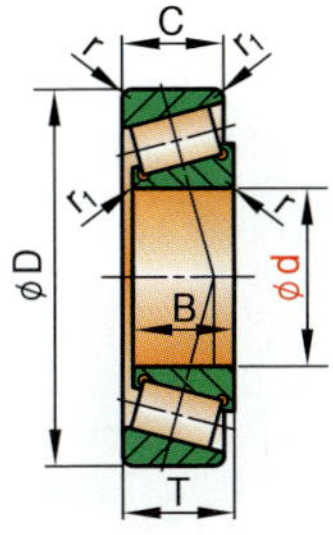

단위 : mm

접촉각 계열 2 치수(계속)

d	D	T	B	C	r_{min} 내륜	r_{min} 외륜	α	치수계열
140	190	32	32	25	2	1.5	13°30′	2CC
140	200	39	38	31	3	2.5	12°	2DC
140	205	44	43	36	3	2.5	12°	2DD
140	210	56	56	44	2.5	2	13°30′	2DE
140	215	53	52	44	4	3	12°	2ED
140	300	67.75	62	53	5	4	12°57′10″	2GB
150	210	38	38	30	2.5	2	12°20′	2DC
150	215	44	43	36	3	3	12°37′	2DD
150	225	53	52	44	4	4	12°35′30″	2ED
150	225	59	59	46	3	2.5	13°40′	2EE
150	320	72	65	55	5	4	12°57′10″	2GB
160	220	38	38	30	2.5	2	13°	2DC
160	225	44	43	36	3	3	13°14′30″	2DD
160	235	53	52	44	4	4	13°11′30″	2ED
160	340	75	68	58	5	4	12°57′10″	2GB
170	235	44	43	36	3	3	12°13′30″	2DD
170	245	53	52	44	5	4	12°14′	2ED
170	360	80	72	62	5	4	12°57′10″	2GB
180	240	39	38	31	3	3	12°47′	2DC
180	245	44	43	36	3	3	12°46′30″	2DD
180	255	53	52	44	5	4	12°46′	2ED
190	255	41	40	33	3	3	12°15′	2DC
190	260	47	46	38	4	3	12°15′	2DD
190	270	56	55	46	5	4	12°15′30″	2ED
200	265	41	40	33	3	3	12°45′	2DC
200	270	47	46	38	4	3	12°45′	2DD
200	280	56	55	46	5	4	12°44′30″	2ED
220	285	41	40	33	4	3	12°	2DC
220	290	47	46	38	4	3	12°	2DD
220	300	56	55	46	5	4	12°04′30″	2ED
240	305	41	40	33	4	3	12°53′	2DC
240	310	47	46	38	4	3	12°52′	2DD
240	320	57	56	46	6	4	12°55′30″	2EE
260	325	41	40	33	4	4	13°46′	2DC
260	330	47	46	38	4	4	13°44′30″	2DD
260	340	57	56	46	6	4	12°07′30″	2DE
280	360	57	56	46	6	5	12°52′30″	2DE

접촉각 계열 3 치수

d	D	T	B	C	r_{min} 내륜	r_{min} 외륜	α	치수계열
20	42	15	15	12	0.6	0.6	14°	3CC
22	44	15	15	11.5	0.6	0.6	14°50′	3CC
25	52	16.25	15	13	1	1	14°02′10″	3CC
30	62	17.25	16	14	1	1	14°02′10″	3DB
30	62	21.25	20	17	1	1	14°02′10″	3DC
32	65	18.25	17	15	1	1	14°	3DB
35	72	18.25	17	15	1.5	1.5	14°02′10″	3DB
35	72	24.25	23	19	1.5	1.5	14°02′10″	3DC
40	68	19	19	14.5	1	1	14°10′	3CD
40	80	19.75	18	16	1.5	1.5	14°02′10″	3DB
40	80	24.75	23	19	1.5	1.5	14°02′10″	3DC
45	75	20	20	15.5	1	1	14°40′	3CC
45	80	26	26	20.5	1.5	1.5	14°20′	3CE
45	85	20.75	19	16	1.5	1.5	15°06′34″	3DB
45	85	24.75	23	19	1.5	1.5	15°06′34″	3DC
45	85	32	32	25	1.5	1.5	14°25′	3DE
50	80	20	20	15.5	1	1	15°45′	3CC
50	85	26	26	20	1.5	1.5	15°20′	3CE
50	90	21.75	20	17	1.5	1.5	15°38′32″	3DB
50	90	24.75	23	19	1.5	1.5	15°38′32″	3DC
50	90	32	32	24.5	1.5	1.5	15°25′	3DE
55	90	23	23	17.5	1.5	1.5	15°10′	3CC
55	95	30	30	23	1.5	1.5	14°	3CE
55	100	22.75	21	18	2	1.5	15°06′34″	3DB
55	100	26.75	25	21	2	1.5	15°06′34″	3DC
55	100	35	35	27	2	1.5	14°55′	3DE
60	100	30	30	23	1.5	1.5	14°50′	3CE
60	110	23.75	22	19	2	1.5	15°06′34″	3EB
60	110	29.75	28	24	2	1.5	15°06′34″	3EC
60	110	38	38	29	2	1.5	15°05′	3EE
65	110	34	34	26.5	1.5	1.5	14°30′	3DE
65	120	24.75	23	20	2	1.5	15°06′34″	3EB
65	120	32.75	31	27	2	1.5	15°06′34″	3EV
65	120	41	41	32	2	1.5	14°35′	3EE
65	135	52	51	43	5	3	15°55′50″	3FE
–	–	–	–	–	–	–	–	–

95. 테이퍼 롤러 베어링(접촉각 계열 3)

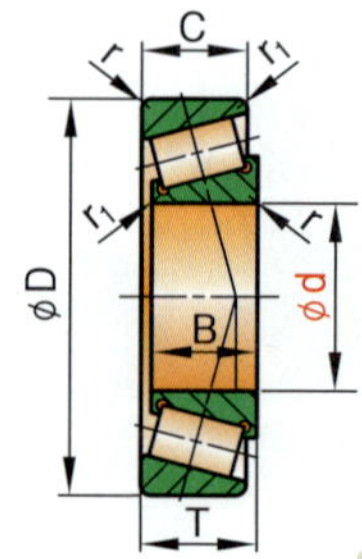

단위 : mm

접촉각 계열 3 치수(계속)

d	D	T	B	C	r_{min} 내륜	r_{min} 외륜	α	치수 계열
70	120	37	37	29	2	1.5	14°10′	3DE
70	125	26.25	24	21	2	1.5	15°38′32″	3EB
70	125	33.25	31	27	2	1.5	15°38′32″	3EC
70	125	41	41	32	2	1.5	15°15′	3EE
75	125	37	37	29	2	1.5	14°50′	3DE
75	130	41	41	31	2	1.5	15°55′	3EE
75	145	52	51	43	5	3	15°57′	3FE
80	125	29	29	22	1.5	1.5	15°45′	3CC
80	130	37	37	29	2	1.5	15°30′	3DE
80	140	23.25	26	22	2.5	2	15°38′32″	3EB
80	140	35.25	33	28	2.5	2	15°38′32″	3EC
80	140	46	46	35	2.5	2	15°50′	3EE
85	140	41	41	32	2.5	2	15°10′	3DE
85	150	30.5	28	24	2.5	2	15°38′32″	3EB
85	150	38.5	36	30	2.5	2	15°38′32″	3EC
85	150	49	49	37	2.5	2	15°35′	3EE
85	160	55	54	45	5	3	15°43′	3FE
90	140	32	32	24	2	1.5	15°45′	3CC
90	150	45	45	35	2.5	2	14°50′	3DE
90	160	32.5	30	26	2.5	2	15°38′32″	3FB
90	160	42.5	40	34	2.5	2	15°38′32″	3FC
90	160	55	55	42	2.5		15°40′	3FE
95	160	49	49	38	2.5	2	14°35′	3EE
95	170	34.5	32	27	3	2.5	15°38′32″	3FB
95	170	45.5	43	37	3	2.5	15°38′32″	3FC
95	170	58	58	44	3	2.5	15°15′	3FE
100	165	52	52	40	2.5	2	15°10′	3EE
100	180	37	34	29	3	2.5	15°38′32″	3FB
100	180	49	46	39	3	2.5	15°38′32″	3FC
100	180	63	63	48	3	2.5	15°05′	3FE

d	D	T	B	C	r_{min} 내륜	r_{min} 외륜	α	치수 계열
105	175	56	56	44	2.5	2	15°05′	3EE
105	190	39	36	30	3	2.5	15°38′32″	3FB
105	190	53	50	43	3	2.5	15°38′32″	3FC
105	190	68	68	52	3	2.5	15°	3FE
110	180	56	56	43	2.5	2	15°35′	3EE
110	190	58	57	47	6	3	15°48′	3FE
110	200	41	38	32	3	2.5	15°38′32″	3FB
110	200	56	53	46	3	2.5	15°38′32″	3FC
120	200	62	62	48	2.5	2	14°50′	3FE
130	210	58	57	47	6	4	15°50′30″	3EE
150	235	61	59	50	6	4	15°53′	3EE
170	230	38	38	30	2.5	2	14°20′	3DC
170	255	61	59	50	6	4	15° 55′	3EE
180	280	64	64	48	3	2.5	15°45′	3FD
190	280	64	62	52	6	4	15°58′30″	3EE
200	280	51	51	39	3	2.5	14°45′	3EC
200	360	104	98	82	5	4	15°10′	3GD
220	300	51	51	39	3	2.5	15°50′	3EC
260	360	63.5	63.5	48	3	2.5	15°10′	3EC
300	420	76	76	57	4	3	14°45′	3FD
320	440	76	76	57	4	3	15°30′	3FD
–	–	–	–	–	–	–	–	–
–	–	–	–	–	–	–	–	–
–	–	–	–	–	–	–	–	–
–	–	–	–	–	–	–	–	–
–	–	–	–	–	–	–	–	–
–	–	–	–	–	–	–	–	–

96. 테이퍼 롤러 베어링(접촉각 계열 4)

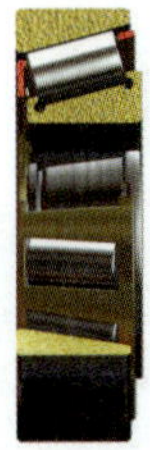

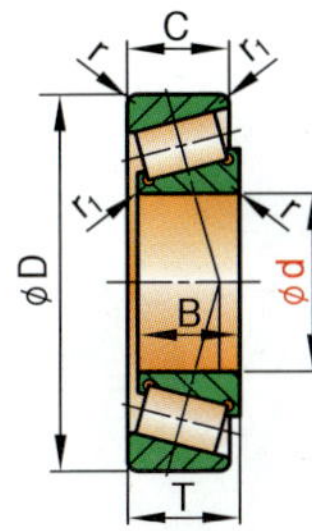

단위 : mm

접촉각 계열 4 치수

d	D	T	B	C	r_{min} 내륜	r_{min} 외륜	α	치수계열
20	45	14	14	10	1	1	16°40′	4DB
22	47	14	14	10	1	1	17°30′	4CB
25	47	15	15	11.5	0.6	0.6	16°	4CC
25	50	14	14	10	1	1	18°45′	4CB
28	52	16	16	12	1	1	16°	4CC
28	55	15	14.5	11	1	1	17°30′	4CB
30	55	17	17	13	1	1	16°	4CC
30	60	17	16.5	12.5	1	1	17°30′	4DB
32	58	17	17	13	1	1	16°50′	4CC
32	65	18	17.5	13.5	1	1	17°30′	4DB
35	62	18	18	14	1	1	16°50′	4CC
35	70	19	18	14	1	1	16°49′30″	4DB
40	75	19	18	14	1	1	18°10′30″	4CB
45	85	21	20	15.5	2	2	16°55′30″	4DB
50	90	21	20	15.5	2	2	18°04′30″	4DB
50	105	41	40	34	4	2.5	16°41′	4FE
55	95	21	20	15.5	2	2	16°33′	4CB
55	115	44	42	37	5	2.5	16°15′	4FE
60	95	23	23	17.5	1.5	1.5	16°	4CC
60	100	21	20	15.5	2	2	17°30′	4CB
60	125	48	46	40	5	2.5	16°15′	4FE
65	100	23	23	17.5	1.5	1.5	17°	4CC
65	105	21	20	15.5	2	2	18°27′	4CB
70	110	21	20	15.5	2	2	17°05′	4CB
70	110	25	25	19	1.5	1.5	16°10′	4CC
70	140	52	51	43	5	3	16°34′30″	4FE
75	115	21	20	15.5	2	2	17°55′	4CB
75	115	25	25	19	1.5	1.5	17°	4CC
75	130	27.25	25	22	2	1.5	16°10′20″	4DB
75	130	33.25	31	27	2	1.5	16°10′20″	4DC
80	125	24	22.5	17.5	2	2	16°46′	4CB
80	150	52	51	43	5	3	16°33′	4FE

d	D	T	B	C	r_{min} 내륜	r_{min} 외륜	α	치수계열
85	130	24	22.5	17.5	2	2	17°30′	4CB
85	130	29	29	22	1.5	1.5	16°25′	4CC
90	135	24	22.5	17.5	2	2	18°14′	4CB
90	165	55	54	45	5	3	16°15′	4FE
95	140	24	22.5	17.5	2	2	16°51′	4CB
95	145	32	32	24	2	1.5	16°25′	4CC
95	170	55	54	45	5	3	16°47′	4FE
100	145	24	22.5	17.5	3	3	17°30′	4CB
100	150	32	32	24	2	1.5	17°	4CC
100	175	55	54	45	6	3	16°	4FE
105	150	24	22.5	17.5	3	3	18°09′	4CB
105	160	35	35	26	2.5	2	16°30′	4DC
105	180	55	54	45	6	3	16°30′	4EE
110	160	27	25.5	19.5	3	3	16°24′	4CB
110	170	38	38	29	2.5	2	16°	4DC
120	170	27	25	19.5	3	3	17°30′	4CB
120	180	38	38	29	2.5	2	17°	4DC
120	200	58	57	47	6	3	16°42′	4FE
120	215	43.5	40	34	3	2.5	16°10′20″	4FB
120	215	61.5	58	50	3	2.5	16°10′20″	4FD
130	185	29	27	21	3	3	17°30′	4CB
130	200	45	45	34	2.5	2	16°10′	4EC
130	230	43.75	40	34	4	3	16°10′20″	4FB
130	230	67.75	64	54	4	3	16°10′20″	4FD
140	195	29	27	21	3	3	18°32′	4CB
140	210	45	45	34	2.5	2	17°	4DC
140	220	58	57	47	6	4	16°39′30″	4EE
140	250	45.75	42	36	4	3	16°10′20″	4FB
140	250	71.75	68	58	4	3	16°10′20″	4FD
150	210	32	30	23	3	3	17°04′	4DB
150	225	48	48	36	3	2.5	17°	4EC
150	270	49	45	38	4	3	16°10′20″	4GB
150	270	77	73	60	4	3	16°10′20″	4GD
–	–	–	–	–	–	–	–	–
–	–	–	–	–	–	–	–	–
–	–	–	–	–	–	–	–	–

96. 테이퍼 롤러 베어링(접촉각 계열 4)

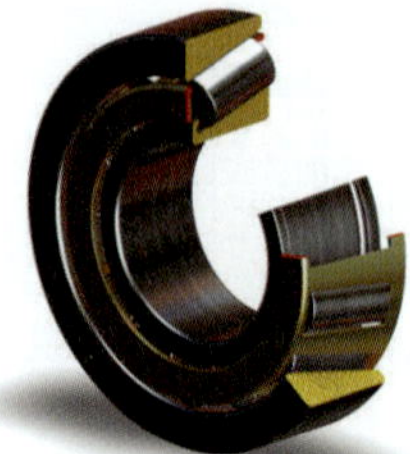

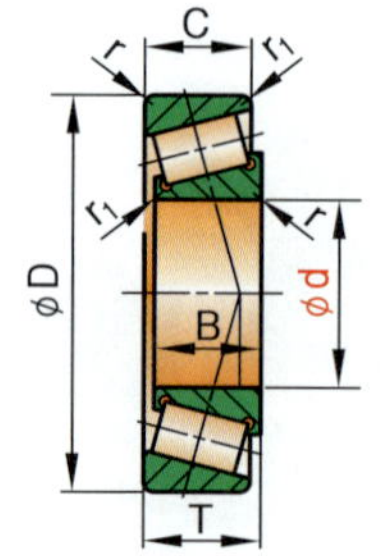

단위 : mm

접촉각 계열 4 치수(계속)

d	D	T	B	C	r_{min} 내륜	r_{min} 외륜	α	치수계열
160	220	32	30	23	3	3	17°57′30″	4DB
160	240	51	51	38	3	2.5	17°	4EC
160	245	61	59	50	6	4	16°37′	4EE
160	290	52	48	40	4	3	16°10′20″	4GB
170	230	32	30	23	3	3	17°06′	4DB
170	260	57	57	43	3	2.5	16°30′	4EC
170	310	57	52	43	5	4	16°10′20″	4GB
170	310	91	86	71	5	4	16°10′20″	4GD
180	240	32	30	23	3	3	17°54′	4DB
180	250	45	45	34	2.5	2	17°45′	4DC
180	265	61	59	50	6	4	16°35′	4EE
180	320	57	52	43	5	4	16°41′57″	4GB
190	260	37	34	27	3	3	16°46′	4DB
190	260	45	45	34	2.5	2	17°39′	4DC
190	290	64	64	48	3	2.5	16°25′	4FD
190	340	60	55	46	5	4	16°10′20″	4GB
200	270	37	34	27	3	3	17°30′	4DB
200	290	64	62	52	6	4	16°34′	4EE
200	310	70	70	53	3	2.5	16°	4FD
200	360	64	58	48	5	4	16°10′20″	4GB
220	290	37	34	27	3	3	18°54′	4DB
220	340	76	76	57	4	3	16°	4FD
240	320	42	39	30	3	3	16°56′	4EB
240	320	51	51	39	3	2.5	17°	4EC
240	260	76	76	57	4	3	17°	4FD
260	340	42	39	30	3	3	18°04′	4DB
260	400	87	87	65	5	4	16°10′	4FC
280	370	48	44	34	3	3	17°30′	4EB
280	380	63.5	63.5	48	3	2.5	16°05′	4EC
280	420	87	87	65	5	4	17°	4FC
300	400	52	49	37	3	3	17°	4EB
300	460	100	100	74	5	4	16°10′	4GD
320	420	53	49	38	3	3	17°55′	4EB
320	480	100	100	74	5	4	17°	4GD
340	460	76	76	57	4	3	16°15′	4FD
360	480	76	76	57	4	3	17°	4FD

97. 테이퍼 롤러 베어링(접촉각 계열 5)

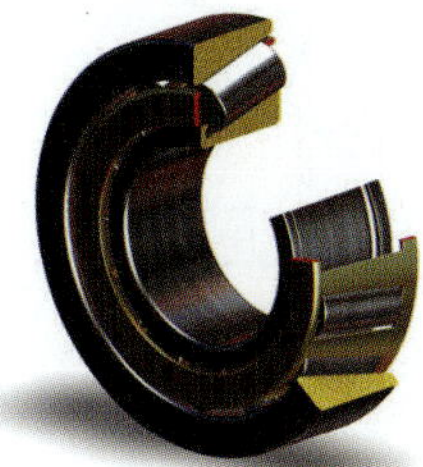

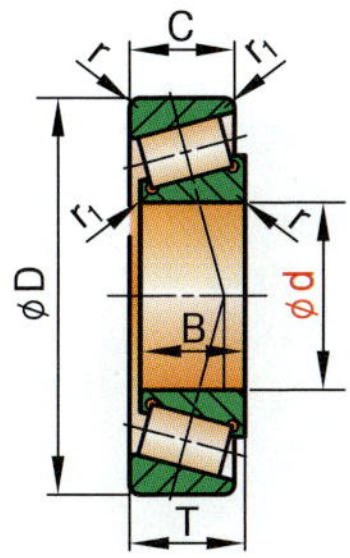

단위 : mm

접촉각 계열 5 치수

d	D	T	B	C	r_{min} 내륜	r_{min} 외륜	α	치수 계열
20	47	19.25	18	1	15	1	19°	5DD
25	52	19.25	18	1	15	1	21°15′	5CD
28	58	20.25	19	1	16	1	20°34′	5DD
30	62	21.25	20	1	17	1	20°34′	5DC
30	72	28.75	27	1.5	23	1.5	20°	5FD
32	65	22	21.5	1	17	1	20°	5DC
32	75	29.75	28	1.5	23	1.5	20°	5FD
35	72	24.25	23	1.5	19	1.5	21°10′	5DC
35	80	32.75	31	2	25	1.5	20°	5FE
40	80	24.75	23	1.5	19	1.5	20°	5DC
40	80	27	23.5	4	21.5	2	20°43′30″	5DD
40	90	35.25	33	2	27	1.5	20°	5FD
45	85	24.75	23	1.5	19	1.5	21°35′	5DC
45	90	32	31	4	26	2	20°	5ED
45	100	38.25	36	2	30	1.5	20°	5FD
50	90	24.75	23	1.5	18	1.5	21°20′	5DC
50	100	36	34.5	4	29	2	19°27′30″	5ED
50	110	42.25	40	2.5	33	2	20°	5FD
55	100	30	28.5	4	24	2.5	20°	5DD
55	105	36	34.5	4	29	2.5	20°32′	5ED
55	120	45.5	43	2.5	35	2	20°	5FD
60	110	34	32	4	27	2.5	19°30′	5DD
–	–	–	–	–	–	–	–	

d	D	T	B	C	r_{min} 내륜	r_{min} 외륜	α	치수 계열
60	115	39	38	4	31	2.5	19°32′	5ED
60	130	48.5	46	3	37	2.5	20°	5FD
65	115	34	32	4	27	2.5	20°30′	5DD
65	120	39	38	4	31	2.5	20°28′	5ED
65	140	51	48	3	39	2.5	20°	5GD
70	125	37	34.5	4	30	2.5	19°34′	5DD
70	130	42	40	4	34	2.5	19°11′	5ED
70	150	54	51	3	42	2.5	20°	5GD
75	130	37	34.5	4	30	2.5	20°26′	5DD
75	135	45	40	5	34	2.5	20°	5ED
75	160	58	55	3	45	2.5	20°	5GD
80	135	37	34.5	4	30	2.5	19°36′	5DD
80	140	42	40	5	34	3	20°49′	5ED
80	170	61.5	58	3	48	2.5	20°	5GD
85	140	37	34.5	4	30	3	20°24′	5DD
85	145	42	40	5	34	3	19°16′	5ED
85	180	63.5	60	4	49	3	20°	5GD
90	145	37	34.5	4	30	3	19°16′	5DD
90	150	42	40	5	34	3	20°	5ED
95	150	37	34.5	4	30	3	20°	5DD
95	155	42	40	5	34	3	20°44′	5ED
100	155	37	34.5	5	30	3	20°44′	5DD
100	160	42	40	5	34	3	19°20′	5ED
105	160	37	34.5	5	30	3	19°40′	5DD

98. 테이퍼 롤러 베어링(접촉각 계열 7)

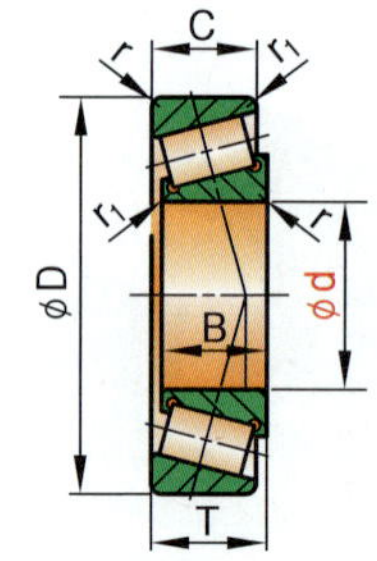

단위 : mm

접촉각 계열 7 치수

d	D	T	B	C	r_{min}		α	치수계열
					내륜	외륜		
25	62	18.25	17	13	1.5	1.5	28°48′39″	7FB
30	72	20.75	19	14	1.5	1.5	28°48′39″	7FB
35	80	22.75	21	15	2	1.5	28°48′39″	7FB
40	90	25.25	23	17	2	1.5	28°48′39″	7FB
45	95	29	26.5	20	2.5	2.5	30°	7FC
45	100	27.25	25	18	2	1.5	28°48′39″	7FB
50	105	32	29	22	3	3	30°	7FC
50	110	29.25	27	19	2.5	2	28°48′39″	7FB
55	115	34	31	23.5	3	3	30°	7FC
55	120	31.5	29	21	2.5	2	28°48′39″	7FB
60	125	37	33.5	26	3	3	28°39′	7FC
60	130	33.5	31	22	3	2.5	28°48′39″	7FB
65	130	37	33.5	26	3	3	30°	7FC
65	140	36	33	23	3	2.5	28°48′39″	7FB
70	140	39	35.5	27	3	3	30°	7FC
70	150	38	35	25	3	2.5	28°48′39″	7FB
75	150	42	38	29	3	3	30°	7FC
75	160	40	37	26	3	2.5	28°48′39″	7FB
80	160	45	41	31	3	3	30°	7FC
80	170	42.5	39	27	3	2.5	28°48′39″	7FB
85	170	48	45	33	4	4	28°04′30″	7FC
85	180	44.5	41	28	4	3	28°48′39″	7FB
90	175	48	45	33	4	4	29°02′30″	7FC
90	190	46.5	43	30	4	3	28°48′39″	7FB
95	180	49	45	33	4	4	30°	7FC
95	200	49.5	45	32	4	3	28°48′39″	7FB
100	190	52	47	35	4	4	30°	7FC
100	215	56.5	51	35	4	3	28°48′39″	7FB
105	200	54	49	37	4	4	30°	7FC
105	225	58	53	36	4	3	28°48′39″	7FB
110	210	57	51	39	4	4	28°25′	7FC
110	240	63	57	38	4	3	28°48′39″	7FB

99. 자동 조심 롤러 베어링(230, 231 계열)

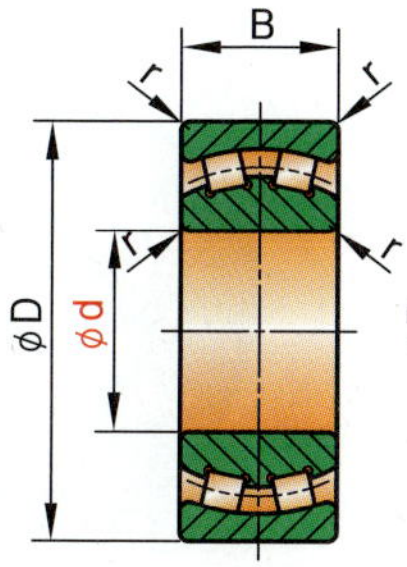

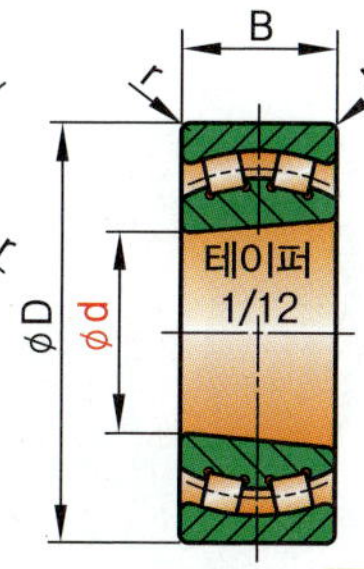

단위 : mm

호칭번호		베어링 계열 230 치수			
		치수			
원통 구멍	테이퍼 구 멍	d	D	B	r_{smin} (1)
23022	–	110	170	45	2
23024	23024 K	120	180	46	2
23026	23026 K	130	200	52	2
23028	23028 K	140	210	53	2
23030	23030 K	150	225	56	2.1
23032	23032 K	160	240	60	2.1
23034	23034 K	170	260	67	2.1
23036	23036 K	180	280	74	2.1
23038	23038 K	190	290	75	2.1
23040	23040 K	200	310	82	2.1
23044	23044 K	220	340	90	3
23048	23048 K	240	360	92	3
23052	23052 K	260	400	104	4
23056	23056 K	280	420	106	4
23060	23060 K	300	460	118	4
23064	23064 K	320	480	121	4
23068	23068 K	340	520	133	5
23072	23072 K	360	540	134	5
23076	23076 K	380	560	135	5
23080	23080 K	400	600	148	5
23084	23084 K	420	620	150	5
23088	23088 K	440	650	157	6
23092	23092 K	460	680	163	6
23096	23096 K	480	700	165	6

※ 베어링 치수계열 = 30

호칭번호		베어링 계열 231 치수			
		치수			
원통 구멍	테이퍼 구 멍	d	D	B	r_{smin} (1)
23122	23122 K	110	180	56	2
23124	23124 K	120	200	62	2
23126	23126 K	130	210	64	2
23128	23128 K	140	225	68	2.1
23130	23130 K	150	250	80	2.1
23132	23132 K	160	270	86	2.1
23134	23134 K	170	280	83	2.1
23136	23136 K	180	300	96	3
23138	23138 K	190	320	104	3
23140	23140 K	200	340	112	3
23144	23144 K	220	370	120	4
23148	23148 K	240	400	128	4
23152	23152 K	260	440	144	4
23156	23156 K	280	460	146	5
23160	23160 K	300	500	160	5
23164	23164 K	320	540	176	5
23168	23168 K	340	580	190	5
23172	23172 K	360	600	192	5
23176	23176 K	380	620	194	5
23180	23180 K	400	650	200	6
23184	23184 K	420	700	224	6
23188	23188 K	440	720	226	6
23192	23192 K	460	760	240	7.5
23196	23196 K	480	790	248	7.5

※ 베어링 치수계열 = 31

주

(1) 내륜 및 외륜의 최소 허용 모떼기 치수이다.

100. 자동 조심 롤러 베어링 (222, 232 계열)

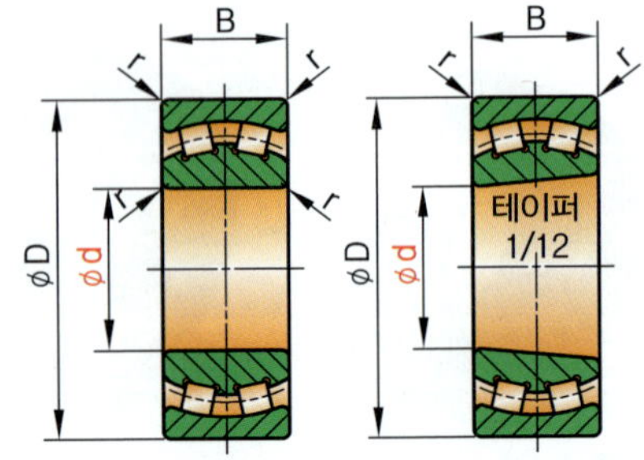

단위 : mm

호칭번호		베어링 계열 222 치수			
		치수			
원통 구멍	테이퍼 구 멍	d	D	B	r_{smin}(1)
22205	22205 K	25	52	18	1
22206	22206 K	30	62	20	1
22207	22207 K	35	72	23	1.1
22208	22208 K	40	80	23	1.1
22209	22209 K	45	85	23	1.1
22210	22210 K	50	90	23	1.1
22211	22211 K	55	100	25	1.5
22212	22212 K	60	110	28	1.5
22213	22213 K	65	120	31	1.5
22214	22214 K	70	125	31	1.5
22215	22215 K	75	130	31	1.5
22216	22216 K	80	140	33	2
22217	22217 K	85	150	36	2
22218	22218 K	90	160	40	2
22219	22219 K	95	170	43	2.1
22220	22220 K	100	180	46	2.1
22222	22222 K	110	200	53	2.1
22224	22224 K	120	215	58	2.1
22226	22226 K	130	230	64	3
22228	22228 K	140	250	68	3
22230	22230 K	150	270	73	3
22232	22232 K	160	290	80	3
22234	22234 K	170	310	86	4
22236	22236 K	180	320	86	4
22238	22238 K	190	340	92	4
22240	22240 K	200	360	98	4
22244	22244 K	220	400	108	4

※ 베어링 치수계열 = 22

호칭번호		베어링 계열 232 치수			
		치수			
원통 구멍	테이퍼 구 멍	d	D	B	r_{smin}(1)
23218	23218 K	90	160	52.4	2
–	–	–	–	–	–
23220	23220 K	100	180	60.3	2.1
23222	23222 K	110	200	69.8	2.1
23224	23224 K	120	215	76	2.1
23226	23226 K	130	230	80	3
23228	23228 K	140	250	88	3
23230	23230 K	150	270	96	3
23232	23232 K	160	290	104	3
23234	23234 K	170	310	110	4
23236	23236 K	180	320	112	4
23238	23238 K	190	340	120	4
23240	23240 K	200	360	128	4
23244	23244 K	220	400	144	4
23248	23248 K	240	440	160	4
23252	23252 K	260	480	174	5
23256	23256 K	280	500	176	5
23260	23260 K	300	540	192	5
23264	23264 K	320	580	208	5
23268	23268 K	340	620	224	6
23272	23272 K	360	650	232	6
23276	23276 K	380	680	240	6
23280	23280 K	400	720	256	6
23284	23284 K	420	760	272	7.5
23288	23288 K	440	790	280	7.5
23292	23292 K	460	830	296	7.5
23296	23296 K	480	870	310	7.5

※ 베어링 치수계열 = 32

주

(1) 내륜 및 외륜의 최소 허용 모떼기 치수이다.

101. 자동 조심 롤러 베어링(213, 223 계열)

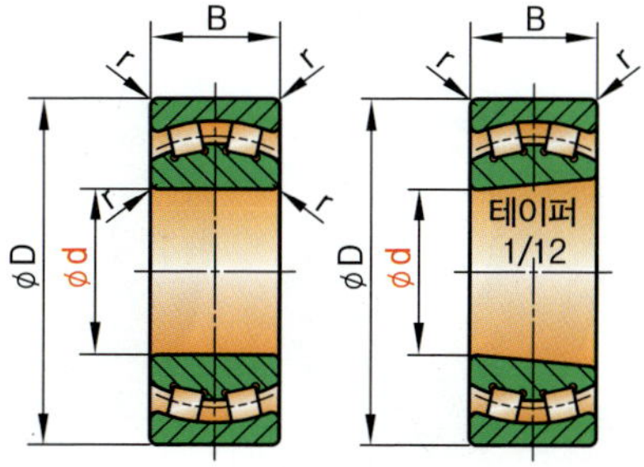

단위 : mm

호칭번호		베어링 계열 213 치수			
		치수			
원통 구멍	테이퍼 구 멍	d	D	B	r_{smin}(1)
21304	21304 K	20	52	15	1.1
21305	21305 K	25	62	17	1.1
21306	21306 K	30	72	19	1.1
21307	21307 K	35	80	21	1.5
21308	21308 K	40	90	23	1.5
21309	21309 K	45	100	25	1.5
21310	21310 K	50	110	27	2
21311	21311 K	55	120	29	2
21312	21312 K	60	130	31	2.1
21313	21313 K	65	140	33	2.1
21314	21314 K	70	150	35	2.1
21315	21315 K	75	160	37	2.1
21316	21316 K	80	170	39	2.1
21317	21317 K	85	180	41	3
21318	21318 K	90	190	43	3
21319	21319 K	95	200	45	3
21320	21320 K	100	215	47	3
21322	21322 K	105	240	50	3
–	–	–	–	–	–
–	–	–	–	–	–
–	–	–	–	–	–
–	–	–	–	–	–
–	–	–	–	–	–
–	–	–	–	–	–
–	–	–	–	–	–
–	–	–	–	–	–
–	–	–	–	–	–

※ 베어링 치수계열 = 03

호칭번호		베어링 계열 223 치수			
		치수			
원통 구멍	테이퍼 구 멍	d	D	B	r_{smin}(1)
22308	22308 K	40	90	33	1.5
22309	22309 K	45	100	36	1.5
22310	22310 K	50	110	40	2
22311	22311 K	55	120	43	2
22312	22312 K	60	130	46	2.1
22313	22313 K	65	140	48	2.1
22314	22314 K	70	150	51	2.1
22315	22315 K	75	160	55	2.1
22316	22316 K	80	170	58	2.1
22317	22317 K	85	180	60	3
22318	22318 K	90	190	64	3
22319	22319 K	95	200	67	3
22320	22320 K	100	215	73	3
22322	22322 K	110	240	80	3
22324	22324 K	120	260	86	3
22326	22326 K	130	280	93	4
22328	22328 K	140	300	102	4
22330	22330 K	150	320	108	4
22332	22332 K	160	340	114	4
22334	22334 K	170	360	120	4
22336	22336 K	180	380	126	4
22338	22338 K	190	400	132	5
22340	22340 K	200	420	138	5
22344	22344 K	220	460	145	5
22348	22348 K	240	500	155	5
22352	22352 K	260	540	165	6
22356	22356 K	280	580	175	6

※ 베어링 치수계열 = 23

주

(1) 내륜 및 외륜의 최소 허용 모떼기 치수이다.

102. 니들 롤러 베어링 (NA48, RNA48 계열)

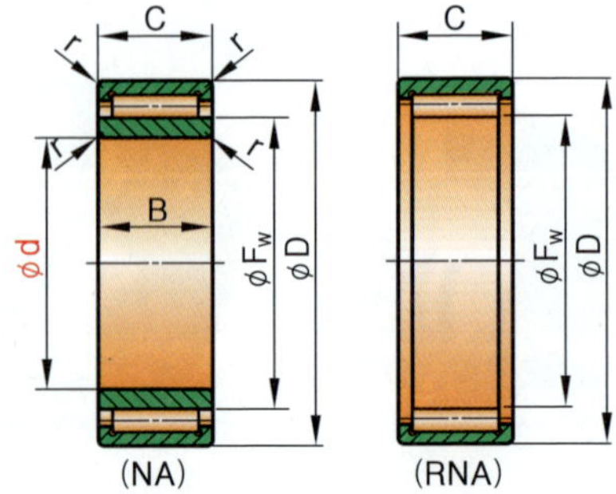

단위 : mm

호칭번호	내륜붙이 베어링 계열 NA 48 치수			
	d	D	B 및 C	r_{smin}
NA 4822	110	140	30	1
NA 4824	120	150	30	1
NA 4826	130	165	35	1.1
NA 4828	140	175	35	1.1
NA 4830	150	190	40	1.1
NA 4832	160	200	40	1.1
NA 4834	170	215	45	1.1
NA 4836	180	225	45	1.1
NA 4838	190	240	50	1.5
NA 4840	200	250	50	1.5
NA 4844	220	270	50	1.5
NA 4848	240	300	60	2
NA 4852	260	320	60	2
NA 4856	280	350	69	2
NA 4860	300	380	80	2.1
NA 4864	320	400	80	2.1
NA 4868	340	420	80	2.1
NA 4872	360	440	80	2.1

호칭번호	내륜이 없는 베어링 계열 RNA 48 치수			
	F_w	D	C	r_{smin}
RNA 4822	120	140	30	1
RNA 4824	130	150	30	1
RNA 4826	145	165	35	1.1
RNA 4828	155	175	35	1.1
RNA 4830	165	190	40	1.1
RNA 4832	175	200	40	1.1
RNA 4834	185	215	45	1.1
RNA 4836	195	225	45	1.1
RNA 4838	210	240	50	1.5
RNA 4840	220	250	50	1.5
RNA 4844	240	270	50	1.5
RNA 4848	265	300	60	2
RNA 4852	285	320	60	2
RNA 4856	305	350	69	2
RNA 4860	330	380	80	2.1
RNA 4864	350	400	80	2.1
RNA 4868	370	420	80	2.1
RNA 4872	390	440	80	2.1

비고
케이지가 없는 베어링의 경우에는 호칭번호 앞에 기호 V를 붙인다.

103. 니들 롤러 베어링 (NA49, RNA49 계열)

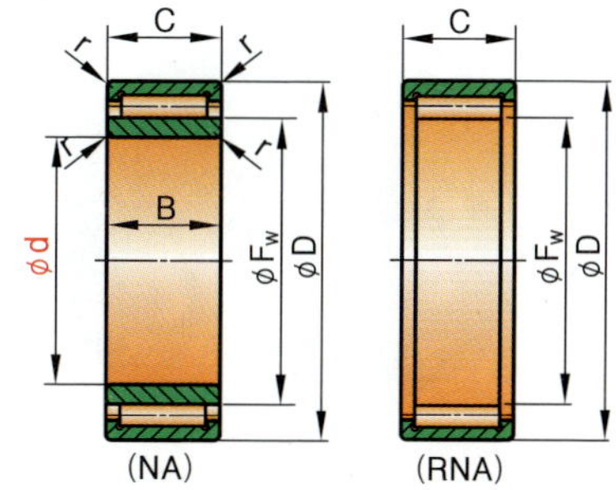

단위 : mm

호칭번호	내륜붙이 베어링 NA 49 치수			
	d	D	B 및 C	r_{smin}
	–	–	–	–
–	–	–	–	–
NA 495	5	13	10	0.15
NA 496	6	15	10	0.15
NA 497	7	17	10	0.15
NA 498	8	19	11	0.2
NA 499	9	20	11	0.3
NA 4900	10	22	13	0.3
NA 4901	12	24	13	0.3
–	–	–	–	–
NA 4902	15	28	13	0.3
NA 4903	17	30	13	0.3
NA 4904	20	37	17	0.3
NA 49/22	22	39	17	0.3
NA 4905	25	42	17	0.3
NA 49/28	28	45	17	0.3
NA 4906	30	47	17	0.3
NA 49/32	32	52	20	0.6
NA 4907	35	55	20	0.6
–	–	–	–	–
NA 4908	40	62	22	0.6
–	–	–	–	–
NA 4909	45	68	22	0.6
–	–	–	–	–
NA 4910	50	72	22	0.6
–	–	–	–	–
NA 4912	60	85	25	1
–	–	–	–	–
NA 4913	65	90	25	1
–	–	–	–	–
NA 4914	70	100	30	1
NA 4915	75	105	30	1
NA 4916	80	110	30	1
–	–	–	–	–
NA 4917	85	120	35	1.1
NA 4918	90	125	35	1.1
NA 4919	95	130	35	1.1
NA 4920	100	140	40	1.1
NA 4922	110	150	40	1.1
NA 4924	120	165	45	1.1

호칭번호	내륜이 없는 베어링 RNA 49 치수			
	F_w	D	C	r_{smin}
RNA 493	5	11	10	0.15
RNA 494	6	12	10	0.15
RNA 495	7	13	10	0.15
RNA 496	8	15	10	0.15
RNA 497	9	17	10	0.15
RNA 498	10	19	11	0.2
RNA 499	12	20	11	0.3
RNA 4900	14	22	13	0.3
RNA 4901	16	24	13	0.3
RNA 49/14	18	26	13	0.3
RNA 4902	20	28	13	0.3
RNA 4903	22	30	13	0.3
RNA 4904	25	37	17	0.3
RNA 49/22	28	39	17	0.3
RNA 4905	30	42	17	0.3
RNA 49/28	32	45	17	0.3
RNA 4906	35	47	17	0.3
RNA 49/32	40	52	20	0.6
RNA 4907	42	55	20	0.6
RNA 49/38	45	58	20	0.6
RNA 4908	48	62	22	0.6
RNA 49/42	50	65	22	0.6
RNA 4909	52	68	22	0.6
RNA 49/48	55	70	22	0.6
RNA 4910	58	72	22	0.6
RNA 49/58	65	82	25	1
RNA 4912	68	85	25	1
RNA 49/62	70	88	25	1
RNA 4913	72	90	25	1
RNA 49/68	75	95	30	1
RNA 4914	80	100	30	1
RNA 4915	85	105	30	1
RNA 4916	90	110	30	1
RNA 49/82	95	115	30	1
RNA 4917	100	120	35	1.1
RNA 4918	105	125	35	1.1
RNA 4919	110	130	35	1.1
RNA 4920	115	140	40	1.1
RNA 4922	125	150	40	1.1
RNA 4924	135	165	45	1.1

비고

케이지가 없는 베어링의 경우에는 호칭번호 앞에 기호 V를 붙인다.

KS B 2022 : 2000(2005 확인)(ISO 104 : 1994)

104. 평면자리 스러스트 볼 베어링(511, 512 계열)

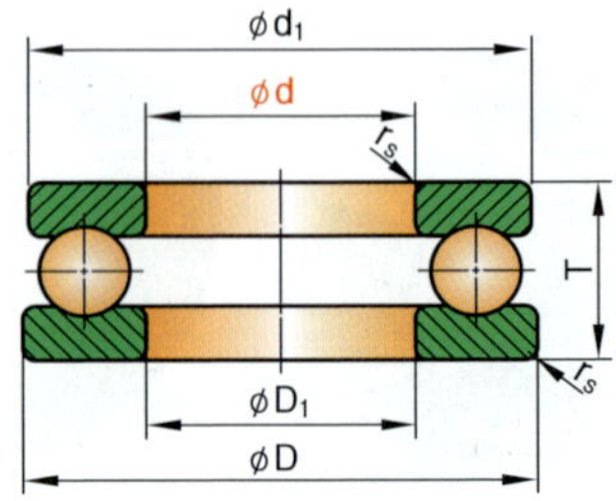

단위 : mm

호칭번호	베어링 계열 511 치수					
	d	D	T	r_{smin}	d_{1smax}	D_{1smin}
51100	10	24	9	0.3	24	11
51101	12	26	9	0.3	26	13
51102	15	28	9	0.3	28	16
51103	17	30	9	0.3	30	18
51104	20	35	10	0.3	35	21
51105	25	42	11	0.6	42	26
51106	30	47	11	0.6	47	32
51107	35	52	12	0.6	52	37
51108	40	60	13	0.6	60	42
51109	45	65	14	0.6	65	47
51110	50	70	14	0.6	70	52
51111	55	78	16	0.6	78	57
51112	60	85	17	1	85	62
51113	65	90	18	1	90	67
51114	70	95	18	1	95	72
51115	75	100	19	1	100	77
51116	80	105	19	1	105	82
51117	85	110	19	1	110	87
51118	90	120	22	1	120	92
51120	100	135	25	1	135	102
51122	110	145	25	1	145	112
51124	120	155	25	1	155	122
51126	130	170	30	1	170	132
51128	140	180	31	1	178	142
51130	150	190	31	1	188	152
51132	160	200	31	1	198	162
51134	170	215	34	1.1	213	172
51136	180	225	34	1.1	222	183
51138	190	240	37	1.1	237	193
51140	200	250	37	1.1	247	203
51144	220	270	37	1.1	267	223
51148	240	300	45	1.5	297	243
51152	260	320	45	1.5	317	263
51156	280	350	53	1.5	347	283
51160	300	380	62	2	376	304
51164	320	400	63	2	396	324
51168	340	420	64	2	416	344
51172	360	440	65	2	436	364
51176	380	460	65	2	456	384

※ 베어링 치수계열 = 11, 지름계열 = 1

d_{1smax} : 내륜의 최대 허용 바깥지름

D_{1smin} : 외륜의 최소 허용 안지름

호칭번호	베어링 계열 512 치수					
	d	D	T	d_{1smax}	D_{1smin}	r_{smin}
5124	4	16	8	16	4	0.3
5126	6	20	9	20	6	0.3
5128	8	22	9	22	8	0.3
51200	10	26	11	26	12	0.6
51201	12	28	11	28	14	0.6
51202	15	32	12	32	17	0.6
51203	17	35	12	35	19	0.6
51204	20	40	14	40	22	0.6
51205	25	47	15	47	27	0.6
51206	30	52	16	52	32	0.6
51207	35	62	18	62	37	1
51208	40	68	19	68	42	1
51209	45	73	20	73	47	1
51210	50	78	22	78	52	1
51211	55	90	25	90	57	1
51212	60	95	26	95	62	1
51213	65	100	27	100	67	1
51214	70	105	27	105	72	1
51215	75	110	27	110	77	1
51216	80	115	28	115	82	1
51217	85	125	31	125	88	1
51218	90	135	35	135	93	1.1
51220	100	150	38	150	103	1.1
51222	110	160	38	160	113	1.1
51224	120	170	39	170	123	1.1
51226	130	190	45	187	133	1.5
51228	140	200	46	197	143	1.5
51230	150	215	50	212	153	1.5
51232	160	225	51	222	163	1.5
51234	170	240	55	237	173	1.5
51236	180	250	56	247	183	1.5
51238	190	270	62	267	194	2
51240	200	280	62	277	204	2
51244	220	300	63	297	224	2
51248	240	340	78	335	244	2.1
51252	260	360	79	355	264	2.1
51256	280	380	80	375	284	2.1
51260	300	420	95	415	304	3
51264	320	440	95	435	325	3

※ 베어링 치수계열 = 12, 지름계열 = 2

d_{1smax} : 내륜의 최대 허용 바깥지름

D_{1smin} : 외륜의 최소 허용 안지름

105. 평면자리 스러스트 볼 베어링 (513, 514 계열)

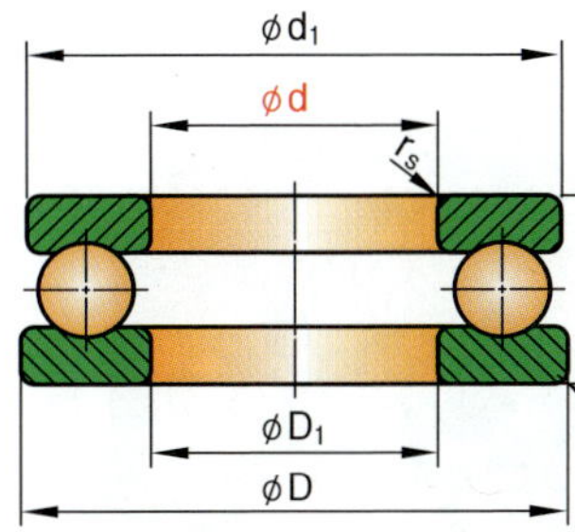

단위 : mm

호칭번호	베어링 계열 513 치수					
	d	D	T	d_{1smax}	D_{1smin}	r_{smin}
5134	4	20	11	20	4	0.6
5136	6	24	12	24	6	0.6
5138	8	26	12	26	8	0.6
51300	10	30	14	30	10	0.6
51301	12	32	14	32	12	0.6
51302	15	37	15	37	15	0.6
51303	17	40	16	40	19	0.6
51304	20	47	18	47	22	1
51305	25	52	18	52	27	1
51306	30	60	21	60	32	1
51307	35	68	24	68	37	1
51308	40	78	26	78	42	1
51309	45	85	28	85	47	1
51310	50	95	31	95	52	1.1
51311	55	105	35	105	57	1.1
51312	60	110	35	110	62	1.1
51313	65	115	36	115	67	1.1
51314	70	125	40	125	72	1.1
51315	75	135	44	135	77	1.5
51316	80	140	44	140	82	1.5
51317	85	150	49	150	88	1.5
51318	90	155	50	155	93	1.5
51320	100	170	55	170	103	1.5
51322	110	190	63	187	113	2
51324	120	210	70	205	123	2.1
51326	130	225	75	220	134	2.1
51328	140	240	80	235	144	2.1
51330	150	250	80	245	154	2.1
51332	160	270	87	265	164	3
51334	170	280	87	275	174	3
51336	180	300	95	295	184	3
51338	190	320	105	315	195	4
51340	200	340	110	335	205	4
51344	220	360	112	355	225	4
51348	240	380	112	375	245	4
51352	260	420	130	415	265	5
51356	280	440	130	435	285	5
51360	300	480	140	475	305	5
51364	320	500	140	495	325	5

※ 베어링 치수계열 = 13, 지름계열 = 3

d_{1smax} : 내륜의 최대 허용 바깥지름
D_{1smin} : 외륜의 최소 허용 안지름

호칭번호	베어링 계열 514 치수					
	d	D	T	d_{1smax}	D_{1smin}	r_{smin}
51405	25	60	24	60	27	1
51406	30	70	28	70	32	1
51407	35	80	32	80	37	1.1
51408	40	90	36	90	42	1.1
51409	45	100	39	100	47	1.1
51410	50	110	43	110	52	1.5
51411	55	120	48	120	57	1.5
51412	60	130	51	130	62	1.5
51413	65	140	56	140	68	2
51414	70	150	60	150	73	2
51415	75	160	65	160	78	2
51416	80	170	68	170	83	2.1
51417	85	180	72	177	88	2.1
51418	90	190	77	187	93	2.1
51420	100	210	85	205	103	3
51422	110	230	95	225	113	3
51424	120	250	102	245	123	4
51426	130	270	110	265	134	4
51428	140	280	112	275	144	4
51430	150	300	120	295	154	4
51432	160	320	130	315	164	5
51434	170	340	135	335	174	5
51436	180	360	140	355	184	5
51438	190	380	150	375	195	5
51440	200	400	155	395	205	5
51444	220	420	160	415	225	6
51448	240	440	160	435	245	6
51452	260	480	175	475	265	6
51456	280	520	190	515	285	6
51460	300	540	190	535	305	6
51464	320	580	205	575	325	7.5
51468	340	620	220	615	345	7.5
51472	360	640	220	635	365	7.5
51476	380	670	224	665	385	7.5
51480	400	710	243	705	405	7.5
51484	420	730	243	725	425	7.5
51488	440	780	265	775	445	9.5
51492	460	800	265	795	465	9.5
51494	480	850	290	845	485	9.5

※ 베어링 치수계열 = 14, 지름계열 = 4

d_{1smax} : 내륜의 최대 허용 바깥지름
D_{1smin} : 외륜의 최소 허용 안지름

106. 평면자리 스러스트 볼 베어링 (522 계열)

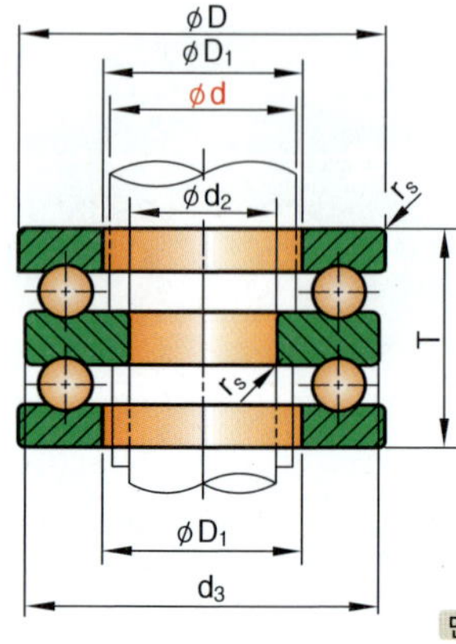

단위 : mm

호칭 번호	베어링 계열 522 치수							
	d (축경)	d_2	S	T_1	B	d_{3smax}	D_{1smin}	r_{smin} 내륜	r_{smin} 외륜
52202	15	10	32	22	5	32	17	0.3	0.6
52204	20	15	40	26	6	40	22	0.3	0.6
52205	25	20	47	28	7	47	27	0.3	0.6
52206	30	25	52	29	7	52	32	0.3	0.6
52207	35	30	62	34	8	62	37	0.3	1
52208	40	30	68	36	9	68	42	0.6	1
52209	45	35	73	37	9	73	47	0.6	1
52210	50	40	78	39	9	78	52	0.6	1
52211	55	45	90	45	10	90	57	0.6	1
52212	60	50	95	46	10	95	62	0.6	1
52213	65	55	100	47	10	100	67	0.6	1
52214	70	55	105	47	10	105	72	1	1
52215	75	60	110	47	10	110	77	1	1
52216	80	65	115	48	10	115	82	1	1
52217	85	70	125	55	12	125	88	1	1
52218	90	75	135	62	14	135	93	1	1.1
52220	100	85	150	67	15	150	103	1	1.1
52222	110	95	160	67	15	160	113	1	1.1
52224	120	100	170	68	15	170	123	1.1	1.1
52226	130	110	190	80	18	189.5	133	1.1	1.5
52228	140	120	200	81	18	199.5	143	1.1	1.5
52230	150	130	215	89	20	214.5	153	1.1	1.5
52232	160	140	225	90	20	224.5	163	1.1	1.5
52234	170	150	240	97	21	239.5	173	1.1	1.5
52236	180	150	250	98	21	249	183	2	1.5
52238	190	160	270	109	24	269	194	2	2
52240	200	170	280	109	24	279	204	2	2
52244	220	190	300	110	24	299	224	2	2

※ 베어링 치수계열 = 22 , 지름계열 = 2

비고

1. d : 단식 베어링 512 계열 내륜 안지름
2. d_{3smax} : 중앙 내륜의 최대 허용 바깥지름, D_{1smin} : 외륜의 최소 허용 안지름

107. 평면자리 스러스트 볼 베어링 (523 계열)

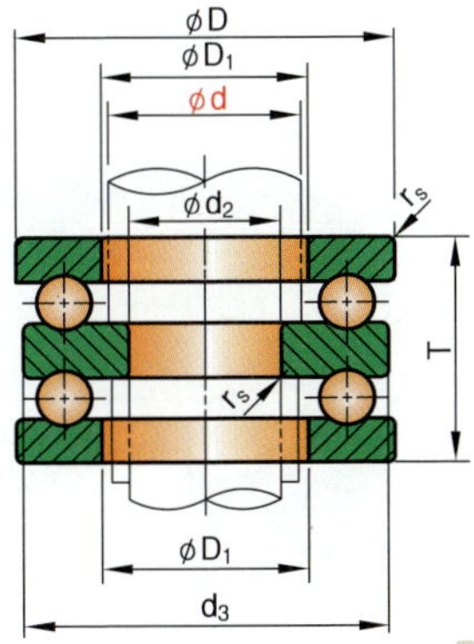

단위 : mm

호칭 번호	베어링 계열 523 치수							
	d (축경)	d_2	D	T_1	B	d_{3smax}	D_{1smin}	r_{smin} 내륜	r_{smin} 외륜
52305	25	20	52	34	8	52	27	0.3	1
52306	30	25	60	38	9	60	32	0.3	1
52307	35	30	68	44	10	68	37	0.3	1
52308	40	30	78	49	12	78	42	0.6	1
52309	45	35	85	52	12	85	47	0.6	1
52310	50	40	95	58	14	95	52	0.6	1.1
52311	55	45	105	64	15	105	57	0.6	1.1
52312	60	50	110	64	15	110	62	0.6	1.1
52313	65	55	115	65	15	115	67	0.6	1.1
52314	70	55	125	72	16	125	72	1	1.1
52315	75	60	135	79	18	135	77	1	1.5
52316	80	65	140	79	18	140	82	1	1.5
52317	85	70	150	87	19	150	88	1	1.5
52318	90	75	155	88	19	155	93	1	1.5
52320	100	85	170	97	21	170	103	1	1.5
52322	110	95	190	110	24	189.5	113	1	2
52324	120	100	210	123	27	209.5	123	1.1	2.1
52326	130	110	225	130	30	224	134	1.1	2.1
52328	140	120	240	140	31	239	144	1.1	2.1
52330	150	130	250	140	31	249	154	1.1	2.1
52332	160	140	270	153	33	269	164	1.1	3
52334	170	150	280	153	33	279	174	1.1	3
52336	180	150	300	165	37	299	184	2	3
52338	190	160	320	183	40	319	195	2	4
52340	200	170	340	192	42	339	205	2	4

※ 베어링 치수계열 = 23, 지름계열 = 3

비고

1. d : 단식 베어링 513 계열 내륜 안지름
2. d_{3smax}: 중앙 내륜의 최대 허용 바깥지름, D_{1smin} : 외륜의 최소 허용 안지름

108. 평면자리 스러스트 볼 베어링(524 계열)

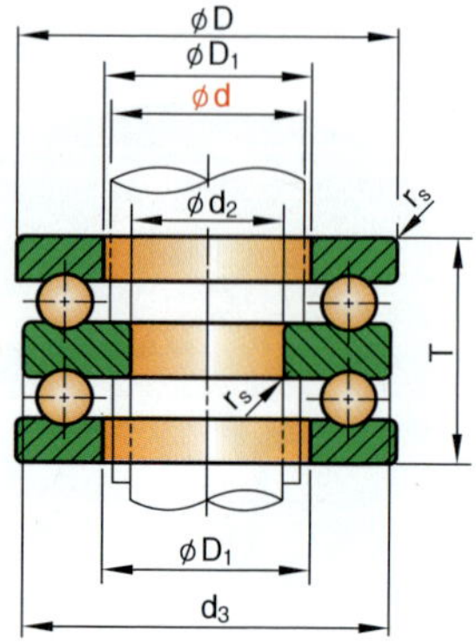

단위 : mm

호칭 번호	베어링 계열 524 치수								
	d (축경)	d_2	D	T_1	B	d_{3smax}	D_{1smin}	r_{smin} 내륜	r_{smin} 외륜
52405	25	15	60	45	11	60	22	0.6	1
52406	30	20	70	52	12	70	32	0.6	1
52407	35	25	80	59	14	80	37	0.6	1.1
52408	40	30	90	65	15	90	42	0.6	1.1
52409	45	35	100	72	17	100	47	0.6	1.1
52410	50	40	110	78	18	110	52	0.6	1.5
52411	55	45	120	87	20	120	57	0.6	1.5
52412	60	50	130	93	21	130	62	0.6	1.5
52413	65	50	140	101	23	140	68	1	2
52414	70	55	150	107	24	150	73	1	2
52415	75	60	160	115	26	160	78	1	2
52416	80	65	170	120	27	170	83	1	2.1
52417	85	65	180	128	29	179.5	88	1.1	2.1
52418	90	70	190	135	30	189.5	93	1.1	2.1
52420	100	80	210	150	33	209.5	103	1.1	3
52422	110	90	230	166	37	229	113	1.1	3
52424	120	95	250	177	40	249	123	1.5	4
52426	130	100	270	192	42	269	134	2	4
52428	140	110	280	196	44	279	144	2	4
52430	150	120	300	209	46	299	154	2	4
52432	160	130	320	226	50	319	164	2	5
52434	170	135	340	236	50	339	174	2.1	5
52436	180	140	360	245	52	359	184	3	5

※ 베어링 치수계열 = 24, 지름계열 = 4

비고

1. d : 단식 베어링 514 계열 내륜 안지름
2. d_{3smax} : 중앙 내륜의 최대 허용 바깥지름, D_{1smin} : 외륜의 최소 허용 안지름

109. 스러스트 볼 베어링 축 및 하우징 어깨 지름

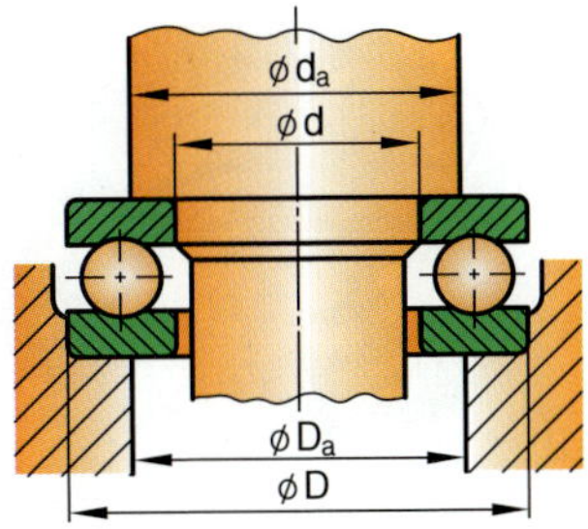

단위 : mm

d	베어링 계열											
	511			512			513			514		
	D	d_a (최소)	D_a (최대)	*D*	d_a (최소)	D_a (최대)	*D*	d_a (최소)	D_a (최대)	*D*	d_a (최소)	D_a (최대)
10	24	18	16	26	20	16	–	–	–	–	–	–
12	26	20	18	28	22	18	–	–	–	–	–	–
15	28	23	20	32	25	22	–	–	–	–	–	–
17	30	25	22	35	28	24	–	–	–	–	–	–
20	35	29	26	40	32	28	–	–	–	–	–	–
25	42	35	32	47	38	34	52	41	36	60	46	39
30	47	40	37	52	43	39	60	48	42	70	54	46
35	52	45	42	62	51	46	68	55	48	80	62	53
40	60	52	48	68	57	51	78	63	55	90	70	60
45	65	57	53	73	62	56	85	69	61	100	78	67
50	70	62	58	78	67	61	95	77	68	110	86	74
55	78	69	64	90	76	69	105	85	75	120	94	81
60	85	75	70	95	81	74	110	90	80	130	102	88
65	90	80	75	100	86	79	115	95	85	140	110	95
70	95	85	80	105	91	84	125	103	92	150	118	102
75	100	90	85	110	96	89	135	111	99	160	125	110
80	105	95	90	115	101	94	140	116	104	170	133	117
85	110	100	95	125	109	101	150	124	111	180	141	124
90	120	108	102	135	117	108	155	129	116	190	149	131
100	135	121	114	150	130	120	170	142	128	210	165	145
110	145	131	124	160	140	130	190	158	142	230	181	159
120	155	141	134	170	150	140	210	173	157	250	196	174
130	70	154	146	190	166	154	225	186	169	270	212	188
140	180	164	456	200	176	164	240	199	181	280	222	198
150	190	174	166	215	189	176	250	209	191	300	238	212
160	200	184	176	225	199	186	270	225	205	–	–	–
170	215	197	188	240	212	198	280	235	215	–	–	–
180	225	207	198	250	222	208	300	251	229	–	–	–
190	240	220	210	270	238	222	320	266	244	–	–	–
200	250	230	220	280	248	232	340	282	258	–	–	–
220	270	250	240	300	268	252	–	–	–	–	–	–
240	300	276	264	340	299	281	–	–	–	–	–	–
260	320	296	284	360	319	301	–	–	–	–	–	–
280	350	322	308	380	339	321	–	–	–	–	–	–
300	380	348	332	420	371	349	–	–	–	–	–	–
320	400	368	352	440	391	369	–	–	–	–	–	–
340	420	388	372	460	411	389	–	–	–	–	–	–
360	440	408	392	500	442	418	–	–	–	–	–	–

110. 스러스트 볼 베어링 조심 시트 와셔(512 계열)

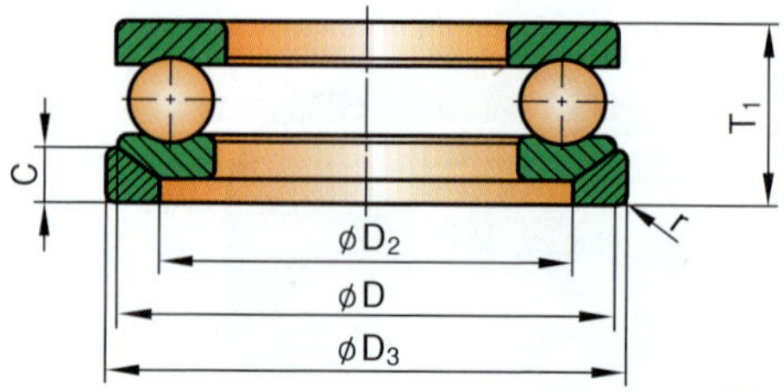

단위 : mm

호칭 번호	베어링 계열 512 조심 시트 와셔 치수						
	d	D	D_2	D_3	T_1	C	r_{smin}
51200	10	26	18	28	13	3.5	0.6
51201	12	28	20	30	13	3.5	0.6
51202	15	32	24	35	15	4	0.6
51203	17	35	26	38	15	4	0.6
51204	20	40	30	42	17	5	0.6
51205	25	47	36	50	19	5.5	0.6
51206	30	52	42	55	20	5.5	0.6
51207	35	62	48	65	22	7	1
51208	40	68	55	72	23	7	1
51209	45	73	60	78	24	7.5	1
51210	50	78	62	82	26	7.5	1
51211	55	90	72	95	30	9	1
51212	60	95	78	100	31	9	1
51213	65	100	82	105	32	9	1
51214	70	105	88	110	32	9	1
51215	75	110	92	115	32	9.5	1
51216	80	115	98	120	33	10	1
51217	85	125	105	130	37	11	1
51218	90	135	110	140	42	13.5	1.1
51220	100	150	125	155	45	14	1.1
51222	110	160	135	165	45	14	1.1
51224	120	170	145	175	46	15	1.1
51226	130	190	160	195	53	17	1.5
51228	140	200	170	210	55	17	1.5
51230	150	215	180	225	60	20.5	1.5
51232	160	225	190	235	61	21	1.5
51234	170	240	200	250	65	21.5	1.5
51236	180	250	210	260	66	21.5	1.5
51238	190	270	230	280	73	23	2
51240	200	280	240	290	74	23	2
51244	220	300	260	310	75	25	2
51248	240	340	290	350	92	30	2.1
51252	260	360	305	370	93	30	2.1
51256	280	380	325	390	94	31	2.1
51260	300	420	360	430	112	34	3
51264	320	440	380	450	112	36	3
51264	340	460	400	470	113	36	3
51264	360	500	430	510	130	43	4

※ 베어링 치수계열 = 12, 지름계열 = 2

비고

d : 베어링 내륜 안지름, *D* : 베어링 외륜 바깥지름

111. 스러스트 볼 베어링 조심 시트 와셔(513, 514 계열)

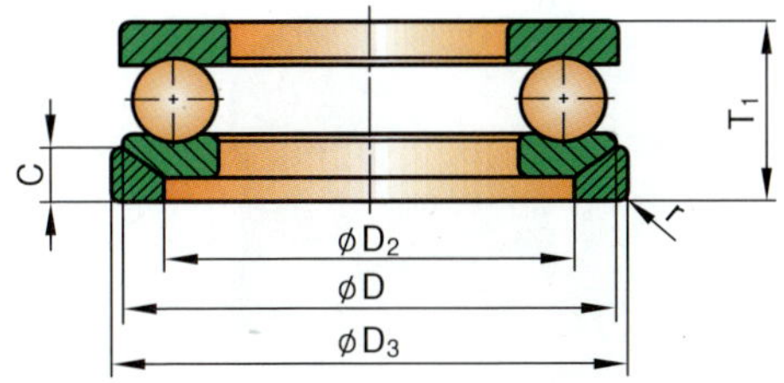

단위 : mm

호칭 번호	베어링 계열 513 조심 시트 와셔 치수						
	d	D	D_2	D_3	T_1	C	r_{smin}
51305	25	52	38	55	22	6	1
51306	30	60	45	62	25	7	1
51307	35	68	52	72	28	7.5	1
51308	40	78	60	82	31	8.5	1
51309	45	85	65	90	33	10	1
51310	50	95	72	100	37	11	1.1
51311	55	105	80	110	42	11.5	1.1
51312	60	110	85	115	42	11.5	1.1
51313	65	115	90	120	43	12.5	1.1
51314	70	125	98	130	48	13	1.1
51315	75	135	105	140	52	15	1.5
51316	80	140	110	145	52	15	1.5
51317	85	150	115	155	58	17.5	1.5
51318	90	155	120	160	59	18	1.5
51320	100	170	135	175	64	18	1.5
51322	110	190	150	195	72	20.5	2
51324	120	210	165	220	80	22	2.1
51326	130	225	177	235	86	26	2.1
51328	140	240	190	250	92	26	2.1
51330	150	250	200	260	92	26	2.1
51332	160	270	215	280	100	29	3
51334	170	280	220	290	100	29	3
51336	180	300	240	310	109	32	3
51338	190	320	255	330	121	33	4
51340	200	340	270	350	130	38	4

※ 베어링 치수계열 = 13, 지름계열 = 3

호칭 번호	베어링 계열 514 조심 시트 와셔 치수						
	d	D	D_2	D_3	T_1	C	r_{smin}
51405	25	60	42	62	29	8	1
51406	30	70	50	75	33	9	1
51407	35	80	58	85	37	10	1.1
51408	40	90	65	95	42	12	1.1
51409	45	100	72	105	46	12.5	1.1
51410	50	110	80	115	50	14	1.5
51411	55	120	88	125	55	15.5	1.5
51412	60	130	95	135	58	16	1.5
51413	65	140	100	145	65	17.5	2
51414	70	150	110	155	69	19.5	2
51415	75	160	115	165	75	21	2
51416	80	170	125	175	78	22	2.1
51417	85	180	130	185	83	23	2.1
51418	90	190	140	195	88	25.5	2.1
51420	100	210	155	220	98	27	3
51422	110	230	170	240	109	29	3
51424	120	250	185	260	118	32	4
51426	130	270	200	280	128	38	4
51428	140	280	206	290	131	38	4
51430	150	300	225	310	140	41	4
51432	160	320	240	330	150	41.5	5
51434	170	340	255	350	156	46	5
51436	180	360	270	370	164	46.5	5
-	-	-	-	-	-	-	-
-	-	-	-	-	-	-	-

※ 베어링 치수계열 = 14, 지름계열 = 4

비고

d : 베어링 내륜 안지름, D : 베어링 외륜 바깥지름

112. 스러스트 볼 베어링 조심 시트 와셔(522 계열)

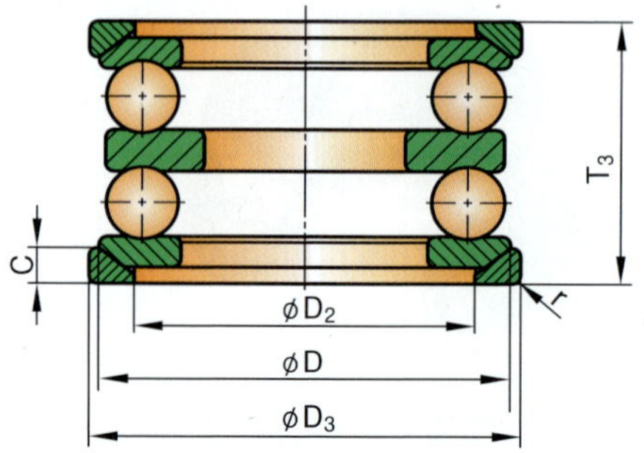

단위 : mm

호칭번호	베어링 계열 522 조심 시트 와셔 치수							
	d(축경)	d_2	D	D_2	D_3	T_3	C	r_{smin}
52202	15	10	32	24	35	28	4	0.6
52204	20	15	40	30	42	32	5	0.6
52205	25	20	47	36	50	36	5.5	0.6
52206	30	25	52	42	55	37	5.5	0.6
52207	35	30	62	48	65	42	7	1
52208	40	30	68	55	72	44	7	1
52209	45	35	73	60	78	45	7.5	1
52210	50	40	78	62	82	47	7.5	1
52211	55	45	90	72	95	55	9	1
52212	60	50	95	78	100	56	9	1
52213	65	55	100	82	105	57	9	1
52214	70	55	105	88	110	57	9	1
52215	75	60	110	92	115	57	9.5	1
52216	80	65	115	98	120	58	10	1
52217	85	70	125	105	130	67	11	1
52218	90	75	135	110	140	76	13.5	1.1
52220	100	85	150	125	155	81	14	1.1
52222	110	95	160	135	165	81	14	1.1
52224	120	100	170	145	175	82	15	1.1
52226	130	110	190	160	195	96	17	1.5
52228	140	120	200	170	210	99	17	1.5
52230	150	130	215	180	225	109	20.5	1.5
52232	160	140	225	190	235	110	21	1.5
52234	170	150	240	200	250	117	21.5	1.5
52236	180	150	250	210	260	118	21.5	1.5
52238	190	160	270	230	280	131	23	2
52240	200	170	280	240	290	133	23	2
52244	220	190	300	260	310	134	25	2

※ 베어링 치수계열 = 22, 지름계열 = 2

비고

d : 단식 베어링 512 계열 내륜 안지름, d_2 : 중앙 내륜의 안지름, D : 베어링 외륜 바깥지름

113. 스러스트 볼 베어링 조심 시트 와셔(523 계열)

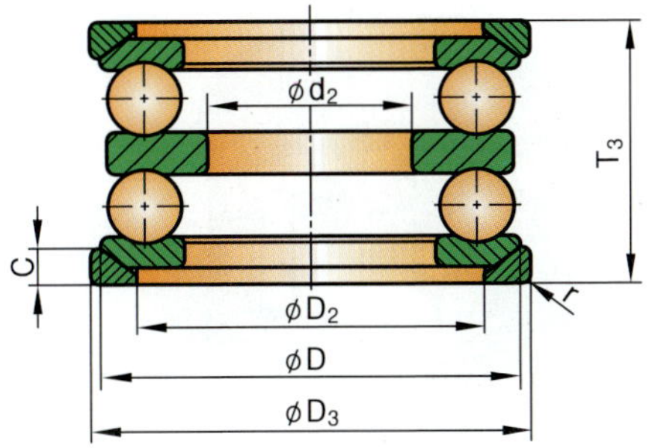

단위 : mm

호칭번호	베어링 계열 523 조심 시트 와셔 치수							
	d	d_2	D	D_2	D_3	T_3	C	r_{smin}
52305	25	20	52	38	55	42	6	1
52306	30	25	60	45	62	46	7	1
52307	35	30	68	52	72	52	7.5	1
52308	40	30	78	60	82	59	8.5	1
52309	45	35	85	65	90	62	10	1
52310	50	40	95	72	1001	70	11	1.1
52311	55	45	105	80	10	78	11.5	1.1
52312	60	50	110	85	115	78	11.5	1.1
52313	65	55	115	90	120	79	12.5	1.1
52314	70	55	125	98	130	88	13	1.1
52315	75	60	135	105	140	95	15	1.5
52316	80	65	140	110	145	95	15	1.5
52317	85	70	150	115	155	105	17.5	1.5
52318	90	75	155	120	160	106	18	1.5
52320	100	85	170	135	175	115	18	1.5
52322	110	95	190	150	195	128	20.5	2
52324	120	100	210	165	220	143	22	2.1
52326	130	110	225	177	235	152	26	2.1
52328	140	120	240	190	250	164	26	2.1
52330	150	130	250	200	260	164	26	2.1
52332	160	140	270	215	280	179	29	3
52334	170	150	280	220	290	179	29	3
52336	180	150	300	240	310	193	32	3
52338	190	160	320	255	330	215	33	4
52340	200	170	340	270	350	232	38	4

※ 베어링 치수계열 = 23, 지름계열 = 3

비고

d : 단식 베어링 513 계열 내륜 안지름, d_2 : 중앙 내륜의 안지름, D : 베어링 외륜 바깥지름

114. 스러스트 볼 베어링 조심 시트 와셔(524 계열)

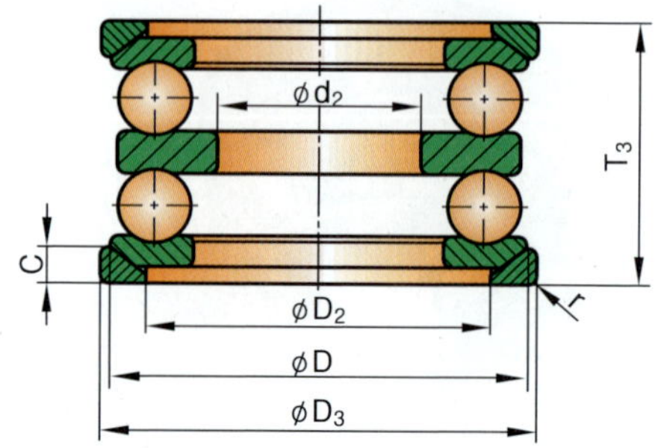

단위 : mm

호칭번호	베어링 계열 524 조심 시트 와셔 치수							
	d	d_2	D	D_2	D_3	T_3	C	r_{smin}
52405	25	15	60	62	55	42	8	1
52406	30	20	70	75	62	46	9	1
52407	35	25	80	85	69	52	10	1.1
52408	40	30	90	95	77	59	12	1.1
52409	45	35	100	105	86	62	12.5	1.1
52410	50	40	110	115	1001	92	14	1.5
52411	55	45	120	125	10	101	15.5	1.5
52412	60	50	130	135	115	107	16	1.5
52413	65	55	140	145	120	119	17.5	2
52414	70	55	150	155	130	125	19.5	2
52415	75	60	160	165	140	135	21	2
52416	80	65	170	175	145	140	22	2.1
52417	85	70	180	185	155	150	23	2.1
52418	90	75	190	195	160	157	25.5	2.1
52420	100	80	210	220	175	176	27	3

※ 베어링 치수계열 = 24, 지름계열 = 4

비고

d : 단식 베어링 514 계열 내륜 안지름, d_2 : 중앙 내륜의 안지름, D : 베어링 외륜 바깥지름

115. 자동 조심 스러스트 롤러 베어링

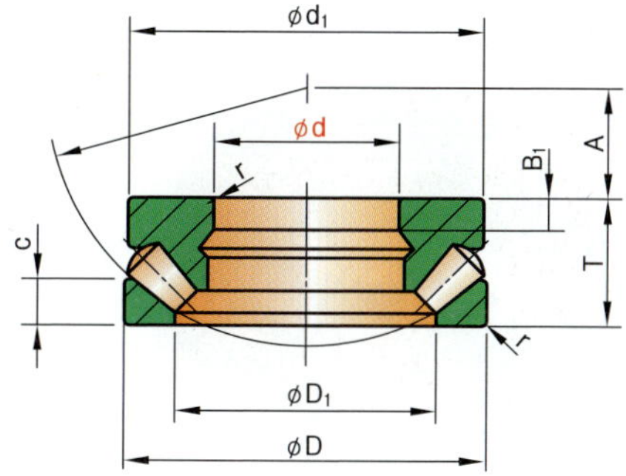

단위 : mm

호칭번호	치수									
	d	D	T	r_{min}	d_1 (참고)	D_1 (참고)	B_1 (참고)	C (참고)	A (참고)	치수계열
29412	60	130	42	1.5	123	89	15	20	28	94
29413	65	140	45	2	133	96	16	21	42	94
29414	70	150	48	2	142	103	17	23	44	94
29415	75	160	51	2	152	109	18	24	47	94
29416	80	170	54	2.1	162	117	19	26	50	94
29317	85	150	39	1.5	143.5	114	13	19	50	93
19417	85	180	58	2.1	170	125	21	28	54	94
29318	90	155	39	1.5	148.5	117	13	19	52	93
29418	90	190	60	2.1	180	132	22	29	56	94
29320	100	170	42	1.5	163	129	14	20.8	58	93
29420	100	210	67	3	200	146	24	32	62	94
29322	110	190	48	2	182	143	16	23	64	93
29422	110	230	73	3	220	162	26	35	69	94
29324	120	210	54	2.1	200	159	18	26	70	93
29424	120	250	78	4	236	174	29	37	74	94
29326	130	225	58	2.1	215	171	19	28	76	93
29426	130	270	85	4	255	189	31	41	81	94
29328	140	240	60	2.1	230	183	20	29	82	93
29428	140	280	85	4	268	199	31	41	86	94
29330	150	250	60	2.1	240	194	20	29	87	93
29430	150	300	90	4	285	214	32	44	92	94
29332	160	270	67	3	260	208	23	32	92	93
29432	160	320	95	5	306	229	34	45	99	94
29334	170	280	67	3	270	216	23	32	96	93
29434	170	340	103	5	324	243	37	50	104	94
29336	180	300	73	3	290	232	25	35	103	93
29436	180	360	109	5	342	255	39	52	110	94
29338	190	320	78	4	308	246	27	38	110	93
29438	190	380	115	5	360	271	41	55	117	94
29240	200	280	48	2	271	236	15	24	108	92
29340	200	340	85	4	325	261	29	41	116	93
29440	200	400	122	5	380	286	43	59	122	94

115. 자동 조심 스러스트 롤러 베어링

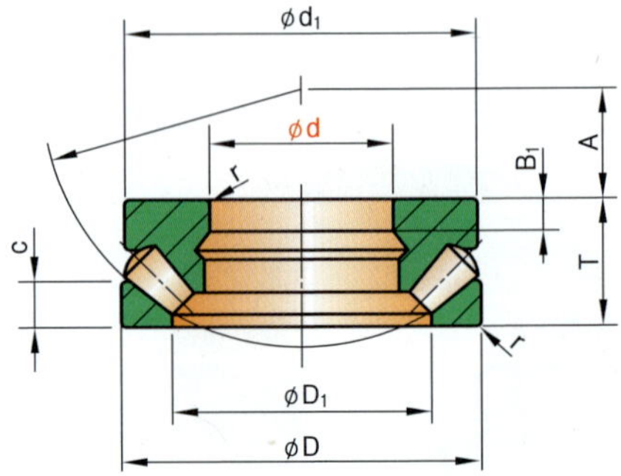

단위 : mm

호칭번호	치수(계속)									
	d	D	T	r_{min}	d_1 (참고)	D_1 (참고)	B_1 (참고)	C (참고)	A (참고)	치수 계열
29244	220	300	48	2	292	254	15	24	117	92
29344	220	360	85	4	345	280	29	41	125	93
29444	220	420	122	6	400	308	43	58	132	94
29248	240	340	60	2.1	330	283	19	30	130	92
29348	240	380	85	4	365	300	29	41	135	93
29448	240	440	122	6	420	326	43	59	142	94
29252	260	360	60	2.1	350	302	19	30	139	92
29352	260	420	95	5	405	329	32	45	148	93
29452	260	480	132	6	460	357	48	64	154	94
29256	280	380	60	2.1	370	323	19	30	150	92
29356	280	440	95	5	423	348	32	46	158	93
29456	280	520	145	6	495	387	52	68	166	94
29260	300	420	73	3	405	353	21	38	162	92
29360	300	480	109	5	460	379	37	50	168	93
29460	300	540	145	6	515	402	52	70	175	94
29264	320	440	73	3	430	372	21	38	172	92
29364	320	500	109	5	482	399	37	53	180	93
29464	320	580	155	7.5	555	435	55	75	191	94
29268	340	460	73	3	445	395	21	37	183	92
29368	340	540	122	5	520	428	41	59	192	93
29468	340	620	170	7.5	590	462	61	82	201	94
29272	360	500	85	4	485	423	25	44	194	92
29372	360	560	122	5	540	448	41	59	202	93
29472	360	640	170	7.5	610	480	61	82	210	94
29276	380	520	85	4	505	441	27	42	202	92
29376	380	600	132	6	580	477	44	63	216	93
29476	380	670	175	7.5	640	504	63	85	230	94
29280	400	540	85	4	526	460	57	42	212	92
29380	400	620	132	6	596	494	44	64	225	93
29480	400	710	185	7.5	680	534	67	89	236	94
29284	420	580	95	5	564	489	30	46	225	92
29384	420	650	140	6	626	820	48	68	235	93
29484	420	730	185	7.5	700	556	67	89	244	94
29288	440	600	95	5	585	508	30	49	235	92
29388	440	680	145	6	655	548	49	70	245	93
29488	440	780	206	9.5	745	588	74	100	260	94
29292	460	620	95	5	605	530	30	46	245	92
29392	460	710	150	6	685	567	51	72	257	93
29492	460	800	206	9.5	765	608	74	100	272	94

116. 스러스트 자동 조심 롤러 베어링 축 및 하우징 어깨 지름

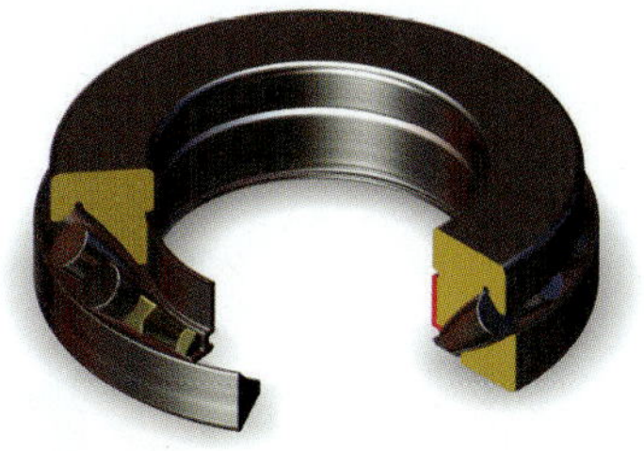

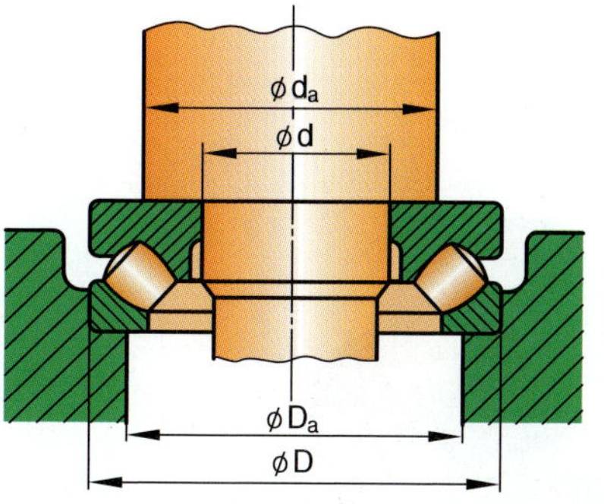

단위 : mm

d	베어링 계열								
	292			293			294		
	D	d_a [1] (최소)	D_a (최대)	D	d_a [1] (최소)	D_a (최대)	D	d_a [1] (최소)	D_a (최대)
60	–	–	–	–	–	–	130	90	108
65	–	–	–	–	–	–	140	100	115
70	–	–	–	–	–	–	150	105	125
75	–	–	–	–	–	–	160	115	132
80	–	–	–	–	–	–	170	120	140
85	–	–	–	150	115	135	180	130	150
90	–	–	–	155	120	140	190	135	157
100	–	–	–	170	130	150	210	150	175
110	–	–	–	190	145	165	230	165	190
120	–	–	–	210	160	180	250	180	205
130	–	–	–	225	170	195	270	195	225
140	–	–	–	240	185	205	280	205	235
150	–	–	–	250	195	215	300	220	250
160	–	–	–	270	210	235	320	230	265
170	–	–	–	280	220	245	340	245	285
180	–	–	–	300	235	260	360	260	300
190	–	–	–	320	250	275	380	275	320
200	280	235	255	340	265	295	400	290	335
220	300	260	275	360	285	315	420	310	355
240	340	285	305	380	300	330	440	330	375
260	360	305	325	420	330	365	480	360	405
280	380	325	345	440	350	390	520	390	440
300	420	355	380	480	380	420	540	410	460
320	440	375	400	500	400	440	580	435	495
340	460	395	420	540	430	470	620	465	530
360	500	420	455	560	450	495	640	485	550
380	520	440	475	600	480	525	670	510	575
400	540	460	490	620	500	550	710	540	610
420	580	490	525	650	525	575	730	560	630
440	600	510	545	680	550	600	780	595	670
460	620	530	570	710	575	630	800	615	690
480	650	555	595	730	595	650	850	645	730
500	670	575	615	750	615	670	870	670	750

주

(1) 중하중이 걸리는 경우에는 내륜 턱을 충분히 지지하는 d_a의 값을 잡는다.

117. 운동 및 고정용(원통면) O링 홈 치수(P계열)

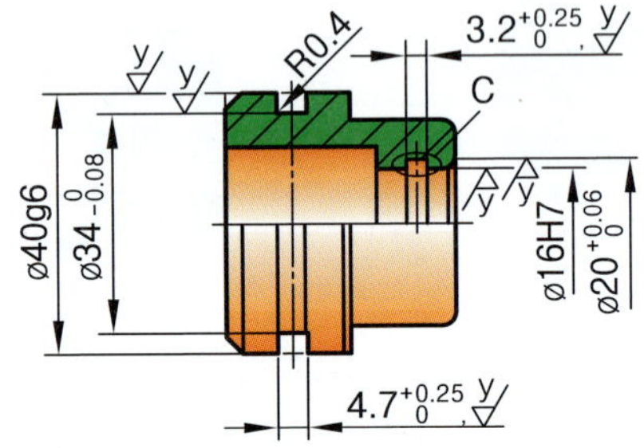

적용 예
O링의 호칭번호 P16과 P34가 조립된 피스톤의 O링 부착 홈부의 주요 치수들이며 백업링은 없는 상태임

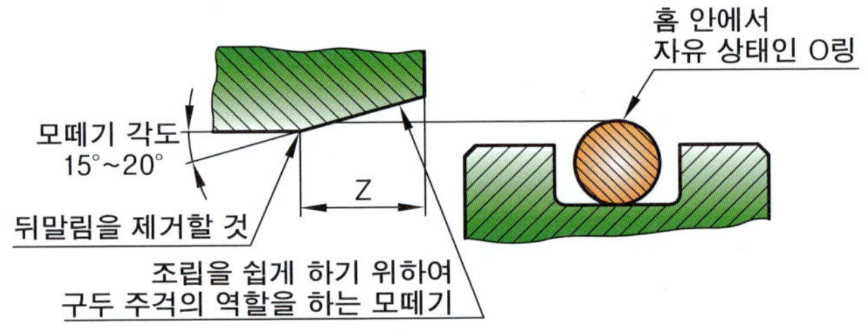

O링 부착부 모따기치수					
O링 호칭번호	O링 굵기	Z(최소)	O링 호칭번호	O링 굵기	Z(최소)
P3 ~ P10	1.9±0.08	1.2	P150A ~ P400	8.4±0.15	4.3
P10A ~ P22	2.4±0.09	1.4	G25 ~ G145	3.1±0.10	1.7
P22A ~ P50	3.5±0.10	1.8	G150 ~ G300	5.7±0.13	3.0
P48A ~ P150	5.7±0.13	3.0	-	-	-

117. 운동 및 고정용(원통면) O링 홈 치수(P계열)

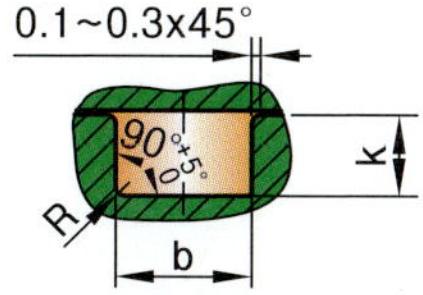

분할 홈

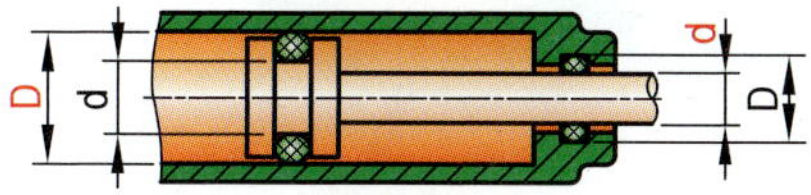

운동용

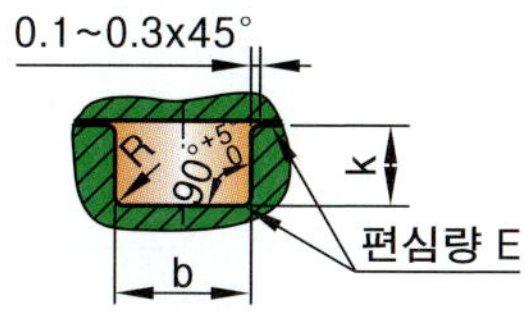

일체 홈

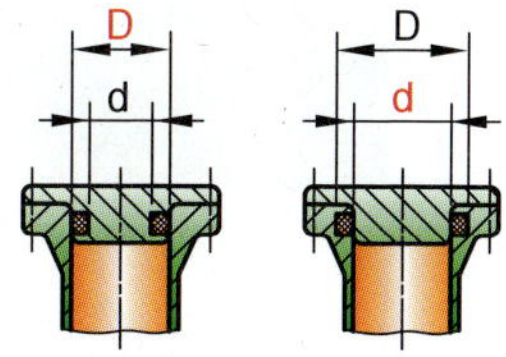

고정용(원통 면)

- E=k의 최대값-k의 최소값(즉, 동축도의 2배)

단위 : mm

O링 호칭 번호	P계열 홈부 치수 (운동 및 고정용-원통면)								
	d		*D*		*b* (+0.25 / 0) 백업링 없음	1개	2개	*R* (최대)	*E* (최대)
P3	3	0 / −0.05	6	+0.05 / 0	2.5	3.9	5.4	0.4	0.05
P4	4		7						
P5	5		8						
P6	6		9						
P7	7		10						
P8	8		11						
P9	9		12						
P10	10		13						
P10A	10	0 / −0.06	14	+0.06 / 0	3.2	4.4	6.0	0.4	0.05
P11	11		15						
P11.2	11.2		15.2						
P12	12		16						
P12.5	12.5		16.5						
P14	14		18						
P15	15		19						
P16	16		20						
P18	18		22						
P20	20		24						
P21	21		25						
P22	22		26						
P22A	22	0 / −0.08	28	+0.08 / 0	4.7	6	7.8	0.8	0.08
P22.4	22.4		28.4						
P24	24		30						
P25	25		31						
P25.5	25.5		31.5						
P26	26		32						
P28	28		34						
P29	29		35						
P29.5	29.5		35.5						
P30	30		36						
P31	31		37						
P31.5	31.5		37.5						
P32	32		38						

O링 호칭 번호	P계열 홈부 치수 (운동 및 고정용-원통면)								
	d		*D*		*b* (+0.25 / 0) 백업링 없음	1개	2개	*R* (최대)	*E* (최대)
P34	34	0 / −0.08	40	+0.08 / 0	4.7	6	7.8	0.8	0.08
P35	35		41						
P35.5	35.5		41.5						
P36	36		42						
P38	38		44						
P39	39		45						
P40	40		46						
P41	41		47						
P42	42		48						
P44	44		50						
P45	45		51						
P46	46		52						
P48	48		54						
P49	49		55						
P50	50		56						
P48A	48	0 / −0.10	58	+0.10 / 0	7.5	9	11.5	0.8	0.1
P50A	50		60						
P52	52		62						
P53	53		63						
P55	55		65						
P56	56		66						
P58	58		68						
P60	60		70						
P62	62		72						
P63	63		73						
P65	65		75						
P67	67		77						
P70	70		80						
P71	71		81						
P75	75		85						
P80	80		90						
P62	62		72						
P63	63		73						

비고

P3~400은 운동용, 고정용에 사용한다.

O링

117. 운동 및 고정용(원통면) O링 홈 치수(P계열)

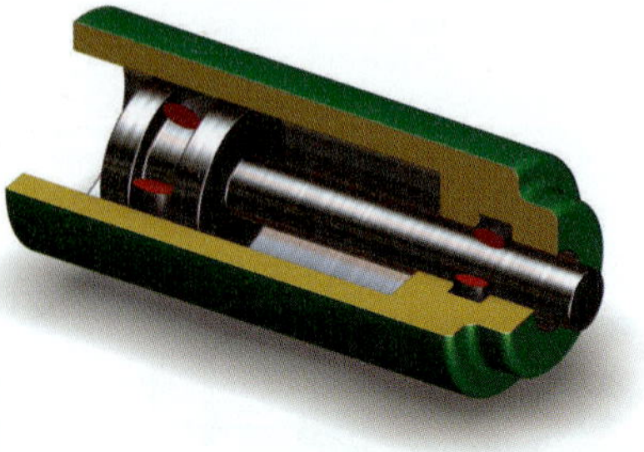

운동용

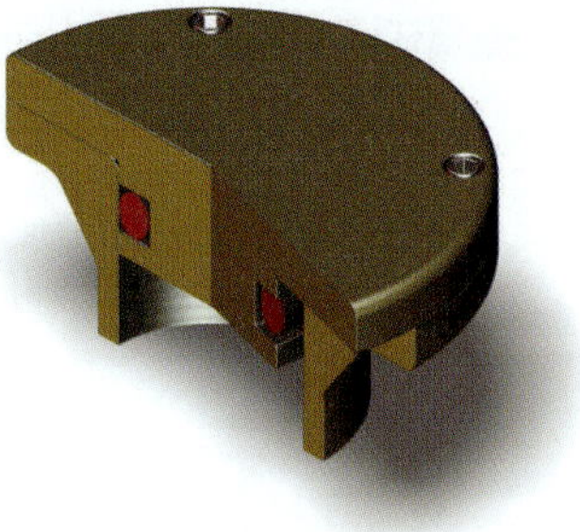

고정용(원통 면)

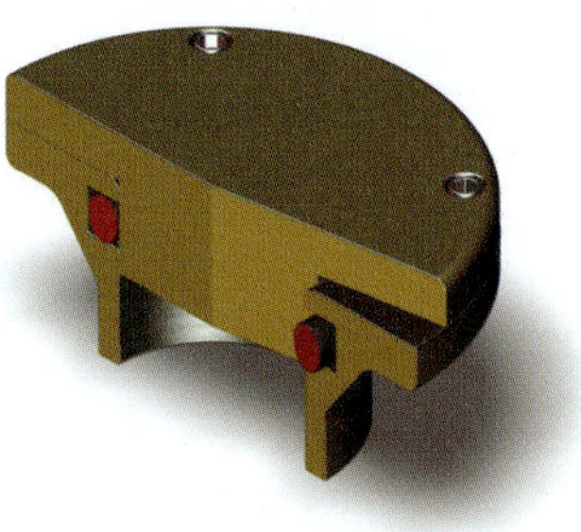

고정용(원통 면)

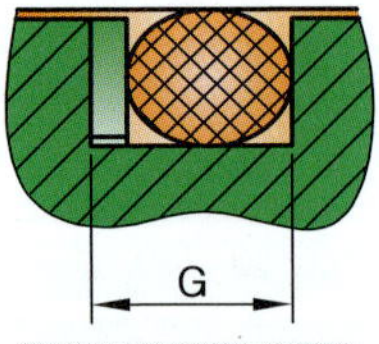

백업 링 1개일 경우

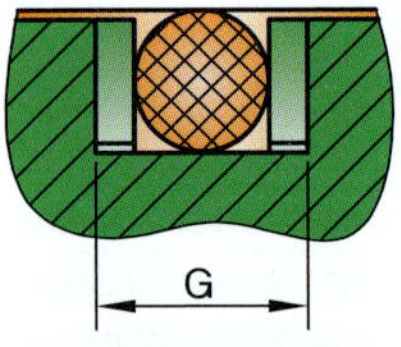

백업 링 2개일 경우

117. 운동 및 고정용(원통면) O링 홈 치수(P계열)

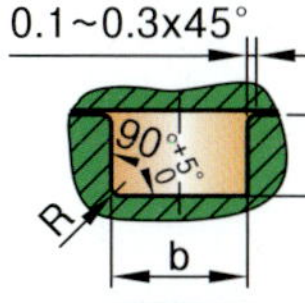

분할 홈

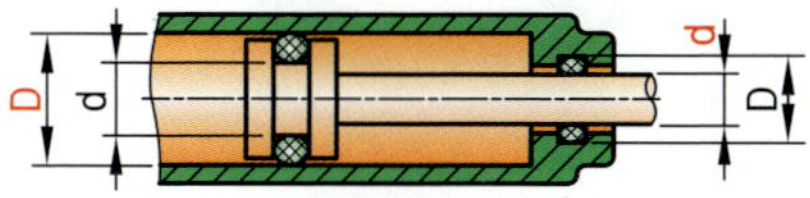

운동용

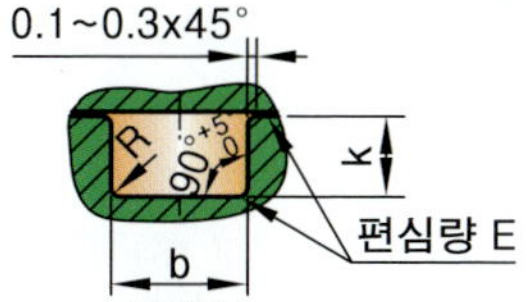

일체 홈

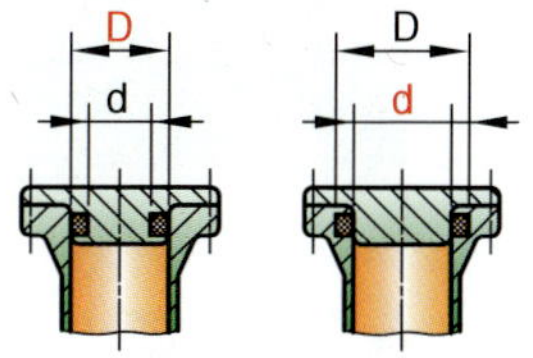

고정용(원통 면)

- E=k의 최대값-k의 최소값(즉, 동축도의 2배)

단위 : mm

O링 호칭 번호	P계열 홈부 치수 (운동 및 고정용-원통면)								
	d		*D*		*b* $({}^{+0.25}_{0})$ 백업링 없음	백업링 1개	백업링 2개	*R* (최대)	*E* (최대)
P65	65	$^{0}_{-0.10}$	75	$^{+0.10}_{0}$	7.5	9	11.5	0.8	0.1
P67	67		77						
P70	70		80						
P71	71		81						
P75	75		85						
P80	80		90						
P85	85		95						
P90	90		100						
P95	95		105						
P100	100		110						
P102	102		112						
P105	105		115						
P110	110		120						
P112	112		122						
P115	115		125						
P120	120		130						
P125	125		135						
P130	130		140						
P132	132		142						
P135	135		145						
P140	140		150						
P145	145		155						
P150	150		160						
P150A	150	$^{0}_{-0.10}$	165	$^{+0.10}_{0}$	11	13	17	1.2	0.12
P155	155		170						
P160	160		175						
P165	165		180						
P170	170		185						
P175	175		195						
P180	180		205						
P185	185		200						
P190	190		205						

O링 호칭 번호	P계열 홈부 치수 (운동 및 고정용-원통면)								
	d		*D*		*b* $({}^{+0.25}_{0})$ 백업링 없음	백업링 1개	백업링 2개	*R* (최대)	*E* (최대)
P195	195	$^{0}_{-0.10}$	210	$^{+0.10}_{0}$	11	13	17	1.2	0.12
P200	200		215						
P205	205		220						
P209	209		224						
P210	210		225						
P215	215		230						
P220	220		235						
P225	225		240						
P230	230		245						
P235	235		250						
P240	240		255						
P245	245		260						
P250	250		265						
P255	255		270						
P260	260		275						
P265	265		280						
P270	270		285						
P275	275		290						
P280	280		295						
P285	285		300						
P290	290		305						
P295	295		310						
P300	300		315						
P315	315		330						
P320	320		335						
P335	335		350						
P340	340		355						
P355	355		370						
P360	360		375						
P375	375		390						
P385	385		400						
P400	400		415						

비고

P3~400은 운동용, 고정용에 사용한다.

118. 운동 및 고정용(원통면) O링 홈 치수(G계열)

운동용

고정용(원통면)

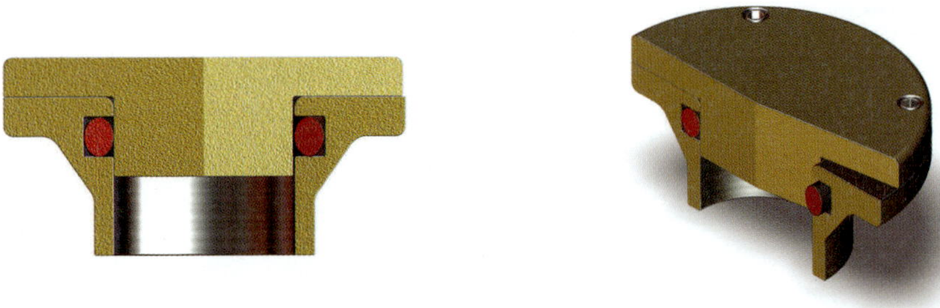

고정용(원통면)

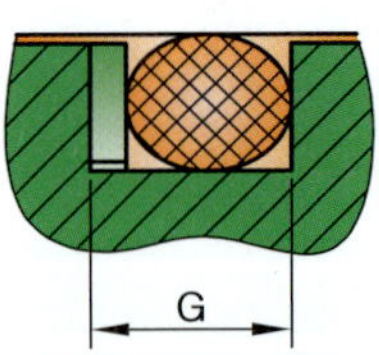

백업 링 1개일 경우

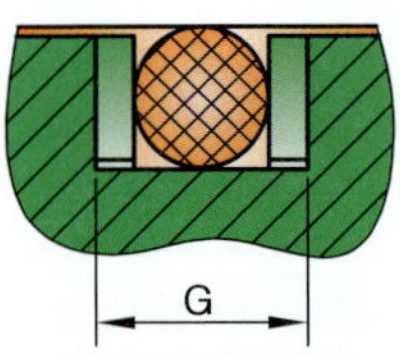

백업 링 2개일 경우

118. 운동 및 고정용(원통면) O링 홈 치수(G계열)

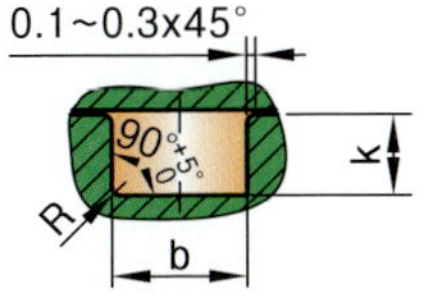

분할 홈

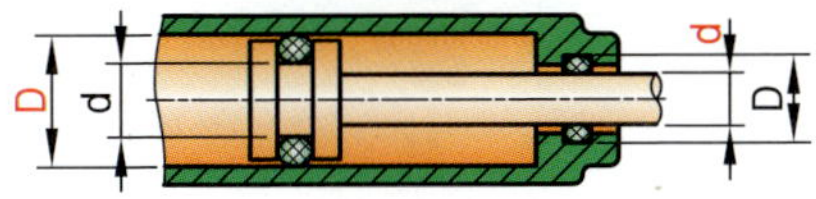

운동용

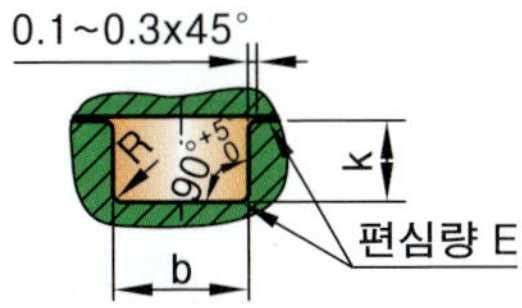

일체 홈

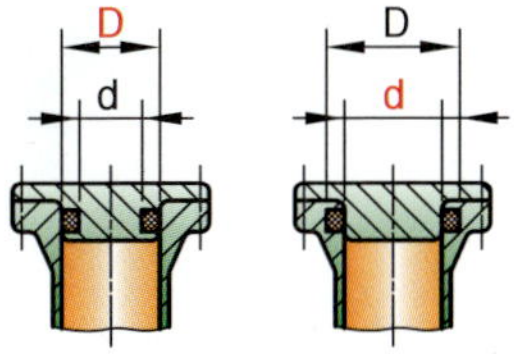

고정용(원통면)

- E=k의 최대값-k의 최소값(즉, 동축도의 2배)

단위 : mm

O링 호칭 번호	G계열 홈부 치수 (운동 및 고정용-원통면)								
	d		*D*		*b* (+0.25 / 0) 백업링 없음	1개	2개	*R* (최대)	*E* (최대)
G25	25	0 / -0.10	30	+0.10 / 0	4.1	5.6	7.3	0.7	0.08
G30	30		35						
G35	35		40						
G40	40		45						
G45	45		50						
G50	50		55						
G55	55		60						
G60	60		65						
G65	65		70						
G70	70		75						
G75	75		80						
G80	80		85						
G85	85		90						
G90	90		95						
G95	95		100						
G100	100		105						
G105	105		110						
G110	110		115						
G115	115		120						
G120	120		125						
G125	125		130						
G130	130		135						
G135	135		140						
G140	140		145						
G145	145		150						

O링 호칭 번호	G계열 홈부 치수 (운동 및 고정용-원통면)								
	d		*D*		*b* (+0.25 / 0) 백업링 없음	1개	2개	*R* (최대)	*E* (최대)
G150	150	0 / -0.10	160	+0.10 / 0	7.5	9	11.5	0.8	0.1
G155	155		165						
G160	160		170						
G165	165		175						
G170	170		180						
G175	175		185						
G180	180		190						
G185	185		195						
G190	190		200						
G195	195		205						
G200	200		210						
G210	210		220						
G220	220		230						
G230	230		240						
G240	240		250						
G250	250		260						
G260	260		270						
G270	270		280						
G280	280		290						
G290	290		300						
G300	300		310						
-	-		-						
-	-		-						
-	-		-						
-	-		-						

비고

G25~G300은 고정용에만 사용하고, 운동용에는 사용하지 않는다.

119. 고정용(평면) O링 홈 치수(P계열)

외압용

내압용

내압용

비고

1. 고정용(평면)에서는 내압이 걸리는 경우는 O링의 바깥둘레가 홈의 외벽에 밀착하도록 설계하고, 외압이 걸리는 경우는 반대로 O링의 안 둘레가 홈의 내벽에 밀착하도록 설계한다.
2. d 및 D는 기준치수를 나타내며, 허용차에 대해서는 특별히 규정하지 않는다.

119. 고정용(평면) O링 홈 치수(P계열)

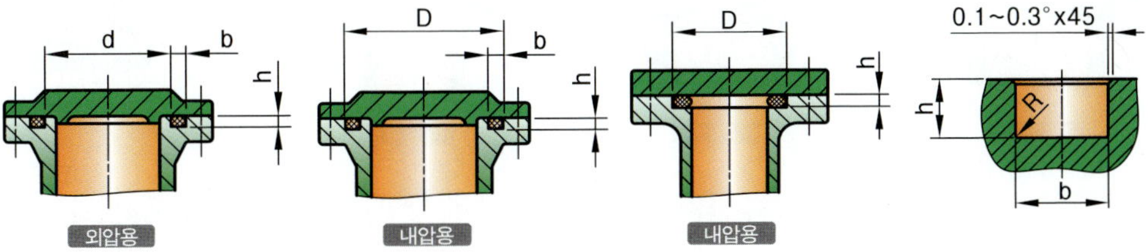

단위 : mm

O링 호칭 번호	P계열 홈부 치수(고정용-평면)				
	d (외압용)	D (내압용)	$b^{+0.25}_{0}$	h ±0.05	R (최대)
P3	3	6.2	2.5	1.4	0.4
P4	4	7.2			
P5	5	8.2			
P6	6	9.2			
P7	7	10.2			
P8	8	11.2			
P9	9	12.2			
P10	10	13.2			
P10A	10	14	3.2	1.8	0.4
P11	11	15			
P11.2	11.2	15.2			
P12	12	16			
P12.5	12.5	16.5			
P14	14	18			
P15	15	19			
P16	16	20			
P18	18	22			
P20	20	24			
P21	21	25			
P22	22	26			
P22A	22	28	4.7	2.7	0.8
P22.4	22.4	28.4			
P24	24	30			
P25	25	31			
P25.5	25.5	31.5			
P26	26	32			
P28	28	34			
P29	29	35			
P29.5	29.5	35.5			
P30	30	36			
P31	31	37	4.7	2.7	0.8
P31.5	31.5	37.5			
P32	32	38			
P34	34	40			
P35	35	41			
P35.5	35.5	41.5			
P36	36	42			
P38	38	44			
P39	39	45			
P40	40	46			
P41	41	47			
P42	42	48			
P44	44	50			
P45	45	51			
P46	46	52			
P48	48	54			
P49	49	55			
P50	50	56			
P48A	48	58	7.5	4.6	0.8
P50A	50	60			
P52	52	62			
P53	53	63			
P55	55	65			
P56	56	66			
P58	58	68			
P60	60	70			
P62	62	72			
P63	63	73			
P65	65	75			
P67	67	77			
P70	70	80			

119. 고정용(평면) O링 홈 치수(P계열)

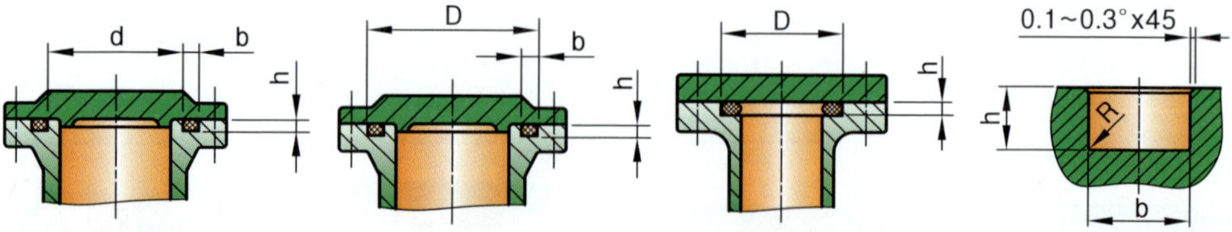

외압용 | 내압용 | 내압용

단위 : mm

O링 호칭 번호	P계열 홈부 의 치수(고정용-평면)				
	d (외압용)	D (내압용)	b $^{+0.25}_{0}$	h ±0.05	r_1 (최대)
P70	70	80	7.5	4.6	0.8
P71	71	81			
P75	75	85			
P80	80	90			
P85	85	95			
P90	90	100			
P95	95	105			
P100	100	110			
P102	102	112			
P105	105	115			
P110	110	120			
P112	112	122			
P115	115	125			
P120	120	130			
P125	125	135			
P130	130	140			
P132	132	142			
P135	135	145			
P140	140	150			
P145	145	155			
P150	150	160			
P150A	150	165	11	6.9	1.2
P155	155	170			
P160	160	175			
P165	165	180			
P170	170	185			
P175	175	190			
P180	180	195			
P185	185	200			
P190	190	205			
P195	195	210			

O링 호칭 번호	P계열 홈부 의 치수(고정용-평면)				
	d (외압용)	D (내압용)	b $^{+0.25}_{0}$	h ±0.05	r_1 (최대)
P200	200	215	11	6.9	1.2
P205	205	220			
P209	209	224			
P210	210	225			
P215	215	230			
P220	220	235			
P225	225	240			
P230	230	245			
P235	235	250			
P240	240	255			
P245	245	260			
P250	250	265			
P255	255	270			
P260	260	275			
P265	265	280			
P270	270	285			
P275	275	290			
P280	280	295			
P285	285	300			
P290	290	305			
P295	295	310			
P300	300	315			
P315	315	330			
P320	320	335			
P335	335	350			
P340	340	355			
P355	355	370			
P360	360	375			
P375	375	390			
P385	385	400			
P400	400	415			

비고

1. 고정용(평면)에서는 내압이 걸리는 경우는 O링의 바깥둘레가 홈의 외벽에 밀착하도록 설계하고, 외압이 걸리는 경우는 반대로 O링의 안 둘레가 홈의 내벽에 밀착하도록 설계한다.
2. d 및 D는 기준치수를 나타내며, 허용차에 대해서는 특별히 규정하지 않는다.

120. 고정용(평면) O링 홈 치수(G계열)

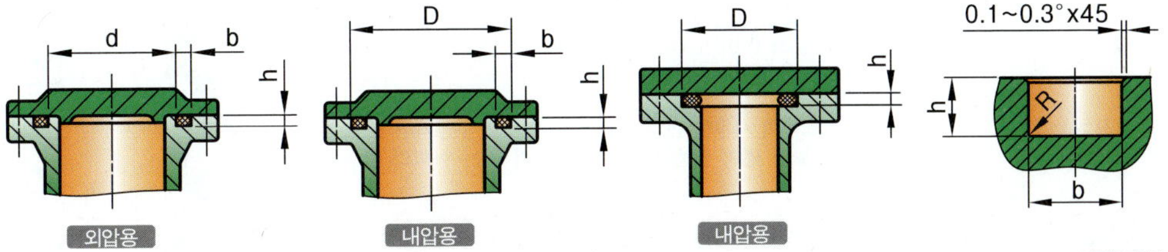

단위 : mm

O링 호칭 번호	G계열 홈부 의 치수(고정용-평면)					O링 호칭 번호	G계열 홈부 의 치수(고정용-평면)				
	d (외압용)	D (내압용)	b ±0.25 0	h ±0.05	r_1 (최대)		d (외압용)	D (내압용)	b ±0.25 0	h ±0.05	r_1 (최대)
G25	25	30	4.1	2.4	0.7	G150	150	160	7.5	4.6	0.8
G30	30	35				G155	155	165			
G35	35	40				G160	160	170			
G40	40	45				G165	165	175			
G45	45	50				G170	170	180			
G50	50	55				G175	175	185			
G55	55	60				G180	180	190			
G60	60	65				G185	185	195			
G65	65	70				G190	190	200			
G70	70	75				G195	195	205			
G75	75	80				G200	200	210			
G80	80	85				G210	210	220			
G85	85	90				G220	220	230			
G90	90	95				G230	230	240			
G95	95	100				G240	240	250			
G100	100	105				G250	250	260			
G105	105	110				G260	260	270			
G110	110	115				G270	270	280			
G115	115	120				G280	280	290			
G120	120	125				G290	290	300			
G125	125	130				G300	300	310			
G130	130	135				-	-	-			
G135	135	140				-	-	-			
G140	140	145				-	-	-			
G145	145	150				-	-	-			

비고

1. 고정용(평면)에서는 내압이 걸리는 경우는 O링의 바깥둘레가 홈의 외벽에 밀착하도록 설계하고, 외압이 걸리는 경우는 반대로 O링의 안 둘레가 홈의 내벽에 밀착하도록 설계한다.
2. d 및 D는 기준치수를 나타내며, 허용차에 대해서는 특별히 규정하지 않는다.

121. 오일실의 종류

종류	기호	비고	참고 그림 보기(단면)	간략도
스프링들이 바깥 둘레 고무	S	스프링을 사용한 단일 립과 금속 링으로 구성되어 있고, 바깥 둘레 면이 고무로 씌어진 형식의 것		
스프링들이 바깥 둘레 금속	SM	스프링을 사용한 단일 립과 금속 링으로 구성되어 있고, 바깥 둘레 면이 금속 링으로 구성되어 있는 형식의 것		
스프링들이 조립	SA	스프링을 사용한 단일 립과 금속 링으로 구성되어 있고, 바깥 둘레 면이 금속 링으로 구성되어 있는 조립 형식의 것		
스프링들이 바깥 둘레 고무 먼지 막이 붙이	D	스프링을 사용한 단일 립과 금속 링 및 스프링을 사용하지 않는 먼지 막이로 되어 있고, 바깥 둘레 면이 고무로 씌워진 형식의 것		
스프링들이 바깥둘레 금속 먼지 막이 붙이	DM	스프링을 사용한 단일 립과 금속 링 및 스프링을 사용하지 않는 먼지 막이로 되어 있고, 바깥 둘레 면이 금속 링으로 구성되어 있는 형식의 것		
스프링들이 조립 먼지 막이 붙이	DA	스프링을 사용한 단일 립과 금속 링 및 스프링을 사용하지 않는 먼지 막이로 되어 있고, 바깥 둘레 면이 금속 링으로 구성되어 있는 조립 형식의 것		
스프링 없는 바깥 둘레 고무	G	스프링을 사용하지 않은 단일 립과 금속 링으로 구성되어 있고, 바깥 둘레 면이 고무로 씌워진 형식의 것		
스프링 없는 바깥 둘레 금속	GM	스프링을 사용하지 않는 단일 립과 금속 링으로 구성되어 있고, 바깥 둘레 면이 금속 링으로 구성되어 있는 조립 형식의 것		
스프링 없는 조립	GA	스프링을 사용하지 않는 단일 립과 금속 링으로 구성되어 있고 바깥 둘레 면이 금속 링으로 구성되어 있는 조립 형식의 것		

• 조립도면에서 오일실 간략도시 방법[KS B ISO 9222-1]

(a) 립의 위치표시 불필요

(b) 립의 위치표시 필요

참고

재료

① 고무 재료 : A, B, C, D 종류가 있으며, A 및 B 종류는 니트릴 고무류, C는 아크릴 고무류, D는 실리콘 고무류
② 금속 링 재료 : KS D 3512(냉간 압연 강판 및 강대)
③ 스프링 재료 : KS D 3510(경강선) 또는 KS D 3556(피아노선)

MEMO

122. 오일실 모양 및 치수(S, SM, SA, D, DM, DA 계열)

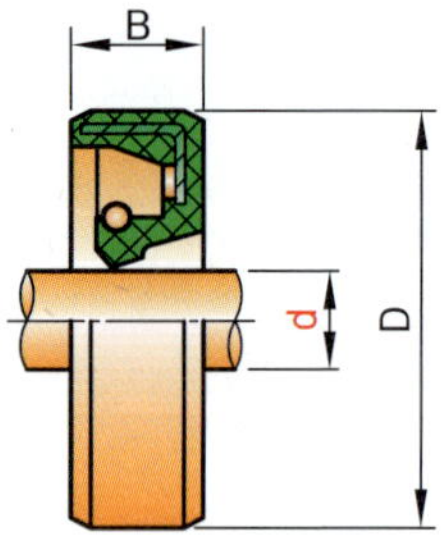

S

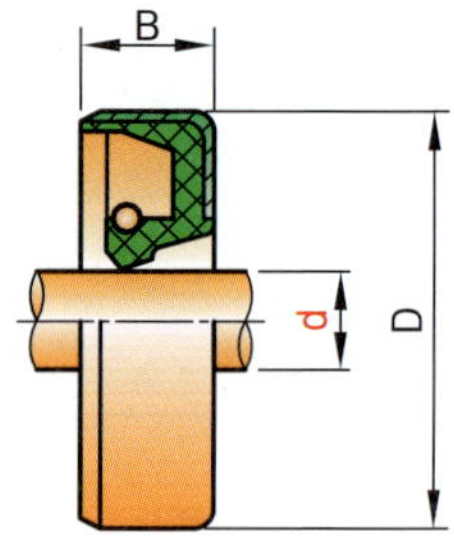

SM

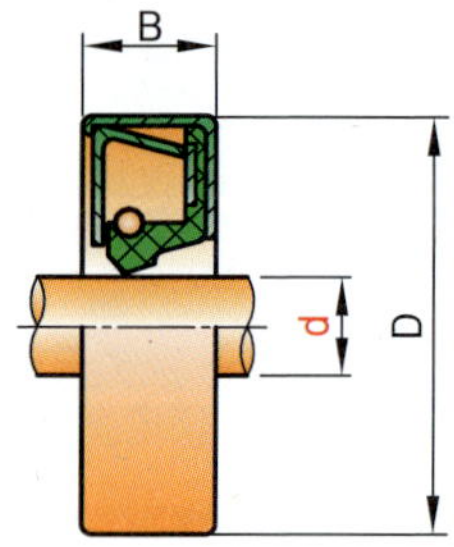

SA

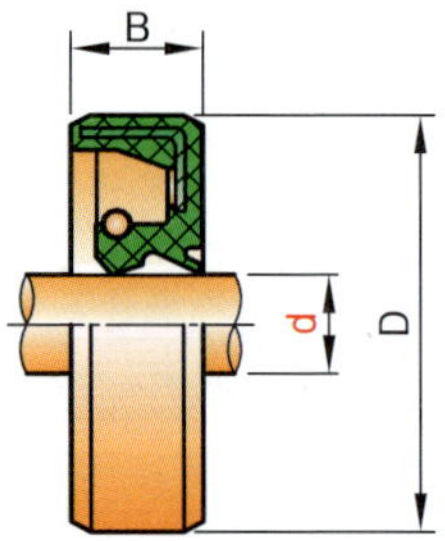

D

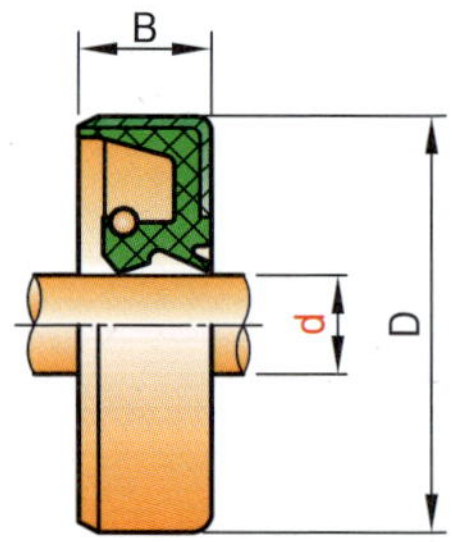

DM

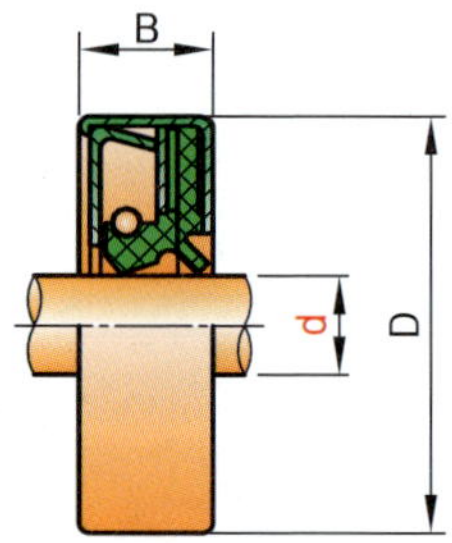

DA

기호	종류	기호	종류
S	스프링들이 바깥 둘레 고무	D	스프링들이 바깥 둘레 고무 먼지 막이 붙이
SM	스프링들이 바깥 둘레 금속	DM	스프링들이 바깥 둘레 금속 먼지 막이 붙이
SA	스프링들이 조립	DA	스프링들이 조립 먼지 막이 붙이

KS

122. 오일실 조립관계 치수(축, 하우징)

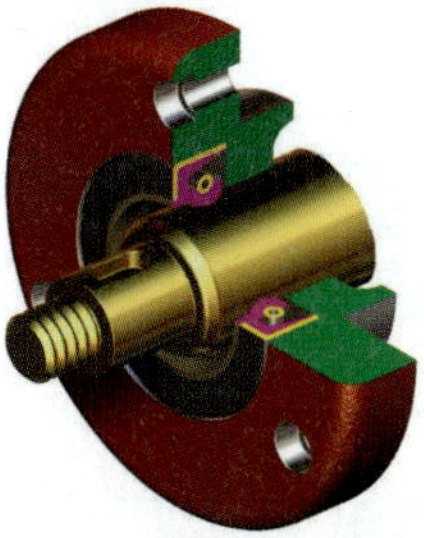

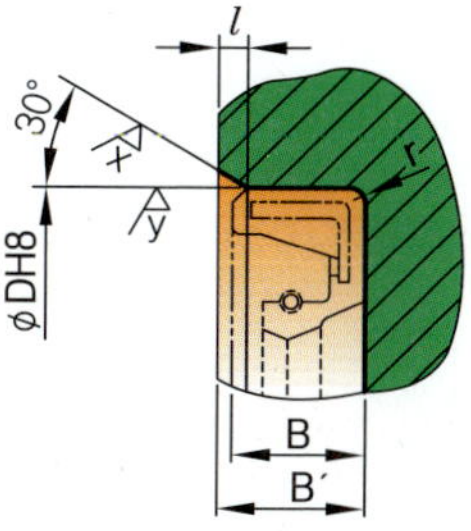

하우징

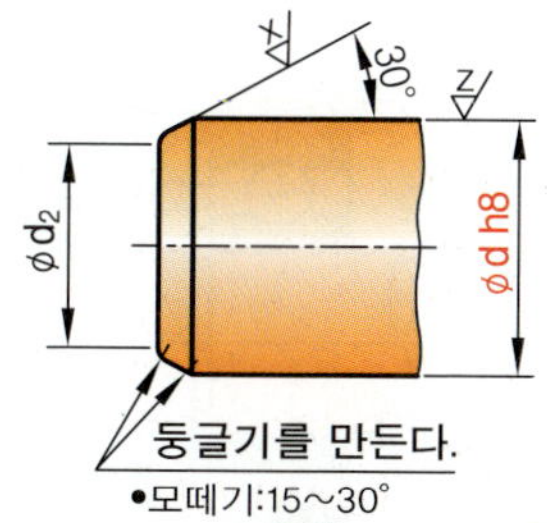

축

단위 : mm

S, SM, SA, D, DM, DA 계열 치수

호칭 d (h8)	d_2 (최대)	외경 D (H8)	나비 B	구멍폭 B'	l (최소/최대) $0.1B$~$0.15B$	r (최소) $r \geq 0.5$
7	5.7	18	7	7.3	0.7/1.05	0.5
		20				
8	6.6	18	7	7.3	0.7/1.05	0.5
		22				
9	7.5	20	7	7.3	0.7/1.05	0.5
		22				
10	8.4	20	7	7.3	0.7/1.05	0.5
		25				
11	9.3	22	7	7.3	0.7/1.05	0.5
		25				
12	10.2	22	7	7.3	0.7/1.05	0.5
		25				
*13	11.2	25	7	7.3	0.7/1.05	0.5
		28				
14	12.1	25	7	7.3	0.7/1.05	0.5
		28				
15	13.1	25	7	7.3	0.7/1.05	0.5
		30				
16	14	28	7	7.3	0.7/1.05	0.5
		30				
17	14.9	30	8	8.3	0.8/1.2	0.5
		32				
18	15.8	30	8	8.3	0.8/1.2	0.5
		35				
20	17.7	32	8	8.3	0.8/1.2	0.5
		35				
22	19.6	35	8	8.3	0.8/1.2	0.5
		38				
24	21.5	38	8	8.3	0.8/1.2	0.5
		40				

호칭 d (h8)	d_2 (최대)	외경 D (H8)	나비 B	구멍폭 B'	l (최소/최대) $0.1B$~$0.15B$	r (최소) $r \geq 0.5$
25	22.5	38	8	8.3	0.8/1.2	0.5
		40				
*26	23.4	38	8	8.3	0.8/1.2	0.5
		42				
28	25.3	40	8	8.3	0.8/1.2	0.5
		45				
30	27.3	42	8	8.3	0.8/1.2	0.5
		45				
32	29.2	52	11	11.4	1.1/1.65	0.5
35	32	55	11	11.4	1.1/1.65	0.5
38	34.9	58	11	11.4	1.1/1.65	0.5
40	36.8	62	11	11.4	1.1/1.65	0.5
42	38.7	65	12	12.4	1.2/1.8	0.5
45	41.6	68	12	12.4	1.2/1.8	0.5
48	44.5	70	12	12.4	1.2/1.8	0.5
50	46.4	72	12	12.4	1.2/1.8	0.5
*52	48.3	75	12	12.4	1.2/1.8	0.5
55	51.3	78	12	12.4	1.2/1.8	0.5
56	52.3	78	12	12.4	1.2/1.8	0.5
*58	54.2	80	12	12.4	1.2/1.8	0.5
60	56.1	82	12	12.4	1.2/1.8	0.5
*62	58.1	85	12	12.4	1.2/1.8	0.5
63	59.1	85	12	12.4	1.2/1.8	0.5
65	61	90	13	13.4	1.3/1.95	0.5
*68	63.9	95	13	13.4	1.3/1.95	0.5
70	65.8	95	13	13.4	1.3/1.95	0.5
(71)	(66.8)	(95)	(13)	(13.4)	1.3/1.95	0.5
75	70.7	100	13	13.4	1.3/1.95	0.5
80	75.5	105	13	13.4	1.3/1.95	0.5
85	80.4	110	13	13.4	1.3/1.95	0.5

비고

1. *을 붙인 것은 KS B 0406(축 지름)에 없는 것이고, (　) 안의 것은 되도록 사용하지 않는다.
2. B'는 KS규격 치수가 아닌 실무 데이터이다.
3. D는 오일실 외경 및 조립부 내경 치수이다.

오일실

122. 오일실 모양 및 치수(S, SM, SA, D, DM, DA 계열)

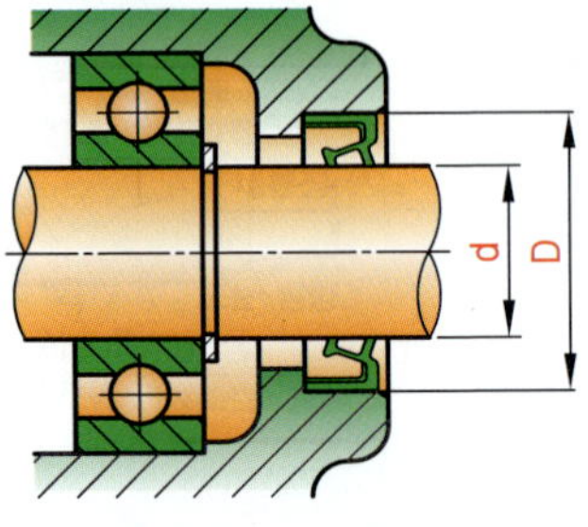

(도면에 오이실 표시법-1)

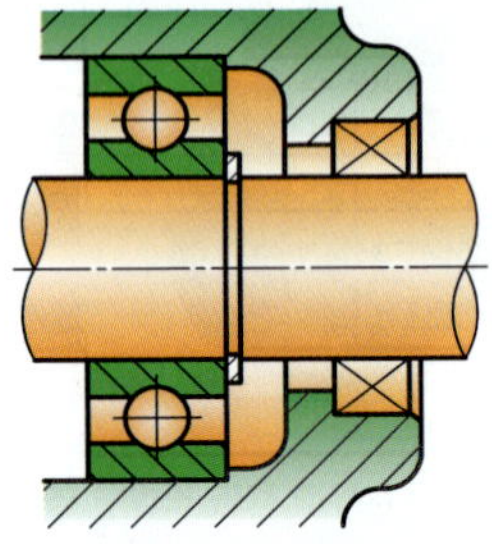

(도면에 오일실 표시법-2)

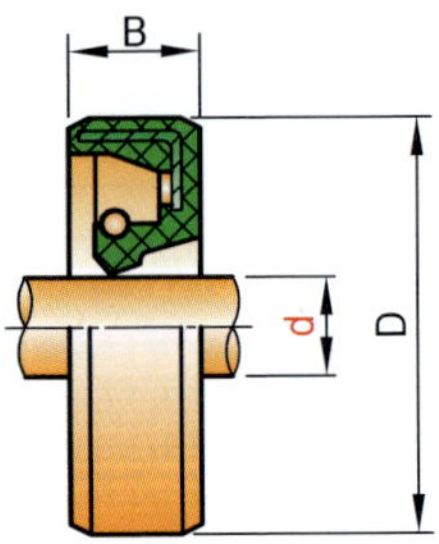

S

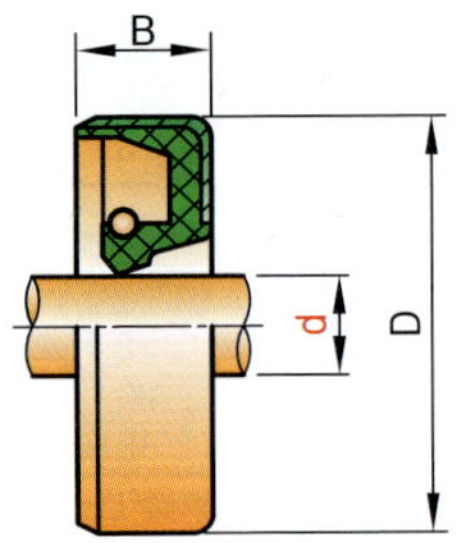

SM

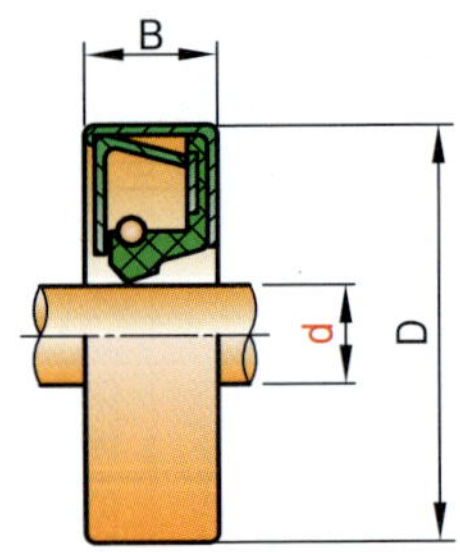

SA

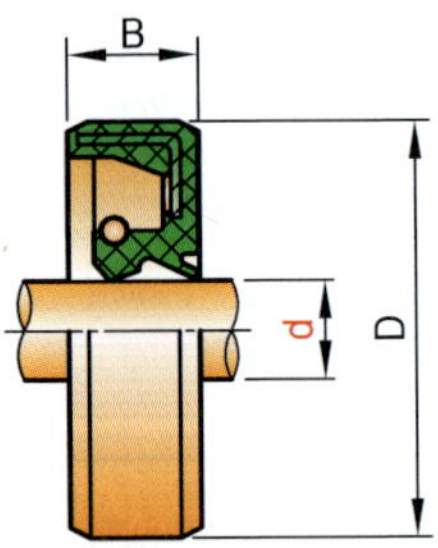

D

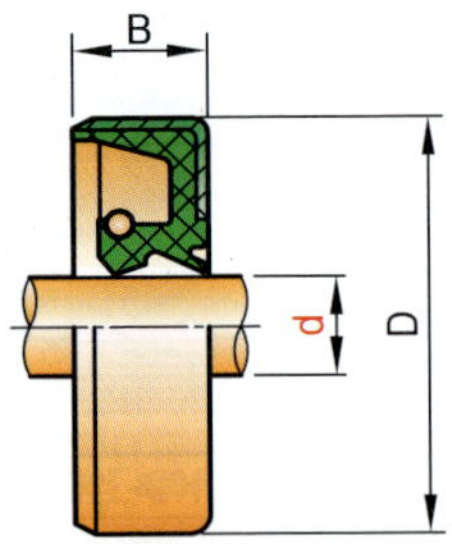

DM

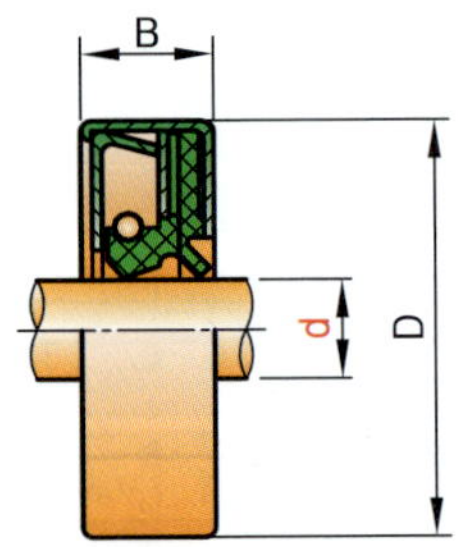

DA

기호	종류	기호	종류
S	스프링들이 바깥 둘레 고무	D	스프링들이 바깥 둘레 고무 먼지 막이 붙이
SM	스프링들이 바깥 둘레 금속	DM	스프링들이 바깥 둘레 금속 먼지 막이 붙이
SA	스프링들이 조립	DA	스프링들이 조립 먼지 막이 붙이

122. 오일실 조립관계 치수(축, 하우징)

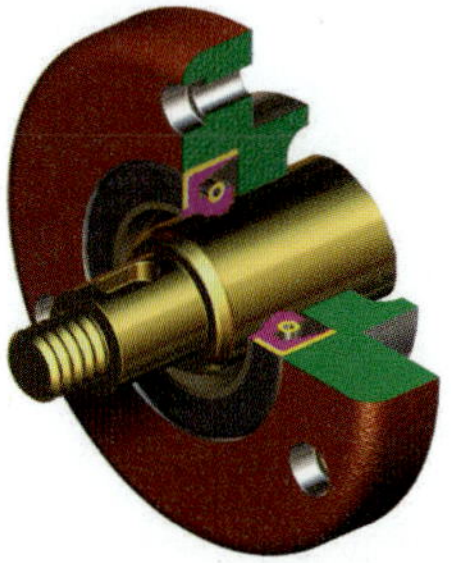

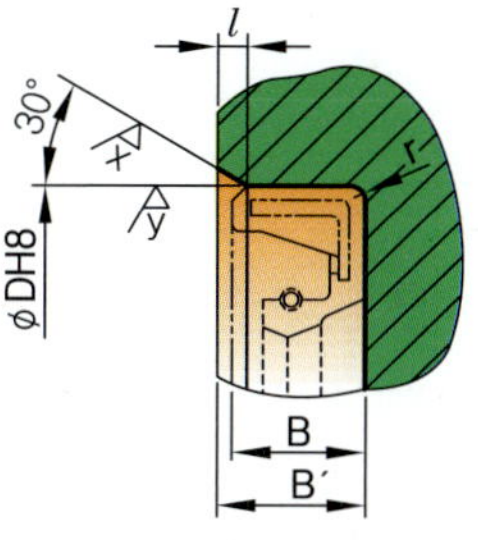

하우징

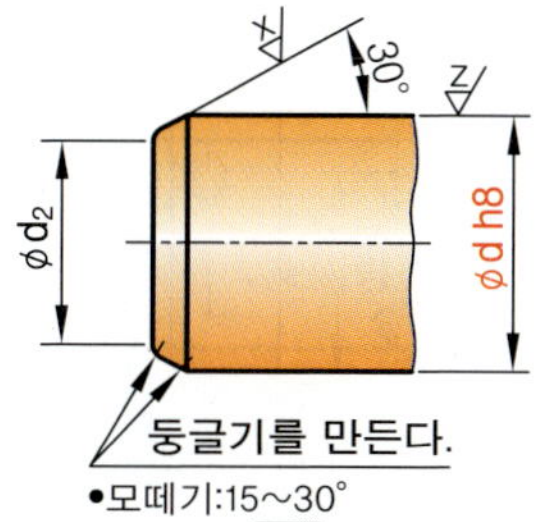

축

단위 : mm

S, SM, SA, D, DM, DA 계열 치수(계속)

호칭 d (h8)	d_2 (최대)	외경 D (H8)	나비 B	구멍폭 B'	l (최소/최대) $0.1B \sim 0.15B$	r (최소) $r \geq 0.5$	호칭 d (h8)	d_2 (최대)	외경 D (H8)	나비 B	구멍폭 B'	l (최소/최대) $0.1B \sim 0.15B$	r (최소) $r \geq 0.5$
90	85.3	115	13	13.4	1.3/1.95	0.5	*230	223	260	15	15.5	1.5/2.25	0.5
95	90.1	120	13	13.4	1.3/1.95	0.5	240	233	270	15	15.5	1.5/2.25	0.5
100	95	125	13	13.4	1.3/1.95	0.5	250	243	280	15	15.5	1.5/2.25	0.5
105	99.9	135	14	14.4	1.4/2.1	0.5	260	249	300	20	20.6	2.0/3.0	0.5
110	104.7	140	14	14.4	1.4/2.1	0.5	*270	259	310	20	20.6	2.0/3.0	0.5
(112)	(106.7)	(140)	(14)	(14.4)	(1.4/2.1)	(0.5)	280	268	320	20	20.6	2.0/3.0	0.5
*115	109.6	145	14	14.4	1.4/2.1	0.5	*290	279	330	20	20.6	2.0/3.0	0.5
120	114.5	150	14	14.4	1.4/2.1	0.5	300	289	340	20	20.6	2.0/3.0	0.5
125	119.4	155	14	14.4	1.4/2.1	0.5	(315)	(304)	(360)	(20)	(20.6)	(2.0/3.0)	(0.5)
130	124.3	160	14	14.4	1.4/2.1	0.5	320	309	360	20	20.6	2.0/3.0	0.5
*135	129.2	165	14	14.4	1.4/2.1	0.5	340	329	380	20	20.6	2.0/3.0	0.5
140	133	170	14	14.4	1.4/2.1	0.5	(355)	(344)	(400)	(20)	(20.6)	(2.0/3.0)	(0.5)
*145	138	175	14	14.4	1.4/2.1	0.5	360	349	400	20	20.6	2.0/3.0	0.5
150	143	180	14	14.4	1.4/2.1	0.5	380	369	420	20	20.6	2.0/3.0	0.5
160	153	190	14	14.4	1.4/2.1	0.5	400	389	440	20	20.6	2.0/3.0	0.5
170	163	200	15	15.5	1.5/2.25	0.5	420	409	470	25	25.6	2.5/3.75	0.5
180	173	210	15	15.5	1.5/2.25	0.5	440	429	490	25	25.6	2.5/3.75	0.5
190	183	220	15	15.5	1.5/2.25	0.5	(450)	(439)	(510)	(25)	(25.6)	(2.5/3.75)	(0.5)
200	193	230	15	15.5	1.5/2.25	0.5	460	449	510	25	25.6	2.5/3.75	0.5
*210	203	240	15	15.5	1.5/2.25	0.5	480	469	530	25	25.6	2.5/3.75	0.5
220	213	250	15	15.5	1.5/2.25	0.5	500	489	530	25	25.6	2.5/3.75	0.5
(224)	(217)	(250)	(15)	(15.5)	(1.5/2.25)	(0.5)	–	–	–	–	–	–	–

비고

1. *을 붙인 것은 KS B 0406(축 지름)에 없는 것이고, (　) 안의 것은 되도록 사용하지 않는다.
2. SA 및 DA는 호칭안지름이 160mm 이하에서는 권장하지 않는다.
3. B'는 KS규격 치수가 아닌 실무 데이터이다.
4. D는 오일실 외경 및 조립부 내경 치수이다.

오일실

123. 오일실 모양 및 치수(G, GM, GA 계열)

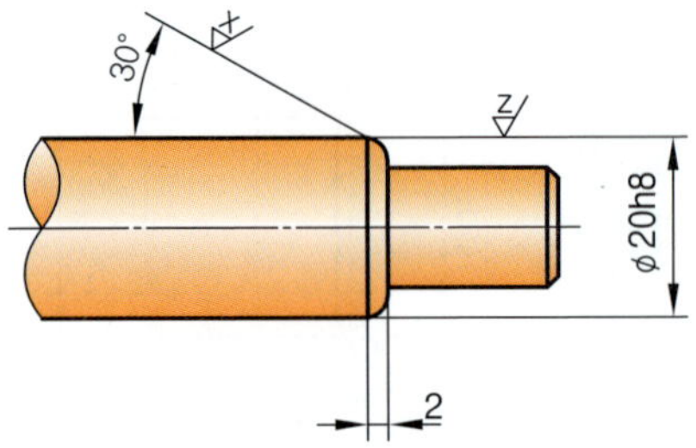

축의 치수

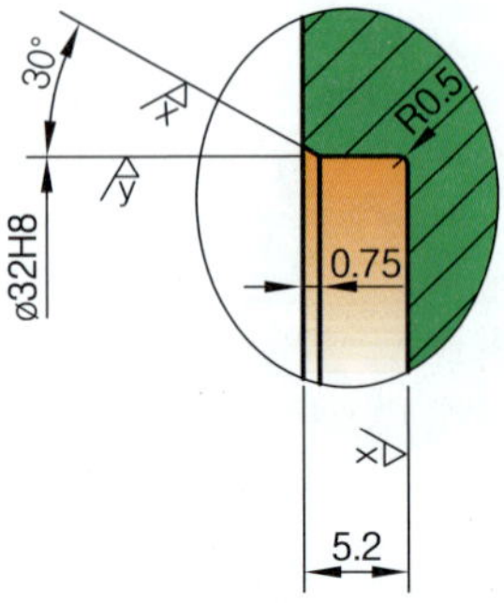

구멍의 치수

적용 예
오일실 G계열 호칭 안지름(축지름) d : 20, 오일실 외경(조립부 내경) D : 32, 나비 B = 5인 경우

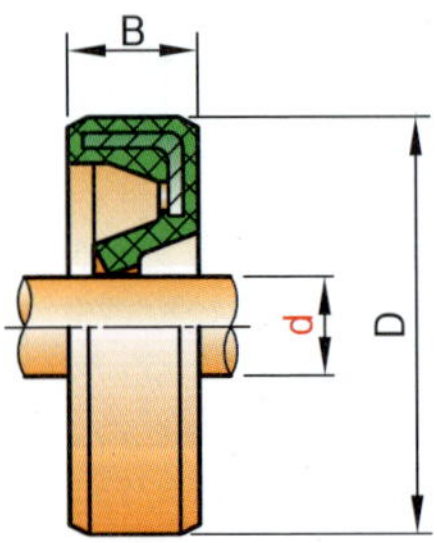

G

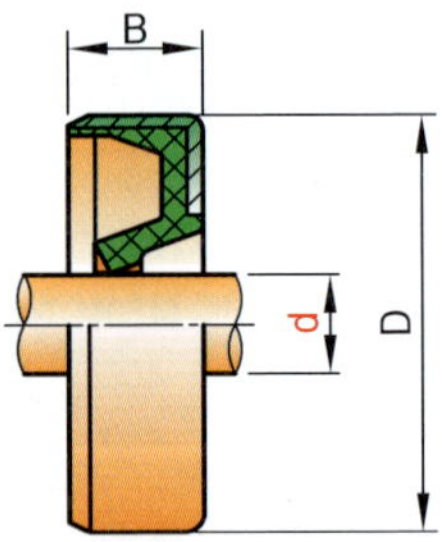

GM

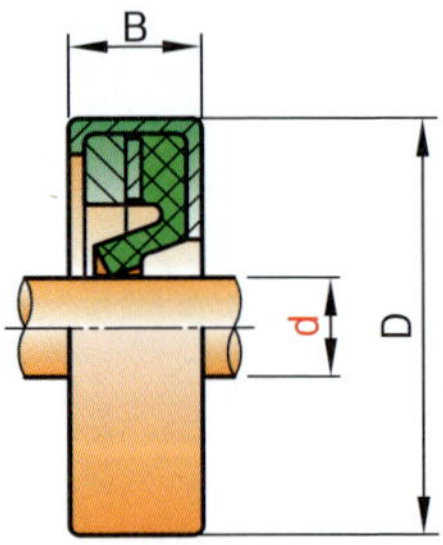

GA

기호	종류	기호	종류
G	스프링 없는 바깥 둘레 고무	GA	스프링 없는 조립
GM	스프링 없는 바깥 둘레 금속	비고 GA는 되도록 사용하지 않는다.	

123. 오일실 조립관계 치수(축, 하우징)

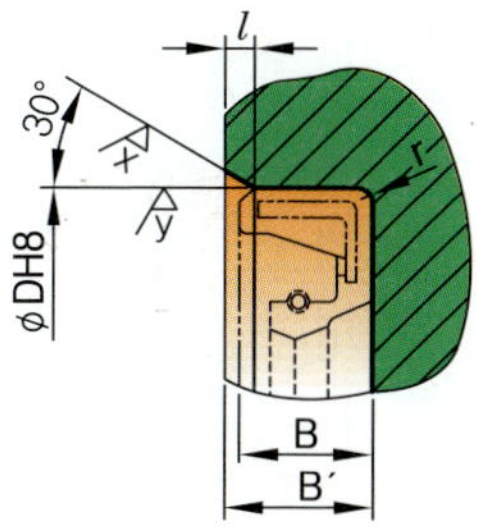

하우징

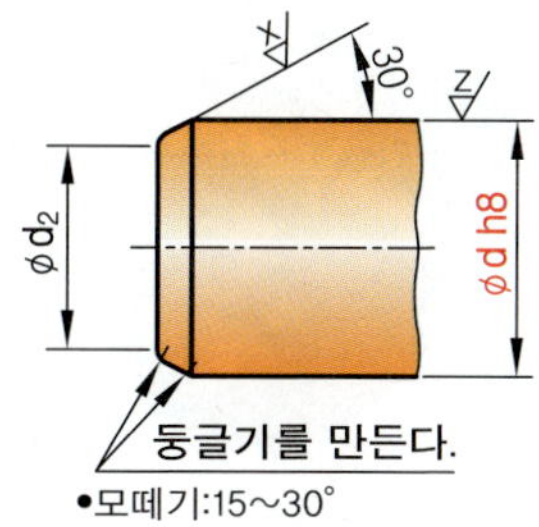

축

단위 : mm

G, GM, GA 계열 치수

호칭 d (h8)	d_2 (최대)	외경 D (H8)	나비 B	구멍폭 B'	l (최소/최대) $0.1B\sim0.15B$	r (최소) $r\geq0.5$	호칭 d (h8)	d_2 (최대)	외경 D (H8)	나비 B	구멍폭 B'	l (최소/최대) $0.1B\sim0.15B$	r (최소) $r\geq0.5$
7	5.7	18	4	4.2	0.4/0.6	0.5	24	21.5	38	5	5.2	0.5/0.75	0.5
		20	7	7.3	0.7/1.05	0.5			40	8	8.3	0.8/1.2	0.5
8	6.6	18	4	4.2	0.4/0.6	0.5	25	22.5	38	5	5.2	0.5/0.75	0.5
		22	7	7.3	0.7/1.05	0.5			40	8	8.3	0.8/1.2	0.5
9	7.5	20	4	4.2	0.4/0.6	0.5	*26	23.4	38	5	5.2	0.5/0.75	0.5
		22	7	7.3	0.7/1.05	0.5			42	8	8.3	0.8/1.2	0.5
10	8.4	20	4	4.2	0.4/0.6	0.5	28	25.3	40	5	5.3	0.5/0.75	0.5
		25	7	7.3	0.7/1.05	0.5			45	8	8.5	0.8/1.2	0.5
11	9.3	22	4	4.2	0.4/0.6	0.5	30	27.3	42	5	5.2	0.5/0.75	0.5
		25	7	7.3	0.7/1.05	0.5			45	8	8.3	0.8/1.2	0.5
12	10.2	22	4	4.2	0.4/0.6	0.5	32	29.2	45	5	5.2	0.5/0.75	0.5
		25	7	7.3	0.7/1.05	0.5			52	8	8.3	0.8/1.2	0.5
*13	11.2	25	4	4.2	0.4/0.6	0.5	35	32	48	5	5.2	0.5/0.75	0.5
		28	7	7.3	0.7/1.05	0.5			55	11	11.4	1.1/1.65	0.5
14	12.1	25	4	4.2	0.4/0.6	0.5	38	34.9	50	5	5.2	0.5/0.75	0.5
		28	7	7.3	0.7/1.05	0.5			58	11	11.4	1.1/1.65	0.5
15	13.1	25	4	4.2	0.4/0.6	0.5	40	36.8	52	5	5.2	0.5/0.75	0.5
		30	7	7.3	0.7/1.05	0.5			62	11	11.4	1.1/1.65	0.5
16	14	28	4	4.2	0.4/0.6	0.5	42	38.7	55	6	6.2	0.6/0.9	0.5
		30	7	7.3	0.7/1.05	0.5			65	12	12.4	1.2/1.8	0.5
17	14.9	30	5	5.2	0.5/0.75	0.5	45	41.6	60	6	6.2	0.6/0.9	0.5
		32	8	8.3	0.8/1.2	0.5			68	12	12.4	1.2/1.8	0.5
18	15.8	30	5	5.2	0.5/0.75	0.5	48	44.5	62	6	6.2	0.6/0.9	0.5
		35	8	8.3	0.8/1.2	0.5			70	12	12.4	1.2/1.8	0.5
20	17.7	32	5	5.2	0.5/0.75	0.5	50	46.4	65	6	6.2	0.6/0.9	0.5
		35	8	8.3	0.8/1.2	0.5			72	12	12.4	1.2/1.8	0.5
22	19.6	35	5	5.2	0.5/0.75	0.5	*52	48.3	65	6	6.2	0.6/0.9	0.5
		38	8	8.3	0.8/1.2	0.5			75	12	12.4	1.2/1.8	0.5

비고

1. *을 붙인 것은 KS B 0406(축 지름)에 없는 것이고, ( ) 안의 것은 되도록 사용하지 않는다.
2. B'는 KS규격 치수가 아닌 실무 데이터이다.
3. D는 오일실 외경 및 조립부 내경 치수이다.

123. 오일실 조립관계 치수(축, 하우징)

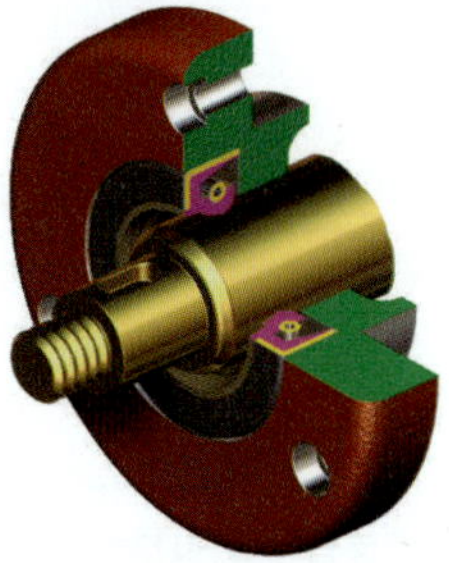

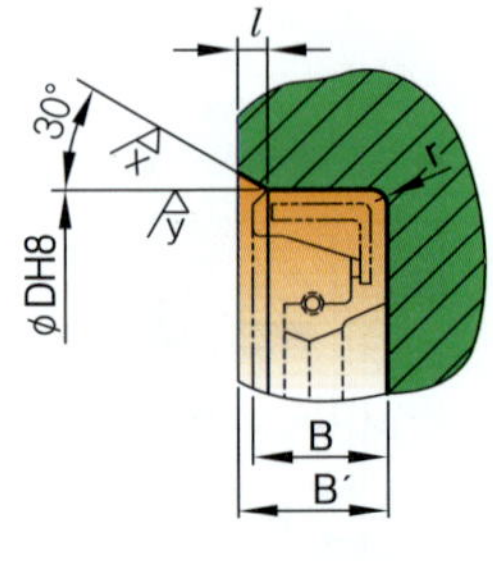

하우징

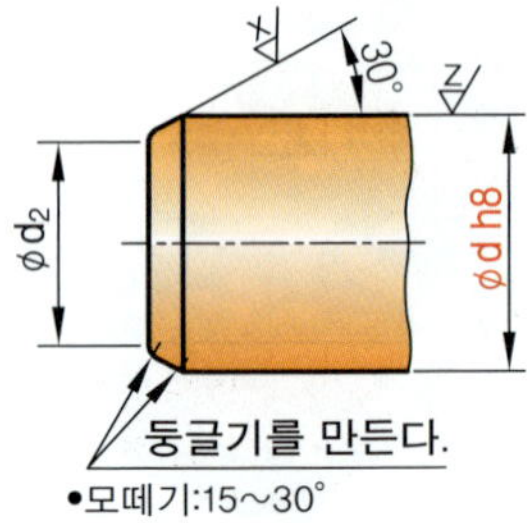

축

단위 : mm

G, GM, GA 계열 치수(계속)

호칭 d (h8)	d_2 (최대)	구멍 D (H8)	나비 B	구멍폭 B'	l (최소/최대) $0.1B \sim 0.15B$	r (최소) $r \geq 0.5$
55	51.3	70	6	**6.2**	0.6/0.9	0.5
		78	12	**12.4**	1.2/1.8	0.5
56	52.3	70	6	**6.2**	0.6/0.9	0.5
		78	12	**12.4**	1.2/1.8	0.5
*58	54.2	72	6	**6.2**	0.6/0.9	0.5
		80	12	**12.4**	1.2/1.8	0.5
60	56.1	75	6	**6.2**	0.6/0.9	0.5
		82	12	**12.4**	1.2/1.8	0.5
*62	58.1	75	6	**6.2**	0.6/0.9	0.5
		85	12	**12.4**	1.2/1.8	0.5
63	59.1	75	6	**6.2**	0.6/0.9	0.5
		85	12	**12.4**	1.2/1.8	0.5
65	61	80	6	**6.2**	0.6/0.9	0.5
		90	13	**13.4**	1.3/1.95	0.5
*68	63.9	82	6	**6.2**	0.6/0.9	0.5
		95	13	**13.4**	1.3/1.95	0.5
70	65.8	85	6	**6.2**	0.6/0.9	0.5
		95	13	**13.4**	1.3/1.95	0.5
(71)	(66.8)	(85)	(6)	**(6.2)**	(0.6/0.9)	0.5
		(95)	(13)	**(13.4)**	(1.3/1.95)	0.5
75	70.7	90	6	**6.2**	0.6/0.9	0.5
		100	13	**13.4**	1.3/1.95	0.5
80	75.5	95	6	**6.2**	0.6/0.9	0.5
		105	13	**13.4**	1.3/1.95	0.5
85	80.4	100	6	**6.2**	0.6/0.9	0.5
		110	13	**13.4**	1.3/1.95	0.5
90	85.3	105	6	**6.2**	0.6/0.9	0.5
		115	13	**13.4**	1.3/1.95	0.5

호칭 d (h8)	d_2 (최대)	구멍 D (H8)	나비 B	구멍폭 B'	l (최소/최대) $0.1B \sim 0.15B$	r (최소) $r \geq 0.5$
95	90.1	110	6	**6.2**	0.6/0.9	0.5
		120	13	**13.4**	1.3/1.95	0.5
100	95	115	6	**6.2**	0.6/0.9	0.5
		125	13	**13.4**	1.3/1.95	0.5
105	99.9	120	7	**7.3**	0.7/1.05	0.5
		135	14	**14.4**	1.4/2.1	0.5
110	104.7	125	7	**7.3**	0.7/1.05	0.5
		140	14	**14.4**	1.4/2.1	0.5
(112)	(106.7)	(125)	(7)	**(7.3)**	(0.7/1.05)	0.5
		(140)	(14)	**(14.4)**	(1.4/2.1)	0.5
*115	109.6	130	7	**7.3**	0.7/1.05	0.5
		145	14	**14.4**	1.4/2.1	0.5
120	114.5	135	7	**7.3**	0.7/1.05	0.5
		150	14	**14.4**	1.4/2.1	0.5
125	119.4	140	7	**7.3**	0.7/1.05	0.5
		155	14	**14.4**	1.4/2.1	0.5
130	124.3	145	7	**7.3**	0.7/1.05	0.5
		160	14	**14.4**	1.4/2.1	0.5
*135	129.2	(150)	(7)	**(7.3)**	(0.7/1.05)	0.5
		160	14	**14.4**	1.4/2.1	0.5
140	133	(155)	(7)	**(7.3)**	(0.7/1.05)	0.5
		170	14	**14.4**	1.4/2.1	0.5
*145	138	(160)	(7)	**(7.3)**	(0.7/1.05)	0.5
		175	14	**14.4**	1.4/2.1	0.5
150	143	(165)	(7)	**(7.3)**	(0.7/1.05)	0.5
		180	14	**14.4**	1.4/2.1	0.5
160	153	(175)	(7)	**(7.3)**	(0.7/1.05)	0.5
		190	14	**14.4**	1.4/2.1	0.5

비고

1. *을 붙인 것은 KS B 0406(축 지름)에 없는 것이고, ( ) 안의 것은 되도록 사용하지 않는다.
2. B'는 KS규격 치수가 아닌 실무 데이터이다.
3. D는 오일실 외경 및 조립부 내경 치수이다.

MEMO

124. 손잡이(1호)

고정형 구조

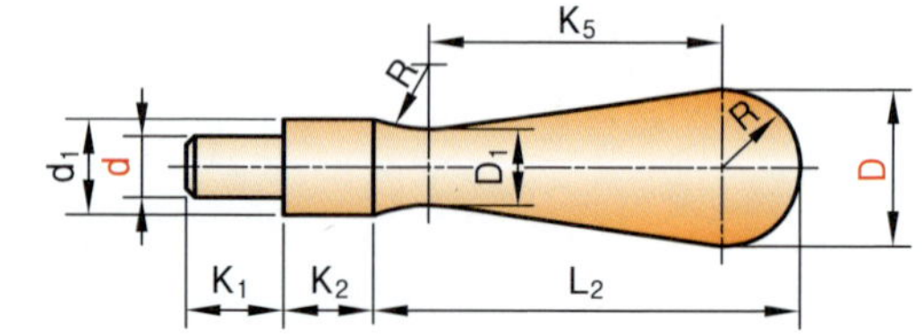

고정형 끼움

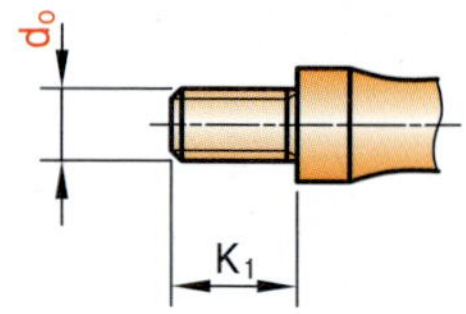

나사박음

회전형 구조

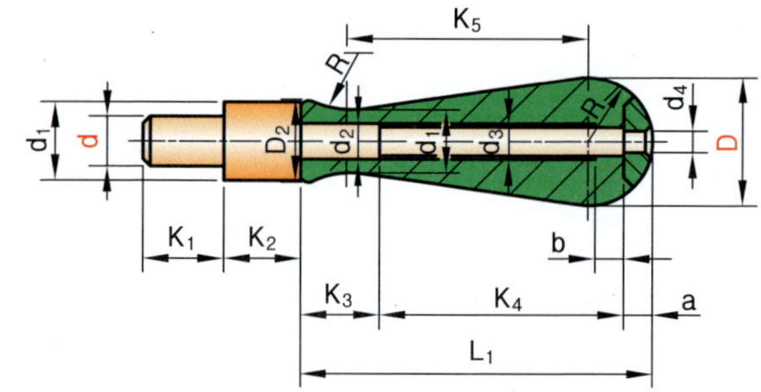

회전형 끼움

단위 : mm

호칭 치수 D	나사의 호칭 d_0	d 기준 치수	d 허용차 (k7)	K_1 기준 치수	K_1 허용차	K_2	L_1	L_2	d_1	(참고) D_1	D_2	K_5 (약)	R	K_3	K_4	a	d_2	d_3	d_4	b
13	M 5	5	+0.013 +0.001	10	±0.3	5	–	30	8	7	–	21	6.5	–	–	–	–	–	–	–
16	M 6	6		13		7	42	40	10	8	11	28	8	10	28	4	5	1	3	2.5
20	M 8	8	+0.016 +0.001	15		8	52	50	13	10	14	35	10	12	35.5	4.5	6	5	4	3
25	M 10	10		18	±0.4	10	65	60	16	13	18	42	12.5	15	45	5	7	6	4.5	3.5
32	M 12	12	+0.019 +0.001	20		13	85	80	20	16	22	56	16	18	60	7	9	7	5.5	4
36	M 16	16		22		14	96	90	22	18	25	63	18	20	68	8	11	9	7	4
40	M 16	16		14		16	107	100	23	20	28	70	20	23	74	10	13	11	8	4.5

비고

1. 나사박음형의 손잡이는 d_1 부분에 스패너를 걸기 위한 홈을 붙여도 좋다.
2. 끼움형의 손잡이는 d부분의 선단에 크게 접시형 구멍파기를 실시하여도 좋다.
3. D_1, K_2, L_1, L_2 및 d_1 치수 허용차는 KS B ISO 2768-1에 규정하는 중간등급(m)으로 한다.
4. 재질은 SS400, SUM22 회전형 손잡이부는 합성수지로도 좋다.

125. 손잡이(2호)

고정형 구조

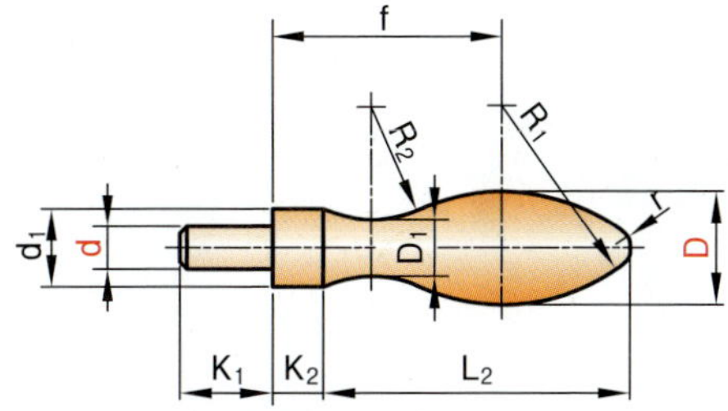

고정형 꽂음

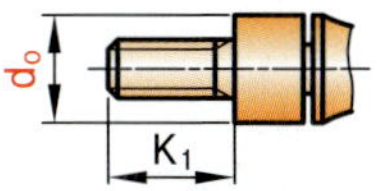

나사박음

회전형 구조

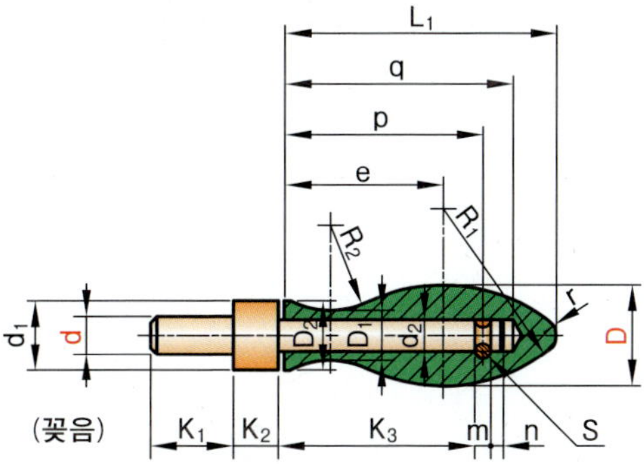

회전형 꽂음

손잡이 · 핸들

단위 : mm

호칭 치수 D	나사의 호칭 d_0	d 기준 치수	d 허용차 (k7)	K_1 기준 치수	K_1 허용차	K_2	L_1	L_2	d_1	(참고) D_1	D_2	f	e	R_1	R_2	r	p	q	K_3	m	n	d_2	S
10	M 4	4	+0.013 +0.001	9	±0.3	4	–	28	7	5	–	20	–	20	9.5	2	–	–	–	–	–	–	–
13	M 5	5		10		5	–	35	8	6.5	–	25	–	24	14.5	2.5	–	–	–	–	–	–	–
16	M 6	6		13		7	46	43	10	8	11	32	28	28	19	3	31.8	38	31	2.5	2	5	2
20	M 8	8	+0.016 +0.001	15		8	58	56	13	10	14	40	34	40.5	21	4	39	47	38	3	3	6	2.3
25	M 10	10		18	±0.4	10	75	70	16	13	18	50	45	50	29	5	50.5	59	49	4	3	7	3.2
32	M 12	12	+0.019 +0.001	20		13	94	87	20	16	22	64	58	55	40.5	6	64	75	62	5	4	9	4
36	M 16	16		22		14	106	98	22	18	25	70	64	68	41	7	70.5	85	68	6	6	11	5
40	M 16	16		14		16	118	109	26	20	28	80	73	71	47	8	82.5	97	80	6	6	13	5

비고

1. 나사박음형의 손잡이는 d_1 부분에 스패너를 걸기 위한 홈을 붙여도 좋다.
2. 꽂음형의 손잡이는 d부분의 선단에 크게 접시형 구멍파기를 실시하여도 좋다.
3. D_1, K_2, L_1, L_2 및 d_1치수 허용차는 KS B ISO 2768－1에 규정하는 중간등급(m)으로 한다.
4. 재질은 SS400, SUM22 회전형 손잡이부는 합성수지로도 좋다.

126. 손잡이(3호)

A형

B형

C형

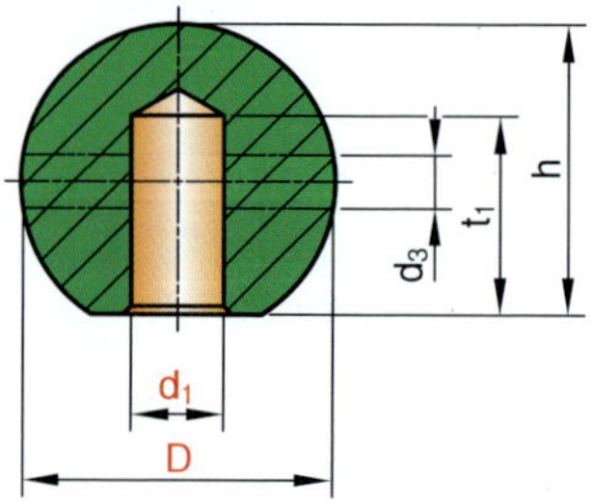

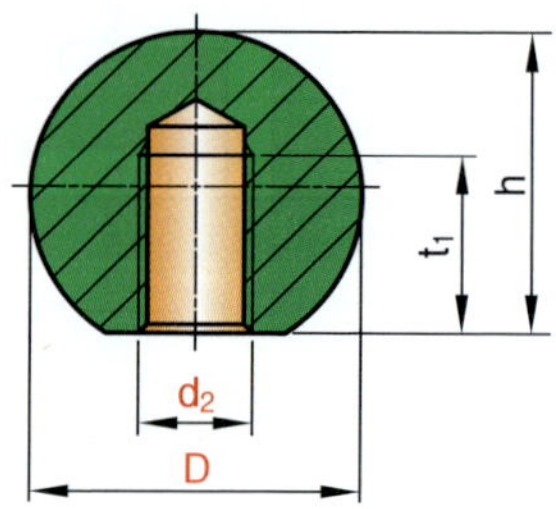

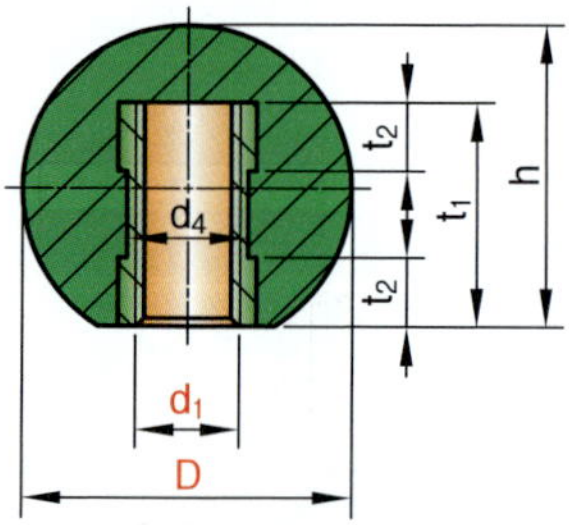

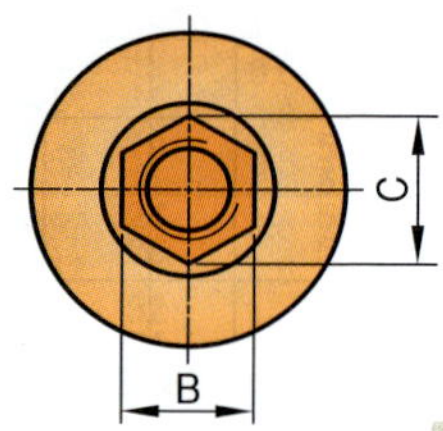

단위 : mm

호칭치수 D	나사의 호칭 d_2	호칭 구멍지름 d_1		h	t_1	(참고)				
		기준치수	허용차(H8)			d_3	d_4	B	C	t_2
20	M 6	6	$^{+0.013}_{0}$	18	14	2	8	8	9.3	5
25	M 8	8	$^{+0.022}_{0}$	22.5	17	3	10	10	11.5	6
32	M 10	10		29	21	4	14	14	16.2	7
40	M 12	12	$^{+0.027}_{0}$	36	25	5	17	17	19.6	8
50	M 16	16		45	33	6	21	21	24.2	11

비고

1. h는 필요에 따라 크게 해도 좋다.
2. A형은 심봉을 끼우고, 이와 함께 구멍을 뚫는다. 또한, 핀을 끼웠을 경우에는 이것이 사용 중에 빠지지 않도록 한다.
3. C형의 심금 외형은 임의로 한다. 다만, 이것이 헐거워지지 않는 모양으로 하여야 한다.
5. D, h 및 t_1의 치수 허용차는 KS B ISO 2768－1에 규정하는 중간등급(m)으로 한다.
6. A형, B형 재질은 SS400, SUM22 또는 합성수지로 한다.
7. C형 재질은 합성수지, 다만, 심봉은 SS400, SUM22

127. 손잡이(4호)

A형

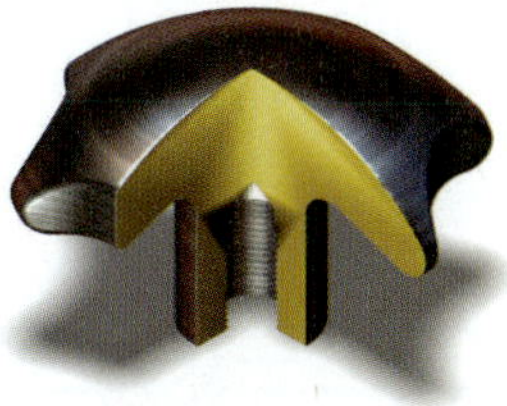

B형

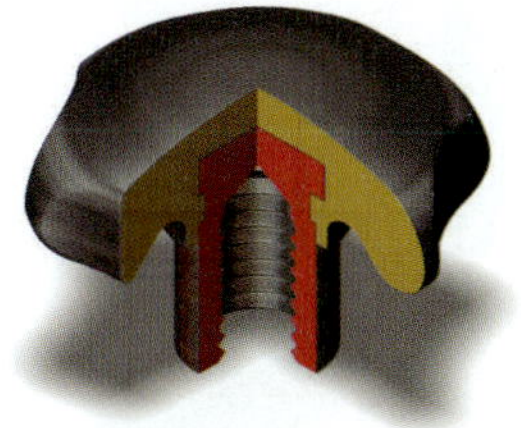

C형

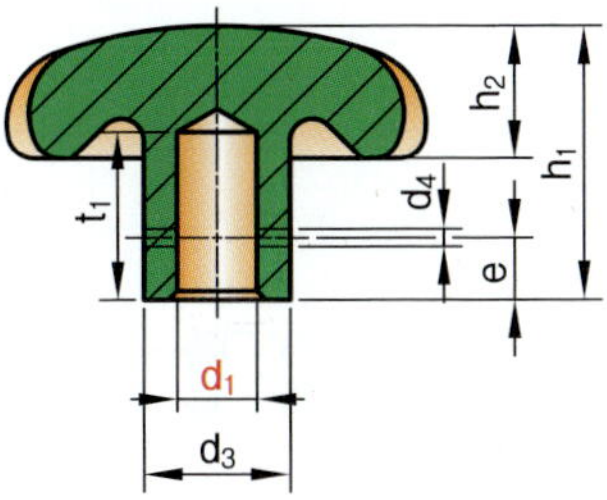

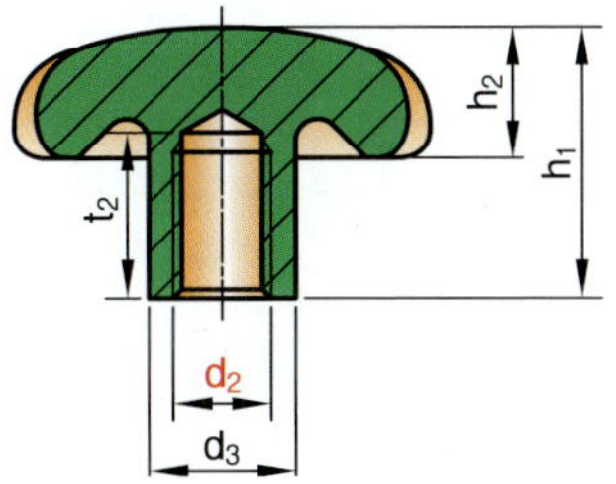

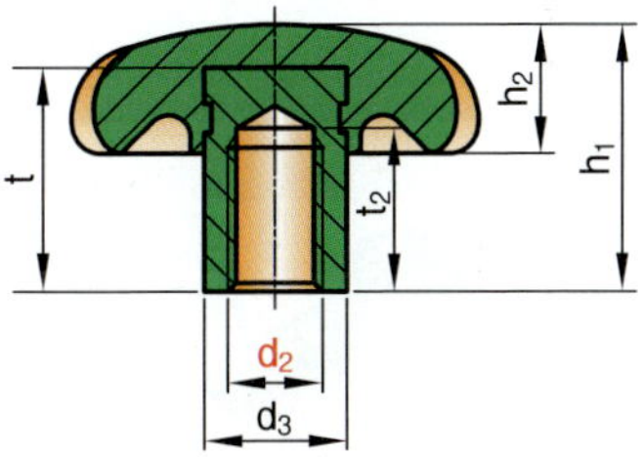

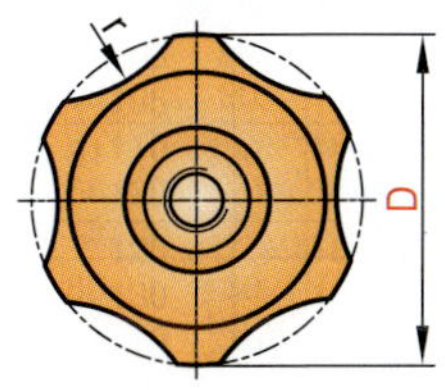

단위 : mm

호칭치수 D	호칭 나사 d_2	호칭 구멍지름(d_1) 기준치수	호칭 구멍지름(d_1) 허용차(H8)	d_3	h_1	h_2	t_1	t_2	e	(참고) d_4	(참고) r	(참고) t
32	M 5	5	+0.018 / 0	12	20	10	14	10	5	2	10	17
40	M 6	6		14	24	12	16	12	6	2	15	21
50	M 8	8	+0.022 / 0	16	30	15	19	16	7	3	20	26
63	M 10	10		20	38	19	23	20	8	3	25	32
80	M 12	12	+0.027 / 0	25	50	24	28	24	10	4	30	46

비고

1. A형은 심봉을 끼우고 이와 함께 구멍을 뚫는다. 또한, 핀을 끼웠을 경우에는 이것이 사용 중에 빠지지 않도록 한다.
2. 바깥둘레면은 잘 미끄러지지 않는 적당한 모양으로 한다.
3. C형의 심금회형은 임의로 한다. 다만, 이것이 헐거워지지 않는 모양으로 하여야 한다.
4. D, d_3, h_1, h_2, t_1, t_2 및 e의 치수 허용차는 KS B ISO 2768-1에 규정하는 중간등급(m)으로 한다.
5. A형, B형 재질은 SS400, SUM22 또는 합성수지
6. C형 재질은 합성수지, 다만, 심봉은 SS400, SUM22

128. 핸들(1호)

둥근 구멍

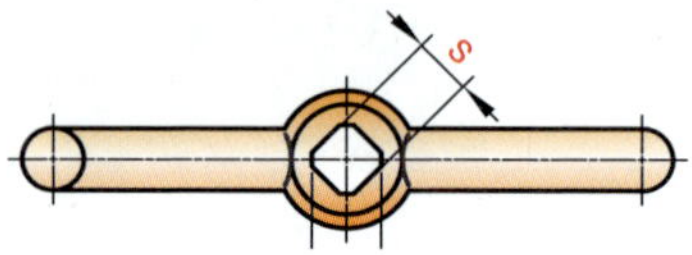

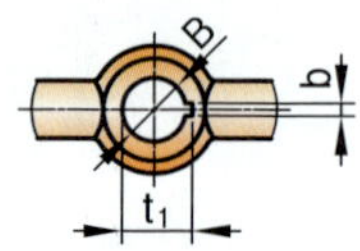

(둥근구멍인 경우)

4각 구멍

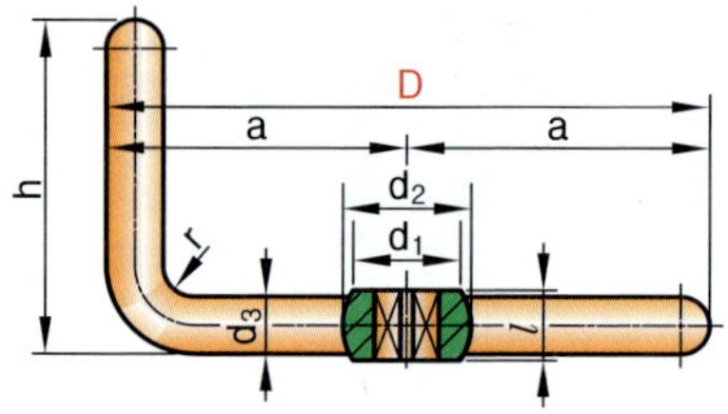

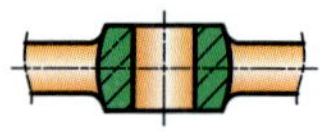

단위 : mm

암의 온길이(호칭) D	4각 구멍			둥근 구멍		보스			암			
	맞변거리(S)		e (최소)	B	$b \times t_1$	l	d_1	d_2	d_3	a	h	r(참고)
	기준 치수	허용차 (H8)										
80	8	$^{+0.022}_{0}$	10.8	9	–	14	18	22	10	40	60	5
100	10		13.6	10	4×11.5	15	20	24	11	50	60	5
125	10		13.6	12	4×13.5	16	21	26	12	63	70	5
140	12	$^{+0.027}_{0}$	16.5	14	5×16	18	24	30	13	70	75	5
160	14		19.2	16	5×18	20	28	34	14	80	80	8
180	14		19.2	16	5×18	20	28	34	15	90	85	8
200	17		23	20	5×22	22	33	40	16	100	85	8
224	19	$^{+0.033}_{0}$	26	24	7×27	26	36	44	18	112	90	10
250	22		29.5	26	7×29	28	40	48	20	125	95	10
280	22		29.5	26	7×27	30	43	52	22	140	100	10
315	27		36.5	32	10×35.5	32	48	58	24	158	105	12
355	30	$^{+0.039}_{0}$	40	36	10×35.5	36	54	64	24	178	110	12
400	32		43	40	10×43.5	38	58	70	26	200	120	12
450	36		48	44	12×47.5	42	63	76	26	225	120	15
500	36		48	48	12×51.5	45	68	82	28	250	130	15

비고

1. 암의 굽음은 양쪽에 둘 수 있다.
2. B, $b \times t_1$ 및 l의 치수 허용차는 KS B ISO 2768-1에 규정하는 중간등급(m)으로 한다.
3. KS D 3752=SM20C 또는 KS D 3567=SUM22

129. 핸들(2호)

둥근 구멍

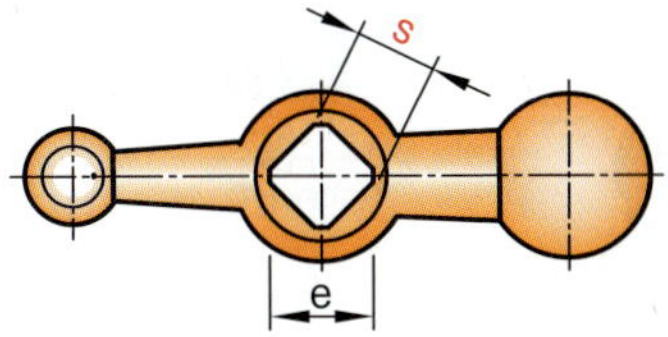

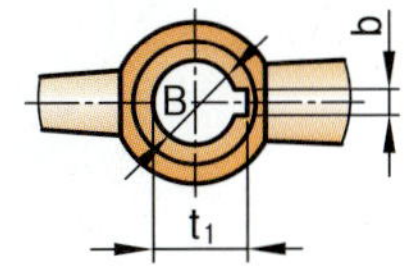

(둥근구멍인 경우)

4각 구멍

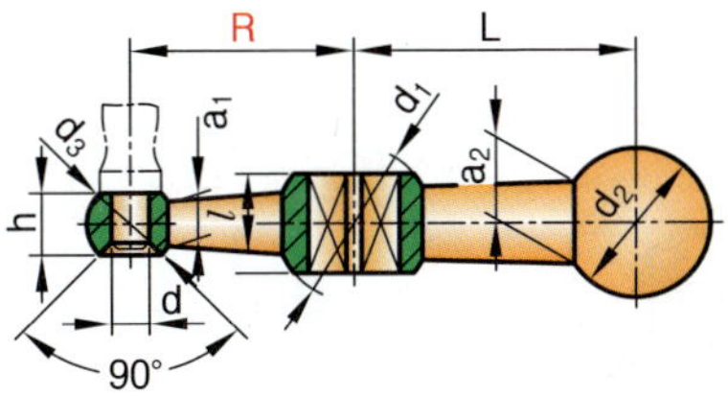

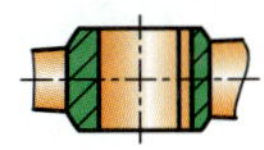

단위 : mm

회전반지름 (호칭) R	4각 구멍			둥근 구멍		보스(boss)		평형추			손잡이 부착부					
	맞변거리 (S)		e (최소)	B	$b \times t_1$	l	d_1	L	d_2	a_2	d_3	a_1	구멍깊이 (h)		구멍지름 (d)	
	기준 치수	허용차 (H8)											기준 치수	허용차	기준 치수	허용차 (H7)
20	7	+0.022 0	9.2	8	-	12	18	20	15	8	10	6	8	±0.3	4	+0.012 0
25	8		10.8	9	-	13	20	25	18	9	10	6	8		4	
32	10		13.6	10	4×11.5	14	22	32	21	11	12	7	9		5	
40	10	+0.027 0	13.6	12	4×13.5	16	24	40	26	14	16	10	12		6	+0.015 0
50	12		16.5	14	5×16	22	32	50	32	16	19	11	14		8	
63	12		16.5	14	5×16	22	32	60	32	17	17	11	14		8	
80	14		19.2	16	5×18	25	35	75	38	21	21	13	17	±0.4	10	
100	17		23	20	5×22	28	42	95	38	21	21	13	17		10	

비고

1. S 및 B의 치수는 필요에 따라 증감하여도 좋다. 다만, 이 경우 그 치수는 표 중의 값으로 한다.
2. 호칭 치수 50까지의 것은 평형추 쪽을 손잡이 쪽과 같은 모양으로 하고, 손잡이를 양쪽에 달 수 있다.
3. R, B, $b \times t$, l, d_1, L, d_2, a_2, d_3 및 a_1의 치수 허용차는 KS B ISO 2768-1에 규정하는 중간등급(m)으로 한다.
4. KS D 3752=SM20C 또는 KS D 3567=SUM22

130. 핸들(3호)

둥근 구멍

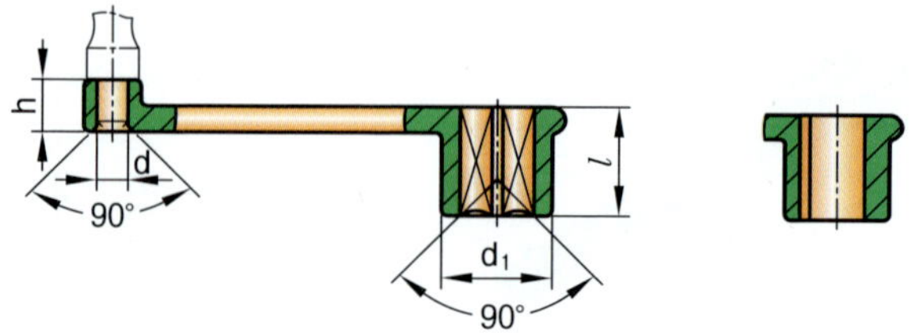

4각 구멍

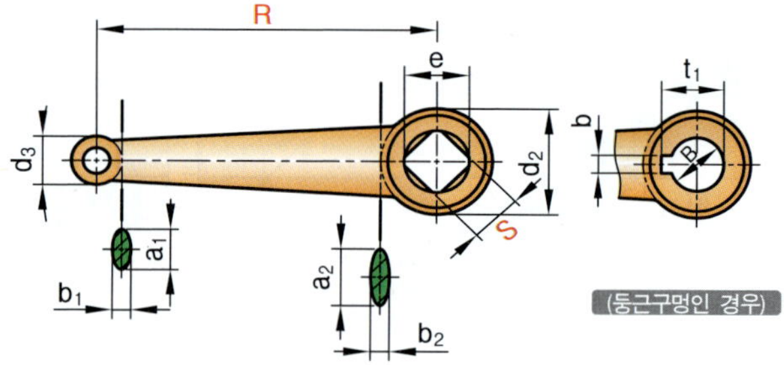

단위 : mm

회 전 반지름 (호칭) R	4각 구멍			둥근 구멍		보스			암				손잡이 부착부				
	맞변거리 (S)		e (최소)	B	$b \times t_1$	l	d_1	d_2	a_1	b_1	a_2	b_2	d_3	구멍깊이(h)		구멍지름 (d)	
	기준 치수	허용차 (H9)												기준 치수	허용차	기준 치수	허용차 (H7)
32	8	$^{+0.036}_{0}$	10.8	9	−	16	19	19	10	5	13	5	13	12	±0.3	6	$^{+0.015}_{0}$
40	10		13.6	10	4×11.5	18	21	21	10	5	14	5	13	12		6	
50	10		13.6	10	4×11.5	18	21	21	10	5	14	5	13	12		6	
63	10		13.6	12	4×13.5	20	23	23	11	5	15	5	14	12		6	
80	12	$^{+0.043}_{0}$	16.5	14	5×16	24	28	28	12	6	18	6	15	14		8	
100	14		19.2	16	5×18	28	33	33	12	6	22	7	15	14		8	
125	17		23	20	5×22	34	39	39	15	7	26	8	18	17	±0.4	10	
160	19	$^{+0.052}_{0}$	26	24	7×27	38	44	44	16	8	30	9	19	17		10	
200	22		29.5	26	7×29	42	48	48	19	9	32	10	23	19		12	
250	22		29.5	26	7×29	46	52	52	20	10	36	12	24	19		12	

비고

1. S 및 B의 치수는 필요에 따라 증감하여도 좋다. 다만, 이 경우 그 치수는 표 중의 값을 취한다.
2. R, B, $b \times t_1$ 및 l의 치수 허용차는 KS B ISO 2768−1에 규정하는 중간등급(m)으로 한다.
3. KS D 3752=SM20C, KS D 4302=GCD 400 또는 GCD 450, KS D 5922=GCMB 30−06

131. 핸들(4호)

둥근 구멍

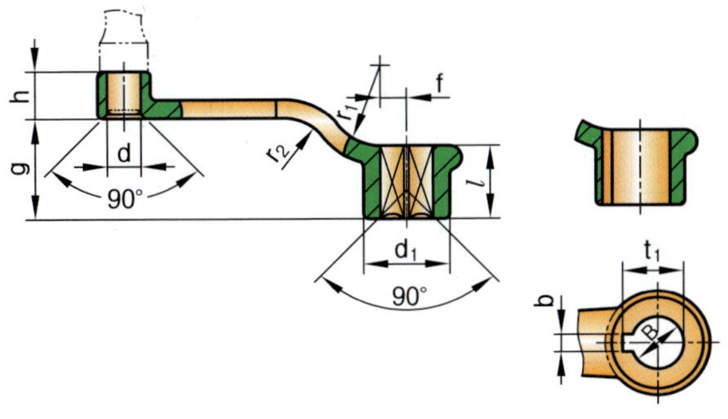

(둥근구멍인 경우)

4각 구멍

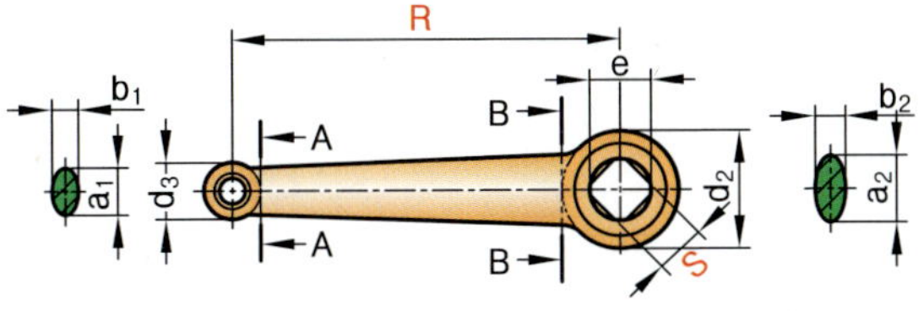

단면 A–A　　단면 B–B

단위 : mm

회전 반지름 (호칭) R	4각 구멍 맞변거리 (S)		4각 구멍 e (최소)	둥근 구멍 B	둥근 구멍 b×t_1	보스 l	보스 d_1	보스 d_2	암 a_1	암 b_1	암 a_2	암 b_2	암 g	암 (참고) f	암 (참고) r_1	암 (참고) r_2	손잡이 부착부 d_3	구멍깊이 (h)		구멍지름 (d)	
	기준 치수	허용차 (H8)																기준 치수	허용차	기준 치수	허용차 (H7)
63	10	+0.022 0	13.6	12	4×13.5	20	20	23	11	5	15	5	27	8	13	22	14	12	±0.3	6	+0.015 0
80	12		16.5	14	5×16	24	24	28	12	6	18	6	29	9	15	25	15	14		8	
100	14		19.2	16	5×18	28	28	33	12	6	22	7	40	10	18	30	15	14		8	
125	17	+0.027 0	23	20	5×22	34	34	39	15	7	26	8	40	13	21	35	18	17	±0.4	10	
160	19		26	24	7×27	38	38	44	16	8	30	9	52	14	25	42	19	17		10	
200	22		29.5	26	7×29	42	42	48	19	9	32	10	64	18	28	48	23	19		12	
250	22		19.5	26	7×29	46	46	52	20	10	36	12	72	20	32	55	24	19		12	

비고

1. *S* 및 *B*의 치수는 필요에 따라 증감하여도 좋다. 다만, 이 경우 그 치수는 표 중의 값을 취한다.
2. *R*, *B*, $b \times t_1$ 및 *l*의 치수 허용차는 KS B ISO 2768–1에 규정하는 중간등급(m)으로 한다.
3. KS D 3752=SM20C, KS D 4302=GCD 400 또는 GCD 450, KS D 5922=GCMB 30–06

손잡이 · 핸들

132. 핸드 휠(1호)

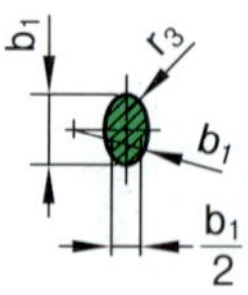

단면 A-A

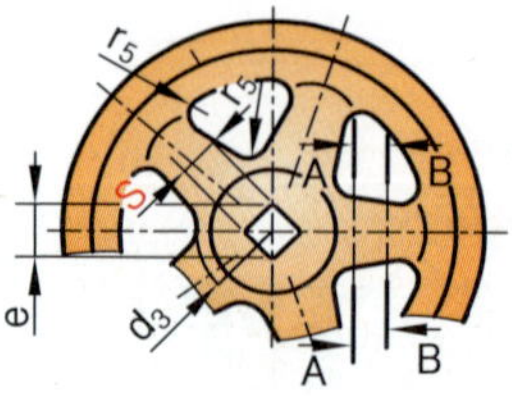

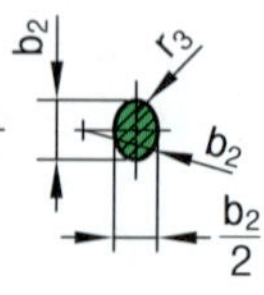

단면 B-B

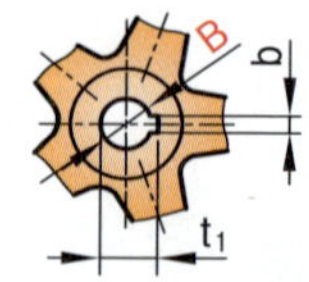

(둥근 구멍인 경우)

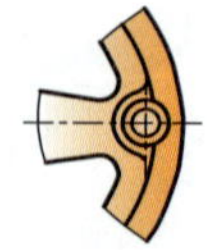

손잡이 부착하는 경우

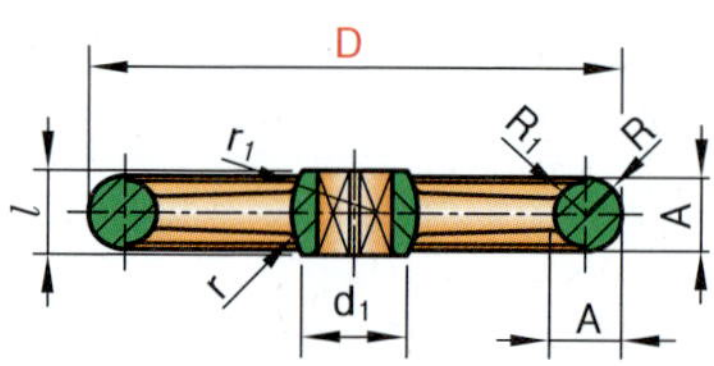

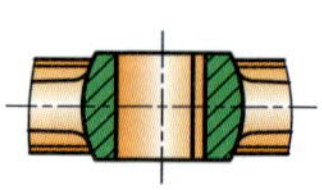

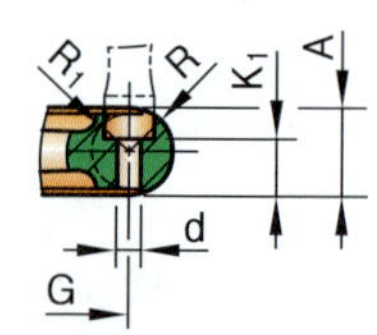

G : 중심부에서의 거리

4각 구멍

손잡이 부착 4각 구멍

132. 핸드 휠(1호)

단위 : mm

핸드 휠-1호 치수

바깥 지름 (호칭) D	4각 구멍		둥근 구멍		보스					스포크						림			손잡이 부착부			
	S (H8)	e (최소)	B	$b \times t_1$	l	d_1	d_3	(참고) r	(참고) r_1	수	b_1	b_2	(참고) r_3	(참고) r_4	(참고) r_5	A	(약) R	(약) R_1	d (H7)	K_1 기준 치수	K_1 허용차	G
63	7	9.2	8	–	13	20	24	6	10	3	12	10	2.3	1.9	3	13	6.5	5.5	–	–	–	–
80	8	10.8	9	–	14	22	26	6	10	3	14	12	2.6	2.3	3.5	14	7	6	–	–	–	–
100	10	13.6	10	4×11.5	15	24	28	7	12	3	17	15	3.2	2.8	3.5	15	7.5	6.5	5(M5)	10	±0.3	40
125	10	13.6	12	4×13.5	16	28	32	7	12	3	19	17	3.6	3.2	3.5	16	8	7	6(M6)	13		51
140	12	16.5	14	5×16	18	30	35	8	14	3	21	18	3.9	3.4	4	17	8.5	7	6(M6)	13		58
160	14	19.2	16	5×18	20	32	38	8	16	3	23	20	4.3	3.8	4	18	9	7.5	8(M8)	15		67
180	14	19.2	16	5×18	20	32	38	8	16	3	24	20	4.5	3.8	4	20	10	8.5	8(M8)	15		76
200	17	23	20	5×22	22	38	45	9	18	3	26	22	4.9	4.1	5.5	22	11	9.5	10(M10)	18	±0.4	84
224	19	26	24	7×27	26	42	50	9	18	5	24	20	4.5	3.8	5.5	24	12	10	10(M10)	18		95
250	22	29.5	26	7×29	28	45	55	9	18	5	26	22	4.9	4.1	6	26	13	11	10(M10)	18		107
280	22	29.5	26	7×29	30	50	60	10	20	5	28	24	5.3	4.5	6	26	13	11	10(M10)	18		122
315	27	36.5	32	10×35.5	32	55	65	11	22	5	30	26	5.6	4.9	7	28	14	12	12(M12)	20		138
355	30	40	36	10×39.5	36	60	72	12	24	5	32	28	6	5.3	7	30	15	13	16(M16)	22		157
400	32	43	40	10×43.5	38	65	78	12	24	5	34	30	6.4	5.6	8	32	16	13	16(M16)	22		176
450	36	48	44	12×47.5	42	70	85	13	26	5	36	30	6.8	5.6	8	34	17	14	16(M16)	24		200
500	36	48	48	12×51.5	45	78	95	14	28	5	38	32	7.1	6	8.5	34	17	14	16(M16)	24		225
560	41	55	52	15×57	55	94	115	16	32	6	40	34	7.5	6.4	8.5	36	18	15	16(M16)	24		255
630	46	61	58	15×63	60	102	125	17	34	6	42	36	7.9	6.8	9	38	19	16	16(M16)	24		288
710	50	66	63	15×69	65	110	135	18	36	6	46	40	8.7	7.5	11	42	21	18	16(M16)	24		325
800	55	72	68	18×74	70	120	145	20	38	6	50	44	9.5	8.3	12	46	23	20	16(M16)	24		358

d의 칸 중 (　)를 붙인 수치는 나사 삽입형의 나사의 호칭을 표시한다.

비고

1. 4각 구멍 또는 둥근 구멍의 치수는 호칭치수 63에서 630에 한하며, 필요에 따라 한 계단 작은 4각 구멍 또는 둥근 구멍을 사용하여도 좋다. 다만, 이 경우에, 호칭치수 63의 4각 구멍에 대하여는 S=5.5mm, 둥근 구멍에 대하여는 B=7mm로 한다.
2. 림은 필요에 따라 미끄럼을 방지하기 위하여 파형, 널링 가공 등을 하여도 좋다.
3. D, B, $b \times t_1$, l 및 G의 치수 허용치는 KS B ISO 2768－1에 규정하는 중간급(m)으로 한다.
4. KS D 4301＝GC200, KS D 4302＝GCD400 또는 GCD450, KS D ISO 5922＝GCMB 30－06

133. 핸드 휠(2호)

단위 : mm

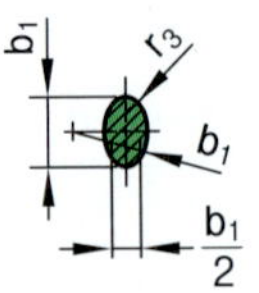

단면 A-A

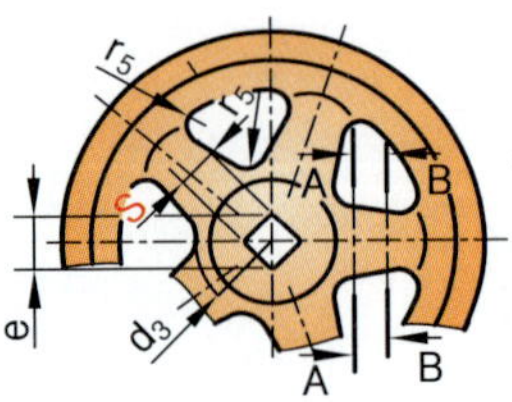

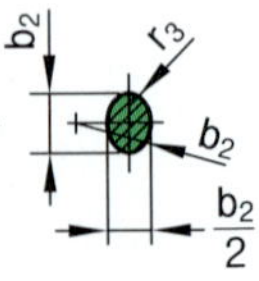

단면 B-B

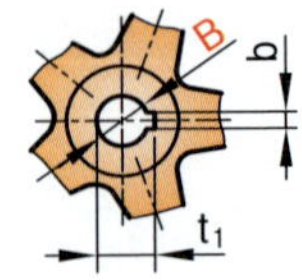

(둥근구멍인 경우)

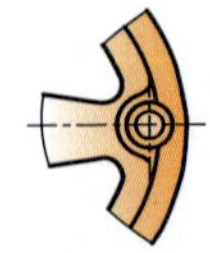

손잡이 부착하는 경우

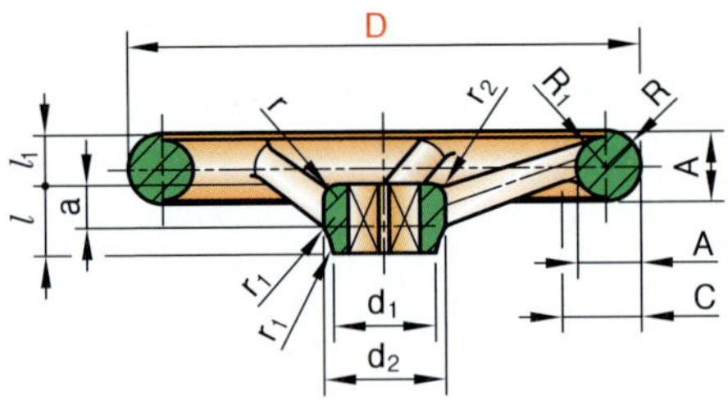

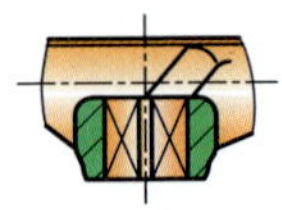

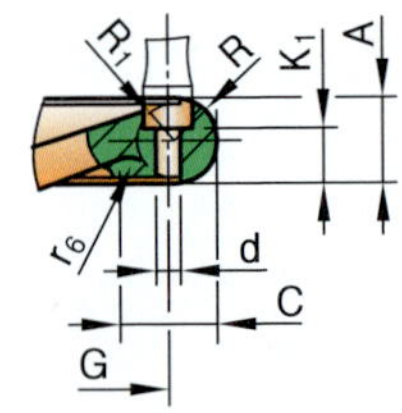

G : 중심부에서의 거리

4각 구멍

손잡이 부착 4각 구멍

133. 핸드 휠(2호)

단위 : mm

핸드 휠-2호 치수

바깥 지름 (호칭) D	4각 구멍 S (H8)	4각 구멍 e (최소)	둥근 구멍 B	둥근 구멍 $b \times t_1$	보스 a	보스 l	보스 l_1	보스 d	보스 d_2	보스 d	보스 (참고) r	보스 (참고) r_1	스포크 수	스포크 b_1	스포크 b_2	스포크 (참고) r_2	스포크 (참고) r_3	스포크 (참고) r_4	스포크 (참고) r_5	스포크 (참고) r_6	림 A	림 (약) R	림 (약) R_1	손잡이 부착부 d (H7)	손잡이 부착부 (K_1) 기준치수	손잡이 부착부 (K_1) 허용차	손잡이 부착부 G
63	7	9.2	8	–	5	13	10	20	22	24	6	10	3	12	10	3	2.3	1.9	3	11	13	6.5	5.5	–	–	–	–
80	8	10.8	9	–	6	14	13	22	24	26	6	10	3	14	12	3	2.6	2.3	3.5	12	14	7	6	–	–	–	–
100	10	13.6	10	4×11.5	6.5	15	16	24	26	28	7	12	3	17	15	3.5	3.2	2.8	3.5	13	15	7.5	6.5	5(M5)	10	±0.3	40
125	10	13.6	12	4×13.5	7.5	16	18	28	29	32	7	12	3	19	17	3.5	3.6	3.2	3.5	14	16	8	7	6(M6)	13		51
140	12	16.5	14	5×16	7.5	18	20	30	32	35	8	14	3	21	18	4	3.9	3.4	4	15	17	8.5	7	6(M6)	13		58
160	14	19.2	16	5×18	8	20	21	32	34	38	8	16	3	23	20	4	4.3	3.8	4	16	18	9	7.5	8(M8)	15		67
180	14	19.2	16	5×18	8	20	21	32	34	38	8	16	3	24	20	4	4.5	3.8	4	19	20	10	8.5	8(M8)	15		76
200	17	23	20	5×22	8	22	21	38	41	45	9	18	3	26	22	4.5	4.9	4.1	5.5	22	22	11	9.5	10(M10)	18	±0.4	84
224	19	26	24	7×27	9	26	22	42	45	50	9	18	5	24	20	4.5	4.5	3.8	5.5	29	24	12	10	10(M10)	18		95
250	22	29.5	26	7×29	10	28	22	45	50	55	9	18	5	26	22	4.5	4.9	4.1	6	33	26	13	11	10(M10)	18		107
280	22	29.5	26	7×29	10	30	23	50	54	60	10	20	5	28	24	6	5.3	4.5	6	34	26	13	11	10(M10)	18		122
315	27	36.5	32	10×35.5	11	32	23	55	58	65	11	22	5	30	26	6	5.6	4.9	7	38	28	14	12	12(M12)	20		138
355	30	40	36	10×39.5	11	36	24	60	64	72	12	24	5	32	28	6	6	5.3	7	46	30	15	13	16(M16)	22		157
400	32	43	40	10×43.5	12	38	25	65	68	78	12	24	5	34	30	6	6.4	5.6	8	50	32	16	13	16(M16)	22		176
450	36	48	44	12×47.5	13	42	26	70	74	85	13	26	5	36	30	6.5	6.8	5.6	8	56	34	17	14	16(M16)	24		200
500	36	48	48	12×51.5	14	45	27	78	82	95	14	28	5	38	32	7	7.1	6	8.5	58	34	17	14	16(M16)	24		225
560	41	55	52	15×57	16	55	27	94	98	115	16	32	6	40	34	7	7.5	6.4	8.5	62	36	18	15	16(M16)	24		255
630	46	61	58	15×63	18	60	29	102	108	125	17	34	6	42	36	8	7.9	6.8	9	66	38	19	16	16(M16)	24		288
710	50	66	63	15×69	18	65	31	110	118	135	18	36	6	46	40	9	8.7	7.5	11	72	42	21	18	16(M16)	24		325
800	55	72	68	18×74	20	70	33	120	126	145	20	38	6	50	44	10	9.5	8.3	12	80	46	23	20	16(M16)	24		358

d의 칸 중 ( )를 붙인 수치는 나사 삽입형의 나사의 호칭을 표시한다.

비고

1. 4각 구멍 또는 둥근 구멍의 치수는 호칭치수 63에서 630에 한하며, 필요에 따라 한 계단 작은 4각 구멍 또는 둥근 구멍을 사용하여도 좋다. 다만, 이 경우에, 호칭치수 63의 4각 구멍에 대하여는 S=5.5mm, 둥근 구멍에 대하여는 B=7mm로 한다.
2. 림은 필요에 따라 미끄럼을 방지하기 위하여 파형, 널링 가공 등을 하여도 좋다.
3. D, B, $b \times t_1$, l, l_1 및 G의 치수 허용차는 KS B ISO 2768-1에 규정하는 중간급(m)으로 한다.
4. KS D 4301=GC200, KS D 4302=GCD400 또는 GCD450, KS D ISO 5922=GCMB 30-06

134. 핸드 휠(3호)

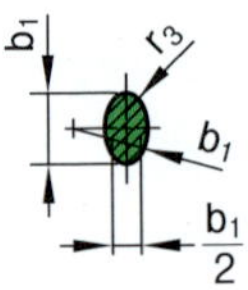

단면 A–A

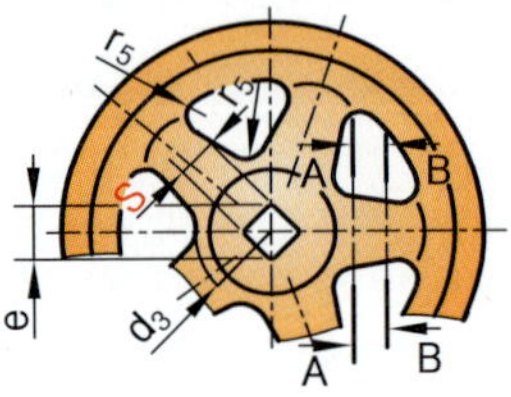

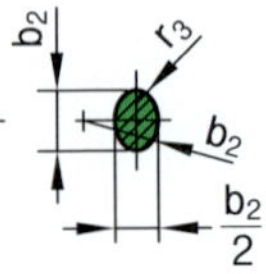

단면 B–B

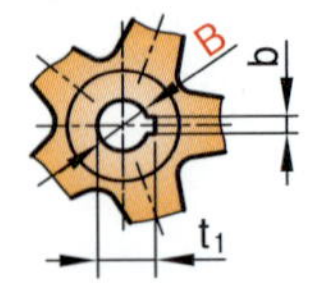

(둥근 구멍인 경우)

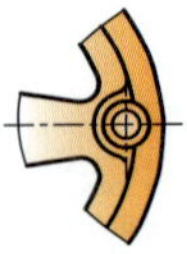

손잡이 부착하는 경우

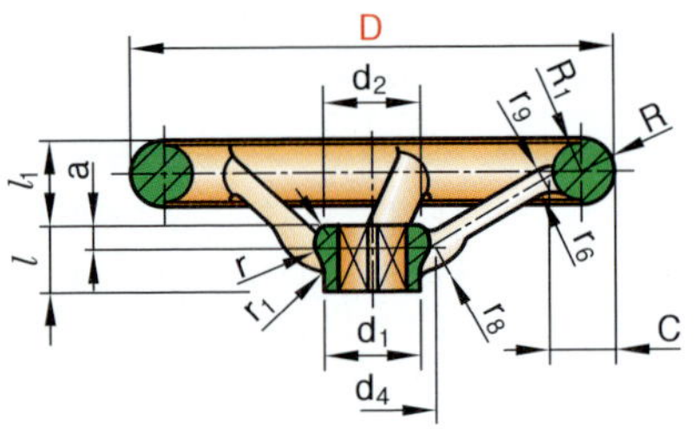

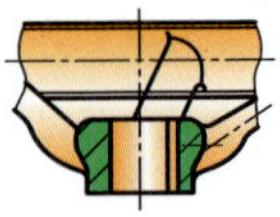

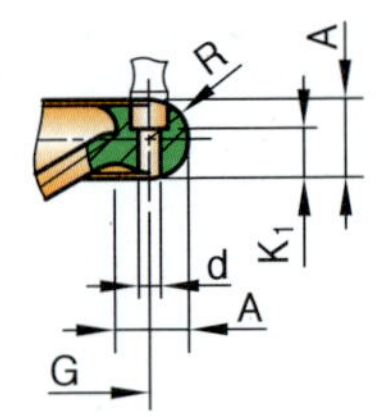

G : 중심부에서의 거리

4각 구멍

손잡이 부착 4각 구멍

134. 핸드 휠(3호)

단위 : mm

핸드 휠-3호 치수

바깥지름(호칭) D	4각 구멍 맞변거리(S) 기준치수	4각 구멍 맞변거리(S) 허용차(H8)	4각 구멍 e(최소)	둥근 구멍 B	둥근 구멍 $b \times t_1$	손잡이 부착 구멍 d(H7)	손잡이 부착 구멍 구멍깊이(K_1) 기준치수	손잡이 부착 구멍 구멍깊이(K_1) 허용차	림 G	림 A	림 R(약)	림 R_1(약)
80	8	$^{+0.022}_{0}$	10.8	9	–	–	–	–	–	14	7	6
100	10		13.6	10	4×11.5	5(M 5)	10	±0.3	40	15	7.5	6.5
125	10		13.6	12	4×13.5	6(M 6)	13		51	16	8	7
140	12	$^{+0.027}_{0}$	16.5	14	5×16	6(M 6)	18		58	17	835	7
160	14		19.2	16	5×18	8(M 8)	15		67	18	9	7.5
180	14		19.2	15	5×18	8(M 8)	15		76	20	10	8.5
200	17		23	20	5×22	10(M 10)	18	±0.4	84	22	11	9.5
224	19	$^{+0.039}_{0}$	26	23	5×26	10(M 10)	18		95	24	12	10
250	22		29.5	26	5×29	10(M 10)	18		107	26	13	11
280	22		29.5	30	5×33	10(M 10)	19		122	27	13.5	11.5

호칭치수 D	보스 a	보스 l	보스 l_1	보스 d_1	보스 d_2	보스 d_3	보스 (참고) r	보스 (참고) r_1	스포크 수	스포크 b_1	스포크 b_2	스포크 C	(참고) r_2	(참고) r_3	(참고) r_4	(참고) r_5	(참고) r_6	(참고) r_7	(참고) r_8	(참고) r_9
80	6	14	16	22	24	26	6	10	3	14	12	17	3	2.6	2.3	3.5	3	3	10	9
100	6.5	15	20	24	26	28	7	12	3	17	15	18	3.5	3.2	2.8	3.5	4	4	12.5	11.5
125	7.5	16	25	28	29	32	7	12	3	19	17	20	3.5	3.6	3.2	3.5	5	5	14.5	13.5
140	7.5	18	28	30	32	35	8	14	3	21	18	22	4	3.9	3.4	4	7	7	17.5	16
160	8	20	32	32	34	38	8	16	3	23	20	24	4	4.3	3.8	4	8	8	19.5	18
180	8	20	36	32	34	38	8	16	3	24	20	27	4	4.5	3.8	4	9	9	21	19
200	8	22	40	38	41	45	9	18	3	26	22	30	4.5	4.9	4.1	5.5	10	10	23	21
224	9	25	45	42	45	50	9	18	5	24	20	33	4.5	4.5	3.8	5.5	10.5	10.5	22.5	20.5
250	10	28	50	45	50	55	9	18	5	26	22	36	4.5	4.9	4.1	6	11	11	24	22
280	10.5	30	56	50	54	60	10	20	5	28	24	39	6	5.3	4.5	6	11.5	11.5	25.5	23.5

d의 칸 중 ( )를 붙인 수치는 나사 삽입형의 나사의 호칭을 표시한다.

비고

1. 4각 구멍 또는 둥근 구멍의 치수는 호칭치수 80에서 355에 한하며, 필요에 따라 한 계단 작은 4각 구멍 또는 둥근 구멍을 사용하여도 좋다. 다만, 이 경우에, 호칭치수 80의 4각 구멍에 대하여는 S=7mm, 둥근 구멍에 대하여는 B=8mm로 한다.
2. 림은 필요에 따라 미끄럼을 방지하기 위하여 파형, 널링 가공 등을 하여도 좋다.
3. 손잡이는 KS B 1334에 따르기로 하고, 그 종류는 인수 · 인도 당사자 간의 결정에 따른다.
4. D, B, $b \times t_1$, I, I_1 및 G의 치수 허용차는 KS B ISO 2768-1에 규정하는 중간급(m)으로 한다.
5. KS D 4301＝GC200, KS D 4302＝GCD400 또는 GCD450, KS D ISO 5922＝GCMB 30-06

135. 핸드 휠(4호)

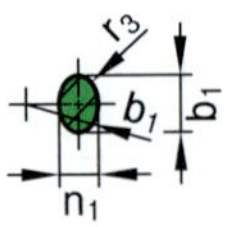

단면 A–A

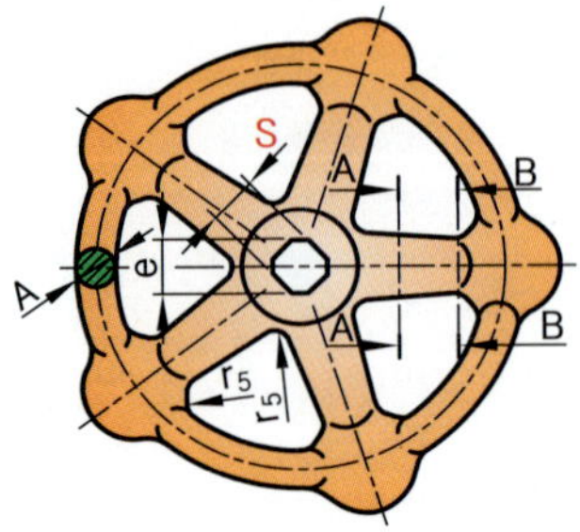

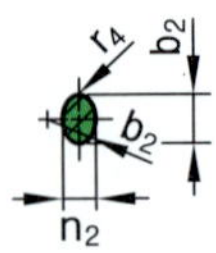

단면 B–B

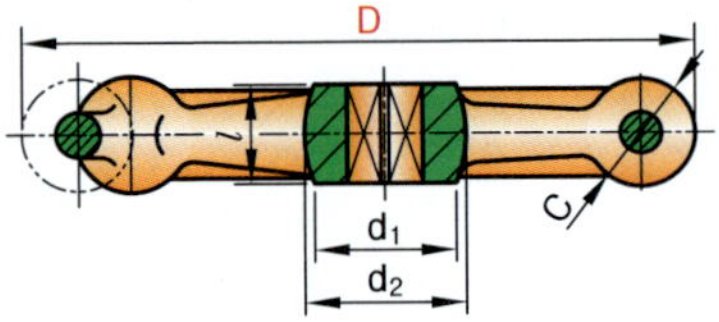

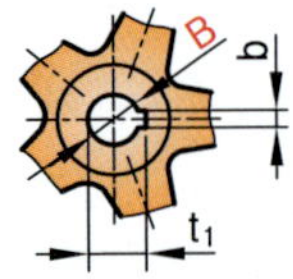

(둥근 구멍인 경우)

단위 : mm

바깥지름(호칭) D	4각 구멍		둥근 구멍		보스			스포크								림	
	S (H8)	e (최소)	B	$b \times t_1$	l	d_1	d_2	수	b_1	b_2	n_1	n_2	참고			A	C
													r_3	r_4	r_5		
50	5.5	7.7	7	–	12	15	17	5	6	5	4	3.5	1.8	1.6	2.5	4	10
63	7	9.2	8	–	13	18	20	5	8	6	5.5	4	2.6	1.8	2.5	5	13
80	8	10.8	9	–	14	20	23	5	9	7	6	5	2.8	2.4	3.5	6	16
100	10	13.6	10	4×11.5	15	22	25	5	11	9	7.5	6	3.5	2.8	3.5	8	20
112	10	13.6	12	4×13.5	16	24	28	5	12	10	8	7	3.9	3.1	3.5	9	21
125	10	13.6	12	4×13.5	16	24	28	5	13	10	8.5	7	3.9	3.1	3.5	10	22
140	12	16.5	14	5×16	18	29	33	5	15	12	10	8	4.6	3.7	4	11	24
160	14	19.2	16	5×18	20	32	36	5	17	14	11.5	9.5	5.3	4.4	4	13	27
200	17	23	20	5×22	22	38	44	5	20	16	13	11	5.9	5.1	5.5	15	30
224	19	26	24	7×27	26	42	49	5	22	18	14	12	6.3	5.5	5.5	16	32
250	22	29.5	26	7×29	28	45	54	5	24	20	15	13	6.7	5.9	6	18	34
280	22	29.5	26	7×29	30	50	59	5	26	22	16	14	7.0	6.3	6	20	36
315	27	36.5	32	10×35.5	32	53	65	5	28	23	17	15	7.4	6.8	6	22	38

비고

1. 4각 구멍 또는 둥근 구멍의 치수는 호칭치수 50을 제외하고, 필요에 따라 한 계단 작은 4각 구멍 또는 둥근 구멍을 사용하여도 좋다.
2. B, $b \times t_1$ 및 l의 치수 허용차는 KS B ISO 2768–1에 규정하는 중간급(m)으로 한다.
3. KS D 4301 = GC200, KS D 4302 = GCD400 또는 GCD450, KS D ISO 5922 = GCMB 30–06

136. 핸드 휠(5호)

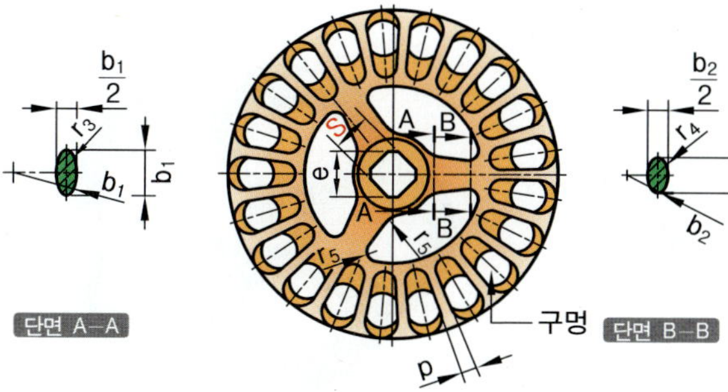

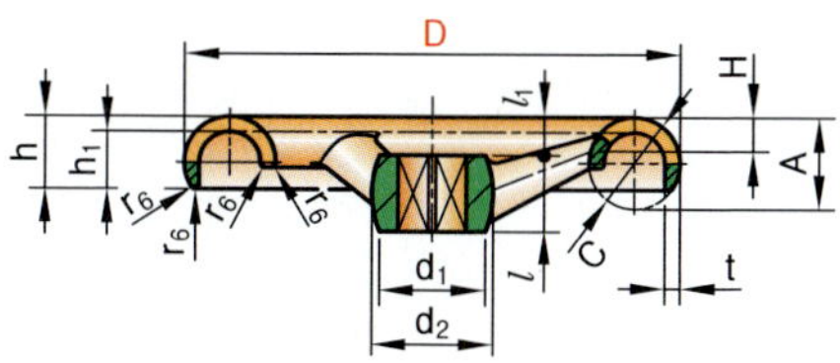

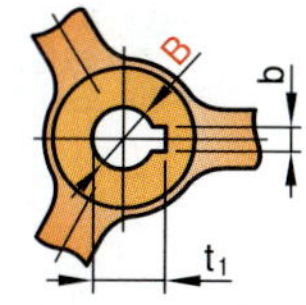

(둥근 구멍인 경우)

단위 : mm

바깥 지름 (호칭) D	4각 구멍		둥근 구멍		보스				스포크							림							
	S (H8)	e (최소)	B	$b \times t_1$	l	l_1	d_1	d_2	수	b_1	b_2	(참고) r_3	(참고) r_4	(참고) r_5	H	A	C	h	h_1	t	구멍 수	p	r_6 (참고)
50	5.5	7.7	7	–	12	5	15	17	3	8	7	1.5	1.3	2.5	4.5	9	10	7	5.5	2.5	15	3	약 1
63	7	9.2	8	–	13	6	18	20	3	10	8	1.9	1.5	2.5	5.5	11	13	8.5	6.5	2.5	18	4	약 1
80	8	10.8	9	–	14	6	20	23	3	12	10	2.3	1.9	3.5	6.5	13	16	10	7.5	3	21	4	약 1
100	10	13.6	10	4×11.5	15	8	22	25	3	13	11	2.4	2.1	3.5	7	15	19	11	8.5	3	24	5	약 1

비고

1. 4각 구멍 또는 둥근 구멍의 치수는 호칭치수 50을 제외하고, 필요에 따라 한 계단 작은 4각 구멍 또는 둥근 구멍을 사용하여도 좋다.
2. B, $b \times t_1$, l 및 l_1의 치수 허용차는 KS B ISO 2768-1에 규정하는 중간급(m)으로 한다.
3. KS D 4301 = GC200, KS D 4302 = GCD400 또는 GCD450, KS D ISO 5922 = GCMB 30-06

137. 핸드 휠(6호)

단위 : mm

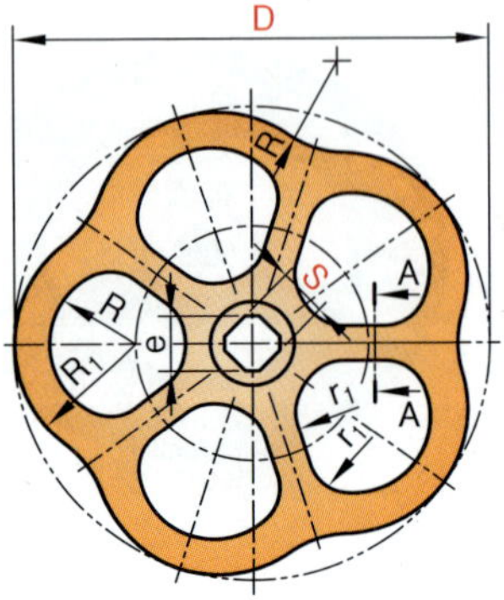

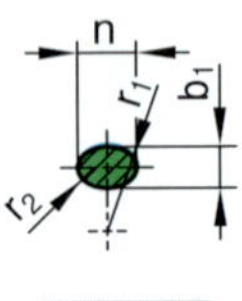

단면 A–A

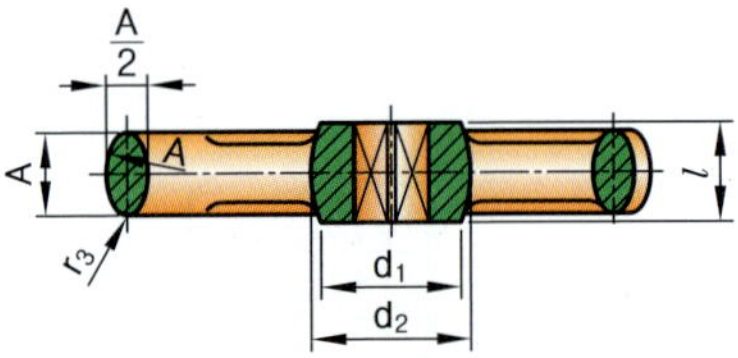

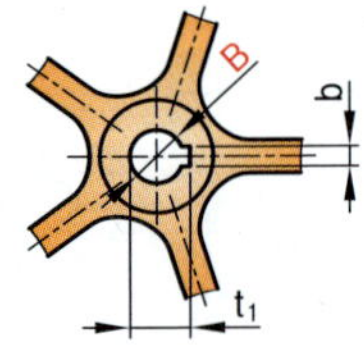

(둥근 구멍인 경우)

단위 : mm

바깥 지름 (참고) D	4각 구멍		둥근 구멍		보스			스포크					림			
	S (H8)	e (최소)	B	$b \times t_1$	l	d_1	d_3	수	b_1	n	r_2 (참고)	r_1	A	r_3 (참고)	R	R_1
50	5.5	7.7	7	–	12	15	17	5	5	6	2.5	3	9	1.7	7.5	12
63	7	9.2	8	–	13	18	20	5	6	7	3	5	10	1.9	11	16
80	8	10.8	9	–	14	20	23	5	6	10	2.6	7	12	2.3	14	20
100	10	13.6	10	4×11.5	15	22	25	5	7	11	3.1	8	14	2.6	18	25
125	10	13.6	12	4×13.5	16	24	28	5	8	11	3.8	9	16	3	22	30
140	12	16.5	14	5×16	18	29	33	5	9	12	4.3	11	18	3.4	26	35
160	14	19.2	16	5×18	20	32	36	5	10	15	4.6	13	20	3.8	30	40
200	17	23	20	5×22	22	38	44	5	11	17	5	17	22	4.1	39	50
224	19	26	24	7×27	26	42	49	5	12	18	5.5	20	24	4.5	46	58
250	22	29.5	26	7×29	28	45	54	5	13	20	5.9	22	26	4.9	49	62
280	22	29.5	26	7×29	30	50	59	5	14	22	6.3	24	28	5.3	56	70
315	27	36.5	32	10×35.5	32	53	65	5	15	24	6.7	26	30	5.6	65	80

비고

1. 4각 구멍 또는 둥근 구멍의 치수는 호칭치수 50을 제외하고, 필요에 따라 한 계단 작은 4각 구멍 또는 둥근 구멍을 사용하여도 좋다.
2. B, $b \times t_1$ 및 l의 치수 허용차는 KS B ISO 2768−1에 규정하는 중간급(m)으로 한다.
3. KS D 4301=GC200, KS D 4302=GCD400 또는 GCD450, KS D ISO 5922=GCMB 30−06

138. 롤러체인 스프로킷 치형 및 치수

스프로킷 실물

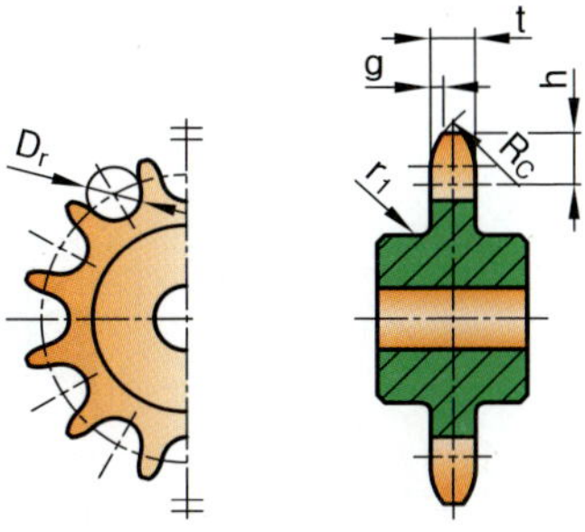

스프로킷 치수

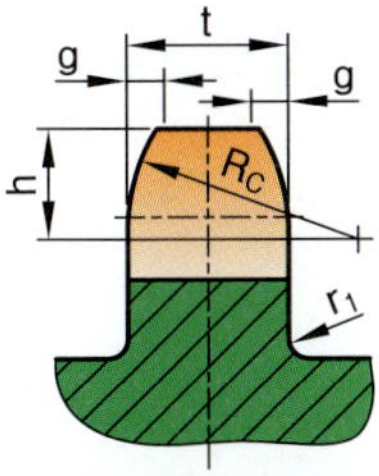

가로 치형 상세도

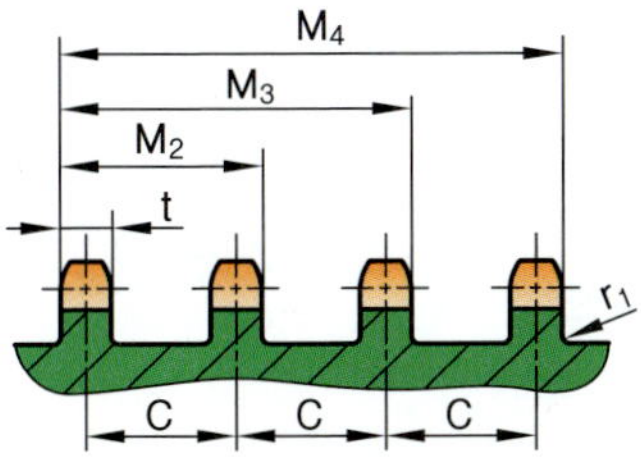

가로 치형

호칭 번호	가로 치형								가로 피치	적용 롤러 체인(참고)		
	모떼기 나비 g (약)	모떼기 깊이 h (약)	모떼기 반경 R_c (최소)	둥글기 r_f (최대)	치폭 t(최대) 단열	치폭 t(최대) 2열 3열	치폭 t(최대) 4열 이상	t, M 허용차	P_t	원주피치 P	롤러외경 D_r (최대)	안쪽 링크 안쪽 나비 b_1 (최소)
25	0.8	3.2	6.8	0.3	2.8	2.7	2.4	$^{0}_{-0.20}$	6.4	6.35	3.30(1)	3.10
35	1.2	4.8	10.1	0.4	4.3	4.1	3.8		10.1	9.525	5.08(1)	4.68
41(2)	1.6	6.4	13.5	0.5	5.8	–	–		–	12.70	7.77	6.25
40	1.6	6.4	13.5	0.5	7.2	7.0	6.5	$^{0}_{-0.25}$	14.4	12.70	7.95	7.85
50	2.0	7.9	16.9	0.6	8.7	8.4	7.9		18.1	15.875	10.16	9.40
60	2.4	9.5	20.3	0.8	11.7	11.3	10.6	$^{0}_{-0.30}$	22.8	19.05	11.91	12.57
80	3.2	12.7	27.0	1.0	14.6	14.1	13.3		29.3	25.40	15.88	15.75
100	4.0	15.9	33.8	1.3	17.6	17.0	16.1	$^{0}_{-0.35}$	35.8	31.75	19.05	18.90
120	4.8	19.0	40.5	1.5	23.5	22.7	21.5	$^{0}_{-0.40}$	45.4	38.10	22.23	25.22
140	5.6	22.2	47.3	1.8	23.5	22.7	21.5		48.9	44.45	25.40	25.22
160	6.4	25.4	54.0	2.0	29.4	28.4	27.0	$^{0}_{-0.45}$	58.5	50.80	28.58	31.55
200	7.9	31.8	67.5	2.5	35.3	34.1	32.5	$^{0}_{-0.55}$	71.6	63.50	39.68	37.85
240	9.5	38.1	81.0	3.0	44.1	42.7	40.7	$^{0}_{-0.65}$	87.8	76.20	47.63	47.35

주

(1) 이 경우 D_r은 부시 바깥지름을 표시한다.

(2) 41은 홑줄만으로 한다.

비고

가로 치형이란, 톱니를 스프로킷의 축을 포함하는 평면으로 절단했을 때의 단면 모양을 말한다.

139. 스프로킷 제도 및 요목표

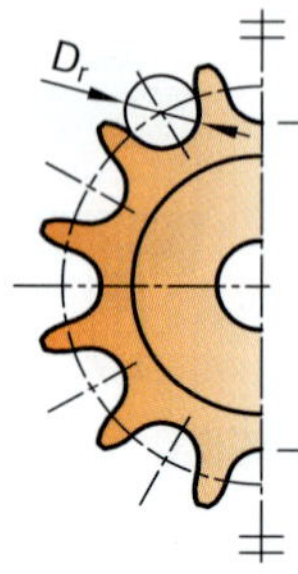

짝수 이

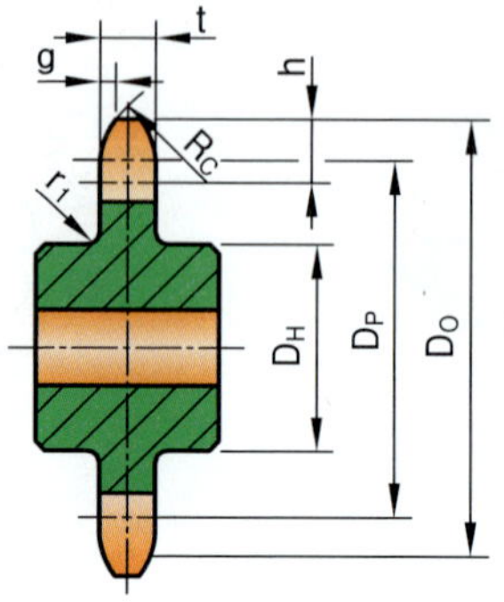

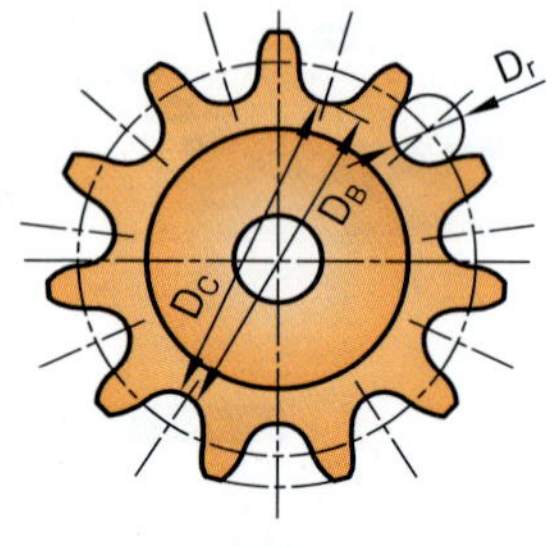

홀수 이

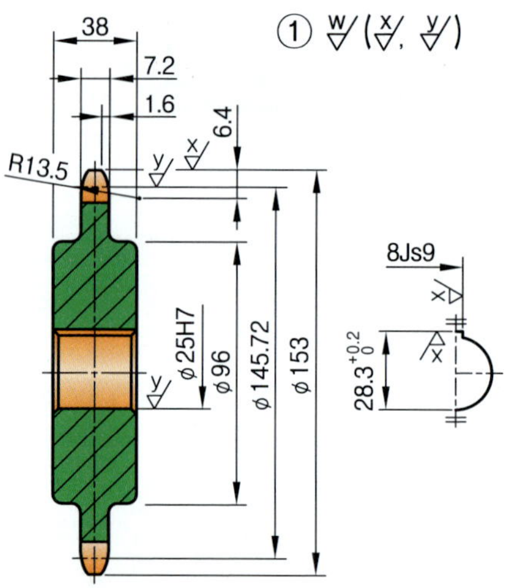

스프로킷 제도법

체인과 스프로킷 요목표		
종류	구분 / 품번	1
롤러체인	호칭	40
	원주 피치(P)	12.70
	롤러 외경(D_r)	∅7.95
스프로킷	잇수(N)	36
	피치원 지름(D_P)	∅145.72
	이뿌리원지름(D_B)	∅137.77
	이뿌리 거리(D_C)	137.77

스프로킷 제도 및 적용 예

1. 호칭번호 40, 잇수 36
2. 기준 치수표를 이용하여 D_P, D_O, D_B, D_C를 찾는다. D_H가 기준 치수에 맞지 않을 경우 도면 치수를 재서 기입한다.
3. 원주 피치(P)와 롤러 외경(D_r)을 요목표에 기입한다.
4. 재질 : SF440A, SC480, SCM435, SNCM415
5. 측면도 작도시 피치원(D_P)=가는일점쇄선, 이뿌리원(D_B)=가는실선(※ 일반적으로 측면도는 생략한다.)

주

요목표의 크기는 도면의 배치에 알맞게 설정하여도 된다.

140. 스프로킷 허용차

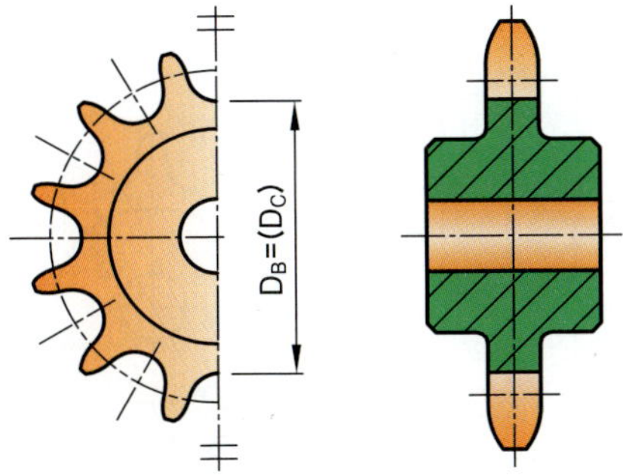

짝수 이

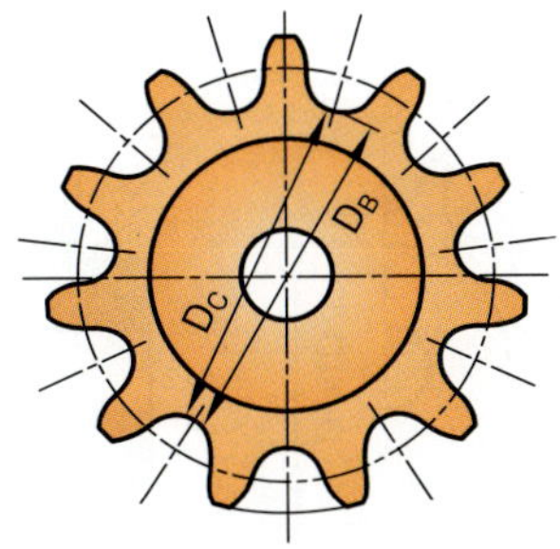

홀수 이

짝수 이뿌리원 지름(D_B) 및 홀수 이뿌리 거리(D_C) 허용차													
잇수(N)	호칭번호												
	25	35	41	40	50	60	80	100	120	140	160	200	240
11~15	$^{0}_{-0.10}$	$^{0}_{-0.10}$	$^{0}_{-0.12}$	$^{0}_{-0.12}$	$^{0}_{-0.12}$	$^{0}_{-0.12}$	$^{0}_{-0.15}$	$^{0}_{-0.15}$	$^{0}_{-0.20}$	$^{0}_{-0.20}$	$^{0}_{-0.25}$	$^{0}_{-0.25}$	$^{0}_{-0.30}$
16~24		$^{0}_{-0.12}$				$^{0}_{-0.15}$	$^{0}_{-0.20}$	$^{0}_{-0.20}$	$^{0}_{-0.25}$	$^{0}_{-0.25}$	$^{0}_{-0.30}$	$^{0}_{-0.35}$	$^{0}_{-0.40}$
25~35			$^{0}_{-0.15}$	$^{0}_{-0.15}$	$^{0}_{-0.15}$			$^{0}_{-0.25}$		$^{0}_{-0.30}$	$^{0}_{-0.35}$	$^{0}_{-0.40}$	$^{0}_{-0.45}$
36~48	$^{0}_{-0.12}$					$^{0}_{-0.20}$	$^{0}_{-0.25}$		$^{0}_{-0.30}$	$^{0}_{-0.35}$	$^{0}_{-0.40}$	$^{0}_{-0.45}$	$^{0}_{-0.55}$
49~63		$^{0}_{-0.15}$			$^{0}_{-0.20}$			$^{0}_{-0.30}$	$^{0}_{-0.35}$	$^{0}_{-0.40}$	$^{0}_{-0.45}$	$^{0}_{-0.50}$	$^{0}_{-0.60}$
64~80			$^{0}_{-0.20}$	$^{0}_{-0.20}$		$^{0}_{-0.25}$	$^{0}_{-0.30}$	$^{0}_{-0.35}$	$^{0}_{-0.40}$	$^{0}_{-0.45}$	$^{0}_{-0.50}$	$^{0}_{-0.60}$	$^{0}_{-0.70}$
81~99										$^{0}_{-0.50}$	$^{0}_{-0.55}$	$^{0}_{-0.65}$	$^{0}_{-0.75}$
100~120	$^{0}_{-0.15}$				$^{0}_{-0.25}$		$^{0}_{-0.35}$	$^{0}_{-0.40}$	$^{0}_{-0.45}$		$^{0}_{-0.60}$	$^{0}_{-0.70}$	$^{0}_{-0.85}$

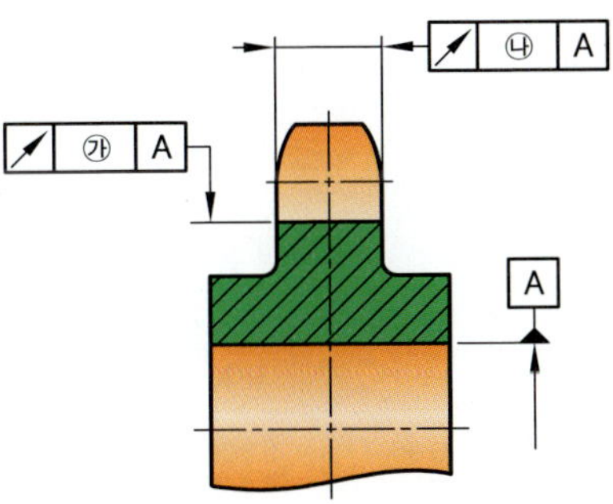

이뿌리에 대한 흔들림 공차		
이뿌리원 지름(D_B)	㉮흔들림 공차	㉯흔들림 공차
100 이하	0.15	0.25
100~150	0.20	0.25
150~250	0.25	0.25
250~650	0.001 D_B	0.001 D_B
650~1,000	0.65	0.001 D_B
1,000 이상	0.65	1.00

비고

0.001 D_B는 해당하는 이뿌리 원지름(D_B)을 0.001로 곱한 값을 사용하라는 뜻이다.

141. 스프로킷 기준치수(호칭번호 25)

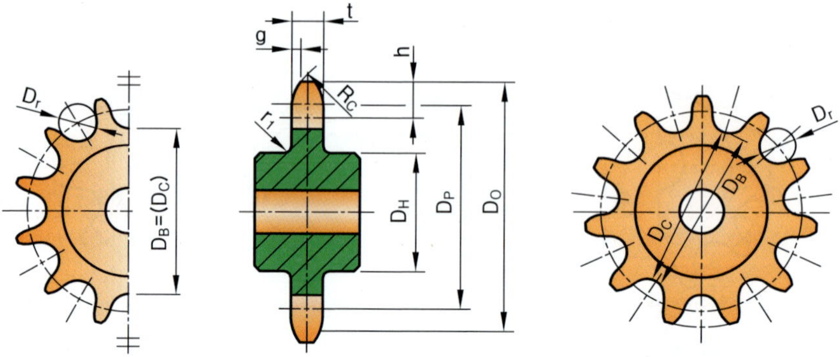

짝수 이　　　　홀수 이

① w/ (x/, y/)

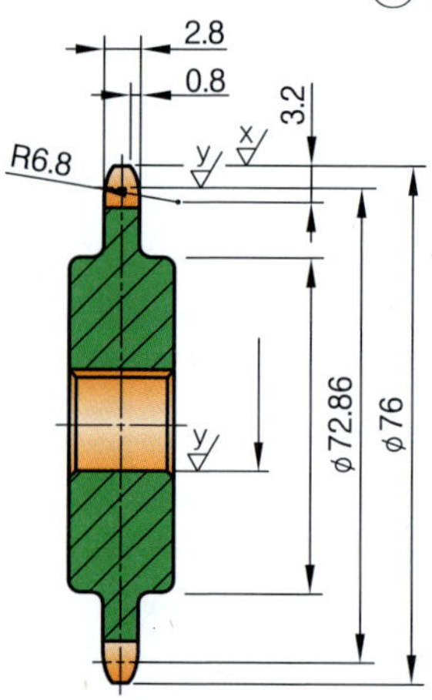

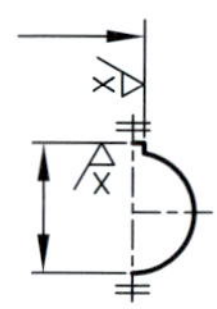

도면적용 예

체인과 스프로킷 요목표		
종류	품번 / 구분	1
롤러체인	호칭	25
	원주 피치(P)	6.35
	롤러 외경(D_r)	∅3.30
스프로킷	잇수(N)	36
	피치원 지름(D_P)	∅72.86
	이뿌리원지름(D_B)	∅69.56
	이뿌리 거리(D_C)	69.56

호칭 번호	가로 치형								가로 피치 P_t	적용 롤러 체인(참고)		
	모떼기 나비 g (약)	모떼기 깊이 h (약)	모떼기 반경 R_c (최소)	둥글기 r_f (최대)	치폭 t(최대) 단열	치폭 t(최대) 2열 3열	치폭 t(최대) 4열 이상	t, M 허용차		원주피치 P	롤러외경 D_r (최대)	안쪽 링크 안쪽 나비 b_1 (최소)
25	0.8	3.2	6.8	0.3	2.8	2.7	2.4	$^{0}_{-0.20}$	6.4	6.35	3.30(1)	3.10
35	1.2	4.8	10.1	0.4	4.3	4.1	3.8		10.1	9.525	5.08(1)	4.68
41(2)	1.6	6.4	13.5	0.5	5.8	−	−		−	12.70	7.77	6.25

주

(1) 이 경우 D_r은 부시 바깥지름을 표시한다.

(2) 41은 홑줄만으로 한다.

141. 스프로킷 기준치수(호칭번호 25)

체인 호칭번호 25용 스프로킷 기준치수

잇수 N	피치원 지름 D_p	바깥지름 D_o	이뿌리원지름 D_B	이뿌리 거리 D_c	최대보스 지름 D_H	잇수 N	피치원 지름 D_p	바깥지름 D_o	이뿌리원지름 D_B	이뿌리 거리 D_c	최대보스 지름 D_H
11	22.54	25	19.24	19.01	15	56	113.25	117	109.95	109.95	106
12	24.53	28	21.23	21.23	17	57	115.27	119	111.97	111.93	108
13	26.53	30	23.23	23.04	19	58	117.29	121	113.99	113.99	110
14	28.54	32	25.24	25.24	21	59	119.31	123	116.01	115.97	112
15	30.54	34	27.24	27.07	23	60	121.33	125	118.03	118.03	114
16	32.55	36	29.25	29.25	25	61	123.35	127	120.05	120.01	116
17	34.56	38	31.26	31.11	27	62	125.37	129	122.07	122.07	118
18	36.57	40	33.27	33.27	29	63	127.39	131	124.09	124.05	120
19	38.58	42	35.28	35.15	31	64	129.41	133	126.11	126.11	122
20	40.59	44	37.29	37.29	33	65	131.43	135	128.13	128.10	124
21	42.61	46	39.31	39.19	35	66	133.45	137	130.15	130.15	126
22	44.62	48	41.32	41.32	37	67	135.47	139	132.17	132.14	128
23	46.63	50	43.33	43.23	39	68	137.50	141	134.20	134.20	130
24	48.65	52	45.35	45.35	41	69	139.52	143	136.22	136.18	132
25	50.66	54	47.36	47.27	43	70	141.54	145	138.24	138.24	134
26	52.68	56	49.38	49.38	45	71	143.56	147	140.26	140.22	136
27	54.70	58	51.40	51.30	47	72	145.58	149	142.28	142.28	138
28	56.71	60	53.41	53.41	49	73	147.60	151	144.30	144.26	140
29	58.73	62	55.43	55.35	51	74	149.62	153	146.32	146.32	142
30	60.75	64	57.45	57.45	53	75	151.64	155	148.34	148.31	144
31	62.77	66	59.47	59.39	55	76	153.66	157	150.36	150.36	146
32	64.78	68	61.48	61.48	57	77	155.68	159	152.38	152.35	148
33	66.80	70	63.50	63.43	59	78	157.70	161	154.40	154.40	150
34	68.82	72	65.52	65.52	61	79	159.72	163	156.42	156.39	152
35	70.84	74	67.54	67.47	63	80	161.74	165	158.44	158.44	155
36	72.86	76	69.56	69.56	65	81	163.76	167	160.46	160.43	157
37	74.88	78	71.58	71.51	67	82	165.78	169	162.48	162.48	159
38	76.90	80	73.60	73.60	70	83	167.81	171	164.51	164.48	161
39	78.91	82	75.61	75.55	72	84	169.83	174	166.53	166.53	163
40	80.93	84	77.63	77.63	74	85	171.85	176	168.55	168.52	165
41	82.95	87	79.65	79.59	76	86	173.87	178	170.57	170.57	167
42	84.97	89	81.67	81.67	78	87	175.89	180	172.59	172.56	169
43	86.99	91	83.69	83.63	80	88	177.91	182	174.61	174.61	171
44	89.01	93	85.71	85.71	82	89	179.93	184	176.63	176.60	173
45	91.03	95	87.73	87.68	84	90	181.95	186	178.65	178.65	175
46	93.05	97	89.75	89.75	86	91	183.97	188	180.67	180.64	177
47	95.07	99	91.77	91.72	88	92	185.99	190	182.69	182.69	179
48	97.09	101	93.79	93.79	90	93	188.01	192	184.71	184.69	181
49	99.11	103	95.81	95.76	92	94	190.03	194	186.73	186.73	183
50	101.13	105	97.83	97.83	94	95	192.06	196	188.76	188.73	185
51	103.15	107	99.85	99.80	96	96	194.08	198	190.78	190.78	187
52	105.17	109	101.87	101.87	98	97	196.10	200	192.80	192.77	189
53	107.19	111	103.89	103.84	100	98	198.12	202	194.82	194.82	191
54	109.21	113	105.91	105.91	102	99	200.14	204	196.84	196.81	193
55	111.23	115	107.93	107.88	104	100	202.16	206	198.86	198.86	195

142. 스프로킷 기준치수(호칭번호 35)

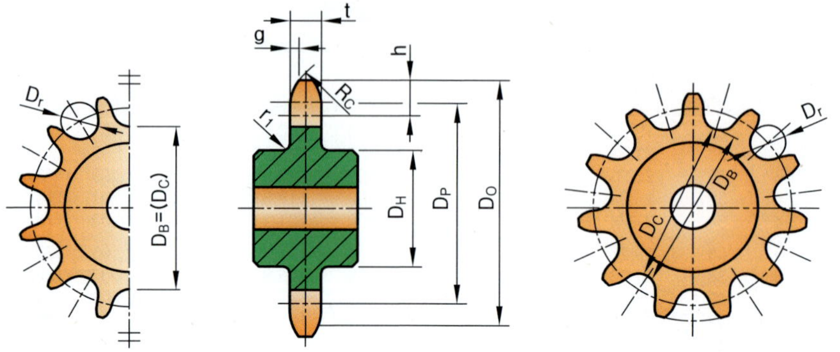

짝수 이　　　　홀수 이

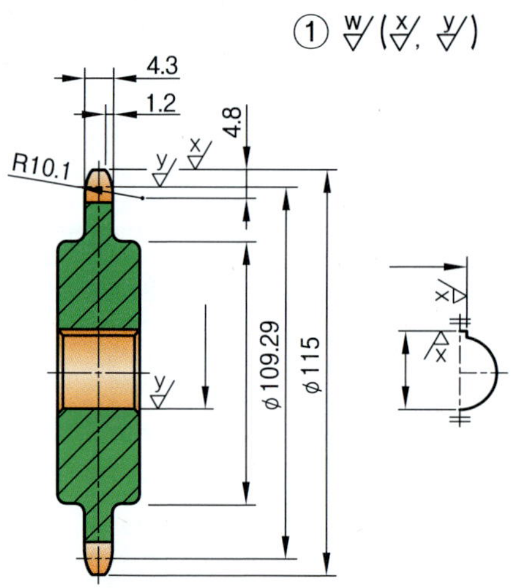

도면적용 예

체인과 스프로킷 요목표		
종류	구분 \ 품번	1
롤러체인	호칭	35
	원주 피치(P)	9.525
	롤러 외경(D_r)	∅5.08
스프로킷	잇수(N)	36
	피치원 지름(D_P)	∅109.29
	이뿌리원지름(D_B)	∅104.21
	이뿌리 거리(D_C)	104.21

호칭 번호	가로 치형								가로 피치	적용 롤러 체인(참고)		
	모떼기 나 비 g (약)	모떼기 깊 이 h (약)	모떼기 반 경 R_c (최소)	둥글기 r_f (최대)	치폭 t(최대) 단열	치폭 t(최대) 2열 3열	치폭 t(최대) 4열 이상	t, M 허용차	P_t	원주피치 P	롤러외경 D_r (최대)	안쪽 링크 안쪽 나비 b_1 (최소)
25	0.8	3.2	6.8	0.3	2.8	2.7	2.4	0 −0.20	6.4	6.35	3.30(1)	3.10
35	1.2	4.8	10.1	0.4	4.3	4.1	3.8		10.1	9.525	5.08(1)	4.68
41(2)	1.6	6.4	13.5	0.5	5.8	–	–		–	12.70	7.77	6.25

주

(1) 이 경우 D_r은 부시 바깥지름을 표시한다.

(2) 41은 홑줄만으로 한다.

142. 스프로킷 기준치수(호칭번호 35)

체인 호칭번호 35용 스프로킷 기준치수

잇수 N	피치원 지름 D_p	바깥 지름 D_o	이뿌리 원지름 D_B	이뿌리 거리 D_c	최대보스 지름 D_H	잇수 N	피치원 지름 D_p	바깥 지름 D_o	이뿌리 원지름 D_B	이뿌리 거리 D_c	최대보스 지름 D_H
11	33.81	38	28.73	28.38	22	56	169.88	175	164.80	164.80	159
12	36.80	41	31.72	31.72	25	57	172.91	178	167.83	167.76	162
13	39.80	44	34.72	34.43	28	58	175.94	181	170.86	170.86	165
14	42.81	47	37.73	37.73	31	59	178.97	184	173.89	173.82	168
15	45.81	51	40.73	40.48	35	60	182.00	187	176.92	176.92	171
16	48.82	54	43.74	43.74	38	61	185.03	190	179.95	179.89	174
17	51.84	57	46.76	46.54	41	62	188.06	194	182.98	182.98	178
18	54.85	60	49.77	49.77	44	63	191.09	197	186.01	185.98	181
19	57.87	63	52.79	52.59	47	64	194.12	200	189.04	189.04	184
20	60.89	66	55.81	55.81	50	65	197.15	203	192.07	192.01	187
21	63.91	69	58.83	58.65	53	66	200.18	206	195.10	195.10	190
22	66.93	72	61.85	61.85	56	67	203.21	209	198.13	198.08	193
23	69.95	75	64.87	64.71	59	68	206.24	212	201.16	201.16	196
24	72.97	78	67.89	67.89	62	69	209.27	215	204.19	204.14	199
25	76.00	81	70.92	70.77	65	70	212.30	218	207.22	207.22	202
26	79.02	84	73.94	73.94	68	71	215.34	221	210.26	210.20	205
27	82.05	87	76.97	76.83	71	72	218.37	224	213.29	213.29	208
28	85.07	90	79.99	79.99	74	73	221.40	227	216.32	216.27	211
29	88.10	93	83.02	82.89	77	74	224.43	230	219.35	219.35	214
30	91.12	96	86.04	86.04	80	75	227.46	233	222.38	222.33	217
31	94.15	99	89.07	88.95	83	76	230.49	236	225.41	225.41	220
32	97.18	102	92.10	92.10	86	77	233.52	239	228.44	228.39	223
33	100.20	105	95.12	95.01	89	78	236.55	242	231.47	231.47	226
34	103.23	109	98.15	98.15	93	79	239.58	245	234.50	234.46	229
35	106.26	112	101.18	101.07	96	80	242.61	248	237.53	237.53	232
36	109.29	115	104.21	104.21	99	81	245.65	251	240.57	240.52	235
37	112.31	118	107.23	107.13	102	82	248.68	254	243.60	243.60	238
38	115.34	121	110.26	110.26	105	83	251.71	257	246.63	246.58	241
39	118.37	124	113.29	113.20	108	84	254.74	260	249.66	249.66	244
40	121.40	127	116.32	116.32	111	85	257.77	263	252.69	252.65	247
41	124.43	130	119.35	119.26	114	86	260.80	266	255.72	255.72	250
42	127.46	133	122.38	122.38	117	87	263.83	269	258.75	258.71	253
43	130.49	136	125.41	125.32	120	88	266.86	272	261.78	261.78	256
44	133.52	139	128.44	128.44	123	89	269.90	275	264.82	264.77	259
45	136.55	142	131.47	131.38	126	90	272.93	278	267.85	267.85	262
46	139.58	145	134.50	134.50	129	91	275.96	282	270.88	270.84	266
47	142.61	148	137.53	137.45	132	92	278.99	285	273.91	273.91	269
48	145.64	151	140.56	140.56	135	93	282.02	288	276.94	276.90	272
49	148.67	154	143.59	143.51	138	94	285.05	291	279.97	279.97	275
50	151.70	157	146.62	146.62	141	95	288.08	294	283.00	282.96	278
51	154.73	160	149.65	149.57	144	96	291.11	297	286.03	286.03	281
52	157.75	163	152.67	152.67	147	97	294.15	300	289.07	289.03	284
53	160.78	166	155.70	155.63	150	98	297.18	303	292.10	292.10	287
54	163.81	169	158.73	158.73	153	99	300.21	306	295.13	295.09	290
55	166.85	172	161.77	161.70	156	100	303.24	309	298.16	298.16	293

143. 스프로킷 기준치수(호칭번호 41)

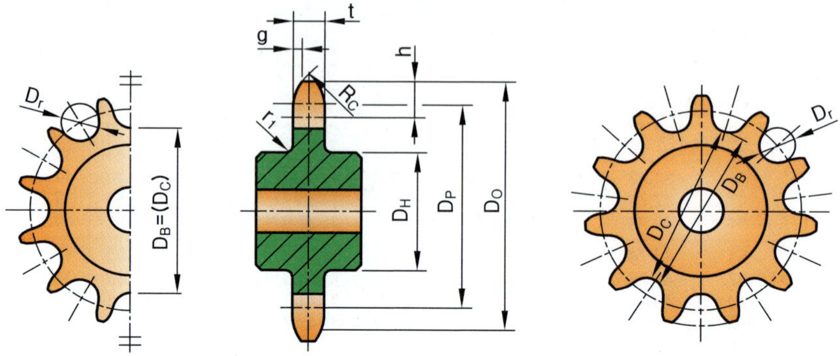

짝수 이　　홀수 이

① w/(x/, y/)

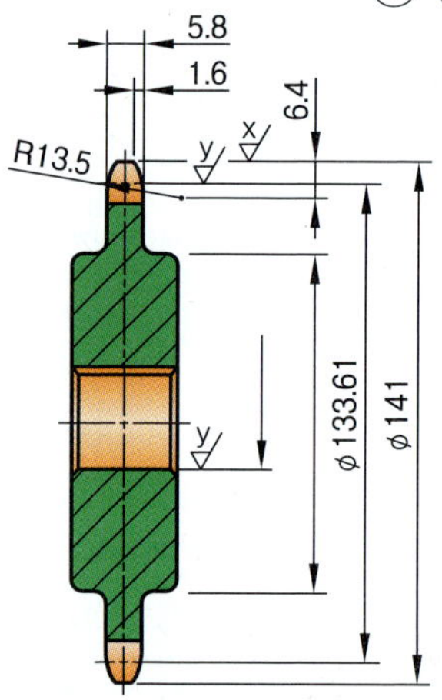

도면적용 예

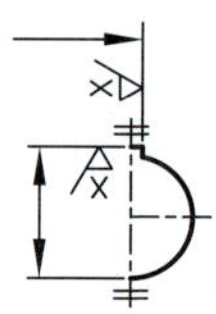

체인과 스프로킷 요목표

종류	구분 \ 품번	1
롤러체인	호칭	41
	원주 피치(P)	12.70
	롤러 외경(D_r)	∅7.77
스프로킷	잇수(N)	33
	피치원 지름(D_P)	∅133.61
	이뿌리원지름(D_B)	∅125.84
	이뿌리 거리(D_C)	125.68

호칭번호	가로 치형								가로 피치	적용 롤러 체인(참고)		
	모떼기 나비 g (약)	모떼기 깊이 h (약)	모떼기 반경 R_c (최소)	둥글기 r_f (최대)	치폭 t(최대) 단열	2열 3열	4열 이상	t, M 허용차	P_t	원주피치 P	롤러외경 D_r (최대)	안쪽 링크 안쪽 나비 b_1 (최소)
25	0.8	3.2	6.8	0.3	2.8	2.7	2.4	0 −0.20	6.4	6.35	3.30(1)	3.10
35	1.2	4.8	10.1	0.4	4.3	4.1	3.8		10.1	9.525	5.08(1)	4.68
41(2)	1.6	6.4	13.5	0.5	5.8	−	−		−	12.70	7.77	6.25

주

(1) 이 경우 D_r은 부시 바깥지름을 표시한다.

(2) 41은 홑줄만으로 한다.

143. 스프로킷 기준치수(호칭번호 41)

체인 호칭번호 41용 스프로킷 기준치수											
잇수	피치원 지 름	바깥 지름	이뿌리 원지름	이뿌리 거 리	최대보스 지 름	잇수	피치원 지 름	바깥 지름	이뿌리 원지름	이뿌리 거리	최대보스 지 름
N	D_p	D_o	D_B	D_c	D_H	N	D_p	D_o	D_B	D_c	D_H
11	45.08	51	37.31	36.85	30	56	226.50	234	218.73	218.73	213
12	49.07	55	41.30	41.30	34	57	230.54	238	222.77	222.68	217
13	53.07	59	45.30	44.91	38	58	234.58	242	226.81	226.81	221
14	57.07	63	49.30	49.30	42	59	238.62	246	230.85	230.77	225
15	61.08	67	53.31	52.98	46	60	242.66	250	234.89	234.89	229
16	65.10	71	57.33	57.33	50	61	246.70	254	238.93	238.85	233
17	69.12	76	61.35	61.05	54	62	250.74	258	242.97	242.97	237
18	73.14	80	65.37	65.37	59	63	254.78	262	247.01	246.94	241
19	77.16	84	69.39	69.13	63	64	258.83	266	251.06	251.06	245
20	81.18	88	73.41	73.41	67	65	262.87	270	255.10	255.02	249
21	85.21	92	77.44	77.20	71	66	266.91	274	259.14	259.14	253
22	89.24	96	81.47	81.47	75	67	270.95	278	263.18	263.10	257
23	93.27	100	85.50	85.28	79	68	274.99	282	267.22	267.22	261
24	97.30	104	89.53	89.53	83	69	279.03	286	271.26	271.19	265
25	101.33	108	93.56	93.36	87	70	283.07	290	275.30	275.30	269
26	105.36	112	97.59	97.59	91	71	287.11	294	279.34	279.27	273
27	109.40	116	101.63	101.44	95	72	291.16	299	283.39	283.39	277
28	113.43	120	105.66	105.66	99	73	295.20	303	287.43	287.36	281
29	117.46	124	109.69	109.52	103	74	299.24	307	291.47	291.47	286
30	121.50	128	113.73	113.73	107	75	303.28	311	295.51	295.44	290
31	125.53	133	117.76	117.60	111	76	307.32	315	299.55	299.55	294
32	129.57	137	121.80	121.80	115	77	311.36	319	303.59	303.53	298
33	133.61	141	125.84	125.68	120	78	315.40	323	307.63	307.63	302
34	137.64	145	129.87	129.87	124	79	319.44	327	311.67	311.61	306
35	141.68	149	133.91	133.77	128	80	323.49	331	315.72	315.72	310
36	145.72	153	137.95	137.95	132	81	327.53	335	319.76	319.70	314
37	149.75	157	141.98	141.85	136	82	331.57	339	323.80	323.80	318
38	153.79	161	146.02	146.02	140	83	335.61	343	327.84	327.78	322
39	157.83	165	150.06	149.93	144	84	339.65	347	331.88	331.88	326
40	161.87	169	154.10	154.10	148	85	343.69	351	335.92	335.87	330
41	165.91	173	158.14	158.01	152	86	347.73	355	339.96	339.96	334
42	169.95	177	162.18	162.18	156	87	351.78	359	344.01	343.95	338
43	173.98	181	166.21	166.10	160	88	355.82	363	348.05	348.05	342
44	178.02	185	170.25	170.25	164	89	359.86	367	352.09	352.03	346
45	182.06	189	174.29	174.18	168	90	363.90	371	356.13	356.13	350
46	186.10	193	178.33	178.33	172	91	367.94	375	360.17	360.12	354
47	190.14	197	182.37	182.27	176	92	371.99	379	364.22	364.22	358
48	194.18	201	186.41	186.41	180	93	376.03	383	368.26	368.20	362
49	198.22	205	190.45	190.35	184	94	380.07	387	372.30	372.30	366
50	202.26	209	194.49	194.49	188	95	384.11	392	376.34	376.29	370
51	206.30	214	198.53	198.43	192	96	388.15	396	380.38	380.38	374
52	210.34	218	202.57	202.57	196	97	392.20	400	384.43	384.37	379
53	214.38	222	206.61	206.52	201	98	396.24	404	388.47	388.47	383
54	218.42	226	210.65	210.65	205	99	400.28	408	392.51	392.46	387
55	222.46	230	214.69	214.60	209	100	404.32	412	396.55	396.55	391

144. 스프로킷 기준치수(호칭번호 40)

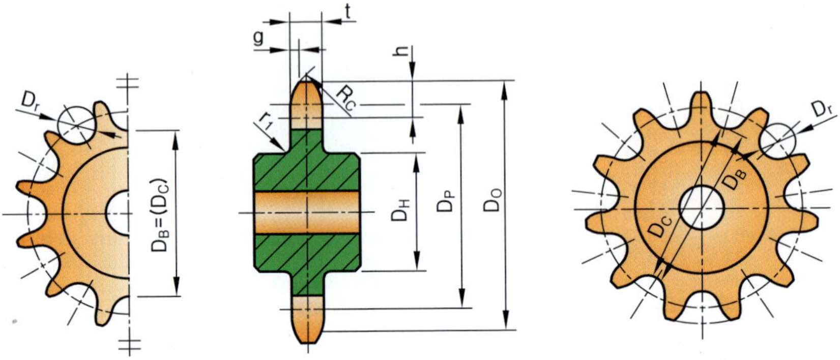

짝수 이 / 홀수 이

① w/(x/, y/)

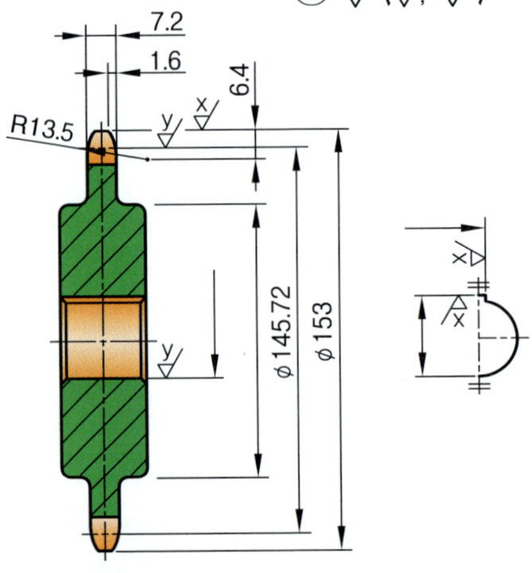

도면적용 예

체인과 스프로킷 요목표		
종류	구분 \ 품번	1
롤러체인	호칭	40
	원주 피치(P)	12.70
	롤러 외경(D_r)	∅7.95
스프로킷	잇수(N)	36
	피치원 지름(D_P)	∅145.72
	이뿌리원지름(D_B)	∅137.77
	이뿌리 거리(D_C)	137.77

호칭번호	가로 치형								가로 피치 P_t	적용 롤러 체인(참고)		
	모떼기 나비 g (약)	모떼기 깊이 h (약)	모떼기 반경 R_c (최소)	둥글기 r_f (최대)	치폭 t(최대) 단열	치폭 t(최대) 2열 3열	치폭 t(최대) 4열 이상	t, M 허용차		원주피치 P	롤러외경 D_r (최대)	안쪽 링크 안쪽 나비 b_1 (최소)
40	1.6	6.4	13.5	0.5	7.2	7.0	6.5	$^{0}_{-0.25}$	14.4	12.70	7.95	7.85
50	2.0	7.9	16.9	0.6	8.7	8.4	7.9		18.1	15.875	10.16	9.40

144. 스프로킷 기준치수(호칭번호 40)

체인 호칭번호 40용 스프로킷 기준치수

잇수 N	피치원 지름 D_p	바깥지름 D_o	이뿌리 원지름 D_B	이뿌리 거리 D_c	최대보스 지름 D_H	잇수 N	피치원 지름 D_p	바깥지름 D_o	이뿌리 원지름 D_B	이뿌리 거리 D_c	최대보스 지름 D_H
11	45.08	51	37.13	36.67	30	56	226.50	234	218.55	218.55	213
12	49.07	55	41.12	41.12	34	57	230.54	238	222.59	222.50	217
13	53.07	59	45.12	44.73	38	58	234.58	242	226.63	226.63	221
14	57.07	63	49.12	49.12	42	59	238.62	246	230.67	230.59	225
15	61.08	67	53.13	52.80	46	60	242.66	250	234.71	234.71	229
16	65.10	71	57.15	57.15	50	61	246.70	254	238.75	238.67	233
17	69.12	76	61.17	60.87	54	62	250.74	258	242.79	242.79	237
18	73.14	80	65.19	65.19	59	63	254.78	262	246.83	246.76	241
19	77.16	84	69.21	68.95	63	64	258.83	266	250.88	250.88	245
20	81.18	88	73.23	73.23	67	65	262.87	270	254.92	254.84	249
21	85.21	92	77.26	77.02	71	66	266.91	274	258.96	258.96	253
22	89.24	96	81.29	81.29	75	67	270.95	278	263.00	262.92	257
23	93.27	100	85.32	85.10	79	68	274.99	282	267.04	267.04	261
24	97.30	104	89.35	89.35	83	69	279.03	286	271.08	271.01	265
25	101.33	108	93.38	93.18	87	70	283.07	290	275.12	275.12	269
26	105.36	112	97.41	97.41	91	71	287.11	294	279.16	279.09	273
27	109.40	116	101.45	101.26	95	72	291.16	299	283.21	283.21	277
28	113.43	120	105.48	105.48	99	73	295.20	303	287.25	287.18	281
29	117.46	124	109.51	109.34	103	74	299.24	307	291.29	291.29	286
30	121.50	128	113.55	113.55	107	75	303.28	311	295.33	295.26	290
31	125.53	133	117.58	117.42	111	76	307.32	315	299.37	299.37	294
32	129.57	137	121.62	121.62	115	77	311.36	319	303.41	303.35	298
33	133.61	141	125.66	125.50	120	78	315.40	323	307.45	307.45	302
34	137.64	145	129.69	129.69	124	79	319.44	327	311.49	311.43	306
35	141.68	149	133.73	133.59	128	80	323.49	331	315.54	315.54	310
36	145.72	153	137.77	137.77	132	81	327.53	335	319.58	319.52	314
37	149.75	157	141.80	141.67	136	82	331.57	339	323.62	323.62	318
38	153.79	161	145.84	145.84	140	83	335.61	343	327.66	327.60	322
39	157.83	165	149.88	149.75	144	84	339.65	347	331.70	331.70	326
40	161.87	169	153.92	153.92	148	85	343.69	351	335.74	335.69	330
41	165.91	173	157.96	157.83	152	86	347.73	355	339.78	339.78	334
42	169.95	177	162.00	162.00	156	87	351.78	359	343.83	343.77	338
43	173.98	181	166.03	165.92	160	88	355.82	363	347.87	347.87	342
44	178.02	185	170.07	170.07	164	89	359.86	367	351.91	351.85	346
45	182.06	189	174.11	174.00	168	90	363.90	371	355.95	355.95	350
46	186.10	193	178.15	178.15	172	91	367.94	375	359.99	359.94	354
47	190.14	197	182.19	182.09	176	92	371.99	379	364.04	364.04	358
48	194.18	201	186.23	186.23	180	93	376.03	383	368.08	368.02	362
49	198.22	205	190.27	190.17	184	94	380.07	387	372.12	372.12	366
50	202.26	209	194.31	194.31	188	95	384.11	392	376.16	376.11	370
51	206.30	214	198.35	198.25	192	96	388.15	396	380.20	380.20	374
52	210.34	218	202.39	202.39	196	97	392.20	400	384.25	384.19	379
53	214.38	222	206.43	206.34	201	98	396.24	404	388.29	388.29	383
54	218.42	226	210.47	210.47	205	99	400.28	408	392.33	392.28	387
55	222.46	230	214.51	214.42	209	100	404.32	412	396.37	396.37	391

145. 스프로킷 기준치수(호칭번호 50)

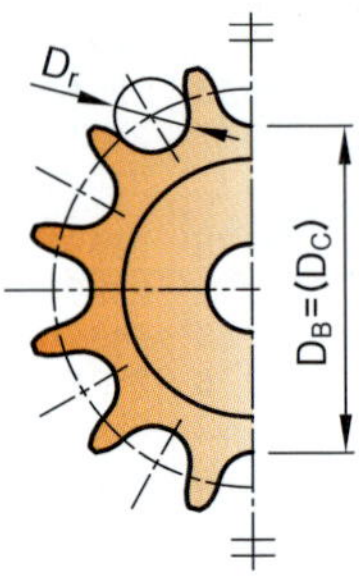

짝수 이

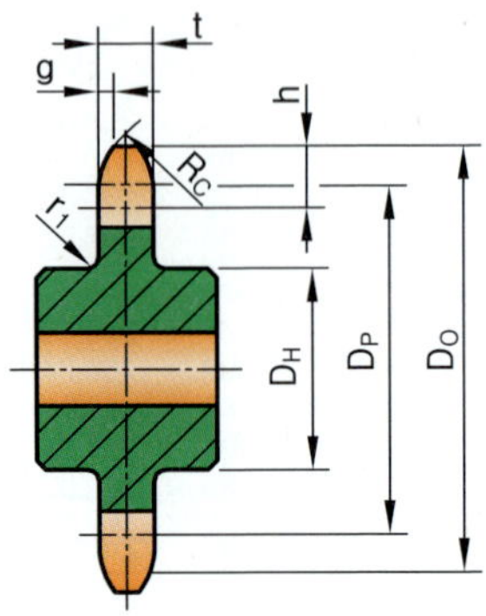

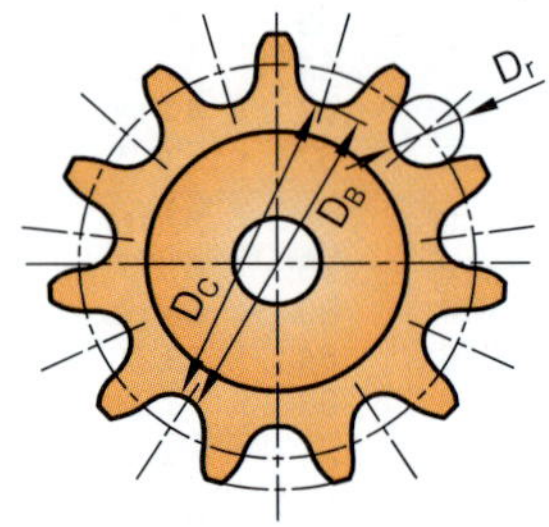

홀수 이

① w/(x/, y/)

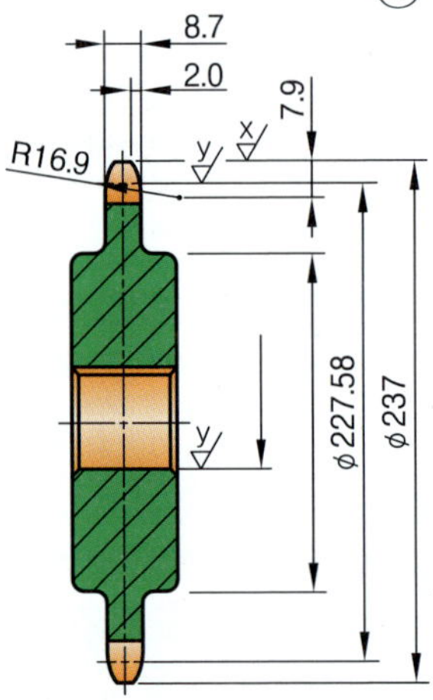

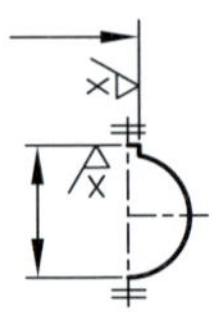

도면적용 예

체인과 스프로킷 요목표		
종류	구분 \ 품번	1
롤러체인	호칭	50
	원주 피치(P)	15.875
	롤러 외경(D_r)	∅10.16
스프로킷	잇수(N)	45
	피치원 지름(D_P)	∅227.58
	이뿌리원지름(D_B)	∅217.42
	이뿌리 거리(D_C)	217.28

호칭 번호	가로 치형								가로 피치	적용 롤러 체인(참고)		
	모떼기 나 비 g (약)	모떼기 깊 이 h (약)	모떼기 반 경 R_c (최소)	둥글기 r_f (최대)	치폭 t(최대) 단열	치폭 t(최대) 2열 3열	치폭 t(최대) 4열 이상	t, M 허용차	P_t	원주피치 P	롤러외경 D_r (최대)	안쪽 링크 안쪽 나비 b_1 (최소)
40	1.6	6.4	13.5	0.5	7.2	7.0	6.5	$^{0}_{-0.25}$	14.4	12.70	7.95	7.85
50	2.0	7.9	16.9	0.6	8.7	8.4	7.9		18.1	15.875	10.16	9.40

145. 스프로킷 기준치수(호칭번호 50)

체인 호칭번호 50용 스프로킷 기준치수

잇수 N	피치원 지름 D_p	바깥 지름 D_o	이뿌리 원지름 D_B	이뿌리 거리 D_c	최대보스 지름 D_H	잇수 N	피치원 지름 D_p	바깥 지름 D_o	이뿌리 원지름 D_B	이뿌리 거리 D_c	최대보스 지름 D_H
11	56.35	64	46.19	45.61	37	56	283.13	292	272.97	272.97	266
12	61.34	69	51.18	51.18	43	57	288.18	297	278.02	277.91	271
13	66.34	74	56.18	55.69	48	58	293.23	302	283.07	283.07	276
14	71.34	79	61.18	61.18	53	59	298.28	307	288.12	288.01	281
15	76.35	84	66.19	65.78	58	60	303.33	312	293.17	293.17	286
16	81.37	89	71.21	71.21	63	61	308.38	318	298.22	298.12	291
17	86.39	94	76.23	75.87	68	62	313.43	323	303.27	303.27	296
18	91.42	100	81.26	81.26	73	63	318.48	328	308.32	308.22	301
19	96.45	105	86.29	85.96	79	64	323.53	333	313.37	313.37	307
20	101.48	110	91.32	91.32	84	65	328.58	338	318.42	318.33	312
21	106.51	115	96.35	96.05	89	66	333.64	343	323.48	323.48	317
22	111.55	120	101.39	101.39	94	67	338.69	348	328.53	328.43	322
23	116.58	125	106.42	106.15	99	68	343.74	353	333.58	333.58	327
24	121.62	130	111.46	111.46	104	69	348.79	358	338.63	338.54	332
25	126.66	135	116.50	116.25	109	70	353.84	363	343.68	343.68	337
26	131.70	140	121.54	121.54	114	71	358.89	368	348.73	348.64	342
27	136.74	145	126.58	126.35	119	72	363.94	373	353.78	353.78	347
28	141.79	150	131.63	131.63	124	73	369.00	378	358.84	358.75	352
29	146.83	155	136.67	136.45	129	74	374.05	383	363.89	363.89	357
30	151.87	161	141.71	141.71	134	75	379.10	388	368.94	368.86	362
31	156.92	166	146.76	146.55	139	76	384.15	393	373.99	373.99	367
32	161.96	171	151.80	151.80	145	77	389.20	398	379.04	378.96	372
33	167.01	176	156.85	156.66	150	78	394.25	403	384.09	384.09	377
34	172.05	181	161.89	161.89	155	79	399.31	409	389.15	389.07	382
35	177.10	186	166.94	166.76	160	80	404.36	414	394.20	394.20	387
36	182.14	191	171.98	171.98	165	81	409.41	419	399.25	399.17	392
37	187.19	196	177.03	176.86	170	82	414.46	424	404.30	404.30	398
38	192.24	201	182.08	182.08	175	83	419.51	429	409.35	409.28	403
39	197.29	206	187.13	186.97	180	84	424.57	434	414.41	414.41	408
40	202.33	211	192.17	192.17	185	85	429.62	439	419.46	419.39	413
41	207.38	216	197.22	197.07	190	86	434.67	444	424.51	424.51	418
42	212.43	221	202.27	202.27	195	87	439.72	449	429.56	429.49	423
43	217.48	226	207.32	207.18	200	88	444.77	454	434.61	434.61	428
44	222.53	231	212.37	212.37	205	89	449.83	459	439.67	439.59	433
45	227.58	237	217.42	217.28	210	90	454.88	464	444.72	444.72	438
46	232.63	242	222.47	222.47	215	91	459.93	469	449.77	449.70	443
47	237.68	247	227.52	227.38	221	92	464.98	474	454.82	454.82	448
48	242.73	252	232.57	232.57	226	93	470.03	479	459.87	459.81	453
49	247.78	257	237.62	237.49	231	94	475.09	484	464.93	464.93	458
50	252.83	262	242.67	242.67	236	95	480.14	489	469.98	469.91	463
51	257.88	267	247.72	247.59	241	96	485.19	494	475.03	475.03	468
52	262.92	272	252.76	252.76	246	97	490.24	500	480.08	480.02	473
53	267.97	277	257.81	257.70	251	98	495.30	505	485.14	485.14	478
54	273.02	282	262.86	262.86	256	99	500.35	510	490.19	490.12	483
55	278.08	287	267.92	267.80	261	100	505.40	515	495.24	495.24	489

146. 스프로킷 기준치수(호칭번호 60)

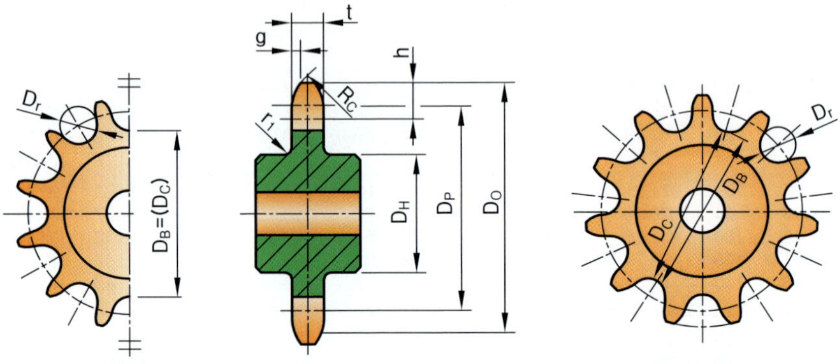

짝수 이   홀수 이

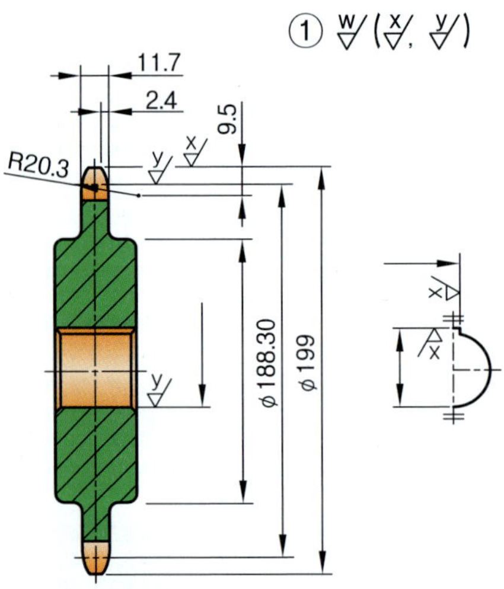

도면적용 예

체인과 스프로킷 요목표		
종류	품번 / 구분	1
롤러체인	호칭	60
	원주 피치(P)	19.05
	롤러 외경(D_r)	∅11.91
스프로킷	잇수(N)	31
	피치원 지름(D_P)	∅188.30
	이뿌리원지름(D_B)	∅176.39
	이뿌리 거리(D_C)	176.15

호칭 번호	가로 치형								가로 피치 P_t	적용 롤러 체인(참고)		
	모떼기 나비 g (약)	모떼기 깊이 h (약)	모떼기 반경 R_c (최소)	둥글기 r_f (최대)	치폭 t(최대) 단열	치폭 t(최대) 2열 3열	치폭 t(최대) 4열 이상	t, M 허용차		원주피치 P	롤러외경 D_r (최대)	안쪽 링크 안쪽 나비 b_1 (최소)
60	2.4	9.5	20.3	0.8	11.7	11.3	10.6	$^{0}_{-0.30}$	22.8	19.05	11.91	12.57
80	3.2	12.7	27.0	1.0	14.6	14.1	13.3		29.3	25.40	15.88	15.75

146. 스프로킷 기준치수(호칭번호 60)

체인 호칭번호 60용 스프로킷 기준치수											
잇수 N	피치원 지름 D_p	바깥 지름 D_o	이뿌리 원지름 D_B	이뿌리 거리 D_c	최대보스 지름 D_H	잇수 N	피치원 지름 D_p	바깥 지름 D_o	이뿌리 원지름 D_B	이뿌리 거리 D_c	최대보스 지름 D_H
11	67.62	76	55.71	55.02	45	56	339.75	351	327.84	327.84	319
12	73.60	83	61.69	61.69	51	57	345.81	357	333.90	333.77	325
13	79.60	89	67.69	67.11	57	58	351.87	363	339.96	339.96	332
14	85.61	95	73.70	73.70	64	59	357.93	369	346.02	345.90	338
15	91.62	101	79.71	79.21	70	60	363.99	375	352.08	352.08	344
16	97.65	107	85.74	85.74	76	61	370.06	381	358.15	358.02	350
17	103.67	113	91.76	91.32	82	62	376.12	387	364.21	364.21	356
18	109.71	119	97.80	97.80	88	63	382.18	393	370.27	370.15	362
19	115.74	126	103.83	103.43	94	64	388.24	399	376.33	376.33	368
20	121.78	132	109.87	109.87	100	65	394.30	405	382.39	382.28	374
21	127.82	138	115.91	115.55	107	66	400.36	411	388.45	388.45	380
22	133.86	144	121.95	121.95	113	67	406.42	417	394.51	394.40	386
23	139.90	150	127.99	127.67	119	68	412.49	423	400.58	400.58	392
24	145.95	156	134.04	134.04	125	69	418.55	430	406.64	406.53	398
25	151.99	162	140.08	139.79	131	70	424.61	436	412.70	412.70	404
26	158.04	168	146.13	146.13	137	71	430.67	442	418.76	418.65	410
27	164.09	174	152.18	151.90	143	72	436.73	448	424.82	424.82	417
28	170.14	180	158.23	158.23	149	73	442.79	454	430.88	430.78	423
29	176.20	187	164.29	164.03	155	74	448.86	460	436.95	436.95	429
30	182.25	193	170.34	170.34	161	75	454.92	466	443.01	442.91	435
31	188.30	199	176.39	176.15	168	76	460.98	472	449.07	449.07	441
32	194.35	205	182.44	182.44	174	77	467.04	478	455.13	455.04	447
33	200.41	211	188.50	188.27	180	78	473.10	484	461.19	461.19	453
34	206.46	217	194.55	194.55	186	79	479.17	490	467.26	467.16	459
35	212.52	223	200.61	200.39	192	80	485.23	496	473.32	473.32	465
36	218.57	229	206.66	206.66	198	81	491.29	502	479.38	479.29	471
37	224.63	235	212.72	212.52	204	82	497.35	508	485.44	485.44	477
38	230.69	241	218.78	218.78	210	83	503.42	514	491.51	491.42	483
39	236.74	247	224.83	224.64	216	84	509.48	521	497.57	497.57	489
40	242.80	253	230.89	230.89	222	85	515.54	527	503.63	503.54	495
41	248.86	260	236.95	236.77	228	86	521.60	533	509.69	509.69	501
42	254.92	266	243.01	243.01	234	87	527.67	539	515.76	515.67	508
43	260.98	272	249.07	248.89	240	88	533.73	545	521.82	521.82	514
44	267.03	278	255.12	255.12	247	89	539.79	551	527.88	527.80	520
45	273.09	284	261.18	261.02	253	90	545.85	557	533.94	533.94	526
46	279.15	290	267.24	267.24	259	91	551.92	563	540.01	539.92	532
47	285.21	296	273.30	273.14	265	92	557.98	569	546.07	546.07	538
48	291.27	302	279.36	279.36	271	93	564.04	575	552.13	552.05	544
49	297.33	308	285.42	285.27	277	94	570.10	581	558.19	558.19	550
50	303.39	314	291.48	291.48	283	95	576.17	587	564.26	564.18	556
51	309.45	320	297.54	297.39	289	96	582.23	593	570.32	570.32	562
52	315.51	326	303.60	303.60	295	97	588.29	599	576.38	576.30	568
53	321.57	332	309.66	309.52	301	98	594.35	605	582.44	582.44	574
54	327.63	338	315.72	315.72	307	99	600.42	612	588.51	588.43	580
55	333.69	345	321.78	321.64	313	100	606.48	618	594.57	594.57	586

147. 스프로킷 기준치수(호칭번호 80)

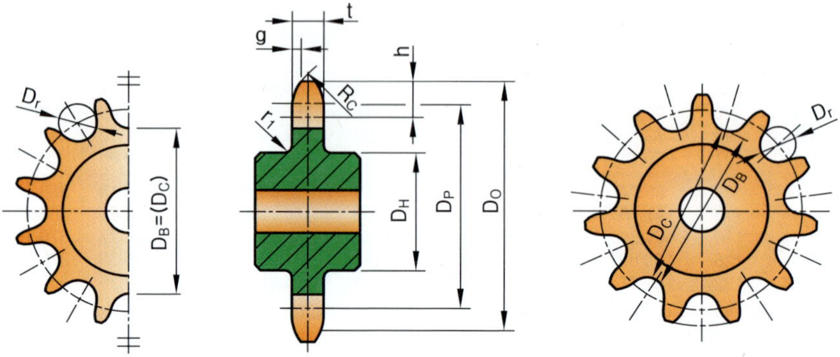

짝수 이　　　　홀수 이

① w/ (x/, y/)

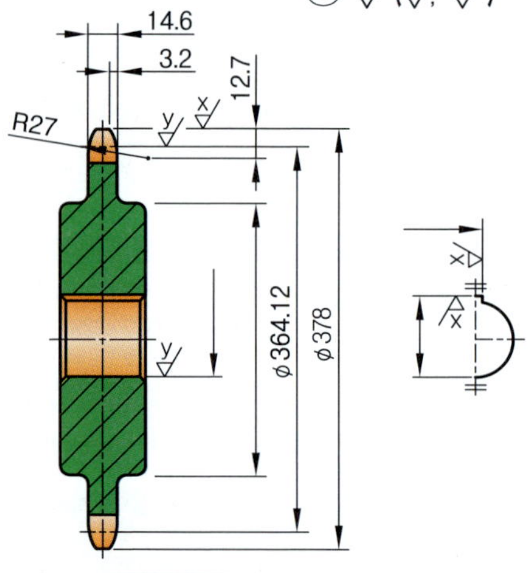

도면적용 예

체인과 스프로킷 요목표		
종류	구분 \ 품번	1
롤러체인	호칭	80
	원주 피치(P)	25.40
	롤러 외경(D_r)	∅15.88
스프로킷	잇수(N)	45
	피치원 지름(D_P)	∅364.12
	이뿌리원지름(D_B)	∅348.24
	이뿌리 거리(D_C)	348.02

호칭 번호	가로 치형								가로 피치 P_t	적용 롤러 체인(참고)		
	모떼기 나비 g (약)	모떼기 깊이 h (약)	모떼기 반경 R_c (최소)	둥글기 r_f (최대)	치폭 t(최대)			t, M 허용차		원주피치 P	롤러외경 D_r (최대)	안쪽 링크 안쪽 나비 b_1 (최소)
					단열	2열 3열	4열 이상					
60	2.4	9.5	20.3	0.8	11.7	11.3	10.6	$^{0}_{-0.30}$	22.8	19.05	11.91	12.57
80	3.2	12.7	27.0	1.0	14.6	14.1	13.3		29.3	25.40	15.88	15.75

147. 스프로킷 기준치수(호칭번호 80)

체인 호칭번호 80용 스프로킷 기준치수											
잇수 N	피치원 지름 D_p	바깥 지름 D_o	이뿌리 원지름 D_B	이뿌리 거리 D_c	최대보스 지름 D_H	잇수 N	피치원 지름 D_p	바깥 지름 D_o	이뿌리 원지름 D_B	이뿌리 거리 D_c	최대보스 지름 D_H
11	90.16	102	74.28	73.36	60	56	453.00	468	437.12	437.12	426
12	98.14	110	82.26	82.26	69	57	461.08	476	445.20	445.03	434
13	106.14	118	90.26	89.48	77	58	469.16	484	453.28	453.28	442
14	114.15	127	98.27	98.27	85	59	477.25	492	461.37	461.20	450
15	122.17	135	106.29	105.62	93	60	485.33	500	469.45	469.45	458
16	130.20	143	114.32	114.32	102	61	493.41	508	477.53	477.36	467
17	138.23	151	122.35	121.76	110	62	501.49	516	485.61	485.61	475
18	146.27	159	130.39	130.39	118	63	509.57	524	493.69	493.53	483
19	154.32	167	138.44	137.91	126	64	517.65	532	501.77	501.77	491
20	162.37	176	146.49	146.49	134	65	525.73	540	509.85	509.70	499
21	170.42	184	154.54	154.06	142	66	533.82	548	517.94	517.94	507
22	178.48	192	162.60	162.60	150	67	541.90	557	526.02	525.87	515
23	186.54	200	170.66	170.22	159	68	549.98	565	534.10	534.10	523
24	194.60	208	178.72	178.72	167	69	558.06	573	542.18	542.04	531
25	202.66	216	186.78	186.38	175	70	566.15	581	550.27	550.27	539
26	210.72	224	194.84	194.84	183	71	574.23	589	558.35	558.21	547
27	218.79	233	202.91	202.54	191	72	582.31	597	566.43	566.43	556
28	226.86	241	210.98	210.98	199	73	590.39	605	574.51	574.88	564
29	234.93	249	219.05	218.70	207	74	598.47	613	582.59	582.59	572
30	243.00	257	227.12	227.12	215	75	606.56	621	590.68	590.54	580
31	251.07	265	235.19	234.86	224	76	614.64	629	598.76	598.76	588
32	259.14	273	243.26	243.26	232	77	622.72	637	606.84	606.71	596
33	267.21	281	251.33	251.03	240	78	630.81	646	614.93	614.93	604
34	275.29	289	259.41	259.41	248	79	638.89	654	623.01	622.88	612
35	283.36	297	267.48	267.19	256	80	646.97	662	631.09	631.09	620
36	291.43	306	275.55	275.55	264	81	655.06	670	639.18	639.05	628
37	299.51	314	283.63	283.36	272	82	663.14	678	647.26	647.26	637
38	307.58	322	291.70	291.70	280	83	671.22	686	655.34	655.22	645
39	315.66	330	299.78	299.52	288	84	679.31	694	663.43	663.43	653
40	323.74	338	307.86	307.86	297	85	687.39	702	671.51	671.39	661
41	331.81	346	315.93	315.69	305	86	695.47	710	679.59	679.59	669
42	339.89	354	324.01	324.01	313	87	703.55	718	687.67	687.56	677
43	347.97	362	332.09	331.86	321	88	711.64	726	695.76	695.76	685
44	356.04	370	340.16	340.16	329	89	719.72	735	703.84	703.73	693
45	364.12	378	348.24	348.02	337	90	727.80	743	711.92	711.92	701
46	372.20	387	356.32	356.32	345	91	735.89	751	720.01	719.90	709
47	380.28	395	364.40	364.19	353	92	743.97	759	728.09	728.09	717
48	388.36	403	372.48	372.48	361	93	752.06	767	736.18	736.07	725
49	396.44	411	380.56	380.36	369	94	760.14	775	744.26	744.26	734
50	404.52	419	388.64	388.64	378	95	768.22	783	752.34	752.24	742
51	412.60	427	396.72	396.52	386	96	776.31	791	760.43	760.43	750
52	420.68	435	404.80	404.80	394	97	784.39	799	768.51	768.41	758
53	428.76	443	412.88	412.69	402	98	792.47	807	776.59	776.59	766
54	436.84	451	420.96	420.96	410	99	800.56	815	784.68	784.58	774
55	444.92	459	429.04	428.86	418	100	808.64	823	792.76	792.76	782

148. 스프로킷 기준치수(호칭번호 100)

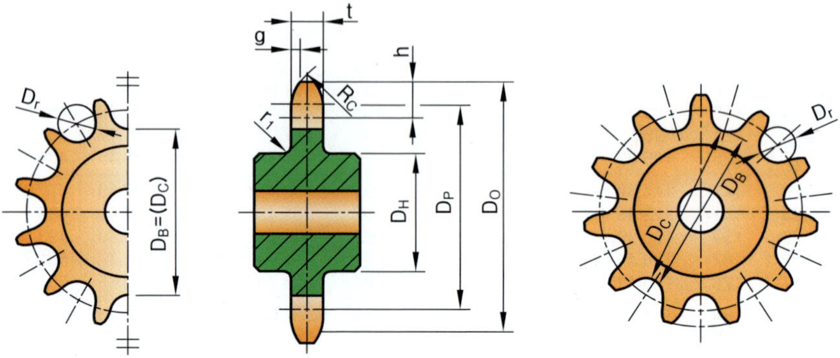

짝수 이　　　　홀수 이

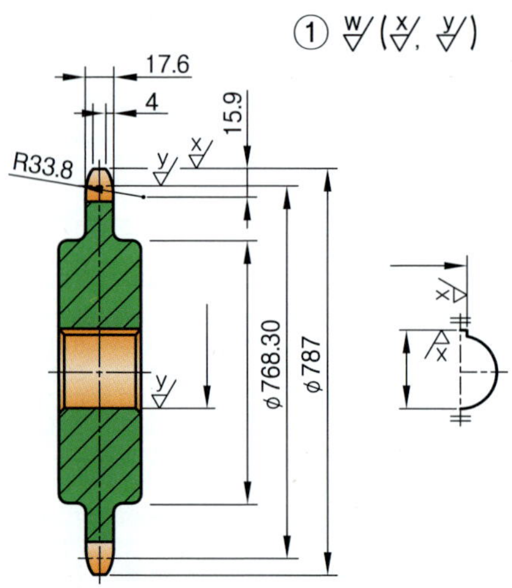

도면적용 예

체인과 스프로킷 요목표		
종류	구분 \ 품번	1
롤러체인	호칭	100
	원주 피치(P)	31.75
	롤러 외경(D_r)	∅19.05
스프로킷	잇수(N)	76
	피치원 지름(D_P)	∅768.30
	이뿌리원지름(D_B)	∅749.25
	이뿌리 거리(D_C)	749.25

호칭번호	가로 치형								가로피치	적용 롤러 체인(참고)		
	모떼기 나비 g (약)	모떼기 깊이 h (약)	모떼기 반경 R_c (최소)	둥글기 r_f (최대)	치폭 t(최대) 단열	치폭 t(최대) 2열 3열	치폭 t(최대) 4열 이상	t, M 허용차	P_t	원주피치 P	롤러외경 D_r (최대)	안쪽 링크 안쪽 나비 b_1 (최소)
100	4.0	15.9	33.8	1.3	17.6	17.0	16.1	$^{0}_{-0.35}$	35.8	31.75	19.05	18.90

148. 스프로킷 기준치수(호칭번호 100)

체인 호칭번호 100용 스프로킷 기준치수

잇수 N	피치원 지 름 D_p	바깥 지름 D_o	이뿌리 원지름 D_B	이뿌리 거 리 D_c	최대보스 지 름 D_H	잇수 N	피치원 지 름 D_p	바깥 지름 D_o	이뿌리 원지름 D_B	이뿌리 거 리 D_c	최대보스 지 름 D_H
11	112.70	127	93.65	92.50	76	56	566.25	584	547.20	547.20	533
12	122.67	138	103.62	103.62	86	57	576.35	595	557.30	557.09	543
13	132.67	148	113.62	112.65	96	58	586.45	605	567.40	567.40	553
14	142.68	158	123.63	123.63	107	59	596.56	615	577.51	577.29	563
15	152.71	168	133.66	132.82	117	60	606.66	625	587.61	587.61	573
16	162.74	179	143.69	143.69	127	61	616.76	635	597.71	597.50	583
17	172.79	189	153.74	153.00	137	62	626.86	645	607.81	607.81	594
18	182.84	199	163.79	163.79	148	63	636.96	655	617.91	617.72	604
19	192.90	209	173.85	173.19	158	64	647.06	665	628.01	628.01	614
20	202.96	220	183.91	183.91	168	65	657.17	675	638.12	637.93	624
21	213.03	230	193.98	193.38	178	66	667.27	686	648.22	648.22	634
22	223.10	240	204.05	204.05	188	67	677.37	696	658.32	658.14	644
23	233.17	250	214.12	213.58	199	68	687.48	706	668.43	668.43	654
24	243.25	260	224.20	224.20	209	69	697.59	716	678.53	678.35	664
25	253.32	270	234.27	233.78	219	70	707.68	726	688.63	688.63	674
26	263.40	281	244.35	244.35	229	71	717.78	736	698.73	398.56	685
27	273.49	291	254.44	253.97	239	72	727.89	746	708.84	708.84	695
28	283.57	301	264.52	264.52	249	73	737.99	756	718.94	718.77	705
29	293.66	311	274.61	274.18	259	74	748.09	766	729.04	729.04	715
30	303.75	321	284.70	284.70	270	75	758.20	777	739.15	738.98	725
31	313.83	331	294.78	294.38	280	76	768.30	787	749.25	749.25	735
32	323.92	341	304.87	304.87	290	77	778.41	797	759.36	759.19	745
33	334.01	352	314.96	314.59	300	78	788.51	807	769.46	769.46	755
34	344.11	362	325.06	325.06	310	79	798.61	817	779.56	779.40	765
35	354.20	372	335.15	334.79	320	80	808.71	827	789.66	799.61	776
36	364.29	382	345.24	345.24	330	81	818.82	837	799.77	799.77	786
37	374.38	392	355.33	355.00	341	82	828.92	847	809.87	819.83	796
38	384.48	402	365.43	365.43	351	83	839.03	857	819.98	819.98	806
39	394.57	412	375.52	375.20	361	84	849.13	868	830.08	830.08	816
40	404.67	422	385.62	385.62	371	85	859.23	878	840.18	840.04	826
41	414.77	433	395.72	395.41	381	86	869.34	888	850.29	850.29	836
42	424.86	443	405.81	405.81	391	87	879.44	898	860.39	860.25	846
43	434.96	453	415.91	415.62	401	88	889.55	908	870.50	870.50	856
44	445.06	463	426.01	426.01	411	89	899.65	918	880.60	880.46	867
45	455.16	473	436.11	435.83	422	90	909.75	928	890.70	890.70	877
46	465.25	483	446.20	446.20	432	91	919.86	938	900.81	900.67	887
47	475.35	493	456.30	456.04	442	92	929.96	948	910.91	910.91	897
48	485.45	503	466.40	466.40	452	93	940.07	959	921.02	920.88	907
49	495.55	514	476.50	476.25	462	94	950.17	969	931.12	931.12	917
50	505.65	524	486.60	486.60	472	95	960.28	979	941.23	941.10	927
51	515.75	534	496.70	496.46	482	96	970.38	989	951.33	951.33	937
52	525.85	544	506.80	506.80	492	97	980.49	999	961.44	961.31	947
53	535.95	554	516.90	516.66	503	98	990.59	1009	971.54	971.54	958
54	546.05	564	527.00	527.00	513	99	1000.70	1019	981.65	981.52	968
55	556.15	574	537.10	536.87	523	100	1010.80	1029	991.75	991.75	978

149. 스프로킷 기준치수(호칭번호 120)

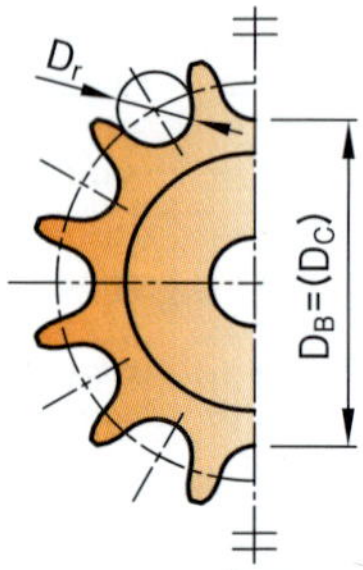

짝수 이

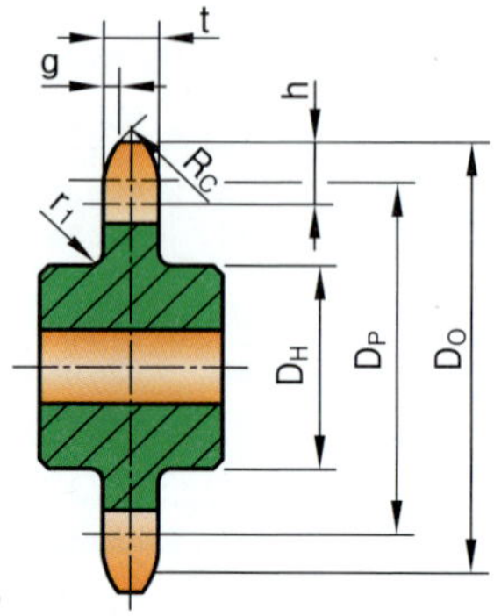

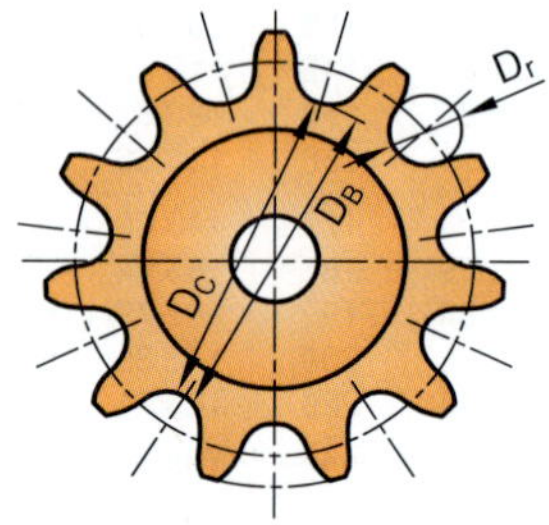

홀수 이

① $\overset{w}{\nabla}$ ($\overset{x}{\nabla}$, $\overset{y}{\nabla}$)

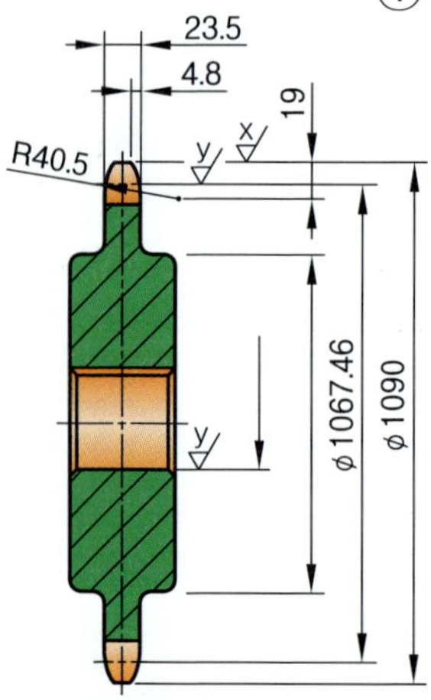

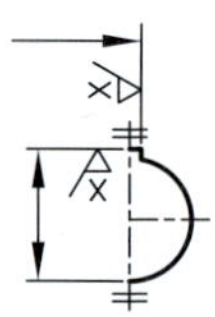

도면적용 예

체인과 스프로킷 요목표		
종류	품번 / 구분	1
롤러체인	호칭	120
	원주 피치(P)	38.10
	롤러 외경(D_r)	⌀20.23
스프로킷	잇수(N)	88
	피치원 지름(D_P)	⌀1067.46
	이뿌리원지름(D_B)	⌀1045.23
	이뿌리 거리(D_C)	1045.23

호칭 번호	가로 치형								가로 피치 P_t	적용 롤러 체인(참고)		
	모떼기 나 비 g (약)	모떼기 깊 이 h (약)	모떼기 반 경 R_c (최소)	둥글기 r_f (최대)	치폭 t(최대) 단열	치폭 t(최대) 2열 3열	치폭 t(최대) 4열 이상	t, M 허용차		원주피치 P	롤러외경 D_r (최대)	안쪽 링크 안쪽 나비 b_1 (최소)
120	4.8	19.0	40.5	1.5	23.5	22.7	21.5	$^{0}_{-0.40}$	45.4	38.10	22.23	25.22
140	5.6	22.2	47.3	1.8	23.5	22.7	21.5		48.9	44.45	25.40	25.22

149. 스프로킷 기준치수(호칭번호 120)

체인 호칭번호 120용 스프로킷 기준치수

잇수 N	피치원 지름 D_p	바깥 지름 D_o	이뿌리 원지름 D_B	이뿌리 거리 D_c	최대보스 지름 D_H	잇수 N	피치원 지름 D_p	바깥 지름 D_o	이뿌리 원지름 D_B	이뿌리 거리 D_c	최대보스 지름 D_H
11	135.24	153	113.01	111.63	91	56	679.50	701	657.27	657.27	640
12	147.21	165	124.98	124.98	103	57	691.63	713	669.40	669.13	652
13	159.20	177	136.97	135.81	116	58	703.75	726	681.52	681.52	664
14	171.21	190	148.99	148.99	128	59	715.87	738	693.64	693.38	676
15	183.25	202	161.02	160.02	140	60	727.99	750	705.76	705.76	688
16	195.29	214	173.06	173.06	153	61	740.11	762	717.88	717.63	700
17	207.35	227	185.12	184.23	165	62	752.23	774	730.00	730.00	712
18	219.41	239	197.18	197.18	177	63	764.35	786	742.12	741.89	725
19	231.48	251	209.23	208.46	189	64	776.48	798	754.25	754.25	737
20	243.55	263	221.32	221.32	202	65	788.60	811	766.37	766.14	749
21	255.63	276	233.40	232.69	214	66	800.72	823	778.49	778.49	761
22	267.72	288	245.49	245.49	226	67	812.85	835	790.62	790.39	773
23	279.80	300	257.57	256.92	238	68	824.97	847	802.74	802.74	785
24	291.90	312	269.67	269.67	251	69	837.10	859	814.87	814.65	797
25	303.99	324	281.76	281.16	263	70	849.22	871	826.99	826.99	810
26	316.09	337	293.86	293.86	275	71	861.34	883	839.11	839.90	822
27	328.19	349	305.96	305.40	287	72	873.47	896	851.24	851.24	834
28	340.29	361	318.06	318.06	299	73	885.59	908	863.36	863.15	846
29	352.39	373	330.16	329.64	311	74	897.71	920	875.48	875.48	858
30	364.50	385	342.27	342.27	324	75	909.84	932	887.61	887.41	870
31	376.60	398	354.37	353.89	336	76	921.96	944	899.73	899.73	882
32	388.71	410	366.48	366.48	348	77	934.09	956	911.86	911.66	894
33	400.82	422	378.59	378.13	360	78	946.21	968	923.98	923.98	907
34	412.93	434	390.70	390.70	372	79	958.33	980	936.10	935.91	919
35	425.04	446	402.81	402.38	384	80	970.46	993	948.23	948.23	931
36	437.15	458	414.92	414.92	397	81	982.58	1005	960.35	960.17	943
37	449.26	470	427.03	426.63	409	82	994.71	1017	972.48	972.48	955
38	461.38	483	439.15	439.15	421	83	1006.83	1029	984.60	984.42	967
39	473.49	495	451.26	450.87	433	84	1018.96	1041	996.73	996.73	979
40	485.60	507	463.37	463.37	445	85	1031.08	1053	1008.85	1008.68	992
41	497.72	519	475.49	475.12	457	86	1043.20	1065	1020.97	1020.97	1004
42	509.84	531	487.61	487.61	470	87	1055.33	1078	1033.10	1032.93	1016
43	521.95	543	499.72	499.37	482	88	1067.46	1090	1045.23	1045.23	1028
44	534.07	556	511.84	511.84	494	89	1079.58	1102	1057.35	1057.18	1040
45	546.19	568	523.96	523.62	506	90	1091.71	1114	1069.48	1069.48	1052
46	558.30	580	536.07	536.07	518	91	1103.83	1126	1081.60	1081.44	1064
47	570.42	592	548.19	547.88	530	92	1115.96	1138	1093.73	1093.73	1076
48	582.54	604	560.31	560.31	542	93	1128.08	1150	1105.85	1105.69	1089
49	594.66	616	572.43	572.13	555	94	1140.21	1162	1117.98	1117.98	1101
50	606.78	628	584.55	584.55	567	95	1152.33	1175	1130.10	1129.94	1113
51	618.90	641	596.67	596.38	579	96	1164.46	1187	1142.23	1142.23	1125
52	631.02	653	608.79	608.79	591	97	1176.59	1199	1154.36	1154.20	1137
53	643.14	665	620.91	620.63	603	98	1188.71	1211	1166.48	1166.48	1149
54	655.26	677	633.03	633.03	615	99	1200.84	1223	1178.61	1178.45	1161
55	667.38	689	645.15	644.88	627	100	1212.96	1235	1190.73	1190.73	1174

150. 스프로킷 기준치수(호칭번호 140)

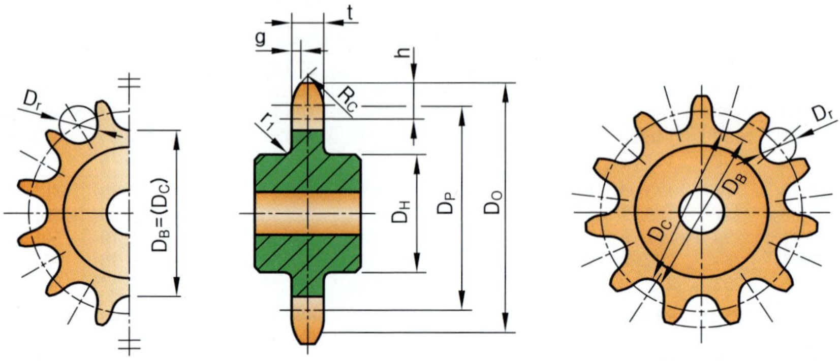

짝수 이　　　홀수 이

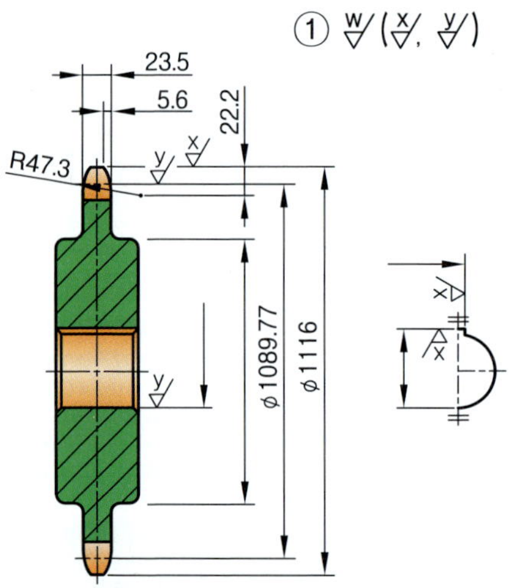

도면적용 예

체인과 스프로킷 요목표		
종류	구분 \ 품번	1
롤러체인	호칭	140
	원주 피치(P)	44.45
	롤러 외경(D_r)	∅25.40
스프로킷	잇수(N)	77
	피치원 지름(D_P)	∅1089.77
	이뿌리원지름(D_B)	∅1064.37
	이뿌리 거리(D_C)	1064.14

호칭 번호	가로 치형								가로 피치 P_t	적용 롤러 체인(참고)		
	모떼기 나비 g (약)	모떼기 깊이 h (약)	모떼기 반경 R_c (최소)	둥글기 r_f (최대)	치폭 t(최대) 단열	치폭 t(최대) 2열 3열	치폭 t(최대) 4열 이상	t, M 허용차		원주피치 P	롤러외경 D_r (최대)	안쪽 링크 안쪽 나비 b_1 (최소)
120	4.8	19.0	40.5	1.5	23.5	22.7	21.5	0 -0.40	45.4	38.10	22.23	25.22
140	5.6	22.2	47.3	1.8	23.5	22.7	21.5		48.9	44.45	25.40	25.22

150. 스프로킷 기준치수(호칭번호 140)

체인 호칭번호 140용 스프로킷 기준치수

잇수 N	피치원 지름 D_p	바깥 지름 D_o	이뿌리 원지름 D_B	이뿌리 거리 D_c	최대보스 지름 D_H	잇수 N	피치원 지름 D_p	바깥 지름 D_o	이뿌리 원지름 D_B	이뿌리 거리 D_c	최대보스 지름 D_H
11	157.78	178	132.38	130.77	106	56	792.75	818	767.35	767.35	746
12	171.74	193	146.34	146.34	121	57	806.90	832	781.50	781.19	760
13	185.74	207	160.34	158.98	135	58	821.04	847	795.64	795.64	775
14	199.76	221	174.36	174.36	150	59	835.18	861	809.78	809.48	789
15	213.79	236	188.39	187.22	164	60	849.32	875	823.92	823.92	803
16	227.84	250	202.44	202.44	178	61	863.46	889	838.06	837.77	817
17	241.91	264	216.51	215.47	193	62	877.61	903	852.21	852.21	831
18	255.98	279	230.58	230.58	207	63	891.75	917	866.35	866.07	845
19	270.06	293	244.66	243.74	221	64	905.89	931	880.49	880.49	860
20	284.15	307	258.75	258.75	235	65	920.03	946	894.63	894.37	874
21	298.24	322	272.84	272.00	250	66	934.18	960	908.78	908.78	888
22	312.34	336	286.94	286.94	264	67	948.32	974	922.92	922.66	902
23	326.44	350	301.04	300.28	278	68	962.47	988	937.07	937.07	916
24	340.54	364	315.14	315.14	292	69	976.61	1002	951.21	950.96	930
25	354.65	379	329.25	328.56	307	70	990.75	1016	965.35	965.35	945
26	368.77	393	343.37	343.37	321	71	1004.90	1031	979.50	979.25	959
27	382.88	407	357.48	356.83	335	72	1019.04	1045	993.64	993.64	973
28	397.00	421	371.60	371.60	349	73	1033.19	1059	1007.79	1007.55	987
29	411.12	435	385.72	385.12	364	74	1047.33	1073	1021.93	1021.93	1001
30	425.24	450	399.84	399.84	378	75	1061.47	1087	1036.07	1035.84	1015
31	439.37	464	413.97	414.40	392	76	1075.62	1101	1050.22	1050.22	1030
32	453.49	478	428.09	428.09	406	77	1089.77	1116	1064.37	1064.14	1044
33	467.62	492	442.22	441.69	420	78	1103.91	1130	1078.51	1078.51	1058
34	481.75	506	456.35	456.35	434	79	1118.06	1144	1092.66	1092.43	1072
35	495.88	521	470.48	469.98	449	80	1132.20	1158	1106.80	1106.80	1086
36	510.01	535	484.61	484.61	463	81	1146.35	1172	1120.95	1120.73	1100
37	524.14	549	498.74	498.27	477	82	1160.49	1186	1135.09	1135.09	1114
38	538.27	563	512.87	512.87	491	83	1174.64	1200	1149.24	1149.03	1129
39	552.40	577	527.00	526.55	505	84	1188.78	1215	1163.38	1163.38	1143
40	566.54	591	541.14	541.14	520	85	1202.93	1229	1177.53	1177.33	1157
41	580.67	606	555.27	554.85	534	86	1217.07	1243	1191.67	1191.67	1171
42	594.81	620	569.41	569.41	548	87	1231.22	1257	1205.82	1205.62	1185
43	608.94	634	583.54	583.14	562	88	1245.36	1271	1219.96	1219.96	1199
44	623.08	648	597.68	597.68	576	89	1259.51	1285	1234.11	1233.91	1214
45	637.22	662	611.82	611.43	590	90	1273.66	1300	1248.26	1248.26	1228
46	651.35	676	625.95	625.95	605	91	1287.81	1314	1262.41	1262.21	1242
47	665.49	691	640.09	639.72	619	92	1301.95	1328	1276.55	1276.55	1256
48	679.63	705	654.23	654.23	633	93	1316.10	1342	1290.70	1290.51	1270
49	693.77	719	668.37	668.02	647	94	1330.24	1356	1304.84	1304.84	1284
50	707.91	733	682.51	682.51	661	95	1344.39	1370	1318.99	1318.80	1298
51	722.05	747	696.65	696.31	675	96	1358.53	1384	1333.13	1333.13	1313
52	736.19	762	710.79	710.79	690	97	1372.68	1399	1347.28	1347.10	1327
53	750.33	776	724.93	724.60	704	98	1386.83	1413	1361.43	1361.43	1341
54	764.47	790	739.07	739.07	718	99	1400.98	1427	1375.58	1375.40	1355
55	778.61	804	753.21	752.89	732	100	1415.12	1441	1389.72	1389.72	1369

151. 스프로킷 기준치수(호칭번호 160)

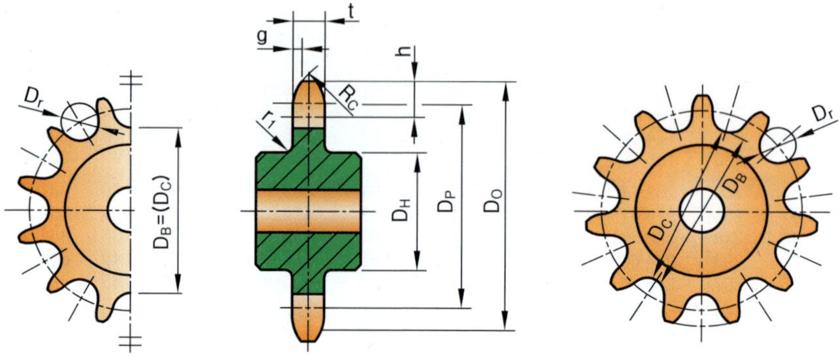

짝수 이　　　　홀수 이

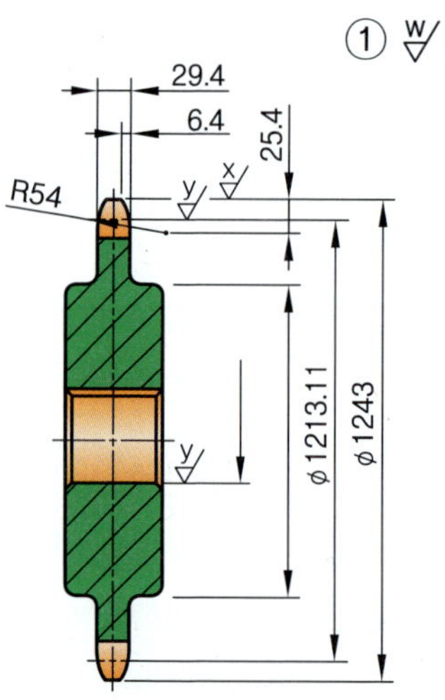

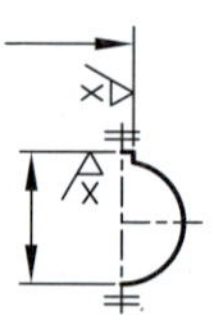

도면적용 예

체인과 스프로킷 요목표		
종류	구분 / 품번	1
롤러체인	호칭	160
	원주 피치(P)	50.80
	롤러 외경(D_r)	∅28.58
스프로킷	잇수(N)	75
	피치원 지름(D_P)	∅1212.11
	이뿌리원지름(D_B)	∅1184.53
	이뿌리 거리(D_C)	1184.27

호칭번호	가로 치형								가로 피치 P_t	적용 롤러 체인(참고)		
	모떼기 나비 g (약)	모떼기 깊이 h (약)	모떼기 반경 R_c (최소)	둥글기 r_f (최대)	치폭 t(최대) 단열	치폭 t(최대) 2열 3열	치폭 t(최대) 4열 이상	t, M 허용차		원주피치 P	롤러외경 D_r (최대)	안쪽 링크 안쪽 나비 b_1 (최소)
160	6.4	25.4	54.0	2.0	29.4	28.4	27.0	$^{0}_{-0.45}$	58.5	50.80	28.58	31.55

151. 스프로킷 기준치수(호칭번호 160)

체인 호칭번호 160용 스프로킷 기준치수

잇수 N	피치원 지름 D_p	바깥 지름 D_o	이뿌리 원지름 D_B	이뿌리 거리 D_c	최대보스 지름 D_H	잇수 N	피치원 지름 D_p	바깥 지름 D_o	이뿌리 원지름 D_B	이뿌리 거리 D_c	최대보스 지름 D_H
11	180.31	204	151.73	149.90	121	56	906.00	935	877.42	877.42	853
12	196.28	220	167.70	167.70	138	57	922.17	951	893.59	893.24	869
13	212.27	237	183.69	182.14	155	58	938.33	967	909.75	909.75	885
14	228.30	253	199.72	199.72	171	59	954.49	984	925.91	925.57	902
15	244.33	269	215.75	214.42	187	60	970.65	1000	942.07	942.07	918
16	260.39	286	231.81	231.81	204	61	986.82	1016	958.24	957.91	934
17	276.46	302	247.88	246.71	220	62	1002.98	1032	974.40	974.40	950
18	292.55	319	263.97	263.97	237	63	1019.14	1048	990.56	990.24	966
19	308.64	335	280.06	279.00	253	64	1035.30	1065	1006.72	1006.72	982
20	324.74	351	296.16	296.16	269	65	1051.47	1081	1022.89	1022.58	999
21	340.84	368	312.26	311.31	285	66	1067.63	1097	1939.05	1939.05	1015
22	356.96	384	328.38	328.38	302	67	1083.80	1113	1055.22	1054.92	1031
23	373.07	400	344.49	343.62	318	68	1099.96	1129	1071.38	1071.38	1047
24	389.19	416	360.61	360.61	334	69	1116.13	1145	1087.55	1087.26	1063
25	405.32	433	376.74	375.94	351	70	1132.29	1162	1103.71	1103.71	1080
26	421.45	449	392.87	392.87	367	71	1148.46	1178	1119.88	1119.59	1096
27	437.58	465	409.00	408.26	383	72	1164.62	1194	1136.04	1136.04	1112
28	453.72	481	425.14	425.14	399	73	1180.79	1210	1152.21	1151.93	1128
29	469.85	498	441.27	440.58	416	74	1196.95	1226	1168.37	1168.37	1144
30	485.99	514	457.41	457.41	432	75	1213.11	1243	1184.53	1184.27	1160
31	502.13	530	473.55	472.91	448	76	1229.28	1259	1200.70	1200.70	.1177
32	518.28	546	489.70	489.70	464	77	1245.45	1275	1216.87	1216.61	1193
33	534.42	562	505.84	505.24	480	78	1261.61	1291	1233.03	1233.03	1209
34	550.57	579	521.99	521.99	497	79	1277.78	1307	1249.20	1248.94	1225
35	566.71	595	538.13	537.57	513	80	1293.94	1323	1265.36	1265.36	1241
36	582.86	611	554.28	554.28	529	81	1310.11	1340	1281.53	1281.28	1258
37	599.01	627	570.43	569.89	545	82	1326.28	1356	1297.70	1297.70	1274
38	615.17	644	586.59	586.59	561	83	1342.45	1372	1313.87	1313.62	1290
39	631.32	660	602.74	602.22	578	84	1358.61	1388	1330.03	1330.03	1306
40	647.47	676	618.89	618.89	594	85	1374.78	1404	1346.20	1345.97	1322
41	663.63	692	635.05	634.56	610	86	1390.94	1420	1362.36	1362.36	1338
42	679.78	708	651.20	651.20	626	87	1407.11	1437	1378.53	1378.30	1355
43	695.93	725	667.35	666.89	643	88	1423.28	1453	1394.69	1394.69	1371
44	712.09	741	683.51	683.51	659	89	1439.44	1469	1410.86	1410.63	1387
45	728.25	757	699.67	699.23	675	90	1455.61	1485	1427.03	1427.03	1403
46	744.40	773	715.82	715.82	691	91	1471.78	1501	1443.20	1442.97	1419
47	760.56	789	731.98	731.56	707	92	1487.94	1518	1459.36	1459.36	1436
48	776.72	806	748.14	748.14	723	93	1504.11	1534	1475.53	1475.31	1452
49	792.88	822	764.30	763.89	740	94	1520.28	1550	1491.70	1491.70	1468
50	809.04	838	780.46	780.46	756	95	1536.45	1566	1507.86	1507.65	1484
51	825.20	854	796.62	796.23	772	96	1552.61	1582	1524.03	1524.03	1500
52	841.36	870	812.78	812.78	788	97	1568.78	1598	1540.20	1539.99	1516
53	857.52	887	828.94	828.56	804	98	1584.94	1615	1556.36	1556.36	1533
54	873.68	903	845.10	845.10	821	99	1601.11	1631	1572.53	1572.33	1549
55	889.84	919	861.26	860.90	837	100	1617.28	1647	1588.70	1588.70	1565

152. 스프로킷 기준치수(호칭번호 200)

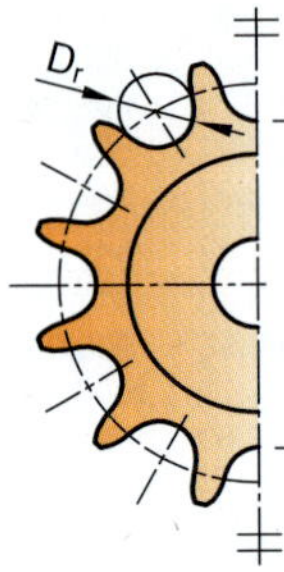

짝수 이

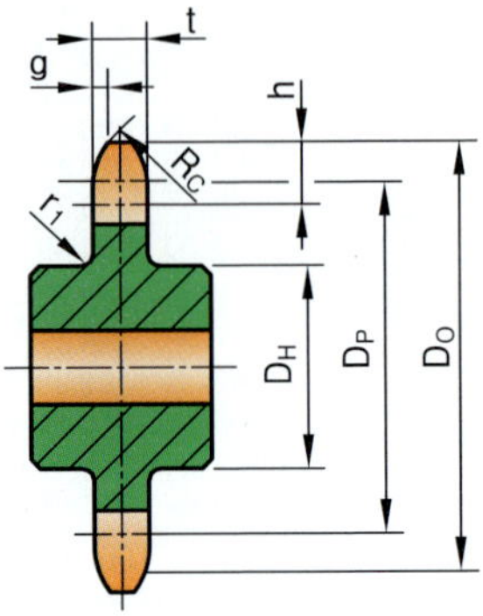

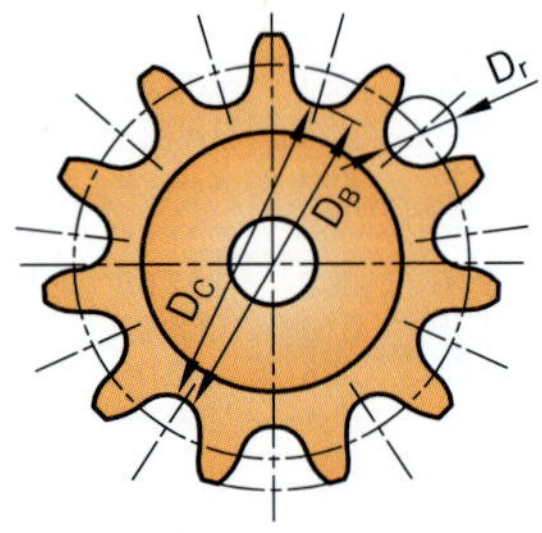

홀수 이

① w/(x/, y/)

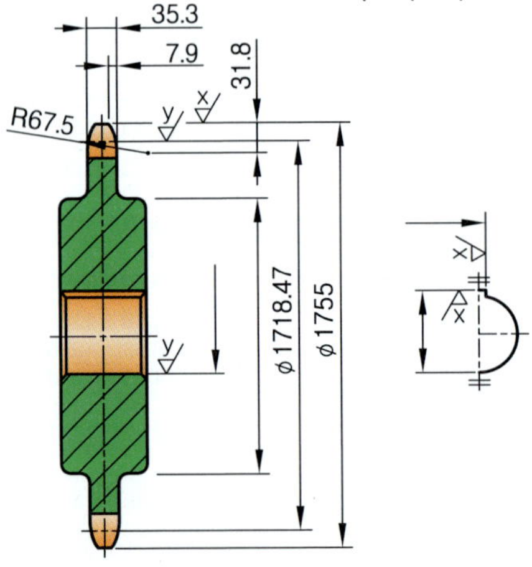

도면적용 예

체인과 스프로킷 요목표		
종류	품번 / 구분	1
롤러체인	호칭	200
	원주 피치(P)	63.50
	롤러 외경(D_r)	⌀39.68
스프로킷	잇수(N)	85
	피치원 지름(D_P)	⌀1718.47
	이뿌리원지름(D_B)	⌀1678.79
	이뿌리 거리(D_C)	1678.50

호칭 번호	가로 치형								가로 피치 P_t	적용 롤러 체인(참고)		
	모떼기 나비 g (약)	모떼기 깊이 h (약)	모떼기 반경 R_c (최소)	둥글기 r_f (최대)	치폭 t(최대) 단열	치폭 t(최대) 2열 3열	치폭 t(최대) 4열 이상	t, M 허용차		원주피치 P	롤러외경 D_r (최대)	안쪽 링크 안쪽 나비 b_1 (최소)
200	7.9	31.8	67.5	2.5	35.3	34.1	32.5	$^{0}_{-0.55}$	71.6	63.50	39.68	37.85

152. 스프로킷 기준치수(호칭번호 200)

체인 호칭번호 200용 스프로킷 기준치수

잇수 N	피치원 지름 D_p	바깥지름 D_o	이뿌리 원지름 D_B	이뿌리 거리 D_c	최대보스 지름 D_H	잇수 N	피치원 지름 D_p	바깥지름 D_o	이뿌리 원지름 D_B	이뿌리 거리 D_c	최대보스 지름 D_H
11	225.39	254	185.71	183.41	152	56	1132.50	1169	1092.82	1092.82	1066
12	245.34	275	205.66	205.66	173	57	1152.71	1189	1113.03	1112.59	1087
13	265.34	296	225.66	223.72	193	58	1172.91	1209	1133.23	1133.23	1107
14	285.37	316	245.69	245.69	214	59	1193.11	1230	1153.43	1153.01	1127
15	305.42	337	265.74	264.07	235	60	1213.31	1250	1173.63	1173.63	1147
16	325.49	357	285.81	285.81	255	61	1233.52	1270	1193.84	1193.43	1168
17	345.58	378	305.90	304.43	275	62	1253.72	1290	1214.04	1214.04	1188
18	365.68	398	326.00	326.00	296	63	1273.92	1310	1234.24	1233.85	1208
19	385.79	419	346.11	344.80	316	64	1294.13	1331	1254.45	1254.45	1228
20	405.92	439	366.24	366.24	337	65	1314.34	1351	1274.66	1274.27	1249
21	426.05	459	386.37	385.18	357	66	1334.54	1371	1294.86	1294.86	1269
22	446.20	480	406.52	406.52	377	67	1354.75	1391	1315.07	1314.69	1289
23	466.34	500	426.66	425.57	398	68	1374.95	1412	1335.27	1335.27	1309
24	486.49	520	446.81	446.81	418	69	1395.16	1432	1355.48	1355.12	1329
25	506.65	541	466.97	465.97	438	70	1415.36	1452	1375.68	1375.68	1350
26	526.81	561	487.13	487.13	459	71	1435.57	1472	1395.89	1395.53	1370
27	546.98	581	507.30	506.37	479	72	1455.78	1493	1416.10	1416.10	1390
28	567.14	602	527.46	527.46	499	73	1475.98	1513	1436.30	1435.96	1410
29	587.32	622	547.64	546.77	520	74	1496.19	1533	1456.51	1456.51	1431
30	607.49	642	567.81	567.81	540	75	1516.39	1553	1476.71	1476.38	1451
31	627.67	663	587.99	587.18	560	76	1536.60	1573	1496.92	1496.92	1471
32	647.85	683	608.17	608.17	580	77	1556.81	1594	1517.13	1516.81	1491
33	668.03	703	628.35	627.59	601	78	1577.02	1614	1537.34	1537.34	1511
34	688.21	723	648.53	648.53	621	79	1597.22	1634	1557.54	1557.22	1532
35	708.39	744	668.71	668.00	641	80	1617.43	1654	1577.75	1577.75	1552
36	728.58	764	688.90	688.90	662	81	1637.64	1674	1597.96	1597.65	1572
37	748.77	784	709.09	708.41	682	82	1657.85	1695	1618.17	1618.17	1592
38	768.96	804	729.28	729.28	702	83	1678.06	1715	1638.38	1638.07	1613
39	789.15	825	749.47	748.82	722	84	1698.26	1735	1658.58	1658.58	1633
40	809.34	845	769.66	769.66	743	85	1718.47	1755	1678.79	1678.50	1653
41	829.53	865	789.85	789.24	763	86	1738.67	1776	1698.99	1698.99	1673
42	849.73	885	810.05	810.05	783	87	1758.89	1796	1719.21	1718.92	1693
43	869.92	906	830.24	829.66	803	88	1779.09	1816	1739.41	1739.41	1714
44	890.11	926	850.43	850.43	824	89	1799.30	1836	1759.62	1759.34	1734
45	910.31	946	870.63	870.08	844	90	1819.51	1856	1779.83	1779.83	1754
46	930.50	966	890.82	890.82	864	91	1839.72	1877	1800.04	1799.76	1774
47	950.70	987	911.02	910.50	884	92	1859.93	1897	1820.25	1820.25	1795
48	970.90	1007	931.22	931.22	905	93	1880.14	1917	1840.46	1840.19	1815
49	991.10	1027	951.42	950.91	925	94	1900.35	1937	1860.67	1860.67	1835
50	1011.30	1047	971.62	971.62	945	95	1920.55	1958	1880.87	1880.61	1855
51	1031.50	1068	991.82	991.33	965	96	1940.76	1978	1901.08	1901.08	1875
52	1051.70	1088	1012.02	1012.02	986	97	1960.98	1998	1921.30	1921.03	1896
53	1071.90	1108	1032.22	1031.75	1006	98	1981.18	2018	1941.50	1941.50	1916
54	1092.10	1128	1052.42	1052.42	1026	99	2001.39	2038	1961.71	1961.46	1936
55	1112.30	1149	1072.62	1072.17	1046	100	2021.60	2059	1981.92	1981.92	1956

153. 스프로킷 기준치수(호칭번호 240)

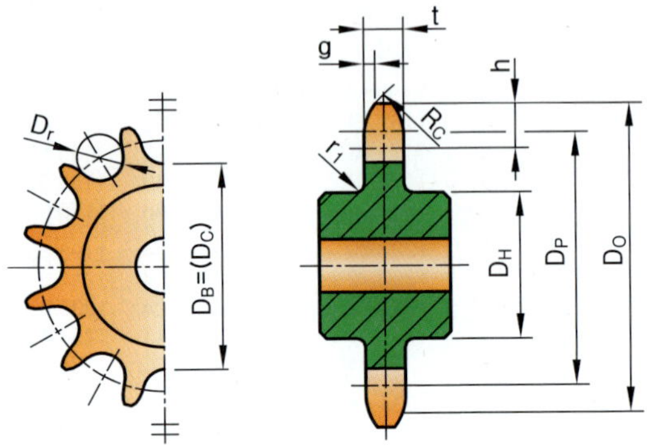

짝수 이

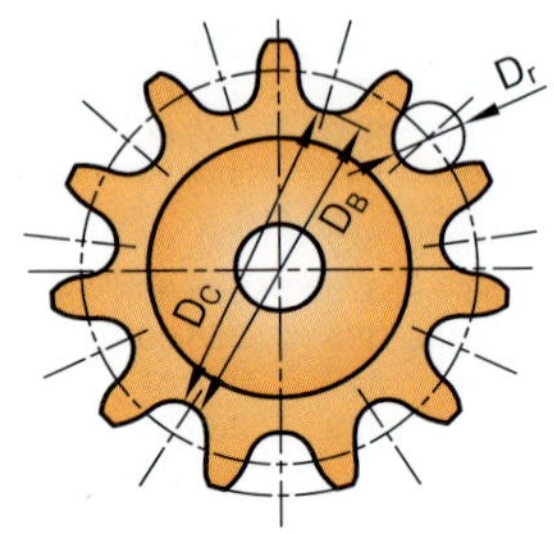

홀수 이

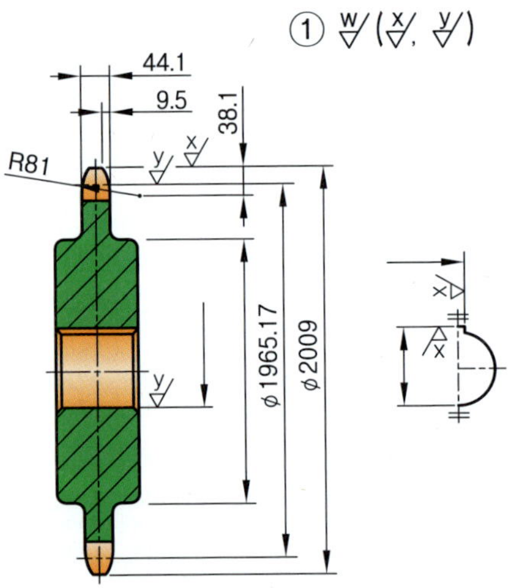

도면적용 예

체인과 스프로킷 요목표		
종류	구분 / 품번	1
롤러체인	호칭	240
	원주 피치(P)	76.20
	롤러 외경(D_r)	∅47.63
스프로킷	잇수(N)	81
	피치원 지름(D_P)	∅1965.17
	이뿌리원지름(D_B)	∅1917.54
	이뿌리 거리(D_C)	1917.16

호칭 번호	가로 치형								가로 피치	적용 롤러 체인(참고)		
	모떼기 나비 g (약)	모떼기 깊이 h (약)	모떼기 반경 R_c (최소)	둥글기 r_f (최대)	치폭 t(최대) 단열	치폭 t(최대) 2열 3열	치폭 t(최대) 4열 이상	t, M 허용차	P_t	원주피치 P	롤러외경 D_r (최대)	안쪽 링크 안쪽 나비 b_1 (최소)
240	9.5	38.1	81.0	3.0	44.1	42.7	40.7	$^{0}_{-0.65}$	87.8	76.20	47.63	47.35

153. 스프로킷 기준치수(호칭번호 240)

체인 호칭번호 240용 스프로킷 기준치수											
잇수 N	피치원 지름 D_p	바깥 지름 D_o	이뿌리 원지름 D_B	이뿌리 거리 D_c	최대보스 지름 D_H	잇수 N	피치원 지름 D_p	바깥 지름 D_o	이뿌리 원지름 D_B	이뿌리 거리 D_c	최대보스 지름 D_H
11	270.47	305	222.84	220.08	183	56	1359.00	1403	1311.37	1311.37	1280
12	294.41	330	246.78	246.78	207	57	1383.25	1427	1335.62	1335.10	1304
13	318.41	355	270.78	268.46	232	58	1407.49	1451	1359.86	1359.86	1328
14	342.44	380	294.81	294.81	257	59	1431.73	1475	1384.10	1383.60	1353
15	366.50	404	318.87	316.87	282	60	1455.97	1500	1408.34	1408.34	1377
16	390.59	429	342.96	342.96	306	61	1480.22	1524	1432.59	1432.10	1401
17	414.70	453	367.07	365.30	331	62	1504.47	1548	1456.84	1456.84	1426
18	438.82	478	391.19	391.19	355	63	1528.71	1573	1481.08	1480.61	1450
19	462.95	502	415.32	413.75	380	64	1552.96	1597	1505.33	1505.33	1474
20	487.11	527	439.48	439.48	404	65	1577.20	1621	1529.57	1529.12	1498
21	511.26	551	463.63	462.20	429	66	1601.45	1645	1553.82	1553.82	1523
22	535.43	576	487.80	487.80	453	67	1625.70	1670	1578.07	1577.62	1542
23	559.61	600	511.98	510.67	477	68	1649.94	1694	1602.31	1602.31	1571
24	583.79	625	536.16	536.16	502	69	1674.19	1718	1626.56	1626.13	1595
25	607.98	649	560.35	559.15	526	70	1698.44	1742	1650.81	1650.81	1620
26	632.17	673	584.54	584.54	551	71	1722.68	1767	1675.05	1674.63	1644
27	656.37	698	608.74	607.63	575	72	1746.93	1791	1699.30	1699.30	1668
28	680.57	722	632.94	632.94	599	73	1771.18	1815	1723.55	1723.14	1693
29	704.78	746	657.15	656.12	624	74	1795.43	1840	1747.79	1747.79	1717
30	728.99	771	681.36	681.36	648	75	1819.68	1864	1772.04	1771.65	1741
31	753.20	795	705.57	704.60	672	76	1843.93	1888	1796.29	1796.29	1765
32	777.42	819	729.79	729.79	697	77	1868.17	1912	1820.54	1820.15	1790
33	801.63	844	754.00	753.09	721	78	1892.42	1937	1844.79	1844.79	1814
34	825.86	868	778.23	778.23	745	79	1916.67	1961	1869.04	1868.66	1838
35	850.07	892	802.44	801.59	770	80	1940.91	1985	1893.28	1893.28	1862
36	874.30	917	826.67	826.67	794	81	1965.17	2009	1917.54	1917.16	1887
37	898.52	941	850.89	850.08	818	82	1989.41	2034	1941.78	1941.78	1911
38	922.75	965	875.12	875.12	843	83	2013.67	2058	1966.04	1965.67	1935
39	946.98	990	899.35	898.58	867	84	2037.92	2082	1990.29	1990.29	1960
40	971.21	1014	923.58	923.58	891	85	2062.16	2106	2014.53	2014.19	1984
41	995.44	1038	947.81	947.08	916	86	2086.41	2131	2038.78	2038.78	2008
42	1019.67	1063	972.04	972.04	940	87	2110.66	2155	2063.03	2062.69	2032
43	1043.90	1087	996.27	995.58	964	88	2134.91	2179	2087.28	2087.28	2057
44	1068.13	1111	1020.50	1020.50	988	89	2159.17	2204	2111.54	2111.19	2081
45	1092.37	1135	1044.74	1044.08	1013	90	2183.41	2228	2135.78	2135.78	2105
46	1116.60	1160	1068.97	1068.97	1037	91	2207.67	2252	2160.04	2159.70	2129
47	1140.84	1184	1093.21	1092.58	1061	92	2231.91	2276	2184.28	2184.28	2154
48	1165.08	1208	1117.45	1117.45	1086	93	2256.17	2301	2208.54	2208.21	2178
49	1189.32	1233	1141.69	1141.08	1110	94	2280.41	2325	2232.78	2232.78	2202
50	1213.56	1257	1165.93	1165.93	1134	95	2304.66	2349	2257.03	2256.72	2226
51	1237.80	1281	1190.17	1189.58	1158	96	2328.92	2373	2281.29	2281.29	2251
52	1262.04	1305	1214.41	1214.41	1183	97	2353.17	2398	2305.54	2305.23	2275
53	1286.28	1330	1238.65	1238.08	1207	98	2377.42	2422	2329.79	2329.79	2299
54	1310.52	1354	1262.89	1262.89	1231	99	2401.67	2446	2354.04	2353.74	2323
55	1334.76	1378	1287.13	1286.59	1256	100	2425.92	2470	2378.29	2378.29	2348

154. 롤러체인용 스프로킷 기준치수 계산식

롤러체인용 스프로킷의 형식

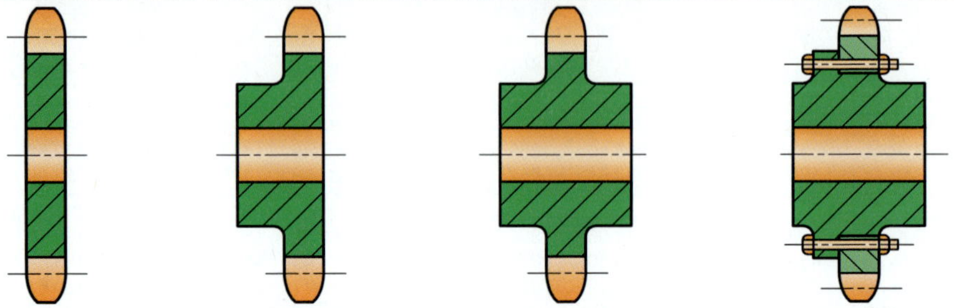

(A형) 평판형 | (B형) 한쪽 보스형 | (C형) 양쪽 보스형 | (D형) 보스 분리형

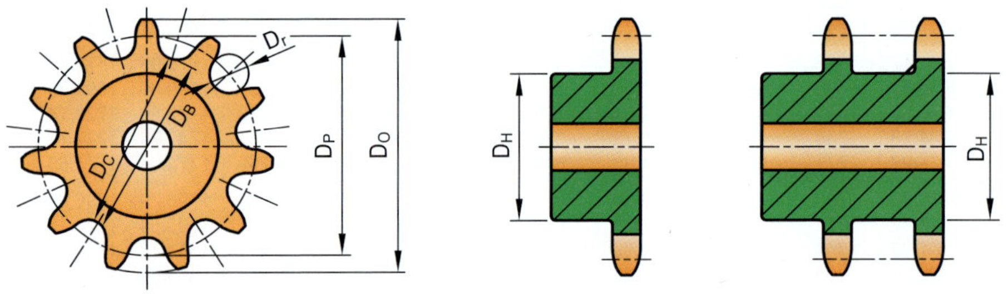

기준치수 계산식	
항목	계산식
피치원 직경 D_p	$D_p = \dfrac{P}{\sin \dfrac{180°}{N}}$
표준 외경 D_O	$D_O = p\left(0.6 + \cot \dfrac{180°}{N}\right)$
치저원 직경 D_B	$D_B = D_p - D_r$
치저거리 D_C	$D_C = D_B$ (짝수치) $D_C = D_p \cos \dfrac{90°}{N} - D_r$ (홀수치) $= p \cdot \dfrac{1}{2\sin \dfrac{180°}{2N}} - D_r$
최대 보스 직경 및 최대 홈 직경 D_H	$D_H = p\left(\cot \dfrac{180°}{N} - 1\right) - 0.76$

p=피치, D_r=롤러 외경, N=치수

비고

기준치수표에 없는 치수는 다음 계산식을 이용하여 치수를 결정한다.

MEMO

155. 156. 천장 크레인용 로프 휠

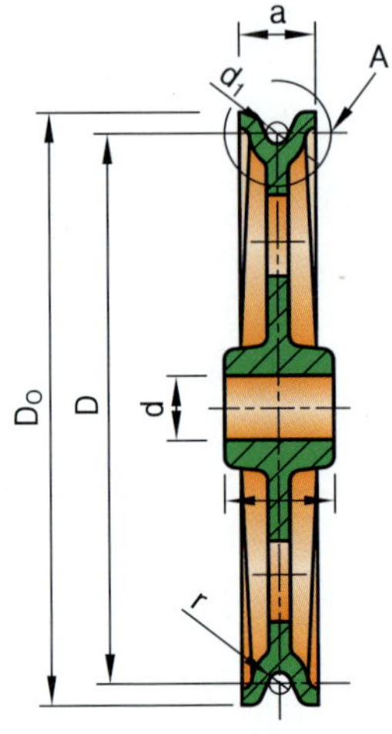

천장 크레인용 로프 풀리(주조용)

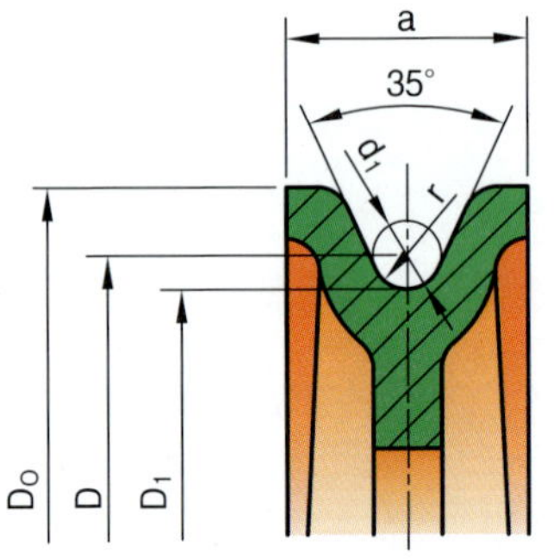

A부 상세도

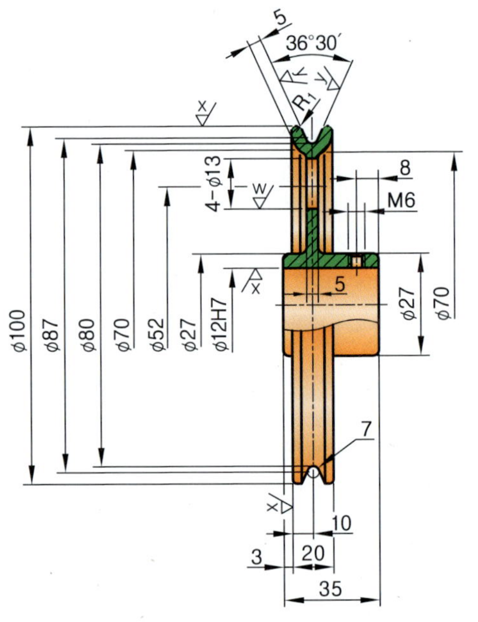

적용 예

로프의 경우 규격품의 치수가 크기 때문에 주어진 도면과 크기가 맞지 않을 경우 도면 치수를 직접 측정하여 치수기입형식에 맞게 기입한다.

155. 천장 크레인용 로프 휠(20형)

20형 (휠의 피치원 지름이 로프 지름의 20배인 것)

호칭	적용하는 로프지름 d_1	로프 지름	로프휠 피치원 지름 D	바깥 지름 D_0	홈밑 지름 D_1	나비 (최대) a	홈 밑 반지름 r	축구멍 지름 d 기준 치수	축구멍 지름 d 허용차 (H10)	보스의 길이 l 기준 치수	보스의 길이 l 허용차	(참고) 적용하는 휠 열수
200	9 초과 10 이하	10	200	226	190	31.5	6.3	45	+0.1 / 0	50	0 / −0.3	2
								50		50		3
								56		40		4
224	10 초과 11.2 이하	11.2	224.2	253	213	35.5	7.1	50	+0.12 / 0	40		2
								56		63		3
								63		50		4
250	11.2 초과 12.5 이하	12.5	250.5	278	238	35.5	7.1	56		63		2
								63		63		3
								71		50		4
280	12.5 초과 14 이하	14	280	311	266	40	8	63		80	0 / −0.5	2
								71		63	0 / −0.3	3
								80		63		4
								90	+0.14 / 0	50		5
320	14 초과 16 이하	16	320	354	304	45	9	71	+0.12 / 0	80	0 / −0.5	2
								80		80		3
								90	+0.14 / 0	63	0 / −0.3	4
								100		63		5
360	16 초과 18 이하	18	360	398	342	50	10	80	+0.12 / 0	100	0 / −0.5	2
								90	+0.14 / 0	80		3
								100		80		4
								112		63	0 / −0.3	5
400	18 초과 20 이하	20	400	443	380	56	11.2	90		100	0 / −0.5	2
								100		100		3
								112		80		4
								125	+0.16 / 0	80		5
450	20 초과 22.4 이하	22.4	450.4	499	428	63	12.5	100	+0.14 / 0	125		2
								112		100		3
								125	+0.16 / 0	100		4
								140		80		5
500	22.4 초과 25 이하	25	500	555	475	71	14	112	+0.14 / 0	125		2
								125	+0.16 / 0	125		3
								140		100		4
								160		100		5
560	25 초과 28 이하	28	560	622	532	80	16	125		160		2
								140		125		3
								160		125		4
								180		100		5

적용 예

1. 와이어로프 규격 : KS D 3514
2. 로프 휠 재질 : GC200

156. 천장 크레인용 로프 휠(25형)

25형 (휠의 피치원 지름이 로프 지름의 25배인 것)

호칭	적용하는 로프지름		로프휠 피치원 지 름	바깥 지름	홈밑 지름	나비 (최대)	홈 밑 반지름	축구멍 지름 d		보스의 길이 l		(참고)
	d_1	로프 지름	D	D_0	D_1	a	r	기준 치수	허용차 (H10)	기준 치수	허용차	적용하는 휠 열수
250	9 초과 10 이하	10	250	276	240	31.5	6.3	45	$^{+0.1}_{0}$	50	$^{0}_{-0.3}$	2
								50		50		3
								56	$^{+0.12}_{0}$	40		4
280	10 초과 11.2 이하	11.2	280.2	309	269	35.5	7.1	50	$^{+0.1}_{0}$	63		2
								56	$^{+0.12}_{0}$	50		3
								63		50		4
315	11.2 초과 12.5 이하	12.5	315.5	343	303	35.5	7.1	56		63		2
								63		63		3
								71		50		4
355	12.5 초과 14 이하	14	355	386	341	40	8	63		80	$^{0}_{-0.5}$	2
								71		63	$^{0}_{-0.3}$	3
								80		63		4
								90	$^{+0.14}_{0}$	50		5
400	14 초과 16 이하	16	400	434	384	45	9	71	$^{+0.12}_{0}$	80	$^{0}_{-0.5}$	2
								80		80		3
								90	$^{+0.14}_{0}$	63	$^{0}_{-0.3}$	4
								100		63		5
450	16 초과 18 이하	18	450	488	432	50	10	80	$^{+0.12}_{0}$	100	$^{0}_{-0.5}$	2
								90	$^{+0.14}_{0}$	80		3
								100		80		4
								112		63	$^{0}_{-0.3}$	5
500	18 초과 20 이하	20	500	543	480	56	11.2	90	$^{+0.14}_{0}$	100	$^{0}_{-0.5}$	2
								100		100		3
								112		80		4
								125	$^{+0.16}_{0}$	80		5
560	20 초과 22.4 이하	22.4	560.4	609	538	63	12.5	100	$^{+0.14}_{0}$	125		2
								112		100		3
								125	$^{+0.16}_{0}$	100		4
								140		80		5

적용 예

1. 와이어로프 규격 : KS D 3514
2. 로프 휠 재질 : GC200

MEMO

157. 스퍼기어 제도 · 요목표

단위 : mm

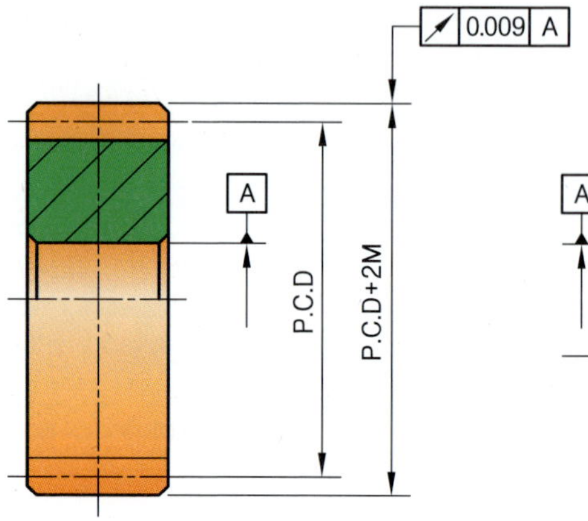

외접기어

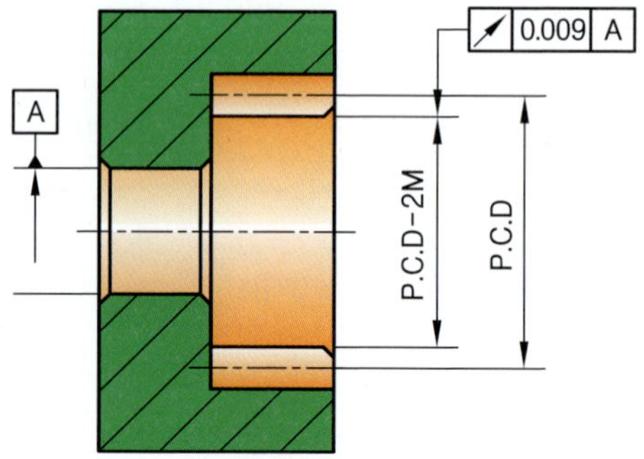

내접기어

스퍼기어 요목표			
구분 / 품번		○	○
기어치형		표준	
공구	치형	보통 이	
	모듈	□	
	압력각	20°	
잇수		□	□
피치원 지름		□	□
전체 이 높이		□	
다듬질방법		호브 절삭	
정밀도		KS B ISO 1328-1, 4급	

10, 8, 15, 20, 20, 80

스퍼어기어 도시법

1. 피치원 : 가는1점쇄선(빨강/흰색)으로 작도한다.
2. 이뿌리원 : 가는실선(빨강/흰색)으로 작도하고, 단면투상시 외형선(초록색)으로 작도한다.
3. 이끝원 : 외형선(초록색)으로 작도한다.

요목표

1. 요목표 테두리선(바깥선)은 외형선(초록색)으로 작도한다.
2. 요목표 안쪽선은 가는실선(빨강/흰색)으로 작도한다.

157. 스퍼기어 제도 · 요목표

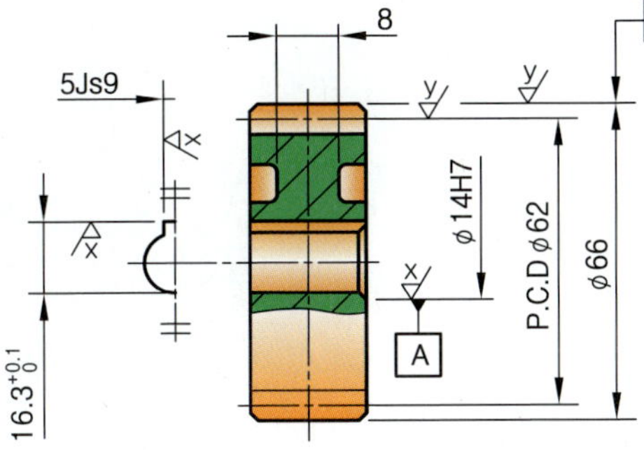

스퍼기어 요목표		
기어치형		표준
공구	치형	보통 이
	모듈	2
	압력각	20°
잇수		31
피치원 지름		62
전체 이 높이		4.5
다듬질 방법		호브 절삭
정밀도		KS B ISO 1328-1, 4급

적 용 예	스퍼어기어 계산식	
1. 모듈(M)이 2이고 잇수(Z)가 31인 경우 2. $PCD = 2\times31 = 62$ 3. 이끝원 지름 = 62 + (2×2) = 66 4. 재질 : SCM415, 대형기어 : SC450	피치원 지름($P.C.D$)	$PCD = M\times Z$
	이끝원 지름(D)	(외접기어) $D = PCD + (2M)$ (내접기어) $D = PCD - (2M)$
	전체 이 높이(h)	$h = 2.25\times M$
	M : 모듈, Z : 잇수	

158. 헬리컬기어 제도 · 요목표

단위 : mm

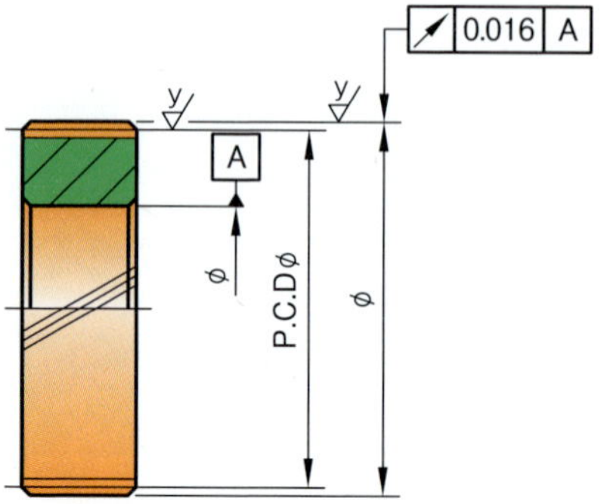

헬리컬기어 요목표		
구분 \ 품번		○
기어치형		표준
기준 래크	치형	보통 이
	모듈	M_t(이직각)
	압력각	20°
잇수		□
치형 기준면		치직각
비틀림각		□
리드		□
방향		좌 또는 우
피치원 지름		P.C.D∅
전체 이 높이		2.25× M_t
다듬질 방법		호브 절삭
정밀도		KS B ISO 1328-1, 4급

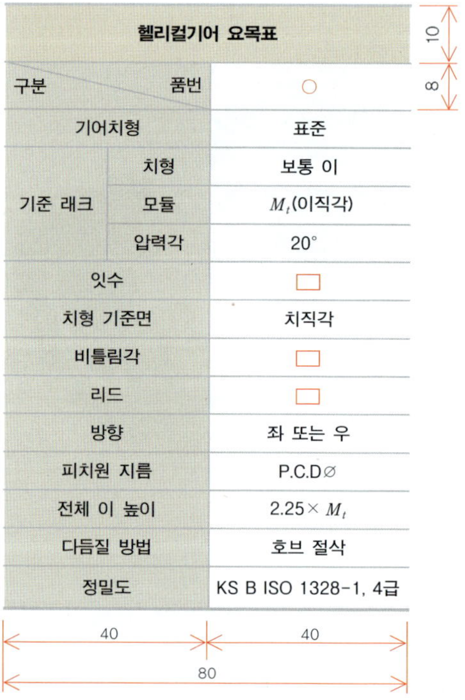

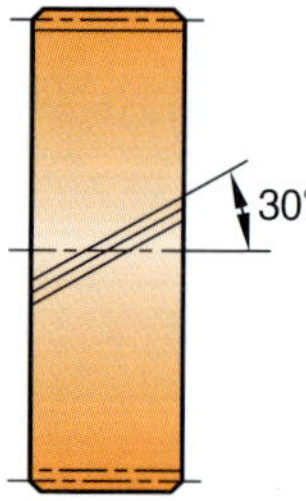

비틀림 방향이 왼쪽인 경우

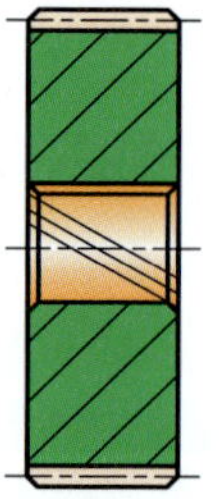

비틀림 방향이 오른쪽인 경우

헬리컬기어 도시법

1. 피치원(가는1점쇄선),이뿌리원(가는실선, 단면투상시 외형선), 이끝원(외형선)
2. 잇줄의 방향은 단면을 하지 않는 경우 3개의 가는실선으로 표현하며 단면을 한 경우는 3개의 가는이점쇄선으로 표현한다. 이때 비틀림각과 상관없이 잇줄은 중심선에 대하여 30°로 그린다.

158. 헬리컬기어 제도 · 요목표

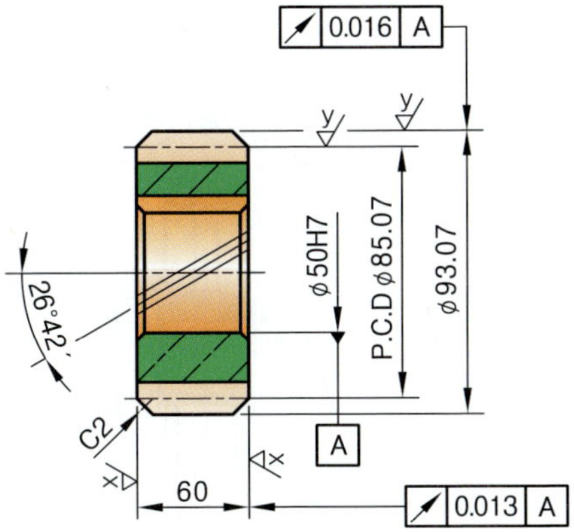

헬리컬기어 요목표		
기어치형		표준
기준래크	치형	보통 이
	모듈	4
	압력각	20°
잇수		19
치형 기준면		치직각
비틀림각		26.7°
리드		531.39
방향		좌
피치원 지름		85.07
전체 이 높이		9.40
다듬질 방법		호브 절삭
정밀도		KS B ISO 1328-1, 4급

적 용 예

1. 이 직각 모듈(Mt)이 4이고 잇수가 19인 경우
2. 재질 : SCM435, SNCM415, 대형기어 : SC450
3. 치부 침탄퀜칭 HRC55~61, 깊이 0.8~1.2

헬리컬기어 계산식

① 모듈(M) : 치직각 모듈(M_t), 축직각 모듈(M_s)

$$M_t = M_s \times \cos\beta,\quad M_S = \frac{M_t}{\cos\beta}$$

② 잇수(Z)

$$Z = \frac{PCD}{M_s} = \frac{PCD \times \cos\beta}{M_t}$$

③ 피치원 지름(PCD) $= Z \times M_s = \frac{Z \times M_t}{\cos\beta}$

④ 비틀림각(β) $= \tan^{-1} \frac{3.14 \times PCD}{L}$

⑤ 리드(L) $= \frac{3.14 \times PCD}{\tan\beta}$

⑥ 전체 이 높이 $= 2.25M_t = 2.25 \times M_s \times \cos\beta$

기어 요목표 제도

159. 웜과 웜휠 제도 · 요목표

단위 : mm

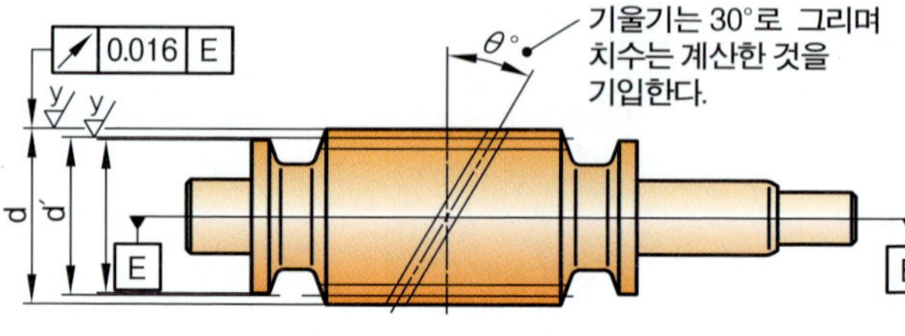

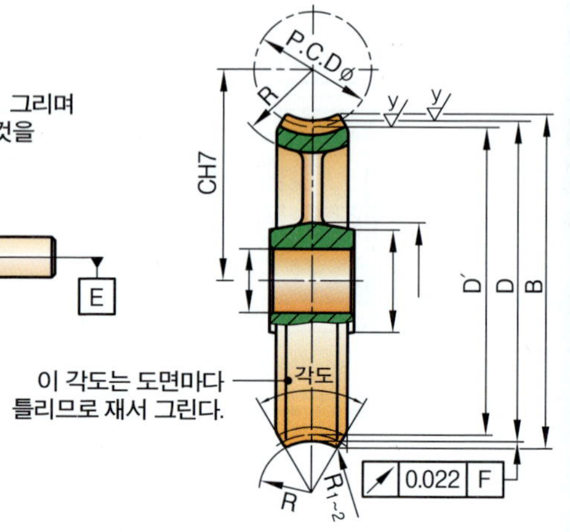

웜과 웜휠 요목표		
품번	○웜	○웜휠
치형기준단면	축직각	
원주 피치	-	□
리드	□	-
줄수와 방향	줄, 좌 또는 우	
모듈	□	
압력각	20°	
잇수	-	□
피치원 지름	□	□
진행각	□	
다듬질 방법	호브 절삭	연삭

(치수: 10, 8, 30, 50)

웜과 웜휠 계산식

1. 원주 피치 $P=\pi M=3.14\times M$
2. 리드(L) : 1줄인 경우 $L=P$, 2줄인 경우 $L=2P$, 3줄인 경우 $L3P$
3. 피치원 지름(PCD)
   웜축(d') $=\dfrac{L}{\pi\tan\theta}$,
   바깥 지름(d) $d'+2M$
   웜휠(D'), $=M\times Z$ 모듈×잇수
   $D=D'+2M$
4. 진행각 $\theta=\dfrac{L}{\pi d'}$
5. 중심거리 $C=\dfrac{D'+d'}{2}$
6. 웜휠의 최대 지름(B)
   $B=D+(d'-2M)\left(1-\cos\dfrac{\lambda}{2}\right)$

주

1. 이때 θ값이 주어지지 않았을 때는 d'값을 도면에서 측정하여 진행각(θ)을 결정한다.
2. 웜 휠의 페이스각 λ는 보통 60~80°이며 도면에서 측정한다.

159. 웜과 웜휠 제도 · 요목표

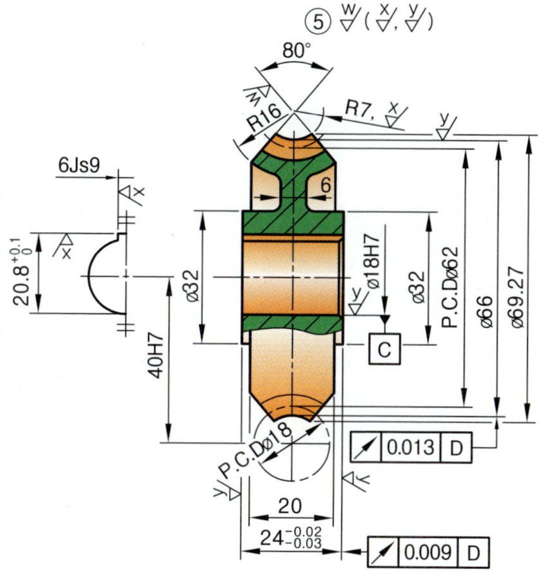

웜과 웜 휠 요목표		
품번	4	5
치형기준단면	축직각	
원주 피치	-	6.25
리드	12.56	-
줄수와 방향	2줄, 우	
모듈	2	
압력각	20°	
잇수	-	31
피치원 지름	⌀18	⌀62
진행각	12°31′	
다듬질 방법	호브 절삭	연삭

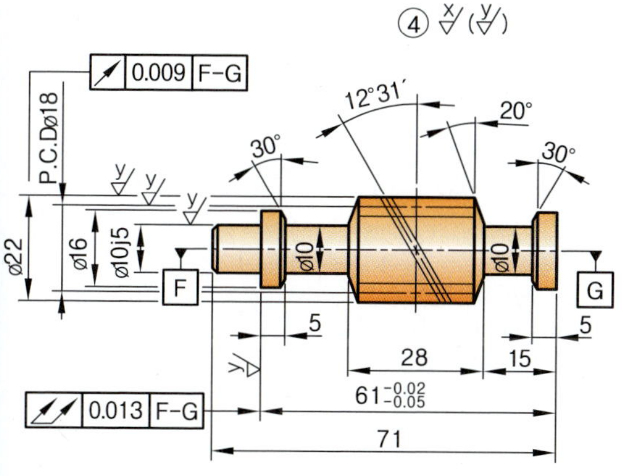

적용 예

1. 모듈(M) = 2 : 줄수(N) = 2이며 웜 휠의 잇수(Z) = 31
2. 재질 : 웜축(SCM435, SM48C), 웜휠(PBC2B)
3. 웜축 표면경도 : HRC50~55

160. 베벨기어 제도 · 요목표

단위 : mm

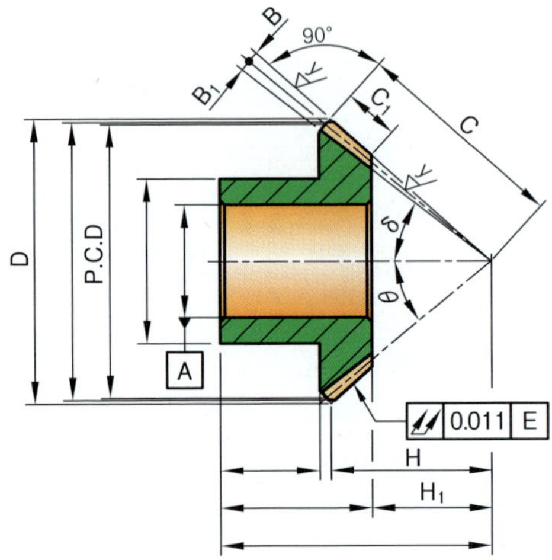

베벨기어 요목표	
치형	그리슨식
축각	90°
모듈	□
압력각	20°
피치원추각	□
잇수	□
피치원 지름	□
다듬질 방법	절삭
정밀도	KS B 1412, 5급

(표 치수: 10, 8, 30, 40)

베벨기어 계산식

1. 이뿌리 높이 $A = M \times 1.25$ (M : 모듈)
2. 피치원 지름($P.C.D$)
   $PCD = M \times Z$ (잇수)
3. 바깥끝 원뿔거리(C)
   ① $C = \sqrt{(P.C.D_1{}^2 + PCD_2{}^2)}/2$
   (PCD : 큰 기어, PCD_2 : 작은 기어)
   ② $C = \dfrac{PCD}{2\sin\theta}$
   (기어가 1개인 경우 θ는 피치원추각)
4. 이의 나비(C_1)
   $C_1 \leqq \dfrac{C}{3}$
5. 이끝각(B)
   $B = \tan^{-1}\dfrac{M}{C}$
6. 이뿌리각(B_1)
   $B_1 = \tan^{-1}\dfrac{A}{C}$
7. 피치원추각(θ)
   ① $\theta = \sin^{-1}\left(\dfrac{PCD}{2C}\right)$ (기어가 1개인 경우)
   ② $\theta_1 = \tan^{-1}\left(\dfrac{Z_1}{Z_2}\right)$
   $\theta_2 = 90° - \theta_1$ (기어가 2개인 경우 Z_1 : 작은 기어 잇수, Z_Z : 큰 기어 잇수, θ_1 : 작은 기어, θ_2 : 큰 기어)
8. 바깥 지름(D)
   $D = PCD + (2M\cos\theta)$
9. 이끝원추각(δ)
   $\delta = \theta + B =$ 피치원추각 + 이끝각
10. 대단치 끝높이(H)
    $H = (C \times \cos\delta)$
    소단치 골높이(H_1)
    $H_1 = (C - C_1) \times \cos\delta$

베벨기어 도시법

1. 피치원(가는1점쇄선), 이뿌리원(단면투상 및 외형선), 이끝원(외형선)

160. 베벨기어 제도 · 요목표

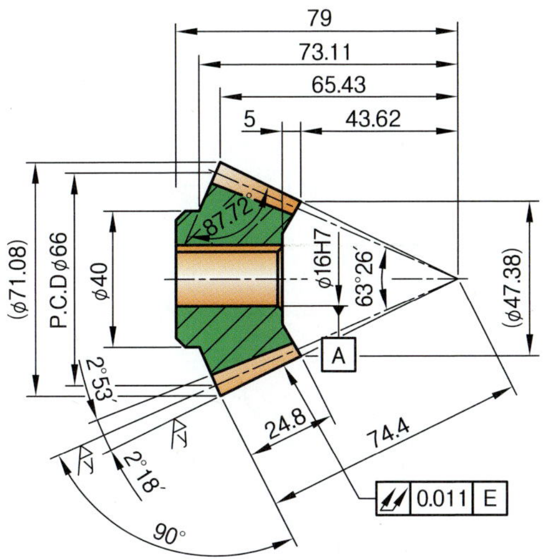

베벨기어 요목표	
치형	그리슨식
압력각	20°
모듈	3
잇수	22
피치원 지름	∅66
피치원추각	63° 26′
축각	90°
다듬질 방법	절삭
정밀도	KS B 1412, 4급

마이터 베벨기어

스파이럴 베벨기어

앵귤러 마이터 베벨기어

직선 베벨기어

적용 예

1. 재료 : SCM415, SM45C
2. 열처리 : 치부열처리 HRC60±3

기어 제도 · 요목표

161. 래크 및 피니언 제도 · 요목표

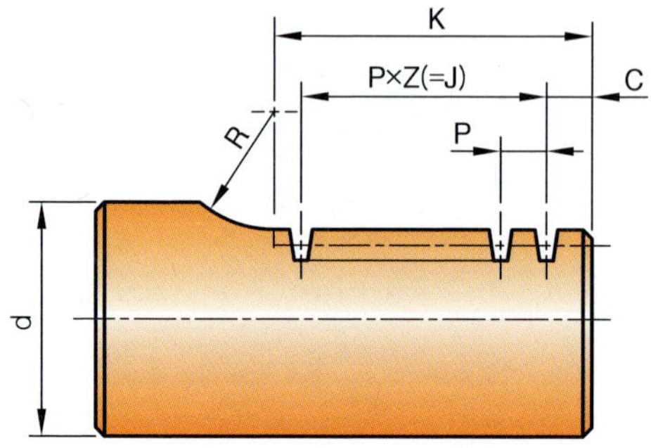

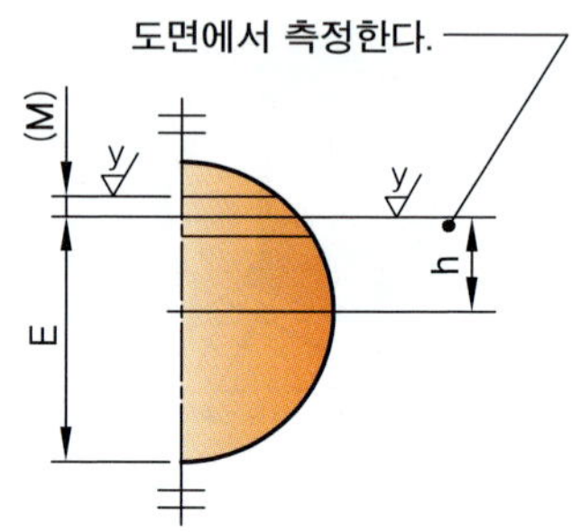

래크, 피니언 요목표			
구분	품번	○래크	○피니언
기어치형		표준	
기준 래크	치형	보통 이	
	모듈	□	
	압력각	20°	
잇수		□	□
피치원 지름		-	□
전체 이 높이		□	
다듬질방법		호브 절삭	
정밀도		KS B ISO 1328-1, 4급	

10 8

30 20 20

70

래크, 피니언 계산식 항목	계산식
원주 피치(P)	$P=M\times\pi$
치형시작치수(C)	$C=\frac{P}{2}$
래크 길이(J)	$J=P\times Z$
기어중심거리(h)	도면에서 측정하여 기입
E	$E=(d\div2)+h$ d : 축 지름
K	도면에서 측정하여 기입
R	도면에서 측정하여 기입
피니언 피치원 지름	$PCD=M\times Z$
피니언 바깥 지름	$D=PCD+2M$
전체 이 높이	$h=2.25\times M$

래크 및 피니언 도시법

1. 피치원 : 가는 1점쇄선(빨강/흰색)으로 작도한다.
2. 이뿌리원 : 가는실선(빨강/흰색)으로 작도하고, 단면투상시 외형선(초록색)으로 작도한다.
3. 이끝원 : 외형선(초록색)으로 작도한다.

161. 래크 및 피니언 제도 · 요목표

래크, 피니언 요목표			
구분 \ 품번		3	4
기어치형		표준	
기준 래크	치형	보통 이	
	모듈	1.5	
	압력각	20°	
잇수		7	12
피치원 지름		-	ϕ18
전체 이 높이		3.38	
다듬질 방법		호브 절삭	
정밀도		KS B ISO 1328-1, 4급	

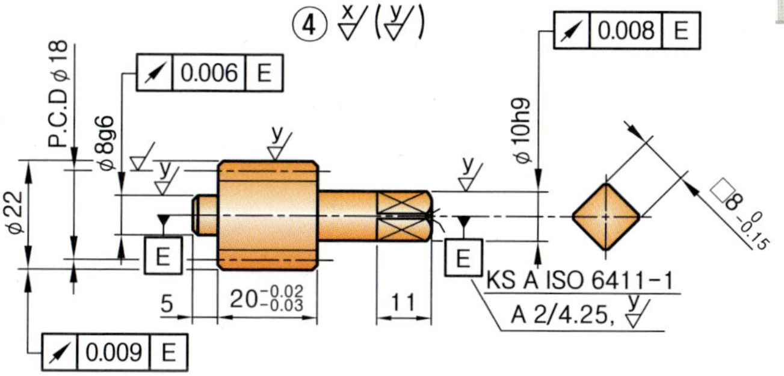

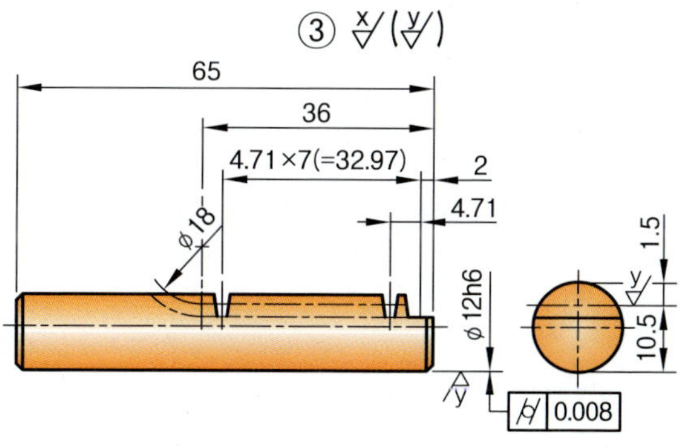

적용 예

1. 모듈(M)=1.5, 잇수(Z) : 피니언(12개), 래크(7개)
2. 재질 : 피니언, 래크 모두 SCM415, SCM435
3. 전체 경화처리 : HRC55~61

162. 기어등급 설정(용도에 따른 분류)

사용 기어 \ 등급	0급	1급	2급	3급	4급	5급	6급	7급	8급
검사용 모기어	■								
계측기용 기어	■	■	■	■	■				
고속감속기용 기어		■	■						
증속기용 기어		■	■						
항공기용 기어		■	■						
영화기계용 기어		■	■	■					
인쇄기계용 기어		■	■	■	■				
철도차량용 기어		■	■	■	■	■			
공작기계용 기어		■	■	■	■	■	■		
사진기용 기어			■	■	■				
자동차용 기어			■	■	■	■			
기어식 펌프용 기어				■	■				
변속기용 기어				■	■	■			
압연기용 기어				■	■	■			
범용 감속기용 기어				■	■	■	■		
권상기용 기어				■	■	■	■		
기중기용 기어				■	■	■	■		
제지기계용 기어				■	■	■	■		
분쇄기용 대형 기어					■	■	■		
농기구용 기어						■	■		
섬유기계용 기어						■	■		
회전 및 선회용 대형 기어						■	■	■	
캠왈츠용 기어						■	■	■	
수동용 기어								■	■
내기어(대형을 제외)					■	■	■		
대형 내기어								■	■

MEMO

163. 래칫 휠 · 제도 요목표

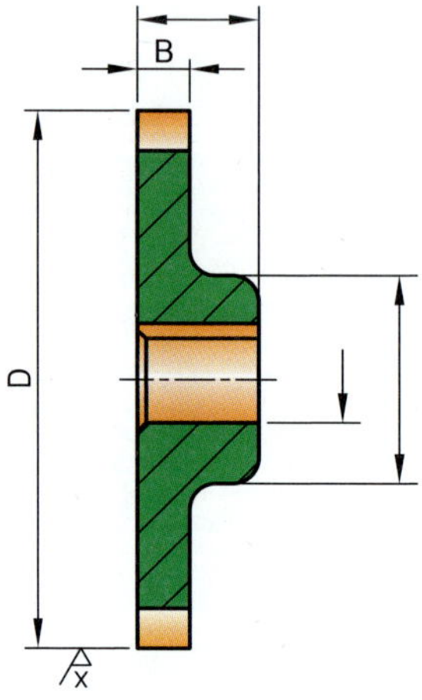

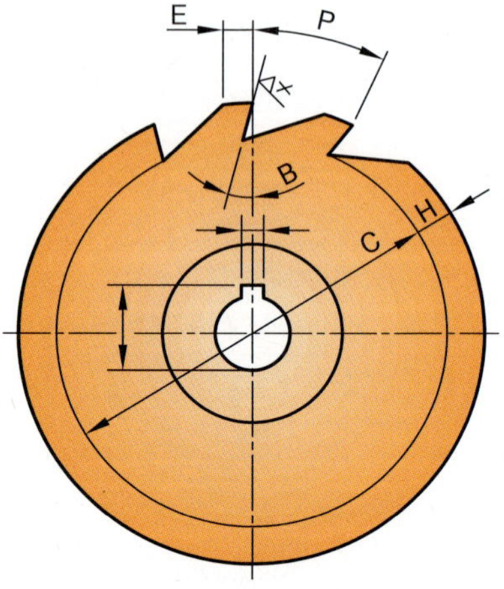

래칫 휠	
구분 / 품번	○
잇수	□
원주 피치	□
이 높이	□

(치수: 열 폭 30, 30 / 행 높이 10, 8)

래칫 휠 계산식

① 모듈(M)

$M=\frac{D}{Z}$ (D : 바깥지름, Z : 잇수)

※ 도면에 잇수와 모듈이 주어지지 않았을 경우 도면에 있는 외경(D)을 측정하고 피치각(P)을 측정하여 잇수(Z)를 구한 후 모듈(M)을 계산한다.

② 잇수(Z) $Z=\frac{360}{\text{피치각}(P)}$

③ 이 높이(H) : 도면에서 측정, 측정할 수 없을 때는

$H=0.35P$

④ 이 뿌리 지름(C)

$C=D-2H$

⑤ 이 나비(E) : 도면에서 측정, 측정할 수 없을 때는 $E=0.5P$(주철), $E=0.3\sim0.5P$(주강)

⑥ 톱니각(B) : 15~20°

래칫 휠 도시법

이뿌리원 : 가는실선(빨강/흰색)으로 작도하고, 단면투상시 외형선(초록색)으로 작도한다.

163. 래칫 휠 · 제도 요목표

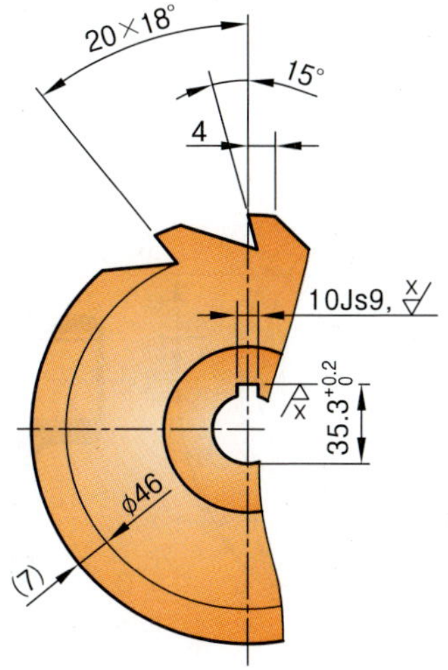

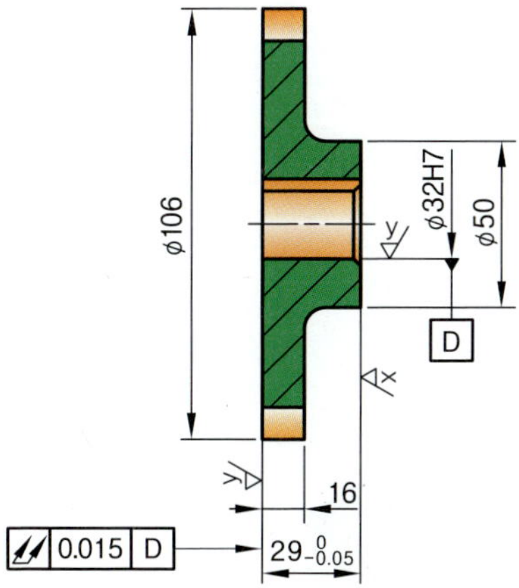

래칫 휠 요목표	
구분 \ 품번	
잇수	20
원주 피치	16.65
이 높이	7

적용 예

1. 재질 : SCM415
2. 표면경화 : HRC50±2
3. 모듈(M) $= \dfrac{\text{외경}}{\text{잇수}} = \dfrac{106}{20} = 5.3$

164. 등속 판캠 제도

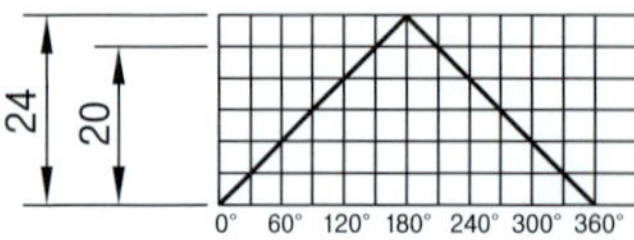

캠 선 도

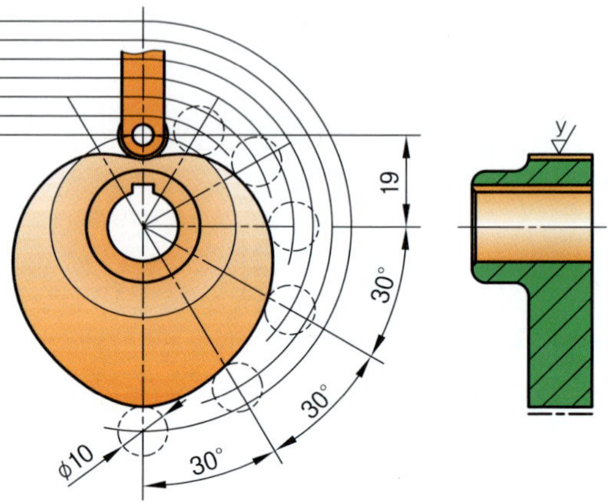

회전각	종동절
0~180°	등속운동 상승 24mm
180~360°	등속운동 하강 24mm

적용 예

① 재질 : SM15CK
② 표면처리부 침탄 HRC50±2, 깊이 0.6~1

작동순서

① 회전축을 중심으로 30°각도로 원주를 등분한다.
② 롤러의 중심 위치를 30°각도로 표시한다.
③ 캠선도를 그리기 위한 보조 등분선을 12등분(30°)한다.
④ 각 각도에 맞는 롤러의 중심을 연결하여 보조 등분선까지 연장한다.
⑤ 해당하는 각도와 교점을 체크하여 각 점을 연결하면 캠선도 완성

165. 단현운동 판캠 제도

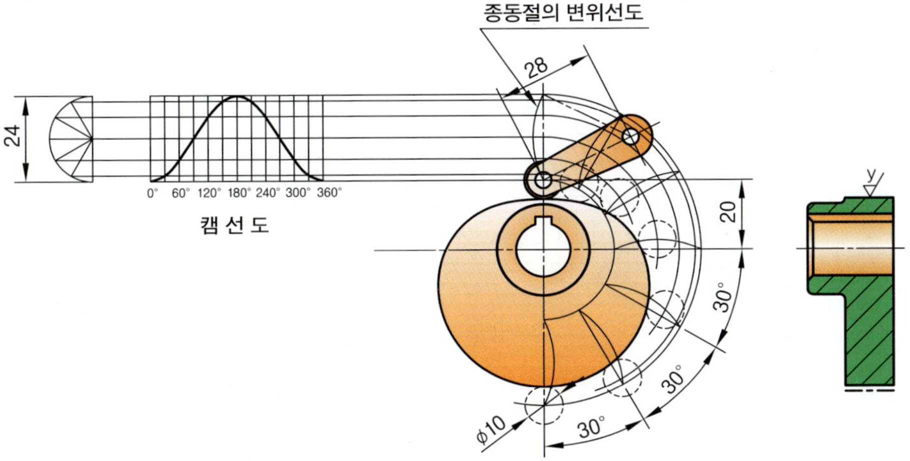

캠	종동절
기초원의 반지름 20	종동절의 길이 L=28, 롤러 지름 ∅10
180° 회전	단현운동각 180° 변위 24mm까지 상승
180° 회전	단현운동각 180° 변위 24mm까지 하강

적용 예

① 재질 : SM15CK
② 표면처리부 침탄 HRC50±2, 깊이 0.6~1

작동순서

① 회전축을 중심으로 30°각도로 원주를 등분한다.
② 롤러의 중심 위치를 30°각도로 표시한다.
③ 캠선도를 그리기 위한 보조 등분선을 12등분(30°)한다.
④ 각 각도에 맞는 롤러의 중심을 연결하여 보조 등분선까지 연장한다.
⑤ 해당하는 각도와 교점을 체크하여 각 점을 연결하면 캠선도 완성

166. 등가속 판캠 제도

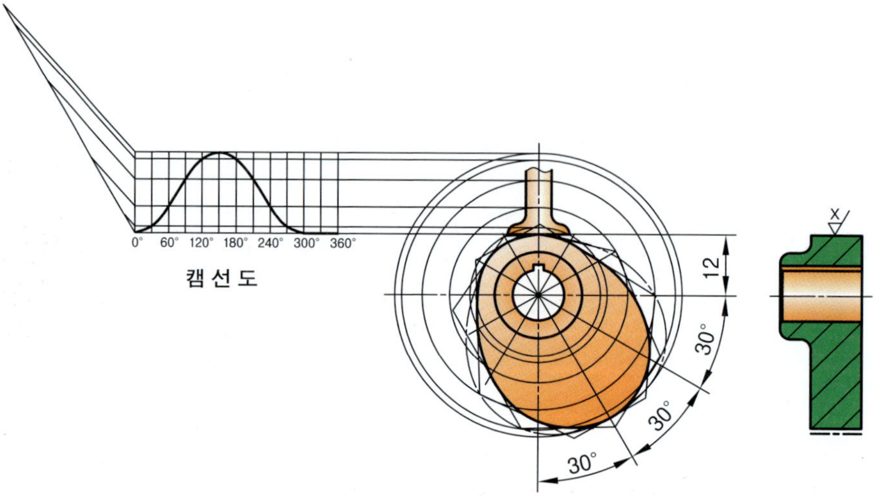

캠	종동절
기초원의 반지름 12	캠축 0의 축상에서 선단평형
150° 회전	등가속으로 변위 24mm까지 상승
150° 회전	등가속으로 변위 24mm까지 하강
60°	정지

적용 예

① 재질 : SM15CK

② 표면처리부 침탄 HRC50±2, 깊이 0.6~1

167. 원통 캠 제도

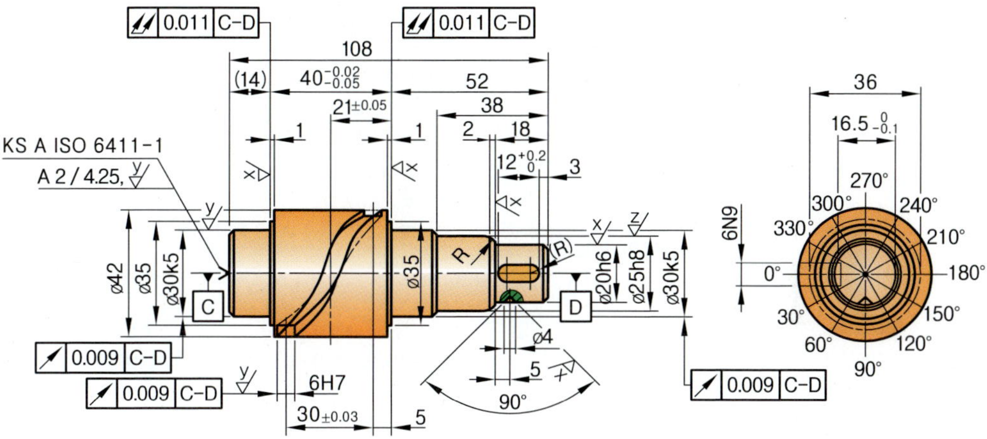

캠 선 도

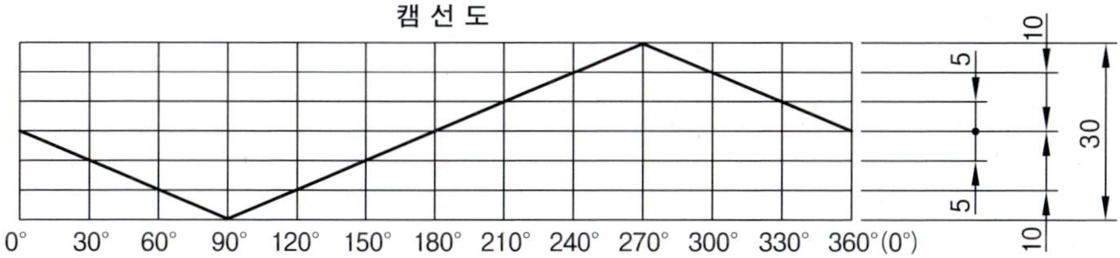

적용 예

① 재질 : SM15CK
② 표면처리부 침탄 HRC50±2, 깊이 0.6~1

168. 문자, 눈금 각인 요목표

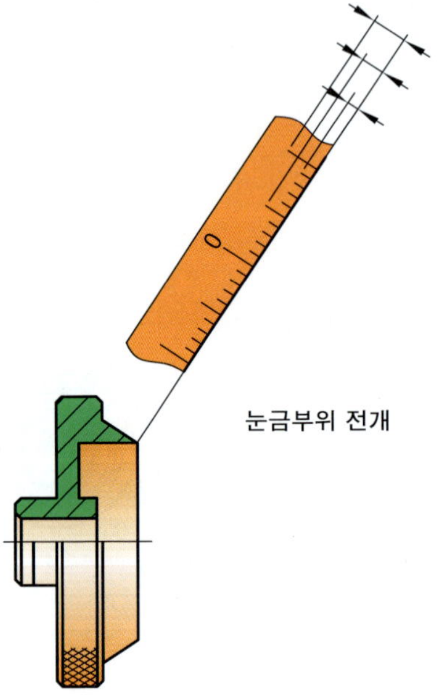

문자, 눈금 각인 요목표		
품번		
구분 / 종류	눈금	숫자
숫자높이	-	
각 인	음각	
선 폭	0.2	
선 깊 이	0.2	
글 체	-	고딕
도 장	흑색, 0은 적색	

(치수: 10, 9, 8, 20, 30, 40)

주) 요목표의 크기는 도면의 배치에 맞게 설정하여 도 된다.

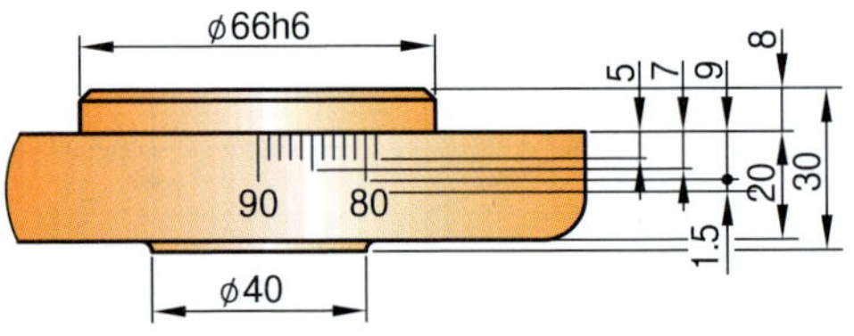

눈금, 각인 요목표		
품 번	①, ⑥	
구분 / 종류	눈금	숫자
숫자높이	-	3.5
각 인	음각	
선 폭	0.2	
선 깊 이	0.2	
체	-	고딕
도 장	흑색, 0은 적색	

※ 문자는 1°마다 각인하고 숫자는 10°마다 각인한다.(상, 하)

적용 예

※ 눈금은 원주를 100등분하여 각인하고 10등분마다 숫자 각인

① 각인이란?

눈금이나 글자를 새기는 것을 말하며 음각은 오목(凹)하게 파는 것이고 양각은 볼록(凸)하게 만드는 것을 의미한다.

② 도장이란?

일종의 페인트칠을 하는 것으로 문자나 눈금에 색을 입히는 것을 말한다.

MEMO

169. 압축코일 스프링 제도 · 요목표

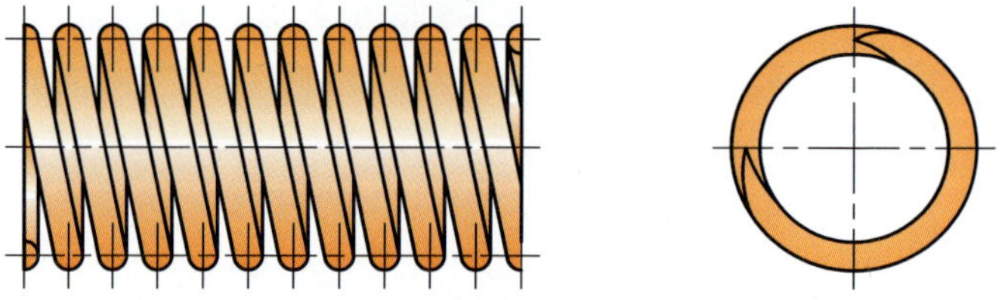

외관도

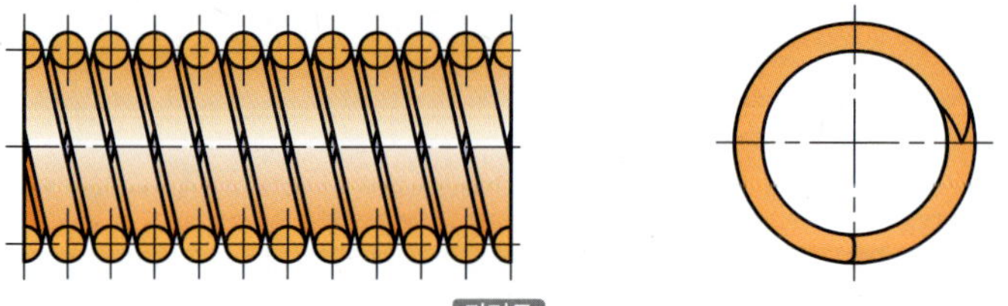

단면도

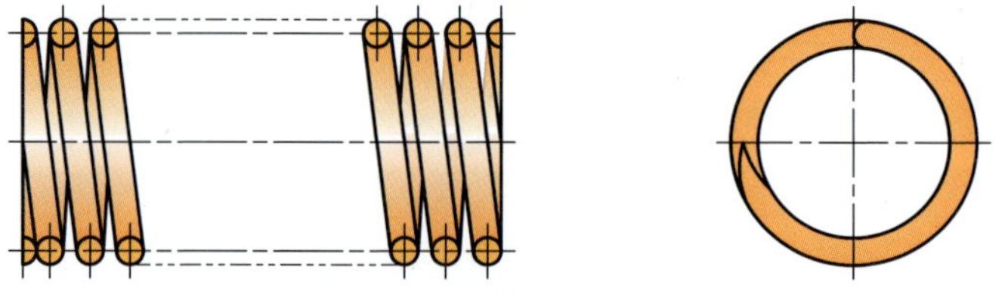

일부생략도

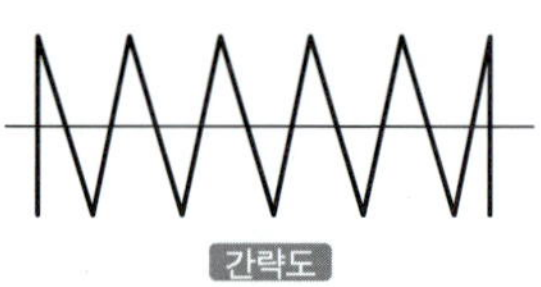

간략도

169. 압축코일 스프링 제도 · 요목표

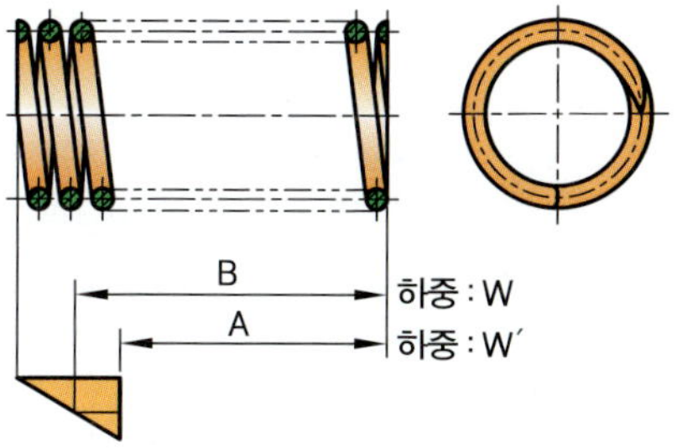

스프링 요목표	
품번 구분	
재료 지름	d
코일 평균 지름	D
총 감긴 수	
유효감긴 수	
감긴 방향	오른쪽 또는 왼쪽
자유높이	L
표면처리	쇼트피닝
방청처리	방청유 도포

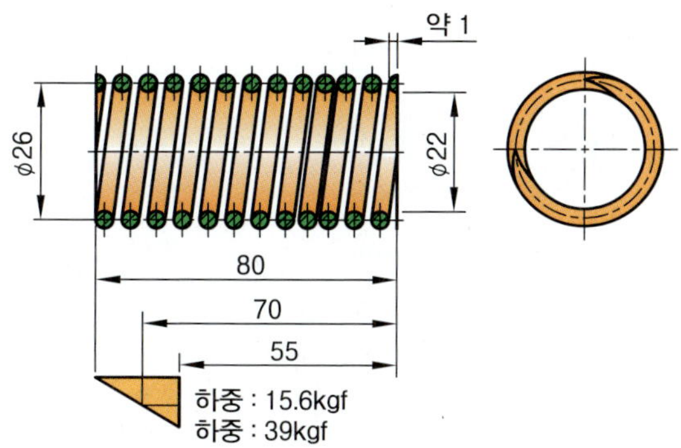

스프링 요목표	
품번 구분	
재료 지름	∅4
코일 평균 지름	∅26
총 감긴 수	11.5
유효감긴 수	9.5
감긴 방향	오른쪽
자유높이	80
표면처리	쇼트피닝
방청처리	방청유 도포

적용 예

1. 재료 : SPS8(스프링 강재)
2. 감긴 방향 : 오른쪽
3. 스프링 상수 $= \frac{39}{80-55} = 1.56$

계산식

하중을 받고 있는 상태의 길이 A 또는 B를 측정한 뒤 스프링 상수(K)를 구한다.

① 스프링 상수(K) $= \frac{\text{하중}(W)}{\text{변위량}(\delta)} = \frac{\text{스프링에 가해지는 하중}(W \text{ or } W')}{\text{스프링의 자유길이}(L) - \text{하중 시의 길이}(A \text{ or } B)}$

② 하중(W) = 변위량(δ)×스프링 상수(K)(스프링 상수가 주어질 경우)

③ 총 감긴 수 : 코일에서 끝까지 감긴 수

④ 유효감긴 수 : 스프링의 기능을 발휘하는 감긴 수

※ 하중을 받지 않을 경우에는 A 또는 B 값을 생략한다.

170. 각 스프링 제도 · 요목표

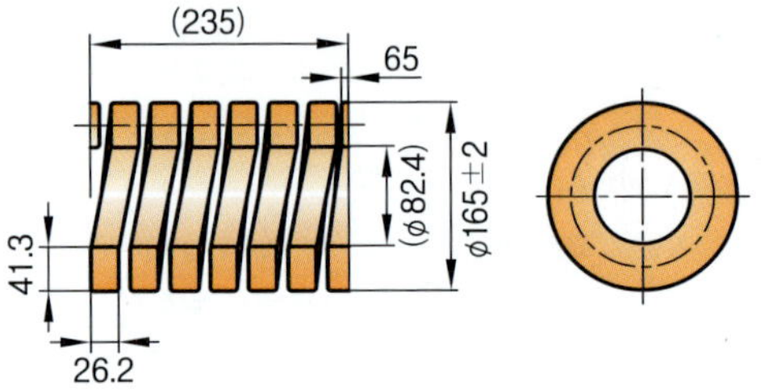

스프링 요목표		
재료		SPS9
재료의 치수		41.3×26.2
코일 평균 지름		123.8
코일 바깥 지름		165±2
총 감김수		7.25±0.25
자리 감김수		각 0.75
유효 감김수		5.75
감김 방향		오른쪽
자유 길이		(235)
스프링상수		1,570
지정	하중([1])(N)	49,000
	하중 시의 길이	203±3
	응력(N/mm²)	596
최대 압축	하중(N)	73,500
	하중 시의 길이	188
	응력(N/mm²)	894
경도(HBW)		388~461
코일 끝부분의 모양		맞댐끝(테이퍼 후 연삭)
표면 처리	재료의 표면가공	연삭
	성형 후의 표면가공	쇼트피닝
	방청 처리	흑색 에나멜 도장

주

([1]) 수치보기는 하중을 기준으로 하였다.

비고

1. 기타 항목 : 세팅한다.
2. 용도 또는 사용조건 : 상온, 반복하중
3. 1N/mm² = 1MPa

171. 이중 코일 스프링 제도 · 요목표

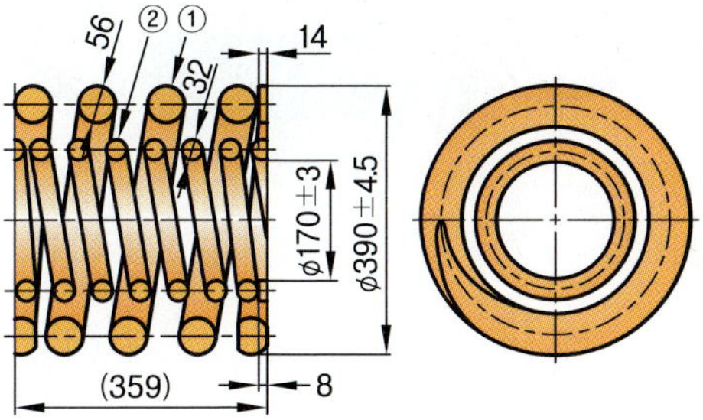

스프링 요목표			
조합 No.		①	②
재료		SPS11A	SPS9A
재료의 지름		56	32
코일 평균 지름(mm)		334	202
코일 안지름(mm)		278	170±3
코일 바깥 지름(mm)		390±4.5	234
총 감김수		4.75	7.75
자리 감김수		각 1	각 1
유효 감김수		2.75	5.75
감김 방향		오른쪽	왼쪽
자유 길이(mm)		(359)	(359)
스프링상수(N/mm)		1,086	
		883	203
지정	하중([1])(N)	88,260	
		71,760	16,500
	하중 시의 길이(mm)	277.5±4.5	
		277.5	277.5
	응력(N/mm²)	435	321
최대 압축	하중(N)	131,360	
		106,800	24,560
	하중 시의 길이(mm)	238	
		238	238
	응력(N/mm²)	648	478
밀착 길이(mm)		(238)	(232)
코일 바깥쪽면의 경사(mm)		6.3	6.3
경도(HBW)		388~461	
코일 끝부분의 모양		맞댐끝(테이퍼 후 연삭)	
표면 처리	재료의 표면가공	연삭	
	성형 후의 표면가공	쇼트피닝	
	방청 처리	흑색 에나멜 도장	

주

([1]) 수치보기는 하중을 기준으로 하였다.

비고

1. 기타 항목 : 세팅한다.
2. 용도 또는 사용조건 : 상온, 반복하중
3. 1N/mm² = 1MPa

172. 인장 코일 스프링 제도 · 요목표

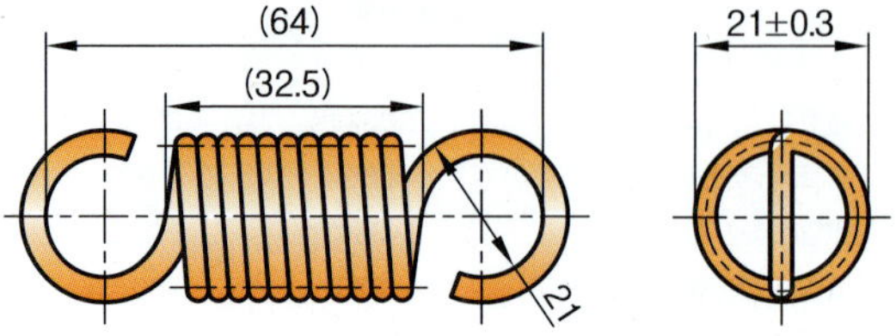

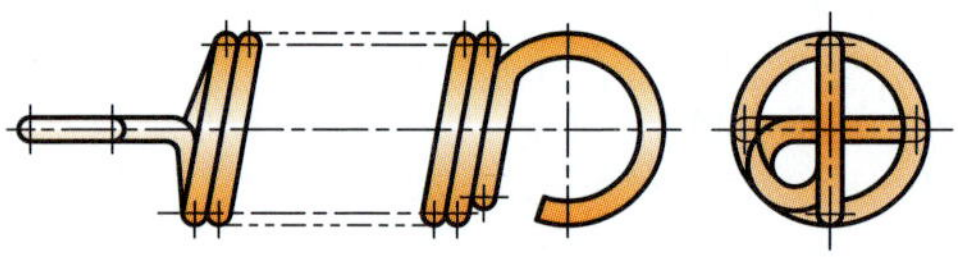

일부 생략도

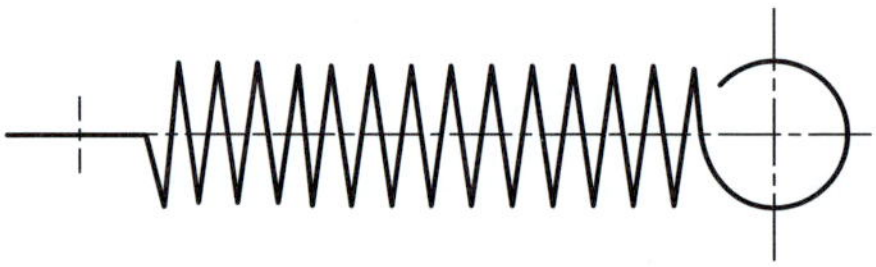

간략도

스프링 요목표		
재료		HSW - 3
재료의 지름		2.6
코일 평균 지름		18.4
코일 바깥지름		21 ± 0.3
총 감김수		11.5
감김 방향		오른쪽
자유 길이		(64)
스프링상수(N/mm)		6.28
초장력(N)		(26.8)
지정	하중(N)	-
	하중 시의 길이	-
	길이 시의 하중(N)	165 ± 10%
	응력(N/mm²)	532
최대 허용 인장 길이		92
고리의 모양		둥근 고리
표면처리	성형 후의 표면가공	-
	방청 처리	방청유 도포

비고

1. 기타 항목 : 세팅한다.
2. 용도 또는 사용조건 : 상온, 반복하중
3. 1N/mm² = 1MPa

173. 비틀림 코일 스프링 제도 · 요목표

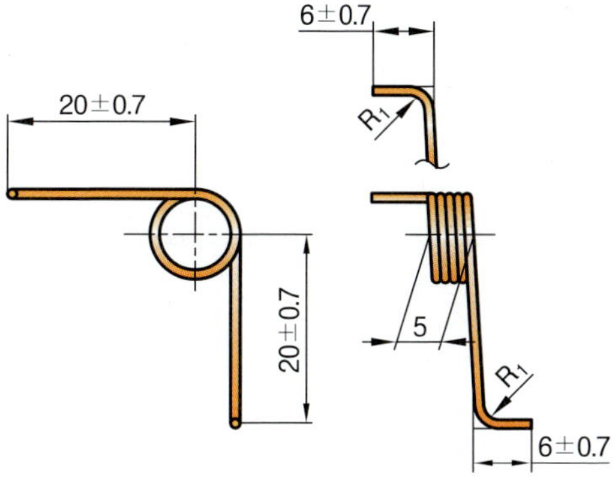

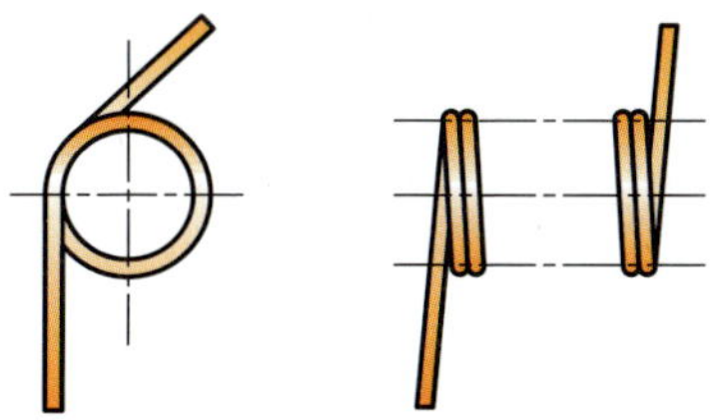

일부 생략도

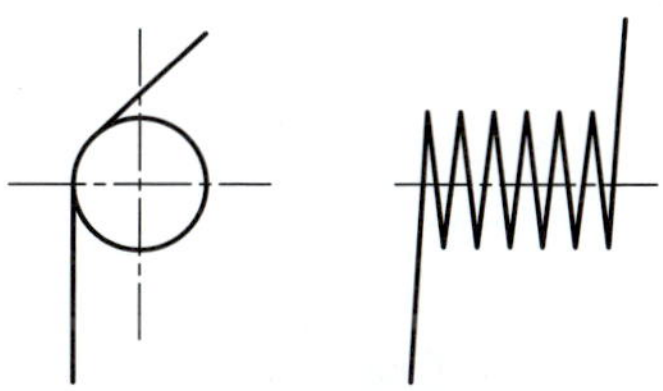

간략도

스프링 요목표		
재료		STS 304 - WPB
재료의 지름		1
코일 평균 지름		9
코일 안 지름		8±0.3
총 감김수		4.25
감김 방향		오른쪽
자유 각도(1)(°)		90±15
지정	나선각(°)	-
	나선각 시의 토크(N · mm)	-
안내봉의 지름		6.8
사용 최대 토크 시의 응력(N/mm²)		-
표면처리		-

주

(1) 수치보기는 자유시 모양을 기준으로 하였다.

비고

1. 기타 항목 : 세팅한다.
2. 용도 또는 사용조건 : 상온, 반복하중
3. 1N/mm² = 1MPa

174. 지지, 받침 스프링 제도 · 요목표

※ 이 그림은 스프링이 수평인 경우를 나타낸다.

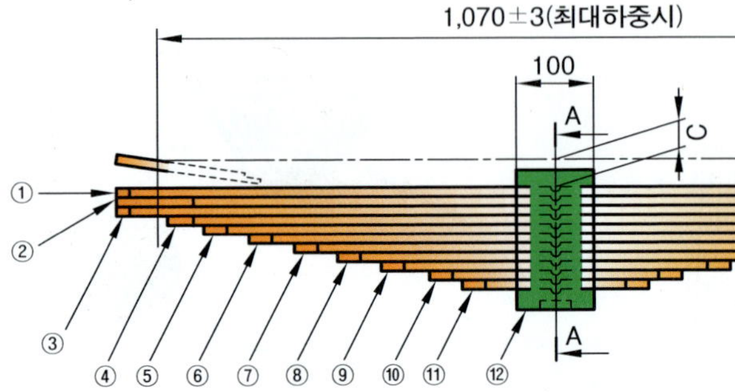

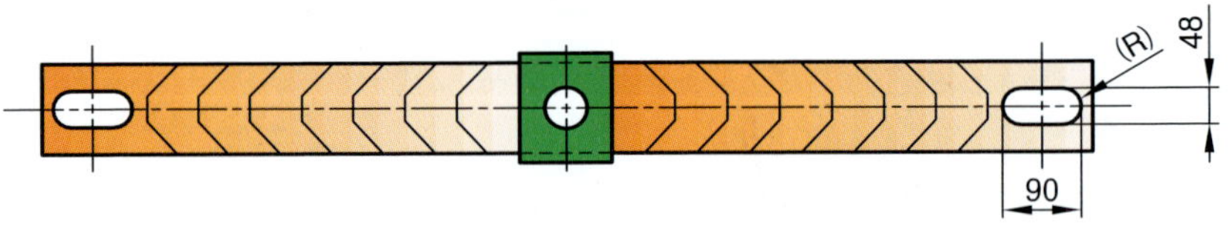

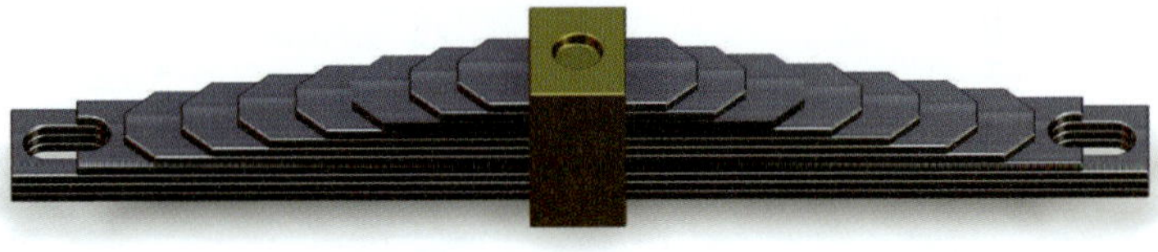

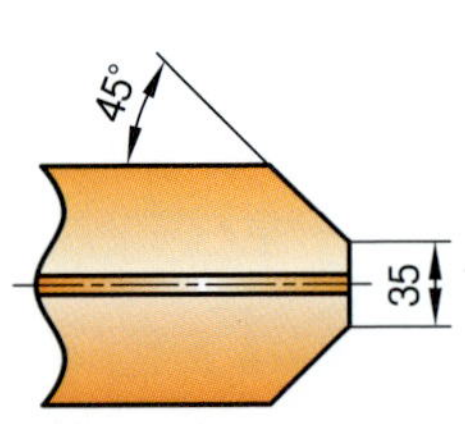

스프링 판 ⑤~⑪ 끝모양

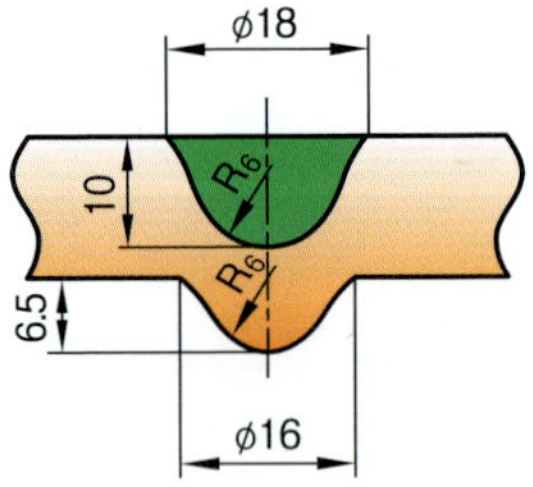

스프링 판 중앙부 니브 모양

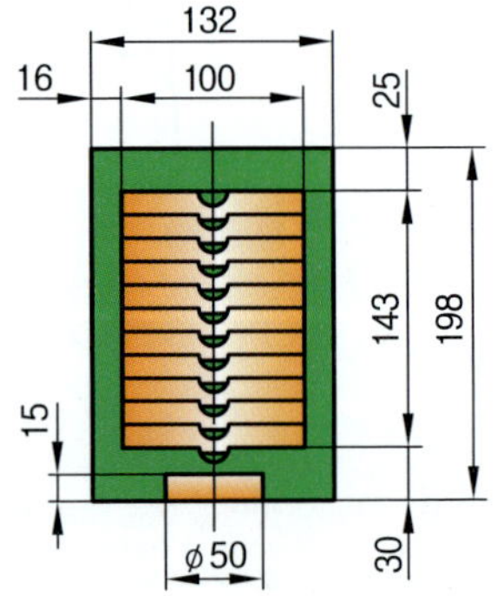

단면 A-A

174. 지지, 받침 스프링 제도 · 요목표

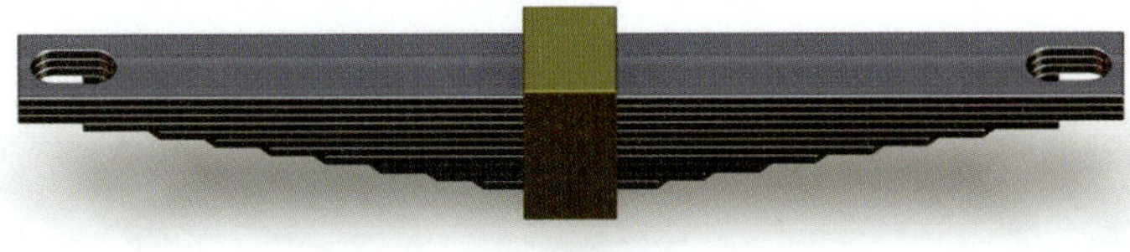

스프링 요목표					
스프링 판					
재료	SPS 3				
치수 · 모양	번호	길이	판두께	판나비	단면모양
	1	1,190	13	100	KS D 3701의 A종
	2	1,190			
	3	1,190			
	4	1,050			
	5	950			
	6	830			
	7	710			
	8	590			
	9	470			
	10	350			
	11	250			

부속품			
번호	명칭	재료	개수
12	허리죔 띠	SM 10C	1

하중 특성				
	하중(N)	뒤말림(mm)	스팬(mm)	응력(N/mm²)
무하중 시	0	38	-	0
표준하중 시	45,990	5	-	343
최대하중 시	52,560	0±3	1070±3	392
시험하중 시	91,990	-	-	686

비고

1. 기타 항목
   a) 스프링 판의 경도 : 331~401HBW
   b) 첫 번째 스프링 판의 텐션면 및 허리죔 띠에 방청 도장한다.
   c) 완성 도장 : 흑색도장
   d) 스프링판 사이에 도포한다.
2. $1N/mm^2 = 1MPa$

175. 테이퍼 판 스프링 제도 · 요목표

※ 이 그림은 스프링이 수평인 경우를 나타낸다.

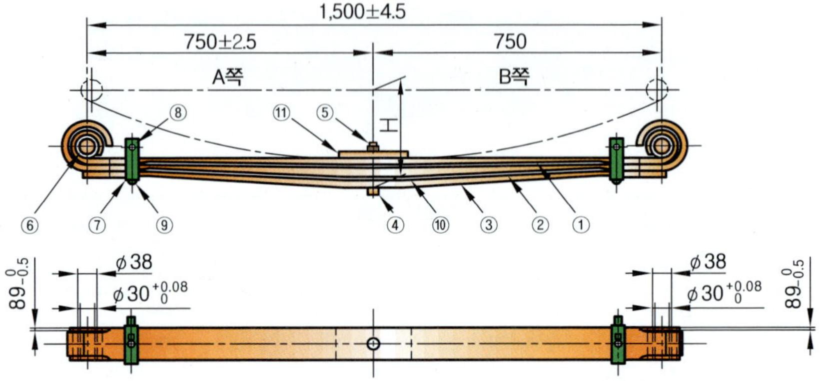

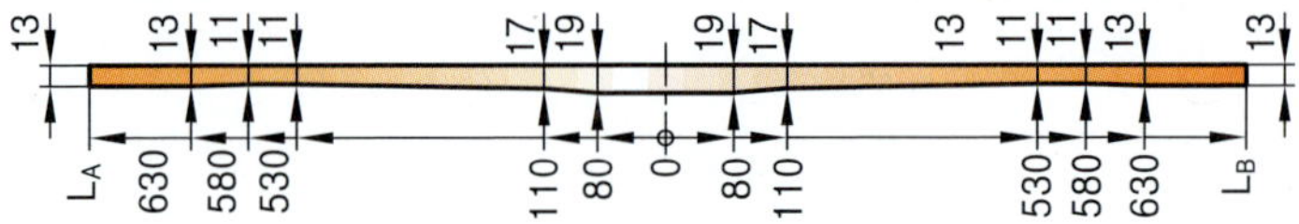

전개 모양

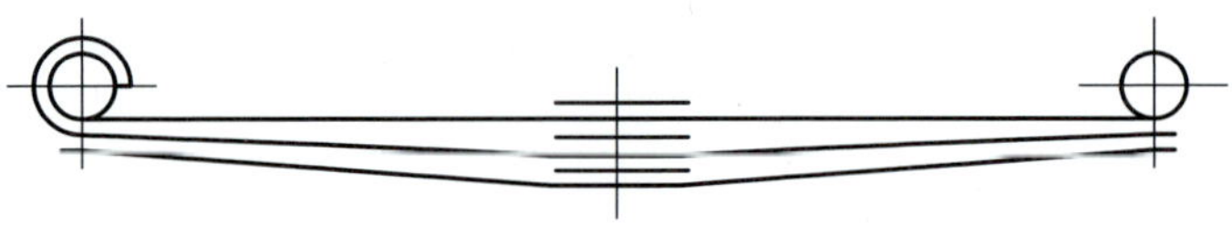

간략도

175. 테이퍼 판 스프링 제도 · 요목표

스프링 요목표					
스프링 판					
번호	전개길이			판 나비	재료
	L_A(A쪽)	L_B(B쪽)	계		
1	916	916	1832	90	SPS11A
2	950	765	1715		
3	765	765	1530		

번호	명칭	수량
4	센터 볼트	1
5	너트, 센터 볼트	1
6	부시	2
7	클립	2
8	클립 볼트	2
9	리벳	2
10	인터리프	3
11	스페이서	1

스프링 상수(N/mm)		250		
하중(N)		높이(mm)	스팬(mm)	응력(N/mm^2)
무하중 시	0	180	-	0
지정 하중 시	22,000	92±6	1498	535
시험 하중 시	37,010	35	-	900

비고

1. 경도 : 388~461HBW
2. 쇼트피닝 : No. 1~3 리프
3. 완성 도장 : 흑색 도장
4. 1N/mm^2=1MPa

176. 겹판 스프링 제도 · 요목표

※ 이 그림은 스프링이 수평인 경우를 나타낸다.

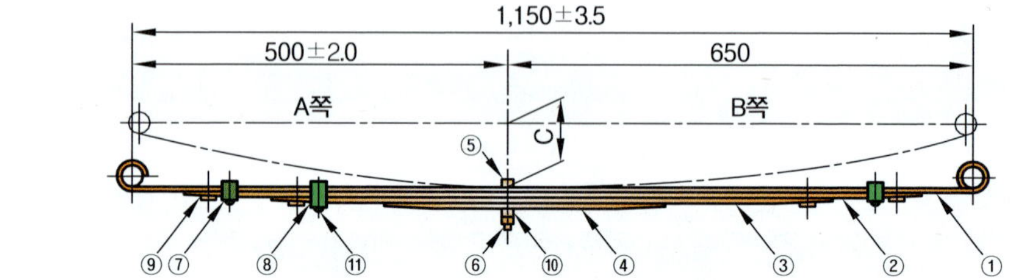

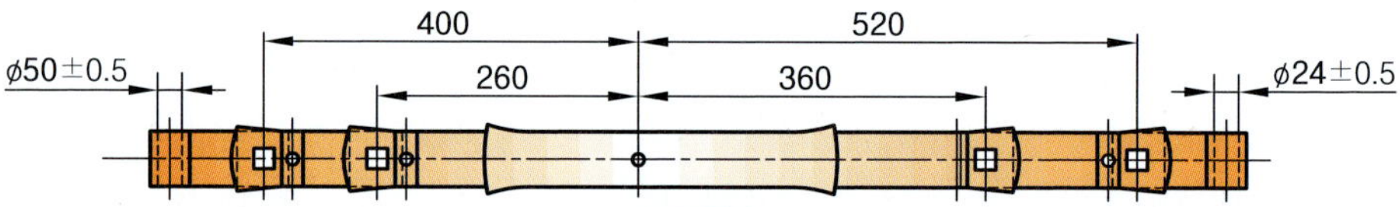

전개 모양

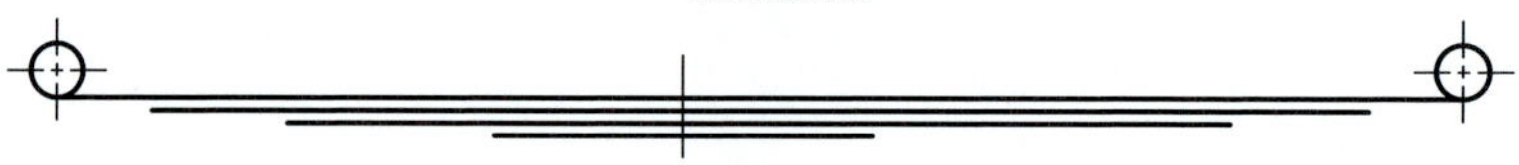

간략도

176. 겹판 스프링 제도 · 요목표

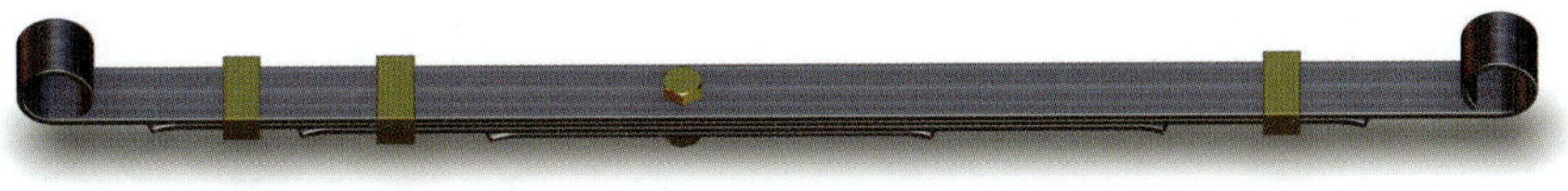

스프링 요목표

스프링 판(KS D 3701의 B종)

번호	전개길이			판두께	판나비	재료
	A쪽	B쪽	계			
1	676	748	1,424	6	60	SPS6
2	430	550	980			
3	310	390	700			
4	160	205	365			

번호	명칭	수량
5	센터 볼트	1
6	너트, 센터 볼트	1
7	클립	2
8	클립	1
9	라이너	4
10	디스턴스 피스	1
11	리벳	3

스프링 상수(N/mm)		250		
하중(N)		뒤말림(mm)	스팬(mm)	응력(N/mm²)
무하중 시	0	112	-	0
지정하중 시	2,300	6±5	1,152	451
시험하중 시	5,100	-	-	1,000

비고

1. 경도 : 388~461HBW
2. 쇼트피닝 : No. 1~4 리프
3. 완성 도장 : 흑색 도장
4. 1N/mm²=1MPa

177. 이중 스프링 제도

※ 이 그림은 스프링이 수평인 경우를 나타낸다.

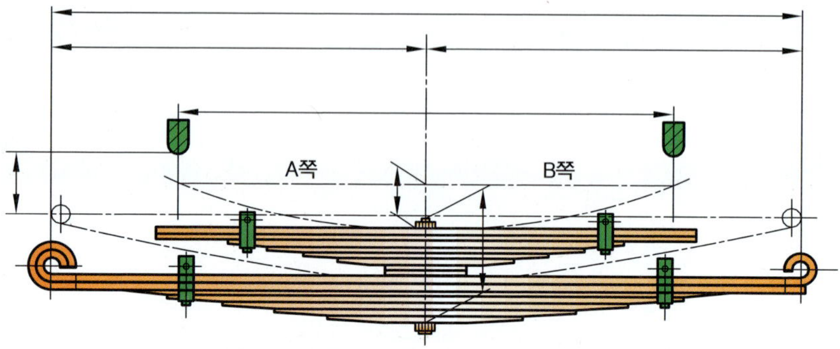

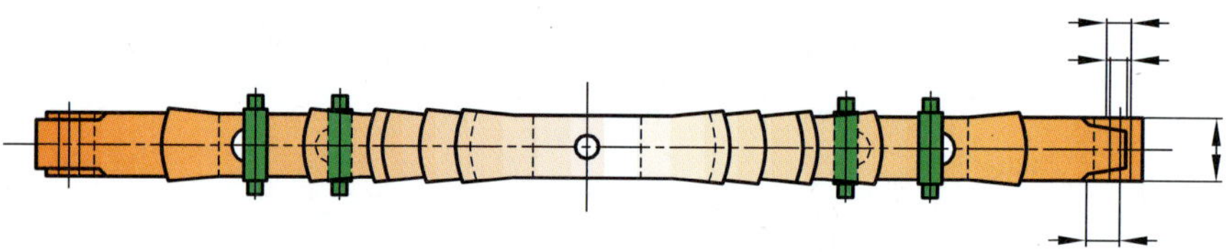

178. 토션바 제도 · 요목표

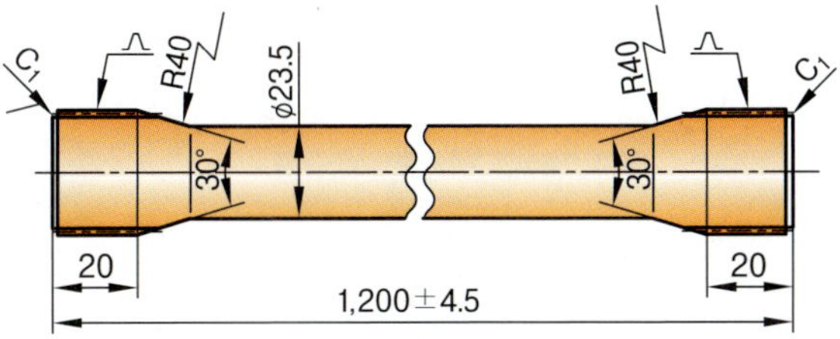

토션바

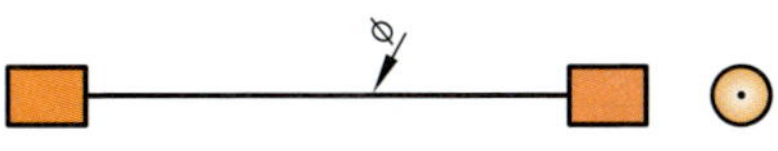

간략도

토션바 요목표		
재료		SPS12
바의 지름		23.5
바의 길이		1,200±4.5
손잡이 부분의 길이		20
손잡이 부분의 모양 및 치수	모양	인벌류트 세레이션
	모듈	0.75
	압력각(°)	45
	잇수	40
	큰 지름	30.75
스프링 상수(N · m/도)		35.8±1.1
표준	토크(N · m)	1,270
	응력(N/mm²)	500
최대	토크(N · m)	2,190
	응력(N/mm²)	855
경도(HBW)		415 ~495
표면 처리	재료의 표면가공	연삭
	성형 후의 표면가공	쇼트피닝
	방청처리	흑색 에나멜 도장

비고

1. 기타 항목 : 세팅한다.(세팅 방향을 지정하는 경우에는 방향을 명기한다.)
2. 1N/mm²=1MPa

179. 벌류트 스프링 제도 · 요목표

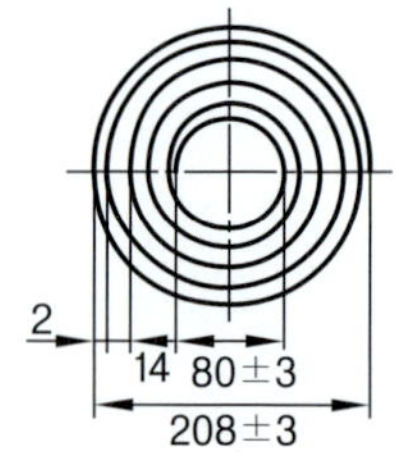

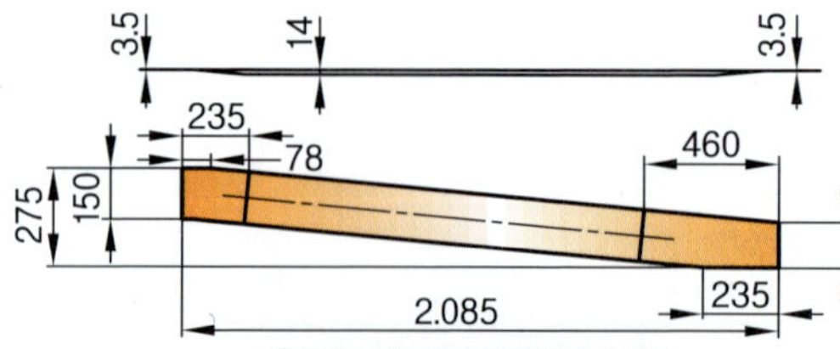

벌류트 스프링 재료 전개 모양

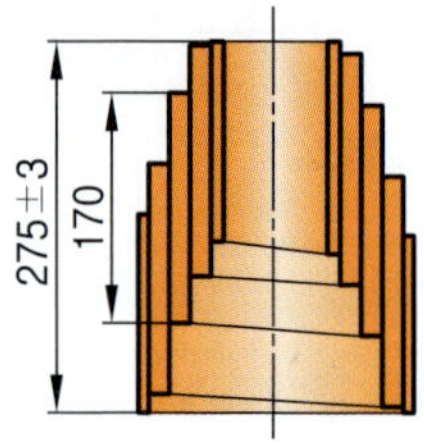

벌류트 스프링

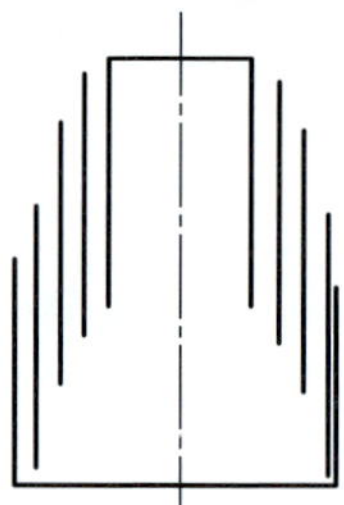

간략도

벌류트 스프링 요목표		
재료		SPS9 또는 SPS 9A
재료사이즈(판나비×판두께)		170×14
안 지름		80±3
바깥 지름		208±3
총 감김수		4.5
자리 감김수		각 0.75
유효 감김수		3
감김 방향		오른쪽
자유 길이		275±3
스프링상수(처음 접착까지)(N/mm)		1,290
지정	길이	245
	길이시의 하중(N)	39,230±15%
	응력(N/mm²)	390
최대 압축	길이	194
	길이시의 하중(N)	111,800
	응력(N/mm²)	980
처음 접합 하중(N)		85,710
경도(HBW)		341~444
표면 처리	성형 후의 표면가공	쇼트피닝
	방청 처리	흑색 에나멜 도장

비고

1. 기타 항목 : 세팅한다.
2. 용도 또는 사용 조건 : 상온, 반복 하중
3. 1N/mm²=1MPa

180. 스파이럴 스프링 제도 · 요목표

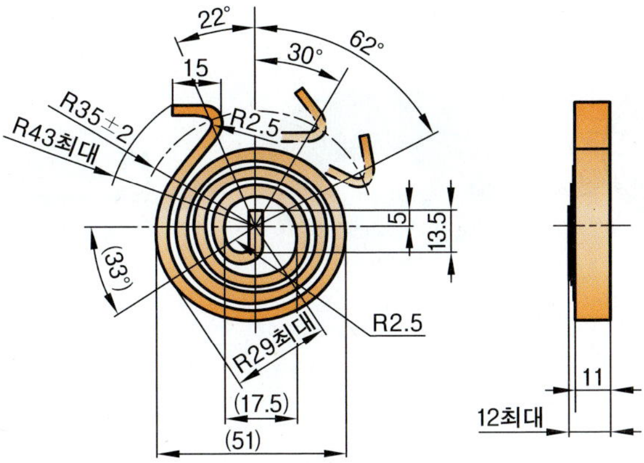

스파이럴 스프링

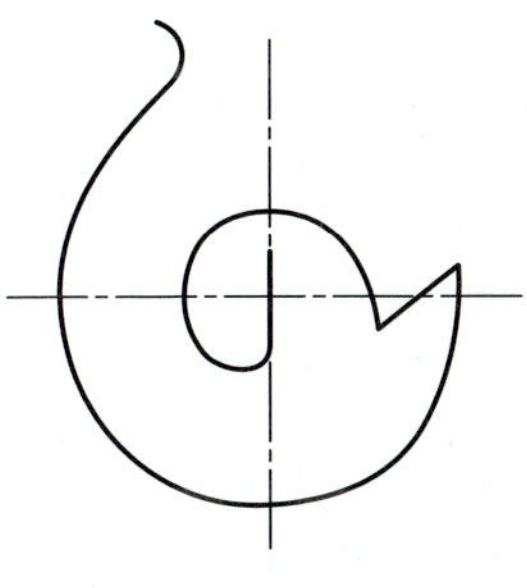

간략도

스파이럴 스프링 요목표		
재료		HSWR 62A
판두께		3.4
판나비		11
감김수		약 3.3
전체 길이		410
축지름		ϕ14
사용범위(°)		30~62
지정	토크(N · m)	7.9±4.0
	응력(N/mm²)	764
경도(HRC)		35~43
표면처리		인산염 피막

비고

1N/mm²=1MPa

181. S자형 스파이럴 스프링 제도 · 요목표

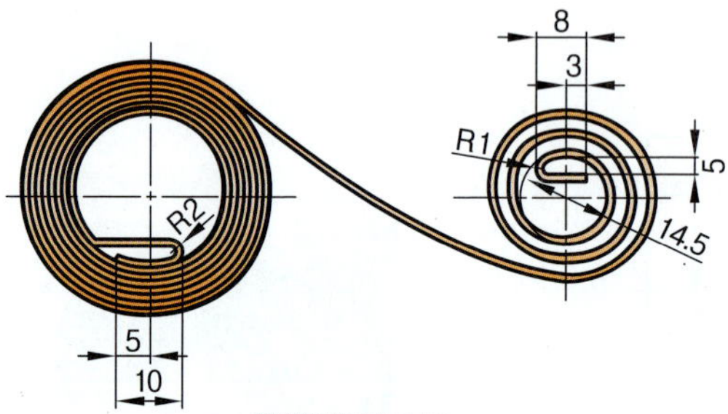

스파이럴 스프링

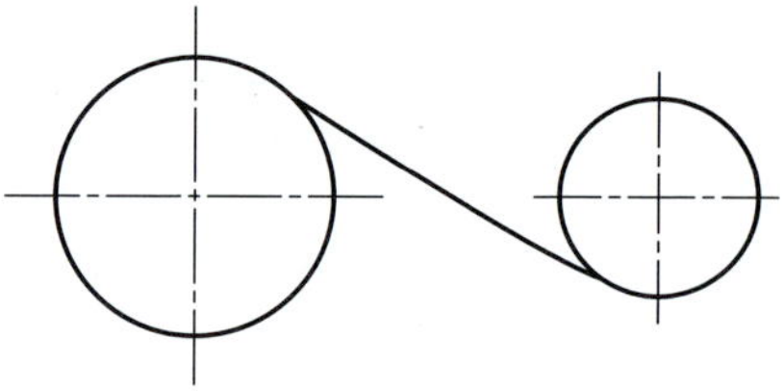

간략도

S자형 스파이럴 스프링 요목표	
재료	STS301 – CSP
판두께	0.2
판나비	7.0
전체 길이	4,000
경도(HV)	490 이상
10회전 시 되감기 토크(N · mm)	69.6
10회전 시 응력(N/mm^2)	1,486
감김 축지름	14
스프링 상자의 안지름	50
표면처리	–

비고

$1N/mm^2 = 1MPa$

182. 접시 스프링 제도 · 요목표

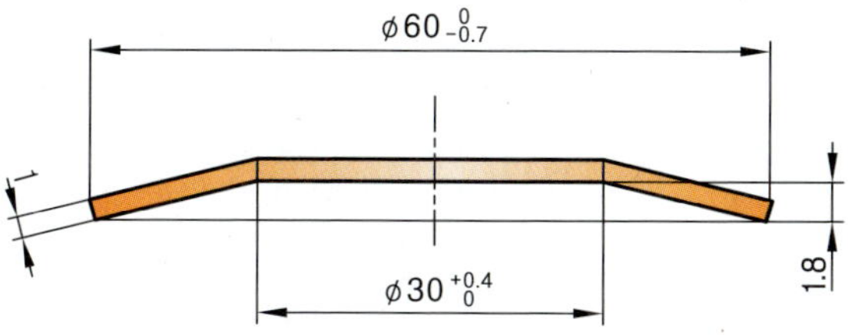

접시 스프링

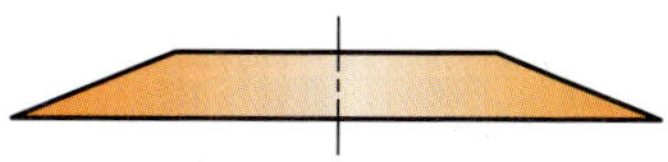

간략도

재료		STC5 - CSP
안 지름		30 $^{+0.4}_{0}$
바깥 지름		60 $^{0}_{-0.7}$
판두께		1
길이		1.8
지정	휨	1.0
	하중(N)	766
	응력(N/mm²)	1,100
최대 압축	휨	1.4
	하중(N)	752
	응력(N/mm²)	1,410
경도(HV)		400~480
표면 처리	성형 후의 표면가공	쇼트피닝
	방청 처리	방청유 도포

비고

1N/mm²=1MPa

183. 기계 재료 기호

KS D	명칭	종(류)별		기호		인장강도(N/mm²)	용도 및 특성
3501 (2008)	열간 압연 연강판 및 강대	1종		SPHC		-	일반용
		2종		SPHD		-	드로잉용
		3종		SPHE		-	딥드로잉용
3503 (2008)	일반 구조용 압연 강재	1종		SS 330		330~430	강판, 강대, 평강 및 봉강
		2종		SS 400		400~510	강판, 강대, 형강, 평강 및 봉강
		3종		SS 490		490~610	
		4종		SS 540		540 이상	두께 40mm 이하의 강판, 강대, 형강, 평강 및 지름, 변 또는 맞변거리 40mm 이하의 봉강
		5종		SS 590		590 이상	
3507 (2008)	배관용 탄소 강관	1종		SPP	흑관	294 이상	아연 도금을 하지 않는 관 흑관, 흑관에 아연 도금을 한 관을 백관, 비교적 낮은, 증기, 물, 기름, 가스, 공기 등의 배관 재료로 사용됨
					백관		
3510 (2007)	경강선	A종		SW-A		상세규격표 참조	일반 스프링용 ▪적용 선 지름 : 0.08mm~10.0mm 이하
		B종		SW-B			주로 정하중을 받는 스프링용 ▪적용 선 지름 : 0.08mm~13.0mm 이하
		C종		SW-C			
3511 (2007)	재생 강재	평강 및 ㄱ형강	1종	SRB 330		330~400	재생 강재의 봉강, 평강 및 ㄱ형강 재료로 사용됨
			2종	SRB 380		380~520	
			3종	SRB 480		480~620	
		봉강	1종	SRB 330		330~400	
			2종	SRB 380		380~520	
			3종	SRB 480		480~620	
3512 (2007)	냉간 압연 강판 및 강대	1종		SPCC		-	일반용
		2종		SPCD		270 이상	드로잉용
		3종		SPCE		270 이상	딥드로잉용
		4종		SPCF		270 이상	비시효성 딥드로잉
		5종		SPCG		270 이상	비시효성 초(超) 딥드로잉
3515 (2008)	용접 구조용 압연 강재	1종	A	SM 400 A		400~510	다리, 선박, 차량, 석유저장조, 용기, 기타 구조물에 사용하는 열간 압연 강재 특히 용접성이 우수함
			B	SM 400 B			
			C	SM 400 C			
		2종	A	SM 490 A		490~610	
			B	SM 490 B			
			C	SM 490 C			
		3종	A	SM 490 YA		490~610	
			B	SM 490 YB			
		4종	B	SM 520 B		520~640	
			C	SM 520 C			
		5종		SM 570		570~720	

183. 기계 재료 기호

KS D	명칭	종(류)별		기호	인장강도(N/mm²)	용도 및 특성
3517 (2008)	기계 구조용 탄소강 강관	11종	A	STKM 11 A	290 이상	주로 기계, 자동차, 자전거, 가구, 기구, 기타 기계 부품 재료로 사용됨. A : 열간가공한 채 또는 열 처리한 것 C : 냉간가공한 채 또는 응력 제거 어닐링을 한 것 B : "A", "C" 이외의 것
		12종	A	STKM 12 A	340 이상	
			B	STKM 12 B	390 이상	
			C	STKM 12 C	470 이상	
		13종	A	STKM 13 A	370 이상	
			B	STKM 13 B	440 이상	
			C	STKM 13 C	510 이상	
		14종	A	STKM 14 A	410 이상	
			B	STKM 14 B	500 이상	
			C	STKM 14 C	550 이상	
		15종	A	STKM 15 A	470 이상	
			C	STKM 15 C	580 이상	
		16종	A	STKM 16 A	510 이상	
			C	STKM 16 C	620 이상	
		17종	A	STKM 17 A	550 이상	
			C	STKM 17 C	650 이상	
		18종	A	STKM 18 A	440 이상	
			B	STKM 18 B	490 이상	
			C	STKM 18 C	510 이상	
		19종	A	STKM 19 A	490 이상	
			C	STKM 19 C	550 이상	
		20종	A	STKM 20 A	540 이상	
3519 (2008)	자동차 구조용 열간 강판 및 강대	1종		SAPH 310	310 이상	주로 자동차의 프레임, 바퀴 등에 사용되는 프레스 가공성을 가지는 구조용 열간 압연 강판 및 강대 재료로 사용됨
		2종		SAPH 370	370 이상	
		3종		SAPH 400	400 이상	
		4종		SAPH 440	440 이상	
3522 (2008)	고속도 공구강 강재	텅스텐계		SKH 2	HRC 63 이상	일반 절삭용, 기타 각종 공구 재료
				SKH 3	HRC 64 이상	고속 중절삭용, 기타 각종 공구 재료
				SKH 4	HRC 64 이상	난삭재 절삭용, 기타 각종 공구 재료
				SKH 10	HRC 64 이상	고난삭재 절삭용, 기타 각종 공구 재료
		분말야금 몰리브덴계		SKH 40	HRC 65 이상	경도, 인성, 내마모성을 필요로 하는 일반절삭용, 기타 각종 공구 재료
		몰리브덴계		SKH 50	HRC 63 이상	연성을 필요로 하는 일반절삭용, 기타 각종 공구 재료
				SKH 51	HRC 64 이상	
				SKH 52	HRC 64 이상	비교적 인성을 필요로 하는 고속 중절삭용 기타 각종 공구 재료
				SKH 53	HRC 64 이상	
				SKH 54	HRC 64 이상	고난삭재 절삭용, 기타 각종 공구 재료
				SKH 55	HRC 64 이상	비교적 인성을 필요로 하는 고속 중절삭용 기타 각종 공구 재료
				SKH 56	HRC 64 이상	
				SKH 57	HRC 64 이상	고난삭재 절삭용, 기타 각종 공구 재료
				SKH 58	HRC 64 이상	인성을 필요로 하는 일반 절삭용 기타 각종 공구 재료
				SKH 59	HRC 66 이상	비교적 인성을 필요로 하는 고속 중절삭용 기타 각종 공구 재료

183. 기계 재료 기호

KS D	명칭	종(류)별	기호	인장강도(N/mm^2)	용 도 및 특성
3523 (2007)	중공강 강재	3종	SKC 3	HB 229~302	로드용
		11종	SKC 11	HB 285~375	로드 또는 인서트 비트용
		24종	SKC 24	HB 269~352	로드 또는 인서트 비트용
		31종	SKC 31	-	로드 또는 인서트 비트용
3525 (2007)	고탄소 크롬 베어링 강재	1종	STB 1	-	주로 구름베어링 재료로 사용됨 (표준지름 15~130mm)
		2종	STB 2	-	
		3종	STB 3	-	
		4종	STB 4	-	
		5종	STB 5	-	
3526 (2007)	마봉강용 일반 강재	A종	SGD A	290~390	열간압연에 의해 제조된 일반 강재로 사용하고, SGD 1, SGD 2, SGD 3 및 SGD 4에 대하여 킬드강을 지정할 경우는 각각 기호의 뒤에 K를 붙인다.
		B종	SGD B	400~510	
		1종	SGD 1	-	
		2종	SGD 2	-	
		3종	SGD 3	-	
		4종	SGD 4	-	
3533 (2008)	고압 가스 용기용 철판 및 강대	1종	SG 255	400 이상	LP 가스, 아세틸렌, 각종 프레온 가스 등의 고압 가스를 충전시키는 내용적 500L 이하의 용접 용기 재료로 사용됨
		2종	SG 295	440 이상	
		3종	SG 325	490 이상	
		4종	SG 365	540 이상	
3534 (2007)	스프링용 스테인리스 강대	오스테나이트계	STS 301-CSP	1320 이상(H)	주로 박판 스프링, 태엽 스프링 등의 재료로 사용됨(표준두께 0.10~1.60mm)
			STS 304-CSP	1130 이상(H)	
		마텐사이트계	STS 420J2-CSP	-	
		석출 경화계	STS 631-SCP	1420 이상(H)	
3542 (2008)	고 내후성 압연 강재	1종	SPA-H	490 이상	차량, 건축, 철탑 기타 구조물에 사용하는 특히 내후성이 우수한 재료로 사용됨 (H : 16mm 이하의 열간 압연 강판, 강대 및 형강) (C : 0.6mm 이상, 2.3 이하의 냉간 압연 강판 및 강대)
		2종	SPA-C	450 이상	

183. 기계 재료 기호

KS D	명칭	종(류)별	기호	인장강도(N/mm^2)	용도 및 특성
3551 (2007)	특수 마대강 (냉연 특수 강대)	탄소강	S 30 CM	HV 160 이하	리테이너
			S 35 CM	HV 170 이하	사무용 부품, 프리 쿠션 플레이트 등
			S 45 CM	HV 170 이하	클러치부품, 체인부품, 리테이너, 와셔 등
			S 50 CM	HV 180 이하	카메라 등 구조부품, 체인부품, 스프링, 양산 살대, 클러치부품, 와셔, 안전 버클 등
			S 55 CM	HV 180 이하	스프링, 안전화, 깡통따개, 톱슨날, 카메라 등 구조부품 등
			S 60 CM	HV 190 이하	체인부품, 목공용 톱, 안전화, 스프링, 사무용기부품, 와셔 등
			S 65 CM	HV 190 이하	안전화, 클러치부품, 스프링, 와셔 등
			S 70 CM	HV 190 이하	와셔, 목공용 톱, 사무기 부품, 스프링 등
			S 75 CM	HV 200 이하	클러치부품, 와셔, 스프링 등
		탄소공구강	SK 2 M	HV 220 이하	면도날, 칼날, 쇠톱, 셔터, 태엽 등
			SK 3 M	HV 220 이하	쇠톱날, 칼, 스프링 등
			SK 4 M	HV 210 이하	펜촉, 태엽, 게이지, 스프링, 칼날, 메리야스용 바늘
			SK 5 M	HV 200 이하	태엽, 스프링, 칼날, 메리야스용 바늘, 게이지, 클러치부품, 목공용 및 제재용 띠톱, 둥근 톱, 사무기 부품 등
			SK 6 M	HV 190 이하	스프링, 칼날, 클러치부품, 와셔, 구두밑창, 혼
			SK 7 M	HV 190 이하	스프링, 칼날, 혼, 목공용 톱, 와셔, 구두밑창, 클러치 부품 등
		합금공구강	SKS 2 M	HV 230 이하	메탈 밴드 톱, 쇠톱, 칼날 등
			SKS 5 M	HV 200 이하	칼날, 둥근톱, 목공용 및 제재용 띠톱 등
			SKS 51 M	HV 200 이하	칼날, 목공용 둥근톱, 목공용 및 제재용 띠톱
			SKS 7 M	HV 250 이하	메탈 밴드 톱, 쇠톱, 칼날 등
			SKS 95 M	HV 200 이하	클러치 부품, 스프링, 칼날 등
		크 롬 강	SCr 420 M	HV 180 이하	체인 부품
			SCr 435 M	HV 190 이하	체인 부품, 사무기 부품 등
			SCr 440 M	HV 200 이하	
		니켈 크롬강	SNC 415 M	HV 170 이하	사무용 부품
			SNC 631 M	HV 180 이하	
			SNC 836 M	HV 190 이하	
		니켈 크롬 몰리브덴강	SNCM 220 M	HV 180 이하	체인 부품
			SNCM 415 M	HV 170 이하	안전 버클, 체인 부품 등
		크롬 몰리브덴강	SCM 415 M	HV 170 이하	체인 부품, 톱슨 날 등
			SCM 430 M	HV 180 이하	체인 부품, 사무기 부품 등
			SCM 435 M	HV 190 이하	
			SCM 440 M	HV 200 이하	
		스프링강	SUP 6 M	HV 210 이하	스프링
			SUP 9 M	HV 200 이하	
			SUP 10 M	HV 200 이하	
		망 간 강	SMn 438 M	HV 200 이하	체인 부품
			SMn 443 M	HV 200 이하	

재료 기호

183. 기계 재료 기호

KS D	명칭	종(류)별	기호	인장강도(N/mm^2)	용도 및 특성	
3552 (2008)	철선(연강선)	보통 철선	SWM - B	320~1270	일반용, 철망용	■ 선지름(mm) 1.80~18.00 ■ 기타 상세규격참조
			SWM - F	320~1270	후(後)도금용, 용접용	
		못용 철선	SWM - N	490~1270	못용	
		어닐링 철선	SWM - A	260~590	일반용, 철망용	
		용접철망용 철선	SWM - P	540 이상	용접철망용, 콘크리트 보강용	
			SWM - R	540 이상		
			SWM-I	540 이상		
3556 (2007)	피아노선	1종	PW 1	1420~3190	주로 동하중을 받는 스프링용 (적용 선지름 : 0.08~10.0mm 이하)	
		2종	PW 2	1620~3480		
		3종	PW 3	1520~2210	밸브 스프링용 (적용 선지름 : 1.00~6.00mm 이하)	
3557 (2007)	리벳용 원형강	1종	SV 330	330~400	리벳의 재료로 사용됨	
		2종	SV 400	400~490		
3560 (2007)	보일러 및 압력 용기용 탄소강 및 몰리브덴 강 강판	1종	SB 410	410~550	적용 두께 6~200mm 이하	
		2종	SB 450	450~590		
		3종	SB 480	480~620		
		4종	SB 450 M	450~590	적용 두께 6~150mm 이하	
		5종	SB 480 M	480~620		
3561 (2007)	마봉강	탄소강 · 마봉강	SGD 290 - D	380~740	원형 5~20mm 이하	기계 구조용 및 각종 부품에 사용됨
					6각 5.5~80mm 이하	
				340~640	원형 20~100mm 이하	
			SGD 400 - D	500~850	원형 5~20mm 이하	
					6각 5.5~80mm 이하	
				450~760	원형 20~100mm 이하	
3562 (2009)	압력 배관용 탄소 강관	1종	SPPS 380	380 이상	350℃ 정도 이하에서 사용하는 압력 배관 재료로 사용됨	
		2종	SPPS 420	420 이상		
3563 (2006)	보일러 및 열교환기용 탄소 강관	1종	STBH 340	340 이상	보일러 수관, 연관, 과열열관, 공기 예열관, 화학공업, 석유 공업의 열 교환기관, 콘덴서관, 촉매관 등의 재료로 사용됨	
		2종	STBH 410	410 이상		
		3종	STBH 510	510 이상		
3564 (2009)	고압 배관용 탄소 강관	1종	SPPH 380	380 이상	350℃ 정도 이하에서 사용 압력이 높은 배관 재료로 사용됨	
		2종	SPPH 420	420 이상		
		3종	SPPH 490	490 이상		
3566 (2007)	일반 구조용 탄소 강관	1종	STK 290	290 이상	토목, 건축, 철탑, 발판, 지주, 지면 미끄럼 방지 말뚝, 그 밖의 구조물 재료로 사용됨 단, 바깥지름 318.5mm 이상의 용접 강관의 기초 말뚝 및 지면 미끄럼 방지 말뚝에는 적용하지 않는다.	
		2종	STK 400	400 이상		
		3종	STK 490	490 이상		
		4종	STK 500	500 이상		
		5종	STK 540	540 이상		
		6종	STK 590	590 이상		

183. 기계 재료 기호

KS D	명칭	종(류)별	기호	인장강도(N/mm^2)	용도 및 특성
3568 (2007)	일반 구조용 각형 강관	1종	SPSR 400	400 이상	토목, 건축 및 기타 구조물 재료로 사용됨
		2종	SPSR 490	490 이상	
		3종	SPSR 540	540 이상	
		4종	SPSR 590	590 이상	
3569 (2008)	저온 배관용 탄소 강관	1종	SPLT 390	390 이상	빙점 이하의 특히 낮은 온도에서 배관에 사용되는 강관 재료로 사용됨
		2종	SPLT 460	460 이상	
		3종	SPLT 700	700 이상	
3597 (2009)	스프링용 냉간 압연 강대	1종	S50C-CSP	HV 180 이하	박판 스프링 및 용수철 스프링 재료로 사용됨 다만, 강대로부터 절단한 절단판에 대하여도 이 표준을 적용한다.
		2종	S55C-CSP		
		3종	S60C-CSP	HV 190 이하	
		4종	S65C-CSP		
		5종	S70C-CSP		
		6종	SK85-CSP		
		7종	SK95-CSP	HV 200 이하	
		8종	SUP10-CSP	HV 190 이하	
3701 (2007)	스프링 강재	실리콘 망간 강재	SPS 6	-	주로 겹판 스프링, 코일 스프링 및 비틀림 막대 스프링 재료로 사용됨
			SPS 7	-	
		망간 크롬 강재	SPS 9	-	
			SPS 9A	-	
		크롬 바나듐 강재	SPS 10	-	주로 코일 스프링 및 비틀림 막대 스프링용 재료로 사용됨
		망간 크롬 보롬 강재	SPS 11A	-	주로 대형 겹판 스프링, 코일 스프링 및 비틀림 막대 스프링 재료로 사용됨
		실리콘 크롬 강재	SPS 12	-	주로 코일 스프링 재료로 사용됨
		크롬 몰리브덴 강재	SPS 13	-	주로 대형 겹판 스프링, 코일 스프링 재료로 사용됨
3710 (2006)	탄소강 단강품	1종	SF 340 A	340~440	일반적인 기계 구조물 재료로 사용됨 ▪ 열처리의 종류 A : 어닐링, 노멀라이징 또는 노멀라이징 템퍼링 B : 퀜칭 템퍼링
		2종	SF 390 A	390~490	
		3종	SF 440 A	440~540	
		4종	SF 490 A	490~590	
		5종	SF 540 A	540~640	
		6종	SF 590 A	590~690	
		7종	SF 540 B	540~690	
		8종	SF 590 B	590~740	
		9종	SF 640 B	640~780	

183. 기계 재료 기호

KS D	명칭	종(류)별	기호	인장강도(N/mm^2)		용도 및 특성
3751 (2008)	탄소 공구강 강재	1종	STC 140	HRC 63 이상		칼줄, 벌줄 등
		2종	STC 120	HRC 62 이상		드릴, 철공용 줄, 소형 펀치, 면도날, 태엽, 쇠톱 등
		3종	STC 105	HRC 61 이상		나사 가공 다이스, 쇠톱, 프레스형틀, 게이지, 태엽, 끌, 치공구 등
		4종	STC 95	HRC 61 이상		태엽, 목공용 드릴, 도끼, 끌, 메리야스 바늘, 면도칼, 목공용 띠톱, 펜촉, 게이지, 프레스형틀 등
		5종	STC 90	HRC 60 이상		프레스형틀, 태엽, 게이지, 침 등
		6종	STC 85	HRC 59 이상		각인, 프레스형틀, 태엽, 띠톱, 치공구, 원형톱, 펜촉, 등사판 줄, 게이지 등
		7종	STC 80	HRC 58 이상		각인, 프레스형틀, 태엽 등
		8종	STC 75	HRC 57 이상		각인, 스냅, 원형톱, 태엽, 프레스형틀, 등사판줄 등
		9종	STC 70	HRC 57 이상		각인, 스냅, 프레스형틀, 태엽 등
		10종	STC 65	HRC 56 이상		각인, 스냅, 프레스형틀, 나이프 등
		11종	STC 60	HRC 55 이상		각인, 스냅, 프레스형틀 등
3752 (2007)	기계 구조용 탄소 강재	1종	SM 10C	N	314 이상	이 규격은 열간압연, 열간단조 등 열간가공에 의해 제조한 것으로, 보통 다시 단조, 절삭 등의 가공 및 열처리를 하여 기계구조용 재료로 사용됨
		2종	SM 12C	N	373 이상	
		3종	SM 15C			
		4종	SM 17C	N	402 이상	
		5종	SM 20C			
		6종	SM 22C	N	441 이상	
		7종	SM 25C	N	441 이상	이 규격은 열간압연, 열간단조 등 열간가공에 의해 제조한 것으로, 보통 다시 단조, 절삭 등의 가공 및 열처리를 하여 기계구조용 재료로 사용됨
		8종	SM 28C	N	471 이상	
		9종	SM 30C	H	539 이상	
		10종	SM 33C	N	510 이상	
		11종	SM 35C	H	569 이상	
		12종	SM 38C	N	539 이상	▪ 열처리
		13종	SM 40C	H	608 이상	
		14종	SM 43C	N	569 이상	노멀라이징(N : 불림/공냉) 어닐링(A : 풀림/노냉) 퀜칭·템퍼링(H : 경질/수냉)
		15종	SM 45C	H	686 이상	
		16종	SM 48C	N	608 이상	
		17종	SM 50C	H	735 이상	
		18종	SM 53C	N	647 이상	
		19종	SM 55C	H	785 이상	
		20종	SM 58C	N	647 이상	
				H	785 이상	
		침탄용	SM 9CK	H	932 이상	
			SM 15CK	H	490 이상	
			SM 20CK	H	539 이상	

183. 기계 재료 기호

KS D	명칭	종(류)별	기호	인장강도(N/mm^2)	용도 및 특성	
3753 (2008)	합금공구강	1종	STS 11	HRC 62 이상	주로 절삭 공구강용으로 사용됨	
		2종	STS 2	HRC 61 이상		
		3종	STS 21	HRC 61 이상		
		4종	STS 5	HRC 45 이상		
		5종	STS 51	HRC 45 이상		
		6종	STS 7	HRC 62 이상		
		7종	STS 81	HRC 63 이상		
		8종	STS 8	HRC 63 이상		
		9종	STS 4	HRC 56 이상	주로 내충격 공구강용으로 사용됨	
		10종	STS 41	HRC 53 이상		
		11종	STS 43	HRC 63 이상		
		12종	STS 44	HRC 60 이상		
		13종	STS 3	HRC 60 이상	주로 냉간 금형용으로 사용됨	
		14종	STS 31	HRC 61 이상		
		15종	STS 93	HRC 63 이상		
		16종	STS 94	HRC 61 이상		
		17종	STS 95	HRC 59 이상		
		18종	STD 1	HRC 62 이상		
		19종	STD 2	HRC 62 이상		
		20종	STD 10	HRC 61 이상		
		21종	STD 11	HRC 58 이상		
3753 (2008) <계속>	합금공구강	22종	STD 12	HRC 60 이상		
		23종	STD 4	HRC 42 이상	주로 열간 금형용으로 사용됨	
		24종	STD 5	HRC 48 이상		
		25종	STD 6	HRC 48 이상		
		26종	STD 61	HRC 50 이상		
		27종	STD 62	HRC 48 이상		
		28종	STD 7	HRC 46 이상		
		39종	STD 8	HRC 48 이상		
		30종	STF 3	HRC 42 이상		
		31종	STF 4	HRC 42 이상		
		32종	STF 6	HRC 52 이상		
3755 (2008)	고온 합금강 볼트재	1종	SNB 5	690 이상	∅100 이하	주로 고온에서 사용되는 압력용기, 밸브, 플랜지 및 이음쇠 재료로 사용됨
		2종	SNB 7	860 이상	∅63 이하	
				800 이상	∅63~100 이하	
				690 이상	∅100~120 이하	
		3종	SNB 16	860 이상	∅63 이하	
				760 이상	∅63~100 이하	
				690 이상	∅100~120 이하	
3756 (2005)	알루미늄 크롬 몰리브덴 강재	표면 질화용	SAlCrMo	-	열간(압연, 단조) 등 열간가공에 의해 만들어져서 다시 단조, 절삭 등의 가공과 열처리를 하고, 주로 기계 구조용 재료로 사용됨	

183. 기계 재료 기호

KS D	명칭	종(류)별	기호	인장강도(N/mm²)	용도 및 특성
3867 (2007)	기계구조용 합금강 강재	망간강	SMn 420	–	주로 표면 경화용으로 사용됨
			SMn 433	–	Ds : 열간(압연, 단조)가공에 의해 만들어진 것으로, 보통 다시 단조, 절삭, 냉간 인발 등의 가공과 퀜칭 템퍼링, 노멀라이징, 침탄 퀜칭의 열처리를 하여 주로 기계구조용 재료로 사용됨
			SMn 438	–	
			SMn 443	–	
		망간 크롬강	SMnC 420	–	
			SMnC 443	–	주로 표면 경화용으로 사용됨
		크롬강	SCr 415	–	주로 표면 경화용으로 사용됨
			SCr 420	–	
			SCr 430	–	Ds, 내용과 동일
			SCr 435	–	
			SCr 440	–	
			SCr 445	–	
		크롬 몰리브덴강	SCM 415	–	주로 표면 경화용으로 사용됨
			SCM 418	–	
			SCM 420	–	
			SCM 421	–	
			SCM 425	–	Ds, 내용과 동일
			SCM 430	–	
			SCM 432	–	
			SCM 435	–	
			SCM 440	–	
			SCM 445	–	
			SCM 822	–	주로 표면 경화용으로 사용됨
		니켈 크롬강	SNC 236	–	Ds, 내용과 동일
			SNC 415	–	주로 표면 경화용으로 사용됨
			SNC 631	–	Ds, 내용과 동일
			SNC 815	–	주로 표면 경화용으로 사용됨
			SNC 836	–	Ds, 내용과 동일
		니켈 크롬 몰리브덴강	SNCM 220	–	주로 표면 경화용으로 사용됨
			SNCM 240	–	Ds, 내용과 동일
			SNCM 415	–	주로 표면 경화용으로 사용됨
			SNCM 420	–	
			SNCM 431	–	Ds, 내용과 동일
			SNCM 439	–	
			SNCM 447	–	주로 표면 경화용으로 사용됨
			SNCM 616	–	
			SNCM 625	–	Ds, 내용과 동일
			SNCM 630	–	
			SNCM 818	–	주로 표면 경화용으로 사용됨

183. 기계 재료 기호

KS D	명칭	종(류)별		기호	인장강도(N/mm²)	용도 및 특성	
4101 (2005)	탄소강 주강품	1종		SC 360	360 이상	일반 구조용, 전동기 부품용 재료로 사용됨	
		2종		SC 410	410 이상	일반 구조용 재료로 사용됨	
		3종		SC 450	450 이상		
		4종		SC 480	480 이상		
4102 (2005)	구조용 고장력 탄소강 및 저합금강 주강품	3종	A	SCC 3A	520 이상	구조용	■ 열처리 A : 노멀라이징 후 템퍼링 (1) 노멀라이징 온도 : 850~950℃ (2) 템퍼링 온도 : 550~650℃ B : 퀜칭 후 템퍼링 (1) 퀜칭온도 : 850~950℃ (2) 템퍼링 온도 : 550~650℃
			B	SCC 3B	620 이상		
		5종	A	SCC 5A	620 이상	구조용, 내마모용	
			B	SCC 5B	690 이상		
		1종	A	SCMn 1A	540 이상	구조용	
			B	SCMn 1B	590 이상		
		2종	A	SCMn 2A	590 이상		
			B	SCMn 2B	640 이상		
		3종	A	SCMn 3A	640 이상		
			B	SCMn 3B	690 이상		
		5종	A	SCMn 5A	690 이상	구조용, 내마모용	
			B	SCMn 5B	740 이상		
		2종	A	SCSiMn 2A	590 이상	구조용 (주로 앵커 체인용)	
			B	SCSiMn 2B	640 이상		
			A	SCMnCr 2A	590 이상	구조용	
		2종	B	SCMnCr 2B	640 이상		
		3종	A	SCMnCr 3A	640 이상	구조용	
			B	SCMnCr 3B	690 이상		
		4종	A	SCMnCr 4A	690 이상	구조용, 내마모용	
			B	SCMnCr 4B	740 이상		
		3종	A	SCMnM 3A	690 이상	구조용, 강인재용	
			B	SCMnM 3B	740 이상		
		1종	A	SCCrM 1A	590 이상		
			B	SCCrM 1B	690 이상		
		3종	A	SCCrM 3A	690 이상		
			B	SCCrM 3B	740 이상		
		2종	A	SCMnCrM 2A	690 이상		
			B	SCMnCrM 2B	740 이상		
		3종	A	SCMnCrM 3A	740 이상		
			B	SCMnCrM 3B	830 이상		
		2종	A	SCNCrM 2A	780 이상		
			B	SCNCrM 2B	880 이상		

183. 기계 재료 기호

KS D	명칭	종(류)별	기호	인장강도(N/mm^2)	용도 및 특성
4104 (2005)	고망간강 주강품	1종	SCMnH 1	-	일반 보통부품 재료로 사용됨
		2종	SCMnH 2	740 이상	일반 고급부품, 비자성부품 재료로 사용됨
		3종	SCMnH 3		주로 테일 크로싱용 재료로 사용됨
		11종	SCMnH 11		고내력 고내마모용(해머, 조, 플레이트 등)
		21종	SCMnH 21		주로 무한궤도용 재료로 사용됨
4106 (2007)	용접 구조용 주강품	1종	SCW 410	410 이상	압연 강재, 주강품 또는 다른 주강품의 용접 구조에 사용하는 것으로서 특히 용접성이 우수
		2종	SCW 450	450 이상	
		3종	SCW 480	480 이상	
		4종	SCW 550	550 이상	
		5종	SCW 620	620 이상	
4107 (2007)	고온 고압용 주강품	1종	SCPH 1	410 이상	고온에서 사용되는 밸브, 플랜지, 케이싱 기타 고압 부품용 주강품 재료 사용됨
		2종	SCPH 2	480 이상	
		11종	SCPH 11	450 이상	
		21종	SCPH 21	480 이상	
		22종	SCPH 22	550 이상	
		23종	SCPH 23	550 이상	
		32종	SCPH 32	480 이상	
		61종	SCPH 61	620 이상	
4111 (2005)	저온 고압용 주강품	1종	SCPL 1	450 이상	저온에서 사용되는 밸브, 플랜지, 실린더, 그 밖의 고압 부품용 주강품 재료로 사용됨
		11종	SCPL 11		
		21종	SCPL 21	480 이상	
		31종	SCPL 31		
4114 (2005)	크롬 몰리덴강 단강품	축상 단강품 1종	SFCM 590 S	590~740	봉, 축, 크랭크, 피니언, 기어, 플랜지, 링, 휠, 디스크 등 일반용으로 사용하는 축상, 원통상, 링상 및 디스크상으로 성형제품 재료로 사용됨 ■ 용어의 뜻 (1) 축상 : 직축, 단붙이축, 플랜지붙이축, 축붙이 피니언 등의 원형단면인 것으로서 그 축 방향의 길이가 바깥지름을 초과하는 것. 축의 변형으로 보이는 모양인 것도 포함한다.
		2종	SFCM 640 S	640~780	
		3종	SFCM 690 S	690~830	
		4종	SFCM 740 S	740~880	
		5종	SFCM 780 S	780~930	
		6종	SFCM 830 S	830~980	
		7종	SFCM 880 S	880~1030	
		8종	SFCM 930 S	930~1080	
		9종	SFCM 980 S	980~1130	

183. 기계 재료 기호

KS D	명칭	종(류)별		기호	인장강도(N/mm^2)	용도 및 특성
4114 (2005) (계속)	크롬 몰리덴강 단강품 (계속)	링상 단강품	1종	SFCM 590 R	590~740	(2) 링상 : 단조모양이 링모양으로 그 축방향의 길이가 바깥지름 이하인 것. 다만, 링상 단강품은 구멍 넓히기 단련을 필요로 하는 것으로서 단순히 펀치 또는 기계가공으로 천공하여 링모양으로 한 것은 포함하지 않는다.
			2종	SFCM 640 R	640~780	
			3종	SFCM 690 R	690~830	
			4종	SFCM 740 R	740~880	
			5종	SFCM 780 R	780~930	
			6종	SFCM 830 R	830~980	
			7종	SFCM 880 R	880~1030	
			8종	SFCM 930 R	930~1080	(3) 디스크상 : 단조모양이 원판상 및 이에 준하는 것(부분적으로 요철이 있는 것도 포함한다.)으로서 그 축방향의길이가 바깥지름 이하인 것. 다만, 디스크상 단강품은 최종공정에 업세팅단련을 필요로 하는 것으로서 축상인것을 절단하여 원판상으로 한 것은 포함하지 않는다.
			9종	SFCM 980 R	980~1130	
		디스크상 단강품	1종	SFCM 590 D	590~740	
			2종	SFCM 640 D	640~780	
			3종	SFCM 690 D	690~830	
			4종	SFCM 740 D	740~880	
			5종	SFCM 780 D	780~930	
			6종	SFCM 830 D	830~980	
			7종	SFCM 880 D	880~1030	
			8종	SFCM 930 D	930~1080	
			9종	SFCM 980 D	980~1130	
4117 (2006)	니켈-크롬 몰리브덴강 단강품	축상 단강품	1종	SFNCM 690 S	690~830	봉, 축, 크랭크, 피니언, 기어, 플랜지, 링, 휠, 디스크 등 일반용으로 사용하는 축상, 환상 및 원판상으로 성형한 제품 재료로 사용됨
			2종	SFNCM 740 S	740~880	
			3종	SFNCM 780 S	780~930	
			4종	SFNCM 830 S	830~980	■ 용어의 뜻
			5종	SFNCM 880 S	880~1030	(1) 축상 : 직축, 단붙이축, 플랜지붙이축, 축붙이 피니언 등의 원형단면인 것으로서 그 축방향의 길이가 바깥지름을 초과하는 것. 축의 변형으로 보이는 모양인 것도 포함한다.
			6종	SFNCM 930 S	930~1080	
			7종	SFNCM 980 S	980~1130	
			8종	SFNCM 1030 S	1030~1180	(2) 환상 : 축방향의 높이가 바깥지름보다 작은 것, 다만, 환상 단강품은 구멍 넓히기 단조를 필요로 하고, 최종 공정에서 펀칭 또는 기계가공에 의하여 구멍을 뚫어서 환상으로 한 것은 포함하지 않는다.
			9종	SFNCM 1080 S	1080~1230	
		환상 단강품	1종	SFNCM 690 R	690~830	
			2종	SFNCM 740 R	740~880	
			3종	SFNCM 780 R	780~930	
			4종	SFNCM 830 R	830~980	봉, 축, 크랭크, 피니언, 기어, 플랜지, 링, 휠, 디스크 등 일반용으로 사용하는 축상, 환상 및 원판상으로 성형한 제품 재료로 사용됨
			5종	SFNCM 880 R	880~1030	
			6종	SFNCM 930 R	930~1080	
			7종	SFNCM 980 R	980~1130	
			8종	SFNCM 1030 R	1030~1180	
			9종	SFNCM 1080 R	1080~1230	

183. 기계 재료 기호

KS D	명칭	종(류)별		기호	인장강도(N/mm²)	용도 및 특성
4117 (2006) <계속>	니켈-크롬 몰리브덴강 단강품 (계속)	원판상 단강품	1종	SFNCM 690 D	690~830	(3) 원판상 : 원판상의 모양 및 이에 준하는 것(부분적으로 요철이 있는 것을 포함한다) 으로서 축방향의 높이가 바깥지름보다 작은 모양의 것. 다만, 원판상 단강품은 최종 공정에서 업셋 단조를 필요로 하며, 축상의 것을 절단하여 원판상으로 한 것은 포함하지 않는다.
			2종	SFNCM 740 D	740~880	
			3종	SFNCM 780 D	780~930	
			4종	SFNCM 830 D	830~980	
			5종	SFNCM 880 D	880~1030	
			6종	SFNCM 930 D	930~1080	
			7종	SFNCM 980 D	980~1130	
			8종	SFNCM 1030 D	1030~1180	
			9종	SFNCM 1080 D	1080~1230	
4301 (2006)	회 주철품	1종		GC 100	100 이상	편상 흑연을 함유한 주철품으로 일반 기계 주조물 재료로 사용됨(주철품은 인수·인도 당사자 사이의 협의에 따라 응력 제거 어닐링, 기타 열처리를 할 수 있다.)
		2종		GC 150	150 이상	
		3종		GC 200	200 이상	
		4종		GC 250	250 이상	
		5종		GC 300	300 이상	
		6종		GC 350	250 이상	
4302 (2006)	구상 흑연 주철품	1종		GCD 350-22	350 이상	이 규격은 구상(球狀) 흑연 주철품(이하 주철품이라 한다.)에 대하여 규정한다. ▪ 기호 L: 저온 충격값이 규정된 것임을 나타낸다.
		2종		GCD 350-22L		
		3종		GCD 400-18	400 이상	
		4종		GCD 400-18L		
		5종		GCD 400-15		
		6종		GCD 450-10	450 이상	
		7종		GCD 500-7	500 이상	
		8종		GCD 600-3	600 이상	
		9종		GCD 700-2	700 이상	
		10종		GCD 800-2	800 이상	
4318 (2006)	오스템퍼 구상 흑연 주철품	1종		GCAD 900-4	900 이상	▪ 오스템퍼 처리: 열처리 전의 주철품을 오스테나이트화 온도 구역에서 가열유지한 후,베이나이트 변태 온도 구역으로 유지되어 있는 염욕로, 유조 또는 유동상로 등으로 이동시켜 연속적으로 베이나이트 변태온도 구역에 일정 시간 유지하고, 실온까지 적당한 방법으로 냉각하는 처리
		2종		GCAD 900-8	900 이상	
		3종		GCAD 1000-5	1000 이상	
		4종		GCAD 1200-2	1200 이상	
		5종		GCAD 1400-1	1400 이상	

183. 기계 재료 기호

KS D	명칭	종(류)별	기호	인장강도(N/mm^2)	용도 및 특성
4319 (2006)	오스테나이트 주철품	편상 흑연계	GCA - NiMn 13 7	140~220	비자성 주물 보기 : 터빈 발전기용 압력 커버, 차단기 상자, 절연 플랜지, 터미널, 덕트 등
			GCA - NiCuCr 15 6 2	170~210	펌프, 밸브, 노부품, 부싱, 경합금 피스톤용 내마모관, 탁수용 펌프, 펌프용 케이싱 비자성 주물 등
			GCA - NiCuCr 15 6 3	190~240	펌프, 밸브, 노부품, 부싱, 경합금 피스톤용 내마모관 등
			GCA - NiCr 20 2	170~210	GCA - NiCuCr 15 6 2와 동등. 다만, 알칼리 처리 펌프, 수산화나트륨 보일러에 적당. 비누, 식품 제조, 인견 및 플라스틱 공업에 사용되며, 일반적으로 구리를 함유하지 않는 재료가 요구되는 곳에 적당하다.
			GCA - NiCr 20 3	190~240	GCA - NiCr 20 2와 동등. 다만, 고온에서 사용하는 경우에 좋다.
			GCA - NiSiCr 20 5 3	190~280	펌프 부품, 공업로용 밸브 주물 등
			GCA - NiCr 30 3	190~240	펌프, 압력 용기의 밸브, 필터 부품, 이그조스트 매니폴드, 터보차저 하우징
			GCA - NiSiCr 30 5 5	170~240	펌프 부품, 공업로용 밸브 주물 등
			GCA - Ni 35	120~180	열적인 치수 변동을 기피하는 부품(예를 들면, 공작 기계, 이과학기기, 유리용 금형 등)
		구상 흑연계	GCDA - NiMn 13 7	390~460	비자성 주물 보기 : 터빈 발동기용 압력 커버차단기 상자, 절연 플랜지, 터미널, 덕트 등
			GCDA - NiCr 20 2	370~470	펌프, 밸브, 컴프레서, 부싱, 터보차저 하우징, 이그조스트 매니폴드, 캐빙 머신용 로터리 테이블, 엔진용 터빈 하우징, 밸브용 요크슬리브, 비자성 주물 등
			GCDA - NiCrNb 20 2	370~480	
			GCDA - NiCr 20 3	390~490	펌프, 펌프용 케이싱, 밸브, 컴프레서, 부싱,터보차저 하우징, 이그조스트 매니폴드 등
			GCDA - NiSiCr 20 5 2	370~430	펌프 부품, 밸브, 높은 기계적 응력을 받는 공업로용 주물 등
			GCDA - Ni 22	370~440	펌프, 밸브, 컴프레서, 부싱, 터보차저 하우징, 이그조스트 매니폴드, 비자성 주물 등
			GCDA - NiMn 23 4	440~470	- 196℃까지 사용되는 경우의 냉동기 기류 주물

183. 기계 재료 기호

KS D	명칭	종(류)별	기호		인장강도(N/mm²)	용도 및 특성
4319 (2006) (계속)	오스테나이트 주철품 (계속)	구상 흑연계 (계속)	GCDA - NiCr 30 1		370~440	펌프, 보일러 필터 부품, 이그조스트 매니폴드, 밸브, 터보차저 하우징 등
			GCDA - NiCr 30 3		370~470	펌프, 보일러, 밸브, 필터 부품, 이그조스트 매니폴드, 터보차저 하우징
			GCDA - NiSiCr 30 5 2		380~500	펌프 부품, 이그조스트 매니폴드, 터보차저 하우징, 공업로용 주물 등
			GCDA - NiSiCr 30 5 5		390~490	펌프 부품, 밸브, 공업로용 주물 중 높은 기계적 응력을 받는 부품 등
			GCDA - Ni 35		370~410	온도에 따른 치수 변화를 기피하는 부품에 적용(예를 들면, 공작 기계, 이과학기기, 유리용 금형)
			GCDA - NiCr 35 3		370~440	가스 터빈 하우징 부품, 유리용 금형, 엔진용 터보차저 하우징 등
			GCDA - NiSiCr 35 5 2		370~500	가스 터빈 하우징 부품, 이그조스트 매니폴드, 터보차저 하우징 등
5506 (2009)	인청동 및 양백의 판 및 띠	인청동 P : 판 R : 띠	C 5111 P	C 5111 R	295 이상	전연성 · 내피로성 · 내식성이 좋다. C 5191 · C 5212는 용수철 재료에 적합. 다만, 특히 고성능의 탄력성을 요구하는 것은 용수철용 인청동을 사용하는 것이 좋다. 전자, 전기 기기용 용수철, 스위치, 리드 프레임, 커넥터, 다이어프램, 베로, 퓨즈 클립, 섭동편, 볼베어링, 부시, 타악기 등
			C 5102 P	C 5102 R	305 이상	
			C 5191 P	C 5191 R	315 이상	
			C 5212 P	C 5212 R	345 이상	
		양 백 P : 판 R : 띠	C 7351 P	C 7351 R	325 이상	광택이 아름답고, 전연성 · 내피로성 · 내식성이 좋다. C 7351 · C 7521은 수축성이 풍부 수정 발진자 케이스, 트랜지스터캡, 볼륨용 섭동편, 시계 문자판, 장식품, 양식기, 의료 기기, 건축용 관악기 등
			C 7451 P	C 7451 R	325 이상	
			C 7521 P	C 7521 R	375 이상	
			C 7541 P	C 7541 R	355 이상	

183. 기계 재료 기호

KS D	명칭	종(류)별	기호	인장강도(N/mm²)	용도 및 특성
5603 (2008)	듀 멧 선	선1종 1	DW1 - 1	640 이상	전자관, 전구, 방전 램프 등의 관구류
		선1종 2	DW1 - 2		
		선2종	DW2		다이오드, 서미스터 등의 반도체 장비류
5604 (2009)	티타늄 및 티타늄 합금 봉 ■ 질별 H : 열간 압연 C : 냉간 압연	1종	TB 270 H	270~410	공업용 타이타늄 내식성, 특히 내해수성이 좋다. 화학 장치, 석유 정제 장치, 펄프 제지 공업 장치 등
			TB 270 C		
		2종	TB 340 H	340~510	
			TB 340 C		
		3종	TB 480 H	480~620	
			TB 480 C		
		4종	TB 550 H	550~750	
			TB 550 C		
		11종	TB 270 Pd H	270~410	내식 타이타늄 내식성, 특히 내틈새부식성이 좋다. 화학 장치, 석유 정제 장치, 펄프 제지 공업 장치 등
			TB 270 Pd C		
		12종	TB 340 Pd H	340~510	
			TB 340 Pd C		
		13종	TB 480 Pd H	480~620	
			TB 480 Pd C		
		14종	TB 345 NPRC H	345 이상	
			TB 345 NPRC C		
		15종	TB 450 NPRC H	450 이상	
			TB 450 NPRC C		
		16종	TB 343 Ta H	343~481	
			TB 343 Ta C		
		17종	TB 240 Pd H	240~380	
			TB 240 Pd C		
		18종	TB 345 Pd H	345~515	
			TB 345 Pd C		
		19종	TB 345 PCo H	345~515	
			TB 345 PCo C		
		20종	TB 450 PCo H	450~590	
			TB 450 PCo C		
		21종	TB 275 RN H	275~450	
			TB 275 RN C		
		22종	TB 410 RN H	410~530	
		23종	TB 410 RN C	483~630	

183. 기계 재료 기호

KS D	명칭	종(류)별	기호	인장강도(N/mm²)	용도 및 특성
5604 (2009) 〈계속〉	티타늄 및 티타늄 합금 봉 (계속) ■ 질별 H : 열간 압연 C : 냉간 압연	50종	TAB 1500 H TAB 1500 C	345 이상	α 합금(Ti-1.5Al) 내식성이 우수하고 특히 내해수성이 우수하다. 내수소흡수성 및 내열성이 좋다. 이륜차의 머플러 등
		60종	TAB 6400 H	895 이상	α-β 합금(Ti-6Al-4V) 고강도로 내식성이 좋다. 화학 공업, 기계 공업, 수송 기기 등의 구조재. 대형 증기터빈 날개, 선박용 스크루, 자동차용 부품, 의료 재료 등
		60E종	TAB 6400E H	825 이상	α-β 합금(Ti-6Al-4V ELIa) 고강도로 내식성이 우수하고 극저온까지 인성을 유지한다. 저온, 극저온에서도 사용할 수 있는 구조재. 유인 심해 조사선의 내압 용기, 의료 재료 등
		61종	TAB 3250 H	620 이상	α-β 합금(Ti-3Al-2.5V) 중강도로 내식성, 용접성, 성형성이 좋다. 냉간 가공이 우수하다. 의료 재료, 레저용품 등
		61F종	TAB 3250F H	650 이상	α-β 합금(절삭성이 좋은 Ti-3Al-2.5V) 중강도로 내식성, 열간가공성이 좋고 절삭성이 우수하다. 자동차 엔진용 콘로드, 시프트 노브, 너트 등
		80종	TAB 4220 H	640~900	β 합금(Ti-4Al-22V) 고강도로 내식성이 우수하고 상온에서 프레스 가공성이 좋다. 자동차 엔진용 리테너, 볼트, 골프 클럽의 헤드 등
6003 (2002)	화이트 메탈	1종	WM1	-	고속 고하중용
		2종	WM2	-	
		2종B	WM2B	-	
		3종	WM3	-	고속 중하중용
		4종	WM4	-	중속 중하중용
		5종	WM5	-	
		6종	WM6	-	고속 중하중용
		7종	WM7	-	중속 중하중용
		8종	WM8	-	
		9종	WM9	-	중속 소하중용
		10종	WM10	-	
		11종	WM11 (L13910)	-	항공기 엔진용
		12종	WM12 (SnSb8Cu4)	-	고속 중하중용(자동차엔진용)
		13종	WM13 (SnSb12Cu6Pb)	-	고저속 중하중용
		14종	WM14 (PbSb15Sn10)	-2,770	중속 중하중용

183. 기계 재료 기호

KS D	명칭	종(류)별	기호	인장강도(N/mm²)	용도 및 특성
6003 (2002) <계속>	화이트 메탈 (계속)	납 주물 합금	PbSb15SnAs	축의 최소 경도 HB 160	랩 부위, 벽 두께 3mm까지의 박벽 베어링 라이너, 스러스트 와셔, 내연기관의 캠 샤프트 부시, 기어 부시, 소형 피스톤 압축기의 커넥팅 로드 및 메인 베어링에 사용됨
			PbSb15Sn10	축의 최소 경도 HB 160	평균 응력의 평면 베어링, 틸팅 패드 베어링, 크로스 헤드 베어링 및 콘브레이커에 사용됨
			PbSb10Sn6	축의 최소 경도 HB 160	적당한 충격 응력. 내장성이 좋음
		주석 주물 합금	SnSb12Cu6Pb	축의 최소 경도 HB160	거친 저널(회주철)의 경우 내마모성이 높음. 터빈, 압축기, 전기 기계 및 기어의 평면 베어링에 사용됨
			SnSb8Cu4	축의 최소 경도 HB 160	고부하 압연기 베어링에 사용됨 랩 부시, 벽 두께 3mm까지의 얇은 벽 베어링 라이너의 생산에 사용됨
		동-납-주석 주물합금	CuPb9Sn5	축의 최소 경도 HB 250	중하중과 중~고 미끄럼 속도에 적절한 연동 베어링 합금. 주석의 함량을 높이면 경도가 높아지고 내마모성이 좋아진다.
			CuPb10Sn10		
			CuPb15Sn8	축의 최소 경도 HB 250	
			CuPb20Sn5	축의 최소 경도 HB 200	
		동-알루미늄 주물 합금	CuAl10Fe5Ni5	축의 최소 경도 HB 55	미끄럼 조건하의 구조재를 위한 매우 경한 합금 해양 환경에 적합하다. 경화된 축을 사용하여야 한다. 내장성이 상대적으로 나쁘다.
		동-주석-아연 주물 합금	CuSn8Pb2	축의 최소 경도 HB 300	저~중 하중을 받는 비임계용 : 적절한 윤활
			CuSn10P	축의 최소 경도 HB 55	윤활이 적절하고 조립이 잘 되었을 때 고하중, 고미끄럼 속도, 충격 하중 또는 가격(pounding)을 복합적으로 받는 축을 위한 재료로 사용됨
			CuSn12Pb2		
			CuPb5Sn5Zn5	축의 최소 경도 HB 250	저하중을 받는 비임계용
6005 (2006)	아연합금 다이캐스팅	1종	ZDC1	325	기계적 성질 및 내식성이 우수하다. 자동차 브레이크 피스톤, 시트밸브 감김쇠, 캠버스 플라이어 등
		2종	ZDC2	285	자동차 라디에이터, 그릴몰 및 카뷰레터, VTR 드럼베이스 및 테이프 헤드, CP커넥터

재료기호

183. 기계 재료 기호

KS D	명칭	종(류)별	기호	인장강도(N/mm^2)	용도 및 특성
6006 (2009)	다이캐스팅용 알루미늄합금	1종	ALDC 1	-	내식성, 주조성은 좋다. 항복 강도는 어느 정도 낮다.
		3종	ALDC 3	-	충격값과 항복 강도가 좋고 내식성도 1종과 거의 동등하지만, 주조성은 좋지 않다.
		5종	ALDC 5	-	내식성이 가장 양호하고 연신율, 충격값이 높지만 주조성은 좋지 않다.
		6종	ALDC 6	-	내식성은 5종 다음으로 좋고, 주조성은 5종보다 약간 좋다.
		10종	ALDC 10	-	기계적 성질, 피삭성 및 주조성이 좋다.
		10종 Z	ALDC 10 Z	-	10종보다 주조 갈라짐성과 내식성은 약간 좋지 않다.
		12종	ALDC 12	-	기계적 성질, 피삭성, 주조성이 좋다.
		12종 Z	ALDC 12 Z	-	12종보다 주조 갈라짐성 및 내식성이 떨어진다.
		14종	ALDC 14	-	내마모성, 유동성은 우수하고 항복 강도는 높으나, 연신율이 떨어진다.
		Si9종	Al Si9	-	내식성이 좋고, 연신율, 충격치도 어느 정도 좋지만, 항복 강도가 어느 정도 낮고 유동성이 좋지 않다.
		Si12Fe종	Al Si12(Fe)	-	내식성, 주조성이 좋고, 항복 강도가 어느 정도 낮다.
		Si10MgFe종	Al Si10Mg(Fe)	-	충격치와 항복 강도가 높고, 내식성도 1종과 거의 동등하며, 주조성은 종보다 약간 좋지 않다.
		Si8Cu3종	Al Si8Cu3	-	10종보다 주조 갈라짐 및 내식성이 나쁘다.
		Si9Cu3Fe종	Al Si9Cu3(Fe)	-	
		Si9Cu3FeZn종	Al Si9Cu3(Fe)(Zn)	-	
		Si11Cu2Fe종	Al Si11Cu2(Fe)	-	기계적 성질, 피삭성, 주조성이 좋다.
		Si11Cu3Fe종	Al Si11Cu3(Fe)	-	
		Si12Cu1Fe종	Al Si12Cu1(Fe)	-	12종보다 연신율이 어느 정도 높지만, 항복 강도는 다소 낮다.
		Si17Cu4Mg종	Al Si17Cu4Mg	-	내마모성, 유동성이 좋고, 항복 강도가 높지만, 연신율은 낮다.
		Mg9종	Al Mg9	-	5종과 같이 내식성이 좋지만, 주조성이 나쁘고, 응력부식균열 및 경시변화에 주의가 필요하다.

183. 기계 재료 기호

KS D	명칭	종(류)별	기호	인장강도(N/mm^2)		용도 및 특성
6008 (2002)	알루미늄 합금 주물 ■ 질별 F : 주조한 그대로 T5 : 시효 경화 처리 O : 어닐링	1종A	AC1A-F	금형	150 이상	가선용 부품, 자전거부품, 항공기용 유압부품, 전송품 등
				사형	130 이상	
		1종B	AC1B-F	금형	170 이상	가선용 부품, 중전기부품, 자전거 부품, 항공기 부품 등
				사형	150 이상	
		2종A	AC2A-F	금형	180 이상	매니폴드, 디프캐리어, 펌프 보디, 실린더 헤드, 동차용 하체 부품 등
				사형	150 이상	
		2종B	AC2B-F	금형	150 이상	실린더헤드, 밸브보디, 크랭크 케이스, 클러치 하우징 등
				사형	130 이상	
		3종A	AC3A-F	금형	170 이상	케이스류, 커버류, 하우징류의 얇은 것, 복잡한 모양의 것, 장막벽 등
				사형	140 이상	
		4종A	AC4A-F	금형	170 이상	매니폴드, 브레이크드럼, 미션 케이스, 크랭크 케이스, 기어 박스, 선박용・차량용 엔진 부품 등
				사형	130 이상	
		4종B	AC4B-F	금형	170 이상	크랭크케이스, 실린더헤드, 매니폴드, 항공기용 전장품 등
				사형	140 이상	
		4종C	AC4C-F	금형	150 이상	유압 부품, 미션 케이스, 플라이 휠 하우징, 항공기 부품, 소형용 엔진 부품, 전장품 등
				사형	130 이상	
		4종CH	AC4CH-F	금형	160 이상	자동차용 바퀴, 가선용 쇠붙이, 항공기용 엔진 부품, 전장품 등
				사형	140 이상	
		4종D	AC4D-F	금형	170 이상	수랭 실린더 헤드, 크랭크 케이스, 실린더 블록, 연료펌프 보디, 블로어 하우징, 항공기용 유압 부품 및 전장품 등
				사형	130 이상	
		5종A	AC5A-F	금형	180 이상	공랭 실린더 헤드, 디젤 기관용 피스톤, 항공기용 엔진 부품 등
			AC5A-O	사형	130 이상	
		7종A	AC7A-F	금형	210 이상	가선용 쇠붙이, 선박용 부품, 조각 소재건축용 쇠붙이, 사무기기, 의자, 항공기용 전장품 등
				사형	140 이상	
		8종A	AC8A-F	금형	170 이상	자동차・디젤 기관용 피스톤, 선박용 피스톤, 도르래, 베어링 등
		8조B	AC8B-F	금형	170 이상	자동차용 피스톤, 도르래, 베어링 등
		8종C	AC8C-F	금형	170 이상	자동차용 피스톤, 도르래, 베어링 등
		9종A	AC9A-T5	금형	150 이상	피스톤(공랭 2사이클용) 등
		9종B	AC9B-T5	금형	170 이상	피스톤(디젤 기관용, 수랭 2사이클용), 공랭 실린더 등

183. 기계 재료 기호

KS D	명칭	종(류)별	기호	인장강도(N/mm^2)		용도 및 특성
6016 (2007)	마그네슘 합금 주물 ■질별 F : 주조한 그대로 T5 : 시효경화 처리	1종	MgC1-F	사형	177 이상	일반용 주물, 3륜차용 하부 휨, 텔레비전 카메라용 부품, 쌍안경 몸체,직기용 부품 등
				금형		
		2종	MgC2-F	사형	157 이상	일반용 주물, 크랭크 케이스, 트랜스미션, 기어박스, 텔레비전 카메라용 부품, 레이더용 부품, 공구용 지그 등
				금형		
		3종	MgC3-F	사형	157 이상	일반용 주물, 엔진용 부품, 인쇄용 섀들 등
				금형		
		5종	MgC5-F	금형	137 이상	일반용 주물, 엔진용 부품
		6종	MgC6-T5	사형	235 이상	고력 주물, 경기용 차륜산소통 브래킷 등
		7종	MgC7-T5	사형	265 이상	고력 주물, 인렛 하우징 등
		8종	MgC8-T5	사형	137 이상	내열용 주물, 엔진용 부품 기어 케이스, 컴프레서 케이스 등
6018 (2007)	경연 주물	8종	HPbC 8	49 이상		주로 화학 공업에 사용됨
		10종	HPbC 10	50 이상		
6023 (2007)	니켈 및 니켈합금 주물 ■질별 F : 주조한 그대로 S : 용체화 처리	니켈주물	NC-F	345 이상		수산화나트륨, 탄산나트륨 및 염화암모늄을 취급하는 제조장치의 밸브·펌프 등
		니켈-구리합금 주물	NCuC-F	450 이상		해수 및 염수, 중성염, 알칼리염 및 플루오르산을 취급하는 화학 제조 장치의 밸브·펌프 등
		니켈-몰리브덴 합금 주물	NMC-S	525 이상		염수, 황산 인산, 아세트산 및 염화수소가스를 취급하는 제조 장치의 밸브·펌프 등
		니켈-몰리브덴-크롬합금 주물	NMCrC-S	495 이상		산화성산, 플루오르산, 포름산 무수아세트산, 해수 및 염수를 취급하는 제조 장치의 밸브 등
		니켈-크롬-철합금 주물	NCrFC-F	485 이상		질산, 지방산, 암모늄수 및 염화성 약품을 취급하는 화학 및 식품 제조 장치의 밸브 등

183. 기계 재료 기호

KS D	명칭	종(류)별	기호	인장강도(N/mm^2)	용도 및 특성
6024 (2009)	구리 주물	1종	CAC101	175 이상	송풍구, 대송풍구, 냉각판, 열풍 밸브, 전극 홀더, 일반 기계 부품 등(주조/도전/열전도성 우수)
		2종	CAC102	155 이상	송풍구, 전기용 터미널,분기 슬리브, 콘택트, 도체, 일반 전기 부품 등(CAC101보다 도전/열전도성 우수)
		3종	CAC103	135 이상	전로용 랜스 노즐, 전기용 터미널, 분기 슬리브, 통전 서포트, 도체, 일반전기 부품 등(구리 주물 중에서는 도전/열전도성이 가 우수)
	황동 주물	1종	CAC201	145 이상	플랜지류, 전기 부품, 장식용품 등(납땜하기 쉽다.)
		2종	CAC202	195 이상	전기 부품, 제기 부품, 일반 기계 부품 등(황동 주물 중 비교적 주조가 용이)
		3종	CAC203	245 이상	급배수 쇠붙이, 전기 부품, 건축용 쇠붙이, 일반기계 부품, 일용품, 잡화품 등(CAC202보다 기계적 성질 우수)
		4종	CAC204	241 이상	일반 기계 부품, 일용품, 잡화품 등(기계적 성질이 우수)
	고력 황동 주물	1종	CAC301	430 이상	선박용 프로펠러, 프로펠러 보닛, 베어링, 밸브시트, 밸브봉, 베어링 유지기, 레버 암, 기어, 선박용 의장품 등 (강도, 경도가 높고 내식성, 인성 우수)
		2종	CAC302	490 이상	선박용 프로펠러, 베어링, 베어링 유지기, 슬리퍼, 엔드 플레이트, 밸브시트, 밸브봉, 특수 실린더, 일반 기계 부품 등(강도가 높고 내마모성 우수. 경도는 CAC301보다 높고 강성이 있다.)
		3종	CAC303	635 이상	저속 고하중의 미끄럼부품, 대형 밸브, 스템, 부시, 웜 기어, 슬리퍼, 캠, 수압 실린더 부품 등(특히 강도, 경도가 높고 고하중의 경우에도 내마모성 우수)
		4종	CAC304	755 이상	저속 고하중의 미끄럼부품, 교량용 지지판, 베어링, 부시, 너트, 웜 기어, 내마모판 등(고력 황동 주물 중에서 특히 강도, 경도가 높고 고하중의 경우에도 내마모성 우수)
	청동 주물	1종	CAC401	165 이상	베어링, 명판, 일반 기계부품 등(용탕 흐름, 피삭성이 우수)
		2종	CAC402	245 이상	베어링, 슬리브, 부시, 펌프 몸체, 임펠러, 밸브, 기어, 선박용 둥근 창, 전동 기기 부품 등(내압/내마모/내식성이 좋고 기계적 성질도 우수)
		3종	CAC403	245 이상	베어링, 슬리브, 부싱, 펌프, 몸체 임펠러, 밸브, 기어, 선박용 등근 창, 전동 기기 부품, 일반 기계 부품 등(내압/내마모/기계적 성질우수. 내식성이 CAC402보다 우수)
		6종	CAC406	195 이상	밸브, 펌프 몸체, 임펠러,급수 밸브, 베어링, 슬리브, 부싱, 일반 기계 부품, 경관 주물, 미술 주물 등(내압/내마모/피삭/주조성 우수)
		7종	CAC407	215 이상	베어링, 소형 펌프 부품, 밸브, 연료 펌프, 일반기계 부품 등 (기계적 성질이 CAC406보다 우수)
		8종 (함연 단동)	CAC408	207 이상	저압 밸브, 파이프 연결구, 일반 기계 부품 등(내마모/피삭성 우수(일반용 쾌삭 청동).)
		9종	CAC409	248 이상	포금용, 베어링 등(기계적 성질이 좋고, 가공/완전성 우수)

재료기호

183. 기계 재료 기호

KS D	명칭	종(류)별	기호	인장강도(N/mm²)	용도 및 특성
6024 (2009) <계속>	인청동 주물	2종 A	CAC502A	195 이상	기어, 웜 기어, 베어링, 부싱, 슬리브, 임펠러, 일반 기계 부품 등(내식/내마모성 우수)
		2종 B	CAC502B	295 이상	
		3종 A	CAC503A	195 이상	미끄럼 부품, 유압 실린더, 슬리브, 기어, 제지용각종 롤러 등(경도가 높고 내마모성 우수)
		3종 B	CAC503B	265 이상	
	납청동 주물	2종	CAC602	195 이상	중고속 · 고하중용 베어링, 실린더, 밸브 등(내압/내마모성 우수)
		3종	CAC603	175 이상	중고속 · 고하중용 베어링, 대형 엔진용 베어링(면압이 높은 베어링에 적합하고 친밀성 우수)
	납청동 주물	4종	CAC604	165 이상	중고속 · 중하중용 베어링, 차량용 베어링, 화이트 메탈의 뒤판 등(CAC603보다 친밀성 우수)
		5종	CAC605	145 이상	중고속 · 저하중용 베어링, 엔진용 베어링 등(납청동 주물 중에서 친밀/내소부성이 특히 우수)
		6종	CAC606	165 이상	경하중 고속용 부싱, 베어링, 철도용 차량, 파쇄기, 콘베어링 등(불규칙한 운동 또는 불완전한 끼움으로 인하여 베어링 메탈이 다소 변형되지 않으면 안 될 곳에 사용되는 베어링 라이너용)
		7종	CAC607	207 이상	일반 베어링, 병기용 부싱 및 연결구, 중하중용 정밀 베어링, 조립식 베어링 등(강도, 경도 및 내충격성 우수)
		8종	CAC608	193 이상	경하중 고속용 베어링, 일반 기계 부품 등(경하중 고속용)
	알루미늄 청동 주물	1종	CAC701	440 이상	내산 펌프, 베어링, 부싱,기어, 밸브 시트, 플런저, 제지용 롤러 등(강도, 인성이 높고 굽힘에도 강하다. 내식/내열/내마모성, 저온 특성 우수)
		2종	CAC702	490 이상	선박용 소형 프로펠러, 베어링, 기어, 부싱, 밸브시트, 임펠러, 볼트 너트, 안전 공구, 스테인리스강용 베어링 등(강도가 높고 내식/내마모성 우수)
		3종	CAC703	590 이상	선박용 프로펠러, 임펠러, 밸브, 기어, 펌프 부품, 화학 공업용 기기 부품, 테인리스강용 베어링, 식품 가공용 기계 부품 등(대형 주물에 적합하고 강도가 특히 높고 내식/내마모성 우수)
		4종	CAC704	590 이상	선박용 프로펠러, 슬리브, 기어, 화학용 기기부품 등(단순 모양의 대형 주물에 적합하고 강도가 특히 높고 내식/내마모성 우수)
		5종	CAC705	620 이상	중하중을 받는 총포 슬라이드 및 지지부, 기어, 부싱, 베어링, 프로펠러날개 및 허브, 라이너 베어링 플레이트용 등(신뢰도가 높고 강도가 크며 경도는 망간 청동과 같으며, 내식성 및 내피로도가 우수, 고온에서도 내마모성이 좋다. 용접성은 좋지 않다.)
		6종	CAC706	450 이상	

183. 기계 재료 기호

KS D	명칭	종(류)별	기호	인장강도(N/mm^2)	용도 및 특성
6024 (2009) <계속>	실리콘 청동 주물	1종	CAC801	345 이상	선박용 의장품, 베어링, 기어 등(용탕 흐름이 좋다. 강도가 높고 내식성 우수)
		2종	CAC802	440 이상	선박용 의장품, 베어링, 기어, 보트용 프로펠러 등(CAC801 보다 강도가 우수)
		3종	CAC803	390 이상	선박용 의장품, 베어링, 기어 등(용탕 흐름이 좋다. 어닐링 취성이 적다. 강도가 높고 내식성이 우수)
		4종	CAC804	310 이상	선박용 의장품, 베어링, 기어 등(강도와 인성이 크고 내식성 우수, 완전하고 균질한 주물이 필요한 곳에 사용)
		5종	CAC805	300 이상	급수장치 기구류(수도미터, 밸브류, 이음류, 수전밸브 등) 납 용출량은 거의 없다. 유동성 우수. 강도, 연신율이 높고 내식성 양호. 피삭성은 CAC406보다 낮다.)
	니켈 주석 청동 주물	1종	CAC901	310 이상	팽창부 연결품, 관 이음쇠, 기어 볼트, 너트, 펌프 피스톤, 부싱, 베어링 등(강도가 크고 내염수성 우수)
		2종	CAC902	276 이상	팽창부 연결품, 관 이음쇠, 기어 볼트, 너트, 펌프 피스톤, 부싱, 베어링 등(CAC901보다 강도는 낮고 절삭성 우수)
		3종	CAC903	311 이상	스위치 및 스위치 기어, 단로기, 전도 장치 등(전기 전도도가 좋고 적당한 강도 및 경도 우수)
		4종	CAC904	518 이상	부싱, 캠, 베어링, 기어, 안전 공구 등(높은 강도와 함께 우수한 내식/내마모성 우수)
		5종	CAC905	552 이상	높은 경도와 최대의 강도가 요구되는 부품 등(높은 경도와 최대의 강도)
	베리륨 청동 주물	6종	CAC906 (CAC906HT)	(1139 이상)	높은 인장 강도 및 내력과 함께 최대의 경도가 요구되는 부품 등(높은 인장 강도 및 내력과 함께 최대의 경도)

183. 기계 재료 기호

KS D	명칭	종(류)별	기호	인장강도(N/mm²)	용도 및 특성
6763 (2007)	알루미늄 및 알루미늄합금 봉 및 선 BE : 압출봉 BD : 인발봉 W : 인발선 ▪질별 H : 가공경화 O : 어닐링 T : 시효처리	1070	A 1070 BE	54 이상(H112)	순 알루미늄으로 강도는 낮으나 열이나 전기의 전도성은 높고, 용접성, 내식성이 양호하다. : 용접선 등
			A 1070 BD	84 이상(H14)	
			A 1070 W		
		1050	A 1050 BE	64 이상(H112)	
			A 1050 BD	94 이상(H14)	
			A 1050 W		
		1100	A 1100 BE	74 이상(H112)	강도는 비교적 낮으나 용접성, 내식성이 양호하다. : 열교환기 부품 등
			A 1100 BD	108 이하(H14)	
			A 1100 W		
		1200	A 1200 BE	74 이상(H112)	
			A 1200 BD	108 이하(H14)	
			A 1200 W		
		2011	A 2011 BD	275 이상(T4)	절삭 가공성이 우수한 쾌삭합금으로 강도가 높다. : 볼륨축, 광학부품, 나사류 등
			A 2011 W		
		2014	A 2014 BE	245 이상(O[b])	열처리합금으로 강도가 높고 단조품에도 적용된다. : 항공기, 유압부품 등
			A 2014 BD		
		2017	A 2017 BE	245 이상(O[b])	내식성, 용접성은 나쁘지만 강도가 높고 절삭 가공성도 양호하다. : 스핀들, 항공기용재, 자동차용 부재 등
			A 2017 BD	245 이하(O[b])	
			A 2017 W		
		2117	A 2117 W	265 이상(T4)	용체화 처리 후 코킹하는 리벳용재로 상온 시효속도를 느리게 한 합금이다. : 리벳용재 등
		2024	A 2024 BE	245 이하(O[b])	2017보다 강도가 높고 절삭 가공성이 양호하다. : 스핀들, 항공기용재, 볼드재 등
			A 2024 BD		
			A 2024 W		
		3003	A 3003 BE	94 이상(H112)	1100보다 약간 강도가 높고, 용접성, 내식성이 양호하다. : 열교환기 부품 등
			A 3003 BD	96 이상(H112)	
			A 3003 W		
		5052	A 5052 BE	177 이상((H112)	중간 정도의 강도가 있고, 내식성, 용접성이 양호하다. : 리벳용재, 일반기계 부품 등
			A 5052 BD	255 이상(H36)	
			A 5052 W		
		5N02	A 5N02 BD	226 이상(O)	리벳용 합금으로 내식성이 양호하다. : 리벳용재 등
			A 5N02 W		
		5056	A 5056 BE	245 이상(H112)	내식성, 절삭 가공성, 양극 산화처리성이 양호하다. : 광학기기, 통신기기 부품, 파스너 등
			A 5056 BD	314 이상(O)	
			A 5056 W		

183. 기계 재료 기호

KS D	명칭	종(류)별	기호	인장강도(N/mm^2)	용도 및 특성
6763 (2007) <계속>	알루미늄 및 알루미늄합금 봉 및 선	5083	A 5083 BE	275 이상(H112)	비열처리 합금 중에서 가장 강도가 크고, 내식성, 용접성이 양호하다. : 일반기계 부품 등
			A 5083 BD		
			A 5083 W		
		6061	A 6061 BE	147 이하(O[b])	열처리형 내식성 합금이다. : 리벳용재, 자동차용 부품 등
			A 6061 BD		
			A 6061 W		
	BE : 압출봉	6063	A 6063 BE	131 이하(O)	6061보다 강도는 낮으나, 내식성, 표면처리성이 양호하다. : 열교환기 부품 등
	BD : 인발봉	6066	A 6066 BE	200 이하(O)	열처리형 합금으로 내식성이 양호하다.
	W : 인발선	6262	A 6262 BD	290 이상(T6)	
			A 6262 W		
		7003	A 7003 BE	284 이상(T5)	7N01보다 강도는 약간 낮으나, 압출성이 양호하다. 용접구조용 재료 등
		7N01	A 7N01 BE	245 이상(O)	강도가 높고, 내식성도 양호한 용접구조용 합금이다. 일반기계용 부품 등
		7075	A 7075 BE	539 이상(T6)	알루미늄합금 중 가장 강도가 큰 합금의 하나이다. : 항공기 부품 등
			A 7075 BD	530 이상(T6)	
		7178	A 7178 BE	118 이하(O)	고강도 알루미늄합금으로 구조용 재료 등에 활용된다.
	주) "질별" 이란 제조 과정에서의 가공·열처리 조건의 차에 의해 얻어진 기계적 성질의 구분을 말한다.(KS D 0004)				
6770 (2008)	알루미늄 및 알루미늄합금 단조품	1100	A 1100 FD	HB 20 이상(H112)	내식성, 열간·냉간 가공성이 좋다. : 전산기용 메모리 드럼 등
		1200	A 1200 FD		
		2014	A 2014 FD	HB 100 이상(T4)	강도가 높고, 단조성, 연성이 뛰어나다. : 항공기용 부품, 차량, 자동차용 부품, 일반구조부품 등
	▪ 제조방법		A 2014 FH	-	
	FD : 형(틀) 단조품	2017	A 2017 FD	HB 90 이상((T4)	강도가 높다. : 항공기용 부품, 잠수용 수중 고압용기, 자전거용 허브재 등
	FH : 자유 단조품	2018	A 2018 FD	HB 100 이상(T61)	단조성이 뛰어나고, 고온온도가 높으므로 내열성이 요구되는 단조품에 사용된다. : 실린더 헤드, 피스톤, VTR실린더 등
		2218	A 2218 FD	HB 61 이상(T61)	
		2219	A 2219 FD	HB 100 이상(T6)	고온강도, 내 크리프성이 뛰어나고 용접성이 좋다. : 로켓 등의 항공기용 부품 등
			A 2219 FH	-	
		2025	A 2025 FD	HB 100 이상(T6)	단조성이 좋고 강도가 높다. : 프로펠러, 자기드럼 등
			A 2025 FH	-	
		2618	A 2618 FD	HB 115 이상(T61)	고온강도가 뛰어나다. : 피스톤, 고무서형용 금형, 일반 내열용도 부품 등
			A 2618 FH	-	
		2N01	A 2N01 FD	HB 110 이상(T6)	내열성이 있고, 강도도 높다. 유압부품 등
			A 2N01 FH	-	
		4032	A 4032 FD	HB 115 이상(T6)	중온(약 200℃)에서 강도가 높고, 열팽창 계수가 작고, 내마모성이 뛰어나다. : 피스톤 등
		5052	A 5052 FH	-	중강도 합금으로 내식성, 가공성이 좋다. : 항공기용 부품 등
		5056	A 5056 FD	HB 50 이상(H112)	내식성, 절삭 가공성, 양극산화 처리성이 좋다. : 광학기기·통신기기 부품, 지퍼 등
		5083	A 5083 FD	HB 60 이상(112)	내식성, 용접성 및 저온에서 기계적 성질이 우수하다. : LNG용 플랜지 등
			A 5083 FH	-	

183. 기계 재료 기호

KS D	명칭	종(류)별		기호	인장강도(N/mm^2)	용도 및 특성
6770 (2008) 〈계속〉	알루미늄 및 알루미늄합금 단조품 ■ 제조방법 FD : 형(틀) 단조품 FH : 자유 단조품	6151		A 6151 FD	HB 90 이상(T6)	6061보다 강도가 약간 높고, 연성, 인성, 내식성도 좋고, 복잡한 모양의 단조품에 적당하다. 과급기의 휀, 자동차 휠 등
				A 6151 FH	-	
		6061		A 6061 FD	HB 80 이상(T6)	연성, 인성, 내식성이 좋다. 이화학용 로터, 자동차용 휠, 리시버 탱크 등
				A 6061 FH	-	
		7050		A 7050 FD	HB 135 이상(T74)	연성, 인성, 내응력 부식 깨짐성이 우수하다. 특히 두꺼운 물건강도가 뛰어나다. 항공기용 부품, 고속 회전체 등
				A 7050 FH	-	
		7075		A 7075 FD	HB 135 이상(T6)	단조합금 중 최고의 강도를 가진다. 항공기용 부품, 선박용 부품, 자동차용 부품 등
				A 7075 FH	-	
		7N01		A 7N01 FD	HB 90 이상(T6)	강도가 높고, 내식성도 좋은 용접구조용 합금이다. 항공기용 부품 등
				A 7N01 FH	-	
7046 (2007)	기계 구조 부품용 소결 재료	1종	1호	SMF 1010	98 이상	작고 높은 정밀도 부품에 적당하다. 자화철심으로서 사용가능 스페이서, 폴 피스 등
			2호	SMF 1015	147 이상	
			3호	SMF 1020	196 이상	
		2종	1호	SMF 2015	147 이상	일반구조용 부품에 적당하다. 침탄 퀜칭해서 내모성을 향상 래칫, 키, 캠 등
			2호	SMF 2025	245 이상	
			3호	SMF 2030	294 이상	
		3종	1호	SMF 2010	98 이상	일반구조용 부품에 적당하다. 퀜칭 템퍼링에 의하여 강도 향상 스러스트 플레이트, 피니언, 충격흡수피스톤 등
			2호	SMF 2020	196 이상	
			3호	SMF 3030	294 이상	
			4호	SMF 3035	343 이상	
		4종	1호	SMF 4020	196 이상	일반구조용 부품에 적당하다. 내마모성 있음. 퀜칭 템퍼링에 의하여 강도 향상 기어, 오일 펌프로터, 볼 시트 등
			2호	SMF 4030	294 이상	
			3호	SMF 4040	392 이상	
			4호	SMF 4050	490 이상	
		5종	1호	SMF 5030	294 이상	고강도 구조 부품에 적당하다. 퀜칭 템퍼링처리 가능 기어, 싱크로나이저허브, 스로킷 등
			2호	SMF 5040	392 이상	
		6종	1호	SMF 6040	392 이상	고강도, 내마모성, 열전도성이 뛰어나다. 기밀성 있음. 퀜칭 템퍼링처리 가능 밸브 플레이트, 펌프기어 등
			2호	SMF 6055	539 이상	
			3호	SMF 6065	637 이상	
		7종	1호	SMF 7020	196 이상	인성있음. 침탄 퀜칭에 의하여 내마모성 향상 래칫폴, 캠, 솔레노이드 폴, 미캐니컬 실 등
			2호	SMF 7025	245 이상	
		8종	1호	SMF 8035	343 이상	퀜칭 템퍼링에 의하여 고강도 구조부품에 적당하다. 인성 있음. 기어, 롤러, 스프로킷 등
			2호	SMF 8040	392 이상	
		1종	1호	SMS 1025	245 이상	특히 내식성 및 내열성 있음. 자성이 약간 있음 너트, 미캐니컬 실, 실 밸브, 콕, 노즐 등
			2호	SMS 1035	343 이상	
		2종	1호	SMS 2025	245 이상	내식성 및 내열성 있음 너트, 미캐니컬 실, 실 밸브, 콕, 노즐 등
			2호	SMS 2035	343 이상	
		1종	1호	SMK 1010	98 이상	연하고 융합이 쉽다. 내식성 있음 링암 웜 휠 등
			2호	SMK 1015	147 이상	

MEMO

184. 동력전달장치의 부품별 재료표

품명	재료 기호	재료명	비고
본체(하우징) 또는 몸체, 커버 류	GC 200	회 주철품	일반적인 동력전달 장치 및 편심구동장치 외면 명적색 또는 명회색 도장.
	GC 250		
	SC 450	탄소강 주강품	펌프 등의 본체에 사용, 강도를 요하는 곳
축류	SCM 435	크롬 몰리브덴강	강도 경도를 요하는 축 재질
	SCM 415		
	SM 35C	기계구조용 탄소강	일반적인 축 재질 SM28C 이상 재질에서 열처리(퀜칭·템퍼링) 가능
	SM 40C		
	SM 45C		
	SM 15CK	침탄용 기계구조용강	강도 경도를 요하는 축 재질(침탄 열처리용)
스퍼기어 및 헬리컬 기어, 스프로킷	SCM 435	크롬 몰리브덴강	기어 치면 퀜칭 템퍼링 HB 241~302
	SNCM 415	니켈 크롬 몰리브덴강	기어 치면 침탄 퀜칭 HRC 55~61, 경화층 깊이: 0.8~1.2
	SC 480	탄소강 주강품	암이 있는 대형 기어 재질 주조후 치면 열처리
베벨, 스파이럴, 하이포이드 기어	SCM 420 H	크롬 몰리브덴강	기어 치면 침탄 퀜칭 템퍼링 HRC 60±3, 경화층 깊이: 0.9~1.4
웜 축	SM 48C	기계 구조용 탄소강	기어 치면 고주파 퀜칭 HRC 50~55
웜 휠	CAC402	청동주물	밸브, 기어, 펌프 등
	CAC502A	인청동주물	웜기어, 베어링부시
래크	SNC 415	니켈 크롬강	
피니언	SNC 415		
래칫	SM 15CK	침탄용 기계구조용강	침탄 열처리용
제네바 기어, 링크	SCM 415	크롬 몰리브덴강	표면경화 HRC50±2
V벨트 풀리 및 로프 풀리	GC 250	회 주철품	
	SC 415	단소주강품	
	SC 450		
커버	GC 200	회 주철품	본체와 같은 재질사용 외면 명회색 도장
	GC 250		
	SC 450	탄소강 주강품	
클러치	SC 480	탄소강 주강품	
베어링용 부시	CAC502A	인청동주물	웜기어, 베어링부시
	WM 3	화이트 메탈	고속 중하중용
칼라	SM 45C	기계구조용강	간격유지용
스프링	SPS 3	실리콘 망간강재	겹판, 코일, 비틀림막대 스프링
	SPS 6	크롬 바나듐강재	코일, 비틀림막대 스프링
	SPS 8	실리콘 크롬강재	코일 스프링
	PW 1	피아노선	스프링용

185. 지그 · 유공압기구 부품별 재료표

지그 부품별 재료표

부품명	재료 기호	재료명	비고
베이스	SCM415	크롬 몰리브덴강	기계가공용
	STC105	탄소공구강재	
	SM45C	기계구조용강	
하우징, 몸체	SC46	주강	주물용
가이드부시(공구 안내용)	STC105	탄소공구강재	드릴, 앤드밀 등의 안내용
	SK3	탄소공구강	
플레이트	SM45C	기계구조용강	
스프링	SPS3	실리콘 망간강재	겹판, 코일, 비틀림막대 스프링
	SPS6	크롬 바나듐강재	코일, 비틀림막대 스프링
	SPS8	실리콘 크롬강재	코일 스프링
	PW1	피아노선	스프링용
서포트	STC105	탄소공구강재	
가이드블록	SCM430	크롬 몰리브덴강	
베어링부시	CAC502A	인청동주물	
	WM3	화이트 메탈	
V블록	STC105	탄소공구강	지그 고정구용
조			
로케이터	SCM430	크롬 몰리브덴강	
측정핀			
슬라이더			
고정대			

유공압기구 부품별 재료표

부품명	재료 기호	재료명	비고
하우징	ALDC7	알루미늄합금 다이캐스팅	
	AC4C	알루미늄합금 주물	
	AC5C		
레버형 핑거	SCM430	크롬 몰리브덴강	
프레스 축	SCM430		
커버	ALDC6	알루미늄합금 다이캐스팅	
실린더	ALDC6		
피스톤	CAC502A	인청동주물	
코일 스프링	PW1	피아노선	
롤러	SM45C	기계구조용강	

186. 강-경도값의 인장강도값 변환

1. 적용범위

이 기술 보고서는 브리넬 및 비커스 경도값으로 설정된 경도의 인장강도 변환표와 사용규정에 대해 기술한다. 여기에서 정의된 변환표는 가공 경화가 일어나지 않은 균질한 고상 제품(두께 2mm 이상)의 모든 강에 대해 적용한다.

브리넬 경도 – 인장강도 변환–산포도(Scatter Band) 한계값(95% 신뢰도)

브리넬 경도 HBS 또는 HBW	최소 인장강도 R_m min N/mm²(1)	최대 인장강도 R_m max N/mm²(1)	브리넬 경도 HBS 또는 HBW	최소 인장강도 R_m min N/mm²(1)	최대 인장강도 R_m max N/mm²(1)
85	270	470	275	830	1,030
90	280	480	280	840	1,040
95	290	490	285	860	1,060
100	310	510	290	880	1,080
105	320	520	295	890	1,090
110	330	530	300	910	1,110
115	350	550	310	950	1,150
120	360	560	320	980	1,180
125	370	570	330	1,020	1,220
130	390	590	340	1,050	1,250
135	400	600	350	1,090	1,290
140	410	610	360	1,120	1,320
145	430	630	370	1,160	1,360
150	440	640	380	1,200	1,400
155	460	660	390	1,240	1,440
160	470	670	400	1,270	1,470
165	490	690	410	1,310	1,510
170	500	700	420	1,350	1,550
175	510	710	430	1,390	1,590
180	530	730	440	1,430	1,630
185	540	740	450	1,470	1,670
190	560	760	460	1,510	1,710
195	570	770	470	1,550	1,750
200	590	790	480	1,590	1,790
205	600	800	490	1,630	1,830
210	620	820	500	1,680	1,880
215	630	830	510	1,720	1,920
220	650	850	520	1,760	1,960
225	670	870	530	1,800	2,000
230	680	880	540	1,850	2,050
235	700	900	550	1,890	2,090
240	710	910	560	1,940	2,140
245	730	930	570	1,980	2,180
250	750	950	580	2,030	2,230
255	760	960	590	2,070	2,270
260	780	980	600	2,120	2,320
265	790	990	610	2,160	2,360
270	810	1,010	620	2,210	2,410

주

(1) 1N/mm² = 1MPa

비고

변환으로 얻어진 인장 강도값은 어떠한 경우에도 제품 규격에서 규정된 값을 대치할 수 없으며, 인장시험을 회피할 의도로 이 변환값을 사용할 수 없다.

186. 강-경도값의 인장강도값 변환

비커스 경도 - 인장 강도 변환-산포도 한계값(95% 신뢰도 한계)

비커스 경도 HV	최소 인장강도 R_m min N/mm²[1]	최대 인장강도 R_m max N/mm²[1]	비커스 경도 HV	최소 인장강도 R_m min N/mm²[1]	최대 인장강도 R_m max N/mm²[1]
85	200	420	275	770	990
90	220	430	280	790	1.000
95	230	440	285	800	1,020
100	240	460	290	820	1,030
105	260	470	295	840	1,050
110	270	490	300	850	1,070
115	290	500	310	880	1,100
120	300	520	320	920	1,130
125	320	530	330	950	1,160
130	330	540	340	980	1,200
135	340	560	350	1,020	1,230
140	360	570	360	1,050	1,260
145	370	590	370	1,080	1,300
150	390	600	380	1,120	1,330
155	400	620	390	1,150	1,370
160	420	630	400	1,190	1,400
165	430	650	410	1,220	1,430
170	450	660	420	1,250	1,470
175	460	680	430	1,290	1,500
180	480	690	440	1,320	1,540
185	490	710	450	1,360	1,570
190	510	720	460	1,400	1,610
195	520	740	470	1,430	1,650
200	540	750	480	1,470	1,680
205	550	770	490	1,500	1,720
210	570	780	500	1,540	1,750
215	580	800	510	1,580	1,790
220	600	810	520	1,610	1,830
225	610	830	530	1,650	1,860
230	630	840	540	1,690	1,900
235	650	860	550	1,720	1,940
240	660	880	560	1,760	1,980
245	680	890	570	1,800	2,010
250	690	910	580	1,840	2,050
255	710	920	590	1,880	2,090
260	720	940	600	1,910	2,130
265	740	950	610	1,950	2,170
270	760	970	620	1,990	2,210

주

(1) 1N/mm² = 1MPa

비고

변환으로 얻어진 인장 강도값은 어떠한 경우에도 제품 규격에서 규정된 값을 대치할 수 없으며, 인장시험을 회피할 의도로 이 변환값을 사용할 수 없다.

187. 금속 재료의 물리적 특성

원소기호	금속명	원자량	비중	용점	비점	비열	열전도율	원자번호
Ag	은	107.880	10.49	960.80	2,210	0.056(0′)	1.0(0′C)	47
Al	알루미늄	26.97	2.699	660.2	2,060	0.233	0.53	13
As	비소	74.91	5.73	814	610	0.082	–	33
Au	금	197.21	9.32	1063.0	2,970	0.031	0.71	79
B	붕소	10.82	2.3	2,300±300	2,550	0.309	–	5
Be	베륨	9.02	1.848	1,277	2,770	0.52	0.038	4
Ba	바륨	137.36	33.74	704±20	1,640	0.068	–	56
Bi	비스무스	209.0	9.80	271.30	1,420	0.034	0.020	83
C	탄소	12.010	2.22	3,700±100	4,830	0.165	0.057	6
Ca	칼슘	40.8	1.55	850±20	1,440	0.149	0.30	20
Cd	카드륨	112.41	8.65	320.9	765	0.055	0.22	48
Ce	세륨	140.13	6.9	600±50	1,440	0.042	–	58
Co	코발트	58.94	8.85	1,499±1	2,900	0.099	0.165	27
Cr	크롬	52.01	77.19	1,875	2,500	0.11	0.16	24
Cs	세슘	132.91	1.9	28+2	690	0.052	–	55
Cu	구리	63.54	8.96	1,083.0	2,600	0.092	0.94	29
Fe	철	55.85	7.896	1,536.0	2,740	0.11	0.18	26
Ga	칼륨	69.73	5.91	29.87	2,070	0.079	–	31
Ge	게르마늄	72.60	5.36	958±10	2,700	0.073	–	32
Hg	수은	200.61	13.546	38.36	357	0.033	0.0210	80
In	인	114.76	7.31	156.4	1,450	0.057	0.057	49
Ir	이리듐	193.1	22.5	2,454±3	5,300	0.031	0.147	7
K	칼륨	39.096	0.86	63.7	770	0.177	0.24	19
La	란타륨	138.92	6.15	826±5	1,800	0.045	–	57
Li	리듐	6.940	0.535	186±5	1,370	0.79	0.17	3
Mg	마그네슘	24.32	1.74	650±2	1,110	0.25	0.38	12
Mn	망간	53.93	7.43	1,245	2,150	0.115	–	25
Mo	몰리브덴	95.95	10.22	2,610	3,700	0.061	0.35	42
Na	나트륨	22.997	0.971	92.82	892	0.295	0.32	11
Nb	니오븀	92.91	8.57	2,468±10	>3,300	0.065(0′C)	–	41
Ni	니켈	58.69	8.902	1,453	2,730	0.112	0.198	28

187. 금속 재료의 물리적 특성

원소기호	금속명	원자량	비중	용점	비점	비열	열전도율	원자번호
Os	오스듐	190.2	22.5	2,700±200	5,500	0.031	-	76
P	인듐	30.98	1.82	441	280	0.017	-	15
Pb	납	207.21	11.36	327.4258	1,740	0.031	0.08	82
Pd	팔라듐	106.7	12.03	1,544	4,000	0.058(0′C)	0.17	46
Pt	백금	195.23	21.45	1,769	4,410	0.032	0.17	78
Rb	루비듐	85.48	1.53	39±1	680	0.080	-	37
Rn	로듐	102.91	12.44	1,966±3	4,500	0.059	0.21	45
Ru	루태늄	101.7	12.2	2,500±100	4,900	0.057(0′C)	-	44
S	황	32.066	2.07	119.0	444.6	0.175	-	16
Sb	안티몬	121.76	6.62	630.5	1,440	0.049	0.045	51
Se	셀렌	78.96	4.81	220±5	680	0.084	-	34
Si	규소	28.06	2.33	1,430±20	2,300	0.162(0′C)	0.20	14
Sn	주석	118.70	7.298	231.9	2,270	0.054	0.16	50
Sr	스트론튬	87.63	2.6	770±10	1,380	0.176	-	38
Ta	탄탈	180.88	16.654	2,996±50	>4,100	0.036(0′C)	0.13	73
Tc	델루르	127.61	6.235	450±10	1,390	0.047	0.014	52
Th	토륨	232.12	11.66	1,750	>3,000	0.126	-	22
Ti	티탄	47.90	4.507	1,688±10	>3,000	0.126	-	22
Tl	탈륨	204.39	11.85	300±3	1,460	0.031	0.093	81
U	우라늄	238.07	19.07	1,132±5	-	0.028	0.064	92
V	바라듐	50.95	6.1	1,900+25	3,460	0.120	-	23
W	텅스텐	183.92	19.03	3,410	5,930	0.032	0.48	74
Zn	아연	65.38	7.133	419.505	906	0.0915	0.27	30
Zr	지르코늄	91.22	6.489	6.489	>2,900	0.066	-	40

188. 치수공차와 끼워맞춤

IT 기본 공차로 치수공차와 끼워맞춤에 있어서 정해진 모든 치수공차를 의미하는 것으로 국제 표준화 기구(ISO)공차 방식에 따라 분류하며, IT01부터 IT18까지 20등급으로 구분하여 KS B 0401에 규정하고 있다.

01 기본공차의 수치

기준 치수의 구분(mm)		공차등급(IT)																			
		01	0	1	2	3	4	5	6	7	8	9	10	11	12	13	14	15	16	17	18
초과	이하	기본 공차의 수치(μm)													기본 공차의 수치(μm)						
-	3[1]	0.3	0.5	0.8	1.2	2	3	4	6	10	14	25	40	60	0.10	0.14	0.26	0.40	0.60	1.00	1.40
3	6	0.4	0.6	1	1.5	2.5	4	5	8	12	18	30	48	75	0.12	0.18	0.30	0.48	0.75	1.20	1.80
6	10	0.4	0.6	1	1.5	2.5	4	6	9	15	22	36	58	90	0.15	0.22	0.36	0.58	0.90	1.50	2.20
10	18	0.5	0.8	1.2	2	3	5	8	11	18	27	43	70	110	0.18	0.27	0.43	0.70	1.10	1.80	2.70
18	30	0.6	1.0	1.5	2.5	4	6	9	13	21	33	52	84	130	0.21	0.33	0.52	0.84	1.30	2.10	3.30
30	50	0.6	1.0	1.5	2.5	4	7	11	16	25	39	62	100	160	0.25	0.39	0.62	1.00	1.60	2.50	3.90
50	80	0.8	1.2	2	3	5	8	13	19	30	46	74	120	190	0.30	0.46	0.74	1.20	1.90	3.00	4.60
80	120	1.0	1.5	2.5	4	6	10	15	22	35	54	87	140	220	0.35	0.54	0.87	1.40	2.20	3.50	5.40
120	180	1.2	2.0	3.5	5	8	12	18	25	40	63	100	160	250	0.40	0.63	1.00	1.60	2.50	4.00	6.30
180	250	2.0	3.0	4.5	7	10	14	20	29	46	72	115	185	290	0.46	0.72	1.15	1.85	2.90	4.60	7.60
250	315	2.5	4.0	6	8	12	16	23	32	52	81	130	210	320	0.52	0.81	1.30	2.10	3.20	5.20	8.10
315	400	3.0	5.0	7	9	13	18	25	36	57	89	140	230	360	0.57	0.89	1.40	2.30	3.60	5.70	8.90

주

([1]) 공차등급 IT 14~IT 18은 기준 치수 1mm 이하에는 적용하지 않는다.

구멍의 기초가 되는 치수 허용차 수치

준 치수의 분(mm)		전체의 공차 등급												공차 등급								
														6	7	8	8 이하	9 이상	8 이하	9 이상	8 이하	9 이
	이하	기초가 되는 치수 허용차=아래 치수 허용차 EI																				
		공차역의 위치																				
		A[1]	B[1]	C	CD	D	E	EF	F	FG	G	H	JS[2]	J			K[4]		M[4]		N	
 3 6	3 6 10	+270 +270 +280	+140 +140 +150	+60 +70 +80	+34 +46 +56	+20 +30 +40	+14 +20 +25	+10 +14 +18	+6 +10 +13	+4 +6 +8	+2 +4 +5	0 0 0	치수 허용차 = $\pm\frac{IT_n}{2}$	+2 +5 +5	+4 +6 +8	+6 +10 +12	0 -1+⊿ -1+⊿	0	-2 -4+⊿ -6+⊿	-2 -4 -6	-4 -8+⊿ -10+	
10 4	14 18	+290	+150	+95		+50	+32		+16		+6	0		+6	+10	+15	-1+⊿		-7+⊿	-7	-12+	
8 24	24 30	+300	+160	+110		+65	+40		+20		+7	0		+8	+12	+20	-2+⊿		-8+⊿	-8	-15+	
30 40	40 50	+310 +320	+170 +180	+120 +130		+80	+50		+25		+9	0		+10	+14	+24	-2+⊿		-9+⊿	-9	-17+	
0 5	65 80	+340 +360	+190 +200	+140 +150		+100	+60		+30		+10	0		+13	+18	+28	-2+⊿		-11+⊿	-11	-20+	
0 0	100 120	+380 +410	+220 +240	+170 +180		+120	+72		+36		+12	0		+16	+22	+34	-3+⊿		-13+⊿	-13	-23+	
0 0 0	140 160 180	+460 +520 +580	+260 +280 +310	+200 +210 +230		+145	+85		+43		+14	0		+18	+25	+41	-3+⊿		-15+⊿	-15	-27+	
0 0 5	200 225 250	+660 +740 +820	+340 +380 +420	+240 +260 +280		+170	+100		+50		+15	0		+22	+30	+47	-4+⊿		-17+⊿	-17	-31+	
0 0	280 315	+920 +1,050	+480 +540	+300 +330		+190	+110		+56		+17	0		+25	+36	+55	-4+⊿		-20+⊿[3]	-20	-34+	
5 5	355 400	+1,200 +1,350	+600 +680	+360 +400		+210	+125		+62		+18	0		+29	+39	+60	-4+⊿		-21+⊿	-21	-37+	
0 0	450 500	+1,500 +1,650	+760 +840	+440 +480		+230	+135		+68		+20	0		+33	+43	+66	-5+⊿		-23+⊿	-23	-40+	
0 0	560 630					+260	+145		+76		+22	0							-26		-44	
0 0	710 800					+290	+160		+80		+24	0							-30		-50	
0 0	900 1,000					+320	+170		+86		+26	0							-34		-56	
0 0	1,120 1,250					+350	+195		+98		+28	0							-40		-66	
0 0	1,400 1,600					+390	+220		+110		+30	0							-48		-78	
0 0	1,800 2,000					+430	+240		+120		+32	0							-58		-92	
0 0	2,240 2,500					+480	+260		+130		+34	0							-68		-110	
0 0	2,800 3,150					+520	+290		+145		+38	0							-76		-135	

비고

A 및 B 구멍은 기준 치수 1mm 이하에는 사용하지 않는다.

공차역 클래스 JS 7~JS 11에서는 기본 공차 IT의 수치가 홀수인 경우에는 치수 허용차, 즉 ±IT/2가 마이크로미터 단위의 정수가 되

예외로서 공차역 클래스 M6의 경우에는 ES는 −20+9=−11 μm가 아니고 −9 μm이다.

공차등급 IT 8 이하의 K, M급 및 N 구멍 및 공차 등급 IT 7 이하의 P~ZC 구멍의 경우, 우측의 표에서 ⊿의 수치를 읽고 기초가

[보기] 18~30mm의 K7의 경우 : ⊿=8 μm ∴ ES=−2+8=6 μm

18~30mm의 S6의 경우 : ⊿=4 μm ∴ ES=−35+4=−31 μm

공차등급 IT 9 이상의 N구멍은 기준 치수 1mm 이하에는 사용하지 않는다.

단위 : μm

5)	7 이하	공차 등급 8 이상													공차 등급					
	기초가 되는 치수 허용차=위치수 허용차 ES														3	4	5	6	7	8
	공차역의 위치														⊿의 수치					
		P~ZC	P	R	S	T	U	V	X	Y	Z	ZA	ZB	ZC						
	-4 0 0	오른쪽 난의 값에 ⊿의 값을 가한다.	-6 -12 -15	-10 -15 -19	-14 -19 -23		-18 -23 -28		-20 -28 -34		-26 -35 -42	-32 -42 -52	-40 -50 -67	-60 -80 -97	0 1 1	0 1.5 1.5	0 1 2	0 3 3	0 4 6	0 6 7
	0		-18	-23	-28		-33	 -39	-40 -45		-50 -60	-64 -77	-90 -108	-130 -150	1	2	3	3	7	9
	0		-22	-28	-35	 -41	-41 -48	-47 -55	-54 -64	-63 -75	-73 -88	-93 -118	-136 -160	-188 -218	1.5	2	3	4	8	12
	0		-26	-34	-43	-48 -54	-60 -70	-68 -81	-80 -97	-94 -114	-112 -136	-148 -180	-200 -242	-274 -325	1.5	3	4	5	9	14
	0		-32	-41 -43	-53 -59	-66 -75	-87 -102	-102 -120	-122 -146	-144 -176	-172 -210	-226 -274	-300 -360	-405 -480	2	3	5	6	11	16
	0		-37	-51 -54	-71 -79	-91 -104	-124 -144	-146 -172	-178 -210	-214 -254	-258 -310	-335 -400	-445 -525	-585 -690	2	4	5	7	13	19
	0		-43	-63 -65 -66	-92 -100 -108	-122 -134 -146	-170 -190 -210	-202 -228 -252	-248 -280 -310	-300 -340 -380	-365 -415 -465	-470 -535 -600	-620 -700 -780	-800 -900 -1,000	3	4	6	7	15	23
	0		-50	-77 -80 -84	-122 -130 -140	-166 -180 -196	-236 -258 -284	-284 -310 -340	-350 -385 -425	-425 -470 -520	-520 -575 -640	-670 -740 -820	-860 -960 -1,050	-1,150 -1,250 -1,350	3	4	6	9	17	26
	0		-56	-94 -98	-158 -170	-218 -240	-315 -350	-385 -425	-475 -525	-580 -650	-710 -790	-920 -1,000	-1,200 -1,300	-1,550 -1,700	4	4	7	9	20	29
	0		-62	-108 -114	-190 -208	-268 -294	-390 -435	-475 -530	-590 -660	-730 -820	-900 -1,000	-1,150 -1,300	-1,500 -1,650	-1,900 -2,100	4	5	7	11	21	32
	0		-68	-126 -132	-232 -252	-330 -360	-490 -540	-595 -660	-740 -820	-920 -1,000	-1,100 -1,250	-1,450 -1,600	-1,880 -2,100	-2,400 -2,600	5	5	7	13	23	34
			-78	-150 -155	-280 -310	-400 -450	-600 -660													
			-88	-175 -185	-340 -380	-500 -560	-740 -840													
			-100	-210 -220	-430 -470	-620 -680	-940 -1,050													
			-120	-250 -260	-520 -580	-780 -840	-1,150 -1,300													
			-140	-300 -330	-640 -720	-960 -1,050	-1,450 -1,600													
			-170	-370 -400	-820 -920	-1,200 -1,350	-1,850 -2,000													
			-195	-440 -460	-1,000 -1,100	-1,500 -1,650	-2,300 -2,500													
			-240	-550 -580	-1,250 -1,400	-1,900 -2,100	-2,900 -3,200													

도록 IT의 수치를 바로 아래의 짝수로 맺음한다.

되는 치수 허용차를 선정한다.

189. 상용하는 끼워맞춤과 치수허용차

01 상용하는 구멍 기준 끼워맞춤

기준 구멍	축의 공차역 클래스																
	헐거운 끼워맞춤							중간 끼워맞춤			억지 끼워맞춤						
H6						g5	h5	js5	k5	m5							
					f6	g6	h6	js6	k6	m6	n6(1)	p6(1)					
H7					f6	g6	h6	js6	k6	m6	n6(1)	p6(1)	r6(1)	s6	t6	u6	x6
				e7	f7		h7	js7									
H8					f7		h7										
				e8	f8		h8										
			d9	e9													
H9			d8	e8			h8										
		c9	d9	e9			h9										
H10	b9	c9	d9														

주

(1) 이들의 끼워맞춤은 치수의 구분에 따라 예외가 생긴다.

02 상용하는 축 기준 끼워맞춤

기준축	구멍의의 공차역 클래스																
	헐거운 끼워맞춤							중간 끼워맞춤				억지 끼워맞춤					
h5							H6	JS6	K6	M6	N6[1]	P6					
h6					F6	G6	H6	JS6	K6	M6	N6	P6[1]					
					F7	G7	H6	JS7	K7	M7	N7	P7[1]	R7	S7	T7	U7	K7
h7					F7		H7										
					F8		H8										
h8			D8	E8	F8		H8										
			D9	E9			H9										
h9			D8	E8			H8										
		C9	D9	E9			H9										
	B10	C10	D10														

주

([1]) 이들의 끼워맞춤은 치수의 구분에 따라 예외가 생긴다.

상용하는 끼워맞춤 축의 치수 허용차(KS B 0401)

수의 구분(mm)		b	c	d		e			f			g			h					
		9	9	8	9	7	8	9	6	7	8	4	5	6	4	5	6	7	8	
초과	이하																			
–	3	-140 -165	-60 -85	-20 -34	-20 -45	-14 -24	-14 -28	-14 -39	-6 -12	-6 -16	-6 -20	-2 -5	-2 -6	-2 -8	0 -3	0 -4	0 -6	0 -10	0 -14	-2
3	6	-140 -170	-70 -100	-30 -48	-30 -60	-20 -32	-20 -38	-20 -50	-10 -18	-10 -22	-10 -28	-4 -8	-4 -9	-4 -12	0 -4	0 -5	0 -8	0 -12	0 -18	-3
6	10	-150 -186	-80 -116	-40 -62	-40 -76	-25 -40	-25 -47	-25 -61	-13 -22	-13 -28	-13 -35	-5 -9	-5 -11	-5 -14	0 -4	0 -6	0 -9	0 -15	0 -22	-3
10	14	-150 -193	-95 -138	-50 -77	-50 -93	-32 -50	-32 -59	-32 -75	-16 -27	-16 -34	-16 -43	-6 -11	-6 -14	-6 -17	0 -5	0 -8	0 -11	0 -18	0 -27	-4
14	18																			
8	24	-160 -212	-110 -162	-65 -98	-65 -117	-40 -61	-40 -73	-40 -92	-20 -33	-20 -41	-20 -53	-7 -13	-7 -16	-7 -20	0 -6	0 -9	0 -13	0 -21	0 -33	-5
24	30																			
0	40	-170 -232	-120 -182	-80 -119	-80 -142	-50 -75	-50 -89	-50 -112	-25 -41	-25 -50	-25 -64	-9 -16	-9 -20	-9 -25	0 -7	0 -11	0 -16	0 -25	0 -39	-6
0	50	-180 -242	-130 -192																	
0	65	-190 -264	-140 -214	-100 -146	-100 -174	-60 -90	-60 -106	-60 -134	-30 -49	-30 -60	-30 -76	-10 -18	-10 -23	-10 -29	0 -8	0 -13	0 -19	0 -30	0 -46	-7
5	80	-200 -274	-150 -224																	
0	100	-220 -307	-170 -257	-120 -174	-120 -207	-72 -107	-72 -126	-72 -159	-36 -58	-36 -71	-36 -90	-12 -22	-12 -27	-12 -34	0 -10	0 -15	0 -22	0 -35	0 -54	-8
00	120	-240 -327	-180 -267																	
0	140	-260 -360	-200 -300	-145 -208	-145 -245	-85 -125	-85 -148	-85 -185	-43 -68	-43 -83	-43 -106	-14 -26	-14 -32	-14 -39	0 -12	0 -18	0 -25	0 -40	0 -63	-1
0	160	-280 -380	-210 -310																	
0	180	-310 -410	-230 -330																	
0	200	-340 -455	-240 -355	-170 -242	-170 -285	-100 -146	-100 -172	-100 -215	-50 -79	-50 -96	-50 -122	-15 -29	-15 -35	-15 -44	0 -14	0 -20	0 -29	0 -46	0 -72	-1
0	225	-380 -495	-260 -375																	
5	250	-420 -535	-280 -395																	
0	280	-480 -610	-300 -430	-190 -271	-130 -320	-110 -162	-110 -191	-110 -240	-56 -88	-56 -108	-56 -137	-17 -33	-17 -40	-17 -49	0 -16	0 -23	0 -32	0 -52	0 -81	-1
)	315	-540 -670	-330 -460																	
5	355	-600 -740	-360 -500	-210 -299	-210 -350	-125 -182	-125 -214	-125 -265	-62 -98	-62 -119	-62 -151	-18 -36	-18 -43	-18 -54	0 -18	0 -25	0 -36	0 -57	0 -89	-1
5	400	-680 -820	-400 -540																	
)	450	-760 -915	-440 -595	-230 -327	-230 -385	-135 -198	-135 -232	-135 -290	-68 -108	-68 -131	-68 -165	-20 -40	-20 -47	-20 -60	0 -20	0 -27	0 -40	0 -63	0 -97	-1
)	500	-840 -995	-480 -635																	

고

속의 각 단에서 위쪽의 수치는 윗치수허용차, 아래쪽의 수치는 아래치수허용차

단위 : μm

js				k			m			n	p	r	s	t	u	x	치수의 구분(mm)	
4	5	6	7	4	5	6	4	5	6	6	6	6	6	6	6	6	초과	이하
±1.5	±2	±3	±5	+3 0	+4 0	+6 +0	+5 +2	+6 +2	+8 +2	+10 +4	+12 +6	+16 +10	+20 +14	-	+24 +18	+26 +20	-	3
±2	±2.5	±4	±6	+5 +1	+6 +1	+9 +1	+8 +4	+9 +4	+12 +4	+16 +8	+20 +12	+23 +15	+27 +19	-	+31 +23	+36 +28	3	6
±2	±3	±4.5	±7.5	+5 +1	+7 +1	+10 +1	+10 +6	+12 +6	+15 +6	+19 +10	+24 +15	+28 +19	+32 +23	-	+37 +28	+43 +34	6	10
±2.5	±4	±5.5	±9	+6 +1	+9 +1	+12 +1	+12 +7	+15 +7	+18 +7	+23 +12	+29 +18	+34 +23	+39 +28	-	+44 +33	+51 +40	10	14
																+56 +45	14	18
±3	±4.5	±6.5	±10.5	+8 +2	+11 +2	+15 +2	+14 +8	+17 +8	+21 +8	+28 +15	+35 +22	+41 +28	+48 +35	-	+54 +41	+67 +54	18	24
														+54 +41	+61 +48	+77 +64	24	30
±3.5	±5.5	±8	±12.5	+9 +2	+13 +2	+18 +2	+16 +9	+20 +9	+25 +9	+33 +17	+42 +26	+50 +34	+59 +43	+64 +48	+76 +60	-	30	40
														+70 +54	+86 +70		40	50
±4	±6.5	±9.5	±15	+10 +2	+15 +2	+21 +2	+19 +11	+24 +11	+30 +11	+39 +20	+51 +32	+60 +41	+72 +53	+85 +66	+106 +87	-	50	65
												+62 +43	+78 +59	+94 +75	+121 +102		65	80
±5	±7.5	±11	±17.5	+13 +3	+18 +3	+25 +3	+23 +13	+28 +13	+35 +13	+45 +23	+59 +37	+73 +51	+93 +71	+113 +91	+146 +124	-	80	100
												+76 +54	+101 +79	+126 +104	+166 +144		100	120
±6	±9	±12.5	±20	+15 +3	+21 +3	+28 +3	+27 +15	+33 +15	+40 +15	+52 +27	+68 +43	+88 +63	+117 +92	+147 +122	-	-	120	140
												+90 +65	+125 +100	+159 +134			140	160
												+93 +68	+133 +108	+171 +146			160	180
±7	±10	±14.5	±23	+18 +4	+24 +4	+33 +4	+31 +17	+37 +17	+46 +17	+60 +31	+79 +50	+106 +77	+151 +122	-	-	-	180	200
												+109 +80	+159 +130				200	225
												+113 +84	+169 +140				225	250
±8	±11.5	±16	±26	+20 +4	+27 +4	+36 +4	+36 +20	+43 +20	+52 +20	+66 +34	+88 +56	+126 +94	-	-	-	-	250	280
												+130 +98					280	315
±9	±12.5	±18	±28.5	+22 +4	+29 +4	+40 +4	+39 +21	+46 +21	+57 +21	+73 +37	+98 +62	+144 +108	-	-	-	-	315	355
												+150 +114					355	400
±10	±13.5	±20	±31.5	+25 +5	+32 +5	+45 +5	+43 +23	+50 +23	+63 +23	+80 +40	+108 +68	+168 +126	-	-	-	-	400	450
												+172 +132					450	500

190. 중심거리의 허용차

(1) 적용범위

이 규격은 다음에 표시하는 중심거리의 허용차(이하 허용차라 한다.)에 대하여 규정한다.

① 기계부품에 뚫린 두 구멍의 중심거리

② 기계부품에 있어서 두 축의 중심거리

③ 기계부품에 가공된 두 홈의 중심거리

④ 기계부품에 있어서 구멍과 축, 구멍과 홈 또는 축과 홈의 중심거리

• 비고 : 여기서 구멍, 축 및 홈은 그 중심선에 서로 평행하고 구멍과 축은 원형 단면이며 테이퍼가 없고, 홈은 양측면이 평행한 조건이다.

(2) 용어의 뜻

중심거리 : 구멍, 축 또는 홈의 중심선에 직각인 단면 내에서 중심부터 중심까지의 거리

(3) 등급

허용차의 등급은 1~4급까지 4등급으로 한다. 또 0급을 참고로 표에 표시한다.

(4) 허용차

허용차의 수치는 다음 표에 따른다.

단위 : μm

중심거리의 구분(mm) \ 등급		0급(참고)	1급	2급	3급	4급 (mm)
초과	이하					
-	3	±2	±3	±7	±20	±0.05
3	6	±3	±4	±9	±24	±0.06
6	10	±3	±5	±11	±29	±0.08
10	18	±4	±6	±14	±35	±0.09
18	30	±5	±7	±17	±42	±0.11
30	50	±6	±8	±20	±50	±0.13
50	80	±7	±10	±23	±60	±0.15
80	120	±8	±11	±27	±70	±0.18
120	180	±9	±13	±32	±80	±0.20
180	250	±10	±15	±36	±93	±0.23
250	315	±12	±16	±41	±105	±0.26
315	400	±13	±18	±45	±115	±0.29
400	500	±14	±20	±49	±125	±0.32
500	630	-	±22	±55	±140	±0.35
630	800	-	±25	±63	±160	±0.40
800	1,000	-	±28	±70	±180	±0.45
1,000	1,250	-	±33	±83	±210	±0.53
1,250	1,600	-	±29	±98	±250	±0.63
1,600	2,000	-	±46	±120	±300	±0.75
2,000	2,500	-	±55	±140	±350	±0.88
2,500	3,150	-	±68	±170	±430	±1.05

191. 제도-모서리, 버, 언더컷, 패싱 지시 방법

1. 적용범위

이 규격은 모서리 상태를 정의하는 용어를 정의하고, 제도에서 상세히 도시가 되지 않은 미정의 모서리 모양 상태를 표시하는 규칙을 규정한다. 도식적 기호의 비례와 치수 또한 규정된다.

용어와 정의

- **모서리(Edge)** : 두 면이 교차하는 곳
- **미정의 모서리(Edge of Undefined Shape)** : 그림에서 상세하게 도시가 되지 않는 모서리의 모양
- **예리한 모서리(Sharp Edge)** : 기하학적 모양에서 오차가 거의 없는 부품의 외부 및 내부 구석 모서리

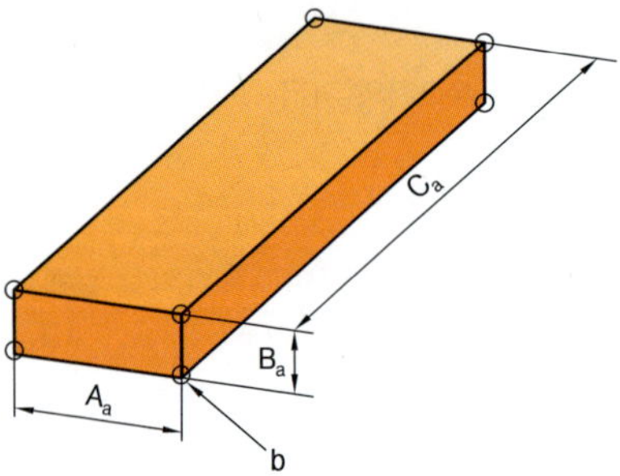

모서리와 구석의 관계

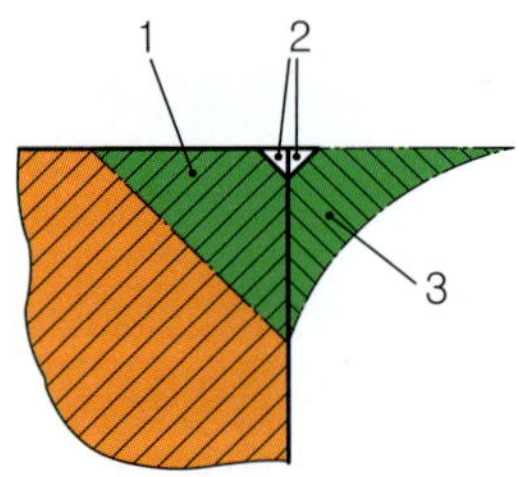

외부 모서리 상태

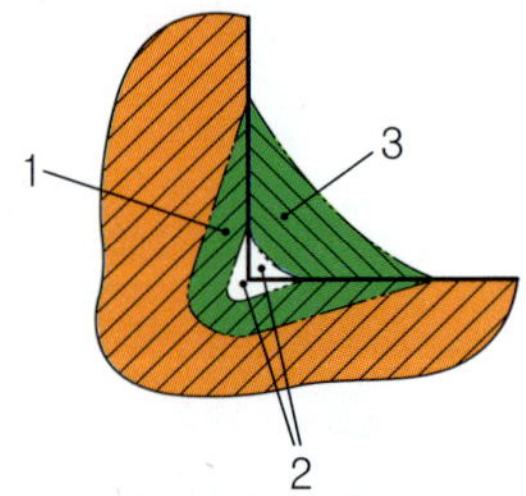

내부 모서리 상태

a : 모서리 길이, b : 구석

1 : 언더컷의 크기, 2 : 예리한 모서리의 크기, 3 : 버의 크기

- **버(Burr : 거스러미)** : 외부 모서리의 이상적인 기하학적 모양 밖에서 거친 버가 남아 있는 것

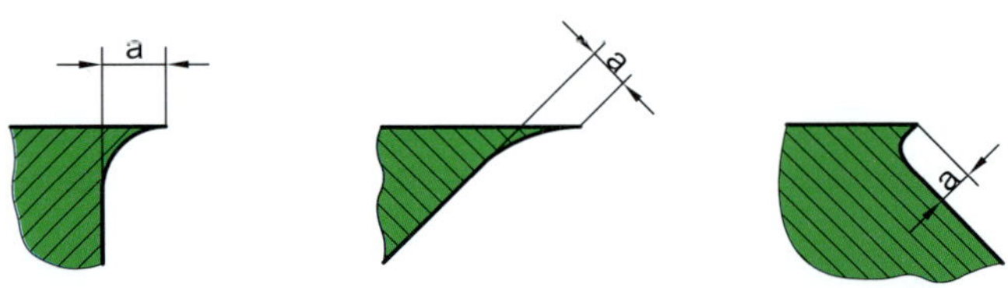

a : 버의 크기

버의 예

- **언더컷(Undercut)** : 내부 구석모서리의 이상적인 기하학적 모양 안에서의 오차

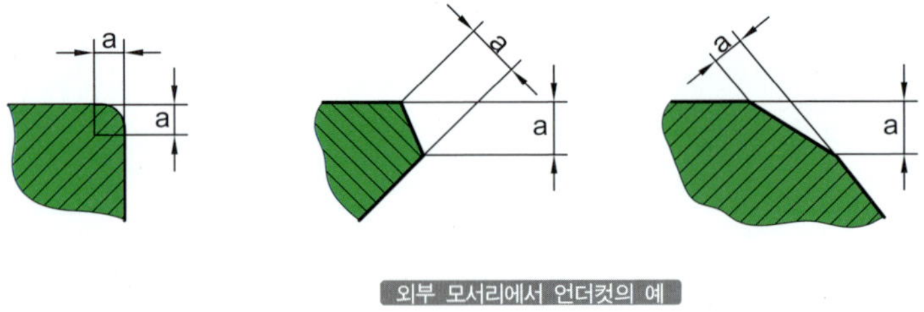

a : 언더컷의 크기

외부 모서리에서 언더컷의 예

191. 제도-모서리, 버, 언더컷, 패싱 지시 방법

용어와 정의(계속)

• **언더컷(Undercut)** : 내부 구석 모서리의 이상적인 기하학적 모양 안에서의 오차

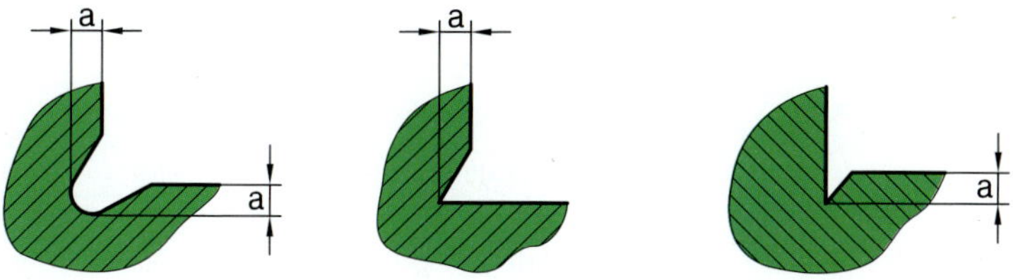

a : 언더컷의 크기

내부 모서리에서 언더컷의 예

• **패싱(Passing)** : 내부 구석 모서리의 이상적인 기하학적 모양 안에서의 오차

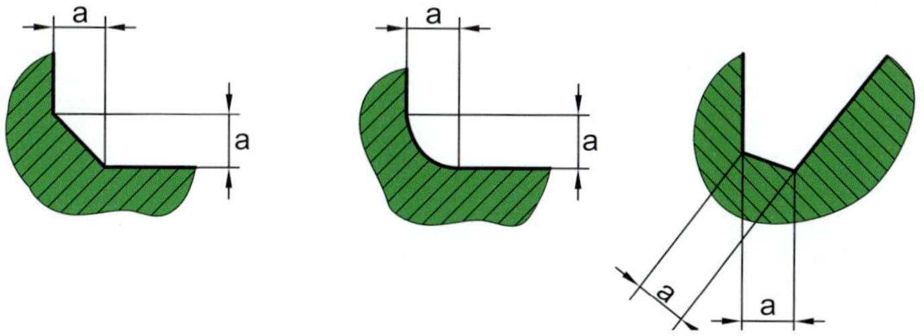

a : 패싱의 크기

외부 모서리에서 언더컷의 예

모서리 크기의 추천값

a	적용
+2.5 +1 +0.5 +0.3 +0.1	버 또는 패싱이 허용된 모서리 : 언더컷은 허용되지 않는다.
+0.05 +0.02 −0.02 −0.05	예리한 모서리
−0.1 −0.3 −0.5 −1 −2.5	언더컷이 허용된 모서리 : 버 또는 패싱은 허용되지 않는다.

191. 제도-모서리, 버, 언더컷, 패싱 지시 방법

기본 기호 및 위치

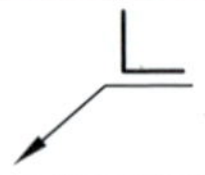

1. 한개 모서리에 대하여 하나의 지시
2. 부품의 표시된 윤곽을 따른 모든 모서리에 대하여 각 개별 지시
3. 부품의 모서리의 전체 또는 대부분에 공통적인 집합 지시

기호크기

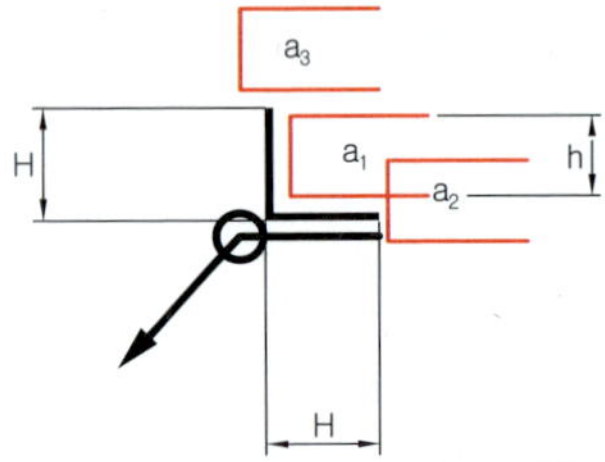

기호크기 및 굵기	기호, 문자 높이(h)	3.5mm	5mm	7mm
	기호 및 문자 굵기	0.35mm	0.5mm	0.7mm
	기호 높이(H)	5mm	7mm	10mm

비고

1. "원"사용은 선택적이다.
2. 지시선의 길이는 1.5xh와 같거나 커야 한다.

모서리 모양에 대한 기호 요소

기호요소		외부 모서리	내부 구석 모서리
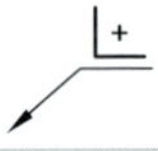	+	버는 허용되나 언더컷은 허용되지 않는다.	패싱은 허용되나 언더컷은 허용되지 않는다.
	−	언더컷은 요구되나 버는 허용되지 않는다.	언더컷은 요구되나 패싱은 허용되지 않는다.
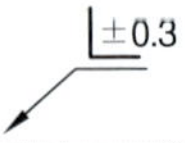	± [1]	버 또는 언더컷 허용	언더컷 또는 패싱 허용

주

(1) 크기의 지시를 할 때에만 사용한다.

버 또는 언더컷의 방향

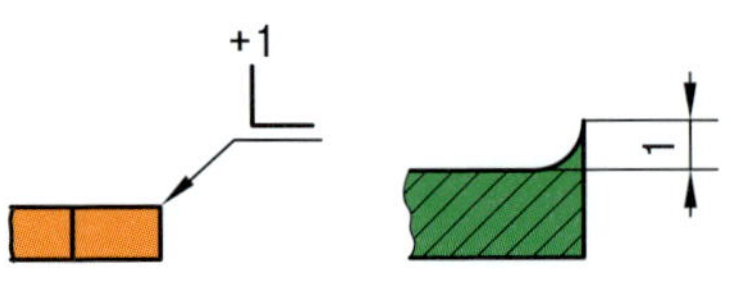

외부 모서리상의 버 방향

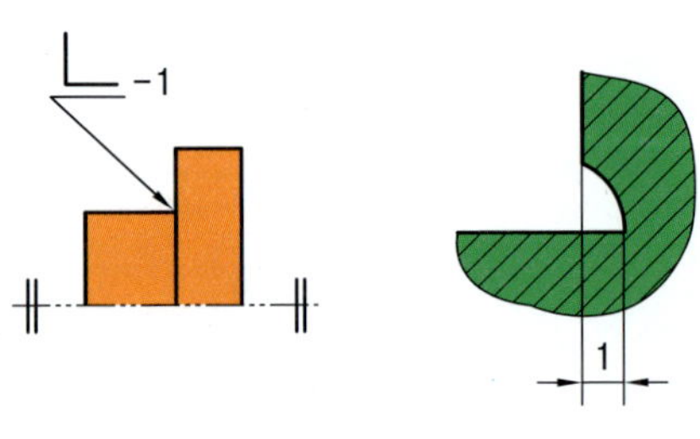

내부 구석 모서리상의 언더컷 방향

191. 제도-모서리, 버, 언더컷, 패싱 지시 방법

도면상 지시 의미

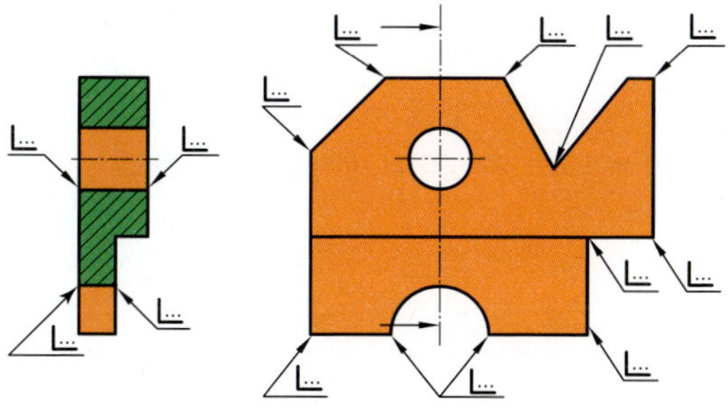

투상면에 수직인 모서리 지시법

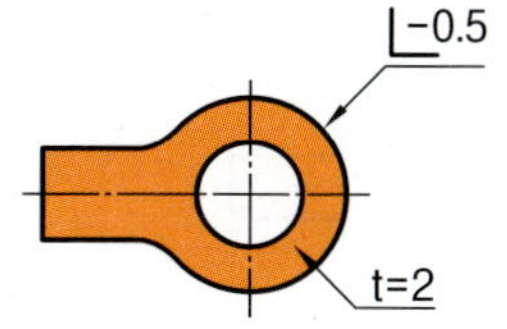

부품형상에 따른 모든 모서리 지시법

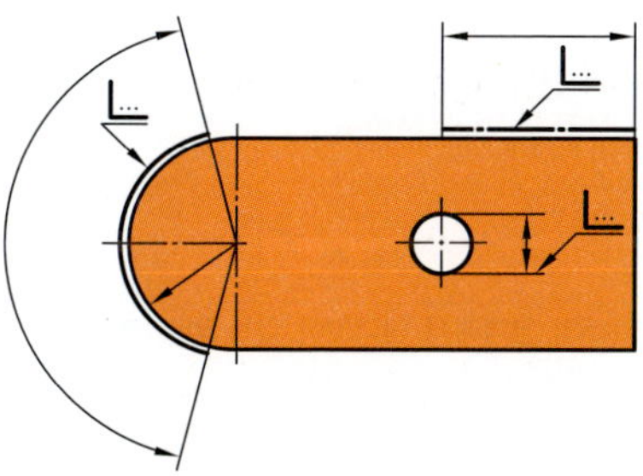

규정된 모서리 길이에만 유효한 모서리

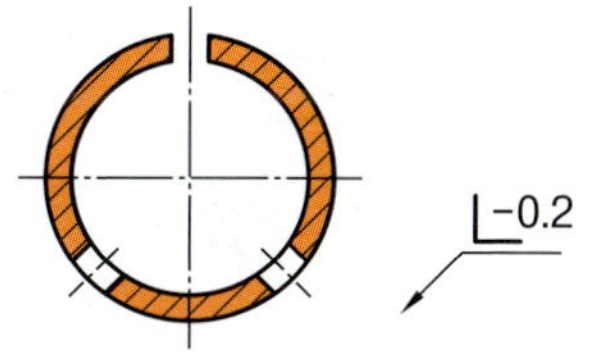

공통적인 모서리 지시법

191. 제도-모서리, 버, 언더컷, 패싱 지시 방법

모서리 상태에 따른 적용 예

번호	지시	의미	설명
1	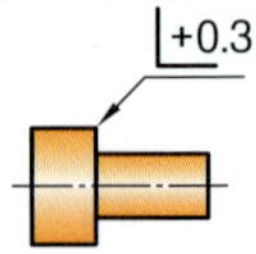	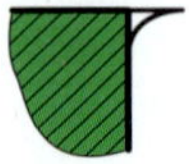	0.3mm까지 용인되는 버가 있는 외부 모서리 : 버 방향 미정
2	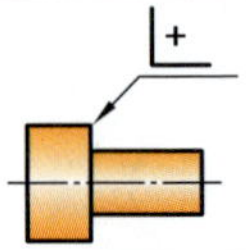		용인된 버가 있는 외부 모서리 : 버의 크기와 방향 미정
3	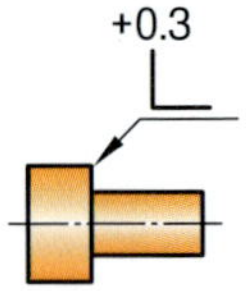	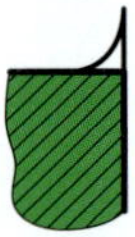	0.3mm까지 용인되는 버가 있는 외부 모서리 : 버 방향 정의
4	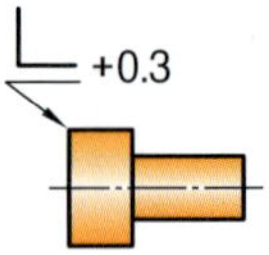	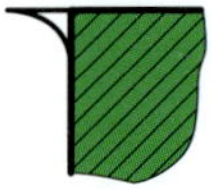	
5	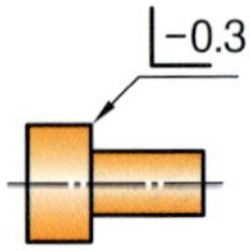		버는 없고, 0.3mm까지 언더컷이 있는 외부 모서리
6	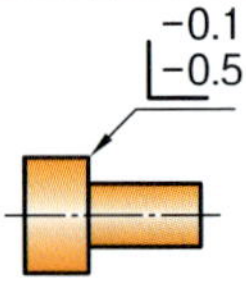		버는 없고 0.1~0.5mm의 영역에서 언더컷이 있는 외부 모서리
7	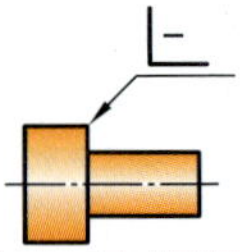		버는 없고 언더컷은 용인되며, 크기는 미정인 외부 모서리
8	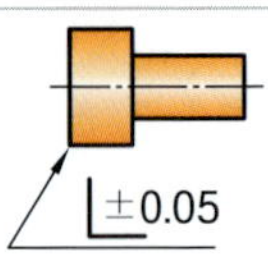		0.05mm까지의 버가 용인되거나 0.05mm까지의 언더컷(예리한 모서리)이 있는 외부 모서리 : 버 방향 미정

191. 제도-모서리, 버, 언더컷, 패싱 지시 방법

모서리 상태에 따른 적용 예(계속)

번호	지시	의미	설명
9	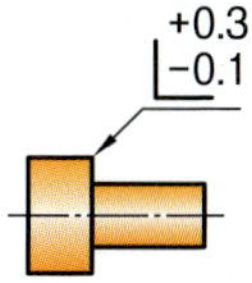	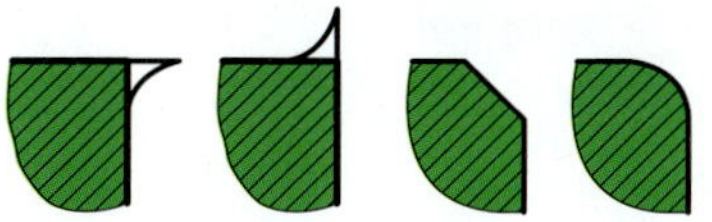	0.3mm까지의 버가 용인되거나 0.1mm까지의 언더컷이 있는 외부 모서리 : 버 방향 미정
10	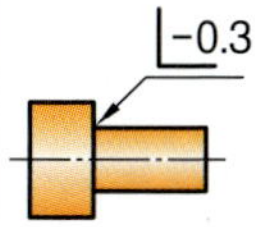		0.3mm까지의 언더컷이 용인된 내부 모서리 : 언더컷 방향 미정
11	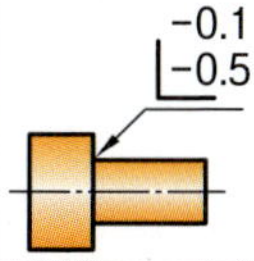		0.1~0.5mm의 영역에서 용인된 언더컷이 있는 내부 모서리 : 언더컷 방향 정의
12	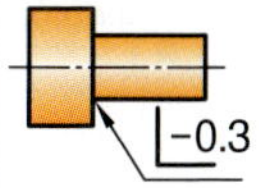		0.3mm까지 용인되는 언더컷이 있는 내부 모서리 : 언더컷 방향 정의
13	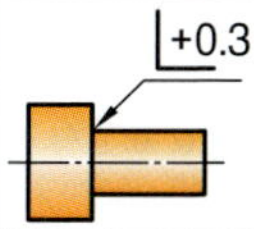		0.3mm까지 용인된 패싱이 있는 내부 모서리
14	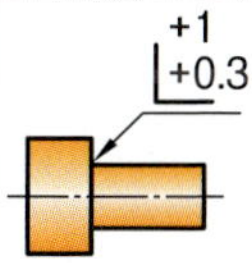		0.3~1mm의 영역에서 용인된 패싱이 있는 내부 모서리
15	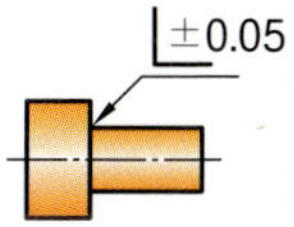		0.05mm까지 용인된 언더컷이나, 0.05mm까지 용인된 패싱이 있는 내부 모서리(예리한 모서리) : 언더 컷 방향은 미정
16	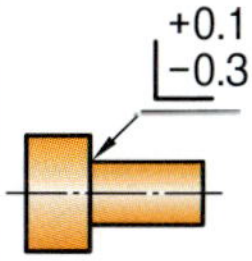	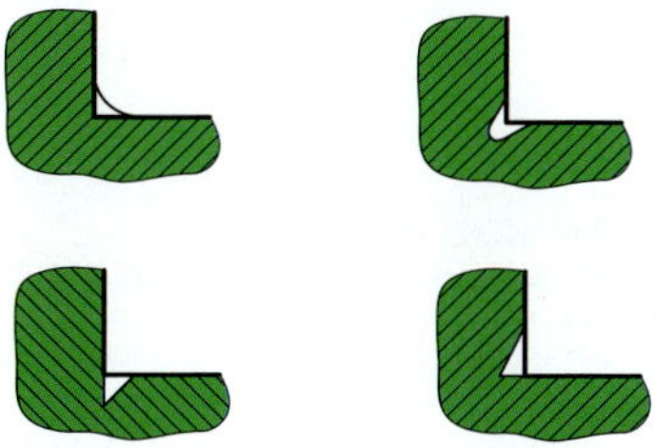	0.1mm까지 용인된 패싱이나 0.3mm까지 용인된 언더컷이 있는 내부 모서리 : 언더컷 방향 미정

192. 열처리된 철 계통의 부품 - 표시와 지시

1. 적용범위

이 표준은 기술도면에서 열처리된 철계 부품이 최종 상태를 표시하고 지시하는 방법을 규정한다.

용어와 정의	
CHD	표면(침탄)경화 깊이(Case Hardening Depth)
CD	침탄 깊이(Carburization Depth)
CLT	복합 층 두께(Compound Layer Thickness)
FHD	융해 경도 깊이(Fusion Hardness Depth)
NHD	질화 경도 깊이(Nitriding Hardness Depth)
SHD	표면 경화 깊이(Surface Hardening Depth)
FTS	융해 처리 명세(Fusion Treatment Specification)
HTO	열처리 순서(Heat - Treatment Order)
HTS	열처리 명세(Heat - Treatment Specification)

실제 적용 예-전 부품의 열처리 - 전면적으로 일정한 요구사항

번호	지시	표시방법 및 해설
1	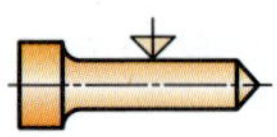 담금질 (60^{+4}_{0})HRC	**[담금질의 표현]** 부품의 담금질 조건은 "담금질(Quench Hardened)"이라는 단어로 지시되어야 하고 측정점의 표시는 물론 허용오차를 나타낸 경도가 지시되어야 한다.
2	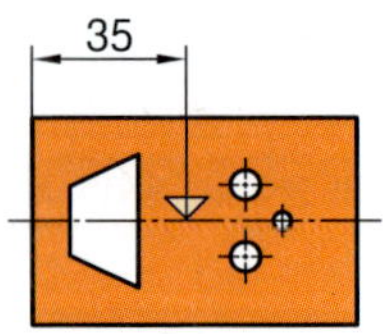 담금질 후 뜨임 (59^{+4}_{0})HRC	**[담금질 후 뜨임의 표현]** 경화 후에 뜨임(템퍼링)을 해야 하는 경우는 "담금질"만으로는 담금질 후 뜨임 조건이 명백하게 지시되기에는 불충분하며 이러한 경우에는 "담금질 후 뜨임(Quench Hardened and Tempered)"이라는 완전한 단어로 기입해야 한다.
3	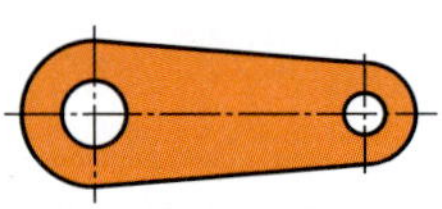 담금질 후 뜨임 (350^{+50}_{0}), HBW 2.5/187.5	
4	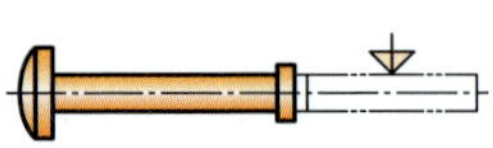 담금질 후 뜨임 $R_m=1\ 100^{+100}_{0}$N/mm^2 $R_{p0.2} \geq 900$N/mm^2 $A_5 \geq 9\%$	**[시험하기 위해 절단된 부품 표시]** 열처리 부품의 일부분을 담금질 후 뜨임 상태로 시험하기 위해 절단하면 그림과 같이 표시해야 한다.

192. 열처리된 철 계통의 부품 - 표시와 지시

실제 적용 예 - 전 부품의 열처리 - 경도값이 변화하는 구역		
번호	지시	표시방법 및 해설
5	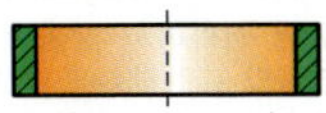 HTO에 따른 오스템퍼링 (59^{+2}_{0})HRC	**[오스템퍼링의 표현]** 그림과 같은 부품이 오스템퍼링될 것이다. 지시는 "오스템퍼링(Austempered)"으로 읽어야 한다.
6	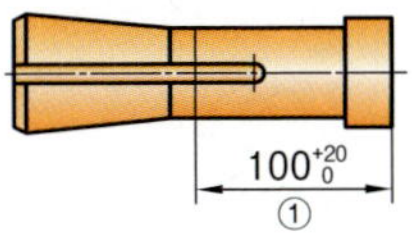 HTO에 따른 담금질 후 뜨임 (58^{+4}_{0})HRC ① (40^{+5}_{0})HRC	**[경도값이 변화하는 열처리 표현]** 어떤 부품이 각각의 구역에서 경도값이 서로 다르게 되고 열처리가 열처리 순서(HTO : Heat - Treatment Order)에 따라 이루어져야 한다면 서로 다른 경도의 구역은 표시를 하여야 하고, 또 필요하면 치수기입도 하여야 한다. 덧붙여서 기준을 HTO에 따라 만들어야 한다.

실제 적용 예 - 국부 열처리		
번호	지시	표시방법
1	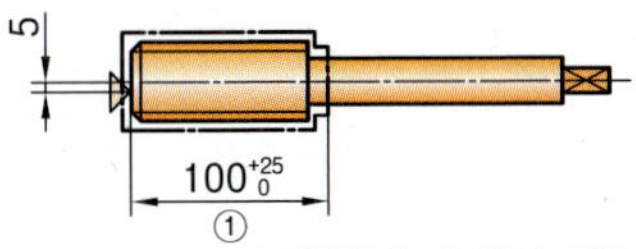 —-—-— 부담금질 후 전 부품 뜨임 (60^{+3}_{0})HRC	**[국부 열처리의 표시]** 굵은 일점쇄선으로 열처리 구역 위치를 나타내는 치수 데이터와 같이 표시해야 한다. **[참조]** KS A ISO 128-24 : 기계제도에 사용하는 선
2	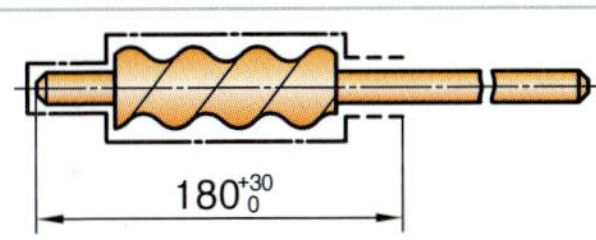 —-—-— 부담금질 후 전 부품 뜨임 (61^{+3}_{0})HRC	**[요구된 구역보다 더 크게 경화할 때의 표현]** 굵은 일점쇄선으로 열처리 구역 위치를 나타내는 치수 데이터와 같이 표시해야 한다.

실제 적용 예 - 표면경화(Surface Hardening)		
번호	지시	표시방법
1	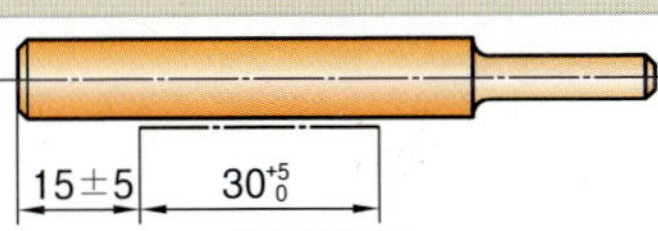 —-—-— 부표면 경화 (620^{+160}_{0}), HV30 SHD 500=$0.8^{+0.8}_{0}$	**[표면 경화 적용 예]** 굵은 일점쇄선으로 표면 경화 구역을 표시하고 "표면경화(Surface Hardened)"라는 단어로 표시 되어야 한다.
2	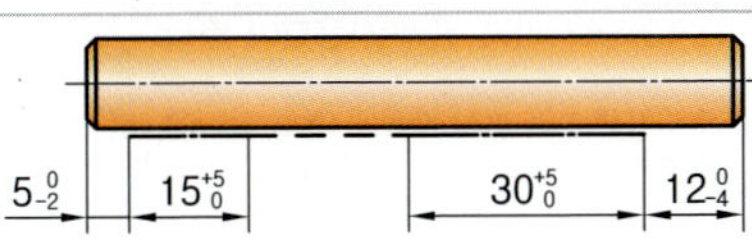 —-—-— 부표면 경화 후 전 부품 뜨임 (525^{+100}_{0}) HV10 SHD 425=$0.4^{+0.4}_{0}$	**[요구된 구역보다 더 넓은 구역을 표면 경화할 때의 표식]** 굵은 일점쇄선으로 열처리 구역 위치를 나타내는 치수 데이터와 같이 표시해야 한다.

제치 도수 기공 호차

192. 열처리된 철 계통의 부품 - 표시와 지시

실제 적용 예 - 표면 경화(Surface Hardening)(계속)

번호	지시	표시방법 및 해설
3	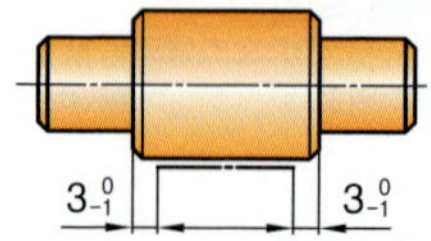 ―――――― 부표면 경화 (620^{+160}_{0}), HV50 SHD $500=0.8^{+0.8}_{0}$	**[가장자리는 표면 경화하지 않을 때 표식]** 그림과 같은 부품의 표면경화에 대해 경화 표면층을 가장자리까지 넓힐 필요가 없다면 [가장자리에서 스폴링(Spalling)의 위험을 감소하는 데 상당한 값을 가지고 있는 가장자리] 적절히 치수를 기입하는 등의 방법으로 기술하여야 한다.
4	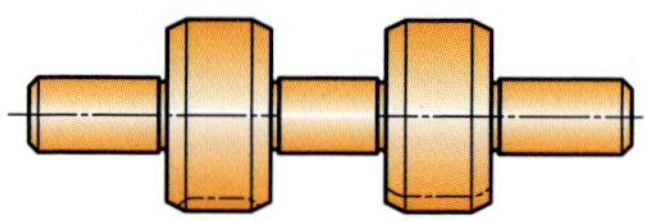 ―――――― 부표면 경화 후 부품 뜨임 (61^{+4}_{0}) HRC SHD $600=0.8^{+0.8}_{0}$	**[가장자리까지 표면 경화할 때의 표식]** 표면경화층을 가장자리까지 넓히는 곳에서는 구역의 형상은 가는 일점쇄선으로 가공물 외곽선 안에 지시하여야 한다. 경화 표면층이 가장자리까지 넓혀지는 곳은 가장자리(경화 구역의 끝단)에 직접적으로 인접한 낮은 SHD값이 허용되며 이 것은 또한 가는 일점쇄선으로 나타내야 한다.
5	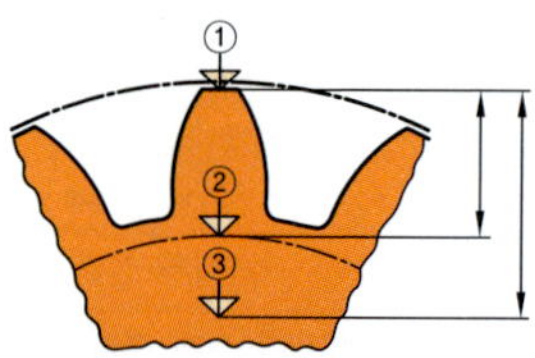 ―――――― 부표면 경화 후 부품 뜨임 ① (54^{+6}_{0}) HRC ② (50^{+4}_{0}) HRC ③ ≤30 HRC	**[기어 이의 전체 경화]** 기어의 주위에서 굵은 일점쇄선과 가는 일점쇄선으로 기어 이가 경화되는 구역에서 표시되어야 한다. **[참고]** KS A ISO 128-24 : 기계제도에 사용하는 선
6	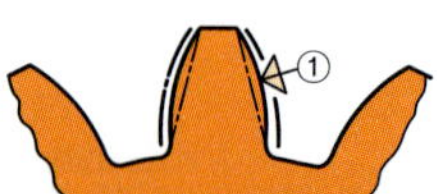 ―――――― 부표면 경화 후 부품 뜨임 ① (55^{+6}_{0}) HRC SHD $475=1^{+0.1}_{0}$	**[이의 면 경화]** 굵은 일점쇄선은 치면 외곽선 밖에 표면경화구역을 표시하는 데 사용되어야 한다. 가는 일점쇄선은 경화 위치와 윤곽을 돋보이게 하기 위해 사용되어야 한다.
7	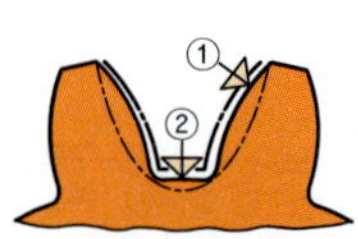 ―――――― 부표면 경화 후 전 부품 뜨임 (52^{+6}_{0}) HRC ① SHD $425=1.6^{+1.3}_{0}$ ② SHD $425=1^{+1}_{0}$	**[이뿌리원 경화]** 굵은 일점쇄선을 표면 경화 구역을 표시하기 위해 이면의 가장자리 밖에 사용하여야 하며, 가는 일점쇄선을 경화 위치와 윤곽을 표시하기 위해 사용해야 한다. 경화 표면층의 형상 때문에 경화 깊이에 대한 측정점이 정의되어야 한다.

192. 열처리된 철 계통의 부품 - 표시와 지시

실제 적용 예 - 표면 경화(Surface Hardening)(계속)

번호	지시	표시방법 및 해설
8	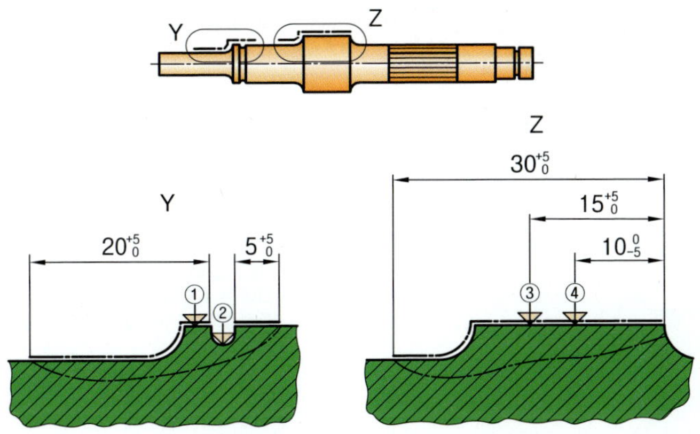 —·—·— 부표면 경화 ① (550^{+100}_{0}) HV30 ② SHD 450=$0.6^{+0.6}_{0}$ ③ (550^{+100}_{0}) HV30 ④ HD 450=1^{+1}_{0}	
	[표면 경화 깊이가 서로 다를 때] 그림과 같이 부품의 각 부분에서 경화 깊이에 대해 서로 다른 값이 요구된다. 덧붙여 경화구역의 치수기입이 필요하다. 가는 일점쇄선으로 경화 표면층의 윤곽을 지시 하고 크기와 위치 치수를 기입하여야 한다.	
9	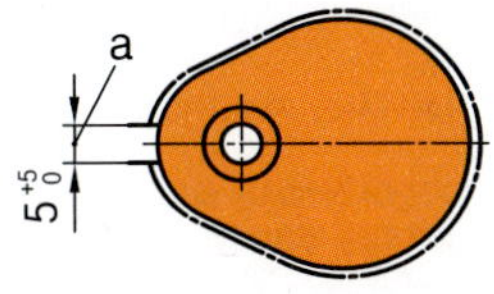 —·—·— 부HTS에 따른 표면 경화 (48^{+4}_{0}) HRC SHD 400=$1.3^{+1.1}_{0}$	**[미끄럼대가 있는 표면 경화 처리]** 미끄럼대의 허용위치는 치수 기입으로 정리되어야 한다. 추가적 데이터는 기준이 만들어야 하는 위치는 HTS에서 주어야 한다. a : 미끄럼대
10	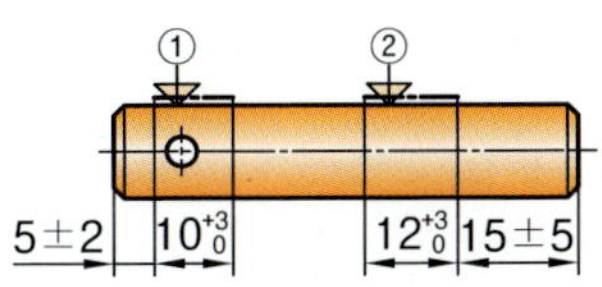 —·—·— 부표면 경화 후 부품 뜨임 ① (480^{+100}_{0}) HV 30, SHD 375=1^{1}_{0} ② (700^{+100}_{0}) HV 30, SHD 575=1^{1}_{0}	**[하나 이상의 측정점이 있는 표면 경화 부품]** 굵은 일점쇄선으로 치수기입을 하여 표시된 구역에서 그 값을 주어야 한다. (공정은 예를 들면 국부 뜨임으로 이루어질 수 있다.)

192. 열처리된 철 계통의 부품 - 표시와 지시

실제 적용예-표면 융해 경화(Surface Fusion Hardening)

번호	지시	표시방법 및 해설
1	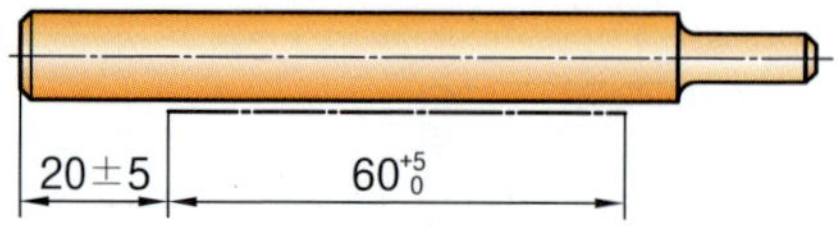 부표면 융해 경화 (620^{+160}_{0}), HV30 FHD 500=$0.6^{+0.6}_{0}$	**[표면 융해 경화 표식]** 굵은 일점쇄선으로 표면경화부분의 표시를 충분하게 해야 하며 그 때에는 표면경화 및 융해 경화 깊이와 함께 "표면 융해 경화"라는 단어로서 표시해야 한다.
2	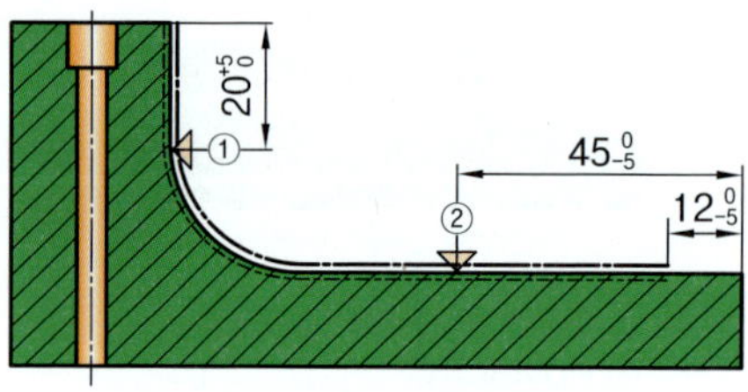 부표면 융해 경화 (650^{+100}_{0})HV 10, FHD=$1^{+0.5}_{0}$ (650^{+100}_{0})HV 10, FHD=$1^{+0.4}_{0}$	**[표면 융해 깊이가 변화할 때]** 그림은 표면 융해 경화부분 내에서 융해 깊이 변화와 정의된 측정점의 치수기입에 대한 예를 보여준다.
3	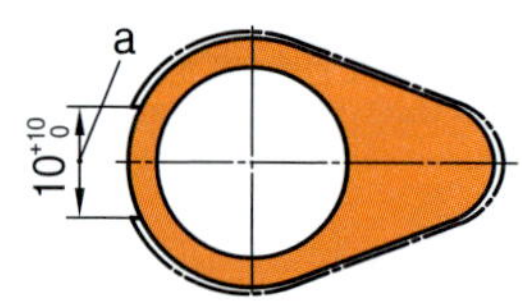 부HTS에 따른 표면 융해 경화 (58^{+3}_{0}) HRC FHD 525=$0.8^{+0.8}_{0}$	**[미끄럼대가 있는 표면 융해경화 처리]** 공정의 특성 때문에 미끄럼대가 가공물의 표면 융해 처리 시 일어날 수 있다. 미끄럼대의 허용위치는 치수기입으로 정의되어야 한다. 추가적 정보는 기준이 정해지는 융해 처리 명세(Fusion Treatment Specification ; FTS)에 주어져야 한다. a : 미끄럼대

192. 열처리된 철 계통의 부품 - 표시와 지시

실제 적용 예 - 침탄 경화(Case Hardening)

번호	지시	표시방법 및 해설
1	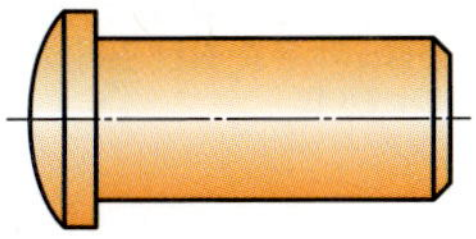 침탄 경화 후 뜨임 (61^{+4}_{0}) HRC CHD $=0.8^{+0.4}_{0}$	**[전체적인 침탄 경화]** 전체적인 침탄 경화는 "침탄 경화(Case Hardened)"라는 단어로 나타내야 한다. 가장 간단한 예로서 열처리 조건, 표면경도, 침탄 경화 깊이(CHD)를 각 경우마다 허용공차 범위와 함께 그림의 예와 같이 표시하여야 한다.
2	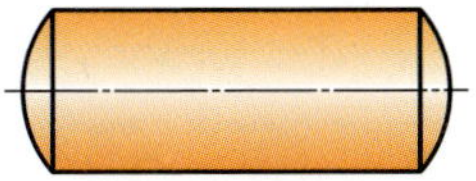 침탄 경화 후 뜨임 (700^{+100}_{0}), HV30 CHD 600 HV3$=0.5^{+0.3}_{0}$	**[한계 경도의 적용]** 한계 경도나 시험 하중 또는 둘 다가 ISO 2639에 규정된 것이거나 침탄 경화 깊이를 시험할 때 다른 것이 적용된다면 CHD를 명세서에 넣을 때 지시되어야 한다.
3	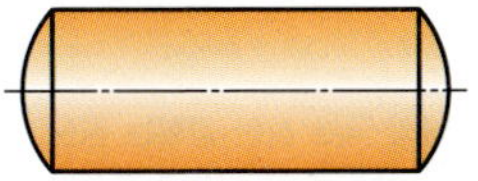 HTO에 따른 침탄 경화 후 뜨임 (700^{+100}_{0}), HV30 CHD 600 HV3$=0.5^{+0.3}_{0}$	**[HTO에 따른 침탄 경화 후 뜨임]** 특정 규정을 열처리하는 동안 지킨다면 (예를 들면 시간/온도 곡선의 데이터에 관해서) 이 조항은 열처리 순서(HTO)나 열처리 명세로부터 얻을 수 있어야 한다. 기준은 도면에서 그 문서에 만들어야 한다.
4	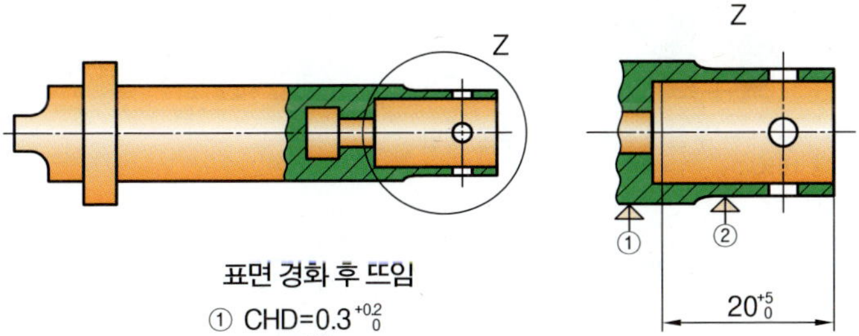 표면 경화 후 뜨임 ① CHD$=0.3^{+0.2}_{0}$ ② (700^{+100}_{0}) HV 10 $\leq$500 HV10	
	[표면 경도값이 서로 다를 때] 그림과 같은 부품은 측정점으로 인식된 부분에서 경도값을 주어야 한다. 경도값이 550HV10 이하로 주어진 곳에 대한 구역은 가능하면 뜨임도 하여야 한다.	

192. 열처리된 철 계통의 부품 - 표시와 지시

실제 적용 예 - 침탄 경화(Case Hardening)(계속)		
번호	지시	표시방법 및 해설
5	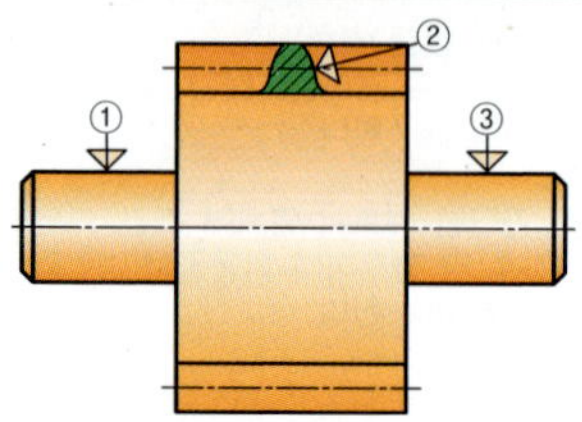 표면 경화 후 뜨임 ① + ③ (60^{+4}_{0})HRC CHD=$0.8^{+0.4}_{0}$ ② (700^{+100}_{0}) HV10 CHD=$0.5^{+0.3}_{0}$	**[표면 경화 깊이가 서로 다를 때]** 그림과 같은 기어는 전체적으로 침탄이 된다. 측정점 부분에서는 표면경도와 유효 침탄 깊이에 대해 규정된 각각의 값이 존재하여야 한다.

실제 적용 예 - 국부 침탄 경화		
번호	지시	표시방법 및 해설
1	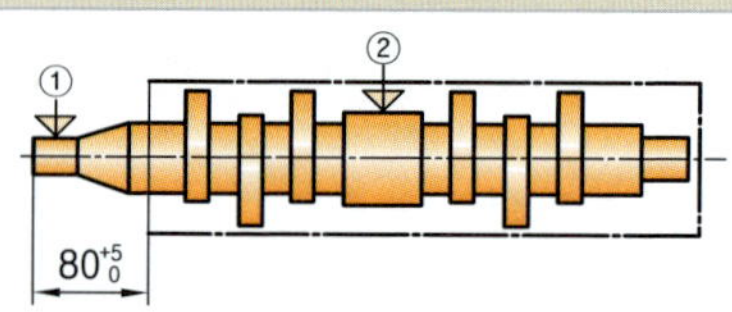 ———— 부침탄 경화 및 부품 경화 후 뜨임 ① (25^{+15}_{0}) HRC ② (58^{+4}_{0}) HRC CHD=$1.2^{+0.5}_{0}$	**[일부분 경화되나 침탄은 하지 않은 국부 침탄 경화]** 침탄 경화 부분은 굵은 일점쇄선으로 표식되어야 한다. 침탄이 되지 않으나 경화되는 부분은 선 밖에 놓인다. 요구사항은 "전부품 경화"라는 단어가 추가된다. **[비고]** 이런 형태의 국부 침탄 경화는 침탄에 대한 일점쇄선으로 표시되지 않은 부분을 적절한 방법으로 보호함으로써 이루어진다.
2	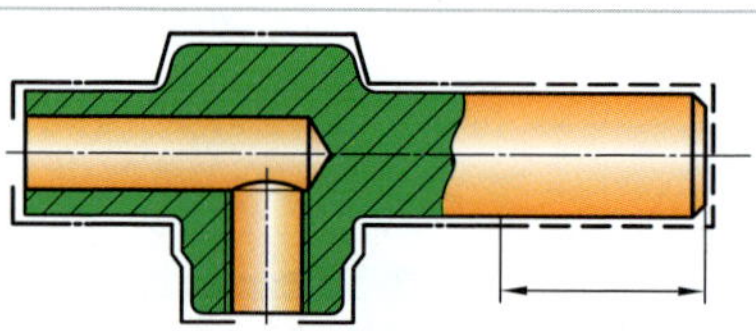 ———— 부침탄 경화 후 전 부품 뜨임 57^{+6}_{0} HRC CHD=$1.2^{+0.5}_{0}$	**[침탄이 되어도 괜찮은 부분을 가진 국부 침탄 경화]** 침탄 경화가 되는 부분은 굵은 일점쇄선으로 표시되어야 한다. 침탄 경화가 허용되는 부분은 파선으로 표시한다. 부품의 비표시 부분(그림 에서 구멍)은 침탄되거나 경화되지 않아야 한다.
3	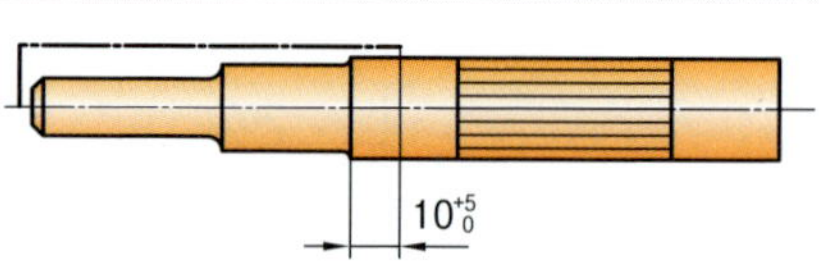 ———— 부침탄 경화 후 전 부품 뜨임 (680^{+140}_{0}) HV10 CHD=$0.3^{+0.2}_{0}$	**[침탄도 경화도 되지 않은 부분을 가진 국부 침탄 경화]** 침탄 경화부분은 굵은 일점쇄선으로 표시되어야 한다. 표시한 밖의 부품의 부분은 침탄이나 경화되지 않아야 한다.

192. 열처리된 철 계통의 부품 - 표시와 지시

실제 적용 예 - 국부 침탄 경화(계속)

번호	지시	표시방법 및 해설
4	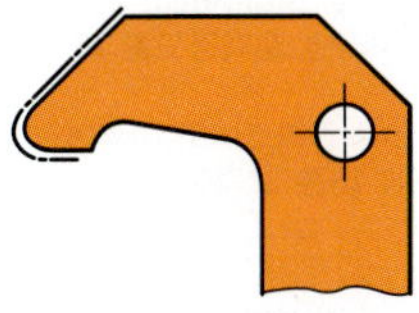 —·—·— 부침탄 경화 후 뜨임, 전체 부분 침탄 허용 (60^{+4}_{0}) HRC CHD=$0.8^{+0.4}_{0}$	**[국부 침탄 경화(완전히 침탄이 되는 부품)]** 침탄 경화부분은 굵은 일점쇄선으로 표시되어야 한다. 이 부분의 밖에서는 침탄은 허용되고 "전 부품의 침탄 허용(Carburization of Entire Part Permissible)"이라는 단어로 나타내야 한다. **[비고]** 이런 형태의 국부 침탄 경화는 일점쇄선으로 표시한 부분에서 침탄 후 표면경화로 이루어진다.
5	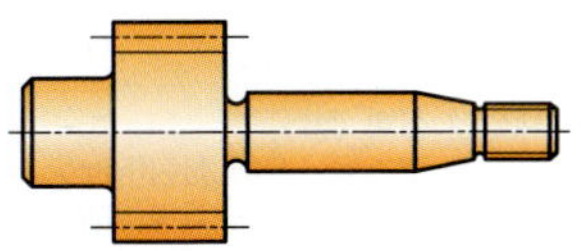 침탄 경화 $CD_{0.35}=1.2^{+0.5}_{0}$	**[전체 침탄]** 전체적인 침탄은 "침탄"이라는 단어로 나타내야 한다. 가장 간단한 경우에 "침탄"이라는 단어로서 허용오차 범위의 침탄을 지시함으로써 침탄 조건의 표시가 이루어져야 한다.
6	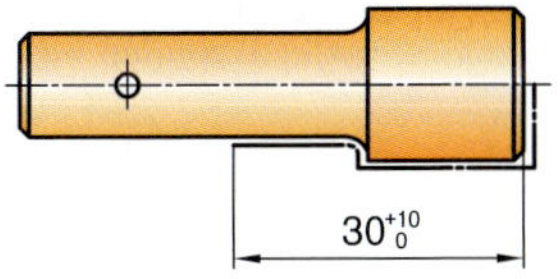 —·—·— 부침탄 경화 $CD_{0.35}=0.8^{+0.4}_{0}$	**[국부 침탄]** 침탄 부분과 비침탄 부분 사이의 천이 영역은 원칙적으로 침탄 부분의 길이에 대한 공칭 치수 밖에 놓인다. 천이 나비는 가공물의 침탄 깊이, 침탄법, 재료와 모양 및 국부 침탄이 이루어지는 방법에 의존한다.

192. 열처리된 철 계통의 부품 - 표시와 지시

실제 적용 예 - 질화와 질화 침탄(nitriding and nitrocarburizing)		
번호	지시	표시방법 및 해설
1	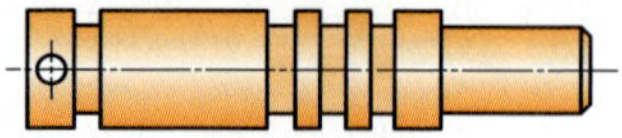 플라스마 질화 ≥950 HV10 NHD0.3 $^{+0.1}_{0}$	**[전체적인 질화]** 질화 조건은 "질화(nitrided)"라는 단어로 표시되고 허용 오차 범위를 나타낸 질화경도를 지시함으로써 나타내야 한다. 질화가 가스나 플라스마로 이루어진다면 단어는 그림과 같이 ISO 4885에 따른 보족을 붙인다.
2	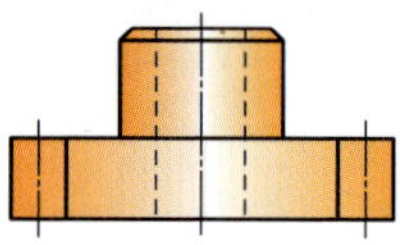 질화 ≥800 HV3 NHD HV0.3=0.1$^{+0.05}_{0}$	**[질화 경도 깊이 시험]** 질화 경도 깊이를 시험할 때에는 규정된 규칙과 다른 방법으로 한다. 예를 들면 HV 0.5보다 다른 시험 하중이 사용되고 이것은 그림의 예와 같이 NHD를 명세서에 넣을 때 지시되어야 한다.
3	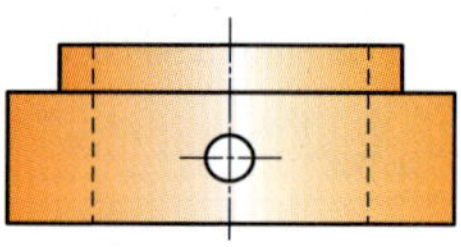 질화 침탄 CLT=(12$^{+0.6}_{0}$) μm	**[전체적인 질화 침탄]** 질화 침탄 조건을 "질화 침탄(Nitrocarburized)"이라는 단어와 μm로 나타낸 한계 오차 범위를 가진 복합층 두께(CLT)를 지시함으로써 나타낸다.
4	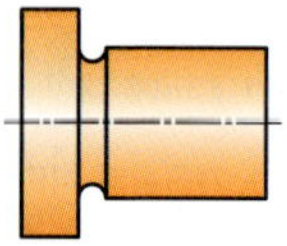 HTO에 따른 염욕 질화 침탄 CLT=(10$^{+0.5}_{0}$) μm	**[질화 침탄에 대해 부가적 정보]** 질화침탄이 특정 매체에서 이루어진다면 공정의 지시를 표시하는 단어는 적절히 보족되어야 한다.
5	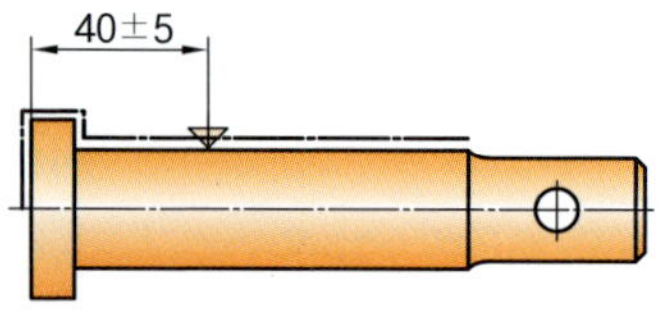 ———— 부질화 ≥900 HV10 NHD=0.4$^{+0.2}_{0}$	**[국부 질화]** 질화 부분과 비질화 부분 사이의 천이 영역은 원칙적으로 질화부분의 길이에 대한 공칭 치수 밖에 놓는다. 천이 나비는 질화 깊이와 질화법, 가공물의 재료와 형상 및 국부 질화가 이루어지는 방식에 의존한다.
6	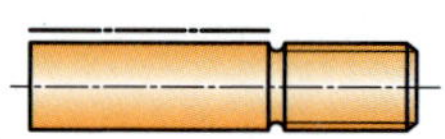 ———— 부질화 침탄 CLT=(15$^{+8}_{0}$) μm	**[국부 질화 침탄]** 질화 침탄 부분과 비질화 침탄 부분 사이의 천이 영역은 원칙적으로 질화 침탄 부분의 길이에 대한 공칭 치수 밖에 놓인다. 천이 나비는 복합층의 두께, 질화 침탄법, 가공물의 재료와 형상 및 국부 질화 침탄이 이루어진 방식에 의존한다.

MEMO

193. 열처리된 철 계통의 부품 - 부속서 A

최소 경화 깊이 및 최소 표면 경도(HV)에 따른 경도 데이터를 규정하기 위한 시험방법의 선택

최소경화깊이 SHD, CHD, NHD, FHD mm	최소 표면 경도 HV						
	200 이상 300 이하	300 초과 400 이하	400 초과 500 이하	500 초과 600 이하	600 초과 700 이하	700 초과 800 이하	800 초과
0.05	-	-	-	HV0.5	HV0.5	HV0.5	HV0.5
0.07	-	HV0.5	HV0.5	HV0.5	HV0.5	HV1	HV1
0.08	HV0.5	HV0.5	HV0.5	HV0.5	HV1	HV1	HV1
0.09	HV0.5	HV0.5	HV0.5	HV1	HV1	HV1	HV1
0.1	HV0.5	HV1	HV1	HV1	HV1	HV1	HV3
0.15	HV1	HV1	HV3	HV3	HV3	HV3	HV5
0.2	HV1	HV3	HV5	HV5	HV5	HV5	HV5
0.25	HV3	HV5	HV5	HV5	HV10	HV10	HV10
0.3	HV3	HV5	HV10	HV10	HV10	HV10	HV10
0.4	HV5	HV10	HV10	HV10	HV10	HV30	HV30
0.45	HV5	HV10	HV10	HV10	HV30	HV30	HV30
0.5	HV10	HV10	HV10	HV30	HV30	HV30	HV30
0.55	HV10	HV10	HV30	HV30	HV30	HV50	HV50
0.6	HV10	HV10	HV30	HV30	HV50	HV50	HV50
0.65	HV10	HV30	HV30	HV50	HV50	HV50	HV50
0.7	HV10	HV30	HV50	HV50	HV50	HV50	HV50
0.75	HV30	HV30	HV50	HV50	HV50	HV100	HV100
0.8	HV30	HV30	HV50	HV50	HV100	HV100	HV100
0.9	HV30	HV30	HV50	HV100	HV100	HV100	HV100
1	HV30	HV50	HV100	HV100	HV100	HV100	HV100
1.5[a]	HV30	HV50	HV100	HV100	HV100	HV100	HV100
2[a]	HV30	HV50	HV100	HV100	HV100	HV100	HV100
2.5[a]	HV30	HV50	HV100	HV100	HV100	HV100	HV100

[a] : 융해 경화 처리에 적용

비고

이 표는 다만 각각의 가장 높은 허용 시험 하중을 포함한다. 물론 이 지시 대신에 보다 낮은 시험 하중도 사용될 수 있다. (예를 들면 HV 30 대신 HV 10)고합금강(예를 들면 질화강)으로 만든 가공물의 질화나 질화 침탄에 대하여는 표면층에서 경도 기울기가 높기 때문에 이 표의 값보다 더 낮은 시험 하중을 사용하는 것이 적절하다.

보기

SHD : 표면 경화 시험편의 요구 표면 경도는 (650^{+100}_{0})HV이고 경화 깊이는 SHD = $0.6^{+0.6}_{0}$ 이다.
따라서 최소 경화 깊이는 0.6mm이고 최소 표면경도는 650HV이다.
이 값에 대하여 표는 표면경도가 최대 HV50으로 시험되어야 한다는 것을 나타낸다.

193. 열처리된 철 계통의 부품 - 부속서 A

최소 경화 깊이와 최소 표면 경도(HR 15N, HR 30N 또는 HR 45N)에 따른 경도 데이터를 규정하기 위한 시험방법의 선택

최소경화 깊이 SHD, CHD mm	최소 표면경도 HRN										
	82~85 HR15N	85 초과 88 이하 HR15N	88 초과 HR15N	60~68 HR30N	68 초과 73 이하 HR30N	73 초과 78 이하 HR30N	78 초과 HR30N	44~54 HR45N	54 초과 61 이하 HR45N	61 초과 67 이하 HR45N	67 초과 HR45N
0.1	-	-	HR15N	-	-	-	-	-	-	-	-
0.15	-	HR15N	HR15N	-	-	-	-	-	-	-	
0.2	HR15N	HR15N	HR15N	-	-	-	HR30N	-	-	-	
0.25	HR15N	HR15N	HR15N	-	-	HR30N	HR30N	-	-	-	-
0.35	HR15N	HR15N	HR15N	-	HR30N	HR30N	HR30N	-	-	-	HR45N
0.4	HR15N	HR15N	HR15N	HR30N	HR30N	HR30N	HR30N	-	-	HR45N	HR45N
0.5	HR15N	HR15N	HR15N	HR30N	HR30N	HR30N	HR30N	-	HR45N	HR45N	HR45N
≥0.55	HR15N	HR15N	HR15N	HR30N	HR30N	HR30N	HR30N	HR45N	HR45N	HR45N	HR45N

보기

SHD : 표면 경화 가공물의 표면경도는 HR...N(로크웰 경도)으로 재야 한다. 요구 경화 깊이는 $SHD = 0.4^{+0.4}_{0}$ 이다. 최소 경화 깊이는 따라서 0.4mm이다. 이 표는 표면경도를 HR 15N, HR 30N 또는 HR45N으로 시험해도 된다는 것을 나타낸다. HR45N으로 시험된다면 61HR45N을 넘는 최소 표면 경도는 명세서에 기입되어도 된다.

최소 경화 깊이와 HRA 또는 HRC의 최소 표면경도에 따른 경도 데이터를 규정하기 위한 시험방법의 선택

최소경화 깊이 SHD, CHD mm	최소 표면경도 HRA 또는 HRC							
	70~75 HRA	75 초과 78 이하 HRA	78 초과 81 이하 HRA	81 초과 HRA	40 초과 49 이하 HRC	49 초과 55 이하 HRC	55 초과 60 이하 HRC	60 초과 HRC
0.4	-	-	-	HRA	-	-	-	-
0.45	-	-	HRA	HRA	-	-	-	-
0.5	-	HRA	HRA	HRA	-	-	-	-
0.6	HRA	HRA	HRA	HRA	-	-	-	-
0.8	HRA	HRA	HRA	HRA	-	-	-	HRC
0.9	HRA	HRA	HRA	HRA	-	-	HRC	HRC
1	HRA	HRA	HRA	HRA	-	HRC	HRC	HRC
1.2	HRA	HRA	HRA	HRA	HRC	HRC	HRC	HRC

보기

SHD : 표면경화 가공물의 요구 표면 경도는 (55^{+5}_{0})HRC이고 경화 깊이는 $SHD500 = 0.8^{+0.8}_{0}$ 이다.
따라서 최소 경화 깊이는 0.8mm이고 최소 표면경도는 55HRC이다. 이 표는 HRC를 가진 표면 경도의 시험은 허용되지 않음을 보여준다. 이러한 경우에 다른 시험방법, 예를 들면 HRA나 HV가 대체 방법으로 사용된다.

193. 열처리된 철 계통의 부품 - 부속서 A

최소 표면 경도 HV, HRC, HRA, HRN과 한계 경도(최소 표면경도의 80%에 해당)와의 관계						
한계 경도 HV	최소 표면 경도 HV, HRC, HRA, HRN					
	HV	HRC	HRA	HR15N	HR30N	HR45N
200[a]	240~265	20~25	-	-	-	-
225[a]	270~295	26~29	-	-	-	-
250	300~330	30~33	65~67	76, 76	51~53	32~35
275	335~355	34~36	68	77, 78	54, 55	36~38
300	360~385	37~39	69, 70	79	56~58	39~41
325	390~420	40~42	71	80, 81	59~62	42~46
350	425~455	43~45	72, 73	82, 83	63, 64	47~49
375	460~480	46, 47	74	84	65, 66	50~52
400	485~515	48~45	75	85	67, 68	53, 54
425	520~545	51, 52	76	86	69, 70	55~57
450	550~575	53	77	87	71	58, 59
475	580~605	54, 55	78	88	72, 73	60, 61
500	610~635	56, 57	79	89	74	62, 63
525	640~665	58	80	-	75, 76	64, 65
550	670~705	59, 60	81	90	77	66, 67
575	710~730	61	82	-	78	68
600	735~765	62	-	91	79	69
625	770~795	63	83	-	80	70
650	800~835	64, 65	-	92	81	71, 72
675	840~865	66	84	-	82	73
700[a]	870~895	66.5	-	-	-	-
725[a]	900~955	67	-	-	-	-
750[a]	930~955	68	-	-	-	-
775[a]	960~985	-	-	-	-	-
800[a]	990~1,020	-	-	-	-	-
825[a]	1,025~1,060	-	-	-	-	-

비고

이 표는 경도값의 비교표로서 사용하지 않아야 한다.

[a] : 표면 융해 경화 처리에만 적용한다.

193. 열처리된 철 계통의 부품 - 부속서 A

SHD값과 한계오차범위			
표면 경화 깊이 SHD mm	상한 한계 오차 mm		
	고주파 경화	화염 경화	레이저 및 전자 빔 경화
0.1	0.1	-	0.1
0.2	0.2	-	0.1
0.4	0.4	-	0.2
0.6	0.6	-	0.3
0.8	0.8	-	0.4
1	1	-	0.5
1.3	1.1	-	0.6
1.6	1.3	2	0.8
2	1.6	2	1
2.5	1.8	2	1
3	2	2	1
4	2.5	2.5	-
5	3	3	-

CHD값과 한계오차범위	
침탄 경화 깊이 CHD mm	상한 한계 오차값 mm
0.05	0.03
0.07	0.05
0.1	0.1
0.3	0.2
0.5	0.3
0.8	0.4
1.2	0.5
1.6	0.6
2	0.8
2.5	1
3	1.2
-	-
-	-

FHD값과 한계오차범위		
융해 경도 깊이 FHD mm	상한 한계 오차 mm	
	레이저 및 전자 빔 표면 융해 경화 처리	표면 아크 융해 경화 처리
0.1	0.1	-
0.2	0.1	-
0.4	0.2	0.4
0.6	0.3	0.6
0.8	0.4	0.8
1	0.5	1
1.3	0.6	1.1
1.6	0.8	1.3
2	1	1.6
2.5	1	-
-	-	-

NHD값과 한계오차범위	
질화 경도 깊이 NHD mm	상한 한계 오차값 mm
0.05	0.02
0.1	0.05
0.15	0.05
0.2	0.1
0.25	0.1
0.3	0.1
0.35	0.15
0.4	0.2
0.5	0.25
0.6	0.3
0.75	0.3

CD0.35 값과 한계오차범위	
침탄 깊이 $CD_{0.35}$ mm	상한 한계 오차값 mm
0.1	0.1
0.3	0.2
0.5	0.3
0.8	0.4
1.2	0.5
1.6	0.6
2	0.8
2.5	1
3	1.2

복합층 두께 CLT값과 한계오차범위	
복합층 두께 CLT μm	상한 한계 오차값 μm
5	3
8	4
10	5
12	6
15	8
20	10
24	12
-	-
-	-

194. 일반공차

1. **일반공차** : 개별 공차표시가 없는 선형 치수 및 각도 치수에 대한 공차

2. 적용 범위
이 규격은 제도 표시를 단순화하기 위한 것으로 공차 표시가 없는 선형 및 치수에 대한 일반 공차를 4개의 공차 등급으로 나누어 규정한다. 일반 공차는 금속 파편이 제거된 제품 또는 박판 금속으로 형성된 제품에 대하여 적용한다.

3. **도면상의 지시** : 이 규격에 따른 일반 공차가 적용되어야 하는 경우 주석문에 표기한다.
[보기] KS B ISO 2768－m

4. 일반공차

파손된 가장자리를 제외한 선형 치수에 대한 일반공차 (단위 : mm)

공차 등급		보통 치수에 대한 허용 편차							
호칭	설명	0.5(1)에서 3 이하	3 초과 6 이하	6 초과 30 이하	30 초과 120 이하	120 초과 400 이하	400 초과 1000 이하	1000 초과 2000 이하	2000 초과 4000 이하
f	정밀	±0.05	±0.05	±0.1	±0.15	±0.2	±0.3	±0.5	-
m	중간	±0.1	±0.1	±0.2	±0.3	±0.5	±0.8	±1.2	±2
c	거칢	±0.2	±0.3	±0.5	±0.8	±1.2	±2	±3	±4
v	매우 거칢	-	±0.5	±1	±1.5	±2.5	±4	±6	±8

파손된 가장자리에 대한 일반공차(바깥 반지름 및 모따기 높이) (단위 : mm)

공차 등급		보통 치수에 대한 허용 편차		
호칭	설명	0.5(1)에서 6 이하	3 초과 6 이하	6 초과
f	정밀	±0.2	±0.5	±1
m	중간			
c	거칢	±0.4	±1	±2
v	매우 거칢			

주
(1) 0.5mm 미만의 공칭 크기에 대해서는 편차가 관련 공칭 크기에 근접하게 표시되어야 한다.

5. 각도의 허용 편차

공차 등급		보통 치수에 대한 허용 편차				
호칭	설명	10 이하	10 초과 50 이하	50 초과 120 이하	120 초과 400 이하	400 초과
f	정밀	±1°	±0°30′	±0°20′	±0°10′	±0°5′
m	중간					
c	거칢	±1°30′	±1°	±0°30′	±0°15′	±0°10′
v	매우 거칢	±3°	±2°	±1°	±0°30′	±0°20′

MEMO

195. 주조품-치수 공차 및 절삭여유 방식

1. 적용범위

이 규격은 주조품의 치수 공차 및 요구하는 절삭 여유 방식에 대하여 규정하고, 금속 및 합금을 여러 가지 방법으로 주조한 주조품의 치수에 적용한다.

2. 기준 치수

절삭 가공 전의 주조한 대로의 주조품(Raw Casting)의 치수이고[그림 1], 필요한 최소 절삭 여유(Machining Allowance)를 포함한 치수이다[그림 2].

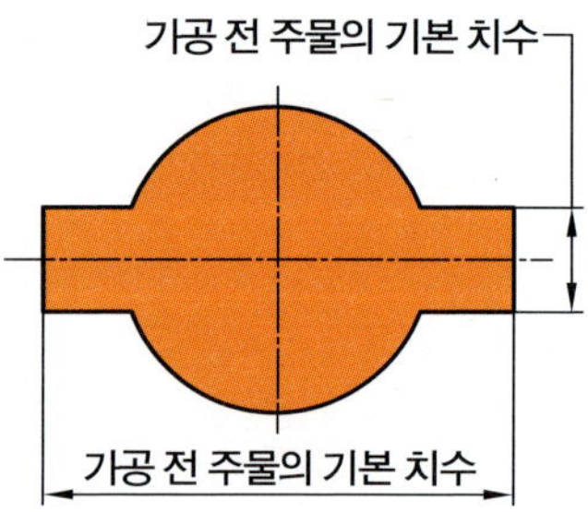

[그림 1] 도면 지시

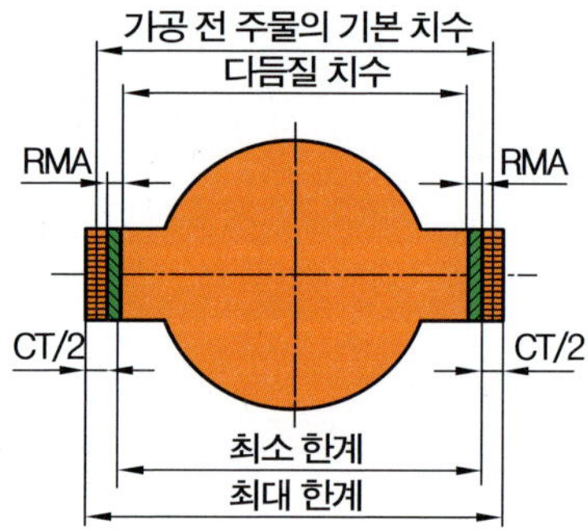

[그림 2] 치수 허용 한계

주조품의 치수 공차

주조한 대로의 주조품의 기준 치수		전체 주조 공차 (단위 : mm)															
		주조 공차 등급 CT															
초과	이하	1	2	3	4	5	6	7	8	9	10	11	12	13	14	15	16
–	10	0.09	0.13	0.18	0.26	0.36	0.52	0.74	1	1.5	2	2.8	4.2	–	–	–	–
10	16	0.1	0.14	0.2	0.28	0.38	0.54	0.78	1.1	1.6	2.2	3	4.4	–	–	–	–
16	25	0.11	0.15	0.22	0.3	0.42	0.58	0.82	1.2	1.7	2.4	3.2	4.6	6	8	10	12
25	40	0.12	0.17	0.24	0.32	0.46	0.64	0.9	1.3	1.8	2.6	3.6	5	7	9	11	14
40	63	0.13	0.18	0.26	0.36	0.5	0.7	1	1.4	2	2.8	4	5.6	8	10	12	16
63	100	0.14	0.2	0.28	0.4	0.56	0.78	1.1	1.6	2.2	3.2	4.4	6	9	11	14	18
100	160	0.15	0.22	0.3	0.44	0.62	0.88	1.2	1.8	2.5	3.6	5	7	10	12	16	20
160	250	–	0.24	0.34	0.5	0.7	1	1.4	2	2.8	4	5.6	8	11	14	18	22
250	400	–	–	0.4	0.56	0.78	1.1	1.6	2.2	3.2	4.4	6.2	9	12	16	20	25
400	630	–	–	–	0.64	0.9	1.2	1.8	2.6	3.6	5	7	10	14	18	22	28
630	1000	–	–	–	–	1	1.4	2	2.8	4	6	8	11	16	20	25	32
1000	1600	–	–	–	–	–	1.6	2.2	3.2	4.6	7	9	13	18	23	29	37
1600	2500	–	–	–	–	–	–	2.6	3.8	5.4	8	10	15	21	26	33	42
2500	4000	–	–	–	–	–	–	–	4.4	6.2	9	12	17	24	30	38	49
4000	6300	–	–	–	–	–	–	–	–	7	10	14	20	28	35	44	56
6300	10000	–	–	–	–	–	–	–	–	–	11	16	23	32	40	50	64

도면상(주석문)에 표기방법

주물 공차는 다음 중 하나의 방식으로 도면에 설명되어야 한다.

[보기1] 일반 공차 KS B 0250−CT12

[보기2] 일반 공차 KS B ISO 8062-CT12

195. 주조품-치수 공차 및 절삭여유 방식

주철품의 여유 기울기 보통 허용값

단위 : mm

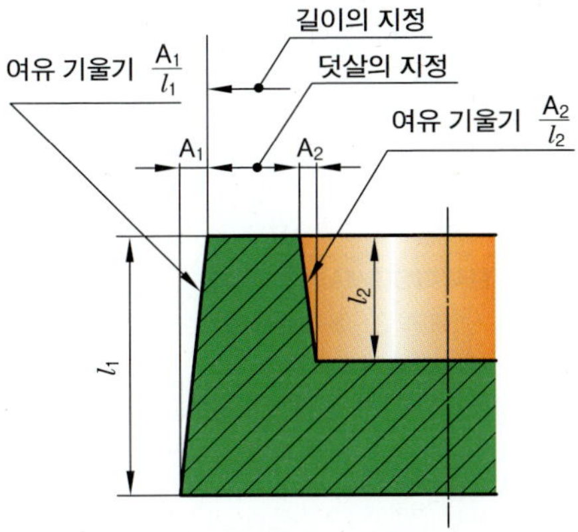

치수 구분 l		치수 A (최대)
초과	이하	
-	16	1
16	40	1.5
40	100	2
100	160	2.5
160	250	3.5
250	400	4.5
400	630	6
630	1000	9

비고
1. l은 그림에서 l_1, l_2를 의미한다.
2. A는 그림에서 A_1, A_2를 의미한다.

알루미늄합금 주물의 여유 기울기

여유 기울기의 구분	밖	안
모래형 · 금형 주물	2	3

비고
이 표의 숫자는 기울기부의 길이 400mm 이하에 적용한다.

다이캐스팅의 여유 기울기

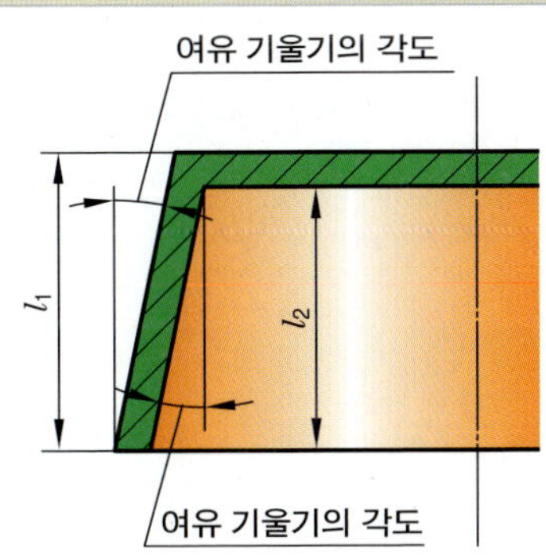

치수 구분 l (mm)		각도(도)	
초과	이하	알루미늄 합금	아연 합금
-	3	10	6
3	10	5	3
10	40	3	2
40	460	2	1.5
460	630	1.5	1

195. 주조품-치수 공차 및 절삭여유 방식

3. 요구하는 절삭 여유(RMA)

특별히 지정한 경우를 제외하고 절삭 여유는 주조한 대로의 주조품의 최대 치수에 대하여 변화한다. 즉, 최종 절삭 가공 후 완성한 주조품의 최대 치수에 따른 적절한 치수 구분에서 선택한 1개의 절삭 여유만 절삭 가공되는 모든 표면에 적용된다.

형체의 최대 치수는 완성한 치수에서 요구하는 절삭 여유와 전체 주조 공차를 더한 값을 넘지 않아야 한다. [그림 3~6 참조]

요구하는 절삭 여유(RMA) 단위 : mm

최대 치수(1)		요구하는 절삭 여유									
초과	이하	절삭 여유의 등급									
		A(2)	B(2)	C	D	E	F	G	H	J	K
–	40	0.1	0.1	0.2	0.3	0.4	0.5	0.5	0.7	1	1.4
40	63	0.1	0.2	0.3	0.3	0.4	0.5	0.7	1	1.4	2
63	100	0.2	0.3	0.4	0.5	0.7	1	1.4	2	2.8	4
100	160	0.3	0.4	0.5	0.8	1.1	1.5	2.2	3	4	6
160	250	0.3	0.5	0.7	1	1.4	2	2.8	4	5.5	8
250	400	0.4	0.7	0.9	1.3	1.8	2.5	3.5	5	7	10
400	630	0.5	0.8	1.1	1.5	2.2	3	4	6	9	12
630	1000	0.6	0.9	1.2	1.8	2.5	3.5	5	7	10	14
1000	1600	0.7	1	1.4	2	2.8	4	5.5	8	11	16
1600	2500	0.8	1.1	1.6	2.2	3.2	4.5	6	9	13	18
2500	4000	0.9	1.3	1.8	2.5	3.5	5	7	10	14	20
4000	6300	1	1.4	2	2.8	4	5.5	8	11	16	22
6300	10000	1.1	1.5	2.2	3	4.5	6	9	12	17	24

주

(1) 절삭 가공 후의 주조품 최대 치수

(2) 등급 A 및 B는 특별한 경우에 한하여 적용한다. 예를 들면, 고정 표면 및 데이텀 표면 또는 데이텀 타깃에 관하여 대량 생산 방식으로 모형, 주조 방법 및 절삭 가공 방법을 포함하여 인수・인도 당사자 사이의 협의에 따른 경우

공차 및 절삭 여유 표시방법

[보기1] KS B 0250-CT12-RMA 6(H)

[보기1] KS B ISO 8062-CT12-RMA 6(H)

400mm 초과 630mm까지의 최대 치수 구분 주조품에 대하여 등급 H에서의 6mm의 절삭 여유(주조품에 대한 보통 공차에서 KS B 0250-CT12)를 지시하고 있다.

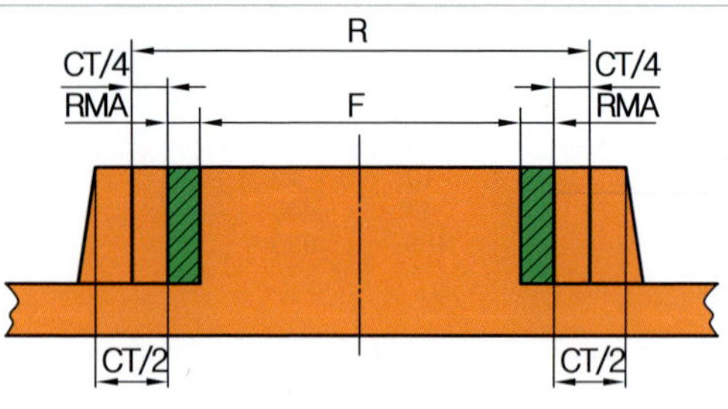

[그림 3] 보스의 바깥쪽 절삭 가공

R : 주조한 대로의 주조품의 기준 치수

F : 완성 치수

RMA : 절삭 여유

$$R = F + 2RMA + \frac{CT}{2}$$

195. 주조품-치수 공차 및 절삭여유 방식

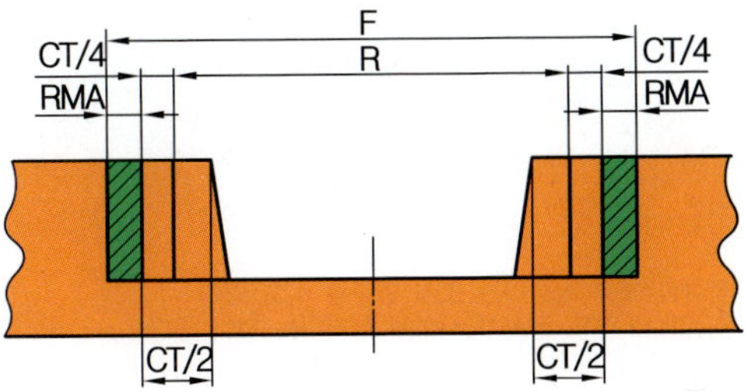

[그림 4] 안쪽의 절삭 가공

R : 주조한 대로의 주조품의 기준 치수
F : 완성 치수
RMA : 절삭 여유

$$R = F - 2RMA - \frac{CT}{2}$$

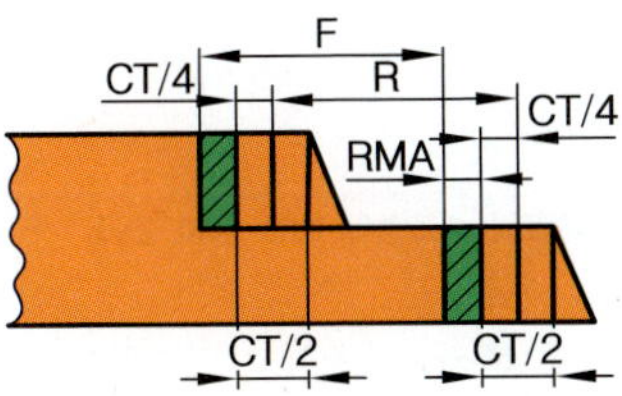

[그림 5] 단차 치수의 절삭 가공

R : 주조한 대로의 주조품의 기준 치수
F : 완성 치수
RMA : 절삭 여유

$$R = F$$
$$= F - RMA + RMA - \frac{CT}{4} + \frac{CT}{4}$$

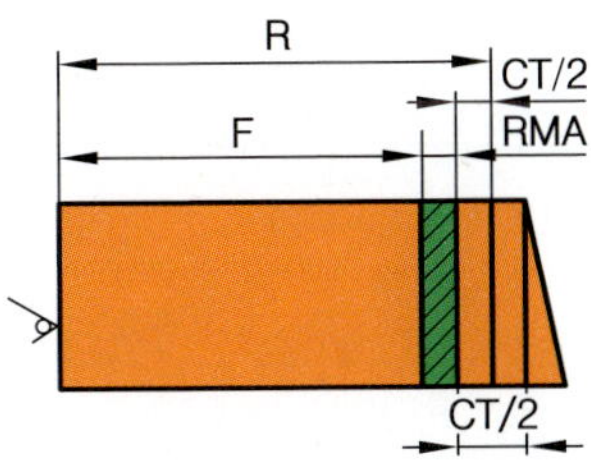

[그림 6] 형체의 한 방향 쪽 절삭 가공

R : 주조한 대로의 주조품의 기준 치수
F : 완성 치수
RMA : 절삭 여유

$$R = F + RMA + \frac{CT}{2}$$

일반공차 · 주조품 보통공차

196. 주조품 공차(부속서 A : 참고)

장기간 제조하는 주조한 대로의 주조품에 대한 공차 등급									
주조 방법	공차 등급 CT								
	강철 (주강)	회주철	가단 주철	구상흑연 주철	구리 합금	아연 합금	경금속 합금	니켈 합금	코발트 합금
모래형 주조 수동 주입	11~14	11~14	11~14	11~14	10~13	10~13	9~12	11~14	11~14
모래형 주조 기계 주입 및 셸 몰드	8~12	8~12	8~12	8~12	8~10	8~10	7~9	8~12	8~12
금형 주조 (중력법 및 저압법)	적절한 표를 확정하는 조사 연구를 하고 있다. 당분간 인수 · 인도 당사자 사이에 협의하는 것이 좋다.								
압력 다이캐스팅									
인베스트먼트 주조									

비고

이 표에 나타내는 공차는 장기간에 제조하는 주조품으로 주조품의 치수 정밀도에 영향을 주는 생산 요인을 충분히 해결하고 있는 경우에 적용한다.

단기간 또는 1회에 한하여 제조하는 주조한 대로의 주조품에 대한 공차 등급									
주조 방법	주형 재료	공차 등급 CT							
		강철 (주강)	회주철	가단 주철	구상흑연 주철	구리 합금	경금속 합금	니켈 합금	코발트 합금
모래형 주조 수동 주입	그대로	13~15	13~15	13~15	13~15	13~15	11~13	13~15	13~15
	자경성 주형	12~14	11~13	11~13	11~13	10~12	10~12	12~14	12~14

비고

1. 이 표에 나타내는 공차는 단기간 또는 1회에 한하여 제조하는 모래형 주조품으로 주조품의 치수 정밀도를 주는 생산 요인을 충분히 해결하고 있는 경우에 보통 적용한다.
2. 이 표의 수치는 일반적으로 25mm를 넘는 기준 치수에 적용한다. 이것보다 작은 기준 치수에 대해서는 보통 다음과 같은 작은 공차로 한다.
   a) 기준 치수 10mm까지 : 3등급 작은 공차
   b) 기준 치수 10mm를 초과하고 16mm까지 : 2등급 작은 공차
   c) 기준 치수 16mm를 초과하고 25mm까지 : 1등급 작은 공차

197. 금형 주조품 · 다이캐스팅 · 알루미늄합금(참고)

1. 금형 주조품, 다이캐스팅품 및 알루미늄합금 주물에 대하여 권장하는 주조품 공차

장기간 제조하는 주조한 대로의 주조품에 대한 공차 등급									
주조 방법	공차 등급 CT								
	강철 (주강)	회주철	구상흑연 주철	가단 주철	구리 합금	아연 합금	경금속 합금	니켈 합금	코발트 합금
금형 주조(저압 주조 포함)		7~9	7~9	7~9	7~9	7~9	6~8		
다이캐스팅					6~8	4~6	5~7		
인베스트먼트 주조	4~6	4~6	4~6		4~6		4~6	4~6	4~6

비고

이 표에 나타내는 공차는 장기간에 제조하는 주조품으로 주조품의 치수 정밀도에 영향을 주는 생산 요인을 충분히 해결하고 있는 경우에 보통 적용한다.

부속서 B(참고) 요구하는 절삭 여유의 등급(RMA), [KS B 0250, KS B ISO 8062]

주조한 대로의 주조품에 필요한 절삭 여유의 등급									
주조 방법	공차 등급 CT								
	강철 (주강)	회주철	가단 주철	구상흑 연주철	구리 합금	아연 합금	경금속 합금	니켈 합금	코발트 합금
모래형 주조 수동 주입	G~K	F~H	F~H	F~H	F~H	F~H	F~H	G~K	G~K
모래형 주조 기계 주입 및 셸 몰드	F~H	E~G	E~G	E~G	E~G	E~G	E~G	F~H	F~H
금형 주조 (중력법 및 저압법)	-	D~F	D~F	D~F	D~F	D~F	D~F	-	-
압력 다이캐스팅	-	-	-	-	B~D	B~D	B~D	-	-
인베스트먼트 주조	E	E	E	-	E	-	E	E	E

비고

100mm 이하의 철제(주강, 회주철, 가단 주철, 구상 흑연 주철) 및 경금속의 모래형 주조품 및 금형 주조품에 대하여 이 표의 절삭 여유 등급이 작은 경우에는 2~3등급 큰 절삭 여유 등급을 지정하는 것이 좋다

198. 주철품의 보통 치수 공차(부속서 1)

1. 적용 범위

모래형(정밀 주형 및 여기에 준한 것 제외)에 따른 회 주철품 및 구상 흑연 주철품의 길이 및 살두께의 주조한 대로의 치수의 보통 공차에 대하여 규정한다.

길이의 허용차 (단위 : mm)

치수의 구분	회 주철품		구상 흑연 주철품	
	정밀급	보통급	정밀급	보통급
120 이하	±1	±1.5	±1.5	±2
120 초과 250 이하	±1.5	±2	±2	±2.5
250 초과 400 이하	±2	±3	±2.5	±3.5
400 초과 800 이하	±3	±4	±3	±5
800 초과 1600 이하	±4	±6	±4	±7
1600 초과 3150 이하	-	±10	-	±10

살두께의 허용차 (단위 : mm)

치수의 구분	회 주철품		구상 흑연 주철품	
	정밀급	보통급	정밀급	보통급
10 이하	±1	±1.5	±1.2	±2
10 초과 18 이하	±1.5	±2	±1.5	±2.5
18 초과 30 이하	±2	±3	±2	±3
30 초과 50 이하	±2	±3.5	±2.5	±4

199. 알루미늄합금 주물의 보통 치수 공차(부속서 2)

1. 적용 범위

이 부속서 2는 모래형(셸형 주물을 포함한다.) 및 금형(저압 주조를 포함한다.)에 따른 알루미늄합금 주물의 길이 및 살두께의 치수 보통 공차에 대하여 규정한다. 다만 로스트 왁스법 등의 정밀 주형에 따른 주물에는 적용하지 않는다.

길이의 허용차 단위 : mm

종류	호칭 치수의 구분	50 이하		50 초과 120 이하		120 초과 250 이하		250 초과 400 이하		250 초과 800 이하		800 초과 1600 이하		1600 초과 3150 이하		(참고)해당 공차 등급	
		정밀급	보통급	정밀급	보통급	정밀급	보통급	정밀급	보통급	정밀급	보통급	정밀급	보통급	정밀급	보통급	정밀급	보통급
모래형 주물	틀 분할면을 포함하지 않은 부분	±0.5	±1.1	±0.7	±1.2	±0.9	±1.4	±1.1	±1.8	±1.6	±2.5	-	±4	-	±7	15	16
	틀 분할면을 포함하는 부분	±0.8	±1.5	±1.1	±1.8	±1.4	±2.2	±1.8	±2.8	±2.5	±4.0	-	±6	-	-	16	17
금형 주물	틀 분할면을 포함하지 않은 부분	±0.3	±0.5	±0.45	±0.7	±0.55	±0.9	±0.7	±1.1	±1.0	±1.6	-	-	-	-	14	15
	틀 분할면을 포함하는 부분	±0.5	±0.6	±0.7	±0.8	±0.9	±1.0	±1.1	±1.2	±1.6	±1.8	-	-	-	-	15	15

살두께의 허용차 단위 : mm

종류	호칭 치수의 구분	50 이하		50 초과 120 이하		120 초과 250 이하		250 초과 400 이하		250 초과 800 이하	
		정밀급	보통급	정밀급	보통급	정밀급	보통급	정밀급	보통급	정밀급	보통급
모래형 주물	120 이하	±0.6	±1.2	±0.7	±1.4	±0.8	±1.6	±0.9	±1.8	-	-
	120 초과 250 이하	±0.7	±1.3	±0.8	±1.5	±0.9	±1.7	±1.0	±1.9	±1.2	±2.3
	250 초과 400 이하	±0.8	±1.4	±0.9	±1.6	±1.0	±1.8	±1.1	±2.0	±1.3	±2.4
	400 초과 800 이하	±1.0	±1.6	±1.1	±1.8	±1.2	±2.0	±1.3	±2.2	±1.5	±2.6
금형 주물	120 이하	±0.3	±0.7	±0.4	±0.9	±0.5	±1.1	±0.6	±1.3	-	-
	120 초과 250 이하	±0.4	±0.8	±0.5	±1.0	±0.6	±1.2	±0.7	±1.4	±0.9	±1.8
	250 초과 400 이하	±0.5	±0.9	±0.6	±1.1	±0.7	±1.3	±0.8	±1.5	±1.0	±1.9

200. 다이캐스팅의 보통 치수 공차(부속서 3)

1. 적용 범위

아연합금 다이캐스팅, 알루미늄합금 다이캐스팅 등의 주조한 대로의 치수의 보통 공차에 대하여 규정한다.

단위 : mm

치수의 구분	고정형 및 가동형으로 만드는 부분			가동 내부로 만드는 부분 l_3	
	틀 분할면과 평행 방향 l_1	틀 분할면과 직각 방향(1) l_2			
		틀 분할면과 직각 방향의 주물 투영 면적(2) cm^2		가동 내부의 이동 방향과 직각인 주물 부분의 투영 면적 cm^2	
		600 이하	600 초과 2400 이하	150 이하	150 초과 600 이하
30 이하	±0.25	±0.5	±0.6	±0.5	±0.6
30 초과 50 이하	±0.3	±0.5	±0.6	±0.5	±0.6
50 초과 80 이하	±0.35	±0.6	±0.6	±0.6	±0.6
80 초과 120 이하	±0.45	±0.7	±0.7	±0.7	±0.7
120 초과 180 이하	±0.5	±0.8	±0.8	±0.8	±0.8
180 초과 250 이하	±0.55	±0.9	±0.9	±0.9	±0.9
250 초과 315 이하	±0.6	±1	±1	±1	±1
315 초과 400 이하	±0.7	-	-	-	-
400 초과 500 이하	±0.8	-	-	-	-
500 초과 630 이하	±0.9	-	-	-	-
630 초과 800 이하	±1	-	-	-	-
800 초과 1000 이하	±1.1	-	-	-	-

주

(1) 틀 분할면이 길이에 영향을 주지 않는 치수 부분에는 l_1의 치수 공차를 적용한다. 이 경우의 l_1 등의 기호는 [그림 1]에 따른다.

(2) 주물의 투영 면적이란 주조한 대로의 주조품의 바깥 둘레 내 투영 면적을 나타낸다.

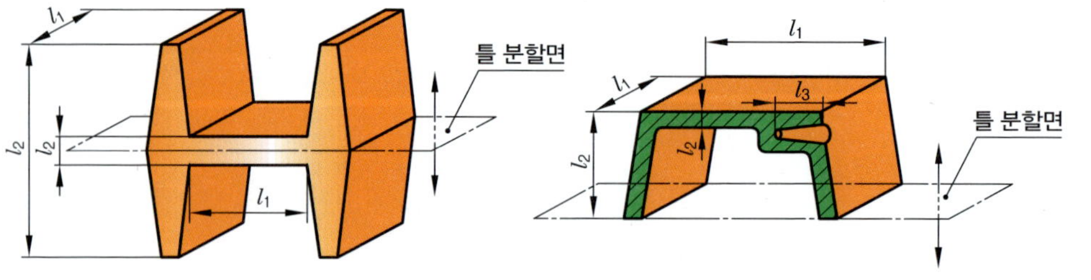

[그림 1] 치수를 나타내는 기호

MEMO

201. 금속판 셰어링 보통 공차

1. 적용 범위

이 규격은 갭 시어, 스퀘어 시어 등 곧은 날 절단기로 절단한 두께 12mm 이하의 금속판 절단 나비의 보통 치수 공차와 진직도 및 직각도의 보통 공차에 대하여 규정한다.

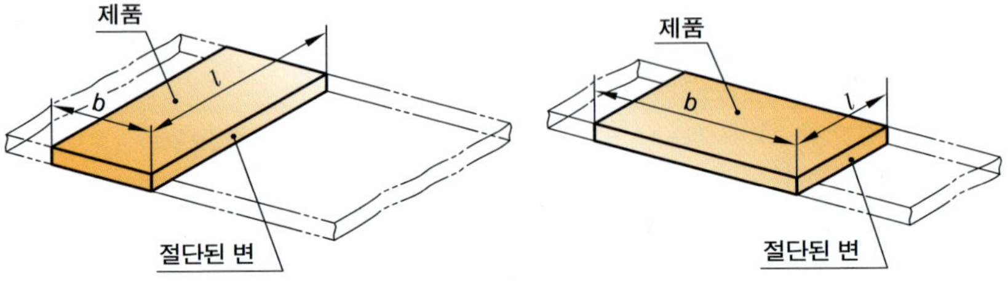

[그림 1] 절단 나비 및 길이

비고

1. 절단 나비 : 시어의 날로 절단된 변과 맞변의 거리(그림 1의 b)
2. 절단 길이 : 시어의 날로 절단된 변의 길이(그림 1의 l)

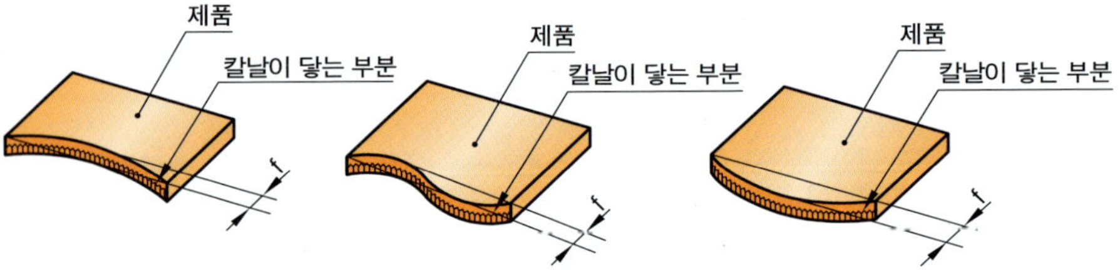

[그림 2] 진직도

비고

진직도 : 절단된 변의 칼날이 닿는 부분에 기하학적으로 정확한 직선에서 어긋남의 크기(그림 2의 f)

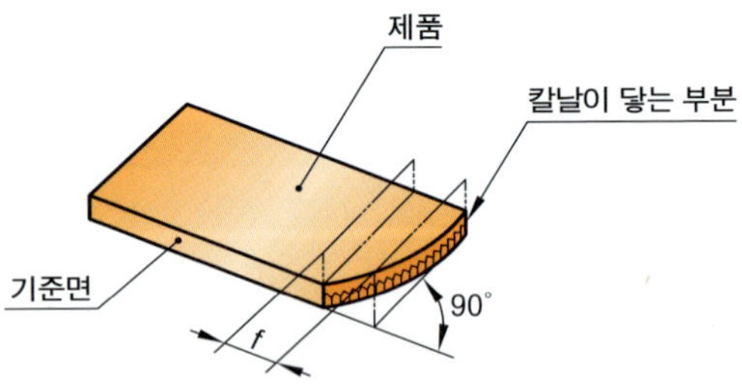

[그림 3] 직각도

비고

직각도 : 긴 변을 기준면으로 하고 이 기준면에 대하여 직각인 기하학적 평면에서 짧은 변의 칼날이 닿는 부분의 어긋남의 크기(그림 3의 f)

201. 금속판 셰어링 보통 공차

1. **도면상의 지시** : 도면 또는 관련 문서에는 이 규격의 규격 번호 및 등급을 지시한다.

[보기 1] 절단 나비의 보통 치수 공차 KS B 0416 - A급

[보기 2] 직직도 및 직각도의 보통 공차 KS B 0416 - B급

절단 나비의 보통 공차 단위 : mm

기준 치수의 구분	$t≤1.6$		$1.6<t≤3$		$3<t≤6$		$6<t≤12$	
	A급	B급	A급	B급	A급	B급	A급	B급
30 이하	±0.1	±0.3	-	-	-	-	-	-
30 초과 120 이하	±0.2	±0.5	±0.3	±0.5	±0.8	±1.2	-	±1.5
120 초과 400 이하	±0.3	±0.8	±0.4	±0.8	±1	±1.5	-	±2
400 초과 1000 이하	±0.5	±1	±0.5	±1.2	±1.5	±2	-	±2.5
1000 초과 2000 이하	±0.8	±1.5	±0.8	±2	±2	±3	-	±3
2000 초과 4000 이하	±1.2	±2	±1.2	±2.5	±3	±4	-	±4

진직도의 보통 공차 단위 : mm

절단 길이의 호칭 치수 구분	$t≤1.6$		$1.6<t≤3$		$3<t≤6$		$6<t≤12$	
	A급	B급	A급	B급	A급	B급	A급	B급
30 이하	0.1	0.2	-	-	-	-	-	-
30 초과 120 이하	0.2	0.3	0.2	0.3	0.5	0.8	-	1.5
120 초과 400 이하	0.3	0.5	0.3	0.5	0.8	1.5	-	2
400 초과 1000 이하	0.5	0.8	0.5	1	1.5	2	-	3
1000 초과 2000 이하	0.8	1.2	0.8	1.5	2	3	-	4
2000 초과 4000 이하	1.2	2	1.2	2.5	3	5	-	6

직각도의 보통 공차 단위 : mm

짧은 변의 호칭 길이 구분	$t≤3$		$3<t≤6$		$6<t≤12$	
	A급	B급	A급	B급	A급	B급
30 이하	-	-	-	-	-	-
30 초과 120 이하	0.3	0.5	0.5	0.8	-	1.5
120 초과 400 이하	0.8	1.2	1	1.5	-	2
400 초과 1000 이하	1.5	3	2	3	-	3
1000 초과 2000 이하	3	6	4	6	-	6
2000 초과 4000 이하	6	10	6	10	-	10

202. 주강품의 보통 공차

1. 보통 공차 등급 : A급(정밀급), B급(중급), C급(보통급)의 3등급으로 한다.
2. 도면상의 지시 : 도면 또는 관련 문서에는 이 규격의 규격 번호 및 등급을 지시한다.

[보 기] KS B 0418 - A급

단위 : mm

주강품 덧살의 보통 허용차

치수 구분 \ 등급	A급	B급	C급
18 이하	±1.4	±2.2	±3.5
18 초과 50 이하	±2	±3	±5
50 초과 120 이하	-	±4.5	±7
120 초과 250 이하	-	±5.5	±9
250 초과 400 이하	-	±7	±11
400 초과 630 이하	-	±9	±14
630 초과 1,000 이하	-	-	±18

주강품 길이의 보통 허용차

치수 구분 \ 등급	A급	B급	C급
120 이하	±1.8	±2.8	±4.5
120 초과 315 이하	±2.5	±4	±6
315 초과 630 이하	±3.5	±5.5	±9
630 초과 1,250 이하	±5	±8	±12
1,250 초과 2,500 이하	±9	±14	±22
2,500 초과 5,000 이하	-	±20	±35
5,000 초과 10,000 이하		-	±63

빠짐 기울기를 주기 위한 치수

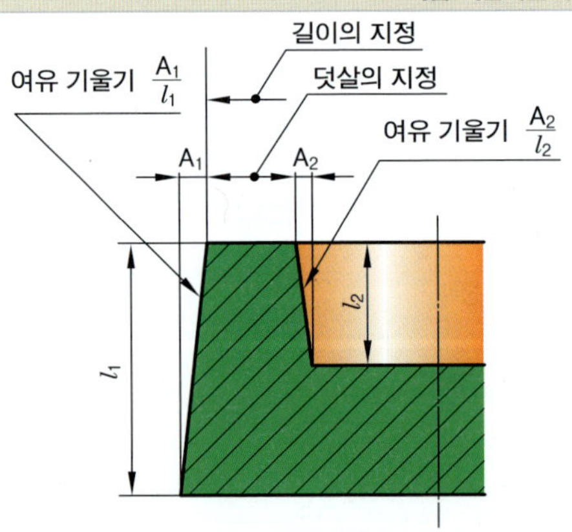

치수구분 l	치수 A(최대)
18 이하	1.4
18 초과 50 이하	2
50 초과 120 이하	2.8
120 초과 250 이하	3.5
250 초과 400 이하	4.5
400 초과 630 이하	5.5
630 초과 1,000 이하	7

비고

l은 그림의 l_1, l_2를 뜻한다. A는 그림의 A_1, A_2를 뜻한다.

MEMO

203. 용접기호

기본기호			
번호	명칭	그림	기호
1	플랜지형 맞대기 용접	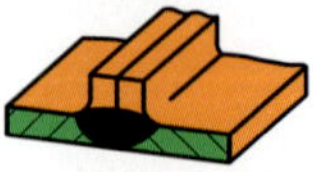	
2	평행(I형) 맞대기 용접		
3	V형 맞대기 용접		
4	일면 개선형 맞대기 용접		
5	넓은 루트면이 있는 V형 맞대기 용접		
6	넓은 루트면이 있는 한면 개선형 맞대기 용접		
7	U형 맞대기 용접(평행 또는 경사면)	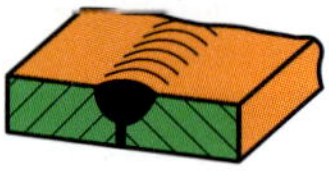	
8	J형 맞대기 용접		
9	이면 용접		
10	필릿 용접		
11	플러그 용접 : 플러그 또는 슬롯 용접(미국)		

203. 용접기호

기본기호(계속)			
번호	명칭	그림	기호
12	점 용접	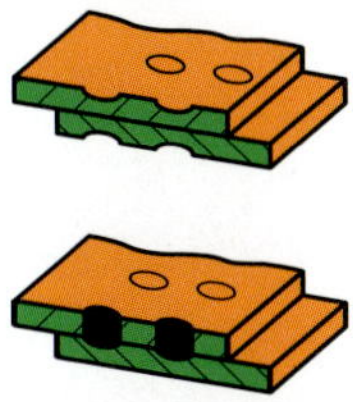	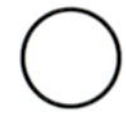
13	심(Seam) 용접	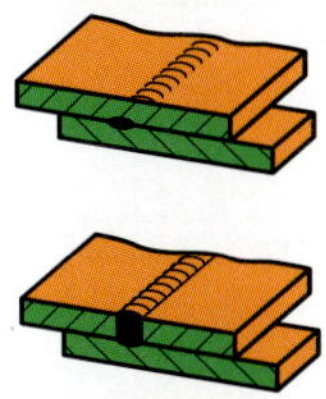	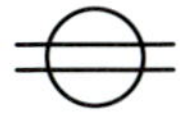
14	개선 각이 급격한 V형 맞대기 용접		
15	개선 각이 급격한 일면 개선형 맞대기 용접	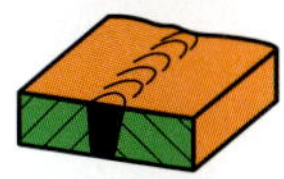	
16	가장자리(Edge) 용접		
17	표면 육성	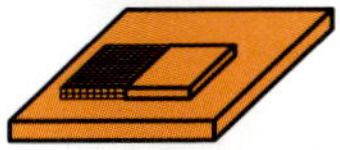	
18	표면(Surface) 접합부	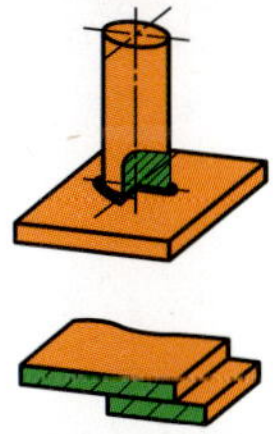	
19	경사 접합부	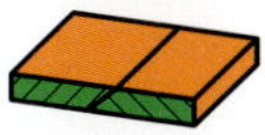	
20	겹침 접합부		

203. 용접기호

양면 용접부 조합 기호		
명칭	그림	기호
양면 V형 맞대기 용접(X용접)		
K형 맞대기 용접		
넓은 루트면이 있는 양면 V형 용접		
넓은 루트면이 있는 K형 맞대기 용접	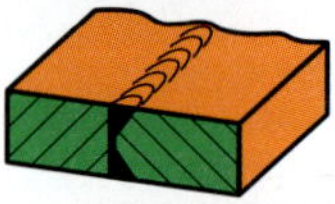	
양면 U형 맞대기 용접		

203. 용접기호

보조기호

용접부 표면 또는 용접부 형상	기호
a) 평면(동일한 면으로 마감 처리)	—
b) 볼록형	
c) 오목형	
d) 토우를 매끄럽게 함	
e) 영구적인 이면 판재(backing strip) 사용	M
f) 제거 가능한 이면 판재 사용	MR

보조기호 적용

명칭	그림	기호
평면 마감 처리한 V형 맞대기 용접		
볼록 양면 V형 용접		
오목 필릿 용접	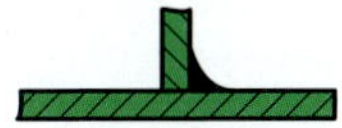	
이면 용접이 있으며 표면 모두 평면 마감 처리한 V형 맞대기 용접		
넓은 루트면이 있고 이면 용접된 V형 맞대기 용접		
평면 마감 처리한 V형 맞대기 용접		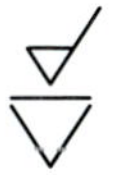
매끄럽게 처리한 필릿 용접		

203. 용접기호

도면에서 기호의 위치 및 화살표와 접합부의 관계

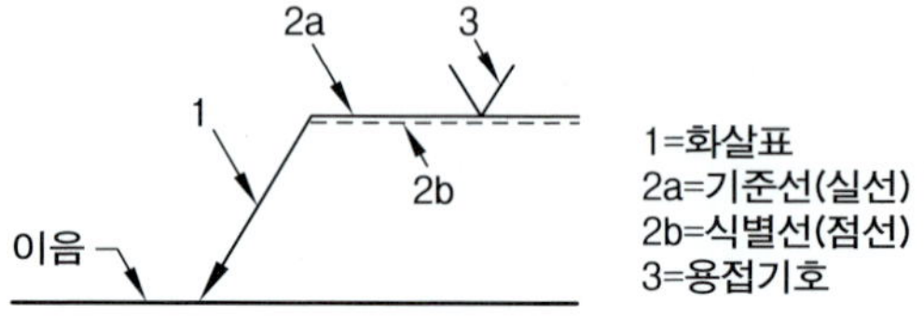

표시방법

한쪽 면 필릿 용접의 T 접합부

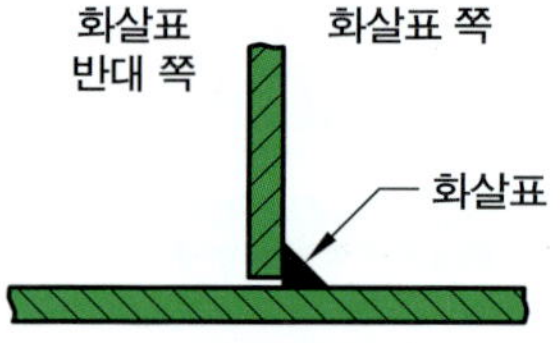

화살표쪽 용접

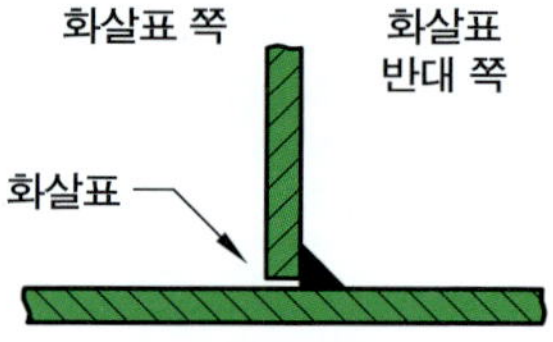

화살표 반대쪽 용접

양면 필릿 용접의 십자(+)형 접합부

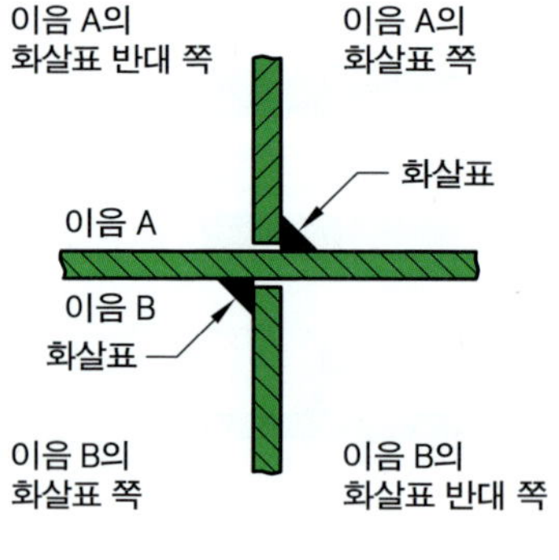

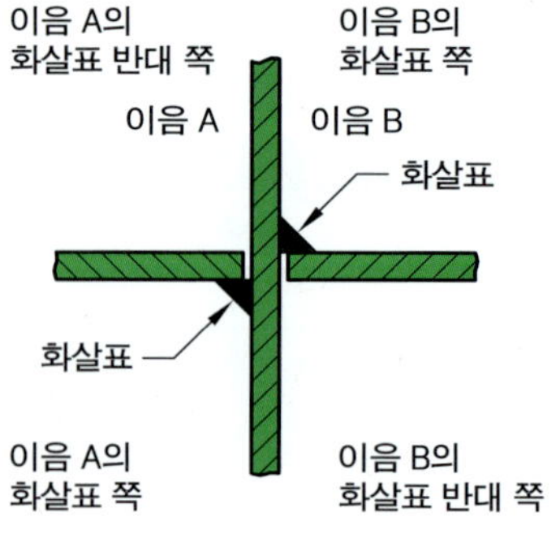

203. 용접기호

필릿 용접부 치수표시 방법

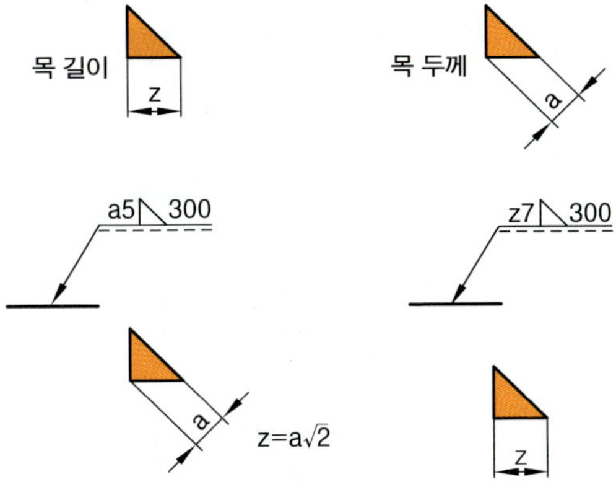

비고

문자 *a* 또는 *z*는 항상 해당되는 치수의 앞에 다음과 같이 표시한다.

필릿 용접의 용입 깊이의 치수표시 방법

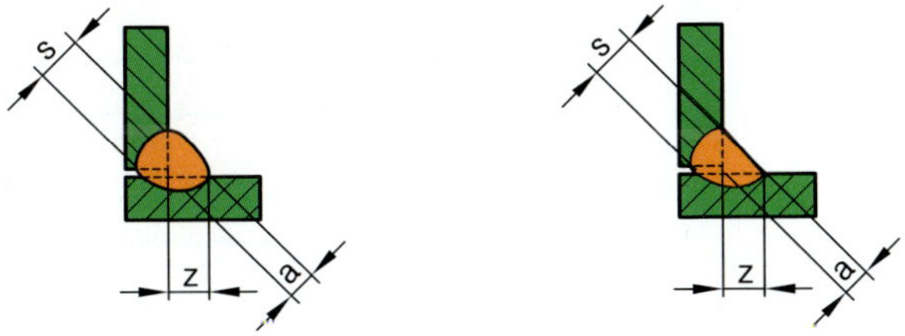

비고

1. 필릿 용접부에서 깊은 용입을 나타내는 경우 목두께는 s가 된다.
2. 필릿 용접부의 용입 깊이에 대해서는, 예를 들면 s8a6◺와 같이 표시한다.

203. 용접기호

주요치수				
번호	명칭	정의	그림	표시
1	맞대기 용접	s : 얇은 부재의 두께보다 커질 수 없는 거리로서, 부재의 표면부터 용입의 바닥까지의 최소 거리	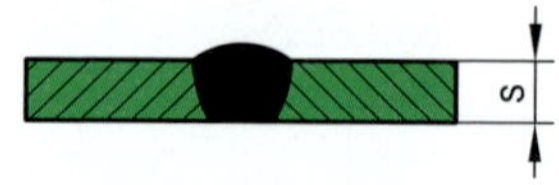	
			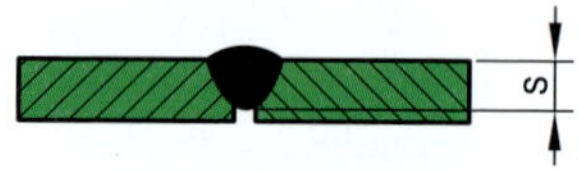	
			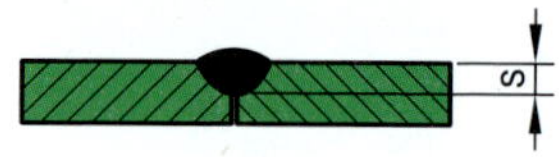	
2	플랜지형 맞대기 용접	s : 용접부 외부 표면부터 용입의 바닥까지의 최소 거리	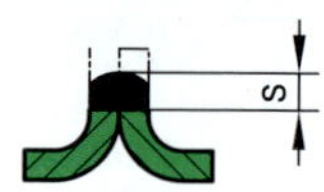	
3	연속 필릿 용접	a : 단면에서 표시될 수 있는 최대 이등변삼각형의 높이 z : 단면에서 표시될 수 있는 최대 이등변삼각형의 변	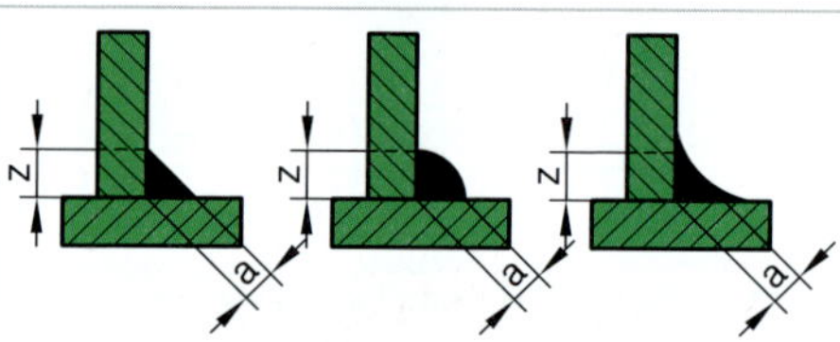	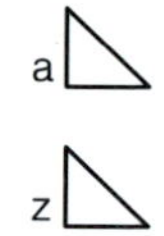
4	단속 필릿 용접	l : 용접 길이(크레이터 제외) (e) : 인접한 용접부 간격 n : 용접부 수 a : 3번 참조 z : 3번 참조	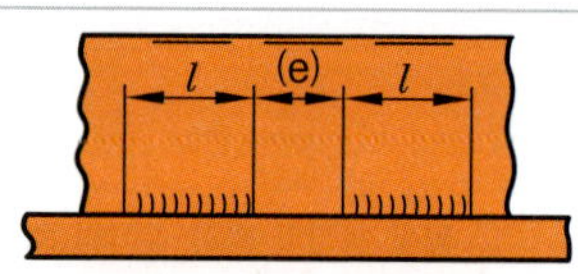	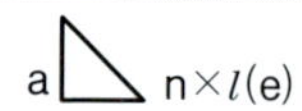

5	지그재그 단속필릿 용접	l : 4번 참조 (e) : 4번 참조 n : 4번 참조 a : 3번 참조 z : 3번 참조	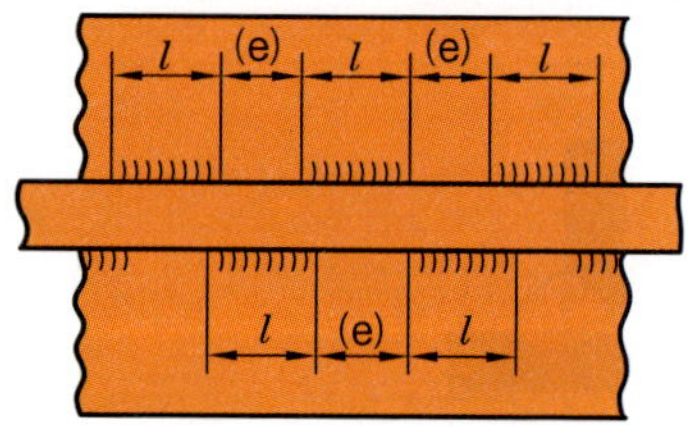	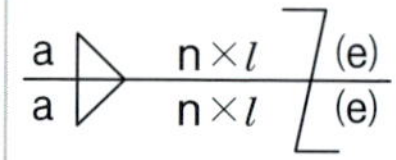
				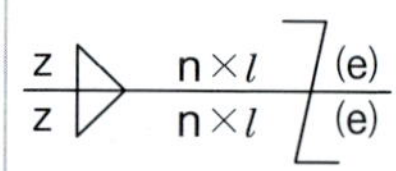

203. 용접기호

주요치수(계속)

번호	명칭	정의	그림	표시
6	플러그 또는 슬롯용접	l : 4번 참조 (e) : 4번 참조 n : 4번 참조 c : 슬롯의 나비	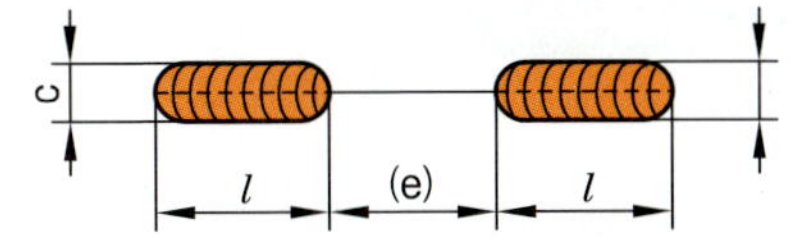	c ⊓ n × l(e)
7	심 용접	l : 4번 참조 (e) : 4번 참조 n : 4번 참조 c : 용접부 나비	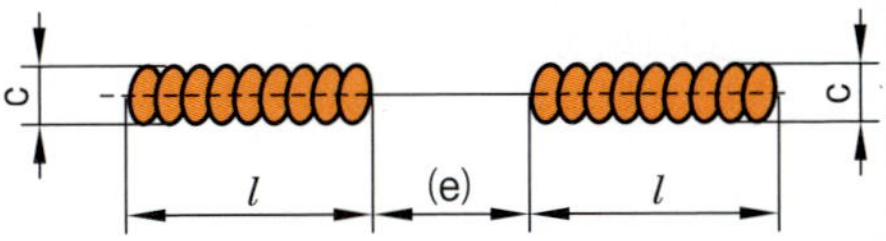	c ⊖ n × l(e)
8	플러그 용접	l : 4번 참조 (e) : 간격 d : 구멍의 지름	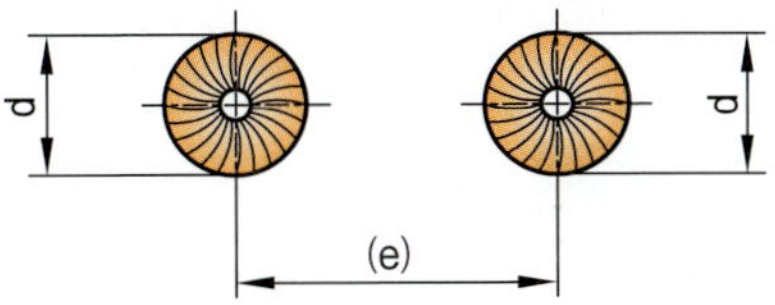	d ⊓ n(e)
9	점 용접	l : 4번 참조 (e) : 간격 d : 점(용접부)의 지름	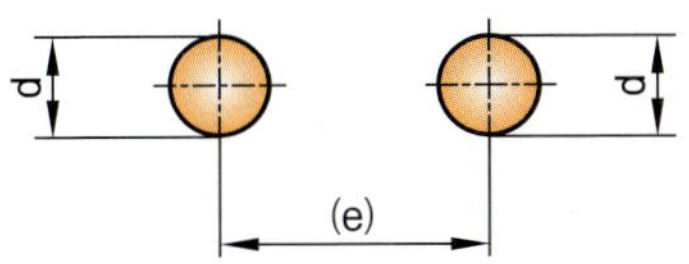	d ○ n(e)

203. 용접기호

점 및 심 용접부에 대한 적용

단속 저항 심 용접

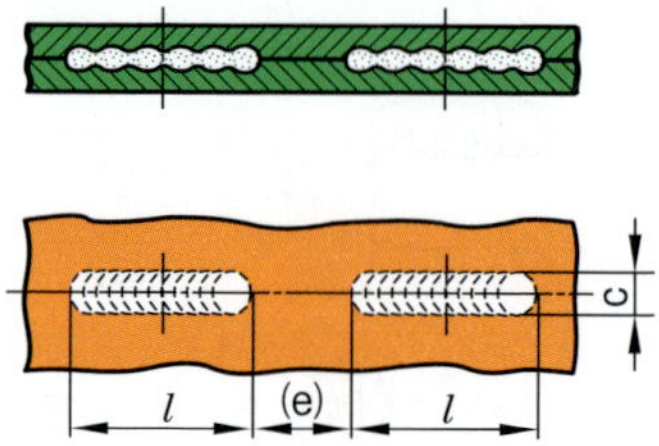

도면

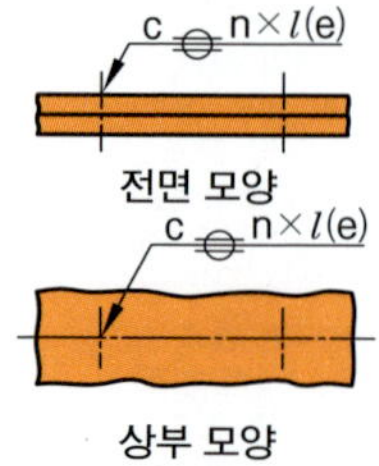

기호표시

C : 심 용접 폭, l : 심 용접 길이, (e) : 용접 거리

저항 점 용접

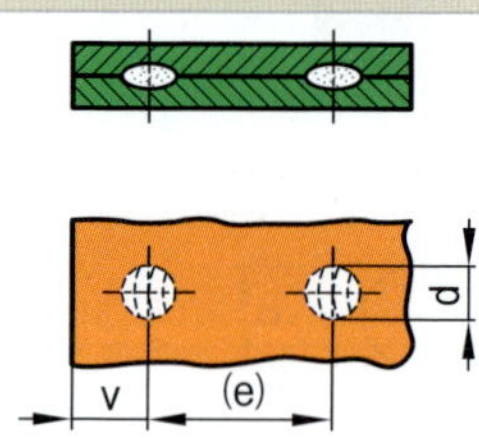

도면

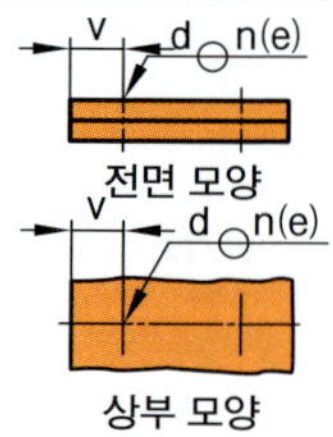

기호표시

용융 점 용접

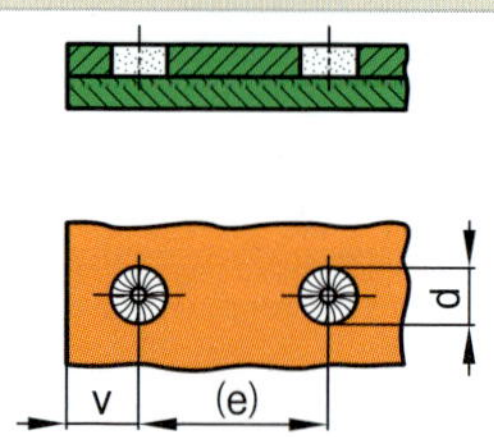

도면

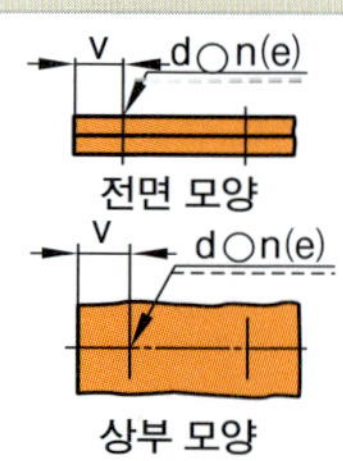

기호표시

프로젝션 용접

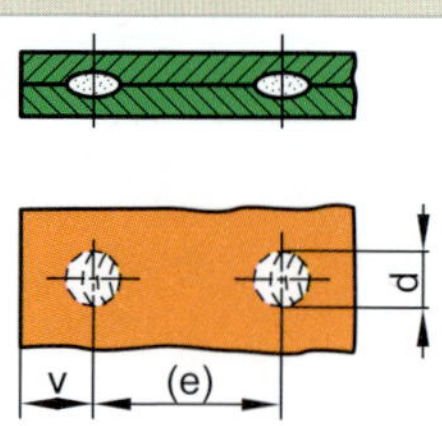

도면

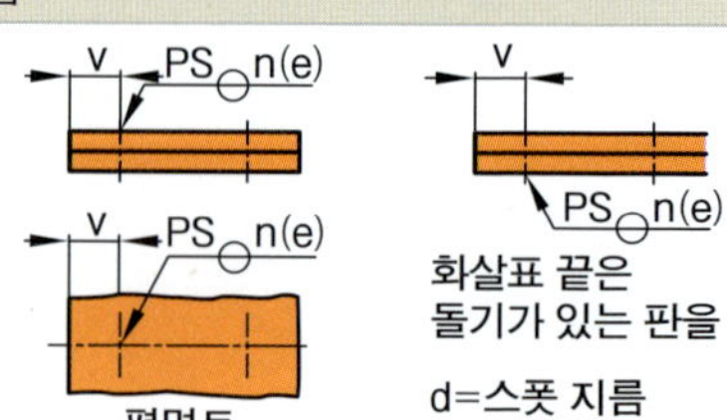

화살표 끝은
돌기가 있는 판을 지시

d=스폿 지름
v=모서리로부터 거리
(e)=간격

기호표시

203. 용접기호

기본기호 적용					
번호	명칭, 기호	그림	표시	투상도 및 치수기입	
				정면도 기입 예	측면도 기입 예
1	플랜지형 맞대기 용접 	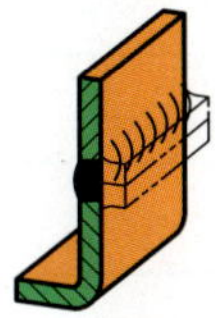	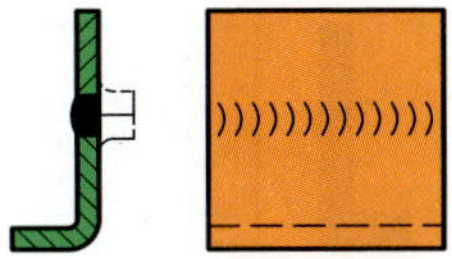		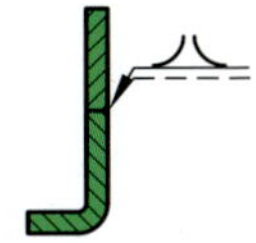
2	I형 맞대기 용접 ||	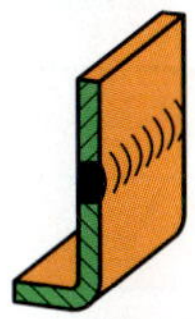	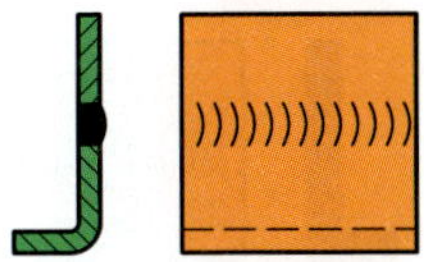		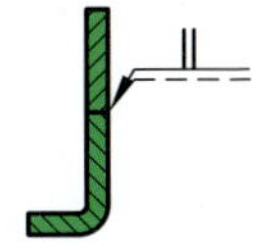
3			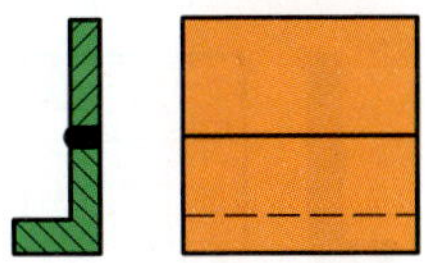	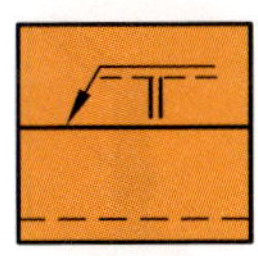	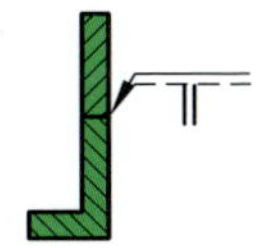
4		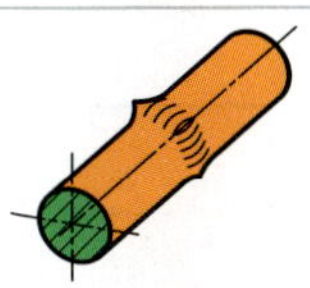	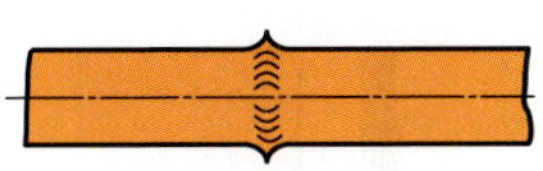	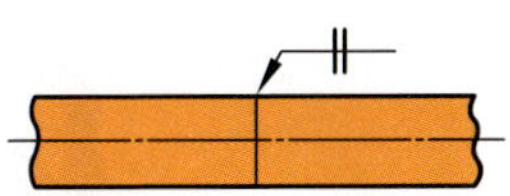	
5	V형 맞대기 용접 V	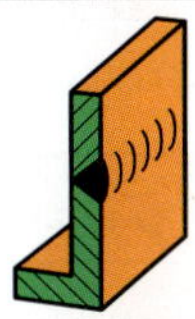	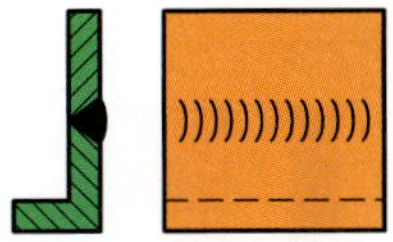	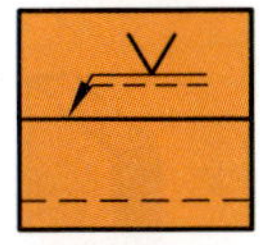	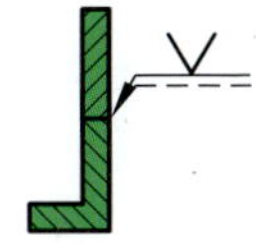
6		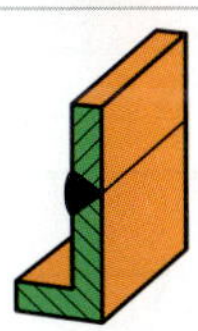	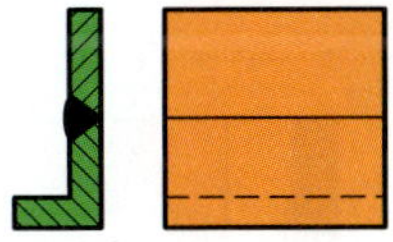	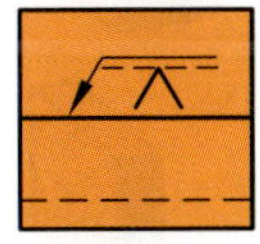	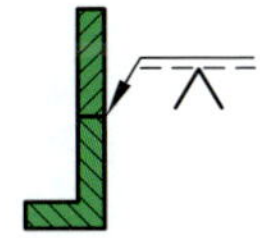

203. 용접기호

기본기호 적용(계속)					
번호	명칭, 기호	그림	표시	투상도 및 치수기입	
				정면도 기입 예	측면도 기입 예
7	한면 개선형 맞대기 용접 	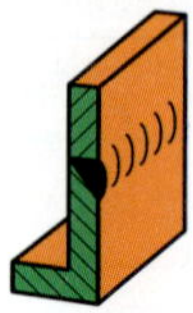	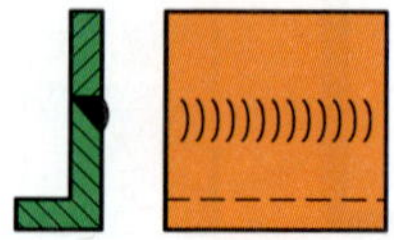	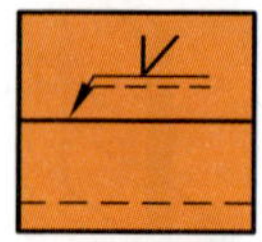	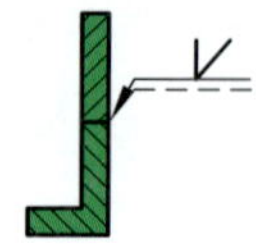
8		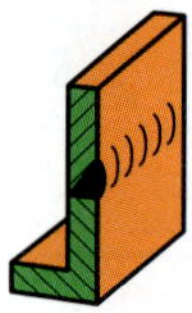	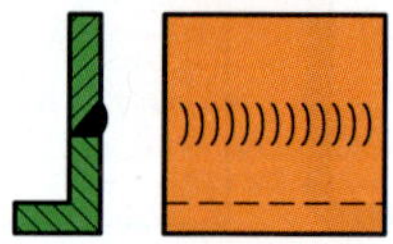	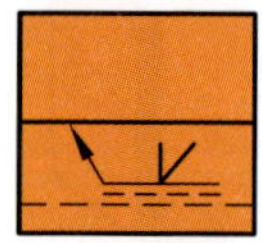	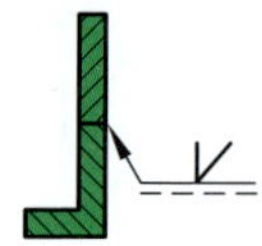
9		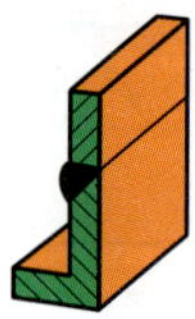	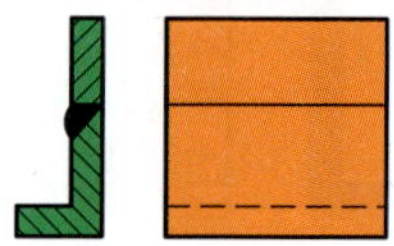	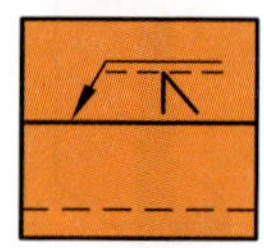	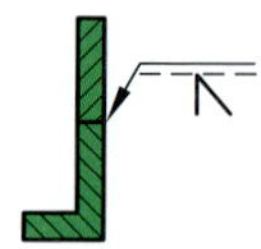
10			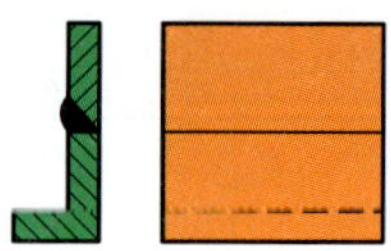	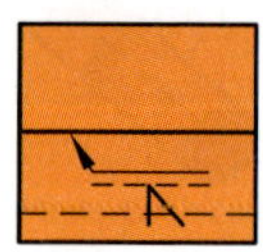	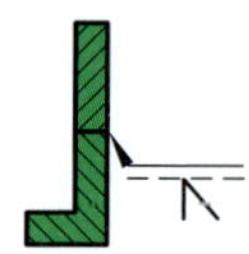
11	넓은 루트면이 있는 V형 맞대기 용접 	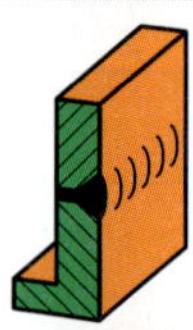	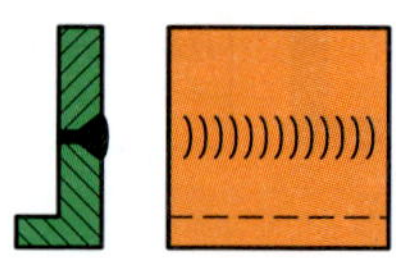	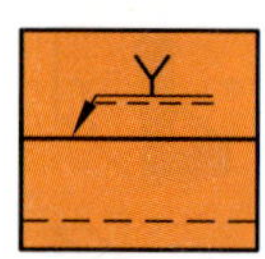	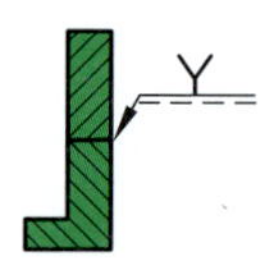
12	넓은 루트면이 있는 일면 개선형 맞대기 용접 	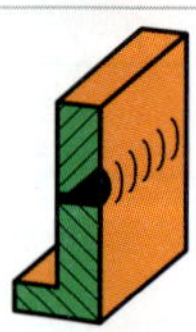	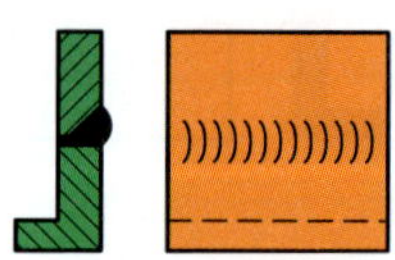	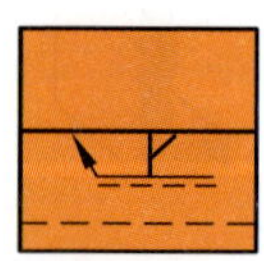	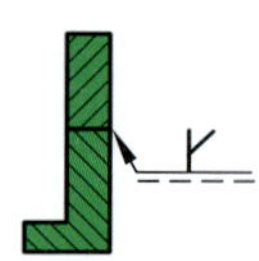
13		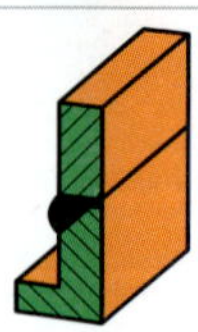	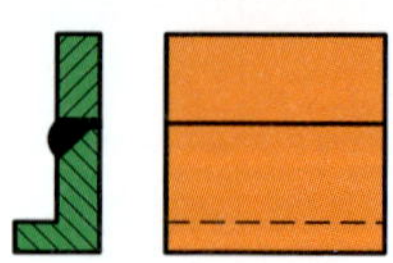	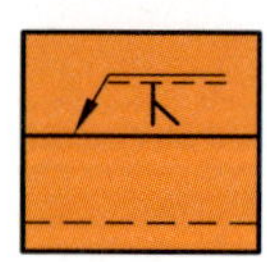	

203. 용접기호

기본기호 적용(계속)					
번호	명칭, 기호	그림	표시	투상도 및 치수기입	
				정면도 기입 예	측면도 기입 예
14	U형 맞대기 용접 	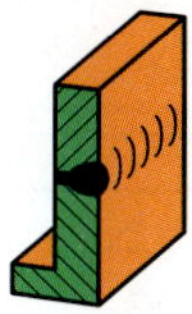	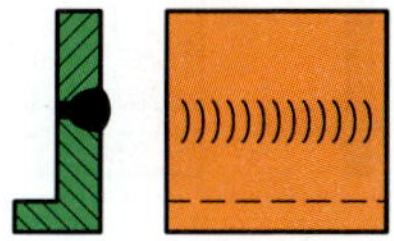	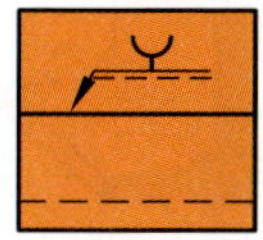	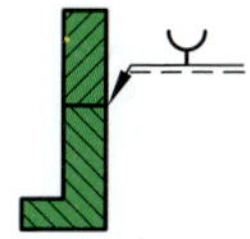
15	J형 맞대기 용접 	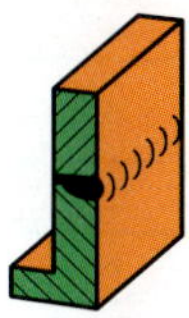	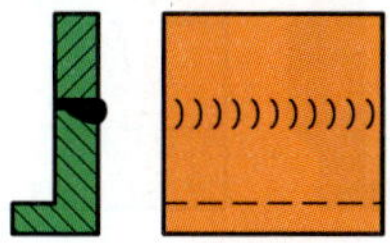	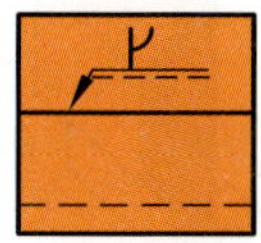	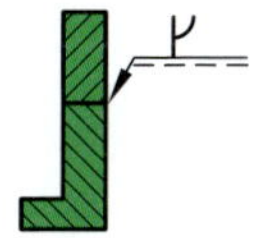
16			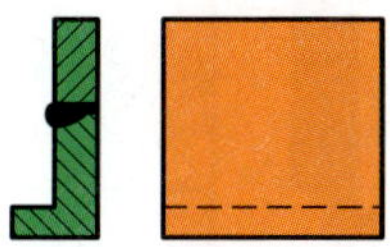	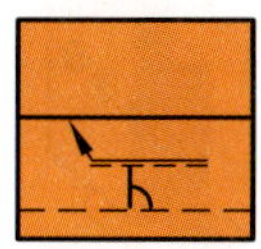	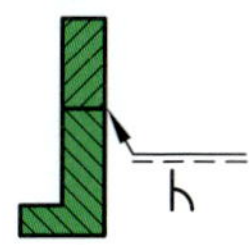
17	필릿 용접 	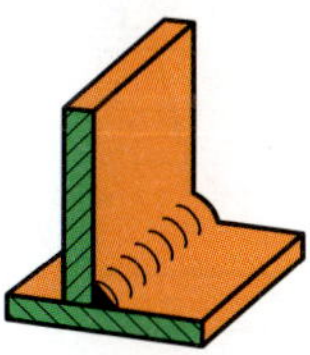		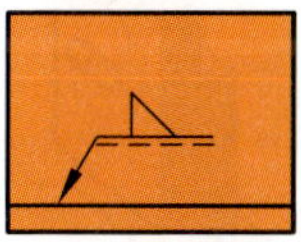	
18			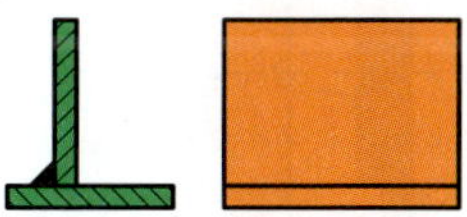	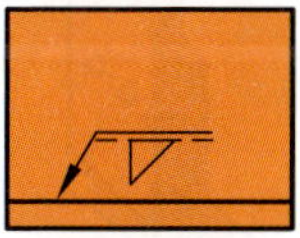	
19			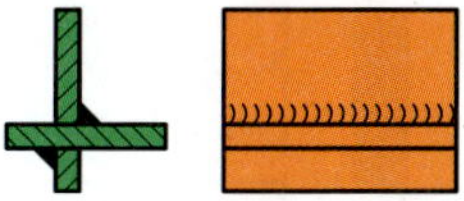	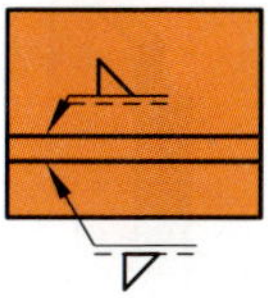	

203. 용접기호

기본기호 적용(계속)

번호	명칭, 기호	그림	표시	투상도 및 치수기입	
				정면도 기입 예	측면도 기입 예
20	필릿 용접 (계속) 	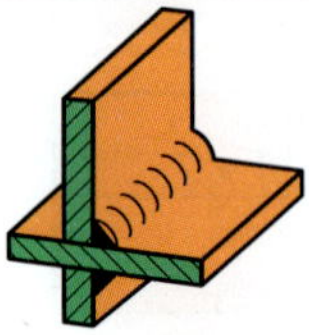	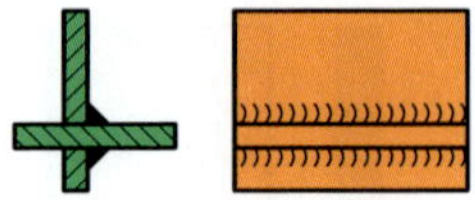	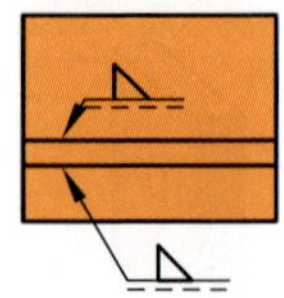	
21				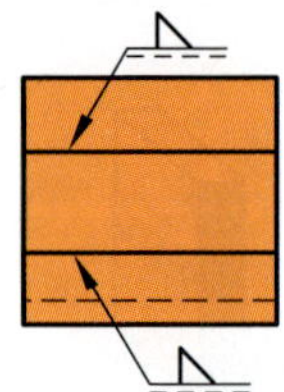	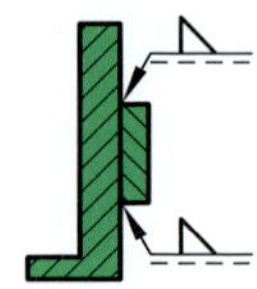
22	플러그 용접 		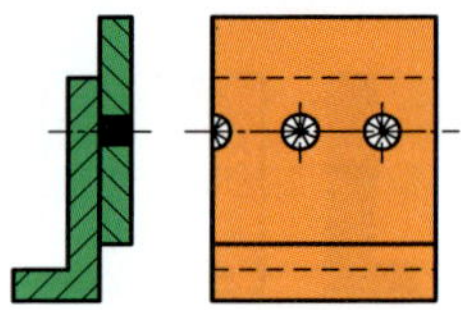	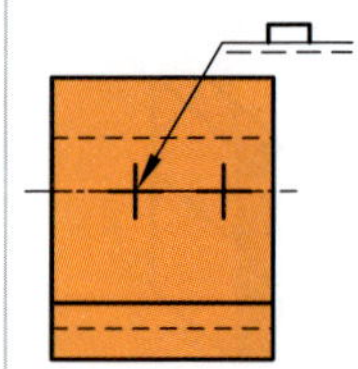	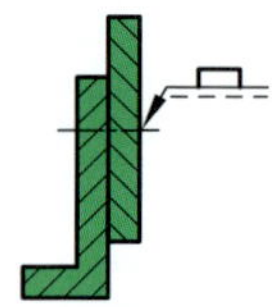
23			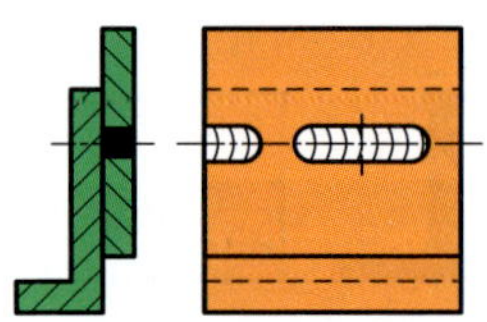	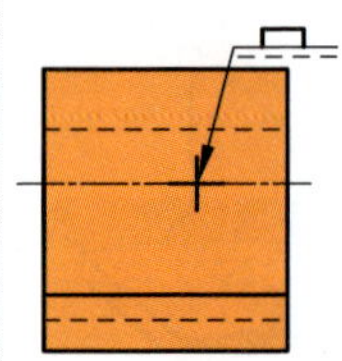	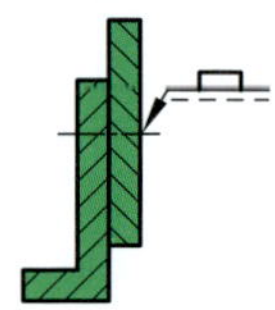
24	점 용접 	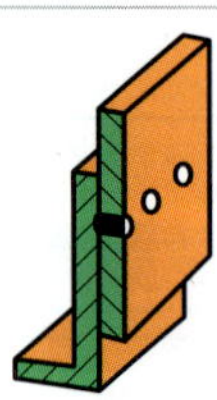	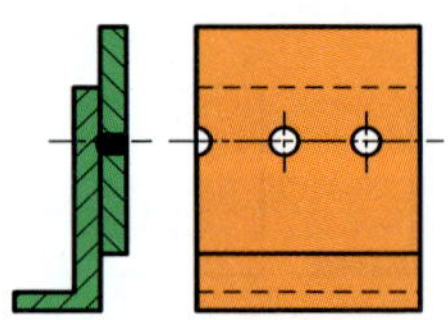	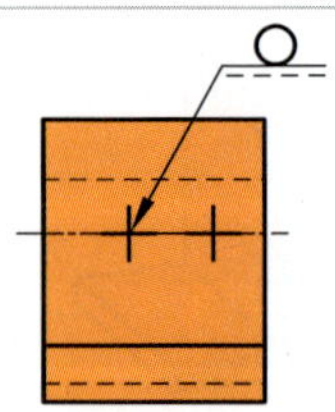	
25			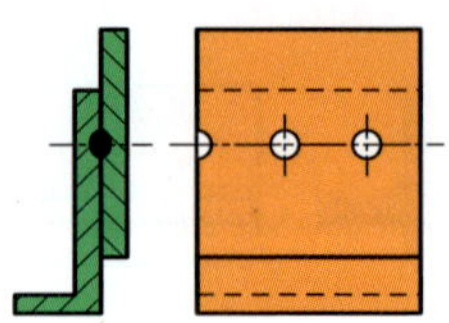	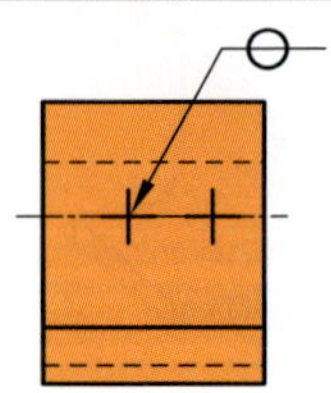	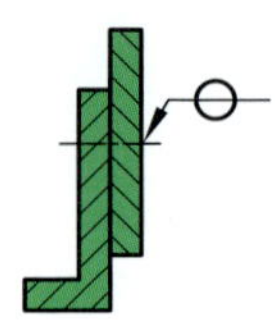

203. 용접기호

기본기호 적용(계속)					
번호	명칭, 기호	그림	표시	투상도 및 치수기입	
				정면도 기입 예	측면도 기입 예
26	심 용접 ⊖	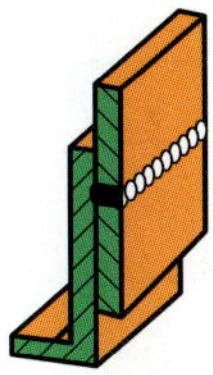	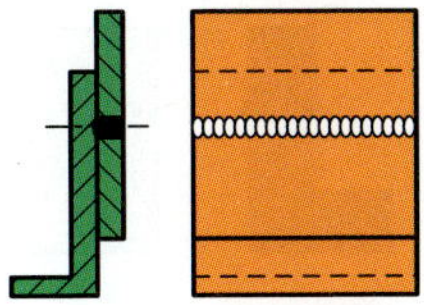	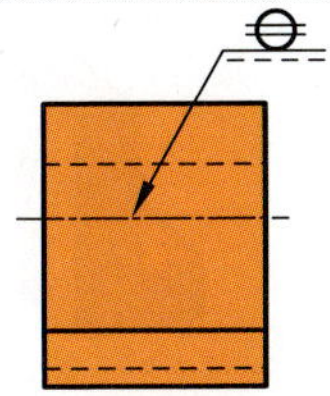	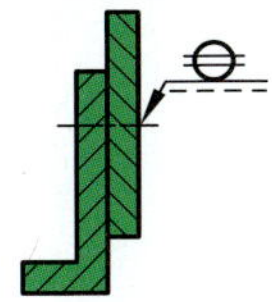
27		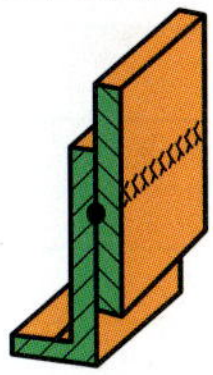	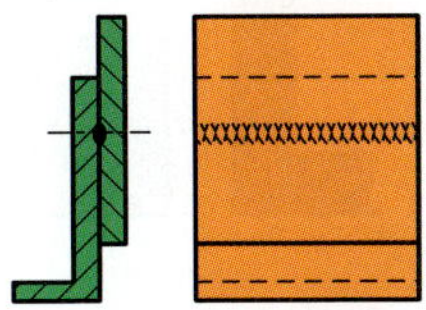	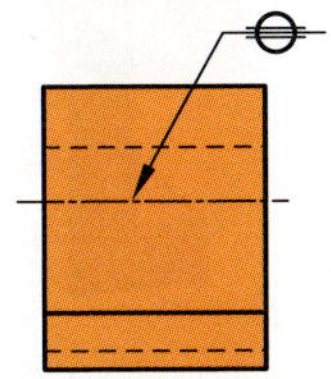	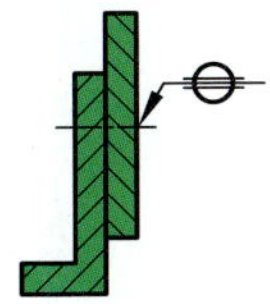

기본기호 조합 적용					
번호	명칭, 기호	그림	표시	투상도 및 치수기입	
				정면도 기입 예	측면도 기입 예
1	플랜지형 맞대기 용접 八 이면 용접 ◡	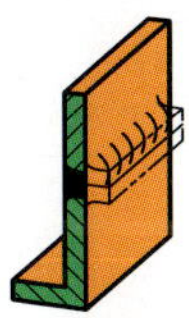	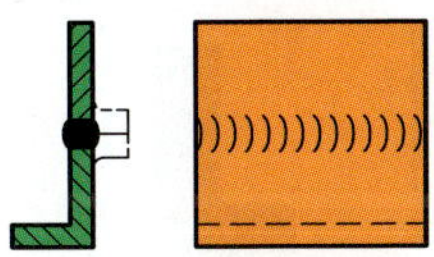	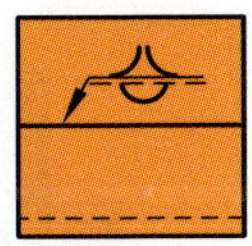	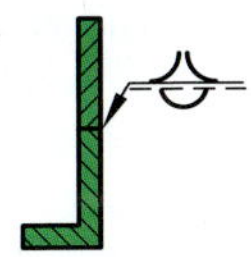
2	I형 맞대기 용접 (양면 용접) ‖	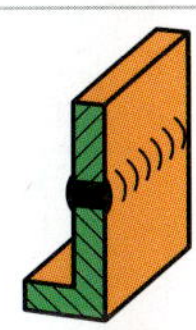	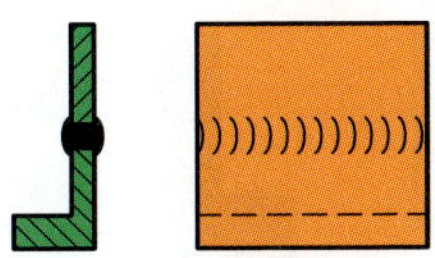	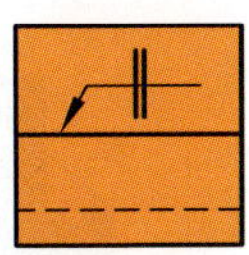	
3	V형 용접 V 이면 용접 ◡	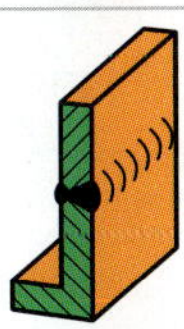	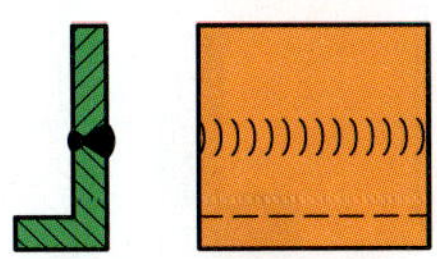		
4		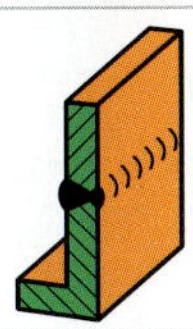	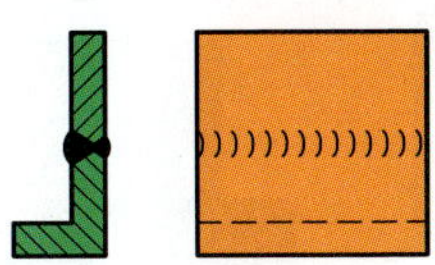		

203. 용접기호

기본기호 조합 적용(계속)					
번호	명칭, 기호	그림	표시	투상도 및 치수기입	
				정면도 기입 예	측면도 기입 예
5	양면 V형 맞대기 용접  (X형 용접)	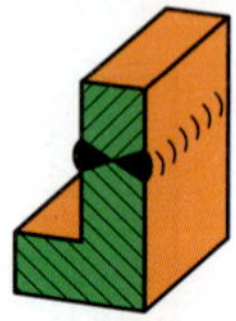	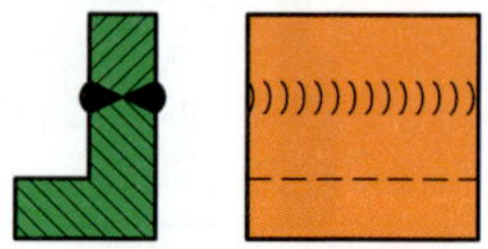	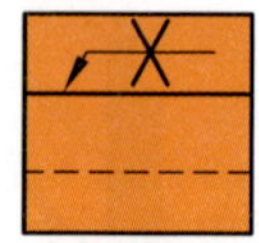	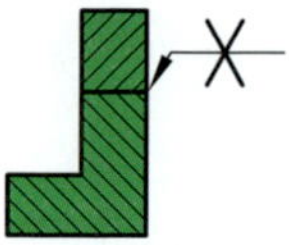
6	K형 맞대기 용접  (K형 용접)	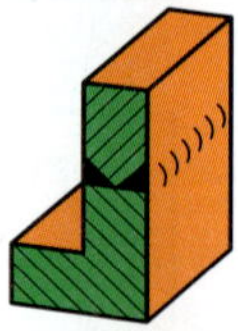	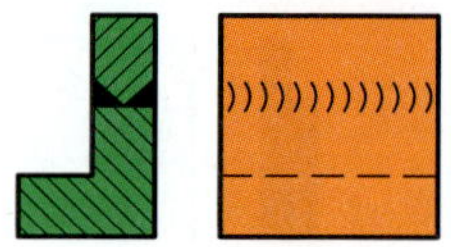	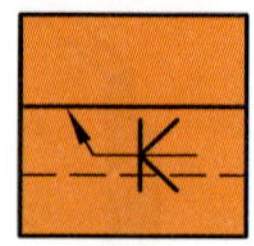	
7			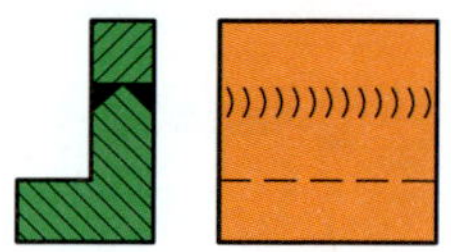	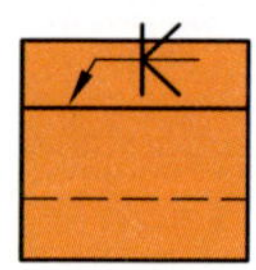	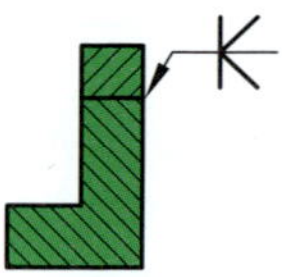
8	넓은 루트면이 있는 양면 V형 맞대기 용접 	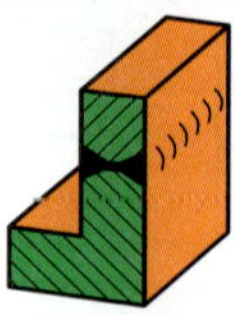	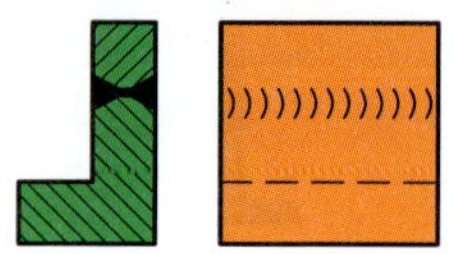	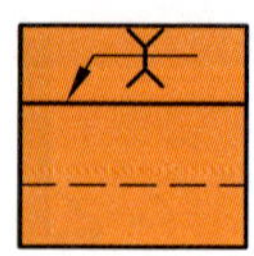	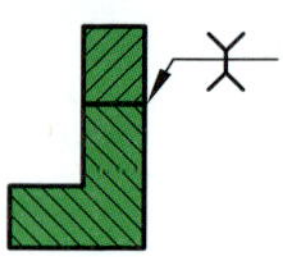
9	넓은 루트면이 있는 K형 맞대기 용접 		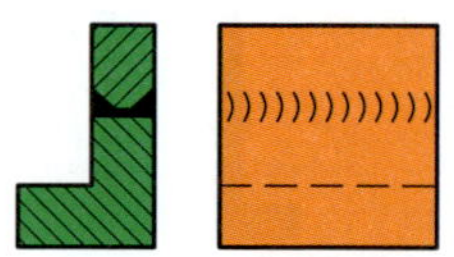	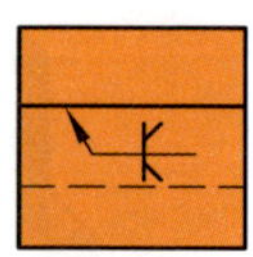	
10	양면 U형 맞대기 용접 	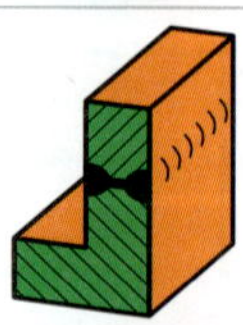	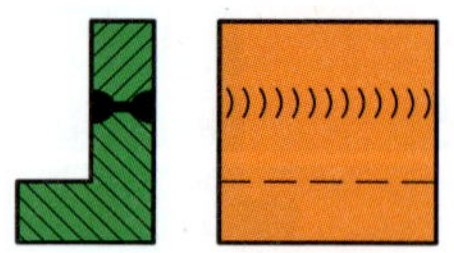	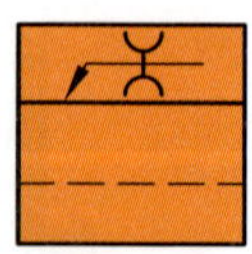	
11	양면 J형 맞대기 용접 	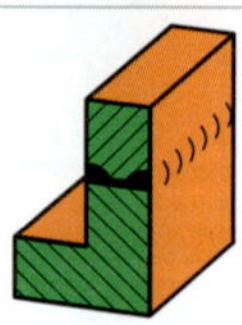	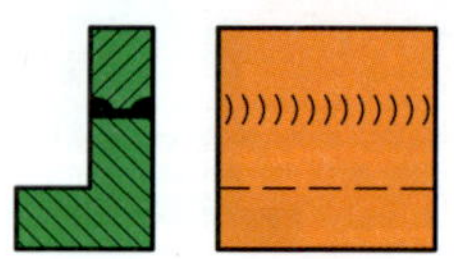	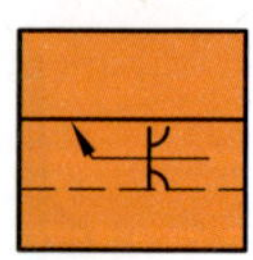	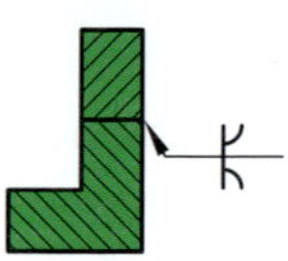

203. 용접기호

기본기호 조합 적용(계속)					
번호	명칭, 기호	그림	표시	투상도 및 치수기입	
				정면도 기입 예	측면도 기입 예
12	일면 V형 맞대기 용접  일면 U형 맞대기 용접 	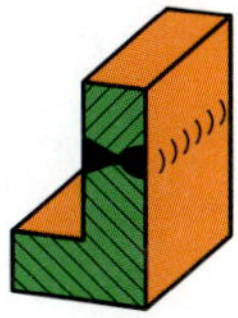	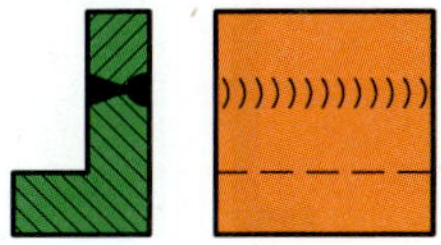	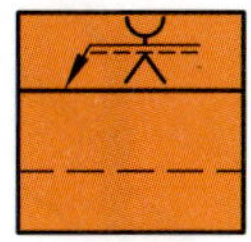	
13	필릿 용접  필릿 용접 	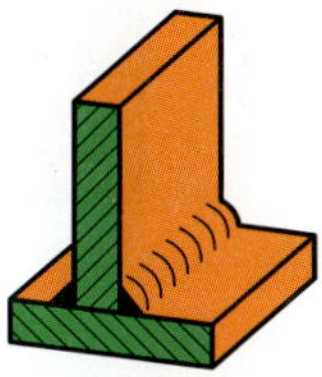	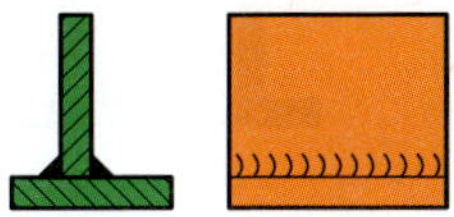	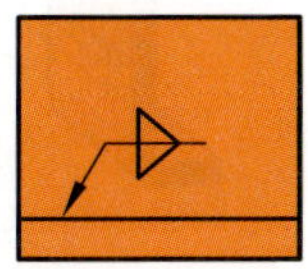	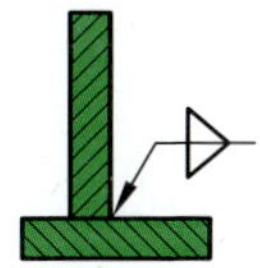
14			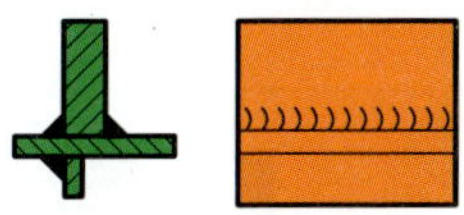	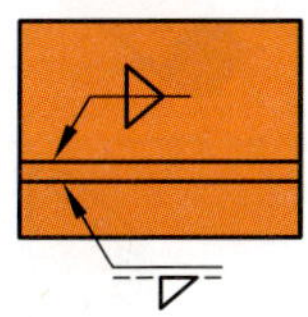	

203. 용접기호

기본기호와 보조기호 조합 적용					
번호	기호	그림	표시	투상도 및 치수기입	
				정면도 기입 예	측면도 기입 예
1		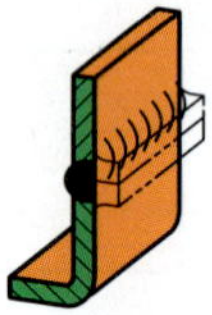	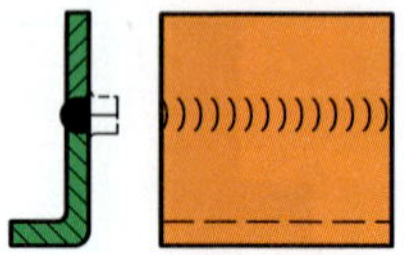		
2		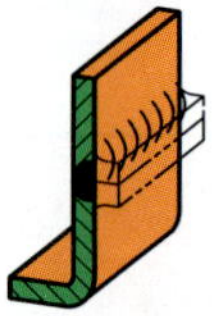	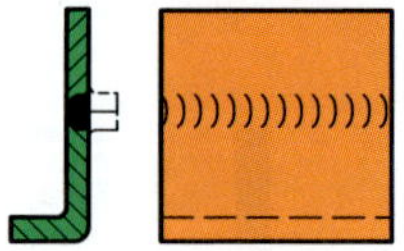	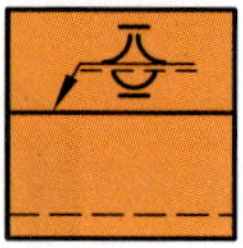	
3		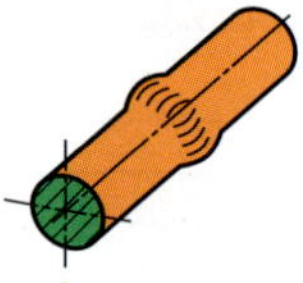	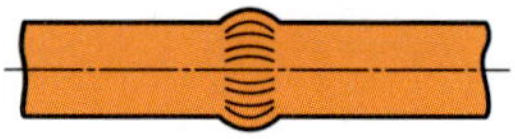	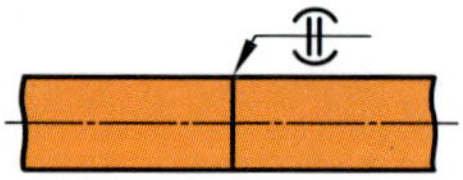	
4		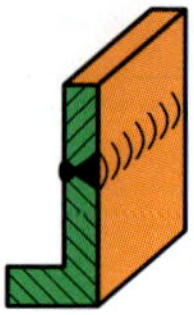	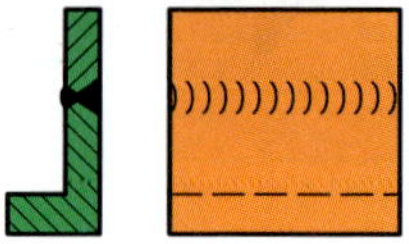	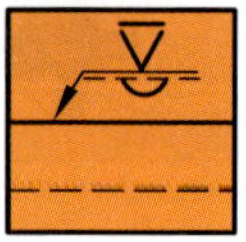	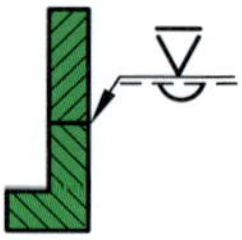

203. 용접기호

기본기호와 보조기호 조합 적용					
번호	기호	그림	표시	투상도 및 치수기입	
				정면도 기입 예	측면도 기입 예
5			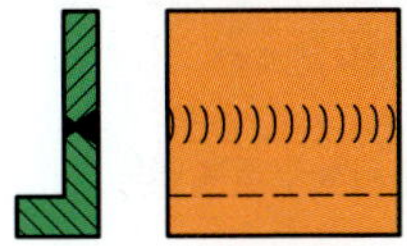		
6		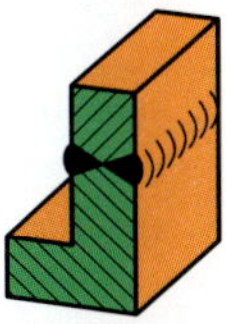	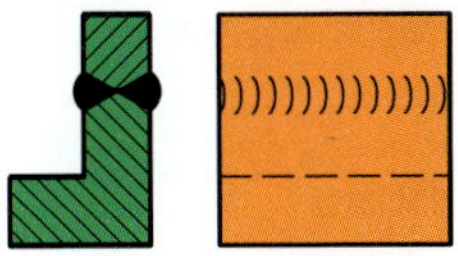		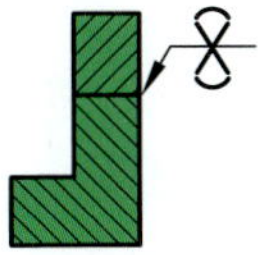
7				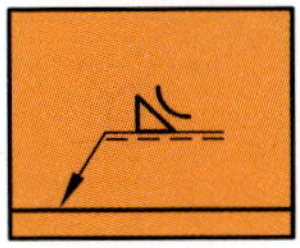	
8		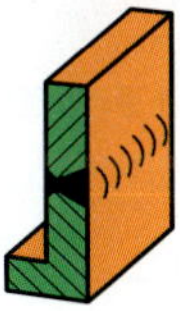	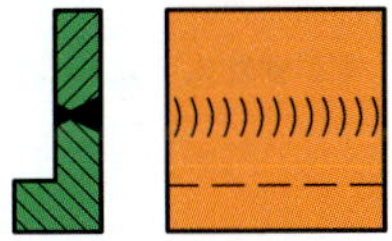	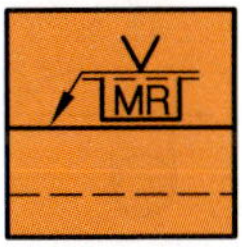	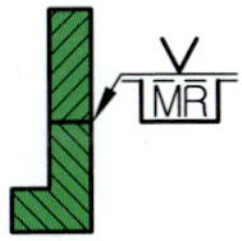

204. 유·공기압 도면 기호

기호요소

번 호	명 칭	기 호	용 도	비 고
1-1	선			
1-1.1	실선	————	(1) 주 관로	• 귀환 관로를 포함
			(2) 파일럿 밸브에의 고급 관로	
			(3) 전기신호선	• 2-3.1을 추가 기입하여 관로와 구별을 명확히 한다.
1-1.2	파선	– – – – – –	(1) 파일럿 조작 관로	• 내부 파일럿 • 외부 파일럿
			(2) 드레인 관로 (3) 필터 (4) 밸브의 과도 위치	
1-1.3	1점 쇄선	–·–·–·–·–	포위선	• 2개 이상의 기능을 갖는 유닛을 나타내는 포위선
1-1.4	복선	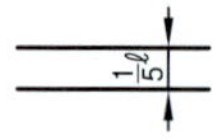	기계적 결합	• 회전축, 레버, 피스톤 로드 등
1-2	원			
1-2.1	대원	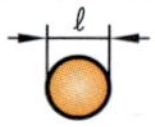	에너지 변환기기	• 펌프, 압축기, 전동기 등
1-2.2	중간원	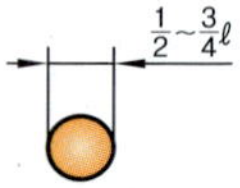	(1) 계측기 (2) 회전 이음	
1-2.3	소원	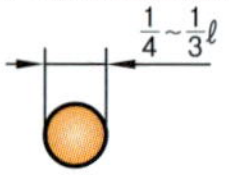	(1) 체크 밸브 (2) 링크 (3) 롤러	• 롤러 : 중앙에 ⊙점을 찍는다.
1-2.4	점	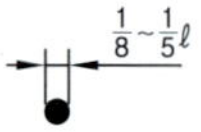	(1) 관로의 접촉 (2) 롤러의 축	
1-3	반원	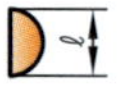	회전 각도가 제한을 받는 펌프 또는 액추에이터	
1-4	정사각형			
1-4.1		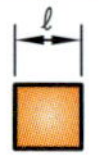	(1) 제어기기 (2) 전동기 이외의 원동기	• 접속구가 변과 수직으로 교차한다.
1-4.2		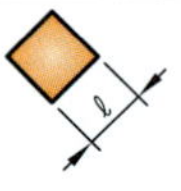	유체 조정 기기	• 접속구가 각을 두고 변과 교차한다. • 필터, 드레인 분리기, 주유기, 열 교환기 등
1-4.3		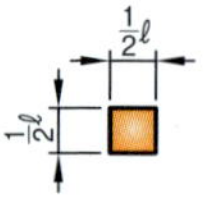	(1) 실린더 내의 쿠션 (2) 어큐뮬레이터(축압기) 내의 추	

204. 유·공기압 도면 기호

기호요소(계속)

번호	명칭	기호	용도	비고
1-5	직사각형			
1-5.1			(1) 실린더 (2) 밸브	• m > l
1-5.2		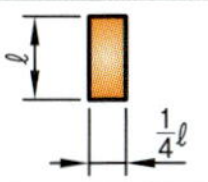	피스톤	
1-5.3		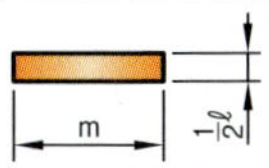	특정의 조작방법	• $l \leq m \leq 2l$
1-6	기타			
1-6.1	요형(대)	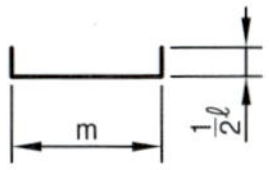	유압유 탱크(통기식)	• m > l
1-6.2	요형(소)	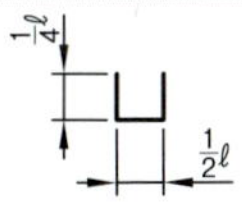	유압유 탱크(통기식)의 국소 표시	
1-6.3	캡슐형	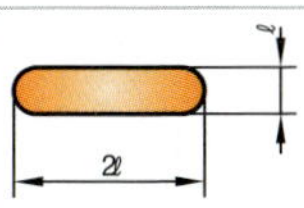	(1) 유압유 탱크(밀폐식) (2) 공기압 탱크 (3) 어큐뮬레이터(축압기) (4) 보조가스용기	

비고

치수 l은 공통의 기준 치수로 그 크기는 임의로 정하여도 좋다. 또, 필요상 부득이한 경우에는 기준 치수를 대상에 따라 변경하여도 좋다.

기능요소

번호	명칭	기호	용도	비고
2-1	정삼각형	→ 유체 에너지의 방향 → 유체의 종류 → 에너지원의 표시		
2-1.1	흑		유압	
2-1.2	백		공기압 또는 기타의 기체압	• 대기 중에의 배출을 포함
2-2	화살표 표시			
2-2.1	직선 또는 사선		(1) 직선 운동 (2) 밸브 내의 유체의 경로와 방향 (3) 열류의 방향	
2-2.2	곡선	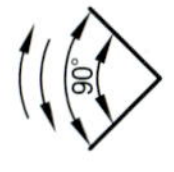	회전운동	 • 화살표는 축의 자유단에서 본 회전방향을 표시
2-2.3	사선		가변 조작 또는 조정 수단	• 적당한 길이로 비스듬히 그린다. • 펌프, 스프링, 가변식 전자 액추에이터

204. 유·공기압 도면 기호

기능요소(계속)

번호	명칭	기호	용도	비고
2-3	기타			
2-3.1			전기	
2-3.2		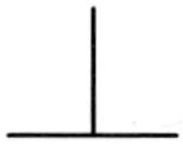	폐로 또는 폐쇄 접속구	폐로 접속구 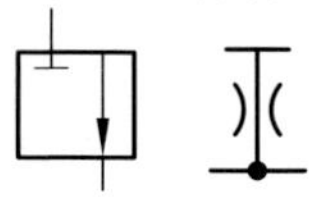
2-3.3			전자 액추에이터	
2-3.4			온도 지시 또는 온도 조정	
2-3.5			원동기	
2-3.6			스프링	• 11-3, 11-4 참조 • 산의 수는 자유
2-3.7			교축	
2-3.8			체크밸브의 간략 기호의 밸브 시트	

관로

번호	명칭	기호	비고
3-1.1	접속	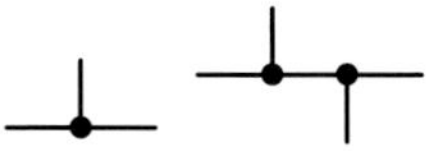	
3-1.2	교차		• 접속하고 있지 않음
3-1.3	처짐 관로		• 호스(통상 가동 부분에 접속된다.)

204. 유 · 공기압 도면 기호

접속구

번호	명칭	기호	비고
4-1	공기구멍		
4-1.1		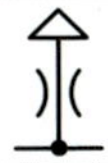	• 연속적으로 공기를 빼는 경우
4-1.2		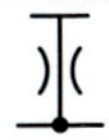	• 어느 시기에 공기를 빼고 나머지 시간은 닫아 놓은 경우
4-1.3			• 필요에 따라 체크 기구를 조작하여 공기를 빼는 경우
4-2	배기구	공기압 전용	
4-2.1		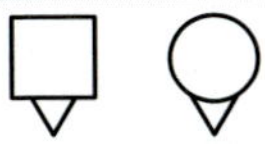	• 접속구가 없는 것
4-2.2		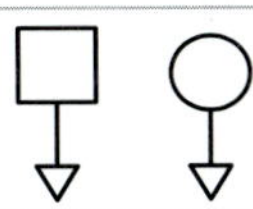	• 접속구가 있는 것
4-3	급속이음		
4-3.1		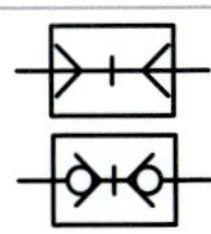 떨어진 상태 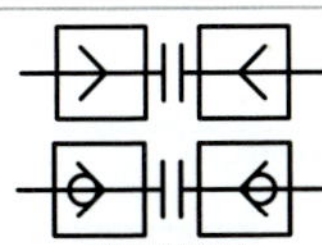 접속상태	• 체크 밸브 없음
4-3.2			• 체크 밸브 붙이(셀프 실 이음)
4-4	회전 이음	스위블 조인트 및 로터리 조인트	
4-4.1	1관로	※ 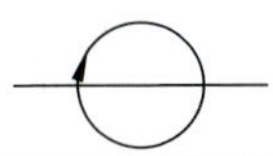	• 1방향 회전
4-4.2	3관로	※ 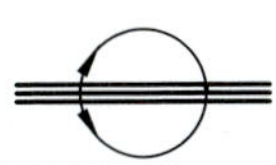	• 2방향 회전

기계식 구성부품

번호	명칭	기호	비고
5-1	로드	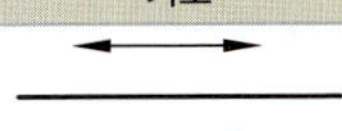	• 2방향 조작 • 화살표의 기입은 임의
5-2	회전축	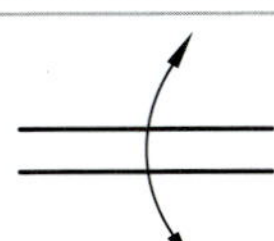	• 2방향 조작 • 화살표의 기입은 임의

204. 유·공기압 도면 기호

기계식 구성부품(계속)

번호	명칭	기호	비고
5-3	멈춤쇠	※ 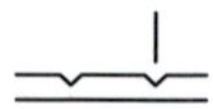	• 2방향 조작 • 고정용 그루브 위에 그린 세로선은 고정구를 나타낸다.
5-4	래치	※ 	• 1방향 조작 • * 해제의 방법을 표시하는 기호
5-5	오버 센터 기구	※ 	• 2방향 조작

조작 방식

번호	명칭	기호	비고
6-1	인력조작	※ 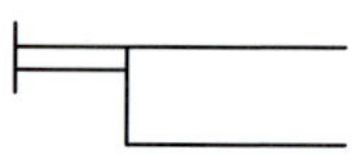	• 조작 방법을 지시하지 않은 경우, 또는 조작 방향의 수를 특별히 지정하지 않은 경우의 일반 기호
6-1.1	누름버튼	※ 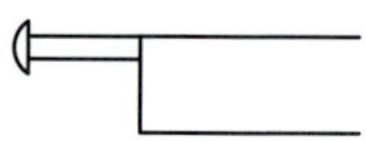	• 1방향 조작
6-1.2	당김 버튼	※ 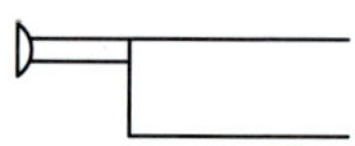	• 1방향 조작
6-1.3	누름-당김 버튼	※ 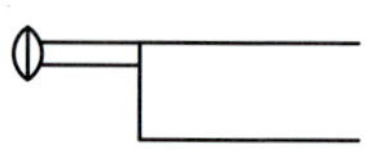	• 2방향 조작
6-1.4	레버	※ 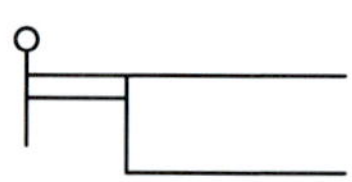	• 2방향 조작(회전 운동을 포함)
6-1.5	페달	※ 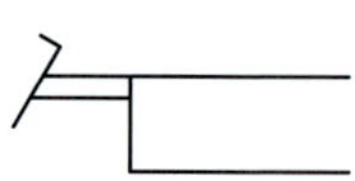	• 1방향 조작(회전 운동을 포함)
6-1.6	2방향 페달	※ 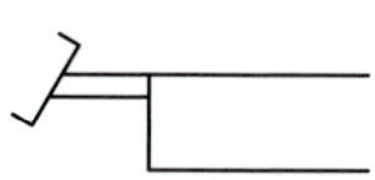	• 2방향 조작(회전 운동을 포함)

204. 유·공기압 도면 기호

조작방식(계속)

번호	명칭	기호	비고
6-2	기계 조작		
6-2.1	플런저	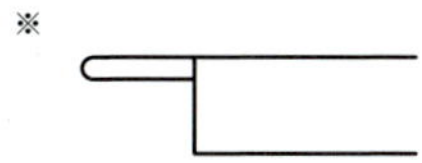	• 1방향 조작
6-2.2	가변 행정 제한기구	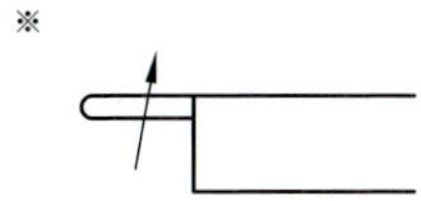	• 2방향 조작
6-2.3	스프링		• 1방향 조작
6-2.4	롤러	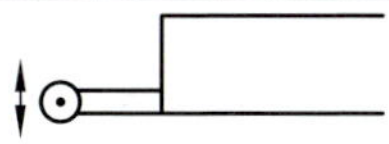	• 2방향 조작
6-2.5	편측 작동 롤러	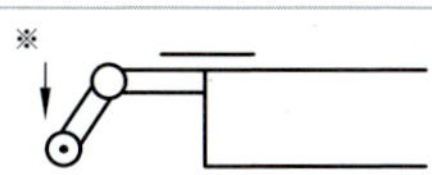	• 화살표는 유효 조작 방향을 나타낸다. 기입을 생략하여도 좋다. • 1방향 조작
6-3	전기조작		
6-3.1	직선형 액추에이터		• 솔레노이드, 토크 모터 등
6-3.1.1	단동 솔레노이드	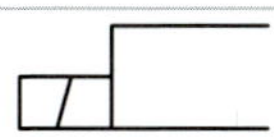	
6-3.1.2	복동 솔레노이드	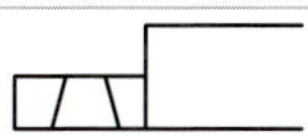	• 1방향 조작 • 사선은 위로 넓어져도 좋다.
6-3.1.3	단동 가변식 전자 액추에이터	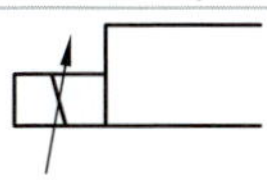	• 1방향 조작 • 비례식 솔레노이드, 포스 모터 등
6-3.1.4	복동 가변식 전자 액추에이터	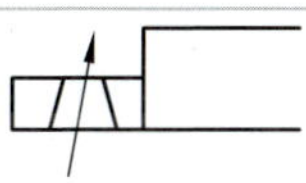	• 2방향 조작 • 토크 모터
6-3.2	회전형 전기 액추에이터	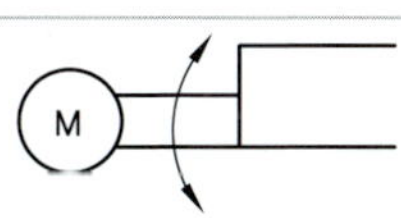	• 2방향 조작 • 전동기
6-4	파일럿 조작		
6-4.1 6-4.1.1	직접 파일럿 조작	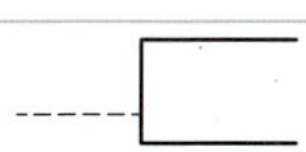	
6-4.1.2		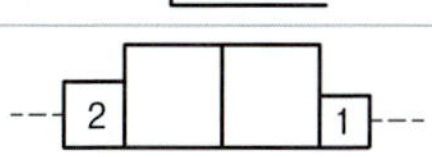	• 수압면적이 상이한 경우, 필요에 따라 면적비를 나타내는 숫자를 직사각형 속에 기입한다.

204. 유·공기압 도면 기호

조작방식(계속)

번호	명칭	기호	비고
6-4.1.3	내부 파일럿	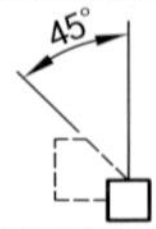	• 조작 유로는 기기의 내부에 있음
6-4.1.4	외부 파일럿		• 조작 유로는 기기의 외부에 있음
6-4.2	간접 파일럿 조작		
6-4.2.1	압력을 가해 조작하는 방식		
(1)	공기압 파일럿	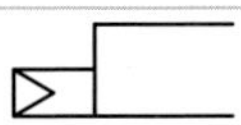	• 내부 파일럿 • 1차 조작 없음
(2)	유압 파일럿	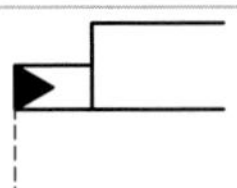	• 외부 파일럿 • 1차 조작 없음
(3)	유압 2단 파일럿	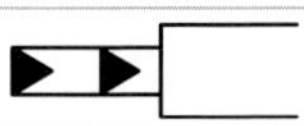	• 내부 파일럿, 내부 드레인 • 1차 조작 없음
(4)	공기압, 유압 파일럿	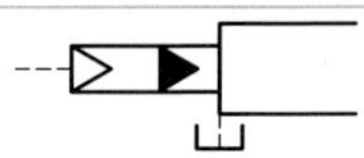	• 외부 공기압 파일럿, 내부 유압 파일럿, 외부 드레인 • 1차 조작 없음
(5)	전자, 공기압 파일럿	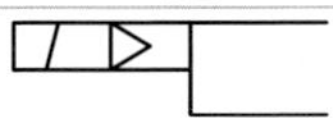	• 단동 솔레노이드에 의한 1차 조작 붙이 • 내부 파일럿
(6)	전자, 유압 파일럿	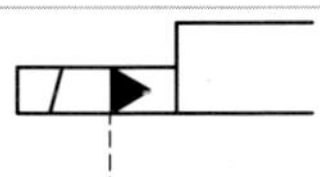	• 단동 솔레노이드에 의한 1차 조작 붙이 • 외부 파일럿, 내부 드레인
6-4.2.2	압력을 빼내어 조작하는 방식	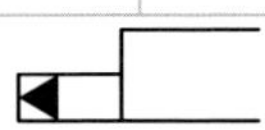	
(1)	유압 파일럿	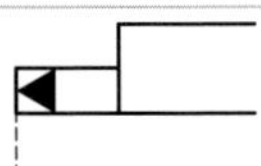	• 내부 파일럿, 내부 드레인 • 1차 조작 없음 • 내부 파일럿 • 원격 조작용 벤트 포트 붙이
(2)	전자, 유압 파일럿	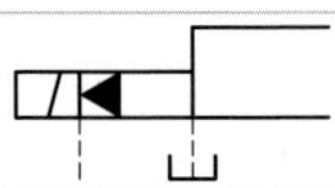	• 단동 솔레노이드에 의한 1차 조작 붙이 • 외부파일럿, 외부 드레인
(3)	파일럿 작동형 압력제어 밸브	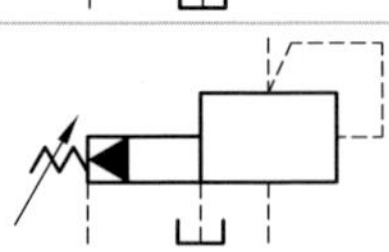	• 압력 조정용 스프링 붙이 • 외부 드레인 • 원격 조작용 벤트 폴트 붙이
(4)	파일럿 작동형 비례 전자식 압력 제어 밸브	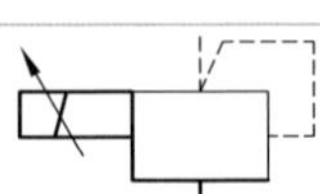	• 단동 비례식 액추에이터 • 내부 드레인

204. 유·공기압 도면 기호

조작방식(계속)

번호	명칭	기호	비고
6-5	피드백		
6-5.1	전기식 피드백	※ 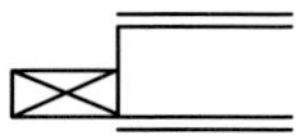	• 일반 기호 • 전위차 계, 차동 변압기 등의 위치 검출기
6-5.2	기계식 피드백	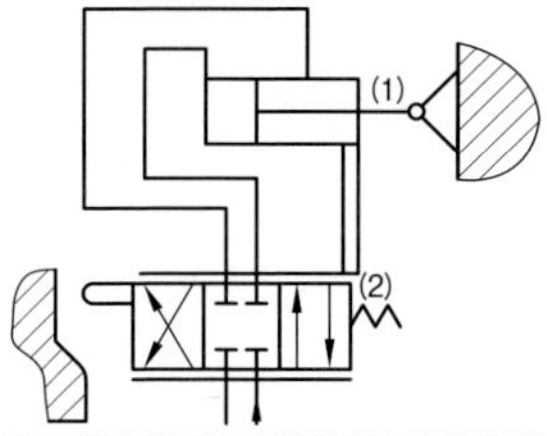	• 제어 대상과 제어 요소의 가동 부분 간의 기계적 접속은 1-1.4에 표시 (1) 제어대상 (2) 제어 요소

펌프 및 모터

번호	명칭	기호	비고
7-1	펌프 및 모터	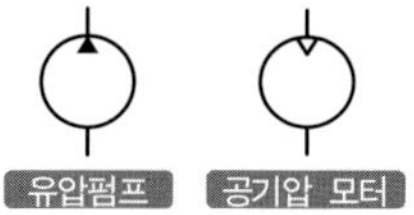	• 일반기호
7-2	유압펌프	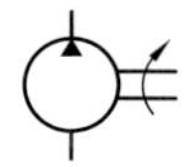	• 1방향 유동 • 정용량형 • 방향 회전형
7-3	유압모터	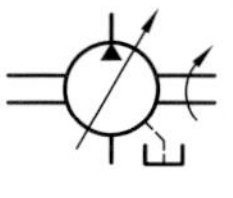	• 1방향 유동 • 가변용량형 • 조작기구를 특별히 지정하지 않는 경우 • 외부 드레인 • 1방향 회전형 • 양축형
7-4	공기압 모터	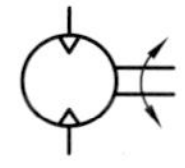	• 2방향 유동 • 정용량형 • 2방향 회전형
7-5	정용량형 펌프·모터	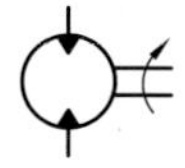	• 1방향 유동 • 정용량형 • 1방향 회전형
7-6	가변용량형 펌프·모터(인력조작)	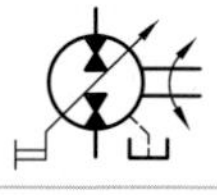	• 2방향 유동 • 가변용량형 • 외부 드레인 • 2방향 회전형
7-7	요동형 액추에이터	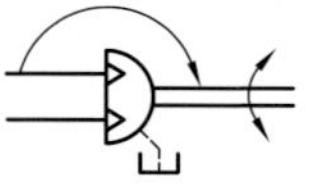	• 공기압 • 정각도 • 2방향의 요동형 • 축의 회전 방향과 유동 방향과의 관계를 나타내는 화살표의 기입은 임의(부속서 참조)

204. 유·공기압 도면 기호

펌프 및 모터(계속)

번호	명칭	기호	비고
7-8	유압 전도장치	※ 	• 1방향 회전형 • 가변용량형 펌프 • 일체형
7-9	가변용량형 펌프 (압력보상 제어)	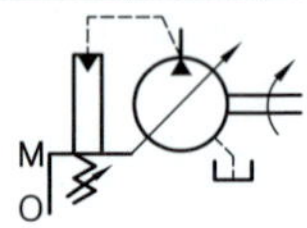	• 1방향 유동 • 압력 조정 가능 • 외부드레인(부속서 참조)
7-10	가변용량형 펌프, 모터(파일럿 조작)	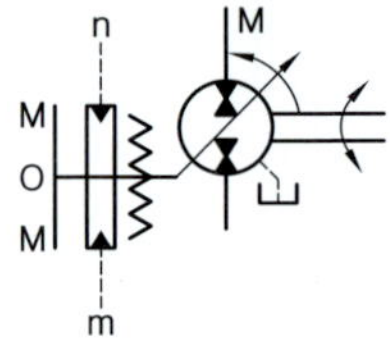	• 2방향 유동 • 2방향 회전형 • 스프링 힘에 의하여 중앙 위치(배제용적 0)로 되돌아오는 방식 • 파일럿 조작 • 외부드레인 • 신호 m은 M방향으로 변위를 발생시킴(부속서 참조)

실린더

번호	명칭	기호		비고
8-1	단동 실린더	상세기호 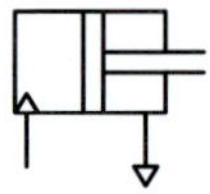	간략기호 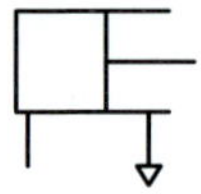	• 공기압 • 압출형 • 편로드형 • 대기 중의 배기(유압의 경우는 드레인)
8-2	단동 실린더 (스프링 붙이)	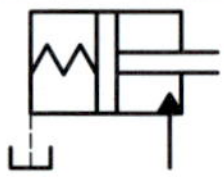 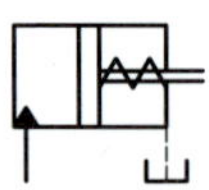	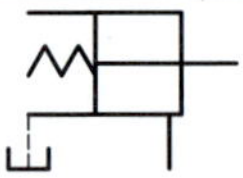 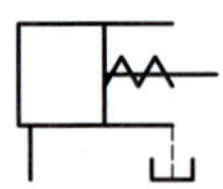	• 유압 • 편로드형 • 드레인 측은 유압유 탱크에 개방 (1) 스풀이 힘으로 로드 압출 (2) 스프링 힘으로 로드 압출
8-3	복동 실린더	(1) 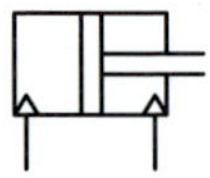 (2) 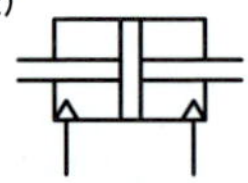	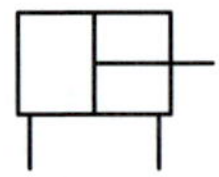 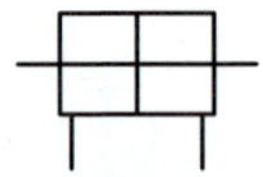	(1) 편로드 공기압 (2) 양로드 공기압
8-4	복동 실린더 (쿠션 붙이)	상세기호 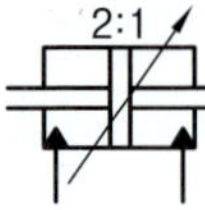	간략기호 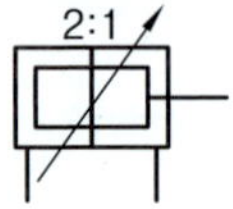	• 유압 • 편로드형 • 양쿠션 조정형 • 피스톤 면적비 2:1

204. 유·공기압 도면 기호

실린더(계속)

번호	명칭	기호	비고
8-5	단동 텔레스코프형 실린더	※ 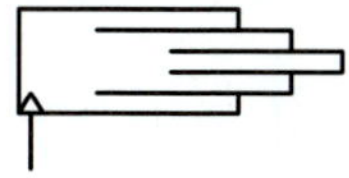	• 공기압
8-6	복동 텔레스코프형 실린더	※ 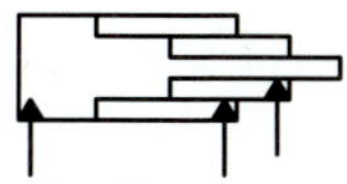	• 유압

특수 에너지 변환기기

번호	명칭	기호	비고
9-1	공기유압 변환기	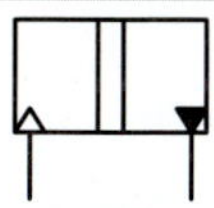 단동형 ※ 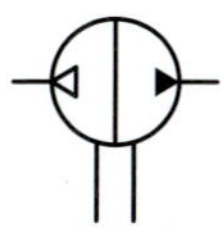 연속형	
9-2	증기압	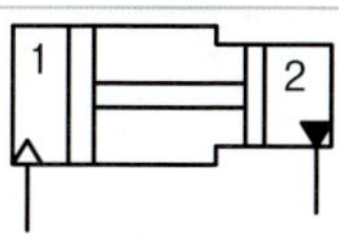 단동형 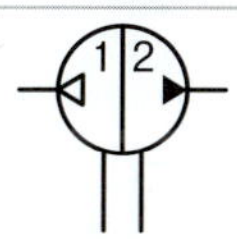 연속형	• 압력비 → 1:2 • 2종 유체용

에너지 용기

번호	명칭	기호	비고
10-1	어큐뮬레이터		• 일반기호 • 항상 세로형으로 표시 • 부하의 종류를 지시하지 않는 경우

204. 유·공기압 도면 기호

에너지 용기(계속)

번호	명칭	기호	비고
10-2	어큐뮬레이터	기체식  중량식  스프링식 	• 부하의 종류를 지시하는 경우
10-3	보조 가스용기		• 항상 세로형으로 표시 • 어큐뮬레이터(축압기)와 조합하여 사용하는 보급용 가스 용기
10-4	공기탱크		

동력원

번호	명칭	기호	비고
11-1	유압(동력)원	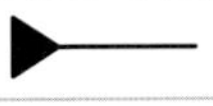	• 일반기호
11-2	공기압(동력)원	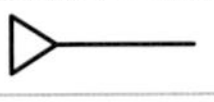	• 일반기호
11-3	전동기	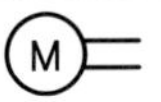	
11-4	원동기	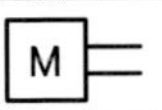	• (전동기를 제외)

전환 밸브

번호	명칭	기호	비고
12-1	2포트 수동 전환 밸브	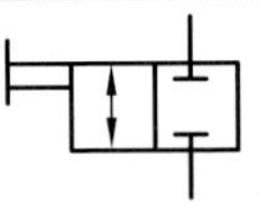	• 2위치 • 폐지 밸브
12-2	3포트 전자 전환 밸브	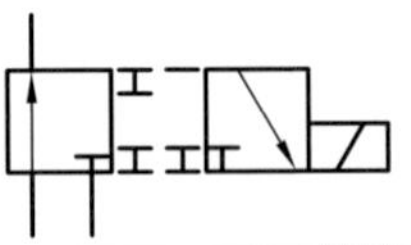	• 2위치 • 1과도 위치 • 전자조작 스프링 리턴
12-3	5포트 파일럿 전환 밸브	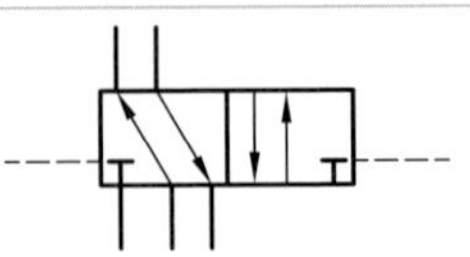	• 2위치 • 2방향 파일럿 조작

204. 유 · 공기압 도면 기호

전환 밸브(계속)

번호	명칭	기호	비고
12-4	4포트 전자 파일럿 전환 밸브	상세기호 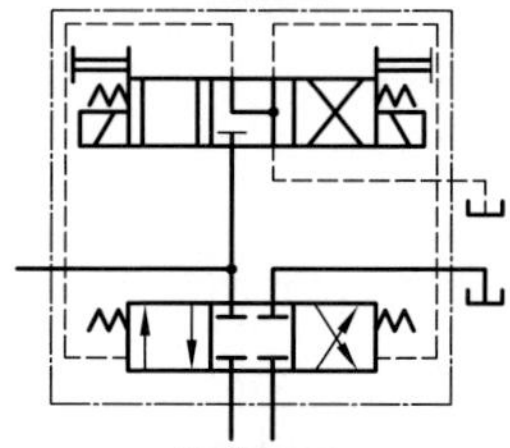 간략기호 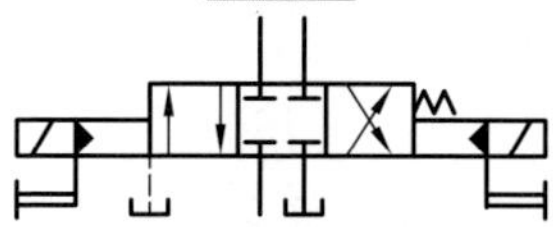	• 주밸브 - 3위치 - 스프링센터 - 내부 파일럿 • 파일럿 밸브 - 4포트 - 3위치 - 스프링 센터 - 전자 조작(단동 솔레노이드) - 수동 오버라이드 조작 붙이 - 외부드레인
12-5	4포트 전자 파일럿 전환 밸브	상세기호 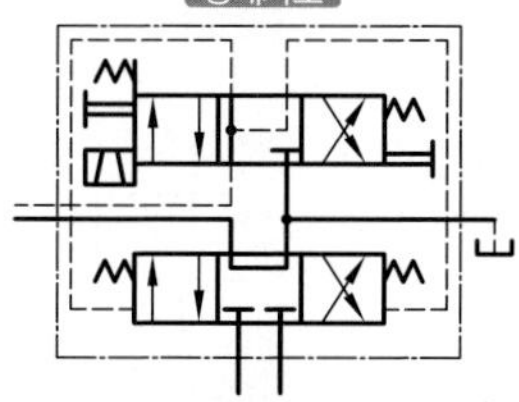 간략기호 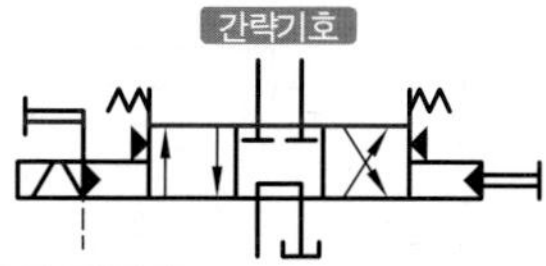	• 주밸브 - 3위치 - 프리셔 센터(스프링 센터 겸용) - 파일럿압을 제거할 때 작동위치로 전환된다. • 파일럿 밸브 - 4포트 - 3위치 - 스프링 센터 - 전자 조작(복동 솔레노이드) - 수동 오버라이드 조작붙이 - 외부 파일럿 - 내부 파일럿 - 내부 드레인
12-6	4포트 교축 전환 밸브	중앙위치 오버랩 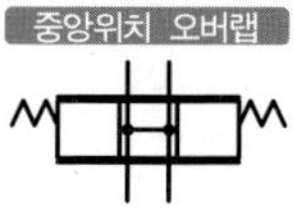 중앙위치 오버랩 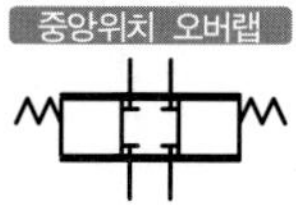	• 3위치 • 스프링 센터 • 무단계 중간 위치
12-7	서보밸브	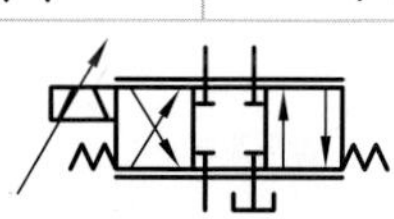	• 대표 보기

체크밸브, 셔틀밸브, 배기밸브

번호	명칭	기호	비고
13-1	체크밸브	상세기호 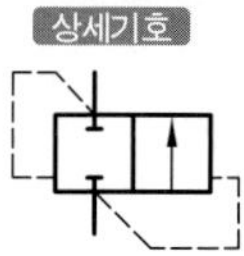 간략기호 	(스프링 없음)

204. 유 · 공기압 도면 기호

체크밸브, 셔틀밸브, 배기밸브(계속)

번호	명칭	기호	비고
13-1		상세기호 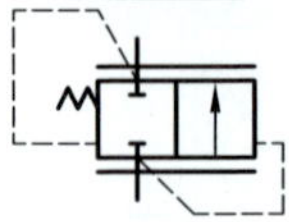 간략기호 	(스프링 붙이)
13-2	파일럿 조작 체크 밸브	상세기호 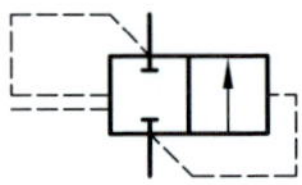 간략기호 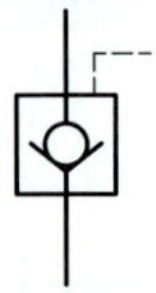	• 파일럿 조작에 의하여 밸브 폐쇄 • 스프링없음
		상세기호 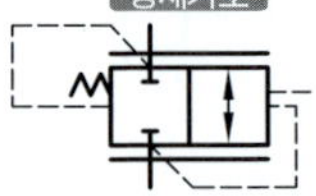 간략기호 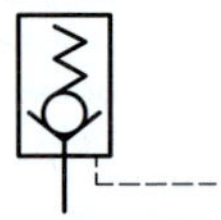	• 파일럿 조작에 의하여 밸브열림 • 스프링 붙이
13-3	고압 우선형 셔틀밸브	상세기호 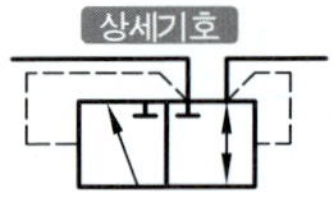 간략기호 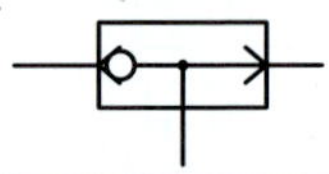	• 고압 측의 입구가 출구에 접속되고, 저압쪽 측의 입구가 폐쇄된다.
13-4	저압 우선형 셔틀밸브	상세기호 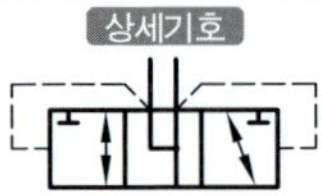 간략기호 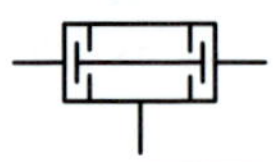	• 고압 측의 입구가 저압 우선 출구에 접속되고, 고압 측의 입구가 폐쇄된다.
13-5	급속 배기밸브	상세기호 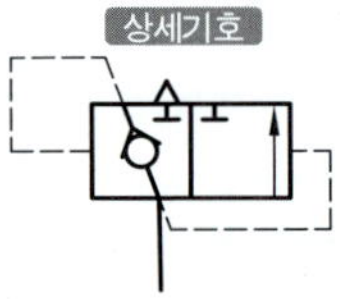 간략기호 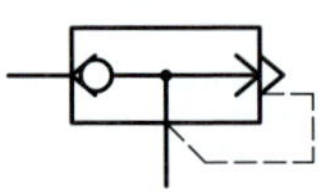	

압력밸브

번호	명칭	기호	비고
14-1	릴리프 밸브	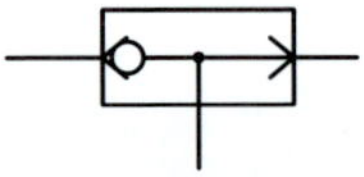	• 직동형 또는 일반 기호
14-2	파일럿 작동형 릴리프 밸브	상세기호 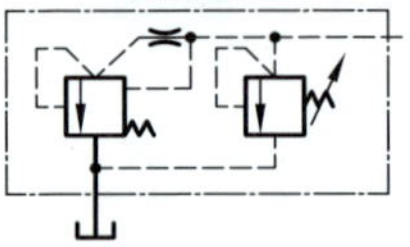	• 원격 조작용 벤트포트 붙이

204. 유 · 공기압 도면 기호

압력밸브(계속)

번호	명칭	기호	비고
14-2	파일럿 작동형 릴리프 밸브	간략기호 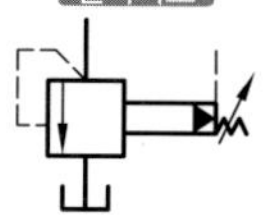	
14-3	전자 밸브장착(파일럿 작동형) 릴리프 밸브	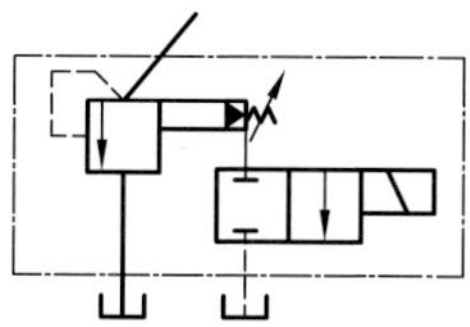	• 전자 밸브의 조작에 의하여 벤트포트가 열려 무부하로 된다.
14-4	비례 전자식 릴리프 (파일럿 작동형)	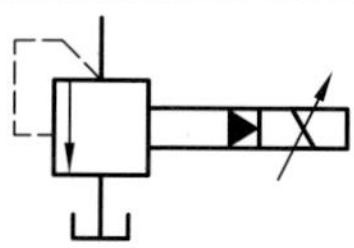	• 대표 보기
14-5	감압 밸브	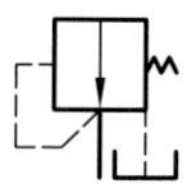	• 직동형 또는 일반기호
14-6	파일럿 작동형 감압밸브	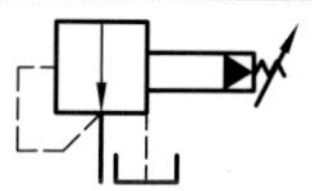	• 외부 드레인
14-7	릴리프 붙이 감압밸브	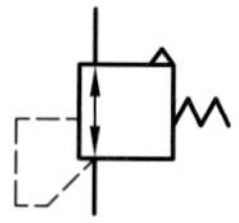	• 공기압용
14-8	비례 전자식 릴리프 감압 밸브(파일럿 작동형)	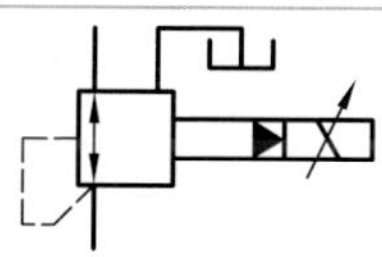	• 유압용 • 대표보기
14-9	일정비율 감압 밸브	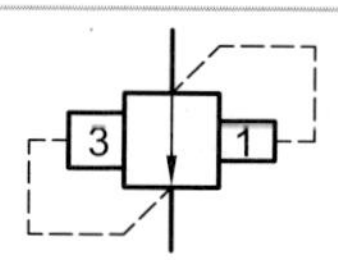	• 감압비 : 1/3
14-10	시퀀스 밸브	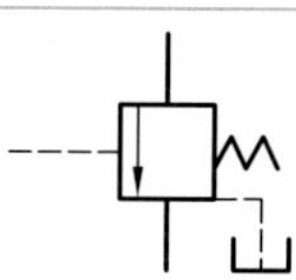	• 직동형 또는 일반 기호 • 외부 파일럿 • 외부 드레인

204. 유·공기압 도면 기호

압력밸브(계속)

번호	명칭	기호	비고
14-11	시퀀스 밸브 (보조 조작 장착)	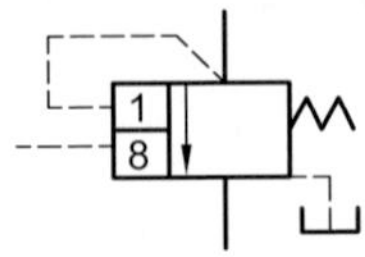	• 직동형 • 내부 파일럿 또는 외부 파일럿 조작에 의하여 밸브가 작동됨 • 파일럿 압의 수압 면적비가 1:8인 경우 • 외부 드레인
14-12	파일럿 작동형 시퀀스 밸브	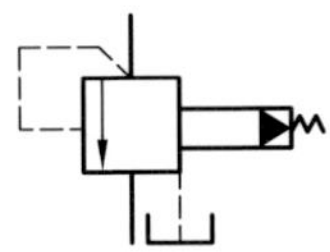	• 내부 드레인 • 외부 드레인
14-13	무부하 밸브	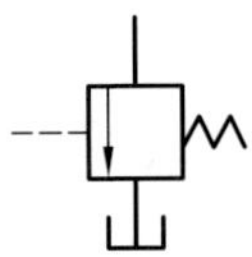	• 직동형 또는 일반 기호 • 내부 드레인
14-14	카운터 밸런스 밸브	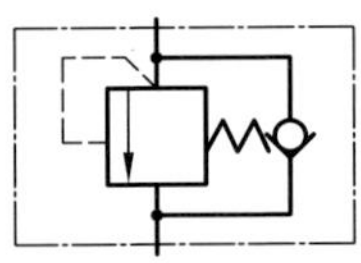	
14-15	무부하 릴리프 밸브	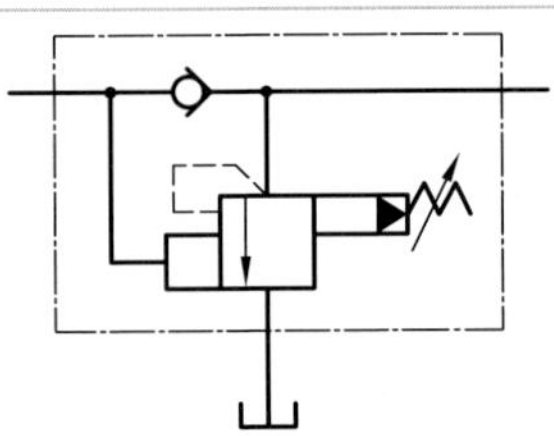	
14-16	양방향 릴리프 밸브	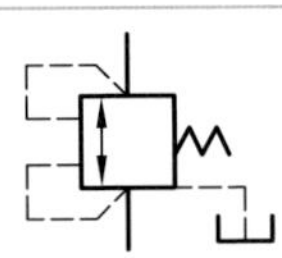	• 직동형 • 외부드레인
14-17	브레이크 밸브	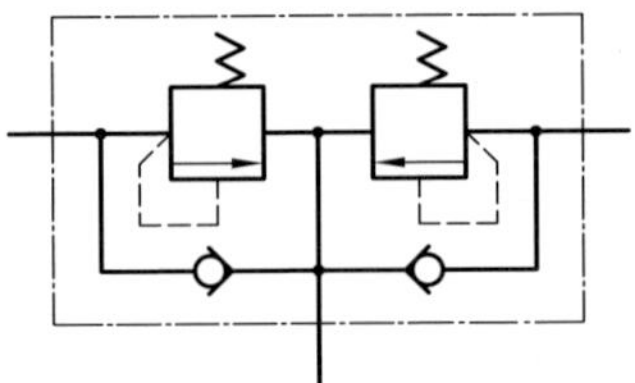	• 대표 보기

204. 유·공기압 도면 기호

유량제어 밸브

번호	명칭	기호	비고
15-1	교축 밸브	상세기호 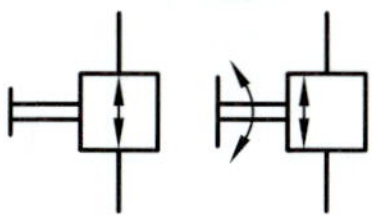 간략기호 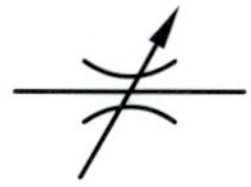	• 간략 기호에서는 조작방법 및 밸브의 상태가 표시되어 있지 않음
15-1.1	가변 교축밸브		• 통상 완전히 닫혀진 상태는 없음
15-1.2	스톱 밸브	※ 	
15-1.3	감압 밸브(기계 조작 가변 교축 밸브)	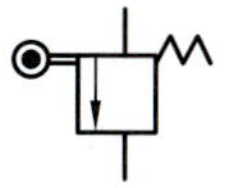	• 롤러에 의한 기계 조작 • 스프링 부하
15-1.4	1방향 교축 밸브 속도 제어 밸브	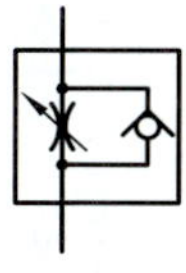	• 가변 교축 장착 • 1방향으로 자유 유동, 반대 방향으로 제어유동
15-2	유량 조정 밸브	상세기호 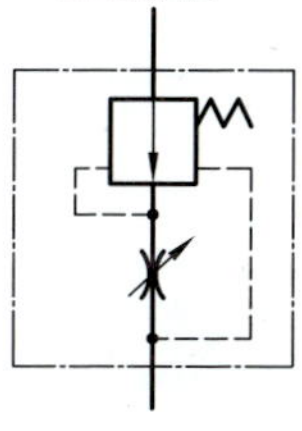 간략기호 	• 온도보상은 2-3.4에 표시된다. • 간략 기호에서 유로의 화살표는 압력의 보상을 나타낸다.
15-2.1	직렬형 유량 조정 밸브		
15-2.2	직렬형 유량 조정 밸브(온도보상 붙이)	상세기호 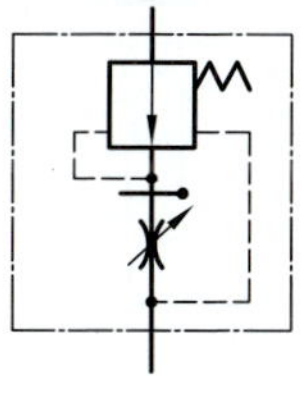 간략기호 	• 온도보상은 2-3.4에 표시된다. • 간략 기호에서 유로의 화살표는 압력의 보상을 나타낸다.
15-2.3	바이패스형 유량 조정 밸브	상세기호 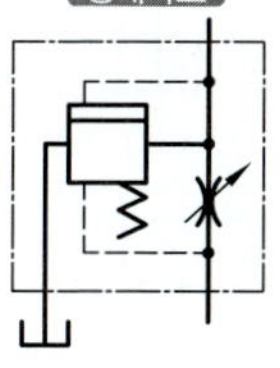 간략기호 	• 간략 기호에서 유로의 화살표는 압력의 보상을 나타낸다.

204. 유·공기압 도면 기호

유량제어 밸브(계속)

번호	명칭	기호	비고
15-2.4	체크 밸브 붙이 유량 조정 밸브(직렬형)	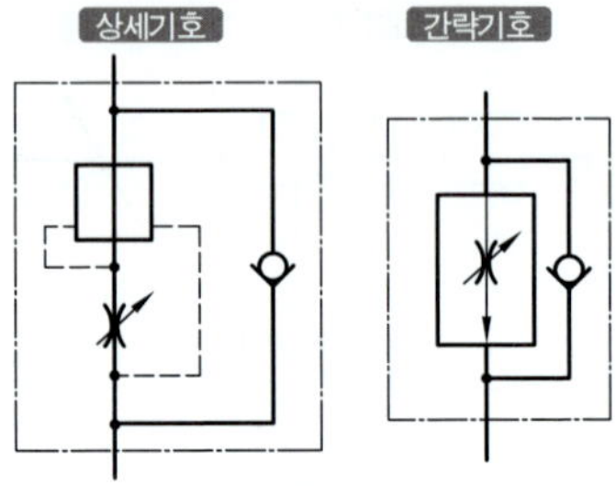	• 간략 기호에서 유로의 화살표는 압력의 보상을 나타낸다.
15-2.5	분류 밸브	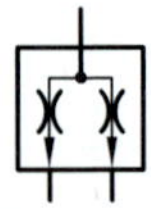	• 화살표는 압력보상을 나타낸다.
15-2.6	집류 밸브	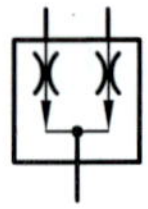	• 화살표는 압력보상을 나타낸다.

기름탱크

번호	명칭	기호	비고
16-1	기름 탱크(통기식)	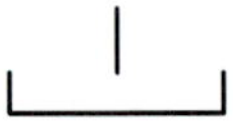	• 관 끝을 액체 속에 넣지 않는 경우
		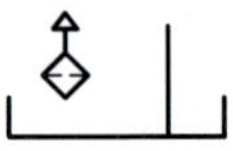	• 관 끝을 액체 속에 넣는 경우 • 통기용 필터(17-1)가 있는 경우
			• 관 끝을 밑바닥에 접하는 경우
			• 국소 표시 기호
16-2	기름 탱크(밀폐식)	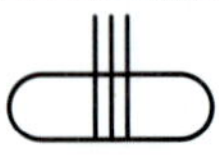	• 3관로의 경우 • 가압 또는 밀폐된 것 • 각관 끝을 액체 속에 집어넣는다. • 관로는 탱크의 긴 백에 수직

204. 유 · 공기압 도면 기호

유체조정기기

번호	명칭	기호	비고
17-1	필터	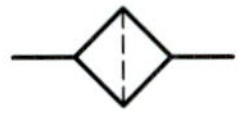	• 일반기호
		※ 	• 자석붙이
		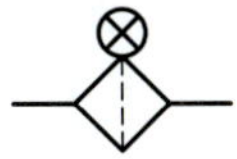	• 눈 막힘 표시기 붙이
17-2	드레인 배출기	※ 	• 수동배출
		※ 	• 자동배출
17-3	드레인 배출기 붙이 필터	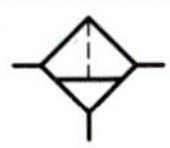	• 수동배출
		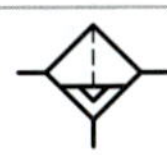	• 자동배출
17-4	기름 분무 분리기	※ 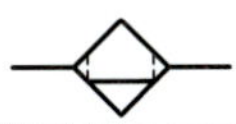	• 수동배출
		※ 	• 자동배출
17-5	에어 드라이	※ 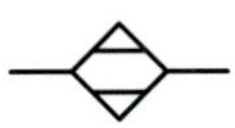	
17-6	루브리케이터	※ 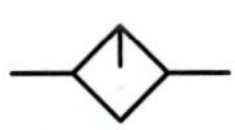	
17-7	공기압 조정유닛	상세기호 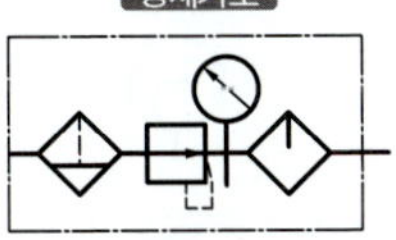 상세기호 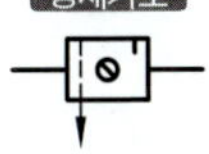	• 수식 화살표는 배출기를 나타낸다.

204. 유 · 공기압 도면 기호

유체조정기기(계속)

번호	명칭	기호	비고
17-8	열교환기		
17-8.1	냉각기		• 냉각액용 관로를 표시하지 않는 경우
		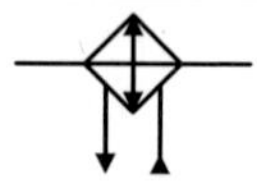	• 냉각액용 관로를 표시하는 경우
17-8.2	가열기		
17-8.3	온도 조절기	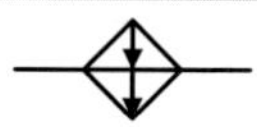	• 가열 및 냉각

계측기 보조기기

번호	명칭	기호	비고
18-1	압력 계측기	※ 	• 계측은 되지 않고 단지 지시만 하는 표시기
18-1.1	압력 표시기		
18-1.2	압력계	※ 	
18-1.3	차압계	※ 	
18-2	유면계	※ 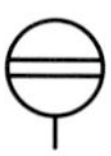	• 평행선은 수평선으로 표시
18-3	온도계		
18-4	유량 계측기	※ 	
18-4.1	검류기		
18-4.2	유량계	※ 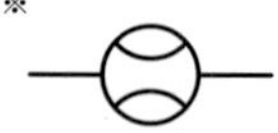	
18-4.3	적산 유량계	※ 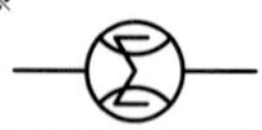	

204. 유·공기압 도면 기호

계측기 보조기기(계속)

번호	명칭	기호	비고
18-5	회전 속도계	※ 	
18-6	토크계	※ 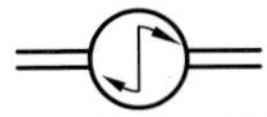	

기타의 기기

번호	명칭	기호	비고
19-1	압력 스위치	※ 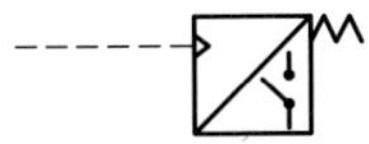	• 오해의 염려가 없는 경우에는 다음과 같이 표시하여도 좋다. ※ 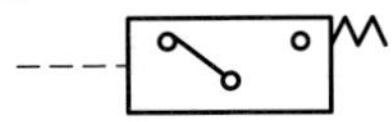
19-2	리밋 스위치	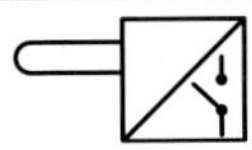	• 오해의 염려가 없는 경우에는 다음과 같이 표시하여도 좋다. 
19-3	아날로그 변환기	※ 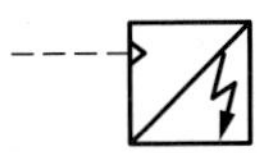	• 공기압
19-4	소음기	※ 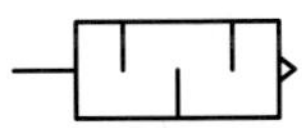	• 공기압
19-5	경음기	※ 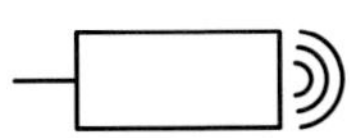	• 공기압용
19-6	마그넷 세퍼레이터	※ 	

204. 유 · 공기압 도면 기호

회전형 에너지 변환기기

번호	명칭	기호	비고
A-1	정용량형 유압모터	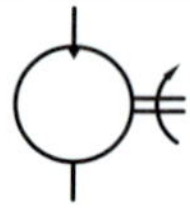	(1) 1방향 회전형 (2) 입구 포토가 고정되어 있으므로, 유동 방향과의 관계를 나타내는 회전 방향 화살표는 필요 없음
A-2	정용량형 유압 펌프 또는 유압 모터 (1) 가역 회전형 펌프	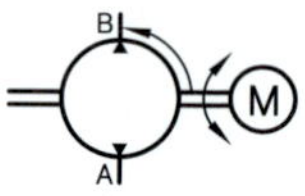	• 2방향 회전 · 양축형 • 입력축이 좌회전할 때 B포트가 송출구로 된다.
	(2) 가역 회전형 모터	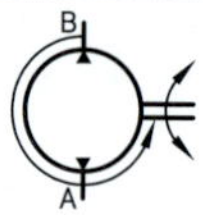	• B포트가 유입구일 때 출력축은 좌회전이 된다.
A-3	가변 용량형 유압펌프	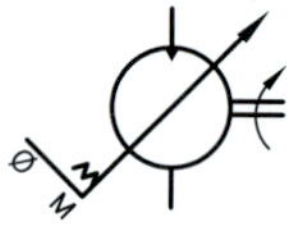	(1) 1방향 회전형 (2) 유동 방향과의 관계를 나타내는 회전 방향 화살표는 필요 없음 (3) 조작 요소의 위치 표시는 기능을 명시하기 위한 것으로서 생략하여도 좋다.
A-4	가변 용량형 유압모터	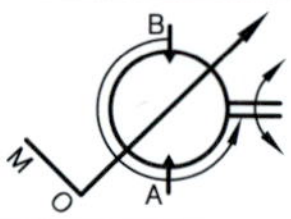	• 2방향 회전형 • B포트가 유입구일 때 출력축은 좌회전된다.
A-5	가변 용량형 유압 오버 센터 펌프	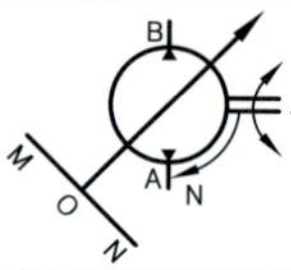	• 1방향 회전형 • 조작요소의 위치를 N의 방향으로 조작하였을 때, A포트가 송출구가 된다.
A-6	가변 용량형 유압펌프 또는 유압모터 (1) 가역 회전형 펌프	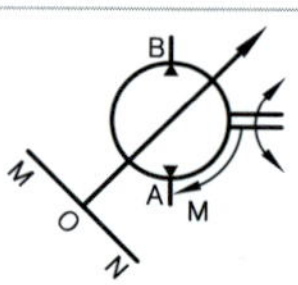	• 2방향 회전형 • 입력축이 우회전할 때, A포트가 송출구로 되고 이때의 가변 조작은 조작 요소의 위치 M의 방향으로 된다.
	(2) 가역 회전형 모터	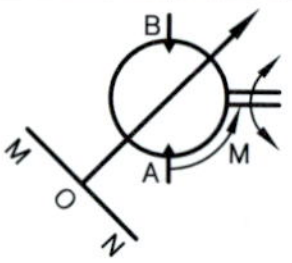	• A포트가 유입구일 때 출력축은 좌회전이 되고, 이때의 가변 조작은 조작 요소의 위치 N의 방향으로 된다.
A-7	정용량형 유압 펌프 · 모터	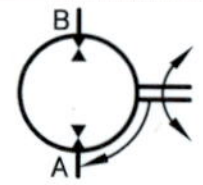	• 2방향 회전형 • 펌프로서의 기능을 하는 경우 입력축이 우회전 할 때 A포트가 송출구로 된다.
A-8	가변 용량형 유압 펌프 · 모터	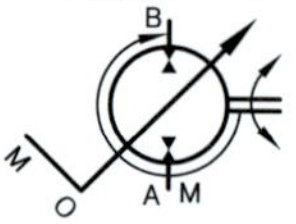	• 2방향 회전형 • 펌프 기능을 하고 있는 경우, 입력축이 우회전할 때 B포트가 송출구로 된다.

204. 유 · 공기압 도면 기호

회전형 에너지 변환기기(계속)

번호	명칭	기호	비고
A-9	가변 용량형 유압 펌프 · 모터	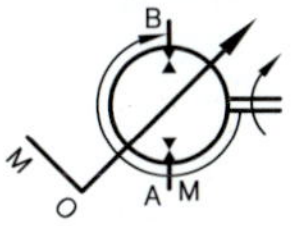	• 1방향 회전형 • 펌프 기능을 하고 있는 경우, 입력축이 우회전할 때 A포트가 송출구가 되고, 이때의 가변 조작은 조작 요소의 위치 M의 방향이 된다.
A-10	가변 용량형 가역 회전형 펌프 · 모터	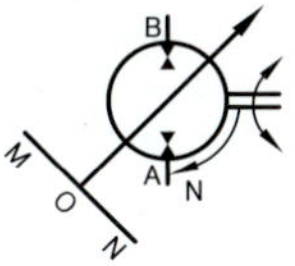	• 2방향 회전형 • 펌프기능을 하고 있는 경우, 입 · 출력이 우회전할 때 A 포트가 송출구가 되고, 이때의 가변조작은 조작요소의 위치 N의 방향이 된다.
A-11	정용량 · 가변 용량 변환식 가역 회전형 펌프	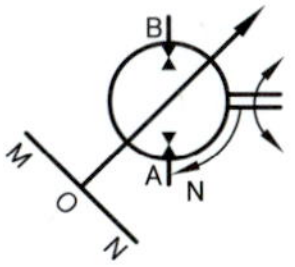	• 2방향 회전형 • 입력축이 우회전일 때는 A포트를 송출구로 하는 가변 용량 펌프가 되고, 좌회전인 경우에는 배제 용적의 적용량 펌프가 된다.

205. 가공 방법 기호

1. 적용범위

이 규격은 주로 금속에 대하여 일반적으로 사용되는 2차 가공 이후 방법을 도면, 공정표 등에 표시할 때 쓰이는 기호에 대하여 규정한다.

2. 기호의 형식

기호는 라틴 문자의 알파벳 대문자 1자 또는 몇 자를 짜 맞춘 것으로 한다.

[비고] 알파벳 중 X는 기호의 수를 갖출 필요가 있는 경우 공백을 메우기 위해 사용하는 것으로 하고, 가공 방법 기호로서는 사용하지 않는다.

3. 기호

인용한 영어를 참고로 적는다. 고딕체 문자는 인용된 문자를 표시한다.

주조 **C** Casting		
가공방법	기호	참고
사형 주조	CS	Sand : Mold Casting
생형 주조	CSG	: Green Sand
표면건조형 주조	CSS	: Surface Dry Sand
건조형 주조	CSD	: Dry Sand
자경성 주형 주조	CSH	: Self-Hardening Model Process
유동성 주형 주조	CSFS	: Fluid Sand Mixture Process
CO_2 프로세스	CSC	: Carbon Dioxide Process
V 프로세스	CSV	: V Process
풀 몰드 프로세스	CSFM	: Full Mold Process
셸 몰드 프로세스	CSM	: Shell Mold Process
금속형 주조	CM	Metal Mold Casting
정밀 주조	CP	Precision Casting
로스트 왁스 프로세스	CPL	: Lost Wax Process
셔어 프로세스	CPS	: Shaw Process
다이캐스팅	CD	Die Casting
원심 주조	CCR	Centrifugal Casting
저압 주조	CL	Low Pressure Casting
감압 주조	CV	Vacuum Casting
고압 주조	CH	High Pressure Casting
연속 주조	CCN	Continuous Casting

205. 가공 방법 기호

소성가공 P(1) Plastic Working-단조 F Forging		
가공방법	기호	참고
자유단조	FF	Free Forging
스트레칭	FFST	: Stretching
스웨이징	FFSW	: Swaging
스프레딩	FFSP	: Spreading
업세팅	FFU	: Upsetting
피어싱	FFP	: Piercing
맨드릴 단조	FFM	: Mandrel Forging
링단조	FFR	: Ring Forging
굽히기	FFB	: Bending
트위스팅	FFT	: Twisting
절단(전단)	FFC	: Cutting
형단조	FD	Die Forging
업세팅	FDU	: Upsetting
헤딩	FDH	: Heading
스웨이징	FDSW	: Swaging
압출	FDE	: Extruding
피어싱	FDP	: Piercing
트리밍	FDT	: Trimming
사이징	FDSZ	: Sizing
코이닝	FDC	: Coining

주

(1) 이 기호는 원칙으로 단독 사용하는 경우 이외에는 생략한다.

소성가공 P Plastic Working-프레스 가공 P Press Working(of Sheet Metal)		
가공방법	기호(2)	참고
절단(전단)	PS	Shearing
곡선 절단	PSR	: Rotary Shearing
슬리팅	PSS	: Slitting
펀칭	PP	Punching
절단	PPC	: Cutting
블랭킹	PPB	: Blanking
피어싱	PPPC	: Piercing
노칭	PPN	: Notching
슬리팅	PPSL	: Slitting

205. 가공 방법 기호

소성가공 P Plastic Working-프레스 가공 P Press Working(of Sheet Metal)(계속)		
가공방법	기호	참고
파팅	PPPR	: Parting
트리밍	PPT	: Trimming
딩킹	PPD	: Dinking
랜싱	PPL	: Lancing
하프 블랭킹	PPH	: Half Blanking
파인 블랭킹	PPF	: Fine Blanking
셰이빙	PPSH	: Shaving
굽히기	PB	Bending
다이스 벤딩(3)	PBD	: Dies Bending
폴딩(3)	PBF	: Folding
롤러 벤딩	PBR	: Roller Bending
드로잉	PD	Drawing
리드로잉	PDRD	: Redrawing
리버스 드로잉	PDRV	: Reverse Drawing
아이어닝 드로잉	PDI	: Drawing with Ironing
포밍	PF	Forming
벌징	PFBL	: Bulging
플랜징	PFF	: Flanging
네킹	PFN	: Necking
코루게이팅	PFCR	: Corrugating
버어링	PFBR	: Burring
스테이킹	PFST	: Staking
비딩	PFBD	: Beading
컬링	PFCL	: Curling
해밍	PFHM	: Hemming
시밍	PFSM	: Seaming
와이어링	PFW	: Wiring
엠보싱	PFEM	: Embossing
익스팬딩	PFEP	: Expanding
하이드로 포밍	PFHD	: Hydraulic Forming
리버 포밍	PFRB	: Rubber Forming
스트레치 포밍	PFSR	: Stretch Forming
롤 포밍	PFRL	: Roll Forming
스탬핑(압축성형)	PC	Stamping(Forming by Compression)
코이닝	PCC	: Coining
업세팅	PCU	: Upsetting
인덴팅	PCI	: Indenting
사이징	PCS	: Sizing
마킹	PCM	: Marking

주

(2) 다른 가공법과 기호와 혼돈하지 않을 때는, 첫째 기호를 생략해도 무방하다.
(3) 벤딩가공에서 가공 모양을 표시할 때는 다음과 같이"−"로 이어 적는다.

비고

프레스형에 의한 V 벤딩 가공 PBD−V

205. 가공 방법 기호

소성가공 P Plastic Working-스피닝 S Spinning		
가공방법	기호	참고
심볼 스피닝	SSM	Simple Spinning
시어 스피닝	SSH	Shear Spinning
튜브 스피닝	ST	Tube Spinning
익스팬딩	SEP	Expanding

소성가공 P Plastic Working-전조 RL Rolling		
가공방법	기호	참고
나사 전조(4)	RLTH	Thread Rolling
기어 전조	RLT	Gear Rolling(Toothed Wheel Rolling)
냉간 전조	RLTC	: Cold Gear Rolling
열간 전조	RLTHT	: Hot Gear Rolling
스플라인 전조	RLSP	Spline Rolling
세레이션 전조	RLSR	Serration Rolling
널링 전조	RLK	Knurling
버니싱	RLB	: Burnishing

주

(4) 사용 다이스 기호를 표시할 때는 다음과 같이 "–"로 이어 적는다.

보기

원통형 다이스에 의한 나사 전조 RLTH–C

기타

압연 R Rolling, **압출** E Extruding, **인발** D Drawing on Drawbench

벤딩가공의 모양을 표시할 때의 기호		
가공방법	기호	참고
V벤딩	V	V - Bending
U벤딩	U	U - Bending
L벤딩	L	L - Bending
Z벤딩	Z	Z - Bending
O벤딩	O	O - Bending
W벤딩	W	W - Bending
박스벤딩	B	Box - Bending
컬벤딩	C	Curl - Bending
해밍	H	Hemming

사용하는 다이스 기호		
가공방법	기호	참고
원통형 다이스	C	Cylindrical Dies
평 다이스	F	Flat Dies
유성 다이스	P	Planetary Dies

205. 가공 방법 기호

기계가공 M(1) Maching-절삭 C(1) Cutting		
가공방법	기호	참고
선삭	L	Turning(Lathe Turning)
테이퍼 선삭	LTP	: Taper Turning
페이싱	LFC	: Facing
나사 깎기	LTH	: Thread Cutting
절단	LCT	: Cutting off
센터링	LCN	: Centering
리세싱	LRC	: Recessing
라운딩	LRN	: Rounding
스카이빙	LSK	: Skiving
스케일링	LSC	: Scaling
드릴링	D	Drilling
리밍	DR	: Reaming
태핑	DT	: Tapping
보링	B	Boring
밀링	M	Milling
평밀링	MP	: Plain Milling
페이스 밀링	MFC	: Face Milling
사이드 밀링	MSD	: Side Milling
앤드 밀링	ME	: End Milling
조합 밀링	MG	: Gang Cutter Milling
총형 밀링	MFR	: From Milling
홈파기	MFL	: Fluting
모방 밀링	MCO	: Copy Milling
다이싱킹	MDS	: Diesinking
슬리팅	MSL	: Slitting
평삭	P	Planing
형삭	SH	Shaping
슬로팅	SL	Slotting
브로칭	BR	Broaching
소잉	SW	Sawing
기어 절삭	TC	Gear Cutting(Toothed Wheel Cutting)
창성 기어 절삭	TCG	: Generate Gear Cutting
호빙	TCH	: Hobbing
기어 형삭	TCSH	: Gear Shaping
기어 스토킹	TCST	: Gear Stocking
기어 세이빙	TCSV	: Gear Shaving
이 모따기	TCC	: Gear Chamfering

주

(1) 이 기호는 원칙으로 단독 사용하는 경우 이외에는 생략한다.

205. 가공 방법 기호

기계가공 M Maching-**연삭 G** Grinding		
가공방법	기호	참고
원통 연삭	GE	External Cylindrical Grinding
내면 연삭	GI	Internal Grinding
평면 연삭	GS	Surface Grinding
센터리스 연삭	GCL	Centerless Grinding
모방 연삭	GCO	Copy Grinding
벨트 연삭	GBL	Belt Grinding
나사 연삭	GTH	Thread Grinding
기어 연삭	GT	Gear Grinding(Toothed Wheel Grinding)
센터 연삭	GCN	Centre Grinding
연삭 절단	GCT	Cut off Grinding
래핑	GL	Lapping
호닝	GH	Honing
슈퍼 피니싱	GSP	Super Finishing

기계가공 M Maching-**특수 가공 SP** Special Processing		
가공방법	기호	참고
방전 가공	SPED	Electric Discharge Machining
전해 가공	SPEC	Electro-Chemical Machining
전해 연삭	SPEG	Electrolytic Grinding
초음파 가공	SPU	Ultrasonic Machining
전자 빔 가공	SPEB	Electron Beam Machining
레이저 가공	SPLB	Laser Beam Machining

비고

기계가공의 가공 방법 기호 뒤에, 그 가공에 쓰이는 공작 기계의 종류별을 표시하고자 할 때는 참고와 같은 공작 기계의 종류를 표시하는 기호를"-"을 써서 잇는다. 다만, 다른 기호와 중복되기 쉬울 때는 그 일부의 기호를 생략하여도 상관 없다.

1. 보링 보통 선반 B-L

2. 정밀 보링 머신 B-BF

205. 가공 방법 기호

다듬질 F Finishing(Hand)		
가공방법	기호	참고
치핑	FCH	Chipping
페이퍼 다듬질	FCA	Coated Abrasive Finishing
줄 다듬질	FF	Filing
래핑	FL	Lapping
폴리싱	FP	Polishing
리밍	FR	Reaming
스크레이핑	FS	Scraping
브러싱	FB	Brushing

용접 W Welding		
가공방법	기호	참고
아크 용접	WA	Arc Welding
저항 용접	WR	Resistance Welding
가스 용접	WG	Gas Welding
브레이징	WB	Brazing
납땜	WS	Soldering

열처리 H Heat Treatmemt		
가공방법	기호	참고
노말라이징	HNR	Normalizing
어닐링	HA	Annealing
완전 어닐링	HAF	: Full Annealing
연화 어닐링	HASF	: Softening
응력제거 어닐링	HAR	: Stress Relieving
확산 어닐링	HAH	: Homogenizing
구상화 어닐링	HAS	: Spheroidizing
등온 어닐링	HAI	: Isothermal Annealing
케이스 어닐링	HAC	: Box Annealing(Case Annealing)
광택 어닐링	HAB	: Bright Annealing
가단화 어닐링	HAM	: Malleablizing

205. 가공 방법 기호

열처리 H Heat Treatmemt(계속)		
가공방법	기호	참고
담금질	HQ	Quenching
프레스 담금질	HQP	: Press Quenching
마르템퍼링(마르퀜칭)	HQM	: Martempering
오스탬퍼	HQA	: Austemper
광택 담금질	HQB	: Bright Quenching
고주파 담금질	HQI	: Induction Hardening
화염 경화	HQF	: Electrolytic Quenching
전해 담금질	HQE	: Flame Hardening
고용화 열처리	HQST	: Solution Treatment
워터 터프닝	HQW	: Water Toughening
템퍼링	HT	Tempering
프레스 템퍼링	HTP	: Press Tempering
광택 템퍼링	HTB	: Bright Tempering
시효	HG	Ageing
서브제로 처리	HSZ	Subzero Treatment
침탄	HC	Carburizing
침탄질화	HCN	: Carbo－Nitriding
질화	HNT	Nitriding
연질화	HNTS	: Soft Nitriding
침황	HSL	Sulphurizing
침황질화	HSLN	: Nitrosulphurzing

표면처리 S Surface Treatment		
가공방법	기호(2)	참고
클리닝	SC	Cleaning
알칼리 클리닝	SCA	: Alkali Cleaning
디스케일링	SCD	: Descaling
전해 클리닝	SCEL	: Electrolytic Cleaning
에멀션 클리닝	SCEM	: Emulsion Cleaning
전해 피클링	SCEP	: Electrolytic Pickling
피클링	SCP	: Pickling
용제 클리닝	SCS	: Solvent Cleaning
초음파 클리닝	SCU	: Ultrasonic Cleaning
워싱	SCW	: Washing
폴리싱(연마)	SP	Polishing
버핑	SPBF	: Buffing
벨트 연마	SPBL	: Belt Polishing
배럴 연마	SPBR	: Barrel Finishing
화학 연마	SPC	: Chemical Polishing
전해 연마	SPE	: Electrolytic Polishing
액체 호닝	SPLH	: Liquid Honing
텀블링	SPT	: Tumbling

주

(2) 다른 가공법과 기호와 혼돈하지 않을 때는, 첫째 기호를 생략해도 무방하다.

205. 가공 방법 기호

표면처리 S Surface Treatment(계속)		
가공방법	기호[2]	참고
블라스팅	SB	Blasting
그릿 블라스팅	SBG	: Grit Blasting
숏 블라스팅	SBSH	: Shot Blasting
샌드 블라스팅	SRSN	: Sand Blasting
워터 블라스팅	SBW	: Water Blasting
기계적 경화	SH	Mechanical Hardening
숏 피닝	SHS	: Shot Peening
하드 롤링	SHR	: Hard Rolling
양극 산화	SA	Anodizing
경질 양극 산화	SAH	: Hard Anodizing
화성 처리	SCH	Chemical Conversion Coating
베마이트 처리	SCHB	: Boehmite Treatment
크로메트 처리	SCHC	: Chromating
인산염 처리	SCHP	: Phosphating
피막 코팅	SCT	Coating
세라믹 코팅	SCTC	: Ceramic Coating
글래스 라이닝	SCTG	: Glass Lining
플라스틱 라이닝	SCTP	: Plastic Lining
용융 도금[3]	SD	Hot Dipping
일렉트로 포밍	SEL	Electroforming
법랑	SEN	Enameling
에칭	SET	Etching
금속 용사법[3]	SM	Metal Spraying
차색	SO	Colouring
블랙크닝	SOB	: Blackening
증기 처리	SOS	: Steaming
도장	SPA	Painting
브러싱 도장	SPAB	: Brushing
디핑	SPAD	: Dipping
전착 도장	SPAED	: Electrodeposition
정전 도장	SPAES	: Electrostatic Coating
분체 도장	SPAP	: Powder Coating
롤러 도장	SPAR	: Roller Coating
스프레이 도장	SPAS	: Spraying
도금[3]	SPL	Plating
전기도금[4]	SPLE	: Electroplating
무전해 도금	SPLEL	: Electroless Plating
이온 도금	SPLI	: Iron Plating
스퍼터링	SSP	Sputtering
증착	SVD	Vapour Deposition
금속 침투법[3]	SZ	Diffusion Coating[Zementation(독일어)]

주

(2) 다른 가공법과 기호와 혼돈하지 않을 때는, 첫째 기호를 생략해도 무방하다.
(3) 이들의 기호 뒤에 사용하는 원소 이름을 이어서 쓴다.
(4) 종류 기호는 KS D 0022(전기도금의 기호에 의한 표시방법)에 따른다.

205. 가공 방법 기호

조립 A Assembly		
가공방법	기호(2)	참고
체결	AFS	Fastening
나사 체결	AFST	: Thread Fastening
리베팅	AFSR	: Riveting
끼워 넣기	AFT	Fitting
압입	AFTP	: Press Fitting
때려 박기	AFTD	: Driving Fitting
가열 끼워 넣기	AFTS	: Shrinkage Fitting
삽입	AFRI	: Insertion
코킹	ACL	Caulking
스웨이징	ASW	Swaging
접착	ACM	Cementing
밸런싱	AB	Balancing
게이징	AG	Gauging
선택	AGS	: Selection
수리	AGR	: Repair
마킹	AM	Marking
배선	AW	Wiring
배관	APP	Piping
조정(5)	AA	Adjusting
운전(5)	ARN	Running

기타 Z		
가공방법	기호(2)	참고
스트레이트닝	ZS	Straightening
에이징(시효)	ZA	Ageing
금긋기	ZM	Marking Off
챔퍼링	ZC	Chamfering
디버링	ZD	Deburring
검사(5)	ZI	Inspection
시험(5)	ZT	Testing

주

(2) 다른 가공법과 기호와 혼돈하지 않을 때는, 첫째 기호를 생략해도 무방하다.

(5) 가공방법은 아니나, 사용상 편리하므로 규정한다.

205. 가공 방법 기호

가공방법에 사용하는 경우의 공작 기계의 종류를 표시하는 기호		
공작기계의 종류	기호	참고
선반	L	Lathe
보통 선반	LE 또는 L	: Engine Lathe
탁상 선반	LBN	: Bench Lathe
터릿 선반	LT	: Turret Lathe
모방 선반	LCO	: Copying Lathe
자동 선반	LA	: Automatic Lathe
직립 선반	LV	: Vertical Lathe
드릴링 머신	D	Drilling Machine
직접 드릴링 머신	DU	: Upright Drilling Machine
레이디얼 드릴링 머신	DR	: Radial Drilling Machine
탁상 드릴링 머신	DBN	: Bench Drilling Machine
다축 드릴링 머신	DMS	: Multi Spindle Drilling Machine
보링 머신	B	Boring Machine
수평 보링 머신	BH	: Horizontal Boring Machine
수직 보링 머신	BV	: Vertical Boring Machine
지그 보링 머신	BJ	: Jig Boring Machine
정밀 보링 머신	BF	: Fine Boring Machine
밀링 머신	M	Milling Machine
니형 밀링 머신	MK	: Knee Type Milling Machine
만능 밀링 머신	MU	: Universal Milling Machine
탁상 밀링 머신	MBN	: Bench Milling Machine
베드형 밀링 머신	MB	: Bed Type Milling Machine
모방 밀링 머신	MCO	: Copy Milling Machine
플라노밀러	MP	: Planomiller
플레이너	P	Planning Machine
세이퍼	SH	Shaping Machine
슬로터	SL	Slotting Machine
브로칭 머신	BR	Broaching Machine
소잉 머신	SW	Metal Sawing Machine
연삭기	G	Grinding Machine
원통 연삭기	GE	: External Cylindrical Grinding Machine
만능 연삭기	GU	: Universal Grinding Machine
내면 연삭기	GI	: Internal Cylindrical Grinding Machine
평면 연삭기	GSR	: Surface Grinding Machine
센터리스 연삭기	GCL	: Centreless Grinding Machine
벨트 연삭기	GBL	: Belt Grinding Machine
표면 피니싱 머신	SF	Surface Finishing Machine
호닝 머신	SFH	: Honing Machine
수퍼 피니싱 머신	SFS	: Superfinishing Machine
래핑 머신	SFL	: Lapping Machine
버핑 머신	SFB	: Buffing Machine

205. 가공 방법 기호

가공방법에 사용하는 경우의 공작 기계의 종류를 표시하는 기호(계속)		
공작기계의 종류	기호	참고
기어 절삭기	TC	Gear Cutting Machine(Toothed Wheel Cutting Machine)
호빙 머신	TCH	: Gear Hobbing Machine
기어 세이퍼	TCSH	: Gear Shaping Machine
기어 연삭기	TG	Gear Grinding Machine(Toothed Wheel Grinder)
기어 다듬질 가공기	TF	Gear Finishing Machine(Toothed Wheel Fishing Machine)
특수 가공기	SP	Special Process Machine
방전 가공기	SPED	: Electric Discharge Machine
전해 가공기	SPEC	: Electrochemical Machine
전해 연삭기	SPEG	: Electrolytic Grinding Machine
초음파 가공기	SPU	: Ultrasonic Machine
수치 제어 공작 기계	NC	Numerically Controlled Machine Tool
수치 제어 선반	NCL	: Numerically Controlled Lathe
수치 제어수직드릴링 머신	NCD	: Numerically Controlled Drilling Machine with Vertical Spindle
수치 제어 보링 머신	NCB	: Numerically Controlled Boring Machine
수치 제어 밀링 머신	NCM	: Numerically Controlled Milling Machine
수치 제어 플레이너	NCP	: Numerically Controlled Planing Machine
수치 제어 연삭기	NCG	: Numerically Controlled Grinding Machine
수치 제어 기어 절삭기	NCT	: Numerically Controlled Gear Cutting Machine
머시닝 센터	NCMC	: Machining Centre
기타	Z	
드레딩 머신	ZTH	: Thread Chasing Machine
태핑 머신	ZTP	: Tapping Machine

206. 제도용어(Glossary of Technical Drawing Terms)

제도 일반에 관한 용어			
번호	용어	뜻	대응 영어(참고)
1001	제도	도면을 작성하는 것	(Technical)Drawing, Drawing Practice
1002	도면	그림 또는 선도(2239 참조)를 필요 사항(표, 주기 사항 등)과 함께 소정의 양식에 따라서 나타낸 것. [비고] 이 용어를 복합어로 사용할 경우에는 생략형에서 단순히 "그림"이라고 하는 일이 많다.	(Technical)Drawing
1003	그림	도형에 치수 등의 정보를 써 넣은 것. 단면도, 투시 투상도 등 각종 투상도의 총칭	View
1004	도형	투상법에 따라서 평면 위에 선과 점에 의해서 그린 대상물의 형태	View
1005	주기 (사항)	도면의 내용을 보충하는 사항을 그림 속에 문장으로 나타낸 것	Note
1006	요목표	도면의 내용을 보충하는 사항을 도면 속에 형태로 나타낸 것 보기를 들어, 가공, 측정, 검사 등에 필요한 사항을 나타낸다.	Tabular
1007	기구제도	자, 컴퍼스, 형판 등의 제도 기구를 사용하여 제도하는 것	Instrument Drawing
1008	자동제도	자동화한 장치에 의해서 제도하는 것	(Computer)Automated Drawing
1009	프리핸드 제도	제도기를 사용하지 않고 손으로 그려서 제도하는 것	Freehand Drawing
1010	연필쓰기 제도	연필을 사용해서 제도하는 것	Pencil(Work) Drawing
1011	먹물제도	제도용 잉크를 사용해서 제도하는 것	Inked Drawing
1012	합성제도	이미 있는 도면의 일부를 잘라 붙이거나 짜맞춰서 새로운 도면을 작성하는 것	Composite Drawing
1013	시방서	재료, 제품, 공구, 설비 등에 대한 기술적 요구 사항을 기재한 문서	(Technical)Specification

206. 제도용어(Glossary of Technical Drawing Terms)

도면 양식에 관한 용어

번호	용어	뜻	대응 영어(참고)
2101	**도면의 양식**	도면의 공통적인 일정한 형식. 보기를 들면, 도면의 윤곽, 표제란, 마크 등의 형태, 크기, 배치	Layout Drawing Sheet, Drawing Format
2102	**(도면의) 윤곽**	도면의 테두리로부터의 손상으로 도면의 내용이 손상되지 않도록 설정하는 여백의 부분 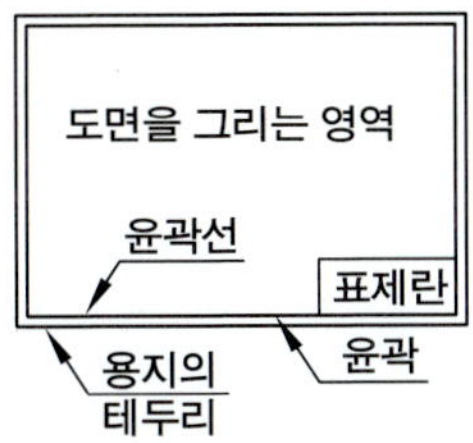	Border, Margin (of Technical Drawing)
2103	**윤곽선**	도면의 그림을 그리는 영역과 윤곽과의 경계선(2102의 그림 참조)	Frame, Borderline
2104	**중심 마크**	도면을 마이크로 필름에 촬영하거나, 복사할 때의 편의를 위하여 도면의 각 변 중앙에 설정하는 표시(2107의 그림 참조)	Centering Mark
2105	**표제란**	도면상 관리상 필요한 사항, 도면의 내용에 관한 정형적인 사항 등을 정리해서 기입하기 위하여 도면의 일부에 설정하는 난, 도면 번호, 도명, 기업 이름 등을 기입한다. (2102의 그림 참조)	Title Block, Title Panel
2106	**비교 눈금**	도면을 축소 · 확대했을 경우, 그 정도를 알기 위해서 설정하는 눈금 단위:mm 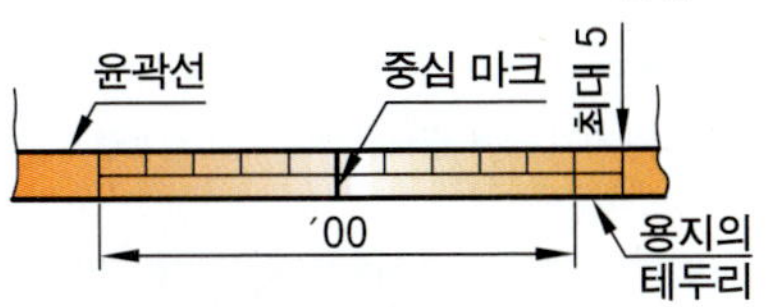	Metric Reference Graduation, Comparative Graduation
2107	**(도면의) 구역**	도면 속의 특정 부분을 나타내는 범위 보기를 들면 B-2와 같이 표시한다. 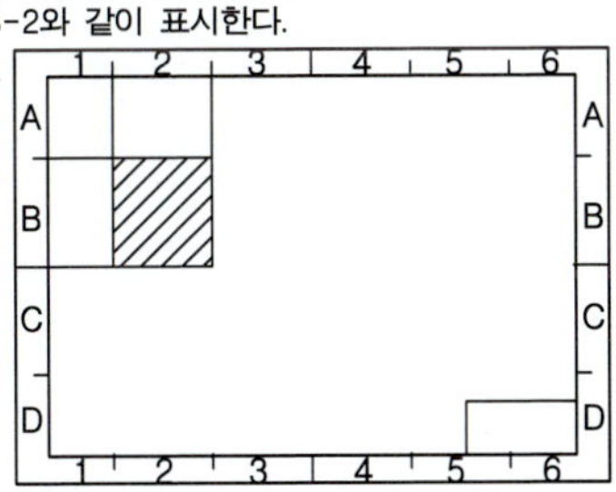	Division, Zone

206. 제도용어(Glossary of Technical Drawing Terms)

도면 양식에 관한 용어(계속)			
번호	용어	뜻	대응 영어(참고)
2108	**구분기호**	도면의 구역을 표시하는 기호(2107의 그림 참조)	Grid Reference Symbol, Zoning Symbol
2109	**재단 마크**	복사도를 재단할 때 편의를 위해서 원도(原圖)에 설정하는 표시 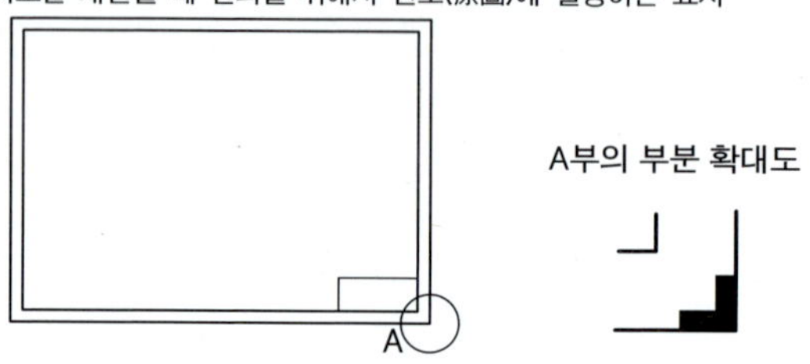	Trimming Mark, Cutting Mark
2110	**부품란**	도면에 나타낸 대상물 또는 그 구성하는 부품(부재)의 세목(부품의 명칭, 재료, 수량 등)을 기입하기 위해서 도면의 일부에 설정하는 란	Item Block, Block for Item List
2111	**대조번호**	도면에 나타낸 부품과 부품란 또는 부품표에 기입한 부품과를 대조하기 위한 번호	Reference Number
2112	**(도면의) 내력란**	도면 변경 등의 내력을 기록하기 위하여 설정하는 란	Block for Revision Description, Revision Block

도면의 명칭에 관한 용어(용도를 주로 한 용어)			
번호	용어	뜻	대응 영어(참고)
2201	**계획도**	설계의 의도, 계획을 나타낸 도면	Scheme Drawing
2202	**기본 설계도**	제작도 또는 실시 설계도를 작성하기 전에 필요한 기본적인 설계를 나타낸 계획도	Preliminary Drawing
2203	**실시 설계도**	건조물을 실제로 건설하기 위한 설계를 나타낸 계획도(토목 부문, 건축 부문)	Working Drawing
2204	**제작도**	건설 또는 제조에 필요한 모든 정보를 전달하기 위한 도면	Manufacture Drawing, Production Drawing
2205	**공정도**	제조공정의 도중 상태, 또는 일련의 공정 전체를 나타낸 제작도	Process Drawing
2206	**(공작) 공정도**	특정한 제작공정에서 가공해야 할 부문, 가공방법, 가공 치수, 사용 공구 등을 나타낸 공정도	-
2207	**검사도**	검사에 필요한 사항을 기입한 공정도	Drawing for Inspection
2208	**설치도**	보일러 · 기계 등을 지지대, 관련 장치 등과 관계 지어서 설치 또는 조립 위치를 나타낸 공정도	Setting Drawing

206. 제도용어(Glossary of Technical Drawing Terms)

도면의 명칭에 관한 용어(용도를 주로 한 용어)(계속)

번호	용어	뜻	대응 영어(참고)
2209	**시공도**	현장 시공을 대상으로 해서 그린 제작도(건축 부문)	Working Diagram
2210	**상세도**	건조물, 구성재의 일부에 대해서 그 형태 · 구조 또는 조립 · 결합의 상세함을 나타낸 제작도, 일반적으로 큰 척도를 그린다.(건축 부문)	Detail Drawing
2211	**단면 상세도**	건물의 수직 단면도에 의해서 나타낸 제작도(건축 부문)	Sectional Detail Drawing
2212	**주문도**	주문서에 첨부하여 물건의 크기, 형태, 정밀도, 정보 등의 주문 내용을 나타낸 도면	Drawing for Order
2213	**견적도**	견적서에 첨부하여 의뢰자에게 견적 내용을 나타낸 도면	Drawing for Estimate, Estimation drawing
2214	**승인용 도**	주문자 등의 승인을 얻기 위한 도면	Drawing for Approval
2215	**승인도**	주문자 등이 승인한 도면	Approved Drawing
2216	**설명도**	구조 · 기능 · 성능 등을 설명하기 위한 도면	Explanatory Drawing, Explanation Drawing
2217	**기록도**	부지, 구조, 구성 조립품, 부재의 형태 · 재료 · 상태 등을 기록하기 위한 도면	Record Drawing

표현방식을 주로 한 용어

번호	용어	뜻	대응 영어(참고)
2230	**외관도**	대상물의 외형 및 최소한으로 필요한 치수를 나타낸 도면	Outside Drawing
2231	**일반도**	구조물의 평면도 · 입면도 · 단면도 등에 의해서 그 형식 · 일반구조를 나타낸 도면(토목 부문, 건축 부문) [비고] 숨은선을 사용하지 않고 그리는 것이 보통이다.	General Drawing
2232	**철거도**	건물 등에서 기존의 상태에서 무너뜨려서 제거한 부분을 알 수 있도록 나타낸 도면(건축 부문)	Moderation Drawing
2233	**전개도**	대상물을 구성하는 면을 평면으로 전개한 그림 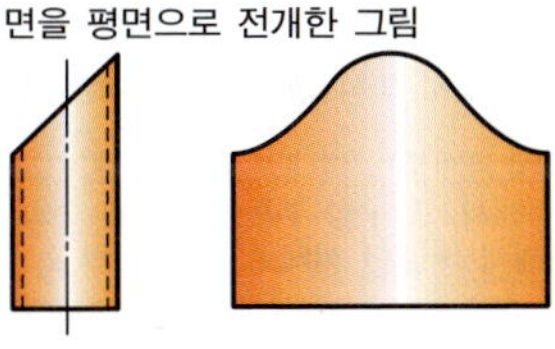	Development
2234	**다듬질표**	건물 등의 외부 및 내부의 다듬질을 일괄해서 나타낸 표(건축 부문)	Finish Schedule

206. 제도용어(Glossary of Technical Drawing Terms)

표현방식을 주로 한 용어(계속)			
번호	용어	뜻	대응 영어(참고)
2235	건구표	건구의 위치, 모습도, 기호, 수량, 다듬질, 철물 등을 일괄해서 나타낸 표(건축 부문)	Door and Window Schedule
2236	단면표	기둥, 보의 단면, 형태 및 치수를 일괄해서 나타낸 표(건축 부문)	-
2237	곡면 선도	선체, 자동차 차체 등의 복잡한 곡면을 선군(線群)으로 나타낸 도면	Lines
2238	그리드도	그리드(격자)를 기입하여 관계 위치 · 모듈 치수 등을 읽어낼 수 있도록 한 도면	Grid Planning
2239	선도	기호와 선을 사용하여 장치 · 플랜트의 기능, 그 구성 부분 사이의 상호관계, 물건 · 에너지 · 정보의 계통 등을 나타낸 도면	Diagram, Diagrammatic Drawing
2240	계통(선)도	급수 · 배수 · 전력 등의 계통을 나타낸 선도	System Diagram
2241	(플랜트) 공정도	화학 공장 등에서 제품 제조 과정의 기계설비와 흐름의 상태(공정)를 나타낸 계통도	-
2242	(전기) 접속도	그림 기호 등을 사용하여 전기 회로의 접속과 기능을 나타낸 계통도 [비고] 각 구성 부품의 형태, 크기, 위치 등을 고려하지 않는 도시이다.	Electrical Schematic Diagram
2243	배선도	장치 또는 그 구성 부품에 있어서 배선의 실태를 나타낸 계통도 [비고] 각 구성 부품의 형태, 크기, 위치 등을 고려해서 도시한다.	Connection Diagram Wiring Diagram
2244	배관도	구조물, 장치에 있어서 관의 접속 · 배치의 실태를 나타낸 계통도	Piping Diagram Plumbing Drawing
2245	계장도	측정장치, 제어장치 등을 공업장치, 기계장치 등에 장비 · 접속한 상태를 나타낸 계통선도	Instrumentation Diagram
2246	구조선도	기계 · 교량 등의 골조를 나타내고, 구조 계산에 사용하는 선도	Skeleton Diagram
2247	운동선도	기계의 구성 · 기능을 나타낸 선도	-
2248	운동 기구도	기계를 구성하는 요소를 나타낸 그림 기호를 사용해서 기계의 구조를 도시하는 운동 선도	-
2249	운동 기능도	운동기능을 나타내는 그림 기호를 사용하여 기계의 기능을 도시하는 운동 선도	-
2250	입체도	축측 투상법, 사 투상법 또는 투시 투상법에 의해서 그린 그림의 총칭	Single View Drawing
2251	분해 입체도	조립품을 구성한 부품의 상호관계를 나타내기 위하여, 일반적으로 등각 투상법 또는 투시 투상법에 의해서, 그 구성 부품을 공통된 축의 선 위에 서로 올바른 방향 · 순서로 분리해서 배열한 상태로 그린 조립도	Exploded View

206. 제도용어(Glossary of Technical Drawing Terms)

내용을 주로 한 용어			
번호	용어	뜻	대응 영어(참고)
2260	**부품도**	부품에 대하여 최종 다듬질상태에서 구비해야 할 사항을 완전히 나타내기 위하여 필요한 모든 정보를 나타낸 도면	Detail Drawing Part Drawing
2261	**소재도**	기계 부품 등에서 주조, 단조된 그대로의 기계 가공 전의 상태를 나타낸 도면	Drawing for Blank
2262	**조립도**	2개 이상의 부품, 부분 조립품을 조립한(또는 조립하는)상태에서 그 상호관계, 조립에 필요한 치수 등을 나타낸 도면 [비고] 도면 속에 부품란을 포함하는 것과 별도로 부품표를 갖는 것이 있다.	Assembly Drawing
2263	**총조립도**	대상물 전체의 조립상태를 나타낸 조립도	General Assembly Drawing
2264	**부분 조립도**	대상물 일부분의 조립상태를 나타낸 조립도	Partial Assembly Drawing
2265	**구조도**	구조물의 구조를 나타낸 도면	Structural Drawing
2266	**축조도**	철골부재 등의 부착 위치, 부재의 형태, 치수 등을 나타낸 구조도	Framing Elevation
2267	**기초도**	기초를 나타낸 그림 또는 도면	Foundation Drawing
2268	**배치도**	지역 내의 건물 위치나 기계 등의 설치 위치의 상세한 정보를 나타낸 도면	Layout Drawing Plot Plan Drawing
2269	**총배치도**	건축물, 구조물 등의 기능상 주요한 장치, 건물의 구성, 관계 위치, 크기 등을 전체적으로 나타낸 배치도	(General)Arrangement Drawing
2270	**구획도**	도시계획, 기타의 환경에 관련시켜서 부지를 한정하고, 건축물의 윤곽 위치를 나타낸 평면도	Block Plan
2271	**부지도**	주위에 관련시켜서 건축물의 위치, 진입로, 부지의 전체 배치를 나타낸 평면도	Site Plan
2272	**배근도**	철근의 치수와 배치를 나타낸 그림 또는 도면(토목 부문, 건축 부문)	Bar Arrangement Drawing, Bar Scheduling
2273	**장치도**	장치 공업에서 각 장치의 배치, 제조 공정의 관계 등을 나타낸 도면	Plant Layout Drawing
2274	**실측도**	지형 · 구조물 등을 실측하여 그린 도면(토목 부문, 건축 부문)	Measured Drawing, Surveyed Drawing
2275	**스케치도**	실체를 보고 그린 그림	-

206. 제도용어(Glossary of Technical Drawing Terms)

척도에 관한 용어			
번호	용어	뜻	대응 영어(참고)
3101	**척도**	도형의 크기(길이)와 대상물의 크기(길이)와의 비율	Scale
3102	**현척**	대상물의 크기(길이)와 동일한 크기(길이)에 도형을 그릴 경우의 척도 [비고] 건축 부문에서는 원척이라고도 한다.	Full Scale, Full Size
3103	**배척**	대상물의 크기(길이)보다도 큰 크기(길이)로 도형을 그릴 경우의 척도	Enlargement Scale, Enlarged Scale
3104	**축척**	대상물의 크기(길이)보다도 작은 크기(길이)로 도형을 그릴 경우의 척도	Reduction Scale, Contraction Scale

선에 관한 용어			
번호	용어	뜻	대응 영어(참고)
3201	**실선**	연속된 선	Continuous Line
3202	**파선**	일정한 간격으로 짧은 선의 요소가 규칙적으로 되풀이 되는 선	Dashed Line
3203	**점선**	점(극히 짧은 선의 요소)를 근소한 간격으로 나열한 선	Dotted Line
3204	**1점 쇄선** **(1點 鎖線)**	장·단 2종류의 길이 선의 요소가 번갈아가며 되풀이 되는 선	Chain Line
3205	**2점 쇄선**	장·단 2종류의 길이 선의 요소가 장·단·단·장·단·단의 순으로 되풀이 되는 선	Chain Double-dashed Line
3206	**지그재그선**	직선과 번개형을 짜맞춘 선	Continuous Thin Line With Zigzags

206. 제도용어(Glossary of Technical Drawing Terms)

선에 관한 용어(계속)			
번호	용어	뜻	대응 영어(참고)
3207	가는선	도형 · 그림 · 도면을 구성하고 있는 선 중에서 상대적으로 가는 선	Thin Line
3208	굵은선	도형 · 그림 · 도면을 구성하고 있는 선 중에서 상대적으로 굵은 선 [비고] 가는 선의 2배 굵기로 한다.	Thick Line
3209	아주 굵은선	도형 · 그림 · 도면을 구성하고 있는 선 중에서 상대적으로 특히 굵게 그린 선 [비고] 아주 굵은 선은 굵은 선의 2배 굵기로 한다.	Thicker Line Extra Thick Line
3210	외형선	대상물이 보이는 부분의 형태를 나타낸 선	Visible Outline
3211	숨은선	대상물이 보이지 않는 부분의 형태를 나타낸 선	Hidden Outline
3212	중심(中心) 선	중심을 나타낸 선	Centre Line
3213	대칭 중심선	대칭 도형의 대칭 축을 나타낸 선	Line of Symmetry
3214	피치선	반복하여 도형의 피치를 잡는 기준이 되는 선 [비고] 피치선이 원이 될 경우에는 피치원(Pitch Circle)이라고 한다.	Pitch Line
3215	무게 중심선	축에 수직인 단면의 중심을 연결한 선(3214의 그림 참조)	Centroidal Line
3216	파단선	대상물의 일부분을 가상으로 제외했을 경우의 경계를 나타내는 선	Line of Limit of Partial or Interrupted View and Section
3217	절단선	단면도를 그릴 경우, 그 절단 위치를 대응하는 그림에 나타내는 선	Line of Cutting Plane
3218	회전 단면선	도형 내에 그 부분의 절단부위를 90° 회전시켜서 나타내는 선	Outline of Revolved Section in Place
3219	가상선	(1) 인접 부분 또는 공구 · 지그 등의 위치를 참고로 나타내는 선 (2) 가동 부분을 이동 중의 특정 위치 또는 이동의 한계 위치로 나타낸 선	Fictitious Outline, Imaginary Line
3220	원형선	그림에 나타낸 대상물의 가공 전 형태를 그 그림에 나타낸 선	Initial Outline
3221	등고선	표면상의 등고점을 연결한 선	Contour Line
3222	치수선	대상물의 치수를 기입하기 위하여 그 길이 또는 각도를 측정하는 방향에 병행으로 그은 선	Dimension Line
3223	치수 보조선	치수선을 기입하기 위해 도형에서 그어낸 선	Projection Lines
3224	지시선	기술 · 기호 등을 나타내기 위하여 그어낸 선	Leader Line
3225	기준선	특히 위치 결정의 근거가 되는 것을 나타낸 선	Reference Line, Datum Line
3226	수준면 선	수면, 액면 등의 위치를 나타내는 선	Line of Water Level
3227	특수 지정선	특수한 가공을 하는 부분 등 특별한 요구사항을 지정하는 범위를 나타내는 선	Line for Special Requirement

206. 제도용어(Glossary of Technical Drawing Terms)

투상법에 관한 용어			
번호	용어	뜻	대응 영어(참고)
3301	**투상**	일정한 법칙에 의해서 대상물에 형태를 평면상에 그리는 것 [비고] 그린 그림을 투상도라고 한다.	Projection
3302	**투상면**	투상에 의해서 대상물의 형태를 찍어내는 평면	Plane of Projection Picture Plane
3303	**시점**	대상물을 투상할 때 눈의 위치	Observer's Eye Station Point
3304	**시선**	시점과 공간에 있는 점을 연결하는 선 및 그 연장선	Line of Sight
3305	**투상선**	시점과 대상물의 각 점을 연결하고 대상물의 형태를 투상면에 찍어내기 위해서 사용하는 선	Projector
3306	**소점**	공간에 있는 점을 시점과 반대 방향으로 무한정 멀리 했을 경우의 시선과 투상면과의 교점 [비고] 이 교점은 1점에 고정된다.	Vanishing Point
3307	**좌표축**	원점 0에서 서로 직교하는 기준이 되는 3축(X축, Y축, Z축)	Coordinate Axis
3308	**수평축**	수평을 나타내기 위한 기준이 되는 좌표축	Horizon
3309	**좌표면**	2개의 좌표축을 포함한 기준이 되는 평면	Coordinate Plane
3310	**평행 투상**	투상선이 서로 평행인 투상 [비고] 직각 투상과 사투상이 있다.	Parallel Projection
3311	**직각 투상**	투상선이 투상면을 직각으로 지나는 평행 투상 [비고] 정투상과 축측 투상이 있다.	Right Projection
3312	**정투상**	대상물의 좌표면이 투상면에 평행인 직각 투상 [비고] 1. 일반적으로 3개의 투상면을 필요로 한다. 2. 이에 의해서 그린 그림을 정투상도라고 한다.	Orthographic Projection
3313	**제3각법**	대상물을 제3상한에 두고, 투상면에 정투상해서 그리는 도형의 표시방법	Third Angle Projection Method
3314	**제1각법**	대상물을 제1상한에 두고, 투상면에 정투상하여 그린 도형의 표시방법	First Angle Projection Method
3315	**표고 투상**	대상물을 좌표면에 평행으로 절단하고, 그 절단선군의 정투상에 의해서 대상물의 형태를 그리는 도형의 표시방법 [비고] 이에 의해서 그린 그림을 표고 투상도라고 한다. 곡면선도, 지형도 등에 사용한다.	Index Projection
3316	**경상 투상**	대상물의 좌표면에 평행으로 둔 거울에 비치는 대상물의 상을 그리는 도형의 표시방법 [비고] 이에 의해서 그린 그림을 경상 투상도라고 한다. 건물의 천장 평면도 등에 사용한다.	Mirror Projection
3317	**축측 투상**	대상물의 좌표면이 투상면에 대하여 경사를 이룬 직각 투상 [비고] 1. 일반적으로 1개의 투상면만으로 나타낸다. 2. 이에 의해서 그린 그림을 축측 투상도라고 한다.	Axonometric Projection
3318	**등각 투상**	3좌표축의 투상이 서로 120°가 되는 축측 투상 [비고] 이에 의해서 그린 그림을 등각 투상도라고 한다.	Isometric Projection
3319	**등각도**	등각 투상에 의해서 대상물을 그릴 때 좌표축 위의 길이가 실제 길이가 되는 방법으로 그린 그림	Isometric Drawing

206. 제도용어(Glossary of Technical Drawing Terms)

투상법에 관한 용어(계속)			
번호	용어	뜻	대응 영어(참고)
3320	2등각 투상	3좌표축 투상의 교각 중 2개의 교각이 같아지는 축측 투상 [비고] 이에 의해서 그린 그림을 2등각 투상도라고 한다.	dimetric Projection
3321	부등각 투상	3좌표축의 투상의 교각이 모두 같지 않은 축측 투상 [비고] 이에 의해서 그린 그림을 부등각 투상도라고 한다.	Trimetric Projection
3322	사투상	투상선이 투상면을 사선으로 지나는 평행 투상, 일반적으로 하나의 투상면으로 나타낸다. [비고] 이에 의해서 그린 그림을 사투상도라고 한다.	Oblique Projection
3323	캐비닛도	투상선이 투상면에 대하여 63°26′인 경사각을 갖는 사투상도 3축 중 Y축 및 Z축에서는 실제 길이를 나타내고 X축에서는 보통 실제 길이의 1/2을 나타낸다. [비고] X축을 수평축으로 45° 기울여서 그리는 것이 보통이다.	Cabinet Projection Drawing
3324	카발리에도	투상선이 투상면에 대하여 45°의 경사를 가진 사투상도. 3축 모두 실제 길이를 나타낸다. [비고] X축을 수평축에 45° 기울여 그리는 것이 보통이다.	Cavalier Projection Drawing
3325	투시 투상	투상면에서 어떤 거리에 있는 시점과 대상물의 각 점을 연결한 투상선이 투상면을 지나는 투상 [비고] 1. 일반적으로 하나의 투상면으로 나타낸다. 2. 이에 의해서 그린 그림을 투시 투상도라고 한다.	Perspective Projection, Central Projection
3326	1점 투시 투상	대상물의 2좌표축이 투상면에 평행하고, 다른 1축이 직각인 투시 투상 [비고] 이에 의해서 그린 그림을 1점 투시 투상도라고 한다.	One-point Perspective Projection
3327	조감도	시점의 위치를 높게 잡은 1점 투시 투상도	Bird's eye View
3328	2점 투시 투상	대상물의 1좌표축, 보통은 Z축(수직축)이 투상면에 평행이고 다른 2축이 경사되어 있는 투시 투상	Two-point Perspective Projection
3329	3점 투시 투상	대상물의 3좌표축이 모두 투상면에 대하여 경사되어 있는 투시 투상	Three-point Perspective Projection

206. 제도용어(Glossary of Technical Drawing Terms)

도형에 관한 용어			
번호	용어	뜻	대응 영어(참고)
3401	외형도	대상물을 그대로인 상태에서 전체의 형태를 나타낸 투상도	Full View
3402	정면도	대상물의 정면으로 한 방향에서의 투상도(입체도라고도 한다.) (건축 부문)	Front View Front Elevation
3403	측면도	대상물의 측면으로 한 방향에서의 투상도	Side View, Side Elevation
3404	평면도	대상물의 윗면으로 한 방향에서의 투상도	Plan, Top View
3405	저면도	대상물의 아랫면으로 한 방향에서의 투상도	Bottom View
3406	배면도	대상물의 배면으로 한 방향에서의 투상도	Rear View, Back Elevation
3407	입면도	건조물의 연직면에서의 투상도(토목 부문, 건축 부문)	Elevation
3408	주투상도	대상물의 형태 · 기능의 특징을 가장 명료하게 나타내도록 선택한 투상도	Principal View
3409	보조투상도	대상물의 사면에 대향하는 위치에 그린 투상도	Relevant View, Auxiliary View
3410	회전투상도	투상면에 대하여 대상물의 일부분이 경사 방향으로 있는 경우, 그것을 투상면에 평행인 위치까지 회전했다고 치고 그린 투상도	Revolved Projection
3411	부분투상도	투상도의 일부를 나타낸 그림	Partial View
3412	국부투상도	구멍 · 홈 등 대상물의 1국부를 나타낸 투상도	Local View
3413	부분 확대도	그림의 특정 부분만을 확대해서, 그 그림에 그려 넣은 그림	Elements on Larger Scale
3414	단면도	대상물을 가상으로 절단하고, 그 앞쪽을 제외하고서 그린 투상도	Sectional View
3415	전단면도	대상물을 1평면의 절단면으로 절단해서 얻어지는 단면도를 빼놓지 않고 그린 그림	Full Sectional View, Full Section
3416	종단면도	(1) 길이 방향의 단면도 (2) 하천 · 도로 · 철도 등을 따라 그것을 전개하여 높이 등을 나타낸 단면도 (토목 부문)	Drawing of Longitudinal Section, Longitudinal Section, Profile
3417	횡단면도	길이 방향으로 수직인 단면을 나타내는 단면도	Drawing of Cross Section, Cross-sectional View, Lateral Profile
3418	한쪽 단면도	대칭 중심선을 경계로 하여, 외형도의 절반과 전단면도의 절반을 짜맞춰서 그린 그림	Half Sectional View, (Half Section)

206. 제도용어(Glossary of Technical Drawing Terms)

도형에 관한 용어(계속)			
번호	용어	뜻	대응 영어(참고)
3419	**부분단면도**	도형의 대부분을 외형도로 하고, 필요로 하는 요소의 일부분만을 단면도로 해서 나타낸 그림	Local Sectional View, (Local Section)
3420	**회전 도시 단면도**	그린 그림의 투상면에 수직인 절단면으로 그린 절단 부위를 90° 회전시켜서 그 투상도에 그린 그림	Revolved Section
3421	**절단면**	절단도를 그릴 때에. 대상물을 가상으로 절단한 면	Cutting Plane
3422	**절단부위**	절단도에서 절단면 위에 나타낸 도형	Section
3423	**스머징**	절단부위 등을 명시할 목적으로 그 면 위에 색칠을 하는 것	Smudging
3424	**해칭**	절단부위 등을 명시할 목적으로, 그 면 위에 그은 평행선의 무리	Hatching
3425	**대칭도형**	중심선에 대하여 대칭이 되고 있는 도형	View of Symmetrical Parts
3426	**대칭 도시기호**	대칭 도형의 한쪽만을 그렸을 경우, 그 대칭 중심선의 양끝에 기입하는 2개의 평행선	-
3427	**반복도형**	하나의 대상물을 그린 그림 속에 볼트 구멍, 관 구멍, 사다리의 발판 막대 등 동종 동형인 것이 규칙적으로 다수 나열된 경우, 이들의 도형	View of Repetitive Features
3428	**단선도시**	박판의 단면 · 측면, 선재 등을 1개의 선으로 도시하는 것	Single Line Delineations, Thin Section
3429	**음**	불투명한 입체에 빛을 대었을 때 그 입체에 생기는 어두운 부분 [비고] 음의 테두리를 명시하는 선을 음선이라고 한다.	Shade
3430	**상**	입체의 음을 투상면에 투상한 것(3429의 그림 참조) [비고] 상의 윤곽을 상선이라고 한다.	Shadow

206. 제도용어(Glossary of Technical Drawing Terms)

치수에 관한 용어			
번호	용어	뜻	대응 영어(참고)
3501	**기준**	대상물의 형태 · 조립 부품의 위치 등을 결정하는 기본이 되는 점, 선 또는 면 [비고] 기하공차에 사용하는 기준을 데이텀이라고 한다.	Reference Implied Datum
3502	**조립기준**	조립 · 건립 방식 등을 위해서 기준이 되는 점, 선 또는 면	Election of Reference Point Election of Reference Line, Election of Reference Plane
3503	**치수**	정해진 방향에서의 대상 부분의 크기를 나타낸 양	Dimension
3504	**사이즈**	정해진 단위 · 방법으로 표시한 치수의 크기	Size
3505	**길이 치수**	길이를 표시하는 치수	Linear Dimension
3506	**각도 치수**	각도를 표시하는 치수	Angular Dimension
3507	**테이퍼**	투상도 또는 단면도에 있어서 서로 교차되는 2직선 간의 상대적인 벌어짐의 정도 [비고] 대상물이 원뿔면일 경우에 그 정도를 각도를 나타낸 것을 테이퍼 각도라고 하며, 비율로 나타낸 것을 테이퍼 비(比)라고 한다.	Taper
3508	**기울기**	투상도 또는 단면도에 있어서 직선의 어떤 기준선에 대한 기울기의 정도	Slope
3509	**호칭 치수**	대상물의 크기, 기능을 대표하는 치수	Nominal Size
3510	**기능 치수**	기능상 필수적인 형체의 부분, 틈새 등의 치수	Functional Dimension
3511	**참고 치수**	도면의 요구사항이 아니고, 참고로 나타낸 치수	Auxiliary Dimension, Reference Dimension
3512	**다듬질 치수**	제작도에서 의도한 가공을 끝낸 상태의 대상물이 가져야 하는 치수	Finished Dimension
3513	**실 치수**	다듬질된 대상물의 실제 치수	Actual Size
3514	**치수의 허용한계**	형체의 실 치수가 그 사이에 들어가도록 정해진 치수의 한계 [비고] 허용한계 치수에 의해서 또는 기준치수와 허용차에 의해서 나타낸다.	Permissible Limits of Dimension
3515	**허용한계 치수**	치수의 허용한계를 나타내는 대소 2개의 치수(최대 허용 치수 및 최소 허용 치수)	Limits of Size
3516	**기준 치수**	치수 허용한계의 기본이 되는 치수	Basic Dimension
3517	**치수허용차**	허용한계 치수에서 그 기준 치수를 뺀 값	Permissible Dimensional Deviation
3518	**보통 치수 허용차**	그림 속의 개개의 치수에 허용차를 직접 기입하지 않고 일괄해서 지시하는 치수 허용차, 주로 기능상 특별한 정밀도가 요구되지 않는 치수에 적용한다.	Permissible Deviation in Dimension Without Tolerance Indication, Tolerance

206. 제도용어(Glossary of Technical Drawing Terms)

치수에 관한 용어(계속)			
번호	용어	뜻	대응 영어(참고)
3519	**치수 공차**	최대 허용치수와 최소 허용치수와의 차	Dimensional Tolerance
3520	**제작(치수) 공차**	구성재 또는 부품을 제작할 때에 부여하는 치수 공차(건축 부문)	Manufacturing Tolerance
3521	**조립(치수) 공차**	조립 기준에서의 치수에 대한 공차(건축 부문)	Election Tolerance
3522	**위치결정 (치수)공차**	조립 기준에서의 구성재 위치를 결정하는 치수에 대한 공차(건축 부문)	Positional Tolerance
3523	**직렬 치수 기입법**	개개의 부분 치수를 각각 다음에서 다음으로 기입하는 방법	Chain Dimensioning
3524	**병렬 치수 기입법**	기준이 되는 부분에서의 각 부분의 치수를, 치수선을 나열해서 기입하는 방법	Parallel Dimensioning
3525	**누진 치수 기입법**	기준이 되는 부분에서 개개의 부분 치수를, 공통된 치수선을 사용하여 기입하는 방법	Superimposed Running Dimensioning
3526	**좌표 치수 기입법**	개개의 점 위치를 나타내는 치수를 좌표에 의해서 기입하는 방법	Dimensioning By Coordinates, Coordinate Dimensioning
3527	**치수 보조기호**	치수 수치에 부가해서, 그 치수의 뜻을 명확하게 하기 위해서 사용하는 기호. 보기를 들면 ϕ	Symbol for Dimensioning
3528	**기점 기호**	누진 치수 기입법 및 좌표 치수 기입법에 있어서의 치수 0점을 표시하는 기호	Symbol for Origin

기하공차에 관한 용어			
번호	용어	뜻	대응 영어(참고)
3540	**기하공차**	기하편차(형상, 자세 및 위치의 편차 또는 진동)의 허용치 [비고] 기하편차의 정의에 대해서는 KS B 0425(기하편차의 정의 및 표시)참조	Geometrical Tolerance
3541	**(기하) 공차붙이 형체**	기하공차를 직접 지시한 형체	(Geometrical) Tolerance Feature
3542	**(기하공차의) 공차역**	공차붙이 형체가, 그 속에 들어가도록 지시한 기하공차에 의해서 정해지는 영역	(Geometrical) Tolerance Zone
3543	**단독 형체**	데이딤에 관련 없이 기하공차를 정할 수가 있는 형체. 보기를 들이 진직도를 문제로 하는 축선	Singlc Fcaturc
3544	**형상공차**	기하학적으로 올바른 형상(보기를 들면, 평면)을 가져야 할 형체의 형상편차에 대한 기하공차	From Tolerance
3545	**관련 형체**	데이텀에 관련해서 기하공차를 정하는 형체. 보기를 들면 평행도를 문제로 하는 축선	Related Feature

206. 제도용어(Glossary of Technical Drawing Terms)

기하공차에 관한 용어(계속)			
번호	용어	뜻	대응 영어(참고)
3546	**자세공차**	데이텀에 관련하여, 기하학적으로 올바른 자세 관계(보기를 들면, 평행)를 가져야 하는 형체의 자세편차에 대한 기하공차	Orientation Tolerance
3547	**위치공차**	데이텀에 관련해서, 기하학적으로 올바른 위치 관계(보기를 들면, 동축)를 가져야 하는 형체의 위치편차에 대한 기하공차	Location Tolerance
3548	**흔들림 공차**	데이텀 직선을 중심으로 하는 기하학적으로 올바른 회전면(데이텀 직선에 수직인 원형 평면을 포함)을 가져야 하는 형체의 흔들림에 대한 기하공차	Run-out Tolerance
3549	**보통 기하공차**	그림 속의 개개의 형체에 기하공차를 직접 기입하지 않고 일괄해서 지시하는 기하공차	Permissible Deviation in Geometrical Tolerance Without its Indication, General Geometrical Tolerance
3550	**(기하)형체**	기하 편차의 대상이 되는 점, 선, 축선, 면 및 중심면	Geometrical Feature
3551	**데이텀**	형체의 자세 공차 · 위치공차 · 진동공차 등을 규제하기 위하여 설정한 이론적으로 정확한 기하학적 기준	Datum
3552	**데이텀계**	1개의 관련 형체의 기준으로 하기 위하여 개별적으로 2개 이상의 데이텀을 짜맞춰서 사용할 경우의 데이텀 그룹 [비고] 서로 직교하는 3개의 데이텀 평면에 의해서 구성되는 데이텀계를 특히, 3평면 데이텀계(Three-Plane Datum System)라고 한다.	Datum System
3553	**데이텀 타킷**	데이텀을 설정하기 위하여 가공, 측정 및 검사용의 장치 · 기구 등을 접촉시키는 대상물 위의 점, 선 또는 한정된 영역	Datum Target
3554	**진위치**	위치도 공차를 지시한 형체가 마땅히 있어야 할 기준으로 하는 정확한 위치	True Position
3555	**이론적으로 바른 치수**	형체의 위치 또는 방향을 기하 공차(위치도, 윤곽도 및 경사도의 공차)를 사용해서 지시할 때에 그의 위치 · 방향을 정하기 위한 기준으로 하는 정확한 치수	Theoretically Exact Dimension, Datum Dimension
3556	**외측 형체**	대상물의 바깥쪽을 형성하는 형체, 보기를 들면 축의 바깥 지름면	External Feature
3557	**내측 형체**	대상물의 안쪽을 형성하는 형체. 보기를 들면 구멍의 안지름면	Internal Feature

206. 제도용어(Glossary of Technical Drawing Terms)

치수공차 · 기하공차에 관한 용어			
번호	용어	뜻	대응 영어(참고)
3570	포락의 조건	원통면이나 평행 2평면으로 이루어지는 단독형체의 실체가 최대 실체치수를 가진 완전형상의 포락면을 초과해서는 안 된다는 조건	Envelope Requirement
3671	최대 실체 공차방식	치수 공차와 기하 공차와의 상호의존관계를 최대 실체 상태를 기준으로 해서 부여하는 공차방식	Maximum Material Principle
3572	실효상태	대상으로 하고 있는 형체의 최대 실제치수와 그 형체의 자세공차 또는 위치 공차와의 종합효과에 의해서 생기는 완전한 형상을 가진 한계	Virtual Condition
3573	실효치수	형체의 실효 상태를 정한 치수 즉, 외측 형체에 대해서는 최대 허용치수에 자세 공차 또는 위치 공차를 가한 치수 내측 형체에 대해서는 최소 허용치수에서 자세 공차 또는 위치 공차를 감한 치수	Virtual Size(VS)
3674	최대 실체상태	형체의 실체가 최대가 되는 허용한계치수를 가진 형체의 상태	Maximum Material Condition(MMC)
3575	최대 실체치수	형체의 최대 실체상태를 정하는 치수, 즉 외측 형체에 대해서는 최대 허용치수, 내측 형체에 대해서는 최소 허용치수	Maximum Material Size (MMS)
3576	최소 실체상태	형체의 실체가 최소가 되는 허용한계 치수를 가진 형체의 상태	Least Material Condition (LMC)
3677	최소 실체치수	형체의 최소 실체상태를 정하는 치수. 즉 외측 형체에 대해서는 최소 허용치수, 내측 형체에 대해서는 최대 허용치수	Least Material Size (LMS)

면의 윤곽			
번호	용어	뜻	대응 영어(참고)
3590	면의 윤곽	주로 기계 부품, 구조 부재 등의 표면에 있어서의 표면 거칠기, 줄선 방향, 표면 파문 등	Surface Texture

206. 제도용어(Glossary of Technical Drawing Terms)

도면 관리에 관한 용어			
번호	용어	뜻	대응 영어(참고)
4001	도면관리	도면에 관한 업무의 관리 [비고] 도면(시방서 등 포함)에 관한 업무의 내용을 대별하면 다음과 같이 된다. (1) 원도의 등록, 보관, 출납, 폐기 (2) 복사도의 작성, 편집, 배포, 회수, 폐기 (3) 도면 변경의 수속 (4) 제2원도, 마이크로 필름의 제작, 등록, 보관, 출납, 폐기 (5) 도면(시방서 등을 포함)에 관한 정보의 관리	Administration of Drawings
4002	1품1엽도면	1개의 부품 또는 조립품을 1매의 제도용지에 그린 도면	Individual System Drawing, One-part One Sheet Drawing
4003	1품다엽도면	1개의 부품 또는 조립품을 2매 이상의 제도 용지에 그린 도면	Multi-Sheet Drawing
4004	다품1엽도면	몇 개의 부품, 조립품 등을 1매의 제도용지에 그린 도면	Group System Drawing, Multi-part Drawing
4005	원도(元圖)	원도(原圖)의 바탕이 되는 도면 또는 그림	Original Drawing
4006	원도(原圖)	보통, 연필 또는 잉크로 그려지고, 복사도의 원지가 되는 등록된 도면	Registered Drawing
4007	제2원도	복사에 의해서 만든 부원도(副原圖)	–
4008	사도	그림 또는 도면 위에 트레이싱지 등을 겹치고 복사해서 그리는 것	Tracing
4009	검도	도면 또는 그림을 검사하는 것	Check of Drawing
4010	(도면의) 등록	작성한 도면을 도면 관리 부서에서 받아들일 때에, 관리하기 위한 한 수단으로서 하는 수속	Registration of Drawing
4011	도면 대장	도면을 등록한 것을 기록하는 대장. 새로이 등록하는 도면에 부여하는 이 번호는 이 대장에서 정해진다.	Drawings Register
4012	도면 카드	도면을 관리하는 데에 사용하는 카드	Drawing Card
4013	도면 번호	도면 1매마다에 붙인 번호	Drawing Number
4014	엽번	1품 다엽도의 경우, 그 1엽마다를 구별하기 위한 번호	Sheet Number
4015	출도	등록된 도면을 발행하는 것	Release of Drawing
4016	도면목록	발행하는 도면의 일람표이며 도면 번호 · 그림 이름 등을 표로 한 것	Drawings List
4017	부품표	부품의 명세(명칭 · 번호 · 재료 · 수량 등)를 표로 한 것	Parts List
4018	복사도	원도에서 복사에 의하여 작성한 도면 [비고] 일반적으로 "도면" 이라고 할 경우, 대부분은 복사도를 가리킨다.	Duplicated Drawing
4019	(도면의) 검색	보관되어 있는 도면에서 필요로 하는 도면을 정해진 수속에 의해서 꺼내는 것	Retrieval (of Technical Drawing)

206. 제도용어(Glossary of Technical Drawing Terms)

제도용 기기 및 용지에 관한 용어			
번호	용어	뜻	대응 영어(참고)
5001	제도기계	T자 · 삼각자 · 분도기 · 스케일 등의 기능을 가진 기계의 총칭	Drafting Machine
5002	풀리식 기계제도	풀리와 벨트에 의한 평행운동기구를 가진 제도기계	Pulley Type Drafting Machine
5003	링크식 제도기계	팬터 그래프식 링크에 의한 평행운동기구를 가진 제도 기계	Link Type Drafting Machine
5004	트랙식 제도기계	X축, Y축이 추종하는 평행 운동기구를 가진 제도 기계	Track Drafting Machine
5005	자동제도 기계	전산기의 도움에 의해서 자동적으로 제도를 하는 기계	Computer Aided Drafting Machine
5006	제도판	제도할 때 용지를 펴는 평편한 판	Drawing Board
5007	제도대	제도판을 받치는 대	Drawing Table
5008	제도기	도형을 그리기 위한 기구	Drawing Instrument
5009	컴퍼스	원 또는 호를 그리기 위해서 사용하는 기구	Compass
5010	중차식 컴퍼스	양다리가 가운데 바퀴로 돌려지는 나사로 개폐하는 컴퍼스	Bow Instrument
5011	빔컴퍼스	중심축과 호를 그리는 쪽을 박판 등으로 연결할 수 있도록 해서, 큰 원 또는 원호를 그릴 때에 사용하는 기구	Bean Compass
5012	타원컴퍼스	타원을 그리는 데에 사용하는 컴퍼스	Ellipsograph
5013	디바이더	길이 치수를 옮기거나, 선분을 나누거나 하는 기구	Dividers
5014	비례컴파스	축척 또는 배척의 그림을 그리는 데에 편리하게 되어 있는 디바이더의 일종	Proportional Dividers
5015	직선용 자	직선을 그리는 데에 사용하는 자	Straight Ruler
5016	평행자	평행선을 그리기 위한 자	Parallel Ruler
5017	T자	평행선을 긋거나 삼각자의 안내 등에 사용하는 T형을 한 판 모양의 자	T Square
5018	3각자	3각형을 한 판 모양의 직선용 자 [비고] 90° · 45° · 45°, 90° · 60° · 30°의 2매가 1세트로 되어 있는 것	Triangle, 45° Triangle, 30°-60° Triangle
5019	곧은 자	가늘고 긴 판 모양의 직선용 자	Straightedge
5020	기울기 자	여러 가지 곡선으로 되어 있는 판 모양의 곡선용 자	Pitch Scale
5021	곡선용 자	곡선을 그리는 데에 사용하는 자	Curved Rulers
5022	운형자	여러 가지 곡선으로 되어 있는 판 모양의 곡선용 자	French Curve
5023	자유곡선자	형태를 자유로이 바꾼 채, 임의의 곡선을 그리는 데에 사용하는 막대 모양의 곡선용 자	Adjustable Curve Ruler
5024	곡선자	두께를 변화시킨 가느다란 각본 모양의 곡선용 자	Spline Batten
5025	R자	원호를 윤곽으로 하는 판 모양의 자	Curve Rulers

206. 제도용어(Glossary of Technical Drawing Terms)

제도용 기기 및 용지에 관한 용어(계속)			
번호	용어	뜻	대응 영어(참고)
5026	형판	그림이나 문자를 모방 쓰기할 때 사용하는 얇은 판	Template
5027	스케일	길이를 계측하기 위한 길이 눈금을 가진 자	Scale
5028	평스케일	한쪽 면에 1종류 또는 2종류의 척도 눈금을 가진 스케일	Flat Bevel Scale
5029	양면스케일	양면에 4종류의 척도눈금을 가진 스케일	Double Bevel Scale
5030	3각 스케일	단면이 3각형으로 6종류의 척도눈금을 가진 스케일	Triangular Scale
5031	등각스케일	등각(等角)투상도를 그릴 경우에 사용하는 스케일	Isometrical Scale
5032	분도기	각도를 계측하기 위한 각도 눈금을 가진 얇은 판	Protractor
5033	제도용 펜	먹을 찍어서 쓰는 펜	Drawing Pen
5034	먹줄 펜	먹을 넣어서 사용하는 기구	Ruling Pen
5035	제도용 잉크	먹을 넣어서 사용하는 잉크	Drawing Ink
5036	심 홀더	심을 척으로 유지할 수 있도록 되어 있는 연필	Semiautomatic Pencil
5037	지우개판	그림의 일부만을 지우개로 지울 때에 사용하는 얇은 판	Erasing Shields
5038	제도용지	제도에 사용하는 용지의 총칭	Drawing Paper
5039	트레이싱지	투명 또는 반투명의 제도용지	Tracing Paper
5040	제도용 테이프	제도용지를 제도판에 고정시키는 테이프	Drafting Tape

MEMO

207. 단위와 단위 환산

미터단위

구분	단위		환산	단위
척도	미 크 론(μ)	→	1/1,000	밀리미터
	밀리미터(mm)	→	1/10	센티미터
	센티미터(cm)	→	1/100	미 터
	데시미터(dm)	→	1/10	미 터
	데카미터	→	10	미 터
	헥트미터	→	100	미 터
	킬로미터(km)	→	1,000	미 터
	해 리	→	1,852	미 터
면적	센티아르	→	1	평방미터
	아르(ARE)(a)	→	100	평방미터
	헥타아르(ha)	→	100	아 르
용적 및 두량	밀리리터(ml)	→	1/1,000	리 터
	데시리터(dl)	→	1/10	리 터
	데카리터	→	10	리 터
	헥트리터(hl)	→	100	리 터
	킬로리터(kl)	→	1,000	리 터
형량	밀리그램(mg)	→	1/1,000	그 램
	데키그램	→	10	그 램
	헥트그램	→	100	그 램
	톤(t)	→	1,000	킬로그램
	캐 럿 트	→	200	밀리그램

피트·파운드 단위

구분	단위		환산	단위
척도	피 트(ft)	→	12	인 치
	야 드(yd)	→	3	피 트
	폴	→	16	피 트
	펄 롱	→	40	폴
	마 일	→	8	펄 롱
	체 인	→	66	피 트
	링 크	→	0.66	피 트
	패 덤	→	6	피 트
	해 리 (Nautical Mile)	→	6,080	피 트
면적	퍼 치	→	$30\frac{1}{4}$	평방야드
	루 드	→	40	퍼 치
	에 이 커	→	4	루 드
	써큘러 인치	→	0.7854	평 방 인
용적 및 두량	딜	→	1/4	파인트
	파 인 트	→	1/8	갤런
	쿼 터	→	1/4	갤런
	베 크	→	2	갤런
	부 셀	→	4	베크
	쿼 트	→	8	부셀
	배 럴	→	42	갤런(미국)
약제용 액량	드 럼	→	1/8	온 스
	온 스	→	1/20	파 인 트
	파 인 트	→	1/8	갤 런
	[파인트 갤런은 보통 사용하는 두량과 같다.]			
형량	온 스(oz)	→	1/16	파 운 드(lb)
	스 톤	→	14	파 운 드
	쿼 터	→	2	스 톤
	헌드레드 웨이드	→	112	파 운 드
	톤	→	2,240	파 운 드
	그 레 인	→	1/7,000	파 운 드
	드 럼	→	1/16	온 스
금·은용 형량	그 레 인	→	1/5,760	파 운 드
	메니웨이트	→	24	그 레 인
	온 스	→	1/12	파 운 드
	[그레인은 보통 사용하는 형량과 같다.] [175파운드→ 144 보통 사용하는 파운드]			
약제용 형량	그 레 인	→	1/5,760	파 운 드
	스쿠르 풀	→	20	그 레 인
	드 럼	→	3	스크루 풀
	온 스	→	8	드 럼
		→	1/12	파 운 드
	[그레인은 보통 사용하는 형량과 같다.] [175파운드→ 144 보통 사용하는 파운드]			

207. 단위와 단위 환산

척·관의 단위(尺貫單位)			
척도	푼 → 1/10 치(寸)	용적 및 두량	작(勺) → 1/10 홉(合)
	치(寸) → 1/10 자(尺)		홉(合) → 1/10 되(升)
	장(丈) → 10 자(尺)		말(斗) → 10 되(升)
	간(間) → 6 자(尺)		섬(石) → 10 말(斗)
	정(町) → 60 간(間) → 6		되(升) → 64.827 입방치
	리(理) → 3.927 km		
면적	평(坪) → 36 평방척(平方尺)	형량	푼 → 1/10 돈(돈쭝)
	작(勺) → 1/100 평(平)		냥 → 10 돈(돈쭝)
	홉(合) → 1/10 평(平)		근(斤) → 375 그램
	단(段) → 10 평(坪)		관(貫) → 3.75 킬로그램
	정(町) → 10 단(段)[3,000평(坪)]		[1관은 국제 킬로그램의 15/4, 즉 3.75kg 목재일석(木材一石)=10입방척]

길이					
cm	m	km	in	ft	척(尺)
1	0.01	0.041	0.3937	0.0328	0.033
100	1	0.001	39.371	3.2809	3.3
100,000	1,000	1	39,371	3,280.9	3,300
2.54	0.02540	0.04254	1	0.08333	0.08382
30.48	0.3048	0.033048	12	1	1.0058
30.30	0.30303	0.033030	11.9303	0.9942	1

질량							
gr	kg	t(tonne) (프랑스)	lb	ton(영국)	ton(미국)	관(貫)	근(斤)
1	0.001	$0.0_{5}1$	0.002205	$0.0_{6}984$	$0.0_{5}1105$	$0.0_{3}2667$	0.00167
1,000	1	0.001	2.2046	$0.0_{3}984$	$0.0_{2}1102$	0.2667	1.6667
1×10^6	1,000	1	2,204.6	0.9842	1.1023	266.67	1,666.7
453.6	0.4536	$0.0_{3}4536$	1	$0.0_{3}446$	$0.0_{3}51$	0.121	0.760
1,016,047	1,016.05	1.01605	2,240	1	1.12	270.94	1,693.4
907,185	907.185	0.90719	2,000	0.89286	1	241.91	1,519.8
3,750	3.75	0.00375	8.2673	$0.0_{2}3691$	$0.0_{2}4134$	1	6.25
600	0.6	$0.0_{3}6$	1.3228	$0.0_{3}5905$	$0.0_{3}6613$	0.16	1

207. 단위와 단위 환산

시간				
sec(초, 抄)	min(분, 分)	hr(시간, 時間)	day(일, 日)	yr(년, 年)
1	0.016667	$0.0_{3}27778$	$0.0_{4}11574$	0.073175
60	1	0.016667	$0.0_{3}69444$	$0.0_{5}1903$
3,600	60	1	0.041667	$0.0_{3}1142$
86,400	1,440	24	1	0.00274
31,536,000	525,600	8,760	365	1

면적				
cm^2	m^2	in^2	ft^2	척(尺)^2
1	$0.0_{3}1$	0.1550	0.001076	0.001089
1×10^4	1	1,550.1	10.7643	10.89
6.4514	$0.0_{3}6451$	1	0.006944	0.007026
929	0.0929	144	1	1.0117
918.27	0.09183	142.34	0.9885	1

체적						
dm^3	m^3 혹은 kl	ft^3	gal(영국)	gal(미국)	석(石)	척^3(尺^3)
1	0.001	0.03532	0.220	0.2642	$0.0_{2}5544$	0.03394
1,000	1	35.317	219.95	264.19	5.5435	35.937
28.315	0.02832	1	6.2279	7.4806	0.1570	1.0175
4.5465	$0.0_{2}4547$	0.1606	1	1.2011	0.02520	0.1633
3.7852	$0.0_{2}3785$	0.1337	0.8325	1	0.02098	0.1360
180.39	0.18039	6.3707	39.676	47.656	1	6.4827
27.826	0.02783	0.9827	6.1203	7.3514	0.15425	1

참고

$1in^3 = 16.386cm^3$ $1ft^3 = 1,728in^3$

속도					
m/sec	m/hr	km/hr	ft/sec	ft/min	mile/hr
1	3,600	3.6	3.281	196.85	2.2370
$0.0_{3}2778$	1	0.001	$0.0_{3}9114$	0.05468	$0.0_{3}621$
0.2778	1,000	1	0.9114	54.682	0.6214
0.3048	1,097.25	1.0973	1	60	0.68182
$0.0_{2}5080$	18.287	0.01829	0.01667	1	0.01136
0.4470	1,609.31	1.6093	1.4667	88	1

207. 단위와 단위 환산

유량						
1/sec	m^3/hr	m^3/sec	gal/min(영국)	gal/min(미국)	ft^3/hr	ft^3/sec
1	3.6	0.001	13.197	15.8514	127.14	0.03532
0.2778	1	$0.0_{3}2778$	3.6658	4.4032	35.317	$0.0_{2}9801$
1.000	3,600	1	13,197	15,851	127,150	35.3165
0.075775	0.27279	$0.0_{4}75775$	1	1.2011	9.6342	$0.0_{2}2676$
0.06309	0.2271	$0.0_{4}6304$	0.8325	1	8.0208	$0.0_{2}2228$
$0.0_{2}7865$	0.02832	$0.0_{5}7865$	0.1038	0.1247	1	$0.0_{3}2778$
28.3153	101.935	0.02832	373.672	448.833	3,600	1

무게 또는 힘				
gr	dyne	kg	lb	poundal
1	980.6	0.001	0.002205	0.07092
0.00102	1	$0.0_{5}102$	$0.0_{5}2248$	$0.0_{4}7233$
1,000	980,600	1	2.20462	70.9119
453.59	444,792	0.45359	1	32.17
14.102	13,825	0.014102	0.03109	1

압력							
bar/cm^2 또는 mgdyne/cm^2	kg/cm^2	lb/in^2	atm	수은주		수주(15℃)	
				m	in	m	in
1	1.0197	14.50	0.9896	0.7500	29.55	10.21	401.8
0.9807	1	14.223	0.9678	0.7355	28.96	12.01	394.0
0.06895	0.07031	1	0.06804	0.05171	2.0355	0.7037	27.70
1.0133	1.0333	14.70	1	0.760	29.92	10.34	407.2
1.3333	1.3596	19.34	1.316	1	39.37	13.61	535.67
0.03386	0.03453	0.4912	0.03342	0.02540	1	0.3456	13.61
0.09798	0.09991	1.421	0.0967	0.07349	2.893	1	39.37
0.002489	0.002538	0.03609	0.002456	0.001867	0.07349	0.0254	1

비고

kg/cm^2 → 10,000kg/m^2, lb/in^2 → 144lb/ft^2

밀도				
gr/cm^3	kg/m^3 또는 gr/1	gr/m^3	lb/ft^3	oz/ft^3
1	1,000	1×10^6	62.43	998.82
0.001	1	1,000	0.06243	0.99882
$0.0_{5}1$	0.001	1	$0.0_{4}6243$	$0.0_{3}9988$
0.01602	16.0194	16,019.4	1	16
0.001	1.0012	1,001.2	0.0625	1

207. 단위와 단위 환산

전도				
poise = gr/cm · sec (c.g.s 단위임)	centipoise · cp	kg/m · sec	kg/m · hr	lb/ft · sec
1	100	0.1	360	0.0672
0.01	1	0.001	3.6	0.000672
10	1,000	1	3,600	0.672
0.00278	0.0278	$0.0_{3}278$	1	0.000187
14.88	1,488	1.488	5,356.8	1

일량 및 열량								
줄	kg-m	ft-lb	kW-hr	p.s/hr	HP/hr	kcal	B.T.U	C.h.u
1	0.10197	0.73756	$0.0_{6}27778$	$0.0_{6}37767$	$0.0_{6}37251$	$0.0_{3}2389$	$0.0_{3}9486$	$0.0_{3}527$
9.80665	1	7.23314	$0.0_{5}27241$	$0.0_{5}37037$	$0.0_{5}36528$	$0.0_{2}2342$	$0.0_{2}9293$	$0.0_{2}5163$
1.35582	0.13825	1	$0.0_{6}37661$	$0.0_{3}51203$	$0.0_{5}50505$	$0.0_{3}3239$	$0.0_{2}1285$	$0.0_{3}71389$
36×10^{5}	367,100	2,655,200	1	$1.3_{5}963$	1.34101	859.98	3,412	1,895.55
$2,648 \times 10^{3}$	27×10^{4}	1,952,900	0.73549	1	0.98635	632.54	2,509.7	1,394.27
2,684,500	273,750	198×10^{4}	0.74569	1.01383	1	641.33	2,544.4	1,313.55
4,186	426.85	3,087.4	$0.0_{2}11628$	$0.0_{2}15809$	$0.0_{2}15576$	1	3.96832	2.20462
1,055	107.58	778.12	$0.0_{3}29305$	$0.0_{3}39843$	$0.0_{3}39258$	0.2520	1	0.55556
1,899	193.65	1,400	$0.0_{3}52749$	$0.0_{3}81717$	$0.0_{3}70664$	0.45359	1.8	1

동력						
kW 또는 1,000 J/sec	kg-m/sec	ft-lb/sec	p.s	HP	kcal/sec	B.T.U/sec
1	101.97	735.56	1.3596	1.3410	0.2389	0.9486
$0.0_{2}9807$	1	7.2331	0.01333	0.01315	$0.0_{2}2342$	$0.0_{2}9293$
$0.0_{2}1356$	0.13825	1	$0.0_{2}1843$	$0.0_{2}1818$	$0.0_{3}3289$	$0.0_{2}1285$
0.7355	75	542.3	1	0.98635	0.17565	0.69686
0.74569	76.0375	550	1.01383	1	0.17803	0.70675
4.1860	426.85	3,087.44	5.69133	5.6135	1	3.9683
1.0550	107.58	778.17	1.4344	1.4148	0.2520	1

열전도율			
kcal/m.hr.^{u}C	cal/cm.sec.^{u}C	B.T.U/ft.hr.^{u}F	BTU/in.hr.^{u}F
1	0.002778	0.67196	8.0635
360	1	241.9	2,903
1.488	0.004134	1	12
0.124	$0.0_{3}3445$	0.8333	1

전열계수		
kcal/m^{2}.hr.^{u}C	cal/cm^{2}.sec.^{u}C	B.T.U/ft^{2}.hr.^{u}F
1	$0.0_{4}2778$	0.2048
36,000	1	7,373
4.8836	$0.0_{2}1356$	1

207. 단위와 단위 환산

그리스 문자

호칭방법	대문자	소문자	호칭방법	대문자	소문자	호칭방법	대문자	소문자
알 파	A	α	요 타	I	ι	로	P	ρ
베 타	B	β	카 파	K	$\varkappa$	시그마	Σ	σ
감 마	Γ	γ	람 다	Λ	λ	타우	T	τ
델 타	Δ	δ	뮤	M	μ	입실론	Y	υ
엡실론	E	ϵ, ε	뉴	N	ν	파이	Φ	φ, ϕ
지 타	Z	ζ	크사이	Ξ	ξ	카이	X	χ
이 타	H	η	오미크론	O	o	프사이	Ψ	ψ
시 타	Θ	∂, θ	파 이	Π	π	오메가	Ω	ω

단위계의 비교

계측량 / 단위계	길이	질량	시간	전류	열역학적 온도	물질량	광도
(1) SI 단위계	m	kg	s	A	K	mol	cd
(2) MKS 단위계	m	kg	s				
(3) CGS 단위계	cm	g	s				
(4) MKS A 단위계	m	kg	s	A			
(5) 푸트, 파운드 단위계	ft	1b	s				

접두어

접두어	배수	기호	접두어	배수	기호	접두어	배수	기호
exa	10^{18}	E	hecto	10^{2}	h	nano	10^{-9}	n
peta	10^{15}	P	deca	10^{1}	da	pico	10^{-12}	p
tera	10^{12}	T	doci	10^{-1}	d	femto	10^{-15}	f
giga	10^{9}	G	centi	10^{-2}	c	atto	10^{-18}	a
mega	10^{6}	M	milli	10^{-3}	m	–	–	–
kilo	10^{3}	k	micro	10^{-6}	μ	–	–	–

207. 단위와 단위 환산

SI 기본단위

계측량	단위의 명칭	단위기호	정의
길이	미터 (meter)	m	1미터는 진공에서 빛이 1/299,792,458초 동안 진행한 거리이다.
질량	킬로그램 (kilogram)	kg	1킬로그램(중량도, 힘도 아니다.)은 질량의 단위로서, 그것은 국제 킬로그램 원기의 질량과 같다.
시간	초 (second)	s	1초는 세슘 133의 원자 바닥 상태의 2개의 초미세준위 간의 전이에 대응하는 복사의 9,192,631,770주기의 지속 시간이다.
전류	암페어 (ampere)	A	1암페어는 진공 중에 1미터의 간격으로 평행하게 놓여진, 무한하게 작은 원형 단면적을 가지는 무한하게 긴 2개의 직선 모양 도체의 각각에 전류가 흐를 때, 이들 도체의 길이 미터마다 2×10^{-7}N의 힘을 미치는 불변의 전류이다.
열역학적 온도	켈빈 (kelvin)	K	1켈빈은 물의 3중점의 열역학적 온도의 $\frac{1}{273.16}$ 이다.
물질량	몰 (mol)	mol	① 1몰은 탄소 12의 0.012 킬로그램에 있는 원자의 개수와 같은 수의 구성요소를 포함한 어떤 계의 물질량이다. ② 몰을 사용할 때에는 구성 요소를 반드시 명시해야 하며, 이 구성요소는 원자, 분자, 이온, 전자, 기타 입자 또는 이 입자들의 특정한 집합체가 될 수 있다.
광도	칸델라 (candela)	cd	1칸델라는 주파수 540×10^{12} 헤르츠인 단색광을 방출하는 광원의 복사도가 어떤 주어진 방향으로 매스테라디안당 1/683와트일 때, 이 방향에 대한 광도이다.

SI 보조단위

계측면	단위의 명칭	단위기호	정의
평면각	라디안 (radian)	rad	1라디안은 원의 둘레 위에서의 반지름의 길이와 같은 길이의 호(弧)를 절취한 2개의 반지름 사이에 포함되는 평면각이다.
입체각	스테라디안 (steradian)	sr	1스테라디안은 구(球)의 중심을 정점으로 하고, 그 구의 반지름을 1변으로 하는 정사각형의 면적과 같은 면적을 구의 표면상에서 절취하는 입체각이다.

MEMO

208. 각종 설계 계산식

평면 도형의 면적을 구하는 공식

정사각형

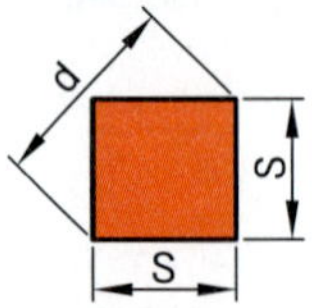

A = 면적

$A = s^2$

$s = 0.071d = \sqrt{A}$

$d = 1.414s - 1.414\sqrt{A}$

사다리꼴형

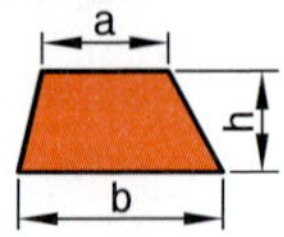

A = 면적

$A = \frac{(a+b)h}{2}$

직사각형

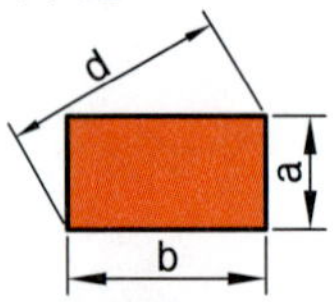

A = 면적

$A = a \cdot b = a\sqrt{d^2 - a^2} = b\sqrt{d^2 - b^2}$

$d = \sqrt{a^2 + b^2}$

$a = \sqrt{d^2 - b^2} = A \div b$

$b = \sqrt{d^2 - a^2} = A \div a$

불평행사변형

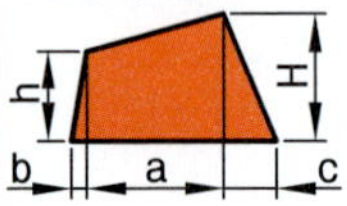

A = 면적

$A = \frac{(H+h)a + bh + cH}{2}$

또 다른 방법은 파선으로 표시한 것처럼 2개의 삼각형으로 나누고 개개의 면적을 계산하여 그 합을 구하고 평행사변형의 면적을 구해도 됨

평행사변형

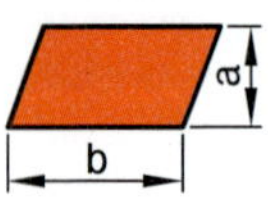

A = 면적

$A = a \cdot b \quad a = A \div b$

$b = A \div a$ (a치수는 b변에 대해 직각으로 잰 것)

정육각형

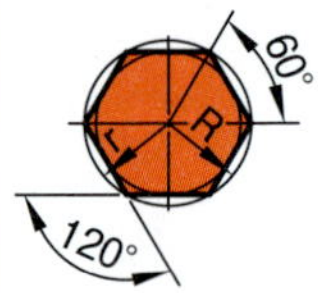

A = 면적

R = 외접원의 반지름

r = 내접원의 반지름

$A = 2.598s^2 = 2.598R^2 = 3.464r^2$

$R = s = 1.155r$

$r = 0.866s = 0.866R$

직삼각형

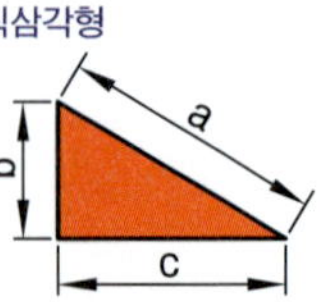

A = 면적

$A = bc/2$

$a = \sqrt{b^2 + c^2}$

$b = \sqrt{a^2 + c^2}$

$c = \sqrt{a^2 - b^2}$

정팔각형

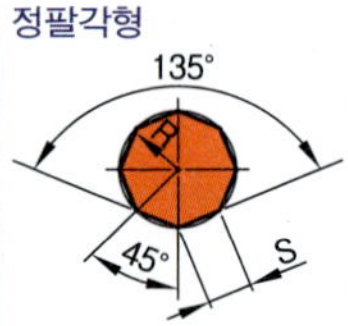

A = 면적

R = 외접원의 반지름

r = 내접원의 반지름

$A = 2.828s^2 = 2.828R^2 = 3.314r^2$

$R = 1.307s = 1.082r$

$r = 1.207s = 0.924R$

$s = 0.765R = 0.828r$

예각삼각형

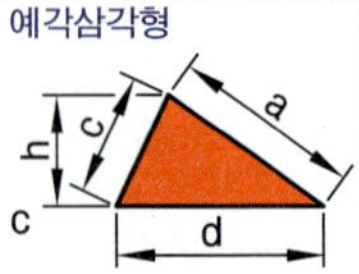

A = 면적

$A = \frac{bh}{2} = \frac{b}{2}\sqrt{a^2 - \left(\frac{a^2 + b^2 - c^2}{2}\right)^2}$

만일 $s = \frac{1}{2}(a+b+c)$로 하면

$A = \sqrt{s(s-a)(s-b)(s-c)}$

정다각형

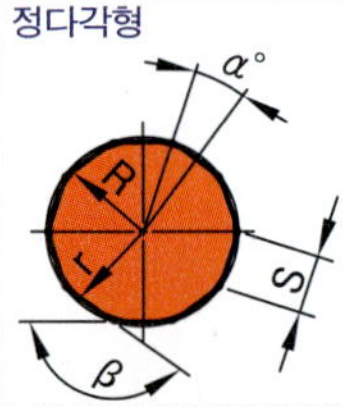

A = 면적, n = 변의 수

$\alpha = 360° \div n \quad \beta = 180° - \alpha$

$A = \frac{nsr}{2} = \frac{ns}{2}\sqrt{R^2 - \frac{s^2}{4}}$

$R = \sqrt{r^2 + \frac{s^2}{4}}, \quad r = \sqrt{R^2 - \frac{s^2}{4}}$

$s = 2\sqrt{R^2 - r^2}$

둔각삼각형

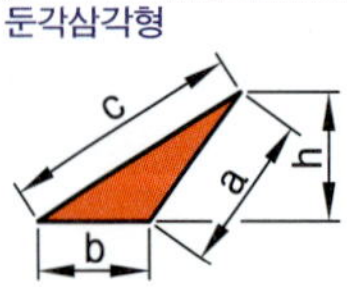

A = 면적

$A = \frac{bh}{2} = \frac{b}{2}\sqrt{a^2\left(\frac{c^2 - a^2 - b^2}{2b}\right)^2}$

만일 $s = \frac{1}{2}(a+b+c)$로 하면

$A = \sqrt{s(s-a)(s-b)(s-c)}$

원

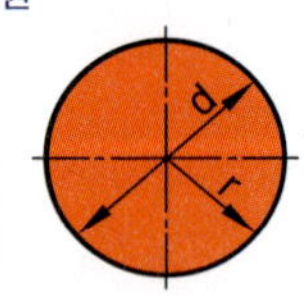

A = 면적, c = 원의 둘레

$A = \pi r^2 = 3.1416r^2 = 0.7854d^2$

$c = 2\pi r = 6.2832r = 3.1416d$

$r = c \div 6.2832 = \sqrt{A \div 3.1416}$

$= 0.564\sqrt{A}$

$d = c \div 3.1416 = \sqrt{A \div 0.7854}$

$= 1.128\sqrt{A}$

중심각의 1°에 대한 호의 길이

$= 0.008727\, d$

중심각의 n°에 대한 호의 길이

$= 0.008727\, nd$

208. 각종 설계 계산식

평면도형의 면적을 구하는 공식			
원의 나눔 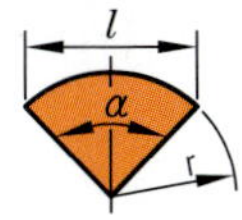	A=면적, l=호의 길이, α=각도 $l=\frac{r\times\alpha\times3.1416}{180}=0.01745r\alpha$ $=\frac{2A}{r}$ $A=\frac{1}{2}rl=0.08727\alpha r^2$ $\alpha=\frac{57.296}{r}$, $r=\frac{2A}{l}=\frac{57.296}{\alpha}$	쌍곡선 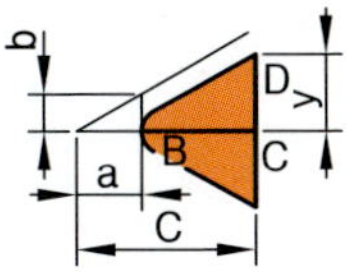	A=면적 BCD $A=\frac{xy}{2}-\frac{ab}{2}\log\left(\frac{x}{a}+\frac{y}{b}\right)$
원의 지름 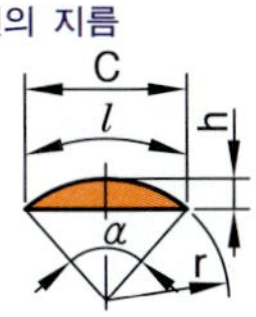	A=면적, l=호의 길이, α=각도 $c=2\sqrt{h(2r-h)}$ $A=\frac{1}{2}[rl-c(r-h)]$ $r=c^2\frac{4h^2}{8h}$, $l=0.01745\alpha r$ $h=r-\frac{1}{2}\sqrt{4r^2-c^2}$, $\alpha=\frac{57.296l}{r}$	포물선 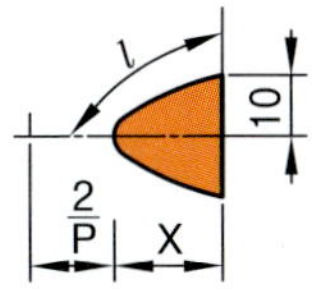	l=호의 길이 $=\frac{p}{2}\left[\sqrt{\frac{2x}{p}\left(1+\frac{2x}{p}\right)}\right.$ $\left.+\,hyp.\log\left(\frac{\sqrt{2x}}{p}+\sqrt{1+\frac{2x}{p}}\right)\right]$ x가 y에 비해 작을 때의 $l=y\left[1+\frac{2}{3}\left(\frac{x}{y}\right)^2-\frac{2}{5}\left(\frac{x}{y}\right)^2\right]$ 또는 $l=\sqrt{y^2+\frac{4}{3}x^2}$
고리형 	A=면적 $A=\pi(R^2-r^2)=3.1416(R^2-r^2)$ $=3.1416(R+r)(R-r)$ $=0.7854(D^2-d^2)$ $=0.7854(D+d)(D-d)$	포물선 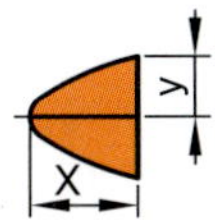	A=면적 $A=\frac{2}{3}xy$ (즉, x를 밑변으로 하고 y를 높이로 하는 X자형의 면적의 $\frac{2}{3}$ 와 같다.)
부채꼴형 	A=면적, α=각도 $A=\frac{\alpha\pi}{360}(R^2-r^2)$ $=0.00873\alpha(R^2-r^2)$ $=\frac{\alpha\pi}{4\times360}(D^2-d^2)$ $=0.00218\alpha(D^2-d^2)$	포물선의 조각 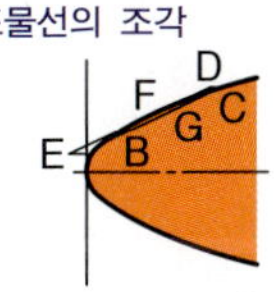	A=면적 $A=BFC$=(평행사변형 $BCDE$의 면적)$\times\frac{2}{3}$ BC에서 직각으로 잰 조각의 높이를 FC로 하면 $A=BFC=\frac{2}{3}BC\times FG$
각의 이음 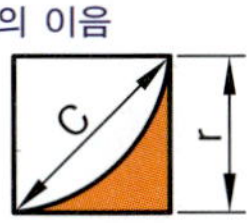	A=면적 $A=r^2-\frac{\pi r^2}{4}=0.215r^2$ $=0.1075c^2$	사이클로이드 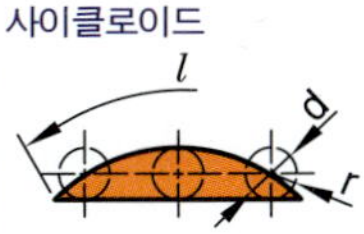	A=면적 l= 「사이클로이드」의 길이 $A=3\pi r^2=9.4248r^2$ $=2.3562d^2$ =(회전원의 면적)×3 $l=8r=4d$
타원 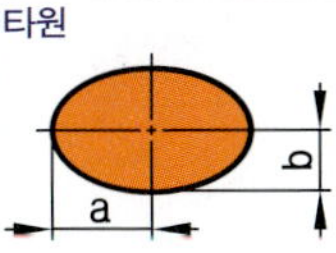	A=면적, P=타원의 둘레 $A=\pi a\,b=3.1416ab$ (1) $P=3.1716\sqrt{2(a^2+b^2)}$ (2) $P=3.1416\sqrt{2(a^2+b^2)-\frac{(a-b)^2}{22}}$		

208. 각종 설계 계산식

입체의 체적을 구하는 공식

구분	체적 구하는 공식	구분	체적 구하는 공식
정사각기둥 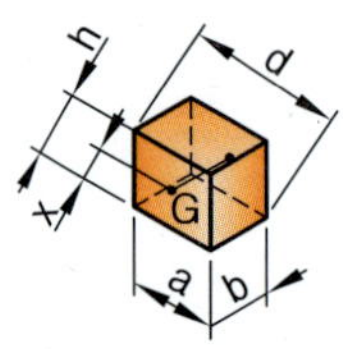	$V=a^2$ $S=6a^2$ $A_a=4d^2$ $x=\frac{a}{2}$ $d=\sqrt{3}a=1.7321a$	정다각기둥 a = 변의 길이 n = 변의 수 A_b = 바닥(밑)면적	$V=A_bh$ $S=2A_b+nha$ $A_s=nha$ $x=\frac{h}{2}$
직사각기둥 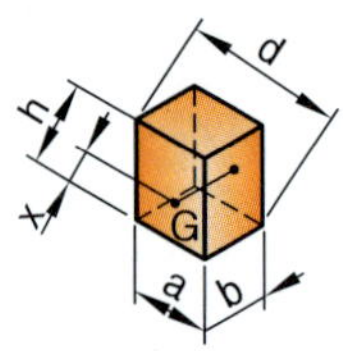	$V=abh$ $S=2(ab+ah+bh)$ $A_a=2h(a+b)$ $x=\frac{h}{2}$ $d=\sqrt{a^2+b^2+h^2}$	원기둥, 속이 빈 기둥 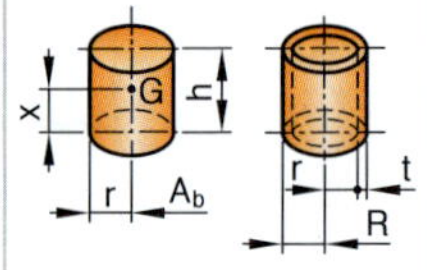	[원기둥] $V=\pi r^2h=A_sh$ $S=2\pi r(r+h)$ $A_s=2\pi rh$ $x=\frac{h}{2}$ [속이 빈 원기둥] $V=\pi h(R^2-r^2)$ $=\pi ht(2R-t)$ $=\pi ht(2r+t)$ $x=\frac{h}{2}$
정육각기둥 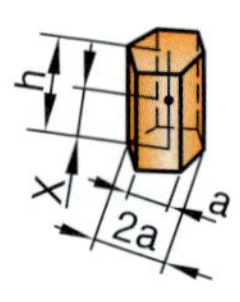	$V=2.598a^2h$ $S=5.1963a^2+6ah$ $A_a=6ah$ $x=\frac{h}{2}$ $d=\sqrt{h^2+4a^2}$	잘린 원추 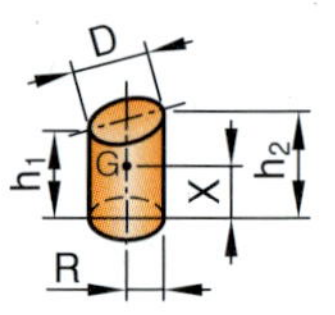	$V=\pi R^2\frac{h_1+h_2}{2}$ $A_s=\pi R(h_1-h_2)$ $D=\sqrt{4R^2+(h_2-h_1)^2}$ $x=\frac{h_1-h_2}{2}$
원추 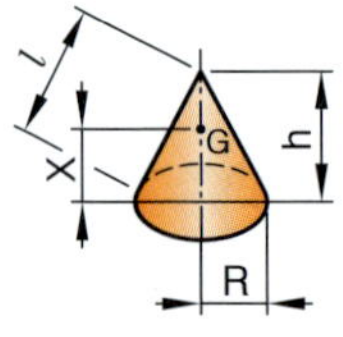	$V=\pi R^2\frac{h}{3}$ $A_a=\pi Rl$ $l=\sqrt{R^2+h^2}$ $x=\frac{h}{4}$	잘린 정각 추 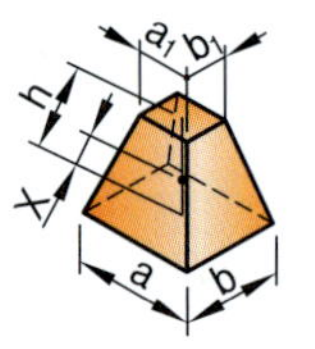	$V=\frac{h}{3}(A_b+A_{b1}+\sqrt{A_bA_{b1}})$ $A_b=\frac{3\sqrt{3}}{2}a^2=2.598a^2$ $x=\frac{h}{4}\frac{A_b+2\sqrt{A_bAB_1}}{A_b+\sqrt{A_bA_{b1}}}\frac{3A_{b1}}{A_b}$
끝이 잘린 원주 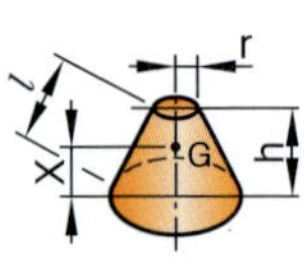	$V=\frac{\pi h}{3}(R^2+Rr+r^2)$ $=\frac{h}{4}\left[\pi a^2+\frac{1}{3}\pi b^2\right]$ $A_a=\pi la,\ a=R+r$ $b=R-r,\ l=\sqrt{b^2+h^2}$ $x=\frac{h}{4}\frac{R^2+2Rr+3r^2}{R^2+Rr+r^2}$	잘린 직사각추 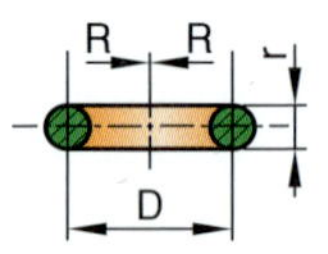	$V=\frac{h}{6}[(2a+a_1)b+(2a_1+a)b_1]$ $=\frac{h}{6}[ab+(a+a_1)(b+b_1)+a_1b_1]$ $x=\frac{h}{2}\frac{ab+ab_1+a_1b+3a_1b_1}{2ab+ab_1+a_1b+2a_1b_1}$

V : 체적, S : 표면적, A_a : 측면적, A_b : 바닥(밑) 면적, X : 밑면에서 중심까지의 거리

208. 각종 설계 계산식

입체의 체적을 구하는 공식(계속)

구분	체적 구하는 공식	구분	체적 구하는 공식
정각추 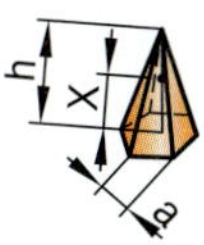	$V=\frac{A_b h}{3}$ $A_b=\frac{3\sqrt{3}}{2}\quad a^2=2.598a^2$ $x=\frac{h}{4}$	원형 단면 고리형 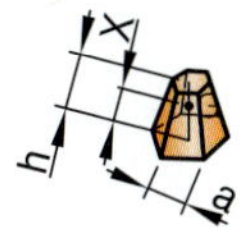	$V=2\pi^2Rr^2=19.739Rr^2$ $=\frac{1}{4}\pi^2Dd^2=2.4674Dd^2$ $S=4\pi^2Rr=39.478Rr$ $=\pi^2Dd=9.8696Dd$
구 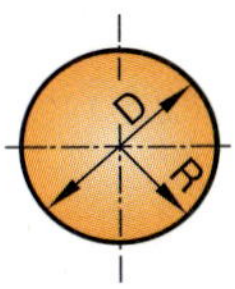	$V=\frac{4\pi r^2}{3}=4.188790205r^2$ $=\frac{\pi d^3}{6}=0.523598776d^2$ $S=4\pi r^2=\pi d^2$ $r=\sqrt[3]{\frac{3V}{4\pi}}=0.620351\sqrt[3]{V}$	구모양의 쐐기형 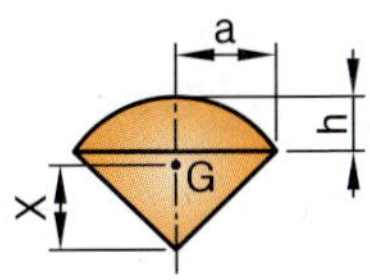	$V=\frac{2\pi r^2h}{3}$ $=2.0943951024r^2h$ $S=\pi r(2h+a)$ $x=\frac{3}{8}(2r-h)$
잘린 구 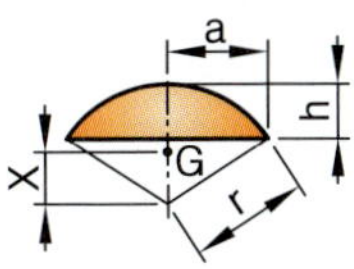	$V=\frac{\pi h}{6}(3a^2+h^2)=\frac{\pi h^2}{3}(3r-h)$ $A=2\pi Vh=\pi(a^2+h^2)$ $a^2=h(2r-h)$ $x=\frac{3}{4}\ \frac{(2r-h)^2}{3r-h}$	위와 아래가 잘린 구 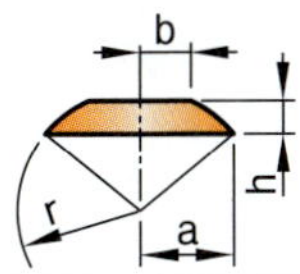	$V=\frac{\pi h}{6}(3a^2+3b^2+h^2)$ $A_s=2\pi rh$ $r^2=a^2+\left(\frac{a^2-v_2-h^2}{2h}\right)^2$

208. 각종 설계 계산식

휨과 휨각

번호	하중 및 탄성 곡선	휨 δ	휨각 i
1	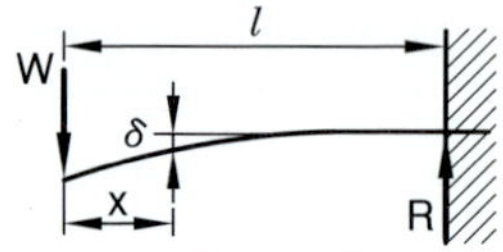 $\alpha=\frac{1}{3}$, $\beta=-\frac{1}{2}$	$\delta=\frac{Wl^3}{3EI}\left(1-\frac{3x}{2l}+\frac{x^3}{2l^3}\right)$ $x=0$: － $\delta_{max}=\frac{Wl^3}{8EI}=\frac{\sigma l^2}{3Ee}$	$i=-\frac{Wl^2}{2EI}\left(1-\frac{x^2}{l^1}\right)$ $x=0$: － $i_{max}=-\frac{Wl^2}{2EI}=-\frac{3}{2l}\delta_{max}$
2	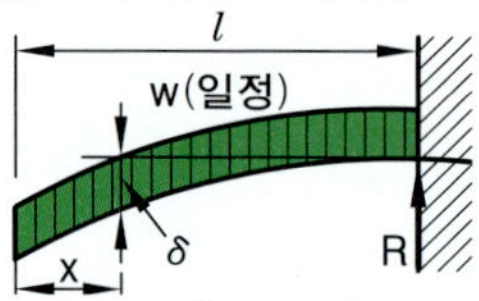 $\alpha=\frac{l}{8}$, $\beta=-\frac{l}{6}$	$\delta=\frac{wl^4}{8EI}\left(1-\frac{4x}{3l}\frac{+x^4}{3l^4}\right)$ $x=0$: － $\delta_{max}=\frac{wl^4}{8EI}=\frac{\delta l^2}{4Ee}$	$i=\frac{-wl^3}{6EI}\left(1-\frac{x^3}{l^3}\right)$ $x=0$: － $i_{max}=-\frac{wl^3}{6EI}=-\frac{4}{3l}\delta_{max}$
3	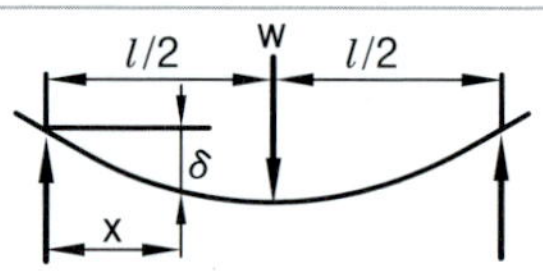 $\alpha=\frac{1}{48}$, $\beta=\pm\frac{1}{16}$	$0\leqq x\leqq\frac{l}{2}$: － $\delta=\frac{Wl^3}{48EI}\left(\frac{3x}{l}-\frac{4x^3}{l^3}\right)$ $x=\frac{l}{2}$: － $\delta_{max}=\frac{Wl^3}{48EI}=\frac{\sigma l^2}{12Ee}$	$0\leqq x\leqq\frac{l}{2}$: － $i=\frac{Wl^2}{16EI}\left(1-\frac{4x^2}{l^2}\right)$ $\left.\begin{matrix}x=0\\x=l\end{matrix}\right\}$: － $i_{max}=\pm\frac{Wl^2}{24EI}=\pm\frac{3}{l}\delta_{max}$
4	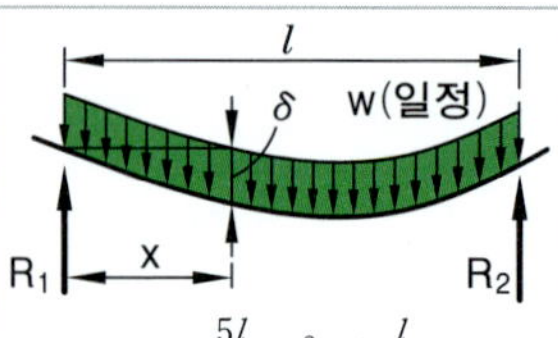 $\alpha=\frac{5l}{384}$, $\beta=\pm\frac{l}{24}$	$\delta=\frac{wl^4}{24EI}\left(\frac{x}{l}-\frac{2x^3}{l^3}+\frac{x^4}{l}\right)$ $x=\frac{l}{2}$: － $\delta_{max}=\frac{5wl^4}{384EI}=\frac{5\sigma l^2}{48Ee}$	$i=\frac{wl^3}{24EI}\left(1-\frac{6x^2}{l^2}+\frac{4x^3}{l^3}\right)$ $\left.\begin{matrix}x=0\\x=l\end{matrix}\right\}$: － $i_{max}=\pm\frac{wl^3}{24EI}=\pm\frac{16}{5l}\delta_{max}$
5	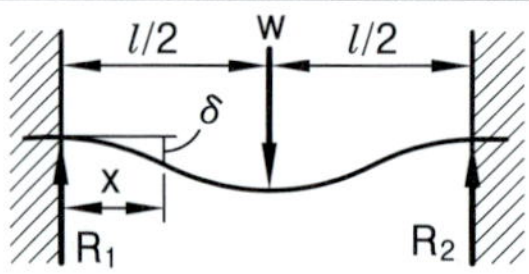	$0\leqq x\leqq\frac{l}{2}$: － $\delta=\frac{Wl^3}{16EI}\left(\frac{x^2}{l^2}-\frac{4x^3}{3l^3}\right)$ $x=\frac{l}{2}$: － $\delta_{max}=\frac{Wl^3}{192EI}=\frac{\sigma^2}{24Ee}$	$0\leqq x\leqq\frac{l}{2}$: － $i=\frac{Wl^2}{8EI}\left(\frac{x}{l}-\frac{2x^2}{l^2}\right)$ $x=\frac{l}{4}$: － $i_{max}=\pm\frac{Wl^2}{64EI}$
6	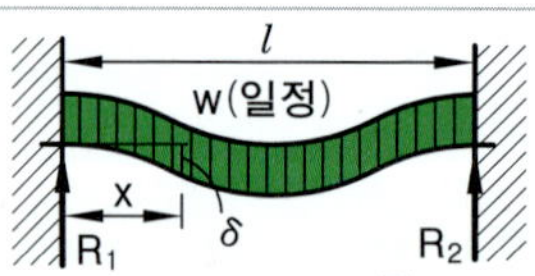 $\alpha=\frac{5l}{384}$, $\beta=\pm\frac{\sqrt{3}l}{216}$	$\delta=\frac{wl^4}{24EI}\left(\frac{x^2}{l^2}-\frac{2x^3}{l^3}+\frac{x^4}{l^4}\right)$ $x=\frac{l}{2}$: － $\delta_{max}=\frac{wl^4}{384EI}$	$i=\frac{wl^3}{12EI}\left(\frac{x}{l}-\frac{3x^2}{l^2}+\frac{2x^3}{l^3}\right)$ $x=l\left(\frac{1}{2}\mp\frac{\sqrt{3}}{6}\right)$: － i_{max}, i_{min} $=\pm\frac{\sqrt{3}}{216}\cdot\frac{wl^3}{EI}$

주

W : 집중하중 w : 단위 길이에 가해진 분포하중 x : 단면까지의 거리 l : 보의 길이, E : 세로 탄성계수
I : 단면 2차 모멘트 δ : 휨 i : 휨각 e : 중립축으로부터의 도형의 가장자리까지의 거리

208. 각종 설계 계산식

간단한 모양의 중심(重心)

명칭	도형	중심위치
1. 선		
선 분	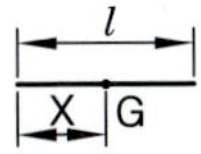	$x=\frac{l}{2}$
원 호	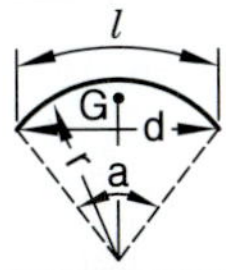	중심선위 ① $OG=\frac{rd}{l}$ ② $OG=\frac{2r}{\alpha}\sin\frac{2}{\alpha}$
반원호	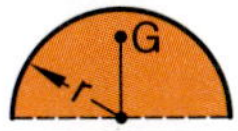	$OG=\frac{2r}{\pi}$
2. 평면		
삼 각 형	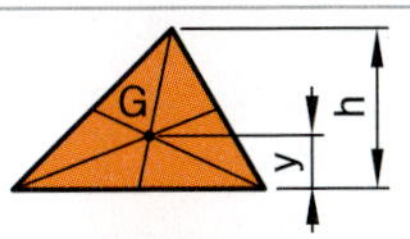	세 중간선의 교차점 $y=\frac{h}{3}$
평행사변형	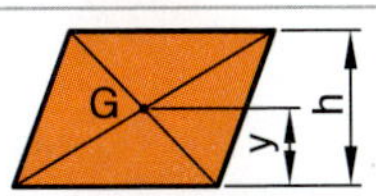	대각선의 교차점 $y=\frac{h}{2}$
사다리꼴	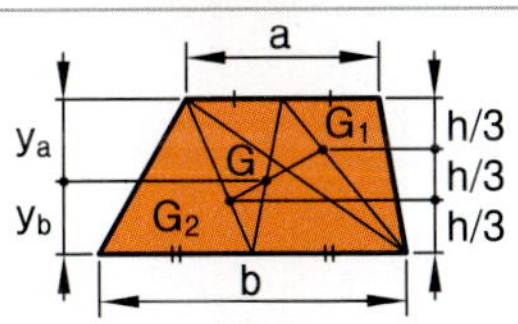	$y_a=\frac{h}{3}\left(\frac{a+2b}{a+b}\right)$ $y_a=\frac{h}{3}\left(\frac{2a+b}{a+b}\right)$
부 채 꼴	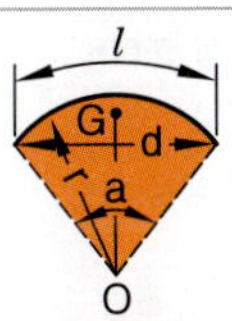	중심선 위 ① $OG=\frac{2rd}{3l}$ ② $OG=\frac{4r}{3\alpha_1}\sin\frac{\alpha}{2}$
반 원	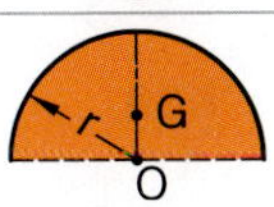	$OG=\frac{4r}{3\pi}$
3. 곡면		
원 뿔 면	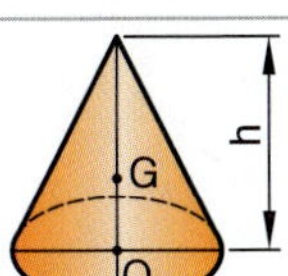	$OG=\frac{h}{3}$

208. 각종 설계 계산식

간단한 모양의 중심(重心)(계속)

명칭	도형	중심위치
반 구 면	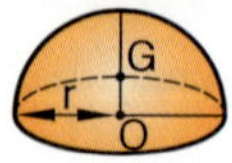	$OG=\frac{r}{2}$
4. 입체		
원뿔 각뿔	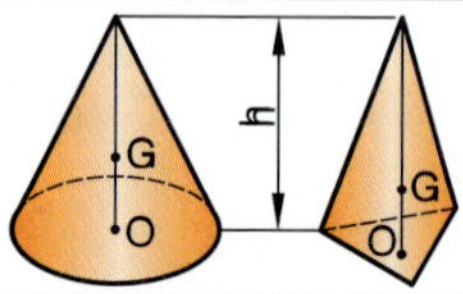	$OG=\frac{h}{4}$
반구	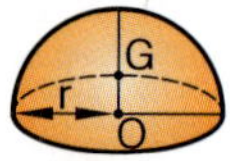	$OG=\frac{3}{8}r$
꼭지를 자른 원뿔	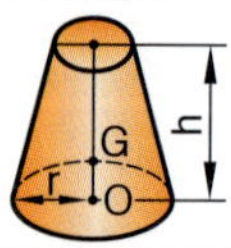	$OG=\frac{h}{4}\,\frac{R^2+2Rr+3r^2}{R^2+Rr+r^2}$ $r=0$일 때 원뿔이 된다.
꼭지를 자른 각뿔	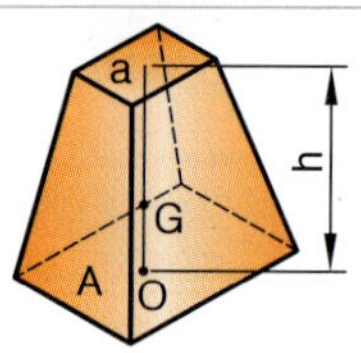	a, A를 아래, 위의 밑넓이로 하면 $OG=\frac{h}{4}\,\frac{A+2\sqrt{Aa}+3a}{A+\sqrt{Aa}+a}$ $a=0$일 때 각뿔이 된다.

간단한 모양의 관성 모멘트

구분	회전체의 형상	회전축 위치	J	K^2
가는 봉	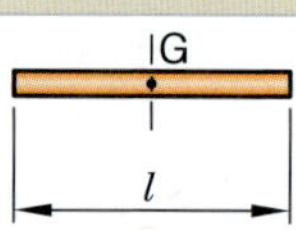	봉에 수직으로 중심을 지난다.	$\frac{W}{g}\cdot\frac{l^2}{12}$	$\frac{l^2}{12}$
		봉에 수직으로 한쪽 끝을 지난다.	$\frac{W}{g}\cdot\frac{l^2}{3}$	$\frac{l^2}{3}$
얇은 직사각평판 (직사각형 물체포함)	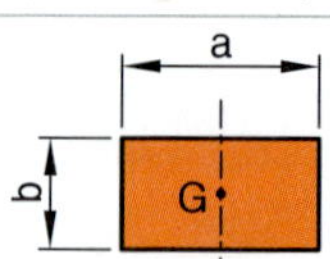	변 b에 평행으로 중심을 지난다.	$\frac{W}{g}\cdot\frac{a^2}{12}$	$\frac{a^2}{12}$
	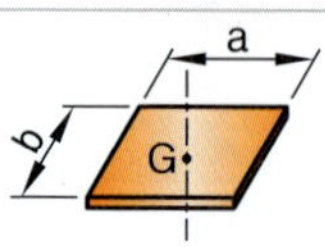	판의 중심을 지나고 판에 수직이다.	$\frac{W}{g}\cdot\frac{a^2+b^2}{12}$	$\frac{a^2+b^2}{12}$

208. 각종 설계 계산식

간단한 모양의 관성 모멘트(계속)

구 분	회전체의 형상	회전축 위치	J	K^2
얇은 원판	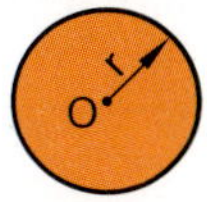	지 름	$\frac{W}{g} \cdot \frac{r^2}{4}$	$\frac{r^2}{4}$
원기둥(얇은 원판포함)	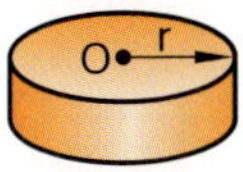	중심축	$\frac{W}{g} \cdot \frac{r^2}{2}$	$\frac{r^2}{2}$
가운데가 빈 원통 (가운데가 빈 원판 포함)	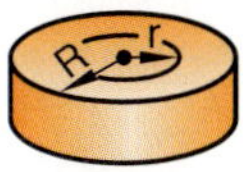	중심축	$\frac{W}{g} \cdot \frac{R^2+r^2}{2}$	$\frac{R^2+r^2}{2}$
완전한 구	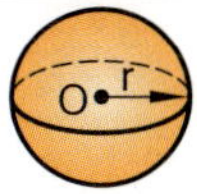	지 름	$\frac{W}{g} \cdot \frac{2r^2}{5}$	$\frac{2r^2}{5}$

단면 2차 모멘트(I), 단면계수(Z), 단면 2차 반지름(k)

단면모양	I	Z	k^2
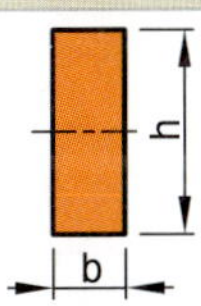	$\frac{1}{12} bh^3$	$\frac{1}{6} bh^2$	$\frac{1}{12} h^2$ $(k=0.289h)$
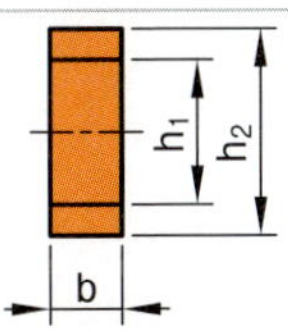	$\frac{1}{12} b(h_2^3 - h_1^3)$	$\frac{1}{6} \cdot \frac{b(h_2^3 - h_1^3)}{h_2}$	$\frac{1}{12} \cdot \frac{(h_2^3 - h_1^3)}{h_2 - h_1}$
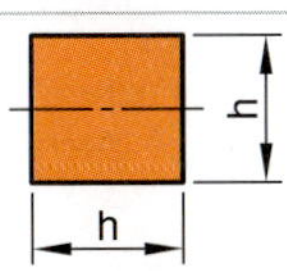	$\frac{1}{12} h^4$	$\frac{1}{6} h^3$	$\frac{1}{12} h^2$
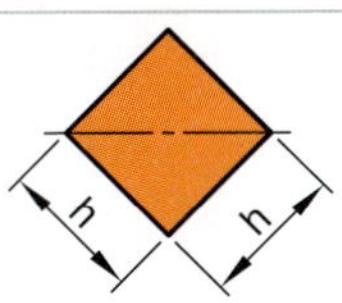	$\frac{1}{12} h^4$	$\frac{\sqrt{2}}{12} h^3 = 0.1179h^3$	$\frac{1}{12} h^2$

208. 각종 설계 계산식

단면 2차 모멘트(I), 단면계수(Z), 단면 2차 반지름(k) (계속)

단면모양	I	Z	k^2
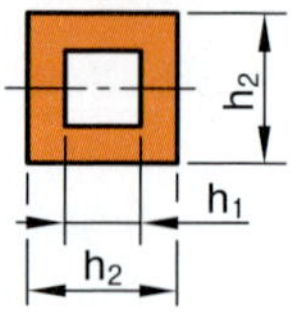	$\frac{1}{12}(h_2^4 - h_1^4)$	$\frac{1}{6} \cdot \frac{h_2^4 - h_1^2}{h^2}$	$\frac{1}{12}(h_2^2 + h_1^2)$
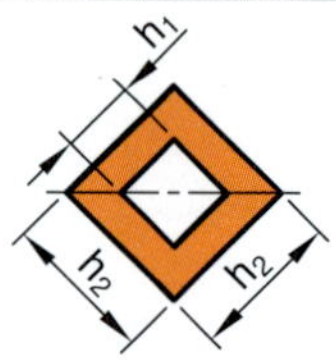	$\frac{1}{12}(h_2^4 - h_1^4)$	$\frac{\sqrt{2}}{12} \cdot \frac{h_2^4 - h_1^4}{h_2}$ $= 0.1179\frac{h_2^4 - h_1^4}{h_2}$	$\frac{1}{12}(h_2^2 + h_1^2)$
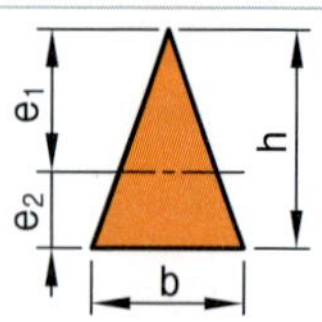	$\frac{1}{36}bh^3$	$e_1 = \frac{2}{3}h,\ e_2 = \frac{1}{3}h$ $Z_1 = \frac{1}{24}bh^2,$ $Z_2 = \frac{1}{12}bh^2$	$\frac{1}{18}h^2$ $(k = 0.236h)$
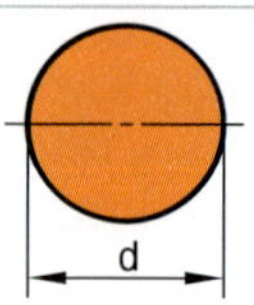	$\frac{\pi}{64}d^4$	$\frac{\pi}{32}d^3$	$\frac{\pi}{16}d^2$
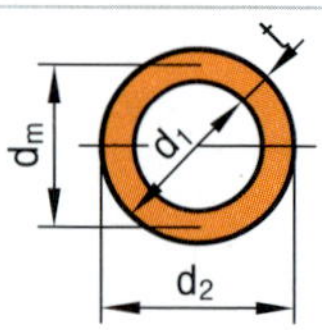	$\frac{\pi}{64}(d_2^4 - d_1^4)$	$\frac{\pi}{32} \cdot \frac{d_2^4 - d_1^4}{d_2}$ $\fallingdotseq 0.8 d_m^2 t$ ($\frac{t}{d_m}$ 가 작을 때)	$\frac{1}{16}(d_2^2 \div d_1^2)$
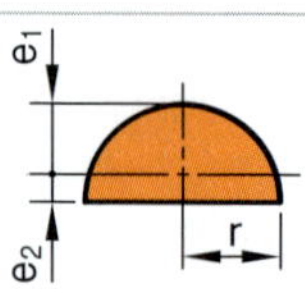	$\left(\frac{\pi}{8} - \frac{8}{9\pi}\right)r^4$ $= 0.1098r^4$	$e_1 = 0.5756r$ $e_2 = 0.4244r$ $Z_1 = 0.1908r^3$ $Z_2 = 0.2587r^2$	$\frac{9\pi^2 - 64}{36\pi^2}r^2$ $= 0.0699r^2$ $(k = 0.264r)$

208. 각종 설계 계산식

단면 2차 모멘트(I), 단면계수(Z), 단면 2차 반지름(k) (계속)

단면모양	I	Z	k^2
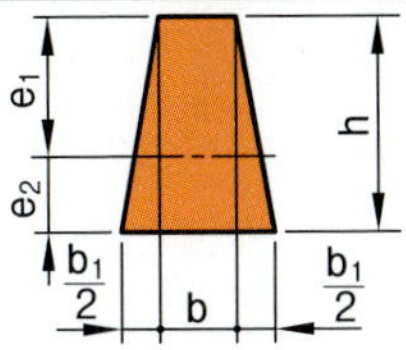	$\frac{1}{12}(b_1h_1{}^3+b_2h_2{}^3)$	$\frac{1}{6}\cdot\frac{b_1h_1{}^3+b_2h_2{}^3}{h_2}$	$\frac{1}{12}\cdot\frac{b_1h_1{}^3+b_2h_2{}^3}{b_1h_1+b_2h_2}$
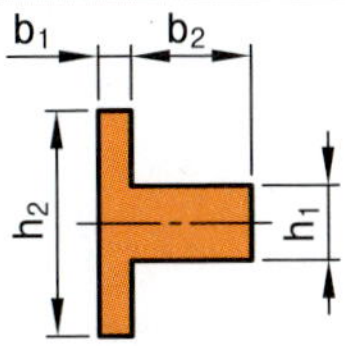 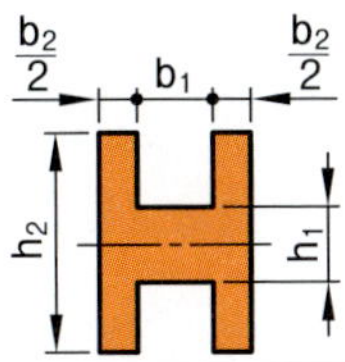			
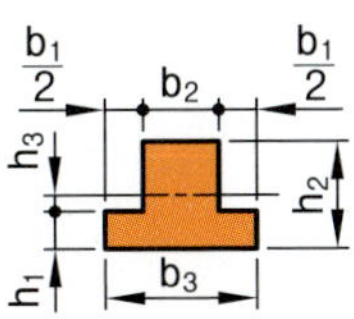 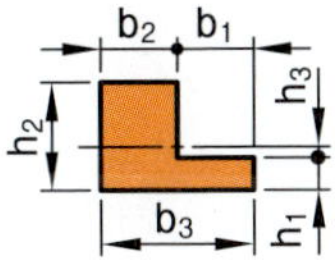 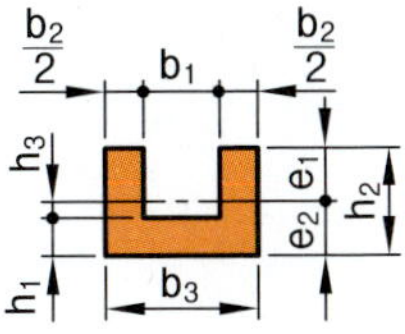	$\frac{1}{3}(b_3e_2{}^3-b_1h_3{}^3+b_2e_1{}^3)$	$e_2=\frac{b_1h_1{}^2+b_2h_2{}^2}{2(b_1h_1+b_2h_2)}$ $e_1=h_2-e_2$	$\frac{1}{3}\,\frac{b_3e_2{}^3-b_1h_3{}^3+b_2e_1{}^3}{b_1h_1+b_2h_2}$

208. 각종 설계 계산식

용접 이음의 세기 계산식		
(1) $\sigma=\frac{P}{hl}$	(2) $\sigma=\frac{P}{(h_1+h_2)l}$	(3) $\sigma=\frac{P}{hl}$
(4) $\sigma=\frac{6PL}{lh^2}$, $\tau=\frac{P}{lh}$	(5) $\sigma=\frac{6M}{lh^2}$	(6) $\sigma=\frac{3tM}{lh(3t^2-6th+4h^2)}$
(7) $\sigma=\frac{P}{(h_1+h_2)l}$	(8) $\sigma=\frac{3tPl}{lh(3t^2 6th+4h^2)}$ $\tau=\frac{P}{2lh}$	(9) $\sigma=\frac{0.707P}{hl}$
(10) $\sigma=-\frac{1.414P}{(h_1+h_2)l}$	(11) $\tau=\frac{0.707P}{hl}$	(12) 겹치기 A $\sigma=\frac{1.414P}{(h_1+h_2)l}$ 겹치기 B $\sigma=\frac{1.414Ph_2}{h_3(h_1+h_3)l}$
(13) $\tau=\frac{0.354P}{hl}$	(14) $\tau=\frac{1.414P}{h(l_1+l_2)}$ $l_1=\frac{1.414Pe_2}{\tau hb}$, $l_2=\frac{1.414Pe_1}{\tau hb}$	(15) $\tau=\frac{2.83M}{hD^2\pi}$
(16) $\sigma=\frac{4.24M}{h[b^2+3l(b+h)]}$	(17) $\sigma=\frac{0.707P}{hl}$	(18) $\tau=\frac{0.707P}{hl}$, $\sigma=\frac{P}{hl(b+h)}\times\sqrt{2L^2+\frac{1}{2}(b+h)^2}$
(19) $\tau=\frac{0.707P}{hL}$, $\sigma=\frac{4.24PL}{hl^2}$	(20) $\sigma=\frac{6PL}{hl^2}$, $\tau=\frac{P}{hl}$	(21) $\sigma=\frac{3PL}{hl^2}$, $\tau=\frac{P}{2hl}$
(22) $\tau=\frac{M(3l+1.8h)}{h^2l^2}$	(23) $\tau=\frac{M}{2(t-h)(l-h)h}$	(24) 안쪽용접 $\sigma=\frac{1.414P}{2h_1l_1+h_2l_2}$ 돌출부 용접 $\sigma=\frac{P}{2h_1l_1+h_2l_2}$

σ : 수직응력(kgf/cm^2), τ : 전단응력(kgf/cm^2), M : 휨 모멘트(kgf · cm), P : 하중(kgf),
T : 비틀림 힘(kgf), L : 하중점까지 거리(cm), h : 용접부 치수(cm), l : 용접 길이(cm)

208. 각종 설계 계산식

스프링의 모양·응력·하중·휨·탄성에너지

스프링의 종류	스프링 모양		최대응력 $\sigma,\ \tau$	휨 W	휨 δ	단위 부피에 해당하는 에너지 u
평판 스프링	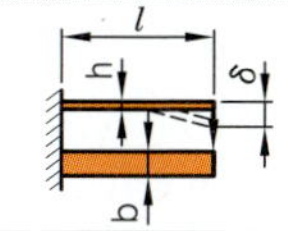		$\sigma=\frac{6lW}{bh^2}=\frac{3hE\delta}{2l^2}$	$\frac{bh^3E}{4l^3}\delta=\frac{bh^2\sigma}{6l}$	$\frac{4l^3W}{bh^3E}=\frac{2l^2\sigma}{3hE}$	$\frac{1}{18}\cdot\frac{\sigma^2}{E}$
겹판 스프링	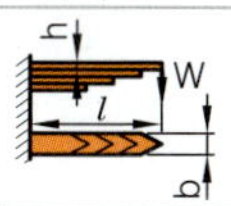		$\sigma=\frac{6lW}{nbh^2}=\frac{hE\delta}{l^2}$	$\frac{nbh^3E}{6l^3}\delta=\frac{nbh^2\sigma}{6l}$	$\frac{6l^3W}{nbh^3E}=\frac{l^2\sigma}{hE}$	$\frac{1}{6}\cdot\frac{\sigma^2}{E}$
원통형 코일 스프링		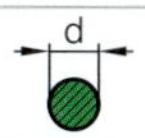	$\tau=\frac{8DW}{\pi d^3}=\frac{dG\delta}{\pi nD^2}$	$\frac{d^4G}{8nD^3}\delta=\frac{\pi d^3\tau}{8D}$	$\frac{8nD^3W}{d^4G}=\frac{\pi nD^2\tau}{dG}$	$\frac{1}{4}\cdot\frac{\tau^2}{G}$
		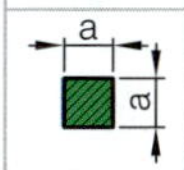	$\tau=\frac{DW}{0.4164a^3}=\frac{aG\delta}{0.74\pi nD^2}$	$\frac{a^4G}{5.575\pi nD^3}\delta=\frac{0.4161a^3\tau}{D}$	$\frac{5.575\pi D^3W}{a^4G}=\frac{9.3\pi nD^2\tau}{aG}$	$0.154\frac{\tau_2}{G}$
		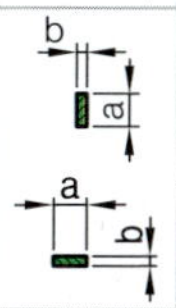	$\tau=\frac{DW}{2k_1ab^2}=\frac{2k_2bG\delta}{\pi k_1nD^2}$	$\frac{4k_2ab^3G}{\pi nD^3}\delta=\frac{2k_1ab^2\tau}{D}$	$\frac{\pi nD^3W}{4k_2ab^3G}=\frac{\pi k_1nD^2\tau}{2k_2bG}$	$k_3\frac{\tau^2}{G}$
원뿔형 코일 스프링	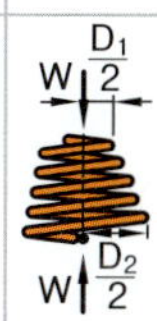	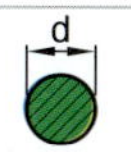	$\tau=\frac{8D_2W}{\pi D^3}=\frac{4D_2dG\delta}{\pi n(D_1+D_2)\cdot(D_1^2+D_2^2)}$	$\frac{d^4G\delta}{2n\cdot(D_1+D_2)\cdot(D_1^2+D_2^2)}=\frac{\pi d^3\tau}{8D_2}$	$\frac{2n(D_1+D_2)\cdot(D_1^2+D_2^2)W}{d^4G}=\frac{\pi n(D_1^2+D_2^2)\tau}{2D_2dG}$	$\frac{D_1^2+D_2^2}{8D_2^2}\cdot\frac{\tau^2}{G}$
		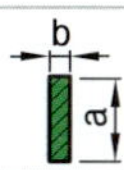	$\tau=\frac{D_2W}{2k_1ab^2}$	$\frac{16k_2ab^3G\delta}{\pi n(D_1+D_2)\cdot(D_1^2+D_2^2)}$	$\frac{\pi k_1n(D_1+D_2)\cdot(D_1^2+D_2^2)\tau}{8k_2bGD_2}$	$\frac{k_3(D_1^2+D_2^2)\cdot\tau^2}{4D_2^2G}$
소용돌이 스프링	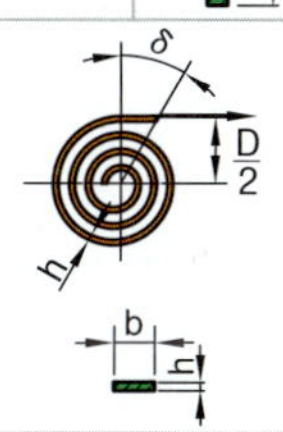		$\sigma=\frac{3DW}{bh^2}=\frac{hE\delta}{lD}$	$\frac{bh^2\sigma}{3D}$	$\frac{3lD^2W}{bh^3E}=\frac{lD\sigma}{hE}$	$\frac{1}{6}\cdot\frac{\sigma^2}{E}$
비틀림 스프링	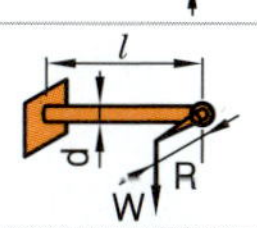		$\tau=\frac{16RW}{\pi d^3}=\frac{1}{2}\cdot\frac{dG\delta}{lR}$	$\frac{\pi d^3\tau}{16R}$	$\frac{32lR^2W}{\pi d^4G}=\frac{2lR\tau}{dG}$	$\frac{1}{4}\cdot\frac{\tau^2}{G}$
비틀림 코일 스프링	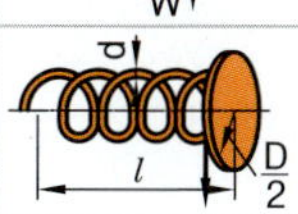		$\sigma=\frac{16DW}{\pi d^3}=\frac{dE\delta}{lD}$	$\frac{\pi d^3\sigma}{16D}$	$\frac{16lD^2W}{\pi d^4E}=\frac{lD\sigma}{dE}$	$\frac{1}{8}\cdot\frac{\sigma^2}{E}$

209. 주서 작성법

다음의 주서는 일반적으로 많이 기입하는 것을 나열한 것으로 부품의 재질 및 가공방법 등을 고려하여 선택적으로 기입하면 된다.

1. 일반공차
   가) 가공부 : KS B ISO 2768-m
   나) 주강부 : KS B 0418-B급
   다) 주조부 : KS B 0250-CT11
   라) 프레스 가공부 : KS B 0413 보통급
   마) 전단 가공부 : KS B 0416 보통급
   바) 금속 소결부 : KS B 0417 보통급
   사) 중심거리 : KS B 0420 보통급
   아) 알루미늄 합금부 : KS B 0424 보통급
   자) 알루미늄 합금 다이캐스팅부 : KS B 0415 보통급
   차) 주조품 치수공차 및 절삭여유방식 : KS B 0415 보통급
   카) 단조부 : KS B 0426 보통급(해머, 프레스)
   타) 단조부 : KS B 0427 보통급(업셋팅)
   파) 가스 절단부 : KS B 0408 보통급
2. 도시되고 지시 없는 모떼기는 C1, 필렛 R3
3. 일반 모떼기는 C0.2~0.5
4. √부 외면 명회색 도장
5. 내면 광명단 도장
6. 기어 치부 열처리 HRC50±2
7. ─·─ 표면 열처리 HRC50±2
8. 전체 열처리 HRC50±2
9. 전체 열처리 HRC50±2(니들 롤러베어링, 재료 STB3)
10. 알루미나이트 처리(알루미늄 재질 사용시)
11. 파커라이징 처리
12. 표면거칠기

√	=	50√	Ry200	Rz200	N12
w√	=	12.5√	Ry50	Rz50	N10
x√	=	3.2√	Ry12.5	Rz12.5	N8
y√	=	0.8√	Ry3.2	Rz3.2	N6
z√	=	0.2√	Ry0.8	Rz0.8	N4

210. 표면거칠기 표기법 및 비교표준

1. 표면거칠기 표기법 및 가공법

명칭	다듬질기호 (종래의 심볼)	표면거칠기기호 (새로운 심볼)	가공방법 및 표시(표기)하는 부분
	∼	$\overset{\circ}{\triangledown}$	•기계가공 및 제거가공을 하지 않은 부분으로서 특별히 규정하지 않는다. •주조, 압연, 단조품의 표면
거친 가공부	▽	$\overset{w}{\triangledown}$	•밀링, 선반, 드릴 등 기타 여러 가지 기계가공으로 가공흔적이 뚜렷하게 남을 정도의 거친면 •끼워맞춤이 없는 가공면에 표기한다. •서로 끼워맞춤이 없는 기계가공부에 표기한다.
중다듬질	▽▽	$\overset{x}{\triangledown}$	•기계가공 후 그라인딩(연삭) 가공 등으로 가공흔적이 희미하게 남을 정도의 보통 가공면 •단지 끼워맞춤만 있고 마찰운동은 하지 않는 가공면에 표기한다. •커버와 몸체의 끼워맞춤부, 키홈, 기타 축과 회전체와의 끼워맞춤부 등
상다듬질	▽▽▽	$\overset{y}{\triangledown}$	•기계가공 후 그라인딩(연삭), 래핑 가공 등으로 가공흔적이 전혀 남아 있지 않은 극히 깨끗한 정밀 고급 가공면 •베어링과 같은 정밀가공된 축계기계요소의 끼워맞춤부 •기타 KS, ISO 정밀한 규격품의 끼워맞춤부 •끼워맞춤 후 서로 마찰운동하는 부
정밀 다듬질	▽▽▽▽	$\overset{z}{\triangledown}$	•기계가공 후 그라인딩(연삭), 래핑, 호닝, 버핑 등에 의한 가공으로 광택이 나며, 거울면처럼 극히 깨끗한 초정밀 고급 가공면 •각종 게이지류 측정면 또는 유압실린더 안지름 면 •내연기관의 피스톤, 실린더 접촉면 •베어링 볼, 롤러 외면

2. 표면거칠기 기호 및 상용하는 거칠기 구분치

단위 : μm

다듬질기호 (종래의 심볼)	표면거칠기기호 (새로운 심볼)	산술(중심선) 평균거칠기 (Ra)값	최대높이 (Ry)값	10점 평균거칠기 (Rz)값	비교표준 게이지 번호
∼	$\overset{\circ}{\triangledown}$	특별히 규정하지 않는다.			
▽	$\overset{w}{\triangledown}$	Ra25 Ra12.5	Ry100 Ry50	Rz100 Rz50	N11 N10
▽▽	$\overset{x}{\triangledown}$	Ra6.3 Ra3.2	Ry25 Ry12.5	Rz25 Rz12.5	N9 N8
▽▽▽	$\overset{y}{\triangledown}$	Ra1.6 Ra0.8	Ry6.3 Ry3.2	Rz6.3 Rz3.2	N7 N6
▽▽▽▽	$\overset{z}{\triangledown}$	Ra0.4 Ra0.2 Ra0.1 Ra0.05 Ra0.025	Ry1.6 Ry0.8 Ry0.4 Ry0.2 Ry0.1	Rz1.6 Rz0.8 Rz0.4 Rz0.2 Rz0.1	N5 N4 N3 N2 N1

210. 표면거칠기 표기법 및 비교표준

3. 산술 평균 거칠기(Ra)의 구분치에 따른 표면거칠기 비교표준 범위

단위 : μm

거칠기 구분치		Ra0.025	Ra0.05	Ra0.1	Ra0.2	Ra0.4	Ra0.8	Ra1.6	Ra3.2	Ra6.3	Ra12.5	Ra25	Ra50
Ra 거칠기 범위	최소치	0.02	0.04	0.08	0.17	0.33	0.66	1.3	2.7	5.2	10	21	42
	최대치	0.03	0.06	0.11	0.22	0.45	0.90	1.8	3.6	7.1	14	28	56
비교표준 게이지번호		N1	N2	N3	N4	N5	N6	N7	N8	N9	N10	N11	N12

4. 최대높이(Ry)와 10점평균거칠기(Rz)의 구분차에 따른 표면거칠기 비교표준 범위

단위 : μm

거칠기 구분치		Ry0.1	Ry0.2	Ry0.4	Ry0.8	Ry1.6	Ry3.2	Ry6.3	Ry12.5	Ry25	Ry50	Ry100	Ry200
		Rz0.1	Rz0.2	Rz0.4	Rz0.8	Rz1.6	Rz3.2	Rz6.3	Rz12.5	Rz25	Rz50	Rz100	Rz200
Ry 및 Rz 거칠기 범위	최소치	0.08	0.17	0.33	0.66	1.3	2.7	5.2	10	21	42	83	166
	최대치	0.11	0.22	0.45	0.90	1.8	3.6	7.1	14	28	56	112	224
비교표준 게이지번호		N1	N2	N3	N4	N5	N6	N7	N8	N9	N10	N11	N12

211. 도면 검토 요령

1. 도면의 외관

① 외형선의 색상은 맞는가?(예 : 초록색)
② 숨은선의 색상은 맞는가?(예 : 노란색)
③ 각 중심선의 색상과 선 종류는 맞게 하였는가?(예 : 빨간색 또는 흰색)
④ 도면의 배치는 적절한가?

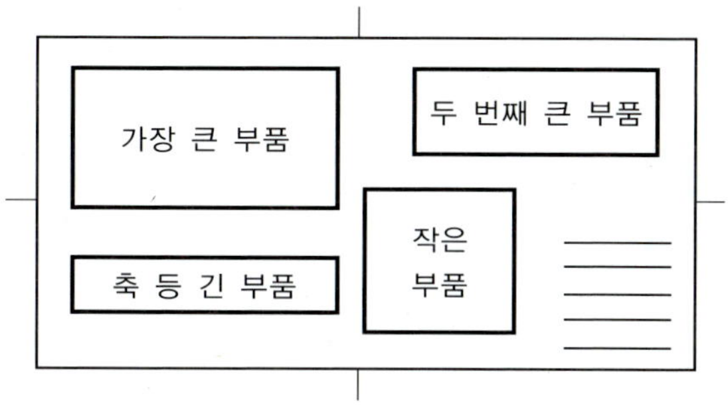

⑤ 테두리선은 도면 범위 안에 그려졌는가?

2. 일반 치수기입

① 부품 전체 높이 치수와 폭 치수는 기입하였는가?
② 조립되는 부분의 끼워맞춤은 적절한가?

구분 / 종류	구멍(구멍 기준)	축
헐거운 끼워맞춤	H7	g6, h6
중간 끼워맞춤	H7	js6(j6) n6
억지 끼워맞춤	H7	p6

3. 키 홈부

① 키 홈 치수는 정확히 기입하였는가?
② 다듬질 기호는 적절한가?

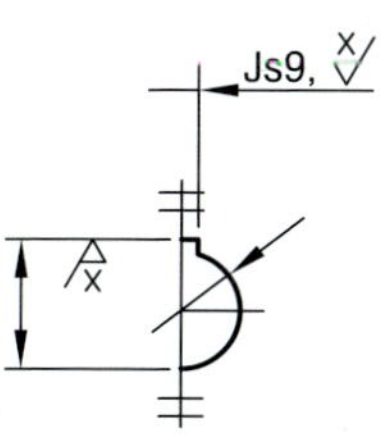

구멍

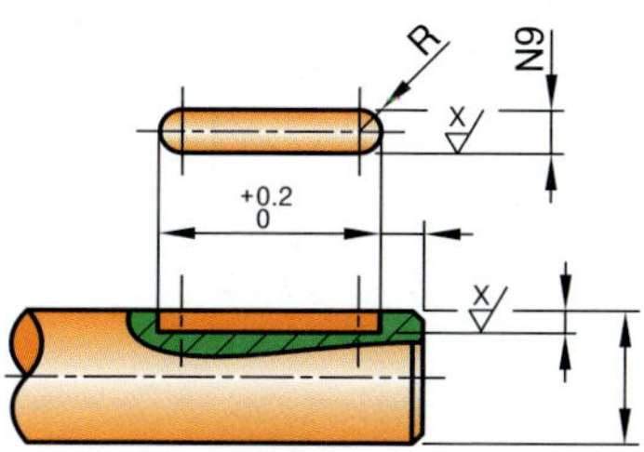

축

4. 베어링부

① 베어링 번호와 맞게 축지름과 하우징의 치수를 결정하고 공차를 기입하였는가?
(일반적으로 하우징 : H8, 축 : k5)
② 베어링이 조립되는 곳(폭)에 공차는 기입하였는가?
③ 베어링이 조립되는 곳에 구석 R은 기입하였는가?

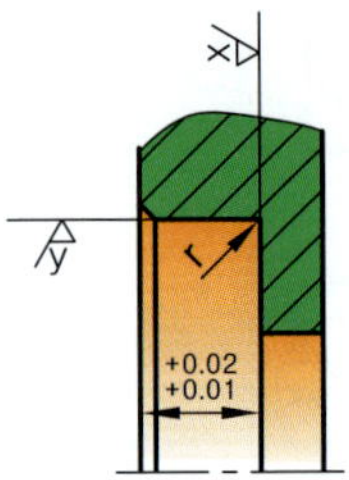

④ 전체 조립공차를 기입하였는가?
⑤ 베어링과 관계된 커버의 조립공차를 기입하였는가?

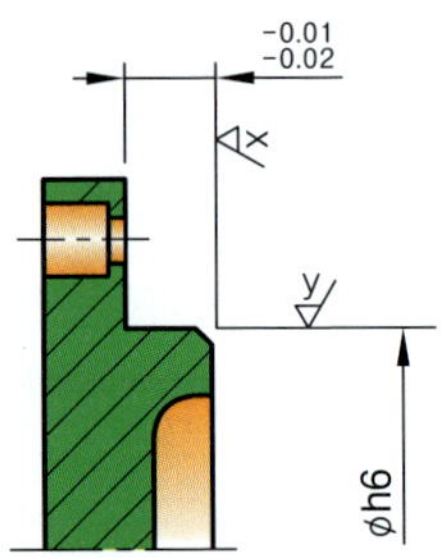

⑥ 같은 축선에 베어링이 2개 이상인 경우 동심도 기하공차를 기입하였는가?

5. 기어부

① 피치원 지름(PCD)을 기입하였는가?(P.C.D=모듈×잇수)
② 바깥지름(D)을 기입하였는가?
③ 요목표는 작성하였는가?
④ 기어치부는 열처리하였는가?
⑤ 다듬질 기호, 기하공차는 적절한가?

6. 주서란

① 기계가공부 주철부 등의 일반공차 표시는 적절한가?
② 열처리 부위는 적절한가?
③ 표면처리 및 도장은 적절한가?
④ 다듬질 기호표는 기입했는가?

7. 표제란

① 요구사항에 맞게 부품을 기입하였는가?
② 각 부품의 명칭은 적절한가?
③ 각 부품별 재료는 적절한가?
④ 각 부품별 수량은 정확한가?
⑤ 각법 기입은 했는가?
⑥ 척도는 올바르게 기입하였는가?

8. 공차 및 다듬질 기호

① 조립부위 조립공차는 적절한가?
② 몸체의 바닥 또는 기하공차의 기준면 다듬질 기호 : $\overset{x}{\triangledown}$
③ 조립부위 다듬질 기호 : $\overset{x}{\triangledown}$
④ 조립하여 회전하는 부위 다듬질 기호 : $\overset{y}{\triangledown}$
⑤ 조립과 상관없는 기계가공부위 : $\overset{w}{\triangledown}$
⑥ 주물 또는 주조 전체 다듬질 기호 : $\overset{\sim}{\triangledown}$

MEMO

Korea Standard

Korea Standard

KS

규격집

기계설계실무

KSD 상세규격

Korea Standard

01. 열간 압연 연강판 및 강대

• 적용범위

이 표준은 일반용 및 드로잉용의 열간 압연 연강판 및 강대(이하 강판 및 강대라 한다.)에 대하여 규정한다.

종류의 기호

종류의 기호	적용 두께 mm	비고
SPHC	1.2 이상 14 이하	일반용
SPHD	1.2 이상 14 이하	드로잉용
SPHE	1.2 이상 6 이하	디프 드로잉용

비고

SPHE는 드로잉성을 높이기 위한 특수한 제조 방법, 예를 들면 킬드처리 등에 의해 제조한다.

화학적 성분

종류의 기호	C	Mn	P	S
SPHC	0.15 이하	0.60 이하	0.050 이하	0.050 이하
SPHD	0.10 이하	0.50 이하	0.040 이하	0.040 이하
SPHE	0.10 이하	0.50 이하	0.030 이하	0.035 이하

기계적 성질

종류의 기호	인장강도 N/mm²	연신율 %					
		두께 1.2mm 이상 1.6mm 미만	두께 1.6mm 이상 2.0mm 미만	두께 2.0mm 이상 2.5mm 미만	두께 2.5mm 이상 3.2mm 미만	두께 3.2mm 이상 4.0mm 미만	두께 4.0mm 이상
SPHC	270 이상	27 이상	29 이상	29 이상	29 이상	31 이상	31 이상
SPHD	270 이상	30 이상	32 이상	33 이상	35 이상	37 이상	39 이상
SPHE	270 이상	31 이상	33 이상	35 이상	37 이상	39 이상	41 이상

01. 열간 압연 연강판 및 강대

두께 허용차

두께	나비			
	1200 미만	1200 이상 1500 미만	1500 이상 1800 미만	1800 이상 2300 이하
1.60 미만	±0.14	±0.15	±0.16a	-
1.60 이상 2.00 미만	±0.16	±0.17	±0.18	±0.21b
2.00 이상 2.50 미만	±0.17	±0.19	±0.21	±0.25b
2.50 이상 3.15 미만	±0.19	±0.21	±0.24	±0.26
3.15 이상 4.00 미만	±0.21	±0.23	±0.26	±0.27
4.00 이상 5.00 미만	±0.24	±0.26	±0.28	±0.29
5.00 이상 6.00 미만	±0.26	±0.28	±0.29	±0.31
6.00 이상 8.00 미만	±0.29	±0.30	±0.31	±0.35
8.00 이상 10.0 미만	±0.32	±0.33	±0.34	±0.40
10.0 이상 12.5 미만	±0.35	±0.36	±0.37	±0.45
12.5 이상 14.0 이하	±0.38	±0.39	±0.40	±0.50

비고

1. 두께의 측정 위치는 테두리에서 20mm 이상 안쪽의 임의의 점으로 한다. 다만 나비 40mm 미만인 경우에는 그 중앙을 측정한다.
2. 강대의 양끝의 정상이 아닌 부분에는 적용하지 않는다.
3. 강대에서 제조되지 않은 강판의 두께 허용차는 인수・인도 당사자 사이에서 협정할 수 있다.
   a. 나비 1600mm 미만에 대하여 적용한다.
   b. 나비 2000mm 미만에 대하여 적용한다.

02. 일반 구조용 압연강재

• 적용범위

이 표준은 다리, 선박, 차량, 그 밖의 구조물에 사용되는 일반 구조용 열간 압연 강재(이하 강재라 한다.)에 대하여 규정한다.

종류의 기호

종류의 기호	적용
SS330	강판, 강대, 평강 및 봉강
SS400	강판, 강대, 형강, 평강 및 봉강
SS490	
SS540	두께 40mm 이하의 강판, 강대, 형강, 평강 및 지름, 변 또는 맞변거리 40mm 이하의 봉강
SS590	

화학적 성분

종류의 기호	C	Mn	P	S
SS330	-	-	0.050 이하	0.050 이하
SS400				
SS490				
SS540	0.30 이하	1.60 이하	0.040 이하	0.040 이하
SS590				

기계적 성질

종류의 기호	항복점 또는 항복강도 N/mm²				인장강도 N/mm²	강재의 두께 a mm	인장 시험편	연신율 %
	강재의 두께 a mm							
	16 이하	16 초과 40 이하	40 초과 100 이하	100 초과 하는 것				
SS330	205 이상	195 이상	175 이상	165 이상	330 ~ 430	강판, 강대, 평강의 두께 5 이하	5호	26 이상
						강판, 강대, 평강의 두께 5 초과 16 이하	1A호	21 이상
						강판, 강대, 평강의 두께 16 초과 40 이하	1A호	26 이상
						강판, 평강의 두께 40 초과하는 것	4호	28 이상
						봉강의 지름, 변 또는 맞변거리 25 이하	2호	25 이상
						봉강의 지름, 변 또는 맞변거리 25 초과하는 것	14A호	28 이상

02. 일반 구조용 압연강재

기계적 성질(계속)

종류의 기호	항복점 또는 항복강도 N/mm²				인장강도 N/mm²	강재의 두께 mm	인장 시험편	연신율 %
	강재의 두께 mm							
	16 이하	16 초과 40 이하	40 초과 100 이하	100 초과 하는 것				
SS400	245 이상	235 이상	215 이상	205 이상	400 ~ 510	강판, 강대, 평강, 형강의 두께 5 이하	5호	21 이상
						강판, 강대, 평강, 형강의 두께 5 초과 16 이하	1A호	17 이상
						강판, 강대, 평강, 형강의 두께 16 초과 40 이하	1A호	21 이상
						강판, 평강, 형강의 두께 40 초과하는 것	4호	23 이상
						봉강의 지름, 변 또는 맞변거리 25 이하	2호	20 이상
						봉강의 지름, 변 또는 맞변거리 25 초과하는 것	14A호	22 이상
SS490	285 이상	275 이상	255 이상	245 이상	490 ~ 610	강판, 강대, 평강, 형강의 두께 5 이하	5호	19 이상
						강판, 강대, 평강, 형강의 두께 5 초과 16 이하	1A호	15 이상
						강판, 강대, 평강, 형강의 두께 16 초과 40 이하	1A호	19 이상
						강판, 평강, 형강의 두께 40 초과하는 것	4호	21 이상
						봉강의 지름, 변 또는 맞변거리 25 이하	2호	18 이상
						봉강의 지름, 변 또는 맞변거리 25 초과하는 것	14A호	20 이상
SS540	400 이상	390 이상	–	–	540 이상	강판, 강대, 평강, 형강의 두께 5 이하	5호	16 이상
						강판, 강대, 평강, 형강의 두께 5 초과 16 이하	1A호	13 이상
						강판, 강대, 평강, 형강의 두께 16 초과 40 이하	1A호	17 이상
						봉강의 지름, 변 또는 맞변거리 25 이하	2호	13 이상
						봉강의 지름, 변 또는 맞변거리 25 초과하는 것	14A호	16 이상
SS590	450 이상	440 이상	–	–	590 이상	강판, 강대, 평강, 형강의 두께 5 이하	5호	14 이상
						강판, 강대, 평강, 형강의 두께 5초과 16 이하	1A호	11 이상
						강판, 강대, 평강, 형강의 두께 16 초과 40 이하	1A호	15 이상
						봉강의 지름, 변 또는 맞변거리 25 이하	2호	10 이상
						봉강의 지름, 변 또는 맞변거리 25 초과 40 이하	14A호	12 이상

03. 용융 아연 도금 강판 및 강대

• 적용범위

이 규격은 질량 백분율로 97% 이상의 아연을 함유한 도금조(다만, 일반적으로 알루미늄을 0.30% 이하로 한다.)에서 양면을 같은 두께로 용융 아연 도금을 한 강판 및 강대(이하 판 및 코일이라 한다.)에 대하여 규정한다. 이 경우 판에는 평판 외에 KS D 3053에 규정된 모양, 치수의 골판을 포함한다.

<표 1> 종류의 기호(열연원판을 사용한 경우)

종류의 기호	적용 표시 두께	적용
SGHC	1.2 이상 6.0 이하	일반용
SGH 340		구조용
SGH 400		
SGH 440		
SGH 490		
SGH 540		

<표 2> 종류의 기호(냉연원판을 사용한 경우)

종류의 기호	적용 표시 두께	적용
SGCC	0.25 이상 3.2 이하	일반용
SGCH	0.11 이상 1.0 이하	일반경질용
SGCD1	0.40 이상 2.3 이하	가공용 1종
SGCD2		가공용 2종
SGCD3	0.60 이상 2.3 이하	가공용 3종
SGC 340	0.25 이상 3.2 이하	구조용
SGC 400		
SGC 440		
SGC 490		
SGC 570	0.25 이상 2.0 이하	

비고

1. SGCD3의 판 및 코일은 주문자의 지정에 의하여 비시효성을 보증하는 경우, 종류의 기호 끝에 N을 붙여 SGCD3N으로 한다.
2. 표 2 이외의 표시 두께를 주문자와 제조자 사이에 협의할 수 있다.
3. 지붕용 및 건축 외판용으로 사용할 때는 표 2의 종류의 기호 끝에 지붕용에는 R, 건축 외판용에는 A를 붙인다. 이 경우 표시 두께 및 도금 부착량은 부속서 A에 따른다.
4. KS D 3053에 따라 골판으로 가공한 경우는 표 2의 종류의 기호에 다시 W 및 골판의 모양 기호를 붙인다. 이 경우 표시 두께 및 도금 부착량은 부속서 B에 따른다.
5. 골판용에는 표 2의 종류 중 일반용, 일반 경질용 및 구조용을 사용한다.

03. 용융 아연 도금 강판 및 강대

항복점, 인장강도 및 연신율(열연 원판을 사용한 경우)

종류의 기호	항복점 N/mm²	인장강도 N/mm²	연신율 %	시험편 및 방향
SGHC	-	-	-	5호 압연방향
SGH 340	245 이상	340 이상	20 이상	
SGH 400	295 이상	400 이상	18 이상	
SGH 440	335 이상	440 이상		
SGH 490	365 이상	490 이상	16 이상	
SGH 540	400 이상	540 이상		

참고
SGHC는 일반적으로 항복점 205N/mm²이상, 인장강도 270N/mm²이상이다.

항복점, 인장강도, 연신율 및 비시효성(냉연 원판을 사용한 경우)

종류의 기호	항복점 N/mm²	인장강도 N/mm²	연신율 %						시험편 및 방향
			표시두께 mm						
			0.25 이상 0.40 미만	0.40 이상 0.60 미만	0.60 이상 1.0 미만	1.0 이상 1.6 미만	1.6 이상 2.5 미만	2.5 이상	
SGCC	-	-	-	-	-	-	-	-	5호 압연 방향
SGCH	-	-	-	-	-	-	-	-	
SGCD1	-	270 이상	-	34 이상	36 이상	37 이상	38 이상	-	
SGCD2	-	270 이상	-	36 이상	38 이상	39 이상	40 이상	-	
SGCD3	-	270 이상	-	38 이상	40 이상	41 이상	42 이상	-	
SGC 340	245 이상	340 이상	20 이상	20 이상	20 이상	20 이상	20 이상	20 이상	
SGC 400	295 이상	400 이상	18 이상	18 이상	18 이상	18 이상	18 이상	18 이상	
SGC 440	335 이상	440 이상	18 이상	18 이상	18 이상	18 이상	18 이상	18 이상	
SGC 490	365 이상	490 이상	16 이상	16 이상	16 이상	16 이상	16 이상	16 이상	
SGC 570	560 이상	570 이상	-	-	-	-	-	-	

비고
1. SGCD3의 판 및 코일에서 비시효성의 지정이 있을 때는, 제조 공장 출하 후 6개월간 비시효성을 보증한다. 비시효성이란 가공할 때 연신 변형이 일어나지 않는 성질을 말한다.
2. 표시두께 0.25mm 미만에서는 원칙적으로 인장시험을 하지 않는다.

참고
1. SGCC는 일반적으로, 항복점 205N/mm²이상, 인장강도 270N/mm²이상이다.
2. SGCH는 어닐링을 하지 않은 재료로서, 일반적으로 로크웰 경도 HRB85 이상, 또는 비커스 경도 HV170 이상(시험 하중은 임의로 한다.)이다.

04. 배관용 탄소 강관

• 적용범위

이 표준은 사용압력이 비교적 낮은 증기, 물(상수도용은 제외), 기름, 가스, 공기 등의 배관에 사용하는 탄소 강관(이하 관이라 한다.)에 대하여 규정한다.

종류 및 기호

종류의 기호	구분	비고
SPP	흑관	아연 도금을 하지 않은 관
	백관	흑관에 아연 도금을 한 관

비고
도면, 대장 · 전표 등에 기호로 백관을 구분할 필요가 있을 경우에는 종류의 기호 끝에 –ZN을 부기한다. 다만, 제품의 표시에는 적용하지 않는다.

화학성분

종류의 기호	화학성분 %	
	P	S
SPP	0.040 이하	0.040 이하

기계적 성질

종류의 기호	인장시험		
	P	S	
	인장강도 N/mm²	연신율 %	
		11호 시험편 12호 시험편	5호 시험편
		세로 방향	가로 방향
SPP	294 이상	30 이상	25 이상

04. 배관용 탄소 강관

두께 8mm 미만인 관의 12호 시험편(세로 방향) 및 5호 시험편(가로 방향)인 경우의연신율 값의 계산 보기

시험편의 모양	두께 구분마다의 연신율 값 %				
	7mm 초과 8mm 미만	6mm 초과 7mm 이하	5mm 초과 6mm 이하	4mm 초과 5mm 이하	3mm 초과 4mm 이하
12호 시험편	30	28	27	26	24
5호 시험편	25	24	22	20	19

치수, 무게 및 치수의 허용차

호칭 지름	바깥지름 mm	바깥지름의 허용차		두께 mm	두께의 허용차	소켓을 포함하지 않은 무게 kg/m
		테이퍼 나사관	기타관			
6	10.5	±0.5mm	±0.5mm	2.0	+규정하지 않음 −12.5%	0.419
8	13.8	±0.5mm	±0.5mm	2.35		0.664
10	17.3	±0.5mm	±0.5mm	2.35		0.866
15	21.7	±0.5mm	±0.5mm	2.65		1.25
20	27.2	±0.5mm	±0.5mm	2.65		1.60
25	34.0	±0.5mm	±0.5mm	3.25		2.45
32	42.7	±0.5mm	±0.5mm	3.25		3.16
40	48.6	±0.5mm	±0.5mm	3.25		3.63
50	60.5	±0.5mm	±1%	3.65		5.12
65	76.3	±0.7mm	±1%	3.65		6.34
80	89.1	±0.8mm	±1%	4.05		8.49
90	101.6	±0.8mm	±1%	4.05		9.74
100	114.3	±0.8mm	±1%	4.5		12.2
125	139.8	±0.8mm	±1%	4.85		16.1
150	165.2	±0.8mm	±1%	4.85		19.2
175	190.7	±0.9mm	±1%	5.3		24.2
200	216.3	±1.0mm	±1%	5.85		30.4
225	241.8	±1.2mm	±1%	6.2		36.0
250	267.4	±1.3mm	±1%	6.40		41.2
300	318.5	±1.5mm	±1%	7.00		53.8
350	355.6	−	±1%	7.60		65.2
400	406.4	−	±1%	7.9		77.6
450	457.2	−	±1%	7.9		87.5
500	508.0	−	±1%	7.9		97.4
550	558.8	−	±1%	7.9		107.0
600	609.6	−	±1%	7.9		117.0

비고

1. 호칭 350 이상의 관의 바깥지름 허용차는 둘레 길이 측정에 따를 수 있다. 이 경우의 허용차는 ±0.5%로 한다. 또한, 바깥지름의 측정에 둘레 길이를 사용할 경우의 판정은, 둘레 길이 실측치 또는 실측치의 환산 지름 중의 어느 하나에 따라도 좋다. 어느 쪽도 동일 허용차(±0.5%)를 적용한다. 다만, 지름(D)과 둘레길이(l)의 상호 환산은 다음 식에 따라서 계산한다.

$l = \pi \cdot D$

여기서, $\pi = 3.1416$

2. 손실한 부분의 국소적인 부분에 대하여는, 두께의 허용차가 위 표를 만족하고 있는 것이 확인될 경우에는 위 표의 바깥지름의 허용차를 적용하지 않는다.
3. 무게의 수치는 $1cm^3$의 강을 7.85g으로 하고, 다음 식에 따라서 계산하여 KS A 3251−1에 따라 유효 숫자 셋째 자리에서 끝맺음한다.

$W = 0.02466t(D-t)$

여기서, W : 관의 무게(kg/m)

t : 관의 두께(mm)

D : 관의 바깥지름(mm)

4. 이 표준에서 사용하는 무게란 질량을 뜻한다.

KSD 상세규격

05. 피아노 선재

• 적용범위

이 규격은 피아노선, 오일템퍼선, PC강선, PC강연선, 와이어로프 등의 제조에 이용하는 피아노 선재(이하 선재라 한다.)에 대하여 규정한다.

종류 및 기호 · 화학성분

종류의 기호	C	Si	Mn	P	S	Cu
SWRS 62A	0.60~0.65	0.12~0.32	0.30~0.60	0.025 이하	0.025 이하	0.20 이하
SWRS 62B	0.60~0.65	0.12~0.32	0.60~0.90	0.025 이하	0.025 이하	0.20 이하
SWRS 67A	0.65~0.70	0.12~0.32	0.30~0.60	0.025 이하	0.025 이하	0.20 이하
SWRS 67B	0.65~0.70	0.12~0.32	0.60~0.90	0.025 이하	0.025 이하	0.20 이하
SWRS 72A	0.70~0.75	0.12~0.32	0.30~0.60	0.025 이하	0.025 이하	0.20 이하
SWRS 72B	0.70~0.75	0.12~0.32	0.60~0.90	0.025 이하	0.025 이하	0.20 이하
SWRS 75A	0.73~0.78	0.12~0.32	0.30~0.60	0.025 이하	0.025 이하	0.20 이하
SWRS 75B	0.73~0.78	0.12~0.32	0.60~0.90	0.025 이하	0.025 이하	0.20 이하
SWRS 77A	0.75~0.80	0.12~0.32	0.30~0.60	0.025 이하	0.025 이하	0.20 이하
SWRS 77B	0.75~0.80	0.12~0.32	0.60~0.90	0.025 이하	0.025 이하	0.20 이하
SWRS 80A	0.78~0.83	0.12~0.32	0.30~0.60	0.025 이하	0.025 이하	0.20 이하
SWRS 80B	0.78~0.83	0.12~0.32	0.60~0.90	0.025 이하	0.025 이하	0.20 이하
SWRS 82A	0.80~0.85	0.12~0.32	0.30~0.60	0.025 이하	0.025 이하	0.20 이하
SWRS 82B	0.80~0.85	0.12~0.32	0.60~0.90	0.025 이하	0.025 이하	0.20 이하
SWRS 87A	0.85~0.90	0.12~0.32	0.30~0.60	0.025 이하	0.025 이하	0.20 이하
SWRS 87B	0.85~0.90	0.12~0.32	0.60~0.90	0.025 이하	0.025 이하	0.20 이하
SWRS 92A	0.90~0.95	0.12~0.32	0.30~0.60	0.025 이하	0.025 이하	0.20 이하
SWRS 92B	0.90~0.95	0.12~0.32	0.60~0.90	0.025 이하	0.025 이하	0.20 이하

표준지름
5.5, 6, 6.4, 7, 8, 9, 9.5, 10, 11, 12, 13, 14

MEMO

06. 경강선

• 적용범위

이 규격은 경강선(이하 선이라 한다.)에 대하여 규정한다.

종류, 기호 및 적용 선지름

종류	기호	적용선 지름	적요
경강선 A종	SW-A	0.08mm 이상 10.0mm 이하	-
경강선 B종	SW-B	0.08mm 이상 13.0mm 이하	주로 정하중을 받는 스프링용
경강선 C종	SW-C		

비틀림 횟수

선지름	비틀림 횟수
선지름 0.70mm 이상 2.00mm 이하	20회 이상
선지름 2.00mm 초과 3.50mm 이하	15회 이상
선지름 3.50mm 초과 6.00mm 이하	10회 이상

표준 선지름

0.08	0.09	0.10	0.12	0.14	0.16	0.18	0.20	0.23	0.26
0.29	0.32	0.35	0.40	0.45	0.50	0.55	0.60	0.65	0.70
0.80	0.90	1.00	1.20	1.40	1.60	1.80	2.00	2.30	2.60
2.90	3.20	3.50	4.00	4.50	5.00	5.50	6.00	6.50	7.00
8.00	9.00	10.0	11.0	12.0	13.0				

선지름의 허용차 및 편경차

선지름	허용차	편경차
0.08 이상 0.10 이하	±0.006	0.006 이하
0.10 초과 0.20 이하	±0.008	0.008 이하
0.20 초과 0.50 이하	±0.015	0.015 이하
0.50 초과 1.00 이하	±0.020	0.020 이하
1.00 초과 2.00 이하	±0.030	0.030 이하
2.00 초과 3.20 이하	±0.040	0.040 이하
3.20 초과 5.50 이하	±0.050	0.050 이하
5.50 초과 8.50 이하	±0.060	0.060 이하
8.50 초과 13.0 이하	±0.070	0.070 이하

06. 경강선

기계적 성질 및 인장강도

표준지름[1] mm	SW-A	인장강도(N/mm²) SW-B	SW-C
0.08	2,110~2,450	2,450~2,790	2,790~3,140
0.09	2,060~2,400	2,400~2,750	2,750~3,090
0.10	2,010~2,350	2,350~2,700	2,700~3,040
0.12	1,960~2,300	2,300~2,650	2,650~2,990
0.14	1,960~2,260	2,260~2,600	2,600~2,940
0.16	1,910~2,210	2,210~2,550	2,550~2,890
0.18	1,910~2,210	2,210~2,500	2,500~2,840
0.20	1,910~2,210	2,210~2,500	2,500~2,790
0.23	1,860~2,160	2,160~2,450	2,450~2,750
0.26	1,810~2,110	2,110~2,400	2,400~2,700
0.29	1,770~2,060	2,060~2,350	2,350~2,650
0.32	1,720~2,010	2,010~2,300	2,300~2,600
0.35	1,720~2,010	2,010~2,300	2,300~2,600
0.40	1,670~1,960	1,960~2,260	2,260~2,550
0.45	1,620~1,910	1,910~2,210	2,210~2,500
0.50	1,620~1,910	1,910~2,210	2,210~2,500
0.55	1,570~1,860	1,860~2,160	2,160~2,450
0.60	1,570~1,810	1,810~2,110	2,110~2,400
0.65	1,570~1,810	1,810~2,110	2,110~2,400
0.70	1,520~1,770	1,770~2,060	2,060~2,350
0.80	1,520~1,770	1,770~2,010	2,010~2,300
0.90	1,520~1,770	1,770~2,010	2,010~2,260
1.00	1,470~1,720	1,720~1,960	1,960~2,210
1.20	1,420~1,670	1,670~1,910	1,910~2,160
1.40	1,370~1,620	1,620~1,860	1,860~2,110
1.60	1,320~1,570	1,570~1,810	1,810~2,060
1.80	1,270~1,520	1,520~1,770	1,770~2,010
2.00	1,270~1,470	1,470~1,720	1,720~1,960
2.30	1,230~1,420	1,420~1,670	1,670~1,910
2.60	1,230~1,420	1,420~1,670	1,670~1,910
2.90	1,180~1,370	1,370~1,620	1,620~1,860
3.20	1,180~1,370	1,370~1,570	1,570~1,810
3.50	1,180~1,370	1,370~1,570	1,570~1,770
4.00	1,180~1,370	1,370~1,570	1,570~1,770
4.50	1,130~1,320	1,320~1,520	1,520~1,720
5.00	1,130~1,320	1,320~1,520	1,520~1,720
5.50	1,080~1,270	1,270~1,470	1,470~1,670
6.00	1,030~1,230	1,230~1,420	1,420~1,620
6.50	1,030~1,230	1,230~1,420	1,420~1,620
7.00	980~1,180	1,180~1,370	1,370~1,570
8.00	980~1,180	1,180~1,370	1,370~1,570
9.00	930~1,130	1,130~1,320	1,320~1,520
10.0	930~1,130	1,130~1,320	1,320~1,520
11.0	-	1,080~1,270	1,270~1,470
12.0	-	1,080~1,270	1,270~1,470
13.0	-	1,030~1,230	1,230~1,420

주

(1) 표준 선지름은 1에 따른다.

비고

중간에 있는 선지름에 대하여는 그것보다 큰 표준 선지름의 값을 사용한다.

07. 재생 강재

• 적용범위

이 규격은 재생 강재의 봉강, 평강 및 등변 ㄱ형강(이하 강재라 한다.)에 대하여 규정한다.

종류의 기호 및 제조방법을 나타내는 기호

종류의 기호	제조방법을 나타내는 기호
SRB 330 SRB 380 SRB 480	평강 : F 형강 : A 봉강 : B

기계적 성질

구분	종류의 기호	인장강도 N/mm²	항복점 N/mm²	인장 시험편	연신율 %	굽힘성	
						굽힘각도	안쪽반지름
평강 등변 ㄱ형강	SRB 330	330~400	-	1A호	두께 9mm 미만 21 이상 두께 9mm 이상 25 이상	180°	밀착
	SRB 380	380~520	235 이상	1A호	두께 9mm 미만 17 이상 두께 9mm 이상 20 이상	180°	두께의 1.5배
	SRB 480	480~620	295 이상	1A호	두께 9mm 미만 15 이상 두께 9mm 이상 18 이상	180°	두께의 2.0배
봉강	SRB 330	330~400	-	2호 14A호	15 이상 27 이상	180°	밀착
	SRB 380	380~520	235 이상	2호 14A호	20 이상 22 이상	180°	지름, 변 또는 맞변거리의 1.5배
	SRB 480	480~620	295 이상	2호 14A호	16 이상 18 이상	180°	지름, 변 또는 맞변거리의 2.0배

비고

1N/mm² = 1MPa

인장시험을 생략하여도 좋은 강재	
평강, 등변ㄱ형강	두께 6mm 미만의 것
봉강	지름 또는 맞변거리 6mm 미만의 것

07. 재생 강재

강재의 치수허용차

구분			치수허용차
평강	두께	두께 6mm 미만	±0.4mm
		두께 6mm 이상 9mm 미만	±0.5mm
		두께 9mm 이상	±6%
	나비	나비 25mm 이하	±0.8mm
		나비 25mm 초과 50mm 이하	±1.0mm
		나비 50mm를 초과하는 것	±2mm
	길이	길이 7,000mm 이하	$^{+40}_{0}$mm
		길이 7,000mm를 초과하는 것	+측 허용차는 길이 1,000mm가 증가할 때마다 위의 허용차에 5mm를 더 한다. 다만, 최대 120mm로 한다. -측 허용차는 0으로 한다.
등변 ㄱ 형강	플랜지 나비	나비 30mm 이하	±1.0mm
		나비 30mm 초과 75mm 이하	±1.5mm
		나비 75mm를 초과하는 것	±2mm
	두께	두께 4mm 이하	±0.5mm
		두께 4mm 초과 6mm 이하	±0.6mm
		두께 6mm 초과 7.5mm 이하	±0.7mm
		두께 7.5mm 초과 13mm 이하	±0.8mm
		두께 13mm를 초과하는 것	±6%
	길이	길이 7,000mm 이하	$^{+40}_{0}$mm
		길이 7,000mm를 초과하는 것	+측 허용차는 길이 1,000mm가 증가할 때마다 위의 허용차에 5mm를 더 한다. 다만, 최대 120mm로 한다. -측 허용차는 0으로 한다.
봉강	지름, 변 또는 맞변 거리	13mm 이하	±0.4mm
		13mm 초과 25 mm 이하	±0.5mm
		25mm를 초과하는 것	±2%
	길이	길이 7,000mm 이하	$^{+400}_{0}$mm
		길이 7,000mm를 초과하는 것	+측 허용차는 길이 1,000mm가 증가할 때마다 위의 허용차에 5mm를 더 한다. 다만, 최대 120mm로 한다. -측 허용차는 0으로 한다.

강재의 무게허용차

구분		무게허용차	적요
평강 등변ㄱ형강 봉강	단면적 250mm² 미만	200kg 미만인 경우 ±10% 200kg 이상인 경우 ±7%	같은 치수인 것을 1조로 계량한다.
	단면적 250mm² 이상	1t 미만인 경우 ±6% 1t 이상인 경우 ±5%	

08. 냉간 압연 강판 및 강대

• 적용범위

이 규격은 냉간 압연 강판 및 강대(이하 강판 및 강대라 한다.)에 대하여 규정하고, 마대강(나비 500mm 미만으로 냉간 압연된 강대) 및 마대강에서 절단된 강판을 포함한다.

종류의 기호

종류의 기호	적요
SPCC	일반용
SPCD	드로잉용
SPCE	딥드로잉용
SPCF	비시효성 딥드로잉
SPCG	비시효성 초(超) 딥드로잉

비고

1. SPCC의 표준 조질 및 어닐링한 강판 및 강대는 주문자의 지정에 따라 인장강도 및 연신율을 보증하는 경우, 종류의 기호 끝에 T를 붙여 SPCCT로 한다.
2. SPCG는 일반적으로 IF강으로 제조한다. 또한 IF는 고용한 C 및 N이 극히 작게 되는 방법으로 제조한 강을 말한다.

조질구분

조질구분	조질기호
어닐링상태	A
표준조질	S
1/8 경질	8
1/4 경질	4
1/2 경질	2
경질	1

표면마무리구분

표면마무리구분	표면마무리기호	적요
무광택마무리(Dull finishing)	D	물리적 또는 화학적으로 표면을 거칠게 한 롤광택을 없앤 것
광택마무리(Bright finishing)	B	매끈하게 마무리한 롤로 매끄럽게 마무리한 것

비고

어닐링한 강판 및 강대에는 위 표의 규정은 적용하지 않는다.

08. 냉간 압연 강판 및 강대

화학성분

종류의 기호	C	Mn	P	S
SPCC	0.15 이하	0.60 이하	0.050 이하	0.050 이하
SPCD	0.12 이하	0.50 이하	0.040 이하	0.040 이하
SPCE	0.10 이하	0.45 이하	0.030 이하	0.030 이하
SPCF	0.08 이하	0.45 이하	0.030 이하	0.030 이하
SPCGa	0.02 이하	0.25 이하	0.020 이하	0.020 이하

비고

필요에 의해 위 표 이외의 합금 원소를 첨가해도 좋다.

[a] Mn, P 또는 S의 상한값은 주문자와 제조자 간의 협의에 따라 조정해도 좋다.

항복점 또는 항복강도, 인장강도, 연신율 및 비시효성

종류의 기호	항복점 또는 항복강도 N/mm^2	인장강도 N/mm^2	연신율 %							인장시험편
	호칭두께에 따른 구분 mm									
	0.25 이상	0.25 이상	0.25 이상 0.30 미만	0.30 이상 0.40 미만	0.40 이상 0.60 미만	0.60 이상 1.0 미만	1.0 이상 1.6 미만	1.6 이상 2.5 미만	2.5 이상	
SPCC	-	-	-	-	-	-	-	-	-	5호 시험편 압연방향[b]
SPCCT[a]	-	270 이상	28 이하	31 이상	34 이상	36 이상	37 이상	38 이상	39 이상	
SPCD	(240 이하)	270 이상	30 이상	33 이상	36 이상	38 이상	39 이상	40 이상	41 이상	
SPCE	(220 이하)	270 이상	32 이상	35 이상	38 이상	40 이상	41 이상	42 이상	43 이상	
SPCF	(210 이하)	270 이상	-	-	40 이상	42 이상	43 이상	44 이상	45 이상	
SPCG	(190 이하)	270 이상	-	-	42 이상	44 이상	45 이상	46 이상	-	

비고

1. 두께 0.6mm 미만에 대해서는 원칙적으로 인장시험을 생략한다.
2. 표준 조질에서 펄라이트 연마한 강판 및 강대에 대해서는 위 표의 연신율 규정을 적용하지 않는다.
3. SPCF 및 SPCG는 제조공장 출하 후 6개월간 비시효성을 보증한다.
4. 항복점 또는 항복강도의 괄호부 상한값은 참고값이며 주문자와 제조자 간의 협의에 따라 적용해도 좋다.
5. $1N/mm^2$ = 1MPa

[a] SPCC 중 인장강도 및 연신율을 보증하는 것

[b] 5호 시험편을 채취할 수 없는 경우, 시험편 형상 및 연신율은 주문자와 제조자 간의 협의에 따른다.

09. 용접 구조용 압연 강재

• 적용범위

이 규격은 다리, 선박, 차량, 석유저장조, 용기, 그 밖의 구조물에 사용하는 열간 압연 강재(이하 강재라 한다.)로 특히 용접성이 뛰어난 것에 대하여 규정한다.

〈표 1〉 종류의 기호

종류의 기호	적용 두께 mm
SM400A	강판, 강대, 형강 및 평강 200 이하
SM400B	
SM400C	강판, 강대, 형강 및 평강 100 이하
SM490A	강판, 강대, 형강 및 평강 200 이하
SM490B	
SM490C	강판, 강대, 형강 및 평강 100 이하
SM490YA	강판, 강대, 형강 및 평강 100 이하
SM490YB	
SM520B	강판, 강대, 형강 및 평강 100 이하
SM520C	강판, 강대, 형강 및 평강 100 이하
SM570	강판, 강대, 형강 및 평강 100 이하

비고

1. SM520B, SM520C, SM570은 주문자와 제조자 사이의 협정에 따라 두께 150mm까지의 강판을 제조하여도 좋다.
2. SM400C 및 SM490C에 대하여는 두께 75mm, SM520C에 대하여는 두께 50mm까지 주문자와 제조자 사이의 협정에 따라 평강을 제조하여도 좋다.

〈표 2〉 화학성분

종류의 기호	C	Si	Mn	P	S
SM400A	두께 50mm 이하 0.23 이하 두께 50mm 초과 0.25 이하 200mm 이하	-	2.5×C 이상[a]	0.035 이하	0.035 이하
SM400B	두께 50mm 이하 0.20 이하 두께 50mm 초과 0.22 이하 200mm 이하	0.35 이하	0.60~1.40	0.035 이하	0.035 이하
SM400C	두께 100mm 이하 0.18 이하	0.35 이하	1.40 이하	0.035 이하	0.035 이하
SM490A	두께 50mm 이하 0.20 이하 두께 50mm 초과 0.22 이하 200mm 이하	0.55 이하	1.60 이하	0.035 이하	0.035 이하
SM490B	두께 50mm 이하 0.18 이하 두께 50mm 초과 0.20 이하 200mm 이하	0.55 이하	1.60 이하	0.035 이하	0.035 이하
SM490C	두께 100mm 이하 0.18 이하	0.55 이하	1.60 이하	0.035 이하	0.035 이하
SM490YA	두께 100mm 이하 0.20 이하	0.55 이하	1.60 이하	0.035 이하	0.035 이하
SM490YB					
SM520B	두께 100mm 이하 0.20 이하	0.55 이하	1.60 이하	0.035 이하	0.035 이하
SM520C					
SM570	두께 100mm 이하 0.18 이하	0.55 이하	1.60 이하	0.035 이하	0.035 이하

비고

1. 필요에 따라 표 2 이외의 합금 원소를 첨가할 수 있다.
2. SM520B, SM520C 및 SM570의 두께 100mm를 초과하고 150mm 이하인 강판의 화학성분은 주문자와 제조자 사이의 협정에 따른다.
3. 제품 분석의 경우 레이들 분석과의 편차는 KS D 0228의 표 1에 따른다.

[a] C의 값은 레이들 분석값을 적용한다.

09. 용접 구조용 압연 강재

〈표 3〉 항복점 또는 항복강도, 인장강도

종류의 기호	항복점 또는 항복강도 N/mm²						인장강도 N/mm²	
	강재의 두께[a] mm						강재의 두께[a] mm	
	16 이하	16 초과 40 이하	40 초과 75 이하	75 초과 100 이하	100 초과 160 이하	160 초과 200 이하	100 이하	100 초과 200 이하
SM400A SM400B	245 이상	235 이상	215 이상	215 이상	205 이상	195 이상	400~510	400~510
SM400C					-	-		
SM490A SM490B	325 이상	315 이상	295 이상	295 이상	285 이상	275 이상	490~610	490~610
SM490C					-	-		
SM490YA SM490YB	365 이상	355 이상	335 이상	325 이상	-	-	490~610	-
SM520B SM520C	365 이상	355 이상	335 이상	325 이상	-	-	520~640	-
SM570	460 이상	450 이상	430 이상	420 이상	-	-	570~720	-

10. 기계 구조용 탄소강 강관

• 적용범위

이 표준은 기계, 자동차, 자전거, 가구, 기구, 기타 기계 부품에 사용하는 탄소 강관(이하 관이라 한다.)에 대하여 규정한다.

종류 기호 및 화학성분

종류		기호	화학성분 %					
			C	Si	Mn	P	S	Nb 또는 V
11종	A	STKM 11 A	0.12 이하	0.35 이하	0.60 이하	0.040 이하	0.040 이하	-
12종	A	STKM 12 A	0.20 이하	0.35 이하	0.60 이하	0.040 이하	0.040 이하	-
	B	STKM 12 B						
	C	STKM 12 C						
13종	A	STKM 13 A	0.25 이하	0.35 이하	0.30~0.90	0.040 이하	0.040 이하	-
	B	STKM 13 B						
	C	STKM 13 C						
14종	A	STKM 14 A	0.30 이하	0.35 이하	0.30~1.00	0.040 이하	0.040 이하	-
	B	STKM 14 B						
	C	STKM 14 C						
15종	A	STKM 15 A	0.25~0.35	0.35 이하	0.30~1.00	0.040 이하	0.040 이하	-
	C	STKM 15 C						
16종	A	STKM 16 A	0.35~0.45	0.40 이하	0.40~1.00	0.040 이하	0.040 이하	-
	C	STKM 16 C						
17종	A	STKM 17 A	0.45~0.55	0.40 이하	0.40~1.00	0.040 이하	0.040 이하	-
	C	STKM 17 C						
18종	A	STKM 18 A	0.18 이하	0.55 이하	1.50 이하	0.040 이하	0.040 이하	-
	B	STKM 18 B						
	C	STKM 18 C						
19종	A	STKM 19 A	0.25 이하	0.55 이하	1.50 이하	0.040 이하	0.040 이하	-
	C	STKM 19 C						
20종	A	STKM 20 A	0.25 이하	0.55 이하	1.60 이하	0.040 이하	0.040 이하	0.15 이하

비고

1. 킬드강이고 또한 주문자가 제품 분석을 요구한 경우, 표기값에 대한 허용 변동값은 KS D 0228 중에서 이음매 없는 강관 및 전기 저항 용접 강관, 단접 강관은 위 표에 따른다.
2. 15종의 관은 전기 저항 용접 강관의 경우 인수·인도 당사자 사이의 협의에 따라 C의 하한값을 변경할 수 있다.
3. 20종의 관은 Nb 및 V를 복합하여 첨가할 수 있다. 이 경우 Nb+V의 양은 0.15% 이하로 한다.

10. 기계 구조용 탄소강 강관

기계적 성질

종류		기호	인장강도 N/mm²	항복점 또는 항복강도 N/mm²	연신율 %	
					4호 시험편 11호 시험편 12호 시험편 세로 방향	4호 시험편 5호 시험편 가로 방향
11종	A	STKM 11 A	290 이상	-	35 이상	30 이상
12종	A	STKM 12 A	340 이상	175 이상	35 이상	30 이상
	B	STKM 12 B	390 이상	275 이상	25 이상	20 이상
	C	STKM 12 C	470 이상	355 이상	20 이상	15 이상
13종	A	STKM 13 A	370 이상	215 이상	30 이상	25 이상
	B	STKM 13 B	440 이상	305 이상	20 이상	15 이상
	C	STKM 13 C	510 이상	380 이상	15 이상	10 이상
14종	A	STKM 14 A	410 이상	245 이상	25 이상	20 이상
	B	STKM 14 B	500 이상	355 이상	15 이상	10 이상
	C	STKM 14 C	550 이상	410 이상	15 이상	10 이상
15종	A	STKM 15 A	470 이상	275 이상	22 이상	17 이상
	C	STKM 15 C	580 이상	430 이상	12 이상	7 이상
16종	A	STKM 16 A	510 이상	325 이상	20 이상	15 이상
	C	STKM 16 C	620 이상	460 이상	12 이상	7 이상
17종	A	STKM 17 A	550 이상	345 이상	20 이상	15 이상
	C	STKM 17 C	650 이상	480 이상	10 이상	5 이상
18종	A	STKM 18 A	440 이상	275 이상	25 이상	20 이상
	B	STKM 18 B	490 이상	315 이상	23 이상	18 이상
	C	STKM 18 C	510 이상	380 이상	15 이상	10 이상
19종	A	STKM 19 A	490 이상	315 이상	23 이상	18 이상
	C	STKM 19 C	550 이상	410 이상	15 이상	10 이상
20종	A	STKM 20 A	540 이상	390 이상	23 이상	18 이상

비고

1. 두께 8mm 미만의 관을 12호 또는 5호의 시험편으로 인장 시험을 할 때 연신율의 최소값은 관의 두께가 8mm보다 얇으면 매 1mm 감소에 대하여 1.5%의 비율로 표기의 연신율에서 뺀 것으로 하고 KS A 3251-1에 의하여 정수값으로 끝맺음한다.
2. 바깥지름 40mm 이하의 관에 대하여는 표기의 연신율을 적용하지 않는다. 다만 특별히 필요가 있는 경우에는 인수·인도 당사자 사이의 협의에 따른다.
3. 전기 저항 용접 강관 및 단접 강관으로부터 인장 시험편을 채취할 때 12호 또는 5호 시험편은 이음매를 포함하지 않는 부분에서 채취한다.
4. 편평 시험에서 평판 간의 거리(H)의 최소값은 두께의 5배로 한다.

11. 자동차 구조용 열간 압연 강판 및 강대

• 적용범위

이 표준은 주로 자동차의 프레임, 바퀴 등에 사용되는 프레스 가공성을 가지는 구조용 열간 압연 강판 및 강대(이하 강판 및 강대라 한다.)에 대하여 규정한다.

종류의 기호

종류의 기호	적용 두께
SAPH 310	1.6mm 이상 14mm 이하
SAPH 370	
SAPH 400	
SAPH 440	

화학적 성분

종류의 기호	화학성분 %	
	P	S
SAPH 310	0.040 이하	0.040 이하
SAPH 370		
SAPH 400		
SAPH 440		

기계적 성질

종류의 기호	인장 시험									
	인장 강도 N/mm²	항복점 N/mm²			연신율 %(압연 방향)					
					5호 시험편					
		두께 600 미만	두께 6mm 이상 8mm 미만	두께 8mm 이상 14mm 미만	두께 1.6mm 이상 2.0mm 미만	두께 2.0mm 이상 2.5mm 미만	두께 2.5mm 이상 3.15mm 미만	두께 3.15mm 이상 4.0mm 미만	두께 4.0mm 이상 6.3mm 미만	두께 6.3mm 이상 14mm 미만
SAPH 310	-	(185) 이상	(185) 이상	(185) 이상	33 이상	34 이상	36 이상	38 이상	40 이상	41 이상
SAPH 370	370 이상	225 이상	225 이상	215 이상	32 이상	33 이상	35 이상	36 이상	37 이상	38 이상
SAPH 400	400 이상	255 이상	235 이상	235 이상	31 이상	32 이상	34 이상	35 이상	36 이상	37 이상
SAPH 440	440 이상	305 이상	295 이상	275 이상	29 이상	30 이상	32 이상	33 이상	34 이상	35 이상

비고

1. 강대 양 끝의 정상이 아닌 부분에는 적용하지 않는다.
2. (   ) 안의 수치는 참고값이다.
3. $1N/mm^2 = 1MPa$

MEMO

12. 고속도 공구강 강재(High speed tool steels)

• 적용범위

이 표준은 열간 압연 또는 단조에 의하여 만든 고속도 공구강 강재(이하 강재라 한다.)에 대하여 규정한다.

종류기호 및 용도

종류의 기호	열처리 온도 ℃		퀜칭 템퍼링 경도 HRC	용도 보기(참고)	분류
	퀜칭	템퍼링			
SKH 2	1,260	560	63 이상	일반 절삭용 기타 각종공구	텅스텐계 고속도 공구강 강재
SKH 3	1,270	560	64 이상	고속 중 절삭용 기타 각종공구	
SKH 4	1,270	560	64 이상	난삭재 절삭용 기타 각종공구	
SKH 10	1,230	560	64 이상	고난삭재 절삭용 기타 각종공구	
SKH 40	1,180	560	65 이상	경도, 인성, 내마모성을 필요로 하는 일반절삭용, 기타 각종공구	분말야금으로 제조한 몰리브데넘계 고속도공구강 강재
SKH 50	1,190	560	63 이상	연성을 필요로 하는 일반절삭용, 기타 각종공구	몰리브데넘계 고속도 공구강 강재
SKH 51	1,220	560	64 이상		
SKH 52	1,200	560	64 이상	비교적 인성을 필요로 하는 고경도재 절삭용 기타 각종 공구	
SKH 53	1,200	560	64 이상		
SKH 54	1,210	560	64 이상	고난삭재 절삭용 기타 각종 공구	
SKH 55	1,210	560	64 이상	비교적 인성을 필요로 하는 고속 중 절삭용 기타 각종공구	
SKH 56	1,210	560	64 이상		
SKH 57	1,230	560	64 이상	고난삭재 절삭용 기타 각종공구	
SKH 58	1,200	560	64 이상	인성을 필요로 하는 일반절삭용 기타 각종공구	
SKH 59	1,190	550	66 이상	비교적 인성을 필요로 하는 고속 중 절삭용 기타 각종공구	

참고

KS의 종류 기호와 대응하는 ISO 기호를 부속서A에 나타내었다.

비고

각 종류마다 템퍼링은 2회 반복한다.

12. 고속도 공구강 강재(High speed tool steels)

단위 : %

화학성분(%)

종류의 기호	화학성분 % [a, b]									
	C	Si	Mn	P	S	Cr	Mo	W	V	Co
SKH 2	0.73~ 0.83	0.45 이하	0.40 이하	0.03 이하	0.03 이하	3.80~ 4.50	-	17.20~ 18.70	1.00~ 1.20	-
SKH 3	0.73~ 0.83	0.45 이하	0.40 이하	0.03 이하	0.03 이하	3.80~ 4.50	-	17.00~ 19.00	0.80~ 1.20	4.50~ 5.50
SKH 4	0.73~ 0.83	0.45 이하	0.40 이하	0.03 이하	0.03 이하	3.80~ 4.50	-	17.00~ 19.00	1.00~ 1.50	9.00~ 11.00
SKH 10	1.45~ 1.6	0.45 이하	0.40 이하	0.03 이하	0.03 이하	3.80~ 4.50		11.50~ 13.50	4.20~ 5.20	4.20~ 5.20
SKH 40	1.23~ 1.33	0.45 이하	0.40 이하	0.03 이하	0.03 이하	3.80~ 4.50	4.70~ 5.30	5.70~ 6.70	2.70~ 3.20	8.00~ 8.80
SKH 50	0.77~ 0.87	0.70 이하	0.45 이하	0.03 이하	0.03 이하	3.50~ 4.50	8.00~ 9.00	1.40~ 2.00	1.00~ 1.40	-
SKH 51	0.80~ 0.88	0.45 이하	0.40 이하	0.03 이하	0.03 이하	3.80~ 4.50	4.70~ 5.20	5.90~ 6.70	1.70~ 2.10	-
SKH 52	1.00~ 1.10	0.45 이하	0.40 이하	0.03 이하	0.03 이하	3.80~ 4.50	5.50~ 6.70	5.90~ 6.70	2.30~ 2.60	-
SKH 53	1.10~ 1.25	0.45 이하	0.40 이하	0.03 이하	0.03 이하	3.80~ 4.50	4.70~ 5.20	5.90~ 6.70	2.70~ 3.20	-
SKH 54	1.25~ 1.40	0.45 이하	0.40 이하	0.03 이하	0.03 이하	3.80~ 4.50	4.20~ 50	5.20~ 6.00	3.70~ 4.20	-
SKH 55	0.85~ 0.95	0.45 이하	0.40 이하	0.03 이하	0.03 이하	3.80~ 4.50	4.70~ 5.20	5.90~ 6.70	1.70~ 2.10	4.50~ 5.00
SKH 56	0.85~ 0.95	0.45 이하	0.40 이하	0.03 이하	0.03 이하	3.80~ 4.50	4.70~ 5.20	5.90~ 6.70	1.70~ 2.10	7.00~ 9.00
SKH 57	1.20~ 1.35	0.45 이하	0.40 이하	0.03 이하	0.03 이하	3.80~ 4.50	3.20~ 3.90	9.00~ 10.00	3.00~ 3.50	9.50~ 10.50
SKH 58	0.95~ 1.05	0.70 이하	0.40 이하	0.03 이하	0.03 이하	3.50~ 4.50	8.20~ 9.20	1.50~ 2.10	1.70~ 2.20	-
SKH 59	1.00~ 1.15	0.70 이하	0.40 이하	0.03 이하	0.03 이하	3.50~ 4.50	9.00~ 10.00	1.20~ 1.90	0.90~ 1.30	7.50~ 8.50

[a] 위 표의 규정에 없는 원소는 주문자와 제조자 사이의 협정이 없는 한 용강을 마무리할 목적 이외에는 의도적으로 첨가하여서는 안 된다.
[b] 각 종류마다 불순물로서 Cu 0.25%, Ni 0.25%를 넘지 않아야 한다.

13. 중공강 강재(Hollow drill steels)

• **적용범위**

이 규격은 착암기용 로드, 연결 로드 또는 인서트 비트(insert bit) 등에 사용하는 중공강 강재(이하 강재라 한다.)에 대하여 규정한다.

종류 기호 및 용도

종류	기호	경도	적요
3종	SKC 3	HB	로드용
11종	SKC 11	229~302	로드 또는 인서트 비트용
24종	SKC 24	285~375	로드 또는 인서트 비트용
31종	SKC 31	269~352	로드 또는 인서트 비트용

비고

1. 특정 경도를 필요로 할 때에는 그 경도에 대하여 미리 주문자와 제조자 사이에 협의하여야 한다.
2. SKC 31은 침탄하여 사용하므로 특별히 경도를 지정하지 않는다.

단위 : %

화학성분(%)

기호	화학성분							
	C	Si	Mn	P	S	Ni	Cr	Mo
SKC 3	0.70~0.85	0.15~0.35	0.50 이하	0.030 이하	0.030 이하	-	-	-
SKC 11	0.85~1.10	0.15~0.35	0.50 이하	0.030 이하	0.030 이하	0.20 이하	0.80~1.50	-
SKC 24	0.33~0.43	0.15~0.35	0.30~1.00	0.030 이하	0.030 이하	2.50~3.50	0.30~0.70	0.15~0.40
SKC 31	0.12~0.25	0.15~0.35	0.60~1.20	0.030 이하	0.030 이하	2.80~3.20	1.20~1.80	0.40~0.70

비고

1. 각종 모두 불순물로서 Cu 0.25%를 초과하지 않아야 한다.
2. SKC 3은 불순물로서 Ni 0.25%, Cr 0.20%를 초과하지 않아야 한다. 또한 V, Ti를 0.25% 이하 첨가하여도 좋다.
3. SKC 11에 Mo 0.40% 및 V 0.25% 이하를 첨가하여도 좋다.

14. 고탄소 크로뮴 베어링 강재

• 적용범위

이 규격은 구름 베어링에 사용하는 고탄소 크로뮴 베어링 강재(이하, 강재라 한다.)에 대하여 규정한다.

단위 : %

종류 기호 및 화학성분(%)

종류의 기호	C	Si	Mn	P	S	Cr	Mo
STB 1	0.95~1.10	0.15~0.35	0.50 이하	0.025 이하	0.025 이하	0.90~1.20	-
STB 2	0.95~1.10	0.15~0.35	0.50 이하	0.025 이하	0.025 이하	1.30~1.60	-
STB 3	0.95~1.10	0.40~0.70	0.90~1.15	0.025 이하	0.025 이하	0.90~1.20	-
STB 4	0.95~1.10	0.15~0.35	0.50 이하	0.025 이하	0.025 이하	1.30~1.60	0.10~0.25
STB 5	0.95~1.10	0.40~0.70	0.90~1.15	0.025 이하	0.025 이하	0.90~1.20	0.10~0.25

비고

1. 불순물로서의 Ni 및 Cu는 각각 0.25%를 초과해서는 안 된다. 다만, 선재의 Cu는 0.20% 이하로 한다.
2. STB 1, STB 2 및 STB 3의 Mo는 0.08%를 초과해서는 안 된다.

단위 : mm

표준지름									
15	16	17	18	19	20	21	22	23	24
25	26	27	28	29	30	(31)	32	33	34
(35)	36	37	38	(39)	40	42	44	46	(48)
49	50	51	(54)	55	60	(64)	65	(66)	70
75	(76)	80	83	(84)	(88)	90	93	99	104
114	(119)	124	130						

비고

(　) 안의 것은 새로운 설계에는 되도록 사용하지 않는다.

15. 마봉강용 일반강재

• 적용범위

이 규격은 마봉강용으로서 열간압연에 의해 제조된 일반 강재(이하 강재라 한다.)에 대하여 규정한다.

종류의 기호

종류의 기호	적용
SGD A	기계적 성질 보증
SGD B	
SGD 1	화학성분 보증
SGD 2	
SGD 3	
SGD 4	

비고

SGD 1, SGD 2, SGD 3 및 SGD 4에 대하여 킬드강을 지정할 경우는 각각 기호의 뒤에 K를 붙인다.

화학성분(%) 및 기계적 성질

종류의 기호	화학성분				항복점 N/mm²			인장강도 N/mm²
	C	Mn	P	S	강재의 지름, 변, 맞변거리, 두께 mm			
					16 이하	16 초과 40 이하	40 초과	
SGD A	–	–	0.045 이하	0.045 이하	–	–	–	290~390
SGD B	–	–	0.045 이하	0.045 이하	245 이상	235 이상	215 이상	400~510
SGD 1	0.10 이하	0.30~0.60	0.045 이하	0.045 이하	–			
SGD 2	0.10~0.15	0.30~0.60	0.045 이하	0.045 이하				
SGD 3	0.15~0.20	0.30~0.60	0.045 이하	0.045 이하				
SGD 4	0.20~0.25	0.30~0.60	0.045 이하	0.045 이하				

16. 고압가스 용기용 강판 및 강대

• 적용범위

이 표준은 LP 가스, 아세틸렌, 각종 프레온 가스 등의 고압가스를 충전시키는 내용적 500L 이하의 용접용기에 사용하는 열간 압연 강판 및 강대(이하 강판 및 강대라 한다.)에 대하여 규정한다.

종류의 기호 및 기계적 성질

종류의 기호	적용 두께 mm	항복점 또는 항복강도 N/mm^2	인장강도 N/mm^2	구 기호 (참고)
SG 255	2.3 이상 6.0 이하	255 이상	400 이상	SG 26
SG 295	2.3 이상 6.0 이하	295 이상	440 이상	SG 30
SG 325	2.3 이상 6.0 이하	325 이상	490 이상	SG 33
SG 365	2.3 이상 6.0 이하	365 이상	540 이상	SG 37

화학성분(%)

종류의 기호	C	Si	Mn	P	S
SG 255	0.20 이하	-	0.30 이상	0.040 이하	0.040 이하
SG 295	0.20 이하	0.35 이하	1.00 이하	0.040 이하	0.040 이하
SG 325	0.20 이하	0.55 이하	1.50 이하	0.040 이하	0.040 이하
SG 365	0.20 이하	0.55 이하	1.50 이하	0.040 이하	0.040 이하

17. 스프링용 스테인리스 강대

• 적용범위

이 규격은 주로 박판 스프링, 태엽 스프링에 사용되는 스프링용 스테인리스 강대에 대하여 규정한다.

종류의 기호 및 경도 및 굽힘성

종류의 기호	조질기호	냉간 압연 또는 고용화 열처리 또는 어닐링 상태			석출경화 열처리상태	
		경도 HV	굽힘성		열처리기호	경도 HV
			V 굽힘	W 굽힘	-	-
STS 301CSP	$\frac{1}{2}$H	310 이상	두께의 2배 이하	두께의 2.5배 이하	-	-
	$\frac{3}{4}$H	370 이상	두께의 2.5배 이하	두께의 3배 이하	-	-
	H	430 이상	-	-	-	-
	EH	490 이상	-	-	-	-
STS 304CSP	$\frac{1}{2}$H	250 이상	두께의 2배 이하	두께의 0.5mm 이하는 두께의 2배 이하 두께 0.5mm를 초과하는 것은 두께의 2.5배 이하	-	-
	$\frac{3}{4}$H	310 이상	두께의 2.5배 이하	두께의 3배 이하	-	-
	H	370 이상	-	-	-	-
STS 420J2-CSP	0	210 이하	-	-	TH 1050 RH 950	345 이상 392 이상
STS 631-CSP	0	200 이하	두께의 0.5배 이하	두께의 1배 이하	CH	380 이상
	$\frac{1}{2}$H	350 이상	두께의 1.5배 이하	두께의 2배 이하	CH	450 이상
	$\frac{3}{4}$H	400 이상	-	-	CH	530 이상
	H	450 이상	-	-		

17. 스프링용 스테인리스 강대

인장강도, 0.2% 항복강도 및 연신율

종류의 기호	조질의 기호	냉간 압연 또는 고용화 열처리 상태			석출 경화 열처리 상태		
		0.20% 항복강도 N/mm²	인장강도 N/mm²	연신율 %	열처리기호	0.20% 항복강도 N/mm²	인장강도 N/mm²
STS 301 - CSP	$\frac{1}{2}$H	510 이상	930 이상	10 이상	-	-	-
	$\frac{3}{4}$H	745 이상	1,130 이상	5 이상	-	-	-
	H	1,030 이상	1,320 이상	-	-	-	-
	EH	1,275 이상	1,570 이상	-	-	-	-
STS 304 - CSP	$\frac{1}{2}$H	470 이상	780 이상	6 이상	-	-	-
	$\frac{3}{4}$H	665 이상	930 이상	3 이상	-	-	-
	H	880 이상	1,130 이상	-	-	-	-
STS 631 - CSP	0	-	1,030 이하	20 이상	TH 1050 RH 950	960 이상 1,030 이상	1,140 이상 1,230 이상
	$\frac{1}{2}$H	-	1,080 이상	5 이상	CH	880 이상	1,230 이상
	$\frac{3}{4}$H	-	1,180 이상	-	CH	1,080 이상	1,420 이상
	H	-	1,420 이상	-	CH	1,320 이상	1,720 이상

비고

두께 0.3mm 미만인 것은 인장시험을 하지 않는다.

18. 스프링용 스테인리스 강선

• 적용범위

이 규격은 스프링용 스테인리스 강선에 대하여 규정한다.

종류의 기호, 조질 및 분류

종류의 기호	조질		분류
	구분	기호	
STS 302	A종 B종	- WPA - WPB	오스테나이트계
STS 304	A종 B종 D종	- WPA - WPB, - WPBS(1) - WPDS(1)	
STS 304N1	A종 B종	- WPA - WPB	
STS 316	A종	- WPA	
STS 631J1	C종	- WPC	석출경화계

주

(1) 기호 끝의 S는 진직성이 필요한 선을 표시한다.

비고

진직성이 필요한 선의 종류 및 조질은 STS 304의 B종 및 D종으로 한다.

단위 : mm

표준 선지름										
0.08	0.09	0.10	0.12	0.14	0.16	0.18	0.20	0.23	0.26	0.29
0.32	0.35	0.40	0.45	0.50	0.55	0.60	0.65	0.70	0.80	0.90
1.00	1.20	1.40	1.60	1.80	2.00	2.30	2.60	2.90	3.20	3.50
4.00	4.50	5.00	5.50	6.00	6.50	7.00	8.00	9.00	10.0	12.0

18. 스프링용 스테인리스 강선

인장강도

<table>
<tr><th rowspan="3">선지름
mm</th><th colspan="4">인장강도 N/mm²</th></tr>
<tr><th>A종</th><th>B종</th><th>C종</th><th>D종</th></tr>
<tr><th>STS 302 - WPA
STS 304 - WPA
STS 304N1 - WPA
STS 316 - WPA</th><th>STS 302 - WPB
STS 304 - WPB
STS 304 - WPBS(2)
STS 304N1 - WPB</th><th>STS 631J1 - WPC(3)</th><th>STS 304 - WPDS</th></tr>
<tr><td>0.080
0.090</td><td rowspan="2">1,650~1,900</td><td rowspan="2">2,150~2,400</td><td>-</td><td rowspan="3">-</td></tr>
<tr><td>0.10
0.12
0.14
0.16
0.18
0.20</td><td>1,950~2,200</td></tr>
<tr><td>0.23
0.26</td><td rowspan="3">1,600~1,850</td><td rowspan="2">2,050~2,300</td><td rowspan="2">1,930~2,180</td></tr>
<tr><td>0.29
0.32
0.35
0.40</td><td>1,700~2,000</td></tr>
<tr><td>0.45
0.50
0.55
0.60</td><td>1,950~2,200</td><td>1,850~2,100</td><td>1,650~1,950</td></tr>
<tr><td>0.65
0.70</td><td rowspan="3">1,530~1,780</td><td rowspan="3">1,850~2,100</td><td rowspan="3">1,800~2,050</td><td>1,550~1,850</td></tr>
<tr><td>0.80
0.90</td><td>1,550~1,800</td></tr>
<tr><td>1.00</td><td>1,500~1,750</td></tr>
<tr><td>1.20</td><td rowspan="2">1,450~1,700</td><td rowspan="2">1,750~2,000</td><td rowspan="2">1,700~1,950</td><td>1,470~1,720</td></tr>
<tr><td>1.40</td><td>1,420~1,670</td></tr>
<tr><td>1.60</td><td rowspan="2">1,400~1,650</td><td rowspan="2">1,650~1,900</td><td rowspan="2">1,600~1,850</td><td>1,370~1,620</td></tr>
<tr><td>1.80
2.00</td><td rowspan="3">-</td></tr>
<tr><td>2.30
2.60</td><td>1,320~1,570</td><td>1,550~1,800</td><td>1,500~1,750</td></tr>
<tr><td>2.90
3.20
3.50
4.00</td><td>1,230~1,480</td><td>1,450~1,700</td><td>1,400~1,650</td></tr>
<tr><td>4.50
5.00
5.50
6.00</td><td>1,100~1,350</td><td>1,350~1,600</td><td>1,300~1,550</td><td rowspan="5">-</td></tr>
<tr><td>6.50
7.00
8.00</td><td>1,000~1,250</td><td>1,270~1,520</td><td rowspan="4">-</td></tr>
<tr><td>9.00</td><td rowspan="3">-</td><td>1,130~1,380</td></tr>
<tr><td>10.0</td><td>980~1,230</td></tr>
<tr><td>12.0</td><td>880~1,130</td></tr>
</table>

19. 고내후성 압연강재

• 적용범위

이 표준은 차량, 건축, 철탑 기타 구조물에 사용하는 특히 내후성이 우수한 압연강재(이하 강재라 한다.)에 대하여 규정한다.

비고

내후성이란, 대기 중에서 부식에 견디어 내는 성질을 말한다.

종류 및 기호

종류의 기호	적용 두께(mm)
SPA - H	16 이하의 열간 압연 강판, 강대 및 형강
SPA - C	0.6 이상, 2.3 이하의 냉간 압연 강판 및 강대

화학성분(%)

종류의 기호	화학성분 %							
	C	Si	Mn	P	S	Cu	Cr	Ni
SPA - H SPA - C	0.12 이하	0.25~0.75	0.60 이하	0.070~0.150	0.035 이하	0.25~0.55	0.30~1.25	0.65 이하

비고

1. 주문자와 제조자 사이의 협정에 따라 Mn의 상한을 0.60%로 하여도 좋다. 다만, 형강에 대하여는 Mn의 상한을 주문자·제조자 사이에 협정하여도 좋다.
2. 필요에 따라서 위 표 이외의 합금 원소를 첨가하여도 좋다.

기계적 성질

종류의 기호	강재의 치수	인장 시험				굽힘성		
		항복점 또는 항복강도 N/mm²	인장강도 N/mm²	연신율		굽힘각도	안쪽 반지름	시험편
				인장 시험편	%			
SPA - H	두께 6.0mm 이하의 강판 및 강대	355 이상	490 이상[a]	5호	22	180°	두께의 0.5배[b]	압연방향
	형강, 두께 6.0mm를 초과하는 강판 및 강대	355 이상	490 이상	1A호	15	180°	두께의 1.5배	
SPA - C	-	315 이상	450 이상	5호	26	180°	두께의 0.5배	압연방향

비고

[a] SPA–H의 두께 3mm 미만의 강판 및 강대는 주문자와 제조자 사이의 협정에 따라 510 N/mm²이상을 적용하여도 좋다.

[b] SPA–H의 두께 6.0mm 이하의 강판 및 강대는 주문자와 제조자 사이의 협정에 따라 굽힘시험의 안쪽반지름을 두께의 1.0배로 하여도 좋다.

20. 철선(Low carbon steel wires)

• 적용범위

이 표준은 보통 철선, 못용 철선, 어닐링 철선 및 콘크리트용 철선(이하 선이라 한다.)에 대하여 규정한다.

종류, 기호 및 적용 선지름

종류		단면모양	기호	적용 선지름[a]	용도 보기
보통 철선		원형	SWM-B SWM-F	0.10 이상 18.0 이하	일반용, 철망용 후(後)도금용[b], 용접용[c]
못용 철선			SWM-N	1.50 이상 6.65 이하	못용
어닐링 철선			SWM-A	0.10 이상 18.0 이하	일반용, 철망용
용접 철망용 철선			SWM-P	2.60 이상 18.0 이하	용접철망용, 콘크리트보강용
	리브선	이형	SWM-R	4.0 이상 16.0 이하	
	인덴트선		SWM-I		

비고

[a] 리브선 및 인덴트선은 공칭선 지름을 가리킨다.

[b] 선을 가공한 다음, 그 표면에 전기도금 또는 치환도금을 하는 것

[c] 선에 점용접 또는 업셋용접을 하는 것

기계적 성질(인장강도, 비틀림 특성, 단면 수축률, 항복점 또는 0.2% 항복강도, 연신율)

종류	SWM-B	SWM-F	SWM-N	SWM-A		SWM-P		SWM-I, SWM-R		
품질 특성명	인장 강도	인장 강도	인장 강도	인장 강도	비틀림 특성	인장 강도	단면 수축률	항복점	인장 강도	연신율
선지름 또는 공칭 선지름 mm	N/mm²	N/mm²	N/mm²	N/mm²	비틀림 횟수	N/mm²	%	N/mm²	N/mm²	%
0.10 이상 1.30 미만	-	-		-	-					
1.40 이상 1.80 미만			740~ 1 270							
1.80	590~ 1 270	320~ 1 270		260~ 590	61					
2.00					55					
2.30					48					
2.60	540~ 1 130		690~ 1 130		42	540 이상	30 이상			
2.90					36					
3.20					33					
3.50	440~ 1 030		590~ 1 030		30					
4.00					27			440 이상	540 이상	8 이상
4.50			540~ 930		24					
5.00	390~ 930				22					
5.50					20					
6.00			490~ 880		17					
6.50					14					
7.00										
7.50					11					
8.00 초과 16.00 이하	320~ 880				-					
16.00 초과 18.00 이하										
용도 보기	일반용	후도금용 용접용	못용	일반용, 철망용		용접철망용 콘크리트보강용				

KSD 상세규격

21. 피아노선(Piano wires)

• 적용범위

이 규격은 피아노 선(이하 선이라 한다.)에 대하여 규정한다.

종류, 기호 및 적용 선지름

종류	기호	적용 선지름	비고
피아노선 1종	PW-1	0.08mm 이상 10.0mm 이하	주로 동하중을 받는 스프링용
피아노선 2종	PW-2	0.08mm 이상 7.00mm 이하	
피아노선 3종	PW-3	1.00mm 이상 6.00mm 이하	밸브스프링 또는 이에 준하는 스프링용

비틀림 횟수

종류의 기호	선지름	비틀림 횟수
PW-1 및 PW-2	선지름 0.70mm 이상 2.00mm 이하	25회 이상
	선지름 2.00mm 초과 3.50mm 이하	20회 이상
	선지름 3.50mm 초과 6.00mm 이하	15회 이상
PW-3	선지름 1.00mm 이상 6.00mm 이하	25회 이상

표준 선지름

0.08	0.09	0.10	0.12	0.14	0.16	0.18	0.20	0.23	0.26
0.29	0.32	0.35	0.40	0.45	0.50	0.55	0.60	0.65	0.70
0.80	0.90	1.00	1.20	1.40	1.60	1.80	2.00	2.30	2.60
2.90	3.20	3.50	4.00	4.50	5.00	5.50	6.00	6.50	7.00
8.00	9.00	10.0							

21. 피아노선(Piano wires)

인장강도

표준 선지름 mm	인장강도 N/mm²		
	PW-1	PW-2	PW-3
0.08	2,890~3,190	3,190~3,480	-
0.09	2,840~3,140	3,140~3,430	-
0.10	2,790~3,090	3,090~3,380	-
0.12	2,750~3,040	3,040~3,330	-
0.14	2,700~2,990	2,990~3,290	-
0.16	2,650~2,940	2,940~3,240	-
0.18	2,600~2,890	2,890~3,190	-
0.20	2,600~2,840	2,840~3,090	-
0.23	2,550~2,790	2,790~3,040	-
0.26	2,500~2,750	2,750~2,990	-
0.29	2,450~2,700	2,700~2,940	-
0.32	2,400~2,650	2,650~2,890	-
0.35	2,400~2,650	2,650~2,890	-
0.40	2,350~2,600	2,600~2,840	-
0.45	2,300~2,550	2,550~2,790	-
0.50	2,300~2,550	2,550~2,790	-
0.55	2,260~2,500	2,500~2,750	-
0.60	2,210~2,450	2,450~2,700	-
0.65	2,210~2,450	2,450~2,700	-
0.70	2,160~2,400	2,400~2,650	-
0.80	2,110~2,350	2,350~2,600	-
0.90	2,110~2,300	2,300~2,500	-
1.00	2,060~2,260	2,260~2,450	2,010~2,210
1.20	2,010~2,210	2,210~2,400	1,960~2,160
1.40	1,960~2,160	2,160~2,350	1,910~2,110
1.60	1,910~2,110	2,110~2,300	1,860~2,060
1.80	1,860~2,060	2,060~2,260	1,810~2,010
2.00	1,810~2,010	2,010~2,210	1,770~1,910
2.30	1,770~1,960	1,960~2,160	1,720~1,860
2.60	1,770~1,960	1,960~2,160	1,720~1,860
2.90	1,720~1,910	1,910~2,110	1,720~1,860
3.20	1,670~1,860	1,860~2,060	1,670~1,810
3.50	1,670~1,810	1,810~1,960	1,670~1,810
4.00	1,670~1,810	1,810~1,960	1,670~1,810
4.50	1,620~1,770	1,770~1,910	1,620~1,770
5.00	1,620~1,770	1,770~1,910	1,620~1,770
5.50	1,570~1,710	1,710~1,860	1,570~1,720
6.00	1,520~1,670	1,670~1,810	1,520~1,670
6.50	1,520~1,670	1,670~1,810	-
7.00	1,470~1,620	1,620~1,770	-
8.00	1,470~1,620	-	-
9.00	1,420~1,570	-	-
10.0	1,420~1,570	-	-

22. 리벳용 원형강(Steel bars for rivet)

• 적용범위

이 규격은 리벳의 제조에 사용하는 열간 압연 원형강(이하 원형강이라 한다.)에 대하여 규정한다.

종류의 기호 및 화학성분

종류의 기호	화학성분 %	
	P	S
SV330	0.040 이하	0.040 이하
SV400	0.040 이하	0.040 이하

비고

필요에 따라서 위 표 이외의 화학성분을 첨가하여도 좋다.

기계적 성질

종류의 기호	인장강도 N/mm²	인장 시험편	연신율 %	굽힘성		
				굽힘각도	안쪽 반지름	시험편
SV330	330~400	2호	27 이상	180°	밀착	KS B 0804의 5
		14A호	32 이상			
SV400	400~490	2호	25 이상	180°	밀착	KS B 0804의 5
		14A호	28 이상			

비고

1N/mm²=1MPa

23. 보일러 및 압력용기용 탄소강 및 몰리브데넘강 강판

• 적용범위

이 규격은 보일러 및 압력용기(상온 및 저온에서 사용하는 것은 제외한다.)에 사용하는 탄소강 및 몰리브데넘강의 열간 압연 강판(이하 강판이라 한다.)에 대하여 규정한다.

종류의 기호 및 인장강도

종류의 기호	적용 두께 mm	항복점 N/mm²	인장강도 N/mm²
SB 410	6 이상 200 이하	225 이상	410~550
SB 450	6 이상 200 이하	245 이상	450~590
SB 480	6 이상 200 이하	265 이상	480~620
SB 450 M	6 이상 150 이하	255 이상	450~590
SB 480 M	6 이상 150 이하	275 이상	480~620

화학성분

기호	화학성분 %					
	C	Si	Mn	P	S	Mo
SB 410	두께 25mm 이하 0.24 이하	0.15~ 0.40	0.90 이하	0.030 이하	0.030 이하	-
	두께 25mm 초과 50mm 이하 0.27 이하					
	두께 50mm 초과 200mm 이하 0.30 이하					
SB 450	두께 25mm 이하 0.28 이하	0.15~ 0.40	0.90 이하	0.030 이하	0.030 이하	-
	두께 25mm 초과 50mm 이하 0.31 이하					
	두께 50mm 초과 200mm 이하 0.33 이하					
SB 480	두께 25mm 이하 0.31 이하	0.15~ 0.40	1.20 이하	0.030 이하	0.030 이하	-
	두께 25mm 초과 50mm 이하 0.33 이하					
	두께 50mm 초과 200mm 이하 0.35 이하					
SB 450 M	두께 25mm 이하 0.18 이하	0.15~ 0.40	0.90 이하	0.030 이하	0.030 이하	0.45~ 0.60
	두께 25mm 초과 50mm 이하 0.21 이하					
	두께 50mm 초과 100mm 이하 0.23 이하					
	두께 100mm 초과 150mm 이하 0.25 이하					
SB 480 M	두께 25mm 이하 0.20 이하	0.15~ 0.40	0.90 이하	0.030 이하	0.030 이하	0.45~ 0.60
	두께 25mm 초과 50mm 이하 0.2321 이하					
	두께 50mm 초과 100mm 이하 0.25 이하					
	두께 100mm 초과 150mm 이하 0.27 이하					

비고

SB 450(두께 25mm 초과의 경우)에 대하여는, C를 0.30% 이하, Mn을 1.00% 이하로 지정할 수 있다.

24. 마봉강(Cold finished carbon and alloy steel bar)

• 적용범위

이 규격은 기계 구조용 및 각종 부품에 사용하는 단면 모양이 원형, 6각, 각, 평형의 탄소강 및 합금강의 마봉강(이하 마봉강이라 한다.)에 대하여 규정한다.

종류의 기호 및 탄소강 마봉강의 기계적 성질

기호	지름 또는 맞변거리 mm	인장강도 N/mm²	경도(참고값)	
			HRB(HRC)	HB
SGD 290-D	원형 5 이상 20 이하	380~740	58~99(21)	-
	6각 5.5 이상 80 이하			
	원형 20 초과 100 이하	340~640	50~97(-)	90~504
SGD 400-D	원형 5 이상 20 이하	500~850	74~103(28)	-
	6각 5.5 이상 80 이하			
	원형 20 초과 100 이하	450~760	69~100(22)	121~240

표준 치수(원형강, 6각강, 각강)

모양	지름 · 맞변거리
원형	5 6 7 8 9 10 11 12 13 14 15 16 17 18 19 20 22 23 24 25 26 28 30 32 35 36 38 40 42 45 48 50 55 60 65 70 75 80 85 90 95 100
6각강	5.5 6 7 8 9 10 11 13 14 17 19 21 22 24 26 27 30 32 36 41 46 50 55 60 65 70 75 80
각강	5 6 7 8 9 10 12 14 16 17 19 20 22 25 28 30 32 35 38 40 45 50 55 60 65 70 75 80

표준 치수(평형강)

두께	나비												
3	9	12	16	19	22	25	32	38	50				
4	9	12	16	19	22	25	32	38	50				
4.5	9	12	16	19	22	25	32	38	50				
5	9	12	16	19	22	25	32	38	50				
6	9	12	16	19	22	25	32	38	50	65	75	100	
9		12	16	19	22	25	32	38	50	65	75	100	125
12				19	22	25	32	38	50	65	75	100	125
16					22	25	32	38	50	65	75	100	125
19						25	32	38	50	65	75	100	125
22							32	38	50	65	75	100	125
25								38	50	65	75	100	125

25. 압력배관용 탄소강관

• 적용범위

이 표준은 350℃ 정도 이하에서 사용하는 압력 배관에 쓰이는 탄소 강관(이하 관이라 한다.)에 대하여 규정한다. 다만, 고압용의 배관에 대하여는 KS D 3564에 따른다.

종류의 기호 및 화학성분

종류의 기호	화학성분(%)				
	C	Si	Mn	P	S
SPPS 380	0.25 이하	0.35 이하	0.30~0.90	0.040 이하	0.040 이하
SPPS 420	0.30 이하	0.35 이하	0.30~1.00	0.040 이하	0.040 이하

기계적 성질

종류의 기호	인장강도 N/mm²	항복점 또는 항복강도 N/mm²	연신율 %			
			11호 시험편 12호 시험편	5호 시험편	4호 시험편	4호 시험편
			세로 방향	가로 방향	가로 방향	세로 방향
SPPS 380	380 이상	220 이상	30 이상	25 이상	23 이상	28 이상
SPPS 420	420 이상	250 이상	25 이상	20 이상	19 이상	24 이상

비고

1. 두께 8mm 미만의 관을 12호 또는 5호 시험편으로 인장 시험을 할 때에는 연신율의 최소값은 두께가 1mm 감소할 때마다 위 표의 연신율의 값에서 1.5%를 뺀 것을 KS Q 5002에 따라 정수치로 끝맺음한다.
2. 호칭지름 25 이하의 관에 대하여는 위 표의 연신율 값은 적용하지 않는다. 다만, 기록하여 두어야 한다.
3. 전기 저항 용접 강관에서 인장 시험편을 샘플링할 때는, 12호 또는 5호 시험편은 이음매를 포함하지 않는 부분에서 채취한다.

26. 고압배관용 탄소강관

• 적용범위

이 표준은 350℃ 정도 이하에서 사용 압력이 높은 배관에 사용하는 탄소 강관(이하 관이라 한다.)에 대하여 규정한다.

종류의 기호 및 화학성분

종류의 기호	화학성분 %				
	C	Si	Mn	P	S
SPPH 380	0.25 이하	0.10~0.35	0.30~1.10	0.035 이하	0.035 이하
SPPH 420	0.30 이하	0.10~0.35	0.30~1.40	0.035 이하	0.035 이하
SPPH 490	0.33 이하	0.10~0.35	0.30~1.50	0.035 이하	0.035 이하

비고

주문자가 제품 분석을 요구하는 경우에는 표기의 값에 대한 허용 변동치는 KS D 0228의 위 표에 따른다.

기계적 성질

종류의 기호	인장강도 N/mm²	항복점 또는 항복강도 N/mm²	연신율 %			
			11호 시험편 12호 시험편	5호 시험편	4호 시험편	
			세로 방향	가로 방향	세로 방향	가로 방향
SPPH 380	380 이상	220 이상	30 이상	25 이상	28 이상	23 이상
SPPH 420	420 이상	250 이상	25 이상	20 이상	24 이상	19 이상
SPPH 490	490 이상	280 이상	25 이상	20 이상	22 이상	17 이상

비고

1. 두께 8mm 미만의 관을 12호 시험편 또는 5호 시험편을 사용하여 인장시험을 할 때에는, 연신율의 최소치는 두께 1mm 감소할 때마다 위 표의 연신율의 값에서 1.5% 뺀 것을 KS Q 5002에 따라 정수치로 끝맺음한다.
2. 바깥지름 40mm 미만의 관에 대하여는 위 표의 연신율의 값은 적용하지 않는다. 다만, 기록은 해두어야 한다.

27. 일반구조용 탄소강관

• 적용범위

이 규격은 토목, 건축, 철탑, 발판, 지주, 지면 미끄럼 방지 말뚝, 그 밖의 구조물에 사용하는 탄소강관(이하 관이라 한다.)에 대하여 규정한다.

종류의 기호 및 화학성분

종류의 기호	C	Si	Mn	P	S
STK290	-	-	-	0.050 이하	0.050 이하
STK400	0.25 이하	-	-	0.040 이하	0.040 이하
STK490	0.18 이하	0.55 이하	1.50 이하	0.040 이하	0.040 이하
STK500	0.24 이하	0.35 이하	0.30~1.30	0.040 이하	0.040 이하
STK540	0.23 이하	0.40 이하	1.50 이하	0.040 이하	0.040 이하
STK590	0.30 이하	0.40 이하	2.00 이하	0.040 이하	0.040 이하

비고

1. 필요에 따라 표에 기재한 것 이외의 합금 원소를 첨가할 수 있다.
2. STK540의 경우 두께 12.5mm, STK590의 경우 두께 22mm를 초과하는 관의 화학성분은 주문자와 제조자 간의 협의에 따를 수 있다.

기계적 성질

종류의 기호	인장강도 N/mm²	항복점 또는 항복강도 N/mm²	용접부 인장강도 N/mm²
STK290	290 이상	-	290 이상
STK400	400 이상	235 이상	400 이상
STK490	490 이상	315 이상	490 이상
STK500	500 이상	355 이상	500 이상
STK540	540 이상	390 이상	540 이상
STK590	590 이상	440 이상	590 이상

28. 일반구조용 각형 강관

• **적용범위**

이 규격은 토목, 건축 및 기타 구조물에 사용하는 각형 강관(이하 관이라 한다.)에 대하여 규정한다.

종류의 기호 및 화학성분

종류의 기호	화학성분 %				
	C	Si	Mn	P	S
SPSR 400	0.25 이하	–	–	0.040 이하	0.040 이하
SPSR 490	0.18 이하	0.55 이하	1.50 이하	0.040 이하	0.040 이하
SPSR 540	0.23 이하	0.40 이하	1.50 이하	0.040 이하	0.040 이하
SPSR 590	0.30 이하	0.40 이하	2.00 이하	0.040 이하	0.040 이하

기계적 성질

종류의 기호	인장 시험		
	인장강도 N/mm²	항복점 또는 항복강도 N/mm²	연신율(5호 시험편) %
SPSR 400	400 이상	245 이상	23 이상
SPSR 490	490 이상	325 이상	23 이상
SPSR 540	540 이상	390 이상	20 이상
SPSR 590	590 이상	440 이상	20 이상

비고

1. 두께 8mm 미만인 관의 연신율의 최소값은 두께 1mm 감소마다 위 표의 연신율 값에서 1.5%를 뺀 것을 KS A 3251－1에 따라 정수값으로 끝맺음한다.
2. 용접에 의해 제조한 관에서 인장 시험편을 채취하는 경우 이음매가 없는 부분에서 채취한다.

29. 저온 배관용 탄소강관

• 적용범위

이 표준은 빙점 이하의 특히 낮은 온도에서 배관에 사용되는 강관(이하 관이라 한다.)에 대하여 규정한다.

종류의 기호 및 화학성분

종류의 기호	화학성분 %					
	C	Si	Mn	P	S	Ni
SPLT 390	0.25 이하	0.35 이하	1.35 이하	0.035 이하	0.035 이하	
SPLT 460	0.18 이하	0.10~0.35	0.30~0.60	0.030 이하	0.030 이하	3.20~3.80
SPLT 700	0.13 이하	0.10~0.35	0.90 이하	0.030 이하	0.030 이하	8.50~9.50

비고

관의 치수에 따라 관의 충격 시험을 실시할 수 없는 경우에는 SPLT 390은 0.010% 이상의 산가용성 알루미늄을 함유하여야 한다. 산가용성 알루미늄 대신에 전 알루미늄을 분석하여도 좋으며, 이때의 함유량은 0.015% 이상으로 한다.

기계적 성질

종류의 기호	인장 시험					
	인장강도 N/mm²	항복점 N/mm²	연신율			
			11호 시험편 12호 시험편	5호 시험편	4호 시험편	
			세로 방향	가로 방향	세로 방향	가로 방향
SPLT 390	390 이상	210 이상	35 이상	25 이상	30 이상	22 이상
SPLT 460	460 이상	250 이상	30 이상	20 이상	24 이상	16 이상
SPLT 700	700 이상	530 이상	21 이상	15 이상	16 이상	10 이상

30. 스프링용 냉간 압연 강대

• 적용범위

이 표준은 주로 박판 스프링 및 용수철 스프링에 사용되는 강대(이하 강대라 한다.)에 대하여 규정한다. 다만, 강대로부터 절단한 절단판에 대하여도 이 표준을 적용한다.

종류의 기호 및 화학성분

종류의 기호	화학성분%									
	C	Si	Mn	P	S	Cu	Ni	Cr	Ni + Cr	V
S50C - CSP	0.47 ~ 0.53	0.15 ~ 0.35	0.60 ~ 0.90	0.030 이하	0.035 이하	0.30 이하	0.20 이하	0.20 이하	0.35 이하	-
S55C - CSP	0.52 ~ 0.58	0.15 ~ 0.35	0.60 ~ 0.90	0.030 이하	0.035 이하	0.30 이하	0.20 이하	0.20 이하	0.35 이하	-
S60C - CSP	0.55 ~ 0.65	0.15 ~ 0.30	0.60 ~ 0.90	0.030 이하	0.035 이하	0.30 이하	0.20 이하	0.20 이하	-	-
S65C - CSP	0.60 ~ 0.70	0.15 ~ 0.30	0.60 ~ 0.90	0.030 이하	0.035 이하	0.30 이하	0.20 이하	0.20 이하	-	-
S70C - CSP	0.65 ~ 0.75	0.15 ~ 0.30	0.60 ~ 0.90	0.030 이하	0.035 이하	0.30 이하	0.20 이하	0.20 이하	-	-
SK85 - CSP	0.80 ~ 0.90	0.35 이하	0.50 이하	0.030 이하	0.030 이하	0.30 이하	0.25 이하	0.20 이하	-	-
SK95 - CSP	0.90 ~ 1.00	0.35 이하	0.50 이하	0.030 이하	0.030 이하	0.30 이하	0.25 이하	0.20 이하	-	-
SUP10 - CSP	0.47 ~ 0.55	0.15 ~ 0.35	0.65 ~ 0.95	0.035 이하	0.035 이하	0.30 이하	-	0.80 ~ 1.10	-	0.15 ~ 0.25

조질 기호 A의 강대의 경도

강대의 기호	경도 HV
S50C - CSP	180 이하
S55C - CSP	180 이하
S60C - CSP	190 이하
S65C - CSP	190 이하
S70C - CSP	190 이하
SK85 - CSP	190 이하
SK95 - CSP	200 이하
SUP10 - CSP	190 이하

조질구분 및 기호

조질구분	조질기호
어닐링을 한 것	A
냉간압연한 그대로의 것	R
퀜칭 · 템퍼링을 한 것	H
오스템퍼링을 한 것	B

31. 스프링 강재(Spring steels)

• **적용범위**

이 규격은 겹판 스프링, 코일 스프링, 비틀림 막대 스프링(torsion bar) 등 주로 열간 성형 스프링에 사용하는 스프링 강재(이하 강재라 한다.)에 대하여 규정한다.

종류의 기호

종류의 기호	적요	
SPS 6	실리콘 망가니즈 강재	주로 겹판 스프링, 코일 스프링 및 비틀림 막대 스프링에 사용한다.
SPS 7		
SPS 9	망가니즈 크로뮴 강재	
SPS 9A		
SPS 10	크로뮴 바나듐 강재	주로 코일 스프링 및 비틀림 막대 스프링용에 사용한다.
SPS 11A	망가니즈 크로뮴 보론 강재	주로 대형 겹판 스프링, 코일 스프링 및 비틀림 막대 스프링에 사용한다.
SPS 12	실리콘 크로뮴 강재	주로 코일 스프링에 사용한다.
SPS 13	크로뮴 몰리브데넘 강재	주로 대형 겹판 스프링, 코일 스프링에 사용한다.

화학성분

종류의 기호	화학성분 %								
	C	Si	Mn	P	S	Cr	Mo	V	B
SPS 6	0.56~ 0.64	1.50~ 1.80	0.70~ 1.00	0.030 이하	0.030 이하	-	-	-	-
SPS 7	0.56~ 0.64	1.80~ 2.20	0.70~ 1.00	0.030 이하	0.030 이하	-	-	-	-
SPS 9	0.52~ 0.60	0.15~ 0.35	0.65~ 0.95	0.030 이하	0.030 이하	0.65~ 0.95	-	-	-
SPS 9A	0.56~ 0.64	0.15~ 0.35	0.70~ 1.00	0.030 이하	0.030 이하	0.70~ 1.00			
SPS 10	0.47~ 0.55	0.15~ 0.35	0.65~ 0.95	0.030 이하	0.030 이하	0.80~ 1.10	-	0.15~ 0.25	-
SPS 11A	0.56~ 0.64	0.15~ 0.35	0.70~ 1.00	0.030 이하	0.030 이하	0.70~ 1.00	-	-	0.0005 이상
SPS 12	0.51~ 0.59	1.20~ 1.60	0.60~ 0.90	0.030 이하	0.030 이하	0.60~ 0.90	-	-	-
SPS 13	0.56~ 0.64	0.15~ 0.35	0.70~ 1.00	0.030 이하	0.030 이하	0.70~ 0.90	0.25~ 0.35	-	-

비고

불순물로서 각종 모두 Cu 0.30% 이하이어야 한다.

32. 탄소강 단강품(Carbon steel forgings for general use)

• 적용범위

이 규격은 일반용으로 사용하는 탄소강 단강품(이하 단강품이라 한다.)에 대하여 규정한다.

종류의 기호

종류의 기호		열처리의 종류
SI 단위	종래단위(참고)	
SF 340 A	SF 34	어닐링, 노멀라이징 또는 노멀라이징 템퍼링
SF 390 A	SF 40	어닐링, 노멀라이징 또는 노멀라이징 템퍼링
SF 440 A	SF 45	어닐링, 노멀라이징 또는 노멀라이징 템퍼링
SF 490 A	SF 50	어닐링, 노멀라이징 또는 노멀라이징 템퍼링
SF 540 A	SF 55	어닐링, 노멀라이징 또는 노멀라이징 템퍼링
SF 590 A	SF 60	어닐링, 노멀라이징 또는 노멀라이징 템퍼링
SF 540 B	SF 55	퀜칭템퍼링
SF 590 B	SF 60	퀜칭템퍼링
SF 640 B	SF 65	퀜칭템퍼링

화학성분(%)

C	Si	Mn	P	S
0.60 이하	0.15~0.50	0.30~1.20	0.030 이하	0.035 이하

노멀라이징 템퍼링을 한 단강품의 기계적 성질

종류의 기호	항복점 N/mm²	인장강도 N/mm²	경도[1] HB
SF 340 A	175 이상	340~440	90 이상
SF 390 A	195 이상	390~490	105 이상
SF 440 A	225 이상	440~540	121 이상
SF 490 A	245 이상	490~590	134 이상
SF 540 A	275 이상	540~640	152 이상
SF 590 A	295 이상	590~690	167 이상

퀜칭 템퍼링을 한 단강품의 기계적 성질

종류의 기호	항복점 N/mm²	인장강도[3] N/mm²	경도[2] HB
SF 540 B	335 이상	540~690	152 이상
	315 이상		
	295 이상		
SF 590 B	360 이상	590~740	167 이상
	335 이상		
	325 이상		
SF 640 B	390 이상	640~780	183 이상
	360 이상		
	345 이상		

주

(1) 동일 로트 단강품의 경도 편차는 HB 30 이하로 하고, 1개 단강품의 경도 편차도 HB 30 이하로 한다.

(2) 동일 로트 단강품의 경도 편차는 HB 50 이하로 하고, 1개 단강품의 경도 편차는 HB 30 이하로 한다.

(3) 1개 단강품의 인장강도 편차는 100N/mm² 이하로 한다.

MEMO

33. 탄소공구강 강재(Carbon tool steels)

• 적용범위

이 표준은 열간 압연 또는 단조에 의하여 제조된 탄소공구강 강재(이하 강재라 한다.)에 대하여 규정한다.

종류의 기호 및 화학성분

기호	화학성분[a] %					참고 용도보기
	C	Si	Mn	P	S	
STC 140	1.30~1.50	0.10~0.35	0.10~0.50	0.030 이하	0.030 이하	칼줄, 벌줄
STC 120	1.15~1.25	0.10~0.35	0.10~0.50	0.030 이하	0.030 이하	드릴, 철공용줄, 소형펀치, 면도날, 태엽, 쇠톱
STC 105	1.00~1.10	0.10~0.35	0.10~0.50	0.030 이하	0.030 이하	나사가공다이스, 쇠톱, 프레스형틀, 게이지, 태엽, 끌, 치공구
STC 95	0.90~1.00	0.10~0.35	0.10~0.50	0.030 이하	0.030 이하	태엽, 목공용 드릴, 도끼, 끌, 메리야스바늘, 면도칼, 목공용 띠톱, 펜촉, 프레스형틀, 게이지
STC 90	0.85~0.95	0.10~0.35	0.10~0.50	0.030 이하	0.030 이하	프레스형틀, 태엽, 게이지, 침
STC 85	0.80~0.90	0.10~0.35	0.10~0.50	0.030 이하	0.030 이하	각인, 프레스형틀, 태엽, 띠톱, 치공구, 원형톱, 펜촉, 등사판줄, 게이지 등
STC 80	0.75~0.85	0.10~0.35	0.10~0.50	0.030 이하	0.030 이하	각인, 프레스형틀, 태엽
STC 75	0.70~0.80	0.10~0.35	0.10~0.50	0.030 이하	0.030 이하	각인, 스냅, 원형톱, 태엽, 프레스형틀, 등사판줄 등
STC 70	0.65~0.75	0.10~0.35	0.10~0.50	0.030 이하	0.030 이하	각인, 스냅, 프레스형틀, 태엽
STC 65	0.60~0.70	0.10~0.35	0.10~0.50	0.030 이하	0.030 이하	각인, 스냅, 프레스형틀, 나이프 등
STC 60	0.55~0.65	0.10~0.35	0.10~0.50	0.030 이하	0.030 이하	각인, 스냅, 프레스형틀

비고

[a] 각 종류마다 불순물로서 Cu : 0.25%, Ni : 0.25%, Cr : 0.30%를 초과하지 않아야 한다.

어닐링 경도

종류의 기호	어닐링 온도 ℃	어닐링 경도 HBW
STC 140	750~780 서랭	217 이하
STC 120	750~780 서랭	217 이하
STC 105	750~780 서랭	212 이하
STC 95	740~760 서랭	207 이하
STC 90	740~760 서랭	207 이하
STC 85	730~760 서랭	207 이하
STC 80	730~760 서랭	192 이하
STC 75	730~760 서랭	192 이하
STC 70	730~760 서랭	183 이하
STC 65	730~760 서랭	183 이하
STC 60	730~760 서랭	183 이하

33. 탄소공구강 강재(Carbon tool steels)

퀜칭 · 템퍼링 경도

종류의 기호	열처리 ℃		퀜칭 · 템퍼링 경도 HRC
	퀜칭	템퍼링	
STC 140	780 수랭	180 공랭	63 이상
STC 120	780 수랭	180 공랭	62 이상
STC 105	780 수랭	180 공랭	61 이상
STC 95	780 수랭	180 공랭	61 이상
STC 90	780 수랭	180 공랭	60 이상
STC 85	780 수랭	180 공랭	59 이상
STC 80	790 수랭	180 공랭	58 이상
STC 75	790 수랭	180 공랭	57 이상
STC 70	800 수랭	180 공랭	57 이상
STC 65	800 수랭	180 공랭	56 이상
STC 60	810 수랭	180 공랭	55 이상

KS와 국제표준의 종류 기호

KS	ISO
STC 140	-
STC 120	C120U
STC 105	C105U
STC 95	-
STC 90	C90U
STC 85	-
STC 80	C80U
STC 75	-
STC 70	C70U
STC 65	-
STC 60	-

34. 기계구조용 탄소강재

• 적용범위

이 규격은 열간압연, 열간단조 등 열간가공에 의해 제조한 것으로, 보통 다시 단조, 절삭 등의 가공 및 열처리를 하여 사용되는 기계구조용 탄소 강재(이하, 강재라 한다.)에 대하여 규정한다.

종류의 기호 및 화학성분

기호	화학성분(%)				
	C	Si	Mn	P	S
SM 10C	0.08~0.13	0.15~0.35	0.30~0.60	0.030 이하	0.035 이하
SM 12C	0.10~0.15	0.15~0.35	0.30~0.60	0.030 이하	0.035 이하
SM 15C	0.13~0.18	0.15~0.35	0.30~0.60	0.030 이하	0.035 이하
SM 17C	0.15~0.20	0.15~0.35	0.30~0.60	0.030 이하	0.035 이하
SM 20C	0.18~0.23	0.15~0.35	0.30~0.60	0.030 이하	0.035 이하
SM 22C	0.20~0.25	0.15~0.35	0.30~0.60	0.030 이하	0.035 이하
SM 25C	0.22~0.28	0.15~0.35	0.30~0.60	0.030 이하	0.035 이하
SM 28C	0.25~0.31	0.15~0.35	0.60~0.90	0.030 이하	0.035 이하
SM 30C	0.27~0.33	0.15~0.35	0.60~0.90	0.030 이하	0.035 이하
SM 33C	0.30~0.36	0.15~0.35	0.60~0.90	0.030 이하	0.035 이하
SM 35C	0.32~0.38	0.15~0.35	0.60~0.90	0.030 이하	0.035 이하
SM 38C	0.35~0.41	0.15~0.35	0.60~0.90	0.030 이하	0.035 이하
SM 40C	0.37~0.43	0.15~0.35	0.60~0.90	0.030 이하	0.035 이하
SM 43C	0.40~0.46	0.15~0.35	0.60~0.90	0.030 이하	0.035 이하
SM 45C	0.42~0.48	0.15~0.35	0.60~0.90	0.030 이하	0.035 이하
SM 48C	0.45~0.51	0.15~0.35	0.60~0.90	0.030 이하	0.035 이하
SM 50C	0.47~0.53	0.15~0.35	0.60~0.90	0.030 이하	0.035 이하
SM 53C	0.50~0.56	0.15~0.35	0.60~0.90	0.030 이하	0.035 이하
SM 55C	0.52~0.58	0.15~0.35	0.60~0.90	0.030 이하	0.035 이하
SM 58C	0.55~0.61	0.15~0.35	0.60~0.90	0.030 이하	0.035 이하
SM 9CK	0.07~0.12	0.10~0.35	0.30~0.60	0.025 이하	0.025 이하
SM 15CK	0.13~0.18	0.15~0.35	0.30~0.60	0.025 이하	0.025 이하
SM 20CK	0.18~0.23	0.15~0.35	0.30~0.60	0.025 이하	0.025 이하

34. 기계구조용 탄소강재

탄소량 구분에 의한 표준 기계적 성질

기호	기계적 성질					
	열처리	항복점 N/mm²	인장강도 N/mm²	연신 %	샤르피 충격값 J/cm²	경도 HB
S 10C	N	206 이상	314 이상	33 이상	-	109~156
	A	-	-	-	-	109~149
S 09CK	A	-	-	-	-	109~149
	H	-	-	-	-	121~179
S 12C S 15C	N	235 이상	373 이상	30 이상	-	111~167
	A	-	-	-	-	111~149
S 15CK	A	-	-	-	-	111~149
	H	343 이상	490 이상	20 이상	118 이상	143~235
S 17C S 20C	N	245 이상	402 이상	28 이상	-	116~174
	A	-	-	-	-	114~153
S 20CK	A	-	-	-	-	114~153
	H	392 이상	539 이상	18 이상	98.1 이상	159~241
S 22C S 25C	N	265 이상	441 이상	27 이상	-	123~183
	A	-	-	-	-	121~156
S 28C S 30C	N	284 이상	471 이상	25 이상	-	137~197
	A	-	-	-	-	126~156
	H	33 이상	539 이상	23 이상	108 이상	152~212
S 33C S 35C	N	304 이상	510 이상	23 이상	-	149~207
	A	-	-	-	-	126~163
	H	392 이상	569 이상	22 이상	98.1 이상	167~235
S 38C S 40C	N	324 이상	539 이상	22 이상	-	156~217
	A	-	-	-	-	131~163
	H	441 이상	608 이상	20 이상	88 이상	179~255
S 43C S 45C	N	343 이상	569 이상	20 이상	-	167~229
	A	-	-	-	-	137~170
	H	490 이상	686 이상	17 이상	78 이상	201~269
S 48C S 50C	N	363 이상	608 이상	18 이상	-	179~235
	A	-	-	-	-	143~187
	H	539 이상	735 이상	15 이상	69 이상	212~277
S 53C S 55C	N	392 이상	647 이상	15 이상	-	183~255
	A	-	-	-	-	149~192
	H	588 이상	785 이상	14 이상	59 이상	229~285
S 58C	N	392 이상	647 이상	15 이상	-	183~255
	A	-	-	-	-	149~192
	H	588 이상	785 이상	14 이상	59 이상	229~285

35. 합금공구강 강재(Alloys tool steels)

• **적용범위**

이 표준은 열간압연 또는 단조에 의하여 만들어진 합금공구강 강재(이하 강재라 한다.)에 대하여 규정한다.

종류의 기호 및 용도

종류의 기호	적용	종류의 기호	적용
STS 11 STS 2 STS 21 STS 5 STS 51 STS 7 STS 81 STS 8 - -	주로 절삭 공구강용	STS 3 STS 31 STS 93 STS 94 STS 95 STD 1 STD 2 STD 10 STD 11 STD 12	주로 냉간 금형용
STS 4 STS 41 STS 43 STS 44 - - - - - -	주로 내충격 공구강용	STD 4 STD 5 STD 6 STD 61 STD 62 STD 7 STD 8 STF 3 STF 4 STF 6	주로 열간 금형용

비고

KS 종류의 기호와 대응한 ISO기호를 부속서 A에 나타내었다.

화학성분(절삭 공구용)

종류의 기호	화학성분(%)									참고 용도보기
	C	Si	Mn	P	S	Ni	Cr	W	V	
STS 11	1.20~1.30	0.35 이하	0.50 이하	0.030 이하	0.030 이하	-	0.20~0.50	3.00~4.00	0.10~0.30	절삭공구, 냉간 드로잉용 다이스 · 센터드릴
STS 2	1.00~1.10	0.35 이하	0.80 이하	0.030 이하	0.030 이하	-	0.50~1.00	1.00~1.50	c	탭, 드릴, 커터, 프레스형틀, 나사가공다이스
STS 21	1.00~1.10	0.35 이하	0.50 이하	0.030 이하	0.030 이하	-	0.20~0.50	0.50~1.00	0.10~0.25	
STS 5	0.75~0.85	0.35 이하	0.50 이하	0.030 이하	0.030 이하	0.70~1.30	0.20~0.50	-	-	원형톱, 띠톱
STS 51	0.75~0.85	0.35 이하	0.50 이하	0.030 이하	0.030 이하	1.30~2.00	0.20~0.50	-	-	
STS 7	1.10~1.20	0.35 이하	0.50 이하	0.030 이하	0.030 이하	-	0.20~0.50	2.00~2.50	c	쇠톱
STS 81	1.10~1.30	0.35 이하	0.50 이하	0.030 이하	0.030 이하	-	0.20~0.50	-	-	인물(칼, 대패), 쇠톱, 면도날
STS 8	1.30~1.50	0.35 이하	0.50 이하	0.030 이하	0.030 이하	-	0.20~0.50	-	-	줄

35. 합금공구강 강재(Alloys tool steels)

화학성분(내충격 공구용)

종류의 기호	화학성분(%)								참고 용도보기
	C	Si	Mn	P	S	Cr	W	V	
STS 4	0.45~0.55	0.35 이하	0.50 이하	0.030 이하	0.030 이하	0.50~1.00	0.50~1.00	-	끌, 펀치, 칼날
STS 41	0.35~0.45	0.35 이하	0.50 이하	0.030 이하	0.030 이하	1.00~1.50	2.50~3.50	-	
STS 43	1.00~1.10	0.10~0.30	0.10~0.40	0.030 이하	0.030 이하	-	-	0.10~0.20	헤딩다이스(heading dies) 착암기용 피스턴
STS 44	0.80~0.90	0.25 이하	0.30 이하	0.030 이하	0.030 이하	-	-	0.10~0.25	끌, 헤딩다이스

화학성분(냉간 금형용)

종류의 기호	화학성분(%)									참고 용도보기
	C	Si	Mn	P	S	Cr	Mo	W	V	
STS 3	0.90~1.00	0.35 이하	0.90~1.20	0.030 이하	0.030 이하	0.50~1.00	-	0.50~1.00	-	게이지, 나사절단다이스, 절단기, 칼날
STS 31	0.95~1.05	0.35 이하	0.90~1.20	0.030 이하	0.030 이하	0.80~1.20	-	1.00~1.50	-	게이지, 프레스형틀, 나사절단다이스
STS 93	1.00~1.10	0.50 이하	0.80~1.10	0.030 이하	0.030 이하	0.20~0.60	-	-	-	게이지, 칼날, 프레스형틀
STS 94	0.90~1.00	0.50 이하	0.80~1.10	0.030 이하	0.030 이하	0.20~0.60	-	-	-	
STS 95	0.80~0.90	0.50 이하	0.80~1.10	0.030 이하	0.030 이하	0.20~0.60	-	-	-	
STD 1	1.90~2.20	0.10~0.60	0.20~0.60	0.030 이하	0.030 이하	11.00~13.00	-	-	-	신선용 다이스, 포밍 다이스, 분말성 형틀
STD 2	2.00~2.30	0.10~0.40	0.30~0.60	0.030 이하	0.030 이하	11.00~13.00	-	0.60~0.80	-	
STD 10	1.45~1.60	0.10~0.60	0.20~0.60	0.030 이하	0.030 이하	11.00~13.00	0.70~1.00	-	0.70~1.00	신선용 다이스, 전조 다이스, 금속인물, 포밍 다이스, 프레스 형틀
STD 11	1.40~1.60	0.40 이하	0.60 이하	0.030 이하	0.030 이하	11.00~13.00	0.80~1.20	-	0.20~0.50	게이지, 포밍 다이스, 나사전조 다이스, 프레스 형틀
STD 12	0.95~1.05	0.10~0.40	0.40~0.80	0.030 이하	0.030 이하	4.80~5.50	0.90~1.20	-	0.15~0.35	

36. 고온용 합금강 볼트재

• 적용범위

이 표준은 주로 고온에서 사용되는 압력용기, 밸브, 플랜지 및 이음쇠에 사용하는 합금강 볼트재(이하 볼트재라 한다.)에 대하여 규정한다. 여기에서 말하는 볼트재란, 봉강 및 나사 가공을 하지 않은 볼트, 스터드 볼트 등을 가리킨다.

종류의 기호 및 적용지름

종류	기호	적용지름	참고
1종	SNB 5	지름 100mm 이하	AISI 501 ASTM A 193-B5 5 % 크로뮴강
2종	SNB 7	지름 120mm 이하	AISI 4140, 4142, 4145 ASTM A 193-B7 크로뮴몰리브데넘강
3종	SNB 16	지름 180mm 이하	ASTM A 193-B16 크로뮴몰리브데넘바나듐강

템퍼링 온도

종류	기호	템퍼링 온도 ℃
1종	SNB 5	595 이상
2종	SNB 7	
3종	SNB 16	650 이상

화학성분(%)

종류	기호	C	Si	Mn	P	S	Cr	Mo	V
1종	SNB 5	0.10 이상	1.00 이하	1.00 이하	0.040 이하	0.030 이하	4.00~6.00	0.40~0.65	-
2종	SNB 7	0.38~0.48b	0.20~0.35	0.75~1.00	0.040 이하	0.040 이하	0.80~1.10	0.15~0.25	-
3종	SNB 16	0.36~0.44	0.20~0.35	0.45~0.70	0.040 이하	0.040 이하	0.80~1.15	0.50~0.65	0.25~0.35

36. 고온용 합금강 볼트재

기계적 성질

종류	기호	지름 mm	항복강도 N/mm²	인장강도 N/mm²	연신율 %	단면 수축률 %
1종	SNB 5	100 이하	550 이상	690 이상	16 이상	50 이상
2종	SNB 7	63 이하	725 이상	860 이상	16 이상	50 이상
		63 초과 100 이하	655 이상	800 이상	16 이상	50 이상
		100 초과 120 이하	520 이상	690 이상	18 이상	50 이상
3종	SNB 16	63 이하	725 이상	860 이상	18 이상	50 이상
		63 초과 100 이하	655 이상	760 이상	17 이상	50 이상
		100 초과 120 이하	590 이상	690 이상	16 이상	50 이상

비고

$1N/mm^2 = 1MPa$

단위 : mm

열간 압연 선재의 치수 허용차

지름	지름의 허용차	편지름차
15 이하	±0.3	0.4 이하
15 초과 25 이하	±0.4	0.5 이하
25 초과 32 이하	±0.5	0.6 이하
32 초과 50 이하	±0.6	0.7 이하

비고

지름이 50mm를 초과하는 경우는 주문자와 제조자 사이의 협정에 따른다.

37. 기계구조용 합금강 강재

• **적용범위**

이 규격은 열간압연, 열간단조 등 열간가공에 의해 만들어진 것으로, 보통 다시 단조, 절삭, 냉간 인발 등의 가공과 퀜칭 템퍼링, 노멀라이징, 침탄 퀜칭 등의 열처리를 하여 주로 기계구조용으로 사용되는 합금강 강재(이하, 강재라 한다.)에 대하여 규정한다.

종류의 기호

종류의 기호	분류	종류의 기호	분류	종류의 기호	분류	종류의 기호	분류
SMn 420 SMn 433 SMn 438 SMn 443	망가니즈강	SCr 445	크로뮴강	SCM 440 SCM 445 SCM 822	크로뮴 몰리브데넘강	SNCM 420 SNCM 431 SNCM 439 SNCM 447 SNCM 616 SNCM 625 SNCM 630 SNCM 815	니켈크로뮴 몰리브데넘강
SMnC 420 SMnC 443	망가니즈 크로뮴강	SCM 415 SCM 418 SCM 420 SCM 421 SCM 425 SCM 430 SCM 432 SCM 435	크로뮴 몰리브데넘강	SNC 236 SNC 415 SNC 631 SNC 815 SNC 836	니켈크로뮴강		
SCr 415 SCr 420 SCr 430 SCr 435 SCr 440	크로뮴강			SNCM 220 SNCM 240 SNCM 415	니켈크로뮴 몰리브데넘강		

비고

SMn 420, SMnC 420, SCr 415, SCr 420, SCM 415, SCM 418, SCM 420, SCM 421, SCM 822, SNC 415, SNC 815, SNCM 220, SNCM 415, SNCM 420, SNCM 616 및 SNCM 815는 주로 표면 담금질용으로 사용한다.

화학성분(%)

	C	Si	Mn	P	S	Ni	Cr	Mo
SMn 420	0.17~0.23	0.15~0.35	1.20~0.50	0.030 이하	0.030 이하	0.25 이하	0.35 이하	-
SMn 433	0.30~0.36	0.15~0.35	1.20~0.50	0.030 이하	0.030 이하	0.25 이하	0.35 이하	-
SMn 438	0.35~0.41	0.15~0.35	1.35~1.65	0.030 이하	0.030 이하	0.25 이하	0.35 이하	-
SMn 443	0.40~0.46	0.15~0.35	1.35~1.65	0.030 이하	0.030 이하	0.25 이하	0.35 이하	-
SMnC 420	0.17~0.23	0.15~0.35	1.20~1.50	0.030 이하	0.030 이하	0.25 이하	0.35~0.70	-
SMnC 443	0.40~0.46	0.15~0.35	1.35~1.65	0.030 이하	0.030 이하	0.25 이하	0.35~0.70	-
SCr 415	0.13~0.18	0.15~0.35	0.60~0.90	0.030 이하	0.030 이하	0.25 이하	0.90~1.20	-
SCr 420	0.18~0.23	0.15~0.35	0.60~0.90	0.030 이하	0.030 이하	0.25 이하	0.90~1.20	-
SCr 430	0.28~0.33	0.15~0.35	0.60~0.90	0.030 이하	0.030 이하	0.25 이하	0.90~1.20	-
SCr 435	0.33~0.38	0.15~0.35	0.60~0.90	0.030 이하	0.030 이하	0.25 이하	0.90~1.20	-
SCr 440	0.38~0.43	0.15~0.35	0.60~0.90	0.030 이하	0.030 이하	0.25 이하	0.90~1.20	-
SCr 445	0.43~0.48	0.15~0.35	0.60~0.90	0.030 이하	0.030 이하	0.25 이하	0.90~1.20	-

37. 기계구조용 합금강 강재

화학성분(%)(계속)

	C	Si	Mn	P	S	Ni	Cr	Mo
SCM 415	0.13~0.18	0.15~0.35	0.60~0.90	0.030 이하	0.030 이하	0.25 이하	0.90~1.20	0.15~0.25
SCM 418	0.16~0.21	0.15~0.35	0.60~0.90	0.030 이하	0.030 이하	0.25 이하	0.90~1.20	0.15~0.25
SCM 420	0.18~0.23	0.15~0.35	0.60~0.90	0.030 이하	0.030 이하	0.25 이하	0.90~1.20	0.15~0.25
SCM 421	0.17~0.23	0.15~0.35	0.70~1.00	0.030 이하	0.030 이하	0.25 이하	0.90~1.20	0.15~0.25
SCM 425	0.23~0.28	0.15~0.35	0.60~0.90	0.030 이하	0.030 이하	0.25 이하	0.90~1.20	0.15~0.30
SCM 430	0.28~0.33	0.15~0.35	0.60~0.90	0.030 이하	0.030 이하	0.25 이하	0.90~1.20	0.15~0.30
SCM 432	0.27~0.37	0.15~0.35	0.30~0.60	0.030 이하	0.030 이하	0.25 이하	1.00~1.50	0.15~0.30
SCM 435	0.33~0.38	0.15~0.35	0.60~0.90	0.030 이하	0.030 이하	0.25 이하	0.90~1.20	0.15~0.30
SCM 440	0.38~0.43	0.15~0.35	0.60~0.90	0.030 이하	0.030 이하	0.25 이하	0.90~1.20	0.15~0.30
SCM 445	0.43~0.48	0.15~0.35	0.60~0.90	0.030 이하	0.030 이하	0.25 이하	0.90~1.20	0.15~0.30
SCM 822	0.20~0.25	0.15~0.35	0.60~0.90	0.030 이하	0.030 이하	0.25 이하	0.90~1.20	0.35~0.45
SNC 236	0.32~0.40	0.15~0.35	0.50~0.80	0.030 이하	0.030 이하	1.00~1.50	0.50~0.90	-
SNC 415	0.12~0.18	0.15~0.35	0.35~0.65	0.030 이하	0.030 이하	2.00~2.50	0.20~0.50	-
SNC 631	0.27~0.35	0.15~0.35	0.35~0.65	0.030 이하	0.030 이하	2.50~3.00	0.60~1.00	-
SNC 815	0.12~0.18	0.15~0.35	0.35~0.65	0.030 이하	0.030 이하	3.00~3.50	0.60~1.00	-
SNC 836	0.32~0.40	0.15~0.35	0.35~0.65	0.030 이하	0.030 이하	3.00~3.50	0.60~1.00	-
SNCM 220	0.17~0.23	0.15~0.35	0.60~0.90	0.030 이하	0.030 이하	0.40~0.70	0.40~0.60	0.15~0.25
SNCM 240	0.38~0.43	0.15~0.35	0.70~1.00	0.030 이하	0.030 이하	0.40~0.70	0.40~0.60	0.15~0.30
SNCM 415	0.12~0.18	0.15~0.35	0.40~0.70	0.030 이하	0.030 이하	1.60~2.00	0.40~0.60	0.15~0.30
SNCM 420	0.17~0.23	0.15~0.35	0.40~0.70	0.030 이하	0.030 이하	1.60~2.00	0.40~0.60	0.15~0.30
SNCM 431	0.27~0.35	0.15~0.35	0.60~0.90	0.030 이하	0.030 이하	1.60~2.00	0.60~1.00	0.15~0.30
SNCM 439	0.36~0.43	0.15~0.35	0.60~0.90	0.030 이하	0.030 이하	1.60~2.00	0.60~1.00	0.15~0.30
SNCM 447	0.44~0.50	0.15~0.35	0.60~0.90	0.030 이하	0.030 이하	1.60~2.00	0.60~1.00	0.15~0.30
SNCM 616	0.13~0.20	0.15~0.35	0.80~1.20	0.030 이하	0.030 이하	2.80~3.20	1.40~1.80	0.40~0.60
SNCM 625	0.20~0.30	0.15~0.35	0.35~0.60	0.030 이하	0.030 이하	3.00~3.50	1.00~1.50	0.15~0.30
SNCM 630	0.25~0.35	0.15~0.35	0.35~0.60	0.030 이하	0.030 이하	2.50~3.50	2.50~3.50	0.30~0.70
SNCM 815	0.12~0.18	0.15~0.35	0.30~0.60	0.030 이하	0.030 이하	4.00~4.50	0.70~1.00	0.15~0.30

38. 탄소강 주강품(Carbon Steel Castings)

• 적용범위

이 규격은 탄소강 주강품(원심력 주강관을 포함한다. 이하 주강품이라 한다.)에 대하여 규정한다.

종류의 기호

종류의 기호	적용
SC 360	일반 구조용
	전동기 부품용
SC 410	일반 구조용
SC 450	일반 구조용
SC 480	일반 구조용

화학성분(%)

종류의 기호	C	P	S
SC 360	0.20 이하	0.040 이하	0.040 이하
SC 410	0.30 이하	0.040 이하	0.040 이하
SC 450	0.35 이하	0.040 이하	0.040 이하
SC 480	0.40 이하	0.040 이하	0.040 이하

기계적 성질

종류의 기호	항복점 또는 내구력 N/mm^2	인장강도 N/mm^2	연신율 %	단면 수축률 %
SC 360	175 이상	360 이상	23 이상	35 이상
SC 410	205 이상	410 이상	21 이상	35 이상
SC 450	225 이상	450 이상	19 이상	30 이상
SC 480	245 이상	480 이상	17 이상	25 이상

39. 용접 구조용 주강품

• 적용범위

이 규격은 압연 강재, 주강품 또는 다른 주강품의 용접 구조에 사용하는 것으로서 특히 용접성이 우수한 주강품(이하 주강품이라 한다.)에 대하여 규정한다.

종류의 기호

종류 및 기호	구 기호(참고)
SCW 410	SCW 42
SCW 450	-
SCW 480	SCW 49
SCW 550	SCW 56
SCW 620	SCW 63

화학성분(%)

종류의 기호	C	Si	Mn	P	S	Ni	Cr	Mo	V	탄소당량
SCW 410	0.22 이하	0.80 이하	1.50 이하	0.040 이하	0.040 이하	-	-	-	-	0.40 이하
SCW 450	0.22 이하	0.80 이하	1.50 이하	0.040 이하	0.040 이하	-	-	-	-	0.43 이하
SCW 480	0.22 이하	0.80 이하	1.50 이하	0.040 이하	0.040 이하	0.50 이하	0.50 이하	-	-	0.45 이하
SCW 550	0.22 이하	0.80 이하	1.50 이하	0.040 이하	0.040 이하	2.50 이하	0.50 이하	0.30 이하	0.20 이하	0.48 이하
SCW 620	0.22 이하	0.80 이하	1.50 이하	0.040 이하	0.040 이하	2.50 이하	0.50 이하	0.30 이하	0.20 이하	0.50 이하

기계적 성질

종류의 기호	항복점 또는 항복강도 N/mm²	인장강도 N/mm²	연신율 %	샤르피 흡수에너지	
				충격시험온도 ℃	V노치 시험편 3개의 평균치
SCW 410	235 이상	410 이상	21 이상	0	27 이상
SCW 450	255 이상	450 이상	20 이상	0	27 이상
SCW 480	275 이상	480 이상	20 이상	0	27 이상
SCW 550	355 이상	550 이상	18 이상	0	27 이상
SCW 620	430 이상	620 이상	17 이상	0	27 이상

40. 고온 고압용 주강품

• 적용범위

이 규격은 고온에서 사용되는 밸브, 플랜지, 케이싱 기타 고압 부품용 주강품(이하 주강품이라 한다.)에 대하여 규정한다.

종류의 기호

종류의 기호	강종
SCPH 1	탄소강
SCPH 2	탄소강
SCPH 11	0.5% 몰리브데넘강
SCPH 21	1% 크로뮴 - 0.5% 몰리브데넘강
SCPH 22	1% 크로뮴 - 1% 몰리브데넘강
SCPH 23	1% 크로뮴 - 1% 몰리브데넘 - 0.2% 바나듐강
SCPH 32	2.5% 크로뮴 - 1% 몰리브데넘강
SCPH 61	5% 크로뮴 - 0.5% 몰리브데넘강

화학성분(%)

종류의 기호	C	Si	Mn	P	S	Cr	Mo	V
SCPH 1	0.25 이하	0.60 이하	0.70 이하	0.040 이하	0.040 이하	-	-	-
SCPH 2	0.30 이하	0.60 이하	1.00 이하	0.040 이하	0.040 이하	-	-	-
SCPH 11	0.25 이하	0.60 이하	0.50~0.80	0.040 이하	0.040 이하	-	0.45~0.65	-
SCPH 21	0.20 이하	0.60 이하	0.50~0.80	0.040 이하	0.040 이하	1.00~1.50	0.45~0.65	-
SCPH 22	0.25 이하	0.60 이하	0.50~0.80	0.040 이하	0.040 이하	1.00~1.50	0.90~1.20	-
SCPH 23	0.20 이하	0.60 이하	0.50~0.80	0.040 이하	0.040 이하	1.00~1.50	0.90~1.20	0.15~0.20
SCPH 32	0.20 이하	0.60 이하	0.50~0.80	0.040 이하	0.040 이하	2.00~2.75	0.90~1.20	-
SCPH 61	0.20 이하	0.75 이하	0.50~0.80	0.040 이하	0.040 이하	4.00~6.50	0.45~0.65	-

40. 고온 고압용 주강품

불순물의 화학성분(%)

종류의 기호	Cu	Ni	Cr	Mo	W	합계량
SCPH 1	0.50 이하	0.50 이하	0.25 이하	0.25 이하	-	1.00 이하
SCPH 2	0.50 이하	0.50 이하	0.25 이하	0.25 이하	-	1.00 이하
SCPH 11	0.50 이하	0.50 이하	0.35 이하	-	0.10 이하	1.00 이하
SCPH 21	0.50 이하	0.50 이하	-	-	0.10 이하	1.00 이하
SCPH 22	0.50 이하	0.50 이하	-	-	0.10 이하	1.00 이하
SCPH 23	0.50 이하	0.50 이하	-	-	0.10 이하	1.00 이하
SCPH 32	0.50 이하	0.50 이하	-	-	0.10 이하	1.00 이하
SCPH 61	0.50 이하	0.50 이하	-	-	0.10 이하	1.00 이하

기계적 성질

종류의 기호	항복점 또는 항복강도 N/mm^2	인장강도 N/mm^2	연신율 %	단면수축률 %
SCPH 1	205 이상	410 이상	21 이상	35 이상
SCPH 2	245 이상	480 이상	19 이상	35 이상
SCPH 11	245 이상	450 이상	22 이상	35 이상
SCPH 21	275 이상	480 이상	17 이상	35 이상
SCPH 22	345 이상	550 이상	16 이상	35 이상
SCPH 23	345 이상	550 이상	13 이상	35 이상
SCPH 32	275 이상	480 이상	17 이상	35 이상
SCPH 61	410 이상	620 이상	17 이상	35 이상

41. 회 주철품(Grey iron castings)

• 적용범위

이 규격은 편상 흑연을 함유한 주철품(이하 주철품이라 한다.)에 대하여 규정한다.

비고

이 규격의 대응 국제 규격은 다음과 같다.

종류의 기호 및 기계적 성질

종류 및 기호	인장강도 N/mm²	경도 HB
GC100	100 이상	201 이하
GC150	150 이상	212 이하
GC200	200 이상	223 이하
GC250	250 이상	241 이하
GC300	300 이상	262 이하
GC350	350 이상	277 이하

실제 강도용 공시재의 기계적 성질

종류 및 기호	주철품의 두께 mm	인장강도 N/mm²
GC100	2.5 이상 10 미만	120 이상
	10 이상 20 미만	90 이상
GC150	2.5 이상 10 미만	155 이상
	10 이상 20 미만	130 이상
	20 이상 40 미만	110 이상
	40 이상 80 미만	95 이상
	80 이상 150 미만	80 이상
GC200	2.5 이상 10 미만	205 이상
	10 이상 20 미만	180 이상
	20 이상 40 미만	155 이상
	40 이상 80 미만	130 이상
	80 이상 150 미만	115 이상
GC250	4.0 이상 10 미만	250 이상
	10 이상 20 미만	225 이상
	20 이상 40 미만	195 이상
	40 이상 80 미만	170 이상
	80 이상 150 미만	155 이상
GC300	10 이상 20 미만	270 이상
	20 이상 40 미만	240 이상
	40 이상 80 미만	210 이상
	80 이상 150 미만	195 이상
GC350	10 이상 20 미만	315 이상
	20 이상 40 미만	280 이상
	40 이상 80 미만	250 이상
	80 이상 150 미만	225 이상

MEMO

42. 구상 흑연 주철품(Spherodial graphite iron castings)

• 적용범위

이 규격은 구상(球狀) 흑연 주철품(이하 주철품이라 한다.)에 대하여 규정한다.

종류의 기호

별도 주입 공시재에 의한 경우	본체 부착 공시재에 의한 경우
GCD 350 - 22	GCD 400 - 18A
GCD 350 - 22L	GCD 400 - 18AL
GCD 400 - 18	GCD 400 - 15A
GCD 400 - 18L	GCD 500 - 7A
GCD 400 - 15	GCD 600 - 3A
GCD 450 - 10	-
GCD 500 - 7	-
GCD 600 - 3	-
GCD 700 - 2	-
GCD 800 - 2	-

화학성분(%)

종류의 기호	C	Si	Mn	P	S	Mg
GCD 350 - 22	2.5 이상	2.7 이하	0.4 이하	0.08 이하	0.02 이하	0.09 이하
GCD 350 - 22L						
GCD 400 - 18						
GCD 400 - 18L						
GCD 400 - 18A						
GCD 400 - 18AL						
GCD 400 - 15		-	-	-		
GCD 400 - 15A						
GCD 450 - 10						
GCD 500 - 7						
GCD 500 - 7A						
GCD 600 - 3						
GCD 600 - 3A						
GCD 700 - 2						
GCD 800 - 2						

42. 구상 흑연 주철품(Spherodial graphite iron castings)

별도 주입 공시재의 기계적 성질

종류의 기호	인장강도 N/mm²	항복강도 N/mm²	연신 %	샤르피 흡수에너지			(참고)	
				시험온도 ℃	3개의 평균값 J	개개의 값 J	경도 HB	기지 조직
GCD 350 - 22	350 이상	220 이상	22 이상	23±5	17 이상	14 이상	150 이하	페라이트
GCD 350 - 22L				-40±2	12 이상	9 이상		
GCD 400 - 18	400 이상	250 이상	18 이상	23±5	14 이상	11 이상	130~180	
GCD 400 - 18L				-20±2	12 이상	9 이상		
GCD 400 - 15			15 이상	-	-	-		
GCD 450 - 10	450 이상	280 이상	10 이상				140~210	
GCD 500 - 7	500 이상	320 이상	7 이상				150~230	페라이트+펄라이트
GCD 600 - 3	600 이상	370 이상	3 이상				170~270	펄라이트+페라이트
GCD 700 - 2	700 이상	420 이상	2 이상				180~300	펄라이트
GCD 800 - 2	800 이상	480 이상					200~330	펄라이트 또는 템퍼링 조직

기계적 성질

종류의 기호	주철품의 주요 살두께 mm	인장강도 N/mm²	항복강도 N/mm²	연신 %	샤르피 흡수에너지			(참고)	
					시험 온도 ℃	3개의 평균값 J	개개의 값 J	경도 HB	기지 조직
GCD 400 - 18A	30 초과 60 이하	390 이상	250 이상	15 이상	23±5	14 이상	11 이상	120~180	페라이트
	60 초과 200 이하	370 이상	240 이상	12 이상		12 이상	9 이상		
GCD 400 - 18AL	30 초과 60 이하	390 이상	250 이상	15 이상	-20±2				
	60 초과 200 이하	370 이상	240 이상	12 이상		10 이상	7 이상		
GCD 400 - 15A	30 초과 60 이하	390 이상	250 이상	15 이상	-	-	-		
	60 초과 200 이하	370 이상	240 이상	12 이상					
GCD 500 - 7A	30 초과 60 이하	450 이상	300 이상	7 이상				130~230	페라이트 + 펄라이트
	60 초과 200 이하	420 이상	290 이상	5 이상					
GCD 600 - 3A	30 초과 60 이하	600 이상	360 이상	2 이상				160~270	펄라이트 + 페라이트
	60 초과 200 이하	550 이상	340 이상	1 이상					

43. 오스테나이트 주철품(Austenitic iron castings)

• 적용범위

이 규격은 오스테나이트 주철품(이하 주철품이라 한다.)에 대하여 규정한다.

비고

이 규격의 대응 국제 규격은 다음과 같다.

편상 흑연계 화학성분(%)

종류 및 기호	화학성분(%)					
	C	Si	Mn	Ni	Cr	Cu
GCA - NiMn 13 7	3.0 이하	1.5~3.0	6.0~7.0	12.0~14.0	0.2 이하	0.5 이하
GCA - NiCuCr 15 6 2	3.0 이하	1.0~2.8	0.5~1.5	13.5~17.5	1.0~2.5	5.5~7.5
GCA - NiCuCr 15 6 3	3.0 이하	1.0~2.8	0.5~1.5	13.5~17.5	2.5~3.5	5.5~7.5
GCA - NiCr 20 2	3.0 이하	1.0~2.8	0.5~1.5	18.0~22.0	1.0~2.5	0.5 이하
GCA - NiCr 20 3	3.0 이하	1.0~2.8	0.5~1.5	18.0~22.0	2.5~3.5	0.5 이하
GCA - NiSiCr 20 5 3	2.5 이하	4.5~5.5	0.5~1.5	18.0~22.0	1.5~4.5	0.5 이하
GCA - NiCr 30 3	2.5 이하	1.0~2.0	0.5~1.5	28.0~32.0	2.5~3.5	0.5 이하
GCA - NiSiCr 30 5 5	2.5 이하	5.0~6.0	0.5~1.5	29.0~32.0	4.5~5.5	0.5 이하
GCA - Ni 35	2.4 이하	1.0~2.0	0.5~1.5	34.0~36.0	0.2 이하	0.5 이하

구상 흑연계 화학성분(%)

종류 및 기호	화학성분(%)					
	C	Si	Mn	Ni	Cr	Cu
GCDA - NiMn 13 7	3.0 이하	2.0~3.0	6.0~7.0	12.0~14.0	0.2 이하	0.5 이하
GCDA - NiCr 20 2	3.0 이하	1.5~3.0	0.5~1.5	18.0~22.0	1.0~2.5	0.5 이하
GCDA - NiCrNb 20 2	3.0 이하	1.5~2.4	0.5~1.5	18.0~22.0	1.0~2.5	-
GCDA - NiCr 20 3	3.0 이하	1.5~3.0	0.5~1.5	18.0~22.0	2.5~3.5	0.5 이하
GCDA - NiSiCr 20 5 2	3.0 이하	4.5~5.5	0.5~1.5	18.0~22.0	1.0~2.5	0.5 이하
GCDA - Ni 22	3.0 이하	1.0~3.0	1.5~2.5	21.0~24.0	0.5 이하	0.5 이하
GCDA - NiMn 23 4	2.6 이하	1.5~2.5	4.0~4.5	22.0~24.0	0.2 이하	0.5 이하
GCDA - NiCr 30 1	2.6 이하	1.5~3.0	0.5~1.5	28.0~32.0	1.0~1.5	0.5 이하
GCDA - NiCr 30 3	2.6 이하	1.5~3.0	0.5~1.5	28.0~32.0	2.5~3.5	0.5 이하
GCDA - NiSiCr 30 5 2	2.6 이하	4.0~6.0	0.5~1.5	29.0~32.0	1.5~2.5	-
GCDA - NiSiCr 30 5 5	2.6 이하	5.0~6.0	0.5~1.5	28.0~32.0	4.5~5.5	0.5 이하
GCDA - Ni 35	2.4 이하	1.5~3.5	0.5~1.5	34.0~36.0	0.2 이하	0.5 이하
GCDA - NiCr 35 3	2.4 이하	1.5~3.0	0.5~1.5	34.0~36.0	2.0~3.0	0.5 이하
GCDA - NiSiCr 35 5 2	2.0 이하	4.0~6.0	0.5~1.5	34.0~36.0	1.5~2.5	-

43. 오스테나이트 주철품(Austenitic iron castings)

편상 흑연계 기계적 성질

종류 및 기호	인장강도 N/mm^2	연신율 %	압축강도 N/mm^2	종탄성계수 GN/m^2	경도 HB
GCA - NiMn 13 7	140~220	-	630~840	70~90	120~150
GCA - NiCuCr 15 6 2	170~210	2	700~840	85~105	140~200
GCA - NiCuCr 15 6 3	190~240	1~2	860~1 100	98~113	150~250
GCA - NiCr 20 2	170~210	2~3	700~840	85~105	120~215
GCA - NiCr 20 3	190~240	1~2	860~1 100	98~113	160~250
GCA - NiSiCr 20 5 3	190~280	2~3	860~1 100	110	140~250
GCA - NiCr 30 3	190~240	1~3	700~910	98~113	120~215
GCA - NiSiCr 30 5 5	170~240	-	560	105	150~210
GCA - Ni 35	120~180	1~3	560~700	74	120~140

구상 흑연계 기계적 성질

종류 및 기호	인장강도 N/mm^2	0.2% 항복강도 N/mm^2	연신율 %	샤르피 충격흡수에너지 J 3개 충격시험의 평균값	
				V 노치	U 노치
GCDA - NiMn 13 7	390 이상	210 이상	15 이상	16 이상	-
GCDA - NiCr 20 2	370 이상	210 이상	7 이상	13 이상	16 이상
GCDA - NiCrNb 20 2	370 이상	210 이상	7 이상	13 이상	-
GCDA - NiCr 20 3	390 이상	210 이상	7 이상	-	-
GCDA - NiSiCr 20 5 2	370 이상	210 이상	10 이상	-	-
GCDA - Ni 22	370 이상	170 이상	20 이상	20 이상	24 이상
GCDA - NiMn 23 4	440 이상	210 이상	25 이상	24 이상	28 이상
GCDA - NiCr 30 1	370 이상	210 이상	13 이상	-	-
GCDA - NiCr 30 3	370 이상	210 이상	7 이상		-
GCDA - NiSiCr 30 5 2	380 이상	210 이상	10 이상	-	-
GCDA - NiSiCr 30 5 5	390 이상	240 이상	-	-	-
GCDA - Ni 35	370 이상	210 이상	20 이상	-	-
GCDA - NiCr 35 3	370 이상	210 이상	7 이상	-	-
GCDA - NiSiCr 35 5 2	370 이상	200 이상	10 이상	-	-

44. 인청동 및 양백의 판 및 띠

• 적용범위

이 표준은 압연한 인청동 및 양백의 판(이하 판이라 한다.) 및 띠(이하 띠라 한다.)에 대하여 규정한다.

종류의 기호

종류		기호	참고	
합금번호	모양		명칭	특색 및 용도보기
C 5111	판	C 5111 P	인청동	전연성 · 내피로성 · 내식성이 좋다. 합금번호 C 5191 · C 5212는 용수철 재료에 적합하다. 다만, 특히 고성능의 탄력성을 요구하는 것은 용수철용 인청동을 사용하는 것이 좋다. 전자, 전기 기기용 용수철, 스위치, 리드 프레임, 커넥터, 다이어프램, 베로, 퓨즈 클립, 섭동편, 볼베어링, 부시, 타악기 등
	띠	C 5111 R		
C 5102	판	C 5102 P		
	띠	C 5102 R		
C 5191	판	C 5191 P		
	띠	C 5191 R		
C 5212	판	C 5212 P		
	띠	C 5212 R		
C 7351	판	C 7351 P	양백	광택이 아름답고, 전연성 · 내피로성 · 내식성이 좋다. 합금번호 C 7351 · C 7521은 수축성이 풍부하다. 수정 발진자 케이스, 트랜지스터캡, 볼륨용 섭동편, 시계 문자판, 장식품, 양식기, 의료 기기, 건축용, 관악기 등
	띠	C 7351 R		
C 7451	판	C 7451 P		
	띠	C 7451 R		
C 7521	판	C 7521 P		
	띠	C 7521 R		
C 7541	판	C 7541 P		
	띠	C 7541 R		

화학성분

합금번호	화학성분(질량 %)								
	Cu	Pb	Fe	Sn	Zn	Mn	Ni	P	Cu + Sn + P
C 5111	–	0.02 이하	0.10 이하	3.5～4.5	0.20 이하	–	–	0.03～0.35	99.5 이상
C 5102	–	0.02 이하	0.10 이하	4.5～5.5	0.20 이하	–	–	0.03～0.35	99.5 이상
C 5191	–	0.02 이하	0.10 이하	5.5～7.0	0.20 이하	–	–	0.03～0.35	99.5 이상
C 5212	–	0.02 이하	0.10 이하	7.0～9.0	0.20 이하	–	–	0.03～0.35	99.5 이상
C 7351	70.0～75.0	0.03 이하	0.25 이하	–	나머지	0～0.50	16.5～19.5	–	–
C 7451	63.0～67.0	0.03 이하	0.25 이하	–	나머지	0～0.50	8.5～11.0	–	–
C 7521	62.0～66.0	0.03 이하	0.25 이하	–	나머지	0～0.50	16.5～19.5	–	–
C 7541	60.0～64.0	0.03 이하	0.25 이하	–	나머지	0～0.50	12.5～15.5	–	–

44. 인청동 및 양백의 판 및 띠

판 및 띠의 기계적 성질

합금 번호	기호	인장강도 N/mm²
C 5111	C 5111 P-O C 5111 R-O	295 이상
	C 5111 P-1/4 H C 5111 R-1/4 H	345~440
	C 5111 P-1/2 H C 5111 R-1/2 H	410~510
	C 5111 P-H C 5111 R-H	490~590
	C 5111 P-EH C 5111 R-EH	570~660
	C 5111 P-SH C 5111 R-SH	640 이상
C 5102	C 5102 P-O C 5102 R-O	305 이상
	C 5102 P-1/4 H C 5102 R-1/4 H	375~470
	C 5102 P-1/2 H C 5102 R-1/2 H	470~570
	C 5102 P-H C 5102 R-H	570~665
	C 5102 P-EH C 5102 R-EH	620~710
	C 5102 P-SH C 5102 R-SH	660 이상
C 5191	C 5191 P-O C 5191 R-O	315 이상
	C 5191 P-1/4 H C 5191 R-1/4 H	390~510
	C 5191 P-1/2 H C 5191 R-1/2 H	490~610
	C 5191 P-H C 5191 R-H	590~685
	C 5191 P-EH C 5191 R-EH	635~720
	C 5191 P-SH C 5191 R-SH	690 이상
C 5212	C 5212 P-O C 5212 R-O	345 이상
	C 5212 P-1/4 H C 5212 R-1/4 H	390~510
	C 5212 P-1/2 H C 5212 R-1/2 H	490~610
	C 5212 P-H C 5212 R-H	590~705
	C 5212 P-EH C 5212 R-EH	685 이상
C 7351	C 7351 P-O C 7351 R-O	325 이상
	C 7351 P-1/2 H C 7351 R-1/2 H	390~510
C 7451	C 7451 P-O C 7451 R-O	325 이상
	C 7451 P-1/2 H C 7451 R-1/2 H	390~510
C 7521	C 7521 P-O C 7521 R-O	375 이상
	C 7521 P-1/2 H C 7521 R-1/2 H	440~570
	C 7521 P-H C 7521 R-H	540~640
	C 7521 P-EH C 7521 R-EH	610 이상
C 7541	C 7541 P-O C 7541 R-O	355 이상
	C 7541 P-1/2 H C 7541 R-1/2 H	410~540
	C 7541 P-H C 7541 R-H	490 이상

비고

$1N/mm^2 = 1MPa$

45. 듀멧 선(Dumet wires)

• 적용범위

이 규격은 전자관, 전구, 방전 램프 및 다이오드, 서미스터 등의 반도체 장비의 연질 유리 봉입부에 사용하는 듀멧선 (1)(이하 선이라 한다.)에 대하여 규정한다.

주

(1) 선은 철 · 니켈 합금을 심재로 하여 그것에 구리를 피복한 복합선으로, 다시 표면을 옥시다이즈 가공 또는 보레이트 가공한 것을 말한다.

종류의 기호

종류	기호	참고
		용도의 예
선1종 1	DW1 - 1	전자관, 전구, 방전램프 등의 관구류
선1종 2	DW1 - 2	
선2종	DW2	다이오드, 서미스터 등의 반도체 장비류

심재의 화학성분

종류	기호	심재의 화학성분 % (m/m)						
		Ni(2)	C	Mn	Si	S	P	Fe
선1종 1	DW1 - 1	41.0~43.0	0.10 이하	0.75~1.25	0.30 이하	0.02 이하	0.02 이하	나머지
선1종 2	DW1 - 2							
선2종	DW2	46.0~48.0	0.10 이하	0.20~1.25	0.30 이하	0.02 이하	0.02 이하	나머지

구리 함유율

종류	기호	구리함유율 %(m/m)	참고	
			평균선팽창계수($\times 10^{-7}$/℃)	
			축방향	반지름방향
선1종 1	DW1 - 1	20~25	55~65	79~86
선1종 2	DW1 - 2	23~28	55~65	83~89
선2종	DW2	13~20	80~95	90~97

기계적 성질

종류	질별	기호	인장강도 N/mm²	연신율 %
선1종 1	O1	DW1 - 1 - O1	640 이상	15 이상
	O2	DW1 - 1 - O2		20 이상
선1종 2	O1	DW1 - 2 - O1		15 이상
	O2	DW1 - 2 - O2		20 이상
선2종	O1	DW2 - O1		15 이상
	O2	DW2 - O2		20 이상

MEMO

46. 타이타늄 및 타이타늄합금 - 봉

• 적용범위

이 표준은 어닐링한 타이타늄 및 타이타늄합금의 봉(이하 봉이라 한다.)에 대하여 규정한다. 다만, 단면의 모양이 원형, 또한 지름이 8mm 미만의 것에는 사용하지 않는다. 80종에 대하여는 고용화 열처리한 봉에 대하여 적용한다. 봉의 단면 모양은 원형뿐 아니라 각형, 편평상 등도 있다.

종류의 기호

종류	가공방법	기호	참고
			특징 및 용도보기
1종	열간압연	TB 270 H	[공업용 타이타늄] 내식성, 특히 내해수성이 좋다. 화학 장치, 석유 정제 장치, 펄프 제지 공업 장치 등
	냉간압연	TB 270 C	
2종	열간압연	TB 340 H	
	냉간압연	TB 340 C	
3종	열간압연	TB 480 H	
	냉간압연	TB 480 C	
4종	열간압연	TB 550 H	
	냉간압연	TB 550 C	
11종	열간압연	TB 270 Pd H	[내식 타이타늄] 내식성, 특히 내틈새부식성이 좋다. 화학 장치, 석유 정제 장치, 펄프 제지 공업 장치 등
	냉간압연	TB 270 Pd C	
12종	열간압연	TB 340 Pd H	
	냉간압연	TB 340 Pd C	
13종	열간압연	TB 480 Pd H	
	냉간압연	TB 480 Pd C	
14종	열간압연	TB 345 NPRC H	
	냉간압연	TB 345 NPRC C	
15종	열간압연	TB 450 NPRC H	
	냉간압연	TB 450 NPRC C	
16종	열간압연	TB 343 Ta H	
	냉간압연	TB 343 Ta C	
17종	열간압연	TB 240 Pd H	
	냉간압연	TB 240 Pd C	
18종	열간압연	TB 345 Pd H	
	냉간압연	TB 345 Pd C	
19종	열간압연	TB 345 PCo H	
	냉간압연	TB 345 PCo C	
20종	열간압연	TB 450 PCo H	
	냉간압연	TB 450 PCo C	
21종	열간압연	TB 275 RN H	
	냉간압연	TB 275 RN C	
22종	열간압연	TB 410 RN H	
	냉간압연	TB 410 RN C	
23종	열간압연	TB 483 RN H	
	냉간압연	TB 483 RN C	

46. 타이타늄 및 타이타늄합금 - 봉

종류의 기호(계속)

종류	가공방법	기호	참고 특징 및 용도보기
50종	열간압연	TAB 1500 H	[α 합금(Ti-1.5Al)] 내식성이 우수하고 특히 내해수성이 우수하다. 내수소 흡수성 및 내열성이 좋다. 이륜차의 머플러 등
	냉간압연	TAB 1500 C	
60종	열간압연	TAB 6400 H	[α-β 합금(Ti-6Al-4V)] 고강도로 내식성이 좋다. 화학공업, 기계공업, 수송기기 등의 구조재. 대형 증기 터빈 날개, 선박용 스크루, 자동차용 부품, 의료 재료 등
60E종	열간압연	TAB 6400E H	[α-β 합금(Ti-6Al-4V ELI a)] 고강도로 내식성이 우수하고 극저온까지 인성을 유지한다. 저온, 극저온에서도 사용할 수 있는 구조재. 유인심해조사선의 내압 용기, 의료 재료 등
61종	열간압연	TAB 3250 H	[α-β 합금(Ti-3Al-2.5V)] 중강도로 내식성, 용접성, 성형성이 좋다. 냉간가공이 우수하다. 의료재료, 레저용품 등
61F종	열간압연	TAB 3250F H	[α-β 합금(절삭성이 좋은 Ti-3Al-2.5V)] 중강도로 내식성, 열간가공성이 좋고 절삭성이 우수하다. 자동차 엔진용 콘로드, 시프트 노브, 너트 등
80종	열간압연	TAB 4220 H	[β 합금(Ti-4Al-22V)] 고강도로 내식성이 우수하고 상온에서 프레스 가공성이 좋다. 자동차 엔진용 리테너, 볼트, 골프 클럽의 헤드 등

비고
특징 및 용도보기난에 기재하고 있는 합금의 종류로 원소기호 전의 숫자는 각각 합금의 성분비율[질량%]을 나타낸다.
a ELI는 Extra Low Interstitial Elements(산소, 질소, 수소 및 철의 함유율을 특별히 낮게 억제하고 있다.)의 약자이다.

46. 타이타늄 및 타이타늄합금 - 봉

화학성분(%)

화학성분		1종	2종	3종	4종	11종	12종	13종	14종
N		0.03 이하	0.03 이하	0.05 이하	0.05 이하	0.03 이하	0.03 이하	0.05 이하	0.03 이하
C		0.08 이하	0.08 이하	0.08 이하	0.08 이하	0.08 이하	0.08 이하	0.08 이하	0.08 이하
H		0.013 이하	0.013 이하	0.013 이하	0.013 이하	0.013 이하	0.013 이하	0.013 이하	0.015 이하
Fe		0.20 이하	0.25 이하	0.30 이하	0.50 이하	0.20 이하	0.25 이하	0.30 이하	0.30 이하
O		0.15 이하	0.20 이하	0.30 이하	0.40 이하	0.15 이하	0.20 이하	0.30 이하	0.25 이하
Al		–	–	–	–	–	–	–	–
V		–	–	–	–	–	–	–	–
Ru		–	–	–	–	–	–	–	0.02~0.04
Pd		–	–	–	–	0.12~0.25	0.12~0.25	0.12~0.25	0.01~0.02
Ta		–	–	–	–	–	–	–	–
Co		–	–	–	–	–	–	–	–
Cr		–	–	–	–	–	–	–	0.1~0.2
Ni		–	–	–	–	–	–	–	0.35~0.55
S		–	–	–	–	–	–	–	–
La + Ce + Pr + Nd		–	–	–	–	–	–	–	
기타	개개	–	–	–	–	–	–	–	–
	합계	–	–	–	–	–	–	–	–
Ti		나머지	나머지	나머지	나머지	나머지	나머지	나머지	나머지

46. 타이타늄 및 타이타늄합금 - 봉

화학성분(%)(계속)

화학성분		15종	16종	17종	18종	19종	20종	21종	22종
N		0.05 이하	0.03 이하	0.03 이하	0.03 이하	0.03 이하	0.05 이하	0.03 이하	0.03 이하
C		0.08 이하	0.08 이하	0.08 이하	0.08 이하	0.08 이하	0.08 이하	0.08 이하	0.08 이하
H		0.015 이하	0.010 이하	0.015 이하	0.015 이하	0.015 이하	0.015 이하	0.015 이하	0.015 이하
Fe		0.30 이하	0.15 이하	0.20 이하	0.30 이하	0.30 이하	0.30 이하	0.20 이하	0.30 이하
O		0.35 이하	0.15 이하	0.18 이하	0.25 이하	0.25 이하	0.35 이하	0.10 이하	0.15 이하
Al		-	-	-	-	-	-	-	-
V		-	-	-	-	-	-	-	-
Ru		0.02～0.04	-	-	-	-	-	0.04～0.06	0.04～0.06
Pd		0.01～0.02	-	0.04～0.08	0.04～0.08	0.04～0.08	0.04～0.08	-	-
Ta		-	4.0～6.0	-	-	-	-	-	-
Co		-	-	-	-	0.20～0.80	0.20～0.80	-	-
Cr		0.1～0.2	-	-	-	-	-	-	-
Ni		0.35～0.55	-	-	-	-	-	0.4～0.6	0.4～0.6
S		-	-	-	-	-	-	-	-
La + Ce + Pr + Nd		- -	-	-	-	-	-	-	
기타	개개	-	-	-	-	-	-	-	
	합계	-	-	-	-	-	-	-	
Ti		나머지	나머지	나머지	나머지	나머지	나머지	나머지	나머지

46. 타이타늄 및 타이타늄합금 - 봉

기계적 성질

종류	인장 시험				경도 시험	
	지름 또는 두께 mm	인장강도 N/mm²	항복강도 N/mm²	연신율 %	단면 수축률 %	HBW10/3 000 또는 HV30
1종	8 이상 100 이하	270~410	165 이상	27 이상	-	100 이상
2종		340~510	215 이상	23 이상	-	110 이상
3종		480~620	345 이상	18 이상	-	150 이상
4종		550~750	485 이상	15 이상	-	180 이상
11종		270~410	165 이상	27 이상	-	100 이상
12종		340~510	215 이상	23 이상	-	110 이상
13종		480~620	345 이상	18 이상	-	150 이상
14종		345 이상	275~450	20 이상	-	-
15종		450 이상	380~550	18 이상	-	-
16종		343~481	216~441	25 이상	-	-
17종		240~380	170 이상	24 이상	-	-
18종		345~515	275 이상	20 이상	-	-
19종		345~515	275 이상	20 이상	-	-
20종		450~590	380 이상	18 이상	-	-
21종		275~450	170 이상	24 이상	-	-
22종		410~530	275 이상	20 이상	-	-
23종		483~630	380 이상	18 이상	-	-
50종		345 이상	215 이상	20 이상	-	110 이상
60종		895 이상	825 이상	10 이상	25 이상	-
60E종		825 이상	755 이상	10 이상	25 이상	-
61종		620 이상	485 이상	15 이상	30 이상	-
61F종	8 이상 25 미만	650 이상	600 이상	10 이상	25 이상	-
	25 이상 100 이하	650 이상	600 이상	8 이상	20 이상	-
80종	8 이상 25 미만	640~900	850 이하	10 이상	55 이상	-
	25 이상 100 이하	640~900	800 이하	7 이상	45 이상	-

47. 화이트메탈(White metal)

• 적용범위

이 규격은 각종 베어링 활동부 또는 패킹 등에 사용되는 화이트 메탈 주괴(이하 주괴라 한다)에 대하여 규정한다.

종류의 기호 및 화학성분

종류	기호	화학성분(%)						불순물							적용
		Sn	Sb	Cu	Pb	Zn	As	Pb	Fe	Zn	Al	Bi	As	Cu	
1종	WM1	나머지	5.0~7.0	3.0~5.0	-	-	-	0.50 이하	0.08 이하	0.01 이하	0.01 이하	0.08 이하	0.10 이하	-	고속 고하중용
2종	WM2	나머지	8.0~10.0	5.0~6.0	-	-	-	0.50 이하	0.08 이하	0.01 이하	0.01 이하	0.08 이하	0.10 이하	-	
2종B	WM2B	나머지	7.5~9.5	7.5~8.5	-	-	-	0.50 이하	0.08 이하	0.01 이하	0.01 이하	0.08 이하	0.10 이하	-	
3종	WM3	나머지	11.0~12.0	4.0~5.0	3.0 이하	-	-	-	0.10 이하	0.01 이하	0.01 이하	0.08 이하	0.10 이하	-	고속 중하중용
4종	WM4	나머지	11.0~13.0	3.0~5.0	13.0~15.0	-	-	-	0.10 이하	0.01 이하	0.01 이하	0.08 이하	0.10 이하	-	중속 중하중용
5종	WM5	나머지	-	2.0~3.0	-	28.0~29.0	-	-	0.10 이하	-	0.05 이하	-	-	-	
6종	WM6	44.0~46.0	11.0~13.0	1.0~3.0	나머지	-	-	-	0.10 이하	0.05 이하	0.01 이하	-	0.20 이하	-	고속 중하중용
7종	WM7	11.0~13.0	13.0~15.0	1.0 이하	나머지	-	-	-	0.10 이하	0.05 이하	0.01 이하	-	0.20 이하	-	중속 중하중용
8종	WM8	6.0~8.0	16.0~18.0	1.0 이하	나머지	-	-	-	0.10 이하	0.05 이하	0.01 이하	-	0.20 이하	-	
9종	WM9	5.0~7.0	9.0~11.0	-	나머지	-	-	-	0.10 이하	0.05 이하	0.01 이하	-	0.20 이하	0.30 이하	중속 소하중용
10종	WM10	0.8~1.2	14.0~15.5	0.1~0.5	나머지	-	0.75~1.25	-	0.10 이하	0.05 이하	0.01 이하	-	-	-	
11종	WM11 (L13910)	나머지	4.0~5.0	4.0~5.0	-	-	-	0.35 이하	0.08 이하	0.005 이하	0.005 이하	0.08 이하	0.10 이하	-	항공기 엔진용
12종	WM12 (SnSb8Cu4)	나머지	7.0~8.0	3.0~4.0	-	-	-	0.35 이하	0.10 이하	0.01 이하	0.01 이하	0.08 이하	0.10 이하	-	고속 중하중용 (자동차 엔진용)
13종	WM13 (SnSb12 Cu6Pb)	나머지	11.0~13.0	5.0~7.0	1.0~3.0	-	-	-	0.10 이하	0.01 이하	0.01 이하	0.08 이하	0.10 이하	-	고저속 중하중용
14종	WM14 (PbSb15 Sn10)	9.0~11.0	14.0~16.0	-	나머지	-	-	-	0.10 이하	0.01 이하	0.01 이하	0.10 이하	0.60 이하	0.70 이하	중속 중하중용

48. 화이트메탈 부속서 - A : 다층 플레인 베어링용 납 및 주석 주물 합금

• 적용범위

이 규격은 다층 플레인 베어링용 납 및 주석 주물 합금에 기초를 둔 베어링 금속에 대한 요건을 규정한다.

납 주물 합금 화학성분

화학원소	화학성분(%)		
	PbSb15SnAs	PbSb15Sn10	PbSb10Sn6
Pb	나머지	나머지	나머지
Sb	13.5~15.5	14~16	9~11
Sn	0.9~1.7	9~11	5~7
Cu	0.7	0.7	0.7
As	0.8~1.2	0.6	0.25
Bi	0.1	0.1	0.1
Fe	0.1	0.1	0.1
Al	0.01	0.01	0.01
Zn	0.01	0.01	0.01
기타 합계	0.2	0.2	0.2

주석 주물 합금 화학성분

화학원소	화학성분[%(m/m)]	
	SnSb12Cu6Pb	SnSb8Cu4
Sn	나머지	나머지
Sb	11~13	7~8
Cu	5~7	3~4
Pb	1~3	0.35
As	0.1(3)	0.1(4)
Bi	0.08	0.08
Fe	0.1	0.1
Al	0.01	0.01
Zn	0.01	0.01
기타 합계	0.4	0.2

48. 화이트메탈 부속서 - A : 다층 플레인 베어링용 납 및 주석 주물 합금

베어링 금속의 용도 및 상대 베어링부(축)의 경도에 대한 지침

베어링합금	특징 및 주요용도	축의 최소경도
PbSb15SnAs	유체 역학적 범위에서 소하중과 저속에서의 순수 미끄럼 응력에 대해서만 적당함. 내장성(embeddability)이 좋음 연속 주조법에 의하여 거의 유일하게 강 스트립에 대해 주조되기 때문에 냉각 속도가 상당히 빠름. 랩 부위, 벽 두께 3mm까지의 박벽 베어링 라이너, 스러스트 와셔, 내연기관의 캠 샤프트 부시, 기어 부시, 소형 피스톤 압축기의 커넥팅 로드 및 메인 베어링에 사용됨	160HB
PbSb15Sn10	유체 역학적 범위에서 중하중과 중속에서의 순수 미끄럼 응력에 대하여 적당함. 낮은 충격 응력. 내장성이 좋음 평균 응력의 평면 베어링, 틸팅 패드 베어링, 크로스 헤드 베어링 및 콘브레이커에 사용됨	
PbSb10Sn6	유체 역학적 범위에서 저하중과 중속에서의 순수 미끄럼 응력에 대하여 적당함. 적당한 충격 응력. 내장성이 좋음	
SnSb12Cu6Pb	유체 역학적 범위에서 중하중과 고저속에서의 미끄럼 특성이 좋음. 충격 응력이 좋음. 역굽힘 하중 및 모서리 압축에 민감함. 거친 저널(회주철)의 경우 내마모성이 높음. 터빈, 압축기, 전기 기계 및 기어의 평면 베어링에 사용함	
SnSb8Cu4	미끄럼 특성, 적합성이 좋고 인성이 높음. 내장성이 좋음. 유체 역학적 범위에서 중하중에서의 고속에 적당함. 낮은 주파수에서의 충격 응력. 역굽힘 하중에 민감하지 않음 고부하 압연기 베어링에 사용함. 랩 부시, 벽 두께 3mm까지의 얇은 벽 베어링 라이너의 생산에 사용함	

비고

다층 플레인 베어링에 있어서 베어링 금속과 축재료의 경도 차이는 작동 조건하에서의 융착을 피할 수 있어야 한다. 작동 조건, 특히 윤활 조건은 축 재료의 선정에 상당한 영향을 미친다. 이러한 이유 때문에 축재료의 권장 경도는 최소값이다. 일반적으로 납과 주석에 기초를 둔 베어링 재료의 경우, 담금질과 뜨임을 하지 않은 축재료를 사용한다.

49. 화이트메탈 부속서 - B : 단일체 후벽 플레인 베어링용 동 주물 합금

• 적용범위

이 규격은 단일체 다층 후벽 플레인 베어링용 동 주물 합금의 요건을 규정한다. 현재 일반적인 용도로 이용할 수 있는 합금의 선택에 있어서의 제한 사항을 부여한다.

동-납-주석 및 동-알루미늄 주물 합금 화학성분

화학원소 및 성질	화학성분(%)				
	CuPb9Sn5	CuPb10Sn10	CuPb15Sn8	CuPb20Sn5	CuAl10Fe5Ni5
Cu	나머지	나머지	나머지	나머지	나머지
Sn	4~6	9~11	7~9	4~6	0.2
Pb	8~10	8~11	13~17	18~23	0.1
Zn	2	2	2	2	0.5
Fe	0.25	0.25	0.25	0.25	3.5~5.5
Ni	2	2	2	2.5	3.5~6.5
Sb	0.5	0.5	0.5	0.75	-
P	0.1(2)	0.05(2)	0.1(2)	0.1(2)	-
Al	0.01	0.01	0.01	0.01	8~11
Mn	0.2	0.2	0.2	0.2	3
Si	0.01	0.01	0.01	0.01	0.1
S	0.1	0.1	0.1	0.1	-
Cu + Fe + Ni + Al + Mn	-	-	-	-	>99.2

동-주석-아연 주물 합금 화학성분

화학원소 및 성질	화학성분(%)				
	CuSn8Pb2	CuSn10P	CuSn12Pb2	CuPb5Sn5Zn5	CuSn7Pb7Zn3
Cu	나머지	나머지	나머지	나머지	나머지
Sn	6~9	10~11.5	11~13(4)	4~6	6~8
Pb	0.5~4	0.25	1~2.5	4~6	5~8
Zn	3	0.05	2	4~6	2~5
Fe	0.2	0.1	0.2	0.3	0.2
Ni	2.5	0.1	2	2.5	2
Sb	0.25	0.05	0.2	0.25	0.35
P	0.05(5)	0.5~1	0.05~0.4(5)(6)	0.05(5)	0.1(5)
Al	0.01	0.01	0.01	0.01	0.01
Mn	-	0.5	0.2	-	-
Si	0.01	0.02	0.01	0.01	0.01
S	0.1	0.05	0.05	0.1	0.1

49. 화이트메탈 부속서 - B : 단일체 후벽 플레인 베어링용 동 주물 합금

베어링 금속의 용도 및 상대 베어링부(축)의 경도에 대한 지침

베어링 합금	특징 및 주요 용도	축의 최소 경도
CuPb9Sn5 CuPb10Sn10	중하중과 중~고 미끄럼 속도에 적절한 연동 베어링 합금. 주석의 함량을 높이면 경도가 높아지고 내마모성이 좋아진다.	250 HB
CuPb15Sn8	중하중과 중~고 미끄럼 속도에 적절한 연동 베어링 합금. 주석의 함량을 높이면 경도가 높아지고 내마모성이 좋아진다. 물윤활에 대한 항복강도가 있다.	250 HB
CuPb20Sn5	중하중과 중~고 미끄럼 속도에 적절한 연동 베어링 합금. 주석의 함량을 높이면 경도가 높아지고 내마모성이 좋아진다. 물 윤활에 적당하다.	200 HB
CuAl10Fe5Ni5	미끄럼 조건하의 구조재를 위한 매우 경한 합금. 해양 환경에 적합하다. 경화된 축을 사용하여야 한다. 내장성이 상대적으로 나쁘다.	55 HRC
CuSn8Pb2 CuSn7Pb7Zn3	저~중 하중을 받는 비임계용 : 적절한 윤활	300 HB
CuSn10P CuSn12Pb2	윤활이 적절하고 조립이 잘되었을 때 고하중, 고미끄럼 속도, 충격하중 또는 가격(pounding)을 복합적으로 받는 축을 위한 재료	55 HRC
CuPb5Sn5Zn5	저하중을 받는 비임계용 : 적절한 윤활	250 HB

50. 화이트메탈 부속서 - C : 단일체형 플레인 베어링용 가공용 동합금

• 적용범위

이 규격은 단일체형 플레인 베어링, 특히 부시를 위한 가공용 동합금의 요건을 규정한다. 현재 일반적인 용도로 이용할 수 있는 합금의 선택에 있어서의 제한사항을 부여한다.

가공용 동 합금 화학성분

화학원소 및 성질	화학성분[%(m/m)]			
	CuSn8P	CuZn31Si1	CuZn37Mn2Al2Si	CuAl9Fe4Ni4
Cu	나머지	나머지	나머지	나머지
Sn	7.5~9	–	0.5	0.2
Zn	0.3	28.5~33.3	32~40	0.5
Al	–	–	1~2.5	8~11
Ni	0.3	0.5	0.25(1)	2.5~5
Fe	0.1	0.4	0.6	2.5~4.5
Si	–	0.7~1.3	0.3~1.3	0.1
Mn	–	–	1.5~3.5	3
Pb	0.05	0.8	0.8	0.1
P	0.1~0.4(2)	–	–	–
기타 합계	0.2	0.5	0.5	0.5

베어링 금속의 용도 및 상대 베어링부(축)의 경도에 대한 지침

베어링합금	특징 및 주요용도	축의 최소경도
CuSn8P	고하중, 고미끄럼 속도, 충격하중 또는 가격(pounding)을 복합적으로 받는 경화축을 위한 재료 : 윤활이 적절하고 조립이 잘 되었을 때, 경도는 작동 조건에 적합하게 선택하여야 한다.	55 HRC
CuZn31Si1	고하중, 중~고 미끄럼 속도, 충격하중 또는 가격을 복합적으로 받는 경화축을 위한 재료. 윤활이 적절하고 조립이 잘 되었을 때 경도는 작동 조건에 적합하게 선택하여야 한다.	
CuZn37Mn2Al2Si	높은 마모 저항. 부족한 윤활에 대한 내구력. 경화축은 필수	
CuAl9Fe4Ni4	미끄럼 조건하의 구조 요소를 위한 경합금 해양 환경에 적합하다. 경화된 축은 필수, 내장성이 상대적으로 나쁘다.	

MEMO

51. 다이캐스팅용 알루미늄합금(Aluminium alloy die castings)

• 적용범위

이 표준은 알루미늄합금을 사용한 다이캐스팅(이하 다이캐스팅이라 한다.)에 대하여 규정한다.

종류의 기호 및 용도

기호	참고	
	합금계	합금의 특색
ALDC 1	Al - Si계	내식성, 주조성은 좋다. 항복강도는 어느 정도 낮다.
ALDC 3	Al - Si - Mg계	충격값과 항복강도가 좋고 내식성도 1 종과 거의 동등하지만, 주조성은 좋지 않다.
ALDC 5	Al - Mg계	내식성이 가장 양호하고 연신율, 충격값이 높지만 주조성은 좋지 않다.
ALDC 6	Al - Mg - Mn계	내식성은 5종 다음으로 좋고, 주조성은 5종보다 약간 좋다.
ALDC 10	Al - Si - Cu계	기계적 성질, 피삭성 및 주조성이 좋다.
ALDC 10 Z	Al - Si - Cu계	10종보다 주조 갈라짐성과 내식성은 약간 좋지 않다.
ALDC 12	Al - Si - Cu계	기계적 성질, 피삭성, 주조성이 좋다.
ALDC 12 Z	Al - Si - Cu계	12종보다 주조 갈라짐성 및 내식성이 떨어진다.
ALDC 14	Al - Si - Cu - Mg계	내마모성, 유동성은 우수하고 항복강도는 높으나, 연신율이 떨어진다.
Al Si9	Al - Si계	내식성이 좋고, 연신율, 충격치도 어느 정도 좋지만, 항복강도가 어느 정도 낮고 유동성이 좋지 않다.
Al Si12(Fe)	Al - Si계	내식성, 주조성이 좋고, 항복강도가 어느 정도 낮다.
Al Si10Mg(Fe)	Al - Si - Mg계	충격치와 항복강도가 높고, 내식성도 1 종과 거의 동등하며, 주조성은 1종보다 약간 좋지 않다.
Al Si8Cu3	Al - Si - Cu계	10종보다 주조 갈라짐 및 내식성이 나쁘다.
Al Si9Cu3(Fe)	Al - Si - Cu계	10종보다 주조 갈라짐 및 내식성이 나쁘다.
Al Si9Cu3(Fe)(Zn)	Al - Si - Cu계	10종보다 주조 갈라짐 및 내식성이 나쁘다.
Al Si11Cu2(Fe)	Al - Si - Cu계	기계적 성질, 피삭성, 주조성이 좋다.
Al Si11Cu3(Fe)	Al - Si - Cu계	기계적 성질, 피삭성, 주조성이 좋다.
Al Si12Cu1(Fe)	Al - Si - Cu계	12종보다 연신율이 어느 정도 높지만, 항복강도는 다소 낮다.
Al Si17Cu4Mg	Al - Si - Cu - Mg계	내마모성, 유동성이 좋고, 항복강도가 높지만, 연신율은 낮다.
Al Mg9	Al - Mg계	5종과 같이 내식성이 좋지만, 주조성이 나쁘고, 응력부식 균열 및 경시변화에 주의가 필요하다.

51. 다이캐스팅용 알루미늄합금(Aluminium alloy die castings)

화학성분

기호	화학성분(%)											
	Cu	Si	Mg	Zn	Fe	Mn	Cr	Ni	Sn	Pb	Ti	Al
ALDC 1	1.0 이하	11.0~13.0	0.3 이하	0.5 이하	1.3 이하	0.3 이하	-	0.5 이하	0.1 이하	0.20 이하	0.30 이하	나머지
ALDC 3	0.6 이하	9.0~11.0	0.4~0.6	0.5 이하	1.3 이하	0.3 이하	-	0.5 이하	0.1 이하	0.15 이하	0.30 이하	
ALDC 5	0.2 이하	0.3 이하	4.0~8.5	0.1 이하	1.8 이하	0.3 이하	-	0.1 이하	0.1 이하	0.10 이하	0.20 이하	
ALDC 6	0.1 이하	1.0 이하	2.5~4.0	0.4 이하	0.8 이하	0.4~0.6	-	0.1 이하	0.1 이하	0.10 이하	0.20 이하	
ALDC 10	2.0~4.0	7.5~9.5	0.3 이하	1.0 이하	1.3 이하	0.5 이하	-	0.5 이하	0.2 이하	0.2 이하	0.30 이하	
ALDC 10 Z	2.0~4.0	7.5~9.5	0.3 이하	3.0 이하	1.3 이하	0.5 이하	-	0.5 이하	0.2 이하	0.2 이하	0.30 이하	
ALDC 12	1.5~3.5	9.6~12.0	0.3 이하	1.0 이하	1.3 이하	0.5 이하	-	0.5 이하	0.2 이하	0.2 이하	0.30 이하	
ALDC 12 Z	1.5~3.5	9.6~12.0	0.3 이하	3.0 이하	1.3 이하	0.5 이하	-	0.5 이하	0.2 이하	0.2 이하	0.30 이하	
ALDC 14	4.0~5.0	16.0~18.0	0.45~0.65	1.5 이하	1.3 이하	0.5 이하	-	0.3 이하	0.3 이하	0.2 이하	0.30 이하	
Al Si9	0.10 이하	8.0~11.0	0.10 이하	0.15 이하	0.65 이하	0.50 이하	-	0.05 이하	0.05 이하	0.05 이하	0.15 이하	
Al Si12 (Fe)	0.10 이하	10.5~13.5	-	0.15 이하	1.0 이하	0.55 이하	-	-	-	-	0.15 이하	
Al Si10Mg (Fe)	0.10 이하	9.0~11.0	0.20~0.50	0.15 이하	1.0 이하	0.55 이하	-	0.15 이하	0.05 이하	0.15 이하	0.20 이하	
Al Si8Cu3	2.0~3.5	7.5~9.5	0.05~0.55	1.2 이하	0.8 이하	0.15~0.65	-	0.35 이하	0.15 이하	0.25 이하	0.25 이하	
Al Si9Cu3 (Fe)	2.0~4.0	8.0~11.0	0.05~0.55	1.2 이하	1.3 이하	0.20~0.55	0.15 이하	0.5 이하	0.25 이하	0.35 이하	0.25 이하	
Al Si9Cu3 (Fe) (Zn)	2.0~4.0	8.0~11.0	0.05~0.55	3.0 이하	1.3 이하	0.55 이하	0.15 이하	0.55 이하	0.25 이하	0.35 이하	0.25 이하	
Al Si11Cu2 (Fe)	1. 5~2.5	10.0~12.0	0.30 이하	1.7 이하	1.1 이하	0.55 이하	0.15 이하	0.45 이하	0.25 이하	0.25 이하	0.25 이하	
Al Si11Cu3 (Fe)	1.5~3.5	9.6~12.0	0.35 이하	1.7 이하	1.3 이하	0.60 이하	-	0.45 이하	0.25 이하	0.25 이하	0.25 이하	
Al Si12Cu1 (Fe)	0.7~1.2	10.5~13.5	0.35 이하	0.55 이하	1.3 이하	0.55 이하	0.10 이하	0.30 이하	0.10 이하	0.20 이하	0.20 이하	
Al Si17Cu4Mg	4.0~5.0	16.0~18.0	0.45~0.65	1.5 이하	1.3 이하	0.50 이하	-	0.3 이하	0.3 이하	-	-	
Al Mg9	0.10 이하	2.5 이하	8.0~10.5	0.25 이하	1.0 이하	0.55 이하	-	0.10 이하	0.10 이하	0.10 이하	0.20 이하	

52. 알루미늄 합금 주물(Aluminium alloy castings)

• 적용범위

이 규격은 금형 주물, 사형 주물 등의 알루미늄 합금 주물(이하 주물이라 한다.)에 대하여 규정한다.

종류의 기호 및 용도

종류	기호	합금계	주형의 구분	참고	
				합금의 특색	용도 보기
주물 1종A	AC1A	Al - Cu계	금형, 사형	기계적 성질이 우수하고, 절삭성도 좋으나, 주조성이 좋지 않다.	가선용 부품, 자전거 부품, 항공기용 유압 부품, 전송품 등
주물 1종B	AC1B	Al - Cu - Mg계	금형, 사형	기계적 성질이 우수하고, 절삭성이 좋으나, 주조성이 좋지 않으므로 주물의 모양에 따라 용해, 주조 방안에 주의를 요한다.	가선용 부품, 중전기 부품, 자전거 부품, 항공기 부품 등
주물 2종A	AC2A	Al - Cu - Si계	금형, 사형	주조성이 좋고, 인장강도는 높으나 연신율이 적다. 일반용으로 우수하다.	매니폴드, 디프캐리어, 펌프보디, 실린더 헤드, 자동차용 하체부품 등
주물 2종B	AC2B	Al - Cu - Si계	금형, 사형	주조성이 좋고, 일반용으로 널리 사용되고 있다.	실린더 헤드, 밸브보디, 크랭크케이스, 클러치 하우징 등
주물 3종A	AC3A	Al - Si계	금형, 사형	유동성이 우수하고 내식성도 좋으나 내력이 낮다.	케이스류, 커버류, 하우징류의 얇은 것, 복잡한 모양의 것, 장막벽 등
주물 4종A	AC4A	Al - Si - Mg계	금형, 사형	주조성이 좋고 인성이 우수하며 강도가 요구되는 대형 주물에 사용된다.	매니폴드, 브레이크드럼, 미션케이스, 크랭크케이스, 기어 박스, 선박용 · 차량용 엔진 부품 등
주물 4종B	AC4B	Al - Si - Cu계	금형, 사형	주조성이 좋고, 인장강도는 높으나 연신율은 적다. 일반용으로 널리 사용된다.	크랭크케이스, 실린더 헤드, 매니폴드, 항공기용 전장품 등
주물 4종C	AC4C	Al - Si - Mg계	금형, 사형	주조성이 우수하고, 내압성, 내식성도 좋다.	유압부품, 미션케이스, 플라이 휠 하우징, 항공기 부품, 소형용 엔진 부품, 전장품 등

52. 알루미늄 합금 주물(Aluminium alloy castings)

종류의 기호 및 용도(계속)

종류	기호	합금계	주형의 구분	참고	
				합금의 특색	용도 보기
주물 4종CH	AC4CH	Al - Si - Mg계	금형, 사형	주조성이 우수하고, 기계적 성질도 우수하다. 고급주물에 사용된다.	자동차용 바퀴, 가선용 쇠붙이, 항공기용 엔진 부품, 전장품 등
주물 4종D	AC4D	Al - Si - Cu - Mg계	금형, 사형	주조성이 우수하고, 기계적 성질도 좋다. 내압성이 요구되는 것에 사용된다.	수랭 실린더 헤드, 크랭크 케이스, 실린더 블록, 연료펌프 보디, 블로어 하우징, 항공기용 유압부품 및 전장품 등
주물 5종A	AC5A	Al - Cu - Ni - Mg계	금형, 사형	고온에서 인장강도가 높다. 주조성은 좋지 않다.	공랭 실린더 헤드, 디젤기관용 피스톤, 항공기용 엔진부품 등
주물 7종A	AC7A	Al - Mg 계	금형, 사형	내식성이 우수하고 인성과 양극 산화성이 좋다. 주조성은 좋지 않다.	가선용 쇠붙이, 선박용 부품, 조각 소재 건축용 쇠붙이, 사무기기, 의자, 항공기용 전장품 등
주물 8종A	AC8A	Al - Si - Cu - Ni - Mg계	금형	내열성이 우수하고 내마모성도 좋으며 열팽창계수가 작다. 인장강도는 높다.	자동차 · 디젤기관용 피스톤, 선박용 피스톤, 도르래, 베어링 등
주물 8종B	AC8B	Al - Si - Cu - Ni - Mg계	금형	내열성이 우수하고 내마모성도 좋으며 열팽창계수가 작다. 인장강도도 높다.	자동차용 피스톤, 도르래, 베어링 등
주물 8종C	AC8C	Al - Si - Cu - Mg계	금형	내열성이 우수하고 내마모성도 좋으며 열팽창계수가 작다. 인장강도도 높다.	자동차용 피스톤, 도르래, 베어링 등
주물 9종A	AC9A	Al - Si - Cu - Ni - Mg계	금형	내열성이 우수하고 열팽창계수가 작다. 내마모성은 좋으나 주조성이나 절삭성은 좋지 않다.	피스톤(공랭 2 사이클용) 등
주물 9종B	AC9B	Al - Si - Cu - Ni - Mg계	금형	내열성이 우수하고 열팽창계수가 작다. 내마모성은 좋으나 주조성이나 절삭성은 좋지 않다.	피스톤(디젤 기관용, 수랭 2 사이클용), 공랭 실린더 등

52. 알루미늄 합금 주물(Aluminium alloy castings)

화학성분

기호	화학성분(%)											
	Cu	Si	Mg	Zn	Fe	Mn	Ni	Ti	Pb	Sn	Cr	Al
AC1A	4.0~5.0	1.2 이하	0.20 이하	0.30 이하	0.50 이하	0.30 이하	0.05 이하	0.25 이하	0.05 이하	0.05 이하	0.05 이하	나머지
AC1B	4.2~5.0	0.20 이하	0.15~0.35	0.10 이하	0.35 이하	0.10 이하	0.05 이하	0.05~0.30	0.05 이하	0.05 이하	0.05 이하	
AC2A	3.0~4.5	4.0~6.0	0.25 이하	0.55 이하	0.8 이하	0.55 이하	0.30 이하	0.20 이하	0.15 이하	0.05 이하	0.15 이하	
AC2B	2.0~4.0	5.0~7.0	0.50 이하	1.0 이하	1.0 이하	0.50 이하	0.35 이하	0.20 이하	0.20 이하	0.10 이하	0.20 이하	
AC3A	0.25 이하	10.0~13.0	0.15 이하	0.30 이하	0.8 이하	0.35 이하	0.10 이하	0.20 이하	0.10 이하	0.10 이하	0.15 이하	
AC4A	0.25 이하	8.0~10.0	0.30~0.6	0.25 이하	0.55 이하	0.30~0.6	0.10 이하	0.20 이하	0.10 이하	0.05 이하	0.15 이하	
AC4B	2.0~4.0	7.0~10.0	0.50 이하	1.0 이하	1.0 이하	0.50 이하	0.35 이하	0.20 이하	0.20 이하	0.10 이하	0.20 이하	
AC4C	0.25 이하	6.5~7.5	0.20~0.45	0.35 이하	0.55 이하	0.35 이하	0.10 이하	0.20 이하	0.10 이하	0.05 이하	0.10 이하	
AC4CH	0.20 이하	6.5~7.5	0.25~0.45	0.10 이하	0.20 이하	0.10 이하	0.05 이하	0.20 이하	0.05 이하	0.05 이하	0.05 이하	
AC4D	1.0~1.5	4.5~5.5	0.40~0.6	0.30 이하	0.6 이하	0.50 이하	0.20 이하	0.20 이하	0.10 이하	0.05 이하	0.15 이하	
AC5A	3.5~4.5	0.6 이하	1.2~1.8	0.15 이하	0.8 이하	0.35 이하	1.7~2.3	0.20 이하	0.05 이하	0.05 이하	0.15 이하	
AC7A	0.10 이하	0.20 이하	3.5~5.5	0.15 이하	0.30 이하	0.6 이하	0.05 이하	0.20 이하	0.05 이하	0.05 이하	0.15 이하	
AC8A	0.8~1.3	11.0~13.0	0.7~1.3	0.15 이하	0.8 이하	0.15 이하	0.8~1.5	0.20 이하	0.05 이하	0.05 이하	0.10 이하	
AC8B	2.0~4.0	8.5~10.5	0.50~1.5	0.50 이하	1.0 이하	0.50 이하	0.10~1.0	0.20 이하	0.10 이하	0.10 이하	0.10 이하	
AC8C	2.0~4.0	8.5~10.5	0.50~1.5	0.50 이하	1.0 이하	0.50 이하	0.50 이하	0.20 이하	0.10 이하	0.10 이하	0.10 이하	
AC9A	0.50~1.5	22~24	0.50~1.5	0.20 이하	0.8 이하	0.50 이하	0.50~1.5	0.20 이하	0.10 이하	0.10 이하	0.10 이하	
AC9B	0.50~1.5	18~20	0.50~1.5	0.20 이하	0.8 이하	0.50 이하	0.50~1.5	0.20 이하	0.10 이하	0.10 이하	0.10 이하	

52. 알루미늄 합금 주물(Aluminium alloy castings)

금형 기계적 성질

종류	질별	기호	인장시험		
			인장강도 N/mm²	연신율 %	브리넬 경도 HB(10/500)
주물 1종 A	주조한 그대로	AC1A-F	150 이상	5 이상	약 55
	용체화 처리	AC1A-T4	230 이상	5 이상	약 70
	용체화 처리 후 시효경화 처리	AC1A-T6	250 이상	2 이상	약 85
주물 1종 B	주조한 그대로	AC1B-F	170 이상	2 이상	약 60
	용체화 처리	AC1B-T4	290 이상	5 이상	약 80
	용체화 처리 후 시효경화 처리	AC1B-T6	300 이상	3 이상	약 90
주물 2종 A	주조한 그대로	AC2A-F	180 이상	2 이상	약 75
	용체화 처리 후 시효경화 처리	AC2A-T6	270 이상	1 이상	약 90
주물 2종 B	주조한 그대로	AC2B-F	150 이상	1 이상	약 70
	용체화 처리 후 시효경화 처리	AC2B-T6	240 이상	1 이상	약 90
주물 3종 A	주조한 그대로	AC3A-F	170 이상	5 이상	약 50
주물 4종 A	주조한 그대로	AC4A-F	170 이상	3 이상	약 60
	용체화 처리 후 시효경화 처리	AC4A-T6	240 이상	2 이상	약 90
주물 4종 B	주조한 그대로	AC4B-F	170 이상	-	약 80
	용체화 처리 후 시효경화 처리	AC4B-T6	240 이상	-	약 100
주물 4종 C	주조한 그대로	AC4C-F	150 이상	3 이상	약 55
	시효경화 처리	AC4C-T5	170 이상	3 이상	약 65
	용체화 처리 후 시효경화 처리	AC4C-T6	220 이상	3 이상	약 85
	용체화 처리 후 시효경화 처리	AC4C-T61	240 이상	1 이상	약 90
주물 4종 CH	주조한 그대로	AC4CH-F	160 이상	3 이상	약 55
	시효경화 처리	AC4CH-T5	180 이상	3 이상	약 65
	용체화 처리 후 시효경화 처리	AC4CH-T6	240 이상	5 이상	약 85
	용체화 처리 후 시효경화 처리	AC4CH-T61	260 이상	3 이상	약 90
주물 4종 D	주조한 그대로	AC4D-F	170 이상	2 이상	약 70
	시효경화 처리	AC4D-T5	190 이상	1 이상	약 75
	용체화 처리 후 시효경화 처리	AC4D-T6	270 이상	1 이상	약 90
주물 5종 A	어닐링	AC5A-O	180 이상	-	약 65
	용체화 처리 후 시효경화 처리	AC5A-T6	290 이상	-	약 110
주물 7종 A	주조한 그대로	AC7A-F	210 이상	12 이상	약 60
주물 8종 A	주조한 그대로	AC8A-F	170 이상	-	약 85
	시효경화 처리	AC8A-T5	190 이상	-	약 90
	용체화 처리 후 시효경화 처리	AC8A-T6	270 이상	-	약 110

52. 알루미늄 합금 주물(Aluminium alloy castings)

금형 기계적 성질(계속)

종류	질별	기호	인장시험		
			인장강도 N/mm²	연신율 %	브리넬 경도 HB(10/500)
주물 8종 B	주조한 그대로	AC8B-F	170 이상	-	약 85
	시효경화 처리	AC8B-T5	180 이상	-	약 90
	용체화 처리 후 시효경화 처리	AC8B-T6	270 이상	-	약 110
주물 2종 B	주조한 그대로	AC2B-F	150 이상	1 이상	약 70
	용체화 처리 후 시효경화 처리	AC2B-T6	240 이상	1 이상	약 90
주물 3종 A	주조한 그대로	AC3A-F	170 이상	5 이상	약 50
주물 4종 A	주조한 그대로	AC4A-F	170 이상	3 이상	약 60
	용체화 처리 후 시효경화 처리	AC4A-T6	240 이상	2 이상	약 90
주물 4종 B	주조한 그대로	AC4B-F	170 이상	-	약 80
	용체화 처리 후 시효경화 처리	AC4B-T6	240 이상	-	약 100
주물 4종 C	주조한 그대로	AC4C-F	150 이상	3 이상	약 55
	시효경화 처리	AC4C-T5	170 이상	3 이상	약 65
	용체화 처리 후 시효경화 처리	AC4C-T6	220 이상	3 이상	약 85
	용체화 처리 후 시효경화 처리	AC4C-T61	240 이상	1 이상	약 90
주물 4종 CH	주조한 그대로	AC4CH-F	160 이상	3 이상	약 55
	시효경화 처리	AC4CH-T5	180 이상	3 이상	약 65
	용체화 처리 후 시효경화 처리	AC4CH-T6	240 이상	5 이상	약 85
	용체화 처리 후 시효경화 처리	AC4CH-T61	260 이상	3 이상	약 90
주물 4종 D	주조한 그대로	AC4D-F	170 이상	2 이상	약 70
	시효경화 처리	AC4D-T5	190 이상	1 이상	약 75
	용체화 처리 후 시효경화 처리	AC4D-T6	270 이상	1 이상	약 90
주물 5종 A	어닐링	AC5A-O	180 이상	-	약 65
	용체화 처리 후 시효경화 처리	AC5A-T6	290 이상	-	약 110
주물 7종 A	주조한 그대로	AC7A-F	210 이상	12 이상	약 60
주물 8종 A	주조한 그대로	AC8A-F	170 이상	-	약 85
	시효경화 처리	AC8A-T5	190 이상	-	약 90
	용체화 처리 후 시효경화 처리	AC8A-T6	270 이상	-	약 110
주물 8종 B	주조한 그대로	AC8B-F	170 이상	-	약 85
	시효경화 처리	AC8B-T5	180 이상	-	약 90
	용체화 처리 후 시효경화 처리	AC8B-T6	270 이상	-	약 110
주물 8종 C	주조한 그대로	AC8C-F	170 이상	-	약 85
	시효경화 처리	AC8C-T5	180 이상	-	약 90
	용체화 처리 후 시효경화 처리	AC8C-T6	270 이상	-	약 110
주물 9종 A	시효경화 처리	AC9A-T5	150 이상	-	약 90
	용체화 처리 후 시효경화 처리	AC9A-T6	190 이상	-	약 125
	용체화 처리 후 시효경화 처리	AC9A-T7	170 이상	-	약 95

52. 알루미늄 합금 주물(Aluminium alloy castings)

금형 기계적 성질(계속)

종류	질별	기호	인장시험		
			인장강도 N/mm²	연신율 %	브리넬 경도 HB(10/500)
주물 9종 B	시효경화 처리	AC9B-T5	170 이상	–	약 85
	용체화 처리 후 시효경화 처리	AC9B-T6	270 이상	–	약 120
	용체화 처리 후 시효경화 처리	AC9B-T7	200 이상	–	약 90

사형 기계적 성질

종류	질별	기호	인장시험		
			인장강도 N/mm²	연신율 %	브리넬 경도 HB(10/500)
주물 1종 A	주조한 그대로	AC1A-F	130 이상	–	약 50
	용체화 처리	AC1A-T4	180 이상	3 이상	약 70
	용체화 처리 후 시효경화 처리	AC1A-T6	210 이상	2 이상	약 80
주물 1종 B	주조한 그대로	AC1B-F	150 이상	1 이상	약 75
	용체화 처리	AC1B-T4	250 이상	4 이상	약 85
	용체화 처리 후 시효경화 처리	AC1B-T6	270 이상	3 이상	약 90
주물 2종 A	주조한 그대로	AC2A-F	150 이상	–	약 70
	용체화 처리 후 시효경화 처리	AC2A-T6	230 이상	–	약 90
주물 2종 B	주조한 그대로	AC2B-F	130 이상	–	약 60
	용체화 처리 후 시효경화 처리	AC2B-T6	190 이상	–	약 80
주물 3종 A	주조한 그대로	AC3A-F	140 이상	2 이상	약 45
주물 4종 A	주조한 그대로	AC4A-F	130 이상	–	약 45
	용체화 처리 후 시효경화 처리	AC4A-T6	220 이상	–	약 80
주물 4종 B	주조한 그대로	AC4B-F	140 이상	–	약 80
	용체화 처리 후 시효경화 처리	AC4B-T6	210 이상	–	약 100
주물 4종 C	주조한 그대로	AC4C-F	130 이상	–	약 50
	시효경화 처리	AC4C-T5	140 이상	–	약 60
	용체화 처리 후 시효경화 처리	AC4C-T6	200 이상	2 이상	약 75
	용체화 처리 후 시효경화 처리	AC4C-T61	220 이상	1 이상	약 80
주물 4종 CH	주조한 그대로	AC4CH-F	140 이상	2 이상	약 50
	시효경화 처리	AC4CH-T5	150 이상	2 이상	약 60
	용체화 처리 후 시효경화 처리	AC4CH-T6	220 이상	3 이상	약 75
	용체화 처리 후 시효경화 처리	AC4CH-T61	240 이상	1 이상	약 80
주물 4종 D	주조한 그대로	AC4D-F	130 이상	–	약 60
	시효경화 처리	AC4D-T5	170 이상	–	약 65
	용체화 처리 후 시효경화 처리	AC4D-T6	230 이상	1 이상	약 80
주물 5종 A	어닐링	AC5A-O	130 이상	–	약 65
	용체화 처리 후 시효경화 처리	AC5A-T6	210 이상	–	약 90
주물 7종 A	주조한 그대로	AC7A-F	140 이상	6 이상	약 50

53. 마그네슘합금 주물(Magnesium alloy castings)

• 적용범위

이 규격은 사형 및 금형에 의한 마그네슘합금 주물(이하, 주물이라 한다.)에 대하여 규정한다.

종류의 기호

종류	기호	주형 구분	참고		
			합금의 특색	용도 보기	유사 합금명
마그네슘합금 주물 1종	MgC1	사형 금형	강도와 인성이 있으나, 주조성은 약간 떨어진다. 비교적 단순한 모양의 주물에 적합하다.	일반용 주물, 3륜차용 하부 휨, 텔레비전 카메라용 부품, 쌍안경 몸체, 직기용 부품 등	AZ63A
마그네슘합금 주물 2종	MgC2	사형 금형	인성이 있고 주조성이 좋으며, 내압 주물에 적합하다.	일반용 주물, 크랭크케이스, 트랜스미션, 기어 박스, 텔레비전 카메라용 부품, 레이더용 부품, 공구용 지그 등	AZ91C
마그네슘합금 주물 3종	MgC3	사형 금형	강도는 있으나 인성이 약간 떨어진다. 주조성은 좋다.	일반용 주물, 엔진용 부품, 인쇄용 새들 등	AZ92A
마그네슘합금 주물 5종	MgC5	금형	강도 및 인성이 있으며, 내압 주물에 적합하다.	일반용 주물, 엔진용 부품	AM100A
마그네슘합금 주물 6종	MgC6	사형	강도와 인성이 요구되는 경우에 사용한다. T5 처리시 인성이 좋아진다.	고력 주물, 경기용 차륜산소통 브래킷 등	ZK51A
마그네슘합금 주물 7종	MgC7	사형	강도와 인성이 요구되는 경우에 사용한다. T5 및 T6 처리 시 인성이 증가한다.	고력 주물, 인렛 하우징 등	ZK61A
마그네슘합금 주물 8종	MgC8	사형	주조성, 용접성 및 내압성이 있다. 상온 강도는 낮지만 고온에서의 강도의 저하는 적다.	내열용 주물, 엔진용 부품기어 케이스, 컴프레서 케이스 등	EZ33A

53. 마그네슘합금 주물(Magnesium alloy castings)

화학성분

종류	기호	화학성분 %								
		Al	Zn	Mn	RE(1)	Zr	Si	Cu	Ni	Mg
마그네슘합금 주물 1종	MgC 1	5.3~6.7	2.5~3.5	0.15~0.6	–	–	0.3 이하	0.1 이하	0.01 이하	나머지
마그네슘합금 주물 2종	MgC 2	8.1~9.3	0.40~1.0	0.13~0.5	–	–				
마그네슘합금 주물 3종	MgC 3	8.3~9.7	1.6~2.4	0.10~0.5	–	–				
마그네슘합금 주물 5종	MgC 5	9.3~10.7	0.3 이하	0.10~0.5	–	–				
마그네슘합금 주물 6종	MgC 6	–	3.6~5.5	–	–	0.5~1.0	–	0.1 이하		
마그네슘합금 주물 7종	MgC 7	–	5.5~6.5	–	–	0.60~1.0	–	0.1 이하		
마그네슘합금 주물 8종	MgC 8	–	2.0~3.1	–	2.5~4.0	0.50~1.0	–	0.1 이하		

기계적 성질

종류	질별	기호	인장시험	
			인장강도 N/mm²	항복강도 N/mm²
마그네슘 합금 주물 1종	주조한 그대로	MgC1 - F	177 이상	69 이상
	용체화 처리	MgC1 - T 4	235 이상	69 이상
	인공 시효	MgC1 - T 5	177 이상	78 이상
	용체화 처리 후 인공 시효	MgC1 - T 6	235 이상	108 이상
마그네슘 합금 주물 2종	주조한 그대로	MgC2 - F	157 이상	69 이상
	용체화 처리	MgC2 - T 4	235 이상	69 이상
	인공 시효	MgC2 - T 5	157 이상	78 이상
	용체화 처리 후 인공 시효	MgC2 - T 6	235 이상	108 이상
마그네슘 합금 주물 3종	주조한 그대로	MgC3 - F	157 이상	69 이상
	용체화 처리	MgC3 - T 4	235 이상	69 이상
	인공 시효	MgC3 - T 5	157 이상	78 이상
	용체화 처리 후 인공 시효	MgC3 - T 6	235 이상	127 이상
마그네슘 합금 주물 5종	주조한 그대로	MgC5 - F	137 이상	69 이상
	용체화 처리	MgC5 - T 4	235 이상	69 이상
	용체화 처리 후 인공 시효	MgC5 - T 6	235 이상	108 이상
마그네슘 합금 주물 6종	인공 시효	MgC6 - T 5	235 이상	137 이상
마그네슘 합금 주물 7종	인공 시효	MgC7 - T 5	265 이상	177 이상
	용체화 처리 후 인공 시효	MgC7 - T 6	265 이상	177 이상
마그네슘 합금 주물 8종	인공 시효	MgC8 - T 5	137 이상	98 이상

54. 니켈 및 니켈합금 주물(Nickel and nickel alloy castings)

• 적용범위

이 규격은 니켈 및 니켈합금 주물(원심 주조품을 포함한다. 이하 주물이라 한다.)에 대하여 규정한다.

종류의 기호

종류	기호	참고
		용도 보기
니켈 주물	NC	수산화나트륨, 탄산나트륨 및 염화암모늄을 취급하는 제조장치의 밸브 · 펌프 등
니켈 - 구리합금 주물	NCuC	해수 및 염수, 중성염, 알칼리염 및 플루오르산을 취급하는 화학 제조장치의 밸브 · 펌프 등
니켈 - 몰리브덴합금 주물	NMC	염소, 황산 인산, 아세트산 및 염화수소가스를 취급하는 제조 장치의 밸브 · 펌프 등
니켈 - 몰리브덴 - 크롬합금 주물	NMCrC	산화성산, 플루오르산, 포름산 무수아세트산, 해수 및 염수를 취급하는 제조장치의 밸브 등
니켈 - 크롬 - 철합금 주물	NCrFC	질산, 지방산, 암모늄수 및 염화성 약품을 취급하는 화학 및 식품 제조장치의 밸브 등

화학성분

종류	Ni	Cu	Fe	Mn	C	Si	S	Cr	P	Mo	V	W
니켈주물	95.0 이상	1.25 이하	3.00 이하	1.50 이하	1.00 이하	2.00 이하	0.030 이하	-	0.030 이하	-	-	-
니켈 - 구리합금 주물	나머지	26.0~33.0	3.50 이하	1.50 이하	0.35 이하	1.25 이하	0.030 이하	-	0.030 이하	-	-	-
니켈 - 몰리브덴 합금 주물	나머지	-	4.0~6.0	1.00 이하	0.12 이하	1.00 이하	0.030 이하	1.00 이하	0.040 이하	26.0~30.0	0.20~0.60	-
니켈 - 몰리브덴 - 크롬합금 주물	나머지	-	4.5~7.5	1.00 이하	0.12 이하	1.00 이하	0.030 이하	15.5~17.5	0.040 이하	16.0~18.0	0.20~0.40	3.75~5.25
니켈 - 크롬 - 철 합금 주물	나머지	-	11.0 이하	1.50 이하	0.40 이하	3.00 이하	0.030 이하	14.0~17.0	0.030 이하	-	-	-

54. 니켈 및 니켈합금 주물(Nickel and nickel alloy castings)

기계적 성질

종류	질별	종류 및 질별의 기호	인장시험		
			인장강도 N/mm²	0.2% 항복강도 N/mm²	연신율 %
니켈 주물	주조한 그대로	NC - F	345 이상	125 이상	10 이상
니켈 - 구리합금 주물	주조한 그대로	NCuC - F	450 이상	170 이상	25 이상
니켈 - 몰리브덴합금 주물	용체화 처리 (1,095℃ 이상에서 급랭)	NMC - S	525 이상	275 이상	6 이상
니켈 - 몰리브덴 - 크롬합금 주물	용체화 처리 (1,175℃ 이상에서 급랭)	NMCrC - S	495 이상	275 이상	4 이상
니켈 - 크롬 - 철합금 주물	주조한 그대로	NCrFC - F	485 이상	195 이상	10 이상

주조용 니켈 및 니켈합금의 화학성분

합금 식별		성분 %(m/m)												
번호	표기	C	Co	Cr	Cu	Fe	Mn	Mo	Ni	P	S	Si	W	Others
NC2100	C - Ni99, - HC	1.00			1.3	3.0	1.50		95	0.03	0.030	2.00		
NC4020	C - NiCu30Si	0.35			26.0 33.0	3.5	1.50			0.03	0.030	2.00		Nb0.5
NC4135	C - NiCu30	0.35			26.0 33.0	3.5	1.50			0.03	0.030	1.25		Nb0.5
NC4030	C - NiCu30Si3	0.30			27.0 33.0	3.5	1.50			0.03	0.030	2.7 3.7		
NC4130	C - NiCu30Nb2Si2	0.30			26.0 33.0	3.5	1.50			0.03	0.030	1.0 2.0		Nb1.0 -3.0
NC0012	C - NiMo31	0.03		1.0		3.0	1.00	30.0 33.0		0.03	0.030	1.00		
NC0007	C - NiMo30Fe5	0.05		1.0		4.0 6.0	1.00	26.0 33.0		0.03	0.030	1.00		V0.20 -0.60
NC6985	C - NiCr22Fe20Mo7Cu2	0.02	5.0	21.5 23.5	1.5 2.5	18.0 21.0	1.00	6.0 8.0		0.025	0.030	1.00	1.50	Nb + Ta0.5

54. 니켈 및 니켈합금 주물(Nickel and nickel alloy castings)

주조용 니켈 및 니켈합금의 화학성분(계속)

합금 식별		성분 %(m/m)												
번호	표기	C	Co	Cr	Cu	Fe	Mn	Mo	Ni	P	S	Si	W	Others
NC6625	C－NiCr22Mo9Nb4	0.06	－	20.0 23.0	－	5.0	1.00	8.0 10.0	－	0.03	0.030	1.00	－	Nb3.2 －4.5
NC6455	C－NiCr16Mo16	0.02	－	15.0 17.5	－	2.0	1.00	15.0 17.5	－	0.03	0.030	0.80	1.00	－
NC0002	C－NiMo17Cr16Fe6W4	0.06	－	15.5 17.5	－	4.5 7.5	1.00	16.0 18.0	－	0.03	0.030	1.00	3.8 5.3	V0.20 －0.40
NC6022	C－NiCr21Mo14Fe4W3	0.02	－	20.0 22.5	－	2.0 6.0	1.00	12.5 14.5	－	0.025	0.025	0.80	2.5 3.5	V0.35
NC0107	C－NiCr18Mo18	0.03	－	17.0 20.0	－	3.0	1.00	17.0 20.0	－	0.03	0.030	1.00	－	－
NC6040	C－NiCr15Fe	0.40	－	14.0 17.0	－	11.0	1.50		－	0.03	0.030	3.00	－	－
NC8826	C－NiFe30Cr20Mo3CuNb	0.05		19.5 23.5	1.5 3.0	28.0 32.0	1.00	2.5 3.5	－	0.03	0.030	0.75 1.20	－	Nb0.70 －1.00
NC2000	C－NiSi9Cu3	0.12	－	1	2.0 4.0		1.50		－	0.03	0.030	8.5 10.0	－	－

주조용 니켈 및 니켈합금의 기계적 성질

합금 식별		인장강도 Rm N/mm²
번호	표기	
NC2100	C－Ni99,－HC	345~545
NC4020	C－NiCu30Si	450~650
NC4135	C－NiCu30	450
NC4030	C－NiCu30Si3	690~890
NC4130	C－NiCu30Nb2Si2	450
NC0012	C－NiMo31	525~725
NC0007	C－NiMo30Fe5	525~725
NC6985	C－NiCr22Fe20Mo7Cu2	550~750
NC6625	C－NiCr22Mo9Nb4	485~685
NC6455	C－NiCr16Mo16	495~695
NC0002	C－NiMo17Cr16Fe6W4	495~695
NC6022	C－NiCr21Mo14Fe4W3	550
NC0107	C－NiCr18Mo18	495~695
NC6040	C－NiCr15Fe	485~685
NC8826	C－NiFe30Cr20Mo3CuNb	450~650
NC2000	C－NiSi9Cu3(2)	－

MEMO

KS D 상세규격

55. 니켈 및 니켈합금 봉(Nickel and Nickel alloy bars)

• **적용범위**

이 규격은 다음의 마무리 가공된 니켈 및 니켈합금 봉과 이후의 가공에 대한 요구사항에 대하여 규정한다.

-지름이나 맞변이 65mm 이하인 냉간가공된 봉

-지름이나 맞변이 315mm 이하인 열간가공된 봉

가공 니켈 및 니켈합금의 성분

합금 구분		성분 %(m/m)														
기호	종류	Al	B	C	Co	Cr	Cu	Fe	Mn	Mo	Ni	P	S	Si	Ti	W
NW2200	Ni99.0			0.15			0.2	0.4	0.3		99		0.01	0.3		
NW2201	Ni99.0 - LC			0.02			0.2	0.4	0.3		99		0.01	0.3		
NW3021	NiCo20Cr15Mo5A14Ti	4.5 4.9	0.003 0.010	0.12 0.17	18.0 22.0	14.0 15.7	0.2	1	1	4.5 5.5	나머지		0.015	1	0.9 1.5	
NW7263	NiCo20Cr20Mo5Ti2A1	0.3 0.6	0.005	0.04 0.08	19.0 21.0	19.0 21.0	0.2	0.7	0.6	5.6 6.1	나머지		0.007	0.4	1.9 2.4	
NW7001	NiCr20Co13Mo4Ti3A1	1.2 1.6	0.003 0.010	0.02 0.10	12.0 15.0	18.0 21.0	0.10	2.0	1.0	3.5 5.0	나머지	0.015	0.015	0.1	2.8 3.3	
NW7090	NiCr20Co18Ti3	1.0 2.0	0.020	0.13	15.0 21.0	18.0 21.0	0.2	1.5	1.0		나머지		0.015	1.0	2.0 3.0	
NW7750	NiCr15Fe7Ti2Al	0.4 1.0		0.08		14.0 17.0	0.5	5.0 9.0	1.0		70.0		0.015	0.5	2.2 2.8	
NW6600	NiCr15Fe8			0.15		14.0 17.0	0.5	6.0 10.0	1.0		72.0		0.015	0.5		
NW6602	NiCr15Fe8 - LC			0.02		14.0 17.0	0.5	6.0 10.0	1.0		72.0		0.015	0.5		
NW7718	NiCr19Fe19Nb5Mo3	0.2 0.8	0.006	0.08		17.0 21.0	0.3	나머지	0.4	2.8 3.3	50.0 55.0	0.015	0.015	0.4	0.6 1.2	
NW6002	NiCr21Fe18Mo9		0.010	0.05 0.15	0.5 2.5	20.5 23.0		17.0 20.0	1.0	8.0 10.0	나머지	0.040	0.030	1.0		0.2 1.0
NW6601	NiCr23Fe15Al	1.0 1.7		0.10		21.0 25.0	1.0	나머지	1.0		58.0 63.0		0.015	0.5		
NW6333	NiCr26Fe20Co3Mo3W3			0.10	2.5 4.0	24.0 27.0		나머지	2.0	2.5 4.0	44.0 48.0	0.030	0.030	1.5		2.5 4.0
NW6690	NiCr29Fe9			0.05		27.0 31.0	0.5	7.0 11.0	0.5		나머지		0.015	0.5		
NW6455	NiCr16Mo16Ti			0.015	2.0	14.0 18.0		3.0	1.0	14.0 17.0	나머지	0.040	0.030	0.08	0.7	
NW6022	NiCr21Mo13Fe4W3			0.015	2.5	20.0 22.5		2.0 6.0	0.5	12.5 14.5	나머지	0.025	0.020	0.08		2.5 3.5
NW6625	NiCr22Mo9Nb	0.40		0.10	1.0	20.0 23.0		5.0	0.50	8.0 10.0	58.0	0.015	0.015	0.50	0.40	
NW6621	NiCr20Ti			0.08 0.15	5.0	18.0 21.0	0.5	5.0	1.0		나머지		0.020	1	0.20 0.60	

55. 니켈 및 니켈합금 봉(Nickel and nickel alloy bars)

가공 니켈 및 니켈합금의 성분(계속)

합금 구분		성분 %(m/m)														
기호	종류	Al	B	C	Co	Cr	Cu	Fe	Mn	Mo	Ni	P	S	Si	Ti	W
NW7080	NiCr20Ti2Al	1.0 1.8	0.008	0.04 0.10	2.0	18.0 21.0	0.2	1.5	1.0		나머지		0.015	1.0	1.8 2.7	
NW4400	NiCu30			0.30			28.0 34.0	2.5	2.0		63.0		0.025	0.5		
NW4402	NiCu30 - LC			0.04			28.0 34.0	2.5	2.0		63.0		0.025	0.5		
NW5500	NiCu30Al3Ti	2.2 3.2		0.25			27.0 34.0	2.0	1.5		나머지	0.020	0.015	0.5	0.35 0.85	
NW8825	NiFe30Cr21Mo3	0.2		0.05		19.5 23.5	1.5 3.0	나머지	1.0	2.5 3.5	38.0 46.0		0.015	0.5	0.6 1.2	
NW9911	NiFe36Cr12Mo6Ti3	0.35	0.010 0.020	0.02 0.06		11.0 14.0	0.2	나머지	0.5	5.0 6.5	40.0 45.0	0.020	0.020	0.4	2.8 3.1	
NW0276	NiMo16Cr15Fe6W4			0.010	2.5	14.5 16.5		4.0 7.0	1.0	15.0 17.0	나머지	0.040	0.030	0.08		3.0 4.5
NW0665	NiMo28			0.02	1.0	1.0		2.0	1.0	26.0 30.0	나머지	0.040	0.030	0.1		
NW0001	NiMo30Fe5			0.05	2.5	1.0		4.0 6.0	1.0	26.0 30.0	나머지	0.040	0.030	1.0		
NW8800	FeNi32Cr21A1Ti	0.15 0.60		0.10		19.0 23.0	0.7	나머지	1.5		30.0 35.0		0.015	1.0	0.15 0.60	
NW8810	FeNi32Cr21A1Ti - HC	0.15 0.60		0.05 0.10		19.0 23.0	0.7	나머지	1.5		30.0 35.0		0.015	1.0	0.15 0.60	
NW8811	FeNi32Cr21A1Ti - HT	0.25 0.60		0.06 0.10		19.0 23.0	0.7	나머지	1.5		30.0 35.0		0.015	1.0	0.25 0.60	
NW8801	FeNi32Cr21Ti			0.10		19.0 22.0	0.5	나머지	1.5		30.0 34.0		0.015	1.0	0.7 1.5	
NW8020	FeNi35Cr20Cu4Mo2			0.07		19.0 21.0	3.0 4.0	나머지	2.0	2.0 3.0	32.0 38.0	0.040	0.030	1.0		

55. 니켈 및 니켈합금 봉(Nickel and nickel alloy bars)

인장 특성

합금 구분		단면	템퍼	인장강도Rm 최소값 N/mm²	0.2% 항복응력Rp0.2 최소값N/mm²
기호	종류				
NW2200	Ni99.0	원형	냉간가공	550	415
				520	345
		정사각형 육각형 직사각형	냉간가공	450	275
		전부	열간가공	410	105
		전부	어닐링	380	105
NW2201	Ni99.0 - LC	전부	열간가공	340	65
		전부	어닐링	340	65
NW3021	NiCo20Cr15Mo5A14Ti	전부	용체화 처리, 안정화 및 석출처리	-	-
NW7263	NiCo20Cr20Mo5Ti2Al(9)	전부	용체화 처리 및 석출 처리	540(9)	400(9)
NW7001	NiCr20Co13Mo4Ti3Al	전부	용체화 처리 및 석출 처리	1 100	755
NW7090	NiCr20Co18Ti3	전부	용체화 처리 및 석출 처리	1 080	695
NW7750	NiCr15Fe7Ti2Al	전부	용체화 처리 및 석출 처리	1 170	790
				1 170	790
NW6600	NiCr15Fe8	원형	냉간가공	830	620
				760	585
				720	550
		정사각형 육각형 직사각형	냉간가공	690	550
				650	480
		원형	열간가공	650	310
				620	275
				590	240
		전부	열간가공	590	240
		전부	어닐링	550	240
NW6602	NiCr15Fe8 - LC	전부	어닐링	550	180
NW7718	NiCr19Fe19Nb5Mo3	전부	용체화 및 석출 처리	1 270	1 030
NW6002	NiCr21Fe18Mo9	원형	어닐링	660	240
NW6601	NiCr23Fe15Al	전부	어닐링	550	205

55. 니켈 및 니켈합금 봉(Nickel and nickel alloy bars)

인장 특성(계속)

합금 구분		단면	템퍼	지름 또는 맞변 또는 두께 mm		인장강도Rm 최소값 N/mm^2
기호	종류			초과	이하	
NW6333	NiCr26Fe20Co3Mo3W3	원형	용체화 처리	전부		690
NW6690	NiCr29Fe9	원형	어닐링	전부		590
NW6455	NiCr16Mo16Ti	원형	용체화 처리	전부		690
NW6022	NiCr21Mo13Fe4W3	전부	용체화 처리	전부		690
NW6625	NiCr22Mo9Nb	전부	어닐링	-	100	830
				100	250	760
		전부	용체화 처리	전부		690
NW6621	NiCr20Ti	전부	어닐링	전부		640
NW7080	NiCr20Ti2Al	전부	용체화 및 석출 처리	전부		인장시험은 필요가 없다.
NW4400	NiCu30	원형	냉간가공	-	15	760
		정사각형 육각형 직사각형	냉간가공	-	15	580
		원형	냉간가공 및 응력 제거	-	15	580
				15	40	600
				40	100	580
		정사각형 육각형 직사각형	냉간가공 및 응력 제거	전부		580
		정사각형 원형 직사각형	열간가공	전부		550
		육각형	열간가공	-	55	550
				55	-	520
		원형	열간가공 및 응력 제거	100	300	550
				300	-	520
		전부	어닐링	전부		480
NW4402	NiCu30 - LC	전부	어닐링	전부		430

55. 니켈 및 니켈합금 봉(Nickel and nickel alloy bars)

인장 특성(계속)

합금 구분		단면	템퍼	지름 또는 맞변 또는 두께 mm		인장강도 Rm 최소값N/mm²
기호	종류			초과	이하	
NW5500	NiCu30A13Ti	전부	열간가공 및 석출 처리	-	100	970
				100	-	830
		원형	냉간가공 및 석출 처리	6	25	1 000
				25	75	970
				75	100	930
		육각형	냉간가공 및 석출 처리	6	25	970
		전부	용체화 및 석출 처리	-	25	900
				25	100	900
				100	300	830
NW8825	NiFe30Cr21Mo3	전부	어닐링	전부		590
NW9911	NiFe36Cr14Mo6Ti3	전부	용체화, 안정화와 석출 처리	전부		960
NW0276	NiMo16Cr15Fe6W4	전부	용체화 처리	전부		690
NW0665	NiMo28	원형	용체화 처리	7	90	760
NW0001	NiMo30Fe5	원형	용체화 처리	7	40	790
				40	90	690
NW8800	FeNi32Cr2A1Ti	전부	열간가공	전부		550
		전부	어닐링	전부		520
NW8810	FeNi32Cr21A1Ti	전부	어닐링	전부		450
NW8811	FeNi32Cr2lA1Ti4	전부	어닐링	전부		450
NW8801	FeNi32Cr20Ti	전부	어닐링	전부		450
NW8020	FeNi35Cr20Cu4Mo2	전부	어닐링	전부		550

MEMO

56. 마그네슘 합금 봉(Magnesium alloy bars)

• 적용범위

이 규격은 압출에 의하여 제조한 단면 이원형, 직사각형, 정사각형, 정육각형 또는 정팔각형의 마그네슘 합금봉(이하 '봉'이라고 한다.)에 대하여 규정한다.

종류의 기호

종류	기호	대응 ISO 기호	상당 합금			
			ASTM	BS	DIN	NF
1B종	MB1B	ISO - MgAl3Zn1(A)	AZ31B	MAG110	3.5312	G - A3Z1
1C종	MB1C	ISO - MgAl3Zn1(B)	-	-	-	-
2종	MB2	ISO - MgAl6Zn1	AZ61A	MAG121	3.5612	G - A6Z1
3종	MB3	ISO - MgAl8Zn	AZ80A	-	3.5812	-
5종	MB5	ISO - MgZn3Zr	-	MAG151	-	-
6종	MB6	ISO - MgZn6Zr	ZK60A	-	-	-
8종	MB8	ISO - MgMn2	-	-	-	-
9종	MB9	ISO - MgZn2Mn1	-	MAG131	-	-
10종	MB10	ISO - MgZn7Cu1	ZC71A	-	-	-
11종	MB11	ISO - MgY5RE4Zr	WE54A	-	-	-
12종	MB12	ISO - MgY4RE3Zr	WE43A	-	-	-

56. 마그네슘 합금 봉(Magnesium alloy bars)

화학성분

종류	기호	화학성분(%)														
		Mg	Al	Zn	Mn	RE	Zr	Y	Li	Fe	Si	Cu	Ni	Ca	기타	기타 합계
1B종	MB1B	나머지	2.4~3.6	0.50~1.5	0.15~1.0	–	–	–	–	0.005 이하	0.10 이하	0.05 이하	0.005 이하	0.04 이하	0.05 이하	0.30 이하
1C종	MB1C	나머지	2.4~3.6	0.5~1.5	0.05~0.4	–	–	–	–	0.05 이하	0.1 이하	0.05 이하	0.005 이하	–	0.05 이하	0.30 이하
2종	MB2	나머지	5.5~6.5	0.50~1.5	0.15~0.40	–	–	–	–	0.005 이하	0.10 이하	0.05 이하	0.005 이하	–	0.05 이하	0.30 이하
3종	MB3	나머지	7.8~9.2	0.20~0.8	0.12~0.40	–	–	–	–	0.005 이하	0.10 이하	0.05 이하	0.005 이하	–	0.05 이하	0.30 이하
5종	MB5	나머지	–	2.5~4.0	–	–	0.45~0.8	–	–	–	–	–	–	–	0.05 이하	0.30 이하
6종	MB6	나머지	–	4.8~6.2	–	–	0.45~0.8	–	–	–	–	–	–	–	0.05 이하	0.30 이하
8종	MB8	나머지	–	–	1.2~2.0	–	–	–	–	–	0.10 이하	0.05 이하	0.01 이하	–	0.05 이하	0.30 이하
9종	MB9	나머지	0.1 이하	1.75~2.3	0.6~1.3	–	–	–	–	0.06 이하	0.10 이하	0.1 이하	0.005 이하	–	0.05 이하	0.30 이하
10종	MB10	나머지	0.2 이하	6.0~7.0	0.5~1.0	–	–	–	–	0.05 이하	0.10 이하	1.0 ~1.5	0.01 이하	–	0.05 이하	0.30 이하
11종	MB11	나머지	–	0.20 이하	0.03 이하	1.5~4.0	0.4~1.0	4.75~5.5	0.2 이하	0.010 이하	0.01 이하	0.02 이하	0.005 이하	–	0.01 이하	0.30 이하
12종	MB12	나머지	–	0.20 이하	0.03 이하	2.4~4.4	0.4~1.0	3.7~4.3	0.2 이하	0.010 이하	0.01 이하	0.02 이하	0.005 이하	–	0.01 이하	0.30 이하

56. 마그네슘 합금 봉(Magnesium alloy bars)

기계적 성질

종류	질별	대응 ISO 질별	기호 및 질별	지름 mm	인장시험	
					인장강도 N/mm²	항복강도 N/mm²
1B종 1C종	F	F	MB1B-F MB1C-F	1 이상 10 이하 10 초과 65 이하	220 이상 240 이상	140 이상 150 이상
2종	F	F	MB2-F	1 이상 10 이하 10 초과 40 이하 40 초과 65 이하	260 이상 270 이상 260 이상	160 이상 180 이상 160 이상
3종	F	F	MB3-F	40 이하 40 초과 60 이하 60 초과 130 이하	295 이상 295 이상 290 이상	195 이상 195 이상 185 이상
	T5	T5	MB3-T5	6 이하 6 초과 60 이하 60 초과 130 이하	325 이상 330 이상 310 이상	205 이상 230 이상 205 이상
5종	F	F	MB5-F	10 이하 10 초과 100 이하	280 이상 300 이상	200 이상 225 이상
	T5	T5	MB5-T5	전단면치수	275 이상	255 이상
6종	F	F	MB6-F	50 이하	300 이상	210 이상
	T5	T5	MB6-T5	50 이하	310 이상	230 이상
8종	F	F	MB8-F	10 이하 10 초과 50 이하 50 초과 100 이하	230 이상 230 이상 200 이상	120 이상 120 이상 120 이상
9종	F	F	MB9-F	10 이하 10 초과 75 이하	230 이상 245 이상	150 이상 160 이상
10종	F	F	MB10-F	10 이상 130 이하	250 이상	160 이상
	T6	T6	MB10-T6	10 이상 130 이하	325 이상	300 이상
11종	T5	T5	MB11-T5	10 이상 50 이하 50 초과 100 이하	250 이상 250 이상	170 이상 160 이상
	T6	T6	MB11-T6	10 이상 50 이하 50 초과 100 이하	250 이상 250 이상	160 이상 160 이상
12종	T5	T5	MB12-T5	10 이상 50 이하 50 초과 100 이하	230 이상 220 이상	140 이상 130 이상
	T6	T6	MB12-T6	10 이상 50 이하 50 초과 100 이하	220 이상 220 이상	130 이상 130 이상

MEMO

57. 알루미늄 및 알루미늄합금 봉 및 선

• **적용범위**

이 규격은 전신 가공한 단면이 원형, 직사각형, 정사각형, 정육각형, 정팔각형인 알루미늄 및 알루미늄합금 봉(이하 봉이라 한다.) 및 선(이하 선이라 한다.)에 대하여 규정한다.

종류, 등급 및 기호

종류		기호		참고
		등급		
합금번호	모양	보통급	특수급	특성 및 용도 보기
1070	압출봉	A 1070 BE	A 1070 BES	순 알루미늄으로 강도는 낮으나 열이나 전기의 전도성은 높고, 용접성, 내식성이 양호하다. 용접선 등
	인발봉	A 1070 BD	A 1070 BDS	
	인발선	A 1070 W	A 1070 WS	
1050	압출봉	A 1050 BE	A 1050 BES	
	인발봉	A 1050 BD	A 1050 BDS	
	인발선	A 1050 W	A 1050 WS	
1100	압출봉	A 1100 BE	A 1100 BES	강도는 비교적 낮으나 용접성, 내식성이 양호하다. 열교환기 부품 등
	인발봉	A 1100 BD	A 1100 BDS	
	인발선	A 1100 W	A 1100 WS	
1200	압출봉	A 1200 BE	A 1200 BES	
	인발봉	A 1200 BD	A 1200 BDS	
	인발선	A 1200 W	A 1200 WS	
2011	인발봉	A 2011 BD	A 2011 BDS	절삭 가공성이 우수한 쾌삭합금으로 강도가 높다. 볼륨 축, 광학부품, 나사류 등
	인발선	A 2011 W	A 2011 WS	
2014	압출봉	A 2014 BE	A 2014 BES	열처리 합금으로 강도가 높고 단조품에도 적용된다. 항공기, 유압부품 등
	인발봉	A 2014 BD	A 2014 BDS	
2017	압출봉	A 2017 BE	A 2017 BES	내식성, 용접성은 나쁘지만 강도가 높고 절삭 가공성도 양호하다. 스핀들, 항공기 용재, 자동차용 부재 등
	인발봉	A 2017 BD	A 2017 BDS	
	인발선	A 2017 W	A 2017 WS	
2117	인발선	A 2117 W	A 2117 WS	용체화 처리 후 코킹하는 리벳용재로 상온 시효속도를 느리게 한 합금이다. 리벳용재 등
2024	압출봉	A 2024 BE	A 2024 BES	2017보다 강도가 높고 절삭가공성이 양호하다. 스핀들, 항공기 용재, 볼트재 등
	인발봉	A 2024 BD	A 2024 BDS	
	인발선	A 2024 W	A 2024 WS	
3003	압출봉	A 3003 BE	A 3003 BES	1100보다 약간 강도가 높고, 용접성, 내식성이 양호하다. 열교환기 부품 등
	인발봉	A 3003 BD	A 3003 BDS	
	인발선	A 3003 W	A 3003 WS	

57. 알루미늄 및 알루미늄합금 봉 및 선

종류, 등급 및 기호(계속)

종류		기호		참고
		등급		
합금번호	모양	보통급	특수급	특성 및 용도 보기
5052	압출봉	A 5052 BE	A 5052 BES	중간정도의 강도가 있고, 내식성, 용접성이 양호하다. 리벳용재, 일반기계 부품 등
	인발봉	A 5052 BD	A 5052 BDS	
	인발선	A 5052 W	A 5052 WS	
5N02	인발봉	A 5N02 BD	A 5N02 BDS	리벳용 합금으로 내식성이 양호하다. 리벳용재 등
	인발선	A 5N02 W	A 5N02 WS	
5056	압출봉	A 5056 BE	A 5056 BES	내식성, 절삭 가공성, 양극 산화처리성이 양호하다. 광학기기, 통신기기부품, 파스너 등
	인발봉	A 5056 BD	A 5056 BDS	
	인발선	A 5056 W	A 5056 WS	
5083	압출봉	A 5083 BE	A 5083 BES	비열처리 합금 중에서 가장 강도가 크고, 내식성, 용접성이 양호하다. 일반 기계부품 등
	인발봉	A 5083 BD	A 5083 BDS	
	인발선	A 5083 W	A 5083 WS	
6061	압출봉	A 6061 BE	A 6061 BES	열처리형 내식성 합금이다. 리벳용재, 자동차용 부품 등
	인발봉	A 6061 BD	A 6061 BDS	
	인발선	A 6061 W	A 6061 WS	
6063	압출봉	A 6063 BE	A 6063 BES	6061보다 강도는 낮으나, 내식성, 표면처리성이 양호하다. 열교환기 부품 등
6066	압출봉	A 6066 BE	A 6066 BES	열처리형 합금으로 내식성이 양호하다.
6262	인발봉	A 6262 BD	A 6262 BDS	열처리형 합금으로 내식성이 양호하다.
	인발선	A 6262 W	A 6262 WS	
7003	압출봉	A 7003 BE	A 7003 BES	7N01 보다 강도는 약간 낮으나, 압출성이 양호하다. 용접구조용 재료 등
7N01	압출봉	A 7N01 BE	A 7N01 BES	강도가 높고, 내식성도 양호한 용접구조용 합금이다. 일반기계용 부품 등
7075	압출봉	A 7075 BE	A 7075 BES	알루미늄합금 중 가장 강도가 큰 합금의 하나이다. 항공기 부품 등
	인발봉	A 7075 BD	A 7075 BDS	
7178	압출봉	A 7178 BE	A 7178 BES	고강도 알루미늄 합금으로 구조용 재료 등에 활용된다.

비고
질별을 표시하는 기호는 표의 기호 뒤에 붙인다.

57. 알루미늄 및 알루미늄합금 봉 및 선

화학성분

합금 번호	화학성분(%)									
	Si	Fe	Cu	Mn	Mg	Cr	Zn	Bi, Pb, Zr, Zr+Ti, V	Ti	Al
1070	0.20 이하	0.25 이하	0.04 이하	0.03 이하	0.03 이하	-	0.04 이하	-	0.03 이하	99.70 이상
1050	0.25 이하	0.40 이하	0.05 이하	0.05 이하	0.05 이하	-	0.05 이하	-	0.03 이하	99.00 이상
1100	Si + Fe 0.95 이하		0.05~ 0.20	0.05 이하	-	-	0.10 이하	-	-	99.00 이상
1200	Si + Fe 1.0 이하		0.05 이하	0.05 이하	-	-	0.10 이하	-	0.05 이하	99.00 이상
2011	0.40 이하	0.7 이하	5.0~ 6.0	-	-	-	0.30 이하	Bi 0.20~0.6 Pb 0.20~0.6	-	나머지
2014	0.50~ 1.2	0.7 이하	3.9~ 5.0	0.40~ 1.2	0.20~ 0.8	0.10 이하	0.25 이하	Zr + Ti 0.20 이하	0.15 이하	나머지
2017	0.20~ 0.8	0.7 이하	3.5~ 4.5	0.40~ 1.0	0.40~ 0.8	0.10 이하	0.25 이하	Zr + Ti 0.20 이하	0.15 이하	나머지
2117	0.8 이하	0.7 이하	2.2~ 3.0	0.20 이하	0.20~ 0.50	0.10 이하	0.25 이하	-	-	나머지
2024	0.50 이하	0.50 이하	3.8~ 4.9	0.30~ 0.9	1.2~ 1.8	0.10 이하	0.25 이하	Zr + Ti 0.20 이하	0.15 이하	나머지
3003	0.6 이하	0.7 이하	0.05~ 0.20	1.0~ 1.5	-	-	0.10 이하	-	-	나머지
5052	0.25 이하	0.40 이하	0.10 이하	0.10 이하	2.2~ 2.8	0.15~ 0.35	0.10 이하	-	-	나머지
5N02	0.40 이하	0.40 이하	0.10 이하	0.30~ 1.0	3.0~ 4.0	0.50 이하	0.10 이하	-	0.20 이하	나머지
5056	0.30 이하	0.40 이하	0.10 이하	0.05~ 0.20	4.5~ 5.6	0.05~ 0.20	0.10 이하	-	-	나머지
5083	0.40 이하	0.40 이하	0.10 이하	0.40~ 1.0	4.0~ 4.9	0.05~ 0.25	0.25 이하	-	0.15 이하	나머지
6061	0.40~ 0.8	0.7 이하	0.15~ 0.40	0.15 이하	0.8~ 1.2	0.04~ 0.35	0.25 이하	-	0.15 이하	나머지
6063	0.20~ 0.6	0.35 이하	0.10 이하	0.10 이하	0.45~ 0.9	0.10 이하	0.10 이하	-	0.10 이하	나머지
6066	0.9~ 1.8	0.50 이하	0.7~ 1.2	0.6~ 1.1	0.8~ 1.4	0.40	0.25 이하	-	0.20 이하	나머지
6262	0.40~ 0.8	0.7 이하	0.15~ 0.40	0.15 이하	0.8~ 1.2	0.04~ 0.15	0.25 이하	-	0.15 이하	나머지
7003	0.30 이하	0.35 이하	0.20 이하	0.30 이하	0.50~ 1.0	0.20 이하	5.0~ 6.5	Zr 0.05~0.25	0.20 이하	나머지
7N01	0.30 이하	0.35 이하	0.20 이하	0.20~ 0.7	1.0~ 2.0	0.30 이하	4.0~ 5.0	V 0.10 이하 Zr 0.25 이하	0.20 이하	나머지
7075	0.40 이하	0.50 이하	1.2~ 2.0	0.30 이하	2.1~ 2.9	0.18~ 0.28	5.1~ 6.1	Zr + Ti 0.25 이하	0.20 이하	나머지
7178	0.40 이하	0.50 이하	1.6~ 2.4	0.30 이하	2.4~ 3.1	0.18~ 0.28	6.3~ 7.3	-	0.20 이하	나머지

57. 알루미늄 및 알루미늄합금 봉 및 선

압출봉의 기계적 성질

기호	질별	인장 시험			
		지름 또는 최소대변거리 mm	단면적 cm^2	인장강도 N/mm^2	항복점 N/mm^2
A 1070 BE	H112	-	-	54 이상	15 이상
A 1050 BE	H112	-	-	64 이상	20 이상
A 1100 BE A 1200 BE	H112	-	-	74 이상	20 이상
A 2014 BE	O	-	-	245 이상	127 이하
	T4 T4511	-	-	343 이상	245 이상
	T42	-	-	343 이상	206 이상
	T6	12 이하	-	412 이상	363 이상
		12 초과 19 이하	-	441 이상	402 이상
		19 초과	160 이하	471 이상	412 이상
			160 초과 200 이하	471 이상	402 이상
			200 초과 250 이하	451 이상	382 이상
			250 초과 300 이하	431 이상	363 이상
	T62	19 이하	-	412 이상	363 이상
		19 초과	-	412 이상	363 이상
			-	412 이상	363 이상
	T6511	12 이하	-	412 이상	363 이상
		12 초과 19 이하	160 이하	441 이상	402 이상
		19 초과	160 이하	471 이상	412 이상
			160 초과 200 이하	471 이상	402 이상
A 2017 BE	O	-	-	245 이상	127 이하
	T4	-	700 이하	343{35} 이상	216{22} 이상
	T42		700 초과 1000 이하	333{34} 이상	196{20} 이상
A 2024 BE	O	-	-	245 이하	127 이하
	T3511	6 이하	-	392 이상	294 이상
		6 초과 19 이하	-	412 이상	304 이상
		19 초과 38 이하	-	451 이상	314 이상

57. 알루미늄 및 알루미늄합금 봉 및 선

압출봉의 기계적 성질(계속)

기호	질별	인장 시험			
		지름 또는 최소대변거리 mm	단면적 cm^2	인장강도 N/mm^2	항복점 N/mm^2
A 2024 BE	T3511	-	160 이하	481 이상	363 이상
		38 초과	160 초과 200 이하	471 이상	333 이상
	T4	6 이하	-	392 이상	294 이상
		6 초과 19 이하	-	412 이상	304 이상
		19 초과 38 이하	-	451 이상	314 이상
		38 초과	160 이하	481 이상	363 이상
			160 초과 200 이하	471 이상	333 이상
			200 초과 300 이하	461 이상	314 이상
	T42	19 이하	-	392 이상	265 이상
		19 초과 38 이하	-	392 이상	265 이상
			160 이하	392 이상	265 이상
		38 초과	160 초과 200 이하	392 이상	265 이상
A 3003 BE	H112	-	-	94 이상	34 이상
A 5052 BE	H112	-	-	177 이상	69 이상
	O	-	-	177 이상 245 이하	69 이상
A 5056 BE	H112	-	300 이하	245 이상	98 이하
			300 초과 700 이하	225 이상	78 이상
			700 초과 1000 이하	216 이상	69 이상
A 5083 BE	H112	130 이하	200 이하	275 이상	108 이상
	O	130 이하	200 이하	275 이상 353 이하	108 이상
A 6061 BE	O	-	-	147 이하	108 이하
	T4 T4511	-	-	177 이상	108 이하
	T42	-	-	177 이상	84 이상
	T6 T62	6 이하	-	265 이상	245 이상
	T6511	6 초과	-	265 이상	245 이상

57. 알루미늄 및 알루미늄합금 봉 및 선

압출봉의 기계적 성질(계속)

기호	질별	인장 시험			
		지름 또는 최소대변거리 mm	단면적 cm²	인장강도 N/mm²	항복점 N/mm²
A 6063 BE	T1	12 이하	-	118 이상	59 이상
		12 초과 25 이하	-	108 이상	54 이상
	T5	12 이하	-	157 이상	108 이상
		12 초과 25 이하	-	147 이하	108 이상
A 6063 BE	T6	3 이하	-	206 이상	177 이상
		3 초과 25 이하	-	206 이상	177 이상
	O	-	-	131 이하	-
	T4	12 이하	-	131 이상	69 이상
		12 초과 25 이하	-	124 이상	59 이상
	T52	25 이하	-	157 이상 206 이하	108 이상 177 이하
A 6066 BE	O	-	-	200 이하	124 이하
	T4 T4510 T4511	-	-	276 이상	172 이상
	T42	-	-	276 이상	165 이상
	T6 T6510 T6511	-	-	345 이상	310 이상
	T62	-	-	345 이상	289 이상
A 7003 BE	T5	12 이하	-	284 이상	245 이상
		12 초과 25 이하	-	275 이상	235 이상
A 7N01 BE	O	-	-	245 이상	147 이하
	T4	-	-	314 이상	196 이상
	T6	-	-	333 이상	275 이상
	O	-	200 이하	275 이하	167 이하

57. 알루미늄 및 알루미늄합금 봉 및 선

압출봉의 기계적 성질(계속)

기호	질별	인장 시험			
		지름 또는 최소대변거리 mm	단면적 cm²	인장강도 N/mm²	항복점 N/mm²
A 7075 BE	T6 T62 T6511	6 이하	-	539 이상	481 이상
		6 초과 75 이하	-	559 이상	500 이상
		75 초과 110 이하	130 이하	559 이상	490 이상
			130 초과 200 이하	539 이상	481 이상
		110 초과 130 이하	200 이하	539 이상	471 이상
A 7178 BE	O	-	200 이하	118 이하	59 이하
	T6 T6510 T6511	1.6 이하	130 이하	565 이상	524 이상
		1.6 초과 6 이하	130 이하	579 이상	524 이상
		6 초과 38 이하	160 이하	599 이상	537 이상
		38 초과 63 이하	160 이하	593 이상	531 이상
			160~200	579 이상	517 이상
		63 초과	200 이하	565 이상	489 이상
A 7178 BE	T62	1.6 이하	130 이하	544 이상	503 이상
		1.6 초과 6 이하	130 이하	565 이상	510 이상
		6 초과 38 이하	160 이하	593 이상	531 이상
		38 초과 63 이하	160 이하	593 이상	531 이상
			160~200	579 이상	517 이상
		63 초과 75 이하	200 이하	565 이상	489 이상

57. 알루미늄 및 알루미늄합금 봉 및 선

인발봉 및 선의 기계적 성질

기호	질별	인장 시험			
		지름 또는 최소대변거리 mm	단면적 cm²	인장강도 N/mm²	항복점 N/mm²
A 1070 BD A 1070 W	O	3 이하	-	54 이상 94 이상	-
		-	3 초과 100 이하	54 이상 94 이하	15 이상
	H14	10 이하	-	84 이상	-
	H18	10 이하	-	118 이상	-
	F	100 이하	-	-	-
A 1050 BD A 1050 W	O	3 이하	-	59 이상 98 이하	-
		-	3 초과 100 이하	59 이상 98 이하	20 이상
	H14	10 이하	-	94 이상	-
	H18	10 이하	-	127 이상	-
	F	100 이하	-	-	-
A 1100 BD A 1100 W	O	3 이하	-	74 이상 108 이하	-
		3 초과 100 이하	-	74 이상 108 이하	20 이상
	H14	10 이하	-	108 이하	-
	H18	10 이하	-	157 이상	-
	F	100 이하	-	-	-
	H12	10 이하	-	96 이상	-
	H16	10 이하	-	131 이상	-
	H112	-	-	76 이상	21 이상
A 1200 BD A 1200 W	O	3 이하	-	74 이상 108 이하	-
		-	3 초과 100 이하	74 이상 108 이하	20 이상
	H14	10 이하	-	108 이하	-
	H18	10 이하	-	157 이상	-
	F	100 이하	-	-	-

57. 알루미늄 및 알루미늄합금 봉 및 선

인발봉 및 선의 기계적 성질(계속)

기호	질별	인장 시험			
		지름 또는 최소대변거리 mm	단면적 cm^2	인장강도 N/mm^2	항복점 N/mm^2
A 2011 BD A 2011 W	T3	3 이상 38 이하	-	314 이상	265 이상
		38 초과 50 이하	-	294 이상	235 이상
		50 초과 80 이하	-	294 이상	206 이상
	T8	3 이상 80 이하	-	373 이상	275 이상
	T4	12 이상 203 이하	-	275 이상	124 이상
	T451	12 이상 203 이하	-	275 이상	124 이상
A 2014 BD	O b	3 이상 100 이하	-	245 이상	-
	T4 T42	3 이상 100 이하	230 이하	382 이상	226 이상
	T6 T62	3 이상 100 이하	230 이하	451 이상	382 이상
A 2017 BD A 2017 W	O	3 이하	-	245 이하	-
		3 초과 100 이하	-	245 이하	-
	H13	3 이상 10 이하	-	206 이상 275 이하	-
A 2017 BD A 2017 W	T4 T42	3 이하	-	382 이상	-
		3 초과 100 이하	300 이하	382 이상	226 이상
	T451	12 이상 203 이하	323 이하	382 이상	226 이상
A 2117 W	H15	3 이상 10 이하	-	196 이상 245 이하	-
	T4	3 이상 10 이하	-	265 이상	127 이상

57. 알루미늄 및 알루미늄합금 봉 및 선

인발봉 및 선의 기계적 성질(계속)

기호	질별	인장 시험			
		지름 또는 최소대변거리 mm	단면적 cm^2	인장강도 N/mm^2	항복점 N/mm^2
A 2024 BD A 2024 W	O	3 이하	-	245 이하	-
		3 초과 100 이하	-	245 이하	-
	T4	3 이하	-	431 이상	-
		3 초과 12 이하	-	431 이상	314 이상
		12 초과 100 이하	-	431 이상	294 이상
	T42	3 이하	-	431 이상	-
		3 초과 100 이하	230 이하	431 이상	275 이상
	T62	3 이하	-	412 이상	-
		3 초과 100 이하	230 이하	412 이상	314 이상
	T6	3 이하	-	431 이상	-
		3 초과 165 이하	-	431 이상	343 이상
	T351	12 이상 165 이하	-	431 이상	314 이상
	T851	12 이상 165 이하	-	455 이상	400 이상
A 3003 BD A 3003 W	O	3 이하	-	94 이상 127 이하	-
		3 초과 100 이하	-	94 이상 127 이하	34 이상
	H14	10 이하	-	137 이상	-
	H18	10 이하	-	186 이상	-
	F	100 이하	-	-	-
	H12	10 이하	-	117 이상	-
	H16 H112	10 이하	-	165 이상	-
		-	-	96 이상	34 이상

57. 알루미늄 및 알루미늄합금 봉 및 선

인발봉 및 선의 기계적 성질(계속)

기호	질별	인장 시험			
		지름 또는 최소대변거리 mm	단면적 cm^2	인장강도 N/mm^2	항복점 N/mm^2
A 5052 BD A 5052 W	O	3 이하	-	177 이상 216 이하	-
		3 초과 100 이하	-	177 이상 216 이하	64 이상
	H32	3 이상 10 이하	-	216 이상 255 이하	-
	H14 H34	3 이하	-	235 이상	-
		3 초과 10 이하	-	235 이상	177 이상
	H36	3 이하	-	255 이상	-
		3 초과 10 이하	-	255 이상	200 이상
A 5052 BD A 5052 W	H18 H38	10 이하	-	275 이상	-
	F	100 이하	-	-	-
A 5N02 BD A 5N02 W	O	25 이하	-	226 이상	-
A 5056 BD A 5056 W	O	3 이하	-	314 이상	-
		3 초과 100 이하	-	314 이상	98 이상
	H12 H32	10 이하	-	304 이상	-
	F	100 이하	-	-	-
A 5083 BD A 5083 W	O	3 이하	-	275 이상 353 이하	-
		3 초과 100 이하	-	275 이상 353 이하	108 이상

57. 알루미늄 및 알루미늄합금 봉 및 선

인발봉 및 선의 기계적 성질(계속)

기호	질별	인장 시험			
		지름 또는 최소대변거리 mm	단면적 cm^2	인장강도 N/mm^2	항복점 N/mm^2
A 6061 BD A 6061 W	O	3 이하	-	147 이하	-
		3 초과 100 이하	-	147 이하	-
	H13	3 이상 10 이하	-	157 이상 206 이하	-
	T4 T451	3 이하	-	206 이하	-
		3 초과 100 이하	300 이하	206 이하	108 이상
	T42	3 이하	-	206 이하	-
		3 초과 100 이하	300 이하	206 이하	94 이상
	T6	3 이하	-	294 이상	-
	T62 T651	3 초과 100 이하	300 이하	294 이상	245 이상
A 6262 BD	T6	102 이하	-	290 이상	241 이상
	T651	12~203	-	290 이상	241 이상
	T9	3~51	-	359 이상	331 이상
		52~76	-	345 이상	317 이상
A 7075 BD	O	3 이상 100 이하	-	275 이하	-
	T6 T62	3 이상 100 이하	-	530 이상	461 이상
	T651	12 이상 100 이하	-	530 이상	461 이상
	T73	76 이하	-	469 이상	386 이상
	T7351	12 이상 76 이하	-	469 이상	386 이상

58. 주물용 알루미늄 및 알루미늄합금 - 화학적 성분과 기계적 특성

• 적용범위

이 표준은 알루미늄합금 주물의 화학적 성분 범위와 이들 합금을 별도로 주조한 봉상 시험편의 기계적 성질을 규정한다. 이 표준에서 규정된 임의 성분을 적용시 특허권에 저촉될 수도 있으므로 주의를 요한다.

주조 합금의 화학성분

합금군	합금 부호	화학성분(질량 %)										
		Si	Fe	Cu	Mn	Mg	Cr	Ni	Zn	Pb	Sn	Ti
Al	Al 99.7	0.10	0.20	0.01	0.05	0.02	0.004	–	0.04	–	–	–
	Al 99.5	0.15	0.30	0.02	0.03	0.005	–	–	0.05	–	–	0.02
AlCu	Al Cu4Ti	0.18 (0.15)	0.19 (0.15)	4.2~5.2	0.55	–	–	–	0.07	–	–	0.15~0.30 (0.15~0.25)
	Al Cu4MgTi	0.20 (0.15)	0.35 (0.30)	4.2~5.0	0.10	0.15~0.35 (0.20~0.35)	–	0.05	0.10	0.05	0.05	0.15~0.30 (0.15~0.25)
	Al Cu5MgAg b	0.05	0.10	4.0~5.0	0.20~0.40	0.15~0.35 (0.20~0.35)	–	–	0.05	–	–	0.15~0.35
AlSi	Al Si9	8.0~11.0	0.65 (0.55)	0.10 (0.08)	0.50	0.1	–	0.05	0.15	0.05	0.05	0.15
	Al Si11	10.0~11.8	0.19 (0.15)	0.05 (0.03)	0.10	0.45	–	–	0.07	–	–	0.15
	Al Si12(a)	10.5~13.5	0.55 (0.40)	0.05 (0.03)	0.35	–	–	–	0.10	–	–	0.15
	Al Si12(b)	10.5~13.5	0.65 (0.55)	0.15 (0.10)	0.55	0.1	–	0.1	0.15	0.10	–	0.20 (0.15)
	Al Si12(Fe)	10.5~13.5	1.0 (0.45~0.90)	0.10 (0.08)	0.55	–	–	–	0.15	–	–	0.15
AlSiMgTi	Al Si2MgTi	1.6~2.4	0.60 (0.50)	0.10 (0.08)	0.30~0.50	0.45~0.65 (0.50~0.65)	–	0.05	0.10	0.05	0.05	0.05~0.20 (0.07~0.15)
AlSi7Mg	Al Si7Mg	6.5~7.5	0.55 (0.45)	0.20 (0.15)	0.35	0.20~0.65 (0.25~0.65)	–	0.15	0.15	0.15	0.05	0.05~0.25 (0.05~0.20)
	Al Si7Mg0.3	6.5~7.5	0.19 (0.15)	0.05 (0.03)	0.10	0.25~0.45 (0.30~0.45)	–	–	0.07	–	–	0.08~0.25 (0.10~0.18)
	Al Si7Mg0.6	6.5~7.5	0.19 (0.15)	0.05 (0.03)	0.10	0.45~0.70 (0.50~0.70)	–	–	0.07	–	–	0.08~0.25 (0.10~0.18)

58. 주물용 알루미늄 및 알루미늄합금 - 화학적 성분과 기계적 특성

주조 합금의 화학성분(계속)

합금군	합금 부호	화학성분(질량 %)										
		Si	Fe	Cu	Mn	Mg	Cr	Ni	Zn	Pb	Sn	Ti
AlSi9Cu	Al Si9Cu3(Fe)(Zn)	8.0~11.0	1.3 (0.6~1.2)	2.0~4.0	0.55	0.05~0.55 (0.15~0.55)	0.15	0.55	3.0	0.35	0.25	0.25 (0.20)
	Al Si11Cu2(Fe)	10.0~12.0	1.1 (0.45~1.0)	1.5~2.5	0.55	0.3	0.15	0.45	1.7	0.25	0.25	0.25 (0.20)
	Al Si11Cu3(Fe)	9.6~12.0	1.3	1.5~3.5	0.6	0.35	-	0.45	1.7	0.25	0.25	0.25
AlSi12Cu	Al Si12(Cu)	10.5~13.5	0.8 (0.7)	1.0 (0.9)	0.05~0.55	0.35	0.10	0.30	0.55	0.20	0.10	0.20 (0.15)
	Al Si12Cu1(Fe)	10.5~13.5	1.3 (0.6~1.2)	0.7~1.2	0.55	0.35	0.10	0.30	0.55	0.20	0.10	0.20 (0.15)
	Al Si12CuMgNi	10.5~13.5	0.7 (0.6)	0.8~1.5	0.35	0.8~1.5 (0.9~1.5)	-	0.7~1.3	0.35	-	-	0.25 (0.20)
AlSi17Cu	Al Si17Cu4Mg	16.0~18.0	1.3 (1.0)	4.0~5.0	0.5	0.45~0.65	-	0.30	1.5	-	0.3	-
AlMg	Al Mg3	0.55 (0.45)	0.55 (0.45)	0.10 (0.08)	0.45	2.5~3.5 (2.7~3.5)	-	-	0.1	-	-	0.20 (0.15)
	Al Mg5	0.55 (0.45)	0.55 (0.45)	0.10 (0.05)	0.45	4.5~6.5 (4.8~6.5)	-	-	0.1	-	-	0.20 (0.15)
	Al Mg5(Si)	1.5 (1.3)	0.55 (0.45)	0.05 (0.03)	0.45	4.5~6.5 (4.8~6.5)	-	-	0.1	-	-	0.20 (0.15)
	Al Mg9	2.5	1.0 (0.5~0.9)	0.10 (0.08)	0.55	8.0~10.5 (8.5~10.5)	-	0.10	0.25	0.10	0.10	0.20 (0.15)
AlZnMg	Al Zn5Mg	0.30 (0.25)	0.80 (0.70)	0.15~0.35	0.4	0.40~0.70 (0.45~0.70)	0.15~0.60	0.05	4.50~6.00	0.05	0.05	0.10~0.25 (0.12~0.20)
AlZnSiMg	Al Zn10Si8Mg	7.5~9.0 (7.7~8.3)	0.30 (0.27)	0.10 (0.08)	0.15 (0.10)	0.2~0.4 (0.25~0.4)	-	-	9.0~10.5	-	-	0.15

비고
1. 괄호 안의 숫자는 조성이 주물과 다른 경우 잉곳의 조성을 나타낸다.
2. 한도는 범위로 나타내지 않는 한 최대값으로 나타낸다.

58. 주물용 알루미늄 및 알루미늄합금 - 화학적 성분과 기계적 특성

알루미늄 사형합금의 별도 주조된 시험편의 기계적 특성

합금군	합금 부호	질별 호칭	인장강도 Rm MPa min.	내력(Proof stress) Rp0.2 MPa min.	브리넬 경도 HBW min.
AlCu	Al Cu4Ti	T6	300	200	95
		T64	280	180	85
	Al Cu4MgTi	T4	300	200	90
	Al Cu5MgAg	T6	480	430	115
AlSi	Al Si11	F	150	70	45
	Al Si12(a)	F	150	70	50
	Al Si12(b)	F	150	70	50
AlSiMgTi	Al Si2MgTi	F	140	70	50
		T6	240	180	85
AlSi7Mg	Al Si7Mg	F	140	80	50
		T6	220	180	75
	Al Si7Mg0.3	T6	230	190	75
	Al Si7Mg0.6	T6	250	210	85
AlSi10Mg	Al Si9Mg	T6	230	190	75
	Al Si10Mg	F	150	80	50
		T6	220	180	75
	Al Si10Mg(Cu)	F	160	80	50
		T6	220	180	75
AlSi5Cu	Al Si5Cu1Mg	T4	170	120	80
		T6	230	200	100
	Al Si5Cu3Mn	F	140	70	60
		T6	230	200	90
	Al Si6Cu4	F	150	90	60
AlSi9Cu	Al Si7Cu2	F	150	90	60
	Al Si8Cu3	F	150	90	60
	Al Si9Cu1Mg	F	135	90	60
AlSi12Cu	Al Si12(Cu)	F	150	80	50
AlMg	Al Mg3	F	140	70	50
	Al Mg5	F	160	90	55
	Al Mg5(Si)	F	160	100	60
AlZnMg	Al Zn5Mg	T1	190	120	60
AlZnSiMg	Al Zn10Si8Mg	T1	220	200	90

비고

$1N/mm^2 = 1MPa$

58. 주물용 알루미늄 및 알루미늄합금 - 화학적 성분과 기계적 특성

영구주형 합금의 별도 주조된 시험편의 기계적 특성

합금군	합금 부호	질별 호칭	인장강도 Rm MPa min.	내력 Rp0.2 MPa min.	브리넬 경도 HBW min.
AlCu	Al Cu4Ti	T6	330	220	95
		T64	320	180	90
	Al Cu4MgTi	T4	320	200	95
	Al Cu5MgAg	T6	480	430	115
AlSi	Al Si11	F	170	80	45
	Al Si12(a)	F	170	80	55
	Al Si12(b)	F	170	80	55
AlSiMgTi	Al Si2MgTi	F	170	70	50
		T6	260	180	85
AlSi7Mg	Al Si7Mg	F	170	90	55
		T6	260	220	90
		T64	240	200	80
	Al Si7Mg0.3	T6	290	210	90
		T64	250	180	80
	Al Si7Mg0.6	T6	320	240	100
		T64	290	210	90
AlSi10Mg	Al Si9Mg	T6	290	210	90
		T64	250	180	80
	Al Si10Mg	F	180	90	55
		T6	260	220	90
		T64	240	200	80
	Al Si10Mg(Cu)	F	180	90	55
		T6	240	200	80

비고

1N/mm^2 = 1MPa

58. 주물용 알루미늄 및 알루미늄합금 - 화학적 성분과 기계적 특성

영구주형 합금의 별도 주조된 시험편의 기계적 특성(계속)

합금군	합금 부호	질별 호칭	인장강도 Rm MPa min.	내력 Rp0.2 MPa min.	브리넬 경도 HBW min.
AlSi5Cu	Al Si5Cu1Mg	T4	230	140	85
		T6	280	210	110
	Al Si5Cu3	T4	230	110	75
	Al Si5Cu3Mg	T4	270	180	85
		T6	320	280	110
	Al Si5Cu3Mn	F	160	80	70
		T6	280	230	90
	Al Si6Cu4	F	170	100	75
AlSi9Cu	Al Si7Cu2	F	170	100	75
	Al Si7Cu3Mg	F	180	100	80
	Al Si8Cu3	F	170	100	75
	Al Si9Cu1Mg	F	170	100	75
		T6	275	235	105
AlSi12Cu	Al Si12(Cu)	F	170	90	55
	Al Si12CuMgNi	T5	200	185	90
		T6	280	240	100
AlMg	Al Mg3	F	150	70	50
	Al Mg5	F	180	100	60
	Al Mg5(Si)	F	180	110	65
AlZnMg	Al Zn5Mg	T1	210	130	65
AlZnSiMg	Al Zn10Si8Mg	T1	280	210	105

비고

$1N/mm^2 = 1MPa$

58. 주물용 알루미늄 및 알루미늄합금 - 화학적 성분과 기계적 특성

정밀주조 합금의 별도 주조된 시험봉의 기계적 특성

합금군	합금 부호	질별 호칭	인장강도 Rm MPa min.	내력 Rp0.2 MPa min.	브리넬 경도 HBW min.
AlCu	Al Cu4MgTi	T4	300	220	90
AlSi	Al Si12(b)	F	150	80	50
AlSi7Mg	Al Si7Mg	F	150	80	50
		T6	240	190	75
	Al Si7Mg0.3	T6	260	200	75
	Al Si7Mg0.6	T6	290	240	85
AlSi5Cu	Al Si5Cu3Mn	F	160	80	60
AlSi17Cu	Al Si17Cu4Mg	F	200	180	90
		T5	295	260	125
AlMg	Al Mg5	F	170	95	55

비고

$1N/mm^2 = 1MPa$

58. 주물용 알루미늄 및 알루미늄합금 - 화학적 성분과 기계적 특성

가압 다이캐스팅 합금의 기계적 특성

합금군	합금 부호	질별 호칭	인장강도 Rm MPa min.	내력 Rp0.2 MPa min.	브리넬 경도 HBW min.
AlSi	Al Si9	F	220	120	55
	Al Si12(Fe)	F	240	130	60
AlSi10Mg	Al Si10Mg(Fe)	F	240	140	70
AlSi9Cu	Al Si8Cu3	F	240	140	80
	Al Si9Cu3(Fe)	F	240	140	80
	Al Si9Cu3(Fe)(Zn)	F	240	140	80
	Al Si11Cu2(Fe)	F	240	140	80
	Al Si11Cu3(Fe)	F	240	140	80
AlSi12Cu	Al Si12Cu1(Fe)	F	240	140	70
AlSi17Cu	Al Si17Cu4Mg	F	200	180	90
AlMg	Al Mg9	F	200	130	70

비고

$1N/mm^2 = 1MPa$

MEMO

59. 가단 주철품(Malleable iron castings)

• 적용범위

이 규격은 가단 주철품의 요구사항에 관하여 규정한다. 또한 기계적 성질에 기초하여 분류하는 것으로 규정한다. 이 규격은 사형 또는 이와 유사한 열확산율을 가지는 몰드로 주조된 가단 주철품에만 적용한다.

백심 가단 주철품의 기계적 성질

종류의 기호	시험편의 지름 (mm)	인장강도 (N/mm^2) 이상	0.2% 항복강도 (N/mm^2) 이상	연신율 (%) 이상	경도 (HBW)
GCMW 35-04	9 12 15	340 350 360	- - -	5 4 3	280 이하
GCMW 38-12 d	9 12 15	320 380 400	170 200 210	15 12 8	200 이하
GCMW 40-05	9 12 15	360 400 420	200 220 230	8 5 4	220 이하
GCMW 45-07	9 12 15	400 450 4 80	230 260 280	10 7 4	220 이하

용어 정의 및 특성

1. 가단 주철품

열처리한 철-탄소합금으로서, 주조상태에서 흑연을 함유하지 않은 백선 조직을 가지는 주철품. 즉, 탄소 성분은 전부 시멘타이트(Fe3C)로 결합된 형태로 존재한다.

2. 백심 가단 주철품

백심 가단 주철품의 현미경 조직은 단면의 크기에 따라서 다음과 같이 분류한다.

a) 박육단면 = 페라이트(펄라이트+템퍼탄소)

b) 후육단면

-표면층 = 페라이트

-중간층 = 펄라이트+페라이트+템퍼탄소

-중심층 = 펄라이트(+페라이트)+템퍼탄소

3. 흑심 및 펄라이트 가단 주철품

흑심 가단 주철품의 현미경 조직은 본질적으로 페라이트 기지를 가진다. 펄라이트 가단 주철품의 현미경 조직은 정해진 종류에 따르지만, 펄라이트 또는 그외 오스테나이트의 변태 생성물의 기지를 갖는다. 흑연은 템퍼탄소 노듈러의 형태로 존재한다.

59. 가단 주철품(Malleable iron castings)

흑심 가단 주철품 및 펄라이트 가단 주철품의 기계적 성질

종류의 기호		시험편의 지름 (mm)	인장강도 (N/mm²) 이상	0.2% 항복강도 (N/mm²) 이상	연신율 (%) 이상	경도 (HBW)
A	B					
GCMB 30-06 c		12 또는 15	300	-	6	150 이하
	GCMB 32-12	12 또는 15	320	190	12	150 이하
GCMB 35-10		12 또는 15	350	200	10	150 이하
GCMP 45-06		12 또는 15	450	270	6	150~200
	GCMP 50-05	12 또는 15	500	300	5	160~220
GCMP 55-04		12 또는 15	550	340	4	180~230
	GCMP 60-03	12 또는 15	600	390	3	200~250
GCMP 65-02		12 또는 15	650	430	2	210~260
GCMP 70-02 d,e		12 또는 15	700	530	2	240~290
	GCMP 80-01 d	12 또는 15	800	600	1	270~310

60. 여러 가지 기계요소들

스퍼 기어

스퍼 기어

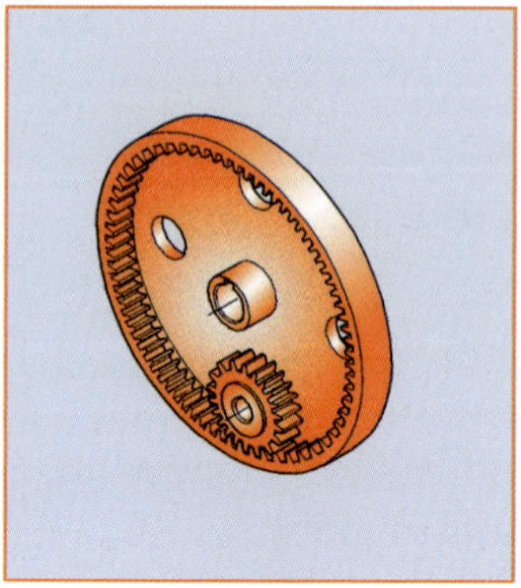

내접 기어

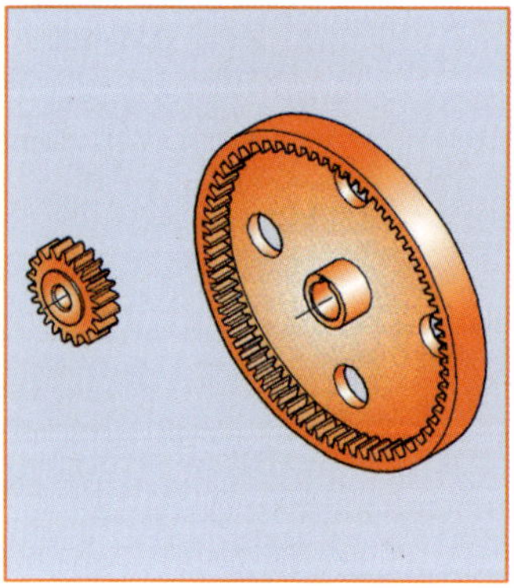

내접 기어

헬리컬 기어

헬리컬 기어

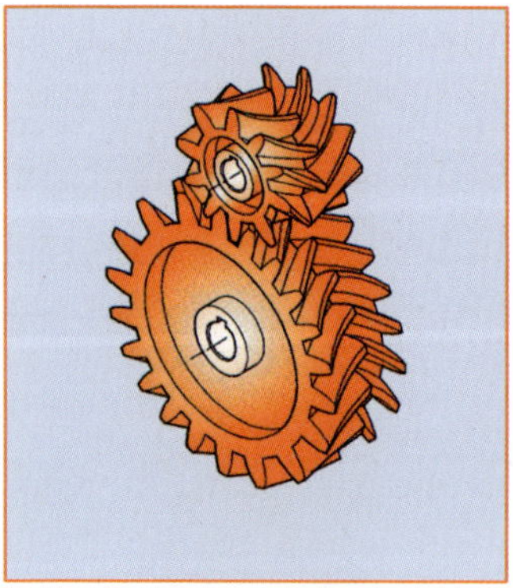

더블 헬리컬 기어

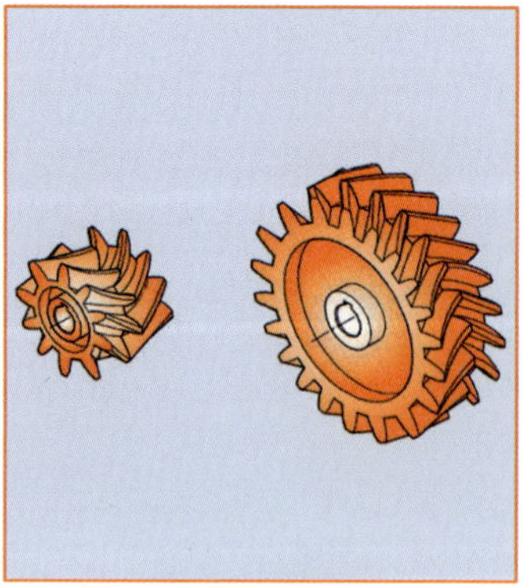

더블 헬리컬 기어

웜 휠 · 기어

60. 여러 가지 기계요소들

웜 휠·기어

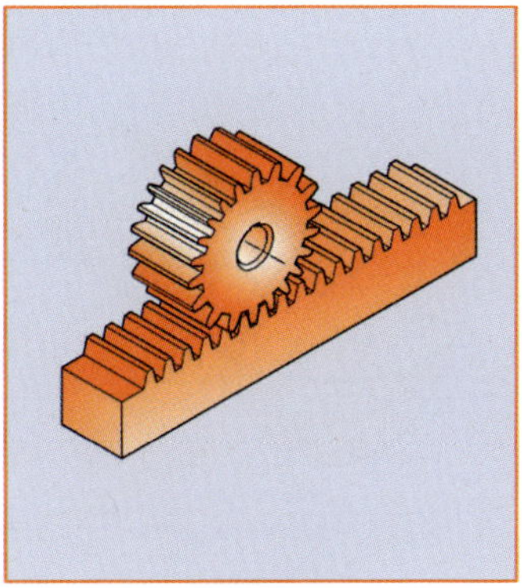
래크·피니언

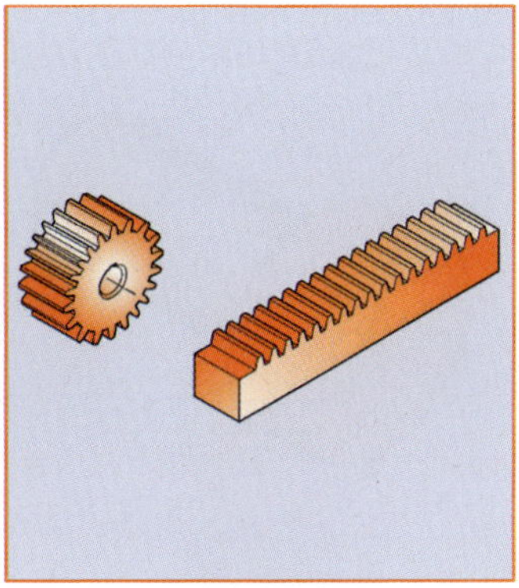
래크·피니언

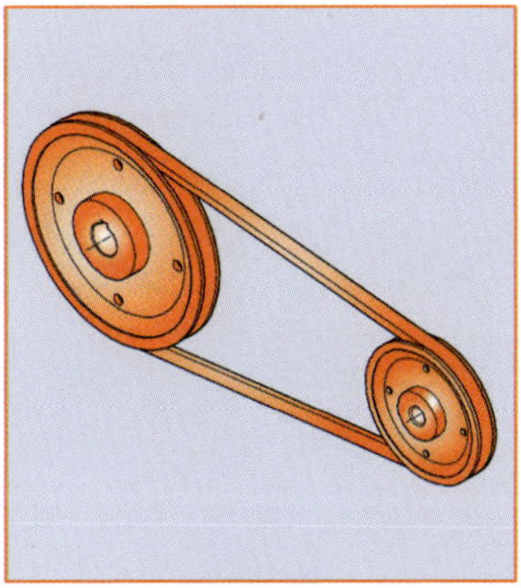
V벨트 풀리

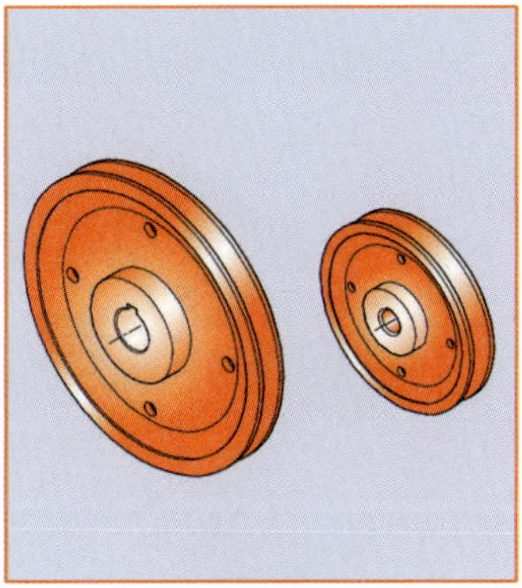
V벨트 풀리

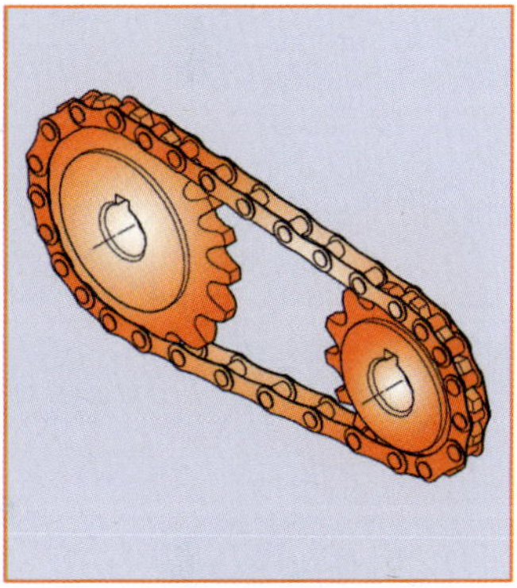
체인·스프로킷

스프로킷

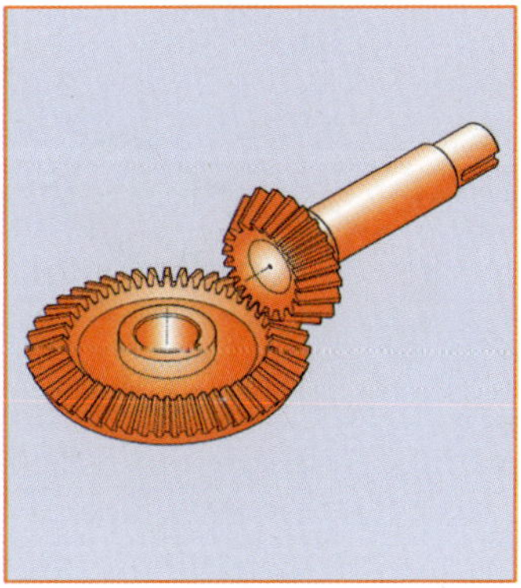
베벨 기어

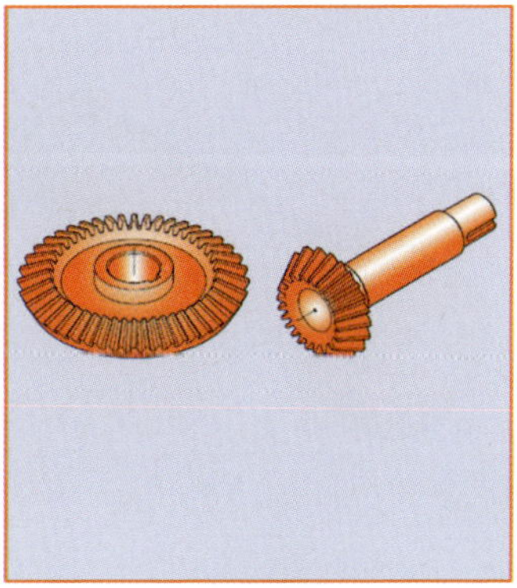
베벨 기어

60. 여러 가지 기계요소들

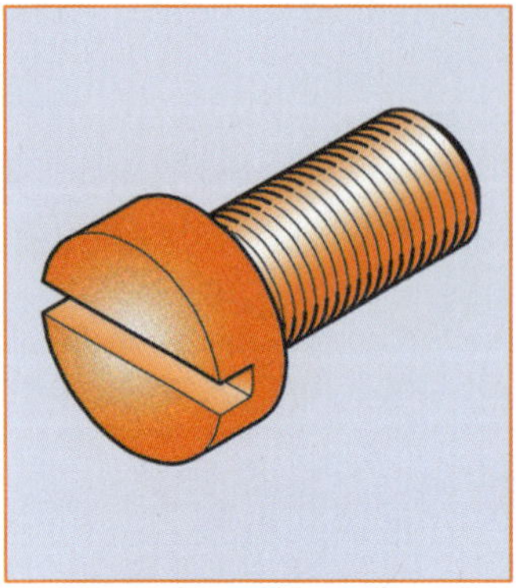

홈붙이 납작머리 작은나사

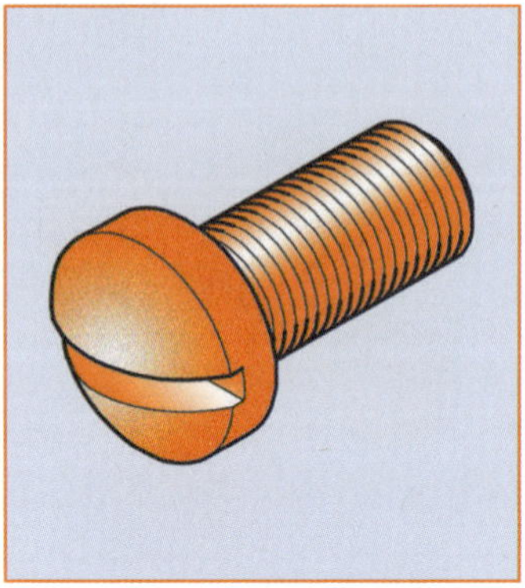

홈붙이 둥근 납작머리 작은나사

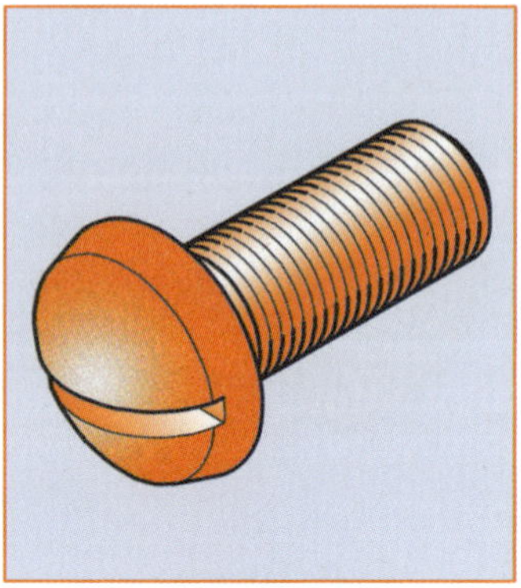

냄비머리 작은나사

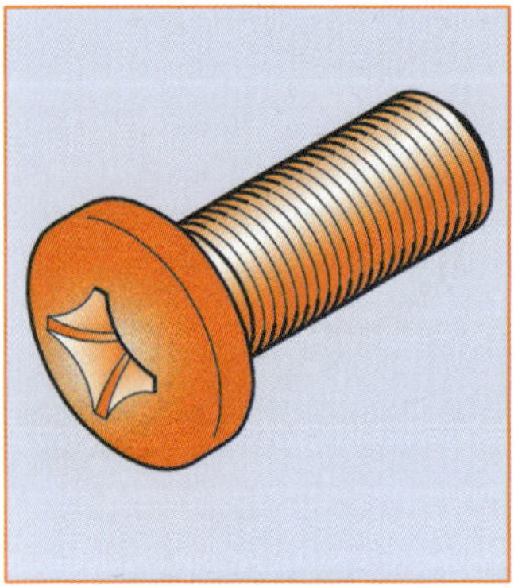

바인딩헤드 작은나사

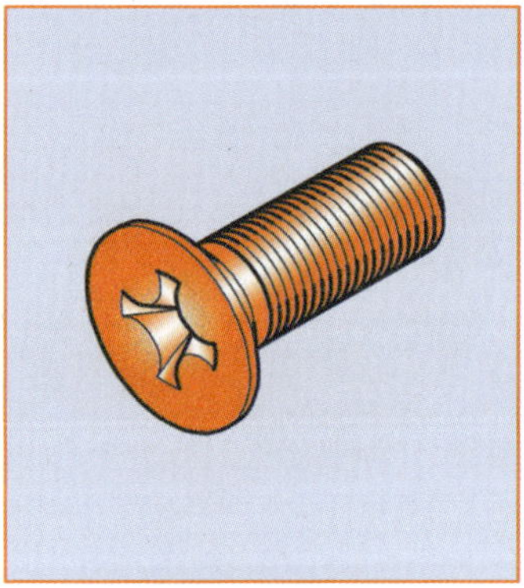

십자홈 접시머리 작은나사

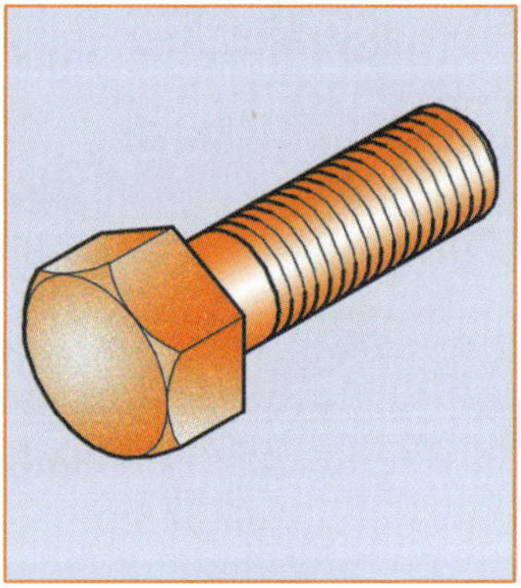

육각 볼트

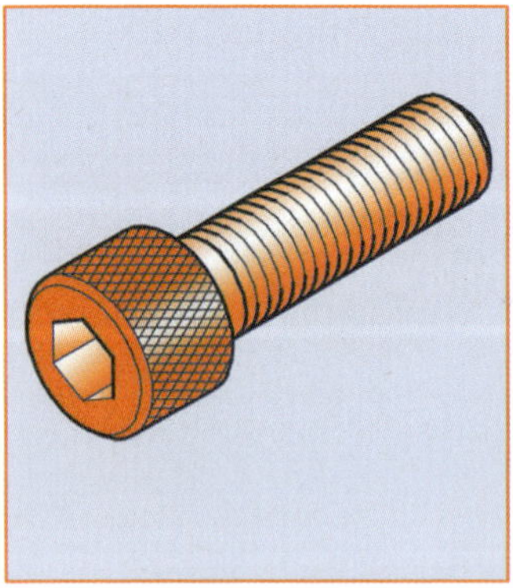

육각 홈붙이 볼트

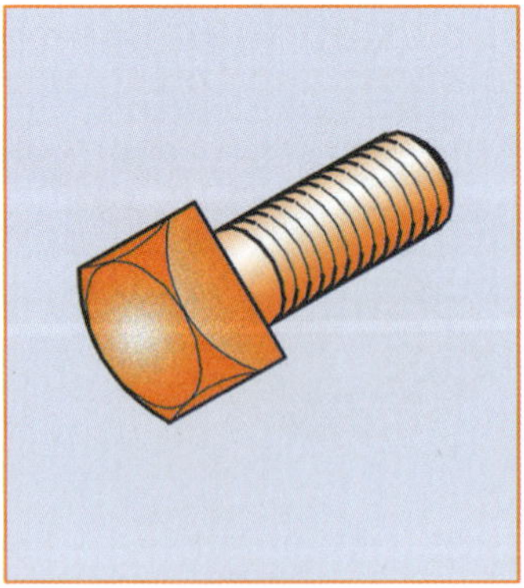

사각 볼트

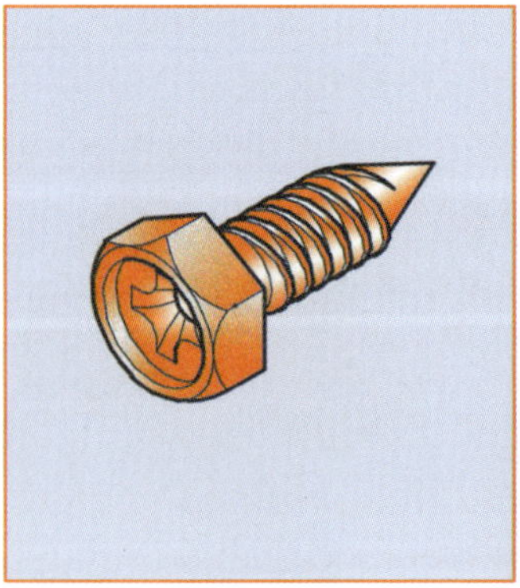

태핑 나사

60. 여러 가지 기계요소들

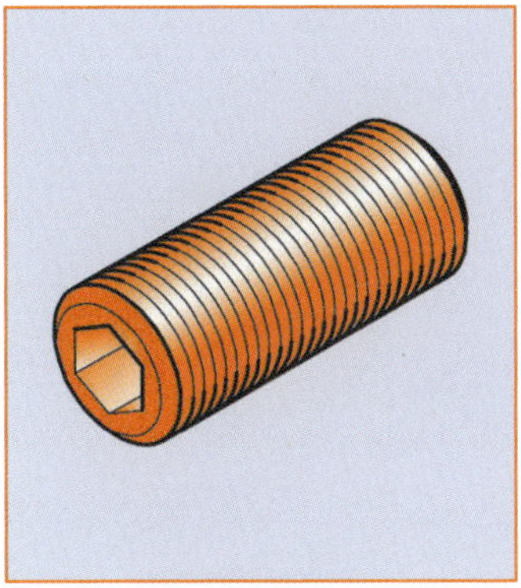

육각홈 멈춤나사

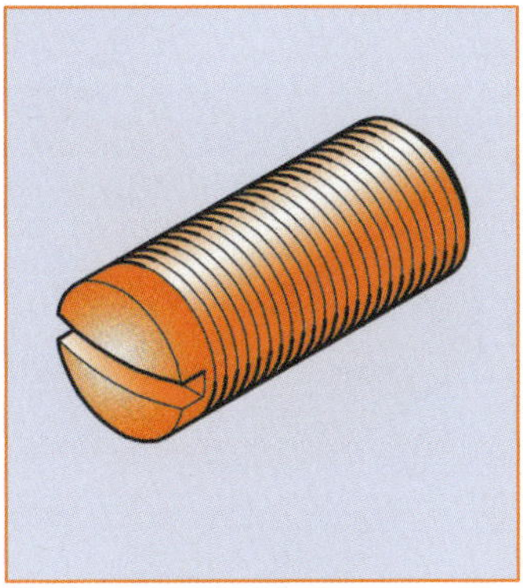

홈붙이 멈춤나사

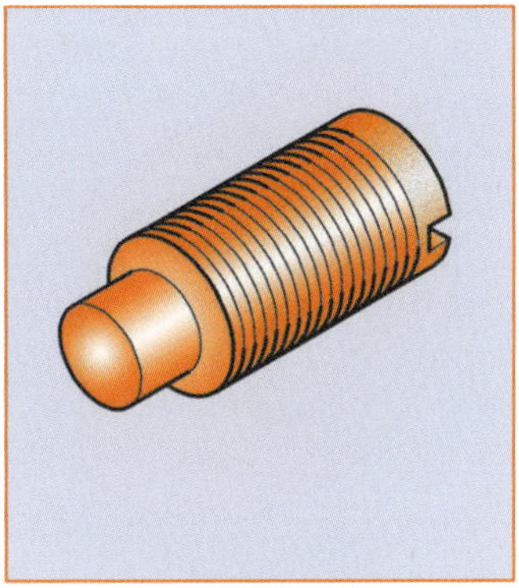

원통끝 멈춤나사

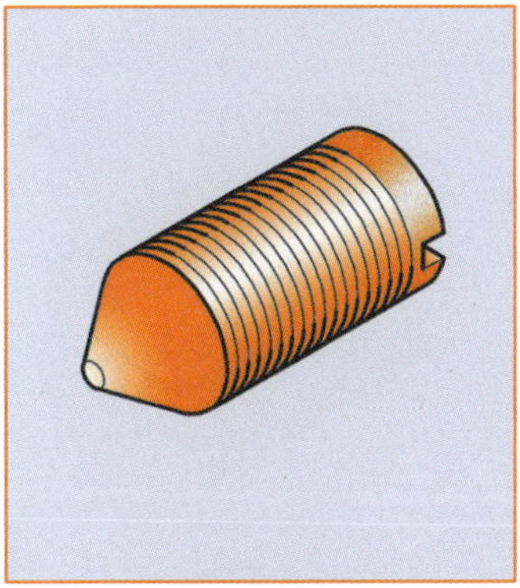

뾰족끝 멈춤나사

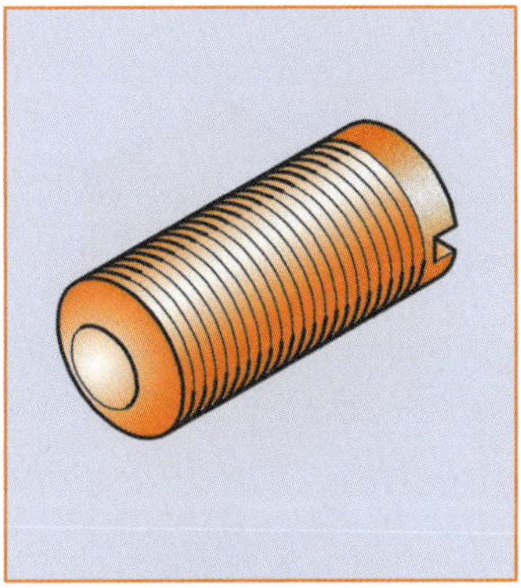

오목끝 멈춤나사

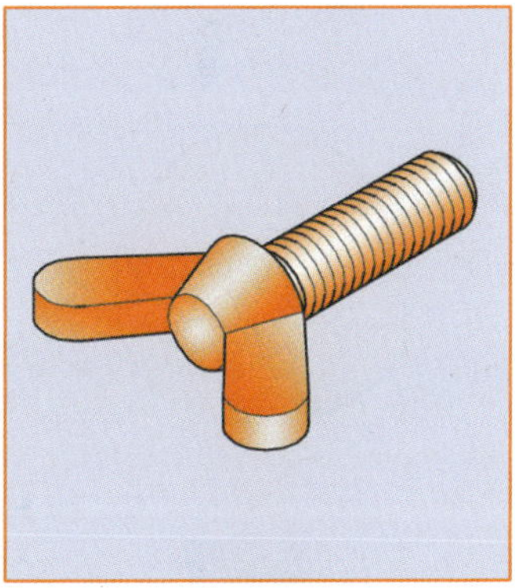

나비 볼트

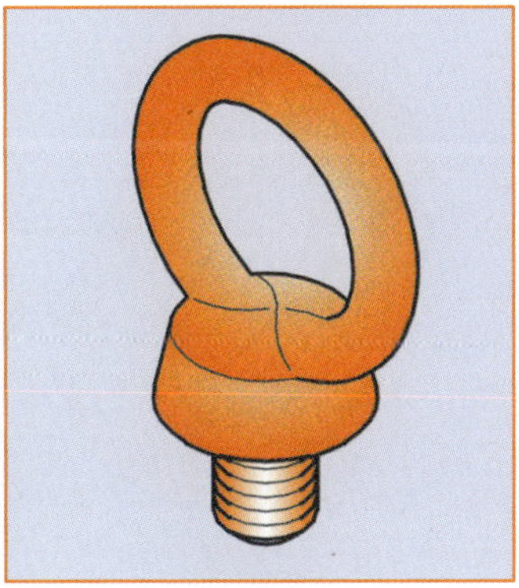

아이 볼트

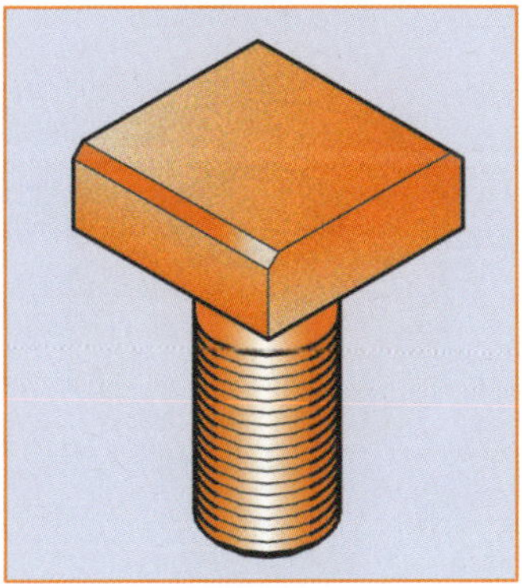

T홈 볼트

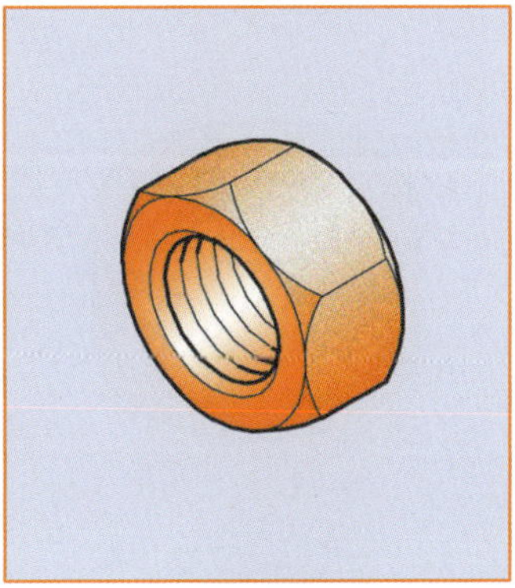

육각 너트

60. 여러 가지 기계요소들

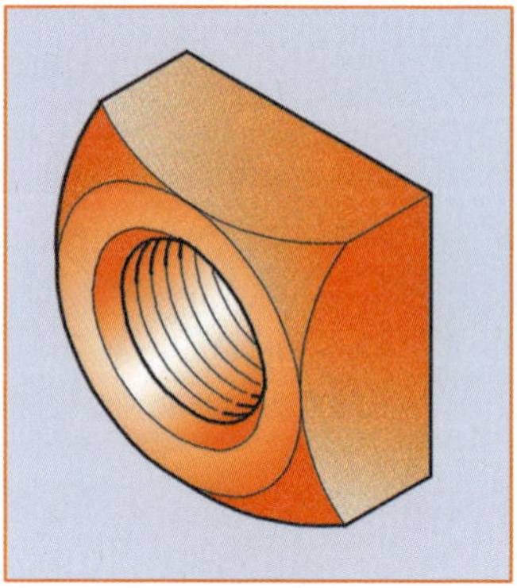

사각 너트

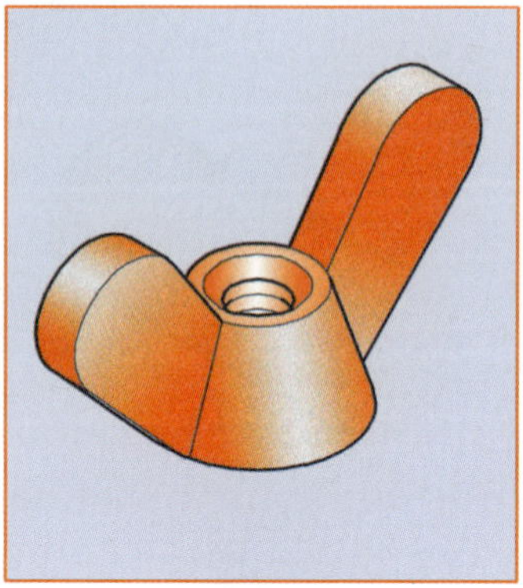

나비 너트

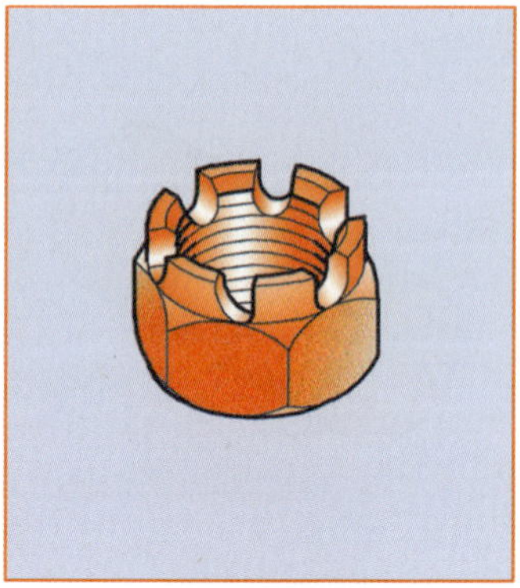

홈붙이 육각 너트

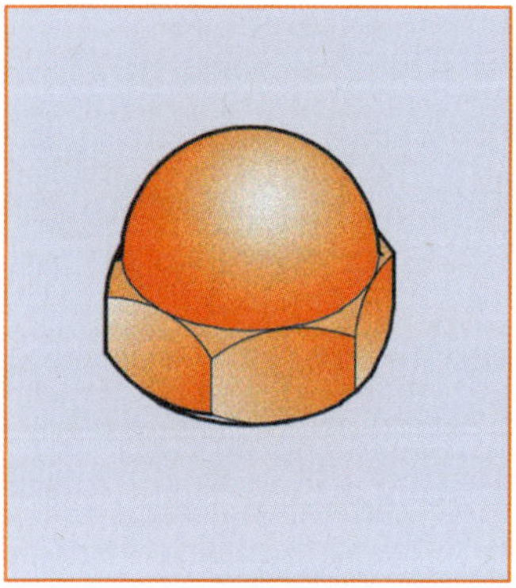

육각 캡 너트

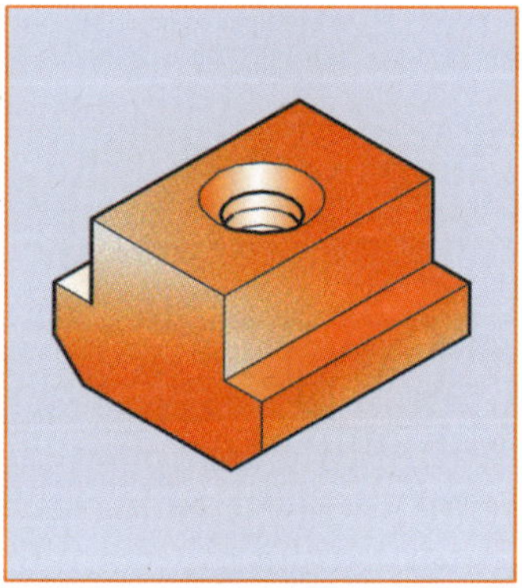

T홈 너트

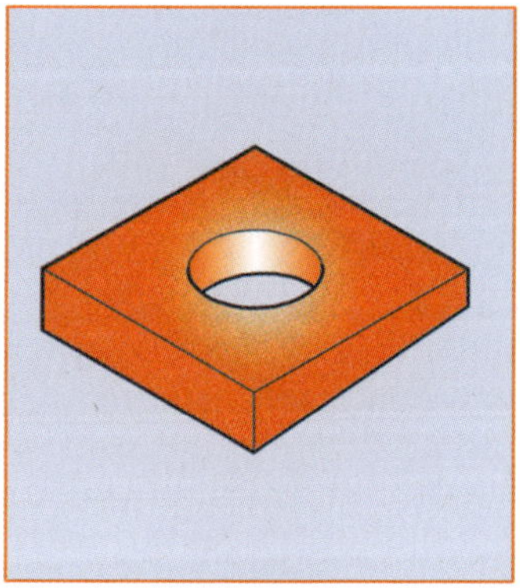

경사 너트

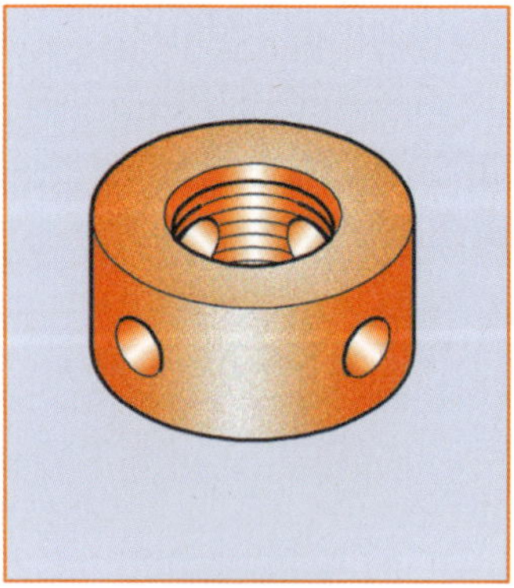

구멍붙이 너트

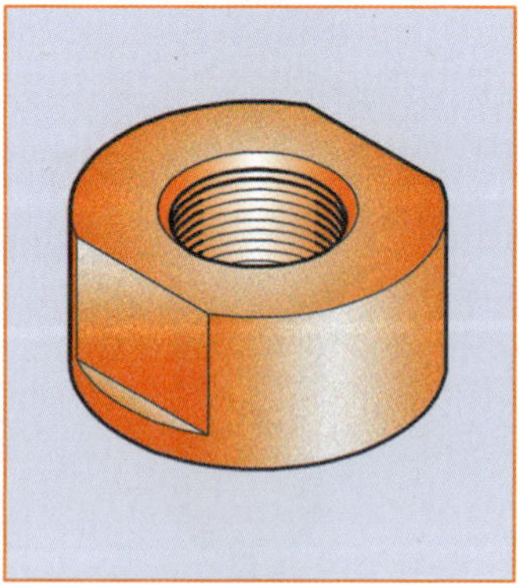

양면각 너트

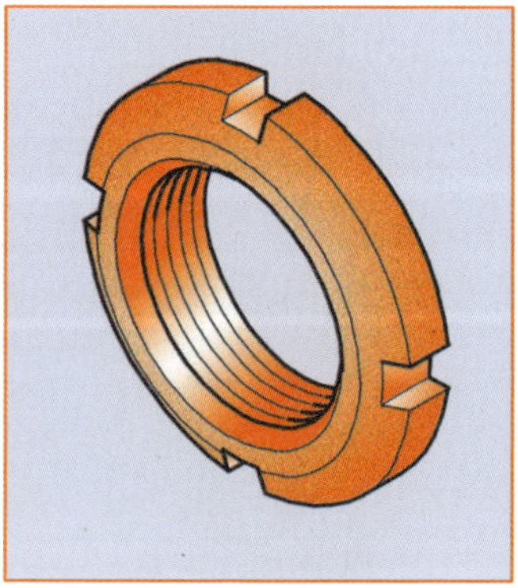

구름 베어링용 너트

60. 여러 가지 기계요소들

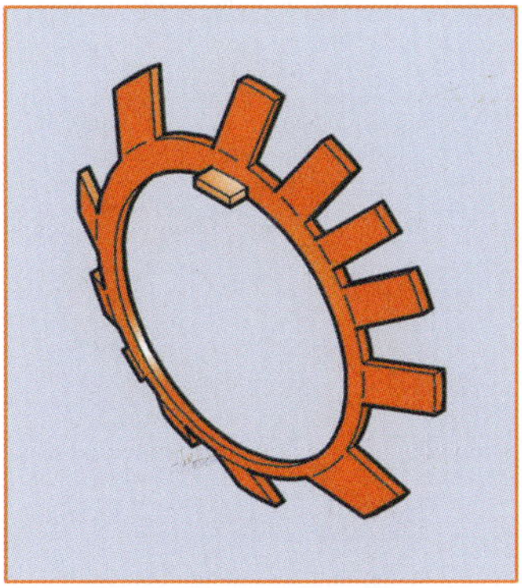
구름 베어링용 너트용 와셔

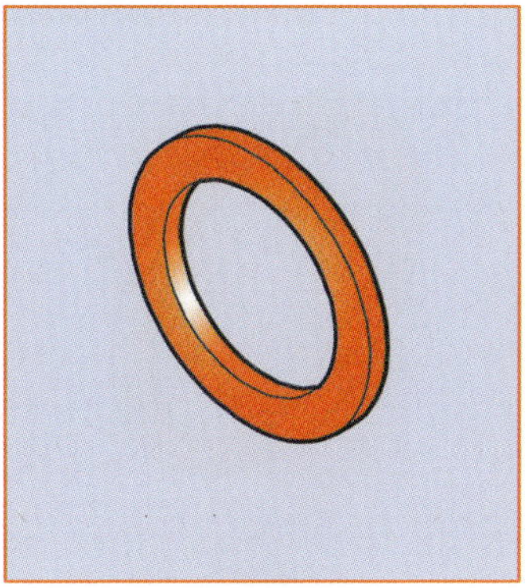
평 와셔

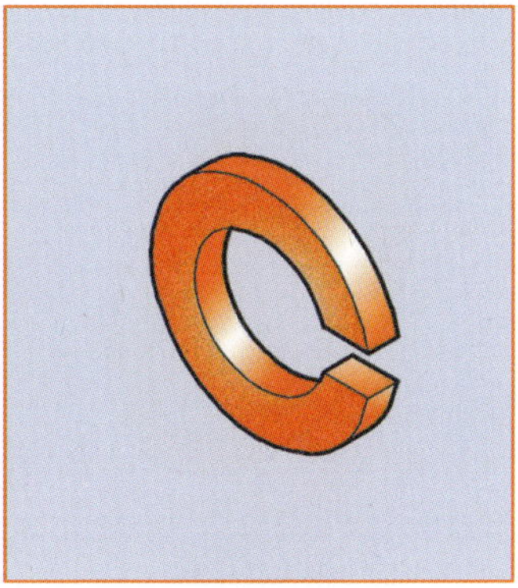
스프링 와셔

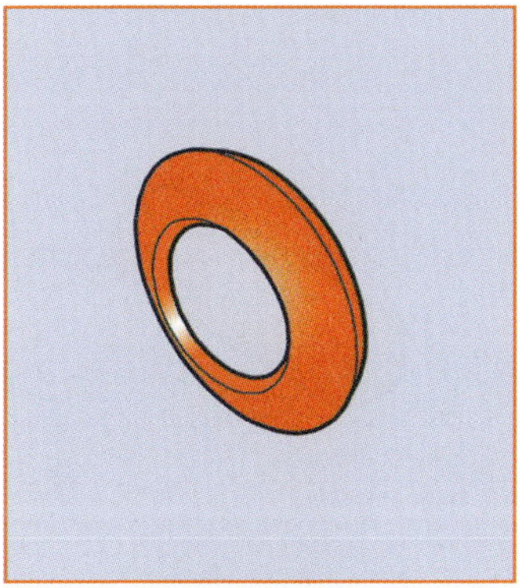
접시 스프링 와셔

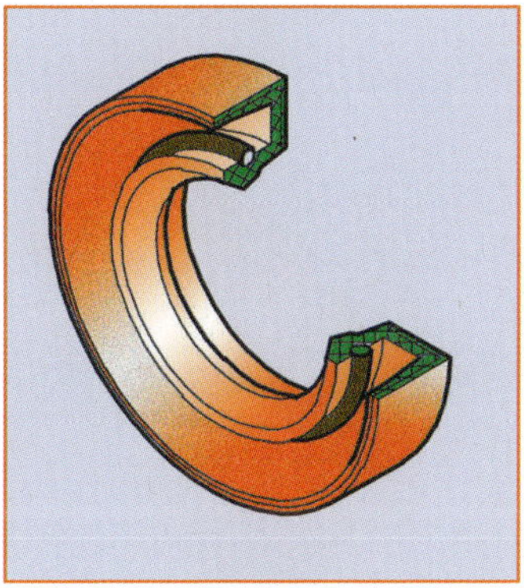
오일 실

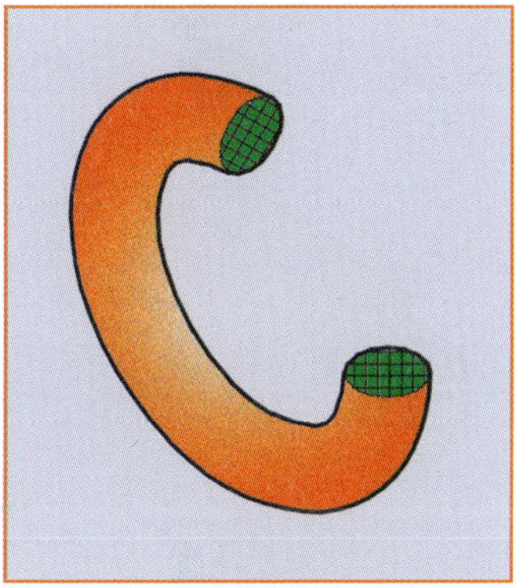
O링

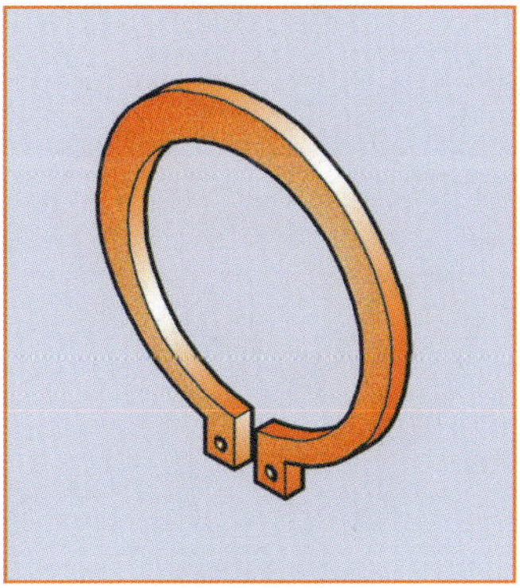
C형 축용 멈춤링

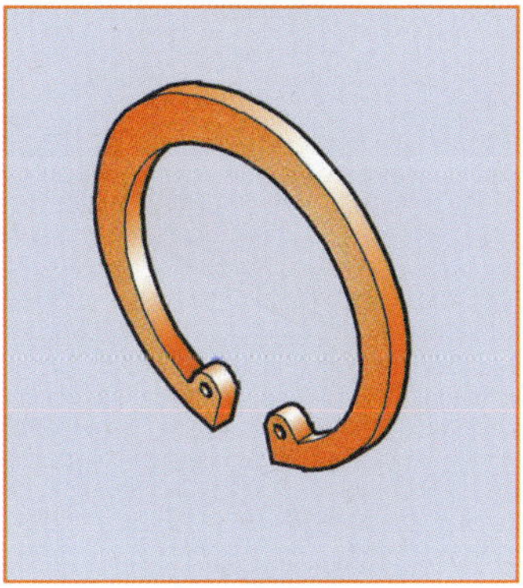
C형 구멍용 멈춤링

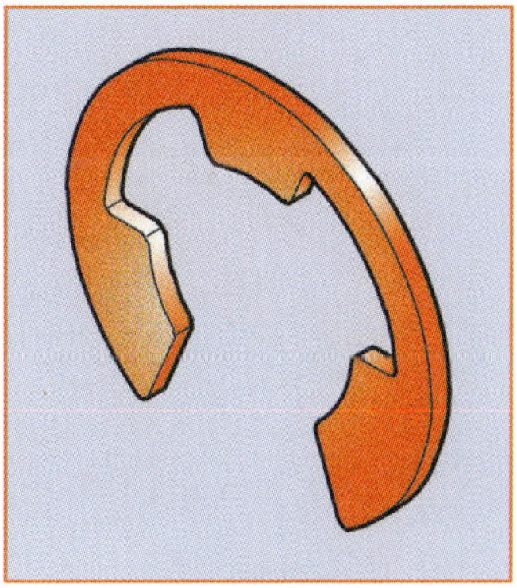
E형 멈춤링

60. 여러 가지 기계요소들

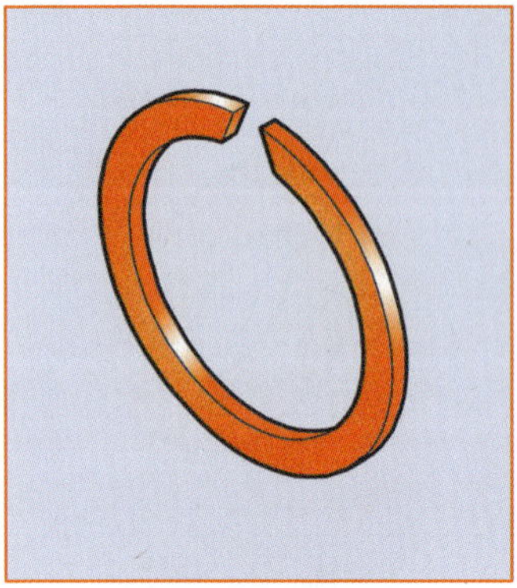
C형 축용 동심 멈춤링

C형 구멍용 동심 멈춤링

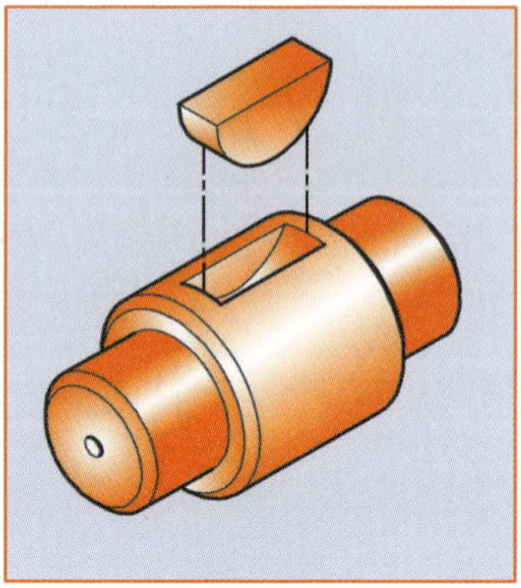
반달키

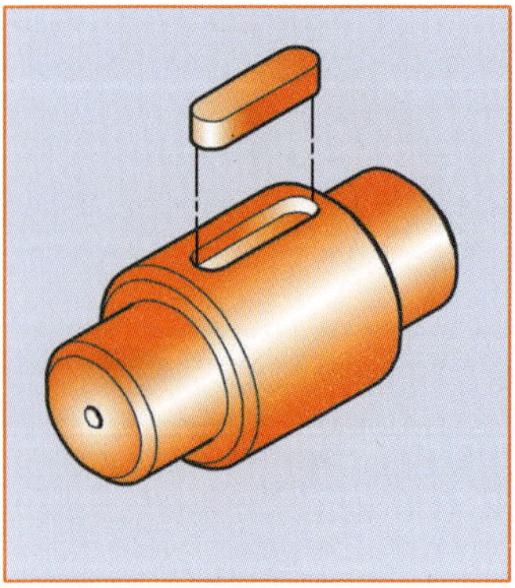
평행키

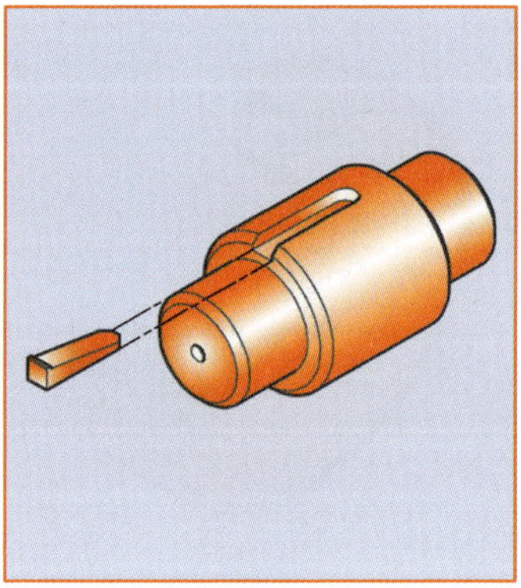
경사키

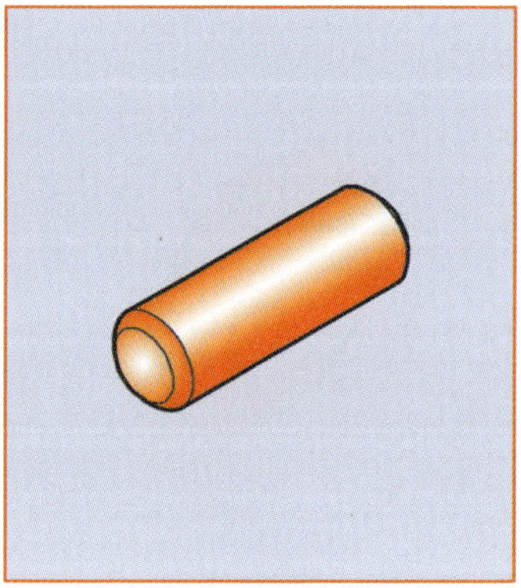
평행핀

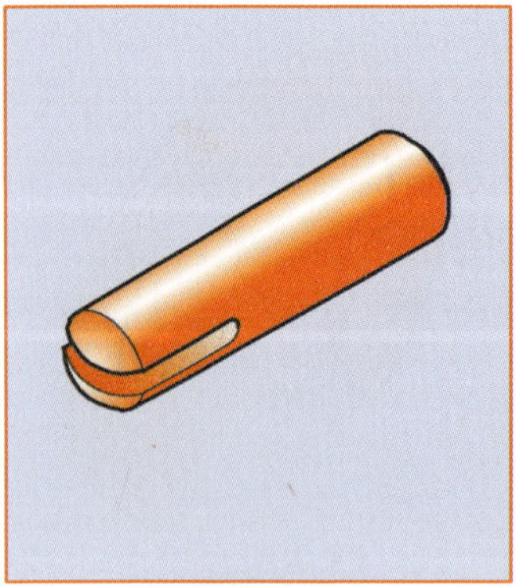
스플릿 테이퍼 핀

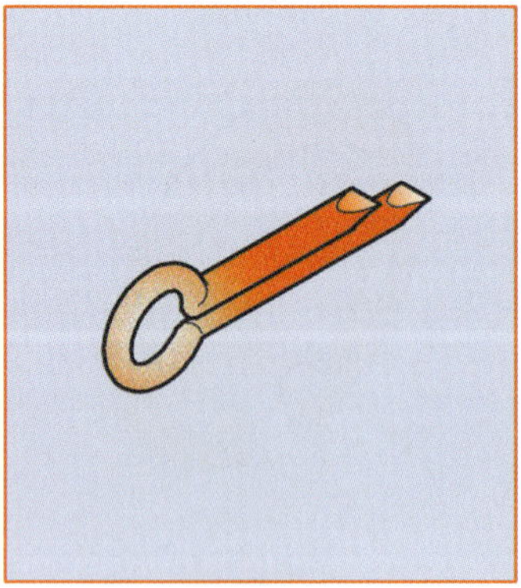
분할핀

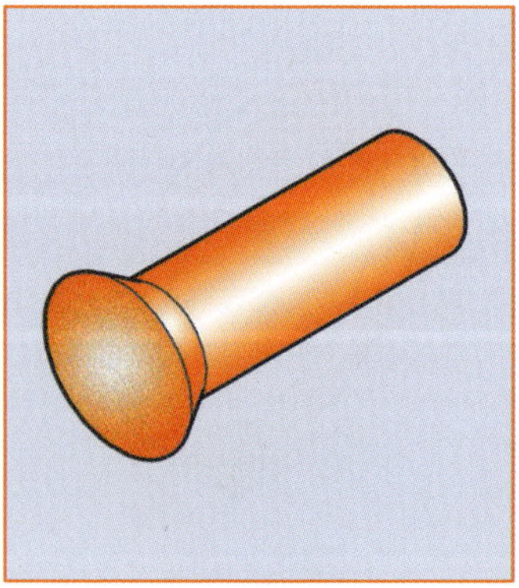
접시머리 리벳

60. 여러 가지 기계요소들

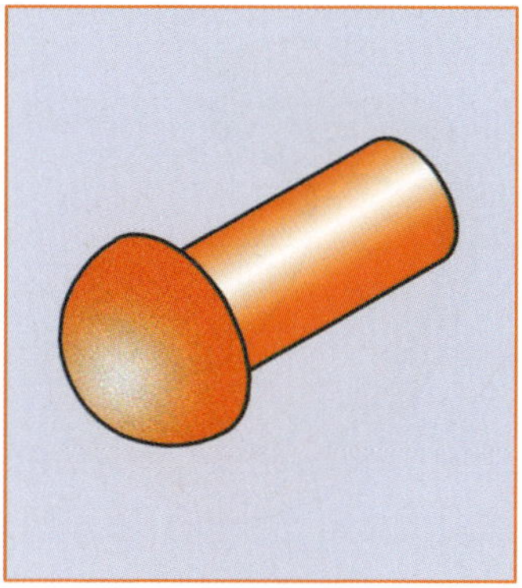

둥근머리 리벳

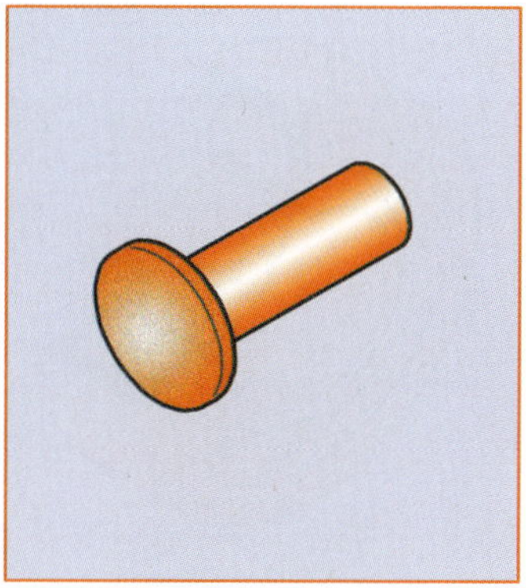

얇은 납작머리 리벳

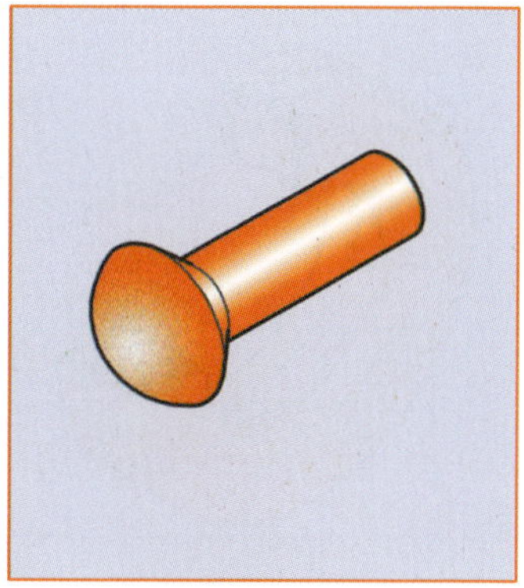

둥근 접시머리 리벳

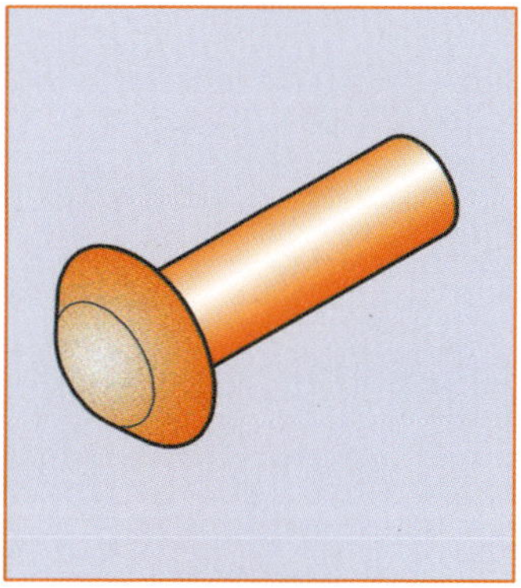

냄비머리 리벳

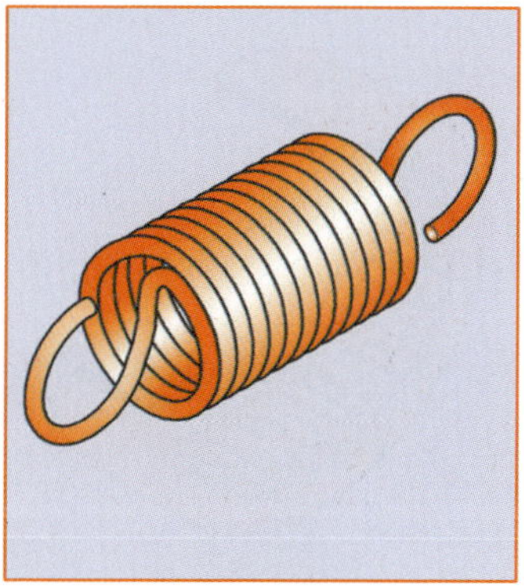

코일 스프링

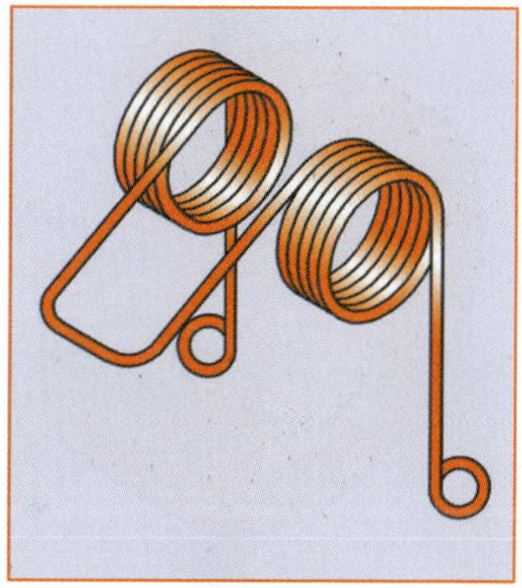

토션 코일 스프링

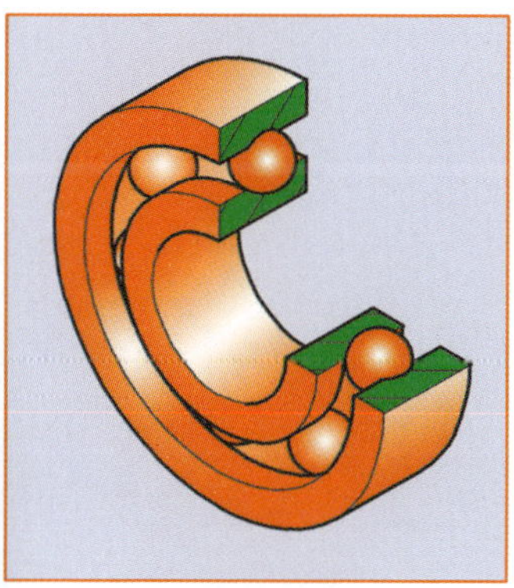

깊은홈 볼 베어링

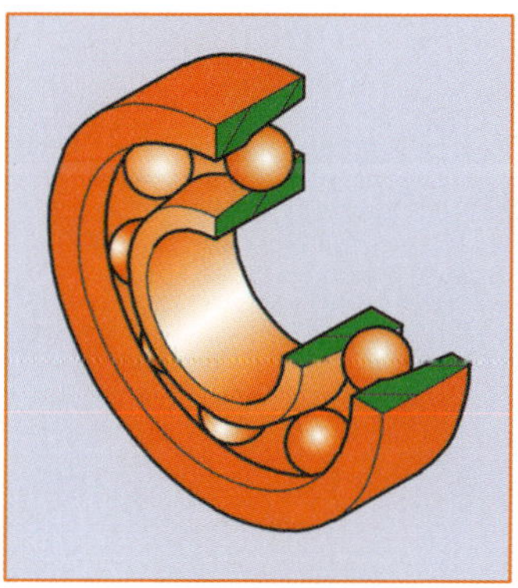

앵귤러 볼 베어링

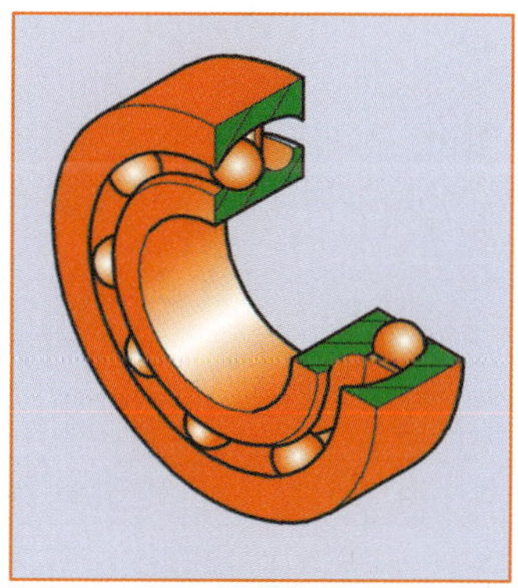

자동조심 볼 베어링

60. 여러 가지 기계요소들

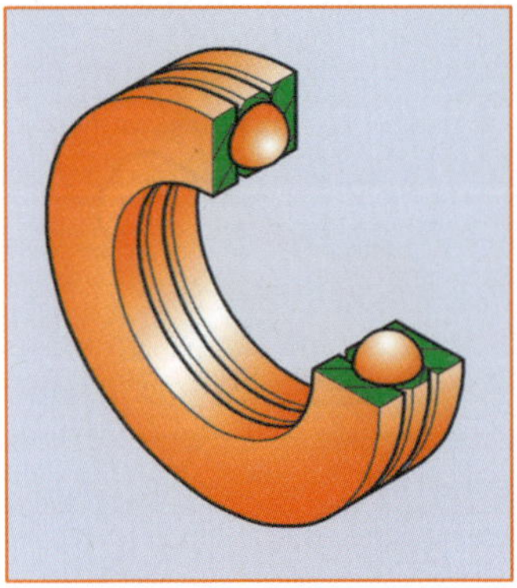

평면자리 스러스트 볼 베어링

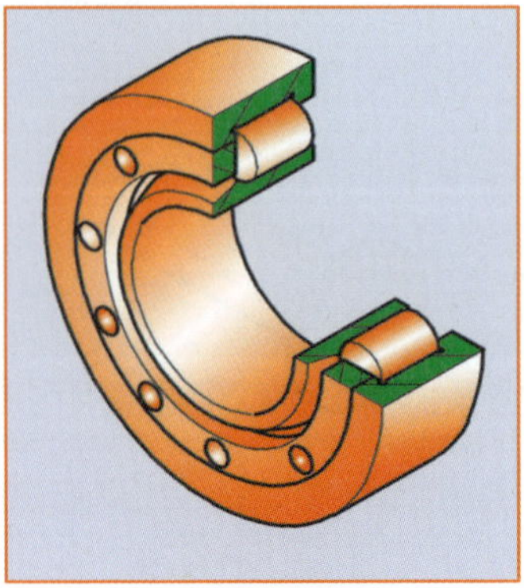

원통 롤러 베어링

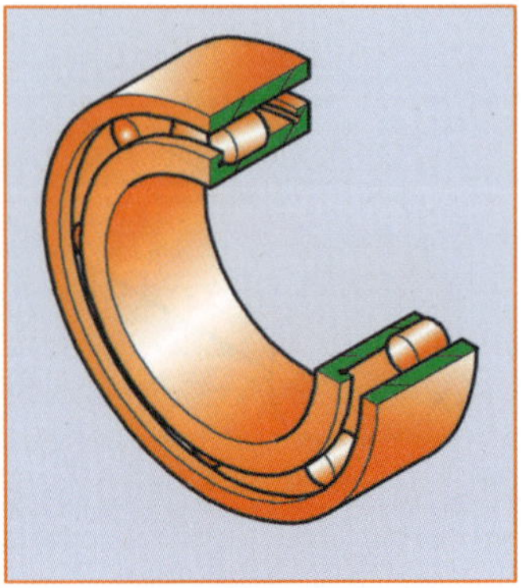

원통 롤러 베어링(복식)

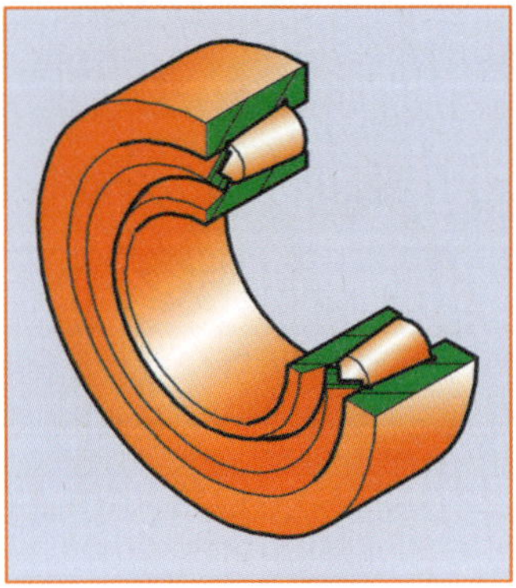

테이퍼 롤러 베어링

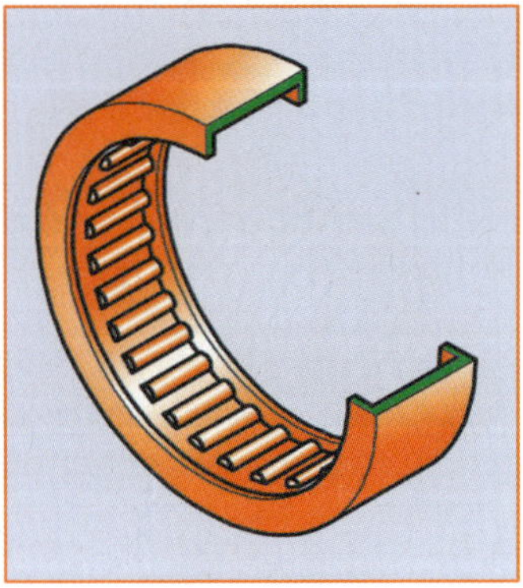

니들 롤러 베어링

02. 폐지 및 변경된 KS규격

KS	명칭	상태	날짜	비고
B 0003	나사 제도	폐지	1999-12-29	
B 0003-1	제도 - 나사 및 나사부품 - 제1부 : 통칙	변경	2009-11-30	대체 : KS B ISO 6410-1
B 0003-2	제도 - 나사 및 나사부품 - 제2부 : 나사 인서트	변경	2009-11-30	대체 : KS B ISO 6410-2
B 0003-3	제도 - 나사 및 나사부품 - 제3부 : 간략 도시방법	변경	2009-11-30	대체 : KS B ISO 6410-3
B 0006-1	제도 - 배관의 간략도시방법 - 제1부 : 통칙 및 정 투영도	변경	2009-11-30	대체 : KS B ISO 6412-1
B 0006-2	제도 - 배관의 간략도시방법 - 제2부 : 등각 투영도	변경	2009-11-30	대체 : KS B ISO 6412-2
B 0007	제도 - 치수 및 공차의 표시방법 - 비강성 부품	변경	2009-11-20	대체 : KS B ISO 10579
B 0008-1	공차 치수차 및 끼워맞춤의 기초	변경	2009-11-30	대체 : KS B ISO 286-1
B 0008-2	구멍 및 축의 공차 등급 및 치수허용차의 표	변경	2009-12-30	대체 : KS B ISO 286-2
B 0008	스플라인 및 세레이션의 표시 방법	변경	2009-11-30	대체 : KS B ISO 6413
B 0411	주철품 보통 허용차	폐지	1996-12-31	대체 : KS B ISO 8062
B 0412	보통공차-지시없는 길이 치수 및 각도공차	폐지	2006-12-29	대체 : KS B ISO 2768-1
B 0414	단조 가공 치수차	폐지	1980-05-07	
B 0415	보통 치수 허용차(다이캐스팅)	폐지	1989-04-04	대체 : KS B 0250
B 0424	알루미늄 합금 주물 보통 허용차	폐지	1996-12-30	대체 : KS B 0250
B 0618	센터 구멍의 간략도시 방법	변경	2002-03-21	대체 : KS A ISO 6411-1
B 0902	T 홈	폐지	2004-04-16	
B 1003	6각 구멍붙이 볼트 구멍 치수(부속서)	미제정	2000-12-30	
B 1312	반달키	통합	2009-12-30	대체 : KS B 1311
B 1313	미끄럼키	통합	2009-12-30	대체 : KS B 1311(활동형)
B 1322	테이퍼 핀	폐지	2006-10-26	
B 1328	지그용 C형 와셔	폐지	1992-09-09	
B 1341	지그용 고리 모양 와셔	폐지	1996-11-26	
B 1420	일반용 이붙이 풀리(타이밍벨트)	폐지	2006-10-26	
B 2023	깊은 홈 볼 베어링	변경	2006 확인	호칭번호 삭제(ISO 15)
B 2027	테이퍼 롤러 베어링	변경	2005 확인	호칭번호 삭제(ISO 355)
B 2022	평면자리 스러스트 볼 베어링	변경	2005 확인	호칭번호 삭제(ISO 104)
B 2045	구름 베어링용 와셔 및 멈춤쇠	폐지	1997-12-31	
B 2052	구름 베어링용 플러머 블록	폐지	2009-10-22	대체 : KS B IS0 113

KS	명칭	기호	상태	날짜	비고
D 3537	수도용 아연도 강관	SPPW	폐지	2007-06-29	
D 3707	크롬 강재	SCr	폐지	2007-10-01	대체 : KS D 3867
D 3708	니켈크롬 강재	SNC	폐지	2007-10-01	대체 : KS D 3867
D 3711	크롬 몰리브덴 강재	SCM	폐지	2007-10-01	대체 : KS D 3867
D 4303	흑심 가단 주철품	BMC	폐지	2001-12-31	
D 4305	백심 가단 주철품	WMC	폐지	2001-12-31	
D 5501	이음매 없는 타프피치 동판	TCuP	폐지	1980-12-29	
D 5502	타프피치 동봉	TCuBE	폐지	1980-12-29	

02. 폐지 및 변경된 KS규격

KS	명칭	기호	상태	날짜	비고
D 5503	쾌삭 황동봉	MBsBE	폐지	1980-12-29	
D 5504	타프피치 동판	TuS	폐지	1981-03-30	
D 5505	황동판	BsS	폐지	1981-03-30	
D 5507	단조용 황동봉	FBsBE	폐지	1980-12-29	
D 5508	스프링용 인청동판 및 조	PBS,PBT	폐지	1981-03-30	
D 5516	인청동봉	PBR	폐지	1981-03-30	
D 5518	인청동선	PBW	폐지	1981-03-30	
D 5520	고강도 황동봉	HBsRE	폐지	1981-03-30	
D 5524	네이벌 황동봉	NBsBE	폐지	1981-03-30	
D 5527	이음매 없는 제 로울용 황동관	BsPp	폐지	1981-03-30	
D 5529	황동봉	BsBE	폐지	1981-03-30	
D 6001	황동주물	YBsC	폐지	2001-12-18	대체 : KS D 0624
D 6002	청동주물	BC	폐지	2001-12-18	대체 : KS D 0624
D 6004	베어링용 동·연 합금 주물	KM	폐지	1991-04-25	대체 : KS D 0624
D 6010	인 청동주물	PBC	폐지	2001-12-18	대체 : KS D 0624
D 6757	알루미늄 및 알루미늄 합금 리벳제	AIB	폐지	1990-11-26	

Korea Standard

Korea Standard

KS 규격집

기계설계실무

재질적용 예

시험장에는 조립도와 분해도 그림을 절취한 후 입실하세요.
절취하지 않을 경우 부정행위로 강제 퇴실됩니다.

Korea Standard

Korea Standard

01. 기어펌프

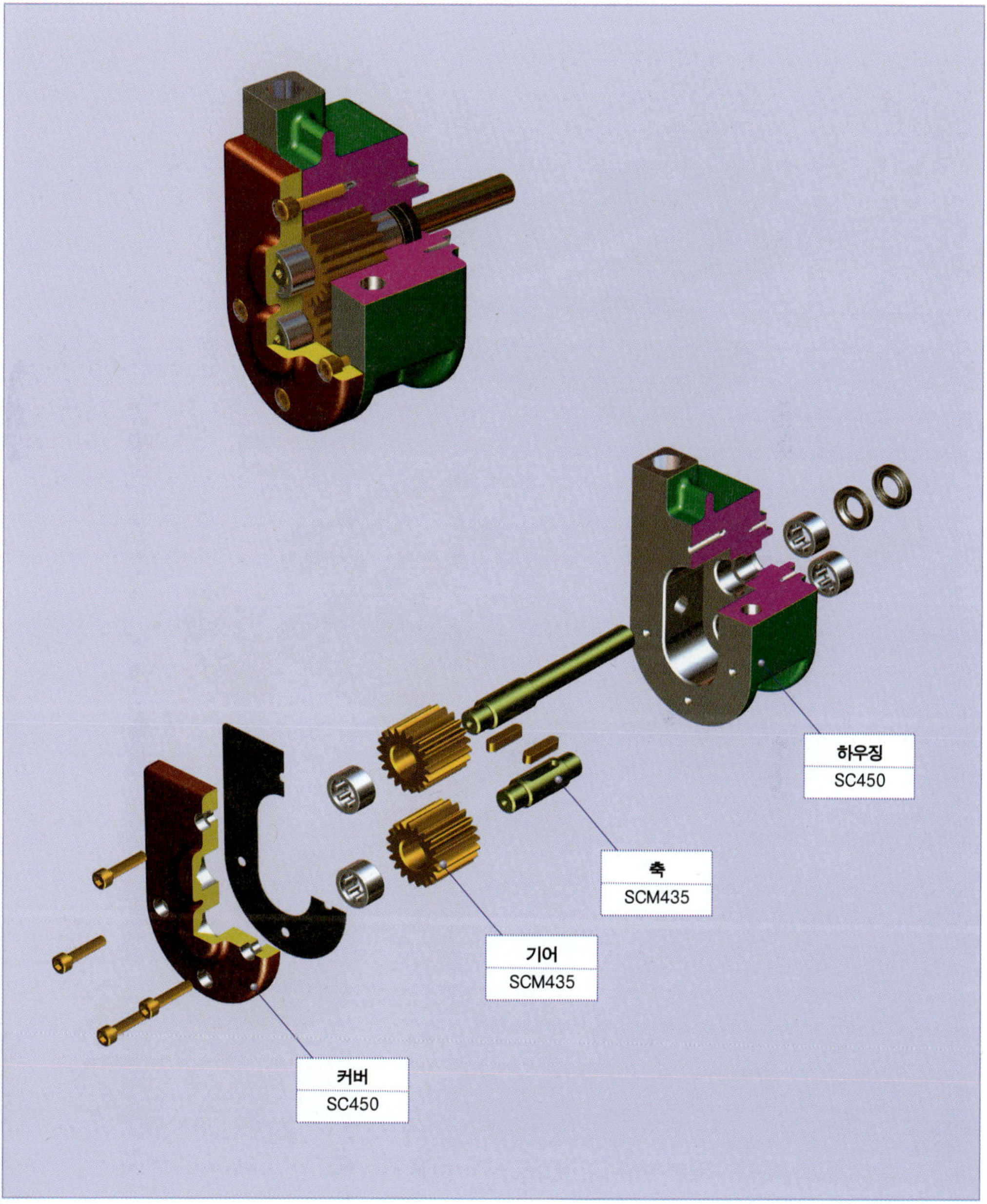

02. 동력전달장치

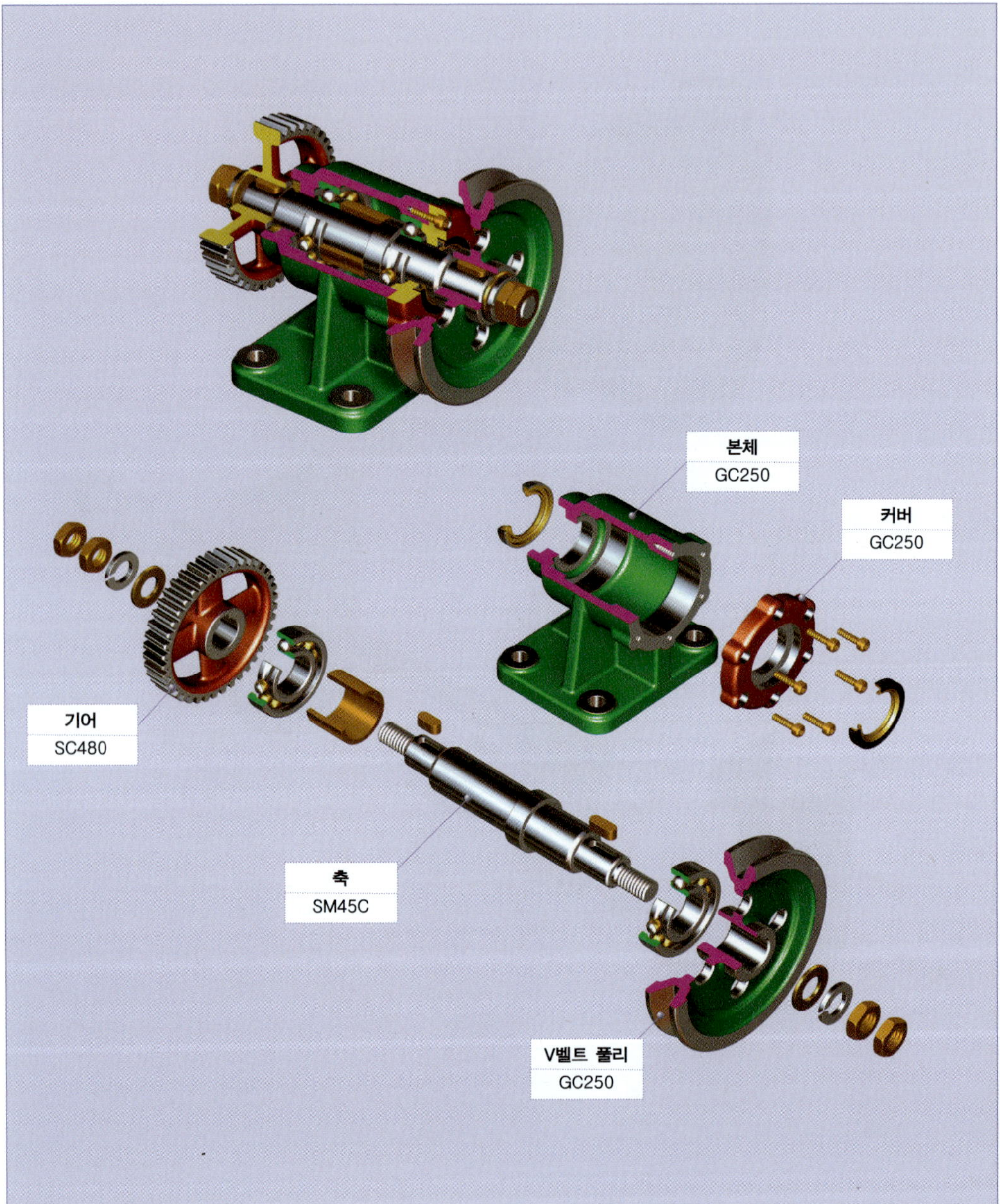

03. 편심구동장치

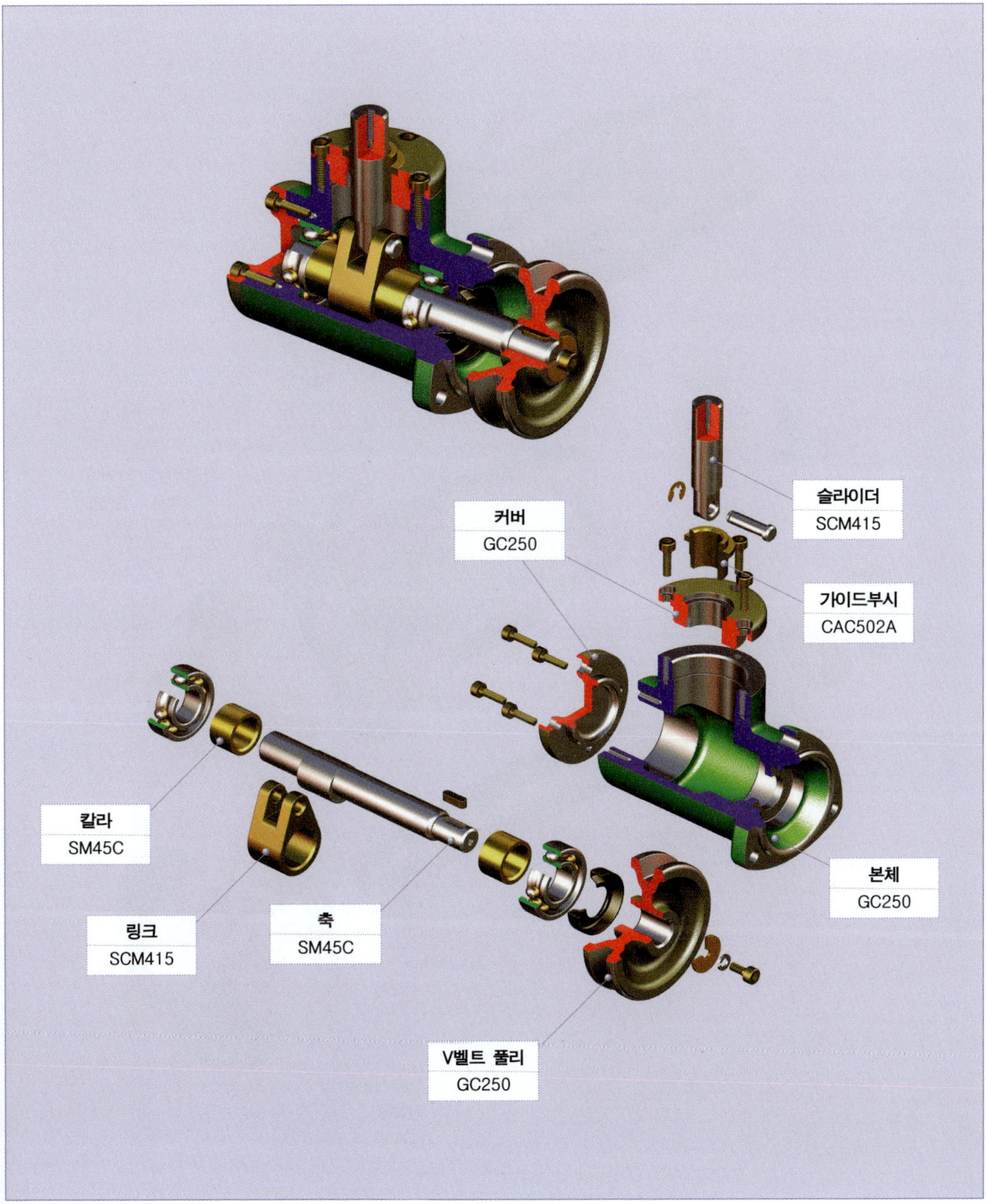
슬라이더
SCM415
커버
GC250
가이드부시
CAC502A
칼라
SM45C
본체
GC250
링크
SCM415
축
SM45C
V벨트 풀리
GC250

04. 피벗베어링하우징

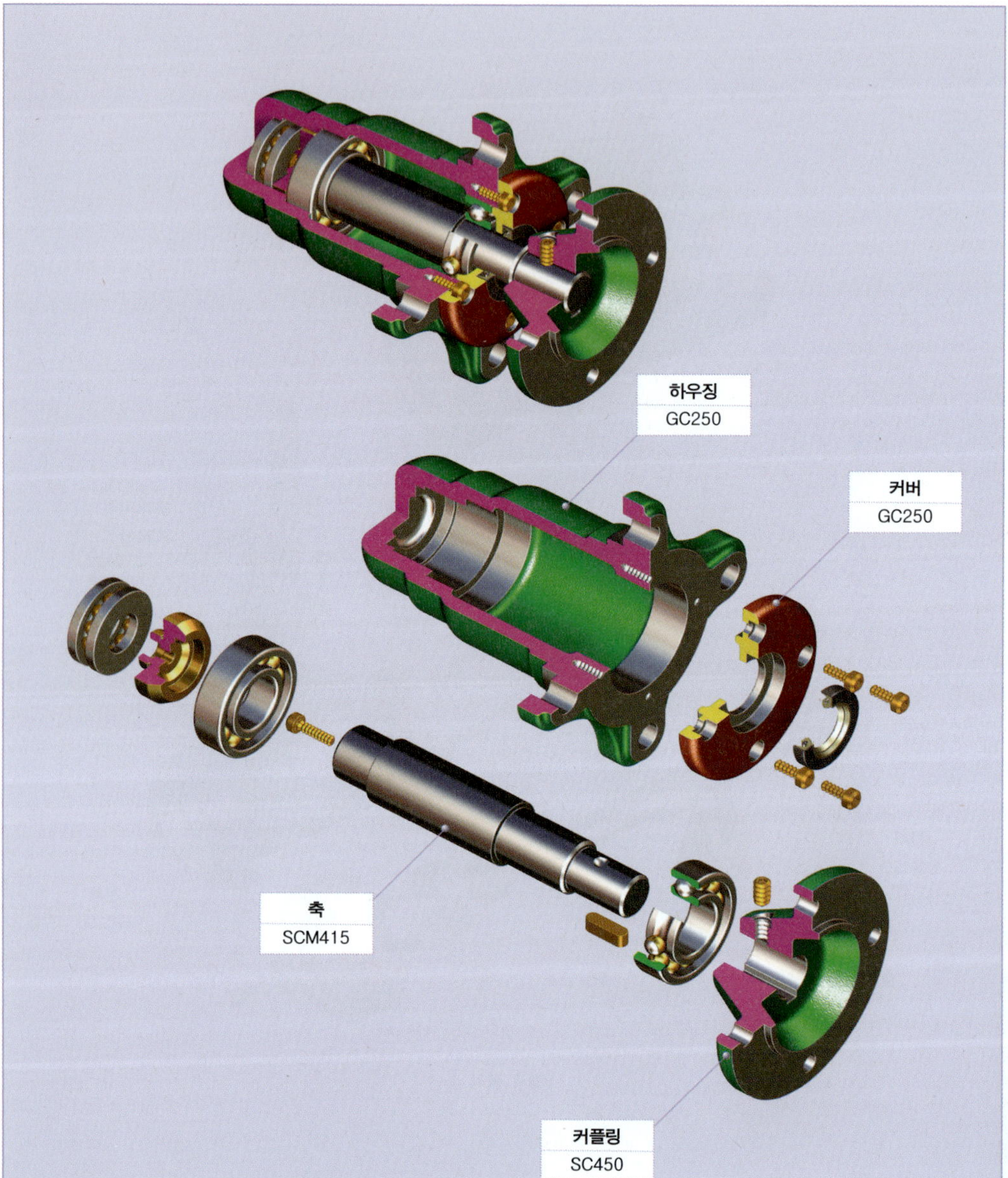

05. 드릴지그

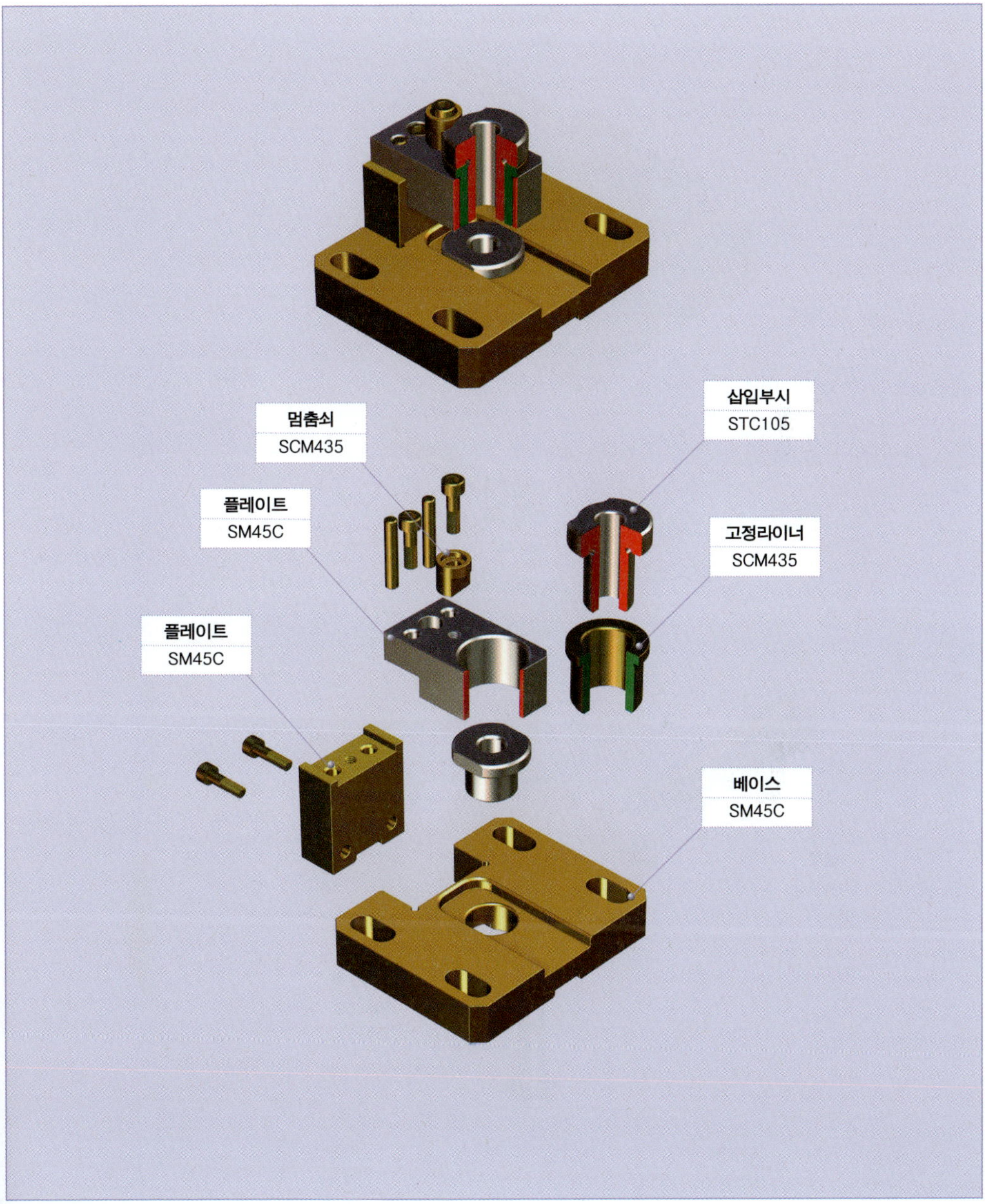
멈춤쇠
SCM435
삽입부시
STC105
플레이트
SM45C
고정라이너
SCM435
플레이트
SM45C
베이스
SM45C

06. 클램프

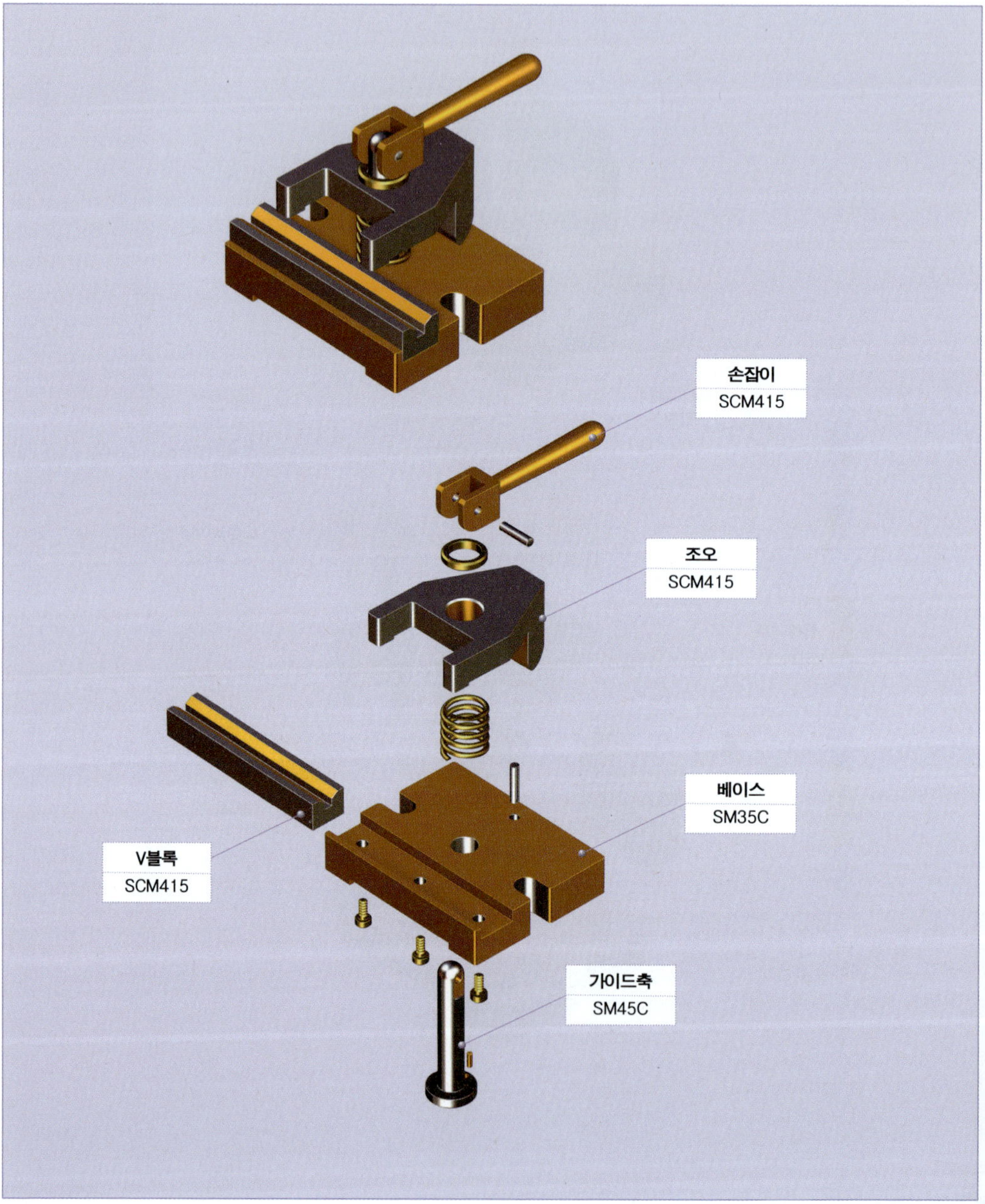

07. 바이스

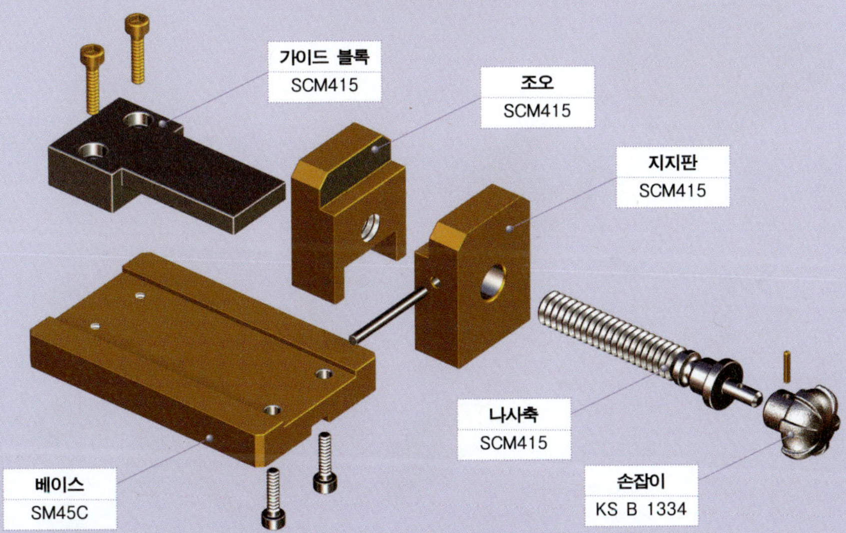
가이드 블록
SCM415
조오
SCM415
지지판
SCM415
나사축
SCM415
베이스
SM45C
손잡이
KS B 1334

08. 에어척

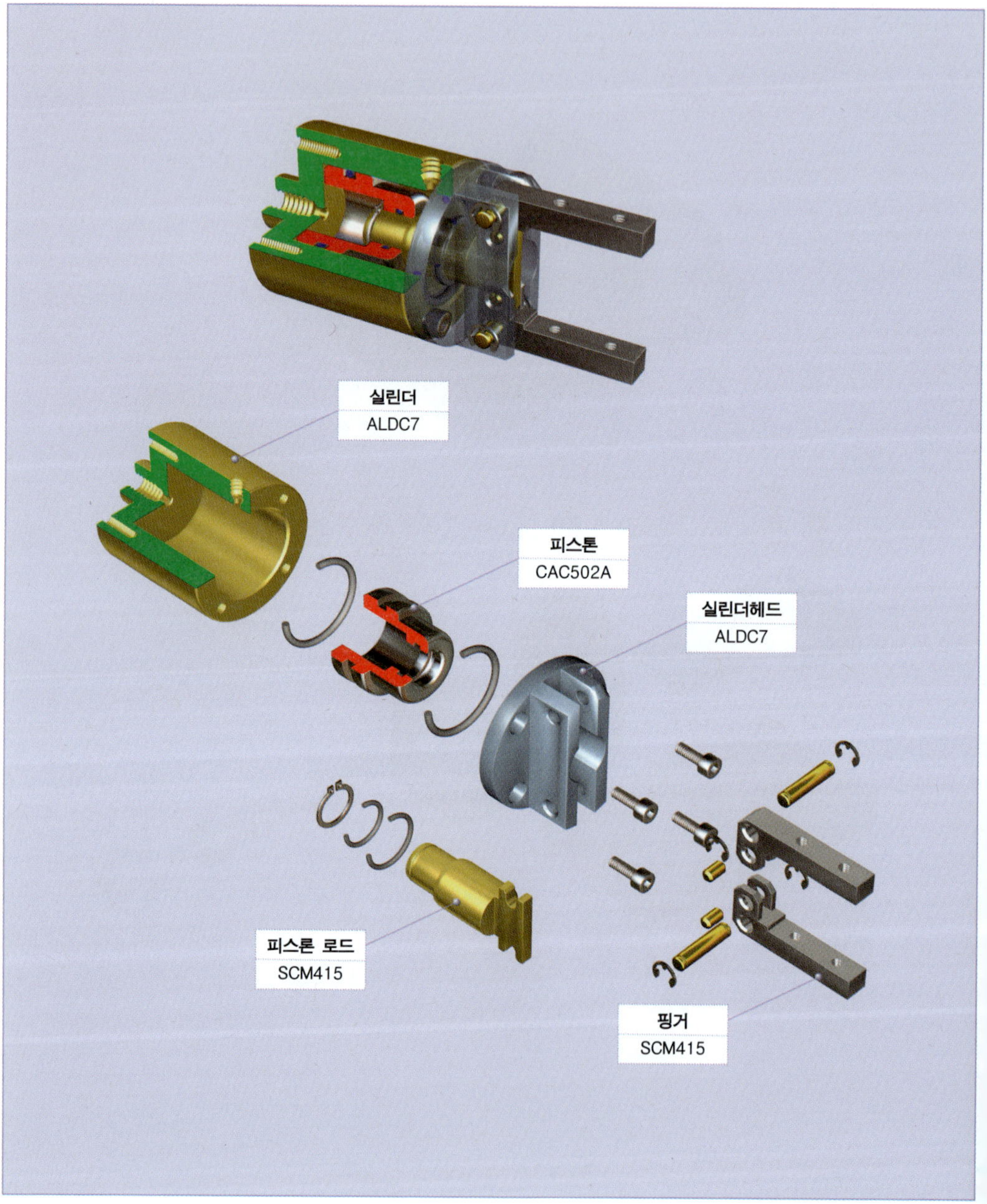

기계설계제도에 필요한 필수 TEXT BOOK

KS 규격집 기계설계실무

발행일 | 2011. 3. 20 초판발행
2013. 5. 20 개정1판1쇄
2016. 3. 10 개정2판1쇄
2018. 5. 20 개정2판2쇄
2025. 5. 20 개정3판1쇄

저 자 | 다솔유캠퍼스
발행인 | 정 용 수
발행처 | 예문사

주 소 | 경기도 파주시 직지길 460(출판도시) 도서출판 예문사
TEL | 031) 955 – 0550
FAX | 031) 955 – 0660
등록번호 | 11 – 76호

정가 : 32,000원

ISBN 978-89-274-5852-4 13550